DirectX 12 3D 游戏开发实战

[美] 弗兰克·D. 卢娜（Frank D. Luna） 著

王 陈 译

人民邮电出版社

北京

图书在版编目（CIP）数据

DirectX 12 3D 游戏开发实战 /（美）弗兰克·D.卢娜（Frank D. Luna）著；王陈译. -- 北京：人民邮电出版社，2019.1
ISBN 978-7-115-47921-1

Ⅰ. ①D… Ⅱ. ①弗… ②王… Ⅲ. ①DirectX软件—程序设计②游戏程序—程序设计 Ⅳ. ①TP317

中国版本图书馆CIP数据核字(2018)第032934号

版 权 声 明

◆ 著　　　[美] 弗兰克·D.卢娜（Frank D. Luna）
　　译　　　王　陈
　　责任编辑　罗子超
　　责任印制　焦志炜
◆ 人民邮电出版社出版发行　　北京市丰台区成寿寺路 11 号
　　邮编　100164　电子邮件　315@ptpress.com.cn
　　网址　http://www.ptpress.com.cn
　　北京科印技术咨询服务有限公司数码印刷分部印刷
◆ 开本：800×1000　1/16
　　印张：47.75　　　　　　　　　2019 年 1 月第 1 版
　　字数：1186 千字　　　　　　　2025 年 3 月北京第 24 次印刷
　　著作权合同登记号　图字：01-2016-3754 号

定价：148.00 元
读者服务热线：(010)81055410　印装质量热线：(010)81055316
反盗版热线：(010)81055315

内容提要

Direct3D 是微软公司 DirectX SDK 集成开发包中的重要组成部分，是编写高性能 3D 图形应用程序的渲染库，适用于多媒体、娱乐、即时 3D 动画等广泛和实用的 3D 图形计算领域。

本书围绕交互式计算机图形学这一主题展开，着重介绍 Direct3D 的基础知识和着色器编程的方法，并介绍了如何利用 Direct3D 来实现各种有趣的技术与特效，旨在为读者学习更高级的图形技术奠定坚实的基础。本书包括 3 部分内容。第一部分介绍必备的数学知识，涵盖向量代数、矩阵代数和变换等内容。这是贯穿全书的数学工具，是读者需要掌握的基础内容。第二部分重点介绍 Direct3D 的基础知识，展示用 Direct3D 来实现绘图任务的基本概念与技术，如渲染流水线、纹理贴图、混合、曲面细分等。第三部分则利用 Direct3D 来实现各种有趣的特效，如实例化与视锥体剔除、阴影贴图、环境光遮蔽等。

本书适合希望通过 Direct3D 来学习 3D 编程的 C++中级程序员阅读，也可供已对 Direct3D 有一定了解或具有非 DirectX API 使用经验的 3D 程序员参考。

谨以此书献给我的侄辈们——

Marrick、Hans、Max、Anna、Augustus、Presley 以及 Elyse

前言

　　Direct3D 12 是一款为运行在现代图形硬件上的各种 Windows 10 平台（Windows 桌面版、手机版和 Xbox One）编写高性能 3D 图形应用程序的渲染库。Direct3D 也是一种底层库，这也就意味着此种应用程序接口（API）与其下层控制的图形硬件模块关系更为紧密①。Direct3D 的主要用户大多来自游戏产业，他们驾驭 Direct3D 来构建更加高端的渲染引擎。同时，它亦应用于如医药产业、科学可视化以及虚拟建筑漫游等行业，用来实现高性能的 3D 图形交互功能。另外，由于当今每一部新的个人电脑都已配备了现代图形设备，因此，非 3D 应用也开始逐步把计算密集型的工作移交至显卡来执行，以充分发挥其中 GPU（Graphics Processing Unit，图形处理器）的计算能力。这就是众所周知的 GPU 通用计算（general purpose GPU computing）技术。对此，Direct3D 也提供了用于编写 GPU 通用计算程序的计算着色器 API。尽管 Direct3D 12 程序通常以原生的 C++语言进行编写，但 SharpDX 团队正在致力于.NET 包装器版的开发，因此，用户也可以从托管应用程序中来访问这一强大的 3D 图形 API。

　　本书围绕交互式计算机图形学这个主题展开，关注于通过 Direct3D 12 来进行游戏的开发。读者将从中学到 Direct3D 的基础知识以及着色器编程的方法。阅读完本书之后，读者就可以继续学习更加高级的图形技术了。本书共分为 3 个主要部分。第一部分讲解了本书后续要用到的数学知识。第二部分展示如何用 Direct3D 来实现基本绘图任务，例如初始化 Direct3D，定义 3D 几何图形，设置摄像机，光照，纹理，混合技术，模板技术，曲面细分技术，创建顶点、像素、几何图形以及计算着色器。第三部分则主要是利用 Direct3D 来实现各种有趣的技术与特效，例如动画角色网格、拾取技术、环境贴图、法线贴图、阴影贴图以及环境光遮蔽技术。

　　初学者最好按先后顺序通读全书。书中章节是按照由浅入深、逐步递进的顺序组织而成的。这样一来，读者便不会因过陡的学习曲线而如堕烟海。一般来讲，特定篇章中所用的技术与概念往往在之前的章节中有所交代。因此，读者最好在掌握了欲学习章节之前的所有内容后再继续前行。当然，有一定经验的读者可直接挑选感兴趣的部分进行阅读。

　　最后，部分读者可能会不禁琢磨：读完本书之后，究竟能够开发出何种类型的游戏来呢？这里对此给出的解释是：您最好亲自粗略地阅览此书，看看其中大概都在讲些什么内容。据此，基于本书所讲的技术知识再结合自己的聪明才智，至于能够开发出哪类游戏作品，想必这答案读者也就自会了然于胸了。

本书受众

　　本书主要适合以下 3 类读者：

　　1. 希望通过 Direct3D 最新版本来学习 3D 图形学编程的 C++中级程序员。

---

① 尤其是到了 Direct3D 12，更像 Mantle 等 API 那样实现了前所未有的更底层的硬件抽象，削减驱动层的工作，转交给开发者负责，从而令图形的处理流程更加"智能"，使用起来犹如贴地飞行的"快感"。

2. 具有非 DirectX API（如 OpenGL）使用经验，并希望学习 Direct3D 编程方面知识的 3D 程序员。

3. 具有一定的 Direct3D 使用经验，并希望学习 Direct3D 最新版本的程序员。

预备知识

需要强调的是，本书为重点介绍 Direct3D 12、着色器编程以及 3D 游戏编程的读物，而并非是讨论一般计算机程序设计的读物。因此，读者需要具备下列预备知识：

1. 高中程度的数学知识，比如代数、三角学以及（数学）函数等。

2. Visual Studio 相关的使用技能，比如如何创建项目、为项目添加文件以及指定需要链接的外部库等。

3. 中级 C++编程技能以及数据结构知识，比如熟练地运用指针、数组、运算符重载、链表、继承、多态等。

4. 熟悉使用 Win32 API 进行 Windows 编程还是很有必要的，可谓是学习本书的基础。但这一条并非是强制性要求，因为本书附录 A 中提供了 Win32 编程的相关入门知识。

需要配备的开发工具以及硬件环境

下面是进行 Direct3D 12 编程的必备条件：

1. Windows 10 操作系统。

2. Visual Studio 2015 开发环境或其后续版本。

3. 一款支持 Direct3D 12 的显卡（本书中的演示程序都已通过 Geforce GTX 760 平台的测试）。

使用 DirectX SDK 文档以及 SDK 示例

Direct3D 是一种规模庞大的 API，将其所有的细节都在一本书中体现是不切实际的。因此，为了获得更为深入的 API 信息，学习 DirectX SDK[①]文档的查阅方法势在必行。DirectX SDK 在 MSDN 上的最新文档为《Direct3D 12 Programming Guide》，即《Direct3D 12 编程指南》。

图 1 所示的是在线文档的截图。

DirectX 文档涵盖了 DirectX API 的方方面面，因此，它是一种不可或缺的参考资料。然而，由于此文档对预备知识的讲解并不深入且假设读者对此有一定认识，因而导致它无法成为初学者最佳的学习工

---

① DirectX 包罗系列与多媒体以及游戏开发有关的API，因此 Direct3D 只是 DirectX 的一个子集。详细信息请见《DirectX Graphics and Graming》（ee663274）。本书则侧重 Direct3D 的讲解。

具。但是，随着 DirectX 每个新版本的发布，该文档也在日益完善中。

换言之，这个文档主要还是用作参考。假设用户碰到一个与 DirectX 有关的数据类型或函数，如函数 ID3D12Device::CreateCommittedResource，并希望获取更多与之相关的信息，就可以方便地在该文档中搜索它，比如本示例中的函数（见图 2），以得到更为细致的描述。

图 1　DirectX 文档中的《Direct3D 12 编程指南》

图 2　获取函数的相关文档

注意

> Note　在本书中，我们会不时地指导读者去阅览文档以获取更多的有关细节。

我们还建议读者研究一下官方提供的 Direct3D 12 演示程序。

微软官方可能还会在此陆续增添更多的例程。除此之外，读者还可以去 NVIDIA、AMD 以及 Intel 的官方网站上查找与 Direct3D 12 有关的示例。

明确学习目的

尽管我们努力遵循 Direct3D 12 的最佳实践，力图写出高效的代码，但本书中每个样例的主要目标还是为了阐述 Direct3D 中的基本概念以及演示图形编程技术。应当明确的是，写出最优代码并非本书最终目的，而且过分优化还可能导致原本意图明晰的代码变得含混不清，反而适得其反。希望读者将这一点铭记于心，尤其是在将书中例程代码合并到自己的项目中时，因此在此过程中，您可能为了追求程序更高的效率而重构代码。再者，为了把注意力集中在 Direct3D API 上，我们还在 Direct3D 之上构建了一层轻量级的框架。这就意味着我们很可能会在源代码中，以硬编码的数值与定义其他内容的方式来令程序得以运行。类似地，在大型的 3D 应用程序中，可能要在 Direct3D 的基础之上实现一款渲染引擎。但本书的主旨却是 Direct3D API，而非设计渲染引擎。

例程与在线补充材料

读者可以登录本书的网站（www.d3dcoder.net 和 www.merclearning.com），以获取本书相关材料。在前者中，读者可以找到本书内所有例程的完整源代码以及项目文件。也可通过异步社区本书页面获取（www.epubit.com）。在大多数情况下，DirectX 程序往往比较庞大，以至于不宜全部列入书中。因此，只得在书中嵌入与所讲内容密切相关的代码片段。为此，我们极力建议读者在学习相关的例程代码时去一睹它的全貌（为了便于读者学习，我们已将演示程序的规模尽量减小）。一般说来，在阅读过特定章节，并研究完所附演示代码后，读者应当能够自行独立地实现该章节中所述的例程。但事实上，一种更快捷的学习方法是在参考书籍和示例代码的同时，尝试着以自己的方式实现相关程序。

通过 Visual Studio 2015 安装演示项目[①]

通过双击项目文件（.vcxproj）或解决方案文件（.sln）就可以方便地打开本书的演示程序。接下来，我们将详述如何通过 Visual Studio 2015 (VS15)以本书的例程框架从头开始创建并构建一个项目。在此，

---

① 采用 Visual Studio 2017 的读者可以参考《Visual Studio 中的使用 C++的 DirectX 游戏开发》一文。

我们以第 6 章中的"Box"（立方体）演示程序为例。

下载本书的源代码

首先，读者需要下载本书所用的源代码并将其保存在硬盘的某个文件夹之中。为了便于讨论，假设这个文件夹的路径为 C:\d3d12book。在这里可以看到一系列文件夹，其中含有对应章节的例程项目。读者可能会注意到有个名为"Common"的文件夹，其中包含所有演示项目中都要复用的公共代码。现在便可以在源代码文件夹中新建一个文件夹，用来存放我们自己的例程，例如 C:\d3d12book\MyDemos。随后，我们将基于本书中的例程框架在该文件夹中创建一个新的项目。

注意

事实上，读者自己设置的目录结构大可不必如此，这只不过是本书例程的结构而已。如果读者希望按自己的意愿来设置源代码文件，可以将演示项目放在任何地方，只要使 Visual Studio 能找到 Common 目录中的源代码即可。

创建一个 Win32 项目

首先运行 VS15，接着在主菜单中依次选择 **File**（文件）→**New**（新建）→**Project**（项目），如图 3 所示。

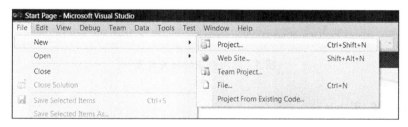

图 3　创建一个新项目

在弹出的 **New Project**（新项目）对话框（如图 4 所示）左侧 Visual C++项目类型的树形控件中选择 **Visual C++**→**Win32**，再于右侧选择 **Win32 Project**（Win32 项目）。接下来，给项目起个名称，并指定项目文件夹的保存位置。别忘了取消默认选中的 **Create directory for solution**（为解决方案创建目录）复选框。随后单击 **OK**（确定）按钮。

接着，又会弹出一个新的对话框。其左侧有 **Overview**（概述）和 **Application Settings**（应用程序设置）两个选项。选择 **Application Settings**，便会出现如图 5 所示的对话框。在这里，需要确保选择 **Windows application**（Windows 应用程序）选项和 **Empty project**（空项目）复选框，之后再单击 **Finish**（完成）按钮。至此，我们已成功创建了一个空的 Win32 项目，但在构建 DirectX 项目例程之前，我们还有一些事情需要做。

图 4　新项目的相关设置

图 5　应用程序的相关设置

链接 DirectX 库

通过在源代码文件 Common/d3dApp.h 中使用#pragma 预处理指令来链接所需的库文件，如：

```
// 链接所需的d3d12库
#pragma comment(lib, "d3dcompiler.lib")
#pragma comment(lib, "D3D12.lib")
#pragma comment(lib, "dxgi.lib")
```

对于创建演示程序而言，该预处理指令使我们免于打开项目属性页面并在连接器配置项下指定附加依赖库。

添加源代码并构建项目

至此，项目已经配置完成。现在来为它添加源代码并对其进行构建。首先，将"Box"演示程序的源代码 BoxApp.cpp 以及 Shaders 文件夹（位于 **d3d12book\Chapter 6 Drawing in Direct3D\Box**）复制到工程目录之中。

待复制完上述文件之后，我们以下列步骤来将源代码添加到当前的项目之中。

1. 右键单击解决方案资源管理器下的项目名称，在弹出的下拉菜单中依次选择 **Add**（添加）→**Existing Item**（现有项），将文件 BoxApp.cpp 添加到项目中。

2. 右键单击解决方案资源管理器下的项目名称，在弹出的下拉菜单中逐步选择 **Add**→**Existing Item**，前往读者放置本书 **Common** 文件夹的位置，并将此文件夹中所有的.h/.cpp 文件都添加到项目之中。现在，方案资源管理器看起来应当与图 6 相同。

3. 再次右键单击解决方案资源管理器下的项目名称，从菜单中选择 **Properties**（属性）。再从 **Configuration Properties**（配置属性）→**General**（常规）选项卡下，将 **Target Platform Version**（目标平台版本）设置为版本 **10.x**[①]，以令目标平台为 Windows 10。接着单击 **Apply**（应用）按钮。

4. 大功告成！源代码文件现都已位于项目之中，读者可以在主菜单中选择 **Debug**（调试）→**Start Debugging**（开始调试）进行编译、链接以及执行该演示程序。应用程序的执行效果应当与图 7 所示的一致。

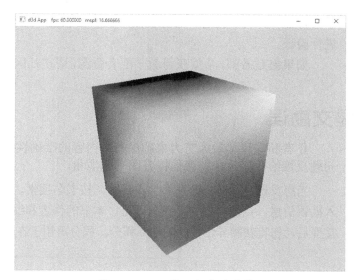

图 6　添加 "Box" 例程所需源代码之后的解决方案资源管理器

图 7　"Box" 演示程序的效果

注意

Common 目录下的大量代码都是构建本书例程的基石。所以，建议读者先不必忙于查看这些代码。待读到了本书中与之相关的章节后，再研究它们也不迟。

---

① 其中的 **"x"** 对应于构建项目时所采用的具体 SDK 版本。

资源与支持

本书由异步社区出品，社区（https://www.epubit.com/）为您提供相关资源和后续服务。

配套资源

本书提供如下资源：
- 本书配套源代码；
- 练习媒体素材；
- 部分练习题解答；
- 书中图片资源。

要获得以上配套资源，请在异步社区本书页面中点击 配套资源 ，跳转到下载界面，按提示进行操作即可。注意：为保证购书读者的权益，该操作会给出相关提示，要求输入提取码进行验证。

如果您是教师，希望获得教学配套资源，请在社区本书页面中直接联系本书的责任编辑。

提交勘误

作者和编辑尽最大努力来确保书中内容的准确性，但难免会存在疏漏。欢迎您将发现的问题反馈给我们，帮助我们提升图书的质量。

当您发现错误时，请登录异步社区，按书名搜索，进入本书页面，点击"提交勘误"，输入勘误信息，点击"提交"按钮即可。本书的作者和编辑会对您提交的勘误进行审核，确认并接受后，您将获赠异步社区的 100 积分。积分可用于在异步社区兑换优惠券、样书或奖品。

扫码关注本书

扫描下方二维码，您将会在异步社区微信服务号中看到本书信息及相关的服务提示。

与我们联系

我们的联系邮箱是 contact@epubit.com.cn。

如果您对本书有任何疑问或建议，请您发邮件给我们，并请在邮件标题中注明本书书名，以便我们更高效地做出反馈。

如果您有兴趣出版图书、录制教学视频，或者参与图书翻译、技术审校等工作，可以发邮件给我们；有意出版图书的作者也可以到异步社区在线提交投稿（直接访问 www.epubit.com/selfpublish/submission 即可）。

如果您是学校、培训机构或企业，想批量购买本书或异步社区出版的其他图书，也可以发邮件给我们。

如果您在网上发现有针对异步社区出品图书的各种形式的盗版行为，包括对图书全部或部分内容的非授权传播，请您将怀疑有侵权行为的链接发邮件给我们。您的这一举动是对作者权益的保护，也是我们持续为您提供有价值的内容的动力之源。

关于异步社区和异步图书

"异步社区" 是人民邮电出版社旗下 IT 专业图书社区，致力于出版精品 IT 技术图书和相关学习产品，为作译者提供优质出版服务。异步社区创办于 2015 年 8 月，提供大量精品 IT 技术图书和电子书，以及高品质技术文章和视频课程。更多详情请访问异步社区官网 https://www.epubit.com。

"异步图书" 是由异步社区编辑团队策划出版的精品 IT 专业图书的品牌，依托于人民邮电出版社近 30 年的计算机图书出版积累和专业编辑团队，相关图书在封面上印有异步图书的 LOGO。异步图书的出版领域包括软件开发、大数据、AI、测试、前端、网络技术等。

异步社区

微信服务号

致谢

在此，我要对审阅本书早期版本的 Rod Lopez、Jim Leiterman、Hanley Leung、Rick Falck、Tybon Wu、Tuomas Sandroos、Eric Sandegren、Jay Tennant 与 William Goschnick 表示感谢。向现存于本书网站上、运用于演示程序中的 3D 模型以及纹理的制作者 Tyler Drinkard 致以谢意。我还要感谢 Dale E. La Force、Adam Hoult、Gary Simmons、James Lambers 以及 William Chin，他们曾给予我极大的帮助。另外，亦感激为我提供了 DirectX 12 beta 版本的 Matt Sandy，以及耐心解答用户们在使用 beta 版时遇到的种种问题的 DirectX 团队。最后，我还要感谢 Mercury Learning and Information 出版社的全体工作人员，尤其是出版人 David Pallai 以及项目经理 Jennifer Blaney，是他们直接促成了本书顺利的出版发行。

目录

第一部分 必备的数学知识

第二部分　Direct3D 基础

第三部分　主　题　篇

第一部分
必备的数学知识

"世上之事，无数学则不可解。"

罗杰·培根（《大著作》第四部分，第一章《第一个区别》，1267 年）

电子游戏试图向玩家呈现出一个虚拟的世界。然而，计算机从本质上来讲却是一种处理数据的精密仪器。那么问题来了：如何用计算机来表达游戏中虚拟的场景呢？解决的办法就是完全运用数学的方式来描述场景空间以及其中物体的交互。因此，数学在电子游戏的开发中起着至关重要的基础性作用。

在讲述必备知识的第一部分中，我们将介绍穿插于全书的数学工具。重点是向量(vector，物理学和工程学中亦常译为"矢量"）、坐标系（coordinate system）、矩阵（matrix）及其变换（transformation），这些工具将广泛用于本书的所有例程之中。除了对这些数学知识进行讲解以外，我们还将纵览由 DirectX 数学库所提供的相关类与函数，并示范它们的用法。

请注意，这些主题仅论述了本书后续需要掌握的一些基础内容，而有关电子游戏所需的数学知识却不止于此。对于期望学习更多与游戏相关数学知识的读者，我们推荐[Verth04]和[Lengyel02]。

第 1 章"向量代数" 向量（vector）也许是计算机游戏中最基础的数学对象，没有之一了。例如，我们可以用向量表示位置、位移、方向、速度与力。在这一章中，我们将学习向量及其运算法则。

第 2 章"矩阵代数" 矩阵（matrix）为变换提供了一种高效且紧凑的简化表达方式。在这一章中，我们将熟悉矩阵及其运算定义。

第 3 章"变换" 这一章将考察缩放、旋转和平移这三种基本的几何变换。我们利用这些变换来操纵空间中的 3D 物体。另外，我们还将讲解坐标变换，以此在不同的坐标系之间转换几何体的坐标表示。

向量在计算机图形学、碰撞检测和物理模拟中扮演着关键的角色，而这几方面又正是构成现代电子游戏的常见组成部分。本书的讲述风格主要趋于实践而非严格化的数学推理，如需要查阅专业的 3D 游戏或 3D 图形学数学书籍，可参考[Verth04]一书。需要强调的是，本章研究向量的主要目的在于使读者理解本书中所有例程里向量的用法。

学习目标：

1. 学习向量在几何学和数学中的表示方法。
2. 了解向量的运算定义及其在几何学中的应用。
3. 熟悉 DirectXMath 库中与向量有关的类和方法。

1.1　向量

向量（vector）是一种兼具大小（也称为模，magnitude）和方向的量。具有这两种属性的量皆称为**向量值物理量**（vector-valued quantity）。与向量值物理量相关的例子有作用力（在特定方向上施加的力——力的大小即为向量的模）、位移（质点沿净方向①移动的距离）和速度（速率和方向）。这样一来，向量就能用于表示力、位移和速度。另外，有时也用向量单指方向，例如玩家在 3D 游戏里的视角方向、一个多边形的朝向、一束光线的传播方向以及它照射在某表面后的反射方向等。

首先用几何方法来描述向量的数学特征：通过图像中的一条有向线段即可表示一个向量（见图 1.1），其中，线段长度代表向量的模，箭头的指向代表向量的方向。我们可以注意到：向量的绘制位置之于其自身是无足轻重的，因为改变某向量的位置并不会对其大小或方向这两个属性造成任何影响。因此，我们说：两个向量相等，当且仅当它们的长度相等且方向相同。所以，图 1.1a 中的向量 *u* 和向量 *v* 相等，因为它们的长度相等且方向相同。事实上，由于位置对于向量是无关紧要的，所以我们总是能在平移一个向量的同时又完全不改变它的几何意义（因为平移操作既不影响它的长度，也不改变它的方向）。显而易见，我们可以将向量 *u* 完全平移到向量 *v* 处（反之亦可），使两者完全重合，分毫不差——由此即可证明它们是相等的。现给出一个实例，图 1.1b 中的向量 *u* 和向量 *v* 向两只蚂蚁分别发出指示：令它们从各

---

① "净"的对应英文为 net，大抵表示为最终合成的总效果，如净方向即质点在不同力的作用下所移动的方向（也就是这几个作用力的合力方向）。后文同。

自所处的两个不同点，A 点和 B 点，向北爬行 10 米。这样一来，我们就能根据蚂蚁的爬行路线，再次得到两个相等的向量 **u** = **v**。此时，这两个向量与位置信息无关，仅简单地指挥蚂蚁们如何从它们所处的位置爬行移动。在本例中，蚂蚁们被指示向北（方向）移动 10 米（长度）。

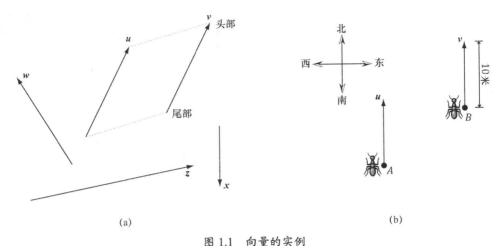

(a)   (b)

图 1.1　向量的实例

（a）绘制在 2D 平面上的向量　　（b）这两个向量指挥蚂蚁们向北移动 10 米

1.1.1　向量与坐标系

现在来定义向量实用的几何运算，它能解决与向量值物理量有关的问题。然而，由于计算机无法直接处理以几何方法表示的向量，所以需要寻求一种用数学表示向量的方法加以代替。在这里，我们引入一种 3D 空间坐标系，通过平移操作使向量的尾部都位于原点（见图 1.2）。接着，我们就能凭借向量头部的坐标来确定该向量，并将它记作 $v = (x, y, z)$，如图 1.3 所示。现在就能以计算机程序中的 3 个浮点数来表示一个向量了。

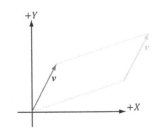

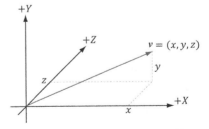

图 1.2　平移向量 v，使它的尾部与坐标系的原点重合。当一个向量的尾部位于原点时，称该向量位于**标准位置**（standard position）

图 1.3　一个向量在某 3D 坐标系中的坐标

注意

 如果在 2D 空间里进行开发工作，则改用 2D 坐标系即可。此时，向量只有两个坐标分量：$v = (x, y)$。在这种情况下，计算机程序中仅用两个浮点数就能表示一个向量。

请考虑图 1.4，该图展示了向量 v 以及空间中两组不同的标架（frame）[1]。我们可以平移向量 v，将它分别置于两组标架中的标准位置。显而易见的是，向量 v 在标架 A 中的坐标与它在标架 B 中的坐标是不同的。换句话说，**同一个向量 v** 在不同的坐标系中有着不同的坐标表示。

与此类似的还有温度。水的沸点为 100℃或 212°F（华氏度）[2]。沸水的物理温度是**不变的**，与温标无关（也就是说，不能因为采用不同的温标而使其沸点降低），但是我们却可以根据所用的温标来为同一温度赋予不同的标量值。类似地，对于向量来说，它的方向和模都表现在对应的有向线段上，不会更改；只有在改变

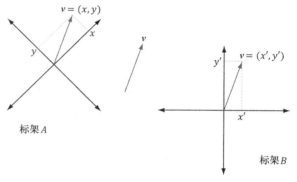

图 1.4　同一向量 v 在不同的标架中有着不同的坐标

描述它的参考系时，其坐标才会相应地改变。这一点是很重要的，因为这意味着：每当我们根据坐标来确定一个向量时，其对应的坐标总是相对于某一参考系而言的。在 3D 计算机图形学中，我们通常会用到较多的参考系。因此，我们需要记录向量在每一种坐标系中的对应坐标。另外，我们也需要知道如何将向量坐标在不同的标架之间进行转换。

注意

 可以看出，标架中的向量和点都能够用坐标(x, y, z)来表示。但是它们的意义却是截然不同的：在 3D 空间中，点仅表示位置，而向量却表示着大小与方向。我们将在 1.5 节中对点展开进一步的讨论。

1.1.2　左手坐标系与右手坐标系

Direct3D 采用的是左手坐标系（left-handed coordinate system）。如果我们伸出左手，并拢手指，假设它们指向的是 x 轴的正方向，再弯曲四指指向 y 轴的正方向，则最后伸直拇指的方向大约就是 z 轴的正方向[3]。图 1.5 详细展示了左手坐标系与右手坐标系（right-handed coordinate system）的区别。

---

① 本书中所使用的术语"标架"（frame）、"参考系"（frame of reference）、"空间"（space）和"坐标系"（coordinate system）皆表示相同的意义。——原作者注

② 准确地说还应考虑到气压因素。

③ 这里所讲的都是推断坐标系各轴大致方向的办法，所谓"弯曲四指"意即找寻与"弯曲之前"垂直的坐标轴。下同。

现在来看右手坐标系。如果伸出右手，并拢手指，假设它们指向的是 x 轴的正方向，再弯曲四指指向 y 轴的正方向，那么，最后伸直拇指的方向大约就是 z 轴的正方向。

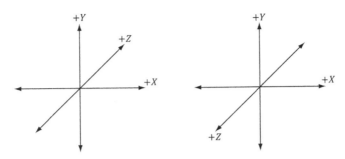

图 1.5　图的左侧展示的是左手坐标系，可以看出其中的 z 坐标轴正方向指向本书页面内；
图的右侧展示的是右手坐标系，其 z 坐标轴正方向则指向页面外

1.1.3　向量的基本运算

现在通过坐标来表示向量的相等、加法运算、标量乘法运算和减法运算的定义。对于这 4 种定义，设有向量 $u = (u_x, u_y, u_z)$ 和向量 $v = (v_x, v_y, v_z)$。

1. 两个向量相等，当且仅当它们的对应分量分别相等。即 $u = v$，当且仅当 $u_x = v_x$，$u_y = v_y$，$u_z = v_z$。

2. 向量的加法即令两个向量的对应分量分别相加：$u + v = (u_x + v_x, u_y + v_y, u_z + v_z)$。注意，只有同维的向量之间才可以进行加法运算。

3. 向量可以与标量（即实数）相乘，所得到的结果仍是一个向量。例如，设 k 为一个标量，则 $ku = (ku_x, ku_y, ku_z)$。这种运算叫作**标量乘法**（scalar multiplication）。

4. 向量减法可以通过向量加法和标量乘法表示，即 $u - v = u + (-1 \cdot v) = u + (-v) = (u_x - v_x, u_y - v_y, u_z - v_z)$。

例 1.1

设向量 $u = (1, 2, 3)$，$v = (1, 2, 3)$，$w = (3, 0, -2)$ 及标量 $k = 2$。那么，

1. $u + w = (1, 2, 3) + (3, 0, -2) = (4, 2, 1)$；

2. $u = v$；

3. $u - v = u + (-v) = (1, 2, 3) + (-1, -2, -3) = (0, 0, 0) = 0$；

4. $kw = 2(3, 0, -2) = (6, 0, -4)$

第三组运算的不同之处在于其中有个叫作**零向量**（zero-vector）的特殊向量，它的所有分量都为 0，可直接将它简记作 **0**。

例 1.2

为了使配图绘制起来更为方便，我们在此例中将围绕 2D 向量进行讨论。其计算方式与 3D 向量的方法一致，只不过 2D 向量少了一个分量而已。

1. 设向量 $v = (2, 1)$，那么该如何在几何学的角度上对 v 与 $-\frac{1}{2}v$ 进行比较呢？我们注意到，$-\frac{1}{2}v =$ $(-1, -\frac{1}{2})$。绘出向量 v 和 $-\frac{1}{2}v$（见图 1.6a），可以观察到，向量 $-\frac{1}{2}v$ 的方向与向量 v 正好相反，并且长度是向量 v 的 1/2。由此可知，把一个向量的系数变为其相反数，就相当于在几何学中"翻转"此向量的方向，而且对向量进行标量乘法即为对其长度进行缩放。

2. 设向量 $u = (2, \frac{1}{2})$，$v = (1, 2)$，则 $u + v = (3, \frac{5}{2})$。图 1.6b 展示了向量加法运算的几何意义：把向量 u 进行平移，使 u 的**尾部**与 v 的**头部**重合。此时，向量 u 与向量 v 的和即：以 v 的尾部为起点、以平移后 u 的头部为终点所作的向量（如果令向量 u 的位置保持不变，平移向量 v，使 v 的尾部与 u 的头部重合也能得到同样的结果。在这种情况下，$u + v$ 的和就可以表示为以 u 的尾部为起点、以平移后 v 的头部为终点所作的向量）。可以看出，向量的加法运算与物理学中不同作用力合成合力的规则是一致的。如果有两个力（两个向量）作用在同一方向上，则将在这个方向上产生更大的合力（更长的向量）；如果有两个力（两个向量）作用于彼此相反的方向上，那么便会产生更小的合力（更短的向量），如图 1.7 所示。

3. 设向量 $u = (2, \frac{1}{2})$，$v = (1, 2)$，则 $v - u = (-1, \frac{3}{2})$。图 1.6c 展示了向量减法运算的几何意义。从本质上讲，$v - u$ 的差值仍是一个向量，该向量自 u 的头部始至 v 的头部终。如果我们将 u 和 v 看作两个点，那么 $v - u$ 得到的是一个从点 u 指向点 v 的向量；这种解释方式的重点在于使我们找出向量的方向。同时，不难看出，在把 u 与 v 看作点的时候，$v - u$ 的长度也就是"点 u 到点 v 的距离"。

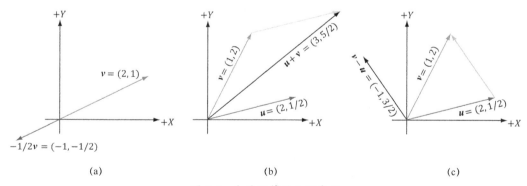

(a)   (b)   (c)

图 1.6　向量运算的几何意义

（a）标量乘法的几何意义　（b）向量加法的几何意义　（c）向量减法的几何意义

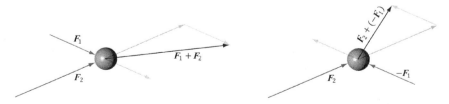

图 1.7　作用在球上的两个作用力。利用向量加法将两者合成为一个合力

1.2　长度和单位向量

向量大小（亦称为模）的几何意义是对应有向线段的长度，用双竖线表示（例如$\|u\|$代表向量 u 的模）。现给出向量 $u = (x, y, z)$，我们希望用代数的方法计算它的模。3D 向量的模可通过运用两次毕达哥拉斯定理[①]得出，如图 1.8 所示。

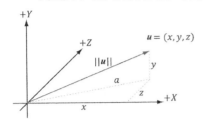

图 1.8　运用两次毕达哥拉斯定理便能得出 3D 向量的模

首先来看位于平面 xz 中以 x, z 为直角边，以 a 为斜边所构成的直角三角形。根据毕达哥拉斯定理，有 $a = \sqrt{x^2 + z^2}$。接下来再看以 a, y 为直角边，以 $\|u\|$ 为斜边所围成的直角三角形。再次运用毕达哥拉斯定理，便能得出下列计算向量模的公式：

$$\|u\| = \sqrt{y^2 + a^2} = \sqrt{y^2 + (\sqrt{x^2 + z^2})^2} = \sqrt{x^2 + y^2 + z^2} \tag{1.1}$$

在某些情况下，我们并不关心向量的长度，仅用它来表示方向。对此，我们希望使该向量的长度为 1。把一个向量的长度变为单位长度称为向量的**规范化**[②]（normalizing）处理。具体实现方法是，将向量的每个分量分别除以该向量的模：

$$\hat{u} = \frac{u}{\|u\|} = \left(\frac{x}{\|u\|}, \frac{y}{\|u\|}, \frac{z}{\|u\|} \right) \tag{1.2}$$

为了验证公式的正确性，下面计算 $\hat{u}$ 的长度：

$$\|\hat{u}\| = \sqrt{\left(\frac{x}{\|u\|} \right)^2 + \left(\frac{y}{\|u\|} \right)^2 + \left(\frac{z}{\|u\|} \right)^2} = \frac{\sqrt{x^2 + y^2 + z^2}}{\sqrt{\|u\|^2}} = \frac{\|u\|}{\|u\|} = 1$$

由此可见，$\hat{u}$ 确实是一个单位向量（unit vector）。

例 1.3

对向量 $v = (-1, 3, 4)$ 进行规范化处理。我们能求出 $\|v\| = \sqrt{(-1)^2 + 3^2 + 4^2} = \sqrt{26}$。因此，

[①] 毕达哥拉斯定理即勾股定理。西方文献常称勾股定理为毕达哥拉斯定理。

[②] 看到 normalize 这个词的各种译法就让我咬牙切齿！这个词在不同的学科里有着不同的译法，就算是同一学科的不同文献、不同词典的译法也是各异，如标准化、归一化、正常化、规格化、正态化、单位化……而且现在各种讨论中大多是统计学方面的，不同人给出的解释也各有差异，刨根问底也找不出图形学方面的译法。这就与"向量"相似，译作"矢量"也可，而且用这两种译法的书籍皆有。故现以数学文献和主流网站上的译法为准，基本上称区间、范围为"归一化"，名词向量或空间等译作"规范化"。当然，也有我水平不足之嫌。写这段话的目的其实是希望读者不要过分拘泥于名词译法，个人以为只要在查看各种文献、与他人交流知道彼此在谈什么即可，其他地方也是如此。

$$v = \frac{v}{\|v\|} = \left(-\frac{1}{\sqrt{26}}, \frac{3}{\sqrt{26}}, \frac{4}{\sqrt{26}}\right)$$

为了验证 $\hat{v}$ 是单位向量，我们计算其长度：

$$\|\hat{v}\| = \sqrt{\left(-\frac{1}{\sqrt{26}}\right)^2 + \left(\frac{3}{\sqrt{26}}\right)^2 + \left(\frac{4}{\sqrt{26}}\right)^2} = \sqrt{\frac{1}{26} + \frac{9}{26} + \frac{16}{26}} = \sqrt{1} = 1$$

1.3 点积

点积（dot product，亦称数量积或内积）是一种计算结果为标量值的向量乘法运算，因此有时也称为**标量积**（scalar product）。设向量 $u = (u_x, u_y, u_z)$，$v = (v_x, v_y, v_z)$，则点积的定义为：

$$u \cdot v = u_x v_x + u_y v_y + u_z v_z \tag{1.3}$$

可见，点积就是向量间对应分量的乘积之和。

点积的定义并没有明显地体现出其几何意义。但是我们却能根据余弦定理（law of cosines，参见练习 10）找到二向量点积的几何关系：

$$u \cdot v = \|u\| \|v\| \cos\theta \tag{1.4}$$

其中，θ 是向量 u 与向量 v 之间的夹角，$0 \le \theta \le \pi$，如图 1.9 所示。式（1.4）表明，两向量的点积为：两向量夹角的余弦值乘以这两个向量的模。特别地，如果向量 u 和向量 v 都是单位向量，那么 $u \cdot v$ 就等于两向量夹角的余弦值，即 $u \cdot v = \cos\theta$。

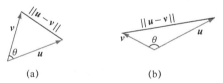

(a)   (b)

图 1.9 图 a 中，向量 u 与向量 v 之间的夹角 θ 是一个锐角；图 b 中，向量 u 与向量 v 之间的夹角 θ 是一个钝角。每当讨论两个向量之间的夹角时，我们提及的总是较小的那个角，即角 θ 总是满足 $0 \le \theta \le \pi$

式（1.4）给出了一些有用的点积几何性质：

1. 如果 $u \cdot v = 0$，那么 $u \perp v$（即两个向量正交）。
2. 如果 $u \cdot v > 0$，那么两向量之间的夹角 θ 小于 90°（即两向量间的夹角为一锐角）。
3. 如果 $u \cdot v < 0$，那么两向量之间的夹角 θ 大于 90°（即两向量间的夹角为一钝角）。

注意

Note ▼ "正交"（orthogonal）与"垂直"（perpendicular）实为同义词。

例 1.4

设向量 $u = (1, 2, 3)$，$v = (-4, 0, -1)$。计算向量 u 与 v 之间的夹角。

先来计算：

$$u \cdot v = (1, 2, 3) \cdot (-4, 0, -1) = -4 - 3 = -7$$

$$\| u \| = \sqrt{1^2 + 2^2 + 3^2} = \sqrt{14}$$

$$\| v \| = \sqrt{(-4)^2 + 0^2 + (-1)^2} = \sqrt{17}$$

现在，运用式（1.4）得到 θ：

$$\cos\theta = \frac{u \cdot v}{\| u \| \| v \|} = \frac{-7}{\sqrt{14} \cdot \sqrt{17}}$$

$$\theta = \cos^{-1}\frac{-7}{\sqrt{14} \cdot \sqrt{17}} \approx 117^{\circ}$$

例 1.5

考虑图 1.10。给出向量 v 和**单位**向量 n，请借助点积公式求出用 v 和 n 表示向量 p 的公式。

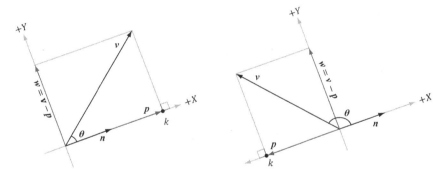

图 1.10　向量 v 在单位向量 n 上的**正交投影**（orthogonal projection）

首先，观察图示可以得知存在一标量 k，使得 $p = kn$；而且，因为我们假设 $\|n\| = 1$，所以有 $\| p \| = \| kn \| = | k | \| n \| = | k |$。注意，$k$ 可能是负值，当且仅当 p 与 n 的方向相反。利用三角函数，我们有 $k = \| v \| \cos\theta$；因此，$p = kn = (\| v \| \cos\theta)n$。又由于 n 是单位向量，便可以用另一种方法来表示：

$$p = (\| v \| \cos\theta)n = (\| v \| \cdot 1 \cos\theta)n = (\| v \| \| n \| \cos\theta)n = (v \cdot n)n$$

特别是这里证明了：当 n 是单位向量时，$k = v \cdot n$，顺带也解释了在这种情况下 $v \cdot n$ 的几何意义。我们称 p 为向量 v 落在向量 n 上的**正交投影**（orthogonal projection），通常将它表示为：

$$p = \text{proj}_n(v)$$

如果将 v 看作是一个力，便可认为 p 是力 v 在方向 n 上的分力。同理，向量 $w = \text{perp}_n(v) = v - p$ 是作用力 v 在 n 的正交方向上的分力（这就是用 $\text{perp}_n(v)$ 来表示"垂直"的原因）。观察到 $v = p + w = \text{proj}_n(v) + \text{perp}_n(v)$，这就是说，可以将向量 v 分解成两个互相正交的向量 p 与 w 之和。

如果 n 不具有单位长度，就先对它进行规范化处理，使之成为单位向量。通过把向量 n 替换为单位

向量 $\dfrac{n}{\|n\|}$ ，即可得到更具一般性的投影公式：

$$p = \text{proj}_n(v) = \left(v \cdot \dfrac{n}{\|n\|}\right)\dfrac{n}{\|n\|} = \dfrac{(v \cdot n)}{\|n\|^2}n$$

正交化

如果向量集$\{v_0, \cdots, v_{n-1}\}$中的每个向量都是互相正交（集合内的任一向量都与集合中的其他所有向量相互正交）且皆具单位长度，那么我们就称此集合是**规范正交**（orthonormal）的。有时我们会接到一个近乎（但并不完全）规范正交的集合。这时，一个常见的工作就是通过正交化手段，使之成为规范正交集。例如，我们有时会在 3D 计算机图形学中用到规范正交集，但是由于处理过程中数值精度的问题，它会随之逐步变为非规范正交集。这时就要用到正交化这一手段了。我们下面将主要围绕这种问题的 2D 和 3D 情况展开探讨（也就是说，集合内只有 2 个或 3 个向量的情况）。

先来考察相对简单的 2D 情况吧。假设我们有向量集合$\{v_0, v_1\}$，现欲将它正交化为图 1.11 中所示的正交集$\{w_0, w_1\}$。首先设 $w_0 = v_0$，通过使 v_1 减去它在 w_0 上的分量（投影）来令它正交于 w_0：

$$w_1 = v_1 - \text{proj}_{w_0}(v_1)$$

此时，我们便得到了一个元素互相正交的向量集合$\{w_0, w_1\}$；最后一步是构建一个规范正交集，将向量 w_0 和 w_1 规范化为单位向量即可。

3D 情况与 2D 情况的处理方法相似，但是步骤更多。假设有向量集$\{v_0, v_1, v_2\}$，现希望将它正交化为正交集$\{w_0, w_1, w_2\}$，过程如图 1.12 所示。首先使 $w_0 = v_0$，通过令 v_1 减去它在 w_0 方向上的分量，让它正交于 w_0：

$$w_1 = v_1 - \text{proj}_{w_0}(v_1)$$

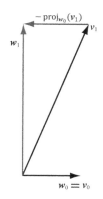

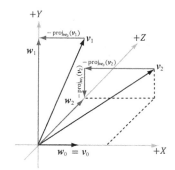

图 1.11　2D 正交化处理　　　　　图 1.12　3D 正交化处理

接下来，通过令 v_2 依次减去它在 w_0 方向与 w_1 方向上的分量（投影），使之**同时**正交于 w_0、w_1：

$$w_2 = v_2 - \text{proj}_{w_0}(v_2) - \text{proj}_{w_1}(v_2)$$

现在我们就得到了所有元素都彼此正交的向量集$\{w_0, w_1, w_2\}$；最后一步是通过将 w_0、w_1 和 w_2 规范化为单位向量来构建一个规范正交集。

对于具有 n 个向量的一般集合 $\{v_0, \cdots, v_{n-1}\}$ 而言，为了将其正交化为规范正交集 $\{w_0, \cdots, w_{n-1}\}$，我们就要使用**格拉姆—施密特正交化**（Gram-Schmidt Orthogonalization）方法进行处理。

基本步骤：设 $w_0 = v_0$

对于 $1 \leqslant i \leqslant n-1$，令 $w_i = v_i - \sum_{j=0}^{i-1} \mathrm{proj}_{w_j}(v_i)$

规范化步骤：令 $w_i = \dfrac{w_i}{\|w_i\|}$

再次重申，从直观上来说，在将给定集合内的向量 v_i 添加到规范正交集中时，我们需要令 v_i 减去它在现有规范正交集中其他向量 $\{w_0, w_1, \cdots, w_{i-1}\}$ 方向上的分量（投影），这样方可确保新加入规范正交集的向量与该集合中的其他向量互相正交。

1.4　叉积

向量乘法的第二种形式是**叉积**（cross product，亦称向量积、外积）。与计算结果为标量的点积不同，叉积的计算结果亦为向量。此外，只有 3D 向量的叉积有定义（不存在 2D 向量叉积）。假设 3D 向量 u 和 v 的叉积得到的是另一个向量 w，则 w 与向量 u、v 彼此正交。也就是说，向量 w 既正交于 u，也正交于 v，如图 1.13 所示。如果 $u = (u_x, u_y, u_z)$，$v = (v_x, v_y, v_z)$，那么叉积的计算方法为：

$$w = u \times v = (u_y v_z - u_z v_y, u_z v_x - u_x v_z, u_x v_y - u_y v_x) \tag{1.5}$$

注意

> Note　若实际采用的是右手坐标系，则遵守右手拇指法则（right-hand-thumb rule，有的文献也称之为右手定则）：如果伸出右手并拢手指，令它们指向第一个向量 u 的方向，再以 $0 \leqslant \theta \leqslant \pi$ 的角度弯曲四指，使之指向向量 v 的方向，那么，最后伸直拇指的方向大约为向量 $w = u \times v$ 的方向。

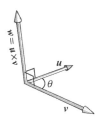

图 1.13　两个 3D 向量 u 与 v 的叉积得到的是：既正交于 u 也正交于 v 的向量 w。如果伸出左手，使并拢的左手手指指向向量 u 的方向，再以 $0 \leqslant \theta \leqslant \pi$ 的角度弯曲四指，使之指向向量 v 的方向，那么最后伸直的大拇指约略指向的即为 $w = u \times v$ 的方向。
这就是所谓的**左手拇指法则**（left-hand-thumb rule，有的文献也称之为左手定则）

例 1.6

设向量 $u = (2, 1, 3)$ 和向量 $v = (2, 0, 0)$。计算 $w = u \times v$ 与 $z = v \times u$，并验证向量 w 既正交于向量 u 又正交于向量 v。运用式（1.5），有：

$$w = u \times v$$
$$= (2, 1, 3) \times (2, 0, 0)$$
$$= (1 \cdot 0 - 3 \cdot 0, 3 \cdot 2 - 2 \cdot 0, 2 \cdot 0 - 1 \cdot 2)$$
$$= (0, 6, -2)$$

以及

$$z = v \times u$$
$$= (2, 0, 0) \times (2, 1, 3)$$
$$= (0 \cdot 3 - 0 \cdot 1, 0 \cdot 2 - 2 \cdot 3, 2 \cdot 1 - 0 \cdot 2)$$
$$= (0, -6, 2)$$

根据计算结果可以明确地得出一项结论：一般来说 $u \times v \neq v \times u$，即向量的叉积不满足交换律。事实上，我们同时也能够证明 $u \times v = -v \times u$，这正是叉积的反交换律。叉积所得的向量可以通过**左手拇指法则**来加以确认。伸出左手，如果并拢手指指向的为参与叉积运算第一个向量的方向，再弯曲四指指向参与叉积运算第二个向量的方向（总是按两者间较小的夹角弯曲四指。如果无法做到，四指需要向手背方向旋转，则说明手心要转到背对方向，拇指最终指向相反方向），那么伸直的拇指方向即为所求叉积的向量方向，如图 1.13 所示。

为了证明向量 w 既正交于向量 u 又正交于向量 v，我们需要用到 1.3 节中的结论：如果 $u \cdot v = 0$，那么 $u \perp v$（即两个向量彼此正交）。由于：

$$w \cdot u = (0, 6, -2) \cdot (2, 1, 3) = 0 \cdot 2 + 6 \cdot 1 + (-2) \cdot 3 = 0$$

以及

$$w \cdot v = (0, 6, -2) \cdot (2, 0, 0) = 0 \cdot 2 + 6 \cdot 0 + (-2) \cdot 0 = 0$$

由此可以推断出：向量 w 既正交于向量 u，也正交于向量 v。

1.4.1　2D 向量的伪叉积

我们刚刚证明了：通过叉积可以求出与两个指定 3D 向量正交的向量。在 2D 空间中虽然不存在这种情况，但是若给定一个 2D 向量 $u = (u_x, u_y)$，我们还是能通过与 3D 向量叉积相似的方法，求出与 u 正交的向量 v。图 1.14 从几何角度展示了满足上述条件的向量 $v = (-u_y, u_x)$。形式上的证明也比较简洁：

$$u \cdot v = (u_x, u_y) \cdot (-u_y, u_x) = -u_x u_y + u_y u_x = 0$$

因此，$u \perp v$。同时，不难看出 $u \cdot -v = u_x u_y + u_y(-u_x) = 0$，所以亦可知 $u \perp -v$。

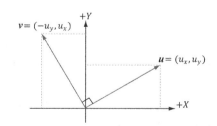

图 1.14　向量 u 的 2D 伪叉积计算结果是正交于 u 的向量 v

1.4.2　通过叉积来进行正交化处理

在 1.3.1 节中，我们曾探讨了可以使向量集正交化的方法：**格拉姆—施密特正交化方法**。对于 3D 情况来讲，还存在另外一种与叉积有关的策略，可使近乎规范正交的向量集$\{v_0, v_1, v_2\}$完全正交化。但若受数值精度误差累积的影响，也许会导致其成为非规范正交集。图 1.15 中几何图示所对照的叉积处理流程如下。

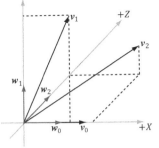

1.　令 $w_0 = \dfrac{v_0}{\|v_0\|}$。

2.　令 $w_2 = \dfrac{w_0 \times v_1}{\|w_0 \times v_1\|}$。

3.　令 $w_1 = w_2 \times w_0$，根据练习 14 可知：由于 $w_2 \perp w_0$ 且 $\|w_2\| = \|w_0\| = 1$，因此 $\|w_2 \times w_0\| = 1$。所以，我们最后也就不再需要对它进行规范化处理了。

此时，向量集$\{w_0, w_1, w_2\}$是规范正交的。

图 1.15　通过叉积来进行正交化处理

注意

在上面的示例中，我们首先令 $w_0 = \dfrac{v_0}{\|v_0\|}$，这意味着将向量 v_0 转换到向量 w_0 时并未改变方向——仅缩放了 v_0 的长度而已。但是，向量 w_1 与向量 w_2 的方向却可以分别不同于向量 v_1 和向量 v_2。对于特定的应用来说，不改变集合中某个向量的方向也许是件很重要的事。例如，在本书后面，我们会利用 3 个规范正交向量$\{v_0, v_1, v_2\}$来表示摄像机（camera）的朝向，而其中的第三个向量 v_2 描述的正是摄像机的观察方向。在对这些向量进行正交化处理的过程中，我们通常并不希望改变此摄像机的观察方向。所以，我们会运用上面的算法，在第一步中处理向量 v_2，再通过修改向量 v_0 和向量 v_1 来使它们正交化。

1.5　点

到目前为止，我们一直都在讨论向量，却还没有对位置的概念进行任何描述。然而，在 3D 程序中是需要我们来指明位置关系的，例如 3D 几何体的位置和 3D 虚拟摄像机的位置等。在一个坐标系中，通过一个处于标准位置的向量（见图 1.16）就能表示出 3D 空间中的特定位置，我们称这种向量为**位置向量**（position vector）。在这种情况下，向量箭头的位置才是值得关注的主要特征，而方向和大小都是无足轻重的。"位置向量"和"点"这两个术语可以互相替代，这是因为一个位置向量足以确定一个点。

然而，用向量表示点也有副作用，在代码中则更为明显，因为部分向量运算对点来说是没有意义的。例如，两点之和的意义何在？但从另一方面来讲，一些运算却可以在点上得到推广。如，可以将两个点的差 $q-p$ 定义为由点 p 指向点 q 的向量。同样，也可以定义点 p 与向量 v 相加，其意义为：令点 p 沿向量 v 位移而得到点 q。由于我们用向量来表示坐标系中的点，所以除了刚刚讨论过的几类与点有关的运算外便无须再做其他额外的工作，这是因为利用向量代数的框架就足以解决点的描述问题了，详见图 1.17。

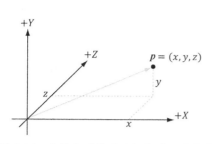
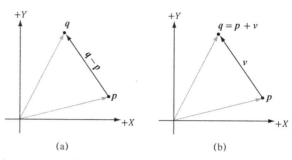

图 1.16　由原点延伸至目标点的位置向量，用它即可描述目标点在坐标系中的位置

图 1.17　图 a 通过 *q* − *p* 的两点之差来定义由点 *p* 指向点 *q* 的向量。图 b 中点 *p* 与向量 *v* 的和可以定义为：使点 *p* 沿着向量 *v* 位移而得到点 *q*

注意

　其实还有一种通过几何方式来定义的多点之间的特殊和，即仿射组合（affine combination），这种运算的过程就像求取诸点的加权平均值。

1.6　利用 DirectXMath 库进行向量运算

对于 Windows 8 及其以上版本来讲，DirectXMath（其前身为 XNA Math 数学库，DirectXMath 正是基于此而成）是一款为 Direct3D 应用程序量身打造的 3D 数学库，而它也自此成为了 Windows SDK 的一部分。该数学库采用了 SIMD 流指令扩展 2（Streaming SIMD Extensions 2，SSE2）指令集。借助 128 位宽的单指令多数据（Single Instruction Multiple Data，SIMD）寄存器，利用一条 SIMD 指令即可同时对 4 个 32 位浮点数或整数进行运算。这对于向量运算带来的益处是不言而喻的。例如，若见到如下的向量加法：

$$u + v = (u_x + v_x, u_y + v_y, u_z + v_z)$$

我们按普通的计算方式只能对分量逐个相加。而通过 SIMD 技术，我们就可以仅用一条 SIMD 加法指令来取代 4 条普通的标量指令，从而直接计算出 4D 向量的加法结果。如果只需要进行 3D 数据运算，我们仍然可以使用 SIMD 技术，但是要忽略第 4 个坐标分量。类似地，对于 2D 运算，则应忽略第 3、4 个坐标分量。

我们并不会对 DirectXMath 库进行全面的介绍，而只是针对本书需要的关键部分进行讲解。关于此库的所有细节，可以参考它的在线文档[DirectXMath]。对于希望了解如何开发一个优秀的 SIMD 向量库，乃至希望深入理解 DirectXMath 库设计原理的读者，我们在这里推荐一篇文章《Designing Fast Cross-Platform SIMD Vector Libraries（设计快速的跨平台 SIMD 向量库）》[Oliveira 2010]。

为了使用 DirectXMath 库，我们需要向代码中添加头文件#include <DirectXMath.h>，而为了一些相关的数据类型还要加入头文件#include <DirectXPackedVector.h>。除此之外并不需要其他的库文件，因为所有的代码都以内联的方式实现在头文件里。**DirectXMath.h** 文件中的代码都存在于 DirectX 命名空间之中，而 **DirectXPackedVector.h** 文件中的代码则都位于 DirectX::PackedVector

命名空间以内。另外，针对 x86 平台，我们需要启用 SSE2 指令集（**Project Properties**（**工程属性**）→**Configuration Properties**（**配置属性**）→**C/C++**→**Code Generation**（**代码生成**）→**Enable Enhanced Instructon Set**（**启用增强指令集**））。对于所有的平台，我们还应当启用快速浮点模型/fp:fast（**Project Properties**（**工程属性**）→**Configuration Properties**（**配置属性**）→**C/C++**→**Code Generation**（**代码生成**）→**Floating Point Model**（**浮点模型**））。而对于 x64 平台来说，我们却不必开启 SSE2 指令集，这是因为所有的 x64 CPU 对此均有支持。

1.6.1　向量类型

在 DirectXMath 库中，核心的向量类型是 XMVECTOR，它将被映射到 SIMD 硬件寄存器。通过 SIMD 指令的配合，利用这种具有 128 位的类型能一次性处理 4 个 32 位的浮点数。在开启 SSE2 后，此类型在 x86 和 x64 平台的定义是：

```
typedef __m128 XMVECTOR;
```

这里的 __m128 是一种特殊的 SIMD 类型（定义见 xmmintrin.h）。在计算向量的过程中，必须通过此类型才可充分地利用 SIMD 技术。正如前文所述，我们将通过 SIMD 技术来处理 2D 和 3D 向量运算，而计算过程中用不到的向量分量则将它置零并忽略。

XMVECTOR 类型的数据需要按 16 字节对齐，这对于局部变量和全局变量而言都是自动实现的。至于类中的数据成员，建议分别使用 XMFLOAT2（2D 向量）、XMFLOAT3（3D 向量）和 XMFLOAT4（4D 向量）类型来加以代替。这些结构体的定义如下[①]：

```
struct XMFLOAT2
{
  float x;
  float y;

  XMFLOAT2() {}
  XMFLOAT2(float _x, float _y) : x(_x), y(_y) {}
  explicit XMFLOAT2(_In_reads_(2) const float *pArray) :
    x(pArray[0]), y(pArray[1]) {}

  XMFLOAT2& operator= (const XMFLOAT2& Float2)
  { x = Float2.x; y = Float2.y; return *this; }
};

struct XMFLOAT3
{
  float x;
  float y;
  float z;
```

[①] DirectXMath.h 头文件会随着 DirectXMath 库版本的更新而变更，因此可能会有若干细节与读者所用的版本不符。DirectXMath 库中的其他文件也存在这种情况。此库当前的主要维护人是 Chuck Walbourn。读者可以访问 Chuck Walbourn 的博客或 GitHub 网站以获得最新信息。

```
XMFLOAT3() {}
XMFLOAT3(float _x, float _y, float _z) : x(_x), y(_y), z(_z) {}
explicit XMFLOAT3(_In_reads_(3) const float *pArray) :
  x(pArray[0]), y(pArray[1]), z(pArray[2]) {}

XMFLOAT3& operator= (const XMFLOAT3& Float3)
{ x = Float3.x; y = Float3.y; z = Float3.z; return *this; }
};

struct XMFLOAT4
{
  float x;
  float y;
  float z;
  float w;

  XMFLOAT4() {}
  XMFLOAT4(float _x, float _y, float _z, float _w) :
    x(_x), y(_y), z(_z), w(_w) {}
  explicit XMFLOAT4(_In_reads_(4) const float *pArray) :
    x(pArray[0]), y(pArray[1]), z(pArray[2]), w(pArray[3]) {}

  XMFLOAT4& operator= (const XMFLOAT4& Float4)
  { x = Float4.x; y = Float4.y; z = Float4.z; w = Float4.w; return
    *this; }
};
```

但是，如果直接把上述这些类型用于计算，却依然不能充分发挥出 SIMD 技术的高效特性。为此，我们还需要将这些类型的实例转换为 XMVECTOR 类型。转换的过程可以通过 DirectXMath 库的加载函数（loading function）实现。相反地，DirectXMath 库也提供了用来将 XMVECTOR 类型转换为 XMFLOAT*n* 类型的存储函数（storage function）。

总结一下：

1. 局部变量或全局变量用 XMVECTOR 类型。
2. 对于类中的数据成员，使用 XMFLOAT2、XMFLOAT3 和 XMFLOAT4 类型。
3. 在运算之前，通过加载函数将 XMFLOAT*n* 类型转换为 XMVECTOR 类型。
4. 用 XMVECTOR 实例来进行运算。
5. 通过存储函数将 XMVECTOR 类型转换为 XMFLOAT*n* 类型。

1.6.2　加载方法和存储方法

用下面的方法将数据从 XMFLOAT*n* 类型加载到 XMVECTOR 类型：

```
// 将数据从 XMFLOAT2 类型中加载到 XMVECTOR 类型
XMVECTOR XM_CALLCONV XMLoadFloat2(const XMFLOAT2 *pSource);
```

```
// 将数据从 XMFLOAT3 类型中加载到 XMVECTOR 类型
XMVECTOR XM_CALLCONV XMLoadFloat3(const XMFLOAT3 *pSource);

// 将数据从 XMFLOAT4 类型中加载到 XMVECTOR 类型
XMVECTOR XM_CALLCONV XMLoadFloat4(const XMFLOAT4 *pSource);
```

用下面的方法可将数据从 XMVECTOR 类型存储到 XMFLOAT*n* 类型：

```
// 将数据从 XMVECTOR 类型中存储到 XMFLOAT2 类型
void XM_CALLCONV XMStoreFloat2(XMFLOAT2 *pDestination, FXMVECTOR V);

// 将数据从 XMVECTOR 类型中存储到 XMFLOAT3 类型
void XM_CALLCONV XMStoreFloat3(XMFLOAT3 *pDestination, FXMVECTOR V);

// 将数据从 XMVECTOR 类型中存储到 XMFLOAT4 类型
void XM_CALLCONV XMStoreFloat4(XMFLOAT4 *pDestination, FXMVECTOR V);
```

当我们只希望从 XMVECTOR 实例中得到某一个向量分量或将某一向量分量转换为 XMVECTOR 类型时，相关的存取方法如下：

```
float XM_CALLCONV XMVectorGetX(FXMVECTOR V);
float XM_CALLCONV XMVectorGetY(FXMVECTOR V);
float XM_CALLCONV XMVectorGetZ(FXMVECTOR V);
float XM_CALLCONV XMVectorGetW(FXMVECTOR V);

XMVECTOR XM_CALLCONV XMVectorSetX(FXMVECTOR V, float x);
XMVECTOR XM_CALLCONV XMVectorSetY(FXMVECTOR V, float y);
XMVECTOR XM_CALLCONV XMVectorSetZ(FXMVECTOR V, float z);
XMVECTOR XM_CALLCONV XMVectorSetW(FXMVECTOR V, float w);
```

1.6.3　参数的传递

为了提高效率，可以将 XMVECTOR 类型的值作为函数的参数，直接传送至 SSE/SSE2 寄存器（register）里，而不存于栈（stack）内。以此方式传递的参数数量取决于用户使用的平台（例如，32 位的 Windows 系统、64 位的 Windows 系统及 Windows RT 系统所能传递的参数数量都各不相同）和编译器。因此，为了使代码更具通用性，不受具体平台、编译器的影响，我们将利用 FXMVECTOR、GXMVECTOR、HXMVECTOR 和 CXMVECTOR 类型来传递 XMVECTOR 类型的参数。基于特定的平台和编译器，它们会被自动地定义为适当的类型。此外，一定要把调用约定注解 XM_CALLCONV 加在函数名之前，它会根据编译器的版本确定出对应的调用约定属性。

传递 XMVECTOR 参数的规则如下：

1.　前 3 个 XMVECTOR 参数应当用类型 FXMVECTOR；

2.　第 4 个 XMVECTOR 参数应当用类型 GXMVECTOR；

3.　第 5、6 个 XMVECTOR 参数应当用类型 HXMVECTOR；

4.　其余的 XMVECTOR 参数应当用类型 CXMVECTOR。

下面详解这些类型在 32 位 Windows 平台和编译器（编译器需要支持 __fastcall 和新增的

__vectorcall 调用约定）上的定义：

```
// 在 32 位的 Windows 系统上，编译器将根据__fastcall 调用约定将前 3 个
// XMVECTOR 参数传递到寄存器中，而把其余参数都存在栈上
typedef const XMVECTOR FXMVECTOR;
typedef const XMVECTOR& GXMVECTOR;
typedef const XMVECTOR& HXMVECTOR;
typedef const XMVECTOR& CXMVECTOR;

// 在 32 位的 Windows 系统上，编译器将通过__vectorcall 调用约定将前 6 个
// XMVECTOR 参数传递到寄存器中，而把其余参数均存在栈上
typedef const XMVECTOR FXMVECTOR;
typedef const XMVECTOR GXMVECTOR;
typedef const XMVECTOR HXMVECTOR;
typedef const XMVECTOR& CXMVECTOR;
```

对于这些类型在其他平台的定义细节，可参见 DirectXMath 库文档中"Library Internals（库的内部细节）"下的"Calling Conventions（调用约定）"部分[DirectXMath]。构造函数（constructor）方法对于这些规则来讲却是个例外。[DirectXMath]建议，在编写构造函数时，前 3 个 XMVECTOR 参数用 FXMVECTOR 类型，其余 XMVECTOR 参数则用 CXMVECTOR 类型。另外，对于构造函数不要使用 XM_CALLCONV 注解。

以下示例截取自 DirectXMath 库的源代码：

```
inline XMMATRIX XM_CALLCONV XMMatrixTransformation(
  FXMVECTOR ScalingOrigin,
  FXMVECTOR ScalingOrientationQuaternion,
  FXMVECTOR Scaling,
  GXMVECTOR RotationOrigin,
  HXMVECTOR RotationQuaternion,
  HXMVECTOR Translation);
```

此函数有 6 个 XMVECTOR 参数，根据参数传递法则，前 3 个参数用 FXMVECTOR 类型，第 4 个参数用 GXMVECTOR 类型，第 5 个和第 6 个参数则用 HXMVECTOR 类型。

在 XMVECTOR 类型的参数之间，我们也可以掺杂其他非 XMVECTOR 类型的参数。此时，XMVECTOR 参数的规则依然适用，而在统计 XMVECTOR 参数的数量时，会对其他类型的参数视若无睹。例如，在下列函数中，前 3 个 XMVECTOR 参数的类型依旧为 FXMVECTOR，第 4 个 XMVECTOR 参数的类型仍为 GXMVECTOR。

```
inline XMMATRIX XM_CALLCONV XMMatrixTransformation2D(
  FXMVECTOR ScalingOrigin,
  float     ScalingOrientation,
  FXMVECTOR Scaling,
  FXMVECTOR RotationOrigin,
  float     Rotation,
  GXMVECTOR Translation);
```

传递 XMVECTOR 参数的规则仅适用于"输入"参数。"输出"的 XMVECTOR 参数（即 XMVECTOR&或 XMVECTOR*）则不会占用 SSE/SSE2 寄存器，所以它们的处理方式与非 XMVECTOR 类型的参数一致。

1.6.4　常向量

XMVECTOR 类型的常量实例应当用 XMVECTORF32 类型来表示。在 DirectX SDK 中的 **CascadedShadowMaps11** 示例内就可见到这种类型的应用：

```
static const XMVECTORF32 g_vHalfVector = { 0.5f, 0.5f, 0.5f, 0.5f };
static const XMVECTORF32 g_vZero = { 0.0f, 0.0f, 0.0f, 0.0f };

XMVECTORF32 vRightTop = {
vViewFrust.RightSlope,
vViewFrust.TopSlope,
1.0f,1.0f
};

XMVECTORF32 vLeftBottom = {
vViewFrust.LeftSlope,
vViewFrust.BottomSlope,
1.0f,1.0f
};
```

基本上，在我们运用初始化语法的时候就要使用 XMVECTORF32 类型。

XMVECTORF32 是一种按 16 字节对齐的结构体，数学库中还提供了将它转换至 XMVECTOR 类型的运算符。其定义如下：

```
// 将常向量转换为其他类型的运算符
__declspec(align(16)) struct XMVECTORF32
{
  union
  {
    float f[4];
    XMVECTOR v;
  };

  inline operator XMVECTOR() const { return v; }
  inline operator const float*() const { return f; }
#if !defined(_XM_NO_INTRINSICS_) && defined(_XM_SSE_INTRINSICS_)
  inline operator __m128i() const { return _mm_castps_si128(v); }
  inline operator __m128d() const { return _mm_castps_pd(v); }
#endif
};
```

另外，也可以通过 XMVECTORU32 类型来创建由整型数据构成的 XMVECTOR 常向量：

```
static const XMVECTORU32 vGrabY = {
0x00000000,0xFFFFFFFF,0x00000000,0x00000000
};
```

1.6.5 重载运算符

XMVECTOR 类型针对向量的加法运算、减法运算和标量乘法运算，都分别提供了对应的重载运算符。

```
XMVECTOR   XM_CALLCONV    operator+ (FXMVECTOR V);
XMVECTOR   XM_CALLCONV    operator- (FXMVECTOR V);

XMVECTOR&  XM_CALLCONV    operator+= (XMVECTOR& V1, FXMVECTOR V2);
XMVECTOR&  XM_CALLCONV    operator-= (XMVECTOR& V1, FXMVECTOR V2);
XMVECTOR&  XM_CALLCONV    operator*= (XMVECTOR& V1, FXMVECTOR V2);
XMVECTOR&  XM_CALLCONV    operator/= (XMVECTOR& V1, FXMVECTOR V2);

XMVECTOR&  operator*= (XMVECTOR& V, float S);
XMVECTOR&  operator/= (XMVECTOR& V, float S);

XMVECTOR   XM_CALLCONV    operator+ (FXMVECTOR V1, FXMVECTOR V2);
XMVECTOR   XM_CALLCONV    operator- (FXMVECTOR V1, FXMVECTOR V2);
XMVECTOR   XM_CALLCONV    operator* (FXMVECTOR V1, FXMVECTOR V2);
XMVECTOR   XM_CALLCONV    operator/ (FXMVECTOR V1, FXMVECTOR V2);
XMVECTOR   XM_CALLCONV    operator* (FXMVECTOR V, float S);
XMVECTOR   XM_CALLCONV    operator* (float S, FXMVECTOR V);
XMVECTOR   XM_CALLCONV    operator/ (FXMVECTOR V, float S);
```

1.6.6 杂项

DirectXMath 库定义了一组与 π 有关的常用数学常量近似值：

```
const float XM_PI      =   3.141592654f;
const float XM_2PI     =   6.283185307f;
const float XM_1DIVPI  =   0.318309886f;
const float XM_1DIV2PI =   0.159154943f;
const float XM_PIDIV2  =   1.570796327f;
const float XM_PIDIV4  =   0.785398163f;
```

另外，它用下列内联函数实现了弧度和角度间的互相转化：

```
inline float XMConvertToRadians(float fDegrees)
{ return fDegrees * (XM_PI / 180.0f); }
inline float XMConvertToDegrees(float fRadians)
{ return fRadians * (180.0f / XM_PI); }
```

DirectXMath 库还定义了求出两个数间较大值及较小值的函数：

```
template<class T> inline T XMMin(T a, T b) { return (a < b) ? a : b; }
template<class T> inline T XMMax(T a, T b) { return (a > b) ? a : b; }
```

1.6.7 Setter 函数

DirectXMath 库提供了下列函数，以设置 XMVECTOR 类型中的数据：

```
// 返回零向量 0
XMVECTOR XM_CALLCONV XMVectorZero();

// 返回向量(1, 1, 1, 1)
XMVECTOR XM_CALLCONV XMVectorSplatOne();

// 返回向量(x, y, z, w)
XMVECTOR XM_CALLCONV XMVectorSet(float x, float y, float z, float w);

// 返回向量(Value, Value, Value, Value)
XMVECTOR XM_CALLCONV XMVectorReplicate(float Value);

// 返回向量(vx, vx, vx, vx)
XMVECTOR XM_CALLCONV XMVectorSplatX(FXMVECTOR V);

// 返回向量(vy, vy, vy, vy)
XMVECTOR XM_CALLCONV XMVectorSplatY(FXMVECTOR V);

// 返回向量(vz, vz, vz, vz)
XMVECTOR XM_CALLCONV XMVectorSplatZ(FXMVECTOR V);
```

下列的示例程序详细地解释了上面大多数函数的用法：

```cpp
#include <windows.h> // 为了使 XMVerifyCPUSupport 函数返回正确值
#include <DirectXMath.h>
#include <DirectXPackedVector.h>
#include <iostream>
using namespace std;
using namespace DirectX;
using namespace DirectX::PackedVector;

// 重载"<<"运算符，这样就可以通过 cout 函数输出 XMVECTOR 对象
ostream& XM_CALLCONV operator<<(ostream& os, FXMVECTOR v)
{
  XMFLOAT3 dest;
  XMStoreFloat3(&dest, v);

  os << "(" << dest.x << ", " << dest.y << ", " << dest.z << ")";
  return os;
}

int main()
{
  cout.setf(ios_base::boolalpha);

  // 检查是否支持 SSE2 指令集 (Pentium4, AMD K8 及其后续版本的处理器)
  if (!XMVerifyCPUSupport())
  {
    cout << "directx math not supported" << endl;
    return 0;
```

```
  }

  XMVECTOR p = XMVectorZero();
  XMVECTOR q = XMVectorSplatOne();
  XMVECTOR u = XMVectorSet(1.0f, 2.0f, 3.0f, 0.0f);
  XMVECTOR v = XMVectorReplicate(-2.0f);
  XMVECTOR w = XMVectorSplatZ(u);

  cout << "p = " << p << endl;
  cout << "q = " << q << endl;
  cout << "u = " << u << endl;
  cout << "v = " << v << endl;
  cout << "w = " << w << endl;

  return 0;
}
```

上述示例程序的输出结果如图 1.18 所示。

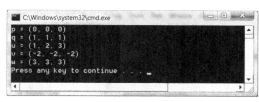

图 1.18 示例程序输出的结果

1.6.8 向量函数

DirectXMath 库提供了下面的函数来执行各种向量运算。我们主要围绕 3D 向量的运算函数进行讲解，类似的运算还有 2D 和 4D 版本。除了表示维度的数字不同以外，这几种版本的函数名皆同。

```
XMVECTOR XM_CALLCONV XMVector3Length(      // 返回||v||
  FXMVECTOR V);                            // 输入向量 v

XMVECTOR XM_CALLCONV XMVector3LengthSq(    //返回||v||²
  FXMVECTOR V);                            // 输入向量 v

XMVECTOR XM_CALLCONV XMVector3Dot(         // 返回 v₁·v₂
  FXMVECTOR V1,                            // 输入向量 v₁
  FXMVECTOR V2);                           // 输入向量 v₂

XMVECTOR XM_CALLCONV XMVector3Cross(       // 返回 v₁×v₂
  FXMVECTOR V1,                            // 输入向量 v₁
  FXMVECTOR V2);                           // 输入向量 v₂

XMVECTOR XM_CALLCONV XMVector3Normalize(   // 返回 v/||v||
  FXMVECTOR V);                            // 输入向量 v
```

```
XMVECTOR XM_CALLCONV XMVector3Orthogonal(      // 返回一个正交于 v 的向量
    FXMVECTOR V);                              // 输入向量 v

XMVECTOR XM_CALLCONV
XMVector3AngleBetweenVectors(                  // 返回 v₁ 和 v₂ 之间的夹角
    FXMVECTOR V1,                              // 输入向量 v₁
    FXMVECTOR V2);                             // 输入向量 v₂

void XM_CALLCONV XMVector3ComponentsFromNormal(
    XMVECTOR* pParallel,                       // 返回 projₙ(v)
    XMVECTOR* pPerpendicular,                  // 返回 perpₙ(v)
    FXMVECTOR V,                               // 输入向量 v
    FXMVECTOR Normal);                         // 输入规范化向量 n

bool XM_CALLCONV XMVector3Equal(               // 返回 v₁ == v₂?
    FXMVECTOR V1,                              // 输入向量 v₁
    FXMVECTOR V2);                             // 输入向量 v₂

bool XM_CALLCONV XMVector3NotEqual(            // 返回 v₁ ≠ v₂
    FXMVECTOR V1,                              // 输入向量 v₁
    FXMVECTOR V2);                             // 输入向量 v₂
```

注意

> **Note** 可以看到，即使在数学上计算的结果是标量（如点积 $k = v_1 \cdot v_2$），但这些函数所返回的类型依旧是 XMVECTOR，而得到的标量结果则被复制到 XMVECTOR 中的各个分量之中。例如点积，此函数返回的向量为（$v_1 \cdot v_2, v_1 \cdot v_2, v_1 \cdot v_2, v_1 \cdot v_2$）。这样做的原因之一是：将标量和 SIMD 向量的混合运算次数降到最低，使用户除了自定义的计算之外全程都使用 SIMD 技术，以提升计算效率。

下面的程序演示了如何使用上述大部分函数，其中还示范了一些重载运算符的用法：

```cpp
#include <windows.h> // 为了使 XMVerifyCPUSupport 函数返回正确值
#include <DirectXMath.h>
#include <DirectXPackedVector.h>
#include <iostream>
using namespace std;
using namespace DirectX;
using namespace DirectX::PackedVector;

// 对"<<"运算符进行重载，这样就可以通过 cout 函数输出 XMVECTOR 对象
ostream& XM_CALLCONV operator<<(ostream& os, FXMVECTOR v)
{
    XMFLOAT3 dest;
    XMStoreFloat3(&dest, v);

    os << "(" << dest.x << ", " << dest.y << ", " << dest.z << ")";
    return os;
```

```
}

int main()
{
  cout.setf(ios_base::boolalpha);

  // 检查是否支持 SSE2 指令集 (Pentium4, AMD K8 及其后续版本的处理器)
  if (!XMVerifyCPUSupport())
  {
    cout << "directx math not supported" << endl;
    return 0;
  }

  XMVECTOR n = XMVectorSet(1.0f, 0.0f, 0.0f, 0.0f);
  XMVECTOR u = XMVectorSet(1.0f, 2.0f, 3.0f, 0.0f);
  XMVECTOR v = XMVectorSet(-2.0f, 1.0f, -3.0f, 0.0f);
  XMVECTOR w = XMVectorSet(0.707f, 0.707f, 0.0f, 0.0f);

  // 向量加法：利用 XMVECTOR 类型的加法运算符+ .
  XMVECTOR a = u + v;

  // 向量减法：利用 XMVECTOR 类型的减法运算符-
  XMVECTOR b = u - v;

  // 标量乘法：利用 XMVECTOR 类型的标量乘法运算符*
  XMVECTOR c = 10.0f*u;

  // ||u||
  XMVECTOR L = XMVector3Length(u);

  // d = u / ||u||
  XMVECTOR d = XMVector3Normalize(u);

  // s = u dot v
  XMVECTOR s = XMVector3Dot(u, v);

  // e = u x v
  XMVECTOR e = XMVector3Cross(u, v);

  // 求出 proj_n(w) 和 perp_n(w)
  XMVECTOR projW;
  XMVECTOR perpW;
  XMVector3ComponentsFromNormal(&projW, &perpW, w, n);

  // projW + perpW == w?
  bool equal = XMVector3Equal(projW + perpW, w) != 0;
  bool notEqual = XMVector3NotEqual(projW + perpW, w) != 0;

  // projW 与 perpW 之间的夹角应为 90 度
  XMVECTOR angleVec = XMVector3AngleBetweenVectors(projW, perpW);
  float angleRadians = XMVectorGetX(angleVec);
```

```
float angleDegrees = XMConvertToDegrees(angleRadians);

cout << "u            = " << u << endl;
cout << "v            = " << v << endl;
cout << "w            = " << w << endl;
cout << "n            = " << n << endl;
cout << "a = u + v    = " << a << endl;
cout << "b = u - v    = " << b << endl;
cout << "c = 10 * u   = " << c << endl;
cout << "d = u / ||u|| = " << d << endl;
cout << "e = u x v    = " << e << endl;
cout << "L = ||u||    = " << L << endl;
cout << "s = u.v      = " << s << endl;
cout << "projW        = " << projW << endl;
cout << "perpW        = " << perpW << endl;
cout << "projW + perpW == w = " << equal << endl;
cout << "projW + perpW != w = " << notEqual << endl;
cout << "angle        = " << angleDegrees << endl;

return 0;
}
```

上述示例程序的输出结果如图 1.19 所示。

图 1.19　示例程序的输出结果

注意

DirectXMath 库也提供了一些估算方法，精度低但速度快。如果愿意为了速度而牺牲一些精度，则可以使用它们。下面是两个估算方法的例子。

```
XMVECTOR XM_CALLCONV XMVector3LengthEst(    // 返回估算值||v||
    FXMVECTOR V);                            // 输入v

XMVECTOR XM_CALLCONV XMVector3NormalizeEst(  // 返回估算值v/||v||
    FXMVECTOR V);                            // 输入v
```

1.6.9　浮点数误差

在用计算机处理与向量有关的工作时，我们应当了解以下的内容。在比较浮点数时，一定要注意浮

点数存在的误差。我们认为相等的两个浮点数可能会因此而有细微的差别。例如，已知在数学上规范化
向量的长度为 1，但是在计算机程序中的表达上，向量的长度只能接近于 1。此外，在数学中，对于任意
实数 p 有 $1^p=1$。但是，当只能在数值上逼近 1 时，随着幂 p 的增加，所求近似值的误差也在逐渐增大。
由此可见，数值误差是可积累的。下面这个小程序可印证这些观点：

```cpp
#include <windows.h> // 为了使 XMVerifyCPUSupport 函数返回正确值
#include <DirectXMath.h>
#include <DirectXPackedVector.h>
#include <iostream>
using namespace std;
using namespace DirectX;
using namespace DirectX::PackedVector;

int main()
{
  cout.precision(8);

  // 检查是否支持 SSE2 指令集（Pentium4，AMD K8 及其后续版本的处理器）
  if (!XMVerifyCPUSupport())
  {
    cout << "directx math not supported" << endl;
    return 0;
  }

  XMVECTOR u = XMVectorSet(1.0f, 1.0f, 1.0f, 0.0f);
  XMVECTOR n = XMVector3Normalize(u);

  float LU = XMVectorGetX(XMVector3Length(n));

  // 在数学上，此向量的长度应当为 1。在计算机中的数值表达上也是如此吗？
  cout << LU << endl;
  if (LU == 1.0f)
    cout << "Length 1" << endl;
  else
    cout << "Length not 1" << endl;

  // 1 的任意次方都是 1。但是在计算机中，事实确实如此吗？
  float powLU = powf(LU, 1.0e6f);
  cout << "LU^(10^6) = " << powLU << endl;
}
```

上述示例程序的输出结果如图 1.20 所示。

图 1.20 示例程序输出的结果

为了弥补浮点数精确性上的不足，我们通过比较两个浮点数是否近似相等来加以解决。在比较的时

候，我们需要定义一个 Epsilon 常量，它是个非常小的值，可为误差留下一定的"缓冲"余地。如果两个数相差的值小于 Epsilon，我们就说这两个数是近似相等的。换句话说，Epsilon 是针对浮点数的误差问题所指定的容差（tolerance）。下面的函数解释了如何利用 Epsilon 来检测两个浮点数是否相等：

```
const float Epsilon = 0.001f;
bool Equals(float lhs, float rhs)
{
    // lhs 和 rhs 相差的值是否小于 EPSILON?
    return fabs(lhs - rhs) < Epsilon ? true : false;
}
```

对此，DirectXMath 库提供了 XMVector3NearEqual 函数，用于以 Epsilon 作为容差，测试比较的向量是否相等：

```
// 返回
//   abs(U.x - V.x) <= Epsilon.x &&
//   abs(U.y - V.y) <= Epsilon.y &&
//   abs(U.z - V.z) <= Epsilon.z
XMFINLINE bool XM_CALLCONV XMVector3NearEqual(
  FXMVECTOR U,
  FXMVECTOR V,
  FXMVECTOR Epsilon);
```

1.7　小结

1. 向量可以用来模拟同时具有大小和方向的物理量。在几何学上，我们用有向线段表示向量。当向量平移至尾部与所在坐标系原点恰好重合的位置时，向量位于标准位置。一旦向量处于标准位置，我们便可以用向量头部相对于坐标系的坐标来作为它的数学描述。

2. 假设有向量 $u = (u_x, u_y, u_z)$ 和向量 $v = (v_x, v_y, v_z)$，那么就能对它们进行下列向量计算。

   （a）加法运算：$u + v = (u_x + v_x, u_y + v_y, u_z + v_z)$

   （b）减法运算：$u - v = (u_x - v_x, u_y - v_y, u_z - v_z)$

   （c）标量乘法运算：$ku = (ku_x, ku_y, ku_z)$

   （d）向量长度：$\|u\| = \sqrt{x^2 + y^2 + z^2}$

   （e）规范化：$\hat{u} = \dfrac{u}{\|u\|} = \left(\dfrac{x}{\|u\|}, \dfrac{y}{\|u\|}, \dfrac{z}{\|u\|}\right)$

   （f）点积：$u \cdot v = \|u\|\|v\|\cos\theta = u_x v_x + u_y v_y + u_z v_z$

   （g）叉积：$u \times v = (u_y v_z - u_z v_y, u_z v_x - u_x v_z, u_x v_y - u_y v_x)$

3. 用 DirectXMath 库的 XMVECTOR 类型来描述向量，这样就可以在代码中利用 SIMD 技术进行高效的运算。对于类中的数据成员来说，要使用 XMFLOAT2、XMFLOAT3 和 XMFLOAT4 这些类表示向量，并通过加载和存储方法令数据在 XMVECTOR 类型与 XMFLOAT*n* 类型之间互相转化。另外，在使用常向量的初始化语法时，应当采用 **XMVECTORF32** 类型。

4. 为了提高效率，当 XMVECTOR 类型的值被当作参数传入函数时，可以直接存入 SSE/SSE2 寄存器中而不是栈上。要令代码与平台无关，我们将使用 FXMVECTOR、GXMVECTOR、HXMVECTOR 和 CXMVECTOR 类型来传递 XMVECTOR 参数。传递 XMVECTOR 参数的规则为：前 3 个 XMVECTOR 参数应当用 FXMVECTOR 类型，第 4 个 XMVECTOR 参数用 GXMVECTOR 类型，第 5 个和第 6 个 XMVECTOR 参数用 HXMVECTOR 类型，而其余的 XMVECTOR 类型参数则用 CXMVECTOR 类型。

5. XMVECTOR 类重载了一些运算符用来实现向量的加法、减法和标量乘法。另外，**DirectXMath** 库还提供了下面一些实用的函数，用于计算向量的模、模的平方、两个向量的点积、两个向量的叉积以及对向量进行规范化处理：

```
XMVECTOR XM_CALLCONV XMVector3Length(FXMVECTOR V);
XMVECTOR XM_CALLCONV XMVector3LengthSq(FXMVECTOR V);
XMVECTOR XM_CALLCONV XMVector3Dot(FXMVECTOR V1, FXMVECTOR V2);
XMVECTOR XM_CALLCONV XMVector3Cross(FXMVECTOR V1, FXMVECTOR V2);
XMVECTOR XM_CALLCONV XMVector3Normalize(FXMVECTOR V);
```

1.8 练习

1. 设向量 $u = (1, 2)$ 和向量 $v = (3, -4)$。写出下列各式的演算过程，并在 2D 坐标系内画出相应的向量。

   （a）$u + v$

   （b）$u - v$

   （c）$2u + \dfrac{1}{2}v$

   （d）$-2u + v$

2. 设向量 $u = (-1, 3, 2)$ 和向量 $v = (3, -4, 1)$。写出下列问题的解答过程。

   （a）$u + v$

   （b）$u - v$

   （c）$3u + 2v$

   （d）$-2u + v$

3. 本习题展示了向量代数与实数所共有的一些计算性质（注意，以下清单中所列举的性质并不完整）。假设有向量 $u = (u_x, u_y, u_z)$、$v = (v_x, v_y, v_z)$ 和 $w = (w_x, w_y, w_z)$，另有标量 c 和 k，请证明下列向量性质。

   （a）$u + v = v + u$（加法交换律）

   （b）$u + (v + w) = (u + v) + w$（加法结合律）

   （c）$(ck)u = c(ku)$（标量乘法的结合律）

（d）$k(u + v) = ku + kv$（分配律 1）

（e）$u(k + c) = ku + cu$（分配律 2）

提示

仅利用向量运算的定义和实数的性质即可完成证明。例如，

$$(ck)u = (ck)(u_x, u_y, u_z)$$
$$= ((ck)\, u_x, (ck)\, u_y, (ck)\, u_z)$$
$$= (c(ku_x), c(ku_y), c(ku_z))$$
$$= c(ku_x, ku_y, ku_z)$$
$$= c(ku)$$

4. 根据等式 $2[(1, 2, 3) - x] - (-2, 0, 4) = -2(1, 2, 3)$，求其中的向量 x。

5. 设向量 $u = (-1, 3, 2)$ 和向量 $v = (3, -4, 1)$。对 u 和 v 进行规范化处理。

6. 设 k 为标量，向量 $u = (u_x, u_y, u_z)$。求证 $\|ku\| = |k|\|u\|$。

7. 下列各组向量中，u 与 v 之间的夹角是直角、锐角还是钝角?

   （a）$u = (1, 1, 1)$，$v = (2, 3, 4)$

   （b）$u = (1, 1, 0)$，$v = (-2, 2, 0)$

   （c）$u = (-1, -1, -1)$，$v = (3, 1, 0)$

8. 设向量 $u = (-1, 3, 2)$ 和向量 $v = (3, -4, 1)$。计算 u 和 v 之间的夹角 θ。

9. 设向量 $u = (u_x, u_y, u_z)$、$v = (v_x, v_y, v_z)$ 和 $w = (w_x, w_y, w_z)$，且 c 和 k 为标量。证明下列点积性质。

   （a）$u \cdot v = v \cdot u$

   （b）$u \cdot (v + w) = u \cdot v + u \cdot w$

   （c）$k(u \cdot v) = (ku) \cdot v = u \cdot (kv)$

   （d）$v \cdot v = \| v \|^2$

   （e）$0 \cdot v = 0$

提示

仅利用前文介绍的各种定义即可证明，例如，

$$v \cdot v = v_x v_x + v_y v_y + v_z v_z$$
$$= v_x^2 + v_y^2 + v_z^2$$
$$= \left(\sqrt{v_x^2 + v_y^2 + v_z^2} \right)^2$$
$$= \| v \|^2$$

10. 利用余弦定理（$c^2 = a^2 + b^2 - 2ab\cos\theta$，其中 a、b、c 分别是三角形 3 条边的边长，θ 为 a 与 b 之间的夹角）来证明:

$$u_x v_x + u_y v_y + u_z v_z = \| u \|\| v \|\cos\theta$$

提示

参考图 1.9，设 $c^2 = \|\boldsymbol{u} - \boldsymbol{v}\|^2$，$a^2 = \|\boldsymbol{u}\|^2$ 以及 $b^2 = \|\boldsymbol{v}\|^2$，再运用上一个习题中得到的点积性质即可。

11. 设向量 $\boldsymbol{n} = (-2, 1)$。将向量 $\boldsymbol{g} = (0, -9.8)$ 分解为两个相互正交的向量之和，使它们一个平行于 $\boldsymbol{n}$、一个正交于 $\boldsymbol{n}$。最后，在同一 2D 坐标系中画出这些向量。

12. 设向量 $\boldsymbol{u} = (-2, 1, 4)$ 和向量 $\boldsymbol{v} = (3, -4, 1)$。求向量 $\boldsymbol{w} = \boldsymbol{u} \times \boldsymbol{v}$，再证明 $\boldsymbol{w} \cdot \boldsymbol{u} = 0$ 及 $\boldsymbol{w} \cdot \boldsymbol{v} = 0$。

13. 设 $\boldsymbol{A} = (0, 0, 0)$，$\boldsymbol{B} = (0, 1, 3)$ 和 $\boldsymbol{C} = (5, 1, 0)$ 三点在某坐标系中定义了一个三角形。求出一正交于此三角形的向量。

提示

先求出位于三角形任意两条边上的两个向量，再对它们进行叉积运算即可。

14. 证明 $\|\boldsymbol{u} \times \boldsymbol{v}\| = \|\boldsymbol{u}\| \|\boldsymbol{v}\| \sin \theta$。

提示

从 $\|\boldsymbol{u}\| \|\boldsymbol{v}\| \sin \theta$ 一侧开始证明，先利用三角恒等式 $\cos^2 \theta + \sin^2 \theta = 1 \Rightarrow \sin \theta = \sqrt{1 - \cos^2 \theta}$，再运用式（1.4）。

15. 证明：由向量 $\boldsymbol{u}$ 和向量 $\boldsymbol{v}$ 张成的平行四边形面积为 $\|\boldsymbol{u} \times \boldsymbol{v}\|$，如图 1.21 所示[①]。

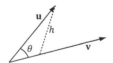

图 1.21　由向量 $\boldsymbol{u}$ 和向量 $\boldsymbol{v}$ 张成的平行四边形。此平行四边形的底为 $\|\boldsymbol{v}\|$ 且高为 h

16. 举例证明：存在 3D 向量 $\boldsymbol{u}$、$\boldsymbol{v}$ 和 $\boldsymbol{w}$，满足 $\boldsymbol{u} \times (\boldsymbol{v} \times \boldsymbol{w}) \neq (\boldsymbol{u} \times \boldsymbol{v}) \times \boldsymbol{w}$。这说明叉积一般不满足结合律。

提示

考虑这个简单的向量组合：$\boldsymbol{i} = (1, 0, 0)$，$\boldsymbol{j} = (0, 1, 0)$ 和 $\boldsymbol{k} = (0, 0, 1)$。

17. 证明两个非零且相互平行向量的叉积为零向量，即 $\boldsymbol{u} \times k\boldsymbol{u} = \boldsymbol{0}$。

---

① 私以为平行四边形的高 h 应垂直于向量 $\boldsymbol{v}$。

提示

直接利用叉积定义即可。

18. 利用格拉姆—施密特正交化方法，令向量集$\{(1, 0, 0), (1, 5, 0), (2, 1, -4)\}$规范正交化。

19. 思考下面的程序及其输出结果（见图 1.22）。猜测其中每个 XMVector* 函数的功能。然后在 DirectXMath 文档中，查阅每个函数的相关信息[①]。

```
#include <windows.h> // 为了使用 XMVerifyCPUSupport 函数返回正确值
#include <DirectXMath.h>
#include <DirectXPackedVector.h>
#include <iostream>
using namespace std;
using namespace DirectX;
using namespace DirectX::PackedVector;

// 重载"<<"运算符，这样便可以使用 cout 输出 XMVECTOR 对象
ostream& XM_CALLCONV operator<<(ostream& os, FXMVECTOR v)
{
  XMFLOAT4 dest;
  XMStoreFloat4(&dest, v);

  os << "(" << dest.x << ", " << dest.y << ", "
     << dest.z << ", " << dest.w << ")";
  return os;
}

int main()
{
  cout.setf(ios_base::boolalpha);

  // 检查是否支持 SSE2 指令集 (Pentium4, AMD K8 及其后续版本的处理器)
  if (!XMVerifyCPUSupport())
  {
    cout << "directx math not supported" << endl;
    return 0;
  }

  XMVECTOR p = XMVectorSet(2.0f, 2.0f, 1.0f, 0.0f);
  XMVECTOR q = XMVectorSet(2.0f, -0.5f, 0.5f, 0.1f);
  XMVECTOR u = XMVectorSet(1.0f, 2.0f, 4.0f, 8.0f);
  XMVECTOR v = XMVectorSet(-2.0f, 1.0f, -3.0f, 2.5f);
  XMVECTOR w = XMVectorSet(0.0f, XM_PIDIV4, XM_PIDIV2, XM_PI);

  cout << "XMVectorAbs(v)          = " << XMVectorAbs(v) << endl;
```

---

① 注意 XMVectorCos 函数的输出结果。

```
    cout << "XMVectorCos(w)        = " << XMVectorCos(w) << endl;
    cout << "XMVectorLog(u)        = " << XMVectorLog(u) << endl;
    cout << "XMVectorExp(p)        = " << XMVectorExp(p) << endl;

    cout << "XMVectorPow(u, p)     = " << XMVectorPow(u, p) << endl;
    cout << "XMVectorSqrt(u)       = " << XMVectorSqrt(u) << endl;

    cout << "XMVectorSwizzle(u, 2, 2, 1, 3) = "
         << XMVectorSwizzle(u, 2, 2, 1, 3) << endl;
    cout << "XMVectorSwizzle(u, 2, 1, 0, 3) = "
         << XMVectorSwizzle(u, 2, 1, 0, 3) << endl;

    cout << "XMVectorMultiply(u, v)     = " << XMVectorMultiply(u, v) << endl;
    cout << "XMVectorSaturate(q)        = " << XMVectorSaturate(q) << endl;
    cout << "XMVectorMin(p, v)          = " << XMVectorMin(p, v) << endl;
    cout << "XMVectorMax(p, v)          = " << XMVectorMax(p, v) << endl;

    return 0;
}
```

图 1.22 上述程序输出的结果

第2章
矩阵代数

在计算机 3D 图形学中，我们利用矩阵简洁地描述几何体的变换，例如缩放、旋转和平移。除此之外，还可借助矩阵将点或向量的坐标在不同的标架之间进行转换。在本章中，我们将探索与矩阵有关的数学知识。

学习目标：

1. 理解矩阵及其相关运算的定义。
2. 探究为何能将向量与矩阵的乘法视为一种线性组合。
3. 学习单位矩阵、转置矩阵、行列式以及矩阵的逆等概念。
4. 逐步熟悉 DirectXMath 库中提供的关于矩阵计算的类与函数的子集。

2.1 矩阵的定义

一个规模为 $m \times n$ 的**矩阵**（matrix）M，是由 m 行 n 列实数所构成的矩形阵列。[①]行数和列数的乘积表示了矩阵的维度。矩阵中的数字则称作**元素**（element）或**元**（entry）。通过双下标表示法 M_{ij} 指定元素的行和列就可以确定出对应的矩阵元素，M_{ij} 表示的是矩阵中第 i 行、第 j 列的元素。

例 2.1

考察下列矩阵：

$$A = \begin{bmatrix} 3.5 & 0 & 0 & 0 \\ 0 & 1 & 0 & 0 \\ 0 & 0 & 0.5 & 0 \\ 2 & -5 & \sqrt{2} & 1 \end{bmatrix} \quad B = \begin{bmatrix} B_{11} & B_{12} \\ B_{21} & B_{22} \\ B_{31} & B_{32} \end{bmatrix} \quad u = \begin{bmatrix} u_1, u_2, u_3 \end{bmatrix} \quad v = \begin{bmatrix} 1 \\ 2 \\ \sqrt{3} \\ \pi \end{bmatrix}$$

1. A 是一个 4×4 矩阵，B 是一个 3×2 矩阵，u 是一个 1×3 矩阵，v 是一个 4×1 矩阵。
2. 我们通过双下标表示法 $A_{42} = -5$ 将矩阵 A 中第 4 行第 2 列的元素指定为 -5，并以 B_{21} 表示矩阵 B 中第 2 行第 1 列的这一元素。
3. u 与 v 是两种特殊矩阵，分别只由一行元素或一列元素构成。由于它们常用于以矩阵的形式来表

---

① 准确来讲，矩阵中的元素并非仅为实数。

示一个向量（例如，我们可以自由地交替使用(x, y, z)与$[x, y, z]$这两种向量记法），因此有时候也分别称它们为行向量或列向量。观察可知，在表示行向量和列向量的矩阵元素时不必再采用双下标——使用单下标记法即可。

在某些情况下，我们倾向于把矩阵的每一行都看作一个向量。例如，可以把矩阵写作：

$$\begin{bmatrix} A_{11} & A_{12} & A_{13} \\ A_{21} & A_{22} & A_{23} \\ A_{31} & A_{32} & A_{33} \end{bmatrix} = \begin{bmatrix} \leftarrow A_{1,*} \rightarrow \\ \leftarrow A_{2,*} \rightarrow \\ \leftarrow A_{3,*} \rightarrow \end{bmatrix}$$

其中，$A_{1,*} = [A_{11}, A_{12}, A_{13}]$，$A_{2,*} = [A_{21}, A_{22}, A_{23}]$，$A_{3,*} = [A_{31}, A_{32}, A_{33}]$。在这种表达方式中，第一个索引表示特定的行，第二个索引"$*$"表示该行的整个行向量。而且，对于矩阵的列也有类似的定义：

$$\begin{bmatrix} A_{11} & A_{12} & A_{13} \\ A_{21} & A_{22} & A_{23} \\ A_{31} & A_{32} & A_{33} \end{bmatrix} = \begin{bmatrix} \uparrow & \uparrow & \uparrow \\ A_{*,1} & A_{*,2} & A_{*,3} \\ \downarrow & \downarrow & \downarrow \end{bmatrix}$$

其中

$$A_{*,1} = \begin{bmatrix} A_{11} \\ A_{21} \\ A_{31} \end{bmatrix}, A_{*,2} = \begin{bmatrix} A_{12} \\ A_{22} \\ A_{32} \end{bmatrix}, A_{*,3} = \begin{bmatrix} A_{13} \\ A_{23} \\ A_{33} \end{bmatrix}$$

在这种表达方法中，第二个索引表示特定的列，第一个索引"$*$"表示该列的整个列向量。

现在来定义矩阵相等、加法运算、标量乘法运算和减法运算。

1. 两个矩阵相等，当且仅当这两个矩阵的对应元素相等。为了加以比较，两者必有相同的行数和列数。

2. 两个矩阵的加法运算，即将两者对应的元素相加。同理，只有行数和列数都分别相同的两个矩阵相加才有意义。

3. 矩阵的标量乘法就是将一个标量依次与矩阵内的每个元素相乘。

4. 利用矩阵的加法和标量乘法可以定义出矩阵的减法，即 $A - B = A + (-1 \cdot B) = A + (-B)$。

例 2.2

设

$$A = \begin{bmatrix} 1 & 5 \\ -2 & 3 \end{bmatrix}, B = \begin{bmatrix} 6 & 2 \\ 5 & -8 \end{bmatrix}, C = \begin{bmatrix} 1 & 5 \\ -2 & 3 \end{bmatrix}, D = \begin{bmatrix} 2 & 1 & -3 \\ -6 & 3 & 0 \end{bmatrix}$$

那么，

（ i ） $\quad A + B = \begin{bmatrix} 1 & 5 \\ -2 & 3 \end{bmatrix} + \begin{bmatrix} 6 & 2 \\ 5 & -8 \end{bmatrix} = \begin{bmatrix} 1+6 & 5+2 \\ -2+5 & 3+(-8) \end{bmatrix} = \begin{bmatrix} 7 & 7 \\ 3 & -5 \end{bmatrix}$

（ ii ） $\quad A = C$

（ iii ） $\quad 3D = 3\begin{bmatrix} 2 & 1 & -3 \\ -6 & 3 & 0 \end{bmatrix} = \begin{bmatrix} 3(2) & 3(1) & 3(-3) \\ 3(-6) & 3(3) & 3(0) \end{bmatrix} = \begin{bmatrix} 6 & 3 & -9 \\ -18 & 9 & 0 \end{bmatrix}$

（iv） $A - B = \begin{bmatrix} 1 & 5 \\ -2 & 3 \end{bmatrix} - \begin{bmatrix} 6 & 2 \\ 5 & -8 \end{bmatrix} = \begin{bmatrix} 1-6 & 5-2 \\ -2-5 & 3-(-8) \end{bmatrix} = \begin{bmatrix} -5 & 3 \\ -7 & 11 \end{bmatrix}$

由于在矩阵的加法和标量乘法的运算过程中，是以元素为单位展开计算的，所以它们实际上也分别从实数运算中继承了下列性质：

1. $A + B = B + A$ 加法交换律
2. $(A + B) + C = A + (B + C)$ 加法结合律
3. $r(A + B) = rA + rB$ 标量乘法对矩阵加法的分配律
4. $(r + s)A = rA + sA$ 矩阵乘法对标量加法的分配律

2.2 矩阵乘法

2.2.1 定义

如果 A 是一个 $m \times n$ 矩阵，B 是一个 $n \times p$ 矩阵，那么，两者乘积 AB 的结果是一个规模为 $m \times p$ 的矩阵 C。矩阵 C 中第 i 行、第 j 列的元素，由矩阵 A 的第 i 个行向量与矩阵 B 的第 j 个列向量的点积求得，即：

$$C_{ij} = A_{i,} \cdot B_{\cdot,j} \tag{2.1}$$

要注意的是，为了使矩阵乘积 AB 有意义，矩阵 A 中的列数与矩阵 B 中的行数必须相同。也就是说，矩阵 A 中行向量的维数（可认为是分量的个数）与矩阵 B 中列向量的维数要一致。如果二者的维数不同，那么式（2.1）中的点积运算没有意义。

例 2.3

设

$$A = \begin{bmatrix} 1 & 5 \\ -2 & 3 \end{bmatrix} \quad 和 \quad B = \begin{bmatrix} 2 & -6 \\ 1 & 3 \\ -3 & 0 \end{bmatrix}$$

因为矩阵 A 的行向量维数为 2，矩阵 B 的列向量维数为 3，所以乘积 AB 无定义。不妨这样想，由于 2D 向量不能与 3D 向量进行点积计算，因此，矩阵 A 中的第一个行向量与矩阵 B 中的第一个列向量也就无法开展点积运算。

例 2.4

设

$$A = \begin{bmatrix} -1 & 5 & -4 \\ 3 & 2 & 1 \end{bmatrix} \quad 与 \quad B = \begin{bmatrix} 2 & 1 & 0 \\ 0 & -2 & 1 \\ -1 & 2 & 3 \end{bmatrix}$$

由于矩阵 A 的列数与矩阵 B 的行数相同，可首先指出乘积 AB 是有意义的（其结果是一个 2×3 矩阵）。根据式（2.1）可以得到：

$$AB = \begin{bmatrix} -1 & 5 & -4 \\ 3 & 2 & 1 \end{bmatrix} \begin{bmatrix} 2 & 1 & 0 \\ 0 & -2 & 1 \\ -1 & 2 & 3 \end{bmatrix}$$

$$= \begin{bmatrix} (-1,5,-4) \cdot (2,0,-1) & (-1,5,-4) \cdot (1,-2,2) & (-1,5,-4) \cdot (0,1,3) \\ (3,2,1) \cdot (2,0,-1) & (3,2,1) \cdot (1,-2,2) & (3,2,1) \cdot (0,1,3) \end{bmatrix}$$

$$= \begin{bmatrix} 2 & -19 & -7 \\ 5 & 1 & 5 \end{bmatrix}$$

我们还可以发现乘积 BA 却没有意义，因为矩阵 B 的列数**不等于**矩阵 A 的行数。这表明，矩阵的乘法一般不满足交换律，即 $AB \neq BA$。

2.2.2 向量与矩阵的乘法

考虑下列向量与矩阵的乘法运算：

$$uA = [x,y,z] \begin{bmatrix} A_{11} & A_{12} & A_{13} \\ A_{21} & A_{22} & A_{23} \\ A_{31} & A_{32} & A_{33} \end{bmatrix} = [x,y,z] \begin{bmatrix} \uparrow & \uparrow & \uparrow \\ A_{*,1} & A_{*,2} & A_{*,3} \\ \downarrow & \downarrow & \downarrow \end{bmatrix}$$

可以观察到：该例中，uA 的计算结果是一个规模为 1×3 的行向量。现在运用式（2.1）即可得到：

$$uA = \begin{bmatrix} u \cdot A_{*,1} & u \cdot A_{*,2} & u \cdot A_{*,3} \end{bmatrix}$$

$$= \begin{bmatrix} xA_{11} + yA_{21} + zA_{31}, & xA_{12} + yA_{22} + zA_{32}, & xA_{13} + yA_{23} + zA_{33} \end{bmatrix}$$

$$= \begin{bmatrix} xA_{11}, xA_{12}, xA_{13} \end{bmatrix} + \begin{bmatrix} yA_{21}, yA_{22}, yA_{23} \end{bmatrix} + \begin{bmatrix} zA_{31}, zA_{32}, zA_{33} \end{bmatrix}$$

$$= x \begin{bmatrix} A_{11}, A_{12}, A_{13} \end{bmatrix} + y \begin{bmatrix} A_{21}, A_{22}, A_{23} \end{bmatrix} + z \begin{bmatrix} A_{31}, A_{32}, A_{33} \end{bmatrix}$$

$$= xA_{1,*} + yA_{2,*} + zA_{3,*}$$

因此，

$$uA = xA_{1,*} + yA_{2,*} + zA_{3,*} \tag{2.2}$$

式（2.2）实为一种**线性组合**（linear combination），这意味着向量与矩阵的乘积 uA 就相当于：向量 u 给定的标量系数 x、y、z 与矩阵 A 中各行向量的线性组合。注意，尽管我们只展示了 1×3 行向量与 3×3 矩阵的乘法，但是这个结论却具有一般性。也就是说，对于一个 $1 \times n$ 行向量 u 与一个 $n \times m$ 矩阵 A，我们总可得到 u 所给出的标量系数与 A 中诸行向量的线性组合 uA：

$$[u_1, \cdots, u_n] \begin{bmatrix} A_{11} & \cdots & A_{1m} \\ \vdots & \ddots & \vdots \\ A_{n1} & \cdots & A_{nm} \end{bmatrix} = u_1 A_{1,*} + \cdots + u_n A_{n,*} \tag{2.3}$$

2.2.3 结合律

矩阵的乘法运算具有一些很有用的代数性质。例如，矩阵乘法对矩阵加法的分配律 $A(B+C) = AB + AC$ 以及 $(A+B)C = AC + BC$。除此之外，我们还会不时地用到矩阵乘法的结合律，可借此来决定矩阵乘法的计算顺序：

$$(AB)C = A(BC)$$

2.3　转置矩阵

转置矩阵（transpose matrix）指的是将原矩阵的行与列进行互换所得到的新矩阵。所以，根据一个 $m \times n$ 矩阵可得到一个规模为 $n \times m$ 的转置矩阵。我们将矩阵 M 的转置矩阵记作 M^{T}。

例 2.5

求出下列 3 个矩阵的转置矩阵：

$$A = \begin{bmatrix} 2 & -1 & 8 \\ 3 & 6 & -4 \end{bmatrix}, B = \begin{bmatrix} a & b & c \\ d & e & f \\ g & h & i \end{bmatrix}, C = \begin{bmatrix} 1 \\ 2 \\ 3 \\ 4 \end{bmatrix}$$

上面提到，通过互换矩阵的行和列来求出转置矩阵，于是得到：

$$A^{\mathrm{T}} = \begin{bmatrix} 2 & 3 \\ -1 & 6 \\ 8 & -4 \end{bmatrix}, B^{\mathrm{T}} = \begin{bmatrix} a & d & g \\ b & e & h \\ c & f & i \end{bmatrix}, C^{\mathrm{T}} = \begin{bmatrix} 1 & 2 & 3 & 4 \end{bmatrix}$$

转置矩阵具有下列实用性质：

1. $(A + B)^{\mathrm{T}} = A^{\mathrm{T}} + B^{\mathrm{T}}$
2. $(cA)^{\mathrm{T}} = cA^{\mathrm{T}}$
3. $(AB)^{\mathrm{T}} = B^{\mathrm{T}}A^{\mathrm{T}}$
4. $(A^{\mathrm{T}})^{\mathrm{T}} = A$
5. $(A^{-1})^{\mathrm{T}} = (A^{\mathrm{T}})^{-1}$

2.4　单位矩阵

单位矩阵（identity matrix）比较特殊，是一种主对角线上的元素均为 1，其他元素都为 0 的方阵。

例如，下列依次是规模为 2×2 ， 3×3 和 4×4 的单位矩阵：

$$\begin{bmatrix} 1 & 0 \\ 0 & 1 \end{bmatrix}, \begin{bmatrix} 1 & 0 & 0 \\ 0 & 1 & 0 \\ 0 & 0 & 1 \end{bmatrix}, \begin{bmatrix} 1 & 0 & 0 & 0 \\ 0 & 1 & 0 & 0 \\ 0 & 0 & 1 & 0 \\ 0 & 0 & 0 & 1 \end{bmatrix}$$

单位矩阵是矩阵的乘法单位元（multiplicative identity）。即如果 A 为 $m \times n$ 矩阵，B 为 $n \times p$ 矩阵，而 I 为 $n \times n$ 的单位矩阵，那么

$$AI = A \quad 且 \quad IB = B$$

换句话说，任何矩阵与单位矩阵相乘，得到的依然是原矩阵。我们可以将单位矩阵看作是矩阵中的"数字1"。特别地，如果 M 是一个方阵，那么它与单位矩阵的乘法满足交换律：

$$MI = IM = M$$

例 2.6

设 $M = \begin{bmatrix} 1 & 2 \\ 0 & 4 \end{bmatrix}$ 以及 $I = \begin{bmatrix} 1 & 0 \\ 0 & 1 \end{bmatrix}$，证明 $MI = IM = M$。

运用式（2.1）得：

$$MI = \begin{bmatrix} 1 & 2 \\ 0 & 4 \end{bmatrix} \begin{bmatrix} 1 & 0 \\ 0 & 1 \end{bmatrix} = \begin{bmatrix} (1,2) \cdot (1,0) & (1,2) \cdot (0,1) \\ (0,4) \cdot (1,0) & (0,4) \cdot (0,1) \end{bmatrix} = \begin{bmatrix} 1 & 2 \\ 0 & 4 \end{bmatrix}$$

与

$$IM = \begin{bmatrix} 1 & 0 \\ 0 & 1 \end{bmatrix} \begin{bmatrix} 1 & 2 \\ 0 & 4 \end{bmatrix} = \begin{bmatrix} (1,0) \cdot (1,0) & (1,0) \cdot (2,4) \\ (0,1) \cdot (1,0) & (0,1) \cdot (2,4) \end{bmatrix} = \begin{bmatrix} 1 & 2 \\ 0 & 4 \end{bmatrix}$$

所以 $MI = IM = M$ 是正确的。

例 2.7

设 $u = [-1, 2]$ 且 $I = \begin{bmatrix} 1 & 0 \\ 0 & 1 \end{bmatrix}$。验证 $uI = u$。

应用式（2.1），可得：

$$uI = [-1, 2] \begin{bmatrix} 1 & 0 \\ 0 & 1 \end{bmatrix} = [(-1, 2) \cdot (1, 0), \ (-1, 2) \cdot (0, 1)] = [-1, 2]$$

另外可以看出，我们无法计算乘积 Iu，因为此矩阵乘法是无定义的。

2.5 矩阵的行列式

行列式是一种特殊的函数，它以一个方阵作为输入，并输出一个实数。方阵 A 的行列式通常表示为 $\det A$。我们可以从几何的角度来解释行列式。行列式反映了在线性变换下，（n 维多面体）体积变化的相关信息[①]。另外，行列式也应用于解线性方程组的克莱姆法则（Cramer's Rule，亦称克莱默法则）。然而，我们在此学习行列式的主要目的是：利用它推导出求逆矩阵的公式（第 2.7 节的主题）。此外，行列式还可以用于证明：**方阵 A 是可逆的，当且仅当 $\det A \neq 0$**。这个结论很实用，因为它为我们确认矩阵的可逆性提供了一种行之有效的计算工具。不过在定义行列式之前，我们先要介绍一下余子阵的概念。

---

① 这个定义并不十分准确。例如，在二维情况的线性变换下，二阶行列式反映的是平行四边形有向面积的变化。参见本章练习 15。

2.5.1　余子阵

指定一个 $n \times n$ 的矩阵 $\boldsymbol{A}$，**余子阵**(minor matrix)[①] $\overline{\boldsymbol{A}}_{ij}$ 即为从 $\boldsymbol{A}$ 中去除第 i 行和第 j 列的 $(n-1) \times (n-1)$ 矩阵。

例 2.8

求出下列矩阵的余子阵 $\overline{\boldsymbol{A}}_{11}$、$\overline{\boldsymbol{A}}_{22}$ 和 $\overline{\boldsymbol{A}}_{13}$。

$$\boldsymbol{A} = \begin{bmatrix} A_{11} & A_{12} & A_{13} \\ A_{21} & A_{22} & A_{23} \\ A_{31} & A_{32} & A_{33} \end{bmatrix}$$

去除矩阵 $\boldsymbol{A}$ 的第一行和第一列，得到 $\overline{\boldsymbol{A}}_{11}$ 为：

$$\overline{\boldsymbol{A}}_{11} = \begin{bmatrix} A_{22} & A_{23} \\ A_{32} & A_{33} \end{bmatrix}$$

去除矩阵 $\boldsymbol{A}$ 的第二行和第二列，得到 $\overline{\boldsymbol{A}}_{22}$ 为：

$$\overline{\boldsymbol{A}}_{22} = \begin{bmatrix} A_{11} & A_{13} \\ A_{31} & A_{33} \end{bmatrix}$$

去除矩阵 $\boldsymbol{A}$ 的第一行和第三列，得到 $\overline{\boldsymbol{A}}_{13}$ 为：

$$\overline{\boldsymbol{A}}_{13} = \begin{bmatrix} A_{21} & A_{22} \\ A_{31} & A_{32} \end{bmatrix}$$

2.5.2　行列式的定义

矩阵的行列式有一种递归定义。例如，一个 4×4 矩阵的行列式要根据 3×3 矩阵的行列式来定义，而 3×3 矩阵的行列式要靠 2×2 矩阵的行列式来定义，最后，2×2 矩阵的行列式则依赖于 1×1 矩阵的行列式来定义（ 1×1 矩阵 $\boldsymbol{A} = [A_{11}]$ 的行列式被简单地定义为 $\det [A_{11}] = A_{11}$）。

设 $\boldsymbol{A}$ 为一个 $n \times n$ 矩阵。那么，当 $n > 1$ 时，我们定义：

$$\det \boldsymbol{A} = \sum_{j=1}^{n} A_{1j} (-1)^{1+j} \det \overline{\boldsymbol{A}}_{1j} \tag{2.4}$$

对照余子阵 $\overline{\boldsymbol{A}}_{ij}$ 的定义可知，对于 2×2 矩阵来说，其相应的行列式公式为：

$$\det \begin{bmatrix} A_{11} & A_{12} \\ A_{21} & A_{22} \end{bmatrix} = A_{11} \det[A_{22}] - A_{12} \det[A_{21}] = A_{11} A_{22} - A_{12} A_{21}$$

对于 3×3 矩阵来说，其行列式计算公式为：

---

① 这一小节中的部分数学术语在不同的文献中会有些差别，此处以常见文献中的译法为主。读者应以具体的定义为准。

$$\det \begin{bmatrix} A_{11} & A_{12} & A_{13} \\ A_{21} & A_{22} & A_{23} \\ A_{31} & A_{32} & A_{33} \end{bmatrix}$$

$$= A_{11} \det \begin{bmatrix} A_{22} & A_{23} \\ A_{32} & A_{33} \end{bmatrix} - A_{12} \det \begin{bmatrix} A_{21} & A_{23} \\ A_{31} & A_{33} \end{bmatrix} + A_{13} \det \begin{bmatrix} A_{21} & A_{22} \\ A_{31} & A_{32} \end{bmatrix}$$

对于 4×4 矩阵，其行列式计算公式为：

$$\det \begin{bmatrix} A_{11} & A_{12} & A_{13} & A_{14} \\ A_{21} & A_{22} & A_{23} & A_{24} \\ A_{31} & A_{32} & A_{33} & A_{34} \\ A_{41} & A_{42} & A_{43} & A_{44} \end{bmatrix} = A_{11} \det \begin{bmatrix} A_{22} & A_{23} & A_{24} \\ A_{32} & A_{33} & A_{34} \\ A_{42} & A_{43} & A_{44} \end{bmatrix} - A_{12} \det \begin{bmatrix} A_{21} & A_{23} & A_{24} \\ A_{31} & A_{33} & A_{34} \\ A_{41} & A_{43} & A_{44} \end{bmatrix}$$

$$+ A_{13} \det \begin{bmatrix} A_{21} & A_{22} & A_{24} \\ A_{31} & A_{32} & A_{34} \\ A_{41} & A_{42} & A_{44} \end{bmatrix} - A_{14} \det \begin{bmatrix} A_{21} & A_{22} & A_{23} \\ A_{31} & A_{32} & A_{33} \\ A_{41} & A_{42} & A_{43} \end{bmatrix}$$

在 3D 图形学中，主要使用 4×4 矩阵。因此，我们不再继续推导 $n > 4$ 的行列式公式。

例 2.9

求矩阵 $A = \begin{bmatrix} 2 & -5 & 3 \\ 1 & 3 & 4 \\ -2 & 3 & 7 \end{bmatrix}$ 的行列式。

我们有

$$\det A = A_{11} \det \begin{bmatrix} A_{22} & A_{23} \\ A_{32} & A_{33} \end{bmatrix} - A_{12} \det \begin{bmatrix} A_{21} & A_{23} \\ A_{31} & A_{33} \end{bmatrix} + A_{13} \det \begin{bmatrix} A_{21} & A_{22} \\ A_{31} & A_{32} \end{bmatrix}$$

$$\det A = 2 \det \begin{bmatrix} 3 & 4 \\ 3 & 7 \end{bmatrix} - (-5) \det \begin{bmatrix} 1 & 4 \\ -2 & 7 \end{bmatrix} + 3 \det \begin{bmatrix} 1 & 3 \\ -2 & 3 \end{bmatrix}$$

$$= 2(3 \cdot 7 - 4 \cdot 3) + 5(1 \cdot 7 - 4 \cdot (-2)) + 3(1 \cdot 3 - 3 \cdot (-2))$$

$$= 2(9) + 5(15) + 3(9)$$

$$= 18 + 75 + 27$$

$$= 120$$

2.6 伴随矩阵

设 A 为一个 $n \times n$ 矩阵。乘积 $C_{ij} = (-1)^{i+j} \det \overline{A}_{ij}$ 称为**元素 A_{ij} 的代数余子式**（cofactor of A_{ij}）。如果为矩阵 A 中的每个元素分别计算出 C_{ij}，并将它置于矩阵 C_A 中第 i 行、第 j 列的相应位置，那么将获得**矩阵 A 的代数余子式矩阵**（cofactor matrix of A）：

$$C_A = \begin{bmatrix} C_{11} & C_{12} & \cdots & C_{1n} \\ C_{21} & C_{22} & \cdots & C_{2n} \\ \vdots & \vdots & \ddots & \vdots \\ C_{n1} & C_{n2} & \cdots & C_{nn} \end{bmatrix}$$

若取矩阵 C_A 的转置矩阵，将得到**矩阵 A 的伴随矩阵**（adjoint matrix of A），记作：

$$A^* = C_A^{\mathrm{T}} \tag{2.5}$$

在下一节中，我们将学习利用带有伴随矩阵的公式来计算逆矩阵。

2.7　逆矩阵

矩阵代数不存在除法运算的概念[①]，但是却另外定义了一种矩阵乘法的逆运算。下面总结了与矩阵逆运算有关的关键信息。

1. 只有方阵才具有逆矩阵。因此，当提到逆矩阵时，我们便假设要处理的是一个方阵。

2. $n \times n$ 矩阵 M 的逆也是一个 $n \times n$ 矩阵，并表示为 M^{-1}。

3. 不是每个方阵都有逆矩阵。存在逆矩阵的方阵称为**可逆矩阵**（invertible matrix），不存在逆矩阵的方阵称作**奇异矩阵**（singular matrix）。

4. 可逆矩阵的逆矩阵是唯一的。

5. 矩阵与其逆矩阵相乘将得到单位方阵：$MM^{-1} = M^{-1}M = I$。可以发现，矩阵与其逆矩阵的乘法运算满足交换律。

另外，可以利用逆矩阵来解矩阵方程。例如，设矩阵方程 $p' = pM$，且已知 p' 与 M，求 p。假设矩阵 M 是可逆的（即存在 M^{-1}），我们就能解得 p。过程如下：

$p' = pM$

$p'M^{-1} = pMM^{-1}$　　　　方程两端各乘以 M^{-1}

$p'M^{-1} = pI$　　　　　　　根据可逆矩阵的定义，有 $MM^{-1} = I$

$p'M^{-1} = p$　　　　　　　 根据单位矩阵的定义，有 $pI = p$

在任何一本大学水平的线性代数教科书里，都可以找到求逆矩阵公式的推导过程，这里也就不再赘述了。此公式由原矩阵的伴随矩阵和行列式构成：

$$A^{-1} = \frac{A^*}{\det A} \tag{2.6}$$

例 2.10

推导 2×2 矩阵 $A = \begin{bmatrix} A_{11} & A_{12} \\ A_{21} & A_{22} \end{bmatrix}$ 的逆矩阵通式，并利用此式求出矩阵 $M = \begin{bmatrix} 3 & 0 \\ -1 & 2 \end{bmatrix}$ 的逆矩阵。

已知

---

① 可参见 22.2.6 节。

$$\det A = A_{11}A_{22} - A_{12}A_{21}$$

$$C_A = \begin{bmatrix} (-1)^{1+1}\det \overline{A}_{11} & (-1)^{1+2}\det \overline{A}_{12} \\ (-1)^{2+1}\det \overline{A}_{21} & (-1)^{2+2}\det \overline{A}_{22} \end{bmatrix} = \begin{bmatrix} A_{22} & -A_{21} \\ -A_{12} & A_{11} \end{bmatrix}$$

因此，

$$A^{-1} = \frac{A^*}{\det A} = \frac{C_A^{\mathrm{T}}}{\det A} = \frac{1}{A_{11}A_{22} - A_{12}A_{21}} \begin{bmatrix} A_{22} & -A_{12} \\ -A_{21} & A_{11} \end{bmatrix}$$

现在运用此公式来求矩阵 $M = \begin{bmatrix} 3 & 0 \\ -1 & 2 \end{bmatrix}$ 的逆矩阵：

$$M^{-1} = \frac{1}{3 \cdot 2 - 0 \cdot (-1)} \begin{bmatrix} 2 & 0 \\ 1 & 3 \end{bmatrix} = \begin{bmatrix} 1/3 & 0 \\ 1/6 & 1/2 \end{bmatrix}$$

为了核实结果，我们来验证 $MM^{-1} = M^{-1}M = I$：

$$\begin{bmatrix} 3 & 0 \\ -1 & 2 \end{bmatrix} \begin{bmatrix} 1/3 & 0 \\ 1/6 & 1/2 \end{bmatrix} = \begin{bmatrix} 1 & 0 \\ 0 & 1 \end{bmatrix} = \begin{bmatrix} 1/3 & 0 \\ 1/6 & 1/2 \end{bmatrix} \begin{bmatrix} 3 & 0 \\ -1 & 2 \end{bmatrix}$$

注意

Note　对于规模较小的矩阵（4×4 及其以下规模的矩阵）来说，运用伴随矩阵的方法将得到不错的计算效率。但针对规模更大的矩阵而言，就要使用诸如高斯消元法（Gaussian elimination，也作高斯消去法）等其他手段。由于我们关注于 3D 计算机图形学中所涉及的具有特殊形式的矩阵，因此也就提前确定出了它们的求逆矩阵公式。这样一来，我们便无须在求常用的逆矩阵上浪费 CPU 资源了，继而也就极少会在代码中运用式（2.6）。

我们以下列"矩阵乘积的逆"这一实用的代数性质，为此节画上句号：

$$(AB)^{-1} = B^{-1}A^{-1}$$

该性质假设矩阵 A 与矩阵 B 都是可逆的，而且皆为同维方阵。为了证明 $B^{-1}A^{-1}$ 是乘积 AB 的逆，我们必须证实$(AB)(B^{-1}A^{-1}) = I$ 以及$(B^{-1}A^{-1})(AB) = I$。证明过程如下：

$$(AB)(B^{-1}A^{-1}) = A(BB^{-1})A^{-1} = AIA^{-1} = AA^{-1} = I$$
$$(B^{-1}A^{-1})(AB) = B^{-1}(A^{-1}A)B = B^{-1}IB = B^{-1}B = I$$

2.8　用 DirectXMath 库处理矩阵

为了对点与向量进行变换，就要借助 1×4 行向量以及 4×4 矩阵。相关原因将在下一章中细述。目前，我们只需把注意力集中在 DirectXMath 库中常用于表示 4×4 矩阵的数据类型。

2.8.1　矩阵类型

DirectXMath 以定义在 DirectXMath.h 头文件中的 XMMATRIX 类来表示 4×4 矩阵（为了叙述清晰起见，这里进行了若干细节上的调整）：

```
#if (defined(_M_IX86) || defined(_M_X64) || defined(_M_ARM)) &&
defined(_XM_NO_INTRINSICS_)
struct XMMATRIX
#else
__declspec(align(16)) struct XMMATRIX
#endif
{
    // 利用 4 个 XMVECTOR 来表示矩阵，借此使用 SIMD 技术
    XMVECTOR r[4];

    XMMATRIX() {}

    // 通过指定 4 个行向量来初始化矩阵
    XMMATRIX(FXMVECTOR R0, FXMVECTOR R1, FXMVECTOR R2, CXMVECTOR R3)
        { r[0] = R0; r[1] = R1; r[2] = R2; r[3] = R3; }

    // 通过指定 16 个矩阵元素来初始化矩阵
    XMMATRIX(float m00, float m01, float m02, float m03,
        float m10, float m11, float m12, float m13,
        float m20, float m21, float m22, float m23,
        float m30, float m31, float m32, float m33);

    // 通过含有 16 个浮点数元素的数组来初始化矩阵
    explicit XMMATRIX(_In_reads_(16) const float *pArray);

    XMMATRIX& operator= (const XMMATRIX& M)
        { r[0] = M.r[0]; r[1] = M.r[1]; r[2] = M.r[2]; r[3] = M.r[3];
        return *this; }

    XMMATRIX operator+ () const { return *this; }
    XMMATRIX operator- () const;

    XMMATRIX& XM_CALLCONV  operator+= (FXMMATRIX M);
    XMMATRIX& XM_CALLCONV  operator-= (FXMMATRIX M);
    XMMATRIX& XM_CALLCONV  operator*= (FXMMATRIX M);
    XMMATRIX& operator*= (float S);
    XMMATRIX& operator/= (float S);

    XMMATRIX XM_CALLCONV  operator+ (FXMMATRIX M) const;
    XMMATRIX XM_CALLCONV  operator- (FXMMATRIX M) const;
    XMMATRIX XM_CALLCONV  operator* (FXMMATRIX M) const;
    XMMATRIX operator* (float S) const;
    XMMATRIX operator/ (float S) const;
```

```
    friend XMMATRIX   XM_CALLCONV   operator* (float S, FXMMATRIX M);
};
```

综上所述, XMMATRIX 由 4 个 XMVECTOR 实例所构成, 并借此来使用 SIMD 技术。此外, XMMATRIX 类还为矩阵计算提供了多种重载运算符。

除了各种构造方法之外, 还可以使用 XMMatrixSet 函数来创建 XMMATRIX 实例:

```
XMMATRIX XM_CALLCONV XMMatrixSet(
    float m00, float m01, float m02, float m03,
    float m10, float m11, float m12, float m13,
    float m20, float m21, float m22, float m23,
    float m30, float m31, float m32, float m33);
```

就像通过 XMFLOAT2 (2D), XMFLOAT3 (3D)和 XMFLOAT4 (4D)来存储类中不同维度的向量一样, DirectXMath 文档也建议我们用 XMFLOAT4X4 来存储类中的矩阵类型数据成员。

```
struct XMFLOAT4X4
{
  union
  {
    struct
    {
      float _11, _12, _13, _14;
      float _21, _22, _23, _24;
      float _31, _32, _33, _34;
      float _41, _42, _43, _44;
    };
    float m[4][4];
  };

  XMFLOAT4X4() {}
  XMFLOAT4X4(float m00, float m01, float m02, float m03,
             float m10, float m11, float m12, float m13,
             float m20, float m21, float m22, float m23,
             float m30, float m31, float m32, float m33);
  explicit XMFLOAT4X4(_In_reads_(16) const float *pArray);

  float    operator() (size_t Row, size_t Column) const { return m[Row][Column]; }
  float&   operator() (size_t Row, size_t Column) { return m[Row][Column]; }

  XMFLOAT4X4& operator=(const XMFLOAT4X4& Float4x4);
};
```

通过下列方法将数据从 XMFLOAT4X4 内加载到 XMMATRIX 中:

```
inline XMMATRIX XM_CALLCONV
XMLoadFloat4x4(const XMFLOAT4X4* pSource);
```

通过下列方法将数据从 XMMATRIX 内存储到 XMFLOAT4X4 中:

```
inline void XM_CALLCONV
XMStoreFloat4x4(XMFLOAT4X4* pDestination, FXMMATRIX M);
```

2.8.2　矩阵函数

DirectXMath 库包含了下列与矩阵相关的实用函数:

```
XMMATRIX XM_CALLCONV XMMatrixIdentity();      // 返回单位矩阵 I

bool XM_CALLCONV XMMatrixIsIdentity(          // 如果 M 是单位矩阵则返回 true
    FXMMATRIX M);                             // 输入矩阵 M

XMMATRIX XM_CALLCONV XMMatrixMultiply(        // 返回矩阵乘积 AB
    FXMMATRIX A,                              // 输入矩阵 A
    CXMMATRIX B);                             // 输入矩阵 B

XMMATRIX XM_CALLCONV XMMatrixTranspose(       // 返回 M^T
    FXMMATRIX M);                             // 输入矩阵 M

XMVECTOR XM_CALLCONV XMMatrixDeterminant(     // 返回 (det M, det M, det M, det M)
    FXMMATRIX M);                             // 输入矩阵 M

XMMATRIX XM_CALLCONV XMMatrixInverse(         // 返回 M^{-1}
    XMVECTOR* pDeterminant,                   // 输入 (det M, det M, det M, det M)
    FXMMATRIX M);                             // 输入矩阵 M
```

在声明具有 XMMATRIX 参数的函数时,除了要注意 1 个 XMMATRIX 应计作 4 个 XMVECTOR 参数这一点之外,其他的规则与传入 XMVECTOR 类型的参数时(见 1.6.3 节)相一致。假设传入函数的 XMVECTOR 参数不超过两个,则第一个 XMMATRIX 参数应当为 FXMMATRIX 类型,其余的 XMMATRIX 参数均应为 CXMMATRIX 类型。下面的代码展示了在 32 位 Windows 平台和编译器(编译器需支持 __fastcall 以及新增的 __vectorcall 调用约定)的环境下,这些类型的定义:

```
// 在 32 位的 Windows 系统上, __fastcall 调用约定通过寄存器传递前 3 个 XMVECTOR 参数,其余的
//参数则存在堆栈上
typedef const XMMATRIX& FXMMATRIX;
typedef const XMMATRIX& CXMMATRIX;

// 在 32 位的 Windows 系统上, __vectorcall 调用约定通过寄存器传递前 6 个 XMVECTOR 实参,其余的
// 参数则存在堆栈上
typedef const XMMATRIX FXMMATRIX;
typedef const XMMATRIX& CXMMATRIX;
```

可以看出,在 32 位 Windows 操作系统上的 __fastcall 调用约定中,XMMATRIX 类型的参数是不能传至 SSE/SSE2 寄存器的,因为这些寄存器此时只支持 3 个 XMVECTOR 参数传入。而 XMMATRIX 参数却是由 4 个 XMVECTOR 构成,所以矩阵类型的数据只能通过堆栈来加以引用。至于这些类型在其他平台上的定义详情,可见 DirectXMath 文档[DirectXMath]中 "Library Internals"(库的内部细节)下的 "Calling Conventions"(调用约定)部分。构造函数方法对于这些规则来说是一个特例。[DirectXMath]建议用户

总是在构造函数中采用 CXMMATRIX 类型来获取 XMMATRIX 参数，而且对于构造函数也不要使用 XM_CALLCONV 约定注解。

2.8.3 DirectXMath 矩阵示例程序

下列代码提供了一些 XMMATRIX 类的使用范例，其中包括了上一小节中介绍的大多数函数。

```cpp
#include <windows.h> // 为了使 XMVerifyCPUSupport 函数返回正确值
#include <DirectXMath.h>
#include <DirectXPackedVector.h>
#include <iostream>
using namespace std;
using namespace DirectX;
using namespace DirectX::PackedVector;

// 重载"<<"运算符，这样就可以利用 cout 输出 XMVECTOR 和 XMMATRIX 对象
ostream& XM_CALLCONV operator << (ostream& os, FXMVECTOR v)
{
  XMFLOAT4 dest;
  XMStoreFloat4(&dest, v);

  os << "(" << dest.x << ", " << dest.y << ", " << dest.z << ", " << dest.w << ")";
  return os;
}

ostream& XM_CALLCONV operator << (ostream& os, FXMMATRIX m)
{
  for (int i = 0; i < 4; ++i)
  {
    os << XMVectorGetX(m.r[i]) << "\t";
    os << XMVectorGetY(m.r[i]) << "\t";
    os << XMVectorGetZ(m.r[i]) << "\t";
    os << XMVectorGetW(m.r[i]);
    os << endl;
  }
  return os;
}

int main()
{
  // 检查是否支持 SSE2 指令集 (Pentium4, AMD K8 及其后续版本的处理器)
  if (!XMVerifyCPUSupport())
  {
    cout << "directx math not supported" << endl;
    return 0;
  }

  XMMATRIX A(1.0f, 0.0f, 0.0f, 0.0f,
             0.0f, 2.0f, 0.0f, 0.0f,
             0.0f, 0.0f, 4.0f, 0.0f,
```

```
                        1.0f, 2.0f, 3.0f, 1.0f);

    XMMATRIX B = XMMatrixIdentity();
    XMMATRIX C = A * B;

    XMMATRIX D = XMMatrixTranspose(A);

    XMVECTOR det = XMMatrixDeterminant(A);
    XMMATRIX E = XMMatrixInverse(&det, A);

    XMMATRIX F = A * E;

    cout << "A = " << endl << A << endl;
    cout << "B = " << endl << B << endl;
    cout << "C = A*B = " << endl << C << endl;
    cout << "D = transpose(A) = " << endl << D << endl;
    cout << "det = determinant(A) = " << det << endl << endl;
    cout << "E = inverse(A) = " << endl << E << endl;
    cout << "F = A*E = " << endl << F << endl;

    return 0;
}
```

上述范例程序的输出结果如图 2.1 所示。

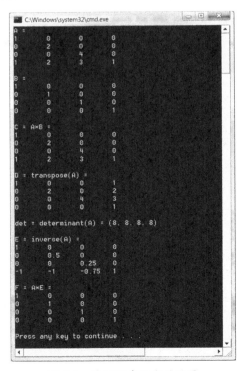

图 2.1　范例程序输出的结果

2.9 小结

1. $m \times n$ 矩阵 M 是一个由 m 行 n 列实数所构成的矩形阵列。两个同维矩阵相等，当且仅当它们对应的元素分别相等。两个同维矩阵的加法运算，由这两个矩阵对应的元素相加来实现。标量与矩阵的乘法运算是将标量与矩阵中的每个元素分别相乘。

2. 如果 A 是一个 $m \times n$ 矩阵，且 B 为一个 $n \times p$ 矩阵，那么两者乘积 AB 的结果是一个规模为 $m \times p$ 的矩阵 C。矩阵 C 中第 i 行、第 j 列的元素，由矩阵 A 中的第 i 个行向量与矩阵 B 中的第 j 个列向量进行点积运算得出，即 $C_{ij} = A_{i,*} \cdot B_{*,j}$。

3. 矩阵乘法不满足交换律（即一般来说，$AB \neq BA$），但是却满足结合律 $(AB)C = A(BC)$。

4. 转置矩阵由原矩阵互换行与列来求得。所以，$m \times n$ 矩阵的转置矩阵为 $n \times m$ 矩阵。我们将矩阵 M 的转置矩阵表示为 M^{T}。

5. 单位矩阵是一种除主对角线上的元素为 1 外，其他元素均为 0 的方阵。

6. 行列式 $\det A$ 是一种特殊的函数，向它传入一个方阵便会计算出一个对应的实数。方阵 A 是可逆的，当且仅当 $\det A \neq 0$。行列式常常用于计算逆矩阵。

7. 矩阵与其逆矩阵的乘积结果为单位矩阵，即 $MM^{-1} = M^{-1}M = I$。如果一个矩阵是可逆的，则此矩阵的逆矩阵是唯一的。只有方阵才可能有逆矩阵，即便是方阵也未必可逆。逆矩阵可由公式 $A^{-1} = A^* / \det A$ 来计算，其中 A^* 是伴随矩阵（即矩阵 A 的代数余子式矩阵的转置矩阵）。

8. 我们在编写代码时，用 DirectXMath 中的 XMMATRIX 类型来表示 4×4 矩阵，以此来发挥 SIMD 技术高效的运算能力。但对于类中的数据成员，我们则要以 XMFLOAT4X4 类型来加以表示，并通过加载（XMLoadFloat4x4）和存储（XMStoreFloat4x4）方法，使数据在 XMMATRIX 类型与 XMFLOAT4X4 类型之间互相转换。XMMATRIX 类重载了一些算数运算符，使矩阵可以实现加法运算、减法运算、矩阵乘法运算和标量乘法运算。此外，DirectXMath 库还提供了下列实用的矩阵函数，用于计算单位矩阵、矩阵乘积、转置矩阵、行列式以及逆矩阵：

```
XMMATRIX XM_CALLCONV XMMatrixIdentity();
XMMATRIX XM_CALLCONV XMMatrixMultiply(FXMMATRIX A, CXMMATRIX B);
XMMATRIX XM_CALLCONV XMMatrixTranspose(FXMMATRIX M);
XMVECTOR XM_CALLCONV XMMatrixDeterminant(FXMMATRIX M);
XMMATRIX XM_CALLCONV XMMatrixInverse(XMVECTOR* pDeterminant,
  FXMMATRIX M);
```

2.10 练习

1. 求解下列矩阵方程中的矩阵 X：$3\left(\begin{bmatrix} -2 & 0 \\ 1 & 3 \end{bmatrix} - 2X\right) = 2\begin{bmatrix} -2 & 0 \\ 1 & 3 \end{bmatrix}$。

2. 计算下列矩阵的乘积：

（a）$\begin{bmatrix} -2 & 0 & 3 \\ 4 & 1 & -1 \end{bmatrix} \begin{bmatrix} 2 & -1 \\ 0 & 6 \\ 2 & -3 \end{bmatrix}$

（b）$\begin{bmatrix} 1 & 2 \\ 3 & 4 \end{bmatrix} \begin{bmatrix} -2 & 0 \\ 1 & 1 \end{bmatrix}$

（c）$\begin{bmatrix} 2 & 0 & 2 \\ 0 & -1 & -3 \\ 0 & 0 & 1 \end{bmatrix} \begin{bmatrix} 1 \\ 2 \\ 1 \end{bmatrix}$

3. 计算下列矩阵的转置矩阵：

（a）$[1, \ 2, \ 3]$

（b）$\begin{bmatrix} x & y \\ z & w \end{bmatrix}$

（c）$\begin{bmatrix} 1 & 2 \\ 3 & 4 \\ 5 & 6 \\ 7 & 8 \end{bmatrix}$

4. 将下列线性组合写作向量与矩阵乘积的形式：

（a）$v = 2(1, 2, 3) - 4(-5, 0, -1) + 3(2, -2, 3)$

（b）$v = 3(2, -4) + 2(1, 4) - 1(-2, -3) + 5(1, 1)$

5. 证明

$$AB = \begin{bmatrix} A_{11} & A_{12} & A_{13} \\ A_{21} & A_{22} & A_{23} \\ A_{31} & A_{32} & A_{33} \end{bmatrix} \begin{bmatrix} B_{11} & B_{12} & B_{13} \\ B_{21} & B_{22} & B_{23} \\ B_{31} & B_{32} & B_{33} \end{bmatrix} = \begin{bmatrix} \leftarrow A_{1,*}B \rightarrow \\ \leftarrow A_{2,*}B \rightarrow \\ \leftarrow A_{3,*}B \rightarrow \end{bmatrix}$$

6. 证明

$$Au = \begin{bmatrix} A_{11} & A_{12} & A_{13} \\ A_{21} & A_{22} & A_{23} \\ A_{31} & A_{32} & A_{33} \end{bmatrix} \begin{bmatrix} x \\ y \\ z \end{bmatrix} = xA_{*,1} + yA_{*,2} + zA_{*,3}$$

7. 证明向量的叉积可以用矩阵的乘积来表示：

$$u \times v = \begin{bmatrix} v_x & v_y & v_z \end{bmatrix} \begin{bmatrix} 0 & u_z & -u_y \\ -u_z & 0 & u_x \\ u_y & -u_x & 0 \end{bmatrix}$$

8. 设矩阵 $A = \begin{bmatrix} 2 & 0 & 1 \\ 0 & -1 & -3 \\ 0 & 0 & 1 \end{bmatrix}$，那么，请问矩阵 $B = \begin{bmatrix} 1/2 & 0 & -1/2 \\ 0 & -1 & -3 \\ 0 & 0 & 1 \end{bmatrix}$ 是 A 的逆矩阵吗？

9. 设矩阵 $A = \begin{bmatrix} 1 & 2 \\ 3 & 4 \end{bmatrix}$，那么，请问矩阵 $B = \begin{bmatrix} -2 & 1 \\ 3/2 & 1/2 \end{bmatrix}$ 是 A 的逆矩阵吗？

10. 求下列矩阵的行列式：

$$\begin{bmatrix} 21 & -4 \\ 10 & 7 \end{bmatrix} \qquad \begin{bmatrix} 2 & 0 & 0 \\ 0 & 3 & 0 \\ 0 & 0 & 7 \end{bmatrix}$$

11. 求下列矩阵的逆矩阵：

$$\begin{bmatrix} 21 & -4 \\ 10 & 7 \end{bmatrix} \qquad \begin{bmatrix} 2 & 0 & 0 \\ 0 & 3 & 0 \\ 0 & 0 & 7 \end{bmatrix}$$

12. 下列矩阵是可逆矩阵吗？

$$\begin{bmatrix} 1 & 2 & 3 \\ 0 & 4 & 5 \\ 0 & 0 & 0 \end{bmatrix}$$

13. 假设矩阵 A 是可逆矩阵，证明$(A^{-1})^{T} = (A^{T})^{-1}$。

14. 所有的线性代数书籍都会证明 $\det(AB) = \det A \cdot \det B$ 这一性质。设 A 和 B 皆为 $n \times n$ 矩阵，并假设 A 是可逆的，试根据 $\det I = 1$ 与上述性质来证明 $\det A^{-1} = \dfrac{1}{\det A}$ 。

15. 证明 2D 矩阵 $\begin{bmatrix} u_x & u_y \\ v_x & v_y \end{bmatrix}$ 的行列式得到的是：由向量 $u = (u_x, u_y)$ 与向量 $v = (v_x, v_y)$ 张成的平行四边形的有向面积。如果向量 u 以逆时针方向旋转角 $\theta \in (0, \pi)$ 能与向量 v 重合，则结果为正，否则为负。

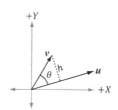

16. 求由下列向量张成的平行四边形面积：

（a）$u = (3, 0)$ 与 $v = (1, 1)$

（b）$u = (-1, -1)$ 与 $v = (0, 1)$

17. 设 $A = \begin{bmatrix} A_{11} & A_{12} \\ A_{21} & A_{22} \end{bmatrix}$, $B = \begin{bmatrix} B_{11} & B_{12} \\ B_{21} & B_{22} \end{bmatrix}$，且 $C = \begin{bmatrix} C_{11} & C_{12} \\ C_{21} & C_{22} \end{bmatrix}$。证明 $A(BC) = (AB)C$。这个结论说明了 2×2 矩阵之间的乘法运算满足结合律。（事实上，只要矩阵的乘法有意义，任意规模的矩阵乘法都满足结合律。）

18. 编写一个计算机程序，使之在不借助 DirectXMath 库的情况下（仅用 C++ 中的二维数组（array of arrays））就可以计算 $m \times n$ 矩阵的转置矩阵。

19. 编写一个计算机程序，在不使用 DirectXMath 库的情况下（仅用 C++ 中的二维数组），使它可以计算出 4×4 矩阵的行列式及其逆矩阵。

第3章
变换

通过将一系列三角形拼接在一起即可近似地表示物体的外表面，我们借助这种几何方式来描述 3D 空间内的物体。但仅有静止物体的场景是索然无味的，所以我们将把兴致放在探求几何体变换的方法之上，如平移、旋转和缩放这几种常见的几何变换。在本章中，我们将推导用于在 3D 空间里对点和向量进行变换的矩阵方程。

学习目标：

1. 理解如何用矩阵表示线性变换和仿射变换。
2. 学习对几何体进行缩放、旋转和平移的坐标变换。
3. 根据矩阵之间的乘法运算性质，将多个变换矩阵合并为一个单独的净变换矩阵。
4. 找寻不同坐标系之间的坐标转换方法，并利用矩阵来表示此坐标变换。
5. 熟悉 DirectXMath 库专为构建变换矩阵所提供的相关函数。

3.1 线性变换

3.1.1 定义

先来研究一下数学函数 $\tau(v) = \tau(x, y, z) = (x', y', z')$。此函数的输入和输出都是 3D 向量。我们称 τ 为**线性变换**（linear transformation），当且仅当此函数具有下列性质：

$$\tau(u + v) = \tau(u) + \tau(v)$$
$$\tau(ku) = k\tau(u) \tag{3.1}$$

其中，$u = (u_x, u_y, u_z)$ 和 $v = (v_x, v_y, v_z)$ 是任意 3D 向量，k 为一个标量。

注意

Note　　非 3D 向量亦可作为线性变换的输入和输出，但是在有关 3D 图形学相关的书籍中往往不会讨论这种一般情况。

例 3.1

定义函数 $\tau(x, y, z) = (x^2, y^2, z^2)$，例如 $\tau(1, 2, 3) = (1, 4, 9)$。这个函数是非线性函数，因为当 $k = 2$ 且 $\boldsymbol{u} = (1, 2, 3)$ 时，有

$$\tau(k\boldsymbol{u}) = \tau(2, 4, 6) = (4, 16, 36)$$

但

$$k\tau(\boldsymbol{u}) = 2(1, 4, 9) = (2, 8, 18)$$

因此，该函数不满足式（3.1）中的第二条性质。

如果 τ 是线性函数，那么有

$$
\begin{aligned}
\tau(a\boldsymbol{u} + b\boldsymbol{v} + c\boldsymbol{w}) &= \tau(a\boldsymbol{u} + (b\boldsymbol{v} + c\boldsymbol{w})) \\
&= a\tau(\boldsymbol{u}) + \tau(b\boldsymbol{v} + c\boldsymbol{w}) \\
&= a\tau(\boldsymbol{u}) + b\tau(\boldsymbol{v}) + c\tau(\boldsymbol{w})
\end{aligned}
\tag{3.2}
$$

我们在下一小节中将用到这个结论。

3.1.2 矩阵表示法

设 $\boldsymbol{u} = (x, y, z)$，我们也可以将它写作

$$\boldsymbol{u} = (x, y, z) = x\boldsymbol{i} + y\boldsymbol{j} + z\boldsymbol{k} = x(1, 0, 0) + y(0, 1, 0) + z(0, 0, 1)$$

$\boldsymbol{i} = (1, 0, 0)$，$\boldsymbol{j} = (0, 1, 0)$ 和 $\boldsymbol{k} = (0, 0, 1)$ 分别表示位于当前坐标轴正方向上的 3 个单位向量，我们称之为 $\mathbb{R}^3$（$\mathbb{R}^3$ 表示所有 3D 坐标向量 (x, y, z) 的集合）的**标准基向量**（standard basis vector）。现假设 τ 是一种线性变换，根据它的线性性质（即式（3.2）），能够得到

$$\tau(\boldsymbol{u}) = \tau(x\boldsymbol{i} + y\boldsymbol{j} + z\boldsymbol{k}) = x\tau(\boldsymbol{i}) + y\tau(\boldsymbol{j}) + z\tau(\boldsymbol{k}) \tag{3.3}$$

可以看出，这个公式其实就是我们在上一章中学到的线性组合，可将其表示为向量与矩阵的乘积。根据式（2.2），我们可以将式（3.3）改写作

$$
\begin{aligned}
\tau(\boldsymbol{u}) &= x\tau(\boldsymbol{i}) + y\tau(\boldsymbol{j}) + z\tau(\boldsymbol{k}) \\
&= \boldsymbol{u}\boldsymbol{A} = [x, y, z]\begin{bmatrix} \leftarrow \tau(\boldsymbol{i}) \rightarrow \\ \leftarrow \tau(\boldsymbol{j}) \rightarrow \\ \leftarrow \tau(\boldsymbol{k}) \rightarrow \end{bmatrix} = [x, y, z]\begin{bmatrix} A_{11} & A_{12} & A_{13} \\ A_{21} & A_{22} & A_{23} \\ A_{31} & A_{32} & A_{33} \end{bmatrix}
\end{aligned}
\tag{3.4}
$$

其中 $\tau(\boldsymbol{i}) = (A_{11}, A_{12}, A_{13})$，$\tau(\boldsymbol{j}) = (A_{21}, A_{22}, A_{23})$ 且 $\tau(\boldsymbol{k}) = (A_{31}, A_{32}, A_{33})$。我们称矩阵 $\boldsymbol{A}$ 是线性变换 τ 的矩阵表示法。

3.1.3 缩放

缩放（scaling，也有译作比例变换）是指改变物体的大小，其变换效果如图 3.1 所示。

我们把缩放变换定义为

$$S(x, y, z) = (s_x x, s_y y, s_z z)$$

此变换将相对于当前坐标系中的原点，令向量在 x、y、z 轴上分别以系数 s_x、s_y、s_z 进行缩放。下面

我们来证明 S 其实就是一种线性变换：

$$S(\boldsymbol{u} + \boldsymbol{v}) = (s_x(u_x + v_x), s_y(u_y + v_y), s_z(u_z + v_z))$$

$$= (s_x u_x + s_x v_x, s_y u_y + s_y v_y, s_z u_z + s_z v_z)$$

$$= (s_x u_x, s_y u_y, s_z u_z) + (s_x v_x, s_y v_y, s_z v_z)$$

$$= S(\boldsymbol{u}) + S(\boldsymbol{v})$$

$$S(k\boldsymbol{u}) = (s_x k u_x, s_y k u_y, s_z k u_z)$$

$$= k(s_x u_x, s_y u_y, s_z u_z)$$

$$= kS(\boldsymbol{u})$$

图 3.1　左侧的兵是未经变换的原始物体，中间的兵是把原始的兵在 y 轴方向伸长 2 倍后
"增高"的效果，右侧的兵是将原始的兵在 x 轴方向抻宽 2 倍后"增肥"的效果

因此，缩放变换 S 满足式（3.1）中的所有性质。这就是说，S 是线性变换并存在一种矩阵表示法。为了求出 S 的矩阵表示，我们只需像式（3.3）那样，把每一个标准基向量依次代入 S，再将得到的向量作为矩阵的行向量（计算过程如式（3.4））。

$$S(\boldsymbol{i}) = (s_x \cdot 1, s_y \cdot 0, s_z \cdot 0) = (s_x, 0, 0)$$

$$S(\boldsymbol{j}) = (s_x \cdot 0, s_y \cdot 1, s_z \cdot 0) = (0, s_y, 0)$$

$$S(\boldsymbol{k}) = (s_x \cdot 0, s_y \cdot 0, s_z \cdot 1) = (0, 0, s_z)$$

这样就得到了缩放变换 S 的矩阵表示

$$\boldsymbol{S} = \begin{bmatrix} s_x & 0 & 0 \\ 0 & s_y & 0 \\ 0 & 0 & s_z \end{bmatrix}$$

我们称此矩阵为**缩放矩阵**（scaling matrix，亦有译为比例变换矩阵）。

而其对应的逆矩阵则为

$$\boldsymbol{S}^{-1} = \begin{bmatrix} 1/s_x & 0 & 0 \\ 0 & 1/s_y & 0 \\ 0 & 0 & 1/s_z \end{bmatrix}$$

例 3.2

假设定义了一个最小点坐标为(-4, -4, 0)和最大点坐标为(4, 4, 0)的正方形。现欲将此正方形在 x 轴方向上缩小 50%，在 y 轴方向上放大 2.0 倍，但在 z 轴方向上保持不变。其对应的缩放矩阵为

$$S = \begin{bmatrix} 0.5 & 0 & 0 \\ 0 & 2 & 0 \\ 0 & 0 & 1 \end{bmatrix}$$

此时，若要对该正方形进行缩放（变换），只需将其最小点、最大点坐标分别与缩放矩阵相乘即可：

$$[-4, -4, 0]\begin{bmatrix} 0.5 & 0 & 0 \\ 0 & 2 & 0 \\ 0 & 0 & 1 \end{bmatrix} = [-2, -8, 0] \quad [4, 4, 0]\begin{bmatrix} 0.5 & 0 & 0 \\ 0 & 2 & 0 \\ 0 & 0 & 1 \end{bmatrix} = [2, 8, 0]$$

变换的效果如图 3.2 所示。

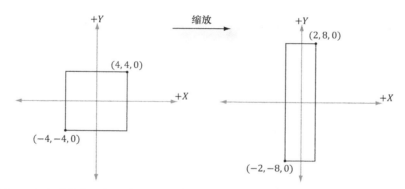

图 3.2　将例 3.2 中的图像在 x 轴方向缩小为起始的 50%、在 y 轴方向放大为起始的两倍后的效果。
注意，在沿 z 轴负方向观察的时候，由于 $z = 0$，所以几何体看上去是 2D 效果[①]

3.1.4　旋转

在本节中，我们将用数学的方式来描述令向量 v 绕轴 n 以角 θ 进行旋转，此过程如图 3.3 所示。注意，在沿 n 轴从上至下俯瞰时，我们按顺时针方向来测量角 θ，并且假设$||n|| = 1$。

首先，将向量 v 分解为两部分：一部分平行于 n，另一部分正交于 n。平行于 n 的部分即为 $\text{proj}_n(v)$（参见第 1 章中的例 1.5），正交于 n 的部分则是 $v_\perp = \text{perp}_n(v) = v - \text{proj}_n(v)$（同见例 1.5，由于 n 是单位向量，我们就可以得到 $\text{proj}_n(v) = (n \cdot v)n$）。观察示意图能够发现这样一个关键信息：平行于 n 的部分 $\text{proj}_n(v)$ 在旋转时是保持不变的。因此，我们只需考虑怎样旋转与 n 正交的部分。根据图 3.3 可知，旋转向量 $R_n(v) = \text{proj}_n(v) + R_n(v_\perp)$。

---

① 由此可见，这里采用的是右手坐标系，下面的示例亦是如此，但 Direct3D 中实际采用的是左手坐标系。

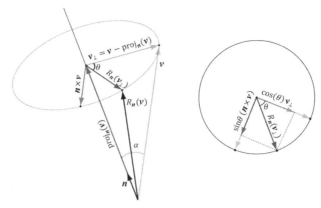

图 3.3　令向量绕轴 n 旋转的几何关系示意图

为了求出 $R_n(v_\perp)$，我们在旋转平面内建立一个 2D 坐标系，并将 $v_\perp$ 作为一个参考向量。通过计算叉积 $n \times v$ 来获得既正交于 $v_\perp$ 又正交于 n 的第二个参考向量（根据左手拇指法则）。基于图 3.3 所示的三角关系和第 1 章练习 14 所得到的结论可知：

$$\|n \times v\| = \|n\| \|v\| \sin \alpha = \|v\| \sin \alpha = \|v_\perp\|$$

其中，α 是 n 与 v 之间的夹角。由此可知：两个参考向量的长度相等，且都位于旋转的圆周之上。根据三角学知识，我们就可以将这两个参考向量建立如下关系：

$$R_n(v_\perp) = \cos\theta v_\perp + \sin\theta(n \times v)$$

这样就推导出了下列旋转公式：

$$
\begin{aligned}
R_n(v) &= \text{proj}_n(v) + R_n(v_\perp) \\
&= (n \cdot v)n + \cos\theta v_\perp + \sin\theta(n \times v) \\
&= (n \cdot v)n + \cos\theta(v - (n \cdot v)n) + \sin\theta(n \times v) \\
&= \cos\theta v + (1 - \cos\theta)(n \cdot v)n + \sin\theta(n \times v)
\end{aligned}
\tag{3.5}
$$

我们把证明此公式是一种线性变换的任务留作章末的习题。若要得到旋转的变换矩阵表示，仅需按式（3.3）那样将各个标准基向量代入到 R_n 中，再把得到的向量分别作为矩阵的行向量（见式（3.4））。最终得到的结果为：

$$
R_n = \begin{bmatrix}
c + (1-c)x^2 & (1-c)xy + sz & (1-c)xz - sy \\
(1-c)xy - sz & c + (1-c)y^2 & (1-c)yz + sx \\
(1-c)xz + sy & (1-c)yz - sx & c + (1-c)z^2
\end{bmatrix}
$$

此处设 $c = \cos\theta$ 且 $s = \sin\theta$。

旋转矩阵有个有趣的性质：每个行向量都为单位长度且两两正交（请分别证明）。也就是说，这些行向量都是**规范正交的**（orthonormal，即互相正交且具有单位长度）。若一个矩阵的行向量都是规范正交的，则称此矩阵为**正交矩阵**（orthogonal matrix）。正交矩阵有个引人注目的性质，即它的逆矩阵与转置矩阵是相等的：

$$\boldsymbol{R}_n^{-1} = \boldsymbol{R}_n^{\mathrm{T}} = \begin{bmatrix} c+(1-c)x^2 & (1-c)xy-sz & (1-c)xz+sy \\ (1-c)xy+sz & c+(1-c)y^2 & (1-c)yz-sx \\ (1-c)xz-sy & (1-c)yz+sx & c+(1-c)z^2 \end{bmatrix}$$

通常来说，由于正交矩阵的逆矩阵计算方便且高效，所以很受青睐。

特别地，如果选择绕 x 轴、y 轴或 z 轴进行旋转（即分别取 $\boldsymbol{n} = (1,0,0)$、$\boldsymbol{n} = (0,1,0)$ 和 $\boldsymbol{n} = (0,0,1)$），便会获得以 x、y、z 为旋转轴的对应旋转矩阵：

$$\boldsymbol{R}_x = \begin{bmatrix} 1 & 0 & 0 \\ 0 & \cos\theta & \sin\theta \\ 0 & -\sin\theta & \cos\theta \\ 0 & 0 & 0 \end{bmatrix}, \boldsymbol{R}_y = \begin{bmatrix} \cos\theta & 0 & -\sin\theta \\ 0 & 1 & 0 \\ \sin\theta & 0 & \cos\theta \\ 0 & 0 & 0 \end{bmatrix}, \boldsymbol{R}_z = \begin{bmatrix} \cos\theta & \sin\theta & 0 \\ -\sin\theta & \cos\theta & 0 \\ 0 & 0 & 1 \\ 0 & 0 & 0 \end{bmatrix}$$

例 3.3

假设定义了一个最小点坐标为 $(-1, 0, -1)$ 和最大点坐标为 $(1, 0, 1)$ 的正方形。现在，我们希望令它绕 y 轴顺时针旋转 $-30°$（即按逆时针方向旋转 $30°$）。根据问题所述可知，$\boldsymbol{n} = (0, 1, 0)$，代入 $\boldsymbol{R}_n$ 并进行化简，可得到 y 轴的旋转矩阵为：

$$\boldsymbol{R}_y = \begin{bmatrix} \cos\theta & 0 & -\sin\theta \\ 0 & 1 & 0 \\ \sin\theta & 0 & \cos\theta \end{bmatrix} = \begin{bmatrix} \cos(-30°) & 0 & -\sin(-30°) \\ 0 & 1 & 0 \\ \sin(-30°) & 0 & \cos(-30°) \end{bmatrix} = \begin{bmatrix} \frac{\sqrt{3}}{2} & 0 & \frac{1}{2} \\ 0 & 1 & 0 \\ -\frac{1}{2} & 0 & \frac{\sqrt{3}}{2} \end{bmatrix}$$

为了旋转该正方形，还需将其最小点、最大点坐标分别乘以得到的旋转矩阵：

$$[-1, 0, -1]\begin{bmatrix} \frac{\sqrt{3}}{2} & 0 & \frac{1}{2} \\ 0 & 1 & 0 \\ -\frac{1}{2} & 0 & \frac{\sqrt{3}}{2} \end{bmatrix} \approx [-0.36, 0, -1.36] \qquad [1, 0, 1]\begin{bmatrix} \frac{\sqrt{3}}{2} & 0 & \frac{1}{2} \\ 0 & 1 & 0 \\ -\frac{1}{2} & 0 & \frac{\sqrt{3}}{2} \end{bmatrix} \approx [0.36, 0, 1.36]$$

结果如图 3.4 所示。

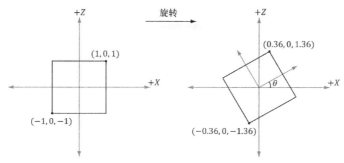

图 3.4　令例 3.3 中的正方形绕 y 轴旋转 $-30°$ 后的效果。注意，当沿着 y 轴正方向俯瞰的时候，由于 $y = 0$，因此示意图看上去是 2D 效果

3.2　仿射变换

3.2.1　齐次坐标

在下一节中我们将会看到，仿射变换（affine transformation）是由一个线性变换与一个平移变换组合而成的。对于向量而言，平移操作是没有意义的，因为向量只描述方向与大小、却与位置无关。换句话说，平移操作不应作用于向量。因此，平移变换只能应用于点（即位置向量）。**齐次坐标**（homogeneous coordinate）所提供的表示机制，使我们可以方便地对点和向量进行统一的处理。在采用齐次坐标表示法时，我们将坐标扩充为四元组，其中，第四个坐标 w 的取值将根据被描述对象是点还是向量而定。具体来讲：

1.　$(x, y, z, 0)$ 表示向量；
2.　$(x, y, z, 1)$ 表示点。

在后面我们将会证明：设 $w = 1$ 能使点被正确地平移，设 $w = 0$ 则可以防止向量坐标受到平移操作的影响（我们不希望对向量的坐标进行平移变换，因为这个计算过程会改变它的方向和大小——而平移操作不应当修改向量的任何一种"属性"）。

注意

 齐次坐标表示法与图 1.17 所示的思路一致，即两点之差 $q - p = (q_x, q_y, q_z, 1) - (p_x, p_y, p_z, 1) = (q_x - p_x, q_y - p_y, q_z - p_z, 0)$ 得到的是一个向量，而一个点与一个向量之和 $p + v = (p_x, p_y, p_z, 1) + (v_x, v_y, v_z, 0) = (p_x + v_x, p_y + v_y, p_z + v_z, 1)$ 得到的是一个点。

3.2.2　仿射变换的定义及其矩阵表示

线性变换并不能表示出我们需要的所有变换，因此，现将其扩充为一种称作仿射变换的映射范围更广的函数类。仿射变换为一个线性变换加上一个平移向量 b，即

$$\alpha(u) = \tau(u) + b$$

或者用矩阵表示法

$$\alpha(u) = uA + b = [x, y, z]\begin{bmatrix} A_{11} & A_{12} & A_{13} \\ A_{21} & A_{22} & A_{23} \\ A_{31} & A_{32} & A_{33} \end{bmatrix} + [b_x, b_y, b_z] = [x', y', z']$$

其中，A 是一个线性变换的矩阵表示。

如果用 $w = 1$ 把坐标扩充为齐次坐标，那么就可以将上式更简洁地写作：

$$[x, y, z, 1] \begin{bmatrix} A_{11} & A_{12} & A_{13} & 0 \\ A_{21} & A_{22} & A_{23} & 0 \\ A_{31} & A_{32} & A_{33} & 0 \\ b_x & b_y & b_z & 1 \end{bmatrix} = [x', y', z', 1] \quad (3.6)$$

式（3.6）中的 4×4 矩阵称为仿射变换的矩阵表示。

可以看出，加上向量 b 的这步运算，从本质上来说是一种平移操作（使目标对象的位置发生了改变）。但是，我们既不希望将此平移操作应用到向量上（因为向量的性质中并没有位置这个概念），又想令向量受到仿射变换中线性部分的处理。此时，如果将向量的第四个分量设为 $w = 0$，它便**不会**受到向量 b 平移操作的影响（可通过矩阵的乘法运算来验证这一点）。

注意

 由于行向量与上述 4×4 仿射变换矩阵的第四列点积有 $[x, y, z, w] \cdot [0, 0, 0, 1] = w$，所以此矩阵不会改变输入向量的 w 坐标。

3.2.3 平移

恒等变换（identity transformation）是一种直接返回其输入参数的线性变换，形如 $I(u) = u$。不难证明，这种线性变换的矩阵表示即为单位矩阵。

现将平移变换（translation transformation）定义为仿射变换，此时，其中的线性变换就是一种恒等变换，即

$$\tau(u) = uI + b = u + b$$

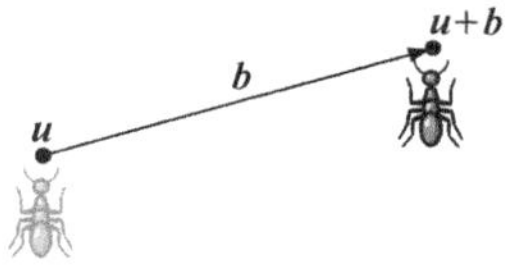

如您所见，此线性变换简单地利用向量 b 对点 u 进行平移（或位移）。图 3.5 详细地展示了物体位移的过程——物体上的每个点都通过同一向量 b 进行了平移。

图 3.5 借助位移向量 b 对蚂蚁进行位移

根据式（3.6）可知，τ 的矩阵表示为：

$$T = \begin{bmatrix} 1 & 0 & 0 & 0 \\ 0 & 1 & 0 & 0 \\ 0 & 0 & 1 & 0 \\ b_x & b_y & b_z & 1 \end{bmatrix}$$

该矩阵称为**平移矩阵**（translation matrix）。

平移矩阵的逆矩阵则为：

$$T^{-1} = \begin{bmatrix} 1 & 0 & 0 & 0 \\ 0 & 1 & 0 & 0 \\ 0 & 0 & 1 & 0 \\ -b_x & -b_y & -b_z & 1 \end{bmatrix}$$

例 3.4

假设定义了一个正方形，其最小点坐标为 (–8, 2, 0)，最大点坐标为 (–2, 8, 0)。我们希望将此正方形沿

x 轴正方向平移 12 个单位，沿 y 轴正方向平移-10 个单位，在 z 轴方向保持不变，则其对应的平移矩阵为：

$$T = \begin{bmatrix} 1 & 0 & 0 & 0 \\ 0 & 1 & 0 & 0 \\ 0 & 0 & 1 & 0 \\ 12 & -10 & 0 & 1 \end{bmatrix}$$

现对此正方形进行平移（变换），将其最小点、最大点坐标分别乘以上述平移矩阵：

$$[-8, 2, 0, 1] \begin{bmatrix} 1 & 0 & 0 & 0 \\ 0 & 1 & 0 & 0 \\ 0 & 0 & 1 & 0 \\ 12 & -10 & 0 & 1 \end{bmatrix} = [4, -8, 0, 1]$$

$$[-2, 8, 0, 1] \begin{bmatrix} 1 & 0 & 0 & 0 \\ 0 & 1 & 0 & 0 \\ 0 & 0 & 1 & 0 \\ 12 & -10 & 0 & 1 \end{bmatrix} = [10, -2, 0, 1]$$

平移结果如图 3.6 所示。

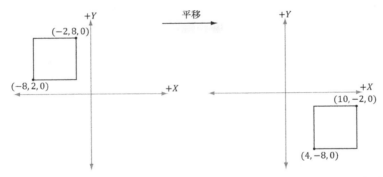

图 3.6　将例 3.4 中的正方形在 x 轴上平移 12 个单位长度，在 y 轴上平移-10 个单位长度。

注意，在向 z 轴负方向俯瞰的时候，由于 $z = 0$，因此几何图示呈 2D 效果

注意

Note　设 T 为一个变换矩阵，我们可通过计算乘积 $vT = v'$ 来变换一个点或向量。不难看出，若通过 T 对点或向量进行变换之后，再经其逆矩阵 T^{-1} 的变换，那么，最终会得到初始的向量：$vTT^{-1} = vI = v$。换句话说，逆变换能够"还原"变换操作。例如，如果将一个点在 x 轴正方向平移 5 个单位，再通过逆变换，令该点沿 x 轴正方向平移-5 个单位，那么，此点最终会回到初始的位置。又如，若令一个点绕 y 轴旋转 30°，再根据逆变换使该点绕 y 轴旋转-30°，则此点最终也将回到起始位置。总的来说，变换矩阵及其逆矩阵的作用正相反。这两种变换的复合，从几何学的角度上来看使物体保持不变。

3.2.4 缩放和旋转的仿射矩阵

通过观察可以发现，如果 $b = 0$，则仿射变换将退化为线性变换。这样一来，我们就能用 $b = 0$ 的仿射变换来表示任意线性变换。更进一步说，也就意味着仅通过一个 4×4 的仿射矩阵表达出任意的线性变换。例如，缩放矩阵与旋转矩阵可写作下列的 4×4 矩阵：

$$S = \begin{bmatrix} s_x & 0 & 0 & 0 \\ 0 & s_y & 0 & 0 \\ 0 & 0 & s_z & 0 \\ 0 & 0 & 0 & 1 \end{bmatrix}$$

$$R_n = \begin{bmatrix} c+(1-c)x^2 & (1-c)xy+sz & (1-c)xz-sy & 0 \\ (1-c)xy-sz & c+(1-c)y^2 & (1-c)yz+sx & 0 \\ (1-c)xz+sy & (1-c)yz-sx & c+(1-c)z^2 & 0 \\ 0 & 0 & 0 & 1 \end{bmatrix}$$

如此一来，就能用 4×4 矩阵统一地表示所有变换，并通过 1×4 齐次行向量来表示点和向量。

3.2.5 仿射变换矩阵的几何意义

经过本节的学习，我们对仿射变换矩阵中各项数据几何意义上的直觉将得到进一步的提升。首先让我们来考察**刚体变换**（rigid body transformation），其本质是一种保形（shape preserving，即保持形状）变换。以下便是刚体变换在现实生活中的一个例子：从书桌上拿起书，再将它放到书架上。在移动书的这个过程中（平移），很可能会改变它的朝向（旋转）。设 τ 为描述物体旋转操作的旋转变换，而 b 为定义物体平移操作的平移向量。那么，刚体变换就可以用仿射变换来表示：

$$\alpha(x, y, z) = \tau(x, y, z) + b = x\tau(i) + y\tau(j) + z\tau(k) + b$$

在矩阵表示法中，若采用齐次坐标（表示点时，$w = 1$；表示向量时，$w = 0$，如此一来，平移变换就不会作用于向量），上式将被改写为：

$$[x, y, z, w] \begin{bmatrix} \leftarrow \tau(i) \rightarrow \\ \leftarrow \tau(j) \rightarrow \\ \leftarrow \tau(k) \rightarrow \\ \leftarrow b \rightarrow \end{bmatrix} = [x', y', z', w] \tag{3.7}$$

至此，为了理解此方程的几何意义，我们还要将矩阵中的行向量依次绘制出来（见图 3.7）。由于 τ 是一个旋转变换，所以它具有保长性与保角性（详见章末习题 26）。特别是我们能看到 τ 将标准基向量 i、j 和 k，分别旋转到对应的新方向 $\tau(i)$、$\tau(j)$ 和 $\tau(k)$。而向量 b 则是一个位置向量，它表示物体相对于原点的位移。现在来看图 3.7，它以几何学的角度展示了如何通过计算 $\alpha(x, y, z) = x\tau(i) + y\tau(j) + z\tau(k) + b$ 来求取变换后的点。

这种思路同样可以运用在缩放或斜切（skew，也有译作倾斜、扭曲等）变换上。请考虑这样一种线性变换 τ，它将图 3.8 所示的正方形拉扯为一个平行四边形。斜切处理后的点即为斜切变换后的基向量的线性组合。

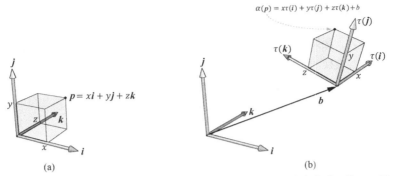

图 3.7　仿射变换矩阵中行向量的几何意义。点 $\alpha(p)$ 是变换后的基向量 $\tau(i)$、$\tau(j)$、$\tau(k)$
与偏移向量 b 的线性组合

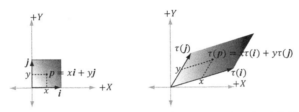

图 3.8　对于一种把正方形拉扯为平行四边形的线性变换而言，经过变换的点 $\tau(p) = (x,y)$
即为斜切变换后的基向量 $\tau(i)$ 与 $\tau(j)$ 的线性组合

3.3　变换的复合[①]

假设 S 是一个缩放矩阵，R 是一个旋转矩阵，T 是一个平移矩阵。现给定一个由 8 个顶点 v_i（其中 $i = 0, 1, \cdots, 7$）构成的立方体，并希望将这 3 种变换相继应用到此正方体的每个顶点之上。我们以下列简明的方式来逐步对顶点进行变换：

$$((v_i S)R)T = (v_i' R)T = v_i'' T = v_i''' \quad 其中 \ i = 0, 1, \cdots, 7$$

然而，由于矩阵乘法满足结合律，因而此式可以等价地改写为：

$$v_i(SRT) = v_i''' \quad 其中 \ i = 0, 1, \cdots, 7$$

还可将 $C = SRT$ 视为一个矩阵，即提前将 3 种变换封装为一个净变换矩阵。换句话说，矩阵之间的乘法法则使我们得以将不同的变换连接在一起。

这里实际还涉及性能问题。来看一个例子：假设有一个由 20000 个点组成的 3D 物体，我们希望将上述 3 种几何变换，逐个作用到这个物体上。如果采用按部就班的计算方法，我们需要进行 20000×3 次向量与矩阵的乘法运算。但通过上述组合矩阵的计算方法，只需要执行 20000 次的向量与矩阵乘法运算

---

① 原文为 "composition of transformations"，也有译作变换的组合等。

以及两次矩阵与矩阵的乘法运算即可。显而易见的是，比起前者中近 3 倍的大量向量与矩阵乘法运算而言，后者中两次额外的矩阵与矩阵乘法运算真可谓是九牛一毛。

注意

Note 这里要再次指出：矩阵之间的乘法运算不满足交换律。这一点亦可以从几何角度上看出。例如，一个旋转操作后面跟有一个平移变换，我们能够用矩阵的乘积 **RT** 来表示。而采用同样的变换矩阵，先平移后旋转，即 **TR**，它的变换结果却与 **RT** 全然不同。图 3.9 演示了这两种变换过程的差异。

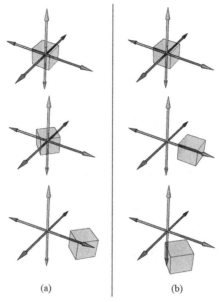

图 3.9　两种变换过程的差异比较

（a）先旋转后平移　　（b）先平移后旋转

3.4　坐标变换①

众所周知，100℃表示的是摄氏温标下水的沸点。那么，怎样用华氏温标来描述这**同样环境**下水的沸点呢？换言之，若用华氏温标表示水的沸点，其对应的标量值是多少呢？为了实现此转换（或称标架的变换），我们需要知道摄氏度和华氏度这两种温标之间的关系。这两者之间的转换公式是 $T_\mathrm{F} = \dfrac{9}{5}T_\mathrm{C} + 32°$。由此可知，水的沸点换算为华氏度为 $T_\mathrm{F} = \dfrac{9}{5}(100)° + 32° = 212°$。

---

① 原文为 change of coordinate transformation，但这里译作坐标系变换或许更贴切。

通过这个例子可知：根据标架 A 与另一不同标架 B 的关系，我们就可以将相对于标架 A 表示某量的标量 k，转换为相对于标架 B 描述**同一种量**的新标量 k′。在后续子小节中，我们会遇到类似的问题，但届时我们研究的并不再是标量，而是要相对于不同的标架来转换点或向量的坐标（见图 3.10）。我们把不同标架间的坐标的转换称之为**坐标变换**（change of coordinate transformation）。

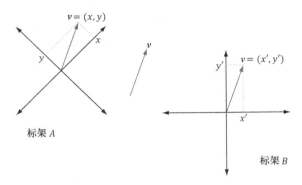

图 3.10　**同一个向量 v 在不同的标架中有着不同的坐标。此向量在标架 A 中的坐标为(x, y)，在标架 B 中的坐标则为(x′, y′)**

值得注意的是，在坐标变换的过程中，几何体本身并没有随之发生改变。坐标变换改变的仅是物体的参考系（又称参照系），因此改变的实为几何体的坐标表示。相比之下，我们可以认为旋转、平移和缩放这些操作才使几何体发生了实质上的移动或形变。

在 3D 计算机图形学中，我们往往会用到许多不同的坐标系，所以需要了解在它们之间互相转换坐标的方法。由于位置是点的属性，与向量无关，所以点和向量的坐标变换是不同的，下面就此展开讨论。

3.4.1　向量的坐标变换

思考图 3.11，其中有一向量 p 分别位于标架 A 和标架 B 之中。假设给定向量 p 在标架 A 中的坐标为 $p_A = (x, y)$，现希望求得向量 p 在标架 B 中的对应坐标 $p_B = (x′, y′)$。换言之，如果给出了一个向量在某一个标架中的坐标，那么如何求出该向量在另一个不同标架中的对应坐标呢？

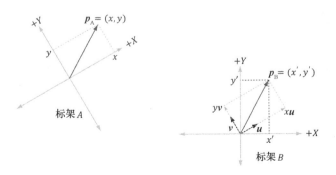

图 3.11　**求取向量 p 在标架 B 中坐标的几何示意图**

从图 3.11 中可知：

$$p = xu + yv$$

其中，u 和 v 分别是标架 A 中 x 轴、y 轴正方向上的单位向量。用标架 B 中的坐标来表示以上公式中的单位向量，可得：

$$p_B = xu_B + yv_B$$

所以，如果给定 $p_A = (x, y)$，也已知向量 u 和向量 v 相对于标架 B 的坐标分别为 $u_B = (u_x, u_y)$ 以及 $v_B = (v_x, v_y)$，那么就一定能求出 $p_B = (x', y')$。

现将向量的坐标变换推广到 3D 空间，如果 $p_A = (x, y, z)$，那么

$$p_B = xu_B + yv_B + zw_B$$

其中，u、v 和 w 分别是指向标架 A 中 x 轴、y 轴和 z 轴正方向上的单位向量。

3.4.2 点的坐标变换

点与向量的坐标变换稍有不同，这是由于位置是点的一个重要属性，因而不能将图 3.11 所示的向量平移方法应用于点上。

图 3.12 展示了一个对点进行坐标变换的情景，通过观察，可以将点 p 表示为：

$$p = xu + yv + Q$$

其中 u 和 v 是分别指向标架 A 中 x 轴和 y 轴正方向上的单位向量，且 Q 是标架 A 中的原点。用标架 B 中的坐标来表示上式中的每一个向量和点，可得：

$$p_B = xu_B + yv_B + Q_B$$

如果给出 $p_A = (x, y)$，同时也知道向量 u、v 以及原点 Q 相对于标架 B 的坐标分别为 $u_B = (u_x, u_y)$、$v_B = (v_x, v_y)$ 以及 $Q_B = (Q_x, Q_y)$，那么，我们总能求出 $p_B = (x', y')$。

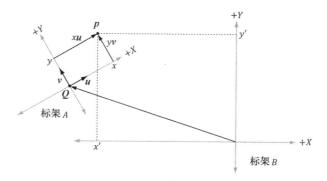

图 3.12 求取点 p 在标架 B 中坐标的几何示意图

现把点的坐标变换推广到 3D 空间，如果 $p_A = (x, y, z)$，那么

$$p_B = xu_B + yv_B + zw_B + Q_B$$

其中，向量 u、v 和 w 是分别指向标架 A 中 x 轴、y 轴和 z 轴的正方向上的单位向量，Q 则为标架 A 中的原点。

3.4.3　坐标变换的矩阵表示

到目前为止，我们已经分别探讨了向量和点的坐标变换：

$(x', y', z') = xu_B + yv_B + zw_B$　　　　对于向量而言

$(x', y', z') = xu_B + yv_B + zw_B + Q_B$　　对于点而言

如果使用齐次坐标，就可以用同一公式对点和向量进行处理：

$$(x', y', z', w) = xu_B + yv_B + zw_B + Q_B \tag{3.8}$$

如果 $w = 0$，此式化简为向量的坐标变换公式；如果 $w = 1$，则此式化简为点的坐标变换公式。式（3.8）的优点在于：只要为其正确地设置 w 分量值，它就能相应地处理点或向量的坐标变换。这样一来，我们也就无须分别记住两个公式了（一个处理向量，另一个处理点）。根据式（2.3），可以将式（3.8）改写为矩阵形式：

$$
\begin{aligned}
[x', y', z', w] &= [x, y, z, w]
\begin{bmatrix}
\leftarrow u_B \rightarrow \\
\leftarrow v_B \rightarrow \\
\leftarrow w_B \rightarrow \\
\leftarrow Q_B \rightarrow
\end{bmatrix} \\
&= [x, y, z, w]
\begin{bmatrix}
u_x & u_y & u_z & 0 \\
v_x & v_y & v_z & 0 \\
w_x & w_y & w_z & 0 \\
Q_x & Q_y & Q_z & 1
\end{bmatrix} \\
&= xu_B + yv_B + zw_B + wQ_B
\end{aligned}
\tag{3.9}
$$

其中，$Q_B = (Q_x, Q_y, Q_z, 1)$，$u_B = (u_x, u_y, u_z, 0)$，$v_B = (v_x, v_y, v_z, 0)$ 与 $w_B = (w_x, w_y, w_z, 0)$ 分别表示标架 A 中的原点和诸坐标轴相对于标架 B 的齐次坐标。我们把式（3.9）里能把标架 A 中的坐标转换（或映射，map）为标架 B 中坐标的 4×4 矩阵，称为**坐标变换矩阵**（change of coordinate matrix）或**标架变换矩阵**（change of frame matrix）。

3.4.4　坐标变换矩阵及其结合律

现假设有 3 个标架 F、G 和 H。A 为将坐标从 F 转换到 G 的标架变换矩阵，B 为把坐标由 G 转换至 H 的标架变换矩阵。在标架 F 中，有一向量的坐标为 p_F，我们希望求出此向量相对于标架 H 的坐标 p_H。可按一般顺序来逐步计算：

$$(p_F A)B = p_H$$

$$(p_G)B = p_H$$

由于矩阵的乘法运算满足结合律，我们可将 $(p_F A)B = p_H$ 写作：

$$p_F (AB) = p_H$$

这样一来，就能把矩阵乘积 $C = AB$ 看作是将坐标从标架 F 直接变换至标架 H 的标架变换矩阵，它将变换矩阵 A 和 B 结合为一个净矩阵——其思路就类似于函数的复合。

这种计算方法还会对性能产生影响。为了说明这一点，我们假设一个由 20000 个点构成的 3D 物体，现要对它的每个点进行两次标架变换。若使用逐步计算的方法，我们需进行 20000×2 次向量与矩阵的乘法运算。但利用结合矩阵的方法，我们只要进行 20000 次向量与矩阵的乘法运算以及一次矩阵与矩阵的乘法运算（用于结合两个标架变换矩阵）即可。不难看出，仅借助一次开销极低的矩阵之间的乘法运算，便可以节省多次向量与矩阵乘法所需的大量计算资源。

注意

 重要的事情说 3 遍：矩阵乘法是不满足交换律的，所以请不要认为矩阵乘积 AB 与矩阵乘积 BA 表示的是相同的复合变换。具体来说，矩阵相乘的顺序就是变换的顺序。一般而言，它们的处理顺序是不能随意调换的。

3.4.5 坐标变换矩阵及其逆矩阵

假设给定向量 p 相对于标架 B 的坐标 p_B，以及将坐标由标架 A 转换到标架 B 的变换矩阵 M，即有 $p_B = p_A M$。现希望求得 p_A。换句话说，我们这次是希望通过坐标变换矩阵，将标架 B 中的坐标映射到标架 A 中。为了求出这个矩阵，我们假设矩阵 M 是可逆的（即存在 M^{-1}）。通过下列步骤，我们就能得到坐标 p_A：

$p_B = p_A M$

$p_B M^{-1} = p_A M M^{-1}$ 等式左右两侧同时乘以矩阵 M^{-1}

$p_B M^{-1} = p_A I$ 由逆矩阵的定义可知 $MM^{-1} = I$

$p_B M^{-1} = p_A$ 由单位矩阵的定义可知 $p_A I = p_A$

所以矩阵 M^{-1} 即为将坐标由标架 B 转换到标架 A 的变换矩阵。

图 3.13 说明了坐标变换矩阵及其逆矩阵之间的关系。还有一点要注意的是，本书内所有的标架变换映射都是可逆的，因此我们不必担心逆矩阵是否存在这一问题。

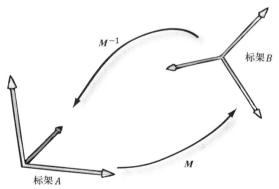

图 3.13　矩阵 M 把标架 A 中的坐标映射到标架 B，矩阵 M^{-1} 则把标架 B 中的坐标映射到标架 A

图 3.14 展示了如何用坐标变换矩阵来解释逆矩阵的性质 $(AB)^{-1} = B^{-1}A^{-1}$。

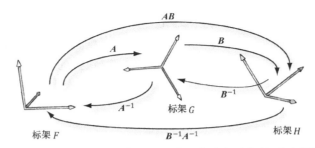

图 3.14　矩阵 A 把坐标从标架 F 映射到标架 G，矩阵 B 把坐标从标架 G 映射到标架 H，矩阵乘积 AB 则把坐标从标架 F 直接映射至标架 H。矩阵 B^{-1} 把坐标从标架 H 映射到标架 G，矩阵 A^{-1} 把坐标从标架 G 映射到标架 F，利用矩阵乘积 $B^{-1}A^{-1}$ 则可把坐标直接从标架 H 映射至标架 F

3.5　变换矩阵与坐标变换矩阵

到目前为止，我们已经对"使几何体本身发生改变"的变换（缩放、旋转和平移）与坐标变换进行了区分。在本节中，我们将证明：从数学角度上看，两者在数学上其实是等价的。即，可将改变几何体的变换解释为坐标变换，反之亦然。

图 3.15 展示了式（3.7）中的行向量（令物体先旋转再平移的仿射变换矩阵）与式（3.9）中的行向量（坐标变换矩阵）在几何意义上的相似性。

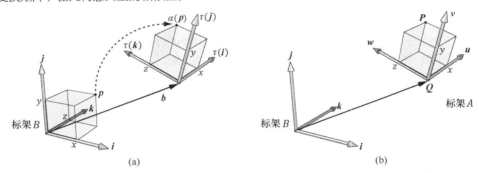

图 3.15　从图中可以对比看出 $b = Q$，$\tau(i) = u$，$\tau(j) = v$，$\tau(k) = w$。图 a 中，假设我们在当前的工作中所采用的坐标系为标架 B，现在要运用仿射变换相对于标架 B 来改变图内立方体的位置以及朝向：$\alpha(x, y, z, w) = x\tau(i) + y\tau(j) + z\tau(k) + wb$。图 b 中，我们有标架 A 与标架 B 两个坐标系。通过公式 $p_B = xu_B + yv_B + zw_B + wQ_B$ 就可以把相对于标架 A 组成立方体的诸点坐标转换为标架 B 中的坐标，其中 $p_A = (x, y, z, w)$。

在这两种情形之中，我们可以分别得到相对于标架 B 中的坐标 $\alpha(p) = (x', y', z', w) = p_B$

如果我们能认识到这一点，会发现其意义非凡。对于坐标变换来说，标架之间的差异仅为位置和朝向。因此，令坐标在标架之间转换的数学公式实质上描述的即为所需执行的旋转和平移操作，最终也会得到与几何变换（对物体进行缩放、旋转和平移）相同的数学形式，可谓殊途同归。几何变换也好，坐标变换也罢，计算出的结果都是相同的，差别只在于解释变换的角度。对于某些情况来说，保持物体不变,使之在多个坐标系之间转换是种更直观的办法。但是,若描述对象的参考系发生了变化,则物体的坐标表示也会随之改变(图 3.15b 演示了这种情景)。有些时候,我们又希望在同一个坐标系中表示物体的变换,而不改变其参考系(这种情况可参见图 3.15a),此时即可采用几何变换法。

注意

 这段讨论证实了我们能够将一个改变几何体的复合变换(缩放、旋转和平移),解释为一种对应的坐标变换。由于我们以后通常要将世界空间(第 5 章)的坐标变换矩阵定义为缩放、旋转和平移操作组成的复合变换,所以了解这一点是很重要的。

3.6 DirectXMath 库提供的变换函数

本节我们对 DirectXMath 库中与变换相关的函数进行总结,以供参考。

```
// 构建一个缩放矩阵:
XMMATRIX XM_CALLCONV XMMatrixScaling(
float ScaleX,
float ScaleY,
float ScaleZ);                          // 缩放系数

// 用一个 3D 向量中的分量来构建缩放矩阵:
XMMATRIX XM_CALLCONV XMMatrixScalingFromVector(
FXMVECTOR Scale);                       // 缩放系数(s_x, s_y, s_z)

// 构建一个绕 x 轴旋转的矩阵 R_x:
XMMATRIX XM_CALLCONV XMMatrixRotationX(
    float Angle);                       // 以顺时针方向按弧度 θ 进行旋转

// 构建一个绕 y 轴旋转的矩阵 R_y:
XMMATRIX XM_CALLCONV XMMatrixRotationY(
    float Angle);                       // 以顺时针方向按弧度 θ 进行旋转

// 构建一个绕 z 轴旋转的矩阵 R_z:
XMMATRIX XM_CALLCONV XMMatrixRotationZ(
    float Angle);                       // 以顺时针方向按弧度 θ 进行旋转

// 构建一个绕任意轴旋转的矩阵 R_n:
XMMATRIX XM_CALLCONV XMMatrixRotationAxis(
 FXMVECTOR Axis,                        // 旋转轴 n
 float Angle);                          // 沿 n 轴正方向看,以顺时针方向按弧度 θ 进行旋转

// 构建一个平移矩阵:
```

```
XMMATRIX XM_CALLCONV XMMatrixTranslation(
float OffsetX,
float OffsetY,
float OffsetZ);                                    // 平移系数

// 用一个 3D 向量中的分量来构建平移矩阵:
XMMATRIX XM_CALLCONV XMMatrixTranslationFromVector(
FXMVECTOR Offset);                                 // 平移系数(tx, ty, tz)

// 计算向量与矩阵的乘积 vM, 此函数为针对点的变换, 即总是默认令 vw = 1:
XMVECTOR XM_CALLCONV XMVector3TransformCoord(
FXMVECTOR V,       // 输入向量 v
CXMMATRIX M);      // 输入矩阵 M

// 计算向量与矩阵的乘积 vM, 此函数为针对向量的变换, 即总是默认令 vw = 0:
XMVECTOR XM_CALLCONV XMVector3TransformNormal(
FXMVECTOR V,       // 输入向量 v
CXMMATRIX M);      // 输入矩阵 M
```

对于最后的两个函数来说, 用户不必显式设置 w 分量, 因为在执行 XMVector3TransformCoord 时, 默认 $v_w = 1$, 而当执行 XMVector3TransformNormal 时, 默认 $v_w = 0$。

3.7　小结

1. 缩放、平移和旋转这 3 种基础操作的变换矩阵分别为:

$$S = \begin{bmatrix} s_x & 0 & 0 & 0 \\ 0 & s_y & 0 & 0 \\ 0 & 0 & s_z & 0 \\ 0 & 0 & 0 & 1 \end{bmatrix} \qquad T = \begin{bmatrix} 1 & 0 & 0 & 0 \\ 0 & 1 & 0 & 0 \\ 0 & 0 & 1 & 0 \\ b_x & b_y & b_z & 1 \end{bmatrix}$$

$$R_n = \begin{bmatrix} c+(1-c)x^2 & (1-c)xy+sz & (1-c)xz-sy & 0 \\ (1-c)xy-sz & c+(1-c)y^2 & (1-c)yz+sx & 0 \\ (1-c)xz+sy & (1-c)yz-sx & c+(1-c)z^2 & 0 \\ 0 & 0 & 0 & 1 \end{bmatrix}$$

2. 我们通过 4×4 矩阵来表示变换, 并利用 1×4 齐次坐标来描述点和向量: 当把第 4 个分量设置为 $w = 1$ 时, 表示点; 设置为 $w = 0$ 时, 则表示向量。这样一来, 平移操作将只应用于点, 而不会影响向量。

3. 如果一个矩阵内所有的行向量都是单位长度且两两正交, 则此矩阵为正交矩阵。正交矩阵有个特殊性质: 它的逆矩阵与转置矩阵相等。因此, 这使它的逆矩阵计算起来方便且高效。另外, 所有的旋转矩阵皆为正交矩阵。

4. 由于矩阵的乘法运算满足结合律, 因此我们就能够将若干种变换矩阵合而为一。此矩阵给予物体的变换效果, 与合成它的多个单一矩阵对物体按次序进行变换的净效果相同。

5. 设 Q_B、u_B、v_B 和 w_B 分别表示标架 A 中的原点、x 轴、y 轴和 z 轴相对于标架 B 的坐标。如果一个向量（或点）p 相对于标架 A 的坐标为 $p_A = (x, y, z)$，那么，此同一向量（或点）相对于标架 B 的坐标为：

（a）$p_B = (x', y', z') = xu_B + yv_B + zw_B$ 针对向量（具有大小和方向两种属性）而言

（b）$p_B = (x', y', z') = Q_B + xu_B + yv_B + zw_B$ 针对位置向量（即点）而言

这些坐标变换还可以写为由齐次坐标组成的矩阵形式。

6. 假设有 3 个标架 F、G 和 H。已知将坐标由 F 转换到 G 的标架变换矩阵为 A，把坐标由 G 转换到 H 的标架变换矩阵为 B。根据矩阵与矩阵的乘法运算法则，可以将矩阵乘积 $C = AB$ 看作把坐标由 F 直接转换到 H 的标架变换矩阵。这就是说，利用矩阵之间的乘法运算，能够将矩阵 A 和矩阵 B 的变换效果组合为一个净矩阵，并可记作 $p_F(AB) = p_H$。

7. 如果矩阵 M 可以将坐标从标架 A 映射至标架 B，那么，矩阵 M^{-1} 则能够将坐标由标架 B 映射到标架 A。

8. 我们可以将"令几何体自身发生改变"的变换解释为坐标变换，反之亦然。在一些情景中，令物体保持不变，使其在多种坐标系之间进行转换则更为直观。但是，若描述物体的相关参考系产生了变化，物体的坐标也要相应地进行改变。而在另外的一些情景中，我们可能更需要使物体仅在一个坐标系中变换，而不改变其参照的参考系。

3.8 练习

1. 设 $\tau : \mathbb{R}^3 \to \mathbb{R}^3$ 的定义为 $\tau(x, y, z) = (x + y, x - 3z)$。那么，$\tau$ 是一种线性变换吗？如果是，求出它的标准矩阵表示。

2. 设 $\tau : \mathbb{R}^3 \to \mathbb{R}^3$ 的定义为 $\tau(x, y, z) = (3x + 4z, 2x - z, x + y + z)$。那么，$\tau$ 是否是一种线性变换？如果是，求出它的标准矩阵表示。

3. 设 $\tau : \mathbb{R}^3 \to \mathbb{R}^3$ 是一种线性变换，而且 $\tau(1, 0, 0) = (3, 1, 2)$，$\tau(0, 1, 0) = (2, -1, 3)$，$\tau(0, 0, 1) = (4, 0, 2)$。求 $\tau(1, 1, 1)$。

4. 构建一个缩放矩阵，使物体在 x 轴方向上放大 2 倍，在 y 轴方向上放大 -3 倍，在 z 轴方向上保持不变。

5. 构建一个旋转矩阵，使物体绕轴 $(1, 1, 1)$ 旋转 30°。

6. 构建一个平移矩阵，使物体沿 x 轴正方向平移 4 个单位，在 y 轴方向上保持不变，沿 z 轴正方向平移 -9 个单位。

7. 构建一个单独的变换矩阵，首先使物体在 x 轴方向上放大 2 倍，在 y 轴方向上放大 -3 倍，在 z 轴上保持不变。接着将物体沿 x 轴正方向平移 4 个单位，在 y 轴上保持不变，沿 z 轴正方向平移 -9 个单位。

8. 构建一个单独的变换矩阵，首先令物体绕 y 轴旋转 45°。接着使之沿 x 轴正方向平移 -2 个单位，沿 y 轴正方向平移 5 个单位，最后沿 z 轴正方向平移 1 个单位。

9. 重新计算例 3.2，但是这次使其中的正方形在 x 轴方向上放大 1.5 倍，在 y 轴方向上缩小至 0.75 倍，在 z 轴上保持不变。最后，绘制出变换前后的几何体，以确定所得到结果是否正确。

10. 重新计算例 3.3，但是这次将其中的正方形绕 y 轴顺时针方向旋转 –45°（即以逆时针方向旋转 45°）。最后，绘制出变换前后的几何体，验证所得到的结果。

11. 重新计算例 3.4，此次将该正方形在 x 轴正方向平移 –5 个单位，在 y 轴正方向平移 –3.0 个单位，沿 z 轴正方向平移 4.0 个单位。最后，画出变换前后的几何体，确认所得到结果的正确性。

12. 证明 $R_n(v) = \cos\theta v + (1 - \cos\theta)(n \cdot v)n + \sin\theta(n \times v)$ 是一种线性变换。求出它的标准矩阵表示。

13. 证明 R_y 中的行向量都是规范正交的。作为拓展，读者也可以将此性质推广到一般的旋转矩阵（绕任意轴旋转的旋转矩阵）中。

14. 证明矩阵 M 是正交矩阵，当且仅当 $M^T = M^{-1}$。

15. 计算：

$$[x, y, z, 1]\begin{bmatrix} 1 & 0 & 0 & 0 \\ 0 & 1 & 0 & 0 \\ 0 & 0 & 1 & 0 \\ b_x & b_y & b_z & 1 \end{bmatrix} \quad 和 \quad [x, y, z, 0]\begin{bmatrix} 1 & 0 & 0 & 0 \\ 0 & 1 & 0 & 0 \\ 0 & 0 & 1 & 0 \\ b_x & b_y & b_z & 1 \end{bmatrix}$$

平移矩阵是否对点进行了平移操作？又是否平移了向量？为什么对一个标准位置上的向量坐标进行平移是没有意义的？

16. 验证文中给出的缩放矩阵的逆矩阵（见 3.1.3 节）确实是该缩放矩阵的逆；这可以直接通过矩阵的乘法运算 $SS^{-1} = S^{-1}S = I$ 来加以证明。类似地，证明文中给出的平移矩阵（见 3.2.3 节）的逆矩阵确实是该平移矩阵的逆，即证明 $TT^{-1} = T^{-1}T = I$。

17. 假设我们已知标架 A 和标架 B。设 $p_A = (1, -2, 0)$ 和 $q_A = (1, 2, 0)$ 分别表示相对于标架 A 的一个点和一个作用力。另外，设 $Q_B = (-6, 2, 0)$，$u_B = \left(\dfrac{1}{\sqrt{2}}, \dfrac{1}{\sqrt{2}}, 0\right)$，$v_B = \left(-\dfrac{1}{\sqrt{2}}, \dfrac{1}{\sqrt{2}}, 0\right)$ 及 $w_B = (0, 0, 1)$ 描述的是标架 A 的原点与 3 个坐标轴相对于标架 B 的坐标。构建出把标架 A 的坐标映射为标架 B 的坐标的变换矩阵，并求出 $p_B = (x, y, z)$ 和 $q_B = (x, y, z)$ 的齐次坐标。最后，将变换的过程绘制在图纸上，以验证答案的正确性。

18. 利用点来对照向量的线性组合可得到一种**仿射组合**（affine combination）：$p = a_1 p_1 + \cdots + a_n p_n$，其中 $a_1 + \cdots + a_n = 1$，且 $p_1, \cdots, p_n$ 都为点。可以将标量系数 a_k 看作是对应"点"的权重，用于描述 p_k 对 p 的影响程度。笼统地讲，a_k 越接近于 1，则 p 越趋近于 p_k，而负的 a_k 则使 p 与 p_k"背道而驰"。下一道练习题将更直观地说明这一点。满足上述条件的权值组合也称作点 p 的**重心坐标**（barycentric coordinate）。最后，请证明仿射组合可以写作一个点与一个向量之和的形式：

$$p = p_1 + a_2(p_2 - p_1) + \cdots + a_n(p_n - p_1)$$

19. 考虑由 $p_1 = (0, 0, 0)$，$p_2 = (0, 1, 0)$ 和 $p_3 = (2, 0, 0)$ 这 3 个点所构成的三角形。绘制出下列点：

（a）$\dfrac{1}{3}p_1 + \dfrac{1}{3}p_2 + \dfrac{1}{3}p_3$

（b）$0.7p_1 + 0.2p_2 + 0.1p_3$

（c）$0.0\boldsymbol{p}_1 + 0.5\boldsymbol{p}_2 + 0.5\boldsymbol{p}_3$

（d）$-0.2\boldsymbol{p}_1 + 0.6\boldsymbol{p}_2 + 0.6\boldsymbol{p}_3$

（e）$0.6\boldsymbol{p}_1 + 0.5\boldsymbol{p}_2 - 0.1\boldsymbol{p}_3$

（f）$0.8\boldsymbol{p}_1 - 0.3\boldsymbol{p}_2 + 0.5\boldsymbol{p}_3$

小题（a）中的点有什么特别之处吗？若按仿射组合公式用 $\boldsymbol{p}_1$，$\boldsymbol{p}_2$ 和 $\boldsymbol{p}_3$ 三点来表示点 $\boldsymbol{p}_2$ 和点 $(1, 0, 0)$，则其对应的重心坐标分别是多少？如果重心坐标中有一分量为负，那么，能推测出此对应点 $\boldsymbol{p}$ 与三角形的位置关系吗？

20. 判断一个仿射变换的决定性因素之一便是要满足仿射组合。证明仿射变换 $\alpha(\boldsymbol{u})$ 满足仿射组合，即 $\alpha(a_1\boldsymbol{p}_1 + \cdots + a_n\boldsymbol{p}_n) = a_1\alpha(\boldsymbol{p}_1) + \cdots + a_n\alpha(\boldsymbol{p}_n)$，其中 $a_1 + \cdots + a_n = 1$。

21. 考察图 3.16。在计算机图形学里，将坐标由标架 A 中（正方形$[-1, 1]^2$）映射到标架 B 中（正方形$[0, 1]^2$，其中的 y 轴正方向与标架 A 中的 y 轴正方向正相反）是一种很常见的坐标变换。证明由标架 A 到标架 B 的这种坐标变换为：

$$[x, y, 0, 1]\begin{bmatrix} 0.5 & 0 & 0 & 0 \\ 0 & -0.5 & 0 & 0 \\ 0 & 0 & 1 & 0 \\ 0.5 & 0.5 & 0 & 1 \end{bmatrix} = [x', y', 0, 1]$$

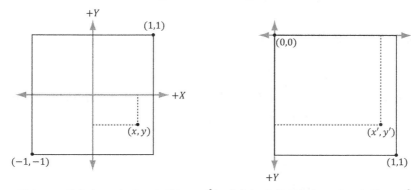

图 3.16　将标架 A 中（正方形$[-1, 1]^2$）的坐标映射到标架 B（正方形$[0, 1]^2$，其中的 y 轴正方向与标架 A 中 y 轴正方向刚好相反）的坐标变换

22. 在第 2 章曾提到：在线性变换下，行列式与（n 维平行多面体）体积（面积）的变化有关。请求出缩放矩阵的行列式，并从体积变化的角度来对此进行解释。

23. 思考将正方形扭曲为平行四边形的变换 τ：

$$\tau(x, y) = (3x + y, x + 2y)$$

求出此变换的标准矩阵表示，并证明变换矩阵的行列式与由 $\tau(\boldsymbol{i})$ 和 $\tau(\boldsymbol{j})$ 张成的平行四边形面积相等（参考图 3.17）。

24. 证明令物体绕 y 轴旋转的变换矩阵行列式为 1。根据之前的习题，解释为什么此值为 1。作为进一步拓展，读者也可以证明：一般旋转矩阵（令物体绕任意轴旋转的矩阵）的行列式皆为 1。

25. 我们可以将任意的旋转矩阵看作是行列式为 1 的正交矩阵。结合图 3.7 与习题 24 来加以验证便会发现这一点。旋转后的基向量 τ(**i**)、τ(**j**) 和 τ(**k**) 都为单位长度，且互相正交；再者，由于旋转变换不会改变物体的大小，因此旋转矩阵的行列式就应当为 1。请证明两个旋转矩阵的乘积 $R_1R_2 = R$ 也是旋转矩阵。即证明 $RR^T = R^TR = I$（以此证明 **R** 是正交矩阵），以及 det **R** = 1。

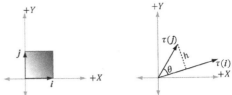

图 3.17　将正方形映射为平行四边形的变换

26. 证明旋转矩阵 **R** 具有下列性质：

　　（a）$(uR) \cdot (vR) = u \cdot v$　　　　点积不变性

　　（b）$\| uR \| = \| u \|$　　　　　　保长性

　　（c）$\theta(uR, vR) = \theta(u, v)$　　　保角性，其中 $\theta(x, y)$

　　　　　　　　　　　　　　　计算的是 **x** 与 **y** 之间的夹角：

$$\theta(x, y) = \arccos \frac{x \cdot y}{\| x \| \| y \|}$$

解释这些性质对于旋转变换的意义。

27. 求出一个兼有缩放、旋转和平移操作的矩阵，通过它将始于点 **p** = (0, 0, 0)、终于点 **q** = (0, 0, 1) 的线段变换为始于点(3, 1, 2)、平行于向量(1, 1, 1)且长度为 2 的线段。

28. 假设有一中心位于坐标(x, y, z)处的立方体。若定义原点为缩放变换的参考点，那么，对立方体（注意，它的中心此时并非位于原点）进行缩放处理便会产生使之平移的"副作用"，这在某些应用情景中是我们所不愿看到的。因此，请求出一种使该立方体相对于其中心点进行缩放的变换。

提示

首先通过坐标变换将立方体转换至原点位于其中心的立方体坐标系，对立方体进行缩放处理后，再将其变换回起始坐标系，如图 3.18 所示。

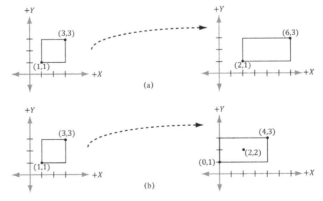

图 3.18　长方体的缩放变换

（a）令正方形相对于原点在 x 轴方向上放大两倍会导致变换后的矩形发生平移

（b）使正方形相对于自身中心点在 x 轴方向上放大两倍则不会使变换后的矩形发生平移（即变换后的矩形中心点仍位于变换前正方形的起始中心点处）

第二部分
Direct3D 基础

在这一部分中，我们将学习贯穿本书后续内容的 Direct3D 基础概念以及技术。掌握了这些基本功后，我们就能写出更加有趣的应用程序。以下是本部分各章的简介。

第 4 章 "Direct3D 的初始化" 这一章将带领读者进一步理解 Direct3D 并学习如何对它进行初始化，为后续的 3D 绘图工作打好基础。另外，也会介绍一些 Direct3D 的基本技术主题，例如表面①、像素格式（pixel format）、页面翻转（page flipping）、深度缓冲（depth buffering）和多重采样（multisampling）。我们还会学习用性能计数器（performance counter）度量时间，用于统计每秒中所渲染的帧数。除此之外，还会给出一些有关 Direct3D 的调试小窍门。最后，我们会开发和使用属于自己的应用程序框架——当然，这并不是指 SDK 框架。

第 5 章 "渲染流水线" 在这篇幅较长一章里将对渲染流水线（rendering pipeline）进行全面地讲解。渲染流水线是基于虚拟摄像机（virtual camera）的视角来进行观察，并据此生成场景 2D 图像的一系列步骤。在此，我们将学习定义 3D 场景、控制虚拟摄像机，以及将 3D 几何体投影至一个 2D 图像的平面中。

第 6 章 "利用 Direct3D 绘制几何体" 这一章将关注：定义 3D 几何体、配置渲染流水线、创建顶点着色器（vertex shader）和像素着色器（pixel shader），以及向渲染流水线提交用于绘制的几何体等操作相关的 Direct3D API 接口与方法。结束本章的学习后，我们将能够绘制一个 3D 立方体并从不同的角度来观赏它。

第 7 章 "利用 Direct3D 绘制几何体（续）" 这一章将介绍本书后续要用到的几种绘制模式。借助优化 CPU 与 GPU 之间的工作负载平衡，引出重新组织绘制物体的渲染流程这一主题。本章最后将展示怎样渲染出更为复杂的物体，如栅格、球体、立柱乃至模拟动态的波浪。

第 8 章 "光照" 这一章展示了光源的创建过程，并定义了光与不同材质表面之间的交互。在此，我们还特别演示了如何用顶点着色器和像素着色器来实现平行光光源（directional lights）、点光源（point lights）和聚光灯光源（spot lights）。

---

① 原文为 surface。在 Direct3D 中，表面（surface，不要与"物体表面"混淆）这一术语表示显存（尽管表面也可位于系统内存，但这里通常指代的是显存端）中的一块线性区域。这个词在 DirectX 9 时期比较常见，但在 DirectX 12 文档中很少被提及，可认为是各种缓冲区、纹理等 2D 资源的一种低层抽象或旧代名词。

第 9 章"纹理贴图" 这一章描述了纹理贴图（texture mapping），这是一种通过将 2D 图像数据映射到 3D 图元上、继而使场景更加真实的技术。例如，运用纹理贴图，我们就可以把 2D 砖块的图片应用到一个 3D 立方体的表面，以此来模拟砖块。其他关键的纹理主题也将在这一章讲授，其中包括纹理平铺（texture tiling）和动态纹理变换（animated texture transformation）。

第 10 章"混合" 利用混合（blending）技术，我们便可以实现许多如透明度（transparency）这样的特效。另外，我们将在这一章探讨 HLSL 内置的裁剪函数（clip），通过它便可以从可视的图像中掩盖住指定的部分，比如说，此函数可用于绘制铁丝网和门等物体。另外，本章还会展示如何实现雾的效果。

第 11 章"模板" 这一章介绍了模板缓冲区（stencil buffer），顾名思义，它就像是一块"模板"，允许我们阻止特定像素的绘制操作。而且，这种遮罩像素的技术在各种情况下都适用。为了使读者充分理解本章的主题，我们将深入研究用模板缓冲区实现平面反射（planar reflection）和平面阴影（planar shadow）的方法。

第 12 章"几何着色器" 这一章展示了如何编写几何着色器（geometry shader）。几何着色器比较特殊，因为它可以创建和销毁整个几何图元（geometric primitive）。几何着色器的常见应用场合有公告牌（billboard）、毛发渲染（fur rendeing）、细分（subdivision）和粒子系统（particle system）。另外，这一章还阐释了图元 ID 和纹理数组（texture array）等概念。

第 13 章"计算着色器" 计算着色器（compute shader）是一种可编程着色器。Direct3D 提供的计算着色器并非直属于渲染流水线。通过它即可将图形处理器（GPU）应用于通用计算（general purpose computation）。例如，一款图像应用软件可以利用计算着色器，实现 GPU 对图像处理算法的加速。由于计算着色器是 Direct3D 的一部分，所以它的读写操作都依赖于 Direct3D 的资源。这样一来，我们就可以直接把计算结果整合到渲染流水线中。因此，除了通用计算以外，计算着色器依然可用于 3D 渲染。

第 14 章"曲面细分阶段" 这一章将探索渲染流水线的曲面细分阶段（tessellation stage）。利用这个阶段中的镶嵌技术便能够将几何体细分为更小的三角形，接着再以某种方式对新生成的顶点进行偏移。其中，增加三角形数量的动机是使网格增添细节。本章将详解这项技术的工作原理，我们会展示怎样根据四边形面片的观察距离来对它进行镶嵌化处理，也将演示如何来渲染三次贝塞尔四边形面片的表面。

第4章
Direct3D 的初始化

为了理解 Direct3D 的初始化过程，4.1 节和 4.2 节将用来讲述我们需要熟悉的一些相关知识，如 Direct3D 中的数据类型和基础的图形学概念。接下来，我们会继续深入 Direct3D 初始化步骤的具体细节。随后我们会留出一些篇幅来探讨实时图形应用所需要的精确计时和时间度量。最后，我们将研究示例的框架代码，它为本书后续的演示程序提供了统一的接口。

学习目标：

1. 了解 Direct3D 在 3D 编程中相对于硬件所扮演的角色。

2. 理解组件对象模型 COM 在 Direct3D 中起到的作用。

3. 掌握基础的图形学概念，例如 2D 图像的存储方式、页面翻转、深度缓冲、多重采样以及 CPU 与 GPU 之间的交互。

4. 学习使用性能计数器函数，以此读取高精度计时器的数值。

5. 了解 Direct3D 的初始化过程。

6. 熟悉本书应用程序框架的整体结构，我们在后续的演示程序中总会见到它的身影。

4.1 预备知识

要学习 Direct3D 的初始化流程，我们还需要了解一些基本的图形学概念以及 Direct3D 中常用数据类型的相关知识。本节将着重介绍这些内容，以防在后面讲解 Direct3D 的初始化流程时被这些细枝末节喧宾夺主。

4.1.1 Direct3D 12 概述

通过 Direct3D 这种底层图形应用程序编程接口（Application Programming Interface，API），即可在应用程序中对图形处理器（Graphics Processing Unit，GPU）进行控制和编程。我们能够借此以硬件加速的方式渲染出虚拟的 3D 场景。例如，若要向 GPU 提交一个清除某渲染目标[1]（如清屏）的命令，我们就可以调用 Direct3D 中的 ID3D12GraphicsCommandList::ClearRenderTargetView 方法[2]。

---

[1] 即 render target，简单来讲，渲染目标是为了渲染场景而将像素绘制到的特定缓冲区（buffer）。通常是占用部分显存的后台缓冲区，以及纹理（详见后文）。

[2] 在预览版中，此函数为 ID3D12CommandList::ClearRenderTargetView。在正式版中，预览版 ID3D12CommandList 接口下的函数基本移至 ID3D12GraphicsCommandList 接口下。

随后，Direct3D 层和硬件驱动会协作将此 Direct3D 命令转换为系统中 GPU 可以执行的本地机器指令。这就是说，只要 GPU 支持当前所用的 Direct3D 版本，我们就无须再考虑它的具体规格和硬件控制层面的实现细节。为此，GPU 的生产厂商如 NVIDIA、Intel 和 AMD 等公司就必须与 Direct3D 团队一同合作，为用户提供与 Direct3D 设备相兼容的驱动。

除了添加一些新的渲染特性以外，Direct3D 12 经重新设计已焕然一新，较之上一个版本的主要改变在于其性能优化方面在大大减少了 CPU 开销的同时，又改进了对多线程的支持。为了达到这些性能目标，Direct3D 12 的 API 较 Direct3D 11 更偏于底层。另外，API 抽象程度的降低使它更趋于具体化，与现代 GPU 的构架也更为契合，因此也就促使开发者要付出比昔日更多的努力。当然，使用这种更复杂的 API 所得到的回报是：性能的提升。

4.1.2　组件对象模型

组件对象模型（Component Object Model，COM）是一种令 DirectX 不受编程语言束缚，并且使之向后兼容的技术。我们通常将 COM 对象视为一种接口，但考虑当前编程的目的，遂将它当作一个 C++ 类来使用。用 C++ 语言编写 DirectX 程序时，COM 帮我们隐藏了大量底层细节。我们只需知道：要获取指向某 COM 接口的指针，需借助特定函数或另一 COM 接口的方法——而不是用 C++ 语言中的关键字 new 去创建一个 COM 接口。另外，COM 对象会统计其引用次数；因此，在使用完某接口时，我们便应调用它的 Release 方法（COM 接口的所有功能都是从 IUnknown 这个 COM 接口继承而来的，包括 Release 方法在内），而不是用 delete 来删除——当 COM 对象的引用计数为 0 时，它将自行释放自己所占用的内存。

为了辅助用户管理 COM 对象的生命周期，Windows 运行时库（Windows Runtime Library，WRL）专门为此提供了 Microsoft::WRL::ComPtr 类（#include <wrl.h>），我们可以把它当作是 COM 对象的智能指针。当一个 ComPtr 实例超出作用域范围时，它便会自动调用相应 COM 对象的 Release 方法，继而省掉了我们手动调用的麻烦。本书中常用的 3 个 ComPtr 方法如下。

1.　Get：返回一个指向此底层 COM 接口的指针。此方法常用于把原始的 COM 接口指针作为参数传递给函数。例如：

```
ComPtr<ID3D12RootSignature> mRootSignature;
...
// SetGraphicsRootSignature 需要获取 ID3D12RootSignature*类型的参数
mCommandList->SetGraphicsRootSignature(mRootSignature.Get());
```

2.　GetAddressOf：返回指向此底层 COM 接口指针的地址。凭此方法即可利用函数参数返回 COM 接口的指针。例如：

```
ComPtr<ID3D12CommandAllocator> mDirectCmdListAlloc;
...
ThrowIfFailed(md3dDevice->CreateCommandAllocator(
    D3D12_COMMAND_LIST_TYPE_DIRECT,
    mDirectCmdListAlloc.GetAddressOf()));
```

3.　Reset：将此 ComPtr 实例设置为 nullptr 释放与之相关的所有引用（同时减少其底层 COM 接口的引用计数）。此方法的功能与将 ComPtr 目标实例赋值为 nullptr 的效果相同。

当然，与 COM 有关的知识并不止于此，但是对有效地使用 DirectX 来说足矣。

注意

 COM 接口都以大写字母 "I" 作为开头。例如，表示命令列表的 COM 接口为 ID3D12GraphicsCommandList。

4.1.3　纹理格式

2D 纹理（2D texture）是一种由数据元素构成的矩阵（可将此 "矩阵" 看作 2D 数组）。它的用途之一是存储 2D 图像数据，在这种情况下，纹理中每个元素存储的都是一个像素[①]的颜色。然而，纹理的用处并非仅此而已。例如，有种称作法线贴图（normal mapping）的高级技术，其纹理内的每个元素存储的就是一个 3D 向量而不是颜色信息。因此，尽管纹理给人的第一印象通常是用来存储图像数据，但其实际用途却十分广泛。简单来讲，1D、2D、3D 纹理就相当于特定数据元素所构成 1D、2D、3D 数组。但随着后续章节中对纹理讨论的逐渐深入，我们便会知道，纹理其实还不只是像 "数据数组" 那样简单。它们可能还具有多种 mipmap 层级[②]，而 GPU 则会据此对它们进行特殊的处理，例如运用过滤器（filter）和进行多重采样（multisample）。另外，并不是任意类型的数据元素都能用于组成纹理，它只能存储 DXGI_FORMAT 枚举类型中描述的特定格式的数据元素。下面是一些相关的格式示例：

1. DXGI_FORMAT_R32G32B32_FLOAT：每个元素由 3 个 32 位浮点数分量构成。
2. DXGI_FORMAT_R16G16B16A16_UNORM：每个元素由 4 个 16 位分量构成，每个分量都被映射到 [0, 1] 区间。
3. DXGI_FORMAT_R32G32_UINT：每个元素由 2 个 32 位无符号整数分量构成。
4. DXGI_FORMAT_R8G8B8A8_UNORM：每个元素由 4 个 8 位无符号分量构成，每个分量都被映射到 [0, 1] 区间。
5. DXGI_FORMAT_R8G8B8A8_SNORM：每个元素由 4 个 8 位有符号分量构成，每个分量都被映射到 [−1, 1] 区间。
6. DXGI_FORMAT_R8G8B8A8_SINT：每个元素由 4 个 8 位有符号整数分量构成，每个分量都被映射到 [−128, 127] 区间。
7. DXGI_FORMAT_R8G8B8A8_UINT：每个元素由 4 个 8 位无符号整数分量构成，每个分量都被映射到 [0, 255] 区间。

注意，大写字母 R、G、B、A 分别表示红色（red）、绿色（green）、蓝色（blue）和 alpha。所有的

---

① pixel，构成图像的基本元素。从图形角度来讲，可认为像素是一种图像的采样单位（将图像以像素为基础进行划分，再于像素中进行采样）。因此，两张同样大小的图片，分辨率高者，意味着像素数量越多，细节越丰富，画面就越清晰。由于实际显示上的原因（后面注释会提到），也赋予了像素 "大小" 的概念。在 Direct3D 中，像素被抽象为具有一定长宽的色块。

② 关于 mipmap 的相关知识可参见 9.5.2 节。

颜色都是由红、绿、蓝三基色[1]组合而成（例如，红色和绿色混合成黄色）。alpha 通道（或称为 alpha 分量）则通常用于控制透明度。然而，正如前文所述，尽管格式名称在字面上指示的是颜色和 alpha 值，但纹理存储的却不一定是颜色信息。例如，格式

```
DXGI_FORMAT_R32G32B32_FLOAT
```

中含有 3 个浮点数分量，因此可以利用坐标格式为浮点数的方式存储任意 3D 向量。除此之外，亦有无类型（typeless）格式的纹理，我们仅用它来预留内存，待纹理被绑定到渲染流水线（rendering pipeline，详见第 5 章）之后，再具体解释它的数据类型（有点像 C++ 语言里的强制转换[2]）。例如，下面的无类型格式保留的是由 4 个 16 位分量组成的元素，但并没有指出数据的具体类型（例如，是整数、浮点数还是无符号整数？）：

```
DXGI_FORMAT_R16G16B16A16_TYPELESS
```

我们将在第 6 章中看到 DXGI_FORMAT 枚举类型也可用于描述顶点以及索引的数据格式。

4.1.4　交换链和页面翻转

为了避免动画中出现画面闪烁的现象，最好将动画帧完整地绘制在一种称为后台缓冲区的离屏（off-screen，即不可直接呈现在显示设备上之意）纹理内。只要将指定动画帧的整个场景绘到后台缓冲区中，它就会以一个完整的帧画面展现在屏幕上；依照此法，观者便不会察觉出帧的绘制过程——而只会观赏到完整的动画帧。为此，需要利用由硬件管理的两种纹理缓冲区：即所谓的**前台缓冲区**（front buffer）和**后台缓冲区**（back buffer）。前台缓冲区存储的是当前显示在屏幕上的图像数据，而动画的下一帧则被绘制在后台缓冲区里。当后台缓冲区中的动画帧绘制完成之后，两种缓冲区的角色互换：后台缓冲区变为前台缓冲区呈现新一帧的画面，而前台缓冲区则为了展示动画的下一帧转为后台缓冲区，等待填充数据。前后台缓冲的这种互换操作称为**呈现**（presenting，亦有译作提交、显示等）。呈现是一种高效的操作，只需交换指向当前前台缓冲区和后台缓冲区的两个指针即可实现。图 4.1 详细地解释了这个过程。

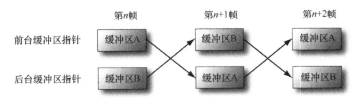

图 4.1　对于第 *n* 帧来讲，当前显示的是缓冲区 A 中的内容，我们将把下一帧的数据渲染到此时的后台缓冲区 B 内。一旦后台缓冲区绘制完毕，两个缓冲区的指针将互换，即缓冲区 B 将变成前台缓冲区，而缓冲区 A 则成为新的后台缓冲区。接下来，我们会把下一帧的内容渲染到缓冲区 A 中。待后台缓冲区（即此时的缓冲区 A）完成绘制，两个缓冲区的指针再次互换，即在第 *n*+2 帧中，缓冲区 A 重新成为前台缓冲区，缓冲区 B 则再次客串后台缓冲区

---

[1] 屏幕等显示设备采用的是 **rgb** 色彩空间，为了区分美术中的传统三原色（红黄蓝）在此称红绿蓝为三基色。若要了解其他色彩空间，请参考其他文献。

[2] 原文为 reinterpret cast，其实在这里翻译为重新解释数据类型更妥。但考虑到 C++ 语言术语予以保留。

前台缓冲区和后台缓冲区构成了**交换链**（swap chain），在 Direct3D 中用 IDXGISwapChain 接口来表示。这个接口不仅存储了前台缓冲区和后台缓冲区两种纹理，而且还提供了修改缓冲区大小（IDXGISwapChain::ResizeBuffers）和呈现缓冲区内容（IDXGISwapChain::Present）的方法。

使用两个缓冲区（前台和后台）的情况称为**双缓冲**（double buffering，亦有译作双重缓冲、双倍缓冲等）。当然，也可以运用更多的缓冲区。例如，使用 3 个缓冲区就叫作**三重缓冲**（triple buffering，亦有译作三倍缓冲等[1]）。对于一般的应用来说，使用两个缓冲区就足够了。

注意

尽管后台缓冲区是一个纹理（因而构成纹理的基本元素又称**纹素**，texel），但我们仍常将其组成元素称为像素，因为就后台缓冲区这种情况而言，它所存储的内容是颜色信息。即便纹理中存储的不是颜色信息，大家有时也称纹理的元素为像素（如"法线图中的像素"）[2]。

4.1.5　深度缓冲

深度缓冲区（depth buffer）这种纹理资源存储的并非图像数据，而是特定像素的深度信息。深度值的范围为 0.0～1.0。0.0 代表观察者在视锥体（view frustum，亦有译作视域体、视景体、视截体或视体等，意即观察者能看到的空间范围，形如从四棱锥中截取的四棱台，常称该形为平截头体（frustum，见图 4.3，后文亦有详述））中能看到离自己最近的物体，1.0 则代表观察者在视锥体中能看到离自己最远的物体。深度缓冲区中的元素与后台缓冲区内的像素呈一一对应关系（即后台缓冲区中第 i 行第 j 列的元素对应于深度缓冲区内第 i 行第 j 列的元素）。所以，如果后台缓冲区的分辨率为 1280×1024，那么深度缓冲区中就应当有 1280×1024 个深度元素。

图 4.2 展现了一个简单的场景，其中，后侧物体的局部区域被其他物体所遮挡。为了确定不同物体间的像素前后顺序，Direct3D 采用了一种叫作**深度缓冲**（depth buffering）或 **z 缓冲**（z-buffering，其中的 z 指 z 坐标）的技术。这里要着重强调一个细节：若使用了深度缓冲，则物体的绘制顺序也就变得无关紧要了。

图 4.2　一组互有遮挡的物体

---

[1] 感兴趣的读者可以查看"三重缓冲"与"垂直同步"的有关知识。

[2] 至于二者是否需要区分，具体还要看应用场景。比如谈到像素与纹素的映射关系时，必须将这两个概念予以区分。文中谈到的基本上是约定俗成的叫法。

注意

针对深度问题的处理，有读者可能会提出：不妨将场景中的物体按由远及近的顺序来绘制。照这种方式，远处的物体就会被近处的物体所覆盖，并渲染出正确效果。这其实就是画家绘制景物的方法。然而，这种方法其实也有它自己的缺陷——绘制过程中，不仅需要对大量的数据按从后至前的绘制顺序进行排序，而且还涉及几何体相交的问题。较之这种处理方式，图形硬件还特别提供了深度缓冲供开发者自由使用，对此，我们何乐而不为呢？

为了对深度缓冲的工作原理有更深入的了解，让我们来看一个例子。如图 4.3 所示，图中展示了观察者看到的立体空间，以及该立体空间的 2D 侧视图。从图中可以看到，有 3 种不同物体的像素都争着渲染在观察窗口内的像素 P 上（我们当然知道离观察者最近的像素会被渲染到像素 P，因为它会遮住后面所有物体的对应像素。但是计算机却不知道）。在开始渲染之前，后台缓冲区会被清理为默认颜色，深度缓冲区也将被清除为默认值——通常为 1.0（即像素能够取到的最远深度值）。现在，假设这些物体的渲染顺序依次为圆柱体→球体→圆锥体。下面的列表总结了像素 P 和它对应的深度值 d 按物体的绘制顺序依次更新的过程。类似的处理流程也发生在其他像素上。

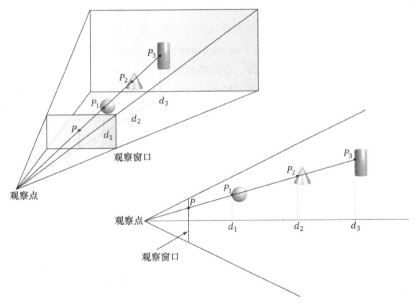

图 4.3　为 3D 场景生成位于观察窗口内对应 2D 图像（后台缓冲区）的过程。可以看出，图中有 3 个不同的像素争着投影在像素 P 上。直觉告诉我们，像素 P_1 理应被写到 P 内，因为它离观察者最近，会遮挡住其后的另外两个同位像素。深度缓冲区算法为计算机确定像素 P 提供了一种机械化的处理流程。注意，这里讨论的深度值是相对于被观测的 3D 场景来说的，而深度缓冲区中所存的实际深度值范围为[0.0, 1.0]

操作步骤	P	d	步骤叙述
清除缓冲区操作	黑色	1.0	对像素及其对应的深度元素进行初始化

续表

绘制圆柱体	P_3	d_3	因为 $d_3 \leqslant d$=1.0，深度测试通过，更新缓冲区，使 P=P_3，d=d_3
绘制球体	P_1	d_1	因为 $d_1 \leqslant d$=d_3，深度测试通过，更新缓冲区，使 P=P_1，d=d_1
绘制圆锥体	P_1	d_2	因为 $d_2 > d$=d_1，深度测试失败，不更新缓冲区

可以看出，只有找到具有更小深度值的像素，才会对观察窗口内的像素及其位于深度缓冲区中的对应深度值进行更新。按照这种方法逐步处理，待完成所有的比较和更新工作后，最终得到渲染的即为距离观察者最近的像素（如果读者仍对此法感到将信将疑，可以尝试更改几何体的绘制顺序，再依上述表格的方法一步步重新推导）。

总而言之，深度缓冲技术的原理是计算每个像素的深度值，并执行深度测试（depth test）。而深度测试则用于对竞争写入后台缓冲区中同一像素的多个像素深度值进行比较。具有最小深度值的像素（说明该像素离观察者最近）会获得最终的胜利，它将被写入后台缓冲区中。这样做也是合乎情理的，因为离观察者较近的像素无疑会遮挡其后面的像素。

深度缓冲区也是一种纹理，所以一定要用明确的数据格式来创建它。深度缓冲可用的格式包括以下几种。

1. DXGI_FORMAT_D32_FLOAT_S8X24_UINT：该格式共占用 64 位，取其中的 32 位指定一个浮点型深度缓冲区，另有 8 位（无符号整数）分配给模板缓冲区（stencil buffer），并将该元素映射到[0, 255]区间，剩下的 24 位仅用于填充对齐（padding）不作他用。

2. DXGI_FORMAT_D32_FLOAT：指定一个 32 位浮点型深度缓冲区。

3. DXGI_FORMAT_D24_UNORM_S8_UINT：指定一个无符号 24 位深度缓冲区，并将该元素映射到[0, 1]区间。另有 8 位（无符号整型）分配给模板缓冲区，将此元素映射到[0, 255]区间。

4. DXGI_FORMAT_D16_UNORM：指定一个无符号 16 位深度缓冲区，把该元素映射到[0, 1]区间。

注意

 一个应用程序不一定要用到模板缓冲区。但一经使用，则深度缓冲区将总是与模板缓冲区如影随形，共同进退。例如，32 位格式

DXGI_FORMAT_D24_UNORM_S8_UINT

使用 24 位作为深度缓冲区，其他 8 位作为模板缓冲区。出于这个原因，深度缓冲区叫作深度/模板缓冲区更为得体。模板缓冲区的运用是更高级的主题，在第 11 章中会有相应的介绍。

4.1.6 资源与描述符

在渲染处理的过程中，GPU 可能会对资源进行读（例如，从描述物体表面样貌的纹理或者存有 3D 场景中几何体位置信息的缓冲区中读取数据）和写（例如，向后台缓冲区或深度/模板缓冲区写入数据）两种操作。在发出绘制命令之前，我们需要将与本次绘制调用（draw call）相关的资源**绑定**（bind 或称**链接，link**）到渲染流水线上。部分资源可能在每次绘制调用时都会有所变化，所以我们也就要每次按需更新绑定。但是，GPU 资源并非直接与渲染流水线相绑定，而是要通过一种名为**描述符**（descriptor）的对象来对它间接引用，我们可以把描述符视为一种对送往 GPU 的资源进行描述的轻量级结构。从本质

上来讲，它实际上即为一个中间层；若指定了资源描述符，GPU 将既能获得实际的资源数据，也能了解到资源的必要信息。因此，我们将把绘制调用需要引用的资源，通过指定描述符的方式绑定到渲染流水线。

为什么我们要额外使用描述符这个中间层呢？究其原因，GPU 资源实质都是一些普通的内存块。由于资源的这种通用性，它们便能被设置到渲染流水线的不同阶段供其使用。一个常见的例子是先把纹理用作渲染目标（即 Direct3D 的绘制到纹理技术），随后再将该纹理作为一个着色器资源（即此纹理会经采样[1]而用作着色器的输入数据）。不管是充当渲染目标、深度/模板缓冲区还是着色器资源等角色，仅靠资源本身是无法体现出来的。而且，我们有时也许只希望将资源中的部分数据绑定至渲染流水线，但如何从整个资源中将它们选取出来呢？再者，创建一个资源可能用的是无类型格式，这样的话，GPU 甚至不会知道这个资源的具体格式。

解决上述问题就是引入描述符的原因。除了指定资源数据，描述符还会为 GPU 解释资源：它们会告知 Direct3D 某个资源将如何使用（即此资源将被绑定在流水线的哪个阶段上），而且我们可借助描述符来指定欲绑定资源中的局部数据。这就是说，如果某个资源在创建的时候采用了无类型格式，那么我们就必须在为它创建描述符时指明其具体类型。

注意

 视图（view）与描述符（descriptor）是同义词。"视图"虽是 Direct3D 先前版本里的常用术语，但它仍然沿用在 Direct3D 12 的部分 API 中。在本书里，两者交替使用，例如，"常量缓冲区视图（constant buffer view）"与"常量缓冲区描述符（constant buffer descriptor）"表达的是同一事物。

每个描述符都有一种具体类型，此类型指明了资源的具体作用。本书常用的描述符如下。

1. CBV/SRV/UAV 描述符分别表示的是常量缓冲区视图（constant buffer view）、着色器资源视图（shader resource view）和无序访问视图（unordered access view）这 3 种资源。
2. 采样器（sampler，亦有译为取样器）描述符表示的是采样器资源（用于纹理贴图）。
3. RTV 描述符表示的是渲染目标视图资源（render target view）。
4. DSV 描述符表示的是深度/模板视图资源（depth/stencil view）。

描述符堆（descriptor heap）中存有一系列描述符（可将其看作是描述符数组），本质上是存放用户程序中某种特定类型描述符的一块内存。我们需要为每一种类型的描述符都创建出单独的描述符堆。另外，也可以为同一种描述符类型创建出多个描述符堆。

我们能用多个描述符来引用同一个资源。例如，可以通过多个描述符来引用同一个资源中不同的局部数据。而且，前文曾提到过，一种资源可以绑定到渲染流水线的不同阶段。因此，对于每个阶段都需要设置独立的描述符。例如，当一个纹理需要被用作渲染目标与着色器资源时，我们就要为它分别创建两个描述符：一个 RTV 描述符和一个 SRV 描述符。类似地，如果以无类型格式创建了一个资源，又希望该纹理中的元素可以根据需求当作浮点值或整数值来使用，那么就需要为它分别创建两个描述符：一个指定为浮点格式，另一个指定为整数格式。

① 即 sampling，也作取样，本是信号处理方面的术语。在本书中，可认为该操作是以特定的模式，从连续的图像数据中采集出离散的关键颜色信息。

创建描述符的最佳时机为初始化期间。由于在此过程中需要执行一些类型的检测和验证工作，所以最好不要在运行时（runtime）才创建描述符。

注意

2009 年 8 月的 SDK 文档写到："所谓创建一个完整类型的资源，即在资源创建的伊始就确定了它的具体格式。这将使运行时的访问操作得到优化 [……]。"因此，当确实需要用到无类型资源所带来的灵活性时（即根据不同的视图对同一种数据进行多种不同解释的能力），再以这种方式来创建资源，否则应创建完整类型的资源。

4.1.7 多重采样技术的原理

由于屏幕中显示的像素不可能是无穷小的[①]，所以并不是任意一条直线都能在显示器上"平滑"而完美地呈现出来。图 4.4 所示的，即为以像素矩阵（matrix of pixels，可以理解为"像素 2D 数组"）逼近直线的方法所产生的"阶梯"（aliasing，锯齿状**走样**）效果。类似地，显示器中呈现的三角形之边也存在着不同程度的锯齿效应。

通过提高显示器的分辨率就能够缩小像素的大小[②]，继而使上述问题得到显著地改善，使阶梯效应在很大程度上不易被用户所察觉。

在不能提升显示器分辨率，或在显示器分辨率受限的情况下，我们就可以运用各种**反走样**（antialiasing，也有译作抗锯齿、反锯齿、反失真等）技术。有一种名为**超级采样**（supersampling，可简记作 SSAA，即 Super Sample Anti-Aliasing）的反走样技术，它使用 4 倍于屏幕分辨率大小的后台缓冲区和深度缓冲区。3D 场景将以这种更大的分辨率渲染到后台缓冲区中。当数据要从后台缓冲区调往屏幕显示的时候，会将后台缓冲区按 4 个像素一组进行**解析**（resolve，或称**降采样**，downsample。把放大的采样点数降低回原采样点数）：每组用求平均值的方法得到一种相对平滑的像素颜色。因此，超级采样实际上是通过软件的方式提升了画面的分辨率。

图 4.4 我们能够明显地看出上面的直线存在锯齿效应（这种阶梯状的效果是由以像素矩阵来表示直线所导致的）。下面的反走样直线，则是通过对每个像素周围的像素进行采样，并生成其最终的颜色而得到的。利用这种方法能够在一定程度上缓解阶梯效应并得到更加平滑的图像

超级采样是一种开销高昂的操作，因为它将像素的处理数量和占用的内存大小都增加到之前的 4 倍。对此，Direct3D 还支持一种在性能与效果等方面都较为折中的反走样技术，叫作**多重采样**（multisampling，

---

① 即不同厂商所生产的显示器（其至同一厂商不同型号的显示器）屏幕中的像素都会有特定的形状、大小以及数量，这取决于其子像素（subpixel）的形状、大小乃至排列顺序。因此，导致直线实际上是由数量有限、离散而非连续的"点"构成，继而造成其"阶梯"状的锯齿效应。注意，在这段注解里所说的硬件显示设备上的"像素"，有面积、形状，而"子像素"则是实现硬件像素三基色通道的基本单位，即一个"子像素"表达一个颜色通道。请勿与正文中的术语混淆。

② 前文注释中曾提到，其实是提升了单位面积上的像素数量，从而"缩小"了像素的大小。

可简记作 MSAA，即 MultiSample Anti-Aliasing）。这种技术通过跨子像素[1]共享一些计算信息，从而使它比超级采样的开销更低。现假设采用 4X 多重采样（即每个像素中都有 4 个子像素），并同样使用 4 倍于屏幕分辨率的后台缓冲区和深度缓冲区。值得注意的是，这种技术并不需要对每一个子像素都进行计算，而是仅计算一次像素中心处的颜色，再基于可视性（每个子像素经深度/模板测试的结果）和覆盖性（子像素的中心在多边形的里面还是外面？）将得到的颜色信息分享给其子像素[2]。图 4.5 展示了一个多重采样的相关实例。

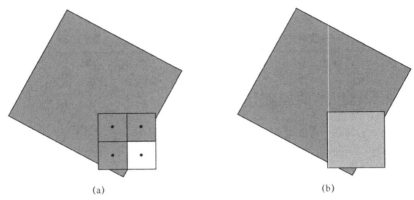

(a)　　　　　　　　　　　　(b)

图 4.5　现在我们来考虑将一个位于多边形边沿上的像素进行多重采样处理。图 a 中，我们采集该像素中心的绿色数据，并将它存于此多边形所覆盖的 3 个可见子像素中。由于第 4 个子像素不在该多边形的范围之内，因此并不将它更新为绿色，而是令其继续保持之前几何体绘制时所计算出的颜色或是清除缓冲区时所得到的颜色。图 b 中，为了计算降采样的像素颜色，通过对 4 个子像素（3 个绿色像素以及 1 个白色像素）求取平均值的方式，获得多边形边沿上的一种浅绿色。由于抗锯齿方法有效地缓解了多边形边沿处的阶梯效应，因此图像看起来更为平滑[3]

注意

　　超级采样和多重采样的关键区别是显而易见的。对于超级采样来说，图像颜色要根据每一个子像素来计算，因此每个子像素都可能各具不同的颜色。而以多重采样的方式（见图 4.5b）来求取图像颜色时，每个像素只需计算一次，最后，再将得到的颜色数据复制到多边形覆盖的所有可见子像素之中。由于计算图像颜色是图形流水线中开销最大的步骤之一，所以用多重采样来代替超级采样对节省资源而言意义非凡。但是话说回来，超级采样的精准度确实更高一筹。

　　图 4.5 所示的是一种将每个像素都以均匀栅格划分为 4 个子像素的反锯齿采样模式。实际上，每家硬件厂商所采用的模式（即选定的子像素位置，可以说决定了采样的位置）可能会各不相同，而 Direct3D 也并没有定义子像素的具体布局。在各种特定的情况下，不同的布局模式各有千秋。

---

① 文中出现的"子像素（subpixel）"是指在像素内部再次细分出的小像素，用以采样。
② 除了文中这两种常见的反锯齿（anti-aliasing）手段，还有许多以不同方式实现的反锯齿技术，有兴趣的读者可以自行研究。
③ 若是黑白印刷，则文中的"绿色"即深灰色，"浅绿色"为浅灰色，白色则表示该像素保持之前的颜色。

4.1.8 利用 Direct3D 进行多重采样

在接下来的小节中，我们要学习填写 DXGI_SAMPLE_DESC 结构体。该结构体中有两个成员，其定义如下：

```
typedef struct DXGI_SAMPLE_DESC
{
  UINT Count;
  UINT Quality;
} DXGI_SAMPLE_DESC;
```

Count 成员指定了每个像素的采样次数，Quality 成员则用于指示用户期望的图像质量级别（对于不同的硬件生产商而言，"质量级别"的意义可能千差万别）。采样数量越多或质量级别越高，其渲染操作的代价也就会愈发高昂，所以需要在质量与速度之间做出利弊权衡。至于质量级别的范围，则要取决于纹理格式和每个像素的采样数量。

根据给定的纹理格式和采样数量，我们就能用 ID3D12Device::CheckFeatureSupport[①]方法查询到对应的质量级别[②]：

```
typedef struct D3D12_FEATURE_DATA_MULTISAMPLE_QUALITY_LEVELS {
  DXGI_FORMAT                 Format;
  UINT                        SampleCount;
  D3D12_MULTISAMPLE_QUALITY_LEVEL_FLAGS Flags;
  UINT                        NumQualityLevels;
} D3D12_FEATURE_DATA_MULTISAMPLE_QUALITY_LEVELS;

D3D12_FEATURE_DATA_MULTISAMPLE_QUALITY_LEVELS msQualityLevels;
msQualityLevels.Format = mBackBufferFormat;
msQualityLevels.SampleCount = 4;
msQualityLevels.Flags = D3D12_MULTISAMPLE_QUALITY_LEVELS_FLAG_NONE;
msQualityLevels.NumQualityLevels = 0;
ThrowIfFailed(md3dDevice->CheckFeatureSupport(
  D3D12_FEATURE_MULTISAMPLE_QUALITY_LEVELS,
  &msQualityLevels,
  sizeof(msQualityLevels)));
```

注意，此方法的第二个参数兼具输入和输出的属性。当它作为输入参数时，我们必须指定纹理

[①] Windows 10 在 1607 版、1703 版与 1709 版分别引入了 ID3D12Device 接口的新版本 ID3D12Device1、ID3D12Device2 与 ID3D12Device3。官方文档建议用户，在 1607 至 1703 版本的操作系统上采用 ID3D12Device1 接口，在 1703 至 1709 版本的操作系统上采用 ID3D12Device2 接口，在 1709 及其后续版本的操作系统上使用 ID3D12Device3 接口（虽然这样做的人并不多，甚至包括官方示例。想用新功能的读者倒可以试一试）。查阅对应文档便可知每次向 ID3D12Device 接口添加的新功能。

[②] 作者在前文也曾写到，在写作此书时采用的是预览版 SDK，但它与正式版 SDK 中的少量 API 以及枚举项却有细微差别。微软官方现在对早期文档都标有"preliminary"字样，但在撰写此脚注的时候有些正式版文档的个别细节仍未完全修正。在此，将文中预览版的 API 均修正为当前的正式版，并在第一次出现时以注解形式给出预览版的原 API，算是对 DirectX 12 历史的见证吧~代码中的枚举类型 D3D12_MULTISAMPLE_QUALITY_LEVEL_FLAGS 在预览版中为 D3D12_MULTISAMPLE_QUALITY_LEVELS_FLAG。

格式、采样数量以及希望查询的多重采样所支持的标志（即立 flag，或作旗标）。接着，待函数执行后便会填写图像质量级别作为输出。对于某种纹理格式和采样数量的组合来讲，其质量级别的有效范围为 0 至 NumQualityLevels-1。

每个像素的最大采样数量被定义为：

```
#define   D3D12_MAX_MULTISAMPLE_SAMPLE_COUNT ( 32 )
```

但是，考虑到多重采样会占用内存资源，又为了保证程序性能等原因，通常会把采样数量设定为 4 或 8。如果不希望使用多重采样，则可将采样数量设置为 1，并令质量级别为 0。其实在所有支持 Direct3D 11 的设备上，就已经可以对所有的渲染目标格式采用 4X 多重采样了。

注意

 　在创建交换链缓冲区和深度缓冲区时都需要填写 DXGI_SAMPLE_DESC 结构体。当创建后台缓冲区和深度缓冲区时，多重采样的有关设置一定要相同[1]。

4.1.9　功能级别

从 Direct3D 11 开始便引进了功能级别（feature level）的概念（在代码里用枚举类型 D3D_FEATURE_LEVEL 表示），以下参数大致对应于 Direct3D 9 到 Direct3D 11 之间的各种版本[2]：

```
enum D3D_FEATURE_LEVEL
{
  D3D_FEATURE_LEVEL_9_1          = 0x9100,
  D3D_FEATURE_LEVEL_9_2          = 0x9200,
  D3D_FEATURE_LEVEL_9_3          = 0x9300,
  D3D_FEATURE_LEVEL_10_0         = 0xa000,
  D3D_FEATURE_LEVEL_10_1         = 0xa100,
  D3D_FEATURE_LEVEL_11_0         = 0xb000,
  D3D_FEATURE_LEVEL_11_1         = 0xb100
}D3D_FEATURE_LEVEL;
```

"功能级别"为不同级别所支持的功能进行了严格的界定（每个功能级别所支持的特定功能可参见 SDK 文档）。例如，一款支持功能级别 11 的 GPU，除了个别特例之外（像类似于多重采样数量这样的信息仍然需要查询，因为 Direct3D 规范允许这些 Direct3D 11 硬件在此方面有各自不同的实现），必须支持完整的 Direct3D 11 功能集。功能集使程序员的开发工作更加便捷——只要了解所支持的功能集，就能知道有哪些 Direct3D 功能可供使用。

如果用户的硬件不支持某特定功能级别，应用程序理当回退至版本更低的功能级别。例如，为了照顾更多用户，一款应用程序可能会支持 Direct3D 11、10 乃至 9.3 级别的硬件。应用程序当按照从最新到最旧的级别支持顺序展开检测：首先检测 Direct3D 11 是否被支持，其次检测 Direct3D 10，最后检测

---

① 此处描述不准确。Direct3D 12 并不支持创建 MSAA 交换链！
② 同理，当前 Direct3D 12 的对应版本有 D3D_FEATURE_LEVEL_12_0、D3D_FEATURE_LEVEL_12_1。

Direct3D 9.3。在本书中，我们总是假设需要支持的功能级别为 D3D_FEATURE_LEVEL_11_0。但是在现实的应用程序中，我们往往需要考虑支持稍旧的硬件，以获得更多的用户。

4.1.10 DirectX 图形基础结构

DirectX 图形基础结构（DirectX Graphics Infrastructure，DXGI，也有译作 DirectX 图形基础设施）是一种与 Direct3D 配合使用的 API。设计 DXGI 的基本理念是使多种图形 API 中所共有的底层任务能借助一组通用 API 来进行处理。例如，为了保证动画的流畅性，2D 渲染与 3D 渲染两组 API 都要用到交换链和页面翻转功能，这里所用的交换链接口 IDXGISwapChain（详见 4.1.4 节）实际上就属于 DXGI API。DXGI 还用于处理一些其他常用的图形功能，如切换全屏模式（full-screen mode。另一种是窗口模式，windowed mode），枚举显示适配器、显示设备及其支持的显示模式（分辨率、刷新率等）等这类图形系统信息。除此之外，它还定义了 Direct3D 支持的各种表面格式信息（DXGI_FORMAT）。

我们刚刚简单地叙述了 DXGI 的概念，下面来介绍一些在 Direct3D 初始化时会用到的相关接口。IDXGIFactory 是 DXGI 中的关键接口之一，主要用于创建 IDXGISwapChain 接口以及枚举显示适配器。而显示适配器则真正实现了图形处理能力。通常来说，**显示适配器**（display adapter）是一种硬件设备（例如独立显卡），然而系统也可以用软件显示适配器来模拟硬件的图形处理功能。一个系统中可能会存在数个适配器（比如装有数块显卡）。适配器用接口 IDXGIAdapter 来表示。我们可以用下面的代码来枚举一个系统中的所有适配器：

```
void D3DApp::LogAdapters()
{
  UINT i = 0;
  IDXGIAdapter* adapter = nullptr;
  std::vector<IDXGIAdapter*> adapterList;
  while(mdxgiFactory->EnumAdapters(i, &adapter) != DXGI_ERROR_NOT_FOUND)
  {
    DXGI_ADAPTER_DESC desc;
    adapter->GetDesc(&desc);

    std::wstring text = L"***Adapter: ";
    text += desc.Description;
    text += L"\n";

    OutputDebugString(text.c_str());

    adapterList.push_back(adapter);

    ++i;
  }

  for(size_t i = 0; i < adapterList.size(); ++i)
  {
    LogAdapterOutputs(adapterList[i]);
    ReleaseCom(adapterList[i]);
  }
}
```

运行上述代码会输出类似于下面的信息：

```
***Adapter: NVIDIA GeForce GTX 760
***Adapter: Microsoft Basic Render Driver
```

"Microsoft Basic Render Driver（Microsoft 基本呈现驱动程序）"是 Windows 8 及后续系统版本中包含的软件适配器。

另外，一个系统也可能装有数个显示设备。我们称每一台显示设备都是一个**显示输出**（display output，有的文档也作 adapter output，适配器输出）实例，用 IDXGIOutput 接口来表示。每个适配器都与一组显示输出相关联。举个例子，考虑这样一个系统，该系统共有两块显卡和 3 台显示器，其中一块显卡与两台显示器相连，第三台显示器则与另一块显卡相连。在这种情况下，一块适配器与两个显示输出相关联，而另一块则仅有一个显示输出与之关联。通过以下代码，我们就可以枚举出与某块适配器关联的所有显示输出：

```
void D3DApp::LogAdapterOutputs(IDXGIAdapter* adapter)
{
  UINT i = 0;
  IDXGIOutput* output = nullptr;
  while(adapter->EnumOutputs(i, &output) != DXGI_ERROR_NOT_FOUND)
  {
    DXGI_OUTPUT_DESC desc;
    output->GetDesc(&desc);

    std::wstring text = L"***Output: ";
    text += desc.DeviceName;
    text += L"\n";
    OutputDebugString(text.c_str());

    LogOutputDisplayModes(output, DXGI_FORMAT_B8G8R8A8_UNORM);

    ReleaseCom(output);

    ++i;
  }
}
```

注意，官方文档中指出，在系统显卡驱动正常工作的情况下，"Microsoft Basic Render Driver"不会关联任何显示输出。

每种显示设备都有一系列它所支持的显示模式，可以用下列 DXGI_MODE_DESC 结构体中的数据成员来加以表示：

```
typedef struct DXGI_MODE_DESC
{
  UINT Width;                    // 分辨率宽度
  UINT Height;                   // 分辨率高度
  DXGI_RATIONAL RefreshRate;     // 刷新率，单位为赫兹 Hz
  DXGI_FORMAT Format;            // 显示格式
  DXGI_MODE_SCANLINE_ORDER ScanlineOrdering; // 逐行扫描 vs.隔行扫描
  DXGI_MODE_SCALING Scaling;     // 图像如何相对于屏幕进行拉伸
} DXGI_MODE_DESC;

typedef struct DXGI_RATIONAL
```

```
{
  UINT Numerator;
  UINT Denominator;
} DXGI_RATIONAL;

typedef enum DXGI_MODE_SCANLINE_ORDER
{
  DXGI_MODE_SCANLINE_ORDER_UNSPECIFIED     = 0,
  DXGI_MODE_SCANLINE_ORDER_PROGRESSIVE     = 1,
  DXGI_MODE_SCANLINE_ORDER_UPPER_FIELD_FIRST = 2,
  DXGI_MODE_SCANLINE_ORDER_LOWER_FIELD_FIRST = 3
} DXGI_MODE_SCANLINE_ORDER;①

typedef enum DXGI_MODE_SCALING
{
  DXGI_MODE_SCALING_UNSPECIFIED  = 0,
  DXGI_MODE_SCALING_CENTERED   = 1,     // 不做缩放，将图像显示在屏幕正中
  DXGI_MODE_SCALING_STRETCHED  = 2      // 根据屏幕的分辨率对图像进行拉伸缩放
} DXGI_MODE_SCALING;
```

一旦确定了显示模式的具体格式（DXGI_FORMAT），我们就能通过下列代码，获得某个显示输出对此格式所支持的全部显示模式：

```
void D3DApp::LogOutputDisplayModes(IDXGIOutput* output, DXGI_FORMAT format)
{
  UINT count = 0;
  UINT flags = 0;

  // 以 nullptr 作为参数调用此函数来获取符合条件的显示模式的个数
  output->GetDisplayModeList(format, flags, &count, nullptr);

  std::vector<DXGI_MODE_DESC> modeList(count);
  output->GetDisplayModeList(format, flags, &count, &modeList[0]);

  for(auto& x : modeList)
  {
    UINT n = x.RefreshRate.Numerator;
    UINT d = x.RefreshRate.Denominator;
    std::wstring text =
      L"Width = " + std::to_wstring(x.Width) + L" " +
      L"Height = " + std::to_wstring(x.Height) + L" " +
      L"Refresh = " + std::to_wstring(n) + L"/" + std::to_wstring(d) +
      L"\n";

    ::OutputDebugString(text.c_str());
  }
}
```

---

① 扫描式显示设备的工作方式有两种：逐行扫描与隔行扫描。试想，将显示设备的屏幕划分为多个行，称之为"场（field）"，奇数行称为奇数场（upper field），偶数行则称为偶数场（lower field）。顾名思义，逐行扫描即在显示每一帧画面时都从上至下逐个场连续扫描。但根据人眼的视觉暂留效应，便可以每帧仅扫描一种场，交替扫描。

运行以上代码会输出下列相似的结果：

```
***Output: \\.\DISPLAY2
...
Width = 1920 Height = 1080 Refresh = 59950/1000
Width = 1920 Height = 1200 Refresh = 59950/1000
```

在进入全屏模式之时，枚举显示模式就显得尤为重要。为了获得最优的全屏性能，我们所指定的显示模式（包括刷新率）一定要与显示器支持的显示模式完全匹配。根据枚举出来的显示模式进行选定，便可以保证这一点。

有关 DXGI 的更多资料，可参阅 "DXGI Overview"（DXGI 概述）、"DirectX Graphics Infrastructure: Best Practices "（DirectX 图形基础结构：最佳实践）以及 "DXGI 1.4 Improvements"（DXGI 1.4 的改良）等文章。

4.1.11   功能支持的检测

我们已经通过 ID3D12Device::CheckFeatureSupport 方法，检测了当前图形驱动对多重采样的支持。然而，这只是此函数对功能支持检测的冰山一角。这个方法的原型为：

```
HRESULT ID3D12Device::CheckFeatureSupport(
  D3D12_FEATURE Feature,
  void *pFeatureSupportData,
  UINT FeatureSupportDataSize);
```

1. Feature：枚举类型 D3D12_FEATURE 中的成员之一，用于指定我们希望检测的功能支持类型。

    a）D3D12_FEATURE_D3D12_OPTIONS：检测当前图形驱动对 Direct3D 12 各种功能的支持情况。

    b）D3D12_FEATURE_ARCHITECTURE：检测图形适配器中 GPU 的硬件体系架构特性。

    c）D3D12_FEATURE_FEATURE_LEVELS：检测对功能级别的支持情况。

    d）D3D12_FEATURE_FORMAT_SUPPORT：检测对给定纹理格式的支持情况（例如，指定的格式能否用于渲染目标？或，指定的格式能否用于混合技术？）。

    e）D3D12_FEATURE_MULTISAMPLE_QUALITY_LEVELS：检测对多重采样功能的支持情况。

2. pFeatureSupportData：指向某种数据结构的指针，该结构中存有检索到的特定功能支持的信息。此结构体的具体类型取决于 Feature 参数。

    a）如果将 Feature 参数指定为 D3D12_FEATURE_D3D12_OPTIONS，则传回的是一个 D3D12_FEATURE_DATA_D3D12_OPTIONS 实例。

    b）如果将 Feature 参数指定为 D3D12_FEATURE_ARCHITECTURE，则传回的是一个 D3D12_FEATURE_DATA_ARCHITECTURE 实例。

    c）如果将 Feature 参数指定为 D3D12_FEATURE_FEATURE_LEVELS，则传回的是一个 D3D12_FEATURE_DATA_FEATURE_LEVELS 实例。

    d）如果将 Feature 参数指定为 D3D12_FEATURE_FORMAT_SUPPORT，则传回的是一个 D3D12_FEATURE_DATA_FORMAT_SUPPORT 实例。

    e）如果将 Feature 参数指定为 D3D12_FEATURE_MULTISAMPLE_QUALITY_LEVELS，则传回的是一个 D3D12_FEATURE_DATA_MULTISAMPLE_QUALITY_LEVELS 实例。

3. FeatureSupportDataSize：传回 pFeatureSupportData 参数中的数据结构的大小。

ID3D12Device::CheckFeatureSupport 函数能检测的支持功能有很多，但本书不会对那些高级的功能进行检测；至于每种功能结构体中数据成员的细节，可参见 SDK 文档。下面举一个例子，里面展示了如何对功能级别（详见 **4.1.9** 节）的支持情况进行检测：

```
typedef struct D3D12_FEATURE_DATA_FEATURE_LEVELS {
 UINT              NumFeatureLevels;
 const D3D_FEATURE_LEVEL *pFeatureLevelsRequested;
 D3D_FEATURE_LEVEL    MaxSupportedFeatureLevel;
} D3D12_FEATURE_DATA_FEATURE_LEVELS;

D3D_FEATURE_LEVEL featureLevels[3] =
{
  D3D_FEATURE_LEVEL_11_0,  // 首先检测是否支持 D3D 11
  D3D_FEATURE_LEVEL_10_0,  // 其次检测是否支持 D3D 10
  D3D_FEATURE_LEVEL_9_3   // 最后检测是否支持 D3D 9.3
};

D3D12_FEATURE_DATA_FEATURE_LEVELS featureLevelsInfo;
featureLevelsInfo.NumFeatureLevels = 3;
featureLevelsInfo.pFeatureLevelsRequested = featureLevels;
md3dDevice->CheckFeatureSupport(
  D3D12_FEATURE_FEATURE_LEVELS,
  &featureLevelsInfo,
  sizeof(featureLevelsInfo));
```

注意，CheckFeatureSupport 方法的第二个参数兼有输入和输出的属性。作为输入的时候，先要指定功能级别数组中元素的个数（NumFeatureLevels），再令（pFeatureLevelsRequested）指针指向功能级别数组，其中应包括我们希望检测的一系列硬件支持功能级别。最后，此函数将用 MaxSupportedFeatureLevel 字段返回当前硬件可支持的最高功能级别。

4.1.12　资源驻留

复杂的游戏会运用大量纹理和 3D 网格（3d mesh，详见 5.2 节）等资源，但是其中的大多数并不需要总是置于显存[①]中供 GPU 使用。例如，让我们来构想这样一个游戏场景：在野外的森林中，有一个巨大的洞穴。在玩家进入洞穴之前，绘制画面并不会用到与洞穴相关的资源；当玩家进入洞穴之后，又不再需要森林数据资源。

在 Direct3D 12 中，应用程序通过控制资源在显存中的去留，主动管理资源的驻留情况（即 residency。无论资源是否本已位于显存中，都可对其进行管理。在 Direct3D 11 中则由系统自动管理）。该技术的基

---

① GPU memory，也有直译作 GPU 内存等。显卡通常是一块带有 PCIe 总线接口的物理电路（这里仅谈独立显卡），GPU 较之于显卡的地位大致相当于 CPU 较之于主板。相应的，GPU 控制的显存基本相当于 CPU 控制的内存，而后者在本书中也常被称为系统内存（system memory）。CPU 内部有多级缓存与寄存器，分别用于缓存指令与控制 CPU；GPU 内部亦有缓存与寄存器，分别用于缓存纹理、缓存着色器指令等以及控制 GPU。有的文献在划分 GPU 的组成结构时，会把 GPU 的寄存器及其控制的内存统称为 GPU memory（GPU 存储器）。

本思路为使应用程序占用最小的显存空间。这是因为显存的空间有限，很可能不足以容下整个游戏的所有资源，或者用户还有运行中的程序也在同时使用显存。这里给出一条与性能相关的提示：程序应当避免在短时间内于显存中交换进出相同的资源，这会引起过高的开销。最理想的情况是，所清出的资源在短时间内不会再次使用。游戏关卡或游戏场景的切换是关于常驻资源的好例子。

一般来说，资源在创建时就会驻留在显存中，而当它被销毁时则清出。但是通过下面的方法，我们就可以自己来控制资源的驻留：

```
HRESULT ID3D12Device::MakeResident(
    UINT          NumObjects,
    ID3D12Pageable *const *ppObjects);

HRESULT ID3D12Device::Evict(
    UINT          NumObjects,
    ID3D12Pageable *const *ppObjects);
```

这两种方法的第二个参数都是 ID3D12Pageable 资源数组，第一个参数则表示该数组中资源的数量。

为了简单起见，我们会把本书中演示程序的规模控制得比游戏小得多，所以也就不必对资源的驻留进行管理。对于资源驻留的更多信息可参见《Residency（驻留）》[1]。

4.2　CPU 与 GPU 间的交互

在进行图形编程的时候，我们一定要了解有两种处理器在参与处理工作，即 CPU 和 GPU，两者并行工作，但时而也需同步。为了获得最佳性能，最好的情况是让两者尽量同时工作，少同步。同步是一种我们不乐于执行的操作，因为这意味着一种处理器要以空闲状态等待另一种处理器完成某些任务，换句话说，它破坏了两者并行工作的机制。

4.2.1　命令队列和命令列表

每个 GPU 都至少维护着一个命令队列（command queue，本质上是环形缓冲区，即 ring buffer）。借助 Direct3D API，CPU 可利用命令列表（command list）将命令提交到这个队列中去[2]（见图 4.6）。当一系列命令被提交至命令队列之时，它们并不会被 GPU 立即执行，理解这一点至关重要。由于 GPU 可能

---

[1] 像书中给出的这类地址，完全可以通过搜索神秘代码上车，比如这里的 mt186622。

[2] 相对于 Direct3D 12 而言，Direct3D 11 支持两种绘制方式：即立即渲染（immediate rendering，利用 immediate context 实现）以及延迟渲染（deferred rendering，利用 deferred context 实现）。前者将缓冲区中的命令直接借驱动层发往 GPU 执行，后者则与本文中介绍的命令列表模型相似（但执行命令列表时仍然要依赖 immediate context）。前者延续了 Direct3D 11 之前一贯的绘制方式，而后者则为 Direct3D 11 中新添加的绘制方式。到了 Direct3D 12 便取消了立即渲染方式，完全采用 "命令列表->命令队列" 模型，使多个命令列表同时记录命令，借此充分发挥多核心处理器的性能。可见，Direct3D 11 在绘制方面乃承上启下之势，而 Direct3D 12 则进行了彻底的革新。

正在处理先前插入命令队列内的命令，因此，后来新到的命令会一直在这个队列之中等待执行。

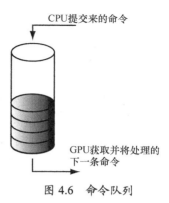

CPU提交来的命令

GPU获取并将处理的下一条命令

图 4.6　命令队列

假如命令队列中变得空空如也，那么没有任务可执行的 GPU 只能空闲下来；相反地，如果命令队列被填满，那么 CPU 必将随着 GPU 的工作步伐在某些时刻保持空闲[Crawfis12]。这两种情况都是我们不希望碰到的。对于像游戏这样的高性能应用程序来说，它们的目标是充分利用硬件资源，保持 CPU 和 GPU 同时忙碌。

在 Direct3D 12 中，命令队列被抽象为 ID3D12CommandQueue 接口来表示。要通过填写 D3D12_COMMAND_QUEUE_DESC 结构体来描述队列，再调用 ID3D12Device::CreateCommandQueue 方法创建队列。我们在本书中将实际采用以下流程：

```
Microsoft::WRL::ComPtr<ID3D12CommandQueue> mCommandQueue;
D3D12_COMMAND_QUEUE_DESC queueDesc = {};
queueDesc.Type = D3D12_COMMAND_LIST_TYPE_DIRECT;
queueDesc.Flags = D3D12_COMMAND_QUEUE_FLAG_NONE;
ThrowIfFailed(md3dDevice->CreateCommandQueue(
  &queueDesc, IID_PPV_ARGS(&mCommandQueue)));
```

IID_PPV_ARGS 辅助宏的定义如下：

```
#define IID_PPV_ARGS(ppType) __uuidof(**(ppType)), IID_PPV_ARGS_Helper(ppType)
```

其中，__uuidof(**(ppType))将获取(**(ppType))的 COM 接口 ID（globally unique identifier，全局唯一标识符，GUID），在上述代码段中得到的即为 ID3D12CommandQueue 接口的 COM ID。IID_PPV_ARGS 辅助函数的本质是将 ppType 强制转换为 void**类型。我们在全书中都会见到此宏的身影，这是因为在调用 Direct3D 12 中创建接口实例的 API 时，大多都有一个参数是类型为 void**的待创接口 COM ID。

ExecuteCommandLists 是一种常用的 ID3D12CommandQueue 接口方法，利用它可将命令列表里的命令添加到命令队列之中：

```
void ID3D12CommandQueue::ExecuteCommandLists(
  // 第二个参数里命令列表数组中命令列表的数量
  UINT Count,
  // 待执行的命令列表数组，指向命令列表数组中第一个元素的指针
  ID3D12CommandList *const *ppCommandLists);
```

GPU 将从数组里的第一个命令列表开始顺序执行。

ID3D12GraphicsCommandList[①]接口封装了一系列图形渲染命令，它实际上继承于 ID3D12CommandList 接口。ID3D12GraphicsCommandList 接口有数种方法向命令列表添加命令。例如，下面的代码依次就向命令列表中添加了设置视口、清除渲染目标视图和发起绘制调用的命令：

---

① Windows 10 在 1703 版与 1709 版分别引入了 ID3D12GraphicsCommandList 接口的新版本 ID3D12Graphics-CommandList1 与 ID3D12GraphicsCommandList2。官方文档建议用户在 1703 至 1709 版本的操作系统上采用 ID3D12GraphicsCommandList1 接口，在 1709 及其后续版本的操作系统上使用 ID3D12GraphicsCommandList2 接口（虽然这么做的人不多，甚至包括官方示例。但想用新功能的读者倒可以试一试）。查阅对应文档便可了解每次向该接口添加的新功能。

```
// mCommandList 为一个指向 ID3D12CommandList 接口的指针
mCommandList->RSSetViewports(1, &mScreenViewport);
mCommandList->ClearRenderTargetView(mBackBufferView,
  Colors::LightSteelBlue, 0, nullptr);
mCommandList->DrawIndexedInstanced(36, 1, 0, 0, 0);
```

虽然这些方法的名字看起来像是会使对应的命令立即执行，但事实却并非如此，上面的代码仅仅是将命令加入命令列表而已。调用 ExecuteCommandLists 方法才会将命令真正地送入命令队列，供 GPU 在合适的时机处理。随着本书内容的不断深入，我们将逐步掌握 ID3D12GraphicsCommandList 所支持的各种命令。当命令都被加入命令列表之后，我们必须调用 ID3D12GraphicsCommandList::Close 方法来结束命令的记录：

```
// 结束记录命令
mCommandList->Close();
```

在调用 ID3D12CommandQueue::ExecuteCommandLists 方法提交命令列表之前，一定要将其关闭。

还有一种与命令列表有关的名为 ID3D12CommandAllocator 的内存管理类接口。记录在命令列表内的命令，实际上是存储在与之关联的命令分配器（command allocator）上。当通过 ID3D12CommandQueue:: ExecuteCommandLists 方法执行命令列表的时候，命令队列就会引用分配器里的命令。而命令分配器则由 ID3D12Device 接口来创建：

```
HRESULT ID3D12Device::CreateCommandAllocator(
  D3D12_COMMAND_LIST_TYPE type,
  REFIID riid,
  void **ppCommandAllocator);
```

1. type：指定与此命令分配器相关联的命令列表类型。以下是本书常用的两种命令列表类型[①]。

   a）D3D12_COMMAND_LIST_TYPE_DIRECT。存储的是一系列可供 GPU 直接执行的命令（这种类型的命令列表我们之前曾提到过）。

   b）D3D12_COMMAND_LIST_TYPE_BUNDLE。将命令列表**打包**（bundle，也有译作集合）。构建命令列表时会产生一定的 CPU 开销，为此，Direct3D 12 提供了一种优化的方法，允许我们将一系列命令打成所谓的包。当打包完成（命令记录完毕）之后，驱动就会对其中的命令进行预处理，以使它们在渲染期间的执行过程中得到优化。因此，我们应当在初始化期间就用包记录命令。如果经过分析，发现构造某些命令列表会花费大量的时间，就可以考虑使用打包技术对其进行优化。Direct3D 12 中的绘制 API 的效率很高，所以一般不会用到打包技术。因此，也许在证明其确实可以带来性能的显著提升时才会用到它。这就是说，在大多数情况下，我们往往会将其束之高阁。本书中不会使用打包技术，关于它的详情可参见 DirectX 12 文档[②]。

2. riid：待创建 ID3D12CommandAllocator 接口的 COM ID。

---

① 除了本书文中介绍的这两种命令列表类型之外，还有如 D3D12_COMMAND_LIST_TYPE_COMPUTE（仅接收与通用计算有关的命令）以及 D3D12_COMMAND_LIST_TYPE_COPY（只接收与复制操作相关的命令）等类型。

② bundle 是种二级命令列表，可将它看作是一组状态和命令的集合，把它多次挂靠在命令列表上即可对其进行复用。

3. ppCommandAllocator：输出指向所建命令分配器的指针。

命令列表同样由 ID3D12Device 接口创建：

```
HRESULT ID3D12Device::CreateCommandList(
  UINT nodeMask,
  D3D12_COMMAND_LIST_TYPE type,
  ID3D12CommandAllocator *pCommandAllocator,
  ID3D12PipelineState *pInitialState,
  REFIID riid,
  void **ppCommandList);
```

1. nodeMask：对于仅有一个 GPU 的系统而言，要将此值设为 0；对于具有多 GPU 的系统而言，此节点掩码（node mask）指定的是与所建命令列表相关联的物理 GPU。本书中假设我们使用的是单 GPU 系统。

2. type：命令列表的类型，常用的选项为 D3D12_COMMAND_LIST_TYPE_DIRECT 和 D3D12_COMMAND_LIST_TYPE_BUNDLE。

3. pCommandAllocator：与所建命令列表相关联的命令分配器。它的类型必须与所创命令列表的类型相匹配。

4. pInitialState：指定命令列表的渲染流水线初始状态。对于打包技术来说可将此值设为 nullptr，另外，此法同样适用于执行命令列表中不含有任何绘制命令，即执行命令列表是为了达到初始化的目的的特殊情况。我们将在第 6 章中详细讨论 ID3D12PipelineState 接口。

5. riid：待创建 ID3D12CommandList 接口的 COM ID。

6. ppCommandList：输出指向所建命令列表的指针。

注意

 我们可以通过 ID3D12Device::GetNodeCount 方法来查询系统中 GPU 适配器节点（物理 GPU）的数量。

我们可以创建出多个关联于同一命令分配器的命令列表，但是不能同时用它们来记录命令。因此，当其中的一个命令列表在记录命令时，必须关闭同一命令分配器的其他命令列表。换句话说，要保证命令列表中的所有命令都会按顺序连续地添加到命令分配器内。还要注意的一点是，当创建或重置一个命令列表的时候，它会处于一种"打开"的状态。所以，当尝试为同一个命令分配器连续创建两个命令列表时，我们会得到这样的一个错误消息：

　　D3D12 ERROR: ID3D12CommandList::{Create,Reset}CommandList: The command allocator is currently in-use by another command list.

　　（D3D12 错误：ID3D12CommandList::{Create,Reset}CommandList:此命令分配器正在被另一个命令列表占用）

在调用 ID3D12CommandQueue::ExecuteCommandList(C) 方法之后，我们就可以通过 ID3D12GraphicsCommandList::Reset 方法，安全地复用命令列表 C 占用的相关底层内存来记录新的命令集。Reset 方法中的参数对应于以 ID3D12Device::CreateCommandList 方法创建命令列

表时所用的参数。

```
HRESULT ID3D12GraphicsCommandList::Reset(
    ID3D12CommandAllocator *pAllocator,
    ID3D12PipelineState *pInitialState);
```

此方法将命令列表恢复为刚创建时的初始状态，我们可以借此继续复用其低层内存，也可以避免释放旧列表再创建新列表这一系列的烦琐操作。注意，重置命令列表并不会影响命令队列中的命令，因为相关的命令分配器仍在维护着其内存中被命令队列引用的系列命令。

向 GPU 提交了一整帧的渲染命令后，我们可能还要为了绘制下一帧而复用命令分配器中的内存。ID3D12CommandAllocator::Reset 方法由此应运而生：

```
HRESULT ID3D12CommandAllocator::Reset(void);
```

这种方法的功能类似于向量类中的 std::vector::clear 方法，后者使向量的大小（size）归零，但是仍保持其当前的容量（capacity）。然而，由于命令队列可能会引用命令分配器中的数据，所以**在没有确定 GPU 执行完命令分配器中的所有命令之前，千万不要重置命令分配器！**下一节将介绍相关内容。

4.2.2　CPU 与 GPU 间的同步

当两种处理器并行工作时，自然而然地就会产生一系列的同步问题。

假设有一资源 R，里面存有待绘制几何体的位置信息。现在，令 CPU 对 R 中的数据进行更新，先把 R 中的几何体位置信息改为 p_1，再向命令队列里添加绘制资源 R 的命令 C，以此将几何体绘制到位置 p_1。由于向命令队列添加命令并不会阻塞 CPU，所以 CPU 会继续执行后序指令。在 GPU 执行绘制命令 C 之前，如果 CPU 率先覆写了数据 R，提前把其中的位置信息修改为 p_2，那么这个行为就会造成一个严重的错误（见图 4.7）。

解决此问题的一种办法是：强制 CPU 等待，直到 GPU 完成所有命令的处理，达到某个指定的围栏点（fence point）为止。我们将这种方法称为**刷新命令队列**（flushing the command queue），可以通过**围栏**（fence）来实现这一点。围栏用 ID3D12Fence 接口来表示[1]，

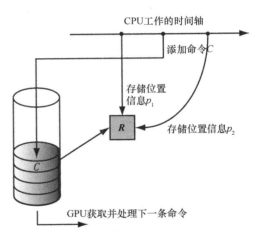

图 4.7　不管是命令 C 按坐标 p_2 绘制几何体，还是在绘制的过程中更新资源 R 都是错误的行为。这两种情况都不是我们所预期的

此技术能用于实现 GPU 和 CPU 间的同步。创建一个围栏对象的方法如下：

```
HRESULT ID3D12Device::CreateFence(
    UINT64 InitialValue,
```

---

[1] Windows 10 在 1709 版引入了 ID3D12Fence 接口的新版本 ID3D12Fence1。官方文档建议用户在自 1709 版本的操作系统上采用 ID3D12Fence1 接口。查阅对应文档便可了解向该接口添加的新功能。读者可对此加以尝试。

```
D3D12_FENCE_FLAGS Flags,
REFIID riid,
void **ppFence);

// 示例
ThrowIfFailed(md3dDevice->CreateFence(
  0,
  D3D12_FENCE_FLAG_NONE,
  IID_PPV_ARGS(&mFence)));
```

每个围栏对象都维护着一个 UINT64 类型的值，此为用来标识围栏点的整数。起初，我们将此值设为 0，每当需要标记一个新的围栏点时就将它加 1。现在，我们用代码和注释进行展示，看看如何用一个围栏来刷新命令队列。

```
UINT64 mCurrentFence = 0;
void D3DApp::FlushCommandQueue()
{
  // 增加围栏值，接下来将命令标记到此围栏点
  mCurrentFence++;

  // 向命令队列中添加一条用来设置新围栏点的命令
  // 由于这条命令要交由 GPU 处理（即由 GPU 端来修改围栏值），所以在 GPU 处理完命令队列中此 Signal()
  // 以前的所有命令之前，它并不会设置新的围栏点①
  ThrowIfFailed(mCommandQueue->Signal(mFence.Get(), mCurrentFence));

  // 在 CPU 端等待 GPU，直到后者执行完这个围栏点之前的所有命令
  if(mFence->GetCompletedValue() < mCurrentFence)
  {
    HANDLE eventHandle = CreateEventEx(nullptr, false, false, EVENT_ALL_ACCESS);

    // 若 GPU 命中当前的围栏（即执行到 Signal()指令，修改了围栏值），则激发预定事件
    ThrowIfFailed(mFence->SetEventOnCompletion(mCurrentFence, eventHandle));

    // 等待 GPU 命中围栏，激发事件
    WaitForSingleObject(eventHandle, INFINITE);
    CloseHandle(eventHandle);
  }
}
```

图 4.8 为这段代码的时间轴示意图。

这样一来，在本节开始给出的情景中，当 CPU 发出绘制命令 C 后，再将 R 内的位置信息改写为 p_2 之前，应率先刷新命令队列。这种解决方案其实并不完美，因为这意味着在等待 GPU 处理命令的时候，CPU 会处于空闲状态，但在第 7 章以前也只能暂时使用这个简单的办法了。我们几乎可以在任何时间点上刷新命令队列（当然，不一定仅在渲染每一帧时才刷新一次）。例如，若有一些 GPU 初始化命令有待执行，我们便可以在进入渲染主循环之前刷新命令队列，从而进行这些初始化操作。

———————————

① ID3D12CommandQueue::Signal 方法从 GPU 端设置围栏值，而 ID3D12Fence::Signal 方法则从 CPU 端设置围栏值。

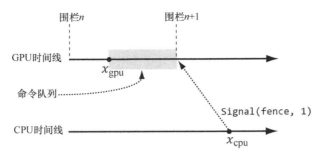

图 4.8　GPU 已经执行到了命令 x_{gpu}，而 CPU 则刚刚在 x_{cpu} 处调用了 ID3D12CommandQueue::Signal (fence, n+1)方法让 GPU 端设置围栏值。该方法实际上是在命令队列的结尾处添加一条命令，使围栏值变为 $n+1$（n 的初始值为 0）。而在 GPU 处理完命令队列中 Signal(fence, n+1)之前的所有命令以前，CPU 端调用的 mFence->GetCompletedValue()方法会一直返回值 n

其实，用刷新命令队列的办法也可以解决上一小节末尾遇到的问题，即在重置命令分配器之前，先刷新命令队列来确定 GPU 的命令都已执行完毕。

4.2.3　资源转换

为了实现常见的渲染效果，我们经常会通过 GPU 对某个资源 R 按顺序进行先写后读这两种操作。然而，当 GPU 的写操作还没有完成抑或甚至还没有开始，却开始读取资源，便会导致**资源冒险**（resource hazard）。为此，Direct3D 专门针对资源设计了一组相关状态。资源在创建伊始会处于默认状态，该状态将一直持续到应用程序通过 Direct3D 将其转换（transition）为另一种状态为止。这就使 GPU 能够针对资源状态转换与防止资源冒险作出适当的行为。例如，如果要对某个资源（比如纹理）执行写操作时，需要将它的状态转换为渲染目标状态；而要对该纹理进行读操作时，再把它的状态变为着色器资源状态。根据 Direct3D 给出的转换信息，GPU 就可以采取适当的措施避免资源冒险的发生。譬如，在读取某个资源之前，它会等待所有与之相关的写操作执行完毕。应用程序开发者应当知道，资源转换所带来的负荷会造成程序性能的下降。除此之外，一个自动跟踪状态转换的系统也在强行增加程序的额外开销[1]。

通过命令列表设置**转换资源屏障**（transition resource barrier）数组，即可指定资源的转换；当我们希望以一次 API 调用来转换多个资源的时候，这种数组就派上了用场。在代码中，资源屏障用 D3D12_RESOURCE_BARRIER 结构体来表示[2]。下列辅助函数（定义于 **d3dx12.h** 头文件之中）将根据用户给出的资源和指定的前后转换状态，返回对应的转换资源屏障描述：

```
struct CD3DX12_RESOURCE_BARRIER : public D3D12_RESOURCE_BARRIER
{
  // [...] 辅助方法
```

---

[1] 在 Direct3D 11 中，这些工作全权交由驱动来管理，因此性能会稍差。（在 Direct3D 12 中资源状态靠手动进行转换。就此而言，应该就不需要驱动层介入资源状态的跟踪了。但是作者说"仍有一个资源状态跟踪系统"，查询之下似乎只有调试层（debug layer）才有这个用来查错的"追踪系统"，文中说法有待考证）。

[2] 预览版里 D3D12_RESOURCE_BARRIER 结构体的名称为 D3D12_RESOURCE_BARRIER_DESC。

```
static inline CD3DX12_RESOURCE_BARRIER Transition(
    _In_ ID3D12Resource* pResource,
    D3D12_RESOURCE_STATES stateBefore,
    D3D12_RESOURCE_STATES stateAfter,
    UINT subresource = D3D12_RESOURCE_BARRIER_ALL_SUBRESOURCES,
    D3D12_RESOURCE_BARRIER_FLAGS flags = D3D12_RESOURCE_BARRIER_FLAG_NONE)
{
    CD3DX12_RESOURCE_BARRIER result;
    ZeroMemory(&result, sizeof(result));
    D3D12_RESOURCE_BARRIER &barrier = result;
    result.Type = D3D12_RESOURCE_BARRIER_TYPE_TRANSITION;
    result.Flags = flags;
    barrier.Transition.pResource = pResource;
    barrier.Transition.StateBefore = stateBefore;
    barrier.Transition.StateAfter = stateAfter;
    barrier.Transition.Subresource = subresource;
    return result;
}
// [...] 其他辅助方法
};
```

可以看到，CD3DX12_RESOURCE_BARRIER 继承自 D3D12_RESOURCE_BARRIER 结构体，并添加了一些辅助方法。Direct3D 12 中的许多结构体都有其对应的扩展辅助结构变体（variation），考虑到使用上的方便性，我们更偏爱于运用那些变体。以 CD3DX12 作为前缀的变体全都定义在 **d3dx12.h** 头文件当中，这个文件并不属于 DirectX 12 SDK 的核心部分，但是可以通过微软的官方网站下载获得。为了方便起见，本书源代码的 Common 目录里附有一份 **d3dx12.h** 头文件。

在本章的示例程序中，此辅助函数的用法如下：

```
mCommandList->ResourceBarrier(1,
    &CD3DX12_RESOURCE_BARRIER::Transition(
        CurrentBackBuffer(),
        D3D12_RESOURCE_STATE_PRESENT,
        D3D12_RESOURCE_STATE_RENDER_TARGET));
```

这段代码将以图片形式显示在屏幕中的纹理，从呈现状态转换为渲染目标状态。那么，这个添加到命令列表中的资源屏障究竟是何物呢？事实上，我们可以将此资源屏障转换看作是一条告知 GPU 某资源状态正在进行转换的命令。所以在执行后续的命令时，GPU 便会采取必要措施以防资源冒险。

注意

 Direct3D 12 提供的转换类型不止文中提到寥寥几种。但是，我们暂时只会用到上述转换屏障。至于其他类型的屏障，我们将随用随讲。

4.2.4　命令与多线程

Direct3D 12 的设计目标是为用户提供一个高效的多线程环境，命令列表也是一种发挥 Direct3D 多线程优势的途径。对于内含许多物体的庞大场景而言，仅通过一个构建命令列表来绘制整个场景会占用不少的 CPU 时间。因此，可以采取一种并行创建命令列表的思路。例如，我们可以创建 4 条线程，每条分别负责构建一个命令列表来绘制 25%的场景物体。

以下是一些在多线程环境中使用命令列表要注意的问题。

1. 命令列表并非自由线程（not free-threaded）对象。也就是说，多线程既不能同时共享相同的命令列表，也不能同时调用同一命令列表的方法。所以，每个线程通常都只使用各自的命令列表。

2. 命令分配器亦不是线程自由的对象。这就是说，多线程既不能同时共享同一个命令分配器，也不能同时调用同一命令分配器的方法。所以，每个线程一般都仅使用属于自己的命令分配器。

3. 命令队列是线程自由对象，所以多线程可以同时访问同一命令队列，也能够同时调用它的方法。特别是每个线程都能同时向命令队列提交它们自己所生成的命令列表。

4. 出于性能的原因，应用程序必须在初始化期间，指出用于并行记录命令的命令列表最大数量。

为了简单起见，本书不会使用多线程技术。完成本书的阅读后，读者可以通过查阅 SDK 中的 Multithreading12 示例[1]来学习怎样并行生成命令列表。如果希望应用程序充分利用系统资源，应该通过多线程技术来发挥 CPU 多核心的并行处理能力。

4.3　初始化 Direct3D

这一节我们会利用自己编写的演示框架来展示 Direct3D 的初始化过程。这是一个比较冗长的流程，但每个程序只需执行一次即可。我们对 Direct3D 进行初始化的过程可以分为以下几个步骤：

1. 用 D3D12CreateDevice 函数创建 ID3D12Device 接口实例。

2. 创建一个 ID3D12Fence 对象，并查询描述符的大小。

3. 检测用户设备对 4X MSAA 质量级别的支持情况。

4. 依次创建命令队列、命令列表分配器和主命令列表。

5. 描述并创建交换链。

6. 创建应用程序所需的描述符堆。

7. 调整后台缓冲区的大小，并为它创建渲染目标视图。

8. 创建深度/模板缓冲区及与之关联的深度/模板视图。

9. 设置视口（viewport）和裁剪矩形（scissor rectangle）。

4.3.1　创建设备

要初始化 Direct3D，必须先创建 Direct3D 12 设备（ID3D12Device）。此设备代表着一个显示适配器。一般来说，显示适配器是一种 3D 图形硬件（如显卡）。但是，一个系统也能用软件显示适配器来模拟 3D 图形硬件的功能（如 WARP 适配器）。Direct3D 12 设备既可检测系统环境对功能的支持情况，又能创建所有其他的 Direct3D 接口对象（如资源、视图和命令列表）。通过下面的函数就可以创建 Direct3D 12 设备：

---

① 已更名为 D3D12Multithreading，可在微软官方示例中找到。

```
HRESULT WINAPI D3D12CreateDevice(
  IUnknown* pAdapter,
  D3D_FEATURE_LEVEL MinimumFeatureLevel,
  REFIID riid, // ID3D12Device 的 COM ID
  void** ppDevice );
```

1. pAdapter：指定在创建设备时所用的显示适配器。若将此参数设定为空指针，则使用主显示适配器。我们在本书的示例中总是采用主适配器。在 4.1.10 节中，我们已展示了怎样枚举系统中所有的显示适配器。

2. MinimumFeatureLevel：应用程序需要硬件所支持的最低功能级别。如果适配器不支持此功能级别，则设备创建失败。在我们的框架中指定的是 D3D_FEATURE_LEVEL_11_0（即支持 Direct3D 11 的特性）。

3. riid：所建 ID3D12Device 接口的 COM ID。

4. ppDevice：返回所创建的 Direct3D 12 设备。

以下是此函数的调用示例：

```
#if defined(DEBUG) || defined(_DEBUG)
// 启用 D3D12 的调试层
{
  ComPtr<ID3D12Debug> debugController;
  ThrowIfFailed(D3D12GetDebugInterface(IID_PPV_ARGS(&debugController)));
  debugController->EnableDebugLayer();
}
#endif

ThrowIfFailed(CreateDXGIFactory1(IID_PPV_ARGS(&mdxgiFactory)));

// 尝试创建硬件设备
HRESULT hardwareResult = D3D12CreateDevice(
  nullptr,         // 默认适配器
  D3D_FEATURE_LEVEL_11_0,
  IID_PPV_ARGS(&md3dDevice));

// 回退至 WARP 设备
if(FAILED(hardwareResult))
{
  ComPtr<IDXGIAdapter> pWarpAdapter;
  ThrowIfFailed(mdxgiFactory->EnumWarpAdapter(IID_PPV_ARGS(&pWarpAdapter)));

  ThrowIfFailed(D3D12CreateDevice(
    pWarpAdapter.Get(),
    D3D_FEATURE_LEVEL_11_0,
    IID_PPV_ARGS(&md3dDevice)));
}
```

可以看到，为了进入调试模式，我们首先开启了调试层（debug layer）。随后，Direct3D 便会开启额外的调试功能，并在错误发生时向 VC++的输出窗口发送类似于下面的调试信息：

```
D3D12 ERROR: ID3D12CommandList::Reset: Reset fails because the command list was not closed.
（D3D12 ERROR: ID3D12CommandList::Reset: 由于没有关闭命令列表因此重置失败。）
```

还可以发现，当调用 D3D12CreateDevice 失败后，程序将回退到一种软件适配器：WARP 设备。WARP 意为 Windows Advanced Rasterization Platform（Windows 高级光栅化平台）。在 Windows 7 及以下版本的操作系统中，WARP 设备支持的最高功能级别是 10.1；在 Windows 8 系统中，WARP 设备支持的最高功能级别是 11.1[①]。为了创建 WARP 适配器，需要先创建一个 IDXGIFactory4 对象，并通过它来枚举 WARP 适配器：

```
ComPtr<IDXGIFactory4> mdxgiFactory;
CreateDXGIFactory1(IID_PPV_ARGS(&mdxgiFactory));
mdxgiFactory->EnumWarpAdapter(
    IID_PPV_ARGS(&pWarpAdapter));
```

作为 DXGI 的一部分，mdxgiFactory 对象也可用于创建交换链。

4.3.2　创建围栏并获取描述符的大小

一旦创建好设备，便可以为 CPU/GPU 的同步而创建围栏了。另外，若用描述符进行工作，还需要了解它们的大小。但描述符在不同的 GPU 平台上大小各异，这就需要我们去查询相关的信息。随后，我们会把描述符的大小缓存起来，需要时即可直接引用：

```
ThrowIfFailed(md3dDevice->CreateFence(
    0, D3D12_FENCE_FLAG_NONE, IID_PPV_ARGS(&mFence)));
mRtvDescriptorSize = md3dDevice->GetDescriptorHandleIncrementSize(
    D3D12_DESCRIPTOR_HEAP_TYPE_RTV);
mDsvDescriptorSize = md3dDevice->GetDescriptorHandleIncrementSize(
    D3D12_DESCRIPTOR_HEAP_TYPE_DSV);
mCbvUavDescriptorSize = md3dDevice->GetDescriptorHandleIncrementSize(
    D3D12_DESCRIPTOR_HEAP_TYPE_CBV_SRV_UAV);
```

4.3.3　检测对 4X MSAA 质量级别的支持

在本书中，我们要对 4X MSAA 的支持情况进行检测。这里选择 4X，是因为借此采样数量就可以获得开销不高却性能不凡的效果。而且，在一切支持 Direct3D 11 的设备上，所有的渲染目标格式就皆已支持 4X MSAA 了。因此，凡是支持 Direct3D 11 的硬件，都会保证此项功能的正常开启，我们也就无须再对此进行检验了。但是，对质量级别的检测还是不可或缺，为此，可采取下列方法加以实现：

```
D3D12_FEATURE_DATA_MULTISAMPLE_QUALITY_LEVELS msQualityLevels;
msQualityLevels.Format = mBackBufferFormat;
msQualityLevels.SampleCount = 4;
msQualityLevels.Flags = D3D12_MULTISAMPLE_QUALITY_LEVELS_FLAG_NONE;
msQualityLevels.NumQualityLevels = 0;
ThrowIfFailed(md3dDevice->CheckFeatureSupport(
    D3D12_FEATURE_MULTISAMPLE_QUALITY_LEVELS,
    &msQualityLevels,
```

---

① 简单来讲，在操作系统中的显卡不能发挥效用等情况（详见文档），WARP 便会挺身而出。可将它当作一个不依赖于任何硬件图形适配器的纯软件渲染器。根据 wikipeida 给出的信息，Windows 10 上的 WARP 版本可支持的最高功能级别为 feature level 12_1。但到现在为止，微软的官方网站并未更新 WARP 的相关文档。

```
      sizeof(msQualityLevels)));

m4xMsaaQuality = msQualityLevels.NumQualityLevels;
assert(m4xMsaaQuality > 0 && "Unexpected MSAA quality level.");
```

由于我们所用的平台必能支持 **4X MSAA** 这一功能，其返回值应该也总是大于 **0**，所以对此而做出上述断言。

4.3.4　创建命令队列和命令列表

回顾 **4.2.1** 节可知：ID3D12CommandQueue 接口表示命令队列，ID3D12CommandAllocator 接口代表命令分配器，ID3D12GraphicsCommandList 接口表示命令列表。据此，我们通过以下代码分别展示这几种对象的创建流程：

```
ComPtr<ID3D12CommandQueue> mCommandQueue;
ComPtr<ID3D12CommandAllocator> mDirectCmdListAlloc;
ComPtr<ID3D12GraphicsCommandList> mCommandList;
void D3DApp::CreateCommandObjects()
{
  D3D12_COMMAND_QUEUE_DESC queueDesc = {};
  queueDesc.Type = D3D12_COMMAND_LIST_TYPE_DIRECT;
  queueDesc.Flags = D3D12_COMMAND_QUEUE_FLAG_NONE;
  ThrowIfFailed(md3dDevice->CreateCommandQueue(
    &queueDesc, IID_PPV_ARGS(&mCommandQueue)));
  ThrowIfFailed(md3dDevice->CreateCommandAllocator(
    D3D12_COMMAND_LIST_TYPE_DIRECT,
    IID_PPV_ARGS(mDirectCmdListAlloc.GetAddressOf())));

  ThrowIfFailed(md3dDevice->CreateCommandList(
    0,
    D3D12_COMMAND_LIST_TYPE_DIRECT,
    mDirectCmdListAlloc.Get(), // 关联命令分配器
    nullptr,                   // 初始化流水线状态对象
    IID_PPV_ARGS(mCommandList.GetAddressOf())));

  // 首先要将命令列表置于关闭状态。这是因为在第一次引用命令列表时，我们要对它进行重置，而在调用
  // 重置方法之前又需先将其关闭
  mCommandList->Close();
}
```

观察 CreateCommandList 方法会发现，我们将流水线状态对象（pipeline state object）这一参数指定为了空指针。在本章的示例程序中，由于我们不会发起任何绘制命令，所以也就不会用到流水线状态对象。在第 6 章中，我们会对流水线状态对象开展更为详细的讨论。

4.3.5　描述并创建交换链

初始化流程的下一步是创建交换链。首先，要填写一份 DXGI_SWAP_CHAIN_DESC 结构体实例，用它来描述欲创建交换链的特性。此结构体的定义如下：

```
typedef struct DXGI_SWAP_CHAIN_DESC
{
  DXGI_MODE_DESC BufferDesc;
  DXGI_SAMPLE_DESC SampleDesc;
  DXGI_USAGE BufferUsage;
  UINT BufferCount;
  HWND OutputWindow;
  BOOL Windowed;
  DXGI_SWAP_EFFECT SwapEffect;
  UINT Flags;
} DXGI_SWAP_CHAIN_DESC;
```

其中的 DXGI_MODE_DESC 类型则是另一种结构体，它的定义为：

```
typedef struct DXGI_MODE_DESC
{
  UINT Width;                                         // 缓冲区分辨率的宽度
  UINT Height;                                        // 缓冲区分辨率的高度
  DXGI_RATIONAL RefreshRate;
  DXGI_FORMAT Format;                                 // 缓冲区的显示格式
  DXGI_MODE_SCANLINE_ORDER ScanlineOrdering;   // 逐行扫描 vs. 隔行扫描
  DXGI_MODE_SCALING Scaling;                      // 图像如何相对于屏幕进行拉伸
} DXGI_MODE_DESC;
```

在下列数据成员的描述中，只涉及对于初学者来讲最为重要的常用标志和选项。至于其他标志和选项的描述，可参见 SDK 的相关文档。

1. BufferDesc：这个结构体描述了待创建后台缓冲区的属性。在这里我们仅关注它的宽度、高度和像素格式属性。至于其他成员的细节可查看 SDK 文档。

2. SampleDesc：多重采样的质量级别以及对每个像素的采样次数，可参见 4.1.8 节。对于单次采样来说，我们要将采样数量指定为 1，质量级别指定为 0。

3. BufferUsage：由于我们要将数据渲染至后台缓冲区（即用它作为渲染目标），因此将此参数指定为 DXGI_USAGE_RENDER_TARGET_OUTPUT。

4. BufferCount：交换链中所用的缓冲区数量。我们将它指定为 2，即采用双缓冲。

5. OutputWindow：渲染窗口的句柄。

6. Windowed：若指定为 true，程序将在窗口模式下运行；如果指定为 false，则采用全屏模式。

7. SwapEffect：指定为 DXGI_SWAP_EFFECT_FLIP_DISCARD。

8. Flags：可选标志。如果将其指定为 DXGI_SWAP_CHAIN_FLAG_ALLOW_MODE_SWITCH，那么，当程序切换为全屏模式时，它将选择最适于当前应用程序窗口尺寸的显示模式。如果没有指定该标志，当程序切换为全屏模式时，将采用当前桌面的显示模式。

描述完交换链之后，我们用 IDXGIFactory::CreateSwapChain 方法来创建它：

```
HRESULT IDXGIFactory::CreateSwapChain(
  IUnknown *pDevice,                   // 指向 ID3D12CommandQueue 接口的指针
  DXGI_SWAP_CHAIN_DESC *pDesc,      // 指向描述交换链的结构体的指针
  IDXGISwapChain **ppSwapChain); // 返回所创建的交换链接口
```

下面的代码展示了如何通过本书的演示框架来方便地创建交换链。研究此函数的代码就会发现，我们是按照可以对它进行多次调用来设计的。即，在创建新的交换链之前，先要销毁旧的交换链。这样一

来，我们就可以用不同的设置来重新创建交换链，借此在运行时修改多重采样的配置①。

```cpp
DXGI_FORMAT mBackBufferFormat = DXGI_FORMAT_R8G8B8A8_UNORM;

void D3DApp::CreateSwapChain()
{
    // 释放之前所创的交换链，随后再进行重建
    mSwapChain.Reset();

    DXGI_SWAP_CHAIN_DESC sd;
    sd.BufferDesc.Width = mClientWidth;
    sd.BufferDesc.Height = mClientHeight;
    sd.BufferDesc.RefreshRate.Numerator = 60;
    sd.BufferDesc.RefreshRate.Denominator = 1;
    sd.BufferDesc.Format = mBackBufferFormat;
    sd.BufferDesc.ScanlineOrdering = DXGI_MODE_SCANLINE_ORDER_UNSPECIFIED;
    sd.BufferDesc.Scaling = DXGI_MODE_SCALING_UNSPECIFIED;
    sd.SampleDesc.Count = m4xMsaaState ? 4 : 1;
    sd.SampleDesc.Quality = m4xMsaaState ? (m4xMsaaQuality - 1) : 0;
    sd.BufferUsage = DXGI_USAGE_RENDER_TARGET_OUTPUT;
    sd.BufferCount = SwapChainBufferCount;
    sd.OutputWindow = mhMainWnd;
    sd.Windowed = true;
    sd.SwapEffect = DXGI_SWAP_EFFECT_FLIP_DISCARD;
    sd.Flags = DXGI_SWAP_CHAIN_FLAG_ALLOW_MODE_SWITCH;
    //注意，交换链需要通过命令队列对其进行刷新
    ThrowIfFailed(mdxgiFactory->CreateSwapChain(
        mCommandQueue.Get(),
        &sd,
        mSwapChain.GetAddressOf()));
}
```

4.3.6　创建描述符堆

我们需要通过创建描述符堆来存储程序中要用到的描述符/视图（参见 4.1.6 节）。对此，Direct3D 12 以 ID3D12DescriptorHeap 接口表示描述符堆，并用 ID3D12Device::CreateDescriptorHeap 方法来创建它。在本章的示例程序中，我们将为交换链中 SwapChainBufferCount 个用于渲染数据的缓冲区资源创建对应的渲染目标视图（Render Target View，RTV），并为用于深度测试（depth test）的深度/模板缓冲区资源创建一个深度/模板视图（Depth/Stencil View，DSV）。所以，我们此时需要创建两个描述符堆，其一用来存储 SwapChainBufferCount 个 RTV，而那另一个描述符堆则用来存储那 1 个 DSV。现通过下述代码来创建这两个描述符堆：

```cpp
ComPtr<ID3D12DescriptorHeap> mRtvHeap;
ComPtr<ID3D12DescriptorHeap> mDsvHeap;
void D3DApp::CreateRtvAndDsvDescriptorHeaps()
{
```

_____

① 前文注释曾提到：Direct3D 12 并不支持创建 MSAA 交换链，因此也就不能在运行时改动交换链的 MSAA 参数!

```
D3D12_DESCRIPTOR_HEAP_DESC rtvHeapDesc;
rtvHeapDesc.NumDescriptors = SwapChainBufferCount;
rtvHeapDesc.Type = D3D12_DESCRIPTOR_HEAP_TYPE_RTV;
rtvHeapDesc.Flags = D3D12_DESCRIPTOR_HEAP_FLAG_NONE;
    rtvHeapDesc.NodeMask = 0;
 ThrowIfFailed(md3dDevice->CreateDescriptorHeap(
    &rtvHeapDesc, IID_PPV_ARGS(mRtvHeap.GetAddressOf())));

D3D12_DESCRIPTOR_HEAP_DESC dsvHeapDesc;
dsvHeapDesc.NumDescriptors = 1;
dsvHeapDesc.Type = D3D12_DESCRIPTOR_HEAP_TYPE_DSV;
dsvHeapDesc.Flags = D3D12_DESCRIPTOR_HEAP_FLAG_NONE;
    dsvHeapDesc.NodeMask = 0;
 ThrowIfFailed(md3dDevice->CreateDescriptorHeap(
    &dsvHeapDesc, IID_PPV_ARGS(mDsvHeap.GetAddressOf())));
}
```

在本书的应用框架中有以下定义：

```
static const int SwapChainBufferCount = 2;
int mCurrBackBuffer = 0;
```

其中，mCurrBackBuffer 是用来记录当前后台缓冲区的索引（由于利用页面翻转技术来交换前台缓冲区和后台缓冲区，所以我们需要对其进行记录，以便搞清楚哪个缓冲区才是当前正在用于渲染数据的后台缓冲区）。

创建描述符堆之后，还要能访问其中所存的描述符。在程序中，我们是通过句柄来引用描述符的，并以 ID3D12DescriptorHeap::GetCPUDescriptorHandleForHeapStart 方法来获得描述符堆中第一个描述符的句柄。借助下列函数即可获取当前后台缓冲区的 RTV 与 DSV：

```
D3D12_CPU_DESCRIPTOR_HANDLE D3DApp::CurrentBackBufferView()const
{
    // CD3DX12 构造函数根据给定的偏移量找到当前后台缓冲区的 RTV
    return CD3DX12_CPU_DESCRIPTOR_HANDLE(
    mRtvHeap->GetCPUDescriptorHandleForHeapStart(),// 堆中的首个句柄
    mCurrBackBuffer,     // 偏移至后台缓冲区描述符句柄的索引
    mRtvDescriptorSize); // 描述符所占字节的大小
}

D3D12_CPU_DESCRIPTOR_HANDLE D3DApp::DepthStencilView()const
{
    return mDsvHeap->GetCPUDescriptorHandleForHeapStart();
}
```

通过这段示例代码，我们就能够看出描述符大小的用途了。为了用偏移量找到当前后台缓冲区的 RTV 描述符[1]，我们就必须知道 RTV 描述符的大小。

4.3.7　创建渲染目标视图

如 4.1.6 节中所述，资源不能与渲染流水线中的阶段直接绑定，所以我们必须先为资源创建视图（描述符），

---

[1]　伪代码：目标描述符句柄 = GetCPUDescriptorHandleForHeapStart() + mCurrBackBuffer * mRtvDescriptorSize。

并将其绑定到流水线阶段。例如，为了将后台缓冲区绑定到流水线的输出合并阶段（output merger stage，这样 Direct3D 才能向其渲染），便需要为该后台缓冲区创建一个渲染目标视图。而这第一个步骤就是要获得存于交换链中的缓冲区资源。

```
HRESULT IDXGISwapChain::GetBuffer(
  UINT Buffer,
  REFIID riid,
  void **ppSurface);
```

1. Buffer：希望获得的特定后台缓冲区的索引（有时后台缓冲区并不只一个，所以需要用索引来指明）。

2. riid：希望获得的 ID3D12Resource 接口①的 COM ID。

3. ppSurface：返回一个指向 ID3D12Resource 接口的指针，这便是希望获得的后台缓冲区。

调用 IDXGISwapChain::GetBuffer 方法会增加相关后台缓冲区的 COM 引用计数，所以在每次使用后一定要将其释放。通过 ComPtr 便可以自动做到这一点。

接下来，使用 ID3D12Device::CreateRenderTargetView 方法来为获取的后台缓冲区创建渲染目标视图。

```
void ID3D12Device::CreateRenderTargetView(
  ID3D12Resource *pResource,
  const D3D12_RENDER_TARGET_VIEW_DESC *pDesc,
  D3D12_CPU_DESCRIPTOR_HANDLE DestDescriptor);
```

1. pResource：指定用作渲染目标的资源。在上面的例子中是后台缓冲区（即为后台缓冲区创建了一个渲染目标视图）。

2. pDesc：指向 D3D12_RENDER_TARGET_VIEW_DESC 数据结构实例的指针。该结构体描述了资源中元素的数据类型（格式）。如果该资源在创建时已指定了具体格式（即此资源不是无类型格式，not typeless），那么就可以把这个参数设为空指针，表示采用该资源创建时的格式，为它的第一个 mipmap 层级（后台缓冲区只有一种 mipmap 层级，有关 mipmap 的内容将在第 9 章展开讨论）创建一个视图。由于已经指定了后台缓冲区的格式，因此就将这个参数设置为空指针。

3. DestDescriptor：引用所创建渲染目标视图的描述符句柄。

下面的示例通过调用这两种方法为交换链中的每一个缓冲区都创建了一个 RTV：

```
ComPtr<ID3D12Resource> mSwapChainBuffer[SwapChainBufferCount];
CD3DX12_CPU_DESCRIPTOR_HANDLE rtvHeapHandle(
  mRtvHeap->GetCPUDescriptorHandleForHeapStart());
for (UINT i = 0; i < SwapChainBufferCount; i++)
{
  // 获得交换链内的第 i 个缓冲区
  ThrowIfFailed(mSwapChain->GetBuffer(
    i, IID_PPV_ARGS(&mSwapChainBuffer[i])));

  // 为此缓冲区创建一个 RTV
  md3dDevice->CreateRenderTargetView(
```

---

① ID3D12Resource 接口将物理内存与堆资源抽象组织为可处理的数据数组与多维数据，从而使 CPU 与 GPU 可以对这些资源进行读写。

```
                    mSwapChainBuffer[i].Get(), nullptr, rtvHeapHandle);

    // 偏移到描述符堆中的下一个缓冲区
    rtvHeapHandle.Offset(1, mRtvDescriptorSize);
}
```

4.3.8　创建深度/模板缓冲区及其视图

现在来创建程序中所需的深度/模板缓冲区。正如 4.1.5 节所述,深度缓冲区其实就是一种 2D 纹理,它存储着离观察者最近的可视对象的深度信息（如果使用了模板,还会附有模板信息）。纹理是一种 GPU 资源,因此我们要通过填写 D3D12_RESOURCE_DESC 结构体来描述纹理资源,再用 ID3D12Device:: CreateCommittedResource 方法来创建它。D3D12_RESOURCE_DESC 结构体的定义如下[①]。

```
typedef struct D3D12_RESOURCE_DESC
{
    D3D12_RESOURCE_DIMENSION Dimension;
    UINT64 Alignment;
    UINT64 Width;
    UINT Height;
    UINT16 DepthOrArraySize;
    UINT16 MipLevels;
    DXGI_FORMAT Format;
    DXGI_SAMPLE_DESC SampleDesc;
    D3D12_TEXTURE_LAYOUT Layout;
    D3D12_RESOURCE_MTSC_FLAG Misc Flags;
} D3D12_RESOURCE_DESC;
```

1. Dimension：资源的维度,即为下列枚举类型中的成员之一。

```
enum D3D12_RESOURCE_DIMENSION
{
    D3D12_RESOURCE_DIMENSION_UNKNOWN = 0,
    D3D12_RESOURCE_DIMENSION_BUFFER = 1,
    D3D12_RESOURCE_DIMENSION_TEXTURE1D = 2,
    D3D12_RESOURCE_DIMENSION_TEXTURE2D = 3,
    D3D12_RESOURCE_DIMENSION_TEXTURE3D = 4
} D3D12_RESOURCE_DIMENSION;
```

2. Width：以纹素为单位来表示的纹理宽度。对于缓冲区资源来说,此项是缓冲区占用的字节数。

3. Height：以纹素为单位来表示的纹理高度。

4. DepthOrArraySize：以纹素为单位来表示的纹理深度,或者（对于 1D 纹理和 2D 纹理来说）是纹理数组的大小。注意,**Direct3D** 中并不存在 3D 纹理数组的概念。

5. MipLevels：mipmap 层级的数量。我们会在第 9 章讲纹理时介绍 mipmap。对于深度/模板缓冲区而言,只能有一个 mipmap 级别。

6. Format：DXGI_FORMAT 枚举类型中的成员之一,用于指定纹素的格式。对于深度/模板缓冲区来说,此格式需要从 4.1.5 节介绍的格式中选择。

7. SampleDesc：多重采样的质量级别以及对每个像素的采样次数,详情参见 **4.1.7** 节和 **4.1.8**

---

① 在预览版里此结构体中 D3D12_RESOURCE_FLAGS 名为 D3D12_RESOURCE_MISC_FLAG。

节。先来回顾一下 **4X MSAA** 技术：为了存储每个子像素的颜色和深度/模板信息，所用后台缓冲区和深度缓冲区的大小要 4 倍于屏幕的分辨率。因此，深度/模板缓冲区与渲染目标的多重采样设置一定要相匹配。

8. `Layout`：`D3D12_TEXTURE_LAYOUT` 枚举类型的成员之一，用于指定纹理的布局。我们暂时还不用考虑这个问题，在此将它指定为 `D3D12_TEXTURE_LAYOUT_UNKNOWN` 即可。

9. `Flags`：与资源有关的杂项标志。对于一个深度/模板缓冲区资源来说，要将此项指定为 `D3D12_RESOURCE_FLAG_ALLOW_DEPTH_STENCIL`[①]。

GPU 资源都存于堆（heap）中，其本质是具有特定属性的 GPU 显存块。`ID3D12Device::CreateCommittedResource` 方法将根据我们所提供的属性创建一个资源与一个堆，并把该资源提交到这个堆中。

```
HRESULT ID3D12Device::CreateCommittedResource(
  const D3D12_HEAP_PROPERTIES *pHeapProperties,
  D3D12_HEAP_FLAGS HeapFlags,
  const D3D12_RESOURCE_DESC *pDesc,
  D3D12_RESOURCE_STATES InitialResourceState,
  const D3D12_CLEAR_VALUE *pOptimizedClearValue,
  REFIID riidResource,
  void **ppvResource);

typedef struct D3D12_HEAP_PROPERTIES {
  D3D12_HEAP_TYPE        Type;
  D3D12_CPU_PAGE_PROPERTY CPUPageProperty;
  D3D12_MEMORY_POOL      MemoryPoolPreference;
  UINT CreationNodeMask;
  UINT VisibleNodeMask;
} D3D12_HEAP_PROPERTIES;
```
[②]

1. `pHeapProperties`：（资源欲提交至的）堆所具有的属性。有一些属性是针对高级用法而设。目前只需关心 `D3D12_HEAP_PROPERTIES` 中的 `D3D12_HEAP_TYPE` 枚举类型这一主要属性，其中的成员列举如下。

    a）`D3D12_HEAP_TYPE_DEFAULT`：默认堆（default heap）。向这堆里提交的资源，唯独 GPU 可以访问。举一个有关深度/模板缓冲区的例子：GPU 会读写深度/模板缓冲区，而 CPU 从不需要访问它，所以深度/模板缓冲区应被放入默认堆中。

    b）`D3D12_HEAP_TYPE_UPLOAD`：上传堆（upload heap）。向此堆里提交的都是需要经 CPU 上传至 GPU 的资源。

    c）`D3D12_HEAP_TYPE_READBACK`：回读堆（read-back heap）。向这种堆里提交的都是需要由 CPU 读取的资源。

    d）`D3D12_HEAP_TYPE_CUSTOM`：此成员应用于高级场景——更多信息可详见 MSDN 文档。

---

① 在早期版本里此项似乎多次更名，如 D3D12_RESOURCE_MISC_ALLOW_DEPTH_STENCIL、D3D12_RESOURCE_MISC_DEPTH_STENCIL（也有笔误的可能）。

② 预览版中 D3D12_CPU_PAGE_PROPERTY 的名称为 D3D12_CPU_PAGE_PROPERTIES。

2. HeapFlags：与（资源欲提交至的）堆有关的额外选项标志。通常将它设为 D3D12_HEAP_ FLAG_NONE①。

3. pDesc：指向一个 D3D12_RESOURCE_DESC 实例的指针，用它描述待建的资源。

4. InitialResourceState：回顾 4.2.3 节的内容可知，不管何时，每个资源都会处于一种特定的使用状态。在资源创建时，需要用此参数来设置它的初始状态。对于深度/模板缓冲区来说，通常将其初始状态设置为 D3D12_RESOURCE_STATE_COMMON，再利用 ResourceBarrier 方法辅以 D3D12_RESOURCE_ STATE_DEPTH_WRITE 状态，将其转换为可以绑定在渲染流水线上的深度/模板缓冲区②。

5. pOptimizedClearValue：指向一个 D3D12_CLEAR_VALUE 对象的指针，它描述了一个用于清除资源的优化值。选择适当的优化清除值，可提高清除操作的执行速度。若不希望指定优化清除值，可把此参数设为 nullptr。

```
struct D3D12_CLEAR_VALUE
{
  DXGI_FORMAT Format;
  union
  {
    FLOAT Color[ 4 ];
    D3D12_DEPTH_STENCIL_VALUE DepthStencil;
  };
}    D3D12_CLEAR_VALUE;
```

6. riidResource：我们希望获得的 ID3D12Resource 接口的 **COM ID**。

7. ppvResource：返回一个指向 ID3D12Resource 的指针，即新建的资源。

注意

 为了使性能达到最佳，通常应将资源放置于默认堆中。只有在需要使用上传堆或回读堆的特性之时，才选用其他类型的堆。

另外，在使用深度/模板缓冲区之前，一定要创建相关的深度/模板视图，并将它绑定到渲染流水线上。这个流程类似于创建渲染目标视图。下面的代码演示了该如何创建深度/模板纹理及相应的深度/模板视图：

```
// 创建深度/模板缓冲区及其视图
D3D12_RESOURCE_DESC depthStencilDesc;
depthStencilDesc.Dimension = D3D12_RESOURCE_DIMENSION_TEXTURE2D;
depthStencilDesc.Alignment = 0;
```

---

① 在预览版中，结构体 D3D12_HEAP_FLAGS 及其成员 D3D12_HEAP_FLAG_NONE 的名称分别为 D3D12_HEAP_ MISC_FLAG 与 D3D12_HEAP_MISC_NONE。

② 在预览版中，结构体 D3D12_RESOURCE_STATES 名为 D3D12_RESOURCE_USAGE，而深度/模板缓冲区的状态也不像当前分为 _READ 与 _WRITE 读写两种，仅为 D3D12_RESOURCE_USAGE_DEPTH 一种状态。至于资源初始状态也不是 D3D12_RESOURCE_STATE_COMMON，而是 D3D12_RESOURCE_USAGE_INITIAL。

```
depthStencilDesc.Width = mClientWidth;
depthStencilDesc.Height = mClientHeight;
depthStencilDesc.DepthOrArraySize = 1;
depthStencilDesc.MipLevels = 1;
depthStencilDesc.Format = mDepthStencilFormat;
depthStencilDesc.SampleDesc.Count = m4xMsaaState ? 4 : 1;
depthStencilDesc.SampleDesc.Quality = m4xMsaaState ? (m4xMsaaQuality - 1) : 0;
depthStencilDesc.Layout = D3D12_TEXTURE_LAYOUT_UNKNOWN;
depthStencilDesc.Flags = D3D12_RESOURCE_FLAG_ALLOW_DEPTH_STENCIL;

D3D12_CLEAR_VALUE optClear;
optClear.Format = mDepthStencilFormat;
optClear.DepthStencil.Depth = 1.0f;
optClear.DepthStencil.Stencil = 0;
ThrowIfFailed(md3dDevice->CreateCommittedResource(
  &CD3DX12_HEAP_PROPERTIES(D3D12_HEAP_TYPE_DEFAULT),
  D3D12_HEAP_FLAG_NONE,
  &depthStencilDesc,
  D3D12_RESOURCE_STATE_COMMON,
  &optClear,
  IID_PPV_ARGS(mDepthStencilBuffer.GetAddressOf())));

// 利用此资源的格式，为整个资源的第 0 mip 层创建描述符
md3dDevice->CreateDepthStencilView(
  mDepthStencilBuffer.Get(),
  nullptr,
  DepthStencilView());

// 将资源从初始状态转换为深度缓冲区
mCommandList->ResourceBarrier(
  1,
  &CD3DX12_RESOURCE_BARRIER::Transition(
    mDepthStencilBuffer.Get(),
    D3D12_RESOURCE_STATE_COMMON,
    D3D12_RESOURCE_STATE_DEPTH_WRITE));
```

注意，刚刚采用了 CD3DX12_HEAP_PROPERTIES 辅助构造函数来创建堆的属性结构体，它的具体实现如下：

```
explicit CD3DX12_HEAP_PROPERTIES(
    D3D12_HEAP_TYPE type,
    UINT creationNodeMask = 1,
    UINT nodeMask = 1 )
{
  Type = type;
  CPUPageProperty = D3D12_CPU_PAGE_PROPERTY_UNKNOWN;
  MemoryPoolPreference = D3D12_MEMORY_POOL_UNKNOWN;
  CreationNodeMask = creationNodeMask;
  VisibleNodeMask = nodeMask;
}
```

CreateDepthStencilView 方法的第二个参数是指向 D3D12_DEPTH_STENCIL_VIEW_DESC 结构体的指针。这个结构体描述了资源中元素的数据类型（格式）。如果资源在创建时已指定了具体格式（即此资源不是无类型格式），那么就可以把该参数设为空指针，表示以该资源创建时的格式为它的第一个 mipmap 层级创建一个视图（在创建深度/模板缓冲区时就只有一个 mipmap 层级，mipmap 的相关知识将在第 9 章中进行讨论）。由于我们已经为深度/模板缓冲区设置了具体格式，所以向此参数传入空指针。

4.3.9　设置视口

我们通常会将 3D 场景绘制到与整个屏幕（在全屏模式下）或整个窗口工作区大小相当的后台缓冲区中。但是，有时只是希望把 3D 场景绘制到后台缓冲区的某个矩形子区域当中，如图 4.9 所示。

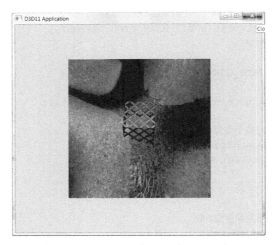

图 4.9　通过修改视口，我们就能将 3D 场景绘制到后台缓冲区内的矩形子区域当中，继而使后台缓冲区中的内容呈现在窗口的工作区范围之内

我们把后台缓冲区中的这种矩形子区域叫作**视口**（viewport），并通过下列结构体来描述它：

```
typedef struct D3D12_VIEWPORT {
    FLOAT TopLeftX;
    FLOAT TopLeftY;
    FLOAT Width;
    FLOAT Height;
    FLOAT MinDepth;
    FLOAT MaxDepth;
} D3D12_VIEWPORT;
```

结构体中的前 4 个数据成员定义了视口矩形（viewport rectangle）相对于后台缓冲区的绘制范围（由于数据成员是用 float 类型表示的，所以我们能够以小数精度来指定像素坐标）[1]。在 Direct3D 中，存

---

[1] 从字面意思上可得出视口坐标所采用的坐标系，即以缓冲区左上角为原点，x、y 轴的正方向分别为水平向右与垂直向下。另外视口坐标最小值 D3D12_VIEWPORT_BOUNDS_MIN 为 -32768，不妨取负值试一试效果如何。

储在深度缓冲区中的数据都是范围在 0～1 的归一化深度值。MinDepth 和 MaxDepth 这两个成员负责将深度值从区间[0, 1]转换到区间[MinDepth, MaxDepth]。通过对深度范围进行转换即可实现某些特效，例如，我们可以依次设置 MinDepth=0 和 MaxDepth=0，用此视口绘制的物体其深度值都为 0，它们将比场景中其他物体的位置都更靠前。然而，在大多数情况下通常会把 MinDepth 与 MaxDepth 分别设置为 0 与 1，也就是令深度值保持不变。

只要填写好 D3D12_VIEWPORT 结构体，便可以用 ID3D12GraphicsCommandList::RSSetViewports 方法来设置 Direct3D 中的视口了。下面的示例是通过创建并设置一个视口，将场景绘至整个后台缓冲区：

```
D3D12_VIEWPORT vp;
vp.TopLeftX = 0.0f;
vp.TopLeftY = 0.0f;
vp.Width  = static_cast<float>(mClientWidth);
vp.Height = static_cast<float>(mClientHeight);
vp.MinDepth = 0.0f;
vp.MaxDepth = 1.0f;

mCommandList->RSSetViewports(1, &vp);
```

第一个参数是要绑定的视口数量（有些高级效果需要使用多个视口），第二个参数是一个指向视口数组的指针。

注意

 不能为同一个渲染目标指定多个视口。而多视口（multiple viewport）则是一种用于对多个渲染目标同时进行渲染的高级技术。

注意

 命令列表一旦被重置，视口也就需要随之而重置。

事实上，还可以用视口技术来实现双人游戏的分屏（split screen）模式。首先创建两个视口，一个占屏幕左半部，另一个占右半部。接下来，在左视口中以玩家 1 的视角来绘制 3D 场景，再在右视口中以玩家 2 的视角来绘制 3D 场景即可。

4.3.10 设置裁剪矩形

我们可以相对于后台缓冲区定义一个**裁剪矩形**（scissor rectangle），在此矩形外的像素都将被剔除（即这些图像部分将不会被光栅化（rasterize）至后台缓冲区）。这个方法能用于优化程序的性能。例如，假设已知有一个矩形的 UI（user interface，用户界面）元素覆于屏幕中某块区域的最上层，那么我们也就无须对 3D 空间中那些被它遮挡的像素进行处理了。

裁剪矩形由类型为 RECT 的 D3D12_RECT 结构体（typedef RECT D3D12_RECT;）定义而成：

```
typedef struct tagRECT
```

```
    {
      LONG  left;
      LONG  top;
      LONG  right;
      LONG  bottom;
    } RECT;
```

在 **Direct3D** 中，要用 `ID3D12GraphicsCommandList::RSSetScissorRects` 方法来设置裁剪矩形。下面的示例将创建并设置一个覆盖后台缓冲区左上角 1/4 区域的裁剪矩形：

```
    mScissorRect = { 0, 0, mClientWidth/2, mClientHeight/2 };
    mCommandList->RSSetScissorRects(1, &mScissorRect);
```

类似于 `RSSetViewports` 方法，`RSSetScissorRects` 方法的第一个参数是要绑定的裁剪矩形数量（为了实现一些高级效果有时会采用多个裁剪矩形），第二个参数是指向一个裁剪矩形数组的指针。

注意

 不能为同一个渲染目标指定多个裁剪矩形。多裁剪矩形（multiple scissor rectangle）是一种用于同时对多个渲染目标进行渲染的高级技术。

注意

 裁剪矩形需要随着命令列表的重置而重置。

4.4　计时与动画

为了制作出精准的动画效果就需要精确地计量时间，特别是要准确地度量出动画每帧画面之间的时间间隔。如果帧率（frame rate，也有作帧速率、帧频等，每秒刷新的帧数）较高，那么帧与帧之间的间隔就会比较短，此时我们就要用到高精度的计时器。

4.4.1　性能计时器

为了精确地度量时间，我们将采用性能计时器（performance timer。或称性能计数器，performance counter）。如果希望调用查询性能计时器的 Win32 函数，我们必须引入头文件 `#include <windows.h>`。

性能计时器所用的时间度量单位叫作计数（count）。可调用 `QueryPerformanceCounter` 函数来获取性能计时器测量的当前时刻值（以计数为单位）：

```
    __int64 currTime;
    QueryPerformanceCounter((LARGE_INTEGER*)&currTime);
```

观察可知，此函数通过参数返回的当前时刻值是个 **64** 位的整数。

再用 `QueryPerformanceFrequency` 函数来获取性能计时器的频率（单位：计数/秒）：

```
__int64 countsPerSec;
QueryPerformanceFrequency((LARGE_INTEGER*)&countsPerSec);
```

每个计数所代表的秒数（或称几分之一秒），即为上述性能计时器频率的倒数：

```
mSecondsPerCount = 1.0 / (double)countsPerSec;
```

因此，只需将读取的时刻计数值 valueInCounts 乘以转换因子 mSecondsPerCount，就可以将其单位转换为秒：

```
valueInSecs = valueInCounts * mSecondsPerCount;
```

对我们而言，单次调用 QueryPerformanceCounter 函数所返回的时刻值并没有什么特别的意义。如果隔一小段时间，再调用一次该函数，并得到此时的时刻值，我们就会发现这两次调用的时刻间隔即为两个返回值的差。因此，我们总是以两个时间戳（time stamp）的相对差值，而非性能计数器单次返回的实际值来度量时间。通过下面的代码来明确这一想法：

```
__int64 A = 0;
QueryPerformanceCounter((LARGE_INTEGER*)&A);

// 执行预定的逻辑

__int64 B = 0;
QueryPerformanceCounter((LARGE_INTEGER*)&B);
```

利用 (B-A) 即可获得代码执行期间的计数值，或以 (B-A)*mSecondsPerCount 获取代码运行期间所花费的秒数[1]。

注意

 MSDN 对 QueryPerformanceCounter 函数作有如下备注："按道理来讲，对于一台具有多个处理器的计算机而言，无论在哪一个处理器上调用此函数都应返回当前时刻的计数值。然而，由于基本输入/输出系统（BIOS）或硬件抽象层（HAL）上的缺陷，导致了在不同的处理器上可能会得到不同的结果[2]。"对此，我们可以通过 SetThreadAffinityMask 函数，防止应用程序的主线程切换到其他的处理器上去执行指令，从而实现每次都能在同一处理器上两次调用 QueryPerformanceCounter 函数，得到正确的计数差值。

4.4.2　游戏计时器类

在接下来的两小节中，我们将讨论以下 GameTimer 类的实现：

```
class GameTimer
{
```

---

[1] 根据文档来看，Direct3D 12 内封装了一组对应的 API，见《Timing》（dn903946）。

[2] 这段对白在当前的文档中已经看不到了，可以从别处的文献中看到蛛丝马迹。原文为："On a multiprocessor computer, it should not matter which processor is called. However, you can get different results on different processors due to bugs in the basic input/output system (BIOS) or the hardware abstraction layer (HAL)."

```
public:
    GameTimer();

    float TotalTime()const; // 用秒作为单位
    float DeltaTime()const; // 用秒作为单位

    void Reset(); // 在开始消息循环之前调用
    void Start(); // 解除计时器暂停时调用
    void Stop();  // 暂停计时器时调用
    void Tick();  // 每帧都要调用

private:
    double mSecondsPerCount;
    double mDeltaTime;

    __int64 mBaseTime;
    __int64 mPausedTime;
    __int64 mStopTime;
    __int64 mPrevTime;
    __int64 mCurrTime;

    bool mStopped;
};
```

此类的构造函数会查询性能计数器的频率。另外几个成员函数将在后面的两小节中讨论。

```
GameTimer::GameTimer()
: mSecondsPerCount(0.0), mDeltaTime(-1.0), mBaseTime(0),
 mPausedTime(0), mPrevTime(0), mCurrTime(0), mStopped(false)
{
    __int64 countsPerSec;
    QueryPerformanceFrequency((LARGE_INTEGER*)&countsPerSec);
    mSecondsPerCount = 1.0 / (double)countsPerSec;
}
```

GameTimer 类的实现位于 GameTimer.h 和 GameTimer.cpp 文件之中，可以在本书源代码的 **Common** 目录里找到。

4.4.3 帧与帧之间的时间间隔

当渲染动画帧时，我们需要知道每帧之间的时间间隔，以此来根据时间的流逝对游戏对象进行更新。计算帧与帧之间间隔的流程如下。假设在开始显示第 i 帧画面时，性能计数器返回的时刻为 t_i；而此前的一帧开始显示时，性能计数器返回的时刻为 t_{i-1}。那么，这两帧的时间间隔就是 $\Delta t = t_i - t_{i-1}$。对于实时渲染来说，为了保证动画的流畅性至少需要每秒刷新 30 帧（实际上通常会采用更高的帧率），所以 $\Delta t = t_i - t_{i-1}$ 往往是个较小的数值。

计算 Δt 的代码如下：

```
void GameTimer::Tick()
{
    if( mStopped )
```

```
        {
            mDeltaTime = 0.0;
            return;
        }

        // 获得本帧开始显示的时刻
        __int64 currTime;
        QueryPerformanceCounter((LARGE_INTEGER*)&currTime);
        mCurrTime = currTime;

        // 本帧与前一帧的时间差
        mDeltaTime = (mCurrTime - mPrevTime)*mSecondsPerCount;

        // 准备计算本帧与下一帧的时间差
        mPrevTime = mCurrTime;

        // 使时间差为非负值。DXSDK 中的 CDXUTTimer 示例注释里提到：如果处理器处于节能模式，或者在
        // 计算两帧间时间差的过程中切换到另一个处理器时（即 QueryPerformanceCounter 函数的两次调
        // 用并非在同一处理器上），则 mDeltaTime 有可能会成为负值
        if(mDeltaTime < 0.0)
        {
            mDeltaTime = 0.0;
        }
    }

    float GameTimer::DeltaTime()const
    {
        return (float)mDeltaTime;
    }
```

Tick 函数被调用于程序的消息循环之中：

```
    int D3DApp::Run()
    {
      MSG msg = {0};

      mTimer.Reset();

      while(msg.message != WM_QUIT)
      {
        // 如果有窗口消息就进行处理
        if(PeekMessage( &msg, 0, 0, 0, PM_REMOVE ))
        {
          TranslateMessage( &msg );
          DispatchMessage( &msg );
        }
        // 否则就执行动画与游戏的相关逻辑
        else
        {
          mTimer.Tick();

          if( !mAppPaused )
          {
```

```
            CalculateFrameStats();
            Update(mTimer);
            Draw(mTimer);
        }
        else
        {
            Sleep(100);
        }
    }
}

return (int)msg.wParam;
}
```

采用这种方案时，我们需要在每一帧都计算 Δt，并将其送入 Update 方法。只有这样，才可以根据前一动画帧所花费的时间对场景进行更新。以下是 Reset 方法的具体实现：

```
void GameTimer::Reset()
{
    __int64 currTime;
    QueryPerformanceCounter((LARGE_INTEGER*)&currTime);

    mBaseTime = currTime;
    mPrevTime = currTime;
    mStopTime = 0;
    mStopped = false;
}
```

这段代码内的一些变量还未曾讨论（参见 4.4.4 节）。但是可以看出，在调用 Reset 时会将 mPrevTime 初始化为当前时刻。这一步十分关键，由于在第一帧画面之前没有任何的动画帧，所以此帧的前一个时间戳 t_{i-1} 并不存在。因此，在消息循环开始之前，需要通过 Reset 方法对 mPrevTime 的值进行初始化。

4.4.4　总时间

除此之外，我们还开展了一项名为**总时间**（total time）的实用时间统计：这是一种自应用程序开始，不计其中暂停时间的时间总和。下面的情景展示了它所起到的作用。假设我们制作的游戏需要玩家在 300 秒内打通一个关卡。关卡开始时，先来获取时间 t_{start}，它表示自程序开始至此关卡开始所经过的时间。在关卡开始后，我们会经常检测由程序开始至当前的时间 t。如果 $t - t_{start} > 300$ 秒（见图 4.10），就说明玩家在此关卡停留的时间已经超过 300 秒，挑战失败。不难发现，在这种情景中，我们并不希望把玩家在游戏过程中的暂停时间也统计在关卡停留的时间内，而总时间则刚好可以满足这一点。

总时间的另一个应用情景是：驱使某量随时间函数而变化。举个例子，假设需要根据某个时间函数来得到光源环绕场景的运动轨迹，那么它的位置可以用下列参数方程表示：

$$\begin{cases} x = 10\cos t \\ y = 20 \\ z = 10\sin t \end{cases}$$

这里的 t 表示时间，随着 t（时间）的增加，光源的坐标也在不断更新，从而使它在 $y = 20$ 这一平面内半径为 10 的圆周上运动。对于这种动画，我们也不希望把暂停时间记录在变化时间内，如图 4.11 所示。

为了统计总时间，我们将使用下列变量：

```
__int64 mBaseTime;
__int64 mPausedTime;
__int64 mStopTime;
```

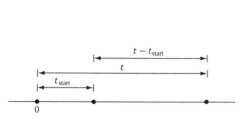

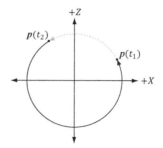

图 4.10　计算自游戏关卡开始至当前的时间。
注意，我们将此应用程序的开始时刻选择为
坐标原点(0)，并以此作为参考系来统计时间

图 4.11　如果我们在 t_1 时暂停计时器，在 t_2 时重启
计时器，并把暂停时间记录在内，那么用户
就会看到光点从 $p(t_1)$ 突然跳到 $p(t_2)$ 处

正如 4.4.3 节中所述，在调用 Reset 函数之时，会将 mBaseTime 初始化为当前时刻。我们可以把这个时刻当作应用程序的开始时刻。在大多数情况下，Reset 函数只会在消息循环开始之前调用一次，所以在应用程序的整个生命周期里，mBaseTime 一般会保持不变。变量 mPausedTime 存储的是所有暂停时间之和。这个累积时间很有存在的必要：为了得到不统计暂停时间的总时间，我们可以用程序的总运行时间减去这个累加时间算出。变量 mStopTime 会给出计时器停止（暂停）[①]的时刻，借此即可记录暂停的时间。

Stop 和 Start 是 GameTimer 类中的两个关键方法。当应用程序分别处于暂停或未暂停的状态时，我们就可以依情况调用它们，以此令 GameTimer 能够记录暂停的时间。代码注释介绍了这两个方法的相关细节：

```
void GameTimer::Stop()
{
    // 如果已经处于停止状态，那就什么也不做
    if( !mStopped )
    {
        __int64 currTime;
        QueryPerformanceCounter((LARGE_INTEGER*)&currTime);

        // 否则，保存停止的时刻，并设置布尔标志，指示计时器已经停止
        mStopTime = currTime;
        mStopped = true;
    }
}

void GameTimer::Start()
{
```

---

① 这段代码注释得比较混乱，其中的停止（stop）与暂停（pause）意义相同。

```
    __int64 startTime;
    QueryPerformanceCounter((LARGE_INTEGER*)&startTime);

    // 累加调用 stop 和 start 这对方法之间的暂停时刻间隔
    //
    //                            |<-------d------->|
    // ----*---------------*-----------------*-----------> 时间
    // mBase Time      mStopTime          startTime

    // 如果从停止状态继续计时的话……
    if( mStopped )
    {
        // 累加暂停时间
        mPausedTime += (startTime - mStopTime);

        // 在重新开启计时器时,前一帧的时间 mPrevTime 是无效的,这是因为它存储的是暂停时前一
        // 帧的开始时刻,因此需要将它重置为当前时刻

        mPrevTime = startTime;

        // 已不再是停止状态……
        mStopTime = 0;
        mStopped = false;
    }
}
```

　　最后,我们就可以用成员函数 TotalTime 返回自调用 Reset 函数开始不计暂停时间的总时间了,它的具体实现如下:

```
float GameTimer::TotalTime()const
{
// 如果正处于停止状态,则忽略本次停止时刻至当前时刻的这段时间。此外,如果之前已有过暂停的情况,
// 那么也不应统计 mStopTime - mBaseTime 这段时间内的暂停时间
// 为了做到这一点,可以从 mStopTime 中再减去暂停时间 mPausedTime
//
//                            前一次暂停时间                   当前的暂停时间
//                    |<--------------->|              |<---------->|
// ----*---------------*-----------------*-----------------*------------*------> 时间
// mBase Time      mStopTime0         startTime       mStopTime    mCurrTime

    if( mStopped )
    {
        return (float)(((mStopTime - mPausedTime)-
                mBaseTime)*mSecondsPerCount);
    }

// 我们并不希望统计 mCurrTime - mBaseTime 内的暂停时间
// 可以通过从 mCurrTime 中再减去暂停时间 mPausedTime 来实现这一点
//
// (mCurrTime - mPausedTime) - mBaseTime
//
//                            |<-- 暂停时间 -->|
// ----*---------------*-----------------*------------*------> 时间
// mBaseTime      mStopTime          startTime     mCurrTime
```

```
    else
    {
        return (float)(((mCurrTime-mPausedTime)-
                mBaseTime)*mSecondsPerCount);
    }
}
```

在我们的演示框架中，为了度量从程序开始到某时刻的总时间而创建了一个 GameTimer 实例，与此同时，也对每帧之间的时间间隔进行了测量。其实，我们也可以再创建一个 GameTimer 实例，把它当作一个通用的"秒表"。例如，当游戏中的炸弹被点燃时，我们可以开启一个新的 GameTimer 实例，当 TotalTime 达到 5 秒时就触发爆炸事件。

4.5 应用程序框架示例

全书的演示程序都使用了 **d3dUtil.h**、**d3dUtil.cpp**、**d3dApp.h** 和 **d3dApp.cpp** 中的框架代码，可以从本书的官方网站下载到这些文件。**d3dUtil.h** 和 **d3dUtil.cpp** 文件中含有程序所需的实用工具代码，**d3dApp.h** 和 **d3dApp.cpp** 文件内包含用于封装 Direct3D 示例程序的 Direct3D 应用程序类核心代码。由于在书中不能细述这些文件里的每一行代码（例如，我们不会展示如何创建一个窗口，基本的 Win32 编程是阅读本书的必备知识[①]），所以我们鼓励读者在阅读完本章后，仔细研究这些文件。构建此框架的目标是：隐去窗口创建和 Direct3D 初始化的具体细节；通过对这些代码进行封装，那些细枝末节就不会分散我们的注意力，继而使我们把精力集中在重点代码上。

4.5.1 D3DApp 类

D3DApp 类是一种基础的 Direct3D 应用程序类，它提供了创建应用程序主窗口、运行程序消息循环、处理窗口消息以及初始化 Direct3D 等多种功能的函数。此外，该类还为应用程序例程定义了一组框架函数。我们可以根据需求通过实例化一个继承自 D3DApp 的类，重写（override）框架的虚函数，以此从 D3DApp 类中派生出自定义的用户代码。D3DApp 类的定义如下：

```
#include "d3dUtil.h"
#include "GameTimer.h"

// 链接所需的 d3d12 库
#pragma comment(lib,"d3dcompiler.lib")
#pragma comment(lib, "D3D12.lib")
#pragma comment(lib, "dxgi.lib")

class D3DApp
{
```

---

① 参见本书附录 A。

```
protected:

  D3DApp(HINSTANCE hInstance);
  D3DApp(const D3DApp& rhs) = delete;
  D3DApp& operator=(const D3DApp& rhs) = delete;
  virtual ~D3DApp();

public:

  static D3DApp* GetApp();

  HINSTANCE AppInst()const;
  HWND    MainWnd()const;
  float   AspectRatio()const;

  bool Get4xMsaaState()const;
  void Set4xMsaaState(bool value);

  int Run();

  virtual bool Initialize();
  virtual LRESULT MsgProc(HWND hwnd, UINT msg, WPARAM wParam, LPARAM lParam);

protected:
  virtual void CreateRtvAndDsvDescriptorHeaps();
  virtual void OnResize();
  virtual void Update(const GameTimer& gt)=0;
  virtual void Draw(const GameTimer& gt)=0;

  // 便于重写鼠标输入消息的处理流程
  virtual void OnMouseDown(WPARAM btnState, int x, int y){ }
  virtual void OnMouseUp(WPARAM btnState, int x, int y) { }
  virtual void OnMouseMove(WPARAM btnState, int x, int y){ }

protected:

  bool InitMainWindow();
  bool InitDirect3D();
  void CreateCommandObjects();
  void CreateSwapChain();

  void FlushCommandQueue();

  ID3D12Resource* CurrentBackBuffer()const
  {
    return mSwapChainBuffer[mCurrBackBuffer].Get();
  }

  D3D12_CPU_DESCRIPTOR_HANDLE CurrentBackBufferView()const
  {
    return CD3DX12_CPU_DESCRIPTOR_HANDLE(
      mRtvHeap->GetCPUDescriptorHandleForHeapStart(),
      mCurrBackBuffer,
```

```
        mRtvDescriptorSize);
    }

    D3D12_CPU_DESCRIPTOR_HANDLE DepthStencilView()const
    {
      return mDsvHeap->GetCPUDescriptorHandleForHeapStart();
    }

    void CalculateFrameStats();

    void LogAdapters();
    void LogAdapterOutputs(IDXGIAdapter* adapter);
    void LogOutputDisplayModes(IDXGIOutput* output, DXGI_FORMAT format);

protected:

    static D3DApp* mApp;

    HINSTANCE mhAppInst = nullptr; // 应用程序实例句柄
    HWND      mhMainWnd = nullptr; // 主窗口句柄
    bool      mAppPaused = false; // 应用程序是否暂停
    bool      mMinimized = false; // 应用程序是否最小化
    bool      mMaximized = false; // 应用程序是否最大化
    bool      mResizing = false;  // 大小调整栏是否受到拖拽
    bool      mFullscreenState = false;// 是否开启全屏模式

    // 若将该选项设置为true，则使用4X MSAA技术(参见4.1.8节)。默认值为false
    bool      m4xMsaaState = false;  // 是否开启4X MSAA
    UINT      m4xMsaaQuality = 0;     // 4X MSAA的质量级别

    // 用于记录"delta-time"（帧之间的时间间隔）和游戏总时间(参见4.4节)
    GameTimer mTimer;

    Microsoft::WRL::ComPtr<IDXGIFactory4> mdxgiFactory;
    Microsoft::WRL::ComPtr<IDXGISwapChain> mSwapChain;
    Microsoft::WRL::ComPtr<ID3D12Device> md3dDevice;

    Microsoft::WRL::ComPtr<ID3D12Fence> mFence;
    UINT64 mCurrentFence = 0;

    Microsoft::WRL::ComPtr<ID3D12CommandQueue> mCommandQueue;
    Microsoft::WRL::ComPtr<ID3D12CommandAllocator> mDirectCmdListAlloc;
    Microsoft::WRL::ComPtr<ID3D12GraphicsCommandList> mCommandList;

    static const int SwapChainBufferCount = 2;
    int mCurrBackBuffer = 0;
    Microsoft::WRL::ComPtr<ID3D12Resource> mSwapChainBuffer[SwapChainBufferCount];
    Microsoft::WRL::ComPtr<ID3D12Resource> mDepthStencilBuffer;

    Microsoft::WRL::ComPtr<ID3D12DescriptorHeap> mRtvHeap;
    Microsoft::WRL::ComPtr<ID3D12DescriptorHeap> mDsvHeap;

    D3D12_VIEWPORT mScreenViewport;
```

```
D3D12_RECT mScissorRect;

UINT mRtvDescriptorSize = 0;
UINT mDsvDescriptorSize = 0;
UINT mCbvSrvUavDescriptorSize = 0;

// 用户应该在派生类的派生构造函数中自定义这些初始值
std::wstring mMainWndCaption = L"d3d App";
D3D_DRIVER_TYPE md3dDriverType = D3D_DRIVER_TYPE_HARDWARE;
DXGI_FORMAT mBackBufferFormat = DXGI_FORMAT_R8G8B8A8_UNORM;
DXGI_FORMAT mDepthStencilFormat = DXGI_FORMAT_D24_UNORM_S8_UINT;
int mClientWidth = 800;
int mClientHeight = 600;
};
```

我们在上面的代码中用注释描述了一些数据成员，其中的方法将陆续在后面的章节中讨论。

4.5.2　非框架方法

下面列举几种常用的非框架方法。

1. D3DApp：这个构造函数只是简单地将数据成员初始化为默认值。

2. ~D3DApp：这个析构函数用于释放 D3DApp 中所用的 COM 接口对象并刷新命令队列。在析构函数中刷新命令队列的原因是：在销毁 GPU 引用的资源以前，必须等待 GPU 处理完队列中的所有命令。否则，可能造成应用程序在退出时崩溃。

```
D3DApp::~D3DApp()
{
  if(md3dDevice != nullptr)
    FlushCommandQueue();
}
```

3. AppInst：简单的存取函数，返回应用程序实例句柄。

4. MainWnd：简单的存取函数，返回主窗口句柄。

5. AspectRatio：这个纵横比（亦有译作长宽比、宽高比①）定义的是后台缓冲区的宽度与高度之比。第 5 章会用到这个比值。它的实现比较简单：

```
float D3DApp::AspectRatio()const
{
  return static_cast<float>(mClientWidth) / mClientHeight;
}
```

6. Get4xMsaaState：如果启用 4X MSAA 就返回 true，否则返回 false。

7. Set4xMsaaState：开启或禁用 4X MSAA 功能。

8. Run：这个方法封装了应用程序的消息循环。它使用的是 Win32 的 PeekMessage 函数，当没有窗口消息到来时就会处理我们的游戏逻辑部分。该方法的实现可见 4.4.3 节。

---

① 个人感觉除了"宽高比"这一译法都有误导嫌疑，即在大多数场合都应为"横向尺寸/纵向尺寸"。

9. `InitMainWindow`：初始化应用程序主窗口。本书假设读者熟悉基本的 Win32 窗口初始化流程。

10. `InitDirect3D`：通过实现 4.3 节中讨论的步骤来完成 Direct3D 的初始化。

11. `CreateSwapChain`：创建交换链（参见 4.3.5 节）。

12. `CreateCommandObjects`：依 4.3.4 节中所述的流程创建命令队列、命令列表分配器和命令列表。

13. `FlushCommandQueue`：强制 CPU 等待 GPU，直到 GPU 处理完队列中所有的命令（详见 4.2.2 节）。

14. `CurrentBackBuffer`：返回交换链中当前后台缓冲区的 ID3D12Resource。

15. `CurrentBackBufferView`：返回当前后台缓冲区的 RTV（渲染目标视图，**render target view**）。

16. `DepthStencilView`：返回主深度/模板缓冲区的 DSV（深度/模板视图，**depth/stencil view**）。

17. `CalculateFrameStats`：计算每秒的平均帧数以及每帧平均的毫秒时长。实现方法将在 4.5.4 节中讨论。

18. `LogAdapters`：枚举系统中所有的适配器（参见 4.1.10 节）。

19. `LogAdapterOutputs`：枚举指定适配器的全部显示输出（参见 4.1.10 节）。

20. `LogOutputDisplayModes`：枚举某个显示输出对特定格式支持的所有显示模式（参见 4.1.10 节）。

4.5.3 框架方法

对于本书的所有示例程序来说，我们每次都会重写 D3DApp 中的 6 个虚函数。这 6 个函数用于针对特定的示例来实现所需的具体功能。这种设定的好处是把初始化代码、消息处理等流程都统一实现在 D3DApp 类中，继而使我们可以把精力集中在特定例程中的关键代码之上。以下是对这 6 个框架方法的概述。

1. `Initialize`：通过此方法为程序编写初始化代码，例如分配资源、初始化对象和建立 3D 场景等。D3DApp 类实现的初始化方法会调用 InitMainWindow 和 InitDirect3D，因此，我们在自己实现的初始化派生方法中，应当首先像下面那样来调用 D3DApp 类中的初始化方法：

```
bool TestApp::Initialize()
{
  if(!D3DApp::Initialize ())
    return false;

  /* 其他的初始化代码请置于此 */
}
```

这样一来，我们的初始化代码才能访问到 D3DApp 类中的初始化成员。

2. `MsgProc`：该方法用于实现应用程序主窗口的窗口过程函数（**procedure function**）。一般来说，如果需要处理在 D3DApp::MsgProc 中没有得到处理（或者不能如我们所愿进行处理）的消息，只要重写此方法即可。该方法的实现在 4.5.5 节中有相应的讲解。此外，如果对该方法进行了重写，那么其中并未处理的消息都应当转交至 D3DApp::MsgProc。

3. `CreateRtvAndDsvDescriptorHeaps`：此虚函数用于创建应用程序所需的 RTV 和 DSV 描述符堆。默认的实现是创建一个含有 SwapChainBufferCount 个 RTV 描述符的 RTV 堆（为交换链中的缓冲区而创建），以及具有一个 DSV 描述符的 DSV 堆（为深度/模板缓冲而创建）。

该方法的默认实现足以满足大多数的示例，但是，为了使用多渲染目标（multiple render targets）这种高级技术，届时仍将重写此方法。

4. OnResize：当 D3DApp::MsgProc 函数接收到 WM_SIZE 消息时便会调用此方法。若窗口的大小发生了改变，一些与工作区大小有关的 Direct3D 属性也需要随之调整。特别是后台缓冲区以及深度/模板缓冲区，为了匹配窗口工作区调整后的大小需要对其重新创建。我们可以通过调用 IDXGISwapChain::ResizeBuffers 方法来调整后台缓冲区的尺寸。对于深度/模板缓冲区而言，则需要在销毁后根据新的工作区大小进行重建。另外，渲染目标和深度/模板的视图也应重新创建。D3DApp 类中 OnResize 方法实现的功能即为调整后台缓冲区和深度/模板缓冲区的尺寸，我们可直接查阅其源代码来研究相关细节。除了这些缓冲区以外，依赖于工作区大小的其他属性（如投影矩阵，projection matrix）也要在此做相应的修改。由于在调整窗口大小时，客户端代码可能还需执行一些它自己的逻辑代码，因此该方法亦属于框架的一部分。

5. Update：在绘制每一帧时都会调用该抽象方法，我们通过它来随着时间的推移而更新 3D 应用程序（如呈现动画、移动摄像机、做碰撞检测以及检查用户的输入等）。

6. Draw：在绘制每一帧时都会调用的抽象方法。我们在该方法中发出渲染命令，将当前帧真正地绘制到后台缓冲区中。当完成帧的绘制后，再调用 IDXGISwapChain::Present 方法将后台缓冲区的内容显示在屏幕上。

注意

Note 除了上述 6 个框架方法之外，我们为了便于处理鼠标的按下、释放和移动事件，还分别提供了 3 个相关的虚函数：

```
virtual void OnMouseDown(WPARAM btnState, int x, int y){ }
virtual void OnMouseUp(WPARAM btnState, int x, int y) { }
virtual void OnMouseMove(WPARAM btnState, int x, int y){ }
```

如此一来，若希望处理鼠标消息，我们只需重写这几种方法，而不必重写 MsgProc 方法。这 3 个处理鼠标消息方法的第一个参数都是 WPARAM，它存储了鼠标按键的状态（即鼠标事件发生时，哪个键被按下）。第二个和第三个参数则表示鼠标指针在工作区的坐标(x, y)。

4.5.4　帧的统计信息

游戏和图形应用程序往往都会测量每秒渲染的帧数（frames per second，FPS）作为一种画面流畅度的标杆。为此，我们仅需统计在特定时段 t 内所处理的帧数（并将帧数存于变量 n 中）即可。因此，时段 t 内的平均 FPS 值即为 $fps_{avg} = n/t$。如果设 $t = 1$，那么 $fps_{avg} = n/1 = n$。在我们的代码中，实际所用的时段就是 $t = 1$（秒），这样做可省去一次除法运算。再者，用 1 秒为限会取到一个比较合理的平均值——这段时间不长不短，刚好合适。D3DApp::CalculateFrameStats 方法提供了计算 FPS 的相关代码：

```
void D3DApp::CalculateFrameStats()
{
```

```
// 这段代码计算了每秒的平均帧数，也计算了每帧的平均渲染时间
// 这些统计值都会被附加到窗口的标题栏中

static int frameCnt = 0;
static float timeElapsed = 0.0f;

frameCnt++;

// 以1秒为统计周期来计算平均帧数以及每帧的平均渲染时间
if( (mTimer.TotalTime() - timeElapsed) >= 1.0f )
{
    float fps = (float)frameCnt; // fps = frameCnt / 1
    float mspf = 1000.0f / fps;

    wstring fpsStr = to_wstring(fps);
    wstring mspfStr = to_wstring(mspf);

    wstring windowText = mMainWndCaption +
        L" fps: " + fpsStr +
        L" mspf: " + mspfStr;
        SetWindowText(mhMainWnd, windowText.c_str());

        // 为计算下一组平均值而重置
        frameCnt = 0;
        timeElapsed += 1.0f;
    }
}
```

为了统计帧数，在每一帧中都要调用此方法。

除了计算 FPS 外，以上代码也统计了渲染一帧所花费的平均时间（以毫秒计）：

```
 float mspf = 1000.0f / fps;
```

每帧所花费的秒数即 FPS 的倒数，我们可通过将此倒数乘以 1000 ms / 1 s 来把单位从秒转换到毫秒（1s 为 1000ms）。

这一行代码的意思是计算渲染一帧画面所花费的毫秒数，这是一种与 FPS 截然不同的统计量（但是此值可由 FPS 推导出来）。事实上，知道渲染一帧所花费的时间要比了解 FPS 更为有效，因为随着场景的转换，我们通过前者就能直观地看出每一帧渲染时长的增减。而 FPS 却不能在场景改变后立即反映出渲染时间的变化。此外，正如[Dunlop03]在《FPS versus Frame Time（FPS vs. 帧时间）》一文中所指出的，由于 FPS 曲线图（FPS curve）的非线性特征，使得采用 FPS 进行分析可能会得到误导性的结果。例如，请考虑场景（一）：假设我们的应用程序跑到了 1000 FPS，利用 1 ms（毫秒）就可以渲染 1 帧。那么，当帧率降到了 250 FPS 时，渲染 1 帧就要用 4 ms。现在再来思考情景（二）：设想我们的应用程序跑到 100 FPS，花 10 ms 渲染 1 帧。如果帧率降到了 76.9 FPS，那么渲染 1 帧将花费约 13 ms。这两种情景中每帧的渲染时间都增加了 3 ms，也就表示它们在渲染每一帧的过程中都增加了同样多的时间。然而，FPS 所反映出的统计值却并不直观。虽然从 1000 FPS 跌到 250 FPS 看起来要比从 100 FPS 下降到 76.9 FPS 的幅度大得多，但诚如我们所看到的，它们渲染每帧所增加的时间实际上却是相同的。

4.5.5　消息处理函数

我们对应用程序框架中的窗口过程进行了大量的简化工作。在一般情况下，本书的程序并不会过多地涉及 Win32 消息。事实上，应用程序的核心代码都是在空闲处理期间（即没有窗口消息可处理时）执行的。但是，仍有一些重要的消息需要我们亲自去处理。鉴于窗口过程代码的篇幅，我们并不打算将所有的代码都罗列于此，而是仅解释处理这些消息背后的动机。由于应用框架是本书所有示例的基石，所以我们鼓励读者下载其源代码文件，并花费些时间来熟悉它。

我们要处理的第一个消息是 WM_ACTIVATE。当一个程序被激活（activate）或进入非活动状态（deactivate）时便会发送此消息。我们以下列方式来对它进行处理：

```
case WM_ACTIVATE:
  if( LOWORD(wParam) == WA_INACTIVE )
  {
    mAppPaused = true;
    mTimer.Stop();
  }
  else
  {
    mAppPaused = false;
    mTimer.Start();
  }
  return 0;
```

如您所见，当程序变为非活动状态时，我们会将数据成员 mAppPaused 设置为 true，而当程序被激活时，则把数据成员 mAppPaused 设置为 false。另外，当暂停使用应用程序时，我们就停止计时器，一旦程序被再次激活，再令计时器继续工作。如果回顾 D3DApp::Run（4.4.3 节）的实现，我们会发现：当程序暂停时，将不会再执行后续更新场景的代码，而是把空闲出来的 CPU 周期返还给操作系统。这样一来，我们的程序就不会在非活动的状态中占用 CPU 资源了。

下一个要处理的消息是 WM_SIZE。前文曾提到过，当用户调整窗口的大小时便会产生此消息。处理这个消息的主要目的是：我们希望使后台缓冲区和深度/模板缓冲区的大小与工作区矩形范围的大小保持一致（从而使图像不会发生拉伸的现象）。所以，在每一次调整窗口大小的时候，我们都要记住改变缓冲区的尺寸。调整缓冲区尺寸的代码实现于 D3DApp::OnResize 方法之中。正如前文中所述，调用 IDXGISwapChain::ResizeBuffers 方法即可改变后台缓冲区的尺寸。而深度/模板缓冲区则需要在销毁之后，根据新的窗口尺寸来重新创建。此外，渲染目标和深度/模板的视图也需随之重建。对于用户拖动调整栏的操作，我们一定要小心对待，因为这个行为会连续发出 WM_SIZE 消息，但我们不希望随之连续调整缓冲区。因此，如若确定用户正在拖动边框调整窗口大小，我们理应什么也不做（暂停应用程序除外），直到用户完成调整操作后再执行修改缓冲区等操作。通过处理 WM_EXITSIZEMOVE 消息就可以实现这一点。这条消息会在用户释放调整栏时发送。

```
// 当用户抓取调整栏时发送 WM_ENTERSIZEMOVE 消息
case WM_ENTERSIZEMOVE:
  mAppPaused = true;
  mResizing = true;
```

```
  mTimer.Stop();
  return 0;
```

// 当用户释放调整栏时发送 WM_EXITSIZEMOVE 消息
// 此处将根据新的窗口大小重置相关对象（如缓冲区、视图等）
```
case WM_EXITSIZEMOVE:
  mAppPaused = false;
  mResizing = false;
  mTimer.Start();
  OnResize();
  return 0;
```

下面 3 个消息的处理过程比较简单，我们直接来看代码：

// 当窗口被销毁时发送 WM_DESTROY 消息
```
case WM_DESTROY:
  PostQuitMessage(0);
  return 0;
```

// 当某一菜单处于激活状态，而且用户按下的既不是助记键（mnemonic key）也不是加速键
// （acceleratorkey）时，就发送 WM_MENUCHAR 消息
```
case WM_MENUCHAR:
  // 当按下组合键 alt-enter 时不发出 beep 蜂鸣声
  return MAKELRESULT(0, MNC_CLOSE);
```

// 捕获此消息以防窗口变得过小
```
case WM_GETMINMAXINFO:
  ((MINMAXINFO*)lParam)->ptMinTrackSize.x = 200;
  ((MINMAXINFO*)lParam)->ptMinTrackSize.y = 200;
  return 0;
```

最后，为了在代码中调用我们自己编写的鼠标输入虚函数，要按以下方式来处理与鼠标有关的消息：

```
case WM_LBUTTONDOWN:
case WM_MBUTTONDOWN:
case WM_RBUTTONDOWN:
  OnMouseDown(wParam, GET_X_LPARAM(lParam), GET_Y_LPARAM(lParam));
  return 0;
case WM_LBUTTONUP:
case WM_MBUTTONUP:
case WM_RBUTTONUP:
  OnMouseUp(wParam, GET_X_LPARAM(lParam), GET_Y_LPARAM(lParam));
  return 0;
case WM_MOUSEMOVE:
  OnMouseMove(wParam, GET_X_LPARAM(lParam), GET_Y_LPARAM(lParam));
  return 0;
```

为了使用 GET_X_LPARAM 和 GET_Y_LPARAM 两个宏，我们必须引入#include <Windowsx.h>。

4.5.6　初始化 Direct3D 演示程序

应用框架已经讨论完毕，现在就让我们用它来实现一个小程序。在这个程序中，我们基本不用去做什么，因为父类 D3DApp 几乎替我们完成了所有的工作。在这里，我们的主要任务是从 D3DApp 中派生出自己的类，实现框架函数并在此为示例编写特定的代码。本书的所有程序都将遵循下面的模板。

```
#include "../../Common/d3dApp.h"
```

```cpp
#include <DirectXColors.h>

using namespace DirectX;

class InitDirect3DApp : public D3DApp
{
public:
    InitDirect3DApp(HINSTANCE hInstance);
    ~InitDirect3DApp();

    virtual bool Initialize()override;

private:
    virtual void OnResize()override;
    virtual void Update(const GameTimer& gt)override;
    virtual void Draw(const GameTimer& gt)override;
};

int WINAPI WinMain(HINSTANCE hInstance, HINSTANCE prevInstance,
                   PSTR cmdLine, int showCmd)
{
    // 为调试版本开启运行时内存检测，方便监督内存泄露的情况
#if defined(DEBUG) | defined(_DEBUG)
    _CrtSetDbgFlag( _CRTDBG_ALLOC_MEM_DF | _CRTDBG_LEAK_CHECK_DF );
#endif

    try
    {
        InitDirect3DApp theApp(hInstance);
        if(!theApp.Initialize())
            return 0;

        return theApp.Run();
    }
    catch(DxException& e)
    {
        MessageBox(nullptr, e.ToString().c_str(), L"HR Failed", MB_OK);
        return 0;
    }
}

InitDirect3DApp::InitDirect3DApp(HINSTANCE hInstance)
: D3DApp(hInstance)
{
}

InitDirect3DApp::~InitDirect3DApp()
{
}

bool InitDirect3DApp::Initialize()
{
    if(!D3DApp::Initialize())
        return false;

    return true;
```

```
}

void InitDirect3DApp::OnResize()
{
  D3DApp::OnResize();
}

void InitDirect3DApp::Update(const GameTimer& gt)
{
}

void InitDirect3DApp::Draw(const GameTimer& gt)
{
  // 重复使用记录命令的相关内存
  // 只有当与 GPU 关联的命令列表执行完成时，我们才能将其重置
  ThrowIfFailed(mDirectCmdListAlloc->Reset());

  // 在通过 ExecuteCommandList 方法将某个命令列表加入命令队列后，我们便可以重置该命令列表。以
  // 此来复用命令列表及其内存
  ThrowIfFailed(mCommandList->Reset(
    mDirectCmdListAlloc.Get(), nullptr));

  // 对资源的状态进行转换，将资源从呈现状态转换为渲染目标状态
  mCommandList->ResourceBarrier(
    1, &CD3DX12_RESOURCE_BARRIER::Transition(
    CurrentBackBuffer(),
    D3D12_RESOURCE_STATE_PRESENT,
    D3D12_RESOURCE_STATE_RENDER_TARGET));

  // 设置视口和裁剪矩形。它们需要随着命令列表的重置而重置
  mCommandList->RSSetViewports(1, &mScreenViewport);
  mCommandList->RSSetScissorRects(1, &mScissorRect);

  // 清除后台缓冲区和深度缓冲区
  mCommandList->ClearRenderTargetView(
    CurrentBackBufferView(),
    Colors::LightSteelBlue, 0, nullptr);
  mCommandList->ClearDepthStencilView(
    DepthStencilView(), D3D12_CLEAR_FLAG_DEPTH |
    D3D12_CLEAR_FLAG_STENCIL, 1.0f, 0, 0, nullptr);

  // 指定将要渲染的缓冲区
  mCommandList->OMSetRenderTargets(1, &CurrentBackBufferView(),
    true, &DepthStencilView());

  // 再次对资源状态进行转换，将资源从渲染目标状态转换回呈现状态
  mCommandList->ResourceBarrier(
    1, &CD3DX12_RESOURCE_BARRIER::Transition(
    CurrentBackBuffer(),
    D3D12_RESOURCE_STATE_RENDER_TARGET,
    D3D12_RESOURCE_STATE_PRESENT));

  // 完成命令的记录
  ThrowIfFailed(mCommandList->Close());

  // 将待执行的命令列表加入命令队列
```

```
ID3D12CommandList* cmdsLists[] = { mCommandList.Get() };
mCommandQueue->ExecuteCommandLists(_countof(cmdsLists), cmdsLists);

// 交换后台缓冲区和前台缓冲区
ThrowIfFailed(mSwapChain->Present(0, 0));
mCurrBackBuffer = (mCurrBackBuffer + 1) % SwapChainBufferCount;

// 等待此帧的命令执行完毕。当前的实现没有什么效率，也过于简单
// 我们在后面将重新组织渲染部分的代码，以免在每一帧都要等待
FlushCommandQueue();
}
```

其中的一些方法我们还没有讨论过。ClearRenderTargetView 方法会将指定的渲染目标清理为给定的颜色，ClearDepthStencilView 方法则用于清理指定的深度/模板缓冲。在每帧为了刷新场景而开始绘制之前，我们总是要清除后台缓冲区渲染目标和深度/模板缓冲区。这两个方法的声明如下。

```
void ID3D12GraphicsCommandList::ClearRenderTargetView(
D3D12_CPU_DESCRIPTOR_HANDLE RenderTargetView,
const FLOAT ColorRGBA[ 4 ],
UINT NumRects,
const D3D12_RECT *pRects);
```

1. RenderTargetView：待清除的资源 RTV。

2. ColorRGBA：定义即将为渲染目标填充的颜色。

3. NumRects：pRects 数组中的元素数量。此值可以为 0。

4. pRects：一个 D3D12_RECT 类型的数组，指定了渲染目标将要被清除的多个矩形区域。若设定此参数为 nullptr，则表示清除整个渲染目标。

```
void ID3D12GraphicsCommandList::ClearDepthStencilView(
D3D12_CPU_DESCRIPTOR_HANDLE DepthStencilView,
D3D12_CLEAR_FLAGS ClearFlags,
FLOAT Depth,
UINT8 Stencil,
UINT NumRects,
const D3D12_RECT *pRects);
```

1. DepthStencilView：待清除的深度/模板缓冲区 DSV。

2. ClearFlags：该标志用于指定即将清除的是深度缓冲区还是模板缓冲区。我们可以将此参数设置为 D3D12_CLEAR_FLAG_DEPTH 或 D3D12_CLEAR_FLAG_STENCIL，也可以用按位或运算符连接两者，表示同时清除这两种缓冲区。

3. Depth：以此值来清除深度缓冲区。

4. Stencil：以此值来清除模板缓冲区。

5. NumRects：pRects 数组内的元素数量。可以将此值设置为 0。

6. pRects：一个 D3D12_RECT 类型的数组，用以指定资源视图将要被清除的多个矩形区域。将此值设置为 nullptr，则表示清除整个渲染目标。

另一个新出现的方法是 ID3D12GraphicsCommandList::OMSetRenderTargets，通过此方法即可设置我们希望在渲染流水线上使用的渲染目标和深度/模板缓冲区。（到目前为止，我们仅是把当前的后台缓冲区作为渲染目标，并只设置了一个主深度/模板缓冲区。但在本书的后续章节里，我们还将运

用多渲染目标技术）。此方法的原型如下。

```
void ID3D12GraphicsCommandList::OMSetRenderTargets(
UINT NumRenderTargetDescriptors,
const D3D12_CPU_DESCRIPTOR_HANDLE *pRenderTargetDescriptors,
BOOL RTsSingleHandleToDescriptorRange,
const D3D12_CPU_DESCRIPTOR_HANDLE *pDepthStencilDescriptor);
```

1. NumRenderTargetDescriptors：待绑定的 RTV 数量，即 pRenderTargetDescriptors 数组中的元素个数。在使用多渲染目标这种高级技术时会涉及此参数。就目前来说，我们总是使用一个 RTV。

2. pRenderTargetDescriptors：指向 RTV 数组的指针，用于指定我们希望绑定到渲染流水线上的渲染目标。

3. RTsSingleHandleToDescriptorRange：如果 pRenderTargetDescriptors 数组中的所有 RTV 对象在描述符堆中都是连续存放的，就将此值设为 true，否则设为 false。

4. pDepthStencilDescriptor：指向一个 DSV 的指针，用于指定我们希望绑定到渲染流水线上的深度/模板缓冲区。

最后要通过 IDXGISwapChain::Present 方法来交换前、后台缓冲区。与此同时，我们也必须对索引进行更新，使之一直指向交换后的当前后台缓冲区。这样一来，我们才可以正确地将下一帧场景渲染到新的后台缓冲区。

```
ThrowIfFailed(mSwapChain->Present(0, 0));
mCurrBackBuffer = (mCurrBackBuffer + 1) % SwapChainBufferCount;
```

图 4.12 所示的是本章例程的效果。

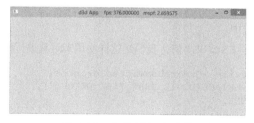

图 4.12　本章例程的效果

4.6　调试 Direct3D 应用程序[①]

大多数的 Direct3D 函数会返回 HRESULT 错误码。我们的示例程序实则采用简单的错误处理机制来

---

① PIX 重现江湖。详见《Introducing PIX on Windows (beta)》一文及其后续博客文章。另外，较新版本的 visual studio 已经集成了较强大的图形诊断调试工具，详见《调试应用程序（Debugging Applications）》（mt243869）下的《调试 GPU 代码（Debugging GPU Code）》（hh873126）与《图形诊断（调试 DirectX 图形）（Graphics Diagnostics (Debugging DirectX Graphics)）》（hh315751）。玩一玩这几样工具会对渲染流水线有直观印象。另有 gpuview，借此可观察到 GPU 与 CPU 之间的通信过程，乃至驱动向 GPU 硬件队列发送命令等工作流，加深同步方面的理解。

检测返回的 HRESULT 值。如果检测失败，则抛出异常，显示调用出错的错误码、函数名、文件名以及发生错误的行号。这些操作具体由 **d3dUtil.h** 中的代码实现：

```
class DxException
{
public:
  DxException() = default;
  DxException(HRESULT hr, const std::wstring& functionName,
    const std::wstring& filename, int lineNumber);

  std::wstring ToString()const;

  HRESULT ErrorCode = S_OK;
  std::wstring FunctionName;
  std::wstring Filename;
  int LineNumber = -1;
};

#ifndef ThrowIfFailed
#define ThrowIfFailed(x) \
{ \
  HRESULT hr__ = (x); \
  std::wstring wfn = AnsiToWString(__FILE__); \
  if(FAILED(hr__)) { throw DxException(hr__, L#x, wfn, __LINE__); } \
}
#endif
```

不难看出 ThrowIfFailed 必定是一个宏，而不是一个函数；若非如此，__FILE__ 和 __LINE__ 将定位到 ThrowIfFailed 所在的文件与行，而非出错函数的文件与行。

L#x 会将宏 ThrowIfFailed 的参数转换为 Unicode 字符串。这样一来，我们就能将函数调用所产生的错误信息输出到消息框当中。

对于 **Direct3D** 函数返回的 HRESULT 值，我们是这样使用宏对其进行检测的[①]：

```
ThrowIfFailed(md3dDevice->CreateCommittedResource(
  &CD3DX12_HEAP_PROPERTIES(D3D12_HEAP_TYPE_DEFAULT),
  D3D12_HEAP_FLAG_NONE,
  &depthStencilDesc,
  D3D12_RESOURCE_STATE_COMMON,
  &optClear,
  IID_PPV_ARGS(mDepthStencilBuffer.GetAddressOf())));
```

整个程序逻辑都位于一个 **try/catch** 块之中：

```
try
{
  InitDirect3DApp theApp(hInstance);
  if(!theApp.Initialize())
    return 0;
```

---

① 在预览版中，CD3DX12_HEAP_PROPERTIES 名为 CD3D12_HEAP_PROPERTIES ，而且 **DirectX 12** 辅助结构体的前缀大多已由 CD3D12 变更为 CD3DX12。由于 **Windows 10** 的更新策略相对于以往有了改变，因此读者也应当注意具体系统版本对 **DirectX 12** 的更新（**New Releases**，mt748631）。

```
    return theApp.Run();
}
catch(DxException& e)
{
    MessageBox(nullptr, e.ToString().c_str(), L"HR Failed", MB_OK);
    return 0;
}
```

如果返回的 HRESULT 是个错误值，则抛出异常，通过 MessageBox 函数输出相关信息，并退出程序。例如，在向 CreateCommittedResource 方法传递了一个无效参数时，我们便会看到图 4.13 所示的消息框。

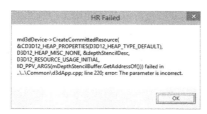

图 4.13　当返回的 HRESULT 是个错误码时，会弹出消息框并显示类似的错误信息

4.7　小结

1. 可以把 Direct3D 看作是一种介于程序员和图形硬件之间的"桥梁"。借此，程序员便可以通过调用 Direct3D 函数来实现把资源视图绑定到硬件渲染流水线、配置渲染流水线的输出以及绘制 3D 几何体等操作。

2. 组件对象模型（COM）是一种可以令 DirectX 不依赖于特定语言且向后兼容的技术。Direct3D 程序员不需知道 COM 的具体实现细节，也无需了解其工作原理，只需知晓如何获取和释放 COM 接口即可。

3. 1D、2D、3D 纹理分别类似于由数据元素所构成的 1D、2D、3D 数组。纹理元素的格式必定为 DXGI_FORMAT 枚举类型中的成员之一。除了常见的图像数据，纹理也能存储像深度信息等其他类型的数据（如深度缓冲区就是一种存储深度值的纹理）。GPU 可以对纹理进行特殊的操作，比如运用过滤器和进行多重采样。

4. 为了避免动画中发生闪烁的问题，最好将动画帧完全绘制到一种称为后台缓冲区的离屏纹理中。只要依此行事，显示在屏幕上的就会是一个完整的动画帧，观者也就不会察觉到帧的绘制过程。当动画帧被绘制在后台缓冲区后，前台缓冲区与后台缓冲区的角色也就该互换了：为了显示下一帧动画，此前的后台缓冲区将变为前台缓冲区，而此前的前台缓冲区亦会变成后台缓冲区。后台和前台缓冲区交换角色的行为称为呈现（present）。前台和后台缓冲区构成了交换链，在代码中通过 IDXGISwapChain 接口来表示。使用两个缓冲区（前台和后台）的情况称作双缓冲。

5. 假设场景中有一些不透明的物体，那么离摄像机最近的物体上的点便会遮挡住它后面一切物体上的对应点。深度缓冲就是一种用于确定在场景中离摄像机最近点的技术。通过这种技术，我们就不必再担心场景中物体的绘制顺序了。

6. 在 Direct3D 中，资源不能直接与渲染流水线相绑定。为此，我们需要为绘制调用时所引用的资源指定描述符。我们可将描述符对象看作是 GPU 识别以及描述资源的一种轻量级结构体。而且，我们还可以为同一种资源创建不同的描述符。如此一来，一种资源就可以具有多种用途。例如，我们可以借此将同一种资源绑定到渲染流水线的不同阶段，或者用不同的 DXGI_FORMAT 成员将它描述为不同的格式。应用程序可通过创建描述符堆来为描述符分配所需的内存。

7. ID3D12Device 是 Direct3D 中最重要的接口，我们可以把它看作是图形硬件设备的软件控制器。我们能够通过它来创建 GPU 资源以及其他用于控制图形硬件的特定接口。

8. 每个 GPU 中都至少有一个命令队列。CPU 可通过 Direct3D API 用命令列表向该队列提交命令，而这些命令则指挥 GPU 执行某些操作。在命令没有到达队列首部以前，用户所提交的命令是无法被执行的。如果命令队列内为空，则 GPU 会因为没有任务要去处理而处于空闲状态；但若命令队列被装得太满，则 CPU 将在某个时刻因提交命令的速度追上 GPU 执行命令的速度而进入空闲状态。值得一提的是，这两种情景其实都没有充分地利用系统资源。

9. GPU 是系统中与 CPU 一起并行工作的第二种处理器。有时，我们需要对 CPU 与 GPU 进行同步。例如，若 GPU 命令队列中有一条引用某资源的命令，那么在 GPU 完成此命令的处理之前，CPU 就不能修改或销毁这一资源。任何同步方法都会导致其中的一种处理器处于一段等待和空闲的状态，这意味着两种处理器并没有被充分利用，因此，我们应尽量减少同步的次数，并缩短同步的时间。

10. 性能计数器是一种高精度的计时器，它是测量微小时间差的一种有效工具。例如，我们可以用它来测量两帧之间的间隔时间。性能计时器使用的时间单位称为 **计数**（count）。QueryPerformanceFrequency 函数输出的是性能计时器每秒的计数，可用它将计数单位转换为秒。性能计时器的当前时间值（以计数为单位测量）可用 QueryPerformanceCounter 函数获得。

11. 通过统计时间段 Δt 内处理的帧数即可计算出每秒的平均帧数（FPS）。设 n 为时间 Δt 内处理的帧数，那么该时间段内每秒的平均帧数为 $FPS_{avg} = n / \Delta t$。采用帧率进行考量可能会对性能造成一些误判，相对而言，"处理一帧所花费时间"这个统计信息可能更加精准、直观。以秒为单位表示的每帧平均处理时间可以用帧率的倒数来计算，即 $1 / FPS_{avg}$。

12. 示例框架为本书的全部例程都提供了统一的接口。d3dUtil.h、d3dUtil.cpp、d3dApp.h 和 d3dApp.cpp 文件封装了所有应用程序必须实现的标准初始化代码。封装这些代码便隐藏了相关的细节，这样的话，我们就可以将精力集中在不同示例的特定主题之上。

13. 为了开启调试模式需要启用调试层（debugController->EnableDebugLayer()）。如此一来，Direct3D 就会把调试信息发往 VC++的输出窗口。

第5章
渲染流水线

本章要探讨的主题是**渲染流水线**[①]（rendering pipeline）。如果给出一台具有确定位置和朝向的虚拟摄像机（virtual camera）以及某个 3D 场景的几何描述，那么渲染流水线则是以此虚拟摄像机为视角进行观察，并据此生成给定 3D 场景 2D 图像的一整套处理步骤（见图 5.1）。本章的内容更偏于理论——而下一章会用 Direct3D 将理论付诸实践。在讲解渲染流水线之前，先要花费些时间解决两个问题：首先要讨论的是 3D 视觉要素（即通过扁平的 2D 显示器屏幕却能观察到 3D 立体场景的视觉因素），其次是解释如何用数学方法来表示以及使用颜色，并在 Direct3D 代码中加以实现。

学习目标：

1. 了解用于在 2D 图像中表现出场景立体感和空间深度感等真实效果的关键因素。
2. 探索如何用 Direct3D 表示 3D 对象。
3. 学习怎样建立虚拟摄像机。
4. 理解渲染流水线——根据给定 3D 场景的几何描述，生成其 2D 图像的流程。

图 5.1　左侧的图例展示了一台具有特定位置和朝向的虚拟摄像机，以及置于 3D 场景中一些物体的侧视图。中间的图例演示了同样的场景，但采用的是由上至下的俯视视角。其中的"四棱锥"圈定的是观察者通过摄像机所看到的空间范围，而位于此四棱锥之外的物体（或部分物体）则是观察者所看不到的。右侧的图例展示即为观察者通过摄像机所看到的 2D 图像

---

① 亦有译作渲染管道、渲染管线、绘制流水线等。有时也称之为图形流水线，即 graphics pipeline。不管何种译法，希望会给读者这样一个印象：把渲染流水线想象为一个工厂里的流水线，里面有不同的加工环节（也就是渲染阶段），可以根据用户需求对每个环节灵活改造或拆卸（可编程流水线，程序员可在不同的着色器中编写自定义的函数，早期均为固定功能流水线，后加入可编程处理器予以实现。以及开启或禁用某些渲染阶段，如曲面细分阶段与几何着色器阶段等）。以此把原始材料(CPU 端向 GPU 端提交的纹理等资源以及指令等)加工为成品出售给消费者（在 GPU 端，资源流经流水线里的各个阶段，经指令的调度对其进行处理，最终计算出像素的颜色，将其呈现在用户屏幕上）。事实上，渲染流水线是种模型，将 3D 场景变换至 2D 场景的处理流程抽象分离为不同的流水线阶段，供用户使用。其本质即指令从 CPU 端的应用程序层发送至 Direct3D 运行时、驱动层及至 GPU 端（包括二者间的通信，连接都靠 PCIe 接口，实质上就是围绕这种总线传递数据），资源数据在内存与显存间游走，最后是 GPU 内部各种引擎、缓存、命令队列等根据指令配合运作将数据转化为显示器可视信号。

5.1　3D 视觉即错觉？

在开启 3D 计算机图形学的旅程之前，还有一个尚待解决的简单问题摆在我们眼前：应怎样将 3D 场景的空间深度感和立体感在 2D 平面显示器的屏幕中表现出来呢？幸运的是，前人早已深入地研究过这个问题了，毕竟艺术家们在 2D 画布上创作 3D 艺术作品的历史已持续了几个世纪。在本节中，我们将探讨几种使图像在 2D 平面上"立体"起来的关键技巧。

假设我们看到一段笔直的铁轨，它向远方绵延，望不到尽头。铁路的双轨虽然互相平行，但是，当我们站在铁路中央向远处张望时就会发现：两条铁轨随着距离的增加在逐渐靠近，甚至在无限远处相交了。这其实是人类视觉系统的一个特性：即从观察效果上看，平行线最终会相交于**消失点**（vanishing point，又称灭点），如图 5.2 所示。

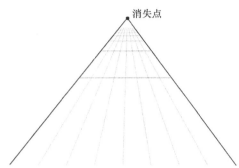

图 5.2　平行线在视觉上终会汇于消失点。艺术家常称之为**线性透视**（linear perspective，亦有译作线条透视）

通过对人眼观察物体的过程进行简单的考察不难得出以下结论：随着（z 方向）深度的增加，物体会显得越来越小；这也就是我们常说的"近大远小"。例如，远山上的房子看起来很小，而离我们较近的小树相对而言看起来反而较大。图 5.3 展现了这样一幅简易的场景：两排平行的石柱相对而立。石柱的尺寸本完全相同，但随着向远处推进，它们看起来一个比一个小。我们还可以发现，这两排石柱最后也将相交于地平线上的消失点。

我们都知道**物体重叠**（object overlap）的概念，即不透明物体能够遮挡住其后侧物体的局部（或整体），如图 5.4 所示。这是一个重要的概念，它传达了不同物体在场景中的深度顺序关系。而我们在第 4 章中也已经讨论过如何在 Direct3D 中借助深度缓冲区来确定那些应当受到遮蔽而不是绘制出来的像素。

图 5.3　图中所有的石柱本大小相同，但观察者看到的效果却是石柱随距离的增加而逐渐变小

图 5.4　一组由于前后位置关系而彼此遮挡的物体（这便是具有重叠关系的物体）

我们把目光再转向图 5.5。图的左侧是一个不受光照的球体，而右侧是一个被光照射的球体。我们能明显地察觉到：左边的球体看起来颇为平坦，丝毫没有立体感——可能它甚至都不是球体，而仅是一个 2D 圆片而已！所以，光照和阴影的处理在刻画 3D 物体的实体[①]形状和立体感中扮演着至关重要的角色。

最后，图 5.6 所示的是一艘宇宙飞船及其阴影。阴影担负着两个关键的任务。首先，它暗示了光源在场景中的相对位置。其次，它反映了飞船起飞的大致高度。

图 5.5　光照对球体立体感效果的影响
（a）不受光照的球体看上去就是个 2D 图形
（b）受光照射的球体颇具 3D 立体感

图 5.6　一艘宇宙飞船及其阴影。阴影不仅暗示着场景中的光源位置，而且反映了飞船离地高度这一信息

刚刚讨论过的种种观察结论都是我们日复一日积累下来的直观经验，因此是毋庸置疑的。尽管如此，把这些司空见惯的规律总结出来，并且牢记于心，对我们在 3D 计算机图形学上的学习和工作仍都是大有裨益的。

5.2　模型的表示

实际上，**实体 3D 对象**是借助**三角形网格**（triangle mesh）来近似表示的，因而我们要以三角形作为 3D 物体建模的基石。如图 5.7 所示，我们能用三角形网格近似地模拟出任何真实世界中的 3D 物体。通常来讲，模拟一个物体所用的三角形越多，那么模型就与目标物体越接近，这是因为模型会随之获得更为丰富的细节。当然，建模所用的三角形越多，也就需要更强大的计算处理能力，所以要根据应用受众的硬件性能做出权衡。除了三角形，点和线也有其用武之地。例如，我们可以利用一系列宽度为 1 像素的短线段绘制出一条近似曲线。

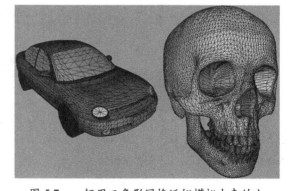

图 5.7　一辆用三角形网格近似模拟出来的小汽车和一颗由三角形网格近似表示的骷髅头

看到图 5.7 中使用的大量三角形，又一个问题逐渐浮出水面：若要手动列出这些三角形来模拟 3D 物体，实在是一件太麻烦的事儿了。除了最简单的模型，我们可以使用一种叫作 3D 建模工具（3D modeler）的专用软件，来生成和处理复杂的 3D 对象。在这些建模

---

① 此处的"实体"可以理解为"实心物体"之意，绘图模式（或模型）可划分为"实体"与"线框"两种。

软件的可视化交互环境里，用户可以运用其中丰富的工具集构建出复杂而富有真实感的网格，因此，这种软件使整个建模的流程要方便快捷得多。在游戏开发方面，流行的建模软件有 3D Studio Max、LightWave 3D、Maya、Softimage|XSI[①]和 Blender。其中，Blender 是开源和免费爱好者的福音。然而，在本书的第一部分中，我们仍将采用手动或运用数学公式的方式来生成 3D 对象（比如，通过参数方程就可以方便地生成用于模拟圆柱和球体的三角形列表），在第三部分中，我们将展示如何加载和显示以 3D 建模程序生成的 3D 模型。

5.3 计算机色彩基础

计算机显示器中的每个像素发出的都是红、绿、蓝三色混合光[②]。当混合的光线进入观察者眼中，照射到视网膜的特定区域时，视锥细胞便受到刺激产生神经冲动，并通过视神经传至大脑，大脑继而解释传来的信号并感知颜色。因为混合光的变化各异，细胞受到的刺激也各不相同，所以我们就能感知到颜色间的差异了。图 5.8 上图给出了红、绿、蓝三基色混合成不同颜色的示例，下图展示的则是不同强度的红色。通过将这 3 种颜色分量按不同强度的混合在一起，我们便能描述出显示真实感图像所需的一切颜色。

上至 Adobe Photoshop 等各种绘图程序，下至 Win32 中的 ChooseColor（选择颜色）对话框（见图 5.9）都可以作为初学者以 RGB（red，green，blue，红绿蓝）值来描述颜色的练习途径。在此，我们可通过尝试不同的 RGB 组合来观察它们所混合出的各种颜色。

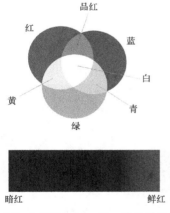

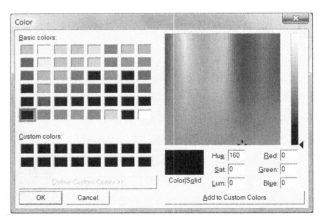

图 5.8 （上图）红、绿、蓝 3 种纯色混合所得到的新颜色。（下图）控制红光的强度便可调配出不同明度的红色

图 5.9 ChooseColor 对话框

每款显示器所能发出的红、绿、蓝三色光的强度都是有限的。为了便于描述光的强度，我们常将它量化为范围在 0～1 归一化区间中的值。0 代表无强度，1 则表示强度最大，处于两者之间的值就表示对应的中间强度。例如，强度值（0.25，0.67，1.0）就表明此光线由强度为 25% 的红色光、强度为 67% 的绿色

---

① 已被 Autodesk 收入囊中。
② 可以尝试在彩色显示器的屏幕上点一个小水珠，并查看效果。

光以及强度为 100% 的蓝色光混合而成。由此例可以看出，我们能用 3D 向量（r, g, b）来表示颜色，其中 $0 \leq r, g, b \leq 1$，这 3 种颜色分量分别代表红、绿、蓝三色光在混合光中的强度。

5.3.1 颜色运算

向量的部分运算规则在颜色向量上同样适用。例如，我们可以使两个颜色向量相加来得到新的颜色：

$$(0.0, 0.5, 0) + (0, 0.0, 0.25) = (0.0, 0.5, 0.25)$$

这就是说，通过混合中等强度的绿色和低等强度的蓝色，便会得到深绿色。

也可以通过颜色向量之间的减法运算来获得新的颜色：

$$(1, 1, 1) - (1, 1, 0) = (0, 0, 1)$$

由上式可以看出，从白色中去掉红色和绿色的成分，便可得到蓝色。

标量乘法也是有效的，请考虑下式：

$$0.5(1, 1, 1) = (0.5, 0.5, 0.5)$$

此式将白色的各颜色分量取半，继而得到中等强度的灰色。另外，可通过 $2(0.25, 0, 0) = (0.5, 0, 0)$ 运算将红色分量的强度加倍。

显而易见的是，像点积和叉积这样的运算法则就不适用于颜色向量了。不过，颜色向量也有它们自己专属的颜色运算，即**分量式**（modulation 或 componentwise）乘法。它的定义为：

$$(c_r, c_g, c_b) \otimes (k_r, k_g, k_b) = (c_r k_r, c_g k_g, c_b k_b)$$

这种运算主要应用于光照方程。例如，假设有颜色为（r, g, b）的入射光线，照射到一个反射 50% 红色光、75% 绿色光、25% 蓝色光且吸收剩余光的表面。那么，我们就可以据此给出反射光线的颜色：

$$(r, g, b) \otimes (0.5, 0.75, 0.25) = (0.5r, 0.75g, 0.25b)$$

通过此式即可看出，由于此表面会吸收一部分入射光，所以当它照射在该平面上时会损失掉部分颜色强度。

在进行颜色运算的过程中，颜色分量有可能会超出 $[0, 1]$ 这个区间。如，思考 $(1, 0.1, 0.6) + (0, 0.3, 0.5) = (1, 0.4, 1.1)$ 这个等式。由于 1.0 代表颜色分量的最大强度，所以任何光的强度都不能超过此值。因此，我们就只得将值为 1.1 的强度与 1.0 这一上限强度视作等同，将 1.1 钳制（clamp）为 1.0。同样地，显示器也不能发出强度为负值的光，所以亦应把负的颜色分量（由减法运算所得到的结果）钳制为 0.0。

5.3.2 128 位颜色

事实上，我们通常还会用到另一种名为 **alpha 分量**（alpha component）的颜色分量。alpha 分量常用于表示颜色的**不透明度**①（opacity）。值为 0.0 表示完全透明，值为 1.0 表示不透明），它在混合（blending）技术（第 10 章）中起到了至关重要的作用（因为我们目前还用不到混合技术，所以暂将 alpha 分量置为 1）。这就是说，把 alpha 分量算在内的话，我们就可以用 4D 向量 (r, g, b, a) 来表示每一种颜色，分量需要满足 $0 \leq r, g, b, a \leq 1$。为了用 128 位（128bit）数据来表示一种颜色，每个分量都要使用浮点值。由于每种颜色刚好能用数学上的 4D 向量来表示，所以我们也就能在代码中用 XMVECTOR 类型来描述它们。在通过 DirectXMath 向量函

---

① 准确来说，alpha 通道仅用于指示颜色的透明程度，alpha 本身并无透明或不透明之意，文中说的也很清楚。

数来进行颜色运算（如颜色的加法运算、减法运算和标量乘法运算）的同时，我们也能借助 SIMD 技术加快数据的处理速度。DirectXMath 库针对分量式乘法运算提供了下列函数：

```
XMVECTOR XM_CALLCONV XMColorModulate(  // 返回 c₁ ⊗ c₂
  FXMVECTOR C1,
  FXMVECTOR C2);
```

5.3.3　32 位颜色

为了用 32 位（32bit）数据表示一种颜色，每个分量仅能分配到 1 个字节。因此，每个占用 8 位字节的颜色分量就可以分别描述 256 种不同的颜色强度——0 代表无强度，255 是最大强度，处于两者之间的值也就表示相应的中间强度。每种颜色分量占用空间虽然看起来很小，但是它们的全部组合（$256 \times 256 \times 256 = 16\,777\,216$）却能表示出千万种不同的颜色。DirectXMath 库（#include <DirectXPackedVector.h>）在 DirectX::PackedVector 命名空间中提供了下面的结构用于存储 32 位颜色[①]：

```
namespace DirectX
{
namespace PackedVector
{
// ARGB 颜色表示法；以 8-8-8-8 位的无符号归一化整数分量封装为一个 32 位的整数
// 将 alpha、红、绿、蓝 4 种分量分别用 8 位无符号归一化整数表示，以此封装 32 位归一化颜色
// alpha 分量存于最高 8 位有效位，而蓝色分量则存于最低 8 位有效位(A8R8G8B8)
// [32] aaaaaaaa rrrrrrrr gggggggg bbbbbbbb [0][②]
struct XMCOLOR
{
  union
  {
    struct
    {
      uint8_t b; // Blue: 0/255 to 255/255
      uint8_t g; // Green: 0/255 to 255/255
      uint8_t r; // Red: 0/255 to 255/255
      uint8_t a; // Alpha: 0/255 to 255/255
    };
    uint32_t c;
  };

  XMCOLOR() {}
  XMCOLOR(uint32_t Color) : c(Color) {}
  XMCOLOR(float _r, float _g, float _b, float _a);
  explicit XMCOLOR(_In_reads_(4) const float *pArray);

  operator uint32_t () const { return c; }

  XMCOLOR& operator= (const XMCOLOR& Color) { c = Color.c; return
    *this; }
```

[①] DirectXMath 库时有更新，所以本书的代码可能会与最新的代码有细小差异，但是功能和基本结构均保持不变。

[②] 意即构造器的输入参数为 4 个[0, 1]区间内的浮点分量，经过实例化后，便会将分量转换至[0, 255]区间。

```
    XMCOLOR& operator= (const uint32_t Color) { c = Color; return *this;
      }
};
} // PackedVector 命名空间结束
} // DirectX 命名空间结束
```

通过将整数范围[0, 255]映射到实数区间[0, 1]，就可以将 32 位颜色转换为 128 位颜色，具体做法是将每个分量分别除以 255。也就是说，如果有整数 $0 \leqslant n \leqslant 255$，那么 $0 \leqslant \frac{n}{255} \leqslant 1$ 即为归一化范围 0～1 的颜色强度。例如，设有一 32 位颜色(80, 140, 200, 255)，将其转换成对应的 128 位颜色的过程为：

$$(80, 140, 200, 255) \rightarrow \left(\frac{80}{255}, \frac{140}{255}, \frac{200}{255}, \frac{255}{255}\right) \approx (0.31, 0.55, 0.78, 1.0)$$

相反地，128 位颜色也可以转换为 32 位颜色，方法是将每个颜色向量分别乘以 255，再四舍五入取整，如：

$$(0.3, 0.6, 0.9, 1.0) \rightarrow (0.3 \times 255, 0.6 \times 255, 0.9 \times 255, 1.0 \times 255) = (77, 153, 230, 255)$$

由于在 XMCOLOR 中通常将 4 个 8 位颜色分量封装为一个 32 位整数值（例如，一个 unsigned int 类型的值），因此在 32 位颜色与 128 位颜色互相转换的过程中常常需要进行一些额外的位运算（提取出每个分量）。对此，DirectXMath 库中定义了一个获取 XMCOLOR 类型实例并返回其相应 XMVECTOR 类型值的函数：

```
XMVECTOR XM_CALLCONV PackedVector::XMLoadColor(
    const XMCOLOR* pSource);
```

图 5.10 展示了将 4 个 8 位颜色分量封装为 UINT（32 位无符号整数）类型的具体细节。注意，这仅是封装颜色分量的方式之一。除了 ARGB 之外，还有 ABGR 以及 RGBA 这两种格式，只不过 XMCOLOR 类中使用的格式为 ARGB 而已。另外，DirectXMath 库还提供了一个可将 XMVECTOR 转换至 XMCOLOR 的函数：

图 5.10 32 位颜色表示法，为 alpha、红、绿、蓝 4 种分量都各分配了 1 字节

```
void XM_CALLCONV PackedVector::XMStoreColor(
    XMCOLOR* pDestination,
    FXMVECTOR V);
```

一般来说，128 位颜色值常用于高精度的颜色运算（例如位于像素着色器中的各种运算）。在这种情况下，由于运算所用的精度较高，因此可有效降低计算过程中所产生的误差。但是，最终存储在后台缓冲区中的像素颜色数据，却往往都是以 32 位颜色值来表示。而目前的物理显示设备仍不足以充分发挥出更高色彩分辨率的优势[Verth04]。

5.4 渲染流水线概述

若给出某个 3D 场景的几何描述，并在其中架设一台具有确定位置和朝向的虚拟摄像机，那么**渲染流水线**（rendering pipeline）是以此摄像机为观察视角而生成 2D 图像的一系列完整步骤。图 5.11 左侧展示的是组成渲染流水线的所有阶段，而右侧则是显存资源。从资源内存池指向渲染流水线阶段的箭头，表示该阶段可以访问资源并以此作为输入。例如，在像素着色器阶段（pixel shader stage），渲染流水线为了完成用户分派的任务，可以从显存所存的纹理资源中读取数据。从渲染流水线阶段指向内存的箭头，则意味着该阶段可以向 GPU 资源写入数据。例如，在输出合并（器）阶段（output merger stage）把数据写到像后台缓冲区和深度/模板缓冲区这样的纹理之中。同时也可以看到，位于输出合并阶段的箭头是双向的（说明此阶段可读写 GPU 资源）。如我们所见，大多数阶段都是不能向 GPU 资源进行写操作的。事实上，渲染流水线中每个阶段所输出的数据往往都是作为其下个阶段的输入。例如，顶点着色器阶段（vertex shader stage）从输入装配器阶段（input assembler stage）获得输入数据，待完成相应工作后，再将结果输出至几何着色器阶段（geometry shader stage）。后续的内容将对渲染流水线的每个阶段进行更加细致的探讨。

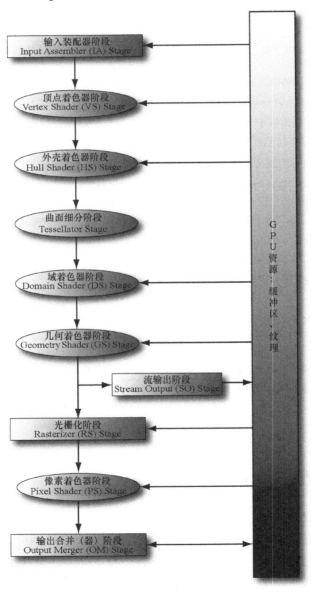

图 5.11　渲染流水线的各个阶段

5.5 输入装配器阶段

输入装配器（Input Assembler, IA）阶段会从显存中读取几何数据（顶点和索引, vertex and index），再将它们装配为几何图元（geometric primitive, 亦译作几何基元，如三角形和线条这种构成图形的基本元素）。这些概念将在后文中陆续介绍，但简单来说，我们是通过索引来定义如何将顶点装配在一起，从而构成图元的方法。

5.5.1 顶点

在数学中，三角形的顶点是两条边的交点；线段的顶点是它的两个端点；而对于单个的点来说，它本身就是一个顶点。

图 5.12 所绘的就是这几种顶点。从图示上来看，顶点似乎仅是几何图元中的一种特殊点。但是，在 Direct3D 中，顶点的意义却不止于此。事实上，除空间位置以外，Direct3D 中的顶点还可以包含其他信息，这使我们能够利用它来表现出更为复杂的渲染效果。例如，我们将在第 8 章中为顶点添加法向量，以实现光照效果。而在第 9 章中，我们则会为顶点添加纹理坐标，从而实现纹理贴图。Direct3D

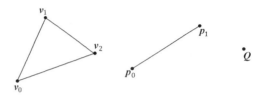

图 5.12 一个由 v_0、v_1、v_2 三个顶点定义的三角形；一条由顶点 p_0、p_1 定义的线段；以及由顶点 Q 定义的点

为用户自定义顶点格式提供了很高的灵活性（即它允许我们定义顶点结构体中的分量），在第 6 章中我们会讲解与之相关的代码。届时，根据本书中需要的渲染效果，我们会依次定义几种不同的顶点格式。

5.5.2 图元拓扑

在 Direct3D 中，我们要通过一种名为**顶点缓冲区**（vertex buffer）的特殊数据结构，将顶点与渲染流水线相绑定。顶点缓冲区利用连续的内存来存储一系列顶点。可是，仅凭这一点并不能说明这些顶点究竟如何组成几何图元。例如，我们应将顶点缓冲区内的顶点两两一组解释成线段，还是每 3 个一组解释为三角形呢？对此，我们要通过指定**图元拓扑**（primitive topology, 或称基元拓扑）来告知 Direct3D 如何用顶点数据来表示几何图元：

```
void ID3D12GraphicsCommandList::IASetPrimitiveTopology(
  D3D_PRIMITIVE_TOPOLOGY PrimitiveTopology);

typedef enum D3D_PRIMITIVE_TOPOLOGY
{
  D3D_PRIMITIVE_TOPOLOGY_UNDEFINED = 0,
  D3D_PRIMITIVE_TOPOLOGY_POINTLIST = 1,
  D3D_PRIMITIVE_TOPOLOGY_LINELIST = 2,
```

```
  D3D_PRIMITIVE_TOPOLOGY_LINESTRIP = 3,
  D3D_PRIMITIVE_TOPOLOGY_TRIANGLELIST = 4,
  D3D_PRIMITIVE_TOPOLOGY_TRIANGLESTRIP = 5,
  D3D_PRIMITIVE_TOPOLOGY_LINELIST_ADJ = 10,
  D3D_PRIMITIVE_TOPOLOGY_LINESTRIP_ADJ = 11,
  D3D_PRIMITIVE_TOPOLOGY_TRIANGLELIST_ADJ = 12,
  D3D_PRIMITIVE_TOPOLOGY_TRIANGLESTRIP_ADJ = 13,
  D3D_PRIMITIVE_TOPOLOGY_1_CONTROL_POINT_PATCHLIST = 33,
  D3D_PRIMITIVE_TOPOLOGY_2_CONTROL_POINT_PATCHLIST = 34,
    ⋮
  D3D_PRIMITIVE_TOPOLOGY_32_CONTROL_POINT_PATCHLIST = 64,
} D3D_PRIMITIVE_TOPOLOGY;
```

在用户通过命令列表（command list）修改图元拓扑之前，所有的绘制调用都会沿用当前设置的图元拓扑方式。下列代码演示的是图元拓扑的具体配置方法：

```
mCommandList->IASetPrimitiveTopology(
  D3D_PRIMITIVE_TOPOLOGY_LINELIST);
 /* …通过线列表来绘制对象… */

mCommandList->IASetPrimitiveTopology(
  D3D_PRIMITIVE_TOPOLOGY_TRIANGLELIST);
 /* …通过三角形列表来绘制对象… */

mCommandList->IASetPrimitiveTopology(
  D3D_PRIMITIVE_TOPOLOGY_TRIANGLESTRIP);
 /* …通过三角形带来绘制对象… */
```

接下来，我们将陆续解释各种不同类型的图元拓扑。除了少数情况以外，我们在本书中大多使用三角形列表。

5.5.2.1　点列表

通过枚举项 D3D_PRIMITIVE_TOPOLOGY_POINTLIST 来指定点列表（point list）。当使用点列表拓扑时，所有的顶点都将在绘制调用的过程中被绘制为一个单独的点，如图 5.13a 所示。

5.5.2.2　线条带

通过枚举项 D3D_PRIMITIVE_TOPOLOGY_LINESTRIP 来指定线条带（line strip）。在使用线条带拓扑时，顶点将在绘制调用的过程中被连接为一系列的连续线段（如图 5.13b 所示）。所以，在这种拓扑模式下，若有 $n+1$ 个顶点就会生成 n 条线段。

5.5.2.3　线列表

通过枚举项 D3D_PRIMITIVE_TOPOLOGY_LINELIST 来指定线列表（line list）。当使用线列表拓扑时，每对顶点在绘制调用的过程中都会组成单独的线段（如图 5.13c 所示）。所以 $2n$ 个顶点就会生成 n 条线段。线列表与线条带的区别是：线列表中的线段可以彼此分开，而线条带中的线段则是相连的。如果线段相连的话，绘制同样数量的线段便会占用更少的顶点，因为每个处于线条带中间位置的顶点都可以同时被两条线段所共用。

5.5.2.4　三角形带

通过枚举项 D3D_PRIMITIVE_TOPOLOGY_TRIANGLESTRIP 来指定三角形带（triangle strip）。当使用三角形带拓扑时，所绘制的三角形将像图 5.13d 所示的那样被连接成带状。可以看到，在这种三角形连接的结构中，处于中间位置的顶点将被相邻的三角形所共同使用。因此，利用 n 个顶点即可生成 $n{-}2$ 个三角形。

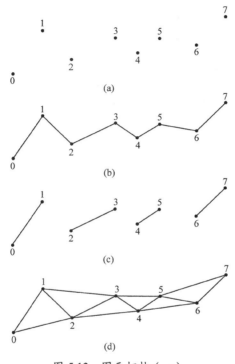

图 5.13　图元拓扑（一）

（a）点列表　（b）线条带　（c）线列表　（d）三角形带

经过观察可以发现，在三角形带中，次序为偶数的三角形与次序为奇数三角形的绕序（winding order，也译作环绕顺序等，即装配图元的顶点顺序为逆时针或顺时针方向）是不同的，这就是剔除（culling，亦称消隐）问题的由来（参见 5.10.2 节）。为了解决这个问题，GPU 内部会对偶数三角形中前两个顶点的顺序进行调换，以此使它们与奇数三角形的绕序保持一致。[①]

---

① 在 DirectX 12 中，图 5.13d 里三角形带的实际环绕顺序为：012、132、234、354 等（详见《Primitive Topologies》（bb205124）或《Triangle Strips》（bb206274））。按道理来讲，次序为偶数的三角形的顶点绕序也应遵循默认的顶点编号顺序（如第 2、4 个三角形的默认顶点编号顺序应为 123、345），但事实上并非如此。为什么要这样做呢？作者讲到：为了使绕序保持一致，都为顺时针。而绕序又与 5.10.2 节中所述的剔除技术有关。（这样来看，作者似乎把偶数三角形中要调换的顶点理解错了，在 DirectX 中"置换"的是后两个顶点的顺序，而在 OpenGL 里"置换"的才是前两个顶点的顺序。）

5.5.2.5　三角形列表

通过枚举项 D3D_PRIMITIVE_TOPOLOGY_TRIANGLELIST 来指定三角形列表（triangle list）。当使用三角形列表拓扑时，在绘制调用的过程中会将每 3 个顶点装配成独立的三角形（如图 5.14a 所示）；所以每 $3n$ 个顶点会生成 n 个三角形。三角形列表与三角形带的区别是：三角形列表中的三角形可以彼此分离，而三角形带中的三角形则是相连的。

5.5.2.6　具有邻接数据的图元拓扑

对于存有邻接数据的三角形列表而言，每个三角形都有 3 个与之相邻的**邻接三角形**（adjacent triangle）。图 5.14b 中展示的就是这种图元拓扑。在几何着色器中，往往需要访问这些邻接三角形来实现特定的几何着色算法。为了使几何着色器可以顺利地获得这些邻接三角形的信息，我们就需要借助顶点缓冲区与索引缓冲区（index buffer）将它们随主三角形一并提交至渲染流水线。另外，此时一定要将拓扑类型指定为 D3D_PRIMITIVE_TOPOLOGY_TRIANGLELIST_ADJ，只有这样，渲染流水线才能得知如何以顶点缓冲区中的顶点来构建主三角形及其邻接三角形。注意，邻接图元的顶点只能用作几何着色器的输入数据，却并不会被绘制出来。即便程序没有用到几何着色器，但依旧不会绘制邻接图元。

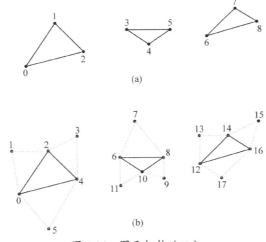

图 5.14　图元拓扑（二）

（a）三角形列表　（b）具有邻接数据的三角形列表——通过观察可以发现，每个三角形共需要 6 个顶点来描述它及其邻接的三角形。因此，$6n$ 个顶点可以生成 n 个三角形及其邻接数据线列表、线条带和三角形带也存在含有邻接数据的图元拓扑，相关细节可参考 SDK 文档

5.5.2.7　控制点面片列表

D3D_PRIMITIVE_TOPOLOGY_N_CONTROL_POINT_PATCHLIST 拓扑类型表示：将顶点数据解释为具有 N 个控制点（control point）的面片列表（patch list）。此图元常用于渲染流水线的曲面细分阶段（tessellation stage，此环节为可选阶段），因此，我们将这种列表拓扑延至第 14 章中再进行讨论。

5.5.3　索引

如前所述，三角形是 3D 实体对象的基本组成部分。下列代码中的两个顶点数组分别展示的是用于构建一个四边形以及一个八边形所用的三角形列表（即其中的每 3 个顶点将构成一个三角形）。

```
Vertex quad[6] = {
    v0, v1, v2, // 三角形 0
    v0, v2, v3, // 三角形 1
};

Vertex octagon[24] = {
    v0, v1, v2, // 三角形 0
    v0, v2, v3, // 三角形 1
    v0, v3, v4, // 三角形 2
    v0, v4, v5, // 三角形 3
    v0, v5, v6, // 三角形 4
    v0, v6, v7, // 三角形 5
    v0, v7, v8, // 三角形 6
    v0, v8, v1  // 三角形 7
};
```

为三角形指定顶点顺序是一项十分重要的工作，我们称这个顺序为**绕序**（winding order），细节可见 5.10.2 节。

如图 5.15 所示，构成 3D 物体的不同三角形会共用许多顶点。更具体的例子如图 5.15a 中构成四边形的两个三角形都使用了顶点 v_0 和 v_2。因共用两个顶点而复制两个顶点数据的情况还不是太糟，但是像八边形那样的例子可就麻烦了（见图 5.15b），因为每个三角形不仅都复制了一份中心顶点 v_0，而且此八边形边上的每个顶点都被两个三角形所同时共用。一般来说，随着模型细节和复杂度的增加，复制顶点的数量亦会急剧上升。

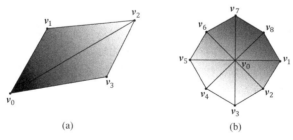

图 5.15　顶点的共用

（a）由两个三角形构建的四边形　（b）通过 8 个三角形构建的八边形

我们不希望复制顶点数据的原因有两个：

1. 增加内存的需求——为什么要多次存储同一个顶点数据呢？
2. 增加图形硬件的处理负荷——为什么要多次处理同一个顶点数据呢？

借助三角形带可以在某些情况下改善顶点的复制问题，前提是这些几何体能够被组织为带状结构。但是，由于三角形列表更为灵活（该拓扑中的三角形都无需互相连接），所以值得花些心思研究一种利用三角形列表移除重复顶点的设计方案。在此，我们所采用的解决方法是使用**索引**（index）。整个工作流程是这样的：先创建一个顶点列表和一个索引列表。在顶点列表中收录一份所有**独立**的顶点，并在索引列表中存储顶点列表的索引值，这些索引定义了顶点列表中的顶点是如何组合在一起，从而构成三角形的。回顾图 5.15 可知，构建四边形的顶点列表如下：

```
Vertex v[4] = {v0, v1, v2, v3};
```

接下来，我们需要创建索引列表，以此来定义如何将顶点列表中的顶点组合成两个三角形。

```
UINT indexList[6] = {0, 1, 2, // 三角形 0
          0, 2, 3}; // 三角形 1
```

在索引列表中，每 3 个元素定义了一个三角形。所以上面的索引意为：“通过顶点 v[0]，v[1] 和 v[2] 来组成三角形 0，再借助顶点 v[0]，v[2] 和 v[3] 来构成三角形 1。”

相似地，图中八边形的顶点列表构造如下：

```
Vertex v[9] = {v0, v1, v2, v3, v4, v5, v6, v7, v8};
```

相应的索引列表是：

```
UINT indexList[24] = {
  0, 1, 2, // 三角形 0
  0, 2, 3, // 三角形 1
  0, 3, 4, // 三角形 2
  0, 4, 5, // 三角形 3
  0, 5, 6, // 三角形 4
  0, 6, 7, // 三角形 5
  0, 7, 8, // 三角形 6
  0, 8, 1  // 三角形 7
};
```

待处理完顶点列表中那些独立的顶点之后，显卡就能通过索引列表把顶点组合成一系列三角形。可以看到，我们已经将“复用的顶点数据”转化为索引列表，但是这样做的效果要比之前的方法更好，这是因为：

1. 索引皆是简单的整数，不会像使用整个顶点结构体那样占用更多的内存（而且，随着顶点结构体中分量的不断增多，将会使内存的需求变得更为急迫）。
2. 若辅以适当的顶点缓存排序，则图形硬件将不必再次处理重复使用的顶点，从缓存中直接取得即可（这种情况十分普遍）[1]。

5.6　顶点着色器阶段

待图元被装配完毕后，其顶点就会被送入顶点着色器阶段（**vertex shader stage**，简记作 **VS**）。我们可以把顶点着色器看作一种输入与输出数据皆为单个顶点的函数。每个要被绘制的顶点都须经过顶点着色

---

① 每个图形适配器都具有特定大小的缓存（cache），刚处理过的顶点可以被临时存储在缓存当中，由于缓存的读取速度较顶点缓冲区快，因此可以利用这一点来提升软件的性能。不同硬件的缓存大小有别，因此应安排好顶点顺序，首先引用需要复用的顶点，在这些顶点仍位于缓存之中时尽快引用。

器的处理再送往后续阶段。事实上，我们可以认为在硬件中执行的是下列处理过程：

```
for(UINT i = 0; i < numVertices; ++i)
    outputVertex[i] = VertexShader( inputVertex[i] );
```

其中的顶点着色器函数（VertexShader）就是我们要实现的那一部分，因为在这一阶段中对顶点的操作实际是由 GPU 来执行的，所以速度很快。

我们可以利用顶点着色器来实现许多特效，例如变换、光照和位移贴图（displacement mapping，也译作置换贴图。map 有映射之意，因此也有译作位移映射，类似的还有在后面将见到的纹理贴图、法线贴图等）。请牢记：在顶点着色器中，不但可以访问输入的顶点数据，也能够访问纹理和其他存于显存中的数据（如变换矩阵与场景的光照信息）。

我们将在全书中看到各种不同的顶点着色器示例，所以在完成本书的学习后，我们应当会对它可以实现的具体功能有一个深刻的认识。在本书的第一个代码示例中，我们仅用顶点着色器对顶点进行变换处理。接下来，我们将介绍几种常用的空间变换。

5.6.1　局部空间和世界空间

试想我们正在为一部电影而奔忙，而我们所在的团队必须为一些特效镜头打造一个与火车有关的微缩场景。其中，我们的具体任务是制作一架袖珍小桥。当然，我们并不会把桥直接搭建在场景之中，否则，便需要在一个极其复杂的环境中小心翼翼地操作，以防破坏场景中的其他景物，一旦失手便会功亏一篑。相对来讲，我们更加愿意在远离场景的工作室内制作此模型。待大功告成之后，才会把它以恰当的角度置于场景中合适的位置。

3D 美工们在构筑 3D 对象时也在做着类似的事情。他们并不会在全局场景坐标系（即**世界空间**，也译为世界坐标系，world space）中构建物体的几何形状，而是相对于局部坐标系（**局部空间**，也译为局部坐标系，local space）来创建物体。局部坐标系通常是一种以目标物体的中心为原点（也有例外，视具体情况而定），并且坐标轴与该物体对齐的简易便用坐标系①。只要在局部空间中定义了 3D 模型的各顶点，我们就能将它变换至全局场景之中。为了做到这一点，我们还必须定义局部空间与世界空间两者的联系。具体的实现方法是：根据物体的位置与朝向，指定其局部空间坐标系的原点和诸坐标轴相对于全局场景坐标系的坐标，再运用坐标变换即可将物体从局部空间变换至世界空间（参见图 5.16 并重温 3.4 节）。将局部坐标系内的坐标转换到全局场景坐标系中的过程叫作**世界变换**（world transform），所使用的变换矩阵名为**世界矩阵**（world matrix）。由于场景中每个物体的朝向和位置都可能各不相同，因此它们都有自己特定的世界矩阵。当每个物体都从各自的局部空间变换到世界空间后，它们的坐标都将位于同一坐标系（即世界坐标系）之中。如果希望直接在世界空间内定义一个物体，那么就可以使用单位世界矩阵（identity world matrix）。

在每个 3D 模型各自的局部坐标系中来定义它们有若干优点：

1. 易于使用。例如，物体的中心通常位于局部空间中的原点，并且关于主轴对称。举个例子，当我们采用一个以立方体中心作为原点，且坐标轴正交于各立方体面的局部坐标系时，我们就能轻而易举地确定出立方体的各个顶点。整个过程如图 5.17 所示。

---

① 简单来讲，局部坐标系、依目标物体而建（局部）；世界坐标系是物体相对于它来定方位（全局）。

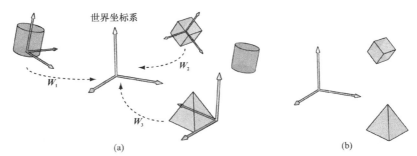

图 5.16　图 a 中，每一个物体都相对于自己的局部坐标系来定义各自的顶点。另外，我们还要根据物体在场景中的具体方位来相对于世界空间坐标系定义每个局部坐标系的位置与朝向。接下来，再通过坐标变换把所有物体的坐标都变换至世界空间坐标系。图 b 中，完成世界变换之后，物体的顶点坐标都将统一用世界坐标系来表示

2. 物体应当可以跨越多个场景而重复使用，所以将物体坐标相对于某个特定场景进行硬编码并不是明智之举。更好的办法则是保存物体相对于局部坐标系的顶点坐标，再通过坐标变换矩阵去定义每个场景中局部坐标系与世界坐标系的关系。

3. 最后一点，我们有时可能需要在场景中多次绘制同一个物体，但是它们的位置、方向和大小却各不相同（例如，将一个树形对象绘制多次来构成一片森林）。如若在每次创建物体实例时都要复制它的顶点和索引数据，将极其消耗资源。因此，我们通常的做法是存储一份几何体相对于其局部空间的副本（即该几何体的顶点列表和索引列表）。接着，按所需次数来绘制此物体，每次辅以不同的世界矩阵来指定物体在世界空间中的位置、方向和大小。这种方法称为**实例化**（instancing）。

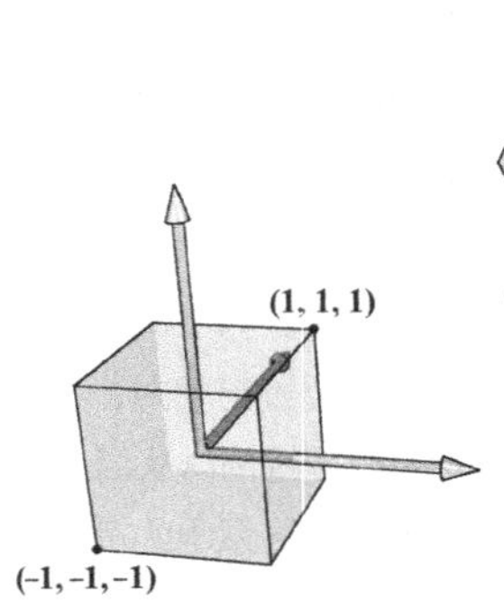

正如 3.4.3 节中所讲，世界矩阵描述着物体局部空间与世界空间的联系，而列于矩阵内的行向量则是下面要提到的坐标。如果 $Q_w = (Q_x, Q_y, Q_z, 1)$，$u_w = (u_x, u_y, u_z, 0)$，$v_w = (v_x, v_y, v_z, 0)$ 和 $w_w = (w_x, w_y, w_z, 0)$ 分别描述了局部空间内的原点、x 轴、y 轴和 z 轴相对于世界空间的齐次坐标，那么由 3.4.3 节中的内容可知，从局部空间至世界空间的坐标变换矩阵为：

$$W = \begin{bmatrix} u_x & u_y & u_z & 0 \\ v_x & v_y & v_z & 0 \\ w_x & w_y & w_z & 0 \\ Q_x & Q_y & Q_z & 1 \end{bmatrix}$$

可以看到，为了构建一个世界矩阵，我们必须弄清局部空间中原点和各坐标轴相对于世界空间的坐标关系。但这样做有时并不简单亦不直观。一种更常用的办法是定义一系列的变换组合 W，即 $W = SRT$。首先，缩放矩阵 S 将物体缩放到世界空间；其次，旋转矩阵 R 用来定义局部空间相对于世界空间

图 5.17　当立方体与坐标系的主轴对齐且其中心位于坐标系的原点之时，它的顶点是十分易于确定的。反之，当一个立方体处于坐标系中任意的位置以及朝向的时候，要确定它的顶点坐标就比较困难了。因此，在构造物体的时候，我们一般总是选择以物体的中心为原点且轴对齐于此物体的简便坐标系

的朝向，最后，平移矩阵 T 定义的是局部空间的原点相对于世界空间的位置。重温 3.5 节可知，我们能够将这一系列变换视为一种坐标变换，而矩阵 $W = SRT$ 中的行向量则分别存储的是局部空间的 x 轴、y 轴、z 轴及原点相对于全局空间的的齐次坐标。

示例

假设我们在局部空间定义了一个单位正方形，其最小点和最大点的坐标分别为(−0.5, 0, −0.5)与(0.5, 0, 0.5)。现在要求出一个世界矩阵，使此正方形在世界空间中的边长为 2，在世界空间 xz 平面内顺时针旋转45°，且中心位于世界空间的坐标(10, 0, 10)处。据此，我们构造矩阵 S、R、T 及 W 的过程如下：

$$S = \begin{bmatrix} 2 & 0 & 0 & 0 \\ 0 & 1 & 0 & 0 \\ 0 & 0 & 2 & 0 \\ 0 & 0 & 0 & 1 \end{bmatrix} \quad R = \begin{bmatrix} \sqrt{2}/2 & 0 & -\sqrt{2}/2 & 0 \\ 0 & 1 & 0 & 0 \\ \sqrt{2}/2 & 0 & \sqrt{2}/2 & 0 \\ 0 & 0 & 0 & 1 \end{bmatrix} \quad T = \begin{bmatrix} 1 & 0 & 0 & 0 \\ 0 & 1 & 0 & 0 \\ 0 & 0 & 1 & 0 \\ 10 & 0 & 10 & 1 \end{bmatrix}$$

$$W = SRT = \begin{bmatrix} \sqrt{2} & 0 & -\sqrt{2} & 0 \\ 0 & 1 & 0 & 0 \\ \sqrt{2} & 0 & \sqrt{2} & 0 \\ 10 & 0 & 10 & 1 \end{bmatrix}$$

从第 3.5 节中可知，矩阵 W 中的行向量描述了此正方形局部坐标系的诸坐标轴与原点相对于世界空间的坐标，即有 $u_W = (\sqrt{2}, 0, -\sqrt{2}, 0)$，$v_W = (0, 1, 0, 0)$，$w_W = (\sqrt{2}, 0, \sqrt{2}, 0)$ 和 $Q_W = (10, 0, 10, 1)$。如果我们利用矩阵 W 将此局部空间向世界空间进行坐标变换，则最终会把正方形置于题设中所期望的世界空间内的预定位置（见图 5.18）。

$$[-0.5, 0, -0.5, 1]W = [10 - \sqrt{2}, 0, 0, 1]$$
$$[-0.5, 0, +0.5, 1]W = [0, 0, 10 + \sqrt{2}, 1]$$
$$[+0.5, 0, +0.5, 1]W = [10 + \sqrt{2}, 0, 0, 1]$$
$$[+0.5, 0, -0.5, 1]W = [0, 0, 10 - \sqrt{2}, 1]$$

此例的亮点是在不指明 Q_W、u_W、v_W 和 w_W 的情况下，直接通过复合一系列简单的变换来建立世界矩阵。这通常比用 Q_W、u_W、v_W 和 w_W 求取世界矩阵的方法要容易得多，因为我们只需了解物体在世界空间中的大小、朝向以及位置即可。

另一种考虑世界变换的观点是把局部空间坐标当作世界空间坐标来看待（此方法就相当于用单位矩阵进行世界变换）。这样一来，如果在物体局部空间的原点处建模，那么该物体也就位于世界空间的原点处。通常来说，我们不大可能把物体全都建立在世界空间的原点处。所以往往还是要为每个物体运用一系列变换，使之缩放、旋转，并令其位于世界空间中的预定位置。从数学角度上来讲，这种变换与由局部空间转换至世界空间所用的坐标变换矩阵进行的是同一种世界变换。

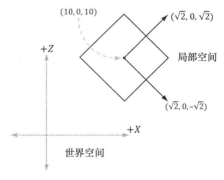

图 5.18 世界矩阵中行向量所描述的
是局部坐标系的原点与众坐标轴
相对于世界坐标系的坐标

5.6.2　观察空间

为了构建场景的 2D 图像,我们必须在场景中架设一台虚拟摄像机。该摄像机确定了观察者可见的视野,也就是生成 2D 图像所需的场景空间范围。对此,我们先为该摄像机赋予一个图 5.19 所示的局部坐标系(这被称作**观察空间**(view space),也译作观察坐标系、视图空间、**视觉空间**(eye space)或**摄像机空间**(camera

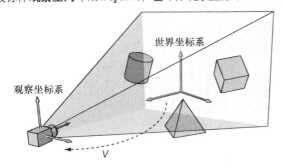

世界坐标系

观察坐标系

V

图 5.19　将世界空间中的顶点坐标变换至摄像机空间

space))。在此坐标系中,该虚拟摄像机位于原点并沿 z 轴的正方向观察,x 轴指向摄像机的右侧,y 轴则指向摄像机的上方。与相对于世界空间来描述场景中的物体顶点不同,观察空间用于在渲染流水线的后续阶段中描述这些顶点相对于摄像机坐标系的坐标。由世界空间至观察空间的坐标变换称为**取景变换**(view transform,也译作观察变换、视图变换等),此变换所用的矩阵则称为**观察矩阵**(view matrix,亦译作视图矩阵)。

如果 $Q_w = (Q_x, Q_y, Q_z, 1)$,$u_w = (u_x, u_y, u_z, 0)$,$v_w = (v_x, v_y, v_z, 0)$ 以及 $w_w = (w_x, w_y, w_z, 0)$,分别表示了观察空间中原点、x 轴、y 轴和 z 轴相对于世界空间的齐次坐标。那么,根据 3.4.3 节中的内容可知,由观察空间到世界空间的坐标变换矩阵为:

$$W = \begin{bmatrix} u_x & u_y & u_z & 0 \\ v_x & v_y & v_z & 0 \\ w_x & w_y & w_z & 0 \\ Q_x & Q_y & Q_z & 1 \end{bmatrix}$$

然而这并不是我们所期待的变换。刚好相反,我们需要的是从世界空间到观察空间的这一逆变换。回顾 3.4.5 节可知,逆变换可由变换矩阵的逆来求得,所以从世界空间到观察空间的坐标变换矩阵为 W^{-1}。

世界坐标系和观察坐标系通常只有位置和朝向这两点差异,所以由观察空间到世界空间的变换可以直接表示为 $W = RT$(即世界矩阵可以分解为一个旋转矩阵与一个平移矩阵的乘积)。此形式使得上述逆变换更易于计算:

$$V = W^{-1} = (RT)^{-1} = T^{-1}R^{-1} = T^{-1}R^{\mathrm{T}} =$$

$$\begin{bmatrix} 1 & 0 & 0 & 0 \\ 0 & 1 & 0 & 0 \\ 0 & 0 & 1 & 0 \\ -Q_x & -Q_y & -Q_z & 1 \end{bmatrix} \begin{bmatrix} u_x & v_x & w_x & 0 \\ u_y & v_y & w_y & 0 \\ u_z & v_z & w_z & 0 \\ 0 & 0 & 0 & 1 \end{bmatrix} = \begin{bmatrix} u_x & v_x & w_x & 0 \\ u_y & v_y & w_y & 0 \\ u_z & v_z & w_z & 0 \\ -Q \cdot u & -Q \cdot v & -Q \cdot w & 1 \end{bmatrix}$$

因此,观察矩阵形为:

$$V = \begin{bmatrix} u_x & v_x & w_x & 0 \\ u_y & v_y & w_y & 0 \\ u_z & v_z & w_z & 0 \\ -Q \cdot u & -Q \cdot v & -Q \cdot w & 1 \end{bmatrix}$$

现在我们来展示一种用以构建观察矩阵中诸向量的直观方法。设 Q 为虚拟摄像机的位置,T 为此摄像机对准的观察目标点（target point）。接下来，设 j 为表示世界空间"向上"方向的单位向量。（在本书中，我们用世界空间中的平面 xo 作为场景中的"地平面"，并以世界空间的 y 轴来指示场景内"向上"的方向。因此，$j = (0, 1, 0)$ 仅是平行于世界空间中 y 轴的一个单位向量。有时为了方便起见，一些应用程序也可能选择平面 xy 作为地平面，而选 z 轴来指示"向上"的方向）。对于图 5.20 来讲，虚拟摄像机的观察方向为：

$$w = \frac{T - Q}{\|T - Q\|}$$

该向量表示虚拟摄像机局部空间的 z 轴。指向 w "右侧"的单位向量为：

$$u = \frac{j \times w}{\|j \times w\|}$$

它表示的是虚拟摄像机局部空间的 x 轴。最后，该摄像机局部空间的 y 轴为：

$$v = w \times u$$

因为 w 和 u 为互相正交的单位向量，所以 $w \times u$ 亦必为单位向量。由此，我们也就无须对向量 v 进行规范化处理了。

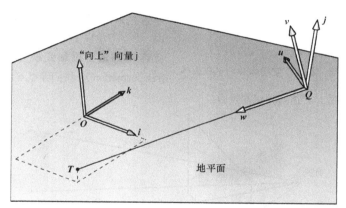

图 5.20　根据指定的摄像机位置、观察的目标点以及世界空间的"向上"向量来构建摄像机坐标系

综上所述，只要给定摄像机的位置、观察目标点以及世界空间中"向上"方向的向量，我们就能构建出对应的摄像机局部坐标系，并推导出相应的观察矩阵。

DirectXMath 库针对上述计算观察矩阵的处理流程提供了以下函数：

```
XMMATRIX XM_CALLCONV XMMatrixLookAtLH(          // 输出观察矩阵 V
    FXMVECTOR EyePosition,                       // 输入虚拟摄像机位置 Q
    FXMVECTOR FocusPosition,                     // 输入观察目标点 T
    FXMVECTOR UpDirection);                      // 输入世界空间中向上方向的向量 j
```

一般来说，世界空间中的 y 轴方向与虚拟摄像机"向上"向量的方向相同，所以，我们通常将"向上"向量定为 $j = (0, 1, 0)$。举个例子，假设我们希望把虚拟摄像机架设于世界空间内点 $(5, 3, -10)$ 的位置，并令它观察世界空间的原点（$0, 0, 0$），则构建相应观察矩阵的过程为：

```
XMVECTOR pos    = XMVectorSet(5, 3, -10, 1.0f);
XMVECTOR target = XMVectorZero();
XMVECTOR up     = XMVectorSet(0.0f, 1.0f, 0.0f, 0.0f);

XMMATRIX V = XMMatrixLookAtLH(pos, target, up);
```

5.6.3 投影和齐次裁剪空间

前一节我们讲解了摄像机在世界空间中的位置和朝向，除此之外，它还有另一个关键组成要素：即摄像机可观察到的空间体积（volume of space）。此范围可用一个由四棱锥截取的平截头体（frustum，即四棱台）来表示（如图 5.21 所示）。

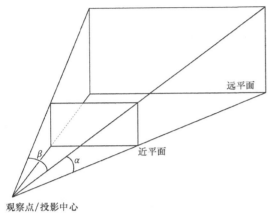

下一个任务是：将平截头体内的 3D 几何体投影到一个 2D 投影窗口（projection window）之中。根据前文所述的透视投影（perspective projection）的原理可知，投影必将沿众平行线汇聚于消失点上，而且随着物体 3D 深度的增加，其投影的尺寸也将逐渐变小（见图 5.22）。我们将由顶点到观察点（eye point，也译作视点）的连线称为**顶点的投影线**（vertex's line of projection）。继而就可以定义出：将 3D 顶点 v 变换至其投影线与 2D 投影平面交点 v' 的**透视投影变换**（perspective projection transformation）。我们称点 v'为点 v 的投影。3D 物

图 5.21 定义摄像机所"观察"空间体积的平截头体

体的投影即为构成该物体上所有顶点的投影。

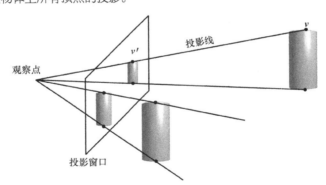

图 5.22 在 3D 空间中，两个大小相同，但却处于不同 3D 深度的圆柱体。靠近观察点的圆柱体投影要大于远离观察点的圆柱体投影。位于平截头体中的几何体会被投射到投影窗口内，而平截头体之外的几何体则会被投射到投影平面上，投影窗口以外的区域

5.6.3.1 定义平截头体

在观察空间中，我们可以通过近平面（near plane，也译作近裁剪面）n、远平面（far plane，也译作远裁剪面）f、垂直视场角（vertical field of view angle）α 以及纵横比（aspect ratio，也作宽高比）r 这 4 个参数来定义一个：以原点作为投影的中心，并沿 z 轴正方向进行观察的平截头体（可参见图 5.23）。值得注意的是，位于观察空间中的远、近平面皆平行于平面 xy，因此，我们就能方便地确定出它们分别沿 z 轴到原点的距离。纵横比的定义为 $r = w/h$，其中 w 为投影窗口的宽度，h 为投影窗口的高度（以观察空间的单位为准）。投影窗

口实质上即为观察空间中场景的 2D 图像。由于该图像终将被映射到后台缓冲区中，因此，我们希望令投影窗口与后台缓冲区两者的纵横比保持一致。为此，我们通常将投影窗口的纵横比指定为后台缓冲区的纵横比（比值并没有单位）。例如，假设后台缓冲区的大小为 800×600，那么我们就指定 $r = \frac{800}{600} \approx 1.333$。如若投影窗口与后台缓冲区的纵横比不一致，那么映射的过程中，就需要对投影窗口在将投影窗口进行不等比缩放（non-uniform scaling，也有将其译为非均匀缩放，非一致性缩放或非统一缩放），继而导致图像出现拉伸变形的现象（例如，投影窗口中的圆形映射到后台缓冲区时，可能会被拉伸为椭圆形）。

我们现在通过垂直视场角 α 和纵横比 r 来确定水平视场角（horizontal field of view angle）β。为此，给出相关示意图 5.23。注意，投影窗口的实际大小并不重要，关键在于确定纵横比。因此，出于方便，我们将高定为 2，而宽则必满足：

$$r = \frac{w}{h} = \frac{w}{2} \Rightarrow w = 2r$$

为了求出具体的垂直视场角 α，我们假定投影窗口到原点的距离为 d：

$$\tan\left(\frac{\alpha}{2}\right) = \frac{1}{d} \Rightarrow d = \cot\left(\frac{\alpha}{2}\right)$$

因此，当投影窗口的高度为 2 且垂直视场角为 α 时，我们就能确定该投影窗口沿 z 轴到观察点的距离 d。已知这些条件，即可求取水平视场角 β。观察图 5.23 中的平面 xz 可以发现：

$$\tan\left(\frac{\beta}{2}\right) = \frac{r}{d} = \frac{r}{\cot\left(\frac{\alpha}{2}\right)}$$

$$= r \cdot \tan\left(\frac{\alpha}{2}\right)$$

所以，一旦给定垂直视场角 α 和纵横比 r，我们必能求出水平视场角 β：

$$\beta = 2\arctan\left(r \cdot \tan\left(\frac{\alpha}{2}\right)\right)$$

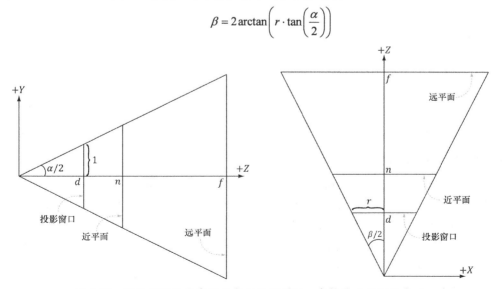

图 5.23　根据指定的垂直视场角 α 和纵横比 r 来推导水平视场角 β

5.6.3.2　投影顶点

我们希望求出给定点（x, y, z）在投影平面 $z = d$ 中的投影（x', y', d），见图 5.24。通过在 x 轴和 y 轴上分别利用相似三角形的性质，我们可以发现：

$$\frac{x'}{d} = \frac{x}{z} \Rightarrow x' = \frac{xd}{z} = \frac{x\cot(\alpha/2)}{z} = \frac{x}{z\tan(\alpha/2)}$$

与

$$\frac{y'}{d} = \frac{y}{z} \Rightarrow y' = \frac{yd}{z} = \frac{y\cot(\alpha/2)}{z} = \frac{y}{z\tan(\alpha/2)}$$

同时不难看出，若点(x, y, z)位于平截头体内，当且仅当：

$$-r \leqslant x' \leqslant r$$
$$-1 \leqslant y' \leqslant 1$$
$$n \leqslant z \leqslant f$$

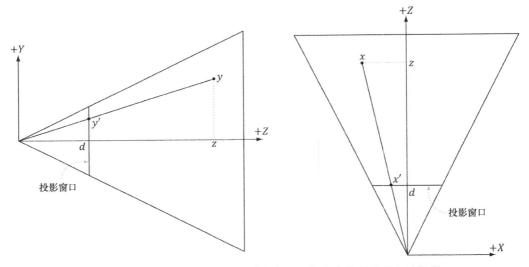

图 5.24　利用相似三角形的性质来求取目标点在投影平面内的投影

5.6.3.3　规格化设备坐标

在前一小节里，我们讨论了如何在观察空间中计算诸点的投影坐标。在计算过程中，要保证观察空间里投影窗口的高为 2，宽为 2r，这 r 即为纵横比。但是，如果投影窗口的尺寸依赖于纵横比便会产生一个问题：由于硬件会涉及一些与投影窗口大小有关的操作（诸如将投影窗口映射到后台缓冲区等），这意味着我们还需要将纵横比告知硬件。因此，如果能去除投影窗口对纵横比的依赖，那么处理过程会更加简单。对此，我们的解决办法是将 x 坐标上的投影区间从$[-r, r]$缩放至归一化区间$[-1, 1]$，就像下面这样：

$$-r \leq x' \leq r$$
$$-1 \leq \frac{x'}{r} \leq 1$$

经此映射处理后，x 坐标和 y 坐标就成为了**规格化设备坐标**（Normalized Device Coordinates，NDC）（请注意，这里并没有对 z 坐标进行归一化处理）。此时，若点 (x, y, z) 位于平截头体之中，当且仅当：

$$-1 \leq x'/r \leq 1$$
$$-1 \leq y' \leq 1$$
$$n \leq z \leq f$$

我们可以把由观察空间到 NDC 空间的变换视为一种单位换算（unit conversion）。观察两者的转换过程，可知存在如下关系：在 x 轴上，1 个 NDC 单位等于观察空间中的 r 个单位（即 1 ndc = r vs）。所以，若给出 x 个观察空间单位，我们就可以根据上述关系将它转换为 NDC 单位（式中的 vs 即观察空间 view space 的缩写）：

$$x \text{ vs} \cdot \frac{1 \text{ ndc}}{r \text{ vs}} = \frac{x}{r} \text{ndc}$$

我们可以基于上式修改投影公式，从而直接求出以 NDC 坐标来表示的 x 轴和 y 轴上的投影坐标：

$$x' = \frac{x}{rz\tan(\alpha/2)}$$
$$y' = \frac{y}{z\tan(\alpha/2)}$$

（5.1）

注意，在 NDC 坐标中，投影窗口的高和宽都为 2，所以它的大小是固定的，硬件也就无须知道纵横比。但是，我们一定要确保将投影坐标映射到 NDC 空间内（图形硬件假设我们会完成这项工作）。

5.6.3.4 用矩阵来表示投影公式

为了保证变换的一致性，我们将用矩阵来表示投影变换。然而，由于式（5.1）的非线性特征，所以并不存在与之对应的矩阵表示。我们的"诀窍"是将其"一分为二"：即将其分为线性与非线性两个处理部分。非线性部分要进行除以 z 的计算过程。正如在下节中所讨论的，我们还要对 z 坐标进行归一化处理；这就意味着在执行非线性部分除以 z 的计算时，我们却无最初的 z 坐标可用。也就是说，我们一定要在此变换之前保存早先传入的初始 z 坐标。为了做到这一点，我们要利用齐次坐标将输入的 z 坐标复制到输出的 w 坐标。根据矩阵的乘法运算法则，需要令元素[2][3] = 1 以及元素[3][3] = 0 来加以实现（这里采用的是以 0 为基准的索引）。此投影矩阵形如：

$$\boldsymbol{P} = \begin{bmatrix} \frac{1}{r\tan(\alpha/2)} & 0 & 0 & 0 \\ 0 & \frac{1}{\tan(\alpha/2)} & 0 & 0 \\ 0 & 0 & A & 1 \\ 0 & 0 & B & 0 \end{bmatrix}$$

可以看到，我们在矩阵当中设置了常量 A 和常量 B（在下一节中会推导它们的定义），利用它们即可把输入的 z 坐标变换到归一化范围。令任意点 $(x, y, z, 1)$ 与该矩阵相乘将会得到：

$$[x, y, z, 1] \begin{bmatrix} \dfrac{1}{r\tan\left(\dfrac{\alpha}{2}\right)} & 0 & 0 & 0 \\ 0 & \dfrac{1}{\tan\left(\dfrac{\alpha}{2}\right)} & 0 & 0 \\ 0 & 0 & A & 1 \\ 0 & 0 & B & 0 \end{bmatrix}$$

$$= \left[\dfrac{x}{r\tan\left(\dfrac{\alpha}{2}\right)}, \dfrac{y}{\tan\left(\dfrac{\alpha}{2}\right)}, Az + B, z \right]$$

（5.2）

在顶点与投影矩阵相乘之后（即线性部分），我们还要通过将每个坐标分别除以 $w = z$（即非线性部分）来完成整个变换过程：

$$\left[\dfrac{x}{r\tan\left(\dfrac{\alpha}{2}\right)}, \dfrac{y}{\tan\left(\dfrac{\alpha}{2}\right)}, Az + B, z \right] \xrightarrow{\text{除以}w} \left[\dfrac{x}{rz\tan\left(\dfrac{\alpha}{2}\right)}, \dfrac{y}{z\tan\left(\dfrac{\alpha}{2}\right)}, A + \dfrac{B}{z}, 1 \right]$$

（5.3）

顺便讲一下，部分读者可能会怀疑是否会发生除以 0 的情况。然而，事实上即使是近平面的 z 值也应当大于 0，所以处于这一位置上的点将会被裁剪（5.9 节）掉。除以 w 的计算过程有时被称为**透视除法**（perspective divide）或**齐次除法**（homogeneous divide）。可以看出，此式中的 x、y 投影坐标也与式（5.1）中的一致。

5.6.3.5 归一化深度值

待投影操作完毕后，所有的投影点都会位于 2D 投影窗口上，从而构成视觉上可见的 2D 图像。看起来，我们似乎在此时就可以丢弃原始的 3D z 坐标了。然而，为了实现深度缓冲算法，我们仍需保留这些 3D 深度信息。就像 Direct3D 希望将 x、y 坐标映射到归一化范围一样，深度坐标也要被映射到归一化区间 $[0, 1]$ 以内。因此，我们必须构建一个保序（order preserving）函数 $g(z)$，用来把 z 坐标从区间 $[n, f]$ 映射到区间 $[0, 1]$。由于该函数具有保序性，即如果 $z_1, z_2 \in [n, f]$ 且 $z_1 < z_2$，那么 $g(z_1) < g(z_2)$。也就是说，对深度值进行归一化处理后，深度关系保持不变。所以，在实现深度缓冲算法的过程中，我们仍能在归一化区间内正确地比较出不同点之间的深度关系。

虽然通过一次缩放和平移操作，便能将 z 坐标从 $[n, f]$ 区间映射到 $[0, 1]$ 区间。但是此方法却不能整合到我们当前的投影方案中去。从式（5.3）中可以看出，z 坐标将经过以下变换的处理：

$$g(z) = A + \dfrac{B}{z}$$

现在，我们需要根据下列约束求出对应的 A 与 B：

条件 1：$g(n) = A + B/n = 0$（将近平面映射为 0）；

条件 2：$g(f) = A + B/f = 1$（把远平面映射为 1）。

根据条件 1 解得 B：

$$B = -An$$

将 B 代入条件 2，解出 A

$$A + \frac{-An}{f} = 1$$

$$\frac{Af - An}{f} = 1$$

$$Af - An = f$$

$$A = \frac{f}{f - n}$$

所以，

$$g(z) = \frac{f}{f - n} - \frac{nf}{(f - n)z}$$

根据函数 g 的图像（见图 5.25）可以看出，它是严格递增（保序性）的非线性函数。同时，这也反映了 $g(z)$ 大部分取值是由近平面附近的深度值所计算得出的。换言之，大多数的深度值被集中地映射到了取值区间中的一段较小的区域内。这将引发深度缓冲区的精度问题（由于计算机表示的数值范围有限，使计算机不足以区分归一化深度值之间的微小差异）。对此，我们一般建议令近平面与远平面尽可能地接近，以改善深度值的精度问题。

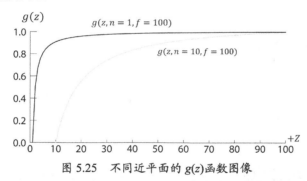

图 5.25　不同近平面的 $g(z)$ 函数图像

既然已经求得了 A 和 B，我们就可以确定出完整的**透视投影矩阵**（perspective projection matrix）：

$$P = \begin{bmatrix} \dfrac{1}{r\tan\left(\dfrac{\alpha}{2}\right)} & 0 & 0 & 0 \\ 0 & \dfrac{1}{\tan\left(\dfrac{\alpha}{2}\right)} & 0 & 0 \\ 0 & 0 & \dfrac{f}{f - n} & 1 \\ 0 & 0 & \dfrac{-nf}{f - n} & 0 \end{bmatrix}$$

在顶点乘以投影矩阵之后但还未进行透视除法之前，几何体会处于所谓的**齐次裁剪空间**（homogeneous clip space）或**投影空间**（projection space）之中。待完成透视除法之后，便是用规格化设备坐标（NDC）

来表示几何体了。

5.6.3.6　XMMatrixPerspectiveFovLH 函数

我们可以利用 DirectXMath 库内的 XMMatrixPerspectiveFovLH 函数来构建透视投影矩阵：

```
// 返回投影矩阵
XMMATRIX XM_CALLCONV XMMatrixPerspectiveFovLH(
  float FovAngleY,      // 用弧度制表示的垂直视场角
  float Aspect,         // 纵横比 = 宽度 / 高度
  float NearZ,          // 到近平面的距离
  float FarZ);          // 到远平面的距离
```

下面的代码片段详细解释了 XMMatrixPerspectiveFovLH 函数的用法。在此例中，我们将垂直视场角指定为 45°，近平面位于 $z = 1$ 处，远平面位于 $z = 1000$ 处（这些长度皆以观察空间中的单位表示）。

```
XMMATRIX P = XMMatrixPerspectiveFovLH(0.25f*XM_PI,
AspectRatio(), 1.0f, 1000.0f);
```

纵横比采用的是我们窗口的宽高比：

```
float D3DApp::AspectRatio()const
{
  return static_cast<float>(mClientWidth) / mClientHeight;
}
```

5.7　曲面细分阶段

曲面细分阶段（tessellation stages）是利用镶嵌化处理技术对网格中的三角形进行细分（subdivide），以此来增加物体表面上的三角形数量。再将这些新增的三角形偏移到适当的位置，使网格表现出更加细腻的细节（见图 5.26）。

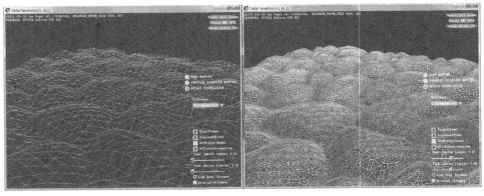

图 5.26　左图展示的是原始网格，右图呈现的是经曲面细分阶段处理后的网格

使用曲面细分的优点有以下几方面。

1.　我们能借此实现一种细节层次（level-of-detail，LOD）机制，使离虚拟摄像机较近的三角形经镶

嵌化处理得到更加丰富的细节，而对距摄像机较远的三角形不进行任何更改。通过这种方式，即可只针对用户关注度高的部分网格增添三角形，从而提升其细节效果。

2. 我们在内存中仅维护简单的**低模**（low-poly，低精度模型，也有译作低面多边形、低面片等）网格（低模网格是指三角形数量较少的网格，已逐渐形成一门独特画风的艺术制作手段），再根据需求为它动态地增添额外的三角形，以此节省内存资源。

3. 我们可以在处理动画和物理模拟之时采用简单的低模网格，而仅在渲染的过程中使用经镶嵌化处理的高模（high-poly，与低模对应）网格。

曲面细分是 Direct3D 11 中新引入的处理阶段，它们为我们提供了一种利用 GPU 即可对几何体进行镶嵌化处理的手段。在 Direct3D 11 之前，如果我们希望实现曲面细分操作，只能在 CPU 上实现这项任务，而且经细分后几何体必须上传回 GPU 中，方可进行渲染。然而，将新几何体从 CPU 端的内存上传至 GPU 显存的过程十分缓慢，而且曲面细分计算也会增加 CPU 的负担。由于这些原因，在 Direct3D 11 之前，曲面细分方法在实时渲染图像方面并没有流行开来。自 Direct3D 11 提供了一组相关的 API 起，才使得曲面细分技术完全可以在与 Direct3D 11 兼容的显卡中得以实现。如此一来就大大提高了曲线细分技术的魅力。曲面细分是一个可选的渲染阶段（可在用户需要之时才开启）。我们将在第 14 章中对此阶段进行详细的讲解。

5.8 几何着色器阶段

几何着色器（geometry shader stage，GS）是一个可选渲染阶段，由于我们从第 12 章起才会用到它，所以这里只对其进行简要概述。几何着色器接受的输入应当是完整的图元。例如，假设我们正在绘制三角形列表，那么向几何着色器传入的将是定义三角形的 3 个顶点。（注意，这 3 个顶点在此之前已经过了顶点着色器阶段的处理）几何着色器的主要优点是可以创建或销毁几何体。比如说，我们可以利用几何着色器将输入的图元拓展为一个或多个其他图元，抑或根据某些条件而选择不输出任何图元。顶点着色器与之相比，则不能创建顶点：它只能接受输入的单个顶点，经处理后再将该顶点输出。几何着色器的常见拿手好戏是将一个点或一条线扩展为一个四边形。

我们也可以留心观察一下图 5.11 中那条"流输出（stream-out）"阶段的箭头。这也就意味着，几何着色器能够为后续的绘制操作，而将顶点数据流输出至显存中的某个缓冲区之内，我们将在后续章节中对这种高级技术展开讨论。

5.9 裁剪

完全位于视锥体（viewing frustum，用户在 3D 空间中的可视范围（形如平截头体）亦常被称为视锥体，也有译作视平截头体、视体、视景体等）之外的几何体需要被丢弃，而处于平截头体交界以外的几何体部分也一定要接受被裁剪（clip）的操作。因此，只有在平截头体之内的物体对象才会最终保留下来。图 5.27 详细地演示了裁剪处理效果。

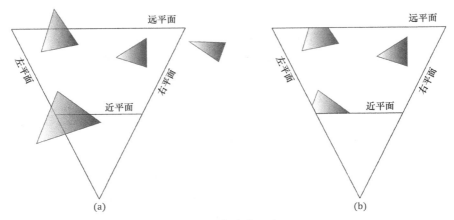

图 5.27　裁剪前后对比

（a）裁剪之前　　（b）裁剪之后

　　我们可以把平截头体看作由顶、底、左、右、近、远这 6 个平面所围成的空间范围。为了裁剪一个与平截头体相交的多边形，我们需要对两者相交的每个平面都逐一进行裁剪操作。当对某个存在相交的平面进行裁剪处理时（见图 5.28），应保留多边形位于正半空间内的部分，并舍去其负半空间内的部分。在对与平面相交的凸多边形裁剪后，最终得到的也一定是个凸多边形。由于裁剪操作是由硬件来负责的，所以我们也就不再赘述其具体的实现细节。但是，我们在此向读者推荐一种比较流行的裁剪方法：苏泽兰（萨瑟兰德）-霍奇曼裁剪算法（Sutherland-Hodgman clipping algorithm，前者 Ivan Sutherland 是图形界的奠基人，可以了解一下）[Sutherland74]。总的来说，此算法的整体思路是找到平面与多边形的所有交点，并将这些顶点按顺序组织成新的裁剪多边形。

　　[Blinn78]叙述了如何在 4D 齐次空间中进行裁剪操作（见图 5.29）。在计算完透视除法之后，位于视锥体内的点就都要用规格化设备坐标 $\left(\dfrac{x}{w}, \dfrac{y}{w}, \dfrac{z}{w}, 1\right)$ 来表示。而坐标中的分量范围也分别是：

$$-1 \leqslant x/w \leqslant 1$$
$$-1 \leqslant y/w \leqslant 1$$
$$0 \leqslant z/w \leqslant 1$$

在进行透视除法之前，位于齐次裁剪空间中视锥体内的 4D 点 (x, y, z, w) 将被限制在以下范围里：

$$-w \leqslant x \leqslant w$$
$$-w \leqslant y \leqslant w$$
$$0 \leqslant z \leqslant w$$

也就是说，这些点将位于下列 6 个 4D 平面所围成的空间之内：

左平面：$w = -x$

右平面：$w = x$

底平面：$w = -y$

顶平面：$w = y$

近平面：$z = 0$

远平面：$z = w$

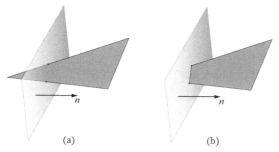
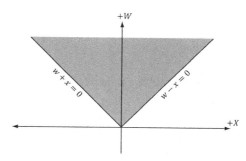

图 5.28　图 a 中，裁剪一个与平面相交的三角形。图 b 中，　　图 5.29　在齐次裁剪空间中，视锥体位
裁剪后的三角形。可以看出经过裁剪的三角形已不再是　　　　　　　于 xw 平面内的范围
一个三角形，而是一个四边形。因此，硬件还需要将此
四边形分解为多个三角形，这对于凸多边形来讲是比较
容易实现的（向量 n 用于区分正半空间与负半空间）

　　只要确定了视锥体在齐次空间内的平面方程，我们即可运用裁剪算法（例如苏泽兰-霍奇曼裁剪算法）。注意，由于可以从数学角度上将线段与平面的相交检测推广到 $\Box^4$ 中去，所以我们能够用 4D 点和 4D 平面在齐次裁剪空间中进行该测试。

5.10　光栅化阶段

　　光栅化阶段（rasterization stage，RS，亦有将 rasterization 译作像素化或栅格化）的主要任务是为投影至屏幕上的 3D 三角形计算出对应的像素颜色。

5.10.1　视口变换

　　当裁剪操作完成之后，硬件会通过透视除法将物体从齐次裁剪空间变换为规格化设备坐标（NDC）。一旦物体的顶点位于 NDC 空间内，构成 2D 图像的 2D 顶点 x、y 坐标就会被变换到后台缓冲区中称为**视口**（viewport）的矩形里（回顾 4.3.9 节）。待此变换完成后，这些 x、y 坐标都将以像素为单位表示。通常来讲，由于 z 坐标常在深度缓冲技术中用作深度值，因此视口变换是不会影响此值的。即便如此，我们还是可以通过修改 D3D12_VIEWPORT 结构体中的 MinDepth 和 MaxDepth 值来做到这一点。届时，我们只需保证 MinDepth 和 MaxDepth 的取值为 0～1 即可。

5.10.2　背面剔除

　　每个三角形都有两个面，我们采用以下约定来对它们进行区分。如果组成三角形的顶点顺序为 v_0、v_1、v_2，那么，我们通过下述方法来计算此三角形的法线 n：

$$e_0 = v_1 - v_0$$
$$e_1 = v_2 - v_0$$
$$n = \frac{e_0 \times e_1}{\|e_0 \times e_1\|}$$

法向量[①]由**正面**（front side）射出，另一面则为**背面**（back side）。图 5.30 详细说明了这一点。

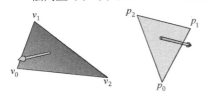

图 5.30　从我们的视角来看，
左侧的三角形为正面朝向，
右侧的三角形为背面朝向

如果观察者看到的是三角形的正面，我们就称此三角形是**正面朝向**（front-facing）的；如果观察者看到的是三角形的背面，则称此三角形是**背面朝向**（back-facing）的。从我们的视角来看，图 5.30 中左侧三角形为正面朝向，右侧三角形为背面朝向。此外，根据我们的视角看来，组成左侧三角形的顶点顺序为顺时针方向，而右侧三角形的顶点顺序为逆时针方向。此现象绝非巧合：在我们选择的这种约定当中（也就是计算三角形法线的方法），根据观察者的视角看去，顶点绕序为顺时针方向的三角形为正面朝向，而顶点绕序为逆时针方向的三角形为背面朝向。

就目前我们所遇到的情况而言，大多数位于 3D 世界空间中的物体皆为实体对象（solid object，具有边界、表面和体积的对象，除此之外还有线框对象等。）。假设依上述约定，令构建每个物体所用都是法线指向外侧的三角形，那么摄像机将看不到实体对象中背面朝向的三角形，这是因为正面朝向的三角形会把背面朝向的三角形遮挡起来。图 5.31 和图 5.32 分别从 2D 和 3D 的视角展示了这种现象。由于背面朝向的三角形都被正面朝向的三角形所遮挡，所以绘制它们是没有意义的。**背面剔除**（backface culling，也称背面消隐）就是用于将背面朝向的三角形从渲染流水线中除去的处理流程。这种操作能将待处理的三角形总量削减一半。

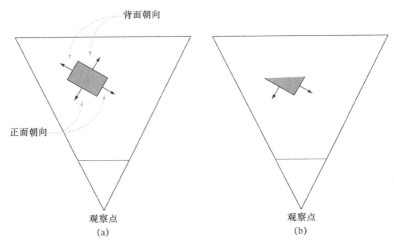

图 5.31　图 a 中，一个由正面朝向三角形和背面朝向三角形所构成的实体对象。图 b 中，展示的
是剔除掉背面朝向三角形的效果。注意，背面剔除技术并不会影响最终显示的图像，
这是因为背面朝向的三角形都被正面朝向的三角形遮挡住了

---

① 从上下文来看，本书中的法线（normal）和法向量（normal vector）指的是同一概念。

在默认的情况下，Direct3D 将以观察者的视角把顺时针绕序的三角形看作正面朝向，把逆时针绕序的三角形当作背面朝向。但是，通过对 Direct3D 渲染状态的设置，我们也可以将这个约定"颠倒"过来。

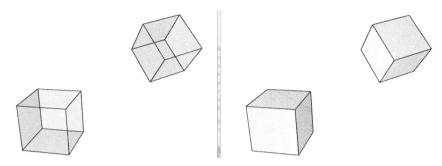

图 5.32 左图中，我们以透视的方式来绘制立方体，因此能将它的 6 个面一览无遗 右图中，我们以实体模式来绘制立方体。注意，由于 3 个背面朝向的面被 3 个正面朝向的面所遮挡，所以我们是看不到它们的——这就是说，我们可以在观察者察觉不到的情况下，从后续的处理流程中丢弃掉背面朝向的三角形

5.10.3　顶点属性插值

回顾前文可知，我们要通过指定顶点来定义三角形。除了位置信息以外，我们还能给顶点附加颜色、法向量和纹理坐标等其他属性。经过视口变换之后，我们需要为求取三角形内诸像素所附的属性而进行插值（interpolate，也有译作内插）运算。而且，除了上述顶点属性，还需对顶点的深度值进行内插，继而得到每个像素参与实现深度缓冲算法的深度值。为了得到屏幕空间（screen space，即将 3D 场景渲染为最终图像的 2D 空间）中各个顶点的插值属性，往往要通过一种名为**透视校正插值**（perspective correct interpolation）的方法，对 3D 空间中三角形的属性进行线性插值（见图 5.33）。从本质上来说，插值法即利用三角形顶点的属性值计算出其内部像素的属性值。

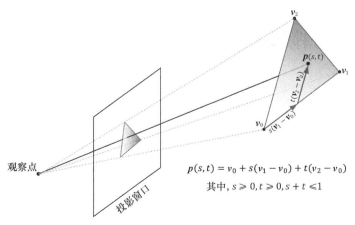

$$p(s,t) = v_0 + s(v_1 - v_0) + t(v_2 - v_0)$$

其中，$s \geqslant 0, t \geqslant 0, s + t \leqslant 1$

图 5.33 通过对图中三角形上 3 个顶点的属性进行线性插值，即可求出该三角形内任意一点所具有的属性值 $p(s,t)$

我们无须考虑透视校正插值法处理像素属性的具体数学细节，因为硬件会自动完成相应的处理。对此感兴趣的读者可以从[Eberly01]中找到相应的数学推导过程。在此，仅借图 5.34 给出此插值法的基本思路。

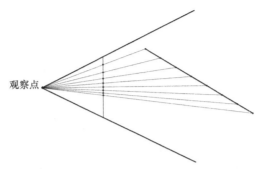

观察点

图 5.34　将一条 3D 线段投影到投影窗口上的过程（该 3D 线段在屏幕空间中的投影实为一条 2D 线段）。可以看到，在观察空间里，与分段均匀的 3D 线段所对应的却可能是一条有着非均匀步长的 2D 线段。

　　由此可见，如果我们在 3D 空间中执行的是线性插值，那么在屏幕空间里则要进行非线性插值

5.11　像素着色器阶段

　　我们编写的像素着色器（pixel shader，PS）是一种由 GPU 来执行的程序。它会针对每一个像素片段（pixel fragment，亦有译作片元）进行处理（即每处理一个像素就要执行一次像素着色器），并根据顶点的插值属性作为输入来计算出对应的像素颜色。像素着色器既可以直接返回一种单一的恒定颜色，也可以实现如逐像素光照（per-pixel lighting）、反射（reflection）以及阴影（shadow）等更为复杂的效果。

5.12　输出合并阶段

　　通过像素着色器生成的像素片段会被移送至渲染流水线的输出合并（Output Merger，OM）阶段。在此阶段中，一些像素片段可能会被丢弃（例如，那些未通过深度缓冲区测试或模板缓冲区测试的像素片段）。而后，剩下的像素片段将会被写入后台缓冲区中。混合（blend，也有译作融合）操作也是在此阶段实现的，此技术可令当前处理的像素与后台缓冲区中的对应像素相融合，而不仅是对后者进行完全的覆写。一些如"透明"这样的特殊效果，也是由混合技术来实现的。我们会在第 10 章中专门讲解这项技术。

5.13 小结

1. 根据人们在真实生活中观察物体的经验，我们可以总结出一些规律。运用这些规律，我们便可以通过 2D 图像模拟出 3D 效果的场景。我们可以观察到的规律有：平行线会聚于消失点，物体的尺寸受其深度的影响（近大远小），离观察者近的物体会遮挡其后距观察者远的物体，光照与阴影的明暗对比可刻画出 3D 物体的实体形状和体积感，阴影还暗示了光源的位置，并反映出场景中不同物体之间的相对位置。

2. 我们用三角形网格来近似地表示物体。并通过指定三角形的 3 个顶点来定义三角形。在许多网格中都存在着顶点被不同三角形所共用的现象，而索引列表则可以用于避免因重复使用顶点而复制顶点数据所带来的冗余信息。

3. 我们可以通过指定红、绿、蓝三色光的强度来描述颜色。利用此三色光不同强度的相加混色（additive mixing，也称加色法），可以使我们表示出数以千万计的颜色。我们通常用归一化范围 0～1 来描述三色的强度，0 表示没有强度，1 表示最高强度，两者之间的值表示相应的中间强度。一般来说还会加入另一种名为 **alpha 分量**（alpha component）的颜色分量。alpha 分量通常用于表示颜色的不透明度，这在混合技术中是很有用的。算上 alpha 分量，我们就能用 4D 颜色向量 (r, g, b, a) 来表示颜色，其中 $0 \leqslant r, g, b, a \leqslant 1$。由于需要用 4D 向量来描述颜色数据，所以我们也就能用 XMVECTOR 类型在代码中表示颜色。而且，在使用 DirectXMath 向量函数进行颜色值运算时，我们还可从 SIMD 技术中受益。为了能用 32 位数据（32-bits）来表示颜色，每一个分量都将被分配 1 字节；DirectXMath 库提供了 XMCOLOR 结构体来存储 32 位颜色值。在计算颜色向量的加法、减法和标量乘法时，除了需要将分量钳制在区间 $[0, 1]$（对 32 位颜色来说区间为 $[0, 255]$）之中，其余都与普通向量的运算相同。而其他诸如"点积""叉积"这样的向量运算，对颜色向量而言都是没有意义的。此外，符号 $\otimes$ 表示分量式乘法，它的定义为 $(c_1, c_2, c_3, c_4) \otimes (k_1, k_2, k_3, k_4) = (c_1 k_1, c_2 k_2, c_3 k_3, c_4 k_4)$。

4. 给出某个 3D 场景的几何描述，并在此场景中设置一台具有特定位置与朝向的虚拟摄像机，那么**渲染流水线**（rendering pipeline）就是根据该虚拟摄像机的视角，生成能呈现在显示器中对应 2D 图像的这一系列完整步骤。

5. 渲染流水线可以划分为输入装配（Input Assembly，IA）阶段、顶点着色器（Vertex Shader，VS）阶段、曲面细分（tessellation）阶段、几何着色器（Geometry Shader，GS）阶段、裁剪阶段、光栅化阶段（Rasterization Shage，RS）、像素着色器（Pixel Shader，PS）阶段以及输出合并（Output Merger，OM）等重要阶段。

5.14 练习

1. 构建图 5.35 中"金字塔"的顶点列表和索引列表。

2. 考虑图 5.36 中列出的两个几何图形。将这两种图形的顶点列表和索引列表分别合并为一个顶点列表和一个索引列表（实现的过程中要注意：将第二个索引列表追加到第一个索引列表之时，还需要对这些追加的索引值进行更新。这是因为第二个索引列表中的原索引值所引用的仍是第二个顶点列表中的顶点，而不是合并后顶点列表中的顶点）。

3. 在世界坐标系中，假设一台位于$(-20, 35, -50)$的虚拟摄像机正对准点$(10, 0, 30)$进行观察，并且已知描述向上方向的向量为$(0, 1, 0)$。计算此摄像机的观察矩阵。

4. 现给出一视锥体，其垂直视场角$\theta = 45°$，纵横比r为$a = 4/3$，近平面为$n = 1$，远平面为$f = 100$。求出此视锥体对应的透视投影矩阵。

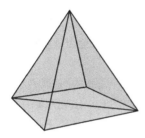

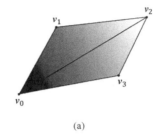

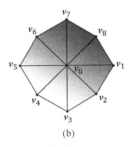

图 5.35 构成四棱锥所用的多个三角形　　　图 5.36 练习 2 所用的几何图形

5. 假设观察窗口的高度为 4。求出当垂直视场角为$\theta = 60°$时，从原点到此观察窗口的距离d。

6. 考虑下列透视投影矩阵：

$$\begin{bmatrix} 1.86603 & 0 & 0 & 0 \\ 0 & 3.73205 & 0 & 0 \\ 0 & 0 & 1.02564 & 1 \\ 0 & 0 & -5.12821 & 0 \end{bmatrix}$$

求出构建此矩阵所用的垂直视场角α、纵横比r以及远、近平面的值。

7. 给出含有 4 个固定值A、B、C、D的透视投影矩阵如下：

$$\begin{bmatrix} A & 0 & 0 & 0 \\ 0 & B & 0 & 0 \\ 0 & 0 & C & 1 \\ 0 & 0 & D & 0 \end{bmatrix}$$

求出以A、B、C、D表示的构建此矩阵所用的垂直视场角α、纵横比r以及远、近平面的距离值。即求解下列方程：

（a）$A = \dfrac{1}{r\tan(\alpha/2)}$

（b）$B = \dfrac{1}{\tan(\alpha/2)}$

（c）$C = \dfrac{f}{f-n}$

（d）$D = \dfrac{-nf}{f-n}$

借助这些方程的解，我们就可得到表示本书中任意透视投影矩阵的垂直视场角 α、纵横比 r 以及远、近平面的公式。

8. 对于投影纹理算法（projective texturing algorithm，也作 projective texture mapping）来说，我们在完成投影变换之后还要为之乘上一个仿射变换矩阵 T。验证：透视除法与乘以矩阵 T 的运算顺序不影响计算结果。设 v 为一个 4D 向量，P 为一个投影矩阵，T 为一个 4×4 的仿射变换矩阵，且下标 w 表示 4D 向量的 w 坐标，证明：

$$\left(\frac{vP}{(vP)_w} \right) T = \frac{(vPT)}{(vPT)_w}$$

9. 证明投影矩阵的逆矩阵为：

$$P^{-1} = \begin{bmatrix} r\tan\left(\dfrac{\alpha}{2}\right) & 0 & 0 & 0 \\ 0 & \tan\left(\dfrac{\alpha}{2}\right) & 0 & 0 \\ 0 & 0 & 0 & -\dfrac{f-n}{nf} \\ 0 & 0 & 1 & \dfrac{1}{n} \end{bmatrix}$$

10. 设 $[x, y, z, 1]$ 为观察空间中的某点坐标，而且此点在 NDC 空间中的坐标为 $[x_{ndc}, y_{ndc}, z_{ndc}, 1]$。证明我们能通过以下方法将该点从 NDC 空间变换到观察空间：

$$[x_{ndc}, y_{ndc}, z_{ndc}, 1] P^{-1} = \left[\frac{x}{z}, \frac{y}{z}, 1, \frac{1}{z} \right] \xrightarrow{\text{除以} w} [x, y, z, 1]$$

解释我们为什么还需要除以 w。如果是把此点从齐次裁剪空间变换到观察空间，还需除以 w 吗？

11. 描述视锥体的另一种方法是指定其近平面处的宽和高。如若给出一个近平面为 n、远平面为 f，而且近平面处宽为 w、高为 h 的视锥体，那么请证明其对应的透视投影矩阵为：

$$P = \begin{bmatrix} \dfrac{2n}{w} & 0 & 0 & 0 \\ 0 & \dfrac{2n}{h} & 0 & 0 \\ 0 & 0 & \dfrac{f}{f-n} & 1 \\ 0 & 0 & \dfrac{-nf}{f-n} & 0 \end{bmatrix}$$

12. 给出一个视锥体，其垂直视场角为 θ，纵横比为 a，近平面为 n，远平面为 f。求该视锥体的 8 个顶点坐标。

13. 考虑由公式 $S_{xy}(x, y, z) = (x + zt_x, y + zt_y, z)$ 给出的 3D 剪切变换（shear transform，亦称错切变换）。

变换过程详见图 5.37。证明此线性变换可由以下矩阵来表示：

$$S_{xy} = \begin{bmatrix} 1 & 0 & 0 \\ 0 & 1 & 0 \\ t_x & t_y & 1 \end{bmatrix}$$

14. 思考平面 $z = 1$ 内的 3D 点，即所有可由坐标 $(x, y, 1)$ 来统一表示的点。从上一习题中对点 $(x, y, 1)$ 进行的剪切变换 S_{xy} 可以看出，其效果就如同对平面 $z = 1$ 中的所有点执行了一次 2D 平移操作：

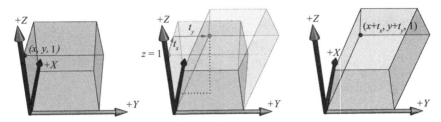

图 5.37　x、y 坐标随 z 坐标发生剪切变换。图中长方体的上表面位于平面 $z = 1$ 内。经观察可知，剪切变换对此平面上的点逐一进行了平移

$$[x,\ y,\ 1] \begin{bmatrix} 1 & 0 & 0 \\ 0 & 1 & 0 \\ t_x & t_y & 1 \end{bmatrix} = [x + t_x,\ y + t_y,\ 1]$$

　　事实上，我们也可以运用 3D 坐标来编写 2D 应用程序，但此时处理的将总是 $z = 1$ 这一平面内的 2D 空间。接下来，我们就可以用 S_{xy} 在 2D 空间中实现平移操作。

　　基于上述讨论，即可推广出以下结论：

（a）正如 3D 空间中的平面是一个 2D 空间一般，4D 空间中的平面实为一个 3D 空间。当我们用齐次坐标 $(x, y, z, 1)$ 表示点时，其实是在处理 4D 平面 $w = 1$ 这一 3D 空间中的点。

（b）平移矩阵是 4D 剪切变换 $S_{xyz}(x, y, z, w) = (x + wt_x, y + wt_y, z + wt_z, w)$ 的矩阵表示。4D 剪切变换会对平面 $w = 1$ 内的点实现平移的效果。

第**6**章
利用 Direct3D 绘制几何体

在第 5 章中，我们几乎把全部的注意力都集中在渲染流水线的概念及其相关的数学知识之上。在本章中，我们将关注配置渲染流水线的 Direct3D API 接口与方法、定义顶点着色器和像素着色器并将几何体提交至渲染流水线进行绘制。完成本章的学习后，我们将能以实体着色（solid coloring）模式或在线框模式（wireframe mode）下绘制一个 3D 立方体。

学习目标：
1. 探索用于定义、存储和绘制几何体数据的 Direct3D 接口与方法。
2. 学习编写简单的顶点着色器和像素着色器。
3. 了解如何用渲染流水线状态对象来配置渲染流水线。
4. 理解怎样创建常量缓冲区数据，并将其绑定到渲染流水线上。掌握根签名的用法。

6.1 顶点与输入布局

回顾 5.5.1 节可知，除了空间位置，Direct3D 中的顶点还可以存储其他属性数据。为了构建自定义的顶点格式，我们首先要创建一个结构体来容纳选定的顶点数据。例如，下面列出了两种不同类型的顶点格式：一种由位置和颜色信息组成，另一种则由位置、法向量以及两组 2D 纹理坐标构成。

```
struct Vertex1
{
  XMFLOAT3 Pos;
  XMFLOAT4 Color;
};

struct Vertex2
{
  XMFLOAT3 Pos;
  XMFLOAT3 Normal;
  XMFLOAT2 Tex0;
  XMFLOAT2 Tex1;
};
```

定义了顶点结构体之后，我们还需要向 Direct3D 提供该顶点结构体的描述，使它了解应怎样来处理结构体中的每个成员。用户提供给 Direct3D 的这种描述被称为**输入布局描述**（input layout description），用结构体 D3D12_INPUT_LAYOUT_DESC 来表示：

```
typedef struct D3D12_INPUT_LAYOUT_DESC
{
  const D3D12_INPUT_ELEMENT_DESC *pInputElementDescs;
  UINT NumElements;
} D3D12_INPUT_LAYOUT_DESC;
```

　　输入布局描述实由两部分组成：即一个以 D3D12_INPUT_ELEMENT_DESC 元素构成的数组，以及一个表示该数组中的元素数量的整数。

　　D3D12_INPUT_ELEMENT_DESC 数组中的元素依次描述了顶点结构体中所对应的成员。这就是说，如果某顶点结构体中有两个成员，那么与之对应的 D3D12_INPUT_ELEMENT_DESC 数组也将存有两个元素。D3D12_INPUT_ELEMENT_DESC 结构体的定义如下：

```
typedef struct D3D12_INPUT_ELEMENT_DESC
{
  LPCSTR SemanticName;
  UINT SemanticIndex;
  DXGI_FORMAT Format;
  UINT InputSlot;
  UINT AlignedByteOffset;
  D3D12_INPUT_CLASSIFICATION InputSlotClass;
  UINT InstanceDataStepRate;
} D3D12_INPUT_ELEMENT_DESC;
```

1.　SemanticName：一个与元素相关联的特定字符串，我们称之为语义（semantic），它传达了元素的预期用途。该参数可以是任意合法的语义名。通过语义即可将顶点结构体（图 6.1 中的 struct Vertex）中的元素与顶点着色器输入签名[1]（vertex shader input signature，即图 6.1 中的 VertexOut VS 的众参数）中的元素一一映射起来，如图 6.1 所示。

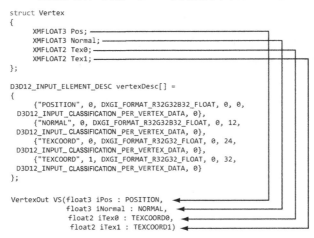

图 6.1　D3D12_INPUT_ELEMENT_DESC 数组中的元素与顶点结构体中的成员一一对应，而语义名与索引则为顶点元素映射到顶点着色器中对应的参数提供了途径

---

① 此处提及的"签名（signature）"即着色器的输入或输出参数列表。

2. `SemanticIndex`：附加到语义上的索引。此成员的设计动机可从图 6.1 中看出。例如，顶点结构体中的纹理坐标可能不止一组，而仅在语义名尾部添加一个索引，即可在不引入新语义名的情况下区分出这两组不同的纹理坐标。在着色器代码中，未标明索引的语义将默认其索引值为 0，也就是说，图 6.1 中的 POSITION 与 POSITION0 等价。

3. `Format`：在 **Direct3D** 中，要通过枚举类型 DXGI_FORMAT 中的成员来指定顶点元素的格式（即数据类型）。下面是一些常用的格式。

```
DXGI_FORMAT_R32_FLOAT        // 1D 32 位浮点标量
DXGI_FORMAT_R32G32_FLOAT     // 2D 32 位浮点向量
DXGI_FORMAT_R32G32B32_FLOAT  // 3D 32 位浮点向量
DXGI_FORMAT_R32G32B32A32_FLOAT // 4D 32 位浮点向量

DXGI_FORMAT_R8_UINT          // 1D 8 位无符号整型标量
DXGI_FORMAT_R16G16_SINT      // 2D 16 位有符号整型向量
DXGI_FORMAT_R32G32B32_UINT   // 3D 32 位无符号整型向量
DXGI_FORMAT_R8G8B8A8_SINT    // 4D 8 位有符号整型向量
DXGI_FORMAT_R8G8B8A8_UINT    // 4D 8 位无符号整型向量
```

4. `InputSlot`：指定传递元素所用的输入槽（input slot index）索引。Direct3D 共支持 16 个输入槽（索引值为 0~15），可以通过它们来向输入装配阶段传递顶点数据。目前我们只会用到输入槽 0（即所有的顶点元素都来自同一个输入槽），但在本章的习题 2 中将会涉及多输入槽的编程实践。

5. `AlignedByteOffset`：在特定输入槽中，从 C++顶点结构体的首地址到其中某点元素起始地址的偏移量（用字节表示）。例如，在下列顶点结构体中，元素 Pos 的偏移量为 0 字节，因为它的起始地址与顶点结构体的首地址一致；元素 Normal 的偏移量为 12 字节，因为跳过 Pos 所占用的字节数才能找到 Normal 的起始地址；元素 Tex0 的偏移量为 24 字节，因为跨过 Pos 和 Normal 的总字节数才可获取 Tex0 的起始地址。同理，元素 Tex1 的偏移量为 32 字节，只有跳过 Pos、Normal 和 Tex0 这 3 个元素的总字节数方可寻得 Tex1 的起始地址。

```
struct Vertex2
{
  XMFLOAT3 Pos;    // 偏移量为 0 字节
  XMFLOAT3 Normal; // 偏移量为 12 字节
  XMFLOAT2 Tex0;   // 偏移量为 24 字节
  XMFLOAT2 Tex1;   // 偏移量为 32 字节
};
```

6. `InputSlotClass`：我们暂且把此参数指定为 D3D12_INPUT_CLASSIFICATION_PER_VERTEX_DATA[①]。而另一选项（D3D12_INPUT_CLASSIFICATION_PER_INSTANCE_DATA[②]）则用于实现实例化（instancing）这种高级技术。

7. `InstanceDataStepRate`：目前仅将此值指定为 0。若要采用实例化这种高级技术，则将此参数设为 1。

就前面 Vertex1 和 Vertex2 这两个顶点结构体的例子来说，其相应的输入布局描述为：

```
D3D12_INPUT_ELEMENT_DESC desc1[] =
```

---

① 预览版中为 D3D12_INPUT_PER_VERTEX_DATA。

② 预览版中为 D3D12_INPUT_PER_INSTANCE_DATA。

```
{
  {"POSITION", 0, DXGI_FORMAT_R32G32B32_FLOAT, 0, 0,
    D3D12_INPUT_CLASSIFICATION_PER_VERTEX_DATA, 0},
  {"COLOR", 0, DXGI_FORMAT_R32G32B32A32_FLOAT, 0, 12,
    D3D12_INPUT_CLASSIFICATION_PER_VERTEX_DATA, 0}
};

D3D12_INPUT_ELEMENT_DESC desc2[] =
{
  {"POSITION", 0, DXGI_FORMAT_R32G32B32_FLOAT, 0, 0,
    D3D12_INPUT_CLASSIFICATION_PER_VERTEX_DATA, 0},
  {"NORMAL",  0, DXGI_FORMAT_R32G32B32_FLOAT, 0, 12,
    D3D12_INPUT_CLASSIFICATION_PER_VERTEX_DATA, 0},
  {"TEXCOORD", 0, DXGI_FORMAT_R32G32_FLOAT,  0, 24,
    D3D12_INPUT_CLASSIFICATION_PER_VERTEX_DATA, 0}
  {"TEXCOORD", 1, DXGI_FORMAT_R32G32_FLOAT,  0, 32,
    D3D12_INPUT_CLASSIFICATION_PER_VERTEX_DATA, 0}
};
```

6.2　顶点缓冲区

为了使 GPU 可以访问顶点数组，就需要把它们放置在称为**缓冲区**（buffer）的 GPU 资源（ID3D12Resource）里。我们把存储顶点的缓冲区叫作**顶点缓冲区**（vertex buffer）。缓冲区的结构比纹理更为简单：既非多维资源，也不支持 mipmap、过滤器以及多重采样等技术。当需要向 GPU 提供如顶点这类数据元素所构成的数组时，我们便会使用缓冲区。

就像在 4.3.8 节中所做的那样，我们先通过填写 D3D12_RESOURCE_DESC 结构体来描述缓冲区资源，接着再调用 ID3D12Device::CreateCommittedResource 方法去创建 ID3D12Resource 对象。至于 D3D12_RESOURCE_DESC 结构体中所有成员的介绍，可参考 4.3.8 节。Direct3D 12 提供了一个 C++包装类 CD3DX12_RESOURCE_DESC，它派生自 D3D12_RESOURCE_DESC 结构体，并附有多种便于使用的构造函数以及方法。特别是它提供的下列方法，一种简化缓冲区描述过程的 D3D12_RESOURCE_DESC 的构造函数：

```
static inline CD3DX12_RESOURCE_DESC Buffer(
    UINT64 width,
    D3D12_RESOURCE_FLAGS flags = D3D12_RESOURCE_FLAG_NONE,
    UINT64 alignment = 0 )
{
  return CD3DX12_RESOURCE_DESC( D3D12_RESOURCE_DIMENSION_BUFFER,
    alignment, width, 1, 1, 1,
    DXGI_FORMAT_UNKNOWN, 1, 0,
    D3D12_TEXTURE_LAYOUT_ROW_MAJOR, flags );
}
```

对于缓冲区而言，函数代码中的 width 即表示缓冲区中所占的字节数。例如，若缓冲区存储了 64 个 float 类型的数据，那么 width 的值即为 64*sizeof(float)。

注意

 除此之外，CD3DX12_RESOURCE_DESC 类还提供了以下构建 D3D12_RESOURCE_DESC 结构体的简便方法，用于描述纹理资源及其可供查询的相关信息：

1. CD3DX12_RESOURCE_DESC::Tex1D
2. CD3DX12_RESOURCE_DESC::Tex2D
3. CD3DX12_RESOURCE_DESC::Tex3D

注意

 我们在第 4 章中曾提到深度/模板缓冲区，它是一种以 ID3D12Resource 对象表示的 2D 纹理。在 Direct3D 12 中，所有的资源均用 ID3D12Resource 接口表示。相比之下，Direct3D 11 则采用如 ID3D11Buffer 与 ID3D11Texture2D 等多种不同的接口来表示各种不同的资源。而且，在 Direct3D 12 中，资源的类型由 D3D12_RESOURCE_DESC::D3D12_RESOURCE_DIMENSION 字段来加以区分。例如，缓冲区用 D3D12_RESOURCE_DIMENSION_BUFFER 类型表示，而 2D 纹理则以 D3D12_RESOURCE_DIMENSION_TEXTURE2D 类型表示。

对于静态几何体（static geometry，即每一帧都不会发生改变的几何体）而言，我们会将其顶点缓冲区置于默认堆（D3D12_HEAP_TYPE_DEFAULT）中来优化性能。一般说来，游戏中的大多数几何体（如树木、建筑物、地形和动画角色）都是如此处理。在这种情况下，顶点缓冲区初始化完毕后，只有 GPU 需要从其中读取数据来绘制几何体，所以使用默认堆是很明智的做法。然而，如果 CPU 不能向默认堆中的顶点缓冲区写入数据，那么我们该如何初始化此顶点缓冲区呢？

因此，除了创建顶点缓冲区资源本身之外，我们还需用 D3D12_HEAP_TYPE_UPLOAD 这种堆类型来创建一个处于中介位置的**上传缓冲区**（upload buffer）资源。在 4.3.8 节里，我们就是通过把资源提交至上传堆，才得以将数据从 CPU 复制到 GPU 显存中。在创建了上传缓冲区之后，我们就可以将顶点数据从系统内存复制到上传缓冲区，而后再把顶点数据从上传缓冲区复制到真正的顶点缓冲区中。

由于我们需要利用作为中介的上传缓冲区来初始化默认缓冲区（即用堆类型 D3D12_HEAP_TYPE_DEFAULT 创建的缓冲区）中的数据，因此，我们就在 **d3dUtil.h/.cpp** 文件中构建了下列工具函数，以避免在每次使用默认缓冲区时再做这些重复的工作。

```
Microsoft::WRL::ComPtr<ID3D12Resource> d3dUtil::CreateDefaultBuffer(
  ID3D12Device* device,
  ID3D12GraphicsCommandList* cmdList,
  const void* initData,
  UINT64 byteSize,
  Microsoft::WRL::ComPtr<ID3D12Resource>& uploadBuffer)
{
  ComPtr<ID3D12Resource> defaultBuffer;

  // 创建实际的默认缓冲区资源
  ThrowIfFailed(device->CreateCommittedResource(
```

```
  &CD3DX12_HEAP_PROPERTIES(D3D12_HEAP_TYPE_DEFAULT),
  D3D12_HEAP_FLAG_NONE,
  &CD3DX12_RESOURCE_DESC::Buffer(byteSize),
    D3D12_RESOURCE_STATE_COMMON,
  nullptr,
  IID_PPV_ARGS(defaultBuffer.GetAddressOf())));

// 为了将 CPU 端内存中的数据复制到默认缓冲区，我们还需要创建一个处于中介位置的上传堆
ThrowIfFailed(device->CreateCommittedResource(
  &CD3DX12_HEAP_PROPERTIES(D3D12_HEAP_TYPE_UPLOAD),
    D3D12_HEAP_FLAG_NONE,
  &CD3DX12_RESOURCE_DESC::Buffer(byteSize),
    D3D12_RESOURCE_STATE_GENERIC_READ,
  nullptr,
  IID_PPV_ARGS(uploadBuffer.GetAddressOf())));

// 描述我们希望复制到默认缓冲区中的数据
D3D12_SUBRESOURCE_DATA subResourceData = {};
subResourceData.pData = initData;
subResourceData.RowPitch = byteSize;
subResourceData.SlicePitch = subResourceData.RowPitch;

// 将数据复制到默认缓冲区资源的流程
// UpdateSubresources 辅助函数会先将数据从 CPU 端的内存中复制到位于中介位置的上传堆里接着，
// 再通过调用 ID3D12CommandList::CopySubresourceRegion 函数，把上传堆内的数据复制到
// mBuffer 中①
cmdList->ResourceBarrier(1,
  &CD3DX12_RESOURCE_BARRIER::Transition(defaultBuffer.Get(),
  D3D12_RESOURCE_STATE_COMMON,
  D3D12_RESOURCE_STATE_COPY_DEST));
UpdateSubresources<1>(cmdList,
  defaultBuffer.Get(), uploadBuffer.Get(),
  0, 0, 1, &subResourceData);
cmdList->ResourceBarrier(1,
  &CD3DX12_RESOURCE_BARRIER::Transition(defaultBuffer.Get(),
  D3D12_RESOURCE_STATE_COPY_DEST,
  D3D12_RESOURCE_STATE_GENERIC_READ));

// 注意：在调用上述函数后，必须保证 uploadBuffer 依然存在，而不能对它立即进行销毁。这是因为
// 命令列表中的复制操作可能尚未执行。待调用者得知复制完成的消息后，方可释放 uploadBuffer
return defaultBuffer;
}
```

D3D12_SUBRESOURCE_DATA 结构体的定义为：

---

① 在正式版中，ID3D12CommandList::CopySubresourceRegion（这是预览版中的函数名）函数已细分为主要负责复制纹理的函数 CopyTextureRegion（即也可复制缓冲区资源），与负责复制缓冲区数据的函数 CopyBufferRegion，它们皆继承自 ID3D12GraphicsCommandList 接口。而且 UpdateSubresources 函数亦有修改，此函数共有 3 种实现，第一种以一块分配的内存真正地实现了将资源从上传堆复制到默认堆，而另外两种则分别先在堆或栈中分配复制过程中所需的内存，再调用第一种实现去执行实际的复制操作。最后，上传堆内的数据最终是被复制到以 CD3DX12_TEXTURE_COPY_LOCATION Dst 表示的默认堆中，而不是 mBuffer 中。

```
typedef struct D3D12_SUBRESOURCE_DATA
{
  const void *pData;
  LONG_PTR RowPitch;
  LONG_PTR SlicePitch;
} D3D12_SUBRESOURCE_DATA;
```

1. pData：指向某个系统内存块的指针，其中有初始化缓冲区所用的数据。如果欲初始化的缓冲区能够存储 n 个顶点数据，则该系统内存块必定可容纳至少 n 个顶点数据，以此来初始化整个缓冲区。

2. RowPitch：对于缓冲区而言，此参数为欲复制数据的字节数。

3. SlicePitch：对于缓冲区而言，此参数亦为欲复制数据的字节数。

下面的代码演示了此类将如何创建存有立方体 8 个顶点的默认缓冲区，并为其中的每个顶点都分别赋予了不同的颜色。

```
Vertex vertices[] =
{
  { XMFLOAT3(-1.0f, -1.0f, -1.0f), XMFLOAT4(Colors::White) },
  { XMFLOAT3(-1.0f, +1.0f, -1.0f), XMFLOAT4(Colors::Black) },
  { XMFLOAT3(+1.0f, +1.0f, -1.0f), XMFLOAT4(Colors::Red) },
  { XMFLOAT3(+1.0f, -1.0f, -1.0f), XMFLOAT4(Colors::Green) },
  { XMFLOAT3(-1.0f, -1.0f, +1.0f), XMFLOAT4(Colors::Blue) },
  { XMFLOAT3(-1.0f, +1.0f, +1.0f), XMFLOAT4(Colors::Yellow) },
  { XMFLOAT3(+1.0f, +1.0f, +1.0f), XMFLOAT4(Colors::Cyan) },
  { XMFLOAT3(+1.0f, -1.0f, +1.0f), XMFLOAT4(Colors::Magenta) }
};

const UINT64 vbByteSize = 8 * sizeof(Vertex);

ComPtr<ID3D12Resource> VertexBufferGPU = nullptr;
ComPtr<ID3D12Resource> VertexBufferUploader = nullptr;
VertexBufferGPU = d3dUtil::CreateDefaultBuffer(md3dDevice.Get(),
  mCommandList.Get(), vertices, vbByteSize, VertexBufferUploader);
```

代码中的 Vertex 类型（即顶点的坐标及其颜色）的定义如下。

```
struct Vertex
{
  XMFLOAT3 Pos;
  XMFLOAT4 Color;
};
```

为了将顶点缓冲区绑定到渲染流水线上，我们需要给这种资源创建一个顶点缓冲区视图（vertex buffer view）。与 RTV（render target view，渲染目标视图）不同的是，我们无须为顶点缓冲区视图创建描述符堆。而且，顶点缓冲区视图是由 D3D12_VERTEX_BUFFER_VIEW[1]结构体来表示。

```
typedef struct D3D12_VERTEX_BUFFER_VIEW
{
  D3D12_GPU_VIRTUAL_ADDRESS BufferLocation;
```

---

① 在预览版中，其名为 D3D12_VERTEX_BUFFER_DESC。

```
UINT SizeInBytes;
UINT StrideInBytes;
}   D3D12_VERTEX_BUFFER_VIEW;
```

1. BufferLocation：待创建视图的顶点缓冲区资源虚拟地址。我们可以通过 ID3D12Resource::
   GetGPUVirtualAddress 方法来获得此地址。

2. SizeInBytes：待创建视图的顶点缓冲区大小（用字节表示）。

3. StrideInBytes：每个顶点元素所占用的字节数。

在顶点缓冲区及其对应视图创建完成后，便可以将它与渲染流水线上的一个输入槽（input slot）相绑定。这样一来，我们就能向流水线中的输入装配器阶段传递顶点数据了。此操作可以通过下列方法来实现。

```
void ID3D12GraphicsCommandList::IASetVertexBuffers(
  UINT StartSlot,
  UINT NumView,
  const D3D12_VERTEX_BUFFER_VIEW *pViews);
```

1. StartSlot：在绑定多个顶点缓冲区时，所用的起始输入槽（若仅有一个顶点缓冲区，则将其绑定至此槽）。输入槽共有 16 个，索引为 0～15。

2. NumViews：将要与输入槽绑定的顶点缓冲区数量（即视图数组 pViews 中视图的数量）。如果起始输入槽 StartSlot 的索引值为 k，且我们要绑定 n 个顶点缓冲区，那么这些缓冲区将依次与输入槽 $I_k, I_{k+1}, \cdots, I_{k+n-1}$ 相绑定。

3. pViews：指向顶点缓冲区视图数组中第一个元素的指针。

下面是该函数的一个调用示例。

```
D3D12_VERTEX_BUFFER_VIEW vbv;
vbv.BufferLocation = VertexBufferGPU->GetGPUVirtualAddress();
vbv.StrideInBytes = sizeof(Vertex);
vbv.SizeInBytes = 8 * sizeof(Vertex);

D3D12_VERTEX_BUFFER_VIEW vertexBuffers[1] = { vbv };
mCommandList->IASetVertexBuffers(0, 1, vertexBuffers);
```

由于 IASetVertexBuffers 方法会将顶点缓冲区数组中的元素设置到不同的输入槽上去，所以使它看起来似乎有些复杂。但是，在我们的示例中实际只会使用一个输入槽。而在章末的一道习题中，我们将体验到运用两个输入槽进行绘制的过程。

我们若不对顶点缓冲区进行任何修改，它就将一直被绑定于所在的输入槽上。所以，如果使用多个顶点缓冲区，那么就可以按以下流程来构建代码。

```
ID3D12Resource* mVB1; // 存储 Vertex1 类型的顶点
ID3D12Resource* mVB2; // 存储 Vertex2 类型的顶点

D3D12_VERTEX_BUFFER_VIEW mVBView1; // mVB1 的视图
D3D12_VERTEX_BUFFER_VIEW mVBView2; // mVB2 的视图

/*……创建顶点缓冲区及其视图……*/

mCommandList->IASetVertexBuffers(0, 1, &mVBView1);
/* ……使用顶点缓冲区 1 来绘制物体…… */
```

```
mCommandList->IASetVertexBuffers(0, 1, &mVBView2);
/* ……使用顶点缓冲区 2 来绘制物体…… */
```

将顶点缓冲区设置到输入槽上并不会对其执行实际的绘制操作，而是仅为顶点数据送至渲染流水线做好准备而已。这最后一步才是通过 ID3D12GraphicsCommandList::DrawInstanced 方法[①]真正地绘制顶点。

```
void ID3D12GraphicsCommandList::DrawInstanced (
    UINT VertexCountPerInstance,
    UINT InstanceCount,
    UINT StartVertexLocation,
    UINT StartInstanceLocation);
```

1. VertexCountPerInstance：每个实例要绘制的顶点数量。

2. InstanceCount：用于实现一种被称作实例化（instancing）的高级技术。就目前来说，我们只绘制一个实例，因而将此参数设置为 1。

3. StartVertexLocation:指定顶点缓冲区内第一个被绘制顶点的索引(该索引值以 0 为基准)。

4. StartInstanceLocation:用于实现一种被称作实例化的高级技术，暂时只需将其设置为 0。

VertexCountPerInstance 和 StartVertexLocation 两个参数定义了顶点缓冲区中将要被绘制的一组连续顶点，如图 6.2 所示。

图 6.2　StartVertexLocation 参数指定了顶点缓冲区中第一个被绘制顶点的索引（此索引从 0 开始计），VertexCountPerInstance 指定了欲绘制顶点的个数

既然 DrawInstanced 方法没有指定顶点被定义为何种图元，那么，它们应该被绘制为点、线列表还是三角形列表呢？回顾 5.5.2 节可知，图元拓扑状态实由 ID3D12GraphicsCommandList::IASetPrimitiveTopology 方法来设置。下面给出一个相关的调用示例：

```
cmdList->IASetPrimitiveTopology(D3D_PRIMITIVE_TOPOLOGY_TRIANGLELIST);
```

6.3　索引和索引缓冲区

与顶点相似，为了使 GPU 可以访问索引数组，就需要将它们放置于 GPU 的缓冲区资源

---

① Direct3D 11 提供了多达 7 种绘制调用方法，而 Direct3D 12 则将其精简为 3 种，且都为实例化绘制方法。文中介绍的是采用顶点来绘制几何体的方法，另一种 ID3D12GraphicsCommandList::DrawIndexedInstanced 为需要提供索引数据的绘制方法，后文会讲到。

（ID3D12Resource）内。我们称存储索引的缓冲区为**索引缓冲区**（index buffer）。由于本书所采用的 d3dUtil::CreateDefaultBuffer 函数是通过 void* 类型作为参数引入泛型数据，这就意味着我们也可以用此函数来创建索引缓冲区（或任意类型的默认缓冲区）。

　　为了使索引缓冲区与渲染流水线绑定，我们需要给索引缓冲区资源创建一个索引缓冲区视图（index buffer view）。如同顶点缓冲区视图一样，我们也无须为索引缓冲区视图创建描述符堆。但索引缓冲区视图要由结构体 D3D12_INDEX_BUFFER_VIEW 来表示。

```
typedef struct D3D12_INDEX_BUFFER_VIEW
{
  D3D12_GPU_VIRTUAL_ADDRESS BufferLocation;
  UINT SizeInBytes;
  DXGI_FORMAT Format;
} D3D12_INDEX_BUFFER_VIEW;
```

1. BufferLocation：待创建视图的索引缓冲区资源虚拟地址。我们可以通过调用 ID3D12Resource::GetGPUVirtualAddress 方法来获取此地址。

2. SizeInBytes：待创建视图的索引缓冲区大小（以字节表示）。

3. Format：索引的格式必须为表示 16 位索引的 DXGI_FORMAT_R16_UINT 类型，或表示 32 位索引的 DXGI_FORMAT_R32_UINT 类型。16 位的索引可以减少内存和带宽的占用，但如果索引值范围超过了 16 位数据的表达范围，则也只能采用 32 位索引了。

　　与顶点缓冲区相似（也包括其他的 Direct3D 资源在内），在使用之前，我们需要先将它们绑定到渲染流水线上。通过 ID3D12GraphicsCommandList::IASetIndexBuffer 方法即可将索引缓冲区绑定到输入装配器阶段。下面的代码演示了怎样创建一个索引缓冲区来定义构成立方体的三角形，以及为该索引缓冲区创建视图并将它绑定到渲染流水线：

```
std::uint16_t indices[] = {
  // 立方体前表面
  0, 1, 2,
  0, 2, 3,

  // 立方体后表面
  4, 6, 5,
  4, 7, 6,

  // 立方体左表面
  4, 5, 1,
  4, 1, 0,

  // 立方体右表面
  3, 2, 6,
  3, 6, 7,

  // 立方体上表面
  1, 5, 6,
  1, 6, 2,

  // 立方体下表面
```

```
   4, 0, 3,
   4, 3, 7
};

const UINT ibByteSize = 36 * sizeof(std::uint16_t);

ComPtr<ID3D12Resource> IndexBufferGPU = nullptr;
ComPtr<ID3D12Resource> IndexBufferUploader = nullptr;
IndexBufferGPU = d3dUtil::CreateDefaultBuffer(md3dDevice.Get(),
   mCommandList.Get(), indices, ibByteSize, IndexBufferUploader);

D3D12_INDEX_BUFFER_VIEW ibv;
ibv.BufferLocation = IndexBufferGPU->GetGPUVirtualAddress();
ibv.Format = DXGI_FORMAT_R16_UINT;
ibv.SizeInBytes = ibByteSize;

mCommandList->IASetIndexBuffer(&ibv);
```

最后需要注意的是，在使用索引的时候，我们一定要用 ID3D12GraphicsCommandList::
DrawIndexedInstanced 方法代替 DrawInstanced 方法进行绘制。

```
void ID3D12GraphicsCommandList::DrawIndexedInstanced(
   UINT IndexCountPerInstance,
   UINT InstanceCount,
   UINT StartIndexLocation,
   INT BaseVertexLocation,
   UINT StartInstanceLocation);
```

1. IndexCountPerInstance：每个实例将要绘制的索引数量。

2. InstanceCount：用于实现一种被称作实例化的高级技术。就目前而言，我们只绘制一个实例，因而将此值设置为 1。

3. StartIndexLocation：指向索引缓冲区中的某个元素，将其标记为欲读取的起始索引。

4. BaseVertexLocation：在本次绘制调用读取顶点之前，要为每个索引都加上此整数值。

5. StartInstanceLocation：用于实现一种被称为实例化的高级技术，暂将其设置为 0。

为了理解这些参数，让我们来思考这样一个情景：假设有 3 个欲绘制的物体，一个球体、一个立方体以及一个圆柱体。首先，每个物体都有自己的顶点缓冲区以及索引缓冲区。而每个局部索引缓冲区中的索引，又都引用的是各自的局部顶点缓冲区。现在，我们把这 3 个物体的顶点和索引分别连接为全局顶点缓冲区和全局索引缓冲区，如图 6.3 所示。(在顶点缓冲区和索引缓冲区合并的过程中，调用 API 时可能会产生一些开销，但这基本上不会成为程序的瓶颈。出于性能的原因，当应用中有一些可以轻易合并的零散顶点缓冲区和索引缓冲区时，便值得照这样试一试) 待合并完成后，索引缓冲区里的元素就不能正确地引用对应的顶点数据了，这是因为它们存储的索引值是相对于物体各自的局部顶点缓冲区而言，而非全局的顶点缓冲区。所以，还需要对索引值进行重新计算，使之可以正确地引用全局顶点缓冲区中的顶点数据。假设原始的立方体索引是根据下述立方体顶点编号来计算的：

```
   0, 1, ..., numBoxVertices-1
```

但是在顶点缓冲区与索引缓冲区一一合并之后，该立方体的索引编号将依次变为：

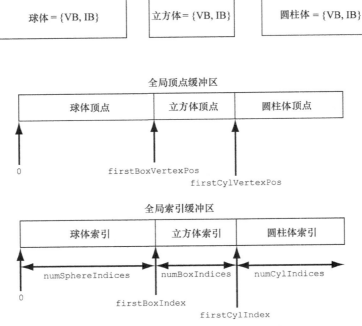

图 6.3　将几个顶点缓冲区合并为一个大的顶点缓冲区，再把对应的
若干索引缓冲区合并为一个大的索引缓冲区

```
firstBoxVertexPos,
firstBoxVertexPos+1,
...,
firstBoxVertexPos+numBoxVertices-1
```

因此，为了更新索引，我们需要为每个立方体的原索引加上 firstBoxVertexPos（缓冲区合并后立方体第一个顶点的索引值）。类似地，我们也需要给每个圆柱体的原索引加上 firstCylVertexPos（缓冲区合并后圆柱体第一个顶点的索引值）。注意，球体的索引是不需要改变的（因为球体第一个顶点的位置始终为 0，在合并后的全局索引缓冲区中也未曾改变）。我们将每个物体的第一个顶点相对于全局顶点缓冲区的位置叫作它的**基准顶点地址**（base vertex location）。通常来讲，一个物体的新索引是通过原始索引加上它的基准顶点地址来获取的。事实上，我们不必亲自计算新的索引值：通过向 DrawIndexedInstanced 函数的第 4 个参数传递基准顶点地址，即可让 Direct3D 去执行相关计算工作。

接下来，我们再通过下列 3 次绘制调用来依次绘制球体、立方体和圆柱体：

```
mCmdList->DrawIndexedInstanced(
  numSphereIndices, 1, 0, 0, 0);
mCmdList->DrawIndexedInstanced(
  numBoxIndices, 1, firstBoxIndex, firstBoxVertexPos, 0);
mCmdList->DrawIndexedInstanced(
  numCylIndices, 1, firstCylIndex, firstCylVertexPos, 0);
```

在第 7 章的 "**Shapes**" 示例项目中将采用这项绘制技术。

6.4 顶点着色器示例

以下代码实现的是一个简单的顶点着色器（vertex shader，回顾 5.6 节）：

```
cbuffer cbPerObject : register(b0)
{
  float4x4 gWorldViewProj;
};

void VS(float3 iPosL : POSITION,
    float4 iColor : COLOR,
    out float4 oPosH : SV_POSITION,
    out float4 oColor : COLOR)
{
  // 把顶点变换到齐次裁剪空间
  oPosH = mul(float4(iPosL, 1.0f), gWorldViewProj);

  // 直接将顶点的颜色信息传至像素着色器
  oColor = iColor;
}
```

在 Direct3D 中，编写着色器的语言为**高级着色语言**（High Level Shading Language，HLSL）[①]，其语法与 C++十分相似，这使得它较易于学习。附录 B 提供了一份简明的 HLSL 参考资料。我们将结合实例来学习 HLSL 和着色器的编写。也就是说，随着本书内容的推进，我们将为了实现手头的样例而逐步介绍与 HLSL 有关的新概念。一般情况下，着色器通常在以.hlsl 为扩展名的文本文件中编写。

顶点着色器就是上例中名为 VS 的函数。值得注意的是，我们可以给顶点着色器起任意合法的函数名。上述顶点着色器共有 4 个参数，前两个为输入参数，后两个为输出参数（通过关键字 out 来表示）。HLSL 没有引用（reference）和指针（pointer）的概念，所以需要借助结构体或多个输出参数才能够从函数中返回多个数值。而且，在 HLSL 中，所有的函数都是内联（inline）函数。

前两个输入参数分别对应于绘制立方体所自定义顶点结构体中的两个数据成员，也构成了顶点着色器的**输入签名**（input signature）。参数语义“:POSITION”和“:COLOR”用于将顶点结构体中的元素映射到顶点着色器的相应输入参数，如图 6.4 所示。

输出参数也附有各自的语义（“:SV_POSITION”和“:COLOR”），并以此作为纽带，将顶点着色器的输出参数映射到下个处理阶段(几何着色器或像素着色器)中所对应的输入参数。注意,SV_POSITION语义比较特殊（SV 代表**系统值**，即 system value），它所修饰的顶点着色器输出元素存有齐次裁剪空间中的顶点位置信息。因此，我们必须为输出位置信息的参数附上 SV_POSITION 语义，使 GPU 可以在进行例如裁剪、深度测试和光栅化等处理之时，借此实现其他属性所无法介入的有关运算。值得注意的是，

[①] 希望更为深入地学习 HLSL 语言，可以访问 GitHub 网站。它基本上代表了 HLSL 着色模型（Shader Model，SM）的最新动向。如果想要更进一步，还可以尝试阅读《Asm Shader Reference》（bb219840，尽管现在的 Direct3D 版本事实上已不再支持直接编写汇编代码了，不过在程序的优化方面可能会有帮助）。

对于任何不具有系统值的输出参数而言，我们都可以根据需求以合法的语义名修饰它[①]。

```
struct Vertex
{
    XMFLOAT3 Pos;
    XMFLOAT4 Color;
};

D3D12_INPUT_ELEMENT_DESC vertexDesc[] =
{
    {"POSITION", 0, DXGI_FORMAT_R32G32B32_FLOAT, 0, 0,
    D3D12_INPUT_CLASSIFICATION_PER_VERTEX_DATA, 0},
    {"COLOR",    0, DXGI_FORMAT_R32G32B32A32_FLOAT, 0, 12,
    D3D12_INPUT_CLASSIFICATION_PER_VERTEX_DATA, 0}
};

void VS(float3 iPosL : POSITION,
        float4 iColor : COLOR,
        out float4 oPosH : SV_POSITION,
        out float4 oColor : COLOR)
{
    // Transform to homogeneous clip space.
    oPosH = mul(float4(iPosL, 1.0f), gWorldViewProj);

    // Just pass vertex color into the pixel shader.
    oColor = iColor;
}
```

图 6.4　通过 D3D12_INPUT_ELEMENT_DESC 数组为每个顶点元素都指定了与之关联的语义。顶点着色器中的每个参数也各附有一个语义，该语义用于使顶点元素与顶点着色器参数逐一匹配

上述顶点着色器函数的第一行代码是通过将顶点与 4×4 矩阵 gWorldViewProj 相乘，使其坐标由局部空间变换到齐次裁剪空间：

```
// 将顶点坐标变换到齐次裁剪空间
oPosH = mul(float4(iPosL, 1.0f), gWorldViewProj);
```

借助构造语法 float4(iPosL, 1.0f) 即可构建一个等价于 float4(iPosL.x, iPosL.y, iPosL.z, 1.0f) 的 4D 向量。我们知道，顶点的位置是一个点而非向量，所以将向量的第 4 个分量设置为 1（$w = 1$）。并以 float2 与 float3 类型分别表示 2D 和 3D 向量。矩阵变量 gWorldViewProj 存于常量缓冲区（constant buffer）内，我们会在 6.6 节中对它进行相关讨论。内置函数（built-in function，也译作内建函数、内部函数等）mul 则用于计算向量与矩阵之间的乘法。顺便提一下，mul 函数可以根据不同规模的矩阵乘法而重载。例如，我们可以用 mul 函数进行两个 4×4 矩阵的乘法、两个 3×3 矩阵的乘法或者一个 1×3 向量与 3×3 矩阵的乘法等。着色器函数的最后一行代码把输入的颜色直接复制给输出参数，继而将该颜色传递到渲染流水线的下个阶段：

```
oColor = iColor;
```

我们可以把函数的返回类型和输入签名替换为结构体（从而取代过长的参数列表），即将以上顶点着色器改写为另一种等价实现：

```
cbuffer cbPerObject : register(b0)
{
    float4x4 gWorldViewProj;
```

[①] 系统值语义是在 Direct3D 10 引入的。Direct3D 10 及其后续版本中的 SV_Position 语义，与 Direct3D 9 中的 POSITION 语义等价。其它语义的对照关系与使用方法请参考《Semantics》（bb509647）。

```
};

struct VertexIn
{
  float3 PosL  : POSITION;
  float4 Color : COLOR;
};

struct VertexOut
{
  float4 PosH  : SV_POSITION;
  float4 Color : COLOR;
};

VertexOut VS(VertexIn vin)
{
  VertexOut vout;

  // 将顶点变换到齐次裁剪空间
  vout.PosH = mul(float4(vin.PosL, 1.0f), gWorldViewProj);

  // 直接将顶点颜色传至像素着色器
  vout.Color = vin.Color;

  return vout;
}
```

注意

 如果没有使用几何着色器（我们会在第 12 章中介绍这种着色器），那么顶点着色器必须用 SV_POSITION 语义来输出顶点在齐次裁剪空间中的位置，因为（在没有使用几何着色器的情况下）执行完顶点着色器之后，硬件期望获取顶点位于齐次裁剪空间之中的坐标。如果使用了几何着色器，则可以把输出顶点在齐次裁剪空间中位置的工作交给它来处理。

注意

在顶点着色器（或几何着色器）中是无法进行透视除法的，此阶段只能实现投影矩阵这一环节的运算。而透视除法将在后面交由硬件执行。

连接输入布局描述符与输入签名

根据图 6.4 来看，输送到渲染流水线的顶点属性与输入布局描述的定义相关联。如果我们传入的顶点数据与顶点着色器所期望的输入不相符，便会导致错误。例如，下列顶点着色器的输入签名与顶点数据就是不匹配的：

```
//--------------
// C++应用程序代码
```

```
//--------------
struct Vertex
{
  XMFLOAT3 Pos;
  XMFLOAT4 Color;
};

D3D12_INPUT_ELEMENT_DESC desc[] =
{
  {"POSITION", 0, DXGI_FORMAT_R32G32B32_FLOAT, 0, 0,
    D3D12_INPUT_CLASSIFICATION_PER_VERTEX_DATA, 0},
  {"COLOR", 0, DXGI_FORMAT_R32G32B32A32_FLOAT, 0, 12,
    D3D12_INPUT_CLASSIFICATION_PER_VERTEX_DATA, 0}
};

//--------------
// 顶点着色器
//--------------
struct VertexIn
{
  float3 PosL  : POSITION;
  float4 Color : COLOR;
  float3 Normal : NORMAL;
};

struct VertexOut
{
  float4 PosH : SV_POSITION;
  float4 Color : COLOR;
};

VertexOut VS(VertexIn vin) { ... }
```

　　就像我们将在 **6.9** 节中看到的一样，在创建 `ID3D12PipelineState` 对象的时候，必须指定输入布局描述和顶点着色器，而 **Direct3D** 则会验证两者是否匹配。

　　事实上，顶点数据与输入签名不需要完全匹配，前提是我们一定要向顶点着色器提供其输入签名所定义的顶点数据。这就是说，顶点数据中也可以附带一些顶点着色器根本用不到的额外数据。下面的代码就描述了这样一种匹配的情况：

```
//--------------
// C++应用程序代码
//--------------
struct Vertex
{
  XMFLOAT3 Pos;
  XMFLOAT4 Color;
  XMFLOAT3 Normal;
};

D3D12_INPUT_ELEMENT_DESC desc[] =
{
  {"POSITION", 0, DXGI_FORMAT_R32G32B32_FLOAT, 0, 0,
    D3D12_INPUT_CLASSIFICATION_PER_VERTEX_DATA, 0},
```

```
    {"COLOR", 0, DXGI_FORMAT_R32G32B32A32_FLOAT, 0, 12,
     D3D12_INPUT_CLASSIFICATION_PER_VERTEX_DATA, 0},
    { "NORMAL", 0, DXGI_FORMAT_R32G32B32_FLOAT, 0, 28,
     D3D12_INPUT_CLASSIFICATION_PER_VERTEX_DATA, 0 }
};

//-------------
// 顶点着色器
//-------------
struct VertexIn
{
  float3 PosL  : POSITION;
  float4 Color : COLOR;
};

struct VertexOut
{
  float4 PosH : SV_POSITION;
  float4 Color : COLOR;
};

VertexOut VS(VertexIn vin) { ... }
```

现在，让我们再来思考这样一种情况：当顶点结构体和输入签名有着匹配的顶点元素，唯独两者的颜色属性类型却不相同，此时会发生什么呢？

```
//-------------
// C++应用程序代码
//-------------
struct Vertex
{
  XMFLOAT3 Pos;
  XMFLOAT4 Color;
};

D3D12_INPUT_ELEMENT_DESC desc[] =
{
  {"POSITION", 0, DXGI_FORMAT_R32G32B32_FLOAT, 0, 0,
    D3D12_INPUT_CLASSIFICATION_PER_VERTEX_DATA, 0},
  {"COLOR", 0, DXGI_FORMAT_R32G32B32A32_FLOAT, 0, 12,
    D3D12_INPUT_CLASSIFICATION_PER_VERTEX_DATA, 0}
};

//-------------
// 顶点着色器
//-------------
struct VertexIn
{
  float3 PosL  : POSITION;
  int4 Color : COLOR;
};

struct VertexOut
{
```

```
    float4 PosH : SV_POSITION;
    float4 Color : COLOR;
};

VertexOut VS(VertexIn vin) { ... }
```

这其实也是合法的，因为 Direct3D 允许用户对输入寄存器（input register，全称为顶点着色器输入寄存器）中数据的类型重新加以解释。然而，VC++调试输出窗口还是会给出下面的警告：

D3D12 WARNING: ID3D12 Device::CreateInputLayout: The provided input signature expects to read an element with SemanticName/Index: 'COLOR'/0 and component(s) of the type 'int32'. However, the matching entry in the Input Layout declaration, element[1], specifies mismatched format: 'R32G32B32A32_FLOAT'. This is not an error, since behavior is well defined: The element format determines what data conversion algorithm gets applied before it shows up in a shader register. Independently, the shader input signature defines how the shader will interpret the data that has been placed in its input registers, with no change in the bits stored. It is valid for the application to reinterpret data as a different type once it is in the vertex shader, so this warning is issued just in case reinterpretation was not intended by the author.

（D3D12 警告：ID3D12Device::CreateInputLayout：根据代码中提供的输入签名推断，其中的 SemanticName/Index: 'COLOR'/0 项希望读取'int32'类型的数据分量。但是，此类型却与输入布局声明中的对应匹配项 element[1]所指定的格式'R32G32B32A32_FLOAT'不匹配。这并不是一个错误，因为 Direct3D 对该行为有着明确的定义：输入布局中的元素格式确定的是，在数据未进入着色器寄存器之前，应运用何种数据转换算法来确定各元素的具体格式。而着色器输入签名则定义的是，在不修改输入寄存器中所存数据的情况下，顶点着色器将如何来解释这些数据的类型。所以，在应用程序里将顶点着色器中的数据重新解释为与之不同的类型，亦是合法的。因此，该警告只用于提醒在无意间对数据类型作出不同解释的程序员[①]。）

6.5　像素着色器示例

就像在 5.10.3 节中所讨论的那样，为了计算出三角形中每个像素的属性，我们会在光栅化处理期间

---

① 简而言之，在顶点着色器运行之前，每个顶点中的数据都会载入（顶点着色器的）输入寄存器内，供其执行期间使用。输入布局中的格式定义的是：数据进入输入寄存器之前的类型（具体来讲，输入布局描述的是：在渲染流水线中顶点着色器之前的输入装配器阶段内，输入缓冲区（即顶点缓冲区与索引缓冲区）的数据类型）。而输入签名定义的是：在执行顶点着色器程序的过程中，将数据从输入寄存器中读取时所视作的类型。由于二者中存在元素格式相异的情况，在编译期间才触发了这一警告。如果是程序员故意而为之则可视而不见，否则需要使二者相匹配。例如，大家可以尝试按上面元素格式不匹配的方式进行绘制，看看最终效果。再想一想为什么会出现这种情况，利用前文中提到的调试工具或其他手段验证一下。

对顶点着色器（或几何着色器）输出的顶点属性进行插值。随后，再将这些插值数据传至像素着色器中作为它的输入（参见 5.11 节）。现假设我们的程序未使用几何着色器，图 6.5 展示的即为当前顶点数据所流经的路径。

像素着色器与顶点着色器有些相似：前者是针对每一个像素片段（pixel fragment）而运行的函数，后者是针对每一个顶点而运行的函数（即在每次执行时处理单个像素（顶点））。只要为像素着色器指定了输入数据，它就会为像素片段计算出一个对应的颜色。值得我们注意的是，这些输入像素着色器的像素片段有可能最终不会传入或留存在后台缓冲区中。例如，像素片段可能会在像素着色器中被裁剪掉（HLSL 中内置了一个裁剪函数 clip，可以使指定的像素片段在后续的处理流程中被忽略掉）、被另一个具有较小深度值的像素片段所遮挡或者在类似于模板缓冲区测试的后续渲染流水线测试中被丢弃。因此，在确定后台缓冲区某一像素的过程中，可能会存在多个候选的像素片段。这就是"像素片段"和"像素"意义的差别，尽管有时这两个术语可以互用，但是在一些语境下它们的意义也将变得更加分明[①]。

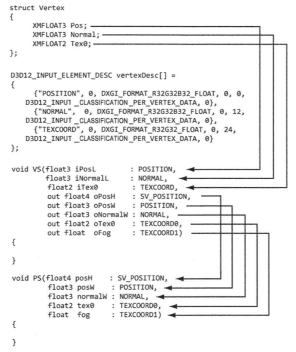

图 6.5 每个顶点元素都会与 D3D12_INPUT_ELEMENT_DESC 数组中指定的对应语义相关联。
而顶点着色器中的每个参数也各附有一个语义，用于使顶点元素与顶点着色器参数相匹配。同样地，
顶点着色器的每个输出参数以及像素着色器的每个输入参数也各附有一个语义，
负责把顶点着色器的输出参数映射到像素着色器的输入参数

---

① 这里所提到的"像素"是最终写入后台缓冲区中数据，而"像素片段"是写入此"像素"过程中的竞争者。与前文中讲采样时的术语是两回事。

注意

由于硬件优化的原因，某些像素片段在移送至像素着色器之前，可能已经被渲染流水线所剔除（例如提前深度剔除，early-z rejection，也有译作早期深度剔除、早期 z 剔除等）。这就是为什么要首先执行深度测试的原因，如果已经确定某像素片段被遮挡，那么像素着色器将不再对它进行处理。然而，也有一些情况能够禁止提前深度剔除优化。比如说，倘若在像素着色器中有对像素深度值进行修改的操作，那么像素着色器就必须针对每个像素各执行一次，因为在像素着色器修改像素深度值以前，我们并不知道每个像素的最终深度值。

下面是一段简单的像素着色器代码，它与 6.4 节中给定的顶点着色器相呼应。考虑到代码的完整性，此处把顶点着色器部分也一并再次给出。

```
cbuffer cbPerObject : register(b0)
{
  float4x4 gWorldViewProj;
};

void VS(float3 iPos : POSITION, float4 iColor : COLOR,
    out float4 oPosH : SV_POSITION,
    out float4 oColor : COLOR)
{
  // 将顶点变换到齐次裁剪空间
  oPosH = mul(float4(iPos, 1.0f), gWorldViewProj);

  // 直接把顶点颜色传递到像素着色器
  oColor = iColor;
}

float4 PS(float4 posH : SV_POSITION, float4 color : COLOR) : SV_Target
{
  return color;
}
```

在这个示例中，像素着色器只简单地返回了插值颜色数据。可以发现，像素着色器的输入与顶点着色器的输出可以准确匹配，这也是必须满足的一点。像素着色器返回一个 4D 颜色值，而位于此函数参数列表后的 SV_TARGET 语义则表示该返回值的类型应当与渲染目标格式（render target format）相匹配（该输出值会被存于渲染目标之中）。

我们可以利用输入/输出结构体重写上述顶点着色器和像素着色器的等价实现。这与之前的表示方法有所不同，我们要将语义附加给输入/输出结构体中的成员，并通过一条用于输出结构体的返回语句代替之前的多个输出参数。

```
cbuffer cbPerObject : register(b0)
{
    float4x4 gWorldViewProj;
};

struct VertexIn
```

```
{
  float3 Pos  : POSITION;
  float4 Color : COLOR;
};

struct VertexOut
{
  float4 PosH : SV_POSITION;
  float4 Color : COLOR;
};

VertexOut VS(VertexIn vin)
{
  VertexOut vout;

  // 把顶点变换到齐次裁剪空间
  vout.PosH = mul(float4(vin.Pos, 1.0f), gWorldViewProj);

  // 直接将顶点颜色传至像素着色器
  vout.Color = vin.Color;

  return vout;
}

float4 PS(VertexOut pin) : SV_Target
{
  return pin.Color;
}
```

6.6 常量缓冲区

6.6.1 创建常量缓冲区

常量缓冲区（constant buffer）也是一种 GPU 资源（ID3D12Resource），其数据内容可供着色器程序所引用。就像我们在本书中将会学到的纹理等其他类型的缓冲区资源一样，它们都可以被着色器程序所引用。6.4 节中的顶点着色器示例有如下代码：

```
cbuffer cbPerObject : register(b0)
{
  float4x4 gWorldViewProj;
};
```

在这段代码中，cbuffer 对象（常量缓冲区）的名称为 cbPerObject，其中存储的是一个 4×4 矩阵 gWorldViewProj，表示把一个点从局部空间变换到齐次裁剪空间所用到的由世界、视图和投影 3 种变换组合而成的矩阵。在 HLSL 中，可将一个 4×4 矩阵声明为内置的 float4x4 类型。相应地，要声明 3×4 矩阵或 2×4 矩阵，即可分别使用 float3x4 和 float2x4 这两种类型。

与顶点缓冲区和索引缓冲区不同的是，常量缓冲区通常由 CPU 每帧更新一次。举个例子，如果摄像机每帧都在不停地移动，那么常量缓冲区也需要在每一帧都随之以新的视图矩阵而更新。所以，我们会把常量缓冲区创建到一个上传堆而非默认堆中，这样做能使我们从 CPU 端更新常量。

常量缓冲区对硬件也有特别的要求，即常量缓冲区的大小必为硬件最小分配空间（256B）的整数倍。

我们经常需要用到多个相同类型的常量缓冲区。例如，假设常量缓冲区 cbPerObject 内存储的是随不同物体而异的常量数据，因此，如果我们要绘制 n 个物体，则需要 n 个该类型的常量缓冲区。下列代码展示了我们是如何创建一个缓冲区资源，并利用它来存储 NumElements 个常量缓冲区。

```
struct ObjectConstants
{
  DirectX::XMFLOAT4X4 WorldViewProj = MathHelper::Identity4x4();
};

UINT mElementByteSize = d3dUtil::CalcConstantBufferByteSize(sizeof
    (ObjectConstants));

ComPtr<ID3D12Resource> mUploadCBuffer;
device->CreateCommittedResource(
  &CD3DX12_HEAP_PROPERTIES(D3D12_HEAP_TYPE_UPLOAD),
  D3D12_HEAP_FLAG_NONE,
  &CD3DX12_RESOURCE_DESC::Buffer(mElementByteSize * NumElements),
  D3D12_RESOURCE_STATE_GENERIC_READ,
  nullptr,
  IID_PPV_ARGS(&mUploadCBuffer));
```

我们可以认为 mUploadCBuffer 中存储了一个 ObjectConstants 类型的常量缓冲区数组（同时按 256 字节的整数倍来为之填充数据）。待到绘制物体的时候，只要将常量缓冲区视图（Constant Buffer View，CBV）绑定到存有物体相应常量数据的缓冲区子区域即可。由于 mUploadCBuffer 缓冲区存储的是一个常量缓冲区数组，因此，我们把它称之为常量缓冲区。

工具函数 d3dUtil::CalcConstantBufferByteSize 会做适当的运算，使缓冲区的大小凑整为硬件最小分配空间（256B）的整数倍。

```
UINT d3dUtil::CalcConstantBufferByteSize(UINT byteSize)
{
    // 常量缓冲区的大小必须是硬件最小分配空间（通常是 256B）的整数倍
    // 为此，要将其凑整为满足需求的最小的 256 的整数倍。我们现在通过为输入值 byteSize 加上 255，
    // 再屏蔽求和结果的低 2 字节（即计算结果中小于 256 的数据部分）来实现这一点
    // 例如：假设 byteSize = 300
    // (300 + 255) & ~255
    // 555 & ~255
    // 0x022B & ~0x00ff
    // 0x022B & 0xff00
    // 0x0200
    // 512
    return (byteSize + 255) & ~255;
}
```

注意

 尽管我们已经按照上述方式在程序中分配出了 256 整数倍字节大小的数据空间,但是却无须为 HLSL 结构体中显式填充相应的常量数据,这是因为它会暗中自行完成这项工作:

```
// 隐式填充为 256B
cbuffer cbPerObject : register(b0)
{
   float4x4 gWorldViewProj;
};

// 显式填充为 256B
cbuffer cbPerObject : register(b0)
{
   float4x4 gWorldViewProj;
   float4x4 Pad0;
   float4x4 Pad1;
   float4x4 Pad2;
};
```

注意

 为了免去系统将常量缓冲区元素隐式凑整为 256 字节整数倍的这项处理环节,我们可以手动地填充所有的常量缓冲区结构体,使之皆为 256 字节的整数倍。

随 Direct3D 12 一同推出的是着色器模型(shader model,SM)[1]5.1。其中新引进了一条可用于定义常量缓冲区的 HLSL 语法,它的使用方法如下:

```
struct ObjectConstants
{
   float4x4 gWorldViewProj;
   uint matIndex;
};
ConstantBuffer<ObjectConstants> gObjConstants : register(b0);
```

在此段代码中,常量缓冲区的数据元素被定义在一个单独的结构体中,随后再用此结构体来创建一个常量缓冲区。这样一来,我们就可以利用下列获取数据成员的语法,在着色器里访问常量缓冲区中的各个字段:

```
uint index = gObjConstants.matIndex;
```

---

① 着色器模型定义了 HLSL 的编写规范,确定了其内置函数(HLSL intrinsic functions)、着色器属性等一切语言元素。虽然 Direct3D 11.3 与 Direct3D 12 的发行时间相近,且部分官方文档宣称 "Direct3D 11.3 支持着色器模型 5.1",但实际并非如此。着色器模型 5.1 与 6.0 为 Direct3D 12 所独有。我们也可以通过 DirectX 所提供的工具 dxcapsviewer.exe(位于 "系统盘:\Program Files (x86)\Windows Kits\10\bin\" 下的文件夹)来验证这一点。多说一句,就这一点也可以从侧面看出,微软公司并没有抛弃 Direct3D 11,甚至在后面继续将其更新到 11.4,使之与 Direct3D 12 的功能更加接近,并令二者(乃至 Direct3D 10 与 Direct2D)之间可以进行互操作(interop)。另外,前文中也提到了微软开源的着色器编译器,它目前已支持 SM 6.2,并附加了一些实用工具。

6.6.2　更新常量缓冲区

由于常量缓冲区是用 D3D12_HEAP_TYPE_UPLOAD 这种堆类型来创建的，所以我们就能通过 CPU 为常量缓冲区资源更新数据。为此，我们首先要获得指向欲更新资源数据的指针，可用 Map 方法来做到这一点：

```
ComPtr<ID3D12Resource> mUploadBuffer;
BYTE* mMappedData = nullptr;
mUploadBuffer->Map(0, nullptr, reinterpret_cast<void**>(&mMappedData));
```

第一个参数是子资源（subresource）的索引[1]，指定了欲映射的子资源。对于缓冲区来说，它自身就是唯一的子资源，所以我们将此参数设置为 0。第二个参数是一个可选项，是个指向 D3D12_RANGE 结构体的指针，此结构体描述了内存的映射范围，若将该参数指定为空指针，则对整个资源进行映射。第三个参数则借助双重指针，返回待映射资源数据的目标内存块。我们利用 memcpy 函数将数据从系统内存（system memory，也就是 CPU 端控制的内存）复制到常量缓冲区：

```
memcpy(mMappedData, &data, dataSizeInBytes);
```

当常量缓冲区更新完成后，我们应在释放映射内存之前对其进行 Unmap（取消映射）操作[2]：

```
if(mUploadBuffer != nullptr)
  mUploadBuffer->Unmap(0, nullptr);

mMappedData = nullptr;
```

Unmap 的第一个参数是子资源索引，指定了将被取消映射的子资源。若取消映射的是缓冲区，则将其置为 0。第二个参数是个可选项，是一个指向 D3D12_RANGE 结构体的指针，用于描述取消映射的内存范围，若将它指定为空指针，则取消整个资源的映射。

6.6.3　上传缓冲区辅助函数

将上传缓冲区的相关操作简单地封装一下，使用起来会更加方便。我们在 UploadBuffer.h 文件中定义了下面这个类，令上传缓冲区的相关处理工作更加轻松。它替我们实现了上传缓冲区资源的构造与析构函数、处理资源的映射和取消映射操作，还提供了 CopyData 方法来更新缓冲区内的特定元素。在需要通过 CPU 修改上传缓冲区中数据的时候（例如，当观察矩阵有了变化），便可以使用 CopyData。注意，此类可用于各种类型的上传缓冲区，而并非只针对常量缓冲区。当用此类管理常量缓冲区时，我们

---

① 关于此处的子资源索引，请参考 12.3.4 节。

② Direct3D 12 不仅保证了 map 与 unmap 函数在多线程中调用的安全性，还令 map 函数可嵌套调用。第一次调用 map 函数时，Direct3D 会在 CPU 端分配一块虚拟内存地址范围，用来映射 GPU 中的资源。而最后一次调用 unmap 函数时，则会释放这块 CPU 虚拟地址范围。map 函数会在必要时对 CPU 缓存执行 **invalidate** 操作（标记相关缓存无效，令 CPU 读取主存中的数据），以此使 CPU 端可以读取 GPU 端对这段地址内容所做的修改；相反地，unmap 函数则会在必要时对 CPU 缓存进行 **flush** 操作（令缓存中的数据写回主存），以令 GPU 端可以读取 CPU 端对这段地址内容所做的修改。

就需要通过构造函数参数 isConstantBuffer 来对此加以描述。另外，如果此类中存储的是常量缓冲区，那么其中的构造函数将自动填充内存，使每个常量缓冲区的大小都成为 256B 的整数倍。

```cpp
template<typename T>
class UploadBuffer
{
public:
  UploadBuffer(ID3D12Device* device, UINT elementCount,
    bool isConstantBuffer) :
    mIsConstantBuffer(isConstantBuffer)
  {
    mElementByteSize = sizeof(T);

    // 常量缓冲区的大小为 256B 的整数倍。这是因为硬件只能按 m*256B 的偏移量和 n*256B 的数据
    // 长度这两种规格来查看常量数据
    // typedef struct D3D12_CONSTANT_BUFFER_VIEW_DESC {
    // D3D12_GPU_VIRTUAL_ADDRESS BufferLocation; // 256 的整数倍
    // UINT  SizeInBytes;        // 256 的整数倍
    // } D3D12_CONSTANT_BUFFER_VIEW_DESC;
    if(isConstantBuffer)
      mElementByteSize = d3dUtil::CalcConstantBufferByteSize(sizeof
    (T));
    ThrowIfFailed(device->CreateCommittedResource(
      &CD3DX12_HEAP_PROPERTIES(D3D12_HEAP_TYPE_UPLOAD),
      D3D12_HEAP_FLAG_NONE,
      &CD3DX12_RESOURCE_DESC::Buffer(mElementByteSize*elementCount),
            D3D12_RESOURCE_STATE_GENERIC_READ,
      nullptr,
      IID_PPV_ARGS(&mUploadBuffer)));

    ThrowIfFailed(mUploadBuffer->Map(0, nullptr, reinterpret_cast<void**>
      (&mMappedData)));

    // 只要还会修改当前的资源，我们就无须取消映射
    // 但是，在资源被 GPU 使用期间，我们千万不可向该资源进行写操作（所以必须借助于同步技术）
  }

  UploadBuffer(const UploadBuffer& rhs) = delete;
  UploadBuffer& operator=(const UploadBuffer& rhs) = delete;
  ~UploadBuffer()
  {
    if(mUploadBuffer != nullptr)
      mUploadBuffer->Unmap(0, nullptr);

    mMappedData = nullptr;
  }

  ID3D12Resource* Resource()const
  {
    return mUploadBuffer.Get();
  }

  void CopyData(int elementIndex, const T& data)
  {
```

```
    memcpy(&mMappedData[elementIndex*mElementByteSize], &data, sizeof(T));
  }

private:
  Microsoft::WRL::ComPtr<ID3D12Resource> mUploadBuffer;
  BYTE* mMappedData = nullptr;

  UINT mElementByteSize = 0;
  bool mIsConstantBuffer = false;
};
```

一般来讲，物体的世界矩阵将随其移动/旋转/缩放而改变，观察矩阵随虚拟摄像机的移动/旋转而改变，投影矩阵随窗口大小的调整而改变。在本章的演示程序中，用户可以通过鼠标来旋转和移动摄像机，变换观察角度。因此，我们在每一帧都要用 Update 函数，以新的观察矩阵来更新"世界—观察—投影" 3 种矩阵组合而成的复合矩阵：

```
void BoxApp::OnMouseMove(WPARAM btnState, int x, int y)
{
  if((btnState & MK_LBUTTON) != 0)
  {
    // 根据鼠标的移动距离计算旋转角度，令每个像素按此角度的 1/4 进行旋转
    float dx = XMConvertToRadians(0.25f*static_cast<float>
    (x - mLastMousePos.x));
    float dy = XMConvertToRadians(0.25f*static_cast<float>
    (y - mLastMousePos.y));

    // 根据鼠标的输入来更新摄像机绕立方体旋转的角度
    mTheta += dx;
    mPhi += dy;

    // 限制角度 mPhi 的范围
    mPhi = MathHelper::Clamp(mPhi, 0.1f, MathHelper::Pi - 0.1f);
  }
  else if((btnState & MK_RBUTTON) != 0)
  {
    // 使场景中的每个像素按鼠标移动距离的 0.005 倍进行缩放
    float dx = 0.005f*static_cast<float>(x - mLastMousePos.x);
    float dy = 0.005f*static_cast<float>(y - mLastMousePos.y);

    // 根据鼠标的输入更新摄像机的可视范围半径
    mRadius += dx - dy;

    // 限制可视半径的范围
    mRadius = MathHelper::Clamp(mRadius, 3.0f, 15.0f);
  }

  mLastMousePos.x = x;
  mLastMousePos.y = y;
}

void BoxApp::Update(const GameTimer& gt)
{
  // 由球坐标（也有译作球面坐标）转换为笛卡儿坐标
  float x = mRadius*sinf(mPhi)*cosf(mTheta);
```

```
float z = mRadius*sinf(mPhi)*sinf(mTheta);
float y = mRadius*cosf(mPhi);

// 构建观察矩阵
XMVECTOR pos = XMVectorSet(x, y, z, 1.0f);
XMVECTOR target = XMVectorZero();
XMVECTOR up = XMVectorSet(0.0f, 1.0f, 0.0f, 0.0f);

XMMATRIX view = XMMatrixLookAtLH(pos, target, up);
XMStoreFloat4x4(&mView, view);

XMMATRIX world = XMLoadFloat4x4(&mWorld);
XMMATRIX proj = XMLoadFloat4x4(&mProj);
XMMATRIX worldViewProj = world*view*proj;

// 用最新的 worldViewProj 矩阵来更新常量缓冲区
ObjectConstants objConstants;
XMStoreFloat4x4(&objConstants.WorldViewProj,
    XMMatrixTranspose(worldViewProj));
mObjectCB->CopyData(0, objConstants);
}
```

6.6.4 常量缓冲区描述符

在 4.1.6 节中，我们首次通过描述符对象将资源绑定到渲染流水线上。到目前为止，本书已经依次介绍了渲染目标、深度/模板缓冲区、顶点缓冲区以及索引缓冲区这几种资源描述符（或称视图）的使用方法，现在还需利用描述符将常量缓冲区绑定至渲染流水线上。而且常量缓冲区描述符都要存放在以 D3D12_DESCRIPTOR_HEAP_TYPE_CBV_SRV_UAV 类型所建的描述符堆里。这种堆内可以混合存储常量缓冲区描述符、着色器资源描述符和无序访问（unordered access）描述符。为了存放这些新类型的描述符，我们需要为之创建以下类型的新式描述符堆：

```
D3D12_DESCRIPTOR_HEAP_DESC cbvHeapDesc;
cbvHeapDesc.NumDescriptors = 1;
cbvHeapDesc.Type = D3D12_DESCRIPTOR_HEAP_TYPE_CBV_SRV_UAV;
cbvHeapDesc.Flags = D3D12_DESCRIPTOR_HEAP_FLAG_SHADER_VISIBLE;
cbvHeapDesc.NodeMask = 0;

ComPtr<ID3D12DescriptorHeap> mCbvHeap
md3dDevice->CreateDescriptorHeap(&cbvHeapDesc,
    IID_PPV_ARGS(&mCbvHeap));
```

这段代码与我们之前创建渲染目标和深度/模板缓冲区这两种资源描述符堆的过程很相似。然而，其中却有着一个重要的区别，那就是在创建供着色器程序访问资源的描述符时，我们要把标志 Flags 指定为 DESCRIPTOR_HEAP_FLAG_SHADER_VISIBLE。在本章的示范程序中，我们并没有使用 SRV（shader resource view，着色器资源视图）描述符或 UAV（unordered access view，无序访问视图）描述符，仅是绘制了一个物体而已，因此只需创建一个存有单个 CBV 描述符的堆即可。

通过填写 D3D12_CONSTANT_BUFFER_VIEW_DESC 实例，再调用 ID3D12Device::CreateConstant-BufferView 方法，便可创建常量缓冲区：

```
// 绘制物体所用的常量数据
struct ObjectConstants
{
  XMFLOAT4X4 WorldViewProj = MathHelper::Identity4x4();
};

// 此常量缓冲区存储了绘制 n 个物体所需的常量数据
std::unique_ptr<UploadBuffer<ObjectConstants>> mObjectCB = nullptr;
mObjectCB = std::make_unique<UploadBuffer<ObjectConstants>>(
  md3dDevice.Get(), n, true);

UINT objCBByteSize = d3dUtil::CalcConstantBufferByteSize(sizeof(ObjectConstants));

// 缓冲区的起始地址(即索引为 0 的那个常量缓冲区的地址)
D3D12_GPU_VIRTUAL_ADDRESS cbAddress = mObjectCB->Resource()-
  >GetGPUVirtualAddress();

// 偏移到常量缓冲区中绘制第 i 个物体所需的常量数据
int boxCBufIndex = i;
cbAddress += boxCBufIndex*objCBByteSize;

D3D12_CONSTANT_BUFFER_VIEW_DESC cbvDesc;
cbvDesc.BufferLocation = cbAddress;
cbvDesc.SizeInBytes = d3dUtil::CalcConstantBufferByteSize(sizeof(
    ObjectConstants));

md3dDevice->CreateConstantBufferView(
  &cbvDesc,
  mCbvHeap->GetCPUDescriptorHandleForHeapStart());
```

结构体 D3D12_CONSTANT_BUFFER_VIEW_DESC 描述的是绑定到 HLSL 常量缓冲区结构体的常量缓冲区资源子集。正如前面所提到的,如果常量缓冲区存储了一个内有 n 个物体常量数据的常量数组,那么我们就可以通过 BufferLocation 和 SizeInBytes 参数来获取第 i 个物体的常量数据。考虑到硬件的需求(即硬件的最小分配空间),成员 SizeInBytes 与 BufferLocation 必须为 256B 的整数倍。例如,若将上述两个成员的值都指定为 64,那么我们将看到下列调试错误:

```
D3D12 ERROR: ID3D12Device::CreateConstantBufferView: SizeInBytes of 64 is
  invalid. Device requires SizeInBytes be a multiple of 256.

D3D12 ERROR: ID3D12Device:: CreateConstantBufferView: BufferLocation of
  64 is invalid. Device requires BufferLocation be a multiple of 256.
```

（D3D12 错误: ID3D12Device::CreateConstantBufferView: 将 SizeInBytes 的值设置为 64 是无效的。设备要求 SizeInBytes 的值为 256 的整数倍。

D3D12 错误: ID3D12Device:: CreateConstantBufferView: 将 BufferLocation 的值设置为 64 是无效的。设备要求 BufferLocation 的值为 256 的整数倍。）

6.6.5　根签名和描述符表

通常来讲,在绘制调用开始执行之前,我们应将不同的着色器程序所需的各种类型的资源绑定到渲染流水线上。实际上，不同类型的资源会被绑定到特定的寄存器槽（register slot）上，以供着色器程序访问。比如说，前文代码中的顶点着色器和像素着色器需要的是一个绑定到寄存器 b0 的常量缓冲区。在本书的后续内容中，我们会用到这两种着色器更高级的配置方法，以使多个常量缓冲区、纹理（texture）和采样器（sampler）都能与各自的寄存器槽相绑定①：

```
// 将纹理资源绑定到纹理寄存器槽 0
Texture2D  gDiffuseMap : register(t0);

// 把下列采样器资源依次绑定到采样器寄存器槽 0~5
SamplerState gsamPointWrap        : register(s0);
SamplerState gsamPointClamp       : register(s1);
SamplerState gsamLinearWrap       : register(s2);
SamplerState gsamLinearClamp      : register(s3);
SamplerState gsamAnisotropicWrap  : register(s4);
SamplerState gsamAnisotropicClamp : register(s5);

// 将常量缓冲区资源（cbuffer）绑定到常量缓冲区寄存器槽 0
cbuffer cbPerObject : register(b0)
{
  float4x4 gWorld;
  float4x4 gTexTransform;
};

// 绘制过程中所用的杂项常量数据
cbuffer cbPass : register(b1)
{
  float4x4 gView;
  float4x4 gProj;
  [...] // 为篇幅而省略的其他字段
};

// 绘制每种材质所需的各种不同的常量数据
cbuffer cbMaterial : register(b2)
{
  float4   gDiffuseAlbedo;
  float3   gFresnelR0;
  float    gRoughness;
  float4x4 gMatTransform;
};
```

根签名（root signature）定义的是：在执行绘制命令之前，那些应用程序将绑定到渲染流水线上的资源，它们会被映射到着色器的对应输入寄存器。根签名一定要与使用它的着色器相兼容（即在绘制开始之前，根签名一定要为着色器提供其执行期间需要绑定到渲染流水线的所有资源），在创建流水线状态对象（pipeline state object）时会对此进行验证（参见 6.9 节）。不同的绘制调用可能会用到一组不同的着色器程序，这也就意味着要用到不同的根签名。

---

① 寄存器槽就是向着色器传递资源的手段，register(*#)中*表示寄存器传递的资源类型，可以是 t（表示着色器资源视图）、s（采样器）、u（无序访问视图）以及 b（常量缓冲区视图），#则为所用的寄存器编号。

注意

 如果我们把着色器程序当作一个函数，而将输入资源看作着色器的函数参数，那么根签名则定义了函数签名（其实这就是"根签名"一词的由来）。通过绑定不同的资源作为参数，着色器的输出也将有所差别。例如，顶点着色器的输出取决于实际向它输入的顶点数据以及为它绑定的具体资源。

在 Direct3D 中，根签名由 ID3D12RootSignature 接口来表示，并以一组描述绘制调用过程中着色器所需资源的**根参数**（root parameter）定义而成。根参数可以是**根常量**（root constant）、**根描述符**（root descriptor）或者**描述符表**（descriptor table）。我们在本章中仅使用描述符表，其他根参数均在第 7 章中进行讨论。描述符表指定的是描述符堆中存有描述符的一块连续区域。

下面的代码创建了一个根签名，它的根参数为一个描述符表，其大小足以容下一个 CBV（常量缓冲区视图，constant buffer view）。

```
// 根参数可以是描述符表、根描述符或根常量
CD3DX12_ROOT_PARAMETER slotRootParameter[1];

// 创建一个只存有一个 CBV 的描述符表
CD3DX12_DESCRIPTOR_RANGE cbvTable;
cbvTable.Init(
  D3D12_DESCRIPTOR_RANGE_TYPE_CBV,
  1, // 表中的描述符数量
  0);// 将这段描述符区域绑定至此基准着色器寄存器（base shader register）

slotRootParameter[0].InitAsDescriptorTable(
  1,            // 描述符区域的数量
  &cbvTable); // 指向描述符区域数组的指针

// 根签名由一组根参数构成
CD3DX12_ROOT_SIGNATURE_DESC rootSigDesc(1, slotRootParameter, 0, nullptr,
  D3D12_ROOT_SIGNATURE_FLAG_ALLOW_INPUT_ASSEMBLER_INPUT_LAYOUT);

// 创建仅含一个槽位（该槽位指向一个仅由单个常量缓冲区组成的描述符区域）的根签名
ComPtr<ID3DBlob> serializedRootSig = nullptr;
ComPtr<ID3DBlob> errorBlob = nullptr;
HRESULT hr = D3D12SerializeRootSignature(&rootSigDesc,
  D3D_ROOT_SIGNATURE_VERSION_1,
  serializedRootSig.GetAddressOf(),
  errorBlob.GetAddressOf());①
ThrowIfFailed(md3dDevice->CreateRootSignature(
  0,
  serializedRootSig->GetBufferPointer(),
  serializedRootSig->GetBufferSize(),
  IID_PPV_ARGS(&mRootSignature)));
```

---

① Direct3D 12 规定，必须先将根签名的描述布局进行序列化处理（serialize），待其转换为以 ID3DBlob 接口表示的序列化数据格式后，才可将它传入 CreateRootSignature 方法，正式创建根签名。在此，可以设置将根签名按何种版本（1.0，1.1）进行序列化处理。在 Windows 10（14393）版以后，可以 D3D12SerializeVersionedRootSignature 方法代之。

我们将在第 7 章对 CD3DX12_ROOT_PARAMETER 和 CD3DX12_DESCRIPTOR_RANGE 这两种辅助结构进行更加细致的解读，现在只需理解下述代码即可：

```
CD3DX12_ROOT_PARAMETER slotRootParameter[1];

CD3DX12_DESCRIPTOR_RANGE cbvTable;
cbvTable.Init(
    D3D12_DESCRIPTOR_RANGE_TYPE_CBV, // 描述符表的类型
    1, // 表中描述符的数量
    0);// 将这段描述符区域绑定至此基址着色器寄存器
slotRootParameter[0].InitAsDescriptorTable(
    1,              // 描述符区域的数量
    &cbvTable); // 指向描述符区域数组的指针
```

这段代码创建了一个根参数，目的是将含有一个 CBV 的描述符表绑定到常量缓冲区寄存器 0，即 HLSL 代码中的 register(b0)。

注意

 本章中所展示的根签名示例十分简单。读者在此书的大部分范例中会见到根签名的身影，而且根签名的复杂度也将按程序的需求而逐渐提升。

根签名只定义了应用程序要绑定到渲染流水线的资源，却没有真正地执行任何资源绑定操作。只要率先通过命令列表（command list）设置好根签名，我们就能用 ID3D12GraphicsCommandList::SetGraphicsRootDescriptorTable 方法令描述符表与渲染流水线相绑定。

```
void ID3D12GraphicsCommandList::SetGraphicsRootDescriptorTable(
    UINT RootParameterIndex,
    D3D12_GPU_DESCRIPTOR_HANDLE BaseDescriptor);
```

1. RootParameterIndex：将根参数按此索引（即欲绑定到的寄存器槽号）进行设置。

2. BaseDescriptor：此参数指定的是将要向着色器绑定的描述符表中第一个描述符位于描述符堆中的句柄。比如说，如果根签名指明当前描述符表中共有 5 个描述符，则堆中的 BaseDescriptor 及其后面的 4 个描述符将被设置到此描述符表中。

下列代码先将根签名和 CBV 堆设置到命令列表上，并随后再通过设置描述符表来指定我们希望绑定到渲染流水线的资源：

```
mCommandList->SetGraphicsRootSignature(mRootSignature.Get());
ID3D12DescriptorHeap* descriptorHeaps[] = { mCbvHeap.Get() };
mCommandList->SetDescriptorHeaps(_countof(descriptorHeaps),
    descriptorHeaps);

// 偏移到此次绘制调用所需的 CBV 处
CD3DX12_GPU_DESCRIPTOR_HANDLE cbv(mCbvHeap
    ->GetGPUDescriptorHandleForHeapStart());
cbv.Offset(cbvIndex, mCbvSrvUavDescriptorSize);

mCommandList->SetGraphicsRootDescriptorTable(0, cbv);
```

注意

 出于性能的原因，我们应当使根签名的规模尽可能地小。除此之外，还要试着尽量减少每帧渲染过程中根签名的修改次数。

注意

 每当在（图形）绘制调用或（计算）调度（dispatch，也有译作分派）调用（此"调度调用"指调度计算着色器进行 GPU 通用计算）之间有根签名的内容（即描述符表、根常量以及根描述符）发生改变时，D3D12 的驱动程序便会将与应用程序相绑定的根签名内容自动更新为最新的数据。因此，在每次绘制/调度调用时都会产生一整套独立的根签名状态[1]。

注意

 如果更改了根签名，则会失去现存的所有绑定关系。也就是说，在修改了根签名后，我们需要按新的根签名定义重新将所有的对应资源绑定到渲染流水线上。

6.7　编译着色器

在 Direct3D 中，着色器程序必须先被编译为一种可移植的字节码。接下来，图形驱动程序将获取这些字节码，并将其重新编译为针对当前系统 GPU 所优化的本地指令[ATI1]。我们可以在运行期间用下列函数对着色器进行编译。

```
HRESULT D3DCompileFromFile(
  LPCWSTR pFileName,
  const D3D_SHADER_MACRO *pDefines,
  ID3DInclude *pInclude,
  LPCSTR pEntrypoint,
  LPCSTR pTarget,
  UINT Flags1,
  UINT Flags2,
  ID3DBlob **ppCode,
  ID3DBlob **ppErrorMsgs);
```

1.　pFileName：我们希望编译的以.hlsl 作为扩展名的 HLSL 源代码文件。

2.　pDefines：在本书中，我们并不使用这个高级选项，因此总是将它指定为空指针。关于此参数的详细信息可参见 SDK 文档。

---

① 自 Windows 10 周年更新版的 SDK（Windows 10 Anniversary Update SDK，1607）起，编译器会默认将根签名按版本 1.1 进行编译，用户可通过对编译器进行配置使它创建 1.0 版本的根签名（详见 Root Signature Version 1.1 中的 Version management 部分，mt709473）。根签名 1.1 版相对于 1.0 版而言会把描述符与数据分为 static 与 volatile 两种，从而使图形驱动层的行为得到优化。而且，在不支持根签名 1.1 版本的操作系统上使用 1.1 版本的根签名会出现问题。

3. pInclude：在本书中，我们并不使用这个高级选项，因而总是将它指定为空指针。关于此参数的详细信息可详见 SDK 文档。

4. pEntrypoint：着色器的入口点函数名。一个.hlsl 文件可能存有多个着色器程序（例如，一个顶点着色器和一个像素着色器），所以我们需要为待编译的着色器指定入口点。

5. pTarget：指定所用着色器类型和版本的字符串。在本书中，我们采用的着色器模型版本是 5.0 和 5.1[①]。

   a）vs_5_0 与 vs_5_1：表示版本分别为 5.0 和 5.1 的顶点着色器（vertex shader）。

   b）hs_5_0 与 hs_5_1：表示版本分别为 5.0 和 5.1 的外壳着色器（hull shader）。

   c）ds_5_0 与 ds_5_1：表示版本分别为 5.0 和 5.1 的域着色器（domain shader）。

   d）gs_5_0 与 gs_5_1：表示版本分别为 5.0 和 5.1 的几何着色器（geometry shader）。

   e）ps_5_0 与 ps_5_1：表示版本分别为 5.0 和 5.1 的像素着色器（pixel shader）。

   f）cs_5_0 与 cs_5_1：表示版本分别为 5.0 和 5.1 的计算着色器（compute shader）。

6. Flags1：指示对着色器代码应当如何编译的标志。在 SDK 文档里，这些标志列出得不少，但是此书中我们仅用两种。

   a）**D3DCOMPILE_DEBUG**：用调试模式来编译着色器。

   b）**D3DCOMPILE_SKIP_OPTIMIZATION**：指示编译器跳过优化阶段（对调试很有用处）。

7. Flags2：我们不会用到处理效果文件的高级编译选项，关于它的信息请参见 SDK 文档。

8. ppCode：返回一个指向 ID3DBlob 数据结构的指针，它存储着编译好的着色器对象字节码。

9. ppErrorMsgs：返回一个指向 ID3DBlob 数据结构的指针。如果在编译过程中发生了错误，它便会储存报错的字符串。

ID3DBlob 类型描述的其实就是一段普通的内存块，这是该接口的两个方法：

a）LPVOID GetBufferPointer：返回指向 ID3DBlob 对象中数据的 void*类型的指针。由此可见，在使用此数据之前务必先要将它转换为适当的类型（参考下面的示例）。

b）SIZE_T GetBufferSize：返回缓冲区的字节大小（即该对象中的数据大小）。

为了能够输出错误信息，我们在 **d3dUtil.h/.cpp** 文件中实现了下列辅助函数在运行时编译着色器：

```
ComPtr<ID3DBlob> d3dUtil::CompileShader(
    const std::wstring& filename,
    const D3D_SHADER_MACRO* defines,
    const std::string& entrypoint,
    const std::string& target)
{
  // 若处于调试模式,则使用调试标志
  UINT compileFlags = 0;
#if defined(DEBUG) || defined(_DEBUG)
  compileFlags = D3DCOMPILE_DEBUG | D3DCOMPILE_SKIP_OPTIMIZATION;
```

---

① 目前最新的着色器模型版本是 **6.4**，需用前文注释中的 DirectX Shader Compiler 进行编译。着色器模型 6.0～6.4 添加了许多新的内置函数与数据类型。读者可以从 msdn 与微软 GitHub 上 DirectXShaderCompiler 项目的示例及 wiki 文档中获得更多相关信息（使用该版本着色器模型有 SDK 版本与特性级别等限制）。

```
#endif

  HRESULT hr = S_OK;

  ComPtr<ID3DBlob> byteCode = nullptr;
  ComPtr<ID3DBlob> errors;
  hr = D3DCompileFromFile(filename.c_str(), defines,
    D3D_COMPILE_STANDARD_FILE_INCLUDE,
    entrypoint.c_str(), target.c_str(), compileFlags, 0, &byteCode,
    &errors);

  // 将错误信息输出到调试窗口
  if(errors != nullptr)
    OutputDebugStringA((char*)errors->GetBufferPointer());

  ThrowIfFailed(hr);

  return byteCode;
}
```

以下是一个调用此函数的示例：

```
ComPtr<ID3DBlob> mvsByteCode = nullptr;
ComPtr<ID3DBlob> mpsByteCode = nullptr;
mvsByteCode = d3dUtil::CompileShader(L"Shaders\\color.hlsl",
  nullptr, "VS", "vs_5_0");
mpsByteCode = d3dUtil::CompileShader(L"Shaders\\color.hlsl",
  nullptr, "PS", "ps_5_0");
```

HLSL 的错误和警告消息将通过 ppErrorMsgs 参数返回。比方说，如果不小心把 mul 函数拼写错误，那么我们便会从调试窗口得到类似于下列的错误输出：

```
Shaders\color.hlsl(29,14-55): error X3004: undeclared identifier 'mu'
(Shaders\color.hlsl(29,14-55): 错误 X3004: 未声明的标识符 'mu')
```

仅对着色器进行编译并不会使它与渲染流水线相绑定以供其使用，我们将在 6.9 节中介绍相关的具体做法。

6.7.1　离线编译

我们不仅可以在运行期间编译着色器，还能够以单独的步骤（例如，将其作为构建整个工程过程中的一个独立环节，或是将其视为资源内容流水线（asset content pipeline）流程的一部分）离线地（offline）编译着色器。这样做有原因若干：

1. 对于复杂的着色器来说，其编译过程可能耗时较长。因此，借助离线编译即可缩短应用程序的加载时间。
2. 以便在早于运行时的构建处理期间提前发现编译错误。
3. 对于 Windows 8 应用商店中的应用而言，必须采用离线编译这种方式。

我们通常用 .cso（即 compiled shader object，已编译的着色器对象）作为已编译着色器的扩展名。

　　为了以离线的方式编译着色器，我们将使用 DirectX 自带的 FXC 命令行编译工具。为了将 color.hlsl 文件中分别以 VS 和 PS 作为入口点的顶点着色器和像素着色器编译为**调试**版本的字节码，我们可以输入以下命令：

```
fxc "color.hlsl" /Od /Zi /T vs_5_0 /E "VS" /Fo "color_vs.cso" /Fc "color_vs.asm"
fxc "color.hlsl" /Od /Zi /T ps_5_0 /E "PS" /Fo "color_ps.cso" /Fc "color_ps.asm"
```

　　为了将 color.hlsl 文件中分别以 VS 和 PS 作为入口点的顶点着色器和像素着色器编译为**发行**版本的字节码，则可以输入以下命令：

```
fxc "color.hlsl" /T vs_5_0 /E "VS" /Fo "color_vs.cso" /Fc "color_vs.asm"
fxc "color.hlsl" /T ps_5_0 /E "PS" /Fo "color_ps.cso" /Fc "color_ps.asm"
```

参数	描述
/Od	禁用优化（对于调试十分有用）
/Zi	开启调试信息
/T \<string\>	着色器类型和着色器模型的版本
/E \<string\>	着色器入口点
/Fo \<string\>	经过编译的着色器对象字节码
/Fc \<string\>	输出一个着色器的汇编文件清单（对于调试、检验指令数量、查阅生成的代码细节都是很有帮助的）

　　如果试图编译一个有语法错误的着色器，则 FXC 会将错误/警告消息输出到命令窗口。譬如，若是在 color.hlsl 效果文件中拼错了一个变量的名字：

```
// 应当为 gWorldViewProj, 而非 worldViewProj
vout.PosH = mul(float4(vin.Pos, 1.0f), worldViewProj);
```

　　那么，我们会因为这一个失误而从调试输出窗口收到许多错误信息（关键在于改正最上面的错误）：

```
color.hlsl(29,42-54): error X3004: undeclared identifier
'worldViewProj'
color.hlsl(29,14-55): error X3013: 'mul': no matching 2 parameter
    intrinsic function
color.hlsl(29,14-55): error X3013: Possible intrinsic functions are:
color.hlsl(29,14-55): error X3013:    mul(float|half...
```

（color.hlsl(29,42-54)：错误 X3004：未声明的标识符 'worldViewProj'
color.hlsl(29,14-55)：错误 X3013：'mul'：没有比对到该内置函数所需的两个参数
color.hlsl(29,14-55)：错误 X3013：可能的内置函数是：
color.hlsl(29,14-55)：错误 X3013：mul(float|half...blabla...)）

　　可见，在编译期间及时获取错误信息要比在运行时才获得错误消息要便捷得多。

　　既然已经按离线的方式把顶点着色器和像素着色器编译到.cso 文件里，也就不需要在运行时对其进行编译（即，无须再调用 D3DCompileFromFile 方法）。但是，我们仍要将.cso 文件中已编译好的着色器对象字节码加载到应用程序中，这可以由 C++的标准文件输入机制来加以实现，如：

```cpp
ComPtr<ID3DBlob> d3dUtil::LoadBinary(const std::wstring& filename)
{
  std::ifstream fin(filename, std::ios::binary);

  fin.seekg(0, std::ios_base::end);
  std::ifstream::pos_type size = (int)fin.tellg();
  fin.seekg(0, std::ios_base::beg);

  ComPtr<ID3DBlob> blob;
  ThrowIfFailed(D3DCreateBlob(size, blob.GetAddressOf()));

  fin.read((char*)blob->GetBufferPointer(), size);
  fin.close();

  return blob;
}
...
ComPtr<ID3DBlob> mvsByteCode = d3dUtil::LoadBinary(L"Shaders\\color_vs.cso");
ComPtr<ID3DBlob> mpsByteCode = d3dUtil::LoadBinary(L"Shaders\\color_ps.cso");
```

6.7.2　生成着色器汇编代码

FXC 程序根据可选参数/Fc 来生成可移植的着色器汇编代码。通过查阅着色器的汇编代码，既可核对着色器的指令数量，也能了解生成的代码细节——这是为了验证编译器所生成的代码与我们预想的是否一致。例如，如果我们在 HLSL 代码中写了一个条件语句，那么可能会认为汇编代码中将存在一条与之对应的分支指令。在可编程 GPU 发展的初期阶段中，在着色器里使用分支指令的代价是比较高昂的。因此，编译器时常会通过对两个分支展开求值，再对求值结果进行插值来整理条件语句，以避免采用分支指令并计算出正确的结果。例如，下列两组代码是等价的：

条件语句	整理后

`float x = 0;`
 	
`// s == 1 (true) or s == 0 (false)`
`if( s )`
`  x = sqrt(y);`
`else`
`  x = 2*y;`
	`float a = 2*y;`
	`float b = sqrt(y);`
	`float x = a + s*(b-a);`
	
	`// s == 1: x = a + b - a = b = sqrt(y)`
	
	`// s == 0: x = a + 0*(b-a) = a = 2*y`

因此，若采用这种展开整理方法，我们将得到没有任何分支语句而效果却又与整理前相同的代码。但是，在不查阅着色器汇编代码的情况下，我们无法知道此展开过程是否发生，甚至不能验证生成的分支指令是否正确。有时，查看着色器汇编代码的目的是为了弄清它到底做了什么。下面就是一个由 color.hlsl 文件中顶点着色器生成的汇编代码示例：

```
//
// 生成自微软(R) HLSL 着色器编译器 6.4.9844.0
//
//
```

```
// 缓冲区定义
//
// cbuffer cbPerObject
// {
//
//   float4x4 gWorldViewProj;          // 偏移量： 0 大小： 64
//
// }
//
//
// 资源绑定
//
// 名称              类型       格式      维度     槽   元素
// -----------    --------   ------    -----    ---  -------   -----------
// cbPerObject    cbuffer    NA        NA       0    1
//
//
//
// 输入签名
//
// 名称              索引       掩码      寄存器   系统值     格式       使用情况
// --------       ----------  -----    ------   --------  --------  ---------
// POSITION       0                    xyz      0         NONE      float      xyz
// COLOR          0                    xyzw     1         NONE      float      xyzw
//
//
// 输出签名
//
// 名称              索引       掩码      寄存器   系统值     格式       使用情况
// --------       ----------  -----    ------   --------  --------  -------
// SV_POSITION    0                    xyzw     0         POS       float      xyzw
// COLOR          0                    xyzw     1         NONE      float      xyzw
//
vs_5_0
dcl_globalFlags refactoringAllowed | skipOptimization
dcl_constantbuffer cb0[4], immediateIndexed
dcl_input v0.xyz
dcl_input v1.xyzw
dcl_output_siv o0.xyzw, position
dcl_output o1.xyzw
dcl_temps 2
//
// 初始化变量关系
// v0.x <- vin.PosL.x; v0.y <- vin.PosL.y; v0.z <- vin.PosL.z;
// v1.x <- vin.Color.x; v1.y <- vin.Color.y; v1.z <- vin.Color.z; v1.w <- vin.Color.w;
// o1.x <- <VS return value>.Color.x;
// o1.y <- <VS return value>.Color.y;
// o1.z <- <VS return value>.Color.z;
// o1.w <- <VS return value>.Color.w;
// o0.x <- <VS return value>.PosH.x;
// o0.y <- <VS return value>.PosH.y;
// o0.z <- <VS return value>.PosH.z;
// o0.w <- <VS return value>.PosH.w
```

211

```
//
#第 29 行"color.hlsl"
mov r0.xyz, v0.xyzx
mov r0.w, l(1.000000)
dp4 r1.x, r0.xyzw, cb0[0].xyzw // r1.x <- vout.PosH.x
dp4 r1.y, r0.xyzw, cb0[1].xyzw // r1.y <- vout.PosH.y
dp4 r1.z, r0.xyzw, cb0[2].xyzw // r1.z <- vout.PosH.z
dp4 r1.w, r0.xyzw, cb0[3].xyzw // r1.w <- vout.PosH.w

#第 32 行
mov r0.xyzw, v1.xyzw // r0.x <- vout.Color.x; r0.y <- vout.Color.y;
            // r0.z <- vout.Color.z; r0.w <- vout.Color.w
mov o0.xyzw, r1.xyzw
mov o1.xyzw, r0.xyzw
ret
// 大约使用了 10 个指令槽
```

6.7.3 利用 Visual Studio 离线编译着色器

Visual Studio 2015 集成了一些对着色器程序进行编译工作的支持。我们可以向工程内添加.hlsl 文件，而 Visual Studio (VS)会识别它们并提供编译的选项（见图 6.6）。这些在 UI 中配置的选项就是 FXC 程序的参数。在向 VS 工程中添加 HLSL 文件后，它将成为构建流程的一部分，而着色器也将会被 FXC 程序所编译。

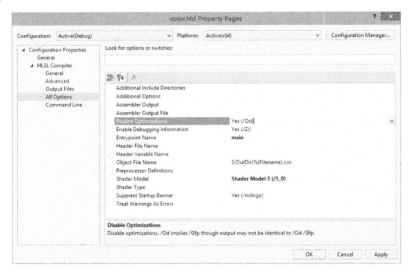

图 6.6 为项目添加一个自定义的构建工具

但是，使用 VS 集成的 HLSL 工具却有一个缺点，即它只允许每个文件中仅有一个着色器程序。因此，这条限制将令顶点着色器和像素着色器不能共存于一个文件里。此外，我们有时希望以不同的预处理指令（preprocessor directives）编译同一个着色器程序，从而获取同一着色器的不同编译结果。同样地，如果使用集成的 VS 工具就不可能做到这一点，因为每输入一个.hlsl 文件则只能输出一个.cso 文件。

6.8 光栅器状态

当今渲染流水线中的大多阶段都是可编程的，但是有些特定环节却只能接受配置。例如，用于配置渲染流水线中光栅化阶段的**光栅器状态**（rasterizer state）组由结构体 D3D12_RASTERIZER_DESC 来表示：

```
typedef struct D3D12_RASTERIZER_DESC {
    D3D12_FILL_MODE FillMode;              // 默认值为：D3D12_FILL_MODE_SOLID
    D3D12_CULL_MODE CullMode;              // 默认值为：D3D12_CULL_MODE_BACK
    BOOL FrontCounterClockwise;            // 默认值为：false
    INT DepthBias;                         // 默认值为：0
    FLOAT DepthBiasClamp;                  // 默认值为：0.0f
    FLOAT SlopeScaledDepthBias;            // 默认值为：0.0f
    BOOL DepthClipEnable;                  // 默认值为：true
    BOOL MultisampleEnable;                // 默认值为：false
    BOOL AntialiasedLineEnable;            // 默认值为：false
    UINT ForcedSampleCount;                // 默认值为：0

    // 默认值为：D3D12_CONSERVATIVE_RASTERIZATION_MODE_OFF
    D3D12_CONSERVATIVE_RASTERIZATION_MODE ConservativeRaster;
} D3D12_RASTERIZER_DESC;
```

其中大部分对于我们而言是相对高级或不常使用的成员，我们可以从 SDK 文档中查阅到它们的相关描述。下面仅对其中关键的 3 个成员进行讲解。

1. FillMode：将此参数设置为 D3D12_FILL_MODE_WIREFRAME 是采用线框模式进行渲染，而设置为 D3D12_FILL_MODE_SOLID 则是使用实体模式进行渲染。默认设置为实体渲染模式。

2. CullMode：指定 D3D12_CULL_MODE_NONE 是禁用剔除操作，D3D12_CULL_MODE_BACK 是剔除背面朝向的三角形，而 D3D12_CULL_MODE_FRONT 是剔除正面朝向的三角形。默认配置为剔除背面朝向的三角形。

3. FrontCounterClockwise：如果指定为 false，则根据摄像机的观察视角，将顶点顺序为顺时针方向的三角形看作正面朝向，而把逆时针绕序的三角形当作背面朝向。相反，如果指定为 true，则根据摄像机的观察视角，将顶点顺序为逆时针方向的三角形看作正面朝向，而把顺时针绕序的三角形当作背面朝向。此参数默认值为 false。

下列代码展示了如何创建一个开启线框模式，且禁用背面剔除的光栅化状态：

```
CD3DX12_RASTERIZER_DESC rsDesc(D3D12_DEFAULT);
rsDesc.FillMode = D3D12_FILL_MODE_WIREFRAME;
rsDesc.CullMode = D3D12_CULL_MODE_NONE;
```

CD3DX12_RASTERIZER_DESC 是在扩展自 D3D12_RASTERIZER_DESC 结构体的基础上，又添加了一些辅助构造函数的工具类。其中有一个以接收 CD3DX12_DEFAULT 作为参数来创建光栅化状态对象的构造函数，其实 CD3DX12_DEFAULT 只是一个哑类型（dummy），而此函数的作用是将光栅化状态中需要被初始化的成员重载为默认值。CD3DX12_DEFAULT[①]和 D3D12_DEFAULT 的定义如下：

---

① 如之前所注，CD3D12_DEFAULT 在后续的 SDK 版本中已更名为 CD3DX12_DEFAULT。

```
struct CD3DX12_DEFAULT {};
extern const DECLSPEC_SELECTANY CD3DX12_DEFAULT D3D12_DEFAULT;
```

另外，D3D12_DEFAULT（CD3DX12_DEFAULT）还被广泛地运用于 Direct3D 的其他几种工具类中[①]。

6.9　流水线状态对象

到目前为止，我们已经展示过编写输入布局描述、创建顶点着色器和像素着色器，以及配置光栅器状态组这 3 个步骤，还未曾讲解如何将这些对象绑定到图形流水线上，用以实际绘制图形。大多数控制图形流水线状态的对象被统称为**流水线状态对象**（Pipeline State Object，PSO），用 ID3D12PipelineState 接口来表示。要创建 PSO，我们首先要填写一份描述其细节的 D3D12_GRAPHICS_PIPELINE_STATE_DESC 结构体实例。

```
typedef struct D3D12_GRAPHICS_PIPELINE_STATE_DESC
{
  ID3D12RootSignature *pRootSignature;
  D3D12_SHADER_BYTECODE VS;
  D3D12_SHADER_BYTECODE PS;
  D3D12_SHADER_BYTECODE DS;
  D3D12_SHADER_BYTECODE HS;
  D3D12_SHADER_BYTECODE GS;
  D3D12_STREAM_OUTPUT_DESC StreamOutput;
  D3D12_BLEND_DESC BlendState;
  UINT SampleMask;
  D3D12_RASTERIZER_DESC RasterizerState;
  D3D12_DEPTH_STENCIL_DESC DepthStencilState;
  D3D12_INPUT_LAYOUT_DESC InputLayout;
  D3D12_PRIMITIVE_TOPOLOGY_TYPE PrimitiveTopologyType;
  UINT NumRenderTargets;
  DXGI_FORMAT RTVFormats[8];
  DXGI_FORMAT DSVFormat;
  DXGI_SAMPLE_DESC SampleDesc;
} D3D12_GRAPHICS_PIPELINE_STATE_DESC;[②]
```

1. pRootSignature：指向一个与此 PSO 相绑定的根签名的指针。该根签名一定要与此 PSO 指定的着色器相兼容。

2. VS：待绑定的顶点着色器。此成员由结构体 D3D12_SHADER_BYTECODE 表示，这个结构体存有指向已编译好的字节码数据的指针，以及该字节码数据所占的字节大小。

```
typedef struct D3D12_SHADER_BYTECODE {
 const void *pShaderBytecode;
```

[①] 在预览版中，D3D12_FILL_MODE 中的枚举项以 D3D12_FILL_*作为前缀，且 D3D12_CULL_MODE 中的枚举项以 D3D12_CULL_*作为前缀，而 CD3DX12_DEFAULT 则名为 CD3DX12_DEFAULT。

[②] 文中并没有对 D3D12_GRAPHICS_PIPELINE_STATE_DESC 结构体中的参数完全介绍，全书也未曾用到这些参数，可能是作者因此而未写。

```
    SIZE_T    BytecodeLength;
} D3D12_SHADER_BYTECODE;
```

3. PS：待绑定的像素着色器。

4. DS：待绑定的域着色器（我们将在后续章节中讲解此类型的着色器）。

5. HS：待绑定的外壳着色器（我们将在后续章节中讲解此类型的着色器）。

6. GS：待绑定的几何着色器（我们将在后续章节中讲解此类型的着色器）。

7. StreamOutput：用于实现一种称作流输出（stream-out）的高级技术。目前我们仅将此字段清零。

8. BlendState：指定混合（blending）操作所用的混合状态。我们将在后续章节中讨论此状态组，目前仅将此成员指定为默认的 CD3DX12_BLEND_DESC(D3D12_DEFAULT)。

9. SampleMask：多重采样最多可采集 32 个样本。借此参数的 32 位整数值，即可设置每个采样点的采集情况（采集或禁止采集）。例如，若禁用了第 5 位（将第 5 位设置为 0），则将不会对第 5 个样本进行采样。当然，要禁止采集第 5 个样本的前提是，所用的多重采样至少要有 5 个样本。假如一个应用程序仅使用了单采样（single sampling），那么只能针对该参数的第 1 位进行配置。一般来说，使用的都是默认值 0xffffffff，即表示对所有的采样点都进行采样。

10. RasterizerState：指定用来配置光栅器的光栅化状态。

11. DepthStencilState：指定用于配置深度/模板测试的深度/模板状态。我们将在后续章节中对此状态进行讨论，目前只把它设为默认的 CD3DX12_DEPTH_STENCIL_DESC(D3D12_DEFAULT)。

12. InputLayout：输入布局描述，此结构体中有两个成员：一个由 D3D12_INPUT_ELEMENT_DESC 元素构成的数组，以及一个表示此数组中元素数量的无符号整数。

```
typedef struct D3D12_INPUT_LAYOUT_DESC
{
  const D3D12_INPUT_ELEMENT_DESC *pInputElementDescs;
  UINT NumElements;
} D3D12_INPUT_LAYOUT_DESC;
```

13. PrimitiveTopologyType：指定图元的拓扑类型。

```
typedef enum D3D12_PRIMITIVE_TOPOLOGY_TYPE {
 D3D12_PRIMITIVE_TOPOLOGY_TYPE_UNDEFINED = 0,
 D3D12_PRIMITIVE_TOPOLOGY_TYPE_POINT    = 1,
 D3D12_PRIMITIVE_TOPOLOGY_TYPE_LINE     = 2,
 D3D12_PRIMITIVE_TOPOLOGY_TYPE_TRIANGLE = 3,
 D3D12_PRIMITIVE_TOPOLOGY_TYPE_PATCH    = 4
} D3D12_PRIMITIVE_TOPOLOGY_TYPE;
```

14. NumRenderTargets：同时所用的渲染目标数量（即 RTVFormats 数组中渲染目标格式的数量）。

15. RTVFormats：渲染目标的格式。利用该数组实现向多渲染目标同时进行写操作。使用此 PSO 的渲染目标的格式设定应当与此参数相匹配。

16. DSVFormat：深度/模板缓冲区的格式。使用此 PSO 的深度/模板缓冲区的格式设定应当与此参数相匹配。

17. SampleDesc：描述多重采样对每个像素采样的数量及其质量级别。此参数应与渲染目标的对应设置相匹配。

在 D3D12_GRAPHICS_PIPELINE_STATE_DESC 实例填写完毕后,我们即可用 ID3D12Device::
CreateGraphicsPipelineState 方法来创建 ID3D12PipelineState 对象。

```
ComPtr<ID3D12RootSignature> mRootSignature;
std::vector<D3D12_INPUT_ELEMENT_DESC> mInputLayout;
ComPtr<ID3DBlob> mvsByteCode;
ComPtr<ID3DBlob> mpsByteCode;
...
D3D12_GRAPHICS_PIPELINE_STATE_DESC psoDesc;
ZeroMemory(&psoDesc, sizeof(D3D12_GRAPHICS_PIPELINE_STATE_DESC));
psoDesc.InputLayout = { mInputLayout.data(), (UINT)mInputLayout.size() };
psoDesc.pRootSignature = mRootSignature.Get();
psoDesc.VS =
{
  reinterpret_cast<BYTE*>(mvsByteCode->GetBufferPointer()),
  mvsByteCode->GetBufferSize()
};
psoDesc.PS =
{
  reinterpret_cast<BYTE*>(mpsByteCode->GetBufferPointer()),
  mpsByteCode->GetBufferSize()
};
psoDesc.RasterizerState = CD3DX12_RASTERIZER_DESC(D3D12_DEFAULT);
psoDesc.BlendState = CD3DX12_BLEND_DESC(D3D12_DEFAULT);
psoDesc.DepthStencilState = CD3DX12_DEPTH_STENCIL_DESC(D3D12_DEFAULT);
psoDesc.SampleMask = UINT_MAX;
psoDesc.PrimitiveTopologyType = D3D12_PRIMITIVE_TOPOLOGY_TYPE_TRIANGLE;
psoDesc.NumRenderTargets = 1;
psoDesc.RTVFormats[0] = mBackBufferFormat;
psoDesc.SampleDesc.Count = m4xMsaaState ? 4 : 1;
psoDesc.SampleDesc.Quality = m4xMsaaState ? (m4xMsaaQuality - 1) : 0;
psoDesc.DSVFormat = mDepthStencilFormat;

ComPtr<ID3D12PipelineState> mPSO;
md3dDevice->CreateGraphicsPipelineState(&psoDesc, IID_PPV_ARGS(&mPSO)));①
```

ID3D12PipelineState 对象集合了大量的流水线状态信息。为了保证性能,我们将所有这些对象都集总在一起,一并送至渲染流水线。通过这样的一个集合,Direct3D 便可以确定所有的状态是否彼此兼容,而驱动程序则能够据此而提前生成硬件本地指令及其状态。在 Direct3D 11 的状态模型中,这些渲染状态片段都是要分开配置的。然而这些状态实际都有一定的联系,以致如果其中的一个状态发生改变,那么驱动程序可能就要为了另一个相关的独立状态而对硬件重新进行编程。由于一些状态在配置流水线时需要改变,因而硬件状态也就可能被频繁地改写。为了避免这些冗余的操作,驱动程序往往会推迟针对硬件状态的编程动作,直到明确整条流水线的状态发起绘制调用后,才正式生成对应的本地指令与状态。但是,这种延迟操作需要驱动在运行时进行额外的记录工作,即追踪状态的变化,而后才能在运行时生成改写硬件状态的本地代码。在 Direct3D 12 的新模型中,驱动程序可以在初始化期间生成对流水线状态编程的全部代码,这便是我们将大多数的流水线状态指定为一个集合所带来的好处。

① 如之前所注,代码中的 CD3DX12_RASTERIZER_DESC、CD3DX12_BLEND_DESC 与 CD3DX12_DEPTH_STENCIL_DESC 等辅助方法在预览 SDK 版本中为 CD3D12 前缀。

注意

 由于 PSO 的验证和创建操作过于耗时，所以应在初始化期间就生成 PSO。除非有特别的需求，例如，在运行时创建 PSO 伊始就要当即对它进行第一次引用的这种情况。随后，我们就可将它存于如散列表（哈希表）这样的集合里，以便在后续使用时快速获取。

并非所有的渲染状态都封装于 PSO 内，如视口（viewport）和裁剪矩形（scissor rectangle）等属性就独立于 PSO。由于将这些状态的设置与其他的流水线状态分隔开来会更有效，所以把它们强行集中在 PSO 内也并不会为之增添任何优势。

Direct3D 实质上就是一种状态机（state machine），里面的事物会保持它们各自的状态，直到我们将其改变。如果我们以不同的 PSO 去绘制不同物体，则需要像下面那样来组织代码：

```
// 重置命令列表并指定初始 PSO
mCommandList->Reset(mDirectCmdListAlloc.Get(), mPSO1.Get());
/* ……使用 PSO 1 绘制物体…… */

// 改变 PSO
mCommandList->SetPipelineState(mPSO2.Get());
/* ……使用 PSO 2 绘制物体…… */

// 改变 PSO
mCommandList->SetPipelineState(mPSO3.Get());
/* ……使用 PSO 3 绘制物体…… */
```

换句话说，如果把一个 PSO 与命令列表相绑定，那么，在我们设置另一个 PSO 或重置命令列表之前，会一直沿用当前的 PSO 绘制物体。

注意

 考虑到程序的性能问题，我们应当尽可能减少改变 PSO 状态的次数。为此，若能以一个 PSO 绘制出所有的物体，绝不用第二个 PSO。切记，不要在每次绘制调用时都修改 PSO！

6.10 几何图形辅助结构体

在本书中，我们通过创建一个同时存有顶点缓冲区和索引缓冲区的结构体来方便地定义多个几何体。另外，借此结构体即可将顶点和索引数据置于系统内存之中，以供 CPU 读取。例如，执行拾取（picking）和碰撞检测（collision detection）这样的工作就需要 CPU 来访问几何体数据。再者，该结构体还缓存了顶点缓冲区和索引缓冲区的一些重要属性(例如格式和每个顶点项所占用的字节数)，并提供了返回缓冲区视图的方法。当需要定义多个几何体时，我们就使用下面的 MeshGeometry（定义于 **d3dUtil.h** 头文件中）结构体。

```
// 利用 SubmeshGeometry 来定义 MeshGeometry 中存储的单个几何体
// 此结构体适用于将多个几何体数据存于一个顶点缓冲区和一个索引缓冲区的情况
```

```
// 它提供了对存于顶点缓冲区和索引缓冲区中的单个几何体进行绘制所需的数据和偏移量，我们可以据此来
// 实现图 6.3 中所描绘的技术
struct SubmeshGeometry
{
  UINT IndexCount = 0;
  UINT StartIndexLocation = 0;
  INT BaseVertexLocation = 0;

  // 通过此子网格来定义当前 SubmeshGeometry 结构体中所存几何体的包围盒（bounding box）。我们
  // 将在本书的后续章节中使用此数据
  DirectX::BoundingBox Bounds;
};

struct MeshGeometry
{
  // 指定此几何体网格集合的名称，这样我们就能根据此名找到它
  std::string Name;

  // 系统内存中的副本。由于顶点/索引可以是泛型格式（具体格式依用户而定），所以用 Blob 类型来表示
  // 待用户在使用时再将其转换为适当的类型
  Microsoft::WRL::ComPtr<ID3DBlob> VertexBufferCPU = nullptr;
  Microsoft::WRL::ComPtr<ID3DBlob> IndexBufferCPU = nullptr;

  Microsoft::WRL::ComPtr<ID3D12Resource> VertexBufferGPU = nullptr;
  Microsoft::WRL::ComPtr<ID3D12Resource> IndexBufferGPU = nullptr;

  Microsoft::WRL::ComPtr<ID3D12Resource> VertexBufferUploader = nullptr;
  Microsoft::WRL::ComPtr<ID3D12Resource> IndexBufferUploader = nullptr;

  // 与缓冲区相关的数据
  UINT VertexByteStride = 0;
  UINT VertexBufferByteSize = 0;
  DXGI_FORMAT IndexFormat = DXGI_FORMAT_R16_UINT;
  UINT IndexBufferByteSize = 0;

  // 一个 MeshGeometry 结构体能够存储一组顶点/索引缓冲区中的多个几何体
  // 若利用下列容器来定义子网格几何体，我们就能单独地绘制出其中的子网格（单个几何体）
  std::unordered_map<std::string, SubmeshGeometry> DrawArgs;

  D3D12_VERTEX_BUFFER_VIEW VertexBufferView()const
  {
    D3D12_VERTEX_BUFFER_VIEW vbv;
    vbv.BufferLocation = VertexBufferGPU->GetGPUVirtualAddress();
    vbv.StrideInBytes = VertexByteStride;
    vbv.SizeInBytes = VertexBufferByteSize;

    return vbv;
  }

  D3D12_INDEX_BUFFER_VIEW IndexBufferView()const
  {
    D3D12_INDEX_BUFFER_VIEW ibv;
    ibv.BufferLocation = IndexBufferGPU->GetGPUVirtualAddress();
    ibv.Format = IndexFormat;
    ibv.SizeInBytes = IndexBufferByteSize;
```

```
        return ibv;
    }

    // 待数据上传至 GPU 后，我们就能释放这些内存了
    void DisposeUploaders()
    {
        VertexBufferUploader = nullptr;
        IndexBufferUploader = nullptr;
    }
};
```

6.11 立方体演示程序

　　根据目前所学到的知识，我们足以编写出一个简单的演示程序。所以，我们现在就来渲染一个富有迷幻色彩的立方体（如图 6.7 所示），以此作为本章的结尾。这个例子其实就是将本章之前讨论的所有内容融汇在一起，提炼为一个单独的程序。读者在研习此程序时，应当配合回顾本章相应的知识点，直到理解每行代码的意义为止。注意，该程序使用的 Shaders\color.hlsl 文件已在 6.5 节的末尾处列出。[①]

```
//***************************************************************
// BoxApp.cpp 的作者为 Frank Luna (C) 2015 版权所有
//
// 展示如何用 Direct3D 12 绘制一个立方体
//
// 控制:
//   按下鼠标左键拖动以旋转
//   按下鼠标右键拖动来缩放
//***************************************************************
#include "../../Common/d3dApp.h"
#include "../../Common/MathHelper.h"
#include "../../Common/UploadBuffer.h"

using Microsoft::WRL::ComPtr;
using namespace DirectX;
using namespace DirectX::PackedVector;

struct Vertex
{
    XMFLOAT3 Pos;
    XMFLOAT4 Color;
};

struct ObjectConstants
```

---

① 在 Windows 10 中，图形调试工具已改为按可选安装的形式出现。在 Windows 10 环境下第一次运行 Direct3D 调试版程序，可能会得到相关的错误提示。这时可在设置/系统/应用和功能/管理可选功能中（视具体系统版本而定）找到"图形工具"安装。有时也会发生找不到此安装项的情况。此时，可在管理员身份的命令行工具（cmd）中用命令 Dism /online /add-capability /capabilityname:Tools.Graphics.DirectX~~~~0.0.1.0 来安装。也可在微软官网下载相应的 HLK 补充测试包（HLK_GRFX_FOD.zip，注意与自己的系统版本匹配）进行离线安装。

```cpp
{
  XMFLOAT4X4 WorldViewProj = MathHelper::Identity4x4();
};

class BoxApp : public D3DApp
{
public:
  BoxApp(HINSTANCE hInstance);
  BoxApp(const BoxApp& rhs) = delete;
  BoxApp& operator=(const BoxApp& rhs) = delete;
  ~BoxApp();

  virtual bool Initialize()override;

private:
  virtual void OnResize()override;
  virtual void Update(const GameTimer& gt)override;
  virtual void Draw(const GameTimer& gt)override;

  virtual void OnMouseDown(WPARAM btnState, int x, int y)override;
  virtual void OnMouseUp(WPARAM btnState, int x, int y)override;
  virtual void OnMouseMove(WPARAM btnState, int x, int y)override;

  void BuildDescriptorHeaps();
  void BuildConstantBuffers();
  void BuildRootSignature();
  void BuildShadersAndInputLayout();
  void BuildBoxGeometry();
  void BuildPSO();

private:

  ComPtr<ID3D12RootSignature> mRootSignature = nullptr;
  ComPtr<ID3D12DescriptorHeap> mCbvHeap = nullptr;

  std::unique_ptr<UploadBuffer<ObjectConstants>> mObjectCB = nullptr;

  std::unique_ptr<MeshGeometry> mBoxGeo = nullptr;

  ComPtr<ID3DBlob> mvsByteCode = nullptr;
  ComPtr<ID3DBlob> mpsByteCode = nullptr;

  std::vector<D3D12_INPUT_ELEMENT_DESC> mInputLayout;

  ComPtr<ID3D12PipelineState> mPSO = nullptr;

  XMFLOAT4X4 mWorld = MathHelper::Identity4x4();
  XMFLOAT4X4 mView = MathHelper::Identity4x4();
  XMFLOAT4X4 mProj = MathHelper::Identity4x4();

  float mTheta = 1.5f*XM_PI;
  float mPhi = XM_PIDIV4;
  float mRadius = 5.0f;

  POINT mLastMousePos;
};
```

220

```
int WINAPI WinMain(HINSTANCE hInstance, HINSTANCE prevInstance,
                          PSTR cmdLine, int showCmd)
{
    // 针对调试版本开启运行时内存检测
#if defined(DEBUG) | defined(_DEBUG)
    _CrtSetDbgFlag( _CRTDBG_ALLOC_MEM_DF | _CRTDBG_LEAK_CHECK_DF );
#endif

  try
  {
    BoxApp theApp(hInstance);
    if(!theApp.Initialize())
      return 0;

    return theApp.Run();
  }
  catch(DxException& e)
  {
    MessageBox(nullptr, e.ToString().c_str(), L"HR Failed", MB_OK);
    return 0;
  }
}

BoxApp::BoxApp(HINSTANCE hInstance)
: D3DApp(hInstance)
{
}

BoxApp::~BoxApp()
{
}

bool BoxApp::Initialize()
{
  if(!D3DApp::Initialize())
    return false;

  // 重置命令列表为执行初始化命令做好准备工作
  ThrowIfFailed(mCommandList->Reset(mDirectCmdListAlloc.Get(), nullptr));

  BuildDescriptorHeaps();
  BuildConstantBuffers();
  BuildRootSignature();
  BuildShadersAndInputLayout();
  BuildBoxGeometry();
  BuildPSO();

  // 执行初始化命令
  ThrowIfFailed(mCommandList->Close());
  ID3D12CommandList* cmdsLists[] = { mCommandList.Get() };
  mCommandQueue->ExecuteCommandLists(_countof(cmdsLists), cmdsLists);

  // 等待初始化完成
  FlushCommandQueue();
```

```
    return true;
}

void BoxApp::OnResize()
{
    D3DApp::OnResize();

    // 若用户调整了窗口尺寸，则更新纵横比并重新计算投影矩阵
    XMMATRIX P = XMMatrixPerspectiveFovLH(0.25f*MathHelper::Pi,
        AspectRatio(), 1.0f, 1000.0f);
    XMStoreFloat4x4(&mProj, P);
}

void BoxApp::Update(const GameTimer& gt)
{
    // 将球坐标转换为笛卡儿坐标①
    float x = mRadius*sinf(mPhi)*cosf(mTheta);
    float z = mRadius*sinf(mPhi)*sinf(mTheta);
    float y = mRadius*cosf(mPhi);

    // 构建观察矩阵
    XMVECTOR pos = XMVectorSet(x, y, z, 1.0f);
    XMVECTOR target = XMVectorZero();
    XMVECTOR up = XMVectorSet(0.0f, 1.0f, 0.0f, 0.0f);

    XMMATRIX view = XMMatrixLookAtLH(pos, target, up);
    XMStoreFloat4x4(&mView, view);

    XMMATRIX world = XMLoadFloat4x4(&mWorld);
    XMMATRIX proj = XMLoadFloat4x4(&mProj);
    XMMATRIX worldViewProj = world*view*proj;

    // 用当前最新的 worldViewProj 矩阵来更新常量缓冲区
    ObjectConstants objConstants;
    XMStoreFloat4x4(&objConstants.WorldViewProj, XMMatrixTranspose(
        worldViewProj));
    mObjectCB->CopyData(0, objConstants);
}

void BoxApp::Draw(const GameTimer& gt)
{
    // 复用记录命令所用的内存
    // 只有当 GPU 中的命令列表执行完毕后，我们才可对其进行重置
    ThrowIfFailed(mDirectCmdListAlloc->Reset());

    // 通过函数 ExecuteCommandList 将命令列表加入命令队列后，便可对它进行重置
    // 复用命令列表即复用其相应的内存
    ThrowIfFailed(mCommandList->Reset(mDirectCmdListAlloc.Get(), mPSO.Get()));
```

---

① 由于摄像机涉及环绕物体旋转等操作，所以先利用球坐标表示变换（可将摄像机视为针对目标物体的可控"侦查卫星"，用鼠标调整摄像机与物体间的距离（也就是球面半径）以及观察角度），再将其转换为笛卡儿坐标的表示更为方便。而这一摄像机系统也被称为旋转摄像机系统（orbiting camera system，也有作环绕摄像机系统）。顺便提一句，除了上述两种坐标系之外，圆柱坐标系（cylindrical coordinate system，也有作柱面坐标系）有时也会派上用场，因此掌握这 3 种坐标系间的转换对实际应用也会大有裨益。

```
mCommandList->RSSetViewports(1, &mScreenViewport);
mCommandList->RSSetScissorRects(1, &mScissorRect);
```

```
// 按照资源的用途指示其状态的转变, 此处将资源从呈现状态转换为渲染目标状态
mCommandList->ResourceBarrier(1,
  &CD3DX12_RESOURCE_BARRIER::Transition(CurrentBackBuffer(),
  D3D12_RESOURCE_STATE_PRESENT, D3D12_RESOURCE_STATE_RENDER_TARGET));
```

```
// 清除后台缓冲区和深度缓冲区
mCommandList->ClearRenderTargetView(CurrentBackBufferView(),
  Colors::LightSteelBlue, 0, nullptr);
mCommandList->ClearDepthStencilView(DepthStencilView(),
  D3D12_CLEAR_FLAG_DEPTH | D3D12_CLEAR_FLAG_STENCIL,
  1.0f, 0, 0, nullptr);
```

```
// 指定将要渲染的目标缓冲区
mCommandList->OMSetRenderTargets(1, &CurrentBackBufferView(),
  true, &DepthStencilView());
```

```
ID3D12DescriptorHeap* descriptorHeaps[] = { mCbvHeap.Get() };
mCommandList->SetDescriptorHeaps(_countof(descriptorHeaps), descriptorHeaps);
```

```
mCommandList->SetGraphicsRootSignature(mRootSignature.Get());
```

```
mCommandList->IASetVertexBuffers(0, 1, &mBoxGeo->VertexBufferView());
mCommandList->IASetIndexBuffer(&mBoxGeo->IndexBufferView());
mCommandList->IASetPrimitiveTopology(D3D11_PRIMITIVE_TOPOLOGY_TRIANGLELIST);①
```

```
mCommandList->SetGraphicsRootDescriptorTable(
  0, mCbvHeap->GetGPUDescriptorHandleForHeapStart());
```

```
mCommandList->DrawIndexedInstanced(
  mBoxGeo->DrawArgs["box"].IndexCount,
  1, 0, 0, 0);
```

```
// 按照资源的用途指示其状态的转变, 此处将资源从渲染目标状态转换为呈现状态
mCommandList->ResourceBarrier(1,
  &CD3DX12_RESOURCE_BARRIER::Transition(CurrentBackBuffer(),
  D3D12_RESOURCE_STATE_RENDER_TARGET, D3D12_RESOURCE_STATE_PRESENT));
```

```
// 完成命令的记录
ThrowIfFailed(mCommandList->Close());
```

```
// 向命令队列添加欲执行的命令列表
ID3D12CommandList* cmdsLists[] = { mCommandList.Get() };
mCommandQueue->ExecuteCommandLists(_countof(cmdsLists), cmdsLists);
```

```
// 交换后台缓冲区与前台缓冲区
ThrowIfFailed(mSwapChain->Present(0, 0));
mCurrBackBuffer = (mCurrBackBuffer + 1) % SwapChainBufferCount;
```

---

① 这里使用 D3D11_PRIMITIVE_TOPOLOGY_TRIANGLELIST 对于运行结果无碍, 但是为了程序的统一性, 最好将其设置为 D3D_PRIMITIVE_TOPOLOGY_TRIANGLELIST。

```cpp
  // 等待绘制此帧的一系列命令执行完毕。这种等待的方法虽然简单却也低效
  // 在后面将展示如何重新组织渲染代码，使我们不必在绘制每一帧时都等待
  FlushCommandQueue();
}

void BoxApp::OnMouseDown(WPARAM btnState, int x, int y)
{
  mLastMousePos.x = x;
  mLastMousePos.y = y;

  SetCapture(mhMainWnd);
}

void BoxApp::OnMouseUp(WPARAM btnState, int x, int y)
{
  ReleaseCapture();
}

void BoxApp::OnMouseMove(WPARAM btnState, int x, int y)
{
  if((btnState & MK_LBUTTON) != 0)
  {
    // 根据鼠标的移动距离计算旋转角度，并令每个像素都按此角度的 1/4 旋转
    float dx = XMConvertToRadians(0.25f*static_cast<float>
    (x - mLastMousePos.x));
    float dy = XMConvertToRadians(0.25f*static_cast<float>
    (y - mLastMousePos.y));

    // 根据鼠标的输入来更新摄像机绕立方体旋转的角度
    mTheta += dx;
    mPhi += dy;

    // 限制角度 mPhi 的范围
    mPhi = MathHelper::Clamp(mPhi, 0.1f, MathHelper::Pi - 0.1f);
  }
  else if((btnState & MK_RBUTTON) != 0)
  {
    // 使场景中的每个像素按鼠标移动距离的 0.005 倍进行缩放
    float dx = 0.005f*static_cast<float>(x - mLastMousePos.x);
    float dy = 0.005f*static_cast<float>(y - mLastMousePos.y);

    // 根据鼠标的输入更新摄像机的可视范围半径
    mRadius += dx - dy;

    // 限制可视半径的范围
    mRadius = MathHelper::Clamp(mRadius, 3.0f, 15.0f);
  }

  mLastMousePos.x = x;
  mLastMousePos.y = y;
}

void BoxApp::BuildDescriptorHeaps()
{
  D3D12_DESCRIPTOR_HEAP_DESC cbvHeapDesc;
  cbvHeapDesc.NumDescriptors = 1;
```

```
    cbvHeapDesc.Type = D3D12_DESCRIPTOR_HEAP_TYPE_CBV_SRV_UAV;
    cbvHeapDesc.Flags = D3D12_DESCRIPTOR_HEAP_FLAG_SHADER_VISIBLE;
      cbvHeapDesc.NodeMask = 0;
    ThrowIfFailed(md3dDevice->CreateDescriptorHeap(&cbvHeapDesc,
      IID_PPV_ARGS(&mCbvHeap)));
}

void BoxApp::BuildConstantBuffers()
{
  mObjectCB = std::make_unique<UploadBuffer<ObjectConstants>>(md3dDevice.Get(),
    1, true);

  UINT objCBByteSize = d3dUtil::CalcConstantBufferByteSize(sizeof(Object-
    Constants));

  D3D12_GPU_VIRTUAL_ADDRESS cbAddress = mObjectCB->Resource()->
    GetGPUVirtualAddress();
  // 偏移到常量缓冲区中第 i 个物体所对应的常量数据
  // 这里取 i = 0
  int boxCBufIndex = 0;
  cbAddress += boxCBufIndex*objCBByteSize;

  D3D12_CONSTANT_BUFFER_VIEW_DESC cbvDesc;
  cbvDesc.BufferLocation = cbAddress;
  cbvDesc.SizeInBytes = d3dUtil::CalcConstantBufferByteSize(sizeof(Object-
    Constants));

  md3dDevice->CreateConstantBufferView(
    &cbvDesc,
    mCbvHeap->GetCPUDescriptorHandleForHeapStart());
}

void BoxApp::BuildRootSignature()
{
  // 着色器程序一般需要以资源作为输入（例如常量缓冲区、纹理、采样器等）
  // 根签名则定义了着色器程序所需的具体资源
  // 如果把着色器程序看作一个函数，而将输入的资源当作向函数传递的参数数据，那么便可类似地认为根签名
  // 定义的是函数签名

  // 根参数可以是描述符表、根描述符或根常量
  CD3DX12_ROOT_PARAMETER slotRootParameter[1];

  // 创建由单个 CBV 所组成的描述符表
  CD3DX12_DESCRIPTOR_RANGE cbvTable;
  cbvTable.Init(D3D12_DESCRIPTOR_RANGE_TYPE_CBV, 1, 0);
  slotRootParameter[0].InitAsDescriptorTable(1, &cbvTable);

  // 根签名由一组根参数构成
  CD3DX12_ROOT_SIGNATURE_DESC rootSigDesc(1, slotRootParameter, 0, nullptr,
    D3D12_ROOT_SIGNATURE_FLAG_ALLOW_INPUT_ASSEMBLER_INPUT_LAYOUT);

  // 用单个寄存器槽来创建一个根签名，该槽位指向一个仅含有单个常量缓冲区的描述符区域
  ComPtr<ID3DBlob> serializedRootSig = nullptr;
  ComPtr<ID3DBlob> errorBlob = nullptr;
  HRESULT hr = D3D12SerializeRootSignature(&rootSigDesc, D3D_ROOT_SIGNATURE_VERSION_1,
  serializedRootSig.GetAddressOf(),
```

```
          errorBlob.GetAddressOf());

      if(errorBlob != nullptr)
      {
          ::OutputDebugStringA((char*)errorBlob->GetBufferPointer());
      }
      ThrowIfFailed(hr);

      ThrowIfFailed(md3dDevice->CreateRootSignature(
          0,
          serializedRootSig->GetBufferPointer(),
          serializedRootSig->GetBufferSize(),
          IID_PPV_ARGS(&mRootSignature)));
}

void BoxApp::BuildShadersAndInputLayout()
{
      HRESULT hr = S_OK;

      mvsByteCode = d3dUtil::CompileShader(L"Shaders\\color.hlsl", nullptr,
          "VS", "vs_5_0");
      mpsByteCode = d3dUtil::CompileShader(L"Shaders\\color.hlsl", nullptr,
          "PS", "ps_5_0");

      mInputLayout =
      {
          { "POSITION", 0, DXGI_FORMAT_R32G32B32_FLOAT, 0, 0,
            D3D12_INPUT_CLASSIFICATION_PER_VERTEX_DATA, 0 },
          { "COLOR", 0, DXGI_FORMAT_R32G32B32A32_FLOAT, 0, 12,
            D3D12_INPUT_CLASSIFICATION_PER_VERTEX_DATA, 0 }
      };
}

void BoxApp::BuildBoxGeometry()
{
      std::array<Vertex, 8> vertices =
      {
          Vertex({ XMFLOAT3(-1.0f, -1.0f, -1.0f), XMFLOAT4(Colors::White) }),
          Vertex({ XMFLOAT3(-1.0f, +1.0f, -1.0f), XMFLOAT4(Colors::Black) }),
          Vertex({ XMFLOAT3(+1.0f, +1.0f, -1.0f), XMFLOAT4(Colors::Red) }),
          Vertex({ XMFLOAT3(+1.0f, -1.0f, -1.0f), XMFLOAT4(Colors::Green) }),
          Vertex({ XMFLOAT3(-1.0f, -1.0f, +1.0f), XMFLOAT4(Colors::Blue) }),
          Vertex({ XMFLOAT3(-1.0f, +1.0f, +1.0f), XMFLOAT4(Colors::Yellow) }),
          Vertex({ XMFLOAT3(+1.0f, +1.0f, +1.0f), XMFLOAT4(Colors::Cyan) }),
          Vertex({ XMFLOAT3(+1.0f, -1.0f, +1.0f), XMFLOAT4(Colors::Magenta) })
      };

      std::array<std::uint16_t, 36> indices =
      {
          // 立方体前表面
          0, 1, 2,
          0, 2, 3,

          // 立方体后表面
          4, 6, 5,
```

```
    4, 7, 6,

    // 立方体左表面
    4, 5, 1,
    4, 1, 0,

    // 立方体右表面
    3, 2, 6,
    3, 6, 7,

    // 立方体上表面
    1, 5, 6,
    1, 6, 2,

    // 立方体下表面
    4, 0, 3,
    4, 3, 7
};

const UINT vbByteSize = (UINT)vertices.size() * sizeof(Vertex);
const UINT ibByteSize = (UINT)indices.size() * sizeof(std::uint16_t);

mBoxGeo = std::make_unique<MeshGeometry>();
mBoxGeo->Name = "boxGeo";

ThrowIfFailed(D3DCreateBlob(vbByteSize, &mBoxGeo->VertexBufferCPU));
CopyMemory(mBoxGeo->VertexBufferCPU->GetBufferPointer(),
  vertices.data(), vbByteSize);

ThrowIfFailed(D3DCreateBlob(ibByteSize, &mBoxGeo->IndexBufferCPU));
CopyMemory(mBoxGeo->IndexBufferCPU->GetBufferPointer(),
  indices.data(), ibByteSize);

mBoxGeo->VertexBufferGPU = d3dUtil::CreateDefaultBuffer(
  md3dDevice.Get(), mCommandList.Get(),
  vertices.data(), vbByteSize,
  mBoxGeo->VertexBufferUploader);

mBoxGeo->IndexBufferGPU = d3dUtil::CreateDefaultBuffer(
  md3dDevice.Get(), mCommandList.Get(),
  indices.data(), ibByteSize,
  mBoxGeo->IndexBufferUploader);

mBoxGeo->VertexByteStride = sizeof(Vertex);
mBoxGeo->VertexBufferByteSize = vbByteSize;
mBoxGeo->IndexFormat = DXGI_FORMAT_R16_UINT;
mBoxGeo->IndexBufferByteSize = ibByteSize;

SubmeshGeometry submesh;
submesh.IndexCount = (UINT)indices.size();
submesh.StartIndexLocation = 0;
submesh.BaseVertexLocation = 0;

mBoxGeo->DrawArgs["box"] = submesh;
```

```
}

void BoxApp::BuildPSO()
{
    D3D12_GRAPHICS_PIPELINE_STATE_DESC psoDesc;
    ZeroMemory(&psoDesc, sizeof(D3D12_GRAPHICS_PIPELINE_STATE_DESC));
    psoDesc.InputLayout = { mInputLayout.data(), (UINT)mInputLayout.size() };
    psoDesc.pRootSignature = mRootSignature.Get();
    psoDesc.VS =
        {
            reinterpret_cast<BYTE*>(mvsByteCode->GetBufferPointer()),
            mvsByteCode->GetBufferSize()
        };
    psoDesc.PS =
        {
            reinterpret_cast<BYTE*>(mpsByteCode->GetBufferPointer()),
            mpsByteCode->GetBufferSize()
        };
    psoDesc.RasterizerState = CD3DX12_RASTERIZER_DESC(D3D12_DEFAULT);
    psoDesc.BlendState = CD3DX12_BLEND_DESC(D3D12_DEFAULT);
    psoDesc.DepthStencilState = CD3DX12_DEPTH_STENCIL_DESC(D3D12_DEFAULT);
    psoDesc.SampleMask = UINT_MAX;
    psoDesc.PrimitiveTopologyType = D3D12_PRIMITIVE_TOPOLOGY_TYPE_TRIANGLE;
    psoDesc.NumRenderTargets = 1;
    psoDesc.RTVFormats[0] = mBackBufferFormat;
    psoDesc.SampleDesc.Count = m4xMsaaState ? 4 : 1;
    psoDesc.SampleDesc.Quality = m4xMsaaState ? (m4xMsaaQuality - 1) : 0;
    psoDesc.DSVFormat = mDepthStencilFormat;
    ThrowIfFailed(md3dDevice->CreateGraphicsPipelineState(&psoDesc,
        IID_PPV_ARGS(&mPSO)));
}
```

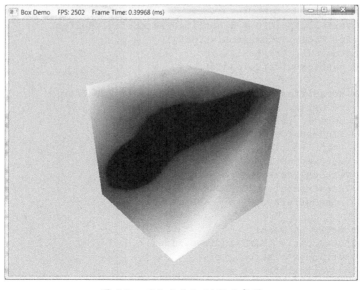

图 6.7　"立方体"例程示意图

6.12 小结

1. 除了空间位置信息，Direct3D 中的顶点还可以存储其他类型的属性数据。为了创建自定义的顶点格式，我们首先要将选定的顶点数据定义为一个结构体。待顶点结构体定义好后，便可用输入布局描述（D3D12_INPUT_LAYOUT_DESC）向 Direct3D 提供其细节。输入布局描述由两部分组成：一个 D3D12_INPUT_ELEMENT_DESC 元素构成的数组，一个记录该数组中元素个数的无符号整数。D3D12_INPUT_ELEMENT_DESC 数组中的元素要与顶点结构体中的成员一一对应。事实上，输入布局描述为结构体 D3D12_GRAPHICS_PIPELINE_STATE_DESC 中的一个字段，这就是说，它实为 PSO 的一个组成部分，用于与顶点着色器输入签名进行格式的比对验证。因此，当 PSO 与渲染流水线绑定时，输入布局也将以 PSO 组成元素的身份随 PSO 与渲染流水线的 IA 阶段相绑定。

2. 为了使 GPU 可以访问顶点/索引数组，便需要将其置于一种名为**缓冲区**（buffer）的资源之内。顶点数据与索引数据的缓冲区分别称为**顶点缓冲区**（vertex buffer）和**索引缓冲区**（index buffer）。缓冲区用接口 ID3D12Resource 表示，要创建缓冲区资源需要填写 D3D12_RESOURCE_DESC 结构体，再调用 ID3D12Device::CreateCommittedResource 方法。顶点缓冲的视图与索引缓冲区的视图分别用 D3D12_VERTEX_BUFFER_VIEW 与 D3D12_INDEX_BUFFER_VIEW 结构体加以描述。随后，即可通过 ID3D12GraphicsCommandList::IASetVertexBuffers 方法与 ID3D12GraphicsCommandList::IASetIndexBuffer 方法分别将顶点缓冲区与索引缓冲区绑定到渲染流水线的 IA 阶段。最后，要绘制非索引（non-indexed）描述的几何体（即以顶点数据来绘制的几何体）可借助 ID3D12GraphicsCommandList::DrawInstanced 方法，而以索引描述的几何体可由 ID3D12GraphicsCommandList::DrawIndexedInstanced 方法进行绘制。

3. 顶点着色器是一种用 HLSL 编写并在 GPU 上运行的程序，它以单个顶点作为输入与输出。每个待绘制的顶点都要流经顶点着色器阶段。这使得程序员能够在此以顶点为基本单位进行处理，继而获取多种多样的渲染效果。从顶点着色器输出的数据将传至渲染流水线的下一个阶段。

4. 常量缓冲区是一种 GPU 资源（ID3D12Resource），其数据内容可供着色器程序引用。它们被创建在上传堆（upload heap）而非默认堆（default heap）中。因此，应用程序可通过将数据从系统内存复制到显存中来更新常量缓冲区。如此一来，C++应用程序就可与着色器通信，并更新常量缓冲区内着色器所需的数据。例如，C++程序可以借助这种方式对着色器所用的"世界—观察—投影"矩阵进行更改。在此，我们建议读者考量数据更新的频繁程度，以此为依据来创建不同的常量缓冲区。效率乃是划分常量缓冲区的动机。在对一个常量缓冲区进行更新的时候，其中的所有变量都会随之更新，正所谓牵一发而动全身。因此，应根据更新频率将数据有效地组织为不同的常量缓冲区，以此来避免无谓的冗余的更新，从而提高效率。

5. 像素着色器是一种用 HLSL 编写且运行在 GPU 上的程序，它以经过插值计算所得到的顶点数据作为输入，待处理后，再输出与之对应的一种颜色值。由于硬件优化的原因，某些像素片段可能还未到像素着色器就已被渲染流水线剔除了（例如采用了提前深度剔除技术，early-z rejection）。像素着色器可使程序员以像素为基本单位进行处理，从而获得变化万千的渲染效果。从像素着色器输出的数据将被移交至渲染流水线的下一个阶段。

6. 大多数控制图形流水线状态的 Direct3D 对象都被指定到了一种称作流水线状态对象（pipeline state object，PSO）的集合之中，并用 ID3D12PipelineState 接口来表示。我们将这些对象集总起来再统一对渲染流水线进行设置，是出于对性能因素的考虑。这样一来，Direct3D 就能验证所有的状态是否彼此兼容，而驱动程序也将可以提前生成硬件本地指令及其状态。

6.13　练习

1. 写出与下列顶点结构体所对应的 D3D12_INPUT_ELEMENT_DESC 数组：

```
struct Vertex
{
    XMFLOAT3 Pos;
    XMFLOAT3 Tangent;
    XMFLOAT3 Normal;
    XMFLOAT2 Tex0;
    XMFLOAT2 Tex1;
    XMCOLOR Color;
};
```

2. 改写彩色立方体演示程序，这次使用两个顶点缓冲区（以及两个输入槽）来向渲染流水线传送顶点数据。这两个顶点缓冲区，一个用来存储位置元素，另一个用来储存颜色元素。此时，我们应当利用两个顶点结构体以下列方式分别存放这两种不同的数据：

```
struct VPosData
{
  XMFLOAT3 Pos;
};

struct VColorData
{
  XMFLOAT4 Color;
};
```

我们编写的 D3D12_INPUT_ELEMENT_DESC 数组应当是这样子的：

```
D3D12_INPUT_ELEMENT_DESC vertexDesc[] =
{
  {"POSITION", 0, DXGI_FORMAT_R32G32B32_FLOAT, 0, 0,
    D3D12_INPUT_CLASSIFICATION_PER_VERTEX_DATA, 0},
  {"COLOR",   0, DXGI_FORMAT_R32G32B32A32_FLOAT, 1, 0,
    D3D12_INPUT_CLASSIFICATION_PER_VERTEX_DATA, 0}
};
```

此后，位置元素会被连接到输入槽 0，而颜色元素将被连接到输入槽 1。而且我们还可以发现，对于这两种元素来说，它们的 D3D12_INPUT_ELEMENT_DESC::AlignedByteOffset 字段皆为 0。这是因为位置和颜色这两种元素不再共用输入槽，而是独享各自的输入槽。接下来，我们再用 ID3D12GraphicsCommandList::IASetVertexBuffers 方法，将两个顶点缓冲区分别与寄存器槽 0 和槽 1 相绑定。自此，Direct3D 也将用来自不同输入槽的元素来装配顶点（合成顶点数据）。这种将元素分槽存放的方法也可用于程序优化。例如，在实现阴影贴图算法（shadow mapping algorithm，或称阴影映射算法）的过程中，我们需要在每一帧绘制场景两次：第一次是从光源的视角渲染场景（shadow pass，阴影绘制过程①），第二次是从主摄像机的视角来渲染场景（main pass，主渲染过程）。阴影绘制过程只需要用到位置数据和纹理坐标（为了对几何体进行 alpha 测试）。所以，我们可以将顶点数据分到两个槽中：一个槽容纳位置信息和纹理坐标，另一个槽存储顶点的其他属性（如法向量和切向量）。如此一来，阴影绘制过程所需的顶点数据只用一个数据流即可（存有位置信息和纹理坐标的那组数据），从而节省阴影绘制过程所消耗的数据带宽。而主渲染过程将同时使用这两个顶点输入槽，以获得所需的全部顶点数据。考虑到程序性能，建议您尽量减少输入槽的使用数量，最好不要多于 3 个。

3. 绘制：

  （a）图 5.13a 中所示的点列表。

  （b）图 5.13b 中所示的线条带。

  （c）图 5.13c 中所示的线列表。

  （d）图 5.13d 中所示的三角形带。

  （e）图 5.14a 中所示的三角形列表。

4. 构造图 6.8 所示的金字塔的顶点列表和索引列表，并将其绘制出来：令塔顶为红色，其他底座顶点为绿色。

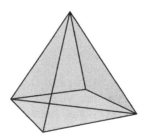

图 6.8 构成四棱锥的三角形

---

① 在早期的 Direct3D 版本中，存在一种效果框架（effects framework）。用户借助效果文件（effect file）即可实现所需的渲染效果。效果文件中存有一个或多个 technique，一个 technique 就是实现某种特效的具体处理手段（即一个 technique 对应一种特效），每个 technique 都由一个或多个 pass 构成（即该 technique 的实现由其下这些 pass 来具体执行）。a (rendering) pass 一词常被称作"一趟""一通"或"一遍"绘制过程（也有译作绘制路径、渲染通道等）。一个 pass 则含有绘制过程中所需的各种渲染状态以及着色器等。借助多 pass 即可渲染出用户所需的各种特效。虽然这一框架在 Direct3D 12 中已不复存在了，但是借助多 pass 实现特效这一技术手段却依然适用。

5. 查阅本章的 "Box"（立方体）演示程序代码可知，我们只对立方体的顶点处指定了颜色。运行此程序后会发现立方体却处处都呈现出了不同的色彩，那么问题就来了：构成立方体表面的三角形内的像素是怎样得到各自像素颜色的呢？

6. 修改 "Box" 演示程序，在顶点着色器将诸顶点变换到世界空间之前，先对顶点应用下列变换。

```
vin.PosL.xy += 0.5f*sin(vin.PosL.x)*sin(3.0f*gTime);
vin.PosL.z *= 0.6f + 0.4f*sin(2.0f*gTime);
```

为此，我们需要在程序中添加一个常量缓冲区变量 gTime，此变量为函数 GameTimer::TotalTime() 的当前值。这段代码将通过时间函数驱动各顶点，使立方体的形状随正弦函数周期性地发生改变。

7. 将立方体和练习 4 中金字塔的顶点合并到一个大的顶点缓冲区内，再将两者的索引合并至一个大的索引缓冲区中（但是不要更新索引值）。接着，再根据上述改动来依次调整调用 ID3D12GraphicsCommandList::DrawIndexedInstanced 方法的参数，以正确地绘制立方体和金字塔。并通过设置世界变换矩阵，使两者在世界空间中互不相交。

8. 修改 "Box" 演示程序，以线框模式来渲染立方体。

9. 修改 "Box" 演示程序，首先禁用背面剔除（D3D12_CULL_MODE_NONE）并运行程序；随后，再代以正面剔除（D3D12_CULL_MODE_FRONT）试之。用线框模式输出程序的绘图效果，可便于我们观察不同剔除模式之间的绘制差别。

10. 如果在某些情况下需要缩减顶点占用内存的大小，那么不妨将颜色的精度从 128 位减少到 32 位。修改 "Box" 演示程序，将其顶点结构体中 128 位的颜色值调整为 32 位颜色值。此时，顶点结构体及其对应的顶点输入描述将变为：

```
struct Vertex
{
  XMFLOAT3 Pos;
  XMCOLOR Color;
};

D3D12_INPUT_ELEMENT_DESC vertexDesc[] =
{
  {"POSITION", 0, DXGI_FORMAT_R32G32B32_FLOAT, 0, 0,
    D3D12_INPUT_CLASSIFICATION_PER_VERTEX_DATA, 0},
  {"COLOR",  0, DXGI_FORMAT_B8G8R8A8_UNORM, 0, 12,
    D3D12_INPUT_CLASSIFICATION_PER_VERTEX_DATA, 0}
}
```

这时，我们应使用 DXGI_FORMAT_B8G8R8A8_UNORM 格式（8 位蓝色、8 位绿色、8 位红色以及 8 位 alpha 值）来表示颜色元素。它对应于常用的 32 位图像颜色格式 ARGB，但颜色通道的顺序是否看起来有点奇怪？这是因为 DXGI_FORMAT 符号所列的值在内存中是用**小端**（little-endian）字节序来表示的。在小端字节序表示法中，多字节的数据字（data word）是从最低有效字节开始写至最高有效字节的，这就是为什么格式 ARGB 在内存中被表示为 BGRA；它的最低有效字节处于最低内存地址，而最高有效字节则列于最高内存地址。

11. 考虑下列 C++顶点结构体:

```
struct Vertex
{
  XMFLOAT3 Pos;
  XMFLOAT4 Color;
};
```

(a) 输入布局描述中的元素顺序需要与顶点结构体中的元素顺序相匹配吗? 即下列顶点声明对于上述顶点结构体来说是否恰当呢? 通过实验来寻找答案, 并给出它能工作或出错的原因。

```
D3D12_INPUT_ELEMENT_DESC vertexDesc[] =
{
  {"COLOR",  0, DXGI_FORMAT_R32G32B32A32_FLOAT, 0, 12,
    D3D12_INPUT_CLASSIFICATION_PER_VERTEX_DATA, 0},
  {"POSITION", 0, DXGI_FORMAT_R32G32B32_FLOAT, 0, 0,
    D3D12_INPUT_CLASSIFICATION_PER_VERTEX_DATA, 0},
};
```

(b) 顶点着色器结构体中的元素顺序是否需要与 C++顶点结构体中的元素顺序相匹配呢? 即下列顶点着色器结构体是否能与上述 C++顶点结构体一起协同工作呢? 通过实验来寻求答案, 并给出它能否正常工作的原因。

```
struct VertexIn
{
  float4 Color : COLOR;
  float3 Pos  : POSITION;
};
```

12. 设置视口, 使它对准后台缓冲区的左半部分。

13. 借助裁剪测试, 剔除后台缓冲区中心宽为 mClientWidth/2、高为 mClientHeight/2 这一矩形范围之外的所有像素。注意, 要做到这一点, 我们还需以 D3D12_RECT 结构体描述裁剪范围, 并调用 RSSetScissorRects 方法对此进行设定。

14. 用像素着色器实现出可变色立方体的效果。在顶点着色器和像素着色器中, 通过使用常量缓冲区以及简单的控制函数, 使立方体的颜色随着时间的推移而平滑地发生变化。

15. 修改 "Box" 演示程序中的像素着色器如下:

```
float4 PS(VertexOut pin) : SV_Target
{
  clip(pin.Color.r - 0.5f);
  return pin.Color;
}
```

运行该示例, 并猜想内置函数 clip 起到了什么作用。

16. 修改 "Box" 演示程序中的像素着色器, 根据插值顶点颜色与在常量缓冲区中指定的颜色 gPulseColor, 计算出两者间平滑的过渡颜色。为了实现这个目标, 我们需要在应用程序端更新此常量缓冲区。修改后的 HLSL 代码中的常量缓冲区和像素着色器应当如下:

```
cbuffer cbPerObject : register(b0)
{
  float4x4 gWorldViewProj;
  float4 gPulseColor;
  float gTime;
};

float4 PS(VertexOut pin) : SV_Target
{
  const float pi = 3.14159;

  // 随着时间流逝，令正弦函数的值在[0,1]区间内周期性地变化
  float s = 0.5f*sin(2*gTime - 0.25f*pi)+0.5f;

  // 基于参数 s 在 pin.Color 与 gPulseColor 之间进行线性插值
  float4 c = lerp(pin.Color, gPulseColor, s);

  return c;
}
```

其中的变量 gTime 对应于函数 GameTimer::TotalTime()给出的当前值。

第 7 章

利用 Direct3D 绘制几何体（续）

本章将介绍一些此书后面常会用到的绘图模式。首先讲解与绘图优化相关的内容，此处涉及 "帧资源（frame resources）" 等概念。若采用帧资源，我们就得修改程序中的渲染循环，这样做所带来的好处是不必在每一帧都刷新命令队列，继而改善 CPU 和 GPU 的利用率。接下来，我们会提出渲染项（render item）的概念，并解释如何基于更新频率来划分常量数据。此外，我们将研究根签名的更多细节，并学习其他两种根参数类型：根描述符和根常量。最后，我们还会展示怎样绘制更为复杂的物体。完成本章的学习后，读者将能够绘制出形如山川的表面，还有圆台、球体以及模拟波浪运动的动画。

学习目标：

1. 学会一种无须每帧都要刷新命令队列的渲染流程，由此来优化程序的性能。

2. 了解另外两种根签名参数类型：根描述符和根常量。

3. 探索如何在程序中生成和绘制常见的几何体，如栅格、圆台和球体。

4. 研究怎样通过动态顶点缓冲区来更新 CPU 中的顶点数据，并且向 GPU 上传顶点的新位置信息。

7.1 帧资源

首先回顾一下 4.2 节中描述的 CPU 与 GPU 并行工作的情形：CPU（除了要执行其他必要的工作之外，还要）构建并提交命令列表，而 GPU 则负责处理命令队列中的各种命令。我们的目标是令 CPU 和 GPU 持续工作，从而充分利用系统当中的可用硬件资源。到目前为止，我们的演示程序在绘制每一帧时都会将 CPU 和 GPU 进行一次同步。这样做的原因有两个：

1. 在 GPU 未结束命令分配器（command allocator）中所有命令的执行之前，不能将它重置。如若不进行同步，那么在 GPU 完成当前第 n 帧的处理之前，CPU 可能会继续执行下一帧（第 $n+1$ 帧）的相关工作：如果 CPU 在第 $n+1$ 帧中重置了命令分配器，那么，GPU 当前还未处理的命令就会被清除掉。

2. 在 GPU 未完成与常量缓冲区相关的绘制命令之前，CPU 不可更新这些常量缓冲区。这种情景在 4.2.2 小节和图 4.7 中有相应的描述。假设我们不进行同步，那么在 GPU 结束当前第 n 帧的处理之前，CPU 可能会继续执行第 $n+1$ 帧的相关工作：如果 CPU 在第 $n+1$ 帧中覆写了常量缓冲区内的数据，而 GPU 还未曾引用第 n 帧中的常量缓冲区数据去执行绘制调用，那么，在 GPU 正

式绘制第 *n* 帧画面时，常量缓冲区内所存的将不是此帧所需的数据。

所以，我们在每帧绘制的结尾都会调用 D3DApp::FlushCommandQueue 函数，以确保 GPU 在每一帧都能正确完成所有命令的执行。这种解决方案虽然奏效却效率低下，原因如下：

1. 在每帧的起始阶段，GPU 不会执行任何命令，因为等待它处理的命令队列空空如也。这种情况将持续到 CPU 构建并提交一些供 GPU 执行的命令为止。

2. 在每帧的收尾阶段，CPU 会等待 GPU 完成命令的处理。

所以，CPU 和 GPU 在每一帧都存在各自的空闲时间。

解决此问题的一种方案是：以 CPU 每帧都需更新的资源作为基本元素，创建一个环形数组（circular array，也有译作循环数组）。我们称这些资源为**帧资源**（frame resource），而这种循环数组通常是由 3 个帧资源元素所构成的。该方案的思路是：在处理第 *n* 帧的时候，CPU 将周而复始地从帧资源数组中获取下一个可用的（即没被 GPU 使用中的）帧资源。趁着 GPU 还在处理此前帧之时，CPU 将为第 *n* 帧更新资源，并构建和提交对应的命令列表。随后，CPU 会继续针对第 *n*+1 帧执行同样的工作流程，并不断重复下去。如果帧资源数组共有 3 个元素，则令 CPU 比 GPU 提前处理两帧，以确保 GPU 可持续工作。下面所列的是帧资源类的例程，在本章中我们将利用"Shapes"（不同形状的几何体）程序配合演示。由于在此例中 CPU 只需修改常量缓冲区，所以程序中的帧资源类只含有常量缓冲区。

```
// 存有 CPU 为构建每帧命令列表所需的资源
// 其中的数据将依程序而异，这取决于实际绘制所需的资源
struct FrameResource
{
public:

  FrameResource(ID3D12Device* device, UINT passCount, UINT objectCount);
  FrameResource(const FrameResource& rhs) = delete;
  FrameResource& operator=(const FrameResource& rhs) = delete;
  ~FrameResource();

  // 在 GPU 处理完与此命令分配器相关的命令之前，我们不能对它进行重置。
  // 所以每一帧都要有它们自己的命令分配器
  Microsoft::WRL::ComPtr<ID3D12CommandAllocator> CmdListAlloc;

  // 在 GPU 执行完引用此常量缓冲区的命令之前，我们不能对它进行更新。
  // 因此每一帧都要有它们自己的常量缓冲区
  std::unique_ptr<UploadBuffer<PassConstants>> PassCB = nullptr;
  std::unique_ptr<UploadBuffer<ObjectConstants>> ObjectCB = nullptr;

  // 通过围栏值将命令标记到此围栏点，这使我们可以检测到 GPU 是否还在使用这些帧资源
  UINT64 Fence = 0;
};

FrameResource::FrameResource(ID3D12Device* device, UINT passCount, UINT
  objectCount)
{
  ThrowIfFailed(device->CreateCommandAllocator(
    D3D12_COMMAND_LIST_TYPE_DIRECT,
    IID_PPV_ARGS(CmdListAlloc.GetAddressOf())));
```

```
    PassCB = std::make_unique<UploadBuffer<PassConstants>>(device,
      passCount, true);
    ObjectCB = std::make_unique<UploadBuffer<ObjectConstants>>(device,
      objectCount, true);
}
FrameResource::~FrameResource() { }
```

据此，我们的应用程序类（ShapesApp）将实例化一个由 3 个帧资源元素所构成的向量，并留有特定的成员变量来记录当前的帧资源：

```
const int gNumFrameResources = 3;
std::vector<std::unique_ptr<FrameResource>> mFrameResources;
FrameResource* mCurrFrameResource = nullptr;
int mCurrFrameResourceIndex = 0;

void ShapesApp::BuildFrameResources()
{
  for(int i = 0; i < gNumFrameResources; ++i)
  {
    mFrameResources.push_back(std::make_unique<FrameResource>(
      md3dDevice.Get(), 1, (UINT)mAllRitems.size()));
  }
}
```

现在，CPU 端处理第 *n* 帧的算法是这样的：

```
void ShapesApp::Update(const GameTimer& gt)
{
  // 循环往复地获取帧资源循环数组中的元素
  mCurrFrameResourceIndex = (mCurrFrameResourceIndex + 1) % gNumFrameResources;
  mCurrFrameResource = mFrameResources[mCurrFrameResourceIndex].get();

  // GPU 端是否已经执行完处理当前帧资源的所有命令呢？
  // 如果还没有就令 CPU 等待，直到 GPU 完成命令的执行并抵达这个围栏点
  if(mCurrFrameResource->Fence != 0 &&
    mCommandQueue->GetLastCompletedFence() < mCurrFrameResource->Fence)
  {
    HANDLE eventHandle = CreateEventEx(nullptr, false, false, EVENT_ALL_ACCESS);
    ThrowIfFailed(mCommandQueue->SetEventOnFenceCompletion(
      mCurrFrameResource->Fence, eventHandle));①
    WaitForSingleObject(eventHandle, INFINITE);
    CloseHandle(eventHandle);
  }

  // [...] 更新 mCurrFrameResource 内的资源（例如常量缓冲区）
```

---

① 预览版中 ID3D12CommandQueue 接口的 GetLastCompletedFence() 与 SetEventOnFenceCompletion() 方法，在正式版里已取消，并由 ID3D12Fence 接口的 GetCompletedValue() 与 SetEventOnCompletion() 方法替代。

```
}

void ShapesApp::Draw(const GameTimer& gt)
{
  // [...] 构建和提交本帧的命令列表

  // 增加围栏值，将命令标记到此围栏点
  mCurrFrameResource->Fence = ++mCurrentFence;

  // 向命令队列添加一条指令来设置一个新的围栏点
  // 由于当前的 GPU 正在执行绘制命令，所以在 GPU 处理完 Signal() 函数之前的所有命令以前，
  // 并不会设置此新的围栏点
  mCommandQueue->Signal(mFence.Get(), mCurrentFence);

  // 值得注意的是，GPU 此时可能仍然在处理上一帧数据，但是这也没什么问题，因为我们这些操作并没有
  // 影响与之前帧相关联的帧资源
}
```

　　不难看出，这种解决方案还是无法完全避免等待情况的发生。如果两种处理器处理帧的速度差距过大，则前者终将不得不等待后来者追上，因为差距过大将导致帧资源数据被错误地复写。如果 GPU 处理命令的速度快于 CPU 提交命令列表的速度，则 GPU 会进入空闲状态。通常来讲，若要尝试淋漓尽致地发挥系统图形处理方面的能力，就应当避免此情况的发生，因为这并没有充分利用 GPU 资源。此外，如果 CPU 处理帧的速度总是遥遥领先于 GPU，则 CPU 一定存在等待的时间。而这正是我们所期待的情景，因为这使 GPU 被完全调动了起来，而 CPU 多出来的空闲时间总是可以被游戏的其他部分所利用，如 AI（人工智能）、物理模拟以及游戏业务逻辑等。

　　因此，如果说采用多个帧资源也无法避免等待现象的发生，那么它对我们究竟有何用处呢？答案是：它使我们可以持续向 GPU 提供数据。也就是说，当 GPU 在处理第 n 帧的命令时，CPU 可以继续构建和提交绘制第 $n+1$ 帧和第 $n+2$ 帧所用的命令。这将令命令队列保持非空状态，从而使 GPU 总有任务去执行。

7.2　渲染项

　　绘制一个物体需要设置多种参数，例如绑定顶点缓冲区和索引缓冲区、绑定与物体有关的常量数据、设定图元类型以及指定 DrawIndexedInstanced 方法的参数。随着场景中所绘物体的逐渐增多，如果我们能创建一个轻量级结构来存储绘制物体所需的数据，那真是极好的；由于每个物体的特征不同，绘制过程中所需的数据也会有所变化，因此该结构中的数据也会因具体程序而异。我们把单次绘制调用过程中，需要向渲染流水线提交的数据集称为**渲染项**（render item）。对于当前的演示程序而言，　渲染项 RenderItem 结构体如下：

```
// 存储绘制图形所需参数的轻量级结构体。它会随着不同的应用程序而有所差别
struct RenderItem
{
  RenderItem() = default;
```

```
// 描述物体局部空间相对于世界空间的世界矩阵
// 它定义了物体位于世界空间中的位置、朝向以及大小
XMFLOAT4X4 World = MathHelper::Identity4x4();

// 用已更新标志（dirty flag）来表示物体的相关数据已发生改变，这意味着我们此时需要更新常量缓
// 冲区。由于每个 FrameResource 中都有一个物体常量缓冲区，所以我们必须对每个 FrameResource
// 都进行更新。即，当我们修改物体数据的时候,应当按 NumFramesDirty = gNumFrameResources
// 进行设置，从而使每个帧资源都得到更新
int NumFramesDirty = gNumFrameResources;

// 该索引指向的 GPU 常量缓冲区对应于当前渲染项中的物体常量缓冲区
UINT ObjCBIndex = -1;

// 此渲染项参与绘制的几何体。注意，绘制一个几何体可能会用到多个渲染项
MeshGeometry* Geo = nullptr;

// 图元拓扑
D3D12_PRIMITIVE_TOPOLOGY PrimitiveType = D3D_PRIMITIVE_TOPOLOGY_TRIANGLELIST;

// DrawIndexedInstanced 方法的参数
UINT IndexCount = 0;
UINT StartIndexLocation = 0;
int BaseVertexLocation = 0;
};
```

我们的应用程序将根据各渲染项的绘制目的，把它们保存在不同的向量里。即按照不同 PSO（流水线状态对象）所需的渲染项，将它们划分到不同的向量之中。

```
// 存有所有渲染项的向量
std::vector<std::unique_ptr<RenderItem>> mAllRitems;

// 根据 PSO 来划分渲染项
std::vector<RenderItem*> mOpaqueRitems;
std::vector<RenderItem*> mTransparentRitems;
```

7.3 渲染过程中所用到的常量数据

从 7.1 节中可以看到，我们在自己实现的 FrameResource 类中引进了一个新的常量缓冲区：

```
std::unique_ptr<UploadBuffer<PassConstants>> PassCB = nullptr;
```

随着演示代码复杂度的不断增加，该缓冲区中存储的数据内容（例如观察位置、观察矩阵与投影矩阵以及与屏幕（渲染目标）分辨率等相关的信息）会根据特定的渲染过程（rendering pass）而确定下来。其中也包含了与游戏计时有关的信息，它们是着色器程序中要访问的极有用的数据。注意，我们的演示程序可能不会用到所有的常量数据，但是它们的存在却使工作变得更加方便，而且提供这些额外的数据也只需少量开销。例如，虽然我们现在无须知道渲染目标的尺寸，但当要实现某些后期处理效果之时，这个信息将会派上用场。

```
cbuffer cbPass : register(b1)
{
  float4x4 gView;
  float4x4 gInvView;
  float4x4 gProj;
  float4x4 gInvProj;
  float4x4 gViewProj;
  float4x4 gInvViewProj;
  float3 gEyePosW;
  float cbPerObjectPad1;
  float2 gRenderTargetSize;
  float2 gInvRenderTargetSize;
  float gNearZ;
  float gFarZ;
  float gTotalTime;
  float gDeltaTime;
};
```

此时，我们也已修改了物体常量缓冲区（即 cbPerObject），使之仅存储一个与物体有关的常量。就目前的情况而言，为了绘制物体，与之唯一相关的常量就是它的世界矩阵：

```
cbuffer cbPerObject : register(b0)
{
    float4x4 gWorld;
};
```

我们做出上述调整的思路为：基于资源的更新频率对常量数据进行分组。在每次渲染过程（render pass）中，只需将本次所用的常量（cbPass）更新一次；而每当某个物体的世界矩阵发生改变时，只需更新该物体的相关常量（cbPerObject）即可。如果场景中有一个静态物体，比如一棵树，则只需对它的物体常量缓冲区设置一次（树的）世界矩阵，而后就再也不必对它进行更新了。在我们的演示程序中，将通过下列方法来更新渲染过程常量缓冲区以及物体常量缓冲区。在绘制每一帧画面时，这两个方法都将被 Update 函数调用一次。

```
void ShapesApp::UpdateObjectCBs(const GameTimer& gt)
{
  auto currObjectCB = mCurrFrameResource->ObjectCB.get();
  for(auto& e : mAllRitems)
  {
    // 只要常量发生了改变就得更新常量缓冲区内的数据。而且要对每个帧资源都进行更新
    if(e->NumFramesDirty > 0)
    {
      XMMATRIX world = XMLoadFloat4x4(&e->World);

      ObjectConstants objConstants;
      XMStoreFloat4x4(&objConstants.World, XMMatrixTranspose(world));

      currObjectCB->CopyData(e->ObjCBIndex, objConstants);

      // 还需要对下一个 FrameResource 进行更新
```

```
      e->NumFramesDirty--;
    }
  }
}

void ShapesApp::UpdateMainPassCB(const GameTimer& gt)
{
  XMMATRIX view = XMLoadFloat4x4(&mView);
  XMMATRIX proj = XMLoadFloat4x4(&mProj);

  XMMATRIX viewProj = XMMatrixMultiply(view, proj);
  XMMATRIX invView = XMMatrixInverse(&XMMatrixDeterminant(view), view);
  XMMATRIX invProj = XMMatrixInverse(&XMMatrixDeterminant(proj), proj);
  XMMATRIX invViewProj = XMMatrixInverse(&XMMatrixDeterminant(viewProj),
    viewProj);

  XMStoreFloat4x4(&mMainPassCB.View, XMMatrixTranspose(view));
  XMStoreFloat4x4(&mMainPassCB.InvView, XMMatrixTranspose(invView));
  XMStoreFloat4x4(&mMainPassCB.Proj, XMMatrixTranspose(proj));
  XMStoreFloat4x4(&mMainPassCB.InvProj, XMMatrixTranspose(invProj));
  XMStoreFloat4x4(&mMainPassCB.ViewProj, XMMatrixTranspose(viewProj));
  XMStoreFloat4x4(&mMainPassCB.InvViewProj, XMMatrixTranspose(invViewProj));
  mMainPassCB.EyePosW = mEyePos;
  mMainPassCB.RenderTargetSize = XMFLOAT2((float)mClientWidth, (float)
    mClientHeight);
  mMainPassCB.InvRenderTargetSize = XMFLOAT2(1.0f / mClientWidth, 1.0f
    / mClientHeight);
  mMainPassCB.NearZ = 1.0f;
  mMainPassCB.FarZ = 1000.0f;
  mMainPassCB.TotalTime = gt.TotalTime();
  mMainPassCB.DeltaTime = gt.DeltaTime();

  auto currPassCB = mCurrFrameResource->PassCB.get();
  currPassCB->CopyData(0, mMainPassCB);
}
```

随着这些常量缓冲区结构的改变，我们也要对顶点着色器进行相应的更新：

```
VertexOut VS(VertexIn vin)
{
  VertexOut vout;

  // 将顶点变换到齐次裁剪空间
  float4 posW = mul(float4(vin.PosL, 1.0f), gWorld);
  vout.PosH = mul(posW, gViewProj);

  // 直接向像素着色器传递顶点的颜色数据
  vout.Color = vin.Color;
```

```
    return vout;
}
```

此调整会引起每个顶点都要额外进行一次向量与矩阵的乘法运算，这对现代的 GPU 来说都是小菜一碟，因为它有着极其强大的计算能力。

现在，着色器所期望的输入资源已发生了改变，因此我们需要相应地调整根签名来使之获取所需的两个描述符表（此时，我们的着色器程序需要获取两个描述符表，因为这两个 CBV（常量缓冲区视图）有着不同的更新频率——渲染过程 CBV 仅需在每个渲染过程中设置一次，而物体 CBV 则要针对每一个渲染项进行配置）：

```
CD3DX12_DESCRIPTOR_RANGE cbvTable0;
cbvTable0.Init(D3D12_DESCRIPTOR_RANGE_TYPE_CBV, 1, 0);

CD3DX12_DESCRIPTOR_RANGE cbvTable1;
cbvTable1.Init(D3D12_DESCRIPTOR_RANGE_TYPE_CBV, 1, 1);

// 根参数可能是描述符表、根描述符或根常量
CD3DX12_ROOT_PARAMETER slotRootParameter[2];

// 创建根 CBV
slotRootParameter[0].InitAsDescriptorTable(1, &cbvTable0);
slotRootParameter[1].InitAsDescriptorTable(1, &cbvTable1);

// 根签名由一系列根参数所构成
CD3DX12_ROOT_SIGNATURE_DESC rootSigDesc(2, slotRootParameter, 0, nullptr,
  D3D12_ROOT_SIGNATURE_FLAG_ALLOW_INPUT_ASSEMBLER_INPUT_LAYOUT);
```

注意

 不要在着色器内使用过多的常量缓冲区。根据[Thibieroz13]提出的建议，出于性能的考虑，常量缓冲区的数量以少于 5 个为宜。

7.4　不同形状的几何体

在本节中，我们将展示如何创建不同形状的几何体，如椭球体、球体、柱体（通过调整圆柱体的上下两底即可创建出圆台和圆锥体）。这些几何体对于绘制天空穹顶（sky dome，即描述游戏中玩家头顶的天空部分，也有译作天空穹、天穹等）、图形程序调试、碰撞检测的可视化以及延迟渲染（deferred rendering）是有极大裨益的。比如说，我们可以先将正在制作中的游戏角色简化渲染成球体，以供调试检测。

我们将程序性几何体（procedural geometry，也有译作过程化几何体。这个词的译法较多，大意就是"根据用户提供的参数以程序自动生成对应的几何体"）的生成代码放入 GeometryGenerator 类（GeometryGenerator.h/.cpp）中。GeometryGenerator 是一个工具类，用于生成如栅格、球体、柱体

以及长方体这类简单的几何体，在我们的演示程序中将常常见到它们的身影。此类将数据生成在系统内存中，而我们必须将这些数据复制到顶点缓冲区和索引缓冲区内。GeometryGenerator 类还可创建出一些后续章节要用到的顶点数据，由于我们当前的演示程序中还用不到它们，所以暂时**不会**将这些数据复制到顶点缓冲区。MeshData 是一个嵌套在 GeometryGenerator 类中用于存储顶点列表和索引列表的简易结构体：

```cpp
class GeometryGenerator
{
public:
  using uint16 = std::uint16_t;
  using uint32 = std::uint32_t;

  struct Vertex
  {
    Vertex(){}
    Vertex(
      const DirectX::XMFLOAT3& p,
      const DirectX::XMFLOAT3& n,
      const DirectX::XMFLOAT3& t,
      const DirectX::XMFLOAT2& uv) :
      Position(p),
      Normal(n),
      TangentU(t),
      TexC(uv){}
    Vertex(
      float px, float py, float pz,
      float nx, float ny, float nz,
      float tx, float ty, float tz,
      float u, float v) :
      Position(px,py,pz),
      Normal(nx,ny,nz),
      TangentU(tx, ty, tz),
      TexC(u,v){}

    DirectX::XMFLOAT3 Position;
    DirectX::XMFLOAT3 Normal;
    DirectX::XMFLOAT3 TangentU;
    DirectX::XMFLOAT2 TexC;
  };

  struct MeshData
  {
    std::vector<Vertex> Vertices;
    std::vector<uint32> Indices32;

    std::vector<uint16>& GetIndices16()
    {
      if(mIndices16.empty())
```

```
    {
      mIndices16.resize(Indices32.size());
      for(size_t i = 0; i < Indices32.size(); ++i)
        mIndices16[i] = static_cast<uint16>(Indices32[i]);
    }

    return mIndices16;
  }

  private:
    std::vector<uint16> mIndices16;
};

...

};
```

7.4.1　生成柱体网格

在定义一个柱体时，需要指定其顶、底面半径，高度，切片数量（slice count，即将截面分割的块数），以及堆叠层数（stack count，即横向切割的层数），如图 7.1 所示。程序中的柱体呈圆台形状，因而就此展开讨论。我们将圆台的构成分为侧面几何体，顶面几何体以及底面几何体 3 个部分。

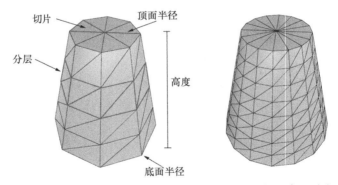

图 7.1　左侧圆台被分为 8 个切片，划为 4 层。右侧圆台的被分为 16 个切片，划为 8 层。切片数量和堆叠层数控制着构成圆台的三角形密集程度，三角形越多则所绘图形越接近预定的几何体。注意，圆台顶面半径和底面半径是不同的，所以我们可以借此创建出趋向于锥体的几何体，而不仅仅是"正"圆柱体

7.4.1.1　柱体的侧面几何体

我们要生成的是中心（即 1/2 高度处截面的中心点）位于原点，且旋转轴平行于 y 轴的圆台。从图 7.1 中可以看出，圆台的所有顶点都列于其各层侧面的"环"上，共有 stackCount + 1 环，而每个环上的顶点数量都为 sliceCount。相邻环的半径差为 Δr = (topRadius-bottomRadius)/stackCount 。如果从底面上的环开始用索引来 0 表示，那么第 i 环的半径就是 r_i = bottomRadius + $i\Delta r$ ，且第 i 环的高度值为 $h_i = -\dfrac{h}{2} + i\Delta h$ （可

见，1/2 高度以下为负值，1/2 高度以上为正值），其中的 Δh 是每层的高度，h 为圆台的高度。由此可知，生成圆台的基本思路是遍历每个环，并生成列于环上的各个顶点。下面给出此算法的实现：

```
GeometryGenerator::MeshData
GeometryGenerator::CreateCylinder(
  float bottomRadius, float topRadius,
  float height, uint32 sliceCount, uint32 stackCount)
{
  MeshData meshData;

  //
  // 构建堆叠层
  //

  float stackHeight = height / stackCount;

  // 计算从下至上遍历每个相邻分层时所需的半径增量
  float radiusStep = (topRadius - bottomRadius) / stackCount;

  uint32 ringCount = stackCount+1;

  // 从底面开始，由下至上计算每个堆叠层环上的顶点坐标
  for(uint32 i = 0; i < ringCount; ++i)
  {
    float y = -0.5f*height + i*stackHeight;
    float r = bottomRadius + i*radiusStep;

    // 环上的各个顶点
    float dTheta = 2.0f*XM_PI/sliceCount;
    for(uint32 j = 0; j <= sliceCount; ++j)
    {
      Vertex vertex;

      float c = cosf(j*dTheta);
      float s = sinf(j*dTheta);

      vertex.Position = XMFLOAT3(r*c, y, r*s);

      vertex.TexC.x = (float)j/sliceCount;
      vertex.TexC.y = 1.0f - (float)i/stackCount;

      // 可以像下面那样以参数化（parameterized）的方式来计算圆台顶点，我们引入与纹理坐标 v 方
      // 向相同的参数 v，从而使副切线（bitangent，相关概念见 19.3 节）与纹理坐标 v
      // 的方向相同
      // 设 r0 为底面半径，r1 为顶面半径
      //   y(v) = h - hv   其中 v 位于区间[0,1]
      //   r(v) = r1 + (r0-r1)v
      //
      //   x(t, v) = r(v)*cos(t)
      //   y(t, v) = h - hv
      //   z(t, v) = r(v)*sin(t)
      //
      // dx/dt = -r(v)*sin(t)
```

```
// dy/dt = 0
// dz/dt = +r(v)*cos(t)
//
// dx/dv = (r0-r1)*cos(t)
// dy/dv = -h
// dz/dv = (r0-r1)*sin(t)

// 此为单位长度
vertex.TangentU = XMFLOAT3(-s, 0.0f, c);

float dr = bottomRadius-topRadius;
XMFLOAT3 bitangent(dr*c, -height, dr*s);

XMVECTOR T = XMLoadFloat3(&vertex.TangentU);
XMVECTOR B = XMLoadFloat3(&bitangent);
XMVECTOR N = XMVector3Normalize(XMVector3Cross(T, B));
XMStoreFloat3(&vertex.Normal, N);

meshData.Vertices.push_back(vertex);
    }
}
```

注意

 从上述代码中可以看出，每个环上的第一个顶点与最后一个顶点在位置上是重合的，但是二者的纹理坐标却并不相同。只有这样做才能保证在圆台上绘制出正确的纹理。

注意

 由 GeometryGenerator::CreateCylinder 方法创建的其他顶点数据（如法向量和纹理坐标）对后续章节中的演示程序而言是不可或缺的，但我们现在还不会用到它们。

　　观察图 7.2 可知，由每个分层以及切片分割出的侧面块都是一个四边形（由两个三角形构成）。而以第 i 层与第 j 块切片所确定下来的侧面块中的两个三角形的索引分别为：

$$\Delta ABC = (i \cdot n + j, (i+1) \cdot n + j, (i+1) \cdot n + j + 1)$$
$$\Delta ACD = (i \cdot n + j, (i+1) \cdot n + j + 1, i \cdot n + j + 1)$$

其中，n 是每个环上的顶点数量。因此，求取圆台侧面块上所有三角形索引的主要思路是：遍历每个堆叠层和每个切片，并运用上述公式进行计算。

```
// +1 是希望让每环的第一个顶点和最后一个顶点重合，这是因为它们的纹理坐标并不相同
uint32 ringVertexCount = sliceCount+1;

// 计算每个侧面块中三角形的索引
for(uint32 i = 0; i < stackCount; ++i)
{
  for(uint32 j = 0; j < sliceCount; ++j)
```

```
    {
        meshData.Indices32.push_back(i*ringVertexCount + j);
        meshData.Indices32.push_back((i+1)*ringVertexCount + j);
        meshData.Indices32.push_back((i+1)*ringVertexCount + j+1);

        meshData.Indices32.push_back(i*ringVertexCount + j);
        meshData.Indices32.push_back((i+1)*ringVertexCount + j+1);
        meshData.Indices32.push_back(i*ringVertexCount + j+1);
    }
}

BuildCylinderTopCap(bottomRadius, topRadius, height,
    sliceCount, stackCount, meshData);
BuildCylinderBottomCap(bottomRadius, topRadius, height,
    sliceCount, stackCount, meshData);

return meshData;
}
```

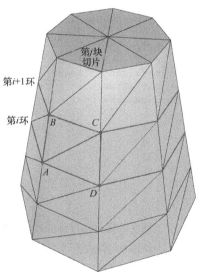

图 7.2　顶点 A、B、C、D 分别位于第 i 环、第 $i+1$ 环以及第 j 块切片所合围的侧面块之中

7.4.1.2　柱体的端面几何体

生成圆台端面的几何体，相当于在其顶面和底面的截面上切割出多个三角形，使之逼近一个圆形：

```
void GeometryGenerator::BuildCylinderTopCap(
    float bottomRadius, float topRadius, float height,
    uint32 sliceCount, uint32 stackCount, MeshData& meshData)
{
    uint32 baseIndex = (uint32)meshData.Vertices.size();

    float y = 0.5f*height;
    float dTheta = 2.0f*XM_PI/sliceCount;
```

```
// 使圆台端面环上的首尾顶点重合，因为这两个顶点的纹理坐标和法线是不同的
for(uint32 i = 0; i <= sliceCount; ++i)
{
  float x = topRadius*cosf(i*dTheta);
  float z = topRadius*sinf(i*dTheta);

  // 根据圆台的高度使顶面纹理坐标的范围按比例缩小
  float u = x/height + 0.5f;
  float v = z/height + 0.5f;

  meshData.Vertices.push_back(
    Vertex(x, y, z, 0.0f, 1.0f, 0.0f, 1.0f, 0.0f, 0.0f, u, v) );
}

// 顶面的中心顶点
meshData.Vertices.push_back(
  Vertex(0.0f, y, 0.0f, 0.0f, 1.0f, 0.0f, 1.0f, 0.0f, 0.0f, 0.5f, 0.5f) );

// 中心顶点的索引值
uint32 centerIndex = (uint32)meshData.Vertices.size()-1;

for(uint32 i = 0; i < sliceCount; ++i)
{
  meshData.Indices32.push_back(centerIndex);
  meshData.Indices32.push_back(baseIndex + i+1);
  meshData.Indices32.push_back(baseIndex + i);
}
}
```

生成圆台底面的代码与之相似。

7.4.2　生成球体网格

欲定义一个球体，就要指定其半径、切片数量及其堆叠层数，如图 7.3 所示。除了每个环上的半径是依三角函数非线性变化，生成球体的算法与生成圆台的算法非常相近。我们将把 GeometryGenerator::CreateSphere 方法的代码留给读者自行研究。最后，值得一提的是，若采用不等比缩放世界变换，即可将球体转换为椭球体。

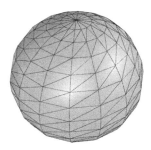

图 7.3　柱体的切片与分层思想也同样可以应用到球体上，借此来控制球体的曲面细分级别

7.4.3　生成几何球体网格

观察图 7.3 可知，构成球体的三角形面积并不相同，这在某些情景中并非我们所愿。相对而言，几何球体（geosphere）利用面积相同且边长相等的三角形来逼近球体，如图 7.4 所示。

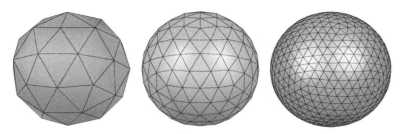

图 7.4　通过反复细分并将新生成的顶点重新投影到球面上，便可以近似地表示一个几何球体

为了生成几何球体，我们以一个正二十面体作为基础，细分其上的三角形，再根据给定的半径向球面投影新生成的顶点。反复重复这个过程，便可以提高该几何球体的曲面细分程度。

图 7.5 展示了如何将一个三角形细分为 4 个大小相等的小三角形。不难发现，新生成的顶点都位于原始三角形边上的中点。先将顶点投影到单位球面上，再利用 r 进行标量乘法：$v' = r\dfrac{v}{\|v\|}$，即可把新顶点都投影到半径为 r 的球体之上。

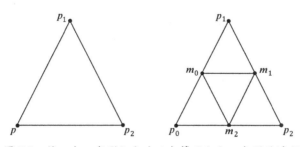

图 7.5　将一个三角形细分为 4 个等面积小三角形的过程

相应的代码如下：

```
GeometryGenerator::MeshData
GeometryGenerator::CreateGeosphere(float radius, uint32 numSubdivisions)
{
  MeshData meshData;

  // 确定细分的次数
  numSubdivisions = std::min<uint32>(numSubdivisions, 6u);

  // 通过对一个正二十面体进行曲面细分来逼近一个球体

  const float X = 0.525731f;
```

```
const float Z = 0.850651f;

XMFLOAT3 pos[12] =
{
  XMFLOAT3(-X, 0.0f, Z),   XMFLOAT3(X, 0.0f, Z),
  XMFLOAT3(-X, 0.0f, -Z),  XMFLOAT3(X, 0.0f, -Z),
  XMFLOAT3(0.0f, Z, X),    XMFLOAT3(0.0f, Z, -X),
  XMFLOAT3(0.0f, -Z, X),   XMFLOAT3(0.0f, -Z, -X),
  XMFLOAT3(Z, X, 0.0f),    XMFLOAT3(-Z, X, 0.0f),
  XMFLOAT3(Z, -X, 0.0f),   XMFLOAT3(-Z, -X, 0.0f)
};

uint32 k[60] =
{
  1,4,0,   4,9,0,   4,5,9,   8,5,4,   1,8,4,
  1,10,8,  10,3,8,  8,3,5,   3,2,5,   3,7,2,
  3,10,7,  10,6,7,  6,11,7,  6,0,11,  6,1,0,
  10,1,6,  11,0,9,  2,11,9,  5,2,9,   11,2,7
};

meshData.Vertices.resize(12);
meshData.Indices32.assign(&k[0], &k[60]);

for(uint32 i = 0; i < 12; ++i)
  meshData.Vertices[i].Position = pos[i];

for(uint32 i = 0; i < numSubdivisions; ++i)
  Subdivide(meshData);

// 将每一个顶点都投影到球面，并推导其对应的纹理坐标
for(uint32 i = 0; i < meshData.Vertices.size(); ++i)
{
  // 投影到单位球面上
  XMVECTOR n = XMVector3Normalize(XMLoadFloat3(&meshData.Vertices[i].
  Position));

  // 投射到球面上
  XMVECTOR p = radius*n;

  XMStoreFloat3(&meshData.Vertices[i].Position, p);
  XMStoreFloat3(&meshData.Vertices[i].Normal, n);

  // 根据球面坐标推导出纹理坐标
  float theta = atan2f(meshData.Vertices[i].Position.z,
            meshData.Vertices[i].Position.x);

  // 将 theta 限制在[0, 2pi]区间内
  if(theta < 0.0f)
    theta += XM_2PI;
```

```
        float phi = acosf(meshData.Vertices[i].Position.y / radius);

        meshData.Vertices[i].TexC.x = theta/XM_2PI;
        meshData.Vertices[i].TexC.y = phi/XM_PI;

        // 求出 P 关于 theta（p 对于 theta）的偏导数
        meshData.Vertices[i].TangentU.x = -radius*sinf(phi)*sinf(theta);
        meshData.Vertices[i].TangentU.y = 0.0f;
        meshData.Vertices[i].TangentU.z = +radius*sinf(phi)*cosf(theta);

        XMVECTOR T = XMLoadFloat3(&meshData.Vertices[i].TangentU);
        XMStoreFloat3(&meshData.Vertices[i].TangentU, XMVector3Normalize(T));
    }

    return meshData;
}
```

7.5 绘制多种几何体演示程序

为了示范生成球体和柱体的代码，我们实现了效果如图 7.6 所示的 Shapes 演示程序。另外，在探究该例程的过程中，我们将获得在场景中（利用创建多个世界变换矩阵）绘制多个物体并对其进行定位的宝贵经验。此外，我们会将场景中的所有几何体都置于一个大的顶点缓冲区和一个索引缓冲区中。最后，通过多次调用 DrawIndexedInstanced 方法来绘制每一个物体（即每次调用仅绘制一个物体，因为不同物体的世界矩阵也各不相同）。因此，我们将看到一个涉及修改 DrawIndexedInstanced 方法中 StartIndexLocation 和 BaseVertexLocation 参数的调用示例。

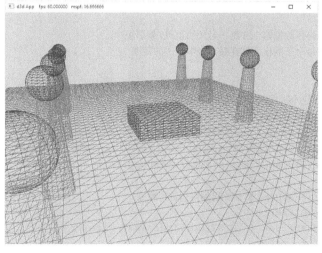

图 7.6 Shapes 演示程序的效果

7.5.1 顶点缓冲区和索引缓冲区

正如图 7.6 所示，在 Shapes 演示程序中，我们要绘制长方体、栅格、柱体（圆台）及球体。尽管在示例中要绘制多个球体和柱体，但实际上我们只需对一组球体和圆台数据的副本。通过利用不同的世界矩阵，对这组数据进行多次绘制，即可绘制出多个预定的球体与圆台。所以说，这也是一个几何体**实例化**（instancing）的范例，借助此技术可以减少内存资源的占用。

通过将不同物体的顶点和索引合并起来，我们把所有几何体网格的顶点和索引都装进一个顶点缓冲区及一个索引缓冲区内。这意味着，在绘制一个物体时，我们只需绘制此物体位于顶点和索引这两种缓冲区中的数据子集。为了调用 ID3D12GraphicsCommandList::DrawIndexedInstanced 方法而仅绘制几何体的子集，我们需要掌握 3 种数据（可参照图 6.3 并回顾 6.3 节的相关讨论），它们分别是：待绘制物体在合并索引缓冲区中的起始索引、待绘制物体的索引数量，以及基准顶点地址——即待绘制物体第一个顶点在合并顶点缓冲区中的索引。经回顾可知，基准顶点地址是一个整数值，我们要在绘制调用过程中、获取顶点数据之前，将它与物体的原索引值依次相加，以此获取合并顶点缓冲区中所绘物体的正确顶点子集（参见第 5 章的练习 2）。

下列代码展示了创建几何体缓冲区、缓存绘制调用所需参数值以及绘制物体的具体过程。

```
void ShapesApp::BuildShapeGeometry()
{
  GeometryGenerator geoGen;
  GeometryGenerator::MeshData box = geoGen.CreateBox(1.5f, 0.5f, 1.5f, 3);
  GeometryGenerator::MeshData grid = geoGen.CreateGrid(20.0f, 30.0f, 60, 40);
  GeometryGenerator::MeshData sphere = geoGen.CreateSphere(0.5f, 20, 20);
  GeometryGenerator::MeshData cylinder = geoGen.CreateCylinder(0.5f,
    0.3f, 3.0f, 20, 20);


  //
  // 将所有的几何体数据都合并到一对大的顶点/索引缓冲区中
  // 以此来定义每个子网格数据在缓冲区中所占的范围
  //

  // 对合并顶点缓冲区中每个物体的顶点偏移量进行缓存
  UINT boxVertexOffset = 0;
  UINT gridVertexOffset = (UINT)box.Vertices.size();
  UINT sphereVertexOffset = gridVertexOffset + (UINT)grid.Vertices.size();
  UINT cylinderVertexOffset = sphereVertexOffset + (UINT)sphere.Vertices.size();

  // 对合并索引缓冲区中每个物体的起始索引进行缓存
  UINT boxIndexOffset = 0;
  UINT gridIndexOffset = (UINT)box.Indices32.size();
  UINT sphereIndexOffset = gridIndexOffset + (UINT)grid.Indices32.size();
  UINT cylinderIndexOffset = sphereIndexOffset + (UINT)sphere.Indices32.size();
```

```
// 定义的多个 SubmeshGeometry 结构体中包含了顶点/索引缓冲区内不同几何体的子网格数据

SubmeshGeometry boxSubmesh;
boxSubmesh.IndexCount = (UINT)box.Indices32.size();
boxSubmesh.StartIndexLocation = boxIndexOffset;
boxSubmesh.BaseVertexLocation = boxVertexOffset;

SubmeshGeometry gridSubmesh;
gridSubmesh.IndexCount = (UINT)grid.Indices32.size();
gridSubmesh.StartIndexLocation = gridIndexOffset;
gridSubmesh.BaseVertexLocation = gridVertexOffset;

SubmeshGeometry sphereSubmesh;
sphereSubmesh.IndexCount = (UINT)sphere.Indices32.size();
sphereSubmesh.StartIndexLocation = sphereIndexOffset;
sphereSubmesh.BaseVertexLocation = sphereVertexOffset;

SubmeshGeometry cylinderSubmesh;
cylinderSubmesh.IndexCount = (UINT)cylinder.Indices32.size();
cylinderSubmesh.StartIndexLocation = cylinderIndexOffset;
cylinderSubmesh.BaseVertexLocation = cylinderVertexOffset;

//
// 提取出所需的顶点元素，再将所有网格的顶点装进一个顶点缓冲区
//

auto totalVertexCount =
  box.Vertices.size() +
  grid.Vertices.size() +
  sphere.Vertices.size() +
  cylinder.Vertices.size();

std::vector<Vertex> vertices(totalVertexCount);

UINT k = 0;
for(size_t i = 0; i < box.Vertices.size(); ++i, ++k)
{
  vertices[k].Pos = box.Vertices[i].Position;
  vertices[k].Color = XMFLOAT4(DirectX::Colors::DarkGreen);
}

for(size_t i = 0; i < grid.Vertices.size(); ++i, ++k)
{
  vertices[k].Pos = grid.Vertices[i].Position;
  vertices[k].Color = XMFLOAT4(DirectX::Colors::ForestGreen);
}
```

```cpp
for(size_t i = 0; i < sphere.Vertices.size(); ++i, ++k)
{
  vertices[k].Pos = sphere.Vertices[i].Position;
  vertices[k].Color = XMFLOAT4(DirectX::Colors::Crimson);
}

for(size_t i = 0; i < cylinder.Vertices.size(); ++i, ++k)
{
  vertices[k].Pos = cylinder.Vertices[i].Position;
  vertices[k].Color = XMFLOAT4(DirectX::Colors::SteelBlue);
}

std::vector<std::uint16_t> indices;
indices.insert(indices.end(),
  std::begin(box.GetIndices16()),
  std::end(box.GetIndices16()));
indices.insert(indices.end(),
  std::begin(grid.GetIndices16()),
  std::end(grid.GetIndices16()));
indices.insert(indices.end(),
  std::begin(sphere.GetIndices16()),
  std::end(sphere.GetIndices16()));
indices.insert(indices.end(),
  std::begin(cylinder.GetIndices16()),
  std::end(cylinder.GetIndices16()));

const UINT vbByteSize = (UINT)vertices.size() * sizeof(Vertex);
const UINT ibByteSize = (UINT)indices.size() * sizeof(std::uint16_t);

auto geo = std::make_unique<MeshGeometry>();
geo->Name = "shapeGeo";

ThrowIfFailed(D3DCreateBlob(vbByteSize, &geo->VertexBufferCPU));
CopyMemory(geo->VertexBufferCPU->GetBufferPointer(), vertices.data(),
vbByteSize);

ThrowIfFailed(D3DCreateBlob(ibByteSize, &geo->IndexBufferCPU));
CopyMemory(geo->IndexBufferCPU->GetBufferPointer(), indices.data(),
ibByteSize);

geo->VertexBufferGPU = d3dUtil::CreateDefaultBuffer(md3dDevice.Get(),
  mCommandList.Get(), vertices.data(), vbByteSize, geo-
  >VertexBufferUploader);

geo->IndexBufferGPU = d3dUtil::CreateDefaultBuffer(md3dDevice.Get(),
  mCommandList.Get(), indices.data(), ibByteSize, geo-
  >IndexBufferUploader);

geo->VertexByteStride = sizeof(Vertex);
```

```
geo->VertexBufferByteSize = vbByteSize;
geo->IndexFormat = DXGI_FORMAT_R16_UINT;
geo->IndexBufferByteSize = ibByteSize;

geo->DrawArgs["box"] = boxSubmesh;
geo->DrawArgs["grid"] = gridSubmesh;
geo->DrawArgs["sphere"] = sphereSubmesh;
geo->DrawArgs["cylinder"] = cylinderSubmesh;

mGeometries[geo->Name] = std::move(geo);
}
```

上述方法中最后一行所用到的变量 mGeometries 被定义为：

```
std::unordered_map<std::string, std::unique_ptr<MeshGeometry>> mGeometries;
```

这是我们在本书后面常会用到的一种通用模式：为每个几何体、**PSO**、纹理和着色器等创建新的变量名是一件很烦人的事，所以我们使用无序映射表（unordered map），并根据名称在常数时间（constant time）内寻找和引用所需的对象。以下是一些相关的范例：

```
std::unordered_map<std::string, std::unique_ptr<MeshGeometry>> mGeometries;
std::unordered_map<std::string, ComPtr<ID3DBlob>> mShaders;
std::unordered_map<std::string, ComPtr<ID3D12PipelineState>> mPSOs;
```

7.5.2　渲染项

现在我们来定义场景中的渲染项。通过观察以下代码可知，所有的渲染项共用同一个 MeshGeometry，所以，我们通过 DrawArgs 获取 DrawIndexedInstanced 方法的参数，并以此来绘制顶点/索引缓冲区的子区域（也就是单个几何体）。

```
// ShapesApp 类中的成员变量
std::vector<std::unique_ptr<RenderItem>> mAllRitems;
std::vector<RenderItem*> mOpaqueRitems;

void ShapesApp::BuildRenderItems()
{
  auto boxRitem = std::make_unique<RenderItem>();
  XMStoreFloat4x4(&boxRitem->World,
    XMMatrixScaling(2.0f, 2.0f, 2.0f)*XMMatrixTranslation(0.0f, 0.5f, 0.0f));
  boxRitem->ObjCBIndex = 0;
  boxRitem->Geo = mGeometries["shapeGeo"].get();
  boxRitem->PrimitiveType = D3D_PRIMITIVE_TOPOLOGY_TRIANGLELIST;
  boxRitem->IndexCount = boxRitem->Geo->DrawArgs["box"].IndexCount;
  boxRitem->StartIndexLocation = boxRitem->Geo->DrawArgs["box"].
   StartIndexLocation;
  boxRitem->BaseVertexLocation = boxRitem->Geo->DrawArgs["box"].
```

```
    BaseVertexLocation;
mAllRitems.push_back(std::move(boxRitem));

auto gridRitem = std::make_unique<RenderItem>();
gridRitem->World = MathHelper::Identity4x4();
gridRitem->ObjCBIndex = 1;
gridRitem->Geo = mGeometries["shapeGeo"].get();
gridRitem->PrimitiveType = D3D_PRIMITIVE_TOPOLOGY_TRIANGLELIST;
gridRitem->IndexCount = gridRitem->Geo->DrawArgs["grid"].IndexCount;
gridRitem->StartIndexLocation = gridRitem->Geo->DrawArgs["grid"].
  StartIndexLocation;
gridRitem->BaseVertexLocation = gridRitem->Geo->DrawArgs["grid"].
  BaseVertexLocation;
mAllRitems.push_back(std::move(gridRitem));

// 构建图 7.6 所示的柱体和球体
UINT objCBIndex = 2;
for(int i = 0; i < 5; ++i)
{
  auto leftCylRitem = std::make_unique<RenderItem>();
  auto rightCylRitem = std::make_unique<RenderItem>();
  auto leftSphereRitem = std::make_unique<RenderItem>();
  auto rightSphereRitem = std::make_unique<RenderItem>();

  XMMATRIX leftCylWorld = XMMatrixTranslation(-5.0f, 1.5f, -10.0f + i*5.0f);
  XMMATRIX rightCylWorld = XMMatrixTranslation(+5.0f, 1.5f, -10.0f + i*5.0f);

  XMMATRIX leftSphereWorld = XMMatrixTranslation(-5.0f, 3.5f, -10.0f + i*5.0f);
  XMMATRIX rightSphereWorld = XMMatrixTranslation(+5.0f, 3.5f, -10.0f + i*5.0f);

  XMStoreFloat4x4(&leftCylRitem->World, rightCylWorld);
  leftCylRitem->ObjCBIndex = objCBIndex++;
  leftCylRitem->Geo = mGeometries["shapeGeo"].get();
  leftCylRitem->PrimitiveType = D3D_PRIMITIVE_TOPOLOGY_TRIANGLELIST;
  leftCylRitem->IndexCount = leftCylRitem->Geo->DrawArgs["cylinder"].
    IndexCount;
  leftCylRitem->StartIndexLocation =
    leftCylRitem->Geo->DrawArgs["cylinder"].StartIndexLocation;
  leftCylRitem->BaseVertexLocation =
    leftCylRitem->Geo->DrawArgs["cylinder"].BaseVertexLocation;

  XMStoreFloat4x4(&rightCylRitem->World, leftCylWorld);
  rightCylRitem->ObjCBIndex = objCBIndex++;
  rightCylRitem->Geo = mGeometries["shapeGeo"].get();
  rightCylRitem->PrimitiveType = D3D_PRIMITIVE_TOPOLOGY_TRIANGLELIST;
  rightCylRitem->IndexCount = rightCylRitem->Geo->DrawArgs["cylinder"].
    IndexCount;
  rightCylRitem->StartIndexLocation =
    rightCylRitem->Geo->DrawArgs["cylinder"].StartIndexLocation;
```

```
rightCylRitem->BaseVertexLocation =
    rightCylRitem->Geo->DrawArgs["cylinder"].BaseVertexLocation;

XMStoreFloat4x4(&leftSphereRitem->World, leftSphereWorld);
leftSphereRitem->ObjCBIndex = objCBIndex++;
leftSphereRitem->Geo = mGeometries["shapeGeo"].get();
leftSphereRitem->PrimitiveType = D3D_PRIMITIVE_TOPOLOGY_TRIANGLELIST;
leftSphereRitem->IndexCount = leftSphereRitem->Geo->DrawArgs["sphere"].
    IndexCount;
leftSphereRitem->StartIndexLocation =
    leftSphereRitem->Geo->DrawArgs["sphere"].StartIndexLocation;
leftSphereRitem->BaseVertexLocation =
    leftSphereRitem->Geo->DrawArgs["sphere"].BaseVertexLocation;

XMStoreFloat4x4(&rightSphereRitem->World, rightSphereWorld);
rightSphereRitem->ObjCBIndex = objCBIndex++;
rightSphereRitem->Geo = mGeometries["shapeGeo"].get();
rightSphereRitem->PrimitiveType = D3D_PRIMITIVE_TOPOLOGY_TRIANGLELIST;
rightSphereRitem->IndexCount = rightSphereRitem->Geo->DrawArgs["sphere"].
    IndexCount;
rightSphereRitem->StartIndexLocation =
    rightSphereRitem->Geo->DrawArgs["sphere"].StartIndexLocation;
rightSphereRitem->BaseVertexLocation =
    rightSphereRitem->Geo->DrawArgs["sphere"].BaseVertexLocation;

mAllRitems.push_back(std::move(leftCylRitem));
mAllRitems.push_back(std::move(rightCylRitem));
mAllRitems.push_back(std::move(leftSphereRitem));
mAllRitems.push_back(std::move(rightSphereRitem));
}

// 此演示程序中的所有渲染项都是非透明的
for(auto& e : mAllRitems)
    mOpaqueRitems.push_back(e.get());
}
```

7.5.3　帧资源和常量缓冲区视图

回顾前文可知，我们已经创建了一个由 FrameResource 类型元素所构成的向量，每个
FrameResource 中都有上传缓冲区，用于为场景中的每个渲染项存储渲染过程常量以及物体常量数据。

```
std::unique_ptr<UploadBuffer<PassConstants>> PassCB = nullptr;
std::unique_ptr<UploadBuffer<ObjectConstants>> ObjectCB = nullptr;
```

如果有 3 个帧资源与 n 个渲染项，那么就应存在 3n 个物体常量缓冲区（object constant buffer）以及

3 个渲染过程常量缓冲区（pass constant buffer）。因此，我们也就需要创建 3(n+1) 个常量缓冲区视图（CBV）。这样一来，我们还要修改 CBV 堆以容纳额外的描述符：

```
void ShapesApp::BuildDescriptorHeaps()
{
  UINT objCount = (UINT)mOpaqueRitems.size();

  // 我们需要为每个帧资源中的每一个物体都创建一个 CBV 描述符,
  // 为了容纳每个帧资源中的渲染过程 CBV 而+1
  UINT numDescriptors = (objCount+1) * gNumFrameResources;

  // 保存渲染过程 CBV 的起始偏移量。在本程序中，这是排在最后面的 3 个描述符
  mPassCbvOffset = objCount * gNumFrameResources;

  D3D12_DESCRIPTOR_HEAP_DESC cbvHeapDesc;
  cbvHeapDesc.NumDescriptors = numDescriptors;
  cbvHeapDesc.Type = D3D12_DESCRIPTOR_HEAP_TYPE_CBV_SRV_UAV;
  cbvHeapDesc.Flags = D3D12_DESCRIPTOR_HEAP_FLAG_SHADER_VISIBLE;
  cbvHeapDesc.NodeMask = 0;
  ThrowIfFailed(md3dDevice->CreateDescriptorHeap(&cbvHeapDesc,
    IID_PPV_ARGS(&mCbvHeap)));
}
```

现在，我们就可以用下列代码来填充 CBV 堆，其中描述符 0 至描述符 $n-1$ 包含了第 0 个帧资源的物体 CBV，描述符 n 至描述符 $2n-1$ 容纳了第 1 个帧资源的物体 CBV，以此类推，描述符 $2n$ 至描述符 $3n-1$ 包含了第 2 个帧资源的物体 CBV。最后，$3n$、$3n+1$ 以及 $3n+2$ 分别存有第 0 个、第 1 个和第 2 个帧资源的渲染过程 CBV：

```
void ShapesApp::BuildConstantBufferViews()
{
  UINT objCBByteSize = d3dUtil::CalcConstantBufferByteSize(sizeof
    (ObjectConstants));

  UINT objCount = (UINT)mOpaqueRitems.size();

  // 每个帧资源中的每一个物体都需要一个对应的 CBV 描述符
  for(int frameIndex = 0; frameIndex < gNumFrameResources; ++frameIndex)
  {
    auto objectCB = mFrameResources[frameIndex]->ObjectCB->Resource();
    for(UINT i = 0; i < objCount; ++i)
    {
      D3D12_GPU_VIRTUAL_ADDRESS cbAddress = objectCB->GetGPUVirtualAddress();

      // 偏移到缓冲区中第 i 个物体的常量缓冲区
      cbAddress += i*objCBByteSize;

      // 偏移到该物体在描述符堆中的 CBV
```

```
    int heapIndex = frameIndex*objCount + i;
    auto handle = CD3DX12_CPU_DESCRIPTOR_HANDLE(
      mCbvHeap->GetCPUDescriptorHandleForHeapStart());
    handle.Offset(heapIndex, mCbvSrvUavDescriptorSize);

    D3D12_CONSTANT_BUFFER_VIEW_DESC cbvDesc;
    cbvDesc.BufferLocation = cbAddress;
    cbvDesc.SizeInBytes = objCBByteSize;

    md3dDevice->CreateConstantBufferView(&cbvDesc, handle);
  }
}

UINT passCBByteSize = d3dUtil::CalcConstantBufferByteSize(sizeof
  (PassConstants));

// 最后 3 个描述符依次是每个帧资源的渲染过程 CBV
for(int frameIndex = 0; frameIndex < gNumFrameResources; ++frameIndex)
{
  auto passCB = mFrameResources[frameIndex]->PassCB->Resource();

  // 每个帧资源的渲染过程缓冲区中只存有一个常量缓冲区
  D3D12_GPU_VIRTUAL_ADDRESS cbAddress = passCB->GetGPUVirtualAddress();

  // 偏移到描述符堆中对应的渲染过程 CBV
  int heapIndex = mPassCbvOffset + frameIndex;
  auto handle = CD3DX12_CPU_DESCRIPTOR_HANDLE(
    mCbvHeap->GetCPUDescriptorHandleForHeapStart());
  handle.Offset(heapIndex, mCbvSrvUavDescriptorSize);

  D3D12_CONSTANT_BUFFER_VIEW_DESC cbvDesc;
  cbvDesc.BufferLocation = cbAddress;
  cbvDesc.SizeInBytes = passCBByteSize;

  md3dDevice->CreateConstantBufferView(&cbvDesc, handle);
  }
}
```

前文已经讲过，通过调用 ID3D12DescriptorHeap::GetCPUDescriptorHandleForHeapStart 方法，我们可以获得堆中第一个描述符的句柄。然而，我们当前堆内所存放的描述符已不止一个，所以仅使用此方法并不能找到其他描述符的句柄。此时，我们希望能够偏移到堆内的其他描述符处，为此需要了解到达堆内下一个相邻描述符的增量。这个增量的大小其实是由硬件来确定的，所以我们必须从设备上查询相关的信息。此外，该增量还依赖于堆的具体类型。现在来重温在 D3DApp 类中缓存的下列信息：

```
mRtvDescriptorSize = md3dDevice->GetDescriptorHandleIncrementSize(
  D3D12_DESCRIPTOR_HEAP_TYPE_RTV);
```

```
mDsvDescriptorSize = md3dDevice->GetDescriptorHandleIncrementSize(
    D3D12_DESCRIPTOR_HEAP_TYPE_DSV);

mCbvSrvUavDescriptorSize = md3dDevice->GetDescriptorHandleIncrementSize(
    D3D12_DESCRIPTOR_HEAP_TYPE_CBV_SRV_UAV);
```

只要知道了相邻描述符之间的增量大小，就能通过两种 CD3DX12_CPU_DESCRIPTOR_HANDLE::Offset 方法之一偏移到第 *n* 个描述符的句柄处：

```
// 指定要偏移到的目标描述符的编号，将它与相邻描述符之间的增量相乘，以此来找到第 n 个描述符的句柄
CD3DX12_CPU_DESCRIPTOR_HANDLE handle = mCbvHeap->GetCPUDescriptorHandleForHeapStart();
handle.Offset(n * mCbvSrvDescriptorSize);

// 或者用另一个等价实现，先指定要偏移到第几个描述符，再给出描述符的增量大小
CD3DX12_CPU_DESCRIPTOR_HANDLE handle = mCbvHeap->GetCPUDescriptorHandleForHeapStart();
handle.Offset(n, mCbvSrvDescriptorSize);
```

注意

 CD3DX12_GPU_DESCRIPTOR_HANDLE 有着同样的 Offset 方法。

7.5.4　绘制场景

最后一步就是绘制渲染项了，其中最复杂的部分莫过于为了绘制物体而根据偏移量找到它在堆中所对应的 CBV。先来留心观察一下，渲染项是如何来存储一个索引，并使之指向与它有关的常量缓冲区。

```
void ShapesApp::DrawRenderItems(
  ID3D12GraphicsCommandList* cmdList,
  const std::vector<RenderItem*>& ritems)
{
  UINT objCBByteSize = d3dUtil::CalcConstantBufferByteSize(sizeof(
    ObjectConstants));
  auto objectCB = mCurrFrameResource->ObjectCB->Resource();

  // 对于每个渲染项来说...
  for(size_t i = 0; i < ritems.size(); ++i)
  {
    auto ri = ritems[i];

    cmdList->IASetVertexBuffers(0, 1, &ri->Geo->VertexBufferView());
    cmdList->IASetIndexBuffer(&ri->Geo->IndexBufferView());
    cmdList->IASetPrimitiveTopology(ri->PrimitiveType);

    // 为了绘制当前的帧资源和当前物体，偏移到描述符堆中对应的 CBV 处
    UINT cbvIndex = mCurrFrameResourceIndex*(UINT)mOpaqueRitems.size()
      + ri->ObjCBIndex;
```

```
  auto cbvHandle = CD3DX12_GPU_DESCRIPTOR_HANDLE(
    mCbvHeap->GetGPUDescriptorHandleForHeapStart());
  cbvHandle.Offset(cbvIndex, mCbvSrvUavDescriptorSize);

  cmdList->SetGraphicsRootDescriptorTable(0, cbvHandle);
  cmdList->DrawIndexedInstanced(ri->IndexCount, 1,
    ri->StartIndexLocation, ri->BaseVertexLocation, 0);
  }
}
```

在执行主要绘制函数 Draw 的过程中调用 DrawRenderItems 方法:

```
void ShapesApp::Draw(const GameTimer& gt)
{
  auto cmdListAlloc = mCurrFrameResource->CmdListAlloc;

  // 复用与记录命令有关的内存
  // 只有在 GPU 执行完与该内存相关联的命令列表时, 才能对此命令列表分配器进行重置
  ThrowIfFailed(cmdListAlloc->Reset());

  // 在通过 ExecuteCommandList 方法将命令列表添加到命令队列中之后, 我们就可以对它进行重置
  // 复用命令列表即复用与之相关的内存
  if(mIsWireframe)
  {
    ThrowIfFailed(mCommandList->Reset(
      cmdListAlloc.Get(), mPSOs["opaque_wireframe"].Get()));
  }
  else
  {
    ThrowIfFailed(mCommandList->Reset(cmdListAlloc.Get(),
    mPSOs["opaque"].Get()));
  }

  mCommandList->RSSetViewports(1, &mScreenViewport);
  mCommandList->RSSetScissorRects(1, &mScissorRect);

  // 根据资源的用途指示资源状态的转换
  mCommandList->ResourceBarrier(1,
    &CD3DX12_RESOURCE_BARRIER::Transition(CurrentBackBuffer(),
    D3D12_RESOURCE_STATE_PRESENT,
    D3D12_RESOURCE_STATE_RENDER_TARGET));

  // 清除后台缓冲区和深度缓冲区
  mCommandList->ClearRenderTargetView(CurrentBackBufferView(),
    Colors::LightSteelBlue, 0, nullptr);
  mCommandList->ClearDepthStencilView(DepthStencilView(),
    D3D12_CLEAR_FLAG_DEPTH | D3D12_CLEAR_FLAG_STENCIL,
    1.0f, 0, 0, nullptr);

  // 指定要渲染的目标缓冲区
```

```
mCommandList->OMSetRenderTargets(1, &CurrentBackBufferView(),
    true, &DepthStencilView());

ID3D12DescriptorHeap* descriptorHeaps[] = { mCbvHeap.Get() };
mCommandList->SetDescriptorHeaps(_countof(descriptorHeaps), descriptorHeaps);

mCommandList->SetGraphicsRootSignature(mRootSignature.Get());

int passCbvIndex = mPassCbvOffset + mCurrFrameResourceIndex;
auto passCbvHandle = CD3DX12_GPU_DESCRIPTOR_HANDLE(
    mCbvHeap->GetGPUDescriptorHandleForHeapStart());
passCbvHandle.Offset(passCbvIndex, mCbvSrvUavDescriptorSize);
mCommandList->SetGraphicsRootDescriptorTable(1, passCbvHandle);

DrawRenderItems(mCommandList.Get(), mOpaqueRitems);

// 按照资源的用途指示资源状态的转换
mCommandList->ResourceBarrier(1,
    &CD3DX12_RESOURCE_BARRIER::Transition(CurrentBackBuffer(),
    D3D12_RESOURCE_STATE_RENDER_TARGET,
    D3D12_RESOURCE_STATE_PRESENT));

// 完成命令的记录
ThrowIfFailed(mCommandList->Close());

// 将命令列表加入到命令队列中用于执行
ID3D12CommandList* cmdsLists[] = { mCommandList.Get() };
mCommandQueue->ExecuteCommandLists(_countof(cmdsLists), cmdsLists);

// 交换前后台缓冲区
ThrowIfFailed(mSwapChain->Present(0, 0));
mCurrBackBuffer = (mCurrBackBuffer + 1) % SwapChainBufferCount;

// 增加围栏值，将之前的命令标记到此围栏点上
mCurrFrameResource->Fence = ++mCurrentFence;

// 向命令队列添加一条指令，以设置新的围栏点
// GPU 还在执行我们此前向命令队列中传入的命令，所以，GPU 不会立即设置新
// 的围栏点，这要等到它处理完 Signal() 函数之前的所有命令
mCommandQueue->Signal(mFence.Get(), mCurrentFence);
}
```

7.6　细探根签名

我们在 6.6.5 节中曾介绍过根签名。根签名定义了：在绘制调用之前，需要绑定到渲染流水线上的资源，以及这些资源应如何映射到着色器的输入寄存器中。选择绑定到流水线上的资源要根据着色器程序的具体需求。从 PSO 被创建之时起，根签名和着色器程序的组合就开始生效。

7.6.1 根参数

回顾根签名的相关知识可知，根签名是由一系列根参数定义而成。到目前为止，我们只创建过存有一个描述符表的根参数。然而，根参数其实有 3 个类型可选。

1. **描述符表**（descriptor table）：描述符表引用的是描述符堆中的一块连续范围，用于确定要绑定的资源。
2. **根描述符**（root descriptor，又称为内联描述符，inline descriptor）：通过直接设置根描述符即可指示要绑定的资源，而且无需将它存于描述符堆中。但是，只有常量缓冲区的 CBV，以及缓冲区的 SRV/UAV（着色器资源视图/无序访问视图）才可以根描述符的身份进行绑定。这也就意味着纹理的 SRV 并不能作为根描述符来实现资源绑定。
3. **根常量**（root constant）：借助根常量可直接绑定一系列 32 位的常量值。

考虑到性能因素，可放入一个根签名的数据以 64 DWORD 为限。3 种根参数类型占用空间的情况如下。

1. 描述符表：每个描述符表占用 1 DWORD。
2. 根描述符：每个根描述符（64 位的 GPU 虚拟地址）占用 2 DWORD。
3. 根常量：每个常量 32 位，占用 1 DWORD。

我们可以创建出任意组合的根签名，只要它不超过 64 DWORD 的上限即可。根常量虽然用起来方便，但是它的空间消耗增加迅速。例如，倘若所用的"世界—视图—投影"矩阵只有常量数据，那么，我们就能用 16 个根常量来存储它，还无需再创建相应的常量缓冲区以及 CBV 堆。然而，这些根常量却"吃掉"了我们根签名预算的 1/4。使用 1 个根描述符只占 2 DWORD，而 1 个描述符表仅用 1 DWORD。由于我们的应用程序会变得愈加复杂，其常量缓冲区中的数据也将越来越庞大，因而也不太可能仅使用根常量。所以，在现实的应用程序中，我们很可能会经常混用这 3 种根参数。

在代码中要通过填写 CD3DX12_ROOT_PARAMETER 结构体来描述根参数。就像我们之前曾见到过的以 CD3DX 作为前缀的其他辅助结构体一样，CD3DX12_ROOT_PARAMETER 是对结构体 D3D12_ROOT_PARAMETER 进行扩展，并增加一些辅助初始化函数而得来的[①]。

```
typedef struct D3D12_ROOT_PARAMETER
{
  D3D12_ROOT_PARAMETER_TYPE ParameterType;
  union
  {
    D3D12_ROOT_DESCRIPTOR_TABLE DescriptorTable;
    D3D12_ROOT_CONSTANTS Constants;
    D3D12_ROOT_DESCRIPTOR Descriptor;
  };
  D3D12_SHADER_VISIBILITY ShaderVisibility;
}D3D12_ROOT_PARAMETER;
```

1. ParameterType：下列枚举类型的成员之一，用于指示根参数的类型（描述符表、根常量、CBV 根描述符、SRV 根描述符、UAV 根描述符）。

[①] D3D12_ROOT_PARAMETER 用于描述根签名 1.0，而根签名 1.1 则用 D3D12_ROOT_PARAMETER1 来加以描述。

```
enum D3D12_ROOT_PARAMETER_TYPE
{
  D3D12_ROOT_PARAMETER_TYPE_DESCRIPTOR_TABLE = 0,
  D3D12_ROOT_PARAMETER_TYPE_32BIT_CONSTANTS  = 1,
  D3D12_ROOT_PARAMETER_TYPE_CBV    = 2,
  D3D12_ROOT_PARAMETER_TYPE_SRV    = 3 ,
  D3D12_ROOT_PARAMETER_TYPE_UAV    = 4
} D3D12_ROOT_PARAMETER_TYPE;
```

2. DescriptorTable/Constants/Descriptor：描述根参数的结构体。该联合体成员的填写依根签名的具体类型而定。我们会在 7.6.2 节、7.6.3 节和 7.6.4 节中对此结构体展开讨论。

3. ShaderVisibility：下列枚举类型的成员之一，指定此根参数在着色器程序中的可见性。本书中一般会采用 D3D12_SHADER_VISIBILITY_ALL 枚举项。举个例子：如果知道某种资源只会在像素着色器中使用，我们就可把此资源的这一项指定为 D3D12_SHADER_VISIBILITY_PIXEL。限制根参数的可见性可能使程序的性能得到优化。

```
enum D3D12_SHADER_VISIBILITY
{
  D3D12_SHADER_VISIBILITY_ALL      = 0,
  D3D12_SHADER_VISIBILITY_VERTEX   = 1,
  D3D12_SHADER_VISIBILITY_HULL     = 2,
  D3D12_SHADER_VISIBILITY_DOMAIN   = 3,
  D3D12_SHADER_VISIBILITY_GEOMETRY = 4,
  D3D12_SHADER_VISIBILITY_PIXEL    = 5
} D3D12_SHADER_VISIBILITY;
```

7.6.2　描述符表

通过填写 D3D12_ROOT_PARAMETER 结构体的成员 DescriptorTable，即可进一步将根参数的类型定义为描述符表（descriptor table）。

```
typedef struct D3D12_ROOT_DESCRIPTOR_TABLE
{
  UINT NumDescriptorRanges;
  const D3D12_DESCRIPTOR_RANGE *pDescriptorRanges;
}   D3D12_ROOT_DESCRIPTOR_TABLE;
```

凭借上述结构体可以方便地指定一个 D3D12_DESCRIPTOR_RANGE 类型数组，以及该数组中元素的数量。

结构体 D3D12_DESCRIPTOR_RANGE 的定义如下：

```
typedef struct D3D12_DESCRIPTOR_RANGE
{
  D3D12_DESCRIPTOR_RANGE_TYPE RangeType;
  UINT NumDescriptors;
  UINT BaseShaderRegister;
  UINT RegisterSpace;
```

```
    UINT OffsetInDescriptorsFromTableStart;
}  D3D12_DESCRIPTOR_RANGE;
```

1. RangeType：下列枚举类型的成员之一，指示此范围（range）中的描述符类型：

```
enum D3D12_DESCRIPTOR_RANGE_TYPE
{
    D3D12_DESCRIPTOR_RANGE_TYPE_SRV  = 0,
    D3D12_DESCRIPTOR_RANGE_TYPE_UAV  = 1,
    D3D12_DESCRIPTOR_RANGE_TYPE_CBV  = 2 ,
    D3D12_DESCRIPTOR_RANGE_TYPE_SAMPLER = 3
}   D3D12_DESCRIPTOR_RANGE_TYPE;
```

注意

 采样器描述符（sampler descriptor）将在与纹理贴图有关的章节里进行讨论。

2. NumDescriptors：范围内描述符的数量。

3. BaseShaderRegister：此描述符范围将要绑定到的基准着色器寄存器（base shader register）。比方说，如果您将 NumDescriptors 设为 3，把 BaseShaderRegister 置为 1，又令描述符范围的类型为常量缓冲区 CBV，那么，这些资源将按以下方式与 HLSL 寄存器相绑定。

```
cbuffer cbA : register(b1) {...};
cbuffer cbB : register(b2) {...};
cbuffer cbC : register(b3) {...};
```

4. RegisterSpace：此属性将使您能够在不同的寄存器空间中指定着色器寄存器。例如，下列代码中的两种资源看起来似乎重复使用了寄存器槽 t0，但实际上却并非如此，因为它们各自存在于不同的空间之中：

```
Texture2D gDiffuseMap : register(t0, space0);
Texture2D gNormalMap  : register(t0, space1);
```

如果在着色器中没有显式地指定空间寄存器，那么它将自动默认为 space0。一般情况下我们通常使用 space0，但是对于资源数组来说，使用多重寄存器空间会更加方便，尤其是在数组大小未知的情况下，更是如此。

5. OffsetInDescriptorsFromTableStart：此描述符范围（range of descriptor）距离描述符表起始地址的偏移量。详见以下示例。

由于我们可能将各种类型的描述符混合放置在一个描述符表中，所以会把寄存器槽参数初始化为：一个存有一系列 D3D12_DESCRIPTOR_RANGE 实例的描述符表。假设我们以“2 个 CBV，3 个 SRV 和 1 个 UAV”这 3 个描述符范围的顺序指定了由 6 个描述符构成的表，则此表的定义为：

```
// 用 2 个 CBV，3 个 SRV 和 1 个 UAV 来创建一个描述符表
CD3DX12_DESCRIPTOR_RANGE descRange[3];
descRange[0].Init(
    D3D12_DESCRIPTOR_RANGE_TYPE_CBV, // 描述符的类型
    2, // 描述符的个数
```

```
    0, // 此根参数将要绑定到的基准着色器寄存器
    0, // 寄存器空间
    0);// 到此描述表起始地址的偏移量
descRange[1].Init(
    D3D12_DESCRIPTOR_RANGE_TYPE_SRV, // 描述符的类型
    3, // 描述符的个数
    0, // 此根参数将要绑定到的基准着色器寄存器
    0, // 寄存器空间
    2);// 到此描述表起始地址的偏移量
descRange[2].Init(
    D3D12_DESCRIPTOR_RANGE_TYPE_UAV, // 描述符的类型
    1, // 描述符的个数
    0, // 此根参数将要绑定到的基准着色器寄存器
    0, // 寄存器空间
    5);// 到此描述符表起始地址的偏移量
slotRootParameter[0].InitAsDescriptorTable(
    3, descRange, D3D12_SHADER_VISIBILITY_ALL);
```

像之前所见的其他辅助结构体一样，CD3DX12_DESCRIPTOR_RANGE 继承自结构体 D3D12_DESCRIPTOR_RANGE，我们将使用其中的下列初始函数：

```
void CD3DX12_DESCRIPTOR_RANGE::Init(
    D3D12_DESCRIPTOR_RANGE_TYPE rangeType,
    UINT numDescriptors,
    UINT baseShaderRegister,
    UINT registerSpace = 0,
    UINT offsetInDescriptorsFromTableStart =
    D3D12_DESCRIPTOR_RANGE_OFFSET_APPEND);
```

上面配置的描述符表共存有 6 个描述符，而应用程序期望绑定描述符堆中一块连续的描述符范围，其中依次包含 2 个 CBV、3 个 SRV 和 1 个 UAV。我们可以看到所有类型的描述符表都是以寄存器 0 作为基准寄存器（baseShaderRegister），但是却并没有发生寄存器"重叠（overlap）"冲突，这是因为 CBV、SRV 和 UAV 都分别被绑定在不同类型的寄存器上，并始于各自的寄存器 0。

我们能通过指定 D3D12_DESCRIPTOR_RANGE_OFFSET_APPEND，令 Direct3D 来计算 OffsetInDescriptorsFromTableStart 的值。这将使 Direct3D 根据表中前一个描述符范围中描述符的数量来计算偏移量。可以看出，CD3DX12_DESCRIPTOR_RANGE::Init 方法默认的寄存器空间为 0，且参数 OffsetInDescriptorsFromTableStart 的默认值为 D3D12_DESCRIPTOR_RANGE_OFFSET_APPEND。

7.6.3　根描述符

通过填写结构体 D3D12_ROOT_PARAMETER 中的成员 Descriptor，即可将根参数的类型进一步定义为根描述符（root descriptor）。

```
typedef struct D3D12_ROOT_DESCRIPTOR
{
```

```
  UINT ShaderRegister;
  UINT RegisterSpace;
}D3D12_ROOT_DESCRIPTOR;
```

1. ShaderRegister：此描述符将要绑定的着色器寄存器。例如，如果将它指定为 2，而且此根
    参数是一个 CBV，则此根参数将被映射到 register(b2) 中的常量缓冲区：

    ```
    cbuffer cbPass : register(b2) {...};
    ```

2. RegisterSpace：参见 D3D12_DESCRIPTOR_RANGE::RegisterSpace。

与描述符表需要在描述符堆中设置对应的描述符句柄不同，要配置根描述符，我们只需简单而又直
接地绑定资源的虚拟地址即可。

```
UINT objCBByteSize = d3dUtil::CalcConstantBufferByteSize(sizeof
  (ObjectConstants));

D3D12_GPU_VIRTUAL_ADDRESS objCBAddress = objectCB->GetGPUVirtualAddress();

// 偏移到缓冲区中此物体常量的地址
objCBAddress += ri->ObjCBIndex*objCBByteSize;

cmdList->SetGraphicsRootConstantBufferView(
    0, // 根参数索引，即将当前根描述符绑定到此编号的寄存器槽位
    objCBAddress);①
```

7.6.4　根常量

通过填写结构体 D3D12_ROOT_PARAMETER 的成员 Constants，即可进一步将根参数的类型定义
为根常量（root constant）。

```
    typedef struct D3D12_ROOT_CONSTANS
    {
      UINT ShaderRegister;
      UINT RegisterSpace;
      UINT Num32BitValues;
    }   D3D12_ROOT_CONSTANTS;
```

1. ShaderRegister：参见 D3D12_ROOT_DESCRIPTOR::ShaderRegister。

2. RegisterSpace：参见 D3D12_DESCRIPTOR_RANGE::RegisterSpace。

3. Num32BitValues：此值为根参数所需的 32 位常量的个数。

设置根常量仍要将数据映射到着色器视角中的常量缓冲区内，下面是此过程的详细示例：

```
// 应用程序代码部分：根签名的定义
CD3DX12_ROOT_PARAMETER slotRootParameter[1];
slotRootParameter[0].InitAsConstants(12, 0);
```

---

① 此函数的细节请参见 7.7.4 节。

```
// 根签名即是一系列根参数
CD3DX12_ROOT_SIGNATURE_DESC rootSigDesc(1, slotRootParameter,
  0, nullptr,
  D3D12_ROOT_SIGNATURE_FLAG_ALLOW_INPUT_ASSEMBLER_INPUT_LAYOUT);

// 应用程序代码部分：将根常量设置到寄存器 b0
auto weights = CalcGaussWeights(2.5f);
int blurRadius = (int)weights.size() / 2;

cmdList->SetGraphicsRoot32BitConstants(0, 1, &blurRadius, 0);
cmdList->SetGraphicsRoot32BitConstants(0, (UINT)weights.size(),
    weights.data(), 1);

// HLSL 代码部分
cbuffer cbSettings : register(b0)
{
    // 我们无法获取常量缓冲区中映射有根常量数据的数组元素，所以只得将每个元素分别单独列出

    int gBlurRadius;

    // 最多支持 11 种模糊权值（blur weight）
    float w0;
    float w1;
    float w2;
    float w3;
    float w4;
    float w5;
    float w6;
    float w7;
    float w8;
    float w9;
    float w10;
};
```

ID3D12GraphicsCommandList::SetGraphicsRoot32BitConstants 方法的原型如下：

```
void ID3D12GraphicsCommandList::SetGraphicsRoot32BitConstants(
  UINT RootParameterIndex,
  UINT Num32BitValuesToSet,
  const void *pSrcData,
  UINT DestOffsetIn32BitValues);
```

1. RootParameterIndex：我们所设置的根参数的索引，即将根常量绑定到此槽号的寄存器。
2. Num32BitValuesToSet：本次设置的 32 位常量数据的个数。
3. pSrcData：指向将要设置的 32 位常量数据数组的指针。
4. DestOffsetIn32BitValues：本次设置的第一个常量数据在常量缓冲区中的偏移量（用一个 32 位数表示）。

如同根描述符一样，设置根常量时无需涉及描述符堆。

7.6.5　更复杂的根签名示例

思考一下着色器需要下列资源的情景：

```
Texture2D gDiffuseMap : register(t0);

cbuffer cbPerObject : register(b0)
{
  float4x4 gWorld;
  float4x4 gTexTransform;
};

cbuffer cbPass : register(b1)
{
  float4x4 gView;
  float4x4 gInvView;
  float4x4 gProj;
  float4x4 gInvProj;
  float4x4 gViewProj;
  float4x4 gInvViewProj;
  float3 gEyePosW;
  float cbPerObjectPad1;
  float2 gRenderTargetSize;
  float2 gInvRenderTargetSize;
  float gNearZ;
  float gFarZ;
  float gTotalTime;
  float gDeltaTime;
  float4 gAmbientLight;
  Light gLights[MaxLights];
};

cbuffer cbMaterial : register(b2)
{
  float4   gDiffuseAlbedo;
  float3   gFresnelR0;
  float   gRoughness;
  float4x4 gMatTransform;
};
```

此着色器对应的根签名描述如下：

```
CD3DX12_DESCRIPTOR_RANGE texTable;
  texTable.Init(
  D3D12_DESCRIPTOR_RANGE_TYPE_SRV,
  1,  // 根签名的数量
  0); // 寄存器 t0
```

```
// 根参数可以是描述符表，根描述符或根常量
CD3DX12_ROOT_PARAMETER slotRootParameter[4];

// 性能小提示：按变更频率高->低的顺序进行排列
slotRootParameter[0].InitAsDescriptorTable(1,
  &texTable, D3D12_SHADER_VISIBILITY_PIXEL);
slotRootParameter[1].InitAsConstantBufferView(0); // 寄存器 b0
slotRootParameter[2].InitAsConstantBufferView(1); // 寄存器 b1
slotRootParameter[3].InitAsConstantBufferView(2); // 寄存器 b2

// 根签名就是一系列根参数
CD3DX12_ROOT_SIGNATURE_DESC rootSigDesc(4, slotRootParameter,
  0, nullptr,
D3D12_ROOT_SIGNATURE_FLAG_ALLOW_INPUT_ASSEMBLER_INPUT_LAYOUT);
```

7.6.6　根参数的版本控制

根实参（root argument，其实有些文献也将此翻译为"根参数"，为示区别在此译为"**根实参**"）即我们向根参数传递的实际数值。考虑下列代码，其中，我们在每次绘制调用之间都修改了根实参（此例中只有描述符表）：

```
for(size_t i = 0; i < mRitems.size(); ++i)
{
  const auto& ri = mRitems[i];

  ...

  // 偏移到此帧中渲染项的 CBV
  int cbvOffset = mCurrFrameResourceIndex*(int)mRitems.size();
  cbvOffset += ri.CbIndex;
  cbvHandle.Offset(cbvOffset, mCbvSrvDescriptorSize);

  // 指定此次绘制调用所需的描述符
  cmdList->SetGraphicsRootDescriptorTable(0, cbvHandle);

  cmdList->DrawIndexedInstanced(
    ri.IndexCount, 1,
    ri.StartIndexLocation,
    ri.BaseVertexLocation, 0);
}
```

在每次执行绘制调用时，将使用针对当前绘制调用所设置的根实参状态。这个工作得以实现全然是因为：硬件会自动为每次绘制调用保存根实参当时状态的快照（snapshot）。换句话说，系统会为每次绘制调用而自动对根参数进行版本控制。

值得注意的是，根签名可以为着色器提供比实际所用更多的字段。例如，如果根签名在根参数 2 中指定了一个根 CBV，但是着色器却根本不使用该常量缓冲区，然而，只要根签名为着色器传递了所有必备的数据，则这个设置组合就是合法的。

考虑到性能因素，我们应当使根签名尽可能小。其中一个原因就是在每次绘制调用时，根实参都会自动控制版本。而根签名越大，则根实参的快照也就越大。另外，SDK 文档建议：根签名中的根参数应当按照变更频率，由高至低排列。Direct3D 12 文档也建议我们尽可能避免频繁切换根签名。因此，一个好的办法就是令您创建的多个 PSO 共享同一个根签名。特别是，有时我们可以得益于多个着色器程序采用一个"超级"根签名的模式，哪怕并不是所有的着色器都能充分利用该根签名中定义的全部参数。但从另一方面来讲，我们也要考虑此"超级"根签名为了实际需要所必须达到的规模。如果它过于庞大，则其无需切换根签名所带来的优势可能就会因此而被抵消。

7.7 陆地与波浪演示程序

在本小节中，我们将展示如何构建图 7.7 所示的 "Land and Waves"（陆地与波浪）演示程序。此示例构建了一个三角形栅格（grid），并通过将其中的顶点偏移到不同的高度来创建地形（terrain）。另外，还要使用另一个三角形栅格来表现水，动态的改变其顶点高度来创建波浪。此例程还将针对不同的常量缓冲区而切换所用的根描述符，这使我们能够摆脱设置琐琐的 CBV 描述符堆。

图 7.7 　"Land and Waves" 演示程序的效果。由于我们还未运用光照技术，所以很难看出水面的涟漪起伏。此时，按下 "1" 键以线框模式来观察场景不失为一种观看水面波动的好方法

实值函数 $y = f(x, y)$ 的图像是一个曲面。我们可以通过在 xz 平面内构造一个栅格来近似地表示这个曲面，其中的每个四边形都是由两个三角形所构成的，接下来再利用此函数计算出每个栅格点处的高度即可，如图 7.8 所示。

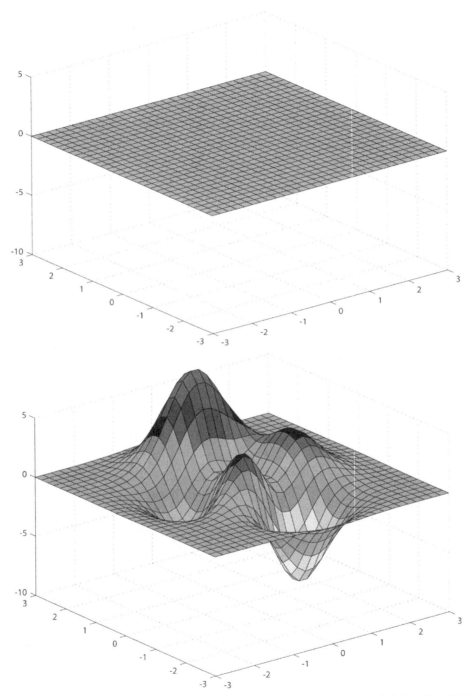

图 7.8　（上图）首先在 xz 平面内 "铺设" 一层栅格。（下图）运用函数 $f(x,z)$ 为每个栅格点获取其对应的 y 坐标。再借助 $(x, f(x,z), z)$ 诸点即可绘制出曲面的图像

7.7.1 生成栅格顶点

由以上分析可知，我们主要的任务就是来构建 *xz* 平面内的栅格。$m \times n$ 个顶点所构成的栅格具有 $(m-1) \times (n-1)$ 个四边形（或称单元格），如图 7.9 所示。每个单元格由两个三角形组成，即有共 $2 \cdot (m-1) \times (n-1)$ 个三角形。如果栅格的宽为 w 且深度为 d，则单元格在 x 轴与 z 轴方向上的间距分别为 $dx = w/(n-1)$ 与 $dz = d/(m-1)$。为了生成栅格顶点，我们从左上角开始，逐行渐进地计算顶点坐标。在 *xz* 平面中，第 i 行、第 j 列栅格顶点的坐标可以表示为：

$$\mathbf{v}_{ij} = [-0.5w + j \cdot dx, \quad 0.0, \quad 0.5d - i \cdot dz]$$

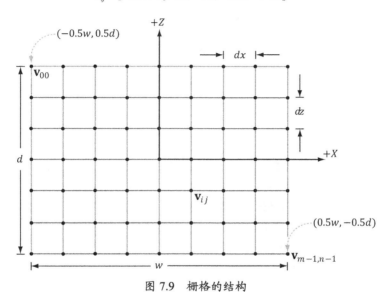

图 7.9　栅格的结构

下列代码用于生成栅格顶点：

```
GeometryGenerator::MeshData
GeometryGenerator::CreateGrid(float width, float depth, uint32 m, uint32 n)
{
  MeshData meshData;

  uint32 vertexCount = m*n;
  uint32 faceCount   = (m-1)*(n-1)*2;

  float halfWidth = 0.5f*width;
  float halfDepth = 0.5f*depth;

  float dx = width / (n-1);
  float dz = depth / (m-1);

  float du = 1.0f / (n-1);
```

```
float dv = 1.0f / (m-1);

meshData.Vertices.resize(vertexCount);
for(uint32 i = 0; i < m; ++i)
{
    float z = halfDepth - i*dz;
    for(uint32 j = 0; j < n; ++j)
    {
        float x = -halfWidth + j*dx;

        meshData.Vertices[i*n+j].Position = XMFLOAT3(x, 0.0f, z);
        meshData.Vertices[i*n+j].Normal   = XMFLOAT3(0.0f, 1.0f, 0.0f);
        meshData.Vertices[i*n+j].TangentU = XMFLOAT3(1.0f, 0.0f, 0.0f);

        // 在栅格上拉伸纹理。
        meshData.Vertices[i*n+j].TexC.x = j*du;
        meshData.Vertices[i*n+j].TexC.y = i*dv;
    }
}
```

7.7.2 生成栅格索引

完成顶点的计算之后，我们需要通过指定索引来定义栅格三角形。为此，我们再次从左上角出发，逐行遍历每个四边形，并计算索引以定义构成每个四边形的两个三角形。参考图 7.10 可以发现，对于一个规模为 $m \times n$ 顶点的栅格来说，四边形中两个三角形的线性数组索引的计算方法如下：

$$\Delta ABC = (i \cdot n + j, \quad i \cdot n + j + 1, \ (i+1) \cdot n + j)$$
$$\Delta CBD = ((i+1) \cdot n + j, \ i \cdot n + j + 1, \ (i+1) \cdot n + j + 1)$$

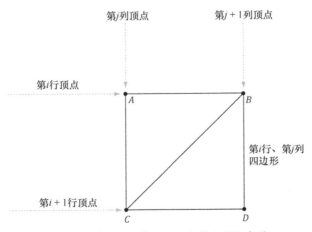

图 7.10 第 i 行、第 j 列四边形的顶点索引

相应的代码为：

```
meshData.Indices32.resize(faceCount*3); // 每个三角形面有 3 个索引

// 遍历每个四边形并计算索引
uint32 k = 0;
for(uint32 i = 0; i < m-1; ++i)
{
  for(uint32 j = 0; j < n-1; ++j)
  {
    meshData.Indices32[k]   = i*n+j;
    meshData.Indices32[k+1] = i*n+j+1;
    meshData.Indices32[k+2] = (i+1)*n+j;

    meshData.Indices32[k+3] = (i+1)*n+j;
    meshData.Indices32[k+4] = i*n+j+1;
    meshData.Indices32[k+5] = (i+1)*n+j+1;

    k += 6; // 下一个四边形
  }
}

return meshData;
}
```

7.7.3 应用计算高度的函数

待栅格创建完成后，我们就能从 MeshData 栅格中获取所需的顶点元素，根据顶点的高度（y 坐标）将平坦的栅格变为用于表现山峰起伏的曲面，并为它生成对应的颜色。

```
// 请不要与 GeometryGenerator::Vertex 结构体相混淆
struct Vertex
{
  XMFLOAT3 Pos;
  XMFLOAT4 Color;
};
void LandAndWavesApp::BuildLandGeometry()
{
  GeometryGenerator geoGen;
  GeometryGenerator::MeshData grid = geoGen.CreateGrid(160.0f, 160.0f, 50, 50);

  //
  // 获取我们所需要的顶点元素，并利用高度函数计算每个顶点的高度值
  // 另外，顶点的颜色要基于它们的高度而定
  // 所以，图像中才会有看起来如沙质的沙滩、山腰处的植被以及山峰处的积雪
  //

  std::vector<Vertex> vertices(grid.Vertices.size());
  for(size_t i = 0; i < grid.Vertices.size(); ++i)
  {
```

```
       auto& p = grid.Vertices[i].Position;
       vertices[i].Pos = p;
       vertices[i].Pos.y = GetHillsHeight(p.x, p.z);

       // 基于顶点高度为它上色
       if(vertices[i].Pos.y < -10.0f)
       {
           // 沙滩的颜色
           vertices[i].Color = XMFLOAT4(1.0f, 0.96f, 0.62f, 1.0f);
       }
       else if(vertices[i].Pos.y < 5.0f)
       {
           // 浅黄绿色
           vertices[i].Color = XMFLOAT4(0.48f, 0.77f, 0.46f, 1.0f);
       }
       else if(vertices[i].Pos.y < 12.0f)
       {
           // 深黄绿色
           vertices[i].Color = XMFLOAT4(0.1f, 0.48f, 0.19f, 1.0f);
       }
       else if(vertices[i].Pos.y < 20.0f)
       {
           // 深棕色
           vertices[i].Color = XMFLOAT4(0.45f, 0.39f, 0.34f, 1.0f);
       }
       else
       {
           // 白雪皑皑
           vertices[i].Color = XMFLOAT4(1.0f, 1.0f, 1.0f, 1.0f);
       }
   }

   const UINT vbByteSize = (UINT)vertices.size() * sizeof(Vertex);

   std::vector<std::uint16_t> indices = grid.GetIndices16();
   const UINT ibByteSize = (UINT)indices.size() * sizeof(std::uint16_t);

   auto geo = std::make_unique<MeshGeometry>();
   geo->Name = "landGeo";

   ThrowIfFailed(D3DCreateBlob(vbByteSize, &geo->VertexBufferCPU));
   CopyMemory(geo->VertexBufferCPU->GetBufferPointer(), vertices.data(),
       vbByteSize);

   ThrowIfFailed(D3DCreateBlob(ibByteSize, &geo->IndexBufferCPU));
   CopyMemory(geo->IndexBufferCPU->GetBufferPointer(), indices.data(),
       ibByteSize);

   geo->VertexBufferGPU = d3dUtil::CreateDefaultBuffer(md3dDevice.Get(),
       mCommandList.Get(), vertices.data(), vbByteSize, geo->VertexBufferUploader);
```

```
geo->IndexBufferGPU = d3dUtil::CreateDefaultBuffer(md3dDevice.Get(),
    mCommandList.Get(), indices.data(), ibByteSize,
    geo->IndexBufferUploader);

geo->VertexByteStride = sizeof(Vertex);
geo->VertexBufferByteSize = vbByteSize;
geo->IndexFormat = DXGI_FORMAT_R16_UINT;
geo->IndexBufferByteSize = ibByteSize;

SubmeshGeometry submesh;
submesh.IndexCount = (UINT)indices.size();
submesh.StartIndexLocation = 0;
submesh.BaseVertexLocation = 0;

geo->DrawArgs["grid"] = submesh;

mGeometries["landGeo"] = std::move(geo);
}
```

在此演示程序中使用的函数 $f(x, z)$ 为：

```
float LandAndWavesApp::GetHillsHeight(float x, float z)const
{
    return 0.3f*(z*sinf(0.1f*x) + x*cosf(0.1f*z));
}
```

最后得到的图像看起来就似山川地形（参见图 7.7）。

7.7.4 根常量缓冲区视图

此 "Land and Waves" 演示程序较之前 "Shape" 例程的另一个区别是：我们在前者中使用了根描述符，因此就可以摆脱描述符堆而直接绑定 CBV 了。为此，程序还要做如下改动：

1. 根签名需要变为取两个根 CBV，而不再是两个描述符表。
2. 不采用 CBV 堆，更无需向其填充描述符。
3. 涉及一种用于绑定根描述符的新语法。

新的根签名定义如下：

```
// 根参数可以是描述符表，根描述符或根常量
CD3DX12_ROOT_PARAMETER slotRootParameter[2];

// 创建根 CBV。
slotRootParameter[0].InitAsConstantBufferView(0); // 物体的 CBV
slotRootParameter[1].InitAsConstantBufferView(1); // 渲染过程 CBV

// 根签名即是一系列根参数的组合
CD3DX12_ROOT_SIGNATURE_DESC rootSigDesc(2, slotRootParameter, 0,
nullptr, D3D12_ROOT_SIGNATURE_FLAG_ALLOW_INPUT_ASSEMBLER_INPUT_LAYOUT);
```

由此可以看出，我们使用辅助方法 InitAsConstantBufferView 来创建根 CBV，并通过其参数来指定此根参数将要绑定的着色器寄存器（在上面的示例中，指定的着色器常量缓冲区寄存器分别为"b0"和"b1"）。

现在，让我们利用下列方法，以传递参数的方式将 CBV 与某个根描述符相绑定：

```
void
ID3D12GraphicsCommandList::SetGraphicsRootConstantBufferView(
  UINT RootParameterIndex,
  D3D12_GPU_VIRTUAL_ADDRESS BufferLocation);
```

1. RootParameterIndex：CBV 将要绑定到的根参数索引，即寄存器的槽位号。

2. BufferLocation：含有常量缓冲区数据资源的虚拟地址。

经过此次变化，我们的绘制代码现在看起来是这样的：

```
void LandAndWavesApp::Draw(const GameTimer& gt)
{
  [...]

  // 绑定渲染过程中所用的常量缓冲区。在每个渲染过程中，这段代码只需执行一次
  auto passCB = mCurrFrameResource->PassCB->Resource();
  mCommandList->SetGraphicsRootConstantBufferView(1, passCB->
    GetGPUVirtualAddress());

  DrawRenderItems(mCommandList.Get(), mRitemLayer[(int)RenderLayer::Opaque]);

  [...]
}

void LandAndWavesApp::DrawRenderItems(
  ID3D12GraphicsCommandList* cmdList,
  const std::vector<RenderItem*>& ritems)
{
  UINT objCBByteSize = d3dUtil::CalcConstantBufferByteSize(sizeof
    (ObjectConstants));

  auto objectCB = mCurrFrameResource->ObjectCB->Resource();

  // 对于每个渲染项来说……
  for(size_t i = 0; i < ritems.size(); ++i)
  {
    auto ri = ritems[i];

    cmdList->IASetVertexBuffers(0, 1, &ri->Geo->VertexBufferView());
    cmdList->IASetIndexBuffer(&ri->Geo->IndexBufferView());
    cmdList->IASetPrimitiveTopology(ri->PrimitiveType);

    D3D12_GPU_VIRTUAL_ADDRESS objCBAddress = objectCB->GetGPUVirtualAddress();
    objCBAddress += ri->ObjCBIndex*objCBByteSize;

    cmdList->SetGraphicsRootConstantBufferView(0, objCBAddress);
```

```
cmdList->DrawIndexedInstanced(ri->IndexCount, 1,
    ri->StartIndexLocation, ri->BaseVertexLocation, 0);
    }
}
```

7.7.5 动态顶点缓冲区

到目前为止，我们始终都将顶点数据存于默认的缓冲区资源当中，可借此存储静态几何体。这就是说，我们不能动态地改变此资源中所存的几何体——只能一次性设置好数据，再以 GPU 读取其中的数据并进行绘制。此时，一种名为动态顶点缓冲区（dynamic vertex buffer）的资源应运而生，它允许用户频繁地更改其中的顶点数据。比如说，我们可在每一帧都修改其中的顶点数据。现假设我们正在模拟波浪的运动，第一步就是要求出函数 $f(x, z, t)$ 此波浪方程的解。该函数表示的是：在 t 时刻，位于 xz 平面内每个点处的波浪高度。如果采用这个函数来绘制波浪，我们应使用之前绘制山峰和谷地时所用的三角形栅格，利用此函数 $f(x, z, t)$ 针对每个栅格点进行计算，以此求出位于每个栅格点处的波浪高度。由于该函数依赖于时间 t（即波面随时间发生变化），我们就需要在短时间内（比如说每 1/30 秒）多次调用此函数，从而获得平滑的动画效果。这样一来，我们便需要创建一个动态顶点缓冲区，随着时间的流走而更新三角形栅格顶点的高度。另一种要用到动态顶点缓冲区的情况是：需要执行复杂的物理模拟计算和碰撞检测（collision detection）的粒子系统（particle system）。在该系统中，为了找寻每个粒子的新位置，我们在每一帧都要用 CPU 进行物理模拟计算以及碰撞检测。由于粒子的位置在每一帧都会有所变化，因此，我们就需要在绘制每一帧时借助动态顶点缓冲区来更新粒子的位置。

在通过上传缓冲区来更新常量缓冲区中的数据时，我们已经接触过由 CPU 在每一帧向 GPU 上传数据的具体流程。使用之前编写的 UploadBuffer 类即可重施故技，但是这次存储的资源是顶点数组，而非常量缓冲区数组：

```
std::unique_ptr<UploadBuffer<Vertex>> WavesVB = nullptr;

WavesVB = std::make_unique<UploadBuffer<Vertex>>(
    device, waveVertCount, false);
```

由于我们在每一帧都要从 CPU 向波浪动态顶点缓冲区上传新的数据内容，所以需要将动态顶点缓冲区存为一种帧资源。若非如此，我们就有可能在 GPU 未完成最近一帧的处理之前就覆写了相关内存中的数据。

在每一帧中，我们都以下列方式来模拟波浪并更新顶点缓冲区：

```
void LandAndWavesApp::UpdateWaves(const GameTimer& gt)
{
    // 每隔 1/4 秒就要生成一个随机波浪
    static float t_base = 0.0f;
    if((mTimer.TotalTime() - t_base) >= 0.25f)
    {
        t_base += 0.25f;

        int i = MathHelper::Rand(4, mWaves->RowCount() - 5);
```

279

```
    int j = MathHelper::Rand(4, mWaves->ColumnCount() - 5);

    float r = MathHelper::RandF(0.2f, 0.5f);

    mWaves->Disturb(i, j, r);
}

// 更新模拟的波浪
mWaves->Update(gt.DeltaTime());

// 用波浪方程求出的新数据来更新波浪顶点缓冲区
auto currWavesVB = mCurrFrameResource->WavesVB.get();
for(int i = 0; i < mWaves->VertexCount(); ++i)
{
    Vertex v;

    v.Pos = mWaves->Position(i);
    v.Color = XMFLOAT4(DirectX::Colors::Blue);

    currWavesVB->CopyData(i, v);
}

// 将波浪渲染项的动态顶点缓冲区设置到当前帧的顶点缓冲区
mWavesRitem->Geo->VertexBufferGPU = currWavesVB->Resource();
}
```

注意

 我们保存了一份波浪渲染项的引用（mWavesRitem），从而可以动态地调整其顶点缓冲区。由于渲染项的顶点缓冲区是个动态的缓冲区，并且每一帧都在发生改变，因此这样做很有必要。

在使用动态缓冲区时会不可避免的产生一些开销，因为必须将新数据从 CPU 端内存回传至 GPU 端显存。这样说来，如果静态缓冲区能实现相同的工作，那么应当比动态缓冲区更受青睐。Direct3D 在最近的版本中已经引入新的特性，以减少对动态缓冲区的需求。例如：

1. 简单的动画可以在顶点着色器中实现。
2. 可以使用渲染到纹理（render to texture），或者计算着色器（compute shader）与顶点纹理拾取（vertex texture fetch）等技术来实现上述波浪模拟，而且全程皆是在 GPU 中进行的。
3. 几何着色器为 GPU 创建或销毁图元提供了支持，在几何着色器出现之前，一般用 CPU 来处理相关任务。
4. 在曲面细分阶段中可以通过 GPU 来对几何体进行镶嵌化处理，在硬件曲面细分出现之前，通常用 CPU 来处理相关任务。

我们也可以用动态缓冲区来创建索引缓冲区。然而，在 "Land and Waves" 演示程序中，由于三角形的拓扑结构保持不变，而仅修改了顶点的高度，因此只需将顶点缓冲区设置为动态缓冲区即可。

本章中的 "Land and Waves" 例程通过一个动态顶点缓冲区实现了本节开端所描述的简易波浪模拟。对于本书来说，我们并没有涉及波浪模拟的具体算法细节（对此请见[Lengyel02]），而是把重心更多地放在与动态缓冲区有关的处理流程之上：即用 CPU 来更新波浪的模拟数据，再通过上传缓冲区更新顶点数据。

注意

 再次重申：此演示程序也可以通过如渲染到纹理，或者计算着色器以及顶点纹理拾取等高级技术在 GPU 上加以实现。由于我们现在还未讲到这些主题，所以此波浪模拟程序依然要在 CPU 上运行，并借助动态顶点缓冲区来更新顶点数据。

7.8 小结

1. 在每帧中等待 GPU 处理完队列中所有命令的做法效率极低，因为这种策略在某些时刻会导致 CPU 或 GPU 处于空闲状态。一种更有效的技巧是创建**帧资源**（frame resource）——一个由每帧都需 CPU 来修改的资源所构成的环形数组。这种方法令 CPU 无需等待 GPU 结束当前的任务，即可继续处理下一帧的相关工作；对此，CPU 只需处理下一个可用的（即 GPU 没在使用中的）帧资源。如果 CPU 处理帧的速度总是快于 GPU，则 CPU 必在某些时刻等待 GPU 追赶上来，但此情景又正是我们所期盼的：不仅 GPU 的处理能力将得到充分的发挥，同时，多出来的 CPU 资源又总是可被游戏的其他部分，如 AI，物理模拟与游戏逻辑所利用。

2. 我们可以用 ID3D12DescriptorHeap::GetCPUDescriptorHandleForHeapStart 方法来获取堆中第一个描述符的句柄，通过 ID3D12Device::GetDescriptorHandleIncrementSize 方法得到描述符的大小（依赖于硬件与描述符的类型）。一旦知道了描述符增量的大小，我们就能用两种 CD3DX12_CPU_DESCRIPTOR_HANDLE::Offset 方法之一偏移至第 n 个描述符的句柄处：

```
// 指定要偏移到的描述符的编号，再将它乘以描述符的增量大小
D3D12_CPU_DESCRIPTOR_HANDLE handle = mCbvHeap->
    GetCPUDescriptorHandleForHeapStart();
handle.Offset(n * mCbvSrvDescriptorSize);

// 或者用另一种等价实现，先指定要偏移到的描述符编号，再设置描述符的增量大小
D3D12_CPU_DESCRIPTOR_HANDLE handle = mCbvHeap->
    GetCPUDescriptorHandleForHeapStart();
handle.Offset(n, mCbvSrvDescriptorSize);
```

CD3DX12_GPU_DESCRIPTOR_HANDLE 类型有着同样的偏移方法。

3. 根签名定义了在绘制调用开始之前，需要与渲染流水线相绑定的资源，以及这些资源将被映射到的具体着色器输入寄存器。绑定到流水线的具体资源要根据着色器程序来确定。在创建 PSO 后，根签名与着色器程序的组合就开始生效了。根签名由一系列根参数所构成。根参数可以是描述符表、根描述符或根常量。描述符表在堆中指定了一块描述符的连续范围。根描述符用于直接绑定根签名中的描述符（此过程无需涉及描述符堆）。而根常量则用于直接绑定根签名中的常量数据。出于性能的原因，1 个根签名中所能容纳的数据大小被限制为最多 64 DWORD。每个

描述符表占 1 DWORD，每个根描述符用 2 DWORD，而每个 32 位的根常量占用 1 DWORD。硬件会为每次绘制调用而自动保存根实参的快照。这样一来，我们就能在每次绘制调用的过程中安全地修改根实参了。但是，我们也应当尽量缩小根签名的规模，以此降低内存间数据的复制量。

4. 当顶点缓冲区的内容在运行时需要频繁更新（比如在每一帧，或每 1/30 秒就要更新一次），动态顶点缓冲区就派上了用场。我们可以使用 UploadBuffer 类来实现动态顶点缓冲区，但这次存储的是顶点数组，而非常量缓冲区数组。由于我们在每一帧都要从 CPU 向波浪动态顶点缓冲区上传新数据，所以需要将动态顶点缓冲区存为一种帧资源。在使用动态顶点缓冲区的过程中，难免会产生一些开销，这是因为新数据必将从 CPU 端内存回传至 GPU 端的显存。因此，在静态顶点缓冲区也可以胜任相同工作的情况下，它会比动态顶点缓冲区更受青睐。对此，Direct3D 的最新版本已经引进了一些新的特性，以减少动态缓冲区的使用。

7.9　练习

1. 修改 "Shapes" 例程，以 GeometryGenerator::CreateGeosphere 方法替换程序中的 GeometryGenerator::CreateSphere 方法，并分别尝试使用 0、1、2、3 这 4 种细分等级。

2. 修改 "Shapes" 演示程序，用 16 个根常量来取代描述符表，以此设置物体的世界矩阵。

3. 在本书配套资源中，有一个名为 Models/Skull.txt 的文件。此文件含有渲染图 7.11 中骷髅头所需的顶点列表和索引列表。通过使用像记事本[①]这样的文本编辑器来查阅此文件，并修改 "Shapes" 演示程序来加载和渲染此骷髅头网格。

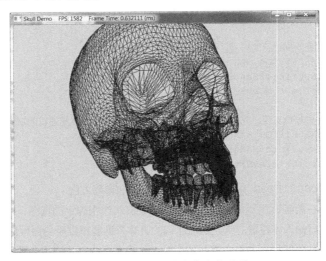

图 7.11　练习 4 的渲染输出效果

---

① 对这种大数据文件感兴趣的话，最好不要用记事本，上兆的文本开起来要花若干秒。推荐尝试 sublime，或直接在 VS 里开启。

第**8**章

光照

我们先来考虑图 8.1，其中左侧是不受光照的球体，右侧是受到光照的球体。正如我们所见，左侧的球体看起来过于扁平——似乎完全不像是一个球体，而仅是一个 2D 圆片。而右侧的球体则看起来是颇具立体效果——光照（lighting）和阴影（shading）不仅使我们感受到目标物体的实体形状，还展现出了它的体积感。事实上，我们在视觉上对世界的感知依靠的是光照及其与材质（material）的交互。因此，在生成逼真场景的众多问题之中，首先要解决的就是遵循自然规律实现精确的光照模型（lighting model）。

当然，一般来讲，模型越精确则相应的计算代价也就越高昂。这就需要我们在效果的真实性与执行速度上进行权衡。例如，对于电影的 3D 特效场景而言，可以采用比游戏更复杂、更真实的光照模型，这是因为电影的每一帧都有预渲染处理流程，所以工作者可以用几小时乃至几天的时间来处理 1 帧画面。相对来讲，游戏是一种实时（real-time）应用程序，因此每秒至少有 30 帧的画面需要绘制。

注意，本书对光照模型的讲解与实现，大部分是基于[Möller08]中的描述。

图 8.1　球体在有无光照情形下的比较
（a）不受光照的球体看起来像是 2D 的圆形
（b）受光照射的球体看上去具有立体感

学习目标：

1. 对光照与材质的交互有基本的理解。
2. 了解局部光照与全局光照之间的差异。
3. 探究如何用数学来描述位于物体表面上某点的"朝向"，以此来确定入射光照射到表面的角度。
4. 学习如何正确地变换法向量。
5. 能够区分环境光、漫反射光以及镜面光。
6. 学习如何实现平行光、点光以及聚光灯这 3 种光源。
7. 理解如何通过控制距离函数的衰减参数来实现各种不同的光照强度。

8.1　光照与材质的交互

在开启光照的同时，我们不再直接指出顶点的颜色，而是指定材质与光照，再运用光照方程（lighting equation）基于两者的交互来计算顶点颜色。这样做会使物体的颜色更趋于真实（可再次比较图 8.1a 与

图 8.1b 之间的天壤之别）。

　　我们可以把材质看作是确定光照与物体表面如何进行交互的属性集。此属性集中的属性有：表面反射光和吸收光的颜色、表面下材质的折射率、表面的光滑度以及表面的透明度。通过指定材质属性，我们就能为真实世界中如木材、石头、玻璃、金属以及水等不同种类的物质表面进行建模。

　　在我们所建的模型中，光源可以发出各种强度（intensity）的红、绿、蓝三色混合光。通过这种方式，我们就能模拟出多种多样的光源颜色。当光线从光源发出向外传播并触碰到某个物体时，一部分光线可能会被吸收，而另一部分光线则将被反射（对于玻璃这类透明的物体来说，部分光线能够透过介质（medium，也作媒质），但我们暂不考虑这种情况）。被反射的光线会沿着它的新路径传播，并有可能再次碰到其他物体，发生二次吸收与反射。因此，还会发生这样一种情况，那就是在光线在碰到足够多的物体后被完全吸收了。而一些剩余的光线最终可能会传入观察者的眼中（见图 8.2）并照射到视网膜上的感光细胞（视锥细胞与视杆细胞的统称）。

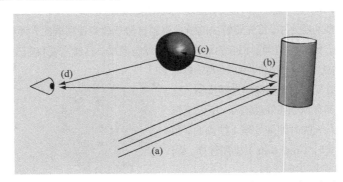

图 8.2　（a）白色的入射光　（b）光线触碰到圆柱体，一部分被吸收，其他部分则散射到观察者的眼中或球体上　（c）从圆柱体反射出的光线或被球体吸收，或被球体再次反射，或直接传播至观察者的眼中　（d）观察者眼中所接收到的入射光决定了他所看到的内容

　　根据**三色论**（trichromatic theory，又称三色说等，参见[Santrock03]），视网膜含有 3 种光受体，分别对于红、绿和蓝三色光敏感（有部分重叠）。RGB 入射光刺激其相应的光受体，基于光线的强度而产生不同程度的刺激。光受体受到刺激（或没有受到刺激）将神经冲动沿着视神经传至大脑，而大脑再根据光受体所受到的刺激在观察者的头脑中生成相应的画面（当然，如果我们合眼或将眼部遮盖，则受体细胞便不会受到刺激，大脑此时辨识的只有黑色）。

　　举个例子吧，再次观察图 8.2 并思考这样一种情况：假设光源发出的是纯白色的光。圆柱体反射 75% 的红光、75% 的绿光，并吸收了其余的光。而球体反射了 25% 的红光，并吸收了其余的光。由于光线照射到圆柱体时，所有的蓝光被吸收，只有 75% 的红光和绿光被反射出去（即中高强度的黄色光线）。这些光将发生散射（scatter）现象———部分射入观察者眼内，一部分朝着球体传播。射入眼中的那部分光线主要刺激红色与绿色的视锥细胞使之较为兴奋，因此观察者会看到呈半光亮（semi-bright）黄色的圆柱体。就在此时，其他部分光线将继续传播到球体并与之触碰。球体反射 25% 的红光并吸收其余光线，因此，这些强度本已变弱的入射红光（中高强度红色）将被进一步减弱并反射，而所有的入射绿光则皆被吸收。这些剩余的红光会射入观察者眼中，主要刺激红色视锥细胞，由于刺激不强，产生的兴奋程度并不高，因此观察者会看到着色为暗红色的球体。

在本书中（以及大多数实时应用程序）所采用的光照模型均为**局部光照模型**（local illumination model）。若使用这种局部模型，则每个物体的光照皆独立于其他物体，我们也就可以在处理光照的过程中仅考虑光源直接发出的光线（即在处理当前的物体光照时，忽略来自场景中其他物体所反弹来的光）。图 8.3 展示了此模型的效果。

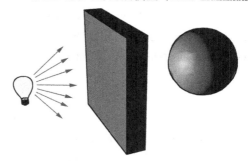

谈及**全局光照模型**（global illumination model），除了要考虑由光源直接发出的光，还要顾及场景中其他物体所反弹来的间接光照。之所以称为全局光照模型，是因为在对一个物体进行照明时，还要考虑全局场景中的所有事物。全局光照模型的开销通常是实时游戏所负担不起的（但是这种模型会生成十分接近于照片级真实感的场景）。接近于全局光照的实时方法尚处于研究阶段。例如，立体像素全局光照（voxel

图 8.3　从正常的物理角度来说，图中的这堵墙挡住了电灯泡所发出光线的去路，而球体则会生活在墙壁的阴影之下。但是在局部光照模型中，这个球体却受到了光的照射，似乎这堵墙就不曾存在过

global illumination）技术（可参见文献《Practical Real-Time Voxel-Based Global Illumination for Current GPUs》）。另一种流行的方法是预计算静态物体（如墙壁、塑像）的间接光照，再用得到的结果来近似地模拟动态物体（如可运动游戏角色）的间接光照。

8.2　法向量

平面法线（face normal，由于在计算机几何学中法线是有方向的向量，所以也有将 normal 译作**法向量**）是一种描述多边形朝向（即正交于多边形上所有点）的单位向量，如图 8.4a 所示。**曲面法线**（surface normal）是一种垂直于曲面上一点处切平面（有文献强调还要满足曲面法线经过该点这一条件）的单位向量，如图 8.4b 所示。根据曲面法线即可确定对应曲面上某点的"朝向"。

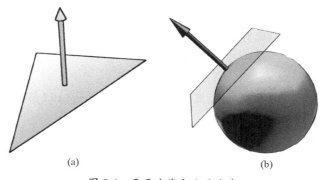

(a)　　　　　　　　　　　　　(b)

图 8.4　平面法线和曲面法线

（a）平面法线正交于对应平面上的所有点　（b）曲面法线是垂直于曲面上某点处切平面的单位向量

对于光照计算来说，我们需要通过三角形网格曲面上每一点处的曲面法线来确定光线照到对应点上的角度。为了求出曲面法线，我们仅先指定位于网格顶点处的曲面法线（所以也将之称作**顶点法线**，vertex normal）。接下来，为取得三角形网格曲面上每个点处的近似曲面法线，在三角形进行光栅化的过程中对这些顶点法线进行插值计算（参见图 8.5，并回顾 5.10.3 节）。

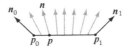

图 8.5　n_0 与 n_1 分别是定义在线段端点 p_0、p_1 处的顶点法线。n 是经此线段端点向量插值
（加权平均值）所得到的点 p 处的法向量。即 $n = n_0 + t(n_1 - n_0)$，这里的 t 满足
$p = p_0 + t(p_1 - p_0)$。尽管我们出于简单而仅介绍了线段的法线插值，但这个方法
可以直接推广到 3D 三角形的情景之中

注意

我们把对每个像素逐一进行法线插值并执行光照计算的方法称为**逐像素光照**（per pixel lighting）或 **phong 光照模型**（phong lighting）。而前文所介绍的则是针对每个顶点逐一进行光照计算的**逐顶点光照**（per vertex lighting）模型，开销虽低但精度也低。接下来，顶点着色器将输出每个顶点光照的计算结果，此时再对三角形中的像素进行插值。将运算作业从像素着色器移至顶点着色器是一种常见的性能优化手段。在以质量为重但又允许结果存在少许视觉偏差的情况下，这种优化方法极具吸引力。

8.2.1　计算法向量

为了找到三角形 $\Delta p_0 p_1 p_2$ 的平面法线，我们首先计算位于三角形边上的两个向量：

$$u = p_1 - p_0$$
$$v = p_2 - p_0$$

那么，此三角形的平面法线即为：

$$n = \frac{u \times v}{\|u \times v\|}$$

下列函数将根据三角形的 3 个顶点来计算该三角形正面的（详见 5.10.2 节）平面法线：

```
XMVECTOR ComputeNormal(FXMVECTOR p0,
        FXMVECTOR p1,
        FXMVECTOR p2)
{
  XMVECTOR u = p1 - p0;
  XMVECTOR v = p2 - p0;

  return XMVector3Normalize(
```

```
    XMVector3Cross(u,v));
}
```

对于可微的光滑曲面而言，我们可以利用微积分方面的知识来求出曲面点处的法线。但问题在于，三角形网格运用一种被称为**求顶点法线平均值**（vertex normal averaging）的计算方法。此方法通过对网格中共享顶点 *v* 的多边形的平面法线求取平均值，从而获得网格中任意顶点 *v* 处的顶点法线 *n*。例如，在图 8.6 中，网格中的四个多边形共用顶点 *v*，因此，*v* 处的顶点法线求法如下：

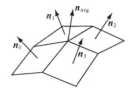

图 8.6 位于中间的顶点被四个多边形所共用，所以可通过计算这 4 个多边形平面法线的平均值来求取中间顶点处的近似法线

$$n_{\text{avg}} = \frac{n_0 + n_1 + n_2 + n_3}{\|n_0 + n_1 + n_2 + n_3\|}$$

在上面这个例子中，由于我们对求和的结果已进行了规范化处理，因此便无需像往常求算术平均值那样再除以 4。注意，为了得到更为精准的结果，我们还可以采用更加复杂的求平均值方法，比如说，根据多边形的面积来确定权重（如面积大的多边形的权重要大于面积小的多边形），以求取加权平均值。

下列伪代码展示了若给定三角形网格的顶点列表和索引列表，该如何来求取相应的法线平均值。

```
// 输入
// 1. 一个顶点数组（mVertices）。每个顶点都有一个位置分量（pos）和一个法线分量（normal）
// 2. 一个索引数组（mIndices）
// 对于网格中的每个三角形来说
for(UINT i = 0; i < mNumTriangles; ++i)
{
  // 第 i 个三角形的索引
  UINT i0 = mIndices[i*3+0];
  UINT i1 = mIndices[i*3+1];
  UINT i2 = mIndices[i*3+2];

  // 第 i 个三角形的顶点
  Vertex v0 = mVertices[i0];
  Vertex v1 = mVertices[i1];
  Vertex v2 = mVertices[i2];

  // 计算平面法线
  Vector3 e0 = v1.pos - v0.pos;
  Vector3 e1 = v2.pos - v0.pos;
  Vector3 faceNormal = Cross(e0, e1);

  // 该三角形共享了下面 3 个顶点，所以将此平面法线与这些顶点法线相加以求平均值
  mVertices[i0].normal += faceNormal;
  mVertices[i1].normal += faceNormal;
  mVertices[i2].normal += faceNormal;
}

// 对于每个顶点 v 来说，由于我们已经对所有共享顶点 v 的三角形的平面法线进行求和，所以现在仅需进行
// 规范化处理即可
```

```
for(UINT i = 0; i < mNumVertices; ++i)
  mVertices[i].normal = Normalize(&mVertices[i].normal));
```

8.2.2　变换法向量

思考图 8.7a。图中，切向量（tangent vector）$u = v_1 - v_0$ 正交于法向量（normal vector）n。如果对此应用一个非等比缩放变换 A，则可从图 8.7b 看到，变换后的切向量 $uA = v_1A - v_0A$ 没能与变换后的法向量 nA 继续保持正交性。

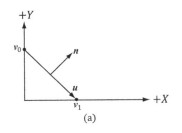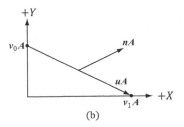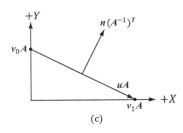

图 8.7　切向量与法向量的变换

（a）切向量与法向量在变换前的正交关系　（b）经过在 x 轴正方向放大两倍的处理后，法向量不再与切向量保持正交关系　（c）通过对法向量进行图 b 中缩放变换的逆转置矩阵运算后，法向量与切向量重归正交关系

所以，我们现在所面对的问题是，若给定一个用于变换点与向量（非法线）的变换矩阵 A，如何能够求出这样一个变换矩阵 B：通过它来变换法向量，使经矩阵 A 变换后的切向量与法向量重归正交的关系（即 $uA \cdot nB = 0$）。为此，我们首先从已知的信息着手，如果法向量 n 正交于切向量 u，则有：

$u \cdot n = 0$	切向量正交于法向量
$un^T = 0$	将点积改写为矩阵乘法
$u(AA^{-1})n^T = 0$	插入单位矩阵 $I = AA^{-1}$
$(uA)(A^{-1}n^T) = 0$	根据矩阵乘法运算的结合律
$(uA)((A^{-1}n^T)^T)^T = 0$	根据转置矩阵的性质 $(A^T)^T = A$
$(uA)(n(A^{-1})^T)^T = 0$	根据转置矩阵的性质 $(AB)^T = B^TA^T$
$uA \cdot n(A^{-1})^T = 0$	将矩阵乘法改写为点积的形式
$uA \cdot nB = 0$	变换后的切向量正交于变换后的法向量

因此，通过 $B = (A^{-1})^T$（矩阵 A 的逆转置矩阵）对法向量进行变换后，即可使它垂直于经矩阵 A 变换后的切向量 uA。

注意，如果矩阵 A 是正交矩阵（即满足 $A^T = A^{-1}$），那么 $B = (A^{-1})^T = (A^T)^T = A$。也就是说，在这种情况下我们无需再计算它的逆转置矩阵，因为利用正交矩阵 A 自身即可实现这一变换。总而言之，当我们需要对经过非等比变换或剪切变换（shear transformation，也有译作切变转变等）后的法向量进行变换时，则可使用逆转置矩阵。

我们在头文件 **MathHelper.h** 中为计算逆转置矩阵实现了一个辅助函数：

```
static XMMATRIX InverseTranspose(CXMMATRIX M)
{
  XMMATRIX A = M;
  A.r[3] = XMVectorSet(0.0f, 0.0f, 0.0f, 1.0f);

  XMVECTOR det = XMMatrixDeterminant(A);
  return XMMatrixTranspose(XMMatrixInverse(&det, A));
}
```

在通过逆转置矩阵对向量进行变换时，我们可以将向量变换矩阵中与平移操作有关的项清零，而只允许点类才有平移变换。然而，从 3.2.1 节中可知，（在使用齐次坐标的情况下）将向量的第 4 个分量设置为 $w = 0$，就可以防止向量因平移操作而受到影响。从这个角度来讲，我们便无须为矩阵中的平移项置零。但问题在于，如果我们希望连接逆转置矩阵以及另一个不含非等比缩放的矩阵，如观察矩阵 $(\boldsymbol{A}^{-1})^{\mathrm{T}}\boldsymbol{V}$，那么，$(\boldsymbol{A}^{-1})^{\mathrm{T}}$ 中经转置后的第 4 列平移项将"渗入"最终的乘积矩阵，从而导致错误的计算结果。就此而言，我们对矩阵中的平移项置零是避免这个错误的预防措施。而变换法线所采用的正确公式实则为 $((\boldsymbol{A}\boldsymbol{V})^{-1})^{\mathrm{T}}$。下面是一个缩放与平移矩阵的示例，可以看出，经过逆转置变换后，矩阵的第 4 列并不是 $[0, 0, 0, 1]^{\mathrm{T}}$：

$$\boldsymbol{A} = \begin{bmatrix} 1 & 0 & 0 & 0 \\ 0 & 0.5 & 0 & 0 \\ 0 & 0 & 0.5 & 0 \\ 1 & 1 & 1 & 1 \end{bmatrix}$$

$$\left(\boldsymbol{A}^{-1}\right)^{\mathrm{T}} = \begin{bmatrix} 1 & 0 & 0 & -1 \\ 0 & 2 & 0 & -2 \\ 0 & 0 & 2 & -2 \\ 0 & 0 & 0 & 1 \end{bmatrix}$$

注意

尽管运用了逆转置变换，但法向量仍可能会失去其单位长度。所以在变换完成后，可能需对它再次进行规范化处理。

8.3　参与光照计算的一些关键向量

在本节中，我们要介绍一些在光照计算中起重要作用的向量。如图 8.8 所示，$\boldsymbol{E}$ 是观察者的观察位置，我们现在来考察：在观察点 $\boldsymbol{p}$ 处沿着单位向量 $\boldsymbol{v}$ 所定义的视线来进行观察的过程。位于表面的点 $\boldsymbol{p}$ 处有法线 $\boldsymbol{n}$，光线由入射方向 $\boldsymbol{I}$ 照射到点 $\boldsymbol{p}$。**光向量**（light vector）$\boldsymbol{L}$ 为单位向量，其所指方向与照射到表面上点 $\boldsymbol{p}$ 处入射光线 $\boldsymbol{I}$ 的方向刚好相反。尽管在工作中使用光的入射方向 $\boldsymbol{I}$ 可能更为直观，但是为了进行光照计算，我们还是采用光向量 L。对于朗伯余弦定律（详见 8.4 小节）而言，向量 L 用于计算 $L \cdot n = \cos\theta_i$，其中的 $\cos\theta_i$ 是光向量 L 与法向量 n 之间的夹角。反射向量 r 是入射光向量 L 关于表面法线 n 的镜像。**观察向量**（view vector，或 to-eye vector）$v = \text{normalize}(E - p)$[①]是从表面上的点 p 到观察点 E 方向上的单位向量，它定义了由观察点向表面点观察的视线。我们有时还要用到向量 $-v$，它是我们所要计算的由观察点到表面点这条光线路径上的单位向量。

反射向量的定义为 $r = I - 2(n \cdot I)n$，如图 8.9 所示（这里假设 n 为单位向量）。然而，我们在着色器中实际上是利用内置函数 reflect 来计算 r 的。

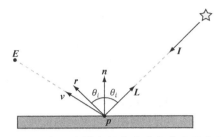
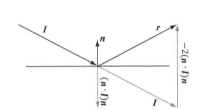

图 8.8　光照计算中所需要的各种重要向量　　　　图 8.9　光线的反射示意图

8.4　朗伯余弦定律

我们可以将光看作是光子的集合，在空间中按特定的方向传播。每个光子都载有（光）能量。光源每秒发出的（光）能量称为**辐射通量**（radiant flux）。而单位面积上的辐射通量密度（irradiance，称为**辐（射）照度**）是一种很重要的概念，因为我们将用它来确定表面某区域所接收到的光量（即眼睛感受到的明亮度）。一般来讲，我们可以认为辐照度是照射到表面某区域的光量，或者是通过空间中某假想区域的光量。

光线垂直照射到表面（即光向量 L 与法向量 n 相等时）的强度要大于以某个角度照射到表面的强度。试想有一小束辐射通量为 P 且横截面面积为 A_1 的光束。如果将此光束正向垂直打向表面（见图 8.10a），则光束照射到表面上的面积为 A_1，而 A_1 内的辐照度为 $E_1 = P/A_1$。现假设转动光源，使光束以某个入射角度照射到表面上（如图 8.10b），则光束将覆于表面上的更大面积 A_2。此时，该面积的辐照度为 $E_2 = P/A_2$。根据三角学可知，A_1 及 A_2 的关系为：

$$\cos\theta = \frac{A_1}{A_2} \Rightarrow \frac{1}{A_2} = \frac{\cos\theta}{A_1}$$

所以，

$$E_2 = \frac{P}{A_2} = \frac{P}{A_1}\cos\theta = E_1\cos\theta = E_1(n \cdot L)$$

换句话说，面积 A_2 内的辐照度就相当于将受垂直方向光照的面积 A_1 内的辐照度按比例 $n \cdot L = \cos\theta$ 进行缩放。这就是传说中的**朗伯余弦定律**（Lambert's Cosine Law）。考虑到光线照射到表面另一侧的情况（此

---

① normalize 即规范化之意。在代码中与之对应的是 HLSL 中的内置规范化函数 normalize。

时，点积的结果为负值），我们用 max 函数来钳制[①] "缩放因子" 的取值范围：

$$f(\theta) = \max(\cos\theta, 0) = \max(L \cdot n, 0)$$

图 8.11 所示的是函数 $f(\theta)$ 的图像。观察可知，随着变量 θ 的变化，函数的值域范围为 0.0~1.0（即光照强度的变化范围为 0%~100%）。

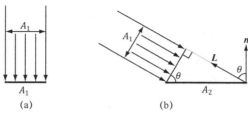

图 8.10　照射方向的对比

（a）横截面面积为 A_1 的光束垂直照射到表面　　（b）将横截面面积为 A_1 的光束以某角度
照射到表面上的最大面积为 A_2，因此等量光能将扩散到更大的面积上，
继而导致照射到物体表面的光束看起来 "偏暗"

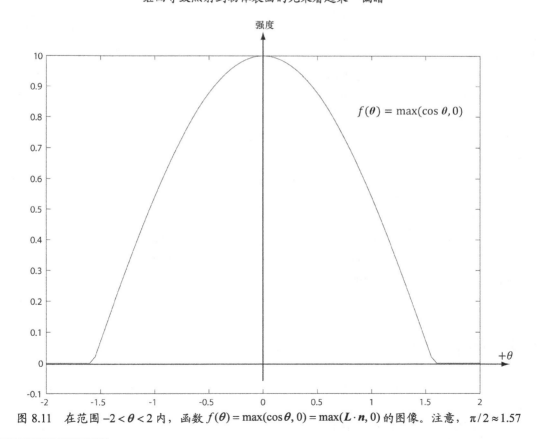

图 8.11　在范围 $-2 < \theta < 2$ 内，函数 $f(\theta) = \max(\cos\theta, 0) = \max(L \cdot n, 0)$ 的图像。注意，$\pi/2 \approx 1.57$

---

① 即 clamp，该词常用于电子学中，此处引申为将某值限制特定范围之内，也有译作截断。

8.5　漫反射光照

考虑图 8.12 所示的不透明物体的表面。当光线照射到表面上的某一点时，一部分光会进入物体的内部，并与表面附近的物质相互作用。这些光会在物体内部四处反弹，其中一部分会被吸收，而余下部分则会向各个方向散射并返回表面，这即是所谓的**漫反射**（diffuse reflection）。为了方便，我们假设光在入射点处发生散射。光的吸收和散射程度与物体的材质密切相关，例如，木材、泥土、砖块、瓦片与灰泥所吸收与散射的光量是不同的（这也正是为什么不同材看起来各不相同的原因）。在所用的这种光照与材质交互的近似模型之中，我们规定光线会在表面的所有方向上均匀散射，因此，无论在哪个观察点（眼睛观看的位置）进行观察，反射光都会进入观察者的眼中。所以，我们无须考虑观察点的具体位置（即漫反射光照的计算与观察点无关），而表面点上的颜色在任何观察点上看来也都是相同的。

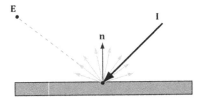

图 8.12　当入射光照射到一个漫反射面时便会向各个方向均匀散射。光线进入介质的内部后，便会在其表面下发生散射。一部分光将被物体吸收，而剩余部分则会散射回物体的表面。由于表面下的散射模型过于复杂，我们便假设光在入射点处均匀的散射向表面外的各个方向

我们将漫反射光照的计算分为两个部分。在第一部分中，我们要指定光照颜色以及**漫反射反照率**（diffuse albedo）颜色。漫反射反照率表示的是根据表面的**漫反射率**（diffuse reflectance，也译作漫反射比）而被反射的入射光量（根据能量守恒定律，入射光不是被反射回表面就是被材质吸收了）[1]。要对它们进行处理就需用分量式颜色乘法（因为光是具有颜色的）。例如，假设表面上一点会反射 50% 的入射红光、100% 的绿光以及 75% 的蓝光，如果这时有一束强度为 80% 的白光袭来，那么此入射光的量值就可以表示为 $B_L = (0.8, 0.8, 0.8)$，又因为漫反射反照率为 $m_d = (0.5, 1.0, 0.75)$，所以此点的反射光量为：

$$c_d = B_L \otimes m_d = (0.8, 0.8, 0.8) \otimes (0.5, 1.0, 0.75) = (0.4, 0.8, 0.6)$$

可以发现，漫反射反照率分量的取值范围必定在 0.0～1.0 之间，因此我们用小数来表示反射光。

然而，上述公式并非十分准确，我们还需将朗伯余弦定律（根据表面法线与光向量之间的夹角来控制表面接收原始光照的量）考虑在内。设 B_L 表示入射光量，m_d 为漫反射反照率，L 为光向量，而 n 为表面法线，则位于表面上某点处的漫反射光量为：

$$c_d = \max(L \cdot n, 0) \cdot B_L \otimes m_d \tag{8.1}$$

8.6　环境光照

如前文所述，我们的光照模型并没有考虑到场景中其他物体反射来的间接光照。事实上，我们在真实

---

[1] 要计算出真实的光照效果，要以现实世界中的物理为基础展开讨论。光具有波粒二象性，因而可由此展开。根据文中的所用词汇可知（**辐射通量**），本书是以辐（射）度学的角度来阐述光照的。就像其他表示光量的因素一样，漫反射反照率最终反映的其实是种颜色，并在程序中以一个计算项的身份参与光照的计算。而计算光照也就是计算最终显示出来的颜色。

世界中所看到的多是间接光。例如，屋内的光源并没有路径可以直接照入连接房间的走廊，但是光线经过室内墙壁的反射并射入走廊，使它有了些许光亮。再来看另一个示例，假设我们正坐在一间设有一个光源的屋子里，房内的桌上还放有一个茶壶。虽然茶壶只有一侧被光源直接照射，但它的另一侧却不可能完全被笼罩在漆黑的阴影当中。这是因为一部分光经墙壁或室内的其他物体反射，而最终照射到茶壶的背面。

为了处理这种间接光照，我们给光照方程引进了一个**环境光**（ambient light）项：

$$c_a = A_L \otimes m_d \tag{8.2}$$

颜色 A_L 指定了表面收到的间接（环境）光量，它可能与光源发出的光量不同，因为光源发射的光在其他表面反射的时候会被吸收一部分。漫反射反射率 m_d 指示了根据表面漫反射率而被表面反射的入射光量。同时，我们也借用此值来表明被表面反射的入射环境光量。也就是说，对于环境光照而言，我们其实是在围绕间接（环境）光照的漫反射率进行建模。所有的环境光都是以统一的亮度将物体稍稍照亮——而完全没有按真实的物理效果进行计算。这个模型的总体思路是：间接光照在场景中会发生多次的散射与反射，并会在所有方向上均等的射向目标物体。

8.7 镜面光照

我们此前用漫反射光照来模拟漫反射的过程：光进入介质，发生反射，部分光被吸收，而剩下的光则向介质外的各个方向散射。第二种反射的发生是根据一种名为**菲涅耳效应**（Fresnel effect，也译作菲涅尔效应）的物理现象。当光线到达两种不同**折射率**（index of refraction）介质之间的界面时，一部分光将被反射，而剩下的光则发生**折射**（refract），这个过程可参考图 8.13。折射率是一种介质的物理性质，即光在真空中传播的速度与光在给定介质内的传播速度之比。我们将第二种光的反射过程称为**镜面反射**（specular reflection），把被反射的光称为**镜面（反射）光**（specular light），如图 8.14a 所示。

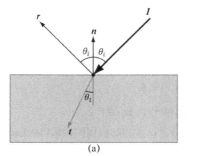
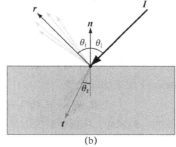

图 8.13 镜面光照

（a）具有法线 n 的完全光滑平整的镜面（即理想镜面）所呈现的菲涅耳效应。入射光 I 抵达表面后分为两个部分进行传播，一部分按反射方向 r 发生反射，剩余部分则以折射方向 t 折射入介质。所有这些向量都位于同一平面内。反射向量 r 与法线 n 之间的夹角总保持为 θ_i，而且光向量 $L = -I$ 与法线 n 之间的夹角也同为 θ_i。至于折射向量 t 与 $-n$ 之间的夹角 θ_t，则取决于两种介质间的折射率以及**斯涅尔折射定律**（Snell's Law）（b）事实上，大多数的物体并不是完全光滑平整的理想镜面，而是在微观上具有一定的粗糙度。这就导致了反射光与折射光分别关于反射向量与折射向量产生一些扩散

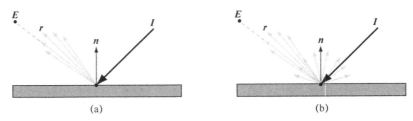

图 8.14　粗糙表面的镜面光照

（a）粗糙表面的镜面光会在向量 *r* 的附近发生些许扩散　（b）射入
观察者眼中的反射光实为镜面反射和漫反射的组合效果

如果折射光沿折射向量从介质的另一侧射出，并进入观察者的眼中，则该物体看起来就像是透明的。即光通过了透明的物体。在实时的图像处理中，一般用 alpha 混合技术或后期处理特效来模拟透明对象的折射过程，有关内容在本书后面会有相应的讲解。现在，我们只考虑不透明的物体。

对于不透明物体而言，折射光进入介质并根据漫反射率发生漫反射。所以通过对图 8.14b 中不透明物体的观察可以看出，从表面反射和进入眼睛的光量是由物体的（漫）反射光和镜面光所构成的。与漫反射光相比，镜面光可能并不会射入观察者的眼内，因为其反射只发生在某一特定角度。也就是说，镜面光照的计算与观察点有关。同时，这就意味着随着观察位置在场景中的移动，它所收到的镜面光量也将随之发生改变。

8.7.1　菲涅耳效应

我们来考虑一个具有法线 *n* 的平滑界面，它将两种不同折射率的介质分隔开来。由于在界面处具有折射率不连续性（因不同介质的折射率差异所导致），当光线照射到界面时，一部分会被界面反射，另一部分则折射进界面（见图 8.13）。**菲涅耳方程**（Fresnel equations）以数学方法描述了入射光线被反射的百分比，即 $0 \leqslant R_F \leqslant 1$。根据能量守恒定律，如果 R_F 是反射光量，则 $(1 - R_F)$ 为折射光量。R_F 的值是一个 RGB 向量，因为光的颜色反映了反射光量。

反射的光量既依赖于介质（某些材质的反射率相对更大），也与法向量 *n* 与光向量 *L* 之间的夹角 θ_i 有关。由于光照过程的复杂性，我们一般不会将完整的菲涅耳方程用于实时渲染，而是采用**石里克近似**（Schlick approximation）法来加以代替：

$$R_F(\theta_i) = R_F(0°) + (1 - R_F(0°))(1 - \cos\theta_i)^5$$

$R_F(0°)$ 是介质的一种属性，下面所列的即是一些常见材质的对应属性数值[Möller08]。

介质	$R_F(0°)$
水	(0.02, 0.02, 0.02)
玻璃	(0.08, 0.08, 0.08)
塑料	(0.05, 0.05, 0.05)
金	(1.0, 0.71, 0.29)
银	(0.95, 0.93, 0.88)
铜	(0.95, 0.64, 0.54)

图 8.15 所示的是 3 种具有不同 $R_F(0°)$ 属性值材质的石里克近似曲线图。此图的观察要点在于反射光量随着 $\theta_i \to 90°$ 增加而递增的过程。我们来看一个现实世界中的例子，思考图 8.16，现假设我们正置身于一个水质相对清澈、深达数英尺的小池塘里。若向下俯视，我们基本可以清楚地看到其底部沉积的沙石。这是由于有从周围环境中照射到池水的光以接近于 0.0° 的小角度 θ_i 反射进我们的眼睛而造成的；如此一来，反射到我们眼中的光量相对较低，又根据能量守恒定律可知，此时的折射光量却很高。现在来换个观察角度，如果我们向稍远处望去，将会看到池水极强的反射光。这是因为有从周围环境中射向水的光以接近 90.0° 的角度 θ_i 反射进我们的眼中，从而增加了反射光量。这种现象通常称为**菲涅耳效应**（Fresnel effect）。可以将菲涅耳效应简洁地概括为：**反射光量取决于材质（$R_F(0°)$）以及法线与光向量之间的夹角。**

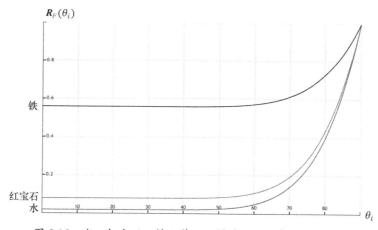

图 8.15 水、红宝石、铁 3 种不同材质的石里克近似曲线图

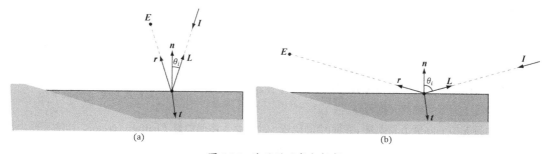

图 8.16 池面的反射与折射

（a）俯视池底的时候，由于光向量 L 与法线 n 之间的夹角极小，因此反射光量低而折射光量高   （b）从远处向池水瞭望时，因为光向量 L 与法线 n 之间的夹角过大，从而导致反射光量高而折射光量低

金属会吸收透射光（transmitted light）[Möller08]，这意味着它们不具有本体反射率（body reflectance，也有译作体反射，或体漫反射等）。虽然如此，但金属并不会看上去表现为纯黑色，因为它们的 $R_F(0°)$ 值较高，也就是说，就算是在接近于 0° 这样的极小入射角度上，它们也能反射可观的镜面光量。

8.7.2　表面粗糙度

真实世界中的反射物体往往不是理想镜面（perfect mirror）。尽管一个物体的表面看起来似乎十分平滑，但从微观水平上看，它还是具有一定的**粗糙度**（roughness）。如图 8.17 所示，我们可以认为理想镜面的粗糙度为 0，它的微观表面法线（micro-normal，或作微表面法线）都与宏观表面法线（macro-normal，或作宏表面法线）的方向相同。随着粗糙度的增加，微观表面法线的方向开始纷纷偏离宏观表面法线，由此反射光逐渐扩展为一个**镜面瓣**（specular lobe）。

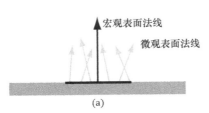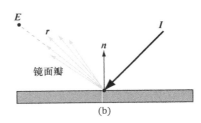

图 8.17　图 a 中，黑色的水平线条表示被放大的小面元（small surface element）。从微观角度来看，由于在此层级的表面上具有一定的粗糙度，因此许多微观表面法线各指向不同的方向。若表面愈平滑，便会有更多的微观表面法线愈发平行于宏观表面法线；而表面越粗糙，则会有更多的微观表面法线越发偏离于宏观表面法线。图 b 中，粗糙度令镜面反射光扩散开来，镜面反射光的范围称为镜面瓣。一般来讲，镜面瓣的形状将根据建模所用的表面材质种类而各不相同

为了用数学方法对粗糙度进行建模，我们采用了**微平面**（microfacet，也作微表面）模型。在此模型中，我们将微观表面模拟为由多个既微小又平滑的微平面所构成的集合；而微观表面法线正是这些微平面上的法线。针对指定的观察单位向量 v 以及光向量 L，我们需要了解由 L 向 v 反射的所有微平面片段的分布情况；换言之，即法线为 $h = \mathrm{normalize}(L + v)$ 这种微平面片段在所有微平面中所占比例，如图 8.18 所示。这样一来，就可以确定有多少光通过镜面反射的方式，以此路径进入到观察者的眼中——发生由 L 到 v 反射过程的微平面越多，则观察者在此角度上看到的镜面光越明亮。

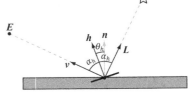

图 8.18　以 h 为法线，光从 L 反射至 v 的微平面

由于向量 h 位列向量 L 与向量 v 间的中间位置，故称之为**中间向量**（halfway vector，也有译作中途向量、半角向量等）。此外，还要再引进一个中间向量 h 与宏观表面法线 n 之间的夹角 θ_h。

我们定义归一化分布函数 $\rho(\theta_h) \in [0, 1]$，用来表示微观表面法线 h 与宏观表面法线 n 之间夹角为 θ_h 的微平面的分布情况。从直观上来讲，我们希望函数 $\rho(\theta_h)$ 在 $\theta_h = 0°$ 时取得最大值。也就是说，我们希望微平面法线都平行于宏观表面法线。并盼望随着 θ_h 的增加（即渐渐偏离于宏观表面法线的微观表面法线 h），这些以向量 h 为法线的微平面片段逐渐减少。用来模拟以上讨论中期望模型 $\rho(\theta_h)$ 的一种较流行的可控函数为：

$$\rho(\boldsymbol{\theta}_h) = \cos^m(\boldsymbol{\theta}_h)$$
$$= \cos^m(\boldsymbol{n} \cdot \boldsymbol{h})$$

注意到，为了求出 $\cos(\boldsymbol{\theta}_h) = (\boldsymbol{n} \cdot \boldsymbol{h})$ 就需要知道式中这两种向量。图 8.19 展示了对于取不同 m 值时函数 $\rho(\boldsymbol{\theta}_h) = \cos^m(\boldsymbol{\theta}_h)$ 的图像。其中，变量 m 控制的是粗糙度，它指定了所有以微观表面法线 $\boldsymbol{h}$ 与宏观表面法线 $\boldsymbol{n}$ 之间夹角为 $\boldsymbol{\theta}_h$ 的微平面片段的分布情况（所占比例）。随着 m 的减小，表面变得更加粗糙，而微平面的法线也都愈加偏离宏观表面法线。随着 m 的增大，表面变得更加光滑，微平面法线也都越发趋于宏观表面法线。

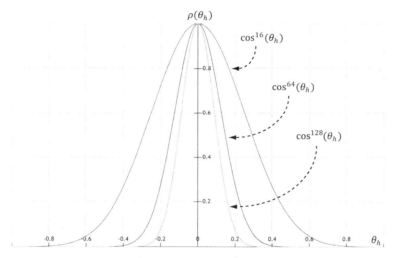

图 8.19　一种针对粗糙度进行建模的函数曲线图

我们可以将 $\rho(\boldsymbol{\theta}_h)$ 与某种归一化因子进行组合，从而获得基于粗糙度来模拟镜像反射光量的新函数：

$$S(\boldsymbol{\theta}_h) = \frac{m+8}{8} \cos^m(\boldsymbol{\theta}_h)$$
$$= \frac{m+8}{8}(\boldsymbol{n} \cdot \boldsymbol{h})^m$$

图 8.20 展示了此函数根据不同取值的变量 m 所得到的图像。与之前一样，变量 m 依然控制着粗糙度，但是我们还为之加上了归一化因子 $\frac{m+8}{8}$ ，以使光能守恒。该归一化因子实际上支配着图 8.20 中曲线的高度，因此随着变量 m 的变化使镜面瓣变宽或变窄，令光能整体达到守恒。对于较小的 m 值来说，表面会更加粗糙，并且镜面瓣变宽，继而促使光能散播得更广。因此，我们预计镜面高光（specular highlight，即镜面光）会变暗，因为其能量已经被广泛播散出去了。另一方面，对于较大的 m 值而言，表面会更加平滑，而镜面瓣会变得更窄。因此，我们预计镜面高光会更亮，因为其能量更为集中。从几何角度上来看，变量 m 控制着镜面瓣的扩散程度。如果要模拟光滑的表面（例如被抛光的金属）就使用较大的 m 值，而针对更粗糙的表面而言，则使用较小的 m 值。

我们把菲涅耳反射以及表面粗糙度这两个公式的组合来作为这一节的尾声。首先尝试计算在观察方向 $\boldsymbol{v}$ 上所反射的光量（见图 8.18）。回顾以 $\boldsymbol{h}$ 为法线，且反射光沿观察向量 $\boldsymbol{v}$ 传播的微平面。设 α_h 为光

向量 v 与中间向量 h 之间的夹角，那么，根据菲涅耳效应所言，$R_F(\alpha_h)$ 反映了关于 h 射入 v 的反射光量。又由于表面的粗糙度为 $S(\theta_h)$，所以我们还要将反射光量 $R_F(\alpha_h)$ 乘以粗糙度。由此，我们便可得到镜面反射光量：设 $(\max(L \cdot n, 0) \cdot B_L)$ 表示入射光照到表面上一点的光量，而根据粗糙度与菲涅耳效应，$(\max(L \cdot n, 0) \cdot B_L)$ 这一段镜面反射到观察者眼中的实际光量为：

$$c_s = \max(L \cdot n, 0) \cdot B_L \otimes R_F(\alpha_h) \frac{m+8}{8}(n \cdot h)^m \tag{8.3}$$

可以发现，如果 $L \cdot n \leqslant 0$，那么所计算的结果是射向表面另一侧的光，因而此时的正表面并不会接收到任何光照。

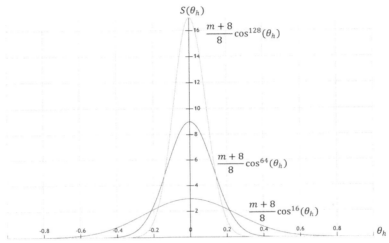

图 8.20　一种根据粗糙度来对镜面反射光进行建模的函数图像

8.8　光照模型的概述

现在将之前所述的所有光照内容都结合起来，即表面反射的光量相当于环境反射光、漫反射光以及镜面反射光的光量总和。

1. 环境光 c_a：模拟经表面反射的间接光量。
2. 漫反射光 c_d：对进入介质内部，又经过表面下吸收而最终散射出表面的光进行模拟。由于对表面下的散射光建模比较困难，我们便假设在表面下与介质相互作用后的光从进入表面处返回，并向各个方向均匀散射。
3. 镜面光 c_s：模拟经菲涅耳效应与表面粗糙度共同作用的表面反射光。

据此来推导出我们在本书的着色器中实现的光照方程：

$$\text{LitColor} = c_a + c_d + c_s$$
$$= A_L \otimes m_d + \max(L \cdot n, 0) \cdot B_L \otimes \left(m_d + R_F(\alpha_h) \frac{m+8}{8}(n \cdot h)^m \right) \tag{8.4}$$

设式（8.4）中的所有向量均为单位长度。

1. **L**：指向光源的光向量。

2. **n**：表面法线。

3. **h**：列于光向量与观察向量（由表面点指向观察点的单位向量）之间的中间向量。

4. **A**$_L$：表示入射的环境光量。

5. **B**$_L$：表示入射的直射光量。

6. **m**$_d$：指示根据表面漫反射率而反射的入射光量。

7. **L · n**：朗伯余弦定律。

8. α_h：中间向量 **h** 与光向量 **L** 之间的夹角。

9. $R_F(\alpha_h)$：根据菲涅耳效应，关于中间向量 **h** 所反射到观察者眼中的光量。

10. **m**：控制表面的粗糙度。

11. $(n \cdot h)^m$：指定法线 **h** 与宏观表面法线 **n** 之间夹角为 θ_h 的所有微平面片段的分布情况（所占比例）。

12. $\dfrac{m+8}{8}$：在镜面反射过程中，为模拟能量守恒所采用的归一化因子。

图 8.21 展示了这 3 种分量协同工作的效果。

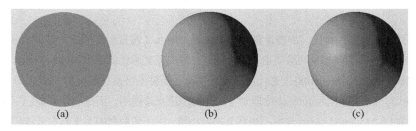

图 8.21　图 a 中，仅采用环境光的球体着色效果，可以看出环境光以均匀的亮度照射着球体。图 b 中，环境光与漫反射光组合的光照效果。现在就可以观察到根据朗伯余弦定律所呈现出的由明到暗的平滑渐变。图 c 中，环境光、漫反射光以及镜面光所组合而成的最终光照效果。显而易见，镜面光照表现出了镜面高光。

注意

式（8.4）是一种通用而又流行的光照方程，即便如此，它也仅是多种光照模型的其中之一而已。另有一些其他的光照模型，也值得读者前去探索一番。

8.9　材质的实现

我们所编写的材质结构体定义在 **d3dUtil.h** 文件中，部分代码如下：

```
// 在我们的演示程序中表示材质的简单结构体
```

```
struct Material
{
    // 便于查找材质的唯一对应名称
    std::string Name;

    // 本材质的常量缓冲区索引
    int MatCBIndex = -1;

    // 漫反射纹理在 SRV 堆中的索引。在第 9 章纹理贴图时会用到
    int DiffuseSrvHeapIndex = -1;

    // 已更新标志（dirty flag，也作脏标志）表示本材质已有变动，而我们也就需要更新常量缓冲区了。
    // 由于每个帧资源 FrameResource 都有一个材质常量缓冲区，所以必须对每个 FrameResource 都进
    // 行更新。因此，当修改某个材质时，应当设置 NumFramesDirty = gNumFrameResources，以使每
    // 个帧资源都能得到更新
    int NumFramesDirty = gNumFrameResources;

    // 用于着色的材质常量缓冲区数据
    DirectX::XMFLOAT4 DiffuseAlbedo = { 1.0f, 1.0f, 1.0f, 1.0f };
    DirectX::XMFLOAT3 FresnelR0 = { 0.01f, 0.01f, 0.01f };
    float Roughness = 0.25f;
    DirectX::XMFLOAT4X4 MatTransform = MathHelper::Identity4x4();
};
```

为了模拟真实世界中的材质，需要设置 DiffuseAlbedo（漫反射反照率）与 FresnelR0（材质属性 $R_F(0°)$）这对与真实度相关的数值组合，再辅以一些关乎艺术性的细节调整。例如，金属导体吸收了进入金属内部的折射光[Möller08]，这就意味着，金属材质将不会发生漫反射（即 DiffuseAlbedo 的值为 0）。然而，我们是不会 100% 按物理学上的光照理论来建模的，而是稍作调整。一种富有艺术性的更佳策略是为 DiffuseAlbedo 设定一个非 0 的较小值。这一切取舍的关键点在于我们既应当尝试使用物理上接近现实的材质数值，也应该为艺术性留下一些空间，使之对数值适当调整，以展现出更佳的视觉效果。

在我们所用的材质结构体中，将粗糙度指定在归一化的浮点值范围[0, 1]内。粗糙度为 0 表示理想的光滑表面，粗糙度为 1 则表示实际能达到的最粗糙的表面。归一化范围使得不同材质之间粗糙度的比较更加方便。例如，粗糙度为 0.6 的材质比粗糙度为 0.3 的材质要加倍粗糙。在着色器代码中，我们将利用粗糙度来推导式（8.4）中所用的指数 m。根据我们对粗糙度的定义可以发现，表面的**光泽度**（shininess，亦有译作反光度等）是与粗糙度相反的属性， $shininess = 1 - roughness \in [0, 1]$ 。

现在，摆在我们眼前的当务之急是该按照什么粒度（granularity）来指定材质的数据。材质的具体数值可能会随着表面而发生改变，即同一表面上不同点处的材质数据可能各不相同。例如，考虑图 8.22 所示的一辆汽车模型，其中的车身、车窗、车灯以及轮胎所反射和吸收的光量都是不同的，由此材质数值将随着汽车表面的位置而产生变化。

实现这种变化的解决方案之一是以每个顶点为基准来指定材质的具体数值。在三角形的光栅化处理期间，会对这些顶点中的材质属性进行插值计算，以求出三角形网格表面上每一点的材质数值。可是，就如我们在第 7 章的 "Land and Waves"（陆地与波浪）演示程序中所见到的，逐顶点的颜色依然很 "粗

糙"，以致不能逼真地模拟出较为丰富的细节。除此之外，为了绘制每个顶点的颜色还要向顶点结构体中添加额外的数据，同时，还需要采用不同的工具来绘制这些顶点颜色。事实上，更普遍的解决方法是采用纹理贴图。不过，这是第 9 章的主题。对于本章来说，我们在绘制调用时允许对材质进行频繁地更改。因此，我们为每种材质定义了唯一的属性，并将它们列于一个表中：

```cpp
std::unordered_map<std::string, std::unique_ptr<Material>> mMaterials;

void LitWavesApp::BuildMaterials()
{
  auto grass = std::make_unique<Material>();
  grass->Name = "grass";
  grass->MatCBIndex = 0;
  grass->DiffuseAlbedo = XMFLOAT4(0.2f, 0.6f, 0.2f, 1.0f);
  grass->FresnelR0 = XMFLOAT3(0.01f, 0.01f, 0.01f);
  grass->Roughness = 0.125f;

  // 当前这种水的材质定义得并不是很好，但是由于我们还未学会所需的全部渲染工具（如透明度、环境反
  // 射等），因此暂时先用这些数据解当务之急吧
  auto water = std::make_unique<Material>();
  water->Name = "water";
  water->MatCBIndex = 1;
  water->DiffuseAlbedo = XMFLOAT4(0.0f, 0.2f, 0.6f, 1.0f);
  water->FresnelR0 = XMFLOAT3(0.1f, 0.1f, 0.1f);
  water->Roughness = 0.0f;

  mMaterials["grass"] = std::move(grass);
  mMaterials["water"] = std::move(water);
}
```

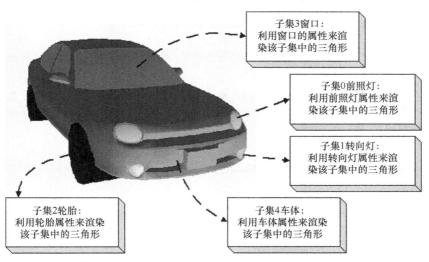

图 8.22　一辆汽车的网格可以分成 5 种材质属性组

通过上面的表，可以将材质数据存放在系统内存之中。而为了令 GPU 能够在着色器中访问到这些材

质数据，我们还需要将相关数据复制到常量缓冲区中。就像我们之前对物体常量缓冲区（per-object constant buffer）所做的一样，将存有每个材质常量的常量缓冲区添加到每个帧内资源 FrameResource 之中：

```
struct MaterialConstants
{
  DirectX::XMFLOAT4 DiffuseAlbedo = { 1.0f, 1.0f, 1.0f, 1.0f };
  DirectX::XMFLOAT3 FresnelR0 = { 0.01f, 0.01f, 0.01f };
  float Roughness = 0.25f;

  // 在纹理贴图章节中会用到
  DirectX::XMFLOAT4X4 MatTransform = MathHelper::Identity4x4();
};

struct FrameResource
{
public:
  ...

  std::unique_ptr<UploadBuffer<MaterialConstants>> MaterialCB =
    nullptr;
  ...
};
```

注意到结构体 MaterialConstants 中含有 Material 结构体内的部分数据，即着色器在渲染时所需的相关数据。

在更新函数中，当材质数据有了变化（即存在所谓的"脏数据"）时，便会将其复制到常量缓冲区的对应子区域内，因此 GPU 材质常量缓冲区中的数据总是与系统内存中的最新材质数据保持一致：

```
void LitWavesApp::UpdateMaterialCBs(const GameTimer& gt)
{
  auto currMaterialCB = mCurrFrameResource->MaterialCB.get();
  for(auto& e : mMaterials)
  {
    // 如果材质常量数据有了变化就更新常量缓冲区数据。一旦常量缓冲区数据发生改变，就需对每一个帧
    // 资源 FrameResource 进行更新
    Material* mat = e.second.get();
    if(mat->NumFramesDirty > 0)
    {
      XMMATRIX matTransform = XMLoadFloat4x4(&mat->MatTransform);

      MaterialConstants matConstants;
      matConstants.DiffuseAlbedo = mat->DiffuseAlbedo;
      matConstants.FresnelR0 = mat->FresnelR0;
      matConstants.Roughness = mat->Roughness;

      currMaterialCB->CopyData(mat->MatCBIndex, matConstants);

      // 也需要对下一个 FrameResource 进行更新
```

```
        mat->NumFramesDirty--;
    }
  }
}
```

到现在为止，每一个渲染项都已含有一个指向 Material 结构体的指针了。注意，多个渲染项可以引用相同的 Material 对象，如多个渲染项能够使用相同的 "板砖" 材质。而每个 Material 对象都存有一个索引，用于在材质常量缓冲区中指向它自己的常量数据。至此，我们就能在绘制渲染项时，找到对应常量数据的虚拟地址，并将它与所需材质常量数据的根描述符相绑定（其实也可以通过偏移到堆中的 CBV 描述符的方式来设置一个描述符表。不过，在此演示程序中，我们定义的根签名采用的是材质常量缓冲区的描述符，并非描述符表，所以这个方法在此例程中行不通）。下列代码演示了如何用不同的材质来绘制渲染项：

```
void LitWavesApp::DrawRenderItems(
    ID3D12GraphicsCommandList* cmdList,
    const std::vector<RenderItem*>& ritems)
{
    UINT objCBByteSize = d3dUtil::CalcConstantBufferByteSize
      (sizeof(ObjectConstants));
    UINT matCBByteSize = d3dUtil::CalcConstantBufferByteSize
      (sizeof(MaterialConstants));

    auto objectCB = mCurrFrameResource->ObjectCB->Resource();
    auto matCB = mCurrFrameResource->MaterialCB->Resource();

    // 针对每个渲染项……
    for(size_t i = 0; i < ritems.size(); ++i)
    {
      auto ri = ritems[i];

      cmdList->IASetVertexBuffers(0, 1, &ri->Geo->VertexBufferView());
      cmdList->IASetIndexBuffer(&ri->Geo->IndexBufferView());
      cmdList->IASetPrimitiveTopology(ri->PrimitiveType);

      D3D12_GPU_VIRTUAL_ADDRESS objCBAddress =
        objectCB->GetGPUVirtualAddress() + ri->ObjCBIndex*objCBByteSize;
      D3D12_GPU_VIRTUAL_ADDRESS matCBAddress =
        matCB->GetGPUVirtualAddress() + ri->Mat->MatCBIndex*matCBByteSize;

      cmdList->SetGraphicsRootConstantBufferView(0, objCBAddress);
      cmdList->SetGraphicsRootConstantBufferView(1, matCBAddress);

      cmdList->DrawIndexedInstanced(ri->IndexCount, 1,
        ri->StartIndexLocation, ri->BaseVertexLocation, 0);
    }
}
```

这里要着重说明的是，我们需要获取三角形网格表面上每一点处的法向量，以此来确定光线射向网格表面点处的角度（用于朗伯余弦定律）。而为了获取三角形网格表面上每个点处的近似法向量，我们就要在顶点这一层级来指定法线。在三角形的光栅化过程中，便会利用这些顶点法线进行插值计算。

到目前为止，我们已讨论过光的组成，但是还未讲到光源的具体类型。下面我们将描述如何来实现平行光源、点光源以及聚光灯光源。

8.10　平行光源

平行光源（parallel light）也称方向光源（directional light，也译作定向光源），是一种距离目标物体极远的光源。因此，我们就可以将这种光源发出的所有入射光看作是彼此平行的光线（见图 8.23）。再者，由于光源距物体十分遥远，我们就能忽略距离所带来的影响，而仅指定照射到场景中光线的光强（light intensity）。

我们用向量来定义平行光源，借此即可指定光线传播的方向。因为这些光线是相互平行的，所以采用相同的方向向量代之。而光向量与光线传播的方向正相反。可以准确模拟出方向光的常见光源实例是太阳（见图 8.24）。

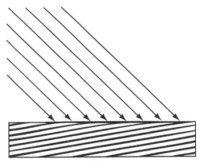

图 8.23　照射到物体表面的平行光线

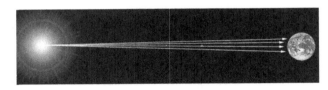

图 8.24　这张图并没有按照实际比例绘制，但是如果选定的是地球表面上的一小块范围，那么照射到这块区域内的光线则近似于平行光

8.11　点光源

一个与点光源（point light）比较贴切的现实实例是灯泡，它能以球面向各个方向发出光线（见图 8.25）。特别地，对于任意点 P，由位置 Q 处点光源发出的光线，总有一束会传播至此点。像之前一样，我们定义光向量与光传播的方向相反，即光向量的方向是由点 P 指向点光源 Q：

$$L = \frac{Q - P}{\|Q - P\|}$$

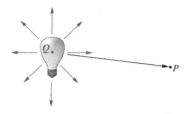

图 8.25 点光源以球面向各个方向发出光线。特别是对于任意点 P，
必存在一始于点光源 Q 的光线照射到此点

其实点光与平行光之间唯一的区别就是光向量的计算方法——对于点光来说，光向量随着目标点的不同而改变；对于平行光而言，光向量则保持不变。

衰减

在物理学中，光强会根据平方反比定律（inverse squared law）而随着距离函数发生衰减。也就是说，距离光源 d 处的某点光强为：

$$I(d) = \frac{I_0}{d^2}$$

其中，I_0 为距离光源 $d = 1$ 处的光强。如果根据物理学来设置光量值（light value），并且辅之以 HDR（high dynamic range，高动态范围）光照与色调映射（tonemapping，也可写作 tone mapping，或译作色调贴图）技术，那效果定是极好的。然而，我们在这里却要使用一种更为简单的公式，并将它应用于演示代码之中。这便是我们所用的线性衰减（falloff）函数：

$$att(d) = saturate\left(\frac{falloffEnd - d}{falloffEnd - falloffStart}\right)$$

图 8.26 中所描绘的就是此线性衰减函数的图像。saturate 函数会将它的参数限定在[0, 1]范围内：

$$saturate(x) = \begin{cases} x, 0 \leq x \leq 1 \\ 0, x < 0 \\ 1, x > 1 \end{cases}$$

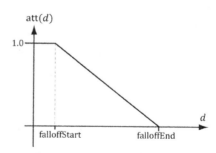

图 8.26 在距离 d 未达 falloffStart 之前，衰减因子会一直令光量值保持最大强度（1.0）。当距离 d 到达 falloffEnd 时，衰减因子便会线性衰减至 0.0

用此式计算点光光量与用式（8.4）计算点光光量的结果是相同的，但是千万别忘了，我们还须再将衰减因子 $att(d)$ 与光源的直射光量 B_L 相乘。注意，衰减并不会影响环境光项，这是因为环境光项模拟的是向四处反弹后照射到目标物体的间接光。

在使用上述衰减函数的时候，若某点到光源的距离大于或等于 falloffEnd 则不会受到光照。这便为我们提供了一种极有用的光照优化手段：在着色器程序中，如果一个点超出了光照的有效范围，那么就可采用动态分支（dynamic branching）跳过此处的光照计算并提前返回。

8.12 聚光灯光源

一个与聚光灯光源（spotlight）相近的现实实例是手电筒。从本质上来说，聚光灯由位置 Q 向方向 d 照射出范围呈圆锥体的光（见图 8.27）。

为了实现聚光灯光源，我们就要像在表示点光源时所做的一样，先指定光向量：

$$L = \frac{Q - P}{\|Q - P\|}$$

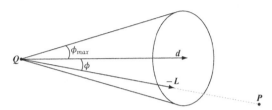

其中，P 为被照点的位置，Q 是聚光灯的位置。观察图 8.27 可知，当且仅当位于 $-L$ 与 d 之间的夹角 ϕ 小于圆锥体的半顶角 ϕ_{max} 时，P 才位于聚光灯的圆锥体范围之中（所以它才可以被光照射到）。而且，聚光灯圆锥体范围内所有光线的强度也不尽相同。位于圆锥体中心处的光线（即 Qd 这条向量上的光线）光强应该是最强的，而随着角 ϕ 由 0 增加至 ϕ_{max}，光强会逐渐趋近于 0。

图 8.27　一个聚光灯以位置 Q 向方向 d 发射出半顶角为 ϕ_{max} 的圆锥体范围的光

那么，怎样用与 ϕ 相关的函数来控制光强的衰减，又该如何来支配聚光灯的圆锥体大小呢？答案是：我们可以使用与图 8.19 中曲线相同的函数，但是要以 ϕ 替换 θ_h，再用 s 代替 m：

$$k_{spot}(\phi) = \max(\cos\phi, 0)^s = \max(-L \cdot d, 0)^s$$

这正是我们所期待的公式：光强随着 ϕ 的增加而连续且平滑地衰减。另外，通过修改幂 s，我们就能够间接地控制 ϕ_{max}（使光强降为 0 的半顶角角度）。也就是说，我们可以通过设置不同的 s 值来缩小或扩大聚光灯光源的圆锥体照射范围。例如，如果设 $s = 8$，则圆锥体的半顶角就逼近 45°。

将光源的直射光量 B_L 与衰减因子 att(d) 相乘之后，还要根据被照射点位于聚光灯圆锥体的具体位置，用聚光灯因子 k_{spot} 按比例对光强进行缩放。除了上述操作之外，聚光灯的光照方程与式（8.4）相一致。

可以看出，使用聚光灯光源比使用点光光源的代价更高昂，因为我们需要额外计算聚光灯因子 k_{spot}，并使之与聚光灯光强相乘。类似地，点光源又比方向光源的开销更高，因为点光需要针对距离 d 进行一系列计算（事实上，由于距离的计算涉及平方根运算，因此这个计算过程十分耗费资源），并且还需要求出衰减因子，再令它与点光光强相乘。总而言之，方向光是最廉价的光源，点光次之，最昂贵的光源则是聚光灯。

8.13 光照的具体实现

我们在本节中将对方向光、点光以及聚光灯的实现细节展开讨论。

8.13.1　Light 结构体

在 **d3dUtil.h** 头文件中，我们定义了下列结构体来描述光源。此结构体可以表示方向光源、点光源与聚光灯光源。但是根据光源的具体类型，我们并不会用到其中的所有数据。比如说，在使用点光时就不会用到 Direction（方向光）数据成员。

```
struct Light
{
  DirectX::XMFLOAT3 Strength = {0.5f, 0.5f, 0.5f};     // 光源的颜色
  float FalloffStart = 1.0f;                           // 仅供点光源/聚光灯光源使用
  DirectX::XMFLOAT3 Direction = {0.0f, -1.0f, 0.0f};   // 仅供方向光源/聚光灯光源使用
  float FalloffEnd = 10.0f;                            // 仅供点光源/聚光灯光源使用
  DirectX::XMFLOAT3 Position = { 0.0f, 0.0f, 0.0f };   // 仅供点光源/聚光灯光源使用
  float SpotPower = 64.0f;                             // 仅供聚光灯光源使用
};
```

文件 LightingUtil.hlsl 中则定义了与之对应的结构体：

```
struct Light
{
  float3 Strength;
  float FalloffStart; // 仅供点光源/聚光灯光源使用
  float3 Direction;   // 仅供方向光源/聚光灯光源使用
  float FalloffEnd;   // 仅供点光源/聚光灯光源使用
  float3 Position;    // 仅供点光源/聚光灯光源使用
  float SpotPower;    // 仅供聚光灯光源使用
};
```

结构体 Light 中数据成员的排列顺序并不是随意指定的（结构体 MaterialConstants 也是如此），这要遵从 HLSL 的结构体封装规则（structure packing rule）。详情可见附录 B 中的"常量缓冲区的封装规则"。这条 HLSL 规则的大意是以填充对齐的方式，将结构体中的元素打包为 4D 向量。另外，根据规则的限制，单个元素不能以一分为二的方式分到两个 4D 向量之中。这就意味着最好将上述结构体打包为 3 个 4D 向量，就像下面这样：

```
vector 1: (Strength.x, Strength.y, Strength.z, FalloffStart)
vector 2: (Direction.x, Direction.y, Direction.z, FalloffEnd)
vector 3: (Position.x, Position.y, Position.z, SpotPower)
```

从另一方面来说，如果将结构体写作：

```
struct Light
{
  DirectX::XMFLOAT3 Strength; // 光源的颜色
  DirectX::XMFLOAT3 Direction;// 仅供方向光源/聚光灯光源使用
  DirectX::XMFLOAT3 Position; // 仅供点光源/聚光灯光源使用
  float FalloffStart;         // 仅供点光源/聚光灯光源使用
```

```
  float FalloffEnd;              // 仅供点光源/聚光灯光源使用
  float SpotPower;              // 仅供聚光灯光源使用
};

struct Light
{
  float3 Strength;
  float3 Direction;    // 仅供方向光源/聚光灯光源使用
  float3 Position;     // 仅供点光源/聚光灯光源使用
  float FalloffStart;  // 仅供点光源/聚光灯光源使用
  float FalloffEnd;    // 仅供点光源/聚光灯光源使用
  float SpotPower;     // 仅供聚光灯光源使用
};
```

那么，它将被打包为 4 个 4D 向量，如下：

```
vector 1: (Strength.x, Strength.y, Strength.z, empty)
vector 2: (Direction.x, Direction.y, Direction.z, empty)
vector 3: (Position.x, Position.y, Position.z, empty)
vector 4: (FalloffStart, FalloffEnd, SpotPower, empty)
```

可以看出，第二种方法占用了更多的空间，但这还是其次。此方法存在的更严重的问题是：在 C++ 应用程序代码中，应有与 HLSL 部分相对应的结构体，但是 C++ 结构体与 HLSL 结构体的封装规则并不相同。因此，若非小心地按 HLSL 封装法则来实现 C++ 与 HLSL 的结构体，那么两者的结构体布局很有可能是不匹配的。如果这两种结构体不匹配，则通过 memcpy 函数从 CPU 上传至 GPU 常量缓冲区的数据将会导致渲染错误。

8.13.2　常用辅助函数

下面的 3 个函数定义于 LightingUtil.hlsl 文件中，由于这些代码可处理多种类型的光照，所以我们将其定义为辅助函数。

1. CalcAttenuation：实现了一种线性衰减因子的计算方法，可将其应用于点光源与聚光灯光源。
2. SchlickFresnel：代替菲涅耳方程的石里克近似。此函数基于光向量 L 与表面法线 n 之间的夹角，并根据菲涅耳效应近似地计算出以 n 为法线的表面所反射光的百分比。
3. BlinnPhong：计算反射到观察者眼中的光量，该值为漫反射光量与镜面反射光量的总和。

```
float CalcAttenuation(float d, float falloffStart, float falloffEnd)
{
  // 线性衰减
  return saturate((falloffEnd-d) / (falloffEnd - falloffStart));
}

// 石里克提出的一种逼近菲涅耳反射率的近似方法
```

```
// (参见"Real-Time Rendering 3rd Ed."第233页)
// R0 = ( (n-1)/(n+1) )^2, 式中的n为折射率
float3 SchlickFresnel(float3 R0, float3 normal, float3 lightVec)
{
    float cosIncidentAngle = saturate(dot(normal, lightVec));

    float f0 = 1.0f - cosIncidentAngle;
    float3 reflectPercent = R0 + (1.0f - R0)*(f0*f0*f0*f0*f0);

    return reflectPercent;
}


struct Material
{
    float4 DiffuseAlbedo;
    float3 FresnelR0;

    // 光泽度与粗糙度是一对性质相反的属性: Shininess = 1-roughness。
    float Shininess;
};

float3 BlinnPhong(float3 lightStrength, float3 lightVec,
          float3 normal, float3 toEye, Material mat)
{
    // m由光泽度推导而来, 而光泽度则根据粗糙度求得
    const float m = mat.Shininess * 256.0f;
    float3 halfVec = normalize(toEye + lightVec);

    float roughnessFactor = (m + 8.0f)*pow(max(dot(halfVec, normal),
       0.0f), m) / 8.0f;
    float3 fresnelFactor = SchlickFresnel(mat.FresnelR0, halfVec, lightVec);

    // 尽管我们进行的是LDR ( low dynamic range, 低动态范围 ) 渲染, 但spec ( 镜面反射 ) 公式得到
    // 的结果仍会超出范围[0,1], 因此现将其按比例缩小一些
    specAlbedo = specAlbedo / (specAlbedo + 1.0f);

    return (mat.DiffuseAlbedo.rgb + specAlbedo) * lightStrength;
}
```

上述代码中所用的 HLSL 内部函数 dot、pow 与 max 分别是向量点积函数、幂函数以及取最大值函数。大多数的 HLSL 内部函数描述可以从本书的附录 B 中找到。除此之外, 那里还给出了一份 HLSL 的语法概览。有一点需要注意的是, 当使用 operator*令两个向量相乘时, 即表示此乘法运算的计算方式是分量式乘法。

注意

我们采用的镜面反照率计算公式允许其镜面值大于 1，这表示非常耀眼的高光。然而，我们却希望渲染目标的颜色值在[0, 1]这个低动态范围内，因此一般来说将高于此范围的数值简单地钳制为 1.0 即可。但是，为了获得更加柔和的镜面高光就不宜"一刀切"式地钳制数值了，而是需要按比例缩小镜面反照率：

```
specAlbedo = specAlbedo / (specAlbedo + 1.0f);
```

高动态范围（HDR）光照使用的是光量值可超出范围[0, 1]的浮点渲染目标，在进行色调贴图这个步骤时，出于显示的目的会将高动态范围映射回[0, 1]区间，而在这个转换的过程中，保留细节信息是很重要的一项任务。HDR 渲染与色调映射本身就是一门单独的学科——详见教材[Reinhard10]。而在另一篇文章 [Pettineo12] 中也给出了比较详尽的介绍，还附有供读者用以实验的演示程序。

注意

在计算机中，HLSL 所用的全都是内联函数。因此，对于函数或传递参数而言并不会有过多的性能开销。

8.13.3　实现方向光源

给定观察位置 E、材质属性，与以 n 为法线的表面上可见一点 p，则下列 HLSL 函数将输出自某方向光源发出，经上述表面以方向 $v = \text{normalize}(E - p)$ 反射入观察者眼中的光量。在我们的示例中，此函数将由像素着色器所调用，以基于光照确定像素的颜色。

```
float3 ComputeDirectionalLight(Light L, Material mat, float3 normal,
float3 toEye)
{
  // 光向量与光线传播的方向刚好相反
  float3 lightVec = -L.Direction;

  // 通过朗伯余弦定律按比例降低光强
  float ndotl = max(dot(lightVec, normal), 0.0f);
  float3 lightStrength = L.Strength * ndotl;

  return BlinnPhong(lightStrength, lightVec, normal, toEye, mat);
}
```

8.13.4　实现点光源

给出观察点 E、以 n 作为法线的表面上可视一点 p 以及材质属性，则下面的 HLSL 函数将会输出从点光源放出，经上述表面在 v = normalize $(E-p)$ 方向反射入观察者眼中的光量。在我们的示例中，该函数将被像素着色器所调用，并根据光照来确定像素的颜色。

```
float3 ComputePointLight(Light L, Material mat, float3 pos, float3 normal,
float3 toEye)
{
  // 自表面指向光源的向量
  float3 lightVec = L.Position - pos;

  // 由表面到光源的距离
  float d = length(lightVec);

  // 范围检测
  if(d > L.FalloffEnd)
    return 0.0f;

  // 对光向量进行规范化处理
  lightVec /= d;

  // 通过朗伯余弦定律按比例降低光强
  float ndotl = max(dot(lightVec, normal), 0.0f);
  float3 lightStrength = L.Strength * ndotl;

  // 根据距离计算光的衰减
  float att = CalcAttenuation(d, L.FalloffStart, L.FalloffEnd);
  lightStrength *= att;

  return BlinnPhong(lightStrength, lightVec, normal, toEye, mat);
}
```

8.13.5　实现聚光灯光源

指定观察点 E、以 n 为法线的表面上可视一点 p 以及材质属性，则下面的 HLSL 函数将会输出来自聚光灯光源，经过上述表面以方向 v = normalize $(E-p)$ 反射入观察者眼中的光量。在我们的示例中，此函数将在像素着色器中被调用，以根据光照确定像素的颜色。

```
float3 ComputeSpotLight(Light L, Material mat, float3 pos, float3 normal,
float3 toEye)
{
  // 从表面指向光源的向量
  float3 lightVec = L.Position - pos;

  // 由表面到光源的距离
  float d = length(lightVec);

  // 范围检测
  if(d > L.FalloffEnd)
    return 0.0f;
```

```
    // 对光向量进行规范化处理
    lightVec /= d;

    // 通过朗伯余弦定律按比例缩小光的强度
    float ndotl = max(dot(lightVec, normal), 0.0f);
    float3 lightStrength = L.Strength * ndotl;

    // 根据距离计算光的衰减
    float att = CalcAttenuation(d, L.FalloffStart, L.FalloffEnd);
    lightStrength *= att;

    // 根据聚光灯照明模型对光强进行缩放处理
    float spotFactor = pow(max(dot(-lightVec, L.Direction), 0.0f), L.SpotPower);
    lightStrength *= spotFactor;

    return BlinnPhong(lightStrength, lightVec, normal, toEye, mat);
}
```

8.13.6 多种光照的叠加

光强是可以叠加的。因此，在支持多个光源的场景中，我们需要遍历每一个光源，并把它们在我们要计算光照的点或像素上的贡献值求和。示例框架最多可支持 16 个光源，凭此便可以用方向光、点光与聚光灯三种光源进行若干组合。当然，前提是光源的总数不能超过 16 个。此外，代码所采用的约定是方向光源必须位于光照数组的开始部分，点光源次之，聚光灯光源则排在末尾。下列代码用于计算某点处的光照方程：

```
#define MaxLights 16

// 绘制过程中所用的杂项常量数据
cbuffer cbPass : register(b2)
{
  ...
// 对于每个以 MaxLights 为光源数量最大值的对象来说,索引[0, NUM_DIR_LIGHTS)表示的是方向光源,
// 索引[NUM_DIR_LIGHTS, NUM_DIR_LIGHTS+NUM_POINT_LIGHTS)表示的是点光源
// 索引[NUM_DIR_LIGHTS+NUM_POINT_LIGHTS, NUM_DIR_LIGHTS+NUM_POINT_LIGHT+NUM_SPOT_
// LIGHTS)  则表示的是聚光灯光源

  Light gLights[MaxLights];
};

float4 ComputeLighting(Light gLights[MaxLights], Material mat,
           float3 pos, float3 normal, float3 toEye,
           float3 shadowFactor)
{
  float3 result = 0.0f;

  int i = 0;

#if (NUM_DIR_LIGHTS > 0)
```

```
        for(i = 0; i < NUM_DIR_LIGHTS; ++i)
        {
          result += shadowFactor[i] * ComputeDirectionalLight(gLights[i],
          mat, normal, toEye);
        }
    #endif

    #if (NUM_POINT_LIGHTS > 0)
        for(i = NUM_DIR_LIGHTS; i < NUM_DIR_LIGHTS+NUM_POINT_LIGHTS; ++i)
        {
          result += ComputePointLight(gLights[i], mat, pos, normal, toEye);
        }
    #endif

    #if (NUM_SPOT_LIGHTS > 0)
        for(i = NUM_DIR_LIGHTS + NUM_POINT_LIGHTS;
          i < NUM_DIR_LIGHTS + NUM_POINT_LIGHTS + NUM_SPOT_LIGHTS;
          ++i)
        {
          result += ComputeSpotLight(gLights[i], mat, pos, normal, toEye);
        }
    #endif

        return float4(result, 0.0f);
    }
```

可以观察到每种类型光源的数量实由多个#define来加以控制。这样一来，着色器将仅针对实际所需的光源数量来进行光照方程的计算。因此，如果一个应用程序只需 3 个光源，则我们仅对这 3 个光源展开计算。如果应用程序在不同阶段要支持不同数量的光源，那么只需生成以不同#define来定义的不同着色器即可。

注意

 参数 shadowFactor 在介绍阴影的章节中才会用到。我们暂时仅将它设置为向量(1, 1, 1)，这会使此阴影因子在方程中不会产生任何效果。

8.13.7　HLSL 主文件

下面的代码含有本章演示程序中所用的顶点着色器与像素着色器，而其中所涉及的 LightingUtil.hlsl 文件中的 HLSL 代码，我们都已在此前进行了讨论。

```
//***********************************************************************
// Default.hlsl 的作者为 Frank Luna (C) 2015 版权所有
```

```
//
// 默认着色器，目前已支持光照
//****************************************************************

// 光源数量的默认值
#ifndef NUM_DIR_LIGHTS
    #define NUM_DIR_LIGHTS 1
#endif

#ifndef NUM_POINT_LIGHTS
    #define NUM_POINT_LIGHTS 0
#endif

#ifndef NUM_SPOT_LIGHTS
    #define NUM_SPOT_LIGHTS 0
#endif

// 包含了光照所用的结构体与函数
#include "LightingUtil.hlsl"

// 每帧都有所变化的常量数据
cbuffer cbPerObject : register(b0)
{
    float4x4 gWorld;
};

// 每种材质的不同常量数据
cbuffer cbMaterial : register(b1)
{
    float4 gDiffuseAlbedo;
    float3 gFresnelR0;
    float gRoughness;
    float4x4 gMatTransform;
};

// 绘制过程中所用的杂项常量数据
cbuffer cbPass : register(b2)
{
    float4x4 gView;
    float4x4 gInvView;
    float4x4 gProj;
    float4x4 gInvProj;
    float4x4 gViewProj;
    float4x4 gInvViewProj;
    float3 gEyePosW;
    float cbPerObjectPad1;
    float2 gRenderTargetSize;
    float2 gInvRenderTargetSize;
    float gNearZ;
    float gFarZ;
```

```
    float gTotalTime;
    float gDeltaTime;
    float4 gAmbientLight;

    // 对于每个以 MaxLights 为光源数量最大值的对象来说，索引[0, NUM_DIR_LIGHTS)表示的是方向光
    // 源，索引[NUM_DIR_LIGHTS, NUM_DIR_LIGHTS+NUM_POINT_LIGHTS)表示的是点光源
    // 索引[NUM_DIR_LIGHTS+NUM_POINT_LIGHTS, NUM_DIR_LIGHTS+NUM_POINT_LIGHT+NUM_SPOT_
    // LIGHTS)表示的是聚光灯光源

    Light gLights[MaxLights];
};

struct VertexIn
{
    float3 PosL   : POSITION;
    float3 NormalL : NORMAL;
};

struct VertexOut
{
    float4 PosH    : SV_POSITION;
    float3 PosW    : POSITION;
    float3 NormalW : NORMAL;
};

VertexOut VS(VertexIn vin)
{
    VertexOut vout = (VertexOut)0.0f;

    // 将顶点变换到世界空间
    float4 posW = mul(float4(vin.PosL, 1.0f), gWorld);
    vout.PosW = posW.xyz;

    // 假设这里进行的是等比缩放，否则这里需要使用世界矩阵的逆转置矩阵
    vout.NormalW = mul(vin.NormalL, (float3x3)gWorld);

    // 将顶点变换到齐次裁剪空间
    vout.PosH = mul(posW, gViewProj);

    return vout;
}

float4 PS(VertexOut pin) : SV_Target
{
    // 对法线插值可能导致其非规范化，因此需要再次对它进行规范化处理
    pin.NormalW = normalize(pin.NormalW);

    // 光线经表面上一点反射到观察点这一方向上的向量
    float3 toEyeW = normalize(gEyePosW - pin.PosW);
```

```
// 间接光照
float4 ambient = gAmbientLight*gDiffuseAlbedo;

// 直接光照
const float shininess = 1.0f - gRoughness;
Material mat = { gDiffuseAlbedo, gFresnelR0, shininess };
float3 shadowFactor = 1.0f;
float4 directLight = ComputeLighting(gLights, mat, pin.PosW,
  pin.NormalW, toEyeW, shadowFactor);

float4 litColor = ambient + directLight;

// 从漫反射材质中获取 alpha 值的常见手段
litColor.a = gDiffuseAlbedo.a;

return litColor;
}
```

8.14　光照演示程序

本光照演示程序是在第 7 章 "Land and Waves" 例程的基础之上构建而成的。其中利用了一个方向光来表示太阳。用户可以用左、右、上、下 4 个方向键来控制太阳的方位。由于我们已经讨论过如何实现材质与光源，所以下面的各小节中仅处理尚未实现的部分细节。图 8.28 是一张光照演示程序的效果。

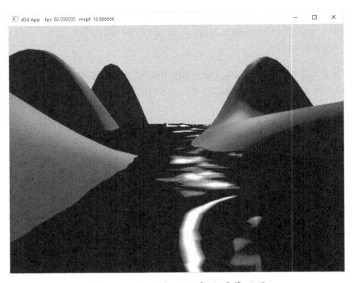

图 8.28　光照演示程序的屏幕效果

8.14.1 顶点格式

光照的计算依赖于表面法线。我们在顶点层级定义了法线，借此对位于三角形中的每个像素都进行插值计算，由此展开逐像素光照。另外，我们也不再指定顶点的颜色，而是以每个像素应用光照方程后所生成的像素颜色加以代替。为了支持顶点法线，我们将之前的顶点结构修改如下：

```
// C++顶点结构体
struct Vertex
{
  DirectX::XMFLOAT3 Pos;
  DirectX::XMFLOAT3 Normal;
};

// 对应的 HLSL 顶点结构体
struct VertexIn
{
  float3 PosL  : POSITION;
  float3 NormalL : NORMAL;
};
```

当修改了顶点格式后，我们就要随之更新输入布局描述来对比进行说明：

```
mInputLayout =
{
  { "POSITION", 0, DXGI_FORMAT_R32G32B32_FLOAT, 0, 0,
  D3D12_INPUT_CLASSIFICATION_PER_VERTEX_DATA, 0 },
  { "NORMAL", 0, DXGI_FORMAT_R32G32B32_FLOAT, 0, 12,
  D3D12_INPUT_CLASSIFICATION_PER_VERTEX_DATA, 0 }
};
```

8.14.2 计算法线

GeometryGenerator 类中用于生成各种几何形状的函数,已能够通过顶点法线去创建对应的图形数据，可谓万事俱备。然而，由于我们为了令地形（terrain）表面更加真实而修改了此演示程序中的栅格高度，所以还需为地形生成法向量。

因为地形曲面由函数 $y = f(x, z)$ 给出，所以我们可以通过微积分知识来直接计算法向量，而不必再用 **8.2.1** 节中所述的求法线平均值方法。为此，针对曲面上的每一个点，我们都通过偏导数在+x 与+z 方向上建立两个切向量（tangent vector）：

$$T_x = \left(1, \frac{\partial f}{\partial x}, 0\right)$$

$$T_z = \left(1, \frac{\partial f}{\partial z}, 0\right)$$

这两个向量都位于曲面点的切平面上，求这两个向量的叉积即可得到对应点处的法向量：

$$n = T_Z \times T_X = \begin{vmatrix} i & j & k \\ 0 & \dfrac{\partial f}{\partial z} & 1 \\ 1 & \dfrac{\partial f}{\partial x} & 0 \end{vmatrix}$$

$$= \left(\begin{vmatrix} \dfrac{\partial f}{\partial z} & 1 \\ \dfrac{\partial f}{\partial x} & 0 \end{vmatrix}, -\begin{vmatrix} 0 & 1 \\ 1 & 0 \end{vmatrix}, \begin{vmatrix} 0 & \dfrac{\partial f}{\partial z} \\ 1 & \dfrac{\partial f}{\partial x} \end{vmatrix} \right)$$

$$= \left(-\dfrac{\partial f}{\partial x}, 1, -\dfrac{\partial f}{\partial z} \right)$$

用来生成陆地网格的函数为:

$$f(x, z) = 0.3z \cdot \sin(0.1x) + 0.3x \cdot \cos(0.1z)$$

则偏导数为:

$$\frac{\partial f}{\partial x} = 0.03z \cdot \cos(0.1x) + 0.3\cos(0.1z)$$

$$\frac{\partial f}{\partial z} = 0.3\sin(0.1x) - 0.03x \cdot \sin(0.1z)$$

而位于曲面上一点 $(x, f(x, z), z)$ 处的曲面法线为:

$$n(x, z) = \left(-\frac{\partial f}{\partial x}, 1, -\frac{\partial f}{\partial z} \right) = \begin{bmatrix} -0.03z \cdot \cos(0.1x) - 0.3\cos(0.1z) \\ 1 \\ -0.3\sin(0.1x) + 0.03x \cdot \sin(0.1z) \end{bmatrix}^{\mathrm{T}}$$

我们可以注意到曲面法线并不具有单位长度, 所以在光照计算之前还需对它进行规范化处理。
我们要在每个顶点处都进行上述的法线计算, 以获取对应的顶点法线:

```
XMFLOAT3 LitWavesApp::GetHillsNormal(float x, float z)const
{
  // n = (-df/dx, 1, -df/dz)
  XMFLOAT3 n(
    -0.03f*z*cosf(0.1f*x) - 0.3f*cosf(0.1f*z),
    1.0f,
    -0.3f*sinf(0.1f*x) + 0.03f*x*sinf(0.1f*z));

  XMVECTOR unitNormal = XMVector3Normalize(XMLoadFloat3(&n));
  XMStoreFloat3(&n, unitNormal);

  return n;
}
```

水面的法向量与陆地表面法向量的求法相似, 只是我们还没有找到用于计算水面的相应公式。但是,
每个顶点处的切向量都可用有限差分格式 (finite difference scheme) 来近似计算 (参见[Lengyel02]或其他
与数值分析有关的书籍)。

注意

如果读者对微积分方面的知识比较生疏，也不必担心，因为这并不是本书的重头戏。它现在显得比较重要的原因是我们需要用数学描述的曲面来生成几何体，以此来绘制一些有趣的物体。在后面的章节中，我们会改为从文件中加载由 3D 建模程序导出的 3D 网格。

8.14.3　更新光照的方向

正如 8.13.7 节中所述，　Light 数组被置于渲染过程常量缓冲区（per-pass constant buffer）中。演示程序使用了一个方向光源来表示太阳，并允许用户通过左、右、上、下 4 个方向键来控制光源的方位。这就是说，我们需要在每一帧中都重新计算阳光照射的方向，并将结果设置到渲染过程常量缓冲区内。

我们用球坐标 (ρ, θ, ϕ) 来追踪太阳的位置，但是，由于假设太阳距此是无限远的，所以径向距离 ρ 的取值是无关紧要的。这里设 $\rho = 1$，以此令太阳位于单位球面这一轨道之上，即用 $(1, \theta, \phi)$ 来表示太阳的朝向。而光的方向与太阳的朝向正相反。下列是用于更新太阳方位的相关代码。

```
float mSunTheta = 1.25f*XM_PI;
float mSunPhi = XM_PIDIV4;

void LitWavesApp::OnKeyboardInput(const GameTimer& gt)
{
  const float dt = gt.DeltaTime();

  if(GetAsyncKeyState(VK_LEFT) & 0x8000)
    mSunTheta -= 1.0f*dt;

  if(GetAsyncKeyState(VK_RIGHT) & 0x8000)
    mSunTheta += 1.0f*dt;

  if(GetAsyncKeyState(VK_UP) & 0x8000)
    mSunPhi -= 1.0f*dt;

  if(GetAsyncKeyState(VK_DOWN) & 0x8000)
    mSunPhi += 1.0f*dt;

  mSunPhi = MathHelper::Clamp(mSunPhi, 0.1f, XM_PIDIV2);
}

void LitWavesApp::UpdateMainPassCB(const GameTimer& gt)
{
    ...
  XMVECTOR lightDir = -MathHelper::SphericalToCartesian(1.0f,
    mSunTheta, mSunPhi);

  XMStoreFloat3(&mMainPassCB.Lights[0].Direction, lightDir);
  mMainPassCB.Lights[0].Strength = { 1.0f, 1.0f, 0.9f };

  auto currPassCB = mCurrFrameResource->PassCB.get();
```

```
currPassCB->CopyData(0, mMainPassCB);
}
```

注意

将 Light 数组放在渲染过程常量缓冲区中，就意味着在渲染过程中所用的光源不能超过 16 个（此值是程序能支持的最多光源数量）。这对小的演示程序来说没有什么影响。但是对于大型的游戏场景而言，这是远远不够的，我们应该可以想象得出：在游戏这一级别上的应用，会用到数以百计的光源遍布场景。而对于这种情况的一种解决方案是将 Light 数组置于物体常量缓冲区（per-object constant buffer）中。接下来，针对每个物体 O，我们可以在场景中搜寻会作用于它的光源，并将这些光源与此物体的常量缓冲区相绑定。如此一来，这些光源便会以它的光照范围（点光源是球体而聚光灯光源是圆锥体）来照射物体 O。除此之外，另一种常见的策略是使用延迟渲染（deferred rendering）或 Forward+渲染等技术。

8.14.4　更新根签名

为了实现光照，我们为着色器程序引入了一个新的材质常量缓冲区。为了支持这个新添加的常量缓冲区，就需要改写之前的根签名。正如物体常量缓冲区（per-object constant buffer）一样，对于材质常量缓冲区我们也使用了相应的根描述符，这样便可以绕过描述符堆而直接绑定常量缓冲区。

8.15　小结

1. 运用光照后，我们就不再指定每个顶点的颜色，取而代之的是要定义场景光源与每个顶点的材质。可将材质看作是确定光与物体表面如何互相交互的一种属性。通过对三角形表面每个顶点处的材质进行插值，即可获取三角形网格中每一个表面点处的材质数据。光照方程则根据光与表面材质之间的交互来计算观察者所见到的表面颜色。除此之外，光照方程还涉及一些其他的参数，如表面法线与观察点。

2. **曲面法线**（surface normal）是一种正交于曲面上某点切平面的单位向量。利用曲面法线可确定曲面上某点的"朝向"。针对光照计算，我们需要求出三角形网格曲面上每一点处的曲面法线，以此来确定光线照射到网格表面点处的角度。为了获取曲面法线，我们仅指定了顶点处的表面法线（vertex normal，所以也称为**顶点法线**）。接下来，为了获取三角形网格曲面上每一点处的曲面近似法线，需要在光栅化期间对三角形中的这些顶点法线进行插值。对于任意三角形网格来说，一般要通过一种叫作求法线平均值的计算方法来估算顶点法线。如果矩阵 A 可用于变换点与向量（非法向量），那么 $(A^{-1})^T$ 便可用于变换经非等比变换或剪切变换后的法线。

3. 平行光源（方向光）模拟了一种距被照物体极远的光源。据此，我们可以将入射光线看作是彼此平行的光线。方向光的一个现实实例是太阳向地球发射的光。点光源会向四周**各个方向**发光，它的一个现示例是电灯泡。聚光灯光源的发光范围是圆锥体，实际生活中的例子是家用电器手电筒。

4. 根据非涅耳效应可知，当光到达两种不同折射率介质之间的界面时，一部分光会被反射，其余的光则会折射入介质。反射的光量依赖于介质（某些材质的反射率要偏高一些）以及法向量 **n** 与光向量 **L** 之间的夹角 θ_i。考虑到这个过程的复杂性，以致完整的菲涅耳方程一般不会用于实时渲染，而是采用**石里克近似**（Schlick approximation）加以代替。

5. 现实世界中的反射物体一般不是理想镜面。纵然一个物体的表面看起来十分平滑，但在微观水平上来看它还是有一定的**粗糙度**（roughness）。我们可以认为理想的镜面粗糙度为 0，并且它的微观表面法线都与宏观表面法线指向相同的方向。随着粗糙度的增加，微观表面法线纷纷偏离宏观表面法线，并导致反射光逐渐扩展为**镜面瓣**（specular lobe）。

6. 环境光模拟了在场景中进行多次散射与反弹，并且按各个方向均等射向物体的间接光，因此它提供的是均匀光照。漫反射光模拟的是进入介质内部的光，它将在表面下进行散射，其中的一部分会被吸收，而剩下的光则将散射回表面。由于对表面下的散射过程建模比较困难，我们便假设从介质返回来的光在表面上光的入射点处向所有方向均等地散射。镜面光则模拟了根据菲涅耳效应与表面粗糙度而从表面反射的光。

8.16　练习

1. 修改本章的光照演示程序，使方向光源仅发出偏红色的光。此外，通过使用正弦函数令光的强度随时间函数而有规律地改变，继而使光按脉冲形式（明暗渐变）得以展现。利用带有特定色彩的闪烁光源可以很好地渲染出不同的游戏氛围，例如，闪烁的红光可用于表现气氛紧张的急救场面。

2. 修改本章光照演示程序中的材质粗糙度。

3. 修改前一章中的"Shapes"（多种不同的几何图形）演示程序，向其添加材质以及三点布光（three-point lighting，也译作三点打光、三点光照等）系统。三点布光系统常用于电影与摄影工作，它可以提供比单光源更佳的光照效果。该系统由三种光源构成，即称为**主光**（key light）的主要光源、通常在主光的侧面对准目标的**辅助光**（fill light，也称补光）以及**轮廓光**（back light，又称背光）。我们用三点布光的方式充当间接光照，可以比仅使用构成间接光照的环境光更好地诠释目标对象。在本示例中，请用 3 个方向光来构建三点布光系统，见图 8.29。

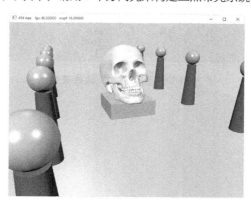

图 8.29　练习 3 解答方案的效果

4. 通过撤去三点布光，并在每个柱子上的球体中心添加一个点光源来修改练习 3 的解决方案。

5. 移除三点布光系统，通过向每个柱子上球体的中心添加一个聚光灯光源，并令它们向偏下方打光以修改练习 3 的解决方案。

6. 卡通风格光照的一个特点是颜色之间的过渡比较突兀（与大家通常喜闻乐见的平滑渐变刚好相反），从而塑造夸张的效果，如图 8.30 所示。这种光照一般可以通过计算 k_d 与 k_s 来得以实现，但是在像素着色器中使用这种光照之前，先要运用下列离散函数对这两个参数进行变换：

$$k_d' = f(k_d) = \begin{cases} 0.4 & 当 -\infty < k_d \leqslant 0.0 时 \\ 0.6 & 当 \ 0.0 < k_d \leqslant 0.5 时 \\ 1.0 & 当 \ 0.5 < k_d \leqslant 1.0 时 \end{cases}$$

$$k_s' = g(k_s) = \begin{cases} 0.0 & 当 \ 0.0 < k_s \leqslant 0.1 时 \\ 0.5 & 当 \ 0.1 < k_s \leqslant 0.8 时 \\ 0.8 & 当 \ 0.8 < k_s \leqslant 1.0 时 \end{cases}$$

请用这种卡通着色的方式来修改本章的光照演示程序。（注意，上述函数 f 与 g 只是便于上手的示例函数，我们可以根据预期的结果而自行调整。其中，$k_d = \max(L \cdot n, 0)$，$k_s = \begin{cases} \max(n \cdot h, 0)^m, & L \cdot n > 0 \\ 0, & L \cdot n \leqslant 0 \end{cases}$）再将 k_d 与 k_s 代回式 8.4 即可求出光照的颜色值。其实关键点就在于函数 f 与 g，它们将原本的渐变过程减少为上述的若干种组合。

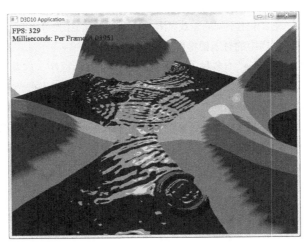

图 8.30　卡通光照效果的效果截图

第**9**章
纹理贴图

我们的演示程序开始变得越发有趣了，但是，这现实世界中的物体往往却要比物体常量缓冲区中可捕获的材质有着更加丰富的细节。**纹理贴图**（texture mapping，也译作纹理映射）就是这样一种将图像数据映射到网格三角形上的技术，可以使我们为场景增添更多的细节，令它更具真实感。例如，我们可以构建一个立方体，再将板条箱的纹理映射到它的每个面上，使它看起来像个木质的货物箱（见图 9.1）。

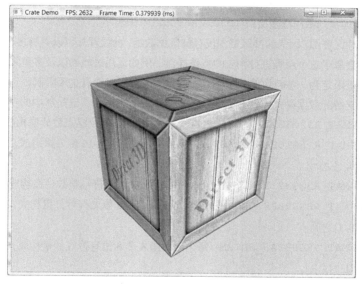

图 9.1　以映射有板条箱纹理的立方体创建的货物箱例程

学习目标：

1. 学习如何将局部纹理映射到网格三角形上。
2. 探究如何创建和启用纹理。
3. 学会如何通过纹理过滤来创建更为平滑的图像效果。
4. 探索如何用寻址模式来进行多次贴图。
5. 探究如何将多个纹理进行组合，从而创建出新的纹理与特效。
6. 学习如何通过纹理动画来创建一些基本效果。

9.1　纹理与资源的回顾

回顾前文可知，其实我们自第 4 章起就已经开始使用纹理了。特别是深度缓冲区与后台缓冲区，它们都是通过 ID3D12Resource 接口表示，并以 D3D12_RESOURCE_DESC::Dimension 成员中的 D3D12_RESOURCE_DIMENSION_TEXTURE2D 类型来描述的 2D 纹理对象。为了便于参考，在本节中，我们先来重温在第 4 章里已经讨论过的与纹理相关的知识。

2D 纹理是一种由特定数据元素所构成的矩阵[①]，它的用处之一即是存储 2D 图像数据，纹理中的每个元素都存储着对应像素的颜色。但是，这并不是它唯一的用途，比如说，在一种称为法线贴图的高级技术中，每个纹理元素都存储的是一个 3D 向量而非颜色数据。因而，尽管一提及纹理给人的第一印象是用以存储图像数据的资源，但实际上它具有更广泛的用处。1D 纹理（D3D12_RESOURCE_DIMENSION_TEXTURE1D）与 3D 纹理（D3D12_RESOURCE_DIMENSION_TEXTURE3D）就像由数据元素构成的 1D、3D 数组。而 1D、2D 以及 3D 纹理实则都用泛型接口 ID3D12Resource 来表示。

纹理不同于缓冲区资源，因为缓冲区资源仅存储数据数组，而纹理却可以具有多个 mipmap 层级（后文有介绍），GPU 会基于这个层级进行相应的特殊操作，例如运用过滤器以及多重采样。支持这些特殊操作纹理的资源都被限定为一些特定的数据格式。而缓冲区资源就没有这项限制，它们可以存储任意类型的数据。纹理所支持的数据格式由枚举类型 DXGI_FORMAT 来表示。这是其中的一些格式示例：

1. DXGI_FORMAT_R32G32B32_FLOAT：每个元素由 3 个 32 位浮点数分量构成。
2. DXGI_FORMAT_R16G16B16A16_UNORM：每个元素由 4 个 16 位分量组成，每个分量都将被映射到范围[0, 1]之间。
3. DXGI_FORMAT_R32G32_UINT：每个元素由 2 个 32 位无符号整数分量构成。
4. DXGI_FORMAT_R8G8B8A8_UNORM：每个元素由 4 个 8 位无符号分量构成，每个分量都将被映射到范围[0, 1]之间。
5. DXGI_FORMAT_R8G8B8A8_SNORM：每个元素由 4 个 8 位有符号分量构成，每个分量都将被映射到范围[-1, 1]之间。
6. DXGI_FORMAT_R8G8B8A8_SINT：每个元素由 4 个 8 位有符号整数分量构成，每个分量都将被映射到范围[-128, 127]之间。
7. DXGI_FORMAT_R8G8B8A8_UINT：每个元素由 4 个 8 位无符号整数分量构成，每个分量都将被映射到范围[0, 255]之间。

顾名思义，R、G、B、A 这 4 个字母分别用于表示红色、绿色、蓝色以及 alpha 值。然而，正如前面所说，纹理不一定要存储颜色信息。例如，格式

DXGI_FORMAT_R32G32B32_FLOAT

具有 3 个浮点数分量，因此它能够存储一个 3D 向量的浮点坐标（并不是颜色向量）。还有一种**无类型**

---

① 排除一些特殊的情况，这里所说的"矩阵"可看作是存有纹理数据元素的 2D 数组。

（typeless）格式，我们仅用它来预留一块内存，并要在稍后将纹理绑定到渲染流水线的时候指出如何重新解释其中的数据（有点像类型强制转换）。例如，下列无类型格式就为每个元素预留了 4 个 8 位分量，但是并没有指定其具体的数据类型（如整数、浮点数、无符号整数等）：

```
DXGI_FORMAT_R8G8B8A8_TYPELESS
```

注意

 DirectX 11 SDK 文档中提到：“以某种具体类型创建的资源，其格式是不能更改的。这将使该资源在运行时的访问得以优化 [……]。”因此，我们应当只在不得已的情况下才使用无类型资源，否则就用具体的类型来创建资源。

　　一个纹理可以绑定到渲染流水线的不同阶段，一个常见的例子是既可将一纹理用作渲染目标（即 Direct3D 中的渲染到纹理技术），又能把它作为着色器资源（即在着色器中对该纹理进行采样）。一个纹理可以当作渲染目标，也可以充当着色器资源，但是不能同时“身兼数职”。将数据渲染到一个纹理后，再用它作为着色器资源，这种方法称为**渲染到纹理**（render-to-texture），本书的后面会用此技术来实现一些有趣的特效。要使纹理扮演渲染目标与着色器资源这两种角色，我们就需要为此纹理资源创建两个描述符：一个存于渲染目标堆中（以 D3D12_DESCRIPTOR_HEAP_TYPE_RTV 描述），另一个位于着色器资源堆中（以 D3D12_DESCRIPTOR_HEAP_TYPE_CBV_SRV_UAV 描述。注意，从着色器资源堆的枚举名称中能够看出，它也可以存储常量缓冲区视图描述符以及无序访问视图描述符）。接下来，我们便可以把该资源绑定为渲染目标，或者作为着色器的输入与根签名中的根参数相绑定（当然，这两种身份并不能同时共存）：

```
// 绑定为渲染目标
CD3DX12_CPU_DESCRIPTOR_HANDLE rtv = ...;
CD3DX12_CPU_DESCRIPTOR_HANDLE dsv = ...;
cmdList->OMSetRenderTargets(1, &rtv, true, &dsv);

// 以着色器输入的名义绑定到根参数
CD3DX12_GPU_DESCRIPTOR_HANDLE tex = ...;
cmdList->SetGraphicsRootDescriptorTable(rootParamIndex, tex);
```

　　资源描述符实际上做了两件事：它们通知 Direct3D 这些资源将被如何使用（即我们将资源绑定到流水线的哪个阶段）。如果以无类型格式来创建资源，那么我们一定要在为它创建视图时指定其具体类型。这样一来，若使用了无类型格式，我们就能在某个流水线阶段中将纹理的元素视为浮点值，而在另一流水线步骤中将该纹理的元素视为整数，这一过程其实就相当于对数据进行强制转换。

　　在本章中，我们只探讨将纹理绑定为着色器资源，据此，像素着色器就能对纹理进行采样并处理其中表示颜色的像素数据。

9.2　纹理坐标

　　Direct3D 所采用的纹理坐标系，是由指向图像水平正方向的 u 轴与指向图像垂直正方向的 v 轴所组成的。取值范围为 $0 \leq u, v \leq 1$ 的坐标(u, v)标定的是一种称为**纹素**（texel）的纹理元素。观察图 9.2 可以发现，v 轴的正方向指向图像的"正下"方。此外，还可以看出纹理坐标采用的是归一化坐标区间[0, 1]，通过这种方式便可令 Direct3D 的工作摆脱具体纹理尺寸的干扰。例如，无论纹理实际的大小是 256×256 像素、512×1024 像素还是 2048×2048 像素，纹理坐标(0.5, 0.5)总是表示纹理正中间的纹素；坐标(0.25, 0.75)总是表示在纹理中，位于水平方向总宽度1/4、垂直方向总高度3/4处的纹素。目前所讨论的纹理坐标都是在区间[0, 1]之内，在后面，我们会解释若超出了此范围会发生什么。

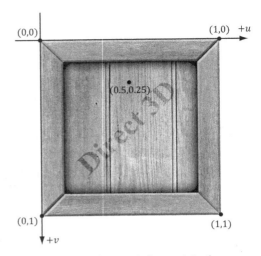

图 9.2　图中所示的是纹理坐标系，有时也被称为纹理空间[①]

对于每个 3D 三角形来说，我们希望在将要映射于其上的纹理中定义出与之对应的三角形（见图 9.3）。设 p_0、p_1 以及 p_2 为 3D 三角形的 3 个顶点，它们分别对应于纹理坐标 q_0、q_1 与 q_2。针对 3D 三角形上任意一点(x, y, z)处的纹理坐标(u, v)，我们都可以通过与 3D 三角形坐标插值所用的相同参数 s、t，对顶点纹理坐标进行线性插值来求得。这就是说，如果：

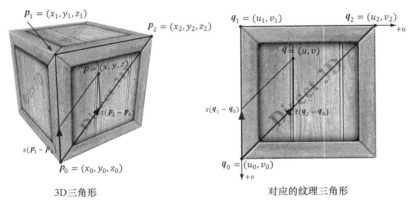

3D三角形　　　　　　　　　　对应的纹理三角形

图 9.3　左侧的三角形位于 3D 空间，我们将把右侧纹理上的 2D 三角形映射到左侧的 3D 三角形上

$$(x, y, z) = p = p_0 + s(p_1 - p_0) + t(p_2 - p_0)$$

当 $s \geq 0, t \geq 0, s + t \leq 1$ 时，那么，

$$(u, v) = q = q_0 + s(q_1 - q_0) + t(q_2 - q_0)$$

依此方法便可求出三角形上每个点处的对应纹理坐标。

为了实现此计算过程，我们需要再次修改顶点结构体，为它添加一个纹理坐标以标识纹理上的点。此时，每个 3D 顶点就有了与之对应的 2D 纹理顶点。这样一来，用于定义 3D 三角形的 3 个顶点，也在

[①] 纹理空间这个提法不太好，容易与第 19.3 节中的切空间（亦称纹理空间）混淆。

纹理坐标系中定义了一个 2D 三角形（即我们要为每个 3D 三角形关联一个 2D 纹理）。

```
struct Vertex
{
  DirectX::XMFLOAT3 Pos;
  DirectX::XMFLOAT3 Normal;
  DirectX::XMFLOAT2 TexC;
};

std::vector<D3D12_INPUT_ELEMENT_DESC> mInputLayout =
{
  { "POSITION", 0, DXGI_FORMAT_R32G32B32_FLOAT, 0, 0,
  D3D12_INPUT_CLASSIFICATION_PER_VERTEX_DATA, 0 },
  { "NORMAL", 0, DXGI_FORMAT_R32G32B32_FLOAT, 0, 12,
  D3D12_INPUT_CLASSIFICATION_PER_VERTEX_DATA, 0 },
  { "TEXCOORD", 0, DXGI_FORMAT_R32G32_FLOAT, 0, 24,
  D3D12_INPUT_CLASSIFICATION_PER_VERTEX_DATA, 0 },
};
```

注意

Note 我们也可以创建与 3D 三角形在形状上有较大差异的 2D 纹理三角形来进行"特殊"的纹理贴图。如此一来，在 2D 纹理映射到 3D 三角形的过程中，所产生的拉伸与扭曲现象会令贴图的效果看上去不那么尽如人意。例如，将一个锐角三角形映射到一个直角三角形的时候就需要进行上述的拉伸操作。一般来讲，应尽量避免使纹理受到扭曲，除非贴图师（texture artist）希望获得拉伸的效果，故意而为之。

在图 9.3 中，我们将纹理图像一丝不差地映射到了立方体的每一个表面之上。然而这并不是唯一的选择：我们可以只向几何体映射部分纹理。事实上，我们也能够将几个并无关联的图像合为一个大的纹理图（这被称为**纹理图集**，texture atlas），再将它应用于若干不同的物体（见图 9.4）。此时，纹理坐标将用于确定纹理的哪一部分将被映射到目标三角形上。

图 9.4　图中的纹理图集用一个大纹理存储了 4 种子纹理。此时，要通过为每个顶点所设置的纹理坐标来确定将要映射到目标几何体上的局部纹理

9.3　纹理数据源

贴图师通常会借助 Photoshop 或一些其他的图像编辑器为游戏制作纹理，最后再将它们保存为某种格式的图像文件，如 BMP、DDS、TGA 或 PNG 等。随后，游戏应用程序会在加载期间将图像文件载入 `ID3D12Resource` 对象。对于实时图形应用程序来说，DDS 图像文件格式（DirectDraw 图面格式，DirectDraw Surface format，DDS）是一种尚佳的选择：除了支持 GPU 可原生处理的各种图像格式，它还支持一些 GPU 自身就可解压的压缩图像格式。

注意

> 贴图师们不宜将 DDS 格式当作工作过程中所用的图像格式，而是应当用他们认为更加顺手的格式来保存工作进程。待纹理最终完成后，再为游戏应用程序把它导出为 DDS 格式。

9.3.1　DDS 格式概述

DDS 对于 3D 图形来说是一种理想的格式，因为它支持一些专用于 3D 图形的特殊格式以及纹理类型。从本质上来讲，它实为一种针对 GPU 而专门设计的图像格式。例如，DDS 纹理满足用于 3D 图形开发的以下特征：

1. mipmap。
2. GPU 能自行解压的压缩格式。
3. 纹理数组。
4. 立方体图（cube map，也有译作立方体贴图）。
5. 体纹理（volume texture，也有译作体积纹理、立体纹理等）。

DDS 格式能够支援不同的像素格式。像素格式由枚举类型 `DXGI_FORMAT` 中的成员来表示，但是并非所有的格式都适用于 DDS 纹理。非压缩图像数据一般会采用下列格式。

1. `DXGI_FORMAT_B8G8R8A8_UNORM` 或 `DXGI_FORMAT_B8G8R8X8_UNORM`：适用于低动态范围（low-dynamic-range）图像。
2. `DXGI_FORMAT_R16G16B16A16_FLOAT`：适用于高动态范围（high-dynamic-range）图像。

随着虚拟场景中纹理数量的大幅增长，对 GPU 端显存的需求也在迅速增加（还记得吗，我们需要将所有的纹理都置于显存当中，以便在程序中快速地运用这些资源）。为了缓解这些内存的需求压力，Direct3D 支持下列几种压缩纹理格式（也称作块压缩，block compression）。

1. BC1（`DXGI_FORMAT_BC1_UNORM`）：如果我们需要将图片压缩为支持 3 个颜色通道和仅有 1 位（开/关）alpha 分量的格式，则使用此格式。
2. BC2（`DXGI_FORMAT_BC2_UNORM`）：如果我们需要将图片压缩为支持 3 个颜色通道和仅有 4 位 alpha 分量的格式，则应用此格式。

3. BC3(`DXGI_FORMAT_BC3_UNORM`)：如果我们需要将图片压缩为支持 3 个颜色通道和 8 位 alpha 分量的格式，则采用此格式。

4. BC4（ `DXGI_FORMAT_BC4_UNORM` ）：如果我们需要将图片压缩为仅含有 1 个颜色通道的格式（如灰度图像），则运用此格式。

5. BC5（ `DXGI_FORMAT_BC5_UNORM` ）：如果我们需要将图片压缩为只支持 2 个颜色通道的格式，则使用此格式。

6. BC6（ `DXGI_FORMAT_BC6H_UF16` ）：如果我们需要将图片压缩为 HDR（高动态范围）图像数据，则应用此格式。

7. BC7（ `DXGI_FORMAT_BC7_UNORM` ）：此格式用于对 RGBA 数据进行高质量的压缩。特别是，此格式可极大地减少因压缩法线图而造成的误差。

注意

 经压缩后的纹理只能用于输入到渲染流水线中的着色器阶段，而不能作为渲染目标。

注意

 由于块压缩算法（block compression algorithm）要以 4×4 的像素块为基础进行处理，所以纹理的尺寸必须为 4 的倍数。

再次重申，这些格式的优点是可以使图像以压缩的形式存于显存之中，而在需要时，GPU 便能动态地对它们进行解压。将纹理压缩为 DDS 文件还有另一个好处，即更节省硬盘空间。

9.3.2 创建 DDS 文件

如果身为图形方面的编程新手，可能会对 DDS 比较陌生，因此会更多地使用如 BMP、TGA 或 PNG 这样的图像格式。下面介绍两种可以将传统图像格式转换为 DDS 格式的方法。

1. NVIDIA 公司为 Adobe Photoshop 提供了一款可以将图像导出为 DDS 格式的插件。该插件现存于 https://developer.nvidia.com/nvidia-texture-tools-adobe-photoshop。此插件还有一些其他选项，可供用户指定 DDS 文件的 `DXGI_FORMAT` 格式，或生成 mipmap 等。

2. 微软公司提供了一个名为 texconv 的命令行工具，该工具能将传统的图像格式转换为 DDS 文件。另外，*texconv* 程序还有更多的其他功能，如调整图像大小、改变像素格式、生成 mipmap 等。可以在网站 https://directxtex.codeplex.com/wikipage?title=Texconv&referringTitle= ocumentation 找到它的文档与下载链接。

下面的示例展示了向 *texconv* 程序输入一个 BMP 文件 bricks.bmp，并通过它来输出格式为 BC3_UNORM 且具有一个 mipmap 链（链中共有 10 个 mipmap）的 DDS 文件 bricks.dds。

```
texconv -m 10 -f BC3_UNORM bricks.bmp
```

注意

微软公司还提供了另一个名为 *texassemble* 的命令行工具，该工具常被用于创建存有纹理数组、体纹理或立方体图的 DDS 文件。本书的后面会用到此工具[①]。

注意

Visual Studio 2015 中内置了一个支持 DDS 以及其他常见格式的内置图像编辑器。我们可以将图片拖入 Visual Studio 2015，它便会自动用此编辑器将图像打开。对于 DDS 文件而言，我们可以在此编辑器中查看 mipmap 层级、修改 DDS 格式以及考察各种颜色通道等信息。

9.4　创建以及启用纹理

9.4.1　加载 DDS 文件

微软公司提供了一组用来加载 DDS 文件的轻量级源代码。

但是，在写下这段话的时候，此代码仅支持 DirectX 11[②]。我们在此修改了 DDSTextureLoader.h/cpp 文件，专为 DirectX 12 提供了一个新加的读取 DDS 文件的方法（这两个已修改的文件可以在 DVD 或供读者下载的源文件中的 Common 文件夹内找到）。

```
HRESULT DirectX::CreateDDSTextureFromFile12(
  _In_ ID3D12Device* device,
  _In_ ID3D12GraphicsCommandList* cmdList,
  _In_z_ const wchar_t* szFileName,
  _Out_ Microsoft::WRL::ComPtr<ID3D12Resource>& texture,
  _Out_ Microsoft::WRL::ComPtr<ID3D12Resource>& textureUploadHeap);
```

1. device：指向用于创建纹理资源的 D3D 设备的指针。
2. cmdList：提交 GPU 命令（例如，将纹理数据从上传堆复制到默认堆的命令）的命令列表。
3. szFileName：欲加载的图像文件名。
4. texture：返回载有图像数据的纹理资源。
5. textureUploadHeap：返回的纹理资源，在此，将它当作一个上传堆，用于将图像数据复制

---

① 最新版的 texconv 与 texassemble 工具可从微软 GitHub 上名为 DirectXTex 的工程中找到。
② 在翻译这段话的时候，已有支持 DirectX 12 的相关代码了。读者可在微软的 GitHub 中查找 DirectXTK12，其中有对应版本的 DDSTextureLoader.h/cpp 文件。

到默认堆中的纹理资源。在 GPU 完成其上述复制命令之前，不能销毁该资源。

为了用名为 WoodCreate01.dds 的图像来创建一个对应的纹理，应按照如下方式编写代码：

```
struct Texture
{
  // 为了便于查找而所用的唯一材质名
  std::string Name;

  std::wstring Filename;

  Microsoft::WRL::ComPtr<ID3D12Resource> Resource = nullptr;
  Microsoft::WRL::ComPtr<ID3D12Resource> UploadHeap = nullptr;
};

auto woodCrateTex = std::make_unique<Texture>();
woodCrateTex->Name = "woodCrateTex";
woodCrateTex->Filename = L"Textures/WoodCrate01.dds";
ThrowIfFailed(DirectX::CreateDDSTextureFromFile12(
  md3dDevice.Get(), mCommandList.Get(),
  woodCrateTex->Filename.c_str(),
  woodCrateTex->Resource, woodCrateTex->UploadHeap));
```

9.4.2　着色器资源视图堆

创建了纹理资源后，我们还需为它再创建一个 SRV（着色器资源视图）描述符，并将其设置到一个根签名参数槽(root signature parameter slot)，以供着色器程序使用。为此，首先要用 ID3D12Device::CreateDescriptorHeap 函数来创建描述符堆，借此存储 SRV 描述符。下面的代码构建了一个可容纳 3 个类型为 CBV、SRV 或 UAV 描述符的描述符堆，并使之在着色器中可见（即可供着色器使用）：

```
D3D12_DESCRIPTOR_HEAP_DESC srvHeapDesc = {};
srvHeapDesc.NumDescriptors = 3;
srvHeapDesc.Type = D3D12_DESCRIPTOR_HEAP_TYPE_CBV_SRV_UAV;
srvHeapDesc.Flags = D3D12_DESCRIPTOR_HEAP_FLAG_SHADER_VISIBLE;
ThrowIfFailed(md3dDevice->CreateDescriptorHeap(
  &srvHeapDesc, IID_PPV_ARGS(&mSrvDescriptorHeap)));
```

9.4.3　创建着色器资源视图描述符

一旦创建了 SRV 堆，便可创建真正的描述符。我们通过填写 D3D12_SHADER_RESOURCE_VIEW_DESC 对象来描述 SRV 描述符，该结构体详述了资源的类型以及其他的信息，如格式、维数、mipmap 数量等。

```
typedef struct D3D12_SHADER_RESOURCE_VIEW_DESC
{
  DXGI_FORMAT Format;
  D3D12_SRV_DIMENSION ViewDimension;
  UINT Shader4ComponentMapping;
```

```
union
{
  D3D12_BUFFER_SRV Buffer;
  D3D12_TEX1D_SRV Texture1D;
  D3D12_TEX1D_ARRAY_SRV Texture1DArray;
  D3D12_TEX2D_SRV Texture2D;
  D3D12_TEX2D_ARRAY_SRV Texture2DArray;
  D3D12_TEX2DMS_SRV Texture2DMS;
  D3D12_TEX2DMS_ARRAY_SRV Texture2DMSArray;
  D3D12_TEX3D_SRV Texture3D;
  D3D12_TEXCUBE_SRV TextureCube;
  D3D12_TEXCUBE_ARRAY_SRV TextureCubeArray;
};
} D3D12_SHADER_RESOURCE_VIEW_DESC;

typedef struct D3D12_TEX2D_SRV
{
  UINT MostDetailedMip;
  UINT MipLevels;
  UINT PlaneSlice;
  FLOAT ResourceMinLODClamp;
} D3D12_TEX2D_SRV;
```

对于 2D 纹理来说，我们只关心联合体中的 D3D12_TEX2D_SRV 部分。

1. Format：视图的格式。如果待创建视图的资源有具体的格式，即并非以无类型（typeless）的格式创建而成），就用此资源的 DXGI_FORMAT 格式来填写此参数。如果是通过无类型的 DXGI_FORMAT 来创建该资源的，则一定要在此为视图填写具体的类型，只有这样 GPU 才能知道怎样解释并处理这一数据。

2. ViewDimension：资源的维数。目前我们只使用 2D 纹理，所以将此参数指定为 D3D12_SRV_DIMENSION_TEXTURE2D。以下是几种常见的纹理维数：

    （a）D3D12_SRV_DIMENSION_TEXTURE1D：资源为 1D 纹理。

    （b）D3D12_SRV_DIMENSION_TEXTURE3D：资源为 3D 纹理。

    （c）D3D12_SRV_DIMENSION_TEXTURECUBE：资源为立方体纹理（cube texture）。

3. Shader4ComponentMapping：在着色器中对纹理进行采样时，它将返回特定纹理坐标处的纹理数据向量。这个字段提供了一种方法，可以将采样时所返回的纹理向量中的分量进行重新排序。例如，可以用此字段将红色分量与绿色分量互换。该方法常用于一些特殊的场合，但本书中并不涉及这些情景。因此，只要将它指定为 D3D12_DEFAULT_SHADER_4_COMPONENT_MAPPING 即可。这样一来，向量分量的顺序将不会改变，它会以纹理资源中默认的数据顺序直接返回。

4. MostDetailedMip：指定此视图中图像细节最详尽的 mipmap 层级的索引。此参数的取值范围在 0 与 MipLevels−1 之间。

5. MipLevels：自 MostDetailedMip 算起，待创建视图的 mipmap 层级数量。通过将这个字段与 MostDetailedMip 配合起来，我们就能够指定此视图 mipmap 层级的连续子范围。可以将此字段设置为−1，用来表示自 MostDetailedMip 始至最后一个 mipmap 层级之间的所有 mipmap 级别。

6. PlaneSlice：平面切片的索引（详见 12.3.4 小节纹理子资源）。

7. ResourceMinLODClamp：指定可以访问的最小 mipmap 层级。设置为 0.0 表示可以访问所有的 mipmap 层级。将此参数指定为 3.0，则表示可以访问从 3.0 到 MipCount−1 的 mipmap 层级。

接下来，让我们构建 3 个资源描述符来填充在上一小节中所创建的描述符堆。

```
// 假设已创建下列 3 个纹理资源
// ID3D12Resource* bricksTex;
// ID3D12Resource* stoneTex;
// ID3D12Resource* tileTex;

// 获取指向描述符堆起始处的指针
CD3DX12_CPU_DESCRIPTOR_HANDLE hDescriptor(
  mSrvDescriptorHeap->GetCPUDescriptorHandleForHeapStart());

D3D12_SHADER_RESOURCE_VIEW_DESC srvDesc = {};
srvDesc.Shader4ComponentMapping = D3D12_DEFAULT_SHADER_4_COMPONENT_MAPPING;
srvDesc.Format = bricksTex->GetDesc().Format;
srvDesc.ViewDimension = D3D12_SRV_DIMENSION_TEXTURE2D;
srvDesc.Texture2D.MostDetailedMip = 0;
srvDesc.Texture2D.MipLevels = bricksTex->GetDesc().MipLevels;
srvDesc.Texture2D.ResourceMinLODClamp = 0.0f;
md3dDevice->CreateShaderResourceView(bricksTex.Get(), &srvDesc, hDescriptor);

// 偏移到堆中的下一个描述符处
hDescriptor.Offset(1, mCbvSrvDescriptorSize);

srvDesc.Format = stoneTex->GetDesc().Format;
srvDesc.Texture2D.MipLevels = stoneTex->GetDesc().MipLevels;
md3dDevice->CreateShaderResourceView(stoneTex.Get(), &srvDesc, hDescriptor);

// 偏移到堆中的下一个描述符处
hDescriptor.Offset(1, mCbvSrvDescriptorSize);

srvDesc.Format = tileTex->GetDesc().Format;
srvDesc.Texture2D.MipLevels = tileTex->GetDesc().MipLevels;
md3dDevice->CreateShaderResourceView(tileTex.Get(), &srvDesc, hDescriptor);
```

9.4.4 将纹理绑定到流水线

至此，我们在每次绘制调用时所指定的材质，都是由材质常量缓冲区来进行更新的。这就意味着在绘制调用的过程中，所有的几何体都将使用同一组材质数据。这对程序而言是一种极大的限制，因为我们将不能动态地指定每个像素的材质，继而导致场景细节的缺失。纹理映射技术的想法是用纹理图（texture map）来取代材质常量缓冲区以获取材质数据。这将使每个像素的数据都是灵活可变化的，从而为场景增添更丰富的细节与几分真实感。

在本节中，我们将添加漫反射反照率纹理图（diffuse albedo texture map），以此来给出材质的漫反射反照率分量。影响材质的两个数值 gFresnelR0 与 gRoughness 仍将在每次绘制调用时由材质常量缓冲区来指定。而在第 19 章中，我们会介绍如何借助纹理在像素层级指定粗糙度。注意，在使用纹理贴图时，我们仍需在材质常量缓冲区中保留 gDiffuseAlbedo 分量。事实上，我们在像素着色器中会以下列方式令纹理漫反射反照率数据与 DiffuseAlbedo 相组合：

```
// 从纹理中提取此像素的漫反射反照率
float4 texDiffuseAlbedo = gDiffuseMap.Sample(
  gsamAnisotropicWrap, pin.TexC);

// 将纹理样本与常量缓冲区中的反照率相乘
float4 diffuseAlbedo = texDiffuseAlbedo * gDiffuseAlbedo;
```

我们通常设 DiffuseAlbedo=(1,1,1,1)，从而使 texDiffuseAlbedo 不会发生改变。但是，有时对 DiffuseAlbedo 进行适当的调整却可以避免制作新的纹理，来看下这种情况：假设有一个砖块纹理，若贴图师希望使它的色调略显偏蓝，便可以通过设置 DiffuseAlbedo=(0.9,0.9,1,1) 削减其中的红色与绿色成分来达到这个目的。

我们向材质的定义中添加了一个索引，借此引用了与此材质相关联的纹理描述堆中的一个 SRV：

```
struct Material
{
  ...

  // 漫反射纹理在 SRV 堆中的索引
  int DiffuseSrvHeapIndex = -1;

  ...
};
```

接下来，假设根签名被定义为需要把由着色器资源视图构成的描述符表绑定到第 0 个槽处，那么，我们便可以通过下列代码来使用纹理绘制渲染项：

```
void CrateApp::DrawRenderItems(
  ID3D12GraphicsCommandList* cmdList,
  const std::vector<RenderItem*>& ritems)
{
  UINT objCBByteSize = d3dUtil::CalcConstantBufferByteSize(sizeof(
    ObjectConstants));
  UINT matCBByteSize = d3dUtil::CalcConstantBufferByteSize(sizeof(
    MaterialConstants));

  auto objectCB = mCurrFrameResource->ObjectCB->Resource();
  auto matCB = mCurrFrameResource->MaterialCB->Resource();

  // 对于每个渲染项而言……
  for(size_t i = 0; i < ritems.size(); ++i)
  {
    auto ri = ritems[i];

    cmdList->IASetVertexBuffers(0, 1, &ri->Geo->VertexBufferView());
    cmdList->IASetIndexBuffer(&ri->Geo->IndexBufferView());
    cmdList->IASetPrimitiveTopology(ri->PrimitiveType);

    CD3DX12_GPU_DESCRIPTOR_HANDLE tex(
      mSrvDescriptorHeap->GetGPUDescriptorHandleForHeapStart());
```

```
      tex.Offset(ri->Mat->DiffuseSrvHeapIndex, mCbvSrvDescriptorSize);

      D3D12_GPU_VIRTUAL_ADDRESS objCBAddress =
        objectCB->GetGPUVirtualAddress() +
        ri->ObjCBIndex*objCBByteSize;
      D3D12_GPU_VIRTUAL_ADDRESS matCBAddress =
        matCB->GetGPUVirtualAddress() +
        ri->Mat->MatCBIndex*matCBByteSize;

      cmdList->SetGraphicsRootDescriptorTable(0, tex);
      cmdList->SetGraphicsRootConstantBufferView(1, objCBAddress);
      cmdList->SetGraphicsRootConstantBufferView(3, matCBAddress);

      cmdList->DrawIndexedInstanced(ri->IndexCount,
        1, ri->StartIndexLocation,
        ri->BaseVertexLocation, 0);
    }
  }
```

注意

Note　　　实际上，纹理资源可以运用于任何着色器（如顶点着色器、几何着色器与像素着色器）。而我们暂时只将它应用于像素着色器。正如之前所述，纹理在本质上是种支持 GPU 特殊操作的特别数组，因此不难想象，它们在其他的着色器程序中也能发挥巨大的作用。

注意

Note　　　由于纹理图集可以在一次绘制调用中渲染出多个几何体，因此可以将它用于优化性能。比如说，假设我们使用了图 8.4 中含有板条箱、草地以及砖块等纹理的纹理图集。接着，通过将每个物体的纹理坐标调整至其相应的子纹理，我们就能将所有的几何体都放置在一个渲染项（假设每个物体都没有其他需要修改的参数）中。通过与 Direct3D 的早期版本进行比较，我们可以发现 Direct3D 12 已大幅度降低了渲染过程中的开销。尽管如此，由于绘制调用的过程中依然会产生开销，因而仍需要这类技术，以期将绘制调用的次数降到最少。

9.5　过滤器[①]

9.5.1　放大

我们可以将纹理图中的元素看作是从连续图像中采集的离散颜色样本，但并不应认为它们是有着特定面积大小的矩形。所以，当前的疑问是：如果在纹理坐标(u, v)处没有与之对应的纹素点究竟会发生什

---

① 过滤器，即 filter。由于纹理过滤以及后面会提到的高斯模糊等（其实还包括反锯齿等许多与图形相关的技术）在本质上都运用的是信号处理技术，因此有时将其译作 "滤波器"。考虑到从效果上来划分的话，有时也称高斯模糊等为 "滤镜"。

么？这个问题有可能在下述情景中发生：假设玩家慢慢靠近了场景中的一堵墙壁，则墙壁将逐渐放大并占据完整的镜头。为了便于说明问题，这里假设显示器的分辨率为 1024×1024，而且墙壁纹理的分辨率为 256×256。由此就产生了**纹理放大**（magnification）的概念——我们试图用少量纹素来覆盖大量的像素。在上述示例中，每个纹素点之间都列有 4 个像素。当在三角形中对顶点纹理坐标进行插值时，每个像素都将得到其唯一的纹理坐标。如此一来，就有可能发生没有纹素点与纹理坐标处的像素相对应的情况（纹理与像素分辨率不匹配所造成）。对此，我们可以对纹素之间的颜色数据进行插值估算，从而获得指定纹素处的颜色信息。图形硬件往往会支持常数插值（constant interpolation，也有译作常量插值）与线性插值（linear interpolation）两种插值方法。在实践中，线性插值的使用更为普遍。

图 9.5 详细地描述了这两种方法在 1D 情况下的使用过程：假设我们有一个内含 256 个样本的 1D 纹理，并且某个插值纹理坐标为 $u = 0.126484375$，所以此归一化纹理坐标就对应于 $0.126484375 \times 256 = 32.38$ 处的纹素。显而易见，此值实际位于两个纹素样本之间，所以我们必须通过插值这一手段来求取它的近似值。

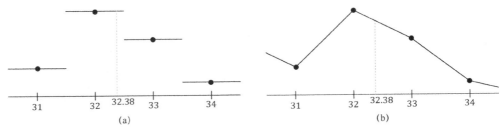

图 9.5　图 a 中，若给出了纹素点，我们便可以通过构建分段常量函数来求出纹素点之间某处的近似值。由于得到的近似值为最近纹素点的取值，所以这种方法有时被称为**最近邻点采样**（nearest neighbor point sampling）。图 b 中，若给出了纹素点，我们便可以通过构建分段线性函数来求出纹素点之间某处的近似值

　　2D 线性插值又称为双线性插值（bilinear interpolation），其处理流程如图 9.6 所示：给出四个纹素之间的一个纹理坐标，先在水平方向 u 上进行两次 1D 线性插值（求出 c_T 与 c_B），后在垂直方向 v 上再进行一次 1D 内插（求取 c）。

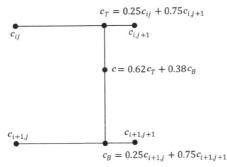

图 9.6　图中给出了 4 个纹素点，分别为 $c_{i,j}$、$c_{i,j+1}$、$c_{i+1,j}$、$c_{i+1,j+1}$。我们希望通过插值方法，近似地求出这 4 个纹素点之间的纹素点 c 的颜色。在此例中，c 位于 $c_{i,j}$ 右侧的 0.75 单位处以及 $c_{i,j}$ 下侧的 0.38 单位处。我们首先对上侧两个纹素点的颜色进行插值，以求出 c_T。接着对下侧两个纹素点的颜色进行插值来求出 c_B。最后，我们再对 c_T 与 c_B 进行 1D 线性插值来求取 c

图 9.7 所示为常数插值与线性插值的差别。正如我们所看到的，用常数插值的方法会产生块状的模糊图像。线性插值的效果虽然相对更加平滑，但是经过插值所得到的数据仍不如真实数据（如更高分辨率的纹理）来得完美。

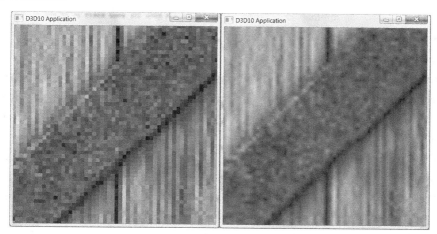

图 9.7　由于玩家走近了具有板条箱纹理的立方体，因而触发了纹理放大操作。左图是采用常数插值所得到的效果，看起来呈块状且模糊。出现这种结果也是合情合理的，因为采用的并不是具有连续性的插值函数（见图 9.5a），所以这将使纹素间颜色的变化比较突兀而不平滑。右图是利用线性过滤所得到的效果，由于此内插函数具有连续性，所以图像看起来更为平滑

还有一点需要注意的是，在以虚拟视角可以自由移动和探索的交互式 3D 程序中，纹理放大是个无法回避的问题。在与目标保持特定距离时，纹理可能看上去还不错，但是随着观察点逐渐接近目标，其效果就开始惨不忍睹了。一些游戏对虚拟视角过于接近物体表面的行为进行了限制，以避免过度的放大处理。通过使用更高分辨率的纹理也可以使此难题得到一定程度的改善。

注意

 在纹理这一语境中，通过常数插值来求得纹素之间纹理坐标处的纹理数据也称为**点过滤**（point filtering）。为了求取纹素之间纹理坐标处的纹理数据而使用线性插值的计算方法，也称为**线性过滤**（linear flltering）。点过滤与线性过滤是 Direct3D 中所常用的术语。

9.5.2　缩小

纹理缩小（minification）是纹理放大的逆运算。在缩小的过程中，大量纹素将被映射到少数纹理之上。例如，考虑下列情景：假设一堵被 256×256 纹理所映射的墙壁，玩家的观察视角正紧盯着它，并逐渐向后退却。在此过程中，这堵墙看上去越来越小，直至它在屏幕上只覆盖大小为 64×64 像素的区域。此时，我们就应当将 256×256 纹素映射到 64×64 屏幕像素。在这种情况下，像素的纹理坐标处往往不会有与之对应的纹理图纹素，因此还需要将常数插值过滤器与线性插值过滤器运用于纹理缩小的情

形。然而，在执行纹理缩小操作时还有更多的工作要做。从直观上来讲，通过平均下采样（average downsampling）应当可以使 256×256 纹素减少到 64×64 纹素。而 mipmap 技术则以占用一些额外的内存为代价来实现与之相似的功能。在初始化期间（或资源创建时期），通过对图像下采样来创建 mipmap 链便可制作出缩小版的纹理（见图 9.8）①。因此，这里所指的求平均值所做的工作实际上就是针对 mipmap 的大小执行预计算（提前制作出不同规格的纹理）。在运行时，图形硬件将根据程序员的设定，从以下两种不同的执行方案中择一而行：

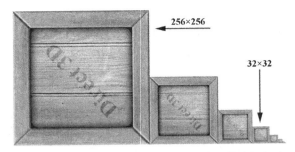

图 9.8　图中所示的是一个 mipmap 链。每对相邻的 mipmap 中，后者都是前者大小的 1/4。mipmap 的大小最小可至 1×1

1. 在纹理贴图时，选择与待投影到屏幕上的几何体分辨率最为匹配的 mipmap 层级，并根据具体需求选用常数插值或线性插值。这便是针对 **mipmap 的点过滤**（point filtering），该名称的由来是因为此种方法与常数插值很相似——我们仅选取与目标分辨率最邻近的那个 mipmap 层级并用它进行纹理贴图。

2. 在纹理贴图时，选取与待投影到屏幕上的几何体分辨率最为匹配的两个邻近的 mipmap 层级（一个稍大于屏幕上几何体的分辨率，一个稍小于屏幕上几何体的分辨率）。接下来，对这两种 mipmap 层级分别应用常量过滤或线性过滤，以生成它们各自相应的纹理颜色。最后，在这两种插值纹理之间再次进行颜色的插值计算。这个过程称为 **mipmap 的线性过滤**（linear filtering），原因是这种方法与线性插值比较相似——我们需要对目标分辨率最邻近的两个 mipmap 层级进行插值计算。

通过从 mipmap 链中选取恰当的纹理细节级别，可大大减少纹理缩小的运算次数。

注意

如 9.3.2 节中所述，可用 Photoshop DDS 格式导出插件或使用 texconv 程序来创建 mipmap。这些程序基于原始的图像数据，运用下采样算法来生成更低的 mipmap 层级图像。有时候这些算法并不能保留所希望的图像细节，因此还要请贴图师亲手创建或编辑更低 mipmap 级别的图像，以保证不流失重要的细节。

9.5.3　各向异性过滤

还有一种名为**各向异性过滤**（anisotropic filtering）的过滤器类型。该过滤器有助于缓解当多边形法向量与摄像机观察向量之间夹角过大（比如当多边形正交于观察窗口时）所导致的失真现象。这种过滤器的开销最大，

---

① 有些文献将 mipmap 写作 mip-map 或直接作 mip map，这样一看比较直观。可见它也是一种"图"，但是这是一种由一组内容相同大小不同的图所构成的"图"。

但是其校正失真的效果的确对得起它所消耗的资源。图 9.9 展示了各向异性过滤与线性过滤两者的比较效果。

图 9.9 板条箱的顶面基本上已正交于观察窗口。左图中的板条箱顶面采用了
线性过滤，其效果模糊得一塌糊涂。右图以同样的角度观察通过
各向异性过滤绘制的板条箱顶面，却呈现出细节更佳的渲染效果

9.6 寻址模式

可将经过常数插值或线性插值的纹理定义为一个返回向量值的函数 $T(u, v) = (r, g, b, a)$，即给定纹理坐标 $(u,v) \in [0,1]^2$，则上述纹理函数 T 将返回颜色(r, g, b, a)。Direct3D 允许我们采用下列 4 种不同方式（即**寻址模式**，address mode）来扩充此函数的定义域（解决输入值超出定义域这一问题），它们是**重复寻址模式**（wrap）、**边框颜色寻址模式**（border color，也有译作边界颜色寻址模式）、**钳位寻址模式**（clamp）与**镜像寻址模式**（mirror）。

1. **重复寻址模式**通过在坐标的每个整数点（integer junction）处重复绘制图像来拓充纹理函数（见图 9.10）。

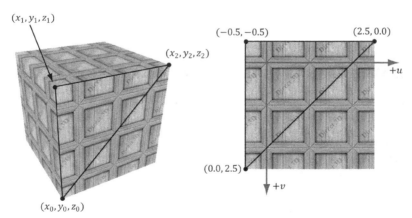

图 9.10 重复寻址模式

2. **边框颜色寻址模式**通过将每个不在范围 $[0,1]^2$ 内的坐标(u, v)都映射为程序员指定的颜色而拓充纹理函数（见图 9.11）。

3. **钳位寻址模式**通过将范围 $[0,1]^2$ 外的每个坐标(u, v)都映射为颜色 $T(u_0, v_0)$ 来扩充纹理函数，其中，(u_0, v_0)为范围 $[0,1]^2$ 内距离(u, v)最近的点（见图 9.12）。

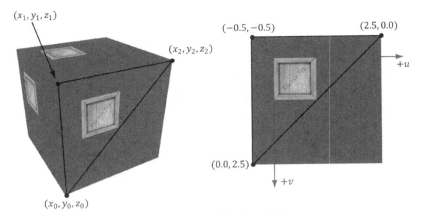

图 9.11　边框颜色寻址模式

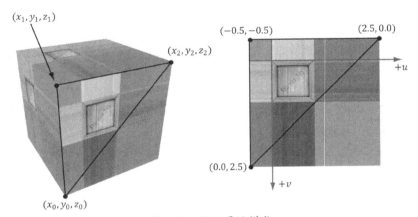

图 9.12　钳位寻址模式

4. **镜像寻址模式**通过在坐标的每个整数点处绘制图像的镜像来扩充纹理函数（见图 9.13）。

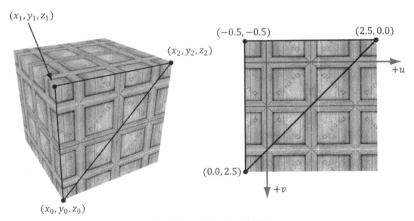

图 9.13　镜像寻址模式

在程序中总是要指定一种寻址模式的（默认为重复寻址模式），因此在范围[0, 1]之外的纹理坐标也必然有定义。

重复寻址也许是最常使用的一种模式，它允许我们将一种纹理反复平铺到某一表面上。也就是说，这种寻址模式使我们在不提供额外数据的情况下，亦可提升纹理的分辨率（尽管范围 $[0, 1]^2$ 之外的内容是重复的）。在执行平铺的时候，纹理是否能无缝衔接往往也是一个重点。例如，若板条箱纹理原本并不是无缝连接的，那么我们就能够明显地看出它是在反复贴同一张图。然而，图9.14 中所展示的可无缝衔接砖块纹理却重复绘制了 2×3 次，读者是否对此有所察觉呢？

在 Direct3D 中，寻址模式由枚举类型 D3D12_TEXTURE_ADDRESS_MODE 来表示：

图 9.14　将一种砖块纹理平铺 2×3 次的效果。由于此纹理是一种无缝贴图，因此很难察觉到我们采用了重复寻址模式

```
typedef enum D3D12_TEXTURE_ADDRESS_MODE
{
  D3D12_TEXTURE_ADDRESS_MODE_WRAP        = 1,
  D3D12_TEXTURE_ADDRESS_MODE_MIRROR      = 2,
  D3D12_TEXTURE_ADDRESS_MODE_CLAMP       = 3,
  D3D12_TEXTURE_ADDRESS_MODE_BORDER      = 4,
  D3D12_TEXTURE_ADDRESS_MODE_MIRROR_ONCE = 5
} D3D12_TEXTURE_ADDRESS_MODE;
```

9.7　采样器对象

从前面两个小节中可以看出，在运用纹理的过程中，除了纹理数据本身之外，还有另外两个相关的重要概念，即纹理过滤以及寻址模式。采集纹理资源时所用的过滤器和寻址模式都是由**采样器对象**（sampler object）来定义的。一个应用程序通常需要采用若干个采样器对象以不同的方式来采集纹理。

9.7.1　创建采样器

正如我们将在下一小节中所看到的，采样器会被着色器所用。为了将采样器绑定到着色器上供其使用，我们就需要为采样器对象绑定描述符。下面的代码展示了这样的一个根签名示例，它的第二个槽位获取了一个描述符表，此表中存有 1 个与采样器寄存器槽 0 相绑定的采样器描述符。

```
CD3DX12_DESCRIPTOR_RANGE descRange[3];
descRange[0].Init(D3D12_DESCRIPTOR_RANGE_TYPE_SRV, 1, 0);
```

```
descRange[1].Init(D3D12_DESCRIPTOR_RANGE_TYPE_SAMPLER, 1, 0);
descRange[2].Init(D3D12_DESCRIPTOR_RANGE_TYPE_CBV, 1, 0);

CD3DX12_ROOT_PARAMETER rootParameters[3];
rootParameters[0].InitAsDescriptorTable(1, &descRange[0],
    D3D12_SHADER_VISIBILITY_PIXEL);
rootParameters[1].InitAsDescriptorTable(1, &descRange[1],
    D3D12_SHADER_VISIBILITY_PIXEL);
rootParameters[2].InitAsDescriptorTable(1, &descRange[2],
    D3D12_SHADER_VISIBILITY_ALL);

CD3DX12_ROOT_SIGNATURE_DESC descRootSignature;
descRootSignature.Init(3, rootParameters, 0, nullptr,
  D3D12_ROOT_SIGNATURE_FLAG_ALLOW_INPUT_ASSEMBLER_INPUT_LAYOUT);
```

如果要设置采样器描述符，还需一个采样器堆。而要创建采样器堆，就应通过填写 D3D12_DESCRIPTOR_HEAP_DESC 结构体实例并将其堆类型指定为 D3D12_DESCRIPTOR_HEAP_TYPE_SAMPLER：

```
D3D12_DESCRIPTOR_HEAP_DESC descHeapSampler = {};
descHeapSampler.NumDescriptors = 1;
descHeapSampler.Type = D3D12_DESCRIPTOR_HEAP_TYPE_SAMPLER;
descHeapSampler.Flags = D3D12_DESCRIPTOR_HEAP_FLAG_SHADER_VISIBLE;

ComPtr<ID3D12DescriptorHeap> mSamplerDescriptorHeap;
ThrowIfFailed(mDevice->CreateDescriptorHeap(&descHeapSampler,
    __uuidof(ID3D12DescriptorHeap),
    (void**)&mSamplerDescriptorHeap));
```

只要有了采样器堆，就能创建采样器描述符了。此时，我们再通过填写 D3D12_SAMPLER_DESC 对象来指定寻址模式、过滤器类型以及其他一些参数。

```
typedef struct D3D12_SAMPLER_DESC
{
  D3D12_FILTER Filter;
  D3D12_TEXTURE_ADDRESS_MODE AddressU;
  D3D12_TEXTURE_ADDRESS_MODE AddressV;
  D3D12_TEXTURE_ADDRESS_MODE AddressW;
  FLOAT MipLODBias;
  UINT MaxAnisotropy;
  D3D12_COMPARISON_FUNC ComparisonFunc;
  FLOAT BorderColor[ 4 ];
  FLOAT MinLOD;
  FLOAT MaxLOD;
} D3D12_SAMPLER_DESC;
```

1. Filter：D3D12_FILTER 枚举类型的成员之一，用以指定采样纹理时所用的过滤方式。

2. AddressU：纹理在水平 u 轴方向上所用的寻址模式。

3. AddressV：纹理在垂直 v 轴方向上所用的寻址模式。

4. AddressW：纹理在深度 *w* 轴方向上所用的寻址模式（仅限于 3D 纹理）。

5. MipLODBias：设置 mipmap 层级的偏置值。如果将此值指定为 0.0，则表示 mipmap 层级保持不变；若将此参数设置为 2，mipmap 层级设置为 3，则将按层级 5（3+2）进行采样。

6. MaxAnisotropy：最大各向异性值，此参数的取值区间为[1,16]。只有将 Filter 设置为 D3D12_FILTER_ANISOTROPIC 或 D3D12_FILTER_COMPARISON_ANISOTROPIC 之后该项才能生效。此数值越大也就意味着开销越大，但是用户同时会获得更棒的渲染效果。

7. ComparisonFunc：用于实现像阴影贴图（shadow mapping）这样一类特殊应用的高级选项。在未触及阴影贴图等章节之前，暂时只将它设置为 D3D12_COMPARISON_FUNC_ALWAYS。

8. BorderColor：用于指定在 D3D12_TEXTURE_ADDRESS_MODE_BORDER 寻址模式下的边框颜色。

9. MinLOD：可供选择的最小 mipmap 层级。

10. MaxLOD：可供选择的最大 mipmap 层级。

以下是一些 D3D12_FILTER 类型的常用选项。

1. D3D12_FILTER_MIN_MAG_MIP_POINT：对纹理图与 mipmap 层级（即最接近于目标物体分辨率的 mipmap 层级）进行点过滤。

2. D3D12_FILTER_MIN_MAG_LINEAR_MIP_POINT：对纹理图进行双线性过滤，但对 mipmap 层级（即最接近于目标物体分辨率的 mipmap 层级）使用点过滤。

3. D3D12_FILTER_MIN_MAG_MIP_LINEAR：对纹理图进行双线性过滤，还要在两个邻近的较高、较低 mipmap 层级之间进行线性过滤。因此，这也被称为三线性过滤（trilinear filtering）。

4. D3D12_FILTER_ANISOTROPIC：对于纹理的放大、缩小以及 mipmap 均采用向异性过滤。

我们可以根据这组示例推测出其他可能的组合选项，也可以通过查阅 SDK 文档来了解 D3D12_FILTER 中的其他枚举类型。

以下实例展示了如何在描述符堆中为采样器创建出对应的描述符，该采样器使用的是线性过滤与重复寻址模式，其他参数则保留其默认值：

```
D3D12_SAMPLER_DESC samplerDesc = {};
samplerDesc.Filter = D3D12_FILTER_MIN_MAG_MIP_LINEAR;
samplerDesc.AddressU = D3D12_TEXTURE_ADDRESS_MODE_WRAP;
samplerDesc.AddressV = D3D12_TEXTURE_ADDRESS_MODE_WRAP;
samplerDesc.AddressW = D3D12_TEXTURE_ADDRESS_MODE_WRAP;
samplerDesc.MinLOD = 0;
samplerDesc.MaxLOD = D3D12_FLOAT32_MAX;
samplerDesc.MipLODBias = 0.0f;
samplerDesc.MaxAnisotropy = 1;
samplerDesc.ComparisonFunc = D3D12_COMPARISON_FUNC_ALWAYS;

md3dDevice->CreateSampler(&samplerDesc,
  mSamplerDescriptorHeap->GetCPUDescriptorHandleForHeapStart());
```

下面的代码则说明了怎样将采样器描述符绑定到预定的根签名参数槽，以供着色器程序使用：

```
commandList->SetGraphicsRootDescriptorTable(1,
  mSamplerDescriptorHeap->GetGPUDescriptorHandleForHeapStart());
```

9.7.2　静态采样器

事实证明，图形应用程序通常不会使用过多的采样器。为此，Direct3D 专门提供了一种特殊的方式来定义采样器数组，使用户可以在不创建采样器堆的情况下也能对它们进行配置。CD3DX12_ROOT_SIGNATURE_DESC 类有两种参数不同的 Init 函数，用户可以借此为应用程序定义所用的静态采样器数组。我们通过结构体 D3D12_STATIC_SAMPLER_DESC 来描述静态采样器，它与 D3D12_SAMPLER_DESC 结构体比较相似，但在以下方面存在区别。

1. 边框颜色存在一些限制，即静态采样器的边框颜色必须为下列成员之一。

```
enum D3D12_STATIC_BORDER_COLOR
{
  D3D12_STATIC_BORDER_COLOR_TRANSPARENT_BLACK = 0,
  D3D12_STATIC_BORDER_COLOR_OPAQUE_BLACK = (
    D3D12_STATIC_BORDER_COLOR_TRANSPARENT_BLACK + 1 ) ,
  D3D12_STATIC_BORDER_COLOR_OPAQUE_WHITE = (
    D3D12_STATIC_BORDER_COLOR_OPAQUE_BLACK + 1 )
} D3D12_STATIC_BORDER_COLOR;
```

2. 含有额外的字段用来指定着色器寄存器、寄存器空间以及着色器的可见性，这些其实都是配置采样器堆的相关参数。另外，用户只能定义 2032 个静态采样器，对于大多数应用程序而言是够用了。然而，如果这个数量真的无法使我们满足，那就只有另建采样器堆来使用非静态采样器了。

我们在演示程序中所用的是静态采样器，下述代码展示了怎样来定义它们。注意，我们的演示程序可能并不会用到所有的这些静态采样器，但却会一直保留这些定义，这样一来，在需要的时候便触手可及。这些预留的静态采样器并不多，而且它们也不会影响后续再定义的或用或不用的其他采样器。

```
std::array<const CD3DX12_STATIC_SAMPLER_DESC, 6>
  TexColumnsApp::GetStaticSamplers()
{
  // 应用程序一般只会用到这些采样器中的一部分
  // 所以就将它们全部提前定义好，并作为根签名的一部分保留下来

  const CD3DX12_STATIC_SAMPLER_DESC pointWrap(
    0, // 着色器寄存器
    D3D12_FILTER_MIN_MAG_MIP_POINT, // 过滤器类型
    D3D12_TEXTURE_ADDRESS_MODE_WRAP, // U 轴方向上所用的寻址模式
    D3D12_TEXTURE_ADDRESS_MODE_WRAP, // V 轴方向上所用的寻址模式
    D3D12_TEXTURE_ADDRESS_MODE_WRAP); // W 轴方向上所用的寻址模式

  const CD3DX12_STATIC_SAMPLER_DESC pointClamp(
    1, // 着色器寄存器
    D3D12_FILTER_MIN_MAG_MIP_POINT, // 过滤器类型
    D3D12_TEXTURE_ADDRESS_MODE_CLAMP, // U 轴方向上所用的寻址模式
    D3D12_TEXTURE_ADDRESS_MODE_CLAMP, // V 轴方向上所用的寻址模式
```

```
        D3D12_TEXTURE_ADDRESS_MODE_CLAMP); // W 轴方向上所用的寻址模式

    const CD3DX12_STATIC_SAMPLER_DESC linearWrap(
        2, // 着色器寄存器
        D3D12_FILTER_MIN_MAG_MIP_LINEAR, // 过滤器类型
        D3D12_TEXTURE_ADDRESS_MODE_WRAP, // U 轴方向上所用的寻址模式
        D3D12_TEXTURE_ADDRESS_MODE_WRAP, // V 轴方向上所用的寻址模式
        D3D12_TEXTURE_ADDRESS_MODE_WRAP); // W 轴方向上所用的寻址模式

    const CD3DX12_STATIC_SAMPLER_DESC linearClamp(
        3, // 着色器寄存器
        D3D12_FILTER_MIN_MAG_MIP_LINEAR, // 过滤器类型
        D3D12_TEXTURE_ADDRESS_MODE_CLAMP, // U 轴方向上所用的寻址模式
        D3D12_TEXTURE_ADDRESS_MODE_CLAMP, // V 轴方向上所用的寻址模式
        D3D12_TEXTURE_ADDRESS_MODE_CLAMP); // W 轴方向上所用的寻址模式

    const CD3DX12_STATIC_SAMPLER_DESC anisotropicWrap(
        4, // 着色器寄存器
        D3D12_FILTER_ANISOTROPIC, // 过滤器类型
        D3D12_TEXTURE_ADDRESS_MODE_WRAP, // U 轴方向上所用的寻址模式
        D3D12_TEXTURE_ADDRESS_MODE_WRAP, // V 轴方向上所用的寻址模式
        D3D12_TEXTURE_ADDRESS_MODE_WRAP, // W 轴方向上所用的寻址模式
        0.0f,                // mipmap 层级的偏置值
        8);                  // 最大各向异性值

    const CD3DX12_STATIC_SAMPLER_DESC anisotropicClamp(
        5, // 着色器寄存器
        D3D12_FILTER_ANISOTROPIC, // 过滤器类型
        D3D12_TEXTURE_ADDRESS_MODE_CLAMP, // U 轴方向上所用的寻址模式
        D3D12_TEXTURE_ADDRESS_MODE_CLAMP, // V 轴方向上所用的寻址模式
        D3D12_TEXTURE_ADDRESS_MODE_CLAMP, // W 轴方向上所用的寻址模式
        0.0f,                // mipmap 层级的偏置值
        8);                  // 最大各向异性值

    return {
        pointWrap, pointClamp,
        linearWrap, linearClamp,
        anisotropicWrap, anisotropicClamp };
}

void TexColumnsApp::BuildRootSignature()
{
    CD3DX12_DESCRIPTOR_RANGE texTable;
    texTable.Init(D3D12_DESCRIPTOR_RANGE_TYPE_SRV, 1, 0);

    // 根参数可以是描述符表、根描述符或根常量
    CD3DX12_ROOT_PARAMETER slotRootParameter[4];

    slotRootParameter[0].InitAsDescriptorTable(1,
        &texTable, D3D12_SHADER_VISIBILITY_PIXEL);
```

```
slotRootParameter[1].InitAsConstantBufferView(0);
slotRootParameter[2].InitAsConstantBufferView(1);
slotRootParameter[3].InitAsConstantBufferView(2);

auto staticSamplers = GetStaticSamplers();

// 根签名即是一系列根参数
CD3DX12_ROOT_SIGNATURE_DESC rootSigDesc(4, slotRootParameter,
  (UINT)staticSamplers.size(), staticSamplers.data(),
  D3D12_ROOT_SIGNATURE_FLAG_ALLOW_INPUT_ASSEMBLER_INPUT_LAYOUT);

// 创建具有 4 个槽位的根签名, 第一个指向含有单个着色器资源视图的描述符表, 其他 3 个各指向一个常
// 量缓冲区视图
ComPtr<ID3DBlob> serializedRootSig = nullptr;
ComPtr<ID3DBlob> errorBlob = nullptr;
HRESULT hr = D3D12SerializeRootSignature(&rootSigDesc,
  D3D_ROOT_SIGNATURE_VERSION_1,
  serializedRootSig.GetAddressOf(), errorBlob.GetAddressOf());

if(errorBlob != nullptr)
{
  ::OutputDebugStringA((char*)errorBlob->GetBufferPointer());
}
ThrowIfFailed(hr);

ThrowIfFailed(md3dDevice->CreateRootSignature(
  0,
  serializedRootSig->GetBufferPointer(),
  serializedRootSig->GetBufferSize(),
  IID_PPV_ARGS(mRootSignature.GetAddressOf())));
}
```

9.8　在着色器中对纹理进行采样

通过下列 HLSL 语法来定义纹理对象, 并将其分配给特定的纹理寄存器:

```
Texture2D gDiffuseMap : register(t0);
```

注意, 纹理寄存器由 tn 来标定, 其中, 整数 n 表示的是纹理寄存器的槽号。此根签名的定义指出了由槽位参数到着色器寄存器的映射关系, 这便是应用程序代码能将 SRV 绑定到着色器中特定 Texture2D 对象的原因。

类似地, 下列 HLSL 语法定义了多个采样器对象, 并将它们分别分配到了特定的采样器寄存器。

```
SamplerState gsamPointWrap    : register(s0);
SamplerState gsamPointClamp   : register(s1);
SamplerState gsamLinearWrap   : register(s2);
SamplerState gsamLinearClamp  : register(s3);
```

```
SamplerState gsamAnisotropicWrap : register(s4);
SamplerState gsamAnisotropicClamp : register(s5);
```

这些采样器对应于我们在上一节中所配置的静态采样器数组。注意，采样器寄存器由 sn 来指定，其中整数 n 表示的是采样器寄存器的槽号。

现在，我们在像素着色器中为每个像素都指定其相应的纹理坐标(u, v)，并通过 Texture2D::Sample 方法正式地进行纹理采样。

```
Texture2D gDiffuseMap : register(t0);

SamplerState gsamPointWrap       : register(s0);
SamplerState gsamPointClamp      : register(s1);
SamplerState gsamLinearWrap      : register(s2);
SamplerState gsamLinearClamp     : register(s3);
SamplerState gsamAnisotropicWrap : register(s4);
SamplerState gsamAnisotropicClamp : register(s5);

struct VertexOut
{
  float4 PosH   : SV_POSITION;
  float3 PosW   : POSITION;
  float3 NormalW : NORMAL;
  float2 TexC   : TEXCOORD;
};

float4 PS(VertexOut pin) : SV_Target
{
  float4 diffuseAlbedo = gDiffuseMap.Sample(gsamAnisotropicWrap, pin.TexC)
    * gDiffuseAlbedo;
  ...
```

我们通过向 Sample 方法的第一个参数传递 SamplerState 对象来描述如何对纹理数据进行采样，再向第二个参数传递像素的纹理坐标(u, v)。这个方法将利用 SamplerState 对象所指定的过滤方法，返回纹理图在点(u, v)处的插值颜色。

9.9 板条箱演示程序

我们现在开始学习向立方体添加板条箱纹理的关键步骤（见图 9.1）。

9.9.1 指定纹理坐标

GeometryGenerator::CreateBox 函数用于生成立方体的纹理坐标，因此得以使纹理图像映射到立方体的每个表面。考虑到篇幅原因，这里只给出立方体前表面、后表面以及上表面的顶点定义。另外，我们还省略了 Vertex 构造函数中法线以及切向量的坐标（纹理坐标的有关部分字体已被加粗）。

```
GeometryGenerator::MeshData GeometryGenerator::CreateBox(
  float width, float height, float depth,
  uint32 numSubdivisions)
{
  MeshData meshData;

  Vertex v[24];

  float w2 = 0.5f*width;
  float h2 = 0.5f*height;
  float d2 = 0.5f*depth;

  // 填写立方体前表面的顶点数据
  v[0] = Vertex(-w2, -h2, -d2, ..., 0.0f, 1.0f);
  v[1] = Vertex(-w2, +h2, -d2, ..., 0.0f, 0.0f);
  v[2] = Vertex(+w2, +h2, -d2, ..., 1.0f, 0.0f);
  v[3] = Vertex(+w2, -h2, -d2, ..., 1.0f, 1.0f);

  // 填写立方体后表面的顶点数据
  v[4] = Vertex(-w2, -h2, +d2, ..., 1.0f, 1.0f);
  v[5] = Vertex(+w2, -h2, +d2, ..., 0.0f, 1.0f);
  v[6] = Vertex(+w2, +h2, +d2, ..., 0.0f, 0.0f);
  v[7] = Vertex(-w2, +h2, +d2, ..., 1.0f, 0.0f);

  // 填写立方体上表面的顶点数据
  v[8]  = Vertex(-w2, +h2, -d2, ..., 0.0f, 1.0f);
  v[9]  = Vertex(-w2, +h2, +d2, ..., 0.0f, 0.0f);
  v[10] = Vertex(+w2, +h2, +d2, ..., 1.0f, 0.0f);
  v[11] = Vertex(+w2, +h2, -d2, ..., 1.0f, 1.0f);
  ...
```

如果忘记了纹理坐标为何如此定义，可回顾图 9.3。

9.9.2　创建纹理

我们通过下列代码在初始化阶段利用 **dds** 文件来创建纹理。

```
// 将纹理相关数据组织在一起的辅助结构体
struct Texture
{
  // 便于查找材质所用的唯一名称
  std::string Name;

  std::wstring Filename;

  Microsoft::WRL::ComPtr<ID3D12Resource> Resource = nullptr;
  Microsoft::WRL::ComPtr<ID3D12Resource> UploadHeap = nullptr;
};
```

```
std::unordered_map<std::string, std::unique_ptr<Texture>> mTextures;

void CrateApp::LoadTextures()
{
  auto woodCrateTex = std::make_unique<Texture>();
  woodCrateTex->Name = "woodCrateTex";
  woodCrateTex->Filename = L"Textures/WoodCrate01.dds";
  ThrowIfFailed(DirectX::CreateDDSTextureFromFile12(md3dDevice.Get(),
    mCommandList.Get(), woodCrateTex->Filename.c_str(),
    woodCrateTex->Resource, woodCrateTex->UploadHeap));

  mTextures[woodCrateTex->Name] = std::move(woodCrateTex);
}
```

我们将每个彼此独立的纹理都存于一个无序映射表（unordered map）之中，再根据它们各自的名称来查找相应的纹理。在实际的产品代码中，我们应当在纹理加载之前检测它的数据是否已经存在（即它是否已经被加载于无序映射表之中），以防发生同一纹理被加载多次的情况。

9.9.3 设置纹理

如果纹理已被创建，并且它的 SRV 也存在于描述符堆中，那么，我们只要把所需纹理设置到根签名参数以将其绑定至渲染流水线，便能使它在着色器程序中得以使用。

```
// 获取欲绑定纹理的 SRV
CD3DX12_GPU_DESCRIPTOR_HANDLE tex(
mSrvDescriptorHeap->GetGPUDescriptorHandleForHeapStart());
tex.Offset(ri->Mat->DiffuseSrvHeapIndex, mCbvSrvDescriptorSize);

...

// 将纹理 SRV 绑定到根参数 0。根参数指示了该纹理将要具体绑定到哪一个着色器寄存器槽
cmdList->SetGraphicsRootDescriptorTable(0, tex);
```

9.9.4 更新 HLSL 部分代码

以下是经过修改的 Default.hlsl 文件，现已支持纹理贴图（与纹理贴图有关的代码部分为粗体字）。

```
// 默认的光源数量
#ifndef NUM_DIR_LIGHTS
  #define NUM_DIR_LIGHTS 3
#endif

#ifndef NUM_POINT_LIGHTS
  #define NUM_POINT_LIGHTS 0
#endif

#ifndef NUM_SPOT_LIGHTS
```

```
  #define NUM_SPOT_LIGHTS 0
#endif

// 包含了光照所用的结构体和函数
#include "LightingUtil.hlsl"

Texture2D  gDiffuseMap : register(t0);

SamplerState gsamPointWrap        : register(s0);
SamplerState gsamPointClamp       : register(s1);
SamplerState gsamLinearWrap       : register(s2);
SamplerState gsamLinearClamp      : register(s3);
SamplerState gsamAnisotropicWrap  : register(s4);
SamplerState gsamAnisotropicClamp : register(s5);

// 每一帧都有变化的常量数据
cbuffer cbPerObject : register(b0)
{
  float4x4 gWorld;
  float4x4 gTexTransform;
};

// 绘制过程中所用的杂项常量数据
cbuffer cbPass : register(b1)
{
  float4x4 gView;
  float4x4 gInvView;
  float4x4 gProj;
  float4x4 gInvProj;
  float4x4 gViewProj;
  float4x4 gInvViewProj;
  float3 gEyePosW;
  float cbPerObjectPad1;
  float2 gRenderTargetSize;
  float2 gInvRenderTargetSize;
  float gNearZ;
  float gFarZ;
  float gTotalTime;
  float gDeltaTime;
  float4 gAmbientLight;

  // 对于每个以 MaxLights 为光源数量最大值的对象而言，索引[0,NUM_DIR_LIGHTS)表示的是方向光
  // 源，索引[NUM_DIR_LIGHTS, NUM_DIR_LIGHTS+NUM_POINT_LIGHTS)表示的是点光源
  // 索引[NUM_DIR_LIGHTS+NUM_POINT_LIGHTS, NUM_DIR_LIGHTS+NUM_POINT_LIGHT+NUM_SPOT_
    LIGHTS)表示的是聚光灯光源
  Light gLights[MaxLights];
};

// 每种材质都有所区别的常量数据
cbuffer cbMaterial : register(b2)
{
  float4  gDiffuseAlbedo;
```

```
  float3  gFresnelR0;
  float   gRoughness;
  float4x4 gMatTransform;
};

struct VertexIn
{
  float3 PosL   : POSITION;
  float3 NormalL : NORMAL;
  float2 TexC   : TEXCOORD;
};

struct VertexOut
{
  float4 PosH   : SV_POSITION;
  float3 PosW   : POSITION;
  float3 NormalW : NORMAL;
  float2 TexC   : TEXCOORD;
};

VertexOut VS(VertexIn vin)
{
  VertexOut vout = (VertexOut)0.0f;

  // 把坐标变换到世界空间
  float4 posW = mul(float4(vin.PosL, 1.0f), gWorld);
  vout.PosW = posW.xyz;

  // 假设这里正在进行的是等比缩放，否则便需要使用世界矩阵的逆转置矩阵
  vout.NormalW = mul(vin.NormalL, (float3x3)gWorld);

  // 将顶点变换到齐次裁剪空间
  vout.PosH = mul(posW, gViewProj);

  // 为了对三角形进行插值操作而输出的顶点属性
  float4 texC = mul(float4(vin.TexC, 0.0f, 1.0f), gTexTransform);
  vout.TexC = mul(texC, gMatTransform).xy;

  return vout;
}

float4 PS(VertexOut pin) : SV_Target
{
  float4 diffuseAlbedo = gDiffuseMap.Sample(gsamAnisotropicWrap,
    pin.TexC) * gDiffuseAlbedo;

  // 对法线插值可能使之非规范化，因此要对它再次进行规范化处理
  pin.NormalW = normalize(pin.NormalW);

  // 光线经表面上一点反射到观察点这一方向上的向量
```

```
float3 toEyeW = normalize(gEyePosW - pin.PosW);

// 光照项
float4 ambient = gAmbientLight*diffuseAlbedo;

const float shininess = 1.0f - gRoughness;
Material mat = { diffuseAlbedo, gFresnelR0, shininess };
float3 shadowFactor = 1.0f;
float4 directLight = ComputeLighting(gLights, mat, pin.PosW,
    pin.NormalW, toEyeW, shadowFactor);

float4 litColor = ambient + directLight;

// 从漫反射反照率获取 alpha 值的常见手段
litColor.a = diffuseAlbedo.a;

return litColor;
}
```

9.10　纹理变换

我们还未曾讨论过常量缓冲区变量 gTexTransform 与 gMatTransform。这两个变量用于在顶点着色器中对输入的纹理坐标进行变换：

```
// 为三角形插值而输出顶点属性
float4 texC = mul(float4(vin.TexC, 0.0f, 1.0f), gTexTransform);
vout.TexC = mul(texC, gMatTransform).xy;
```

纹理坐标表示的是纹理平面中的 2D 点。有了这种坐标，我们就能像其他的 2D 点一样，对纹理中的样点进行缩放、平移与旋转。下面是一些适用于纹理变换的示例：

1. 令砖块纹理随着一堵墙的模型而拉伸。假设此墙顶点的当前纹理坐标范围为[0, 1]。在将该纹理坐标放大 4 倍使它们变换到范围[0, 4]时，该砖块纹理将沿着墙面重复贴图 4×4 次。
2. 假设有许多云朵纹理绵延在万里无云的碧空背景之下，那么，通过随着时间函数来平移这些纹理的坐标，便能实现动态的白云浮过蔚蓝天空的效果。
3. 纹理的旋转操作有时也便于实现一些类似于粒子的效果。例如，可以随着时间的推移而令火球纹理进行旋转。

在 "Crate"（板条箱）演示程序中，我们实际上是采用单位矩阵进行变换，也就是说，并没有对输入的纹理坐标进行任何修改。但是，在下一节里，我们会讲解一种使用纹理变换的示例。

注意，变换 2D 纹理坐标要利用 4×4 矩阵，因此我们先将它扩充为一个 4D 向量：

```
vin.TexC ---> float4(vin.TexC, 0.0f, 1.0f)
```

在完成乘法运算之后，从得到的 4D 向量中去掉 z 分量与 w 分量，使之强制转换回 2D 向量，即：

```
float4 TexC = mul(float4(vin.TexC, 0.0f, 1.0f), gTexTransform);
vout.TexC = mul(texC, gMatTransform).xy;
```

在此，我们运用了两个独立的纹理变换矩阵 gTexTransform 与 gMatTransform，这样做是因为一种是关于材质的纹理变换（针对像水那样的动态材质），另一种是关于物体属性的纹理变换。

由于这里使用的是 2D 纹理坐标，所以我们只关心前两个坐标轴的变换情况。例如，如果纹理矩阵平移了 z 坐标，这并不会对纹理坐标造成任何影响。

9.11　附有纹理的山川演示程序

在此演示程序中，我们向陆地与河流的场景中添加了纹理。首先要解决的问题是向陆地铺设草地纹理。由于陆地的网格是一个块极大的曲面，若简单地沿着它的形状在上面拉伸纹理，将导致每个三角形仅分配到极少的纹素。换句话说，此做法并没有给予表面足够的纹理分辨率，所以最终只能得到纹理放大的失真效果。因此，这时就要通过向陆地网格重复铺设草地纹理来获取更高的分辨率。第二个关键问题则是根据时间函数令水流纹理沿波浪几何体滚（"流"）动起来。添加此项动作可使流水的效果更加逼真。图 9.15 为此演示程序的效果。

图 9.15　山川纹理例程的效果

9.11.1　生成栅格纹理坐标

图 9.16 左侧所示的是一个位于平面 xz 内的 $m \times n$ 栅格，右侧则是在归一化纹理坐标域[0, 1]² 中与之对应的栅格。从图中可以明显地看出，xz 平面内的栅格顶点纹理坐标与纹理坐标系中的栅格顶点坐标一一对应。纹理坐标系中第 i 行、第 j 列的顶点坐标为：

$$u_{ij} = j \cdot \Delta u$$

$$v_{ij} = i \cdot \Delta v$$

其中，$\Delta u = \dfrac{1}{n-1}$ ，$\Delta v = \dfrac{1}{m-1}$。

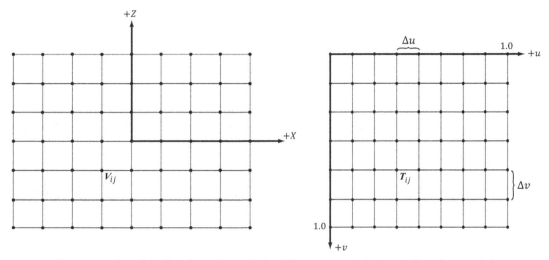

图 9.16　*xz* 空间内栅格顶点 v_{ij} 的纹理坐标对应于 *uv* 纹理坐标系中栅格顶点 T_{ij} 的坐标

据此，我们就可以通过下列 GeometryGenerator::CreateGrid 方法来生成栅格的纹理坐标。

```
GeometryGenerator::MeshData
GeometryGenerator::CreateGrid(float width, float depth, uint32 m, uint32 n)
{
  MeshData meshData;

  uint32 vertexCount = m*n;
  uint32 faceCount   = (m-1)*(n-1)*2;

  float halfWidth = 0.5f*width;
  float halfDepth = 0.5f*depth;

  float dx = width / (n-1);
  float dz = depth / (m-1);

  float du = 1.0f / (n-1);
  float dv = 1.0f / (m-1);

  meshData.Vertices.resize(vertexCount);
  for(uint32 i = 0; i < m; ++i)
  {
    float z = halfDepth - i*dz;
    for(uint32 j = 0; j < n; ++j)
    {
```

```
      float x = -halfWidth + j*dx;

      meshData.Vertices[i*n+j].Position = XMFLOAT3(x, 0.0f, z);
      meshData.Vertices[i*n+j].Normal   = XMFLOAT3(0.0f, 1.0f, 0.0f);
      meshData.Vertices[i*n+j].TangentU = XMFLOAT3(1.0f, 0.0f, 0.0f);

      // 根据栅格拉伸纹理
      meshData.Vertices[i*n+j].TexC.x = j*du;
      meshData.Vertices[i*n+j].TexC.y = i*dv;
    }
  }
```

9.11.2　铺设纹理

正如之前所述，我们现要在陆地网格上铺设草丛纹理。但是到目前为止，我们所计算的纹理坐标仅限于单位域[0, 1]² 内，所以仅凭这一点还无法完成纹理的铺设。为此，我们要指定重复寻址模式，并通过纹理变换矩阵使纹理坐标按比例放大 5 倍。如此一来，纹理坐标就将被映射到区间[0, 5]² 之中，而纹理也就可以在陆地网格曲面上铺设5×5 次：

```
void TexWavesApp::BuildRenderItems()
{
  auto gridRitem = std::make_unique<RenderItem>();
  gridRitem->World = MathHelper::Identity4x4();
  XMStoreFloat4x4(&gridRitem->TexTransform,
    XMMatrixScaling(5.0f, 5.0f, 1.0f));
  ...
}
```

9.11.3　纹理动画

为了使水流纹理（可以像滚动广告那样）顺着波浪几何体滚动播放，我们要在每个更新周期中调用 AnimateMaterials 方法，以此根据时间函数在纹理平面内平移纹理坐标。每帧中的位移量要小，这样可以使动画看上去更加平滑流畅。我们用无缝纹理按重复寻址模式进行贴图，这样就能沿着纹理坐标系平面接连不断并不露痕迹地平移纹理坐标。下列代码演示了我们是如何来计算水流纹理的偏移向量，且如何来构建并设置流水的纹理矩阵。

```
void TexWavesApp::AnimateMaterials(const GameTimer& gt)
{
  // 使水流材质的纹理坐标滚动起来
  auto waterMat = mMaterials["water"].get();

  float& tu = waterMat->MatTransform(3, 0);
  float& tv = waterMat->MatTransform(3, 1);

  tu += 0.1f * gt.DeltaTime();
  tv += 0.02f * gt.DeltaTime();

  if(tu >= 1.0f)
```

```
     tu -= 1.0f;

  if(tv >= 1.0f)
     tv -= 1.0f;

  waterMat->MatTransform(3, 0) = tu;
  waterMat->MatTransform(3, 1) = tv;

  // 材质已发生变化，因而需要更新常量缓冲区
  waterMat->NumFramesDirty = gNumFrameResources;
}
```

9.12 小结

1. 纹理坐标用于定义将要映射到 3D 三角形上的纹理三角形。
2. 对于游戏而言，创建纹理的常用方法是，请贴图师在 Photoshop 或一些其他的图像编辑器中进行创作，并将结果存为某种图像文件，如 BMP、DDS、TGA 或 PNG。接着，游戏应用程序会在加载资源期间将图像数据载入 ID3D12Resource 对象。对于实时图形应用程序来说，DDS（DirectDraw 图面格式）图像文件是极好的选择，因为它支持各种 GPU 本身即可处理的图像格式，以及 GPU 可原生解压的压缩图像格式。
3. 有两种将传统图像格式转换为 DDS 格式的常用方法：使用图像编辑器或借助一种微软公司提供的名为 texconv 的命令行工具导出 DDS 格式。
4. 我们能够通过 CreateDDSTextureFromFile12 函数以存于磁盘中的图像文件来创建纹理，此函数位于 DVD 中的 Common/DDSTextureLoader.h/.cpp 文件。
5. 当放大物体表面并试图以少数纹素来覆盖大量屏幕像素时，便会涉及纹理放大（magnification）的问题。而当缩小物体表面并尝试令大量纹素覆盖少数屏幕像素时，就会进行纹理缩小（minification）的相关操作。mipmap 与纹理过滤器是处理纹理放大与缩小这两种操作的关键技术。GPU 原生支持 3 种纹理过滤器（根据质量由低到高、开销由廉至贵的顺序来排列），即点过滤器、线性过滤器以及各向异性过滤器。
6. 纹理的寻址模式定义了 Direct3D 将如何处理超出范围[0, 1]外的纹理坐标。例如，对于那些超出范围的纹理，究竟是应当采取平铺、镜像，还是钳位或其他处理方式呢？
7. 我们可以像变换普通点那样，利用纹理坐标对纹理进行缩放、旋转以及平移。通过在每一帧中小幅度渐进地变换纹理坐标，便可以实现纹理的动画效果。

9.13 练习

1. 尝试修改"Crate"（板条箱）演示程序中的纹理坐标，并采用不同的寻址模式与过滤选项来开展

试验。特别是要再现图 9.7、图 9.9～图 9.13 中的效果。

2. 通过使用 DirectX 纹理工具(DirectX Texture Tool)①，我们就能自己来指定每个 mipmap 层级(**File →Open Onto This Surface**)。创建一个具有如图 9.17 中所示 mipmap 链的 DDS 文件，在每一层级中附有不同的文字说明或颜色能便于我们区分出每一个 mipmap 层。通过此纹理来代替 Crate 演示程序中的原纹理后，在镜头拉近或远离板条箱的过程中，我们便能明显地看出 mipmap 层级的变化。最后，分别尝试 mipmap 的点过滤与线性过滤，并观察效果。

3. 给出两个相同大小的纹理，我们可以通过各种不同的处理方式将它们合成为一个新的图像。一般来讲，这种将多个纹理合而为一的方法称为多重纹理贴图(multitexturing)。例如，我们可以对两个纹理中相应的纹素进行加、减或（分量式）乘法运算。图 9.18 展示了通过将两种纹理进行分量式乘法来获取火球效果的过程。在本练习中要修改的是"Crate"演示程序，用像素着色器令图 9.18 内所示的两种原始纹理素材组合为火球纹理，并将其映射到每个立方体的表面上(此练习中的图像文件可以从本书的配套网站上下载②)。注意，我们需要修改 *Default.hlsl* 文件来支持处理多个纹理。

图 9.17　手动构建的 mipmap 链，这样一来
　　　　每个层级都能看得通透

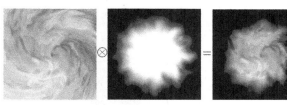

图 9.18　通过使两个纹理中的对应纹素逐分量相乘
　　　　来生成一个新的纹理

4. 修改练习 3 的解答方案，使每个立方体表面上的火球纹理随着时间函数而旋转。

5. 设点 p_0、p_1 与 p_2 为三角形的顶点，而且它们分别对应于纹理坐标 q_0、q_1 和 q_2。回顾第 9.2 节可

---

① DirectX Texture Tool 的程序名为 DxTex.exe，是 DirectX 10 之前的产物，官方网站已不再建议使用此工具。其实此程序随 DirectX 的更替也有许多版本，每个版本都有或多或少的 bug，但是最严重问题的还是不支持 DirectX 9 后新出的图像格式。其优点便是可视化且易于操作。它是老版 DirectX SDK 中的一部分，所以要使用就需装整个 SDK。网上独立提取出来的版本都比较低，如果读者当真要用的话，小的推荐使用 GitHub 中 SourceEngine2007 工程的 DxTex.exe 版本。原作者在此项目中附有许多有用的工具，版本也比较新，而且源码也提取出来了，可以自己动手丰衣足食，修改 bug、添加图像格式等。而 DXSDK_Jun10.exe 是最后一版独立的 DirectX SDK，从 Windows 8 开始 DirectX SDK 便归于 Windows SDK。到了 Visual Studio 2015 这个版本，它已内置能够简单编辑图像的程序，可以将图片放进去试一试。在 DirectX 12 这个版本中，DDS 文件的处理则交由 DirectXTex 库，再辅以其他轻量级程序配合使用。这些常用的程序有文中所述的用于转换图像格式的 Texconv，创建立方体图、体贴图以及纹理数组的 Texassemble，还有查看 DDS 图像的 DDSView 等。简单来说，此版本以 DirectXTex 库为核心的命令行工具集代替了旧版本的可视化 DxTex。另外，本书所推荐的 NVIDIA 版 Photoshop 插件也有格式支持不完整的问题，而微软官方 GitHub 则提到另一款由 Intel 制作的名为 Texture Works Plugin 的 Photoshop 插件，而且它也基于 DirectXTex 库。

② 这两种纹理可在本书前一版的源代码压缩包 d3d11CodeSet1.zip 的第 8 章中找到，名称分别为 flare.dds 和 flarealpha.dds。

知，当 $s \geq 0, t \geq 0, s + t \leq 1$ 时，对于 3D 三角形中任意一点 $p(s, t) = p_0 + s(p_1 - p_0) + t(p_2 - p_0)$，我们可用同样的参数 s、t，通过对 3D 三角形顶点纹理坐标进行线性插值来求出其纹理坐标 (u, v) ：

$$（u, v）= q_0 + s(q_1 - q_0) + t(q_2 - q_0)$$

（a）给出 (u, v) 以及 q_0、q_1 和 q_2，用 u 与 v 来表示 (s, t)。（提示：考虑向量方程 $(u, v) = q_0 + s(q_1 - q_0) + t(q_2 - q_0)$。）

（b）将 p 表示为由 u 与 v 作为自变量的函数，即求出公式 $p = p(u, v)$。

（c）计算 $\partial P / \partial u$ 与 $\partial P / \partial v$，并解释这些向量的几何意义。

6.　修改第 8 章中的 "LitColumns" 演示程序，向场景中的地面、立柱以及球体添加纹理（营造图 9.19 中的效果）。这些纹理可在本章的代码目录中找到。[①]

图 9.19　对场景中的物体进行贴图后的效果

---

① 本书的纹理都统一放在 Textures 文件夹中。若所需纹理不在其中，可以如之前所说在此书前一版源代码的相应章节中寻找。

第 **10** 章
混合

先来观察一下图 10.1。我们在渲染此帧画面时先后绘制了地形与木板箱（构成箱子在前、地形在后的效果），使这两种材质的像素数据都位于后台缓冲区中。接着再运用混合技术将水面绘制到后台缓冲区，令水的像素数据与地形以及板条箱这两种像素数据在后台缓冲区内相混合，构成可以透过水看到地形与板条箱的效果。本章将研究**混合**（blending，也译作融合）技术，它使我们可以将当前要光栅化（又名为**源像素**，source pixel）的像素与之前已光栅化至后台缓冲区的像素（**目标像素**，destination pixel）相融合。因此，该技术可用于渲染如水与玻璃之类的半透明物体。

图 10.1　半透明效果的水面

注意

Note　为了便于讨论，我们将此处谈及的后台缓冲区视为渲染目标，而在本书的后面还会展示将物体渲染至"离屏"（off screen）的渲染目标之中。在这两种渲染目标中所运用混合技术其实并没有什么区别，而位于离屏渲染目标中的目标像素也是经此前光栅化处理后的像素数据而已。

学习目标：
1. 理解混合技术的工作原理，并且在 Direct3D 中运用此技术。
2. 学习 Direct3D 所支持的不同混合模式。

3. 探究如何用 alpha 分量来调节图元的透明度。

4. 学会仅通过调用 HLSL 中的 `clip` 函数来阻止向后台缓冲区中绘制像素。

10.1　混合方程

设 C_{src} 为像素着色器输出的当前正在光栅化的第 i 行、第 j 列像素（源像素）的颜色值，再设 C_{dst} 为目前在后台缓冲区中与之对应的第 i 行、第 j 列像素（目标像素）的颜色值。若不用混合技术，C_{src} 将直接覆写 C_{dst}（假设此像素已经通过深度/模板测试），而令后台缓冲区中第 i 行、第 j 列的像素变更为新的颜色值 C_{src}。但是，若使用了混合技术，则 C_{src} 与 C_{dst} 将融合在一起得到新颜色值 C 后再覆写 C_{dst}（即将两者的混合颜色 C 写入后台缓冲区的第 i 行、第 j 列像素）。Direct3D 使用下列混合方程来使源像素颜色与目标像素颜色相融合：

$$C = C_{src} \otimes F_{src} \boxplus C_{dst} \otimes F_{dst}$$

在第 10.3 节中将介绍 F_{src}（源混合因子）与 F_{dst}（目标混合因子）会使用到的具体值，通过这两种因子，我们就能够用各种数值来调整源像素与目标像素，以获取各种不同的效果。运算符"$\otimes$"表示在 5.3.1 节中针对颜色向量而定义的分量式乘法，而"$\boxplus$"则表示在 10.2 节中定义的二元运算符。

上述混合方程仅用于控制颜色的 RGB 分量，而 alpha 分量实则由类似于下面的方程来单独处理：

$$A = A_{src}F_{src} \boxplus A_{dst}F_{dst}$$

这两组方程本质上都是相同的，但区别在于混合因子与二元运算可能有所差异。将 RGB 分量与 alpha 分量分离开来的动机也比较简单，就是希望能独立地处理两者，来尽可能多地产生不同的混合变化效果。

注意

 alpha 分量的混合需求远少于 RGB 分量的混合需求。这主要是由于我们往往并不关心后台缓冲区中的 alpha 值。而仅在一些对目标 alpha 值（destination alpha）有特定要求的算法之中，后台缓冲区内的 alpha 值才显得至关重要。

10.2　混合运算

下列枚举项成员将用作混合方程中的二元运算符 $\boxplus$：

```
typedef enum D3D12_BLEND_OP
{
  D3D12_BLEND_OP_ADD = 1,              C = C_src ⊗ F_src + C_dst ⊗ F_dst
  D3D12_BLEND_OP_SUBTRACT = 2,         C = C_dst ⊗ F_dst − C_src ⊗ F_src
  D3D12_BLEND_OP_REV_SUBTRACT = 3,     C = C_src ⊗ F_src − C_dst ⊗ F_dst
  D3D12_BLEND_OP_MIN = 4,     C = min(C_src, C_dst)
  D3D12_BLEND_OP_MAX = 5,     C = max(C_src, C_dst)
} D3D12_BLEND_OP;
```

注意

 在求取最小值或最大值（min/max）的运算中会忽略混合因子。

这些运算符也同样适用于 alpha 混合运算。而且，我们还能同时为 RGB 和 alpha 这两种运算分别指定不同的运算符。例如，可以像下面一样使两个 RGB 项相加，却令两个 alpha 项相减：

$$C = C_{src} \otimes F_{src} + C_{dst} \otimes F_{dst}$$
$$A = A_{dst}F_{dst} - A_{src}A_{src}$$

Direct3D 从最近几版开始加入了一项新特性，通过逻辑运算符对源颜色和目标颜色进行混合，用以取代上述传统的混合方程。这些逻辑运算符如下：

```
typedef
enum D3D12_LOGIC_OP
{
  D3D12_LOGIC_OP_CLEAR  = 0,
  D3D12_LOGIC_OP_SET    = ( D3D12_LOGIC_OP_CLEAR + 1 ) ,
  D3D12_LOGIC_OP_COPY   = ( D3D12_LOGIC_OP_SET + 1 ) ,
  D3D12_LOGIC_OP_COPY_INVERTED         = ( D3D12_LOGIC_OP_COPY + 1 ) ,
  D3D12_LOGIC_OP_NOOP   = ( D3D12_LOGIC_OP_COPY_INVERTED + 1 ) ,
  D3D12_LOGIC_OP_INVERT = ( D3D12_LOGIC_OP_NOOP + 1 ) ,
  D3D12_LOGIC_OP_AND    = ( D3D12_LOGIC_OP_INVERT + 1 ) ,
  D3D12_LOGIC_OP_NAND   = ( D3D12_LOGIC_OP_AND + 1 ) ,
  D3D12_LOGIC_OP_OR     = ( D3D12_LOGIC_OP_NAND + 1 ) ,
  D3D12_LOGIC_OP_NOR    = ( D3D12_LOGIC_OP_OR + 1 ) ,
  D3D12_LOGIC_OP_XOR    = ( D3D12_LOGIC_OP_NOR + 1 ) ,
  D3D12_LOGIC_OP_EQUIV  = ( D3D12_LOGIC_OP_XOR + 1 ) ,
  D3D12_LOGIC_OP_AND_REVERSE  = ( D3D12_LOGIC_OP_EQUIV + 1 ) ,
  D3D12_LOGIC_OP_AND_INVERTED = ( D3D12_LOGIC_OP_AND_REVERSE + 1 ) ,
  D3D12_LOGIC_OP_OR_REVERSE   = ( D3D12_LOGIC_OP_AND_INVERTED + 1 ) ,
  D3D12_LOGIC_OP_OR_INVERTED  = ( D3D12_LOGIC_OP_OR_REVERSE + 1 )
} D3D12_LOGIC_OP;
```

注意，不能同时使用传统混合方程与逻辑运算符这两种混合手段，两者只能择其一。另外需要指出的是，为了使用逻辑运算符混合技术，就一定要选择它所支持的渲染目标格式——这个格式应当为 UINT（无符号整数）的有关类型，否则我们会收到类似于下面的错误提示信息：

```
D3D12 ERROR: ID3D12Device::CreateGraphicsPipelineState: The render
target format at slot 0 is format (R8G8B8A8_UNORM). This format
does not support logic ops. The Pixel Shader output signature
indicates this output could be written, and the Blend State indicates
logic op is enabled for this slot. [ STATE_CREATION ERROR #678:
CREATEGRAPHICSPIPELINESTATE_OM_RENDER_TARGET_DOES_NOT_SUPPORT_LOGIC_OPS    ]

D3D12 WARNING: ID3D12Device::CreateGraphicsPipelineState: Pixel Shader
output 'SV_Target0' has type that is NOT unsigned int, while the
corresponding Output Merger RenderTarget slot [0] has logic op enabled.
This happens to be well defined: the raw bits output from the shader
will simply be interpreted as UINT bits in the blender without any data
```

conversion. This warning is to check that the application developer really intended to rely on this behavior. [STATE_CREATION WARNING #677: CREATEGRAPHICSPIPELINESTATE_PS_OUTPUT_TYPE_MISMATCH]

（D3D12 错误： ID3D12Device::CreateGraphicsPipelineState： 位于 0 槽位的渲染目标格式为（R8G8B8A8_UNORM）。逻辑运算不支持此格式。像素着色器的输出签名指示可以向此输出项执行写操作，而且混合状态表明此槽位启用的是逻辑运算。[STATE_CREATION ERROR #678:CREATEGRAPHICSPIPELINESTATE_OM_RENDER_TARGET_DOES_NOT_SUPPORT_LOGIC_OPS]

　　D3D12 警告：ID3D12Device::CreateGraphicsPipelineState：像素着色器输出项 'SV_Target0' 存在非无符号整数类型,而它相应的输出合并渲染目标槽[0]却已经启用了逻辑运算。关于此事件的发生系统中有着明确的定义：从着色器输出的原始二进制数据在混合器中将不进行任何的数据转换，而是简单地解释为 UINT 二进制数据。此警告是为了核实应用程序开发者是否遵循此行为。[STATE_CREATION WARNING #677:CREATEGRAPHICSPIPELINESTATE_PS_OUTPUT_TYPE_MISMATCH]）

10.3　混合因子

　　通过为源混合因子与目标混合因子分别设置不同的混合运算符，就可以实现各式各样的混合效果。我们会在 10.5 节中详解这些组合，但是需要先来体验一下不同的混合因子并感受它们实际的计算方式。下面列举描述的是基本的混合因子，可以将它们应用于 $\mathbf{F}_{src}$ 与 $\mathbf{F}_{dst}$。关于其他更加高级的混合因子，读者可参考 SDK 文档中的 D3D12_BLEND 枚举类型。设 $\mathbf{C}_{src} = (r_s, g_s, b_s)$，$A_{src} = a_s$（从像素着色器输出的 RGBA 值），$\mathbf{C}_{dst} = (r_d, g_d, b_d)$，$A_{dst} = a_d$（已存储于渲染目标中的 RGBA 值），$\mathbf{F}$ 为 $\mathbf{F}_{src}$ 或 $\mathbf{F}_{dst}$，而 F 是 F_{src} 或 F_{dst}，则我们有：

D3D12_BLEND_ZERO: $\mathbf{F} = (0, 0, 0)$ 且 $F = 0$

D3D12_BLEND_ONE: $\mathbf{F} = (1, 1, 1)$ 且 $F = 1$

D3D12_BLEND_SRC_COLOR: $\mathbf{F} = (r_s, g_s, b_s)$

D3D12_BLEND_INV_SRC_COLOR: $\mathbf{F}_{src} = (1 - r_s, 1 - g_s, 1 - b_s)$

 D3D12_BLEND_SRC_ALPHA: $\mathbf{F} = (a_s, a_s, a_s)$ 且 $F = a_s$

D3D12_BLEND_INV_SRC_ALPHA: $\mathbf{F} = (1 - a_s, 1 - a_s, 1 - a_s)$ 且 $F = (1 - a_s)$

D3D12_BLEND_DEST_ALPHA: $\mathbf{F} = (a_d, a_d, a_d)$ 且 $F = a_d$

D3D12_BLEND_INV_DEST_ALPHA: $\mathbf{F} = (1 - a_d, 1 - a_d, 1 - a_d)$ 且 $F = (1 - a_d)$

D3D12_BLEND_DEST_COLOR: $\mathbf{F} = (r_d, g_d, b_d)$

D3D12_BLEND_INV_DEST_COLOR: $\mathbf{F} = (1 - r_d, 1 - g_d, 1 - b_d)$

D3D12_BLEND_SRC_ALPHA_SAT: $\mathbf{F} = (a'_s, a'_s, a'_s)$ 且 $F = a'_s$，其中 $a'_s = \text{clamp}(a_s, 0, 1)$

D3D12_BLEND_BLEND_FACTOR: $\mathbf{F} = (r, g, b)$ 且 $F = a$，其中的颜色 (r, g, b, a) 可用作方法 ID3D12GraphicsCommandList::OMSetBlendFactor 的参数。通过这种方法，我们就可以直接指定所用的混合因子值。但是在改变混合状态（blend state）之前，此值是不会生效的。

D3D12_BLEND_INV_BLEND_FACTOR: $F = (1 - r, 1 - g, 1 - b)$ 且 $F = 1 - a$，这里的颜色 (r, g, b, a) 可用作 ID3D12GraphicsCommandList::OMSetBlendFactor 的参数，这使我们**可以**直接指定所用的混合因子值。然而，在混合状态变化之前，此值保持不变。

上述的混合因子皆可运用于 RGB 混合方程。但对于 alpha 混合方程来说，却**不可**使用以 _COLOR 作为结尾的混合因子。

注意

clamp 函数的定义为：

$$\text{clamp}(x,a,b) = \begin{cases} x, a \leqslant x \leqslant b \\ a, x < a \\ b, x > b \end{cases}$$

注意

我们可以用下列函数来设置混合因子：

```
void ID3D12GraphicsCommandList::OMSetBlendFactor(
    const FLOAT BlendFactor[ 4 ]);
```

若传入 nullptr，则恢复值为(1, 1, 1, 1)的默认混合因子。

10.4 混合状态

前面已经讨论过混合运算符与混合因子，那么怎样用 Direct3D 来设置这些数值呢？就像其他的 Direct3D 状态一样，混合状态亦是 PSO（流水线状态对象）的一部分。到目前为止，我们一直使用的都是默认的混合状态，即并没有启用混合技术：

```
D3D12_GRAPHICS_PIPELINE_STATE_DESC opaquePsoDesc;
ZeroMemory(&opaquePsoDesc, sizeof(D3D12_GRAPHICS_PIPELINE_STATE_DESC));
...
opaquePsoDesc.BlendState = CD3DX12_BLEND_DESC(D3D12_DEFAULT);
```

为了配置非默认混合状态，我们必须填写 D3D12_BLEND_DESC 结构体。该结构体的定义如下。

```
typedef struct D3D12_BLEND_DESC {
 BOOL AlphaToCoverageEnable;    // 默认值为 False
 BOOL IndependentBlendEnable;   // 默认值为 False
 D3D12_RENDER_TARGET_BLEND_DESC RenderTarget[8];
} D3D12_BLEND_DESC;
```

1. AlphaToCoverageEnable：指定为 true，则启用 alpha-to-coverage 功能，这是一种在渲染叶片或门等纹理时极其有用的一种多重采样技术。若指定为 false，则禁用 alpha-to-coverage 功能。另外，要使用此技术还需开启多重采样（即创建后台缓冲区与深度缓冲区时要启用多重采样）。

2. IndependentBlendEnable：Direct3D 最多可同时支持 8 个渲染目标。若此标志被置为 true，即表明可以向每一个渲染目标执行不同的混合操作（不同的混合因子、不同的混合运算以及设置不同的混合禁用或开启状态等）。如果将此标志设为 false，则意味着所有的渲染目标均使用 D3D12_BLEND_DESC::RenderTarget 数组中第一个元素所描述的方式进行混合。多渲染目标技术常用于高级算法，而现在我们只假设每次仅向一个渲染目标进行绘制。

3. RenderTarget：具有 8 个 D3D12_RENDER_TARGET_BLEND_DESC 元素的数组，其中的第 *i* 个元素描述了如何针对第 *i* 个渲染目标进行混合处理。如果 IndependentBlendEnable 被设置为 false，则所有的渲染目标都将根据 RenderTarget[0] 的设置进行混合运算。

结构体 D3D12_RENDER_TARGET_BLEND_DESC 的定义如下。

```
typedef struct D3D12_RENDER_TARGET_BLEND_DESC
{
    BOOL BlendEnable; // 默认值为 False
    BOOL LogicOpEnable; // 默认值为 False
    D3D12_BLEND SrcBlend; // 默认值为 D3D12_BLEND_ONE
    D3D12_BLEND DestBlend; // 默认值为 D3D12_BLEND_ZERO
    D3D12_BLEND_OP BlendOp; // 默认值为 D3D12_BLEND_OP_ADD
    D3D12_BLEND SrcBlendAlpha; // 默认值为 D3D12_BLEND_ONE
    D3D12_BLEND DestBlendAlpha; // 默认值为 D3D12_BLEND_ZERO
    D3D12_BLEND_OP BlendOpAlpha; // 默认值为 D3D12_BLEND_OP_ADD
    D3D12_LOGIC_OP LogicOp;     // 默认值为 D3D12_LOGIC_OP_NOOP
    UINT8 RenderTargetWriteMask; // 默认值为 D3D12_COLOR_WRITE_ENABLE_ALL
} D3D12_RENDER_TARGET_BLEND_DESC;
```

1. BlendEnable：指定为 true，则启用常规混合功能；指定为 false，则禁用常规混合功能。注意，不能将 BlendEnable 与 LogicOpEnable 同时置为 true，只能从常规混合与逻辑运算符混合两种方式中选择一种。

2. LogicOpEnable：指定为 true，则启用逻辑混合运算，反之则反。注意，不能将 BlendEnable 和 LogicOpEnable 同时设置为 true，只能从常规混合与逻辑运算混合中选择一种。

3. SrcBlend：枚举类型 D3D12_BLEND 中的成员之一，用于指定 RGB 混合中的源混合因子 F_{src}。

4. DestBlend：枚举类型 D3D12_BLEND 中的成员之一，用于指定 RGB 混合中的目标混合因子 F_{dst}。

5. BlendOp：枚举类型 D3D12_BLEND_OP 中的成员之一，用于指定 RGB 混合运算符。

6. SrcBlendAlpha：枚举类型 D3D12_BLEND 中的一个成员，指定了 alpha 混合中的源混合因子 F_{src}。

7. DestBlendAlpha：枚举类型 D3D12_BLEND 中的一个成员，指定了 alpha 混合中的目标混合因子 F_{dst}。

8. BlendOpAlpha：枚举类型 D3D12_BLEND_OP 中的一个成员，指定了 alpha 混合运算符。

9. LogicOp：枚举类型 D3D12_LOGIC_OP 中的成员之一，指定了源颜色与目标颜色在混合时所用的逻辑运算符。

10. RenderTargetWriteMask：下列标志中一种或多种的组合。

```
typedef enum D3D12_COLOR_WRITE_ENABLE {
  D3D12_COLOR_WRITE_ENABLE_RED   = 1,
  D3D12_COLOR_WRITE_ENABLE_GREEN  = 2,
  D3D12_COLOR_WRITE_ENABLE_BLUE  = 4,
  D3D12_COLOR_WRITE_ENABLE_ALPHA  = 8,
  D3D12_COLOR_WRITE_ENABLE_ALL   =
    ( D3D12_COLOR_WRITE_ENABLE_RED | D3D12_COLOR_WRITE_ENABLE_GREEN |
      D3D12_COLOR_WRITE_ENABLE_BLUE | D3D12_COLOR_WRITE_ENABLE_ALPHA )
} D3D12_COLOR_WRITE_ENABLE;
```

这些标志控制着混合后的数据可被写入后台缓冲区中的哪些颜色通道。例如,通过指定 D3D12_COLOR_WRITE_ENABLE_ALPHA 可以禁止向 RGB 通道的写操作,而仅写入 alpha 通道的有关数据。对于一些高级技术而言,这种灵活性是极其实用的。当混合功能被禁止时,从像素着色器返回的颜色数据将按没有设置上述写掩码来进行处理(即不对目标像素执行任何操作)。

注意

 混合运算并非没有开销,它也需要对每个像素进行额外的处理。所以只有在需要的情况下才使用此技术,否则应禁用这项功能。

下面的代码展示了如何来创建和设置混合状态。

```
// 创建开启混合功能的 PSO
D3D12_GRAPHICS_PIPELINE_STATE_DESC transparentPsoDesc = opaquePsoDesc;

D3D12_RENDER_TARGET_BLEND_DESC transparencyBlendDesc;
transparencyBlendDesc.BlendEnable = true;
transparencyBlendDesc.LogicOpEnable = false;
transparencyBlendDesc.SrcBlend = D3D12_BLEND_SRC_ALPHA;
transparencyBlendDesc.DestBlend = D3D12_BLEND_INV_SRC_ALPHA;
transparencyBlendDesc.BlendOp = D3D12_BLEND_OP_ADD;
transparencyBlendDesc.SrcBlendAlpha = D3D12_BLEND_ONE;
transparencyBlendDesc.DestBlendAlpha = D3D12_BLEND_ZERO;
transparencyBlendDesc.BlendOpAlpha = D3D12_BLEND_OP_ADD;
transparencyBlendDesc.LogicOp = D3D12_LOGIC_OP_NOOP;
transparencyBlendDesc.RenderTargetWriteMask = D3D12_COLOR_WRITE_ENABLE_ALL;

transparentPsoDesc.BlendState.RenderTarget[0] = transparencyBlendDesc;
ThrowIfFailed(md3dDevice->CreateGraphicsPipelineState(
  &transparentPsoDesc, IID_PPV_ARGS(&mPSOs["transparent"])));
```

如同其他的 PSO 一般,我们应当在应用程序的初始化期间来创建它们,接着再根据需求以 ID3D12GraphicsCommandList::SetPipelineState 方法在不同的状态之间进行切换。

10.5 混合示例

在下面的各小节中,我们将考查一些用于获取特效的混合因子组合。在这些示例中,我们只关注 RGB 混合,而 alpha 混合的处理方法则与之相似。

10.5.1 禁止颜色的写操作

如果希望使原始的目标像素保持不变,既不对它进行覆写,也不与当前光栅化的源像素执行混合,那么这个示例会非常适用。比如说,若不涉及后台缓冲区,而只对深度/模板缓冲区进行写操作时,就把源像素的混合因子设置为 D3D12_BLEND_ZERO,将目标混合因子配置为 D3D12_BLEND_ONE,再令混合运算符为 D3D12_BLEND_OP_ADD 即可。根据这一系列设定，混合方程可化简为：

$$C = C_{src} \otimes F_{src} \boxplus C_{dst} \otimes F_{dst}$$
$$C = C_{src} \otimes (0,0,0) + C_{dst} \otimes (1,1,1)$$
$$C = C_{dst}$$

这是一个为便于讲解而精心设计的示例。其实还有一种能实现相同功能的简便方法，即将成员 D3D12_RENDER_TARGET_BLEND_DESC::RenderTargetWriteMask 设置为 0，以此来禁止向任何颜色通道执行的写操作。

10.5.2　加法混合与减法混合

如果希望令源像素与目标像素实现加法运算（见图 10.2），那么就将源混合因子与目标混合因子同设为 D3D12_BLEND_ONE，再把混合运算符置为 D3D12_BLEND_OP_ADD。对于这种配置而言，混合方程可化简为：

$$C = C_{src} \otimes F_{src} \boxplus C_{dst} \otimes F_{dst}$$
$$C = C_{src} \otimes (1,1,1) + C_{dst} \otimes (1,1,1)$$
$$C = C_{src} + C_{dst}$$

另外，还可以继续使用上述混合因子，唯令 D3D12_BLEND_OP_SUBTRACT 来取代其中的加法混合运算符，以此来达到从目标像素中减去源像素这一目的（见图 10.3）。

图 10.2　令源颜色与目标颜色相加。由于加法运算总体提升了颜色值，因而生成了一张更为明亮的图像

图 10.3　从目标颜色中减去源颜色。由于减法运算移除了部分颜色信息，因而得到的图像更暗

10.5.3　乘法混合

如果希望将源像素与其对应的目标像素相乘（见图 10.4），那么应设源混合因子为 D3D12_BLEND_ZERO、目标混合因子为 D3D12_BLEND_SRC_COLOR，再将混合运算符置为 D3D12_BLEND_OP_ADD。据此配置，混合方程可化简为：

$$C = C_{src} \otimes F_{src} \boxplus C_{dst} \otimes F_{dst}$$

$$C = C_{src} \otimes (0,0,0) + C_{dst} \otimes C_{src}$$

$$C = C_{dst} \otimes C_{src}$$

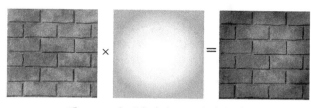

图 10.4　令源颜色与目标颜色相乘

10.5.4　透明混合

设源 alpha 分量 a_s 为一种可用来控制源像素不透明度的百分比（例如，alpha 为 0 表示 100%透明，0.4 表示 40%不透明，1.0 则表示 100%不透明）。不透明度（opacity）与透明度（transparency）的关系很简单，即 $T = 1 - A$，其中的 A 为不透明度，T 为透明度。例如，若物体的不透明度达 0.4，则透明度为 1 − 0.4 = 0.6。现在，假设我们希望基于源像素的不透明度，将源像素与目标像素进行混合。为了实现此效果，设源混合因子为 D3D12_BLEND_SRC_ALPHA、目标混合因子为 D3D12_BLEND_INV_SRC_ALPHA，并将混合运算符置为 D3D12_BLEND_OP_ADD。有了这些配置，混合方程便可化简为：

$$C = C_{src} \otimes F_{src} \boxplus C_{dst} \otimes F_{dst}$$

$$C = C_{src} \otimes (a_s, a_s, a_s) + C_{dst} \otimes (1 - a_s, 1 - a_s, 1 - a_s)$$

$$C = a_s C_{src} + (1 - a_s)C_{dst}$$

例如，假设 $a_s = 0.25$，也就是说，源像素的不透明度仅为 25%。由于源像素的透明度为 75%，因此，这就是说，在源像素与目标像素混合在一起的时候，我们便希望最终颜色将由 25%的源像素与 75%的目标像素组合而成（目标像素会位于源像素的"后侧"）。根据上述方程精确地推导出下列混合计算过程：

$$C = a_s C_{src} + (1 - a_s)C_{dst}$$

$$C = 0.25 C_{src} + 0.75 C_{dst}$$

借助此混合方法，我们就能绘制出类似于图 10.1 中那样的透明物体。需要注意的是，在使用此混合方法时，还应当考虑物体的绘制顺序。对此，我们应遵循以下规则：

首先要绘制无需混合处理的物体。接下来，再根据混合物体与摄像机的距离对它们进行排序。最后，按由远及近的顺序通过混合的方式来绘制这些物体。

依照由后向前的顺序进行绘制的原因是，每个物体都会与其后的所有物体执行混合运算。对于一个透明的物体而言，我们应当可以透过它看到其背后的场景。因此就需要将透明物体后的所有对应像素都预先写入后台缓冲区内，随后再将此透明物体的源像素与其后场景的目标像素进行混合。

而对于 10.5.1 节中所述的渲染方法而言，绘制顺序便是无关紧要的了，因为它可以轻而易举地阻止源像素写入后台缓冲区。但针对 10.5.2 节与 10.5.3 节中所讨论的混合方法来说，我们照理就要先绘制非混合物体，最后再绘制需要混合处理的物体。这是由于我们希望在混合运算开始之前，先将所有的非混合几何体都置于后台缓冲区中。然而，在这几种混合情况里其实并不需要对混合物体进行排序，因为这几种混合运算都满足交换律。也就是说，如果在初始时后台缓冲区中有一像素为颜色 **B**，则对该像素连续进行 *n* 次加法/减法/乘法单一混合运算，便无须考虑此间的计算顺序，即：

$$B' = B + C_0 + C_1 + ... + C_{n-1}$$
$$B' = B - C_0 - C_1 - ... - C_{n-1}$$
$$B' = B \otimes C_0 \otimes C_1 \otimes ... \otimes C_{n-1}$$

10.5.5　混合与深度缓冲区

在使用加法/减法/乘法运算进行混合时，会涉及深度测试（depth test）这一问题。对于这个示例，我们仅用加法混合来讲解，但其中的思路也同样适用于减法/乘法的混合运算。如果要用加法混合来渲染一个物体集合 *S*，并希望 *S* 中的物体不会互相遮挡，这就意味着我们只需将这些物体的颜色数据简单地累加即可（见图 10.5 ）。为此，我们不愿在 *S* 中的物体之间进行深度测试。若开启深度测试，却并没有按从后至前的顺序进行绘制，那么，当 *S* 中的两个物体存在遮挡关系，经过深度测试后，靠后的像素片段便会被丢弃，这意味着该物体的像素颜色将不会被累加至混合求和的结果之中。在渲染 *S* 中的物体时，我们可以通过禁止向深度缓冲区的写操作来禁用 *S* 中物体之间的深度测试。由于深度写入操作已被禁止，*S* 中的物体在进行加法混合时，便不会将深度信息写入深度缓冲区，因此，*S* 中的物体便不会因深度测试而直接覆盖其后的物体。注意，我们只是在绘制 *S*（要用加法混合的方式来绘制的一个物体集合）中的物体时禁用了深度值写入操作，但深度值读取与深度检测仍然是开启的。这样一来，非混合几何体（比混合几何体先绘制的物体）仍将遮挡其后的混合几何体。比方说，如果我们有一个需要在墙后进行加法混合的物体集合，那么这些混合物体最后是看不到的，因为以非混合方式绘制的实心不透明墙体会挡住它们。至于如何禁用深度值写入操作以及设置深度检测，且看下章分解。

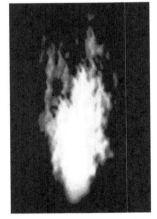

图 10.5　若采用加法混合，则粒子叠加较多的点要亮于周围的其他点。随着粒子的扩散，原来的亮点逐渐变暗，而散至其他点处的粒子又与当地的粒子相叠加，使那些光点变得更亮

10.6　alpha 通道

根据 10.5.4 节中的例子可以看出，源 alpha 分量能够用于在 RGB 混合的过程中控制像素的透明度。而混合方程中所用的源颜色实则来自于像素着色器。正如在第 9 章中所见，我们将漫反射材质的 alpha 值作为纹理着色器的 alpha 输出。这样一来，我们就能利用漫反射图（diffuse map）中的 alpha 通道来控

制混合过程中的透明度。

```
float4 PS(VertexOut pin) : SV_Target
{
  float4 diffuseAlbedo = gDiffuseMap.Sample(
    gsamAnisotropicWrap, pin.TexC) * gDiffuseAlbedo;
  ...

  // 从漫反射反照率获取 alpha 值的常用方法
  litColor.a = diffuseAlbedo.a;
  return litColor;
}
```

我们往往可以在常见的图像编辑软件（例如 Adobe Photoshop）中添加 alpha 通道，接着再将图像保存为支持 alpha 通道的格式，如 DDS。

10.7 裁剪像素

有时候，我们希望彻底禁止某个源像素参与后续的处理。这可以通过 HLSL 的内置函数 clip(x)来实现。此函数仅供像素着色器调用，若 x < 0，则当前这一像素将从后面的处理阶段中丢弃。用这个函数来处理铁丝网纹理的绘制再合适不过了，例如，就如图 10.6 所示的效果。换句话说，用它来绘制透明与非透明相间的像素再好不过了。

RGB通道   alpha通道

图 10.6　具有 alpha 通道的铁丝网纹理。有着黑色 alpha 值的像素将被 clip 函数丢掉，从而不被绘制出来。因此，只有铁丝网部分会留存下来。从本质上来讲，alpha 通道的用处在于从纹理中屏蔽掉非铁丝网的部分

在像素着色器中，我们将采集像素的 alpha 分量。如果该值极小接近于 0，则表示此像素是完全透明的，那么我们就将此像素从后续处理中淘汰掉。

```
float4 PS(VertexOut pin) : SV_Target
{
  float4 diffuseAlbedo = gDiffuseMap.Sample(
    gsamAnisotropicWrap, pin.TexC) * gDiffuseAlbedo;
```

```
#ifdef ALPHA_TEST
    // 若 alpha < 0.1 则抛弃该像素。我们要在着色器中尽早执行此项测试，以尽快检测出满足条件的像素
    // 并退出着色器，从而跳过后续的相关处理过程
    clip(diffuseAlbedo.a - 0.1f);
#endif

    ...

    // 从漫反射反照率获取 alpha 值的常用手段
    litColor.a = diffuseAlbedo.a;

    return litColor;
}
```

可以观察到，只有在定义了 ALPHA_TEST 宏的时候才会实行透明像素的筛选。这是因为我们有时可能并不希望对某些渲染项执行 clip 方法，所以要有能力针对特殊的着色器开启或关闭对此函数的调用。而且 alpha 测试的开销也不小，因此只有在必要的情况下才使用它。

注意，通过混合操作也能实现相同的效果，但是使用 clip 函数更为有效。首先，它无须执行混合运算（即可以禁用混合操作）。其次，处理期间也不必考虑绘制顺序。此外，通过提前从像素着色器中抛弃像素，能够使之略过像素着色器的剩余指令（为终将被丢弃的像素执行这些后续指令是毫无意义的）。

注意

 纹理过滤操作可能会使 alpha 通道的数据略受影响，因此在裁剪像素时应对判断值留出适当的余地（即允许特定的误差）。例如，可以根据接近 0 的 alpha 值来裁剪像素，但不要按精确的 0 值进行处理。

图 10.7 所示的是 "Blend Demo"（混合）演示程序的效果。它用透明混合的处理方法来绘制半透明的水，并通过 clip 测试来渲染铁丝网盒。另一个值得一提的变化是，由于当前立方体使用的是铁丝网

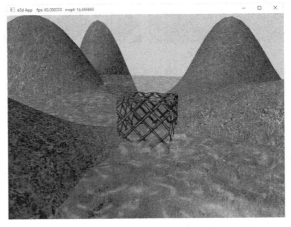

图 10.7　"Blend Demo" 演示程序的效果

纹理，因此我们就应对 alpha 测试物体都禁用背面剔除（不然后面就穿帮了！）：

```
// 针对 alpha 测试物体所采用的 PSO
D3D12_GRAPHICS_PIPELINE_STATE_DESC alphaTestedPsoDesc = opaquePsoDesc;
alphaTestedPsoDesc.PS =
{
  reinterpret_cast<BYTE*>(mShaders["alphaTestedPS"]->GetBufferPointer()),
    mShaders["alphaTestedPS"]->GetBufferSize()
};
alphaTestedPsoDesc.RasterizerState.CullMode = D3D12_CULL_MODE_NONE;
ThrowIfFailed(md3dDevice->CreateGraphicsPipelineState(
  &alphaTestedPsoDesc, IID_PPV_ARGS(&mPSOs["alphaTested"])));
```

10.8 雾

为了在游戏中模拟出一些特定的天气状况，我们往往需要实现雾化效果，如图 10.8 所示。除了雾效本身这个主要目的之外，它还有一些其他的用处。例如，浓雾可以掩饰远处景物在渲染上的失真，以及防止发生物体突然出现（popping）①的情况。突然出现是指一个物体原本位于视锥体远平面的后侧，但由于摄像机的移动，使之突然出现在视锥体的范围之内，并因此令它变得可见，以致该物体看起来似乎是突然"瞬移"到了场景之中。在远处设立一层雾气便可掩盖物体突然出现的现象。注意，如果场景处于晴朗的白天，不妨在远处设有少量的薄雾。因为就算是万里无云的好天气，像高山这种远处的景物依旧云雾缭绕，且雾气将随着深度函数值的增加而逐渐变浓（失去对比度，lose contrast）。此时，我们便可以通过雾效来模拟这种大气透视的现象。

图 10.8　开启雾效的"Blend Demo"例程的效果

---

① 这个词也常用于表示不同 LOD（level of detail，细节层级）模型突兀的切换所造成的视觉上的跳跃，此时常译作"突跃"。这与当前文中的 popping 是两种概念。

实现雾化效果的流程如下：如图 10.9 所示，首先指明雾的颜色、由摄像机到雾气的最近距离以及雾的分散范围（即从雾到摄像机的最近距离至雾能完全覆盖物体的这段范围），接下来再将网格三角形上点的颜色置为原色与雾色的加权平均值：

$$\text{foggedColor} = \text{litColor} + s(\text{fogColor} - \text{litColor})$$
$$= (1-s) \cdot \text{litColor} + s \cdot \text{fogColor}$$

参数 s 的范围为[0, 1]，由一个以摄像机位置与被雾覆盖物体表面点之间的距离作为参数的函数来确定。随着该表面点与观察点之间距离的增加，它会被雾气遮挡得愈加朦胧。参数 s 的定义如下：

$$s = \text{saturate}\left(\frac{\text{dist}(\boldsymbol{p},\boldsymbol{E}) - \text{fogStart}}{\text{fogRange}}\right)$$

其中，$\text{dist}(\boldsymbol{p},\boldsymbol{E})$ 为表面点 $\boldsymbol{p}$ 与摄像机位置 $\boldsymbol{E}$ 之间的距离。而函数 $\texttt{saturate}$ 会将其参数限制在区间[0,1]内：

$$\text{saturate}(x) = \begin{cases} x, 0 \leqslant x \leqslant 1 \\ 0, x < 0 \\ 1, x > 1 \end{cases}$$

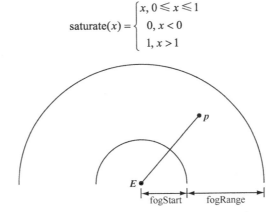

图 10.9　摄像机 $\boldsymbol{E}$ 到某点 $\boldsymbol{p}$ 的距离，fogStart（摄像机到雾气的最近距离）
与 fogRange（雾气的范围）即是相关参数

图 10.10 所示为根据距离函数而绘制的 s 图像。由此可以看出，当 $(\boldsymbol{p}, \boldsymbol{E}) \leqslant$ fogStart 时 $s = 0$，而雾的颜色则由下式给出：

$$\text{foggedColor} = \text{litColor}$$

换句话说，当物体表面点到摄像机的距离小于 fogStart 时，雾色就不会改变物体顶点的本色。顾名思义，只有表面点到摄像机的距离至少为 "fogStart"（雾效开始）时，其颜色才会受到雾色的影响。

设 fogEnd = fogStart + fogRange。当 $\text{dist}(\boldsymbol{p}, \boldsymbol{E}) \geqslant$ fogEnd 时 $s = 1$，且雾色为：

$$\text{foggedColor} = \text{fogColor}$$

这便是说，当物体表面点的位置到观察点的距离大于或等于 fogEnd 时，浓雾会将它完全遮住——所以我们只能看到雾气的颜色。

从图 10.10 中不难看出，当 fogStart < $\text{dist}(\boldsymbol{p}, \boldsymbol{E})$ < fogEnd 时，随着 $\text{dist}(\boldsymbol{p}, \boldsymbol{E})$ 从 fogStart 向 fogEnd 递增，变量 s 也呈线性地由 0 增加至 1。这表明随着距离的增加，雾色会越来越浓重，而物体原色也愈加寡淡。这是显而易见的，因为随着距离的增加，雾气势必越发浓重，以致越远的景物越迷蒙。

下列着色器代码展示了如何来实现雾效。我们先计算距离，并在像素层级进行插值，最后再求出光照颜色。

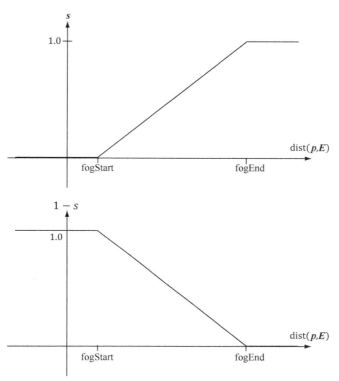

图 10.10　上图中，根据距离函数而得到的 s（雾气的颜色权值）的图像。下图中，根据距离函数而得到的 $1-s$（物体的颜色权值）的图像。随着 s 的增加，$(1-s)$ 势必将相应地减少

```
// 光源数量的默认值
#ifndef NUM_DIR_LIGHTS
  #define NUM_DIR_LIGHTS 3
#endif

#ifndef NUM_POINT_LIGHTS
  #define NUM_POINT_LIGHTS 0
#endif

#ifndef NUM_SPOT_LIGHTS
  #define NUM_SPOT_LIGHTS 0
#endif

// 包含光照所用的结构体与函数
#include "LightingUtil.hlsl"

Texture2D  gDiffuseMap : register(t0);

SamplerState gsamPointWrap    : register(s0);
SamplerState gsamPointClamp   : register(s1);
```

```
SamplerState gsamLinearWrap     : register(s2);
SamplerState gsamLinearClamp    : register(s3);
SamplerState gsamAnisotropicWrap : register(s4);
SamplerState gsamAnisotropicClamp : register(s5);

// 每一帧中都在变化的常量数据
cbuffer cbPerObject : register(b0)
{
  float4x4 gWorld;
  float4x4 gTexTransform;
};

// 绘制过程中所用的杂项常量数据
cbuffer cbPass : register(b1)
{
  float4x4 gView;
  float4x4 gInvView;
  float4x4 gProj;
  float4x4 gInvProj;
  float4x4 gViewProj;
  float4x4 gInvViewProj;
  float3 gEyePosW;
  float cbPerObjectPad1;
  float2 gRenderTargetSize;
  float2 gInvRenderTargetSize;
  float gNearZ;
  float gFarZ;
  float gTotalTime;
  float gDeltaTime;
  float4 gAmbientLight;

  // 允许应用程序在每一帧都能改变雾效参数
  // 例如，我们可能只在一天中的特定时间才使用雾效
  float4 gFogColor
  float gFogStart;
  float gFogRange;
  float2 cbPerPassPad2;

  // 对于每个以 MaxLights 为光源数量最大值的对象而言，索引[0,NUM_DIR_LIGHTS)表示的是方向光
  // 源，索引[NUM_DIR_LIGHTS, NUM_DIR_LIGHTS+NUM_POINT_LIGHTS)表示的是点光源
  // 索引[NUM_DIR_LIGHTS+NUM_POINT_LIGHTS, NUM_DIR_LIGHTS+NUM_POINT_LIGHT+NUM_SPOT_
  // LIGHTS)表示的是聚光灯光源

  Light gLights[MaxLights];
};

// 每种材质中的不同常量数据
cbuffer cbMaterial : register(b2)
{
  float4   gDiffuseAlbedo;
```

```
   float3  gFresnelR0;
   float   gRoughness;
   float4x4 gMatTransform;
};

struct VertexIn
{
   float3 PosL    : POSITION;
   float3 NormalL : NORMAL;
   float2 TexC    : TEXCOORD;
};

struct VertexOut
{
   float4 PosH    : SV_POSITION;
   float3 PosW    : POSITION;
   float3 NormalW : NORMAL;
   float2 TexC    : TEXCOORD;
};

VertexOut VS(VertexIn vin)
{
   VertexOut vout = (VertexOut)0.0f;

   // 把顶点变换到世界空间
   float4 posW = mul(float4(vin.PosL, 1.0f), gWorld);
   vout.PosW = posW.xyz;

   // 假设要进行的是等比缩放，否则便应使用世界矩阵的逆转置矩阵
   vout.NormalW = mul(vin.NormalL, (float3x3)gWorld);

   // 将顶点变换到齐次裁剪空间
   vout.PosH = mul(posW, gViewProj);

   // 为三角形插值而输出顶点属性
   float4 texC = mul(float4(vin.TexC, 0.0f, 1.0f), gTexTransform);
   vout.TexC = mul(texC, gMatTransform).xy;

   return vout;
}

float4 PS(VertexOut pin) : SV_Target
{
   float4 diffuseAlbedo = gDiffuseMap.Sample(
     gsamAnisotropicWrap, pin.TexC) * gDiffuseAlbedo;

#ifdef ALPHA_TEST
   // 如果纹理的 alpha < 0.1 则丢弃该像素。我们应尽早执行这项测试，以便尽快检测到满足条件的像素
   // 并提前退出着色器，从而跳过着色器的后续处理
   clip(diffuseAlbedo.a - 0.1f);
#endif
```

```
// 对法线插值可能导致其非规范化, 因而要重新对它进行规范化处理
pin.NormalW = normalize(pin.NormalW);

// 光线经表面上一点反射到观察点这一方向上的向量
float3 toEyeW = gEyePosW - pin.PosW;
float distToEye = length(toEyeW);
toEyeW /= distToEye; // 规范化处理

// 光照项
float4 ambient = gAmbientLight*diffuseAlbedo;

const float shininess = 1.0f - gRoughness;
Material mat = { diffuseAlbedo, gFresnelR0, shininess };
float3 shadowFactor = 1.0f;
float4 directLight = ComputeLighting(gLights, mat, pin.PosW,
  pin.NormalW, toEyeW, shadowFactor);

float4 litColor = ambient + directLight;
#ifdef FOG
  float fogAmount = saturate((distToEye - gFogStart) / gFogRange);
  litColor = lerp(litColor, gFogColor, fogAmount);
#endif

// 从漫反射反照率中获取 alpha 值的常用手法
litColor.a = diffuseAlbedo.a;

return litColor;
}
```

有一些场景可能并不会用到雾效, 因此我们将该功能设为可选项, 若要使用, 则需在编译着色器时定义 FOG 宏。这样一来, 如果不希望使用雾效, 则不必为相关运算而付出开销代价。在演示程序中, 我们通过向 CompileShader 函数提供下列 D3D_SHADER_MACRO 结构体来开启雾效:

```
const D3D_SHADER_MACRO defines[] =
{
  "FOG", "1",
  NULL, NULL
};

mShaders["opaquePS"] = d3dUtil::CompileShader(
  L"Shaders\\Default.hlsl", defines, "PS", "ps_5_0");
```

注意

> **Note** 通过观察可以发现, 我们不仅在雾效运算中使用了 distToEye, 而且在对法线进行规范化处理时也用到了此值。这里再给出一个优化方面稍差的实现, 试对比:
>
> ```
> float3 toEyeW = normalize(gEyePosW - pin.PosW);
> float distToEye = distance(gEyePosW, pin.PosW);
> ```
>
> 这段代码其实将向量 toEyeW 的长度计算了两次: 一次是用 normalize 函数, 另一次是用 distance 函数。

10.9 小结

1. 混合是一种将当前待光栅化的像素（即**源像素**）与之前已光栅化并存至后台缓冲区的像素（即**目标像素**）相融合（组合）的技术。它使我们可以渲染出半透明效果的物体，如水与玻璃。

2. 混合方程形如：

$$C = C_{src} \otimes F_{src} \boxplus C_{dst} \otimes F_{dst}$$
$$A = A_{src} F_{src} \boxplus A_{dst} F_{dst}$$

注意到，RGB 分量与 alpha 分量的混合运算实际上是各自单独展开的。二元运算符 $\boxplus$ 是枚举类型 D3D12_BLEND_OP 的成员之一。

3. F_{src}、F_{dst}、F_{src} 与 F_{dst} 都被称为混合因子，它们是混合方程可自定义的法宝。这些因子是枚举类型 D3D12_BLEND 中的成员之一。另外，对于 alpha 混合方程来说，不能采用以_COLOR 作为后缀的混合因子。

4. 源 alpha 的信息来自于漫反射材质。在我们自己编写的应用框架中，漫反射材质由纹理图来定义，而所需的 alpha 信息正是存于纹理的 alpha 通道。

5. 通过 HLSL 的内部函数 clip(x) 可以将源像素从后续的处理过程中完全屏蔽掉。此函数仅可在像素着色器中调用，当 x < 0 时它便丢弃当前的像素。此外，该函数对不透明与透明相间像素的绘制也是极为有效的（即此函数可用于过滤完全透明的像素，也就是 alpha 值接近于 0 的像素）。

6. 可以使用雾效来模拟各种气象环境效果和大气透视现象，以此来掩饰远处场景渲染的失真以及物体突然出现于视锥体之中阑进用户视野内的情况。在我们所用的线性雾效模型中，需要指定雾气的颜色，从摄像机至雾效的最近距离以及雾的出现范围。此时，网格三角形上某点的颜色是其原色与雾色的加权平均值：

$$foggedColor = litColor + s(fogColor - litColor)$$
$$= (1 - s) \cdot litColor + s \cdot fogColor$$

参数 s 的取值范围是[0, 1]，由一个以摄像机位置与物体表面点之间距离为参数的函数来表示。随着表面点与观察点之间距离的增加，表面点受雾气的影响将变得看起来越来越朦胧。

10.10 练习

1. 体会不同的混合运算与不同混合因子的组合效果。

2. 修改 "Blend Demo" 演示程序，首先绘制水流。请解释这一改变所产生的效果。

3. 设 fogStart = 10 且 fogRange = 200。针对下列各种情况来计算 foggedColor。

   （a）dist(p, E) = 160

   （b）dist(p, E) = 110

（c）dist(p, E) = 60

（d）dist(p, E) = 30

4. 通过查看生成的着色器汇编代码来验证：当没有定义 ALPHA_TEST 宏时，编译后的像素着色器不会用到 discard 指令，反之则会用到。此 discard 指令对应于 HLSL 中的 clip 指令。

5. 修改 "Blend Demo" 演示程序，创建并应用禁止向红色通道和绿色通道写入颜色信息的混合渲染状态。

模板缓冲区（stencil buffer）是一种"离屏"（off-screen）缓冲区，我们可以利用它来实现一些特殊效果。模板缓冲区、后台缓冲区以及深度缓冲区都有着相同的分辨率，这样一来，这三者相同位置上的像素就能一一对应起来。回顾 4.1.5 节可知，在指定一个模板缓冲区时，要将它与一个深度缓冲区配合使用。顾名思义，这种缓冲区所起到的作用就如同印刷过程中所用的模板一样，我们可以用它来阻止特定的像素片段渲染至后台缓冲区中。

举个例子，当渲染一面镜子时，我们需要将物体反映到镜子所在的平面上。当然，只应绘制出镜子中的镜像部分。这时，我们就能通过模板缓冲区来阻止镜子范围以外镜像部分的绘制操作（见图 11.1）。

图 11.1　（左图）在镜子中正确地反射出了骷髅头的映像。由于深度测试的原因，使得砖块后的骷髅头部分没有显现出来。但是，我们仍然能够从左侧看到墙面后露出的骷髅头镜像，显然，这是违反 3D 视觉原理的（镜像只能在镜中呈现）。（右图）借助模板缓冲区，我们便能阻止镜面外映像的绘制

要设置模板缓冲区（以及深度缓冲区）状态，就需填写 D3D12_DEPTH_STENCIL_DESC 结构体实例，并将其赋予流水线状态对象（PSO）的 D3D12_GRAPHICS_PIPELINE_STATE_DESC::DepthStencilState 字段。学习模板缓冲区用法的最佳方式即从现存的示例应用程序着手。一旦对实例中的模板缓冲区部分有了感性的认识，我们便可以更加得心应手地运用它了。

学习目标：

1. 探究如何通过填写流水线状态对象中的 D3D12_DEPTH_STENCIL_DESC DepthStencilState 字段来控制深度缓冲区以及模板缓冲区。

2. 学习通过模板缓冲区来防止镜像被绘至镜子以外的区域，以此来实现正确的镜像效果。

3. 了解双重混合（double blending）的机制，从而利用模板缓冲区来有效地杜绝这一情况的发生。

4. 知晓深度复杂性（depth complexity）的概念，并介绍两种方法来度量场景的深度复杂性。

11.1　深度/模板缓冲区的格式及其资源数据的清理

回顾前文的内容便会想起，深度/模板缓冲区其实也是一种纹理，因而必须用下列特定的数据格式来创建它。深度/模板缓冲可用的格式如下：

1. DXGI_FORMAT_D32_FLOAT_S8X24_UINT：此格式用一个 32 位浮点数来指定深度缓冲区，并以另一个 32 位无符号整数来指定模板缓冲区。其中，无符号整数里的 8 位用于将模板缓冲区映射到范围[0, 255]，另外 24 位不可用，仅作填充占位。

2. DXGI_FORMAT_D24_UNORM_S8_UINT：指定一个无符号的 24 位深度缓冲区，并将其映射到范围[0, 1]内。另外 8 位（无符号整数）用于令模板缓冲区映射至范围[0, 255]。

在 D3DApp 应用框架中，当要创建深度缓冲区时就要像下面那样来指定它的格式：

```
DXGI_FORMAT mDepthStencilFormat = DXGI_FORMAT_D24_UNORM_S8_UINT;
depthStencilDesc.Format = mDepthStencilFormat;
```

我们可以在绘制每一帧画面之初，用以下方法来重置模板缓冲区中的局部数据（也可用于清理深度缓冲区）。

```
void ID3D12GraphicsCommandList::ClearDepthStencilView(
  D3D12_CPU_DESCRIPTOR_HANDLE DepthStencilView,
  D3D12_CLEAR_FLAGS ClearFlags,
  FLOAT Depth,
  UINT8 Stencil,
  UINT NumRects,
  const D3D12_RECT *pRects);
```

1. DepthStencilView：待清理的深度/模板缓冲区视图的描述符。

2. ClearFlags：指定为 D3D12_CLEAR_FLAG_DEPTH 仅清理深度缓冲区，指定为 D3D12_CLEAR_FLAG_STENCIL 只清理模板缓冲区，指定为 D3D12_CLEAR_FLAG_DEPTH | D3D12_CLEAR_FLAG_STENCIL 则同时清理这两种缓冲区。

3. Depth：将此浮点值设置到深度缓冲区中的每一个像素。此浮点数 x 务必满足 $0 \leqslant x \leqslant 1$。

4. Stencil：将此整数值设置到模板缓冲区中的每一个像素。此整数 n 必须满足 $0 \leqslant n \leqslant 255$。

5. NumRects：数组 pRects 中所指引的矩形数量。

6. pRects：一个 D3D12_RECT 类型数组，它标定了一系列深度/模板缓冲区内要清理的区域。若指定为 nullptr 则清理整个深度/模板缓冲区。

我们在演示程序中的每一帧都已经调用此方法，形如：

```
mCommandList->ClearDepthStencilView(DepthStencilView(),
  D3D12_CLEAR_FLAG_DEPTH | D3D12_CLEAR_FLAG_STENCIL,
  1.0f, 0, 0, nullptr);
```

11.2 模板测试

如前所述，我们可以通过模板缓冲区来阻止对后台缓冲区特定区域的绘制行为。而这项操作实则是由**模板测试**（stencil test）来决定的，它的处理过程如下：

```
if( StencilRef & StencilReadMask ◁ Value & StencilReadMask )
  accept pixel
else
  reject pixel
```

模板测试会随着像素的光栅化过程而执行（即在输出合并阶段进行）。若模板功能呈开启状态，则需经过下面两处运算。

1. 左运算数（left-hand-side, LHS）由程序中定义的**模板参考值**（stencil reference value）StencilRef 与程序内定义的**掩码值**（masking value）StencilReadMask 通过 AND（与）运算来加以确定。

2. 右运算数（right-hand-side，RHS）由正在接受模板测试的特定像素位于模板缓冲区中的对应值 Value 与程序中定义的掩码值 StencilReadMask 经过 AND 计算来加以确定。

可以发现，左运算数与右运算数中的 StencilReadMask 是同一个值。接下来，模板测试用程序中所选定的**比较函数**（comparison function）◁ 对左运算数与右运算数进行比对，从而得到布尔类型的返回值。如果测试结果为 true，就将当前受检测的像素写入后台缓冲区（即假设此像素已通过深度测试）；如果测试结果为 false，则禁止此像素向后台缓冲区的写操作。当然，如果一个像素因模板测试失败而被丢弃，它的相关数据也不会被写入深度缓冲区。

运算符 "◁" 是 D3D12_COMPARISON_FUNC 枚举类型所定义的比较函数之一[①]：

```
typedef enum D3D12_COMPARISON_FUNC
{
  D3D12_COMPARISON_FUNC_NEVER = 1,
  D3D12_COMPARISON_FUNC_LESS = 2,
  D3D12_COMPARISON_FUNC_EQUAL = 3,
  D3D12_COMPARISON_FUNC_LESS_EQUAL = 4,
  D3D12_COMPARISON_FUNC_GREATER = 5,
  D3D12_COMPARISON_FUNC_NOT_EQUAL = 6,
  D3D12_COMPARISON_FUNC_GREATER_EQUAL = 7,
  D3D12_COMPARISON_FUNC_ALWAYS = 8,
} D3D12_COMPARISON_FUNC;
```

1. D3D12_COMPARISON_FUNC_NEVER：该函数总是返回 **false**。
2. D3D12_COMPARISON_FUNC_LESS：用运算符<替换◁。
3. D3D12_COMPARISON_FUNC_EQUAL：用运算符==替换◁。
4. D3D12_COMPARISON_FUNC_LESS_EQUAL：用运算符 ≤ 替换◁。

[①] 在预览版中，枚举类型 D3D12_COMPARISON_FUNC 中成员的定义都形如 D3D12_COMPARISON_XOXO。

5. D3D12_COMPARISON_FUNC_GREATER：用运算符>替换◁。

6. D3D12_COMPARISON_FUNC_NOT_EQUAL：用运算符!=替换◁。

7. D3D12_COMPARISON_FUNC_GREATER_EQUAL：用运算符≥替换◁。

8. D3D12_COMPARISON_FUNC_ALWAYS：此函数总是返回 true。

11.3　描述深度/模板状态

要描述深度/模板状态，就需填写 D3D12_DEPTH_STENCIL_DESC 实例：

```
typedef struct D3D12_DEPTH_STENCIL_DESC {
  BOOL DepthEnable; // 默认值为 True

  // 默认值为 D3D12_DEPTH_WRITE_MASK_ALL
  D3D12_DEPTH_WRITE_MASK DepthWriteMask;

  // 默认值为 D3D12_COMPARISON_LESS
  D3D12_COMPARISON_FUNC DepthFunc;

  BOOL StencilEnable;          // 默认值为 False
  UINT8 StencilReadMask;       // 默认值为 0xff, 即 D3D12_DEFAULT_STENCIL_WRITE_MASK
  UINT8 StencilWriteMask;      // 默认值为 0xff, 即 D3D12_DEFAULT_STENCIL_WRITE_MASK
  D3D12_DEPTH_STENCILOP_DESC FrontFace;
  D3D12_DEPTH_STENCILOP_DESC BackFace;
} D3D12_DEPTH_STENCIL_DESC;
```

11.3.1　深度信息的相关设置

深度信息的相关设置如下。

1. DepthEnable：设置为 true，则开启深度缓冲；设置为 false，则禁用。当深度测试被禁止时，物体的绘制顺序就变得极为重要，否则位于遮挡物之后的像素片段也将被绘制出来（回顾 4.1.5 节）。如果深度缓冲被禁用，则深度缓冲区中的元素便不会被更新，DepthWriteMask 项的设置也不会起作用。

2. DepthWriteMask：可将此参数设置为 D3D12_DEPTH_WRITE_MASK_ZERO 或者 D3D12_DEPTH_WRITE_MASK_ALL，但两者不能共存。假设 DepthEnable 为 true，若把此参数设置为 D3D12_DEPTH_WRITE_MASK_ZERO 便会禁止对深度缓冲区的写操作，但仍可执行深度测试；若将该项设为 D3D12_DEPTH_WRITE_MASK_ALL，则通过深度测试与模板测试的深度数据将被写入深度缓冲区。这种控制深度数据读写的能力，为某些特效的实现提供了良好的契机。

3. DepthFunc：将该参数指定为枚举类型 D3D12_COMPARISON_FUNC 的成员之一，以此来定义深度测试所用的比较函数。此项一般被设为 D3D12_COMPARISON_FUNC_LESS，因而常常执行如 4.1.5 节中所述的深度测试。即，若给定像素片段的深度值小于位于深度缓冲区中对应像素的深度值，则接受该像素片段（离摄像机近的物体遮挡距摄像机远的物体）。当然，也正如我们所看到的，Direct3D 也允许用户根据需求来自定义深度测试。

11.3.2　模板信息的相关设置

模板信息的相关设置如下。

1. StencilEnable：设置为 true，则开启模板测试；设置为 false，则禁用。
2. StencilReadMask：该项用于以下模板测试：

```
if( StencilRef & StencilReadMask ◁ Value & StencilReadMask )
  accept pixel
else
  reject pixel
```

若采用该项的默认值，则不会屏蔽任何一位模板值。

```
#define        D3D12_DEFAULT_STENCIL_READ_MASK   ( 0xff )
```

3. StencilWriteMask：当模板缓冲区被更新时，我们可以通过写掩码（write mask）来屏蔽特定位的写入操作。例如，如果我们希望防止前 4 位数据被改写，便可以将写掩码设置为 0x0f。而默认配置是不会屏蔽任何一位模板值的：

```
#define D3D12_DEFAULT_STENCIL_WRITE_MASK ( 0xff )
```

4. FrontFace：填写一个 D3D12_DEPTH_STENCILOP_DESC 结构体实例，以指示根据模板测试与深度测试的结果，应对正面朝向的三角形要进行何种模板运算。
5. BackFace：填写一个 D3D12_DEPTH_STENCILOP_DESC 结构体实例，以指出根据模板测试与深度测试的结果，应对背面朝向的三角形要进行何种模板运算。

```
typedef struct D3D12_DEPTH_STENCILOP_DESC {
 D3D12_STENCIL_OP StencilFailOp;        // 默认值为: D3D12_STENCIL_OP_KEEP
 D3D12_STENCIL_OP StencilDepthFailOp; // 默认值为: D3D12_STENCIL_OP_KEEP
 D3D12_STENCIL_OP StencilPassOp;        // 默认值为: D3D12_STENCIL_OP_KEEP
 D3D12_COMPARISON_FUNC StencilFunc;    // 默认值为: D3D12_COMPARISON_FUNC_ALWAYS
} D3D12_DEPTH_STENCILOP_DESC;
```

1. StencilFailOp：枚举类型 D3D12_STENCIL_OP 中的成员之一，描述了当像素片段在模板测试失败时，应该怎样更新模板缓冲区。
2. StencilDepthFailOp：枚举类型 D3D12_STENCIL_OP 中的成员之一，描述了当像素片段通过模板测试，却在深度测试失败时，应如何更新模板缓冲区。
3. StencilPassOp：枚举类型 D3D12_STENCIL_OP 中的成员之一，描述了当像素片段通过模板测试与深度测试时，该怎样更新模板缓冲区。
4. StencilFunc：枚举类型 D3D12_COMPARISON_FUNC 中的成员之一，定义了模板测试所用的比较函数。

```
typedef
enum D3D12_STENCIL_OP
{
  D3D12_STENCIL_OP_KEEP      = 1,
  D3D12_STENCIL_OP_ZERO      = 2,
  D3D12_STENCIL_OP_REPLACE   = 3,
  D3D12_STENCIL_OP_INCR_SAT  = 4,
  D3D12_STENCIL_OP_DECR_SAT  = 5,
  D3D12_STENCIL_OP_INVERT    = 6,
  D3D12_STENCIL_OP_INCR      = 7,
  D3D12_STENCIL_OP_DECR      = 8
} D3D12_STENCIL_OP;
```

1. D3D12_STENCIL_OP_KEEP：不修改模板缓冲区，即保持当前的数据。

2. D3D12_STENCIL_OP_ZERO：将模板缓冲区中的元素设置为 0。

3. D3D12_STENCIL_OP_REPLACE：将模板缓冲区中的元素替换为用于模板测试的模板参考值（StencilRef）。注意，只有当我们将深度/模板缓冲区状态块绑定到渲染流水线时，才能够设定 StencilRef 值（见 11.3.3 节）。

4. D3D12_STENCIL_OP_INCR_SAT：对模板缓冲区中的元素进行递增（increment）操作。如果递增值超出最大值（例如，8 位模板缓冲区的最大值为 255），则将此模板缓冲区元素限定为最大值。

5. D3D12_STENCIL_OP_DECR_SAT：对模板缓冲区中的元素进行递减（decrement）操作。如果递减值小于 0，则将该模板缓冲区元素限定为 0。

6. D3D12_STENCIL_OP_INVERT：对模板缓冲区中的元素数据按二进制位进行反转。

7. D3D12_STENCIL_OP_INCR：对模板缓冲区中的元素进行递增操作。如果递增值超出最大值（例如，对于 8 位模板缓冲区而言，其最大值为 255），则环回至 0。

8. D3D12_STENCIL_OP_DECR：对模板缓冲区中的元素进行递减操作。如果递减值小于 0，则环回至可取到的最大值。

注意

通过观察能够看出，对正面朝向三角形与背面朝向三角形所进行的模板运算可以是互不相同的。由于在执行背面剔除后背面朝向的多边形并不会得到渲染，所以在这种情况下对 BackFace 的设置便是无足轻重的。然而，我们有时候却需要针对特定的图形学算法或透明几何体（例如铁丝网盒，我们能透过它看到其背后的面）的处理来渲染背面朝向的多边形。而此时对 BackFace 的设置则又变得特别重要。

11.3.3　创建和绑定深度/模板状态

一旦将描述深度/模板状态的 D3D12_DEPTH_STENCIL_DESC 实例填写完整，我们就可以将其赋予

PSO 的 D3D12_GRAPHICS_PIPELINE_STATE_DESC::DepthStencilState 字段。而使用此 PSO 绘制的几何体，都将根据上述的深度/模板设置来进行渲染。

有一个细节我们还未曾提及，即如何来设置模板参考值。此操作可由 ID3D12GraphicsCommandList:: OMSetStencilRef 方法来实现，它以一个无符号整数作为参数。例如，下列代码将模板参考值设置为 1：

```
mCommandList->OMSetStencilRef(1);
```

11.4　实现平面镜效果

在现实生活中，许多物体的表面皆能看作镜面，我们可以从中看到物体的镜像。本节将描述如何在 3D 应用程序中模拟镜面效果。注意，为了方便起见，此处将实现镜面的任务简化为仅完成平面镜效果。比如说，一辆锃光瓦亮的小轿车会反映出周围环境的镜像，但车体光滑、具有弧线，却非平面。我们要渲染的镜像类似于光滑的大理石地板或悬挂在墙上的镜子所反映出的镜像——换句话说，我们要模拟的是位于平面上的镜面。

在实现镜像编程的过程中亟需解决两个问题。首先，我们必须了解任意平面反射物体的相关原理，以此来正确地绘制镜像。其次，我们一定要将镜像显示在镜子当中，即必须以某种方式"标记"出表面内的镜面部分。而后，随着渲染工作的开展，只有处于镜面内的物体映像部分才会被绘制出来。对此可以回顾图 11.1，那是我们第一次提及这个概念的地方。

第一个问题通过一些解析几何学的知识便可以轻松地解决，相关的讨论参见附录 C。第二个问题则能够用模板缓冲区来解决。

11.4.1　镜像概述

注意

 在绘制镜像时，我们也需要将光源反映到镜子所在的平面内，否则会造成镜像中的光照不够精准。

图 11.2 展示了一个物体镜像的绘制过程，我们只需将它反射到镜面的背面即可。可是这样一来却引入了图 11.1 所示的问题，即物体（这个示例中是骷髅头）的镜像仅仅是场景中的另一个"实物"而已，如果没有其他东西遮挡，就能直接看到它。然而，现实中的镜像却只有在镜子中才能看到。要解决这个问题，就要用到模板缓冲区技术，借此即可阻止后台缓冲区中特定区域的渲染操作。因此，超出镜面范围的骷髅头镜像绘制操作便会被模板缓冲区制止。下面所列的是实现该效果的步骤要点。

1. 将地板、墙壁以及骷髅头实物照常渲染到后台缓冲区内（不包括镜子）。注意，此步骤不修改模板缓冲区。
2. 清理模板缓冲区，将其整体置零。图 11.3 展示了此时的后台缓冲区与模板缓冲区中的情况（为了简单起见，这里用立方体替代骷髅头实物）。

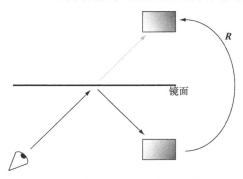

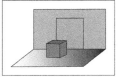

图 11.2　图中展示的是观察者在镜面中
查看盒子镜像的原理。为了模拟这个场景，
我们会在镜面背后反射出盒子的镜像，
而在镜面外侧则像以往那样渲染盒体实物

图 11.3　将地板、墙壁与骷髅头都绘制到后台缓冲
区中，并将模板缓冲区清理为 0（用浅灰色来表示）。
绘制在模板缓冲区中的黑色轮廓线条反映的是：
后台缓冲区与模板缓冲区中像素之间的对照关系，
而并非模板缓冲区中所绘的实际数据

3. 仅将镜面渲染到模板缓冲区中。若要禁止其他颜色数据写入到后台缓冲区，可用下列设置所创建的混合状态：

`D3D12_RENDER_TARGET_BLEND_DESC::RenderTargetWriteMask = 0;`

再通过以下配置来禁止向深度缓冲区的写操作：

`D3D12_DEPTH_STENCIL_DESC::DepthWriteMask = D3D12_DEPTH_WRITE_MASK_ZERO;`

在向模板缓冲区渲染镜面的时候，我们将模板测试设置为每次都成功（D3D12_COMPARISON_FUNC_ALWAYS），并且在通过测试时用 1（StencilRef 模板参考值）来替换（通过 D3D12_STENCIL_OP_REPLACE 来设置）模板缓冲区元素。如果深度测试失败（这是有可能发生的，例如当骷髅头遮住部分镜子的时候），则应当采用枚举项 D3D12_STENCIL_OP_KEEP，使模板缓冲区中的对应像素保持不变。由于仅向模板缓冲区绘制了镜面，因此在模板缓冲区内，除了镜面可见部分的对应像素为 1，其他像素皆为 0。图 11.4 所示的即为更新后的模板缓冲区。换言之，我们其实就是在模板缓冲区中标记了镜面的可见像素而已。

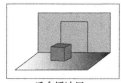

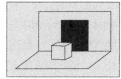

图 11.4　把镜面渲染到模板缓冲区中，其实就是在模板缓冲区中标记出镜面可视部分的对应像素。
模板缓冲区中实心黑色区域的模板元素取值为 1。但请注意，由于被立方体挡住部分的
深度测试会失败，所以在模板缓冲区中的这一范围内，元素的取值并不为 1
（立方体与黑色镜面重合的部分，也就是立方体位于镜面前方的这一部分）

注意

保证先绘制骷髅头实物，后将镜面渲染至模板缓冲区的顺序是很重要的。这样一来，深度测试的失败会令镜面的像素被骷髅头实物的像素所遮挡，因而也就不必再对模板缓冲区进行二次修改了。我们并不希望把模板缓冲区中镜面被遮挡部分的值设为 1，那样将导致在骷髅头实物位于镜面前方的范围内也能显示出镜面内容。

4. 现在我们来将骷髅头的镜像渲染至后台缓冲区及模板缓冲区中。前面曾提到，只有通过模板测试的像素才能渲染至后台缓冲区。对此，我们便将其设置为：仅当模板缓冲区中的值为 1 时，才能通过模板测试。这可以通过令 StencilRef 为 1，且模板运算符为 D3D12_COMPARISON_FUNC_EQUAL 来实现。如此一来，只有模板缓冲区中元素数值为 1 的骷髅头镜像部分才能得以渲染。由于只有镜面可见部分所对应的模板缓冲区中元素数值为 1，所以仅有这一范围内的骷髅头镜像才能被渲染出来。

5. 最后，我们像往常那样将镜面渲染到后台缓冲区中。但是，为了能"透过"镜面观察骷髅头的镜像（它实际位于镜子的背面。虽说展现的是镜面内的镜像，但实际上是镜面背后的反射实物与镜面透明混合所得到的效果），我们就需要运用透明混合技术来渲染镜面。若非如此，则由于骷髅头镜像的深度值小于镜面的深度值，理所当然地会致使骷髅头镜像被镜子挡住。为此，我们只需为镜面定义一个新的材质配置实例：将其漫反射 alpha 通道分量设为 0.3，使镜子的不透明度达到 30%，并按第 10.5.4 小节中所述的透明混合状态来渲染镜面。

```
auto icemirror = std::make_unique<Material>();
icemirror->Name = "icemirror";
icemirror->MatCBIndex = 2;
icemirror->DiffuseSrvHeapIndex = 2;
icemirror->DiffuseAlbedo = xmFLOAT(1.0f,1.0f,1.0f,0.3f);
icemirror->FresnelR0 = XMFLOAT3(0.1f, 0.1f, 0.1f);
icemirror->Roughness = 0.5f;
```

上述设置可用下列混合公式来表示：

$$C = 0.3 \cdot C_{src} + 0.7 \cdot C_{dst}$$

假设已经将骷髅头镜像的像素置于后台缓冲区内，那么，此时我们所看到的镜像颜色 30% 来自镜子（源像素），70% 出自骷髅头镜像（目标像素）。

11.4.2 定义镜像的深度/模板状态

为了实现上述算法，我们要用到两个 PSO 对象。第一个用于在绘制镜面时标记模板缓冲区内镜面部分的像素，第二个则用于绘制镜面可见部分（即不被前侧实物所遮挡部分）内的骷髅头镜像。

```
//
// 用于标记模板缓冲区中镜面部分的 PSO
//
```

```
// 禁止对渲染目标的写操作
CD3DX12_BLEND_DESC mirrorBlendState(D3D12_DEFAULT);
MirrorBlendState.RenderTarget[0].RenderTargetWriteMask =0;

D3D12_DEPTH_STENCIL_DESC mirrorDSS;
mirrorDSS.DepthEnable = true;
mirrorDSS.DepthWriteMask = D3D12_DEPTH_WRITE_MASK_ZERO;
mirrorDSS.DepthFunc = D3D12_COMPARISON_FUNC_LESS;
mirrorDSS.StencilEnable = true;
mirrorDSS.StencilReadMask = 0xff;
mirrorDSS.StencilWriteMask = 0xff;

mirrorDSS.FrontFace.StencilFailOp = D3D12_STENCIL_OP_KEEP;
mirrorDSS.FrontFace.StencilDepthFailOp = D3D12_STENCIL_OP_KEEP;
mirrorDSS.FrontFace.StencilPassOp = D3D12_STENCIL_OP_REPLACE;
mirrorDSS.FrontFace.StencilFunc = D3D12_COMPARISON_FUNC_ALWAYS;

// 我们不渲染背面朝向的多边形，因而对这些参数的设置并不关心
mirrorDSS.BackFace.StencilFailOp = D3D12_STENCIL_OP_KEEP;
mirrorDSS.BackFace.StencilDepthFailOp = D3D12_STENCIL_OP_KEEP;
mirrorDSS.BackFace.StencilPassOp = D3D12_STENCIL_OP_REPLACE;
mirrorDSS.BackFace.StencilFunc = D3D12_COMPARISON_FUNC_ALWAYS;

D3D12_GRAPHICS_PIPELINE_STATE_DESC markMirrorsPsoDesc = opaquePsoDesc;
markMirrorsPsoDesc.BlendState = mirrorBlendState;
markMirrorsPsoDesc.DepthStencilState = mirrorDSS;
ThrowIfFailed(md3dDevice->CreateGraphicsPipelineState(
  &markMirrorsPsoDesc,
  IID_PPV_ARGS(&mPSOs["markStencilMirrors"])));

//
// 用于渲染模板缓冲区中反射镜像的 PSO
//

D3D12_DEPTH_STENCIL_DESC reflectionsDSS;
reflectionsDSS.DepthEnable = true;
reflectionsDSS.DepthWriteMask = D3D12_DEPTH_WRITE_MASK_ALL;
reflectionsDSS.DepthFunc = D3D12_COMPARISON_FUNC_LESS;
reflectionsDSS.StencilEnable = true;
reflectionsDSS.StencilReadMask = 0xff;
reflectionsDSS.StencilWriteMask = 0xff;

reflectionsDSS.FrontFace.StencilFailOp = D3D12_STENCIL_OP_KEEP;
reflectionsDSS.FrontFace.StencilDepthFailOp = D3D12_STENCIL_OP_KEEP;
reflectionsDSS.FrontFace.StencilPassOp = D3D12_STENCIL_OP_KEEP;
reflectionsDSS.FrontFace.StencilFunc = D3D12_COMPARISON_FUNC_EQUAL;

// 我们这里不对背面朝向的多边形进行渲染，因而这些配置是无足轻重的
reflectionsDSS.BackFace.StencilFailOp = D3D12_STENCIL_OP_KEEP;
reflectionsDSS.BackFace.StencilDepthFailOp = D3D12_STENCIL_OP_KEEP;
reflectionsDSS.BackFace.StencilPassOp = D3D12_STENCIL_OP_KEEP;
reflectionsDSS.BackFace.StencilFunc = D3D12_COMPARISON_FUNC_EQUAL;
```

```
D3D12_GRAPHICS_PIPELINE_STATE_DESC drawReflectionsPsoDesc = opaquePsoDesc;
drawReflectionsPsoDesc.DepthStencilState = reflectionsDSS;
drawReflectionsPsoDesc.RasterizerState.CullMode = D3D12_CULL_MODE_BACK;
drawReflectionsPsoDesc.RasterizerState.FrontCounterClockwise = true;
ThrowIfFailed(md3dDevice->CreateGraphicsPipelineState(
  &drawReflectionsPsoDesc,
  IID_PPV_ARGS(&mPSOs["drawStencilReflections"])));
```

11.4.3　绘制场景

以下代码概述了场景的绘制流程。为了清晰和简洁起见，这里省略了诸如"设置常量缓冲区数据"等的细枝末节（具体细节可参见例程的完整代码）。

```
// 绘制不透明的物体——地板、墙壁、骷髅头
auto passCB = mCurrFrameResource->PassCB->Resource();
mCommandList->SetGraphicsRootConstantBufferView(2,
  passCB->GetGPUVirtualAddress());
DrawRenderItems(mCommandList.Get(), mRitemLayer[(int)
    RenderLayer::Opaque]);

// 将模板缓冲区中可见的镜面像素标记为 1
mCommandList->OMSetStencilRef(1);
mCommandList->SetPipelineState(mPSOs["markStencilMirrors"].Get());
DrawRenderItems(mCommandList.Get(), mRitemLayer[(int)RenderLayer::Mirrors]);

// 只绘制镜子范围内的镜像（即仅绘制模板缓冲区中标记为 1 的像素）
// 注意，我们必须使用两个单独的渲染过程常量缓冲区（per-pass constant buffer）来完成此工作，
// 一个存储物体镜像，另一个保存光照镜像
mCommandList->SetGraphicsRootConstantBufferView(2,
  passCB->GetGPUVirtualAddress() + 1 * passCBByteSize);
mCommandList->SetPipelineState(mPSOs["drawStencilReflections"].Get());
DrawRenderItems(mCommandList.Get(), mRitemLayer[(int)RenderLayer::Reflected]);

// 恢复主渲染过程常量数据以及模板参考值
mCommandList->SetGraphicsRootConstantBufferView(2,
  passCB->GetGPUVirtualAddress());
mCommandList->OMSetStencilRef(0);

// 绘制透明的镜面，使镜像可以与之混合
mCommandList->SetPipelineState(mPSOs["transparent"].Get());
DrawRenderItems(mCommandList.Get(), mRitemLayer[(int)RenderLayer::Transparent]);
```

关于以上代码还有一点需要注意，即在绘制 RenderLayer::Reflected 层的时候如何来修改其渲染过程常量缓冲区。这是因为在绘制物体镜像的同时，还涉及场景中光照的镜像（即，物体的镜像也要有与之对应的光照）。光源本存于渲染过程常量缓冲区中，因此我们可以再额外创建一个渲染过程常量缓冲区，用以存储场景中光照的镜像。该常量缓冲区的设置方法如下：

```
PassConstants StencilApp::mMainPassCB;
PassConstants StencilApp::mReflectedPassCB;
```

```
void StencilApp::UpdateReflectedPassCB(const GameTimer& gt)
{
  mReflectedPassCB = mMainPassCB;

  XMVECTOR mirrorPlane = XMVectorSet(0.0f, 0.0f, 1.0f, 0.0f); // xy 平面
  XMMATRIX R = XMMatrixReflect(mirrorPlane);

  // 光照镜像
  for(int i = 0; i < 3; ++i)
  {
    XMVECTOR lightDir = XMLoadFloat3(&mMainPassCB.Lights[i].Direction);
    XMVECTOR reflectedLightDir = XMVector3TransformNormal(lightDir, R);
    XMStoreFloat3(&mReflectedPassCB.Lights[i].Direction, reflectedLightDir);
  }

  // 将光照镜像的渲染过程常量数据存于渲染过程常量缓冲区中索引 1 的位置
  auto currPassCB = mCurrFrameResource->PassCB.get();
  currPassCB->CopyData(1, mReflectedPassCB);
}
```

11.4.4　绕序与镜像

当一个三角形被反射到某个平面上时（也就是此三角形在这一平面上的镜像），其绕序（winding order）并不会发生改变，正因如此，其平面法线的方向同样保持不变。所以，实际物体的外向法线在镜像中则变为了内向法线（见图 11.5）。此时，为了纠正这一点，我们会告知 Direct3D 将逆时针绕序的三角形看作是正面朝向，而将顺时针绕序的三角形看作背面朝向（这与我们之前的习惯刚好相反——见 5.10.2 节）。这实际上是对法线的方向也进行了"反射"，以此使镜像成为外向朝向。我们可以通过设置下列 PSO 光栅化属性来改变绕序的约定：

```
drawReflectionsPsoDesc.RasterizerState.FrontCounterClockwise = true;
```

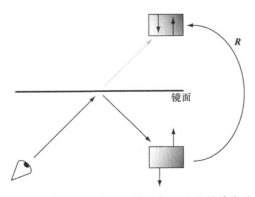

图 11.5　多边形的法线不会随着反射操作而调转过来，这使得镜像的法线都变为内向朝向

11.5 实现平面阴影

注意

本节中的部分内容选自 Frank D. Luna 的 *Introduction to 3D Game Programming with DirectX 9.0c: A Shader Approach*, 2006。出版社为 Jones and Bartlett Learning, Burlington, MA. *www.jblearning.com*。现经许可摘录于此。

阴影有助于体现场景中的光源位置，用以加强场景的真实感。本节将展示如何实现平面阴影（planar shadow），即投射于平面内的阴影（见图 11.6）。

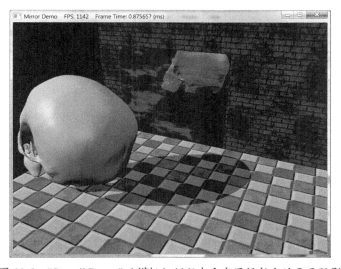

图 11.6 "Stencil Demo"（模板）例程中主光源投射出的平面阴影

我们必须借助几何建模的方式首先找到物体经光照投向平面的阴影，从而渲染出平面阴影效果。这可以通过一些 3D 数学知识来轻松实现。接下来，再运用表示阴影的 50%透明度黑色材质来渲染阴影区域中的三角形即可。渲染阴影这类工作有可能会引入名为"双重混合（也作双倍混合）"的渲染问题，这一概念会在后续小节中讲解，届时，我们将利用模板缓冲区来避免双重混合的发生。

11.5.1 平行光阴影

图 11.7 展示了由平行光源经物体所投射出的阴影。给定方向为 **L** 的平行光源，并用 $r(t) = p + tL$ 来表示途经顶点 **p** 的光线。光线 **r**(t) 与阴影平面(**n**, d)的交点为 **s**。（读者可以从附录 C 中获取更多关于光线（射线）与平面相交的数学知识。）以此光源射出的光线照射到物体的各个顶点，用这些映射到平面上的交点

集合便可以定义几何体所投射出的阴影形状。对于顶点 p 来说，它的阴影投影可由下列公式求出：

$$s = r(t_s) = p - \frac{n \cdot p + d}{n \cdot L} L \qquad (11.1)$$

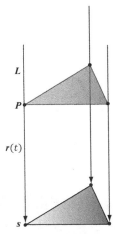

图 11.7 平行光源及其投射阴影的示意图

光线与平面的相交测试细节可参见附录 C。

式（11.1）可写作矩阵的形式。

$$s' = [p_x \quad p_y \quad p_z \quad 1] \begin{bmatrix} n \cdot L - L_x n_x & -L_y n_x & -L_z n_x & 0 \\ -L_x n_y & n \cdot L - L_y n_y & -L_z n_y & 0 \\ -L_x n_z & -L_y n_z & n \cdot L - L_z n_z & 0 \\ -L_x d & -L_y d & -L_z d & n \cdot L \end{bmatrix}$$

我们称以上的 4×4 矩阵为方向光阴影矩阵（directional shadow matrix，也译作平行光阴影矩阵），用 S_{dir} 表示。为了证明此矩阵与式（11.1）是等价的，我们用乘法运算来加以验证。首先可以看出，此矩阵改变了 w 分量，即 $s_w = n \cdot L$。这样一来，当执行透视除法（参见第 5.6.3.4 小节）时，s 中的每个坐标都会除以 $n \cdot L$，这便是矩阵能做到式（11.1）中相应除法运算的原因。现在通过矩阵乘法来求出第 i 个投影顶点的坐标 s'_i，其中 $i \in \{1, 2, 3\}$。在透视除法完成之后，我们有：

$$\begin{aligned} s'_i &= \frac{(n \cdot L)p_i - L_i n_x p_x - L_i n_y p_y - L_i n_z p_z - L_i d}{n \cdot L} \\ &= \frac{(n \cdot L)p_i - (n \cdot p + d)L_i}{n \cdot L} \\ &= p_i - \frac{n \cdot p + d}{n \cdot L} L_i \end{aligned}$$

此结果与用式（11.1）求出的 s 中的第 i 个坐标完全相同，因此 $s = s'$。

为了运用阴影矩阵，我们将它与世界矩阵组合在一起。但是，在世界变换之后，由于透视除法还没有执行，因而几何体的阴影还未被投射到阴影平面上。此时便出现了一个问题：若 $s_w = n \cdot L < 0$，则 w

坐标将变为负值。在透视投影的处理过程中，我们一般将 z 坐标复制到 w 坐标，若 w 坐标为负值则表明此点位于视锥体之外而应将其裁剪掉（裁剪操作在透视除法之前的齐次空间内执行）。这对于平面阴影来讲是个大问题，因为除了计算透视除法之外，我们还要用 w 坐标来实现阴影效果。图 11.8 就展示了这样一种 $n \cdot L < 0$ 却存在阴影的情况，但此时这个阴影却无法显示出来。

为了纠正这个问题，我们用指向无穷远处光源的方向向量 $\tilde{L} = -L$ 来取代光线方向向量 L。可以看出，$r(t) = p + tL$ 与 $r(t) = p + t\tilde{L}$ 定义的是相同的 3D 直线，且该直线与平面之间的交点也是一致的（利用不同的交点参数值 t_s 来弥补 $\tilde{L}$ 与 L 之间的符号差异）。因此使用 $\tilde{L} = -L$ 会得到与 L 相同的计算结果，但是前者会保证 $n \cdot L > 0$，以此来绕开 w 坐标为负值的这个坑。

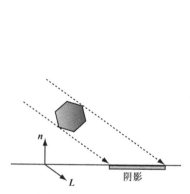

图 11.8　图中所示的是一种 $n \cdot L < 0$ 的情况

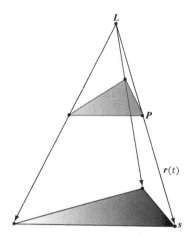

图 11.9　点光源及其投射阴影的示意图

11.5.2　点光阴影

图 11.9 展示了位于点 L 处的点光源所投射出的物体阴影。从点光源发出的途经任意顶点 p 的光线可由 $r(t) = p + t(p - L)$ 来表示。光线 $r(t)$ 与阴影平面 (n, d) 的交点为 s。以此光源发出的光线经过物体的每个顶点，这映射在平面的交点集合便定义了几何体所投射出的阴影形状。对于顶点 p 而言，其阴影投影可以表示为：

$$s = r(t_s) = p - \frac{n \cdot p + d}{n \cdot (p - L)}(p - L) \tag{11.2}$$

式（11.2）也可以写作矩阵方程：

$$S_{\text{point}} = \begin{bmatrix} n \cdot L + d - L_x n_x & -L_y n_x & -L_z n_x & -n_x \\ -L_x n_y & n \cdot L + d - L_y n_y & -L_z n_y & -n_y \\ -L_x n_z & -L_y n_z & n \cdot L + d - L_z n_z & -n_z \\ -L_x d & -L_y d & -L_z d & n \cdot L \end{bmatrix}$$

为了证明此矩阵等价于式（11.2），我们就以上一节中同样的办法，用矩阵进行乘法运算。观察到最后一列中并没有 0 项，则有：

$$s_w = -p_x n_x - p_y n_y - p_z n_z + \boldsymbol{n} \cdot \boldsymbol{L}$$
$$= -\boldsymbol{p} \cdot \boldsymbol{n} + \boldsymbol{n} \cdot \boldsymbol{L}$$
$$= -\boldsymbol{n} \cdot (\boldsymbol{p} - \boldsymbol{L})$$

这就是式（11.2）中分母部分的相反数，我们可以通过将分子与分母同时乘以–1，使二者一致。

注意

 对于点光与平行光而言，$\boldsymbol{L}$ 充当着不同的角色。在使用点光时，$\boldsymbol{L}$ 定义了点光源的位置。在使用平行光时，我们却用 $\boldsymbol{L}$ 来定义指向无穷远处光源的方向向量（即与平行光光线传播方向相反的向量）。

11.5.3　通用阴影矩阵

我们可通过齐次坐标创建出一个能同时应用于点光与方向光的通用阴影矩阵。

1. 如果 $L_w = 0$，则 $\boldsymbol{L}$ 表示指向无穷远处光源的方向向量（即与平行光光线传播方向相反的向量）。
2. 如果 $L_w = 1$，则 $\boldsymbol{L}$ 表示点光的位置。

接下来，我们用下列**阴影矩阵**（shadow matrix）来表示由顶点 $\boldsymbol{p}$ 到其投影 $\boldsymbol{s}$ 的变换：

$$\boldsymbol{S} = \begin{bmatrix} \boldsymbol{n} \cdot \boldsymbol{L} + dL_w - L_x n_x & -L_y n_x & -L_z n_x & -L_w n_x \\ -L_x n_y & \boldsymbol{n} \cdot \boldsymbol{L} + dL_w - L_y n_y & -L_z n_y & -L_w n_y \\ -L_x n_z & -L_y n_z & \boldsymbol{n} \cdot \boldsymbol{L} + dL_w - L_z n_z & -L_w n_z \\ -L_x d & -L_y d & -L_z d & \boldsymbol{n} \cdot \boldsymbol{L} \end{bmatrix}$$

显然，如果 $L_w = 0$，则 $\boldsymbol{S}$ 将化简为 $\boldsymbol{S}_{\text{dir}}$，若 $L_w = 1$，则 $\boldsymbol{S}$ 将化简为 $\boldsymbol{S}_{\text{point}}$。

DirectX 的数学库提供了以下函数，用以构建在特定平面内投射阴影所用的相应阴影矩阵，若 $w = 0$ 表示平行光，而 $w = 1$ 则表示点光：

```
inline XMMATRIX XM_CALLCONV XMMatrixShadow(
  FXMVECTOR ShadowPlane,
  FXMVECTOR LightPosition);
```

[Blinn96]与[Möller02]可作为拓展阅读，它们都讨论了平面阴影的相关内容。

11.5.4　使用模板缓冲区防止双重混合

将物体的几何形状投射到平面而形成阴影时，可能（实际上也经常出现）会有两个甚至更多的平面阴影三角形相互重叠。若此时用透明度这一混合技术来渲染阴影，则这些三角形的重叠部分会混合多次，使之看起来更暗。图 11.10 即说明了这一点。

这个问题可以通过模板缓冲区来解决。

1. 首先，保证参与渲染阴影的模板缓冲区中的阴影范围像素都已被清理为 0。由于"Stencil Demo"

演示程序只向地面投射一种阴影，所以这样做也是合情合理的，而且我们仅需修改阴影的模板缓冲区中的像素即可。

2. 设置模板测试，使之仅接受模板缓冲区中元素为 0 的像素。如果通过模板测试，则将相应模板缓冲区值增为 1。

图 11.10　可以看到，左图阴影中存在颜色更暗的 "粉刺"（acne）部分。这些区域即为骷髅头平面投影三角形重合的部分，由此便导致了 "双重混合" 的发生。因为右图没有进行双重混合，所以渲染出的是正确的阴影效果

在第一次渲染阴影像素时，由于模板缓冲区元素为 0，因而模板测试会成功。渲染该像素的同时，我们也会将对应的模板缓冲区元素增加为 1。这样一来，如果试图**覆写**已被渲染过的区域，则模板测试会失败。这将防止同一像素被绘制多次，继而阻止双重混合的发生。

11.5.5　编写阴影部分的代码

我们把用于绘制阴影的材质定义为具有 50% 透明度的黑色材质：

```
auto shadowMat = std::make_unique<Material>();
shadowMat->Name = "shadowMat";
shadowMat->MatCBIndex = 4;
shadowMat->DiffuseSrvHeapIndex = 3;
shadowMat->DiffuseAlbedo = XMFLOAT4(0.0f, 0.0f, 0.0f, 0.5f);
shadowMat->FresnelR0 = XMFLOAT3(0.001f, 0.001f, 0.001f);
shadowMat->Roughness = 0.0f;
```

为了防止双重混合，我们用下列的深度/模板状态来设置 PSO：

```
// 以下列深度/模板状态来防止双重混合的发生
D3D12_DEPTH_STENCIL_DESC shadowDSS;
shadowDSS.DepthEnable = true;
shadowDSS.DepthWriteMask = D3D12_DEPTH_WRITE_MASK_ALL;
shadowDSS.DepthFunc = D3D12_COMPARISON_FUNC_LESS;
shadowDSS.StencilEnable = true;
shadowDSS.StencilReadMask = 0xff;
shadowDSS.StencilWriteMask = 0xff;

shadowDSS.FrontFace.StencilFailOp = D3D12_STENCIL_OP_KEEP;
shadowDSS.FrontFace.StencilDepthFailOp = D3D12_STENCIL_OP_KEEP;
```

```
// 由于并不渲染背面朝向的多边形，因此这些配置都是无关紧要的
shadowDSS.BackFace.StencilFailOp = D3D12_STENCIL_OP_KEEP;
shadowDSS.BackFace.StencilDepthFailOp = D3D12_STENCIL_OP_KEEP;
shadowDSS.BackFace.StencilPassOp = D3D12_STENCIL_OP_INCR;
shadowDSS.BackFace.StencilFunc = D3D12_COMPARISON_FUNC_EQUAL;

D3D12_GRAPHICS_PIPELINE_STATE_DESC shadowPsoDesc = transparentPsoDesc;
shadowPsoDesc.DepthStencilState = shadowDSS;
ThrowIfFailed(md3dDevice->CreateGraphicsPipelineState(
    &shadowPsoDesc,
    IID_PPV_ARGS(&mPSOs["shadow"])));
```

接着用 StencilRef 值为 0 的阴影 PSO 来绘制骷髅头阴影：

```
// 绘制阴影
mCommandList->OMSetStencilRef(0);
mCommandList->SetPipelineState(mPSOs["shadow"].Get());
DrawRenderItems(mCommandList.Get(), mRitemLayer[(int)RenderLayer::Shadow]);
```

在这里，骷髅头阴影渲染项的世界矩阵是这样计算的：

```
// 更新阴影的世界矩阵
XMVECTOR shadowPlane = XMVectorSet(0.0f, 1.0f, 0.0f, 0.0f); // xz 平面
XMVECTOR toMainLight = -XMLoadFloat3(&mMainPassCB.Lights[0].Direction);
XMMATRIX S = XMMatrixShadow(shadowPlane, toMainLight);
XMMATRIX shadowOffsetY = XMMatrixTranslation(0.0f, 0.001f, 0.0f);
XMStoreFloat4x4(&mShadowedSkullRitem->World, skullWorld * S * shadowOffsetY);
```

注意，我们将投影网格沿着 *y* 轴做了少量的偏移调整，以防发生深度冲突（z-fighting），所以阴影网格不会与地板网格相交，得到的最终效果是阴影会略高于地板。如果这两种网格相交，则由于深度缓冲区的精度限制，将导致地板与阴影的网格像素为了各自的完全显现而发生闪烁的现象[①]。

11.6　小结

1. 模板缓冲区是一种离屏缓冲区，我们可以通过它来阻止特定像素片段向后台缓冲区的渲染操作。由于模板缓冲区与深度缓冲区分辨率相同，所以两者可以联合使用。深度/模板缓冲区的有效格式为 DXGI_FORMAT_D32_FLOAT_S8X24_UINT 与 DXGI_FORMAT_D24_UNORM_S8_UINT。

2. 是否可向特定的像素执行写操作都取决于模板测试，该测试过程如下：

```
if( StencilRef & StencilReadMask ◁ Value & StencilReadMask )
    accept pixel
else
    reject pixel
```

---

① 两者在同一平面时，会相互打架（fighting），争夺在 z 轴上的高度，也就是显示权（高的就能抢镜露脸）。你死我活之际，显示权反复易主，从而互有显示的时段，造成闪烁的效果。

其中，运算符≤是枚举类型 D3D12_COMPARISON_FUNC 中定义的函数之一。StencilRef、StencilReadMask 与比较运算符≤皆是程序中定义且以 Direct3D 深度/模板 API 设置的比较数值。Value 即当前正在比较中的模板缓冲区像素值。

3. 深度/模板状态是 PSO 描述的一部分。通过填写 D3D12_GRAPHICS_PIPELINE_STATE_DESC::DepthStencilState 字段便可配置深度/模板状态，而 DepthStencilState 的类型则为 D3D12_DEPTH_STENCIL_DESC。

4. 模板参考值由 ID3D12GraphicsCommandList::OMSetStencilRef 方法来设置，需要传入一个无符号整数作为参数来指定模板参考值。

11.7 练习

1. 证明：如果 $L_w = 0$，则通用阴影矩阵 S 将化简为 S_{dir}；而 $L_w = 1$，则 S 将化简为 S_{point}。

2. 就像我们在 11.5.1 节中计算方向光平面阴影所做的那样，通过对顶点的每个分量进行矩阵乘法来证明 $s = p - \dfrac{n \cdot p + d}{n \cdot (p - L)}(p - L) = pS_{point}$。

3. 修改 "Stencil Demo" 演示程序，生成图 11.1 左图所示的效果。

4. 修改 "Stencil Demo" 演示程序，生成图 11.10 左图所示的效果。

5. 通过下列步骤修改 "Stencil Demo" 演示程序。首先用下面的深度状态来绘制一堵墙：

```
depthStencilDesc.DepthEnable    = false;
depthStencilDesc.DepthWriteMask = D3D12_DEPTH_WRITE_MASK_ALL;
depthStencilDesc.DepthFunc      = D3D12_COMPARISON_FUNC_LESS;
```

接下来，再以如下深度状态来绘制墙后的骷髅头：

```
depthStencilDesc.DepthEnable    = true;
depthStencilDesc.DepthWriteMask = D3D12_DEPTH_WRITE_MASK_ALL;
depthStencilDesc.DepthFunc      = D3D12_COMPARISON_FUNC_LESS;
```

墙壁会遮挡骷髅头吗？请做出解释。如果按下列设置来绘制墙壁会发生什么呢？

```
depthStencilDesc.DepthEnable    = true;
depthStencilDesc.DepthWriteMask = D3D12_DEPTH_WRITE_MASK_ALL;
depthStencilDesc.DepthFunc      = D3D12_COMPARISON_FUNC_LESS;
```

注意，此练习不涉及模板缓冲区，所以应将它禁用。

6. 修改 "Stencil Demo" 演示程序。若以不调转三角形的绕序约定为前提，能否正确地渲染出骷髅头镜像？

7. 修改第 10 章中的 "Blend Demo"（混合）演示程序：在场景的中心绘制一个（没有上底与下底的）圆柱体。该圆柱体的纹理采用的是 60 帧螺旋电流动画，在本章目录下[①]找到此素材，并以

---

① 位于本书 DirectX 11 版第 10 章的 BoltAnim 文件夹中。

累加混合（additive blending）的方式来实现此效果。图 11.11 展示了此示例的最终效果。

图 11.11　练习 7 答案的效果

提示

可参考 10.5.5 节中，以累加混合的方式渲染几何体时所使用的深度状态。

8. **深度复杂性**（depth complexity，或深度复杂度）是指通过深度测试竞争，向后台缓冲区中某一特定元素写入像素片段的次数。例如，一个本已绘制好的像素可能被更靠近摄像机的像素所覆写（整个场景虽然绘制完成，但在确定最靠近摄像机的像素之前，这种重复绘制的情况还是会发生若干次）。如图 11.12 所示，像素 p 的深度复杂性为 3，因为在该像素上共有 3 种像素片段。

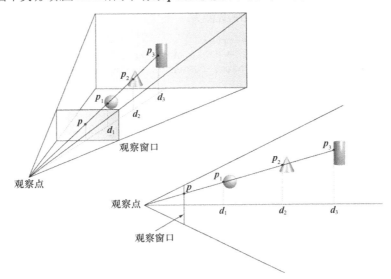

图 11.12　竞相渲染到投射窗口上某一像素的多个像素片段。在此场景中，像素 p 的深度复杂性为 3

事实上，显卡可能会在每一帧中将某一像素填充多次。这种**重复绘制**（overdraw）的行为会对性能造成影响，因为显卡把时间浪费在了覆写最终看不到的像素上。因此，度量场景中的深度复杂性对于性能分析是很有意义的。

我们可按下列方法来衡量深度复杂性：用模板缓冲区来渲染场景并把它作为计数器，即将模板缓冲区中每个像素的初始值清理为 0，在每次处理像素片段时，用 D3D12_STENCIL_OP_INCR 方法令其计数递增。对于任一像素片段的写入操作而言，应当总是对它相应的模板缓冲区元素值加 1，所以我们采用模板比较函数 D3D12_COMPARISON_FUNC_ALWAYS。举个例子，在一帧绘制完毕后，若第 i 行、第 j 列像素的对应模板缓冲区元素值为 5，则表示该像素在此帧的绘制过程中共被写入了 5 次像素片段（即此像素的深度复杂性为 5）。注意，严格来讲，在统计深度复杂性时，我们只需将场景渲染到模板缓冲区即可。

为了使（存于模板缓冲区中的）深度复杂性可视化，可进行如下处理。

a. 令颜色 c_k 与深度复杂性 k 关联起来。比如说，蓝色对应深度复杂性 1、绿色对应深度复杂性 2、红色对应深度复杂性 3 等。（在极其复杂的场景中，一些像素的深度复杂性值可能非常大，因此，我们也许不希望为每个级别都逐一设定颜色。此时，我们便可以将一系列没有交集的连续级别关联为同一种颜色。例如，设置深度复杂性为 1～5 的像素为蓝色，深度复杂性为 6～10 的像素为绿色等。）

b. 设定模板缓冲区的运算方法为 D3D12_STENCIL_OP_KEEP，即我们不会对它进行任何修改。（当随着场景的渲染过程而统计深度复杂性时，我们用 D3D12_STENCIL_OP_INCR 来修改模板缓冲区。但是，为模板缓冲区的可视化而编写代码时，我们仅需从模板缓冲区**读取**数据而不应向其**写入**数据。）

c. 对于每种深度复杂性的级别 k 而言：

（i）设置模板比较函数为 D3D12_COMPARISON_FUNC_EQUAL，且设定模板参考值为 k。

（ii）用 4 种颜色 c_k 来绘制整个投影窗口内容。注意，根据前面所设置的模板比较函数与模板参考值可以判断，只有深度复杂性为 k 的像素才能被着色并显示出来。

经过这一系列的配置过程，我们就能根据每个像素自身的深度复杂性来为它上色，并以此来方便地观察场景中深度复杂性的分布情况。对于此练习来说，我们借用第 10 章中的 "Blend Demo" 演示程序来渲染出其场景的深度复杂性。图 11.13 展示了该示例的一个效果。

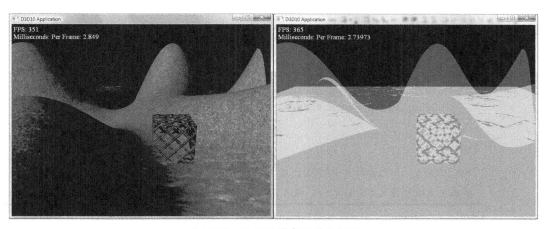

图 11.13　练习 8 答案的对比效果

注意

Note　深度测试发生于渲染流水线像素着色器阶段之后的输出合并阶段。这意味着即使某像素片段最终可能被深度测试丢弃，它也要经像素着色器处理一番。然而，现代硬件在处理像素着色器之前会执行一种称为"提前 z 测试"（early z-test）的深度测试。如此一来，一个在后续处理过程中将被剔除的像素片段，可能会被开销很高的像素着色器处理之前便被舍去了。要使用这种优化技术，我们应当尝试按距离摄像机由近及远的顺序来渲染非混合的游戏对象。按照这种做法，离摄像机最近的物体将被首先绘制，其后的物体会在提前 z 测试中不予通过，继而不参与后续的处理流程。若处理的场景因较高的深度复杂性而需要大量的重新绘制工作，那么，应用提前 z 测试所得到的优化效果将是可想而知的。我们不能通过 Direct3D API 来控制提前 z 测试，而负责该功能的往往是图形驱动。例如，若像素着色器将修改像素片段的深度值，那么便不能进行提前 z 测试。这是因为倘若像素着色器修改了深度值，那么可能会对深度测试造成影响。所以，在这种情况下，像素着色器必须在深度测试之前执行。

注意

Note　前面提到，在像素着色器中能修改像素的深度值。但是该怎样来实现这种操作呢？正如我们目前所做的，像素着色器不仅能输出单个颜色向量，还能输出结构体：

```
struct PixelOut
{
  float4 color : SV_Target;
  float depth : SV_Depth;
};

PixelOut PS(VertexOut pin)
{
  PixelOut pout;

  // 常规的像素相关处理

  pout.Color = float4(litColor, alpha);

  // 把像素深度值设置在归一化范围[0, 1]内
  pout.depth = pin.PosH.z - 0.05f;

  return pout;
}
```

SV_Position 元素的 z 坐标(pin.PosH.z)表示的是未加改动的像素深度值。通过使用特殊的系统值语义 SV_Depth，便可以使像素着色器输出经过修改的深度值。

9. 另一种实现深度复杂性可视化的方式是使用加法混合技术。首先清理后台缓冲区，使之为黑色，

并禁用深度测试。其次，设源混合因子与目标混合因子都为 D3D12_BLEND_ONE，再将混合运算方法置为 D3D12_BLEND_OP_ADD，使混合公式变为 $C = C_{src} + C_{dst}$。观察此公式可知，针对每个像素，我们将其所有像素片段的颜色都累加在一起并回写。最后，再用像素着色器以类似于 (0.05, 0.05, 0.05) 这种低强度的颜色输出方式来渲染场景中的所有物体。像素重新绘制的次数越多，这种低强度颜色也就累加得越多，对应像素就愈发明亮。例如，若某像素被重复绘制了 10 次，则该像素的颜色强度将变为(0.5, 0.5, 0.5)。这样一来，在场景渲染完成之后，我们通过观察像素的颜色强度便可了解场景中深度复杂性的分布情况。请用第 10 章中的 "Blend Demo" 演示程序作为测试场景，并以上述方式来测试其深度复杂性。

10. 叙述如何来统计深度测试成功的像素数量。再阐明怎样才能计算出深度测试失败的像素数量。

11. 修改 "Stencil Demo" 演示程序，把地板与骷髅头都映（反）射到镜子当中。

12. 从渲染项阴影的世界矩阵中移除垂直方向上（z 坐标）的偏移量，以便观察深度冲突。

第12章
几何着色器

如果不启用曲面细分（tessellation）这一环节，那么几何着色器（geometry shader）这个可选阶段便会位于顶点着色器与像素着色器之间。顶点着色器以顶点作为输入数据，而几何着色器的输入数据则是完整的图元。例如，如果要绘制三角形列表（triangle list），则几何着色器程序实际将对列表中的每个三角形 T 执行下列操作：

```
for(UINT i = 0; i < numTriangles; ++i)
    OutputPrimitiveList = GeometryShader( T[i].vertexList );
```

可以注意到，几何着色器以每个三角形的 3 个顶点作为输入，且输出的是对应的图元列表。与顶点着色器不能销毁或创建顶点不同，几何着色器的亮点便是可以创建或销毁几何图形，此功能使 GPU 实现一些有趣的效果成为可能。比如说，借助几何着色器可以将输入的图元扩展为一个或更多其他类型的图元，或者能根据某些条件而选择不输出图元。注意，几何着色器的输出图元类型不一定与输入图元的类型相同。例如，几何着色器的一个常见拿手好戏即是将一个点扩展为一个四边形（即两个三角形）。

几何着色器所输出的图元由顶点列表定义而成。在退出几何着色器时，必将顶点的位置变换到齐次裁剪空间。换言之，经过几何着色器阶段的处理后，我们就得到了位于齐次裁剪空间中由一系列顶点所定义的多个图元。这些顶点会同样历经投影（齐次除法）与光栅化等后续步骤。

学习目标：

1. 学习如何编写几何着色器。
2. 探究如何通过几何着色器来高效地实现公告牌技术（billboard）。
3. 了解自动生成图元 ID 及其相关的应用。
4. 研究如何创建和使用纹理数组，并认识到它们为何如此实用。
5. 理解如何运用 alpha-to-coverage 技术来辅助解决 alpha 裁剪（alpha cutout）的失真问题。

12.1　编写几何着色器

几何着色器的编写方式比较接近于顶点着色器和像素着色器，当然也存在若干区别。下列代码展示了几何着色器的一般编写格式：

```
[maxvertexcount(N)]
void ShaderName (
```

```
 PrimitiveType InputVertexType InputName[NumElements],
 inout StreamOutputObject<OutputVertexType> OutputName)
{
    // 几何着色器的具体实现
}
```

我们必须先指定几何着色器单次调用所输出的顶点数量最大值(每个图元都会调用一次几何着色器，走一遍其中的处理流程)。对此，可以使用下列**属性**语法来设置着色器定义之前的最大顶点数量：

```
 [maxvertexcount(N)]
```

其中，N 是几何着色器单次调用所输出的顶点数量最大值。几何着色器每次输出的顶点个数都可能各不相同，但是这个数量却不能超过之前定义的最大值。出于对性能方面的考量，我们应当令 `maxvertexcount` 的值尽可能地小。相关资料显示[NVIDIA08]，在 GS（即几何着色器的缩写，geometry shader）每次输出的标量数量在 1～20 时，它将发挥出最佳的性能；而当 GS 每次输出的标量数量保持在 27～40 时，它的性能将下降到峰值性能的 50%。每次调用几何着色器所输出的标量个数为：`maxvertexcount` 与输出顶点类型结构体中标量个数的乘积[①]。在实践中完全满足这些限制是比较困难的，所以我们或取比最佳性能稍差的解决方案，或干脆选择另一种与几何着色器无关的实现方法。当然，这里一定也要考虑到其他方法所带来的弊端——也许还不如直接用几何着色器来实现给力。再者，从 2008 年[NVIDIA08]（第一代几何着色器）至今，几何着色器的相关方面也有了不少的改良。

几何着色器有输入、输出共两个参数（实际上它可以拥有更多的参数，但这又是另一个主题了，具体内容参见 12.2.4 节）。输入参数必须是一个定义有特定图元的顶点数组——点应输入一个顶点、线条要输入两个顶点、三角形需输入 3 个顶点、线及其邻接图元为 4 个顶点、三角形及其邻接图元则为 6 个顶点。几何着色器的输入顶点类型即为顶点着色器输出的顶点类型（例如 VertexOut）。输入参数一定要以图元类型作为前缀，用以描述输入到几何着色器的具体图元类型。该前缀可以是下列类型之一：

1.　point：输入的图元为点。
2.　line：输入的图元为线列表或线条带。
3.　triangle：输入的图元为三角形列表或三角形带。
4.　lineadj：输入的图元为线列表及其邻接图元，或线条带及其邻接图元。
5.　triangleadj：输入的图元为三角形列表及其邻接图元，或三角形带及其邻接图元。

注意

 向几何着色器输入的数据必须是完整的图元（例如组成线条的两个顶点、构成三角形的 3 个顶点等）。因此，几何着色器并不会区分输入的图元究竟是列表结构（list）还是带状结构（strip）。举个例子，若绘制的图元实际上是三角形带，但几何着色器仍会把三角形带视作多个三角形并分别进行单独的处理，即将每个三角形的 3 个顶点作为其输入数据。绘制带状结构的过程中会产生额外的开销，因为多个图元所共用的顶点在几何着色器中会被处理多次。

---

① 文献中给出的例子是，如果顶点结构体中定义了 "float3 pos: POSITION;" 与 "float2 tex: TEXCOORD;" 这两项成员，意即每个顶点元素中含有 5 个标量。假设此时将 maxvertexcount 设置为 4，则几何着色器每次输出 20 个标量，以峰值性能执行。此文献公布于 2008 年，这段描述针对的 GPU 型号为 GeForce 8800 GTX。

输出参数一定要标有 inout 修饰符。另外，它必须是一种流类型（stream type。即某种类型的流输出对象）。流类型存有一系列顶点，它们定义了几何着色器输出的几何图形。几何着色器可以通过内置方法 Append 向输出流列表添加单个顶点：

```
void StreamOutputObject<OutputVertexType>::Append(OutputVertexType v);
```

流类型本质上是一种模板类型（template type），其模板参数用以指定输出顶点的具体类型（如 GeoOut）。流类型有如下 3 种。

1. `PointStream<OutputVertexType>`：一系列顶点所定义的点列表。

2. `LineStream<OutputVertexType>`：一系列顶点所定义的线条带。

3. `TriangleStream<OutputVertexType>`：一系列顶点所定义的三角形带。

几何着色器输出的多个顶点会构成图元，图元的输出类型由流类型（即 PointStream、LineStream 与 TriangleStream）来指定。对于线条与三角形来说，几何着色器输出的对应图元必定是线条带与三角形带。而线条列表与三角形列表可借助内置函数 RestartStrip 来实现：

```
void StreamOutputObject<OutputVertexType>::RestartStrip();
```

比如，如果希望输出三角形列表，则需要在每次向输出流追加 3 个顶点之后调用 RestartStrip[①]。以下是一些几何着色器签名的具体用例。

```
// 示例 1：GS 最多输出 4 个顶点。输入的图元一根是线条，输出的是一个三角形带
[maxvertexcount(4)]
void GS(line VertexOut gin[2],
    inout TriangleStream<GeoOut> triStream)
{
    // 几何着色器的具体实现......
}
//
// 示例 2：GS 最多输出 32 个顶点。输入的图元是一个三角形，输出的是一个三角形带
//
[maxvertexcount(32)]
void GS(triangle VertexOut gin[3],
    inout TriangleStream<GeoOut> triStream)
{
    // 几何着色器的具体实现......
}
//
// 示例 3：GS 至多输出 4 个顶点。输入的图元是一个点，输出的是一个三角形带
//
[maxvertexcount(4)]
void GS(point VertexOut gin[1],
    inout TriangleStream<GeoOut> triStream)
{
    // 几何着色器的主体...
}
```

---

① RestartStrip 函数表示结束当前三角形带的绘制，下面绘制另一个三角形带。每 3 个顶点调用一次 RestartStrip 表示每 3 个顶点组成一个三角形带，也就是一个三角形列表。

下列几何着色器详细地展示了 Append 与 RestartStrip 方法的调用过程。此示例会将输入的三角形进行细分（见图 12.1），并输出细分后的 4 个小三角形：

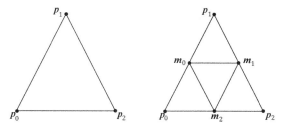

图 12.1　将三角形细分为大小相等的 4 个小三角形。通过观察可以发现，
新添加的 3 个顶点均位于原三角形边上的中点

```
struct VertexOut
{
    float3 PosL    : POSITION;
    float3 NormalL : NORMAL;
    float2 Tex     : TEXCOORD;
};

struct GeoOut
{
    float4 PosH    : SV_POSITION;
    float3 PosW    : POSITION;
    float3 NormalW : NORMAL;
    float2 Tex     : TEXCOORD;
    float FogLerp  : FOG;
};

void Subdivide(VertexOut inVerts[3], out VertexOut outVerts[6])
{
    //          1
    //          *
    //         / \
    //        /   \
    //   m0*-----*m1
    //     / \   / \
    //    /   \ /   \
    //   *-----*-----*
    //   0    m2     2

    VertexOut m[3];

    // 计算三角形边上的中点
    m[0].PosL = 0.5f*(inVerts[0].PosL+inVerts[1].PosL);
    m[1].PosL = 0.5f*(inVerts[1].PosL+inVerts[2].PosL);
    m[2].PosL = 0.5f*(inVerts[2].PosL+inVerts[0].PosL);
```

```
    // 把顶点投影到单位球面上
    m[0].PosL = normalize(m[0].PosL);
    m[1].PosL = normalize(m[1].PosL);
    m[2].PosL = normalize(m[2].PosL);

    // 求出法线
    m[0].NormalL = m[0].PosL;
    m[1].NormalL = m[1].PosL;
    m[2].NormalL = m[2].PosL;

    // 对纹理坐标进行插值
    m[0].Tex = 0.5f*(inVerts[0].Tex+inVerts[1].Tex);
    m[1].Tex = 0.5f*(inVerts[1].Tex+inVerts[2].Tex);
    m[2].Tex = 0.5f*(inVerts[2].Tex+inVerts[0].Tex);

    outVerts[0] = inVerts[0];
    outVerts[1] = m[0];
    outVerts[2] = m[2];
    outVerts[3] = m[1];
    outVerts[4] = inVerts[2];
    outVerts[5] = inVerts[1];
};

void OutputSubdivision(VertexOut v[6],
    inout TriangleStream<GeoOut> triStream)
{
    GeoOut gout[6];

    [unroll]
    for(int i = 0; i < 6; ++i)
    {
        // 将顶点变换到世界空间
        gout[i].PosW = mul(float4(v[i].PosL, 1.0f), gWorld).xyz;
        gout[i].NormalW = mul(v[i].NormalL,(float3x3)gWorldInvTranspose);

        // 把顶点变换到齐次裁剪空间
        gout[i].PosH = mul(float4(v[i].PosL, 1.0f), gWorldViewProj);
        gout[i].Tex  = v[i].Tex;
    }

    //          1
    //          *
    //         / \
    //        /   \
    //    m0*-----*m1
    //     / \   / \
    //    /   \ /   \
    //  *-----*-----*
```

```
// 0    m2    2

// 我们可以将细分的小三角形绘制到两个三角形带中去:
//    三角形带 1: 底端的 3 个三角形
//    三角形带 2: 顶部的三角形

[unroll]
for(int j = 0; j < 5; ++j)
{
    triStream.Append(gout[j]);
}
triStream.RestartStrip();

triStream.Append(gout[1]);
triStream.Append(gout[5]);
triStream.Append(gout[3]);
}

[maxvertexcount(8)]
void GS(triangle VertexOut gin[3], inout TriangleStream<GeoOut>)
{
    VertexOut v[6];
    Subdivide(gin, v);
    OutputSubdivision(v, triStream);
}
```

几何着色器的编译过程也与顶点着色器和像素着色器如出一辙。如果 **TreeSprite.hlsl** 文件中有名为 GS 的几何着色器,则可以用下列方法将其编译为字节码:

```
mShaders["treeSpriteGS"] = d3dUtil::CompileShader(
  L"Shaders\\TreeSprite.hlsl", nullptr, "GS", "gs_5_0");
```

就像顶点着色器与像素着色器一样,要将指定的几何着色器作为流水线状态对象(pipeline state object,PSO)的一部分,以此将它绑定到渲染流水线上:

```
D3D12_GRAPHICS_PIPELINE_STATE_DESC treeSpritePsoDesc = opaquePsoDesc;
...
treeSpritePsoDesc.GS =
{
    reinterpret_cast<BYTE*>(mShaders["treeSpriteGS"]->GetBufferPointer()),
    mShaders["treeSpriteGS"]->GetBufferSize()
};
```

注意

Note ┃ 若给出一个输入图元,几何着色器也可以根据某些条件而选择不输出任何数据。通过这
     ┃ 种方式,几何着色便可以轻易地"销毁"几何图形,这对于一些算法的实现来讲是很有
     ┃ 帮助的。

注意

> 如果没有向几何着色器输入组装完整图元所需的足够顶点，将会导致部分图元的遗失[①]。

12.2　以公告牌技术实现森林效果

12.2.1　概述

当树与树之间的距离较远时，就轮到**公告牌**（billboard，也称公告板等）技术大显神威了，即以绘有 3D 树木图片的四边形来替代对整棵 3D 树的渲染（见图 12.2）。从远处看去，公告牌技术往往并不会露出破绽。这里还有一个小秘诀，就是使公告牌总是面向摄像机（否则很容易露馅儿）[②]。

RGB通道　　　　　　　　　　alpha通道

图 12.2　一颗树木公告牌纹理及其 alpha 通道

假设 y 轴指向正上方，且平面 xz 表示地面，则树木公告牌通常被置于 xz 平面内并与 y 轴对齐而面向摄像机。图 12.3 以鸟瞰视角展示了几个公告牌的局部坐标系——可以看出，所有的公告牌都正在面对着摄像机搔首弄姿地"抢镜"。

在世界空间中，若给定一公告牌的中心位置（也就是四边形的中心点）为 $C = (C_x, C_y, C_z)$，而摄像机的位置为 $E = (E_x, E_y, E_z)$，那么，这些信息就足以表示出该公告牌局部坐标系与世界空间的相对关系：

$$w = \frac{(E_x - C_x, 0, E_z - C_z)}{\|E_x - C_x, 0, E_z - C_z\|}$$
$$v = (0, 1, 0)$$
$$u = v \times w$$

---

① 例如，如果在处理三角形带中的最后一个三角形时，哎呀，少了个顶点，那么这最后一个三角形就默认失踪了……
② 玩过《暴力摩托》的读者一定会明白作者在说什么……

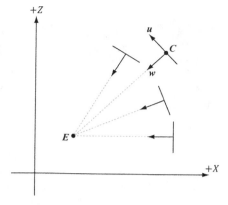

图 12.3　面对摄像机的众公告牌

给出公告牌局部坐标系与世界空间的相对关系以及公告牌的在世界空间中的大小（world size），我们就能以下列代码来获得公告牌四边形的 4 个顶点坐标（见图 12.4）：

```
v[0] = float4(gin[0].CenterW + halfWidth*right - halfHeight*up, 1.0f);
v[1] = float4(gin[0].CenterW + halfWidth*right + halfHeight*up, 1.0f);
v[2] = float4(gin[0].CenterW - halfWidth*right - halfHeight*up, 1.0f);
v[3] = float4(gin[0].CenterW - halfWidth*right + halfHeight*up, 1.0f);
```

注意，由于公告牌彼此之间的局部坐标系并不一致，所以每一个公告牌的四边形都要分别计算。

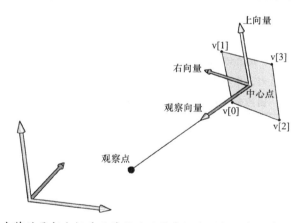

图 12.4　根据公告牌的局部坐标系及其位于世界空间中的大小来计算公告牌四边形的顶点

对于眼下这个演示程序而言，我们将构造一系列距陆地表面有着特定距离的点图元（将 PSO 中的 PrimitiveTopologyType 成员指定为 D3D12_PRIMITIVE_TOPOLOGY_TYPE_POINT，并把 ID3D12GraphicsCommandList::IASetPrimitiveTopology 函数的参数指定为 D3D_PRIMITIVE_ TOPOLOGY_POINTLIST）。这些点表示的就是我们希望绘制的公告牌的中心点。在几何着色器中，我们既要把这些点扩展为公告牌的四边形，又要计算公告牌的世界矩阵。图 12.5 所示的就是该演示程序的效果。

图 12.5　树木公告牌例程的效果图

从图 12.5 中也能看出，这个示例源于第 10 章中的"Blend Demo"演示程序。

注意

　一种通过 CPU 来实现公告牌技术的常用方法是，在动态顶点缓冲区（即上传堆）中来控制每个公告牌的 4 个顶点。每当摄像机移动时，这些顶点都会经 CPU 重新计算而随之更新，再通过 memcpy 函数将其复制到 GPU 端的缓冲区，以此令公告牌保持面对摄像机。若使用此方法，就一定要将每个公告牌的 4 个顶点都提交到 IA（Input Assembler，输入装配器）阶段，并且还需更新动态顶点缓冲区，这会产生一定的开销。若采用几何着色器来实现公告牌技术，我们就能从容运用静态的顶点缓冲区，这是因为单凭几何着色器即可扩展公告牌的四边形，并令公告牌面对摄像机。另外，几何着色器方案中公告牌所占用的内存空间也极小，因为创建每个公告牌只需向 IA 阶段提交一个顶点即可。

12.2.2　顶点结构体

我们用以下顶点结构体来描述公告牌：

```
struct TreeSpriteVertex
{
  XMFLOAT3 Pos;
  XMFLOAT2 Size;
};

mTreeSpriteInputLayout =
{
  { "POSITION", 0, DXGI_FORMAT_R32G32B32_FLOAT, 0, 0,
    D3D12_INPUT_CLASSIFICATION_PER_VERTEX_DATA, 0 },
```

```
{ "SIZE", 0, DXGI_FORMAT_R32G32_FLOAT, 0, 12,
  D3D12_INPUT_CLASSIFICATION_PER_VERTEX_DATA, 0 },
};
```

顶点结构体中所存储的点即表示在世界空间内公告牌的中心位置。除此之外，它还包含一个存有公告牌宽度/高度的数据成员，以表示其大小（已按世界空间的单位进行缩放）。因此，几何着色器便能知晓扩展后的公告牌会有多大（见图 12.6）。通过调整每个顶点结构体中表示大小的成员，我们就可以方便地构造出不同尺寸的公告牌。

除了纹理数组（12.3 节）以外，"Tree Billboards"演示程序中的其他 C++代码部分都已有了具体的 Direct3D 编码实现（即创建顶点缓冲区、效果文件[①]与调用绘制方法等功能）。这样一来，我们只需将注意力转移到 TreeSprite.hlsl 文件上即可。

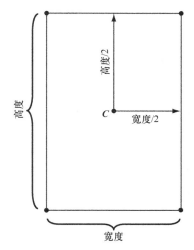

图 12.6 将一个点扩展为一个四边形

12.2.3 HLSL 文件

由于这是本书第一次向读者展示几何着色器示例，所以我们将在此列出完整的 HLSL 代码，使读者便于了解几何着色器、顶点着色器和像素着色器这三者的搭配使用方法。该效果文件也引入了一些之前未曾讨论过新对象（SV_PrimitiveID 与 Texture2DArray），在后续小节里会依次对此进行介绍。眼下，我们主要关注的是几何着色器程序 GS。正如 12.2.1 节中所述，该着色器的功能是把一个点扩展为一个四边形，并使之与 y 轴对齐以正对摄像机。

```
//***********************************************************
// TreeSprite.hlsl 的作者为 Frank Luna (C) 2015 版权所有
```

---

① 原文为 effects，即效果。DirectX 12 之前的版本提供了一种已开源的"效果框架"（effects framework），使用户可以在运行时更便捷地管理渲染流水线的状态、HLSL 着色器以及运行时变量等。但在 DirectX 12 中，这套框架已不复存在。本书中还存有此用语若干处，现都译为效果文件，其意与 HLSL 文件等价。

```
//***********************************************************************

// 光源数量的默认值
#ifndef NUM_DIR_LIGHTS
  #define NUM_DIR_LIGHTS 3
#endif

#ifndef NUM_POINT_LIGHTS
  #define NUM_POINT_LIGHTS 0
#endif

#ifndef NUM_SPOT_LIGHTS
  #define NUM_SPOT_LIGHTS 0
#endif

// 包含光照所需的结构体与函数
#include "LightingUtil.hlsl"

Texture2DArray gTreeMapArray : register(t0);

SamplerState gsamPointWrap        : register(s0);
SamplerState gsamPointClamp       : register(s1);
SamplerState gsamLinearWrap       : register(s2);
SamplerState gsamLinearClamp      : register(s3);
SamplerState gsamAnisotropicWrap  : register(s4);
SamplerState gsamAnisotropicClamp : register(s5);

// 每一帧都在变化的常量数据
cbuffer cbPerObject : register(b0)
{
  float4x4 gWorld;
  float4x4 gTexTransform;
};

// 绘制过程中所用的杂项常量数据
cbuffer cbPass : register(b1)
{
  float4x4 gView;
  float4x4 gInvView;
  float4x4 gProj;
  float4x4 gInvProj;
  float4x4 gViewProj;
  float4x4 gInvViewProj;
  float3 gEyePosW;
  float cbPerObjectPad1;
  float2 gRenderTargetSize;
  float2 gInvRenderTargetSize;
  float gNearZ;
  float gFarZ;
  float gTotalTime;
  float gDeltaTime;
  float4 gAmbientLight;
```

```
    float4 gFogColor;
    float gFogStart;
    float gFogRange;
    float2 cbPerObjectPad2;

    // 对于每个以 MaxLights 为光源数量最大值的对象来说，索引[0,NUM_DIR_LIGHTS)表示的是方向光
    // 源，索引[NUM_DIR_LIGHTS, NUM_DIR_LIGHTS+NUM_POINT_LIGHTS]表示的是点光源
    // 索引[NUM_DIR_LIGHTS+NUM_POINT_LIGHTS, NUM_DIR_LIGHTS+NUM_POINT_LIGHT+
    // NUM_SPOT_LIGHTS)表示的则为聚光灯光源
    Light gLights[MaxLights];
};

// 每种材质都各有区别的常量数据
cbuffer cbMaterial : register(b2)
{
    float4  gDiffuseAlbedo;
    float3  gFresnelR0;
    float   gRoughness;
    float4x4 gMatTransform;
};

struct VertexIn
{
    float3 PosW : POSITION;
    float2 SizeW : SIZE;
};

struct VertexOut
{
    float3 CenterW : POSITION;
    float2 SizeW  : SIZE;
};

struct GeoOut
{
    float4 PosH   : SV_POSITION;
    float3 PosW   : POSITION;
    float3 NormalW : NORMAL;
    float2 TexC   : TEXCOORD;
    uint   PrimID : SV_PrimitiveID;
};

VertexOut VS(VertexIn vin)
{
    VertexOut vout;

    // 直接将数据传入几何着色器
    vout.CenterW = vin.PosW;
    vout.SizeW  = vin.SizeW;

    return vout;
}
```

```
// 由于我们要将每个点都扩展为一个四边形（即 4 个顶点），因此每次调用几何着色器最多输出 4 个顶点
[maxvertexcount(4)]
void GS(point VertexOut gin[1],
    uint primID : SV_PrimitiveID,
    inout TriangleStream<GeoOut> triStream)
{
  //
  // 计算精灵①的局部坐标系与世界空间的相对关系，以使公告牌与 y 轴对齐且面向观察者
  //

  float3 up = float3(0.0f, 1.0f, 0.0f);
  float3 look = gEyePosW - gin[0].CenterW;
  look.y = 0.0f; // 与 y 轴对齐，以此使公告牌立于 xz 平面
  look = normalize(look);
  float3 right = cross(up, look);

  //
  // 计算世界空间中三角形带的顶点（即四边形）
  //
  float halfWidth = 0.5f*gin[0].SizeW.x;
  float halfHeight = 0.5f*gin[0].SizeW.y;

  float4 v[4];
  v[0] = float4(gin[0].CenterW + halfWidth*right - halfHeight*up, 1.0f);
  v[1] = float4(gin[0].CenterW + halfWidth*right + halfHeight*up, 1.0f);
  v[2] = float4(gin[0].CenterW - halfWidth*right - halfHeight*up, 1.0f);
  v[3] = float4(gin[0].CenterW - halfWidth*right + halfHeight*up, 1.0f);

  //
  // 将四边形的顶点变换到世界空间，并将它们以三角形带的形式输出
  //

  float2 texC[4] =
  {
    float2(0.0f, 1.0f),
    float2(0.0f, 0.0f),
    float2(1.0f, 1.0f),
    float2(1.0f, 0.0f)
  };

  GeoOut gout;
  [unroll]
  for(int i = 0; i < 4; ++i)
  {
    gout.PosH   = mul(v[i], gViewProj);
```

---

① 精灵，sprite。通常来讲，是一种不经渲染流水线而直接绘制到渲染目标的 2D 位图。公告牌实为应用于 3D 环境中的精灵，是具有 alpha 通道且面向摄像机的图像。DirectX 8 至 DirectX 10 专门提供了一组绘制精灵的相关函数，但从 DirectX 11 开始，这些函数便被取消了。如今，实现精灵的方法可参见《Multiple Ways to Render Point Sprites in DX11》与《Sprites and textures》。

```
    gout.PosW    = v[i].xyz;
    gout.NormalW = look;
    gout.TexC    = texC[i];
    gout.PrimID  = primID;

    triStream.Append(gout);
  }
}

float4 PS(GeoOut pin) : SV_Target
{
  float3 uvw = float3(pin.TexC, pin.PrimID%3);
  float4 diffuseAlbedo = gTreeMapArray.Sample(
    gsamAnisotropicWrap, uvw) * gDiffuseAlbedo;

#ifdef ALPHA_TEST
  // 忽略纹理 alpha 值 < 0.1 的像素。这个测试要尽早完成，以便提前退出着色器，使满足此条件的像素
  // 跳过着色器中不必要的后续处理流程
  clip(diffuseAlbedo.a - 0.1f);
#endif

  // 对法线插值可能导致其非规范化，因此需再次对它进行规范化处理
  pin.NormalW = normalize(pin.NormalW);

  // 光线经表面上一点反射到观察点这一方向上的向量
  float3 toEyeW = gEyePosW - pin.PosW;
  float distToEye = length(toEyeW);
  toEyeW /= distToEye; // 规范化处理

  // 光照项
  float4 ambient = gAmbientLight*diffuseAlbedo;

  const float shininess = 1.0f - gRoughness;
  Material mat = { diffuseAlbedo, gFresnelR0, shininess };
  float3 shadowFactor = 1.0f;
  float4 directLight = ComputeLighting(gLights, mat, pin.PosW,
    pin.NormalW, toEyeW, shadowFactor);

  float4 litColor = ambient + directLight;

#ifdef FOG
  float fogAmount = saturate((distToEye - gFogStart) / gFogRange);
  litColor = lerp(litColor, gFogColor, fogAmount);
#endif

  // 从漫射反照率中获取 alpha 值的常用手段
  litColor.a = diffuseAlbedo.a;
```

```
    return litColor;
  }
```

12.2.4　SV_PrimitiveID 语义

在以上示例中，几何着色器内含有一个使用 SV_PrimitiveID 语义的特殊无符号整数参数。

```
[maxvertexcount(4)]
void GS(point VertexOut gin[1],
    uint primID:SV_PrimitiveID,
    inout TriangleStream<GeoOut> triStream)
```

若指定了该语义，则输入装配器阶段会自动为每个图元生成图元 ID。在绘制 *n* 个图元的调用执行过程中，第一个图元被标记为 0，第二个图元被标识为 1，并以此类推，直到此绘制调用过程中最后一个图元被标记为 *n*-1 为止。对于单次绘制调用来说，其中的图元 ID 都是唯一的。在公告牌示例中，几何着色器不会用到此 ID（尽管它可以使用），它仅将图元 ID 写入到输出的顶点之中，以此将它们传递到像素着色器阶段。而像素着色器则把图元 ID 用作纹理数组的索引，这是下一小节将讲述的内容。

注意

 如果代码中不存在几何着色器，我们便可以将图元 ID 参数加入像素着色器的参数列表：

```
float4 PS(VertexOut pin, uint primID : SV_PrimitiveID) : SV_Target
{
  // 像素着色器的具体实现
}
```

但是，若代码内具有几何着色器，则图元 ID 必首先存在于其签名的参数之中[1]。继而几何着色器就能使用图元 ID 或将其传至像素着色器阶段（抑或同时执行这两种操作）。

注意

 输入装配器也能够生成顶点 ID。为了实现这一点，我们需要向顶点着色器签名额外添加一个由语义 SV_VertexID 修饰的 uint 类型的参数：

```
VertexOut VS(VertexIn vin, uint vertID : SV_VertexID)
{
  // 顶点着色器的主体
}
```

此时，对于绘制方法 DrawInstanced 来说，其调用过程中的顶点 ID 将被标记为 0, 1…，*n*-1，这里的 *n* 即为本次绘制调用中的顶点数量。而对于 DrawIndexedInstanced 绘制方法而言，其顶点 ID 则对应于顶点的索引值。

---

① 简言之，若存在几何着色器，则几何着色器中首获图元 ID；若不存在几何着色器，则像素着色器首获图元 ID。此二者谁离输入装配器阶段最近并被开启，谁先获得图元 ID。

12.3 纹理数组

12.3.1 概述

顾名思义，纹理数组即为存放纹理的数组。就像所有的资源（纹理与缓冲区）一样，在 C++代码中，纹理数组也由 ID3D12Resource 接口来表示。当创建 ID3D12Resource 对象时，可以通过设置 DepthOrArraySize 属性来指定纹理数组所存储的元素个数（对于 3D 纹理来说，此项设定的则为深度值）。我们在 d3dApp.cpp 文件中创建深度/模板纹理时，总是将该值设为 1。如果查看 Common/DDSTextureLoader.cpp 中的 CreateD3DResources12 函数，便会明白这些代码究竟是如何来创建纹理数组与体纹理（volume texture）的。在 HLSL 文件中，纹理数组是通过 Texture2DArray 类型来表示的：

```
Texture2DArray gTreeMapArray;
```

现在，我们必须搞清楚为什么要使用纹理数组，而不是像下面那样做：

```
Texture2D TexArray[4];
...
float4 PS(GeoOut pin) : SV_Target
{
float4 c = TexArray[pin.PrimID%4].Sample(samLinear, pin.Tex);
```

在着色器模型 5.1（Direct3D 12 所对应的新模型版本）中确实可以这样写，但这在之前的 Direct3D 版本中却是行不通的。再者，以这种方式来索引纹理可能会依具体硬件而产生少量开销，所以本章我们将使用纹理数组。

12.3.2 对纹理数组进行采样

在公告牌示例中，我们用以下代码对纹理数组进行采样[1]：

```
float3 uvw = float3(pin.TexC, pin.PrimID%4);
float4 diffuseAlbedo = gTreeMapArray.Sample(
  gsamAnisotropicWrap, uvw) * gDiffuseAlbedo;
```

使用纹理数组共需要 3 个坐标值：前两个坐标就是普通的 2D 纹理坐标，第三个坐标则是纹理数组的索引。例如，0、1、2 分别是数组中的第一个、第二个以及第三个纹理的索引，后面的索引则以此类推。

在公告牌示例中，我们采用的是一个具有 4 个纹理元素的纹理数组，且每个元素中都存有独特的树木纹理（见图 12.7）。但是，由于每次绘制调用所画出的树木要多于 4 棵，所以图元 ID 势必也要大于 3。因此，我们对图元 ID 进行模 4 运算（pin.PrimID % 4），将其值映射为 0、1、2 或 3，继而使数组元

---

[1] 本书代码中实际写作"pin.PrimID%3"，如果 dds 文件中有 4 种树木图像的话，应当为"pin.PrimID%4"。

素拥有合理的数组索引。

纹理数组的优点之一是可以在一次绘制调用过程中，画出一系列具有不同纹理的图元。一般来说，我们必须用不同的纹理来对每一个有着独立渲染项的网格进行处理：

```
SetTextureA();
DrawPrimitivesWithTextureA();

SetTextureB();
DrawPrimitivesWithTextureB();

...

SetTextureZ();
DrawPrimitivesWithTextureZ();
```

图 12.7　树木公告牌所用的图片

每当设置纹理或绘制调用的时候都会相应地产生一些开销。但使用了纹理数组，我们就能将设置纹理与绘制调用的过程都减少到一次：

```
SetTextureArray();
DrawPrimitivesWithTextureArray();
```

12.3.3　加载纹理数组

位于 Common/DDSTextureLoader.h/.cpp 文件中的代码，可以加载存有纹理数组的 DDS 文件。因此，重点就落在了创建含有纹理数组的 DDS 文件上。为此，我们需要使用微软公司所提供的 texassemble 工具。通过下列语法，此工具可以将 t0.dds、t1.dds、t2.dds 与 t3.dds 这 4 个图像合并成一个名为 treeArray.dds 的纹理数组：

```
texassemble -array -o treeArray.dds t0.dds t1.dds t2.dds t3.dds
```

注意，在用 texassemble 程序构建纹理数组时，输入的多个图像只能各有一种 mipmap 层级。经 texassemble 创建的纹理数组，可以再根据需求通过 texconv 工具生成多种 mipmap 层级，并改变纹理的格式：

```
texconv -m 10 -f BC3_UNORM treeArray.dds
```

12.3.4　纹理子资源

前面刚刚讨论过纹理数组，下面来谈一谈它的子资源（subresource）。图 12.8 展示了一个拥有若干纹理的纹理数组，其中的纹理还各有自己的 mipmap 链。Direct3D API 用术语**数组切片**（array slice）来表示纹理数组中的某个纹理及其 mipmap 链，又用术语 **mip 切片**（mip slice）来表示纹理数组中特定层级的所有 mipmap。子资源则是指纹理数组中某纹理的单个 mipmap 层级。

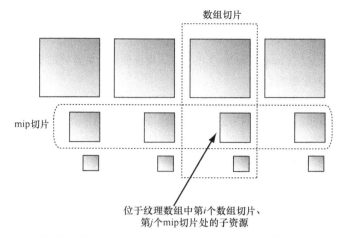

数组切片

mip切片

位于纹理数组中第i个数组切片、
第j个mip切片处的子资源

图 12.8　有着 4 个纹理的纹理数组。每个纹理都有 3 种 mipmap 层级

这就是说，若给出纹理数组的索引以及 mipmap 层级，我们就能访问纹理数组中的相应子资源。值得注意的是，子资源也是由线性索引来标记的，而 Direct3D 所用的线性索引规则如图 12.9 所示。

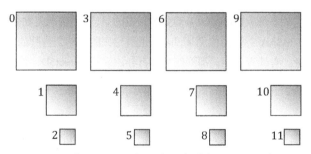

图 12.9　在纹理数组中由线性索引来标记的子资源

下面的实用工具函数可根据给出的 mip 切片索引、数组切片索引、平面切片[①]索引、mipmap 层级以及纹理数组的大小，直接计算出子资源的线性索引：

```
inline UINT D3D12CalcSubresource( UINT MipSlice, UINT ArraySlice,
  UINT PlaneSlice, UINT MipLevels, UINT ArraySize )
{
  return MipSlice + ArraySlice * MipLevels + PlaneSlice * MipLevels * ArraySize;
}
```

12.4　alpha-to-coverage 技术

在运行 "Tree Billboard" 演示程序时，若以特定距离观察树木公告牌，便会发现其裁剪的边缘部分

———————————

① 在 Direct3D 12 中，新引入了术语**平面切片**，即 plane slice。它使用户能将某些 YUV 平面格式（planar format）的分量以索引方式单独提取出来，以供使用。若程序不涉及此功能，可将参数 PlaneSlice 设置为 0。

呈锯齿状。这个问题出在 clip 函数上，我们用它来遮罩不属于树木纹理的像素。此裁剪函数负责像素的生杀大权，也导致了树木边缘的过渡不够平滑。观察者与公告牌之间的距离也趁机推波助澜，因为两者距离过近会引起纹理放大（magnification）的发生，继而使块状失真更加明显。不仅如此，近距离还将导致低分辨率 mipmap 层级的启用。

解决此问题的方法之一是以透明混合取代 alpha 测试。通过线性纹理过滤，使边缘像素稍显模糊，从而促使由白（不透明的像素）至黑（被遮罩的像素）的过渡更为平滑。即透明混合将使公告牌图像边缘的不透明像素到被遮罩像素之间实现平滑的渐变。可是，运用透明混合需要将场景中的物体按从后至前的顺序进行排序与渲染。对为数不多的树木公告牌排序用不了多少开销，但若渲染的是一片树林或一片草原，则每帧中排序所付出的代价却是不容小觑的。不止于此，更糟糕的还要说是由后至前的排序过程，这将引发大量的重复绘制（overdraw，见第 11 章中的练习 8）操作，会直接将我们的应用程序置于死地。

这时，不妨试一试 MSAA（多重采样抗锯齿技术，multisampling antialiasing——参见 4.1.7 节），它可用于缓解多边形边沿的锯齿效果，从而使之相对平滑。该技术确实有效，但也带来了一些问题。MSAA 会为每个像素逐一执行一次像素着色器，使像素着色器在像素的中心采样，并基于**可视性**（visibility，每个子像素所执行的深度/模板测试结果）与**覆盖情况**（coverage，子像素的中心位于多边形的内部还是外部），将颜色信息共享给它的子像素（subpixel）。而更为关键的是，**覆盖情况是在多边形层级**（polygon level）**上才确定下来的**。因此，MSAA 并不会检测 alpha 通道所定义的树木公告牌的裁剪边缘，而只是关注纹理所映射到四边形的边缘。有读者会问，那到底有没有办法通知 Direct3D，使它在计算覆盖情况时考虑 alpha 通道这个因素呢？回答是肯定的，这便是被称之为 "**alpha-to-coverage**"（有译作由透明至覆盖，等等）的技术。

在开启了 MSAA 与 alpha-to-coverage 后（令成员 D3D12_BLEND_DESC::AlphaToCoverageEnable = true 来实现），硬件就会检测像素着色器所返回的 alpha 值，并将其用于确定覆盖的情况[NVIDIA05]。例如，在使用 4X MSAA 时，若像素着色器返回的 alpha 值为 0.5，则我们即可认为此像素里 4 个子像素中的 2 个位于多边形的范围之外，并据此来创建平滑的图像边缘。

一般来说，在以 alpha 遮罩的方式来裁剪树叶与围栏这类纹理时，建议总是使用 alpha-to-coverage 技术。当然，前提是需要开启 MSAA。在演示程序中，可以通过 Set4xMsaaState 函数使示例框架创建出支持 4X MSAA 的后台缓冲区与深度缓冲区①。

---

① "Tree Billboard" 演示程序默认为不开启 MSAA，我们可以通过 F2 键进行切换。满心欢喜地按下 F2 键后……崩溃……（莫非我用的是假的 DirectX 12？！）经查阅，最终在 DirectXTK12 的 wiki 文档 Simple rendering 中发现，Direct3D 12 并不支持创建 MSAA 交换链（这与 DirectX 12 采用新式 "flip" 类型的交换链有关，MSAA 仅支持旧式的 "bit-blt" 类型交换链，但在作者用的预览版里很可能还在支持直接创建 MSAA 交换链。关于新旧式交换链类型的讨论文章有很多，如《For best performance, use DXGI flip model》等）。解决的办法是用户要自行创建 MSAA 渲染目标。如果读者在运行时也发生同样的错误，可以尝试从这个方向着手。其实《Simple rendering》一文中已给出了 MSAA 的正确打开方式。现在，微软已对此专门提供了演示程序，可参见 SimpleMSAA_UWP12 例程。全书对 UWP 方面的编程只字未提，读者正好可借此机会做些了解）。

12.5 小结

1. 假设我们不使用曲面细分这个步骤，则几何着色器这个可选阶段将位于顶点着色器与像素着色器这两个阶段之间。几何着色器会针对输入装配器传来的每一个图元进行调用并执行处理。通过配置，它可以不输出图元，也能输出一个或一个以上的图元。而输出的图元类型，也可能与输入图元的类型并不相同。在输出的图元顶点离开几何着色器之前，应当将其变换到齐次裁剪空间。接下来，从几何着色器输出的图元，会进入渲染流水线的光栅化阶段。几何着色器应编写在效果文件中，并紧邻顶点着色器与像素着色器（处于二者之间）。

2. 公告牌技术采用的是附有图像的四边形对象，可将它作为真实 3D 模型对象的一种替代品。对于远处的物体来说，公告牌足以以假乱真。若具有纹理的四边形能够满足用户的需求，则它的优点便是可以节省 GPU 渲染整个 3D 对象的处理时间。这项技术可用于渲染森林中的树木，离摄像机近的可用真正的 3D 几何体，而远处的树木用公告牌即可。为了使公告牌更加逼真，一定要令它总是面向摄像机。而且，在几何着色器中实现公告牌技术往往是最适合的。

3. 我们可以把一种由语义 SV_PrimitiveID 修饰的特殊 uint 类型参数加入到几何着色器的参数列表之中，其示例代码如下：

```
[maxvertexcount(4)]
void GS(point VertexOut gin[1],
       uint primID : SV_PrimitiveID,
       inout TriangleStream<GeoOut> triStream);
```

若指定了此语义，它就会告知输入装配器环节自动为每个图元生成一个图元 ID。当执行的绘制调用要画 n 个图元时，第一个图元被标记为 0，第二个图元将标记为 1，并以此类推，直至绘制调用中的最后一个图元被标记为 $n-1$。如果用户没有使用几何着色器，则应当将图元 ID 参数添加至像素着色器的参数列表内。但是，若使用了几何着色器，那么一定要把图元 ID 参数设置在几何着色器的签名当中。接下来，几何着色器就会运用此图元 ID，或将其传入像素着色器阶段（抑或同时执行这两种操作）。

4. 输入装配器阶段可以生成顶点 ID。为此，我们需要向顶点着色器签名添加额外的 uint 类型参数，并为它辅以 SV_VertexID 语义。对于 DrawInstanced 函数来说，此绘制调用中的顶点 ID 将依次被标记为：0, 1, …, $n-1$，其中 n 为此调用过程中的顶点个数。而针对 DrawIndexedInstanced 函数而言，其顶点 ID 则对应于顶点的索引值。

5. 见名知意，纹理数组即存有纹理的数组。在 C++ 代码中，纹理数组就像其他的资源一样（纹理与缓冲区）用 ID3D12Resource 接口来表示。在创建 ID3D12Resource 对象时，DepthOrArraySize 就是用于指定纹理数组中元素个数的属性（对于 3D 纹理来说，它指定的是资源的深度值）。而在 HLSL 中，纹理数组由类型 Texture2DArray 来表示。使用纹理数组时，共需要三个纹理坐标。前两个坐标是普通的 2D 纹理坐标，第三个坐标则是纹理数组中的索引。例如，0、1、2 分别为数组中前 3 个纹理的索引，后面的则依此类推。使用纹理数组的优点之一是：我们可以在单次绘制调用的过程中，以多种不同的纹理渲染出一系列图元。而每个图元都有一个指向纹理数组的索引，它指定了图元所应用的纹理。

6. 在确定子像素的覆盖情况时，alpha-to-coverage 可指挥硬件检查像素着色器所返回的 alpha 数据。开启这项技术可以使树叶和围栏这样的 alpha 遮罩裁剪纹理具有平滑的边缘。Alpha-to-coverage 的开启与否由 PSO 中的 D3D12_BLEND_DESC::AlphaToCoverageEnable 字段来决定。

12.6　练习

1. 思考一下，如何用线条带在 xz 平面内绘制一个圆形，以及如何运用几何着色器将此线条带扩展为一个不带上下底的圆柱体。

2. 正二十面体是一种粗略近似于球体的几何图形。通过对每个三角形进行细分（见图 12.10），并在球面上投影新生成的顶点，我们就能获得更逼近于球体的几何体（由于所有单位向量的首部都在单位球面之上，因此，可以将顶点投影到单位球面上的操作简单地视为对位置向量进行规范化处理）。在这个练习当中，先要构建并渲染出一个正二十面体。再根据它与摄像机之间的距离 d，用几何着色器对此正二十面体逐步进行细分。例如，如果 $d < 15$，则对原始的正二十面体细分两次；若 $15 \leqslant d \leqslant 30$，就对初始的正二十面体执行一次细分；当 $d \geqslant 30$ 时，直接渲染初始的正二十面体即可。整体的思路就是：仅在物体距离摄像机较近的时候，才使用数量较多的多边形进行渲染，使其表现得更为细腻；若对象离观察位置较远，则使用较为粗糙的网格即可，我们也无需浪费 GPU 资源去处理本就看不清的物体细节。图 12.10 分别以线框模式与实体（光照）模式，接连展示了 3 种多面体的 LOD（细节级别 level-of-detail）。此习题中所用的曲面细分与正二十面体知识可回顾 7.4.3 节中的相关讨论。

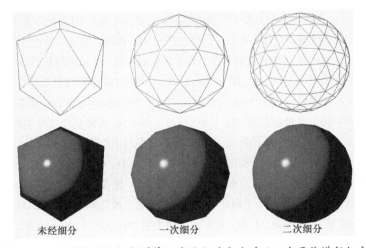

未经细分　　　　　一次细分　　　　　二次细分

图 12.10　通过将顶点投影到单位球面上的方法对正二十面体进行细分

3. 通过令三角形随时间函数沿其平面法线的方向进行平移，我们就能模拟出简单的爆炸效果。这个模拟过程可在几何着色器中实现。针对每个输入到几何着色器的三角形来说，先以着色器计算其平面法线 n。待爆炸开始后，沿方向 n 平移的三角形顶点 p_0、p_1 和 p_2 在时刻 t 的位置分别为：

$$p_i' = p_i + tn \quad \text{其中 } i = 0, 1, 2$$

平面法线 n 不一定是单位长度，可对其进行缩放以控制爆炸的速度。我们甚至可以根据图元 ID 来调节平面法线的长度，以使每个图元都能按不同的弹射速度四处飞溅。用一个正二十面体（不需要细分）作为实验的网格来实现爆炸的效果。

4. 令网格的顶点法线可视化通常会更便于调试。编写一个效果文件，将网格的顶点法线都渲染为短线段。为了做到这一点，我们需要实现一个以网格的点图元作为输入数据的几何着色器（即以图元拓扑 D3D_PRIMITIVE_TOPOLOGY_POINTLIST 来表示网格中的诸顶点），从而将每个顶点传至几何着色器阶段。这时，该几何着色器便能够将每个点扩展为长度为 L 的线段。若顶点的位置为 p 且法线为 n，则其对应的 2 个线段端点就能分别表示为 p 与 $p + Ln$。待上述内容能够顺利实现之后，先照常绘制一遍网格，后以法向量可视化技术再渲染一遍场景，以此令法线绘制在场景的上面，便于观察。对了，这个练习要以 "Blend Demo"（混合）演示程序作为测试场景。

5. 本练习与上一个练习比较相似：编写一个将网格的平面法线渲染为短线段的效果文件。对此效果文件而言，几何着色器应以三角形作为输入数据，并计算其平面法线及输出短线段。

6. 本练习将展示：对于 DrawInstanced 方法而言，其绘制调用过程中的顶点 ID 会以 $0, 1, \cdots, n-1$ 来加以标记，这里的 n 为绘制调用过程中所用的顶点个数；而针对 DrawIndexedInstanced 方法调用来说，顶点 ID 则对应于其顶点的索引值。

按下列方式来修改 "Tree Billboards" 演示程序。首先，将顶点着色器的代码改写为：

```
VertexOut VS(VertexIn vin, uint vertID : SV_VertexID)
{
  VertexOut vout;

  // 直接将数据传递给几何着色器
  vout.CenterW = vin.PosW;
  vout.SizeW  = float2(2+vertID, 2+vertID);

  return vout;
}
```

换句话说，这段代码将基于树木公告牌的中心，按顶点 ID 的数值来对公告牌进行缩放。直接运行程序，在绘制完 16 个公告牌时，它们的大小应当在范围为 2～17。现在再来修改公告牌的绘制方法，之前的单次绘制调用一次性可渲染 16 个点，而本次则以 4 次 DrawInstanced 调用来加以取代，就像这样：

```
if(ritems[i]->Geo->Name=="treeSpritesGeo"){
  cmdList->DrawInstanced(4,1,0,0);
  cmdList->DrawInstanced(4,1,4,0);
```

```
    cmdList->DrawInstanced(4,1,8,0);
    cmdList->DrawInstanced(4,1,12,0);
}else{
    cmdList->DrawIndexedInstanced(ri->IndexCount,1,ri->StartIndexLocation,ri->
        BaseVertexLocation.0);
```

再次运行程序……这一次，公告牌的大小会处于范围为 2~5。这是因为每次绘制调用会画出 4
个顶点，因此每次调用过程中的顶点 ID 范围为 0~3。最后再尝试借助一个索引缓冲区以及 4 次
DrawIndexedInstanced 调用绘制树木公告牌。运行程序之后，便会发现公告牌的大小又重新
回到范围 2~17。这是因为在使用 DrawIndexedInstanced 方法时，顶点 ID 将对应于顶点的
索引值。

7. 通过下列方式来修改 "Tree Billboards" 演示程序。首先，从像素着色器中去掉 "模 4 运算"：

```
float3 uvw = float3(pin.TexC, pin.PrimID);
```

现在再来运行程序。由于我们共绘制了 16 个图元，图元 ID 的范围为 0~15，因而这些 ID 会超
出像素数组的边界。然而，这实际上并不会导致错误的发生，因为越界的索引值会被钳制为最
大的有效索引（这里即为 3）。再按如下方法以 4 次 DrawInstanced 绘制调用取代之前的一次
性绘制 16 个点：

```
if(ritems[i]->Geo->Name=="treeSpritesGeo"){
    cmdList->DrawInstanced(4,1,0,0);
    cmdList->DrawInstanced(4,1,4,0);
    cmdList->DrawInstanced(4,1,8,0);
    cmdList->DrawInstanced(4,1,12,0);
}else{
    cmdList->DrawIndexedInstanced(ri->IndexCount,1,ri->StartIndexLocation,ri->
        BaseVertexLocation.0);
```

再次运行程序。因为每次 DrawInstanced 调用共绘制 4 个图元，所以每次绘制调用过程中的
图元 ID 范围为 0~3，也就不用再进行钳位操作了。这样一来，即可将图元 ID 用作索引，还不
会发生越界的情况。这个示例充分展示了在每次绘制调用时，图元 ID 的 "计数" 都会被重置为
0 的现象。

当今的 GPU 已经针对单址或连续地址的大量内存处理（亦称为**流式操作**，streaming operation）进行了优化，这与 CPU 面向内存随机访问的设计理念则刚好背道而驰[Boyd10]。再者，考虑到要对顶点与像素分别进行单独的处理，因此 GPU 现已经采用了大规模并行处理架构。例如，NVIDIA 公司开发的"Fermi"架构最多可支持 16 个**流式多处理器**（streaming multiprocessor，SM），而每个流式处理器又均含有 32 个 CUDA 核心，也就是共 512 个 CUDA 核心[NVIDIA09]。

显然，图形的绘制优势完全得益于 GPU 架构，因为这架构就是专为绘图而精心设计的。但是，一些非图形应用程序同样可以从 GPU 并行架构所提供的强大计算能力中受益。我们将 GPU 用于非图形应用程序的情况称为**通用 GPU 程序设计**（通用 GPU 编程。General Purpose GPU programming，GPGPU programming）。当然，并不是所有的算法都适合由 GPU 来执行，只有数据并行算法（data-parallel algorithm）才能发挥出 GPU 并行架构的优势。也就是说，仅当拥有大量待执行相同操作的数据时，才最适宜采用并行处理。像素着色这种图像处理工作就是一种极好的示例，因为每个被绘制的像素片段都要经过像素着色器的统一处理。又如，查看前一章中模拟波浪的代码便会发现：在更新步骤中，我们需要针对每一个栅格元素都进行一遍相同的运算。因此，以 GPU 来执行这些计算工作也是不错的选择，这样一来，每个栅格元素都可以由 GPU 并行地更新。粒子系统则是另一个实例，我们可简化粒子之间的关系模型，使它们彼此毫无关联，不会相互影响，以此使每个粒子的物理特征都可以分别独立地计算出来。

对于 GPGPU 编程而言，用户通常需要将计算结果返回 CPU 供其访问。这就需将数据由显存复制到系统内存，虽说这个过程的速度较慢（见图 13.1），但是与 GPU 在运算时所缩短的时间相比却是微不足道的。针对图形处理任务来说，我们一般将运算结果作为渲染流水线的输入，所以无须再由 GPU 向 CPU 传输数据。例如，我们可以用计算着色器（compute shader）对纹理进行模糊处理（blur），再将着色器资源视图（shader resource view）与模糊处理后的纹理相绑定，以作为着色器的输入。

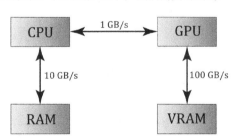

图 13.1　根据[Boyd10]文献重新绘制的示意图。图中所示的是 CPU 与 RAM（系统内存）、CPU 与 GPU 以及 GPU 与 VRAM（显存）之间的存储器带宽速度。其中所列的数字仅用于说明不同器件之间的传输带宽在数量级上的差别。显然，CPU 与 GPU 之间的数据传输速度为整个系统的瓶颈

计算着色器虽然是一种可编程的着色器，但 Direct3D 并没有将它直接归为渲染流水线中的一部分。

虽然如此，但位于流水线之外的计算着色器却可以读写 GPU 资源（见图 13.2）。从本质上来说，计算着色器能够使我们访问 GPU 来实现数据并行算法，而不必渲染出任何图形。正如前文所说，这一点即为 GPGPU 编程中极为实用的功能。另外，计算着色器还能实现许多图形特效——因此对于图形程序员来说，它也是极具使用价值的。前面提到，由于计算着色器是 Direct3D 的组成部分，也可以读写 Direct3D 资源，由此我们就可以将其输出的数据直接绑定到渲染流水线上。

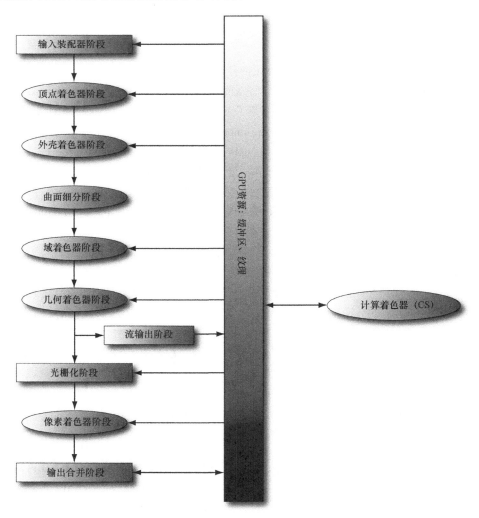

图 13.2　计算着色器并非渲染流水线的组成部分，但是却可以读写 GPU 资源。
而且计算着色器也可以参与图形的渲染或单独用于 GPGPU 编程

学习目标：

1. 学习如何编写计算着色器。
2. 对硬件处理线程组以及其中线程的方式等高级知识有一定的认识。

3. 探究哪些 Direct3D 资源能被设置为计算着色器的输入与输出。

4. 了解各种线程 ID 及其用法。

5. 学习共享内存的相关知识，并知晓它为何可以用于优化性能。

6. 探索怎样才能获取更多关于 GPGPU 编程的细节信息。

13.1　线程与线程组

在 GPU 编程的过程中，根据程序具体的执行需求，可将线程划分为由**线程组**（thread group）构成的网格（grid）。一个线程组运行于一个多处理器之上。因此，对于拥有 16 个多处理器的 GPU 来说，我们至少应将任务分解为 16 个线程组，以此令每个多处理器都充分地运转起来。但是，要获得更佳的性能，我们还应当令每个多处理器至少拥有两个线程组，使它能够切换到不同的线程组进行处理，以连续不停地工作[Fung10]（线程组在运行的过程中可能会发生停顿，例如，着色器在继续执行下一个指令之前会等待纹理的处理结果，此时即可切换至另一个线程组）。

每个线程组中都有一块共享内存[1]，供组内的线程访问。但是，线程并不能访问其他组中的共享内存。同理，同组内的线程间能够进行同步操作，不同组的线程间却不能实现这一点。事实上，我们也无法控制不同线程组间的处理顺序，因为这些线程组可能正运行在不同的多处理器上。

一个线程组中含有 n 个线程。硬件实际上会将这些线程分为多个 **warp**（每个 warp 中有 32 个线程），而且多处理器会以 SIMD32 的方式（即 32 个线程同时执行相同的指令序列）来处理 warp。每个 CUDA 核心都可处理一个线程，前面也提到了，"Fermi" 架构中的每个多处理器都具有 32 个 CUDA 核心（因此，CUDA 核心就像一条专设的 SIMD "计算通道"（lane））。在 Direct3D 中，我们能够以非 32 的倍数值来指定线程组的大小。但是出于性能的原因，我们应当总是将线程组的大小设置为 warp 尺寸的整数倍[Fung10]。

对于各种型号的图形硬件来说，线程数为 256 的线程组是一种普遍适于工作的初始设置。我们可以以此值为基础，再根据具体需求尝试将其调整为其他大小。值得注意的是，修改每个线程组中的线程数量也会对线程组的分派（dispatch，调度）次数产生影响[2]。

注意

 NVIDIA 公司生产的图形硬件所用的 warp 单位共有 32 个线程。而 ATI 公司[3]采用的"wavefront" 单位则具有 64 个线程，且建议为其分配的线程组大小应总为 wavefront 尺寸的整数倍[Bilodeau10]。另外，值得一提的是，不管是 warp 还是 wavefront，它们的大小在未来几代中都有可能发生改变。

在 Direct3D 中可通过调用下列方法来启动线程组：

---

① 文中这段讲述的都是 GPU 的内部结构，请勿将核芯显卡（集成显卡以及部分独立显卡）所共享的系统内存与之混淆。

② 组线程数量与分派函数参数的设置配合很有讲究，直接关乎计算着色器的工作效率！

③ 已被 AMD 公司收购。

```
void ID3D12GraphicsCommandList::Dispatch(
UINT ThreadGroupCountX,
UINT ThreadGroupCountY,
UINT ThreadGroupCountZ);
```

此方法可开启一个由线程组构成的 **3D** 网格，但是我们在本书中仅关注线程组 **2D** 网格。下面的调用示例会分派一个在 x 方向上为 3、y 方向上为 2，即总数为 $3 \times 2 = 6$ 个线程组的网格（见图 13.3）。

```
cmdList->Dispatch(3, 2, 1);
```

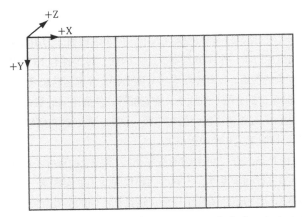

图 13.3　分派一个规模为 3×2 的线程组。此例假设每个线程组都有 8×8 条线程

13.2　一个简单的计算着色器

以下是将两个纹理进行简单累加的计算着色器示例，假设所有的纹理都具有相同的大小。虽然该着色器有点索然无味，却五脏俱全，能详细地展示出计算着色器的基本套路语法。

```
cbuffer cbSettings
{
  // 计算着色器能访问的常量缓冲区数据
};

// 数据源及着色器的输出
Texture2D gInputA;
Texture2D gInputB;
RWTexture2D<float4> gOutput;

// 线程组中的线程数。组中的线程可以被设置为 1D、2D 或 3D 的网格布局
[numthreads(16, 16, 1)]
void CS(int3 dispatchThreadID : SV_DispatchThreadID) // 线程 ID
{
  // 对两种源像素中横纵坐标分别为 x、y 处的纹素进行求和，并将结果保存到相应的 gOutput 纹素中
  gOutput[dispatchThreadID.xy] =
```

```
    gInputA[dispatchThreadID.xy] +
    gInputB[dispatchThreadID.xy];
}
```

可见，一个计算着色器由下列要素构成：

1. 通过常量缓冲区访问的全局变量。

2. 输入与输出资源（此内容将在 13.3 节中讨论）。

3. [numthreads(X, Y, Z)]属性，指定 3D 线程网格中的线程数量。

4. 每个线程都要执行的着色器指令。

5. 线程 ID 系统值参数（在 13.4 节中讨论）。

不难看出，我们能够根据需求定义出不同的线程组布局。例如，可以定义一个具有 X 个线程的单行线程组[numthreads(X, 1, 1)]或内含 Y 个线程的单列线程组[numthreads(1, Y, 1)]。抑或通过将维度 z 设为 1 来定义规模为 $X \times Y$ 的 2D 线程组，形如[numthreads(X, Y, 1)]。我们应结合所遇到的具体问题来选择适当的线程组布局。如同前一节中提到的那样：针对 NVIDIA 品牌的显卡来说，线程组中的总线程数应为 warp 大小（32）的整数倍，而 ATI 公司生产的显卡应为 wavefront 尺寸（64）的整数倍。又因 wavefront 大小的倍数（$64 \times n$）必为 warp 尺寸的倍数（$32 \times m$），因此，以前者的线程数为基础进行设置对两种显卡都适用。

计算流水线状态对象

为了开启计算着色器，我们还需使用其特定的"计算流水线状态描述"。此描述中的字段远少于 D3D12_GRAPHICS_PIPELINE_STATE_DESC 结构体。这是因为计算着色器位列图形流水线之外，因此所有的图形流水线状态都不适用于计算着色器，也就无须以此对它进行设置。下面给出一个创建计算流水线状态对象的示例[①]：

```
D3D12_COMPUTE_PIPELINE_STATE_DESC wavesUpdatePSO = {};
wavesUpdatePSO.pRootSignature = mWavesRootSignature.Get();
wavesUpdatePSO.CS =
{
  reinterpret_cast<BYTE*>(mShaders["wavesUpdateCS"]->GetBufferPointer()),
  mShaders["wavesUpdateCS"]->GetBufferSize()
};
wavesUpdatePSO.Flags = D3D12_PIPELINE_STATE_FLAG_NONE;
ThrowIfFailed(md3dDevice->CreateComputePipelineState(
  &wavesUpdatePSO, IID_PPV_ARGS(&mPSOs["wavesUpdate"])));
```

根签名定义了什么参数才是着色器所期望的输入（CBV、SRV 等）。而 cs（即 compute shader 的缩写）字段就是所指定的计算着色器。下列代码展示了一个将着色器编译为字节码的示例：

```
mShaders["wavesUpdateCS"] = d3dUtil::CompileShader(
  L"Shaders\\WaveSim.hlsl", nullptr, "UpdateWavesCS", "cs_5_0");
```

---

① 将渲染（图形）流水线与计算流水线视作两种不同的流水线。另外，D3D12_COMPUTE_PIPELINE_STATE_DESC 结构体共有 5 个字段，由于没有涉及其他两个的有关技术（如多 GPU），所以并未提及。

13.3　数据的输入与输出资源

能与计算着色器绑定的资源类型有缓冲区与纹理两种。我们已经用过诸如顶点、索引与常量这几类缓冲区，在第 9 章中也尝试过纹理资源。本节来讲述计算着色器所采用的输入、输出资源。

13.3.1　纹理输入

在前一节的计算着色器示例中，我们定义了两个输入纹理资源：

```
Texture2D gInputA;
Texture2D gInputB;
```

通过给输入纹理 gInputA 与 gInputB 分别创建 SRV（着色器资源视图），再将它们作为参数传入根参数，我们就能令这两个纹理都绑定为着色器的输入资源。例如：

```
cmdList->SetComputeRootDescriptorTable(1, mSrvA);
cmdList->SetComputeRootDescriptorTable(2, mSrvB);
```

这个过程其实与着色器资源视图绑定到像素着色器的方法相同。但还需要注意的是，SRV 都是只读资源。

13.3.2　纹理输出与无序访问视图

在前一节的计算着色器代码中，我们定义了一个输出资源：

```
RWTexture2D<float4> gOutput;
```

计算着色器处理输出资源的方式比较特殊，它们的类型还有一个特别的前缀"RW"，意为读与写。顾名思义，我们可以对计算着色器中的这类资源元素进行读写操作。相比之下，纹理 gInputA 与 gInputB 仅为只读属性。当然，别忘记用尖括号模板语法，如<float4>来指定输出资源的类型与维数。如果输出的是 DXGI_FORMAT_R8G8_SINT 类型的 2D 整型资源，则在 HLSL 文件里应当这样写：

```
RWTexture2D<int2> gOutput;
```

输出资源与输入资源的绑定方法是全然不同的。为了绑定在计算着色器中要执行写操作的资源，我们需要将其与称为**无序访问视图（Unordered Access View，UAV）**的新型视图关联在一起。在代码中，我们用描述符句柄来表示无序访问视图，且通过结构体 D3D12_UNORDERED_ACCESS_VIEW_DESC 来对它进行描述。创建这种视图的整个过程与着色器资源视图很相似。这里给出一个为纹理资源创建 UAV 的示例：

```
D3D12_RESOURCE_DESC texDesc;
ZeroMemory(&texDesc, sizeof(D3D12_RESOURCE_DESC));
texDesc.Dimension = D3D12_RESOURCE_DIMENSION_TEXTURE2D;
texDesc.Alignment = 0;
texDesc.Width = mWidth;
texDesc.Height = mHeight;
texDesc.DepthOrArraySize = 1;
```

```
texDesc.MipLevels = 1;
texDesc.Format = DXGI_FORMAT_R8G8B8A8_UNORM;
texDesc.SampleDesc.Count = 1;
texDesc.SampleDesc.Quality = 0;
texDesc.Layout = D3D12_TEXTURE_LAYOUT_UNKNOWN;
texDesc.Flags = D3D12_RESOURCE_FLAG_ALLOW_UNORDERED_ACCESS;

ThrowIfFailed(md3dDevice->CreateCommittedResource(
    &CD3DX12_HEAP_PROPERTIES(D3D12_HEAP_TYPE_DEFAULT),
    D3D12_HEAP_FLAG_NONE,
    &texDesc,
    D3D12_RESOURCE_STATE_COMMON,
    nullptr,
    IID_PPV_ARGS(&mBlurMap0)));

D3D12_SHADER_RESOURCE_VIEW_DESC srvDesc = {};
srvDesc.Shader4ComponentMapping = D3D12_DEFAULT_SHADER_4_COMPONENT_MAPPING;
srvDesc.Format = mFormat;
srvDesc.ViewDimension = D3D12_SRV_DIMENSION_TEXTURE2D;
srvDesc.Texture2D.MostDetailedMip = 0;
srvDesc.Texture2D.MipLevels = 1;

D3D12_UNORDERED_ACCESS_VIEW_DESC uavDesc = {};

uavDesc.Format = mFormat;
uavDesc.ViewDimension = D3D12_UAV_DIMENSION_TEXTURE2D;
uavDesc.Texture2D.MipSlice = 0;

md3dDevice->CreateShaderResourceView(mBlurMap0.Get(),
    &srvDesc, mBlur0CpuSrv);
md3dDevice->CreateUnorderedAccessView(mBlurMap0.Get(),
    nullptr, &uavDesc, mBlur0CpuUav);
```

从代码中可以看出，如果一个纹理需要与 UAV 相绑定，则此纹理必须用标志 D3D12_RESOURCE_FLAG_ALLOW_UNORDERED_ACCESS 来创建。在上面的示例中，我们将纹理分别绑定为一个 UAV 与一个 SRV（但是两者却不能同时生效）。这是一种很常见的手段，因为我们通常会在计算着色器中对纹理执行某些操作（所以将纹理作为 UAV 绑定到计算着色器），而后还可能用此纹理对几何体进行贴图，因此需要再将它以 SRV 绑定到顶点着色器或像素着色器。

回顾一下，类型为 D3D12_DESCRIPTOR_HEAP_TYPE_CBV_SRV_UAV 的描述符堆可以混合存放 CBV（常量缓冲区视图）、SRV 和 UAV。因此，我们就能将 UAV 描述符置于这种堆。这些描述符一旦位于堆中，我们就能方便地将描述符句柄作为参数传至根参数，使资源绑定到流水线上，以供分派调用（dispatch call，调度调用）[1]使用。试考虑以下用于计算着色器的根签名：

```
void BlurApp::BuildPostProcessRootSignature()
{
    CD3DX12_DESCRIPTOR_RANGE srvTable;
```

---

[1] 前面谈到了渲染（图形）流水线与计算流水线的区别，那么对应的绘制请求与线程组分派也就分别被称之为"绘制调用（draw call）"与"分派调用（dispatch call，调度调用）"。

```
srvTable.Init(D3D12_DESCRIPTOR_RANGE_TYPE_SRV, 1, 0);

CD3DX12_DESCRIPTOR_RANGE uavTable;
uavTable.Init(D3D12_DESCRIPTOR_RANGE_TYPE_UAV, 1, 0);

// 根参数可以是描述符表、根描述符或根常量
CD3DX12_ROOT_PARAMETER slotRootParameter[3];

// 提高程序性能的小窍门: 按变更频率由高至低的顺序来填写根参数
slotRootParameter[0].InitAsConstants(12, 0);
slotRootParameter[1].InitAsDescriptorTable(1, &srvTable);
slotRootParameter[2].InitAsDescriptorTable(1, &uavTable);

// 根签名由一系列根参数构成
CD3DX12_ROOT_SIGNATURE_DESC rootSigDesc(3, slotRootParameter,
    0, nullptr,
    D3D12_ROOT_SIGNATURE_FLAG_ALLOW_INPUT_ASSEMBLER_INPUT_LAYOUT);

// 创建一个具有 3 个槽位的根签名，第一个指向常量缓冲区，第二个指向含有单个着色器资源视图的描述符
// 表，第三个指向含有单个无序访问视图的描述符表
ComPtr<ID3DBlob> serializedRootSig = nullptr;
ComPtr<ID3DBlob> errorBlob = nullptr;
HRESULT hr = D3D12SerializeRootSignature(&rootSigDesc,
    D3D_ROOT_SIGNATURE_VERSION_1,
    serializedRootSig.GetAddressOf(), errorBlob.GetAddressOf());

if(errorBlob != nullptr)
{
    ::OutputDebugStringA((char*)errorBlob->GetBufferPointer());
}
ThrowIfFailed(hr);

ThrowIfFailed(md3dDevice->CreateRootSignature(
    0,
    serializedRootSig->GetBufferPointer(),
    serializedRootSig->GetBufferSize(),
    IID_PPV_ARGS(mPostProcessRootSignature.GetAddressOf())));
}
```

这个根签名的定义为: 根参数槽 0 指向一个常量缓冲区、根参数槽 1 指向一个 SRV，根参数槽 2 指向一个 UAV。在分派调用开始之前，我们先要为计算着色器绑定常量数据与资源描述符以供其使用:

```
cmdList->SetComputeRootSignature(rootSig);

cmdList->SetComputeRoot32BitConstants(0, 1, &blurRadius, 0);
cmdList->SetComputeRoot32BitConstants(0, (UINT)weights.size(), weights.data(), 1);

cmdList->SetComputeRootDescriptorTable(1, mBlur0GpuSrv);
cmdList->SetComputeRootDescriptorTable(2, mBlur1GpuUav);

UINT numGroupsX = (UINT)ceilf(mWidth / 256.0f);
cmdList->Dispatch(numGroupsX, mHeight, 1);
```

13.3.3　利用索引对纹理进行采样

纹理元素可以借助 2D 索引加以访问。在 13.2 节定义计算着色器中，我们基于分派的线程 ID 来索引纹理（在 13.4 节中将对线程 ID 进行讨论）。而每个线程都要被指定一个唯一的调度 ID（调度标识符）。

```
[numthreads(16, 16, 1)]
void CS(int3 dispatchThreadID : SV_DispatchThreadID)
{
  // 对两个纹理中横纵坐标分别为 x、y 处的纹素求和，并将结果存至相应的 gOutput 纹素中
  gOutput[dispatchThreadID.xy] =
    gInputA[dispatchThreadID.xy] +
    gInputB[dispatchThreadID.xy];
}
```

假设我们为处理纹理而分发了足够多的线程组（即利用一个线程来处理一个单独的纹素），那么这段代码会将两个纹理图像的对应数据进行累加，再将结果存于纹理 gOutput 中。

注意

 系统对计算着色器中的索引越界行为有着明确的定义。越界的读操作总是返回 0，而向越界处写入数据时却不会实际执行任何操作（no-ops）[Boyd08]。

由于计算着色器运行在 GPU 上，因此便可以将它作为访问 GPU 的一般工具，特别是在通过纹理过滤来对纹理进行采样的时候。但是，这个过程中还存在两点问题。第一个问题是，我们不能使用 Sample 方法，而必须采用 SampleLevel 方法。与 Sample 相比，SampleLevel 需要获取第三个额外的参数，以指定纹理的 mipmap 层级。0 表示 mipmap 的最高级别，1 是第二级，并以此类推。若此参数存在小数部分，则该小数将用于在开启 mipmap 线性过滤的两个 mipmap 层级之间进行插值。至于 Sample 方法，它会根据屏幕上纹理所覆的像素数量而自动选择最佳的 mipmap 层级。因为计算着色器不可直接参与渲染，它便无法知道 Sample 方法自行选择的 mipmap 层级，所以我们必须在计算着色器中以 SampleLevel 方法来显式（手动）指定 mipmap 的层级。第二个问题是，当我们对纹理进行采样时，会使用范围为 $[0, 1]^2$ 的归一化纹理坐标，而非整数索引。此时，我们便可以将纹理的大小（*width*，*height*）（即纹理的宽度与高度）设置为一个常量缓冲区变量，再利用整数索引 (x, y) 来求取归一化纹理坐标：

$$u = \frac{x}{width}$$

$$v = \frac{y}{height}$$

下列代码展示了一个使用整数索引的计算着色器，而第二个功能相同的版本则采用了纹理坐标与 SampleLevel 函数。这里我们假设纹理的大小为 512×512，且仅使用最高的 mipmap 层级：

```
//
// 版本 1：使用整数索引
```

```
//

cbuffer cbUpdateSettings
{
    float gWaveConstant0;
    float gWaveConstant1;
    float gWaveConstant2;

    float gDisturbMag;
    int2 gDisturbIndex;
};

RWTexture2D<float> gPrevSolInput : register(u0);
RWTexture2D<float> gCurrSolInput : register(u1);
RWTexture2D<float> gOutput       : register(u2);

[numthreads(16, 16, 1)]
void CS(int3 dispatchThreadID : SV_DispatchThreadID)
{
    int x = dispatchThreadID.x;
    int y = dispatchThreadID.y;

    gOutput[int2(x,y)] =
        gWaveConstant0 * gPrevSolInput[int2(x,y)].r +
        gWaveConstant1 * gCurrSolInput[int2(x,y)].r +
        gWaveConstant2 * (
            gCurrSolInput[int2(x,y+1)].r +
            gCurrSolInput[int2(x,y-1)].r +
            gCurrSolInput[int2(x+1,y)].r +
            gCurrSolInput[int2(x-1,y)].r);
}


//
// 版本 2：使用函数 SampleLevel 与纹理坐标
//

cbuffer cbUpdateSettings
{
    float gWaveConstant0;
    float gWaveConstant1;
    float gWaveConstant2;

    float gDisturbMag;
    int2 gDisturbIndex;
};

SamplerState samPoint : register(s0);

RWTexture2D<float> gPrevSolInput : register(u0);
RWTexture2D<float> gCurrSolInput : register(u1);
```

```
RWTexture2D<float> gOutput    : register(u2);

[numthreads(16, 16, 1)]
void CS(int3 dispatchThreadID : SV_DispatchThreadID)
{
 // 相当于以 SampleLevel()取代运算符[]
 int x = dispatchThreadID.x;
 int y = dispatchThreadID.y;

 float2 c = float2(x,y)/512.0f;
 float2 t = float2(x,y-1)/512.0;
 float2 b = float2(x,y+1)/512.0;
 float2 l = float2(x-1,y)/512.0;
 float2 r = float2(x+1,y)/512.0;

 gNextSolOutput[int2(x,y)] =
    gWaveConstants0*gPrevSolInput.SampleLevel(samPoint, c, 0.0f).r +
    gWaveConstants1*gCurrSolInput.SampleLevel(samPoint, c, 0.0f).r +
    gWaveConstants2*(
        gCurrSolInput.SampleLevel(samPoint, b, 0.0f).r +
        gCurrSolInput.SampleLevel(samPoint, t, 0.0f).r +
        gCurrSolInput.SampleLevel(samPoint, r, 0.0f).r +
        gCurrSolInput.SampleLevel(samPoint, l, 0.0f).r);
}
```

13.3.4 结构化缓冲区资源

以下示例展示了如何通过 HLSL 来定义结构化缓冲区（structured buffer）：

```
struct Data
{
    float3 v1;
    float2 v2;
};

StructuredBuffer<Data> gInputA : register(t0);
StructuredBuffer<Data> gInputB : register(t1);
RWStructuredBuffer<Data> gOutput : register(u0);
```

结构化缓冲区是一种由相同类型元素所构成的简单缓冲区——其本质上是一种数组。正如我们所看到的，该元素类型可以是用户以 HLSL 定义的结构体。

我们可以把为顶点缓冲区与索引缓冲区创建 SRV 的方法同样用于创建结构化缓冲区的 SRV。除了"必须指定 D3D12_RESOURCE_FLAG_ALLOW_UNORDERED_ACCESS 标志"这一条之外，将结构化缓冲区用作 UAV 也与之前的操作基本一致。设置此标志的目的是用于把资源转换为 D3D12_RESOURCE_STATE_UNORDERED_ACCESS 状态。

```
struct Data
{
```

```
  XMFLOAT3 v1;
  XMFLOAT2 v2;
};

// 生成一些数据来填充 SRV 缓冲区
std::vector<Data> dataA(NumDataElements);
std::vector<Data> dataB(NumDataElements);
for(int i = 0; i < NumDataElements; ++i)
{
  dataA[i].v1 = XMFLOAT3(i, i, i);
  dataA[i].v2 = XMFLOAT2(i, 0);

  dataB[i].v1 = XMFLOAT3(-i, i, 0.0f);
  dataB[i].v2 = XMFLOAT2(0, -i);
}

UINT64 byteSize = dataA.size()*sizeof(Data);

// 创建若干缓冲区用作 SRV
mInputBufferA = d3dUtil::CreateDefaultBuffer(
  md3dDevice.Get(),
  mCommandList.Get(),
  dataA.data(),
  byteSize,
  mInputUploadBufferA);

mInputBufferB = d3dUtil::CreateDefaultBuffer(
  md3dDevice.Get(),
  mCommandList.Get(),
  dataB.data(),
  byteSize,
  mInputUploadBufferB);

// 创建用作 UAV 的缓冲区
ThrowIfFailed(md3dDevice->CreateCommittedResource(
  &CD3DX12_HEAP_PROPERTIES(D3D12_HEAP_TYPE_DEFAULT),
  D3D12_HEAP_FLAG_NONE,
  &CD3DX12_RESOURCE_DESC::Buffer(byteSize,
    D3D12_RESOURCE_FLAG_ALLOW_UNORDERED_ACCESS),
  D3D12_RESOURCE_STATE_UNORDERED_ACCESS,
  nullptr,
  IID_PPV_ARGS(&mOutputBuffer)));
```

　　结构化缓冲区可以像纹理那样与流水线相绑定。我们为它们创建 SRV 或 UAV 的描述符，再将这些描述符作为参数传入需要获取描述符表的根参数。或者，我们还能定义以根描述符为参数的根签名，由此便可以将资源的虚拟地址作为根参数直接进行传递，而无须涉及描述符堆（这种方式仅限于创建缓冲区资源的 SRV 或 UAV，并不适用于纹理）。考虑下列的根签名描述：

```
// 根参数可以是描述符表、根描述符或根常量
CD3DX12_ROOT_PARAMETER slotRootParameter[3];
```

```
// 性能优化小提示：按变更频率由高到低的顺序来填充根参数
slotRootParameter[0].InitAsShaderResourceView(0);
slotRootParameter[1].InitAsShaderResourceView(1);
slotRootParameter[2].InitAsUnorderedAccessView(0);

// 根签名由一系列根参数所构成
CD3DX12_ROOT_SIGNATURE_DESC rootSigDesc(3, slotRootParameter,
    0, nullptr,
    D3D12_ROOT_SIGNATURE_FLAG_NONE);
```

接下来，我们就能绑定所创建的缓冲区以供分派调用使用：

```
mCommandList->SetComputeRootSignature(mRootSignature.Get());

mCommandList->SetComputeRootShaderResourceView(0,
  mInputBufferA->GetGPUVirtualAddress());
mCommandList->SetComputeRootShaderResourceView(1,
  mInputBufferB->GetGPUVirtualAddress());
mCommandList->SetComputeRootUnorderedAccessView(2,
  mOutputBuffer->GetGPUVirtualAddress());

mCommandList->Dispatch(1, 1, 1);
```

注意

　还有一种名为**原始缓冲区**（raw buffer）的资源，从本质上来讲，它是用字节数组来表示数据的。我们可以通过字节偏移量来找到所需数据的位置，再将它按适当的类型进行强制转换以获取数据。对于有多种不同类型的数据存于同一缓冲区的情况来说，这种资源可谓是一股清流啊！要创建原始缓冲区资源，必须用 DXGI_FORMAT_R32_TYPELESS 的格式，而在创建对应的 UAV 时一定要使用 D3D12_BUFFER_UAV_FLAG_RAW 标志。本书中不会使用这种原始缓冲区资源，读者若需了解更多细节，可参考 SDK 文档。

13.3.5　将计算着色器的执行结果复制到系统内存

一般来说，在用计算着色器对纹理进行处理之后，我们就会将结果在屏幕上显示出来，并根据呈现的效果来验证计算着色器的准确性（accuracy）。但是，如果使用结构化缓冲区参与运算，或使用 GPGPU 进行通用计算，则运算结果可能根本就无法显示出来。所以当前的燃眉之急是如何将 GPU 端显存（您是否还记得，在通过 UAV 向结构化缓冲区写入数据时，缓冲区其实是位于显存之中）里的运算结果回传至系统内存中。首先，应以堆属性 D3D12_HEAP_TYPE_READBACK 来创建系统内存缓冲区，再通过 ID3D12GraphicsCommandList::CopyResource 方法将 GPU 资源复制到系统内存资源之中。其次，系统内存资源必须与待复制的资源有着相同的类型与大小。最后，还需用映射 API 函数对系统内存缓冲区进行映射，使 CPU 可以顺利地读取其中的数据。至此，我们就能将数据复制到系统内存块中了，可令 CPU 端对其开展后续的处理，或存数据于文件，或执行所需的各种操作。

　　本章包含了一个名为 "VecAdd" 的结构化缓冲区演示程序，它的功能比较简单，就是将分别存于两个结构化缓冲区中向量的对应分量进行求和运算：

```
struct Data
{
  float3 v1;
  float2 v2;
};

StructuredBuffer<Data> gInputA : register(t0);
StructuredBuffer<Data> gInputB : register(t1);
RWStructuredBuffer<Data> gOutput : register(u0);

[numthreads(32, 1, 1)]
void CS(int3 dtid : SV_DispatchThreadID)
{
  gOutput[dtid.x].v1 = gInputA[dtid.x].v1 + gInputB[dtid.x].v1;
  gOutput[dtid.x].v2 = gInputA[dtid.x].v2 + gInputB[dtid.x].v2;
}
```

　　为了方便起见，我们使每个结构化缓冲区中仅含有 32 个元素。因此，只需分派一个线程组即可（因为一个线程组即可同时处理 32 个数据元素）。待程序中的所有线程都完成计算着色器的运算任务之后，我们将结果复制到系统内存，再保存于文件当中。下面的代码演示了如何创建系统内存缓冲区，以及怎样将 GPU 中的计算结果复制到 CPU 的内存：

```
// 创建一个系统内存缓冲区，以便读回处理结果
ThrowIfFailed(md3dDevice->CreateCommittedResource(
  &CD3DX12_HEAP_PROPERTIES(D3D12_HEAP_TYPE_READBACK),
  D3D12_HEAP_FLAG_NONE,
  &CD3DX12_RESOURCE_DESC::Buffer(byteSize),
  D3D12_RESOURCE_STATE_COPY_DEST,
  nullptr,
  IID_PPV_ARGS(&mReadBackBuffer)));

// ...
//
// 计算着色器执行完毕

struct Data
{
    XMFLOAT3 v1;
    XMFLOAT2 v2;
};

// 按计划将数据从默认缓冲区复制到回读缓冲区（即系统内存缓冲区）中
mCommandList->ResourceBarrier(1, &CD3DX12_RESOURCE_BARRIER::Transition(
  mOutputBuffer.Get(),
  D3D12_RESOURCE_STATE_COMMON,
```

```
    D3D12_RESOURCE_STATE_COPY_SOURCE));

  mCommandList->CopyResource(mReadBackBuffer.Get(), mOutputBuffer.Get());

  mCommandList->ResourceBarrier(1, &CD3DX12_RESOURCE_BARRIER::Transition(
    mOutputBuffer.Get(),
    D3D12_RESOURCE_STATE_COPY_SOURCE,
    D3D12_RESOURCE_STATE_COMMON));

  // 命令记录完成
  ThrowIfFailed(mCommandList->Close());

  // 将命令列表添加到命令队列中用于执行
  ID3D12CommandList* cmdsLists[] = { mCommandList.Get() };
  mCommandQueue->ExecuteCommandLists(_countof(cmdsLists), cmdsLists);

  // 等待命令执行完毕
  FlushCommandQueue();

  // 对数据进行映射，以便 CPU 读取
  Data* mappedData = nullptr;
  ThrowIfFailed(mReadBackBuffer->Map(0, nullptr,
    reinterpret_cast<void**>(&mappedData)));

  std::ofstream fout("results.txt");

  for(int i = 0; i < NumDataElements; ++i)
  {
    fout << "(" << mappedData[i].v1.x << ", " <<
            mappedData[i].v1.y << ", " <<
            mappedData[i].v1.z << ", " <<
            mappedData[i].v2.x << ", " <<
            mappedData[i].v2.y << ")" << std::endl;
  }

  mReadBackBuffer->Unmap(0, nullptr);
```

在这个演示程序中，我们用下列初始数据来填写两个输入缓冲区：

```
std::vector<Data> dataA(NumDataElements);
std::vector<Data> dataB(NumDataElements);
for(int i = 0; i < NumDataElements; ++i)
{
  dataA[i].v1 = XMFLOAT3(i, i, i);
  dataA[i].v2 = XMFLOAT2(i, 0);

  dataB[i].v1 = XMFLOAT3(-i, i, 0.0f);
  dataB[i].v2 = XMFLOAT2(0, -i);
}
```

存有计算结果的文本文件应含有下列数据，据此我们便能确定计算着色器是否按预期完成任务：

```
(0, 0, 0, 0, 0)
(0, 2, 1, 1, -1)
(0, 4, 2, 2, -2)
(0, 6, 3, 3, -3)
(0, 8, 4, 4, -4)
(0, 10, 5, 5, -5)
(0, 12, 6, 6, -6)
(0, 14, 7, 7, -7)
(0, 16, 8, 8, -8)
(0, 18, 9, 9, -9)
(0, 20, 10, 10, -10)
(0, 22, 11, 11, -11)
(0, 24, 12, 12, -12)
(0, 26, 13, 13, -13)
(0, 28, 14, 14, -14)
(0, 30, 15, 15, -15)
(0, 32, 16, 16, -16)
(0, 34, 17, 17, -17)
(0, 36, 18, 18, -18)
(0, 38, 19, 19, -19)
(0, 40, 20, 20, -20)
(0, 42, 21, 21, -21)
(0, 44, 22, 22, -22)
(0, 46, 23, 23, -23)
(0, 48, 24, 24, -24)
(0, 50, 25, 25, -25)
(0, 52, 26, 26, -26)
(0, 54, 27, 27, -27)
(0, 56, 28, 28, -28)
(0, 58, 29, 29, -29)
(0, 60, 30, 30, -30)
(0, 62, 31, 31, -31)
```

注意

> **Note**　观察图 13.1 可以发现，CPU 与 GPU 之间的存储器复制操作最为缓慢。而对于图形处理这一角度来说，我们更是永远都不想在每一帧都执行这种复制操作，因为这样频繁地搬运数据对程序的性能而言无疑是毁灭性的的打击。有读者可能会问：在进行 GPGPU 编程的过程中，我们可是常常需要将运算结果返回 CPU 啊？然而，这对于 GPGPU 编程来说，往往并不是什么大难题，因为 GPU 运算所节省的时间远超 GPU 向 CPU 复制所花费的时间——再者说，针对 GPGPU 编程而言，并不是"每一帧"都要执行这种复制操作。举个例子，假设某个应用程序要通过 GPGPU 编程来实现一个开销极大的图形处理计算。在运算结束之后，再将其处理结果复制到 CPU。在这种情况下，GPU 并不会立即开始下一次处理，而是只有在用户发起另一次计算请求时，它才会为此重新开动起来。

13.4 线程标识的系统值

考虑图 **13.4** 中所示的线程分派情况。

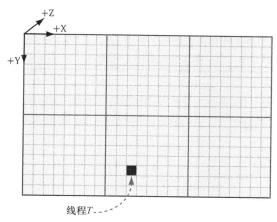

图 13.4 考虑图中标出的线程 T，其所在线程组的 ID 是 $(1, 1, 0)$，它在组中的线程 ID 为 $(2, 5, 0)$。因此，该线程的调度线程 ID 为 $(1, 1, 0) \otimes (8, 8, 0) + (2, 5, 0) = (10, 13, 0)$。而它在组中的线程 ID 则为 $5 \times 8 + 2 = 42$

1. 系统会为每个线程组都分配一个 ID，这个 ID 称为**线程组 ID**（group ID），其系统值的语义为 `SV_GroupID`。如果 $G_x \times G_y \times G_z$ 为所分派线程组的个数，则组 ID 的范围为 $(0, 0, 0)$ 至 $(G_x - 1, G_y - 1, G_z - 1)$。

2. 在线程组中，每个线程都被指定了一个组内的唯一 ID。若线程组的规模为 $X \times Y \times Z$，则**组内线程 ID**（group thread ID）的范围实为 $(0, 0, 0)$ 到 $(X-1, Y-1, Z-1)$。组内线程 ID 系统值的语义为 `SV_GroupThreadID`。

3. 调用一次 `Dispatch` 函数便会分派一个线程组网格。**调度线程 ID**（dispatch thread ID，分派线程 ID）是 `Dispatch` 调用为线程所生成的唯一标识（相对于**所有的**线程而言）。换句话说，组内线程 ID 是线程相对于所在线程组的唯一标识（局部），而调度线程 ID 则是 `Dispatch` 调用为线程指定的相对于所有线程组中全部线程的唯一识别信息（全局）。今设线程组的规模为 `ThreadGroupSize = (X,Y,Z)`，那么我们便可以根据线程组 ID 与组内线程 ID，通过以下方法推算出调度线程 ID：

```
dispatchThreadID.xyz = groupID.xyz * ThreadGroupSize.xyz +
                       groupThreadID.xyz;
```

调度线程 ID 的系统值语义为 `SV_DispatchThreadID`。如果分派了一个大小为 3×2 的线程组，且其中每个线程组的规模为 10×10，则共分发了 **600** 个线程，而且所调度线程的 ID 范围为 $(0, 0, 0)$ 至 $(29, 19, 0)$。

4. 通过 Direct3D 的系统值 SV_GroupIndex 便可以指定组内线程 ID 的线性索引，它的换算方法为：

```
groupIndex = groupThreadID.z*ThreadGroupSize.x*ThreadGroupSize.y +
             groupThreadID.y*ThreadGroupSize.x + groupThreadID.x;
```

注意

 至于坐标的索引顺序，其第一个坐标指出的是线程在 x 方向上的位置（或称"列"），第二个坐标则是线程在 y 方向上的位置（或称"行"）。这个顺序与普通矩阵的记法刚好相反，即 M_{ij} 表示矩阵中第 i 行、第 j 列的那一个元素。

为什么需要给出这些线程 ID 值呢？这是因为计算着色器通常会以若干数据结构作为输入，再将计算结果输出到另一些数据结构之中。而我们就可以利用这些线程 ID 值来对这些数据结构进行索引：

```
Texture2D gInputA;
Texture2D gInputB;
RWTexture2D<float4> gOutput;

[numthreads(16, 16, 1)]
void CS(int3 dispatchThreadID : SV_DispatchThreadID)
{
    // 通过调度线程 ID 来索引输入与输出的纹理
    gOutput[dispatchThreadID.xy] =
        gInputA[dispatchThreadID.xy] +
        gInputB[dispatchThreadID.xy];
}
```

利用 SV_GroupThreadID 系统值即可极为便利地对线程的本地存储器（local storage memory）进行索引（参见 13.6 节）。

13.5　追加缓冲区与消费缓冲区

假设我们通过下列结构体定义了一个存有粒子数据的缓冲区：

```
struct Particle
{
    float3 Position;
    float3 Velocity;
    float3 Acceleration;
};
```

并且希望基于粒子的速度与恒定加速度在计算着色器中对其位置进行更新。此外，我们还假定不必考虑粒子的更新顺序以及它们被写入输出缓冲区的顺序。消费结构化缓冲区（consume structured buffer，一种输入缓冲区）与追加结构化缓冲区（append structured buffer，一种输出缓冲区）便是为这种场景而生的。若使用了这两种缓冲区，我们也就不必再在索引问题上花心思了：

```
struct Particle
{
    float3 Position;
    float3 Velocity;
    float3 Acceleration;
};

float TimeStep = 1.0f / 60.0f;

ConsumeStructuredBuffer<Particle> gInput;
AppendStructuredBuffer<Particle> gOutput;
[numthreads(16, 16, 1)]
void CS()
{
    // 对输入缓冲区中的数据元素之一进行处理（即"消费"，从缓冲区中移除一个元素）
    Particle p = gInput.Consume();

    p.Velocity += p.Acceleration*TimeStep;
    p.Position += p.Velocity*TimeStep;

    // 将规范化向量追加到输出缓冲区
    gOutput.Append( p );
}
```

　　数据元素一旦经过处理（即消费），其他线程就不能再对它进行任何操作了（事实上也就是从消费缓冲区中移除掉了）。而且，一个线程也只能处理一个数据元素。除此之外，我们无法知晓数据元素的具体处理顺序与追加顺序。因此，一般来说，某元素位于输入缓冲区的位置与其处理后写入输出缓冲区的位置（两种缓冲区中相同元素的排列顺序）并不是一一对应的。

注意

　　追加结构化缓冲区的空间是不能动态扩展的。但是，它们一定有足够的空间来容纳我们要向其追加的所有元素。

13.6　共享内存与线程同步

　　每个线程组都有一块称为共享内存（shared memory）或线程本地存储器（thread local storage）的内存空间。这种内存的访问速度很快，可认为与硬件高速缓存的速度不相上下。在我们的计算着色器的代码中，共享内存的声明如下：

```
groupshared float4 gCache[256];
```

　　数组大小可依用户的需求而定，但是线程组共享内存的上限为 **32 kb**。由于共享内存是线程组里的本地内存，所以要通过 SV_GroupThreadID 语义对它进行索引。据此，我们可以使组内的每个线程都来访问共享内存中的同一个元素。

使用过多的共享内存会引发性能问题[Fung10]，下面给出例子对此进行详解。假设现有一款最多支持 32 KB①共享内存的多处理器，而用户的计算着色器则需要共享内存 20 KB。这意味着只有为每个多处理器设置一个线程组才能满足此限制，因为 20 KB + 20 KB = 40 KB > 32 KB，所以没有足够的共享内存供另一个线程组使用[Fung10]。这样一来就限制了 GPU 的并发性，因为多处理器将无法在多个线程组之间进行切换而屏蔽处理过程中的延迟（13.1 节中曾提到，建议每个多处理器至少设有两个线程组）。因此，即使这款硬件在技术上仅支持 32 KB 的共享内存，但是通过缩减内存的使用量却能令其性能得到优化。

共享内存常见的应用场景是存储纹理数据。在特定的算法中，例如像模糊图像（blur）这种工作，就需要对同一个纹素进行多次拾取。纹理采样实际上是一种速度较慢的 GPU 操作，因为内存带宽与内存延迟还未能像 GPU 的计算能力那样得到极大的改善[Möller08]。但是，我们可以将线程组所需的纹理样本全部预加载至共享内存块，以此来避免密集的纹理拾取操作所带来的性能下滑。接下来，算法流程便会在共享内存块中查找纹理样本并进行处理，此时的处理速度就很快了。现假设我们以下列有误的代码来实现上述方案：

```
Texture2D gInput;
RWTexture2D<float4> gOutput;

groupshared float4 gCache[256];

[numthreads(256, 1, 1)]
void CS(int3 groupThreadID : SV_GroupThreadID,
        int3 dispatchThreadID : SV_DispatchThreadID)
{
    // 每个线程都采集纹理，并将采得的数据存于共享内存中
    gCache[groupThreadID.x] = gInput[dispatchThreadID.xy];

    // 接下来执行的计算任务：访问其他线程在共享内存中存储的数据元素

    // 糟糕!!! 采集左、右相邻纹素的这两条线程可能还没有完成纹理采样，并且还未将结果存
    // 于共享内存中
    float4 left = gCache[groupThreadID.x - 1];
    float4 right = gCache[groupThreadID.x + 1];

    ...
}
```

有一个问题随之而来，根源在于我们无法保证线程组内的所有线程都能同时完成任务。这可能会导致线程访问到还未经初始化的共享内存元素，因为负责将这些元素进行初始化的相邻线程也许还没有完成它的本职工作。要填上这个坑，就一定要先等待所有的线程都将各自所处理的纹理加载到共享内存之中，而后再令计算着色器继续后面的工作。这时就轮到同步命令闪亮登场了：

```
Texture2D gInput;
```

---

① 微软文档上写 D3D10 与 D3D11 中支持组内共享内存分别为 16kb 与 32kb，本书原文也记作 kb。NVIDIA 文档上上却写 D3D10 与 D3D11 中支持组内共享内存分别为 16KB 与 32KB。而 2010 年 AMD Radeon HD 2000 系列的文档中也提出，shader model 4.0（对应 DirectX 10）与 Shader model 5.0（对应 DirectX 11）分别支持组内共享内存为 16KB 与 32KB。尽管通过文档下文（及惯用法）可以推断 KB 表示的是 kilobyte（千字节），但是粗看还是容易产生歧义性。

```
RWTexture2D<float4> gOutput;

groupshared float4 gCache[256];

[numthreads(256, 1, 1)]
void CS(int3 groupThreadID : SV_GroupThreadID,
        int3 dispatchThreadID : SV_DispatchThreadID)
{
    // 每个线程都对纹理进行采样，再将采集数据存储在共享内存中
    gCache[groupThreadID.x] = gInput[dispatchThreadID.xy];

    // 等待组内的所有线程都完成各自的任务
    GroupMemoryBarrierWithGroupSync();

    // 此时，读取共享内存的任意元素并执行计算任务都是安全的
    float4 left = gCache[groupThreadID.x - 1];
    float4 right = gCache[groupThreadID.x + 1];

    ...
}
```

13.7　图像模糊演示程序

在本节中，我们将解释如何通过计算着色器来实现令图像模糊的算法。首先叙述模糊算法的数学原理。其次，讨论渲染到纹理技术（render-to-texture），我们的例程以此来生成用于模糊处理的源图像。最后审阅计算着色器的实现代码，并探讨如何来实现那些棘手的功能细节。

13.7.1　图像模糊理论

可将图像的模糊算法描述如下：针对源图像中的每一个像素 P_{ij}，计算以它为中心的 $m \times n$ 矩阵的加权平均值（见图 13.5）。此加权平均值便是经模糊处理后图像中第 i 行、第 j 列的像素颜色。用数学公式来表示即为：

$$Blur\left(P_{ij}\right) = \sum_{r=-a}^{a} \sum_{c=-b}^{b} w_{rc} P_{i+r,j+c} \text{ 满足 } \sum_{r=-a}^{a} \sum_{c=-b}^{b} w_{rc} = 1$$

其中，$m = 2a + 1$ 且 $n = 2b + 1$。将 m 与 n 强制为奇数，以此来保证 $m \times n$ 矩阵总是具有"中心"项。我们称 a 为垂直模糊半径，b 为水平模糊半径。若 $a = b$，则只需指定**模糊半径**（blur radius）即可确定矩阵的大小。$m \times n$ 权值矩阵称为**模糊核**（blur kernel，也有译作模糊内核）。从公式中还可以看出，权值之和必为 1。如果权值和小于 1，则模糊后的图像将随着颜色的缺失而显得更暗；如果权值之和大于 1，则模糊处理后的图像会随着颜色的增添而更显明亮。

在保证权值和为 1 的前提下，我们就能用多种不同的方法来计算它。在大多数图像编辑软件中，我们能发现一种广为人知的模糊运算：高斯模糊（Gaussian blur）。此算法借助高斯函数 $G(x) = \exp\left(-\dfrac{x^2}{2\sigma^2}\right)$

来获取权值。图 13.6 展示了取不同 σ 值时高斯函数的对应图像。

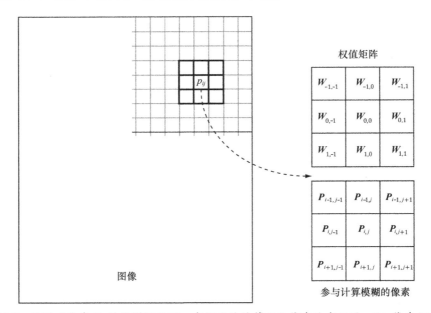

图 13.5　为了对像素 P_{ij} 进行模糊处理，我们就要计算以此像素为中心的 $m \times n$ 像素矩阵的加权平均值。在此图的示例中，目标矩阵是规模为 3×3 的方阵，模糊半径为 $a = b = 1$。
不难看出，权值矩阵中心元素的权重 w_{00} 对应于像素 P_{ij}

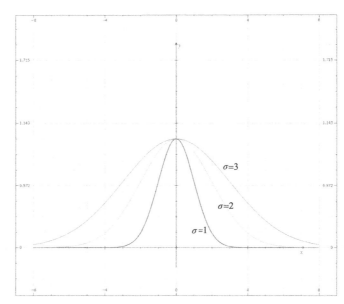

图 13.6　当 $\sigma = 1, 2, 3$ 时，函数 $G(x)$ 的图像。可以发现，若 σ 越大，则曲线越趋于平缓，给邻近点所赋予的权值也就越大

现假设我们要进行规模为 1×5 的高斯模糊（即在水平方向上进行 1D 模糊），且设 $\sigma = 1$。分别对 $x = -2, -1, 0, 1, 2$ 求取 $G(x)$ 的值，我们有：

$$G(-2) = \exp\left(-\frac{(-2)^2}{2}\right) = \mathrm{e}^{-2}$$

$$G(-1) = \exp\left(-\frac{(-1)^2}{2}\right) = \mathrm{e}^{-\frac{1}{2}}$$

$$G(0) = \exp(0) = 1$$

$$G(1) = \exp\left(-\frac{(1)^2}{2}\right) = \mathrm{e}^{-\frac{1}{2}}$$

$$G(2) = \exp\left(-\frac{(2)^2}{2}\right) = \mathrm{e}^{-2}$$

但是，这些数据还不是最终的权值，因为它们的和不为 1：

$$\sum_{x=-2}^{x=2} G(x) = G(-2) + G(-1) + G(0) + G(1) + G(2)$$

$$= 1 + 2\mathrm{e}^{-\frac{1}{2}} + 2\mathrm{e}^{-2}$$

$$\approx 2.48373$$

如果将上式除以和 $\sum_{x=-2}^{x=2} G(x)$ 来对它进行规范化处理，那么我们便会基于高斯函数获得总和为 1 的诸权值：

$$\frac{G(-2) + G(-1) + G(0) + G(1) + G(2)}{\sum_{x=-2}^{x=2} G(x)} = 1$$

因此，所求高斯模糊的权重分别为：

$$w_{-2} = \frac{G(-2)}{\sum_{x=-2}^{x=2} G(x)} = \frac{\mathrm{e}^{-2}}{1 + 2\mathrm{e}^{-\frac{1}{2}} + 2\mathrm{e}^{-2}} \approx 0.0545$$

$$w_{-1} = \frac{G(-1)}{\sum_{x=-2}^{x=2} G(x)} = \frac{\mathrm{e}^{-\frac{1}{2}}}{1 + 2\mathrm{e}^{-\frac{1}{2}} + 2\mathrm{e}^{-2}} \approx 0.2442$$

$$w_{0} = \frac{G(0)}{\sum_{x=-2}^{x=2} G(x)} = \frac{1}{1 + 2\mathrm{e}^{-\frac{1}{2}} + 2\mathrm{e}^{-2}} \approx 0.4026$$

$$w_{1} = \frac{G(1)}{\sum_{x=-2}^{x=2} G(x)} = \frac{\mathrm{e}^{-\frac{1}{2}}}{1 + 2\mathrm{e}^{-\frac{1}{2}} + 2\mathrm{e}^{-2}} \approx 0.2442$$

$$w_{2} = \frac{G(2)}{\sum_{x=-2}^{x=2} G(x)} = \frac{\mathrm{e}^{-2}}{1 + 2\mathrm{e}^{-\frac{1}{2}} + 2\mathrm{e}^{-2}} \approx 0.0545$$

高斯模糊最著名的莫过于它的可分离性（separable），根据这条性质，我们可以像下面那样将它分为两个 1D 模糊过程。

1. 通过 1D 横向模糊（horizontal blur）将输入的图像 I 进行模糊处理：$I_H = Blur_H(I)$。
2. 对上一步输出的结果再次进行 1D 纵向模糊（vertical blur）处理：$Blur(I) = Blur_V(I_H)$。

对公式化简一番，我们便得到：

$$Blur(I) = Blur_V(Blur_H(I))$$

假设模糊核为一个 9×9 矩阵，我们就需要对总计 81 个样本依次执行 2D 模糊计算。但通过将模糊过程分离为两个 1D 模糊阶段，便仅需处理 $9 + 9 = 18$ 个样本！我们常常要对纹理进行模糊处理，而本章中也提到过：拾取纹理样本是代价高昂的操作。因此，通过分离模糊过程来减少纹理采样操作是一种受用户欢迎的优化手段。尽管有些模糊方法不具分离性（即某些模糊算子不可实现分离模糊过程），但只要保证最终图像在视觉上足够精准，我们往往还是能以优化性能为目的而简化其模糊过程。

13.7.2　渲染到纹理技术

到现在为止，我们一直都在程序中向后台缓冲区渲染数据。但是，后台缓冲区到底是怎样的一种存在呢？如果查阅了 D3DApp 部分的代码，我们便会发现，后台缓冲区其实就是一种位于交换链中的纹理：

```
Microsoft::WRL::ComPtr<ID3D12Resource> mSwapChainBuffer[SwapChainBufferCount];
CD3DX12_CPU_DESCRIPTOR_HANDLE rtvHeapHandle(mRtvHeap->
    GetCPUDescriptorHandleForHeapStart());
for (UINT i = 0; i < SwapChainBufferCount; i++)
{
  ThrowIfFailed(mSwapChain->GetBuffer(i,
    IID_PPV_ARGS(&mSwapChainBuffer[i])));
  md3dDevice->CreateRenderTargetView(
    mSwapChainBuffer[i].Get(), nullptr, rtvHeapHandle);
  rtvHeapHandle.Offset(1, mRtvDescriptorSize);
}
```

通过将后台缓冲区的渲染目标视图与渲染流水线的输出合并（Output Merger，OM）阶段相绑定，使 Direct3D 将数据渲染至后台缓冲区中：

```
// 指定即将被渲染的缓冲区
mCommandList->OMSetRenderTargets(1, &CurrentBackBufferView(),
  true, &DepthStencilView());
```

在通过 IDXGISwapChain::Present 方法呈现后台缓冲区时，其中的数据便会显示在屏幕上。

注意

 用作渲染目标的纹理一定要以 D3D12_RESOURCE_FLAG_ALLOW_RENDER_TARGET 标志来创建。

如果认真分析这些代码便会发现，我们还可以畅通无阻地创建**另一个**纹理，再为它创建渲染目标视图，并将它绑定到渲染流水线的 OM 阶段之上。由此，我们就能够将数据（可能还要使用不同的摄像机视角）绘制到这种全然不同的"离屏"（off-screen）纹理之中，而非后台缓冲区之内。这种就是著名的**渲染到离屏纹理**（render-to-off-screen-texture）技术，简称**渲染到纹理**（render-to-texture）。这种纹理与后台缓冲区的唯一不同之处在于：在执行提交操作（present，亦有作呈现）的过程中，它无法显示在屏幕上。

根据以上叙述来看，渲染到纹理给人的第一感觉很可能就是"一无是处"，因为它压根就没法把纹理直接显示到屏幕上。但是，在渲染到纹理执行完毕之后，我们还可以将后台缓冲区重新绑定到 OM 阶段，从而继续将几何图形绘制到后台缓冲区之中。不仅如此，关键在于我们还能够用渲染到纹理期间所生成的纹理为几何体贴图。利用这个策略便可实现各种特殊的效果。例如，我们可以通过渲染到纹理技术把鸟瞰视图绘制到场景纹理之上。也就是说，在向后台缓冲区绘制数据的过程中，我们可以借此将鸟瞰图渲染到屏幕右下角的一个小方框中，以此来模拟雷达系统（见图 13.7）。渲染到纹理的用武之地还有：

图 13.7　利用一个位于玩家上方的摄像机以鸟瞰图的视角将场景渲染至一个离屏纹理之中。在把场景以玩家视角绘至后台缓冲区的时候，我们将上述离屏纹理渲染至屏幕右下角的方框之中，以此来显示雷达图

1. 阴影贴图（shadow mapping）。
2. 屏幕空间环境光遮蔽（screen space ambient occlusion，SSAO）。
3. 动态反射与立方体图（dynamic reflections with cube maps）。

若使用渲染到纹理技术，则在 GPU 上实现的模糊算法将以如下方式工作：把演示程序中的场景按寻常方式渲染到离屏纹理上，该纹理会被输入至计算着色器并执行模糊算法。待纹理经模糊处理后，我们会将所得的纹理绘制为全屏四边形（full screen quad）并送到后台缓冲区，由此便可根据模糊效果来检验模糊的实现。此流程的关键步骤可概括如下：

1. 像往常一样将场景绘制到一个离屏纹理之中。
2. 通过计算着色器程序来对该纹理进行模糊处理。
3. 将后台缓冲区恢复为渲染目标，并以模糊后的纹理来绘制全屏四边形。

使用渲染到纹理技术来实现模糊效果比较妥帖，而且在需要将场景渲染为与后台缓冲区大小不同的纹理中时，这种方法也是理想的选择。假设离屏纹理与后台缓冲区的大小及格式相匹配，我们就能采用间接绘制到离屏纹理的方式代之：像之前一样先将纹理渲染至后台缓冲区，再把后台缓冲区的内容用 CopyResource 方法复制到离屏纹理。接下来，我们就能在离屏纹理上开展计算工作，再将模糊后的纹理绘制为全屏四边形送至后台缓冲区，以生成最终的屏幕输出。

```
// 将 input（在这个示例中它是后台缓冲区资源）复制到 BlurMap0。
cmdList->CopyResource(mBlurMap0.Get(), input);
```

以上就是实现模糊演示程序所用到的技术。在练习 6 中，我们将通过渲染到纹理技术完成另一种与之截然不同的过滤器。

注意

> 上述处理过程需要先用普通的渲染流水线进行绘制，继而切换到计算着色器执行计算任务，最后再切换回普通的渲染流水线。一般来讲，我们应当尝试避免在渲染与计算工作之间的往复切换行为，因为上下文（context）的切换会产生开销[NVIDIA10]。在每一帧中应试着先完成所有的计算工作，再执行全部的渲染任务。当然，这有时是无法实现的。例如，在上述处理过程中，我们需要先把场景渲染到一个纹理，使它在计算着色器中进行模糊处理，然后将处理的结果绘制出来。虽然不能完全避免切换操作，但是我们还可以尝试将切换的次数降到最低。

13.7.3　图像模糊的实现概述

首先，假设所用模糊算法具有可分离性，据此将模糊操作分为两个 1D 模糊运算——一个横向模糊运算，一个纵向模糊运算。实现这种算法需要两个可读写的纹理缓冲区，也就是说，需要为两个纹理分别创建 SRV 与 UAV。从现在开始，我们称这两个纹理为纹理 **A** 与纹理 **B**。据此，则模糊算法的处理过程如下：

1. 给纹理 **A** 绑定 SRV，作为计算着色器的输入（我们会对此输入图像进行横向模糊处理）。
2. 给纹理 **B** 绑定 UAV，作为计算着色器的输出（该输出图像存有横向模糊计算后的数据）。
3. 分派线程组执行横向模糊操作。完成后，纹理 **B** 会存储横向模糊的结果 $\text{Blur}_H(I)$，这里的 I 就是接受模糊处理的输入图像。
4. 为纹理 **B** 绑定 SRV，作为计算着色器的输入（此图像就是即将进行纵向模糊且已执行过横向模糊的图像）。
5. 为纹理 **A** 绑定 UAV，作为计算着色器的输出（该输出纹理会存有最终的模糊图像数据）。
6. 分发线程组来执行纵向模糊操作。待处理完毕后，纹理 **A** 会保存最后的模糊结果 $\text{Blur}(I)$，其中，I 即是最原始的输入图像。

这一系列逻辑实现了具有可分离性质模糊公式 $\text{Blur}(I) = \text{Blur}_V(\text{Blur}_H(I))$ 的图像处理工作。可以看出，纹理 **A** 与纹理 **B** 在某些时刻分别充当了计算着色器的输入与输出，但是无法同时担任两种角色（在将一个资源同时绑定为着色器的输入与输出之时，Direct3D 便会报错）。将横向模糊过程（blur pass）与纵向模糊过程结合起来就能组成一个完整的模糊过程。对处理后的图像再次进行模糊处理，便可以使它变得愈加模糊。我们可以对图像反复进行模糊处理，直至达到满意的效果。

由于渲染到纹理中的场景与窗口工作区要保持着相同的分辨率，因此我们需要不时重新构建离屏纹理，而模糊算法所用的第二个纹理 **B** 的缓冲区也是如此。这可以通过 OnResize 方法来实现：

```
void BlurApp::OnResize()
{
  D3DApp::OnResize();

  // 窗口大小有了变化，所以要更新纵横比，并重新计算投影矩阵
  XMMATRIX P = XMMatrixPerspectiveFovLH(
    0.25f*MathHelper::Pi, AspectRatio(),
    1.0f, 1000.0f);
  XMStoreFloat4x4(&mProj, P);
```

```
    if(mBlurFilter != nullptr)
    {
      mBlurFilter->OnResize(mClientWidth, mClientHeight);
    }
  }

  void BlurFilter::OnResize(UINT newWidth, UINT newHeight)
  {
    if((mWidth != newWidth) || (mHeight != newHeight))
    {
      mWidth = newWidth;
      mHeight = newHeight;

      // 以新的大小来重新构建离屏纹理资源
      BuildResources();

      // 既然创建了新的资源，我们也应当为其创建新的描述符
      BuildDescriptors();
    }
  }
```

变量mBlurFilter是我们所编写的BlurFilter辅助类实例。此类不仅封装了纹理**A**与纹理**B**的SRV、UAV和纹理资源，还提供了开启计算着色器中实际模糊运算的方法。我们即将讨论此辅助类的具体实现。

上面曾提到BlurFilter类封装了纹理资源。为了能够使用绘制/分派命令，就应当将这些资源绑定到流水线上，因此，便需要为这些资源创建相应的描述符。同时，这也就意味着我们一定要在D3D12_DESCRIPTOR_HEAP_TYPE_CBV_SRV_UAV类型的描述符堆中开辟额外的空间来存储这些描述符。BlurFilter::BuildDescriptors方法就是利用在堆中处于起始位置的描述符句柄来存储BlurFilter类要用到的描述符。该方法缓存了模糊过程中所需的一切描述符句柄，并以此来创建相应的描述符。利用该函数缓存句柄的原因在于，当窗口的大小发生改变时，它可以随资源的变化而重新创建这些描述符：

```
void BlurFilter::BuildDescriptors(
  CD3DX12_CPU_DESCRIPTOR_HANDLE hCpuDescriptor,
  CD3DX12_GPU_DESCRIPTOR_HANDLE hGpuDescriptor,
  UINT descriptorSize)
{
  // 保存对描述符的引用
  mBlur0CpuSrv = hCpuDescriptor;
  mBlur0CpuUav = hCpuDescriptor.Offset(1, descriptorSize);
  mBlur1CpuSrv = hCpuDescriptor.Offset(1, descriptorSize);
  mBlur1CpuUav = hCpuDescriptor.Offset(1, descriptorSize);

  mBlur0GpuSrv = hGpuDescriptor;
  mBlur0GpuUav = hGpuDescriptor.Offset(1, descriptorSize);
  mBlur1GpuSrv = hGpuDescriptor.Offset(1, descriptorSize);
  mBlur1GpuUav = hGpuDescriptor.Offset(1, descriptorSize);

  BuildDescriptors();
}

void BlurFilter::BuildDescriptors()
{
```

```
D3D12_SHADER_RESOURCE_VIEW_DESC srvDesc = {};
srvDesc.Shader4ComponentMapping = D3D12_DEFAULT_SHADER_4_COMPONENT_MAPPING;
srvDesc.Format = mFormat;
srvDesc.ViewDimension = D3D12_SRV_DIMENSION_TEXTURE2D;
srvDesc.Texture2D.MostDetailedMip = 0;
srvDesc.Texture2D.MipLevels = 1;

D3D12_UNORDERED_ACCESS_VIEW_DESC uavDesc = {};

uavDesc.Format = mFormat;
uavDesc.ViewDimension = D3D12_UAV_DIMENSION_TEXTURE2D;
uavDesc.Texture2D.MipSlice = 0;

md3dDevice->CreateShaderResourceView(mBlurMap0.Get(), &srvDesc,
  mBlur0CpuSrv);
md3dDevice->CreateUnorderedAccessView(mBlurMap0.Get(),
  nullptr, &uavDesc, mBlur0CpuUav);

md3dDevice->CreateShaderResourceView(mBlurMap1.Get(), &srvDesc,
  mBlur1CpuSrv);
md3dDevice->CreateUnorderedAccessView(mBlurMap1.Get(),
  nullptr, &uavDesc, mBlur1CpuUav);
}

// 以下代码位于 BlurApp.cpp 文件中...
// 创建 BlurFilter 类所用资源的描述符来填充描述符堆
mBlurFilter->BuildDescriptors(
  CD3DX12_CPU_DESCRIPTOR_HANDLE(
    mCbvSrvUavDescriptorHeap->GetCPUDescriptorHandleForHeapStart(),
    3, mCbvSrvUavDescriptorSize),
  CD3DX12_GPU_DESCRIPTOR_HANDLE(
    mCbvSrvUavDescriptorHeap->GetGPUDescriptorHandleForHeapStart(),
    3, mCbvSrvUavDescriptorSize),
  mCbvSrvUavDescriptorSize);
```

注意

Note　对图像进行模糊处理是一种昂贵的操作，它所花费的时间与待处理的图像大小息息相关。一般情况下，在把场景渲染到离屏纹理的时候，我们通常会将离屏纹理的大小设为后台缓冲区尺寸的 1/4。也就是说，假使后台缓冲的大小为 800×600，则离屏纹理的尺寸将为 400×300。这样一来不仅能加快离屏纹理的绘制速度（即减少了需要填充的像素数量），而且能同时提升模糊图像的处理速度（需要模糊的像素也变得更少）。另外，当纹理从 1/4 的屏幕分辨率拉伸为完整的屏幕分辨率时，纹理放大（magnification）过滤器也会执行一些额外的模糊操作。

　　假设要处理的图像宽为 w、高为 h。正如我们将在下一小节中所看到的计算着色器代码所写，对于 1D 横向模糊而言，一个线程组用 256 个线程来处理水平方向上的线段，而且每个线程又负责图像中一个像素的模糊操作。因此，为了图像中的每个像素都能得到模糊处理，我们需要在 x 方向上分派 $ceil\left(\dfrac{w}{256}\right)$ 个线程组（$ceil$ 为向上取整函数），且在 y 方向上调度 h 个线程组。如果 w 不能被 256 整除，则最后一次分派的线程组会存有多余的线程（见图 13.8）。我们对于这种情况无能为力，因为线程组的大小固定。因此，我们只得把注意力放在着色器代码中越界问题的钳位检测（clamping check）之上。

1D 纵向模糊与上述 1D 横向模糊的情况相似。在纵向模糊过程中，线程组就像由 256 个线程构成的垂直线段，每个线程只负责图像中一个像素的模糊运算。因此，为了使图像中的每个像素都能得到模糊处理，我们需要在 y 方向上分派 $ceil\left(\dfrac{h}{256}\right)$ 个线程组，并在 x 方向上调度 w 个线程组。

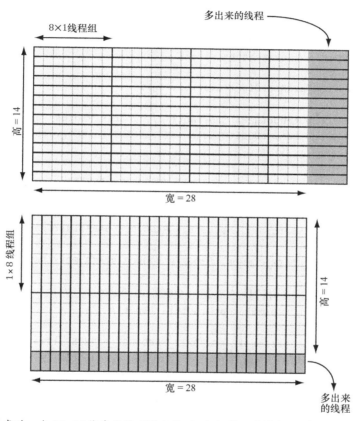

图 13.8　现在来考虑对一个 28×14 像素的纹理进行处理，我们所用的横向、纵向线程组的规模分别为 8×1 与 1×8（采用的是 $X×Y$ 的表示格式）。对于水平方向的处理过程来说，为了处理所有的像素，我们需要在 x 方向上分派 $ceil\left(\dfrac{w}{8}\right)=ceil\left(\dfrac{28}{8}\right)=4$ 个线程组，并在 y 方向上调度 14 个线程组。由于 28 并非 8 的整数倍，所以最右侧的线程组中会有(4×8-28)×14=56 个线程什么都不做。对于垂直方向的处理过程而言，为了处理所有的像素，我们需要在 y 方向上分派 $ceil\left(\dfrac{h}{8}\right)=ceil\left(\dfrac{14}{8}\right)=2$ 个线程组，并在 x 方向上调度 28 个线程组。同理，由于 14 并不是 8 的整数倍，所以最下侧的线程组中会有(2×8-14)×28 个闲置的线程。沿用这同一思路即可将线程组拓展为 256 个线程的规模来处理更大的纹理

下列代码不仅计算出了每个方向上要分派的线程组数量，还真正地开启了计算着色器的模糊运算：

```cpp
void BlurFilter::Execute(ID3D12GraphicsCommandList* cmdList,
                ID3D12RootSignature* rootSig,
                ID3D12PipelineState* horzBlurPSO,
                ID3D12PipelineState* vertBlurPSO,
                ID3D12Resource* input,
                int blurCount)
{
  auto weights = CalcGaussWeights(2.5f);
  int blurRadius = (int)weights.size() / 2;

  cmdList->SetComputeRootSignature(rootSig);

  cmdList->SetComputeRoot32BitConstants(0, 1, &blurRadius, 0);
  cmdList->SetComputeRoot32BitConstants(0, (UINT)weights.size(),
     weights.data(), 1);

  cmdList->ResourceBarrier(1, &CD3DX12_RESOURCE_BARRIER::Transition(input,
    D3D12_RESOURCE_STATE_RENDER_TARGET, D3D12_RESOURCE_STATE_COPY_SOURCE));

  cmdList->ResourceBarrier(1, &CD3DX12_RESOURCE_BARRIER::Transition(
    mBlurMap0.Get(),
    D3D12_RESOURCE_STATE_COMMON, D3D12_RESOURCE_STATE_COPY_DEST));

  // 将输入的资源数据（此例中是后台缓冲区）复制到 BlurMap0
  cmdList->CopyResource(mBlurMap0.Get(), input);

  cmdList->ResourceBarrier(1, &CD3DX12_RESOURCE_BARRIER::Transition(
    mBlurMap0.Get(),
    D3D12_RESOURCE_STATE_COPY_DEST, D3D12_RESOURCE_STATE_GENERIC_READ));

  cmdList->ResourceBarrier(1, &CD3DX12_RESOURCE_BARRIER::Transition(
    mBlurMap1.Get(),
    D3D12_RESOURCE_STATE_COMMON, D3D12_RESOURCE_STATE_UNORDERED_ACCESS));

for(int i = 0; i < blurCount; ++i)
{
  //
  // 水平方向上的模糊处理过程
  //

  cmdList->SetPipelineState(horzBlurPSO);
```

```
cmdList->SetComputeRootDescriptorTable(1, mBlur0GpuSrv);
cmdList->SetComputeRootDescriptorTable(2, mBlur1GpuUav);

// 若每个线程组能处理256个像素（256这个值是在计算着色器中定义的），那么处理一行像素需要分派
// 几个线程组呢
UINT numGroupsX = (UINT)ceilf(mWidth / 256.0f);
cmdList->Dispatch(numGroupsX, mHeight, 1);

cmdList->ResourceBarrier(1, &CD3DX12_RESOURCE_BARRIER::Transition(
  mBlurMap0.Get(),
  D3D12_RESOURCE_STATE_GENERIC_READ,
  D3D12_RESOURCE_STATE_UNORDERED_ACCESS));

cmdList->ResourceBarrier(1, &CD3DX12_RESOURCE_BARRIER::Transition(
  mBlurMap1.Get(),
  D3D12_RESOURCE_STATE_UNORDERED_ACCESS,
  D3D12_RESOURCE_STATE_GENERIC_READ));

//
// 垂直方向上的模糊处理过程
//

cmdList->SetPipelineState(vertBlurPSO);

cmdList->SetComputeRootDescriptorTable(1, mBlur1GpuSrv);
cmdList->SetComputeRootDescriptorTable(2, mBlur0GpuUav);

// 每个线程组能处理256个像素（256这个值是在计算着色器中定义的），那么需要分派几个线程组才能
// 处理一列像素呢
UINT numGroupsY = (UINT)ceilf(mHeight / 256.0f);
cmdList->Dispatch(mWidth, numGroupsY, 1);

cmdList->ResourceBarrier(1, &CD3DX12_RESOURCE_BARRIER::Transition(
  mBlurMap0.Get(),
  D3D12_RESOURCE_STATE_UNORDERED_ACCESS,
  D3D12_RESOURCE_STATE_GENERIC_READ));

cmdList->ResourceBarrier(1, &CD3DX12_RESOURCE_BARRIER::Transition(
  mBlurMap1.Get(),
  D3D12_RESOURCE_STATE_GENERIC_READ,
  D3D12_RESOURCE_STATE_UNORDERED_ACCESS));
  }
}
```

图13.9所示为"Blur"（模糊）演示程序的效果。

图 13.9　左图，"Blur"（模糊）演示程序的效果，此图像为经两次模糊处理后的效果

右图，同是"Blur"演示程序的效果，但达到此效果要经 8 次模糊处理

13.7.4　计算着色器程序

在这一节中，我们将查阅实际执行模糊运算的计算着色器程序。不过，我们仅讨论水平模糊这一种情况，因为垂直模糊的细节与之相仿，只是方向上不同而已。

就像上一小节中所提到的，我们分派的线程组是由 256 个线程构成的水平"线段"，每个线程都负责图像中一个像素的模糊操作。首先要讲解的是按部就班实现模糊算法的低效方案，即每个线程都简单地计算出以正在处理的像素为中心的行矩阵（因为我们正在进行的是 1D 横向模糊处理，所以要针对行矩阵进行计算）的加权平均值。这个方法的缺点是需要多次拾取同一纹素（见图 13.10）。

我们可以根据 13.6 节中所述的模糊处理策略，利用共享内存来优化上述算法。这样一来，每个线程就可以在共享内存中读取或存储其所需的纹素数据。待所有线程都从共享内存读取它们所需的纹素之后，就能够执行模糊运算了。不得不说，从共享内存中读取数据的速度飞快。除此之外，还有一件棘手的事，即利用具有 $n = 256$ 个线程的线程组行模糊运算的时候，却需要共 $n + 2R$ 个纹素数据，这里的 R 就是模糊半径（见图 13.11）。

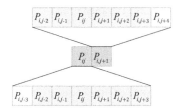

图 13.10　仅考虑输入图像中的这两个相邻像素，假设模糊核为 1×7。不难看出，在对这两个像素进行模糊的过程中，8 个像素中有 6 个被采集了 2 次，即每个模糊像素过程各对这 6 个像素采集了 1 遍

图 13.11　由于模糊半径的原因，在处理线程组边界附近的像素时，可能会读取线程组以外存在"越界"情况的像素

解决办法其实也并不复杂。我们只需分配出能容下 $n+2R$ 个元素的共享内存，并且有 $2R$ 个线程要各获取两个纹素数据。唯一麻烦的地方就是在索引共享内存时要多花些心思，因为组内线程 ID 此时不能与共享内存中的元素一一对应了。图 13.12 演示了当 $R=4$ 时，从线程到共享内存的映射过程。

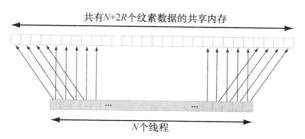

图 13.12　在此例中，$R=4$。最左侧的 4 个线程以及最右侧的 4 个线程，每个都要读取 2 个纹素数据，并将它们存于共享内存之中。而这 8 个线程之外的所有线程只需读取 1 个纹素，并将其存于共享内存之中。这样一来，我们即可得到以模糊半径 R 对 N 个像素进行模糊处理所需的所有纹素数据

现在要讨论的是最后一种情况，即图 13.13 中所示的最左侧与最右侧的线程组在**索引**输入图像时会发生越界的情形。

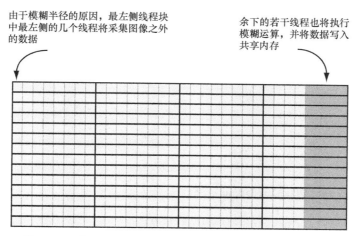

图 13.13　我们可能对图像边界以外的数据进行读取的情况

从越界的索引处读取数据并不是非法操作——与之对应的行为定义是返回 0（对越界索引处进行写入是不会执行任何操作的，即 no-op）。然而，我们在读取越界数据时却不希望得到数据 0，因为这意味着值为 0 的颜色（即黑色）会影响到边界处的模糊结果。我们此时期盼能实现出类似于钳位（clamp）纹理寻址模式的效果，即在读取越界的数据时，能够获得一个与边界纹素相同的数据。这个方案可通过对索引进行钳位来加以实现：

```
// 针对图像左侧边界处的越界采样情况进行钳位操作
int x = max(dispatchThreadID.x - gBlurRadius, 0);
gCache[groupThreadID.x] = gInput[int2(x, dispatchThreadID.y)];
```

```
// 对于图像右侧边界处所存在的越界采样情况进行的钳位操作
int x = min(dispatchThreadID.x + gBlurRadius, gInput.Length.x-1);
gCache[groupThreadID.x+2*gBlurRadius] = gInput[int2(x, dispatchThreadID.y)];
```

```
// 对图像边界处存在的越界采样情况进行钳位操作
gCache[groupThreadID.x+gBlurRadius] =
gInput[min(dispatchThreadID.xy, gInput.Length.xy-1)];
```

完整的着色器代码如下。

```
// ====================================================================
// 计算模糊半径最多为 5 个像素的可分离高斯模糊
// ====================================================================

cbuffer cbSettings : register(b0)
{
    // 我们不能把根常量映射到位于常量缓冲区中的数组元素，因此要将每一个元素都一一列出

    int gBlurRadius;

    // 最多支持 11 个模糊权值
    float w0;
    float w1;
    float w2;
    float w3;
    float w4;
    float w5;
    float w6;
    float w7;
    float w8;
    float w9;
    float w10;
};

static const int gMaxBlurRadius = 5;

Texture2D gInput            : register(t0);
RWTexture2D<float4> gOutput : register(u0);

#define N 256
#define CacheSize (N + 2*gMaxBlurRadius)
groupshared float4 gCache[CacheSize];

[numthreads(N, 1, 1)]
void HorzBlurCS(int3 groupThreadID : SV_GroupThreadID,
                int3 dispatchThreadID : SV_DispatchThreadID)
{
    // 放在数组中便于索引
    float weights[11] = { w0, w1, w2, w3, w4, w5, w6, w7, w8, w9, w10 };
```

```
    //
    // 通过填写本地线程存储区来减少带宽的负载。若要对 N 个像素进行模糊处理，根据模糊半径，我们需要
    // 加载 N + 2*BlurRadius 个像素
    //

    // 此线程组运行着 N 个线程。为了获取额外的 2*BlurRadius 个像素，就需要有 2*BlurRadius 个线程
    // 都多采集一个像素数据
    if(groupThreadID.x < gBlurRadius)
    {
        // 对于图像左侧边界存在越界采样的情况进行钳位操作
        int x = max(dispatchThreadID.x - gBlurRadius, 0);
        gCache[groupThreadID.x] = gInput[int2(x, dispatchThreadID.y)];
    }
    if(groupThreadID.x >= N-gBlurRadius)
    {
        // 对于图像右侧边界处的越界采样情况进行钳位操作
        int x = min(dispatchThreadID.x + gBlurRadius, gInput.Length.x-1);
        gCache[groupThreadID.x+2*gBlurRadius] = gInput[int2(x, dispatchThreadID.y)];
    }

    // 针对图像边界处的越界采样情况进行钳位处理
    gCache[groupThreadID.x+gBlurRadius] = gInput[min(dispatchThreadID.xy,
        gInput.Length.xy-1)];

    // 等待所有的线程完成任务
    GroupMemoryBarrierWithGroupSync();

    //
    // 现在对每个像素进行模糊处理
    //

    float4 blurColor = float4(0, 0, 0, 0);

    for(int i = -gBlurRadius; i <= gBlurRadius; ++i)
    {
        int k = groupThreadID.x + gBlurRadius + i;

        blurColor += weights[i+gBlurRadius]*gCache[k];
    }

    gOutput[dispatchThreadID.xy] = blurColor;
}

[numthreads(1, N, 1)]
void VertBlurCS(int3 groupThreadID : SV_GroupThreadID,
                int3 dispatchThreadID : SV_DispatchThreadID)
{
    // 放入数组中便于索引
    float weights[11] = { w0, w1, w2, w3, w4, w5, w6, w7, w8, w9, w10 };
```

```
    //
    // 填写本地线程存储器来减少带宽的负荷。如果要对 N 个像素进行模糊处理，再加上模糊半径，我们就需
    // 要加载共 N + 2*BlurRadius 个像素
    //

    // 该线程组运行着 N 个线程。要取得另外 2*BlurRadius 个像素的话，就需要有 2*BlurRadius 个线程
    // 要额外多采集一个像素
    if(groupThreadID.y < gBlurRadius)
    {
      // 对于图像上侧边界处的越界采样情况进行钳位处理
      int y = max(dispatchThreadID.y - gBlurRadius, 0);
      gCache[groupThreadID.y] = gInput[int2(dispatchThreadID.x, y)];
    }
    if(groupThreadID.y >= N-gBlurRadius)
    {
      // 针对图像下侧边界处的越界采样情况进行钳位处理
      int y = min(dispatchThreadID.y + gBlurRadius, gInput.Length.y-1);
      gCache[groupThreadID.y+2*gBlurRadius] = gInput[int2(dispatchThreadID.x, y)];
    }

    // 对于图像边界处的越界采样情况进行钳位处理
    gCache[groupThreadID.y+gBlurRadius] = gInput[min(dispatchThreadID.xy,
      gInput.Length.xy-1)];

    // 等待所有的线程都完成各自的任务
    GroupMemoryBarrierWithGroupSync();

    //
    // 现在对每一个像素都进行模糊处理
    //

    float4 blurColor = float4(0, 0, 0, 0);

    for(int i = -gBlurRadius; i <= gBlurRadius; ++i)
    {
      int k = groupThreadID.y + gBlurRadius + i;

      blurColor += weights[i+gBlurRadius]*gCache[k];
    }

    gOutput[dispatchThreadID.xy] = blurColor;
}
```

至于最后一行代码

```
    gOutput[dispatchThreadID.xy] = blurColor;
```

最右侧的线程组可能存在一些多余的线程，但输出的纹理中并没有与之对应的元素（意即它们根本无需
输出任何数据，见图 13.13）。此时，dispatchThreadID.xy 即为输出纹理之外的一个越界索引。但
是我们无须为此而担心，因为向越界处写入数据的效果是不进行任何操作（no-op）。

13.8 拓展资料

计算着色器编程自成一体，有几本书专门讲解 GPU 在通用计算程序方面上的应用。

1. 《Programming Massively Parallel Processors: A Hands-on Approach》（《大规模并行处理器编程实战》《大规模并行处理器程序设计》），作者为 David B. Kirk 和 Wen-mei W. Hwu。

2. 《OpenCL Programming Guide》（《OpenCL 编程指南》），作者为 Aaftab Munshi, Benedict R. Gaster, Timothy G. Mattson, James Fung 和 Dan Ginsburg。

CUDA 与 OpenCL 其实就是以访问 GPU 来编写通用计算程序的两组不同的 API。对 CUDA 与 OpenCL 程序的最佳实践也就是对 DirectCompute[①]编程的最佳实践，因为这几类功能类似的程序都运行在相同的硬件之上。在本章中，我们已经接触了 DirectCompute 编程中的大部分语法，由此，我们可以轻而易举地将 CUDA 与 OpenCL 程序向 DirectCompute 移植。

Chuck Walbourn 发布的一篇博客上含有一些介绍 DirectCompute 技术的链接：

http://blogs.msdn.com/b/chuckw/archive/2010/07/14/directcompute.aspx

另外，微软公司的 Channel 9 有一系列关于 DirectCompute 的讲解视频《DirectCompute Lecture Series》：

http://channel9.msdn.com/tags/DirectCompute-Lecture-Series/

最后要提到的是，NVIDIA 公司还针对 CUDA 技术专门设置了一整套培训课程《Existing University Courses》。

尤其是那些出自伊利诺伊大学的完整 CUDA 编程视频讲座，我们在此极力推荐。再次重申，我们可以把 CUDA 理解为用于访问 GPU 计算功能的另一种 API。只要理解了这些语法，我们就掌握了编写高效 GPU 通用计算程序的关键部分。通过学习这些 CUDA 讲座，我们将对 GPU 硬件的工作机制有更加深入的理解，继而写出优化程度更高的代码。

13.9 小结

1. 调用 `ID3D12GraphicsCommandList::Dispatch` 这个 API 即可分派一个线程组网格。每个线程组都是一个由线程构成的 3D 网格，线程组中的线程数由计算着色器里的 `[numthreads(x,y,z)]` 属性来指定。出于对性能的考量，线程的总数应为 warp 大小（这是 NVIDIA 公司所生产硬件的基本调度单位，它的大小是 32）的整数倍或 wavefront 尺寸（这是 AMD（ATI）公司所生产硬件的基本调度单位，其大小为 64）的整数倍。

2. 为了保证处理的并行性（parallelism），应至少为每个多处理器分派两个线程组。所以，若硬件

[①] 本章所讨论的计算着色器（compute shader）又称 DirectCompute 技术（有时写作 Direct Compute）。在 DirectX 10 中仅支持部分功能子集（DirectCompute 4.0），于 DirectX 11 中正式初次发表完整功能版本（DirectCompute 5.0）。

具有 16 个多处理器，则应当至少调度 32 个线程组，以确保所有的多处理器每时每刻都在工作。未来的硬件很可能会载有更多的多处理器，所以我们编写的程序也应适当地调高线程组数量，以便针对未来的硬件设备进行扩展。

3. 一旦把线程组分配给多处理器，NVIDIA 硬件就会将组中的线程按 32 个一组划分为 warp。而后，多处理器会以 SIMD 的方式（即同一 warp 中的每个线程都执行相同的指令）调度以多个线程所构成的 warp 进行处理工作。如果一个 warp 因处理抓取纹理内存这样的工作而暂时停止运行，则多处理器会迅速切换到另一个 warp 并执行此 warp 中的相应指令，以此来屏蔽这种暂停的情况。这会使多处理器连续不停地运转，以保持忙碌的状态，从而充分发挥其计算能力。现在就能解释为什么我们建议将线程组的大小设置为 warp 尺寸的整数倍了。若非如此，则在线程组向 warp 划分的过程中，会有 warp 被掺入什么都不做的无用线程。

4. 若要通过计算着色器访问纹理资源，可为输入的纹理创建 SRV，再将其与计算着色器相绑定。RWTexture2D 是一种可供计算着色器读写的纹理，我们可以通过为纹理创建 UAV（无序访问视图）并把它与计算着色器相绑定来创建这种纹理。纹理元素可用[]运算符表示法进行索引，或者通过纹理坐标、SamplerState（采样器状态）配合 SampleLevel 方法来开展采样。

5. 结构化缓冲区是一种由相同类型元素构成的缓冲区，这与数组有些相似。其元素类型可以是用户自定义的结构体。只读结构化缓冲区的 HLSL 定义是这样的：

```
StructuredBuffer<DataType> gInputA;
```

而用 HLSL 定义可读写结构化缓冲区的方法为：

```
RWStructuredBuffer<DataType> gOutput;
```

要让计算着色器访问只读缓冲区资源，只需为它创建对应的 SRV，再将其绑定到计算着色器上即可；若要计算着色器访问可读写缓冲区资源，仅需为其创建可供读写的 UAV，而后再将它与计算着色器相绑定。

6. 各种类型的线程 ID 可通过系统值传入计算着色器中。这些 ID 则通常会用作资源与共享内存的索引。

7. 消费结构化缓冲区与追加结构化缓冲区在 HLSL 中的定义如下：

```
ConsumeStructuredBuffer<DataType> gInput;
AppendStructuredBuffer<DataType> gOutput;
```

如果数据元素的处理顺序与最终写入输出缓冲区中的顺序是无关紧要的，那么这两种结构缓冲区将是不错的选择，因为它们能使我们绕开繁琐的索引语法。要注意的是，追加缓冲区的空间并不能自动按需增长，但是它们一定有足够空间来容下我们向其追加的所有数据元素。

8. 所有的线程组都有一块被称为共享内存或线程本地存储器的空间。该共享内存的访问速度极快，可以与硬件缓存比肩。而且，此共享内存对于性能优化或实现特定算法极为有益。在计算着色器的代码中，共享内存的声明如下：

```
groupshared float4 gCache[N];
```

N 是用户所需的数组大小，但是要注意，线程组共享内存的上限是 32kb。假设一个多处理器最多支持 32 kb 的共享内存，考虑到性能，一个线程组所用的共享内存应不多于 16 kb，否则一个多处理器将无法交替运行两个这样的线程组，从而难以保证其持续运转。

9. 尽量避免在计算处理与渲染过程之间进行切换，因为这会产生开销。一般来讲，我们在每一帧中应先尝试完成所有的计算任务，而后再执行后续的所有渲染工作。

13.10 练习

1. 编写一个计算着色器，令其输入为具有 64 个 3D 向量（向量的模为范围[1, 10]内的随机数）的结构化缓冲区。此计算着色器的功能是计算向量的长度，并将结果输出到一个浮点缓冲区之中。最后，把运算结果复制到 CPU 端的内存之中，再转存至文件内。程序执行后，要验证所有向量的长度是否在范围[1, 10]之间。

2. 用特定类型的缓冲区再次实现练习 1。即以 Buffer<float3>定义输入缓冲区，再令 Buffer<float>作为输出缓冲区。

3. 假设以上习题中的向量都进行规范化处理，而且它们在缓冲区中的排列顺序是无关紧要的，试利用追加缓冲区与消费缓冲区再次实现练习 1。

4. 研究双边模糊（bilateral blur，也称作双边滤波器，Bilateral filter）技术，并用计算着色器来加以实现。最后，以此技术来完成另一版本的"Blur"（模糊）演示程序。

5. 在此之前，我们已在演示程序里通过 *Waves.h/.cpp* 文件中的 Waves 类，利用 CPU 来计算 2D 波浪的模拟运动方程。现将此功能交由 GPU 端处理，并以类型为 float 的纹理来分别存储之前帧、当前帧以及后续帧的浪高数据。由于 UAV 是可读写资源，所以仅使用此类型的视图即可，而无须再涉及 SRV：

```
RWTexture2D<float> gPrevSolInput : register(u0);
RWTexture2D<float> gCurrSolInput : register(u1);
RWTexture2D<float> gOutput       : register(u2);
```

下面就可以利用计算着色器来执行波浪的更新运算了。运用一个独立的计算着色器生成水波，可以使这一工作过程免受其他任务的干扰。在完成栅格高度的更新后，我们就可以利用与其顶点有着同样分辨率的波浪纹理来渲染三角形栅格（所以每个栅格顶点都有与之对应的纹素），再将当前的波浪纹理绑定到以下的新"波浪"顶点着色器。接下来，我们就能在顶点着色器中对纹理进行采样并将其移动到相应的位置高度上（这称为位移贴图，displacement mapping，也有译作置换贴图、位移映射等），再估算出法线。

```
VertexOut VS(VertexIn vin)
{
  VertexOut vout = (VertexOut)0.0f;


#ifdef DISPLACEMENT_MAP
```

```
// 使用未经变换的纹理坐标在范围[0,1]^2 内采集位移贴图
vin.PosL.y += gDisplacementMap.SampleLevel(gsamLinearWrap, vin.TexC, 1.0f).r;
// 通过有限差分（finite difference）来估算法线
float du = gDisplacementMapTexelSize.x;
float dv = gDisplacementMapTexelSize.y;
float l = gDisplacementMap.SampleLevel( gsamPointClamp,
  vin.TexC-float2(du, 0.0f), 0.0f ).r;
float r = gDisplacementMap.SampleLevel( gsamPointClamp,
  vin.TexC+float2(du, 0.0f), 0.0f ).r;
float t = gDisplacementMap.SampleLevel( gsamPointClamp,
  vin.TexC-float2(0.0f, dv), 0.0f ).r;
float b = gDisplacementMap.SampleLevel( gsamPointClamp,
  vin.TexC+float2(0.0f, dv), 0.0f ).r;

vin.NormalL = normalize( float3(-r+l, 2.0f*gGridSpatialStep, b-t) );

#endif


// 把顶点变换到世界空间
float4 posW = mul(float4(vin.PosL, 1.0f), gWorld);
vout.PosW = posW.xyz;

// 假设这里要执行的是等比缩放，否则需使用世界矩阵的逆转置矩阵
vout.NormalW = mul(vin.NormalL, (float3x3)gWorld);

// 将顶点转换到齐次裁剪空间
vout.PosH = mul(posW, gViewProj);

// 为三角形插值而输出顶点属性
float4 texC = mul(float4(vin.TexC, 0.0f, 1.0f), gTexTransform);
vout.TexC = mul(texC, gMatTransform).xy;

return vout;
}
```

最后，以 512×512 的栅格点为例，将发布模式（release mode）下的 GPU 实现与 CPU 实现进行性能的比对。

6. **索贝尔算子**（Sobel Operator）用于图像的边缘检测。它会针对每一个像素估算其梯度（gradient）的大小。有着较大梯度的像素即表明它与周围像素的颜色差异极大，因而此像素一定位于图像的边缘。相反，具有较小梯度的像素则意味着它与临近像素的颜色趋于相同，也就是说，该像素并不处于图像边沿之上。注意，索贝尔算子返回的并非是像素是否位于图像边缘的二元结果，而是一个范围在[0, 1]内表示边沿"陡峭"程度的灰度值：值为 0 表示平坦，即该像素不处于图像边缘（该像素与周围像素并没有颜色差异）；值为 1 则表示非常陡峭，即该像素处于边沿或图像不连续（此像素与其周围像素的颜色差异较大）。索贝尔逆图像$(1-c)$往往会更加直观有效，这时白色表示平坦且不位于图像边缘，而黑色则代表陡峭且处于图像边沿（见图 13.14）。

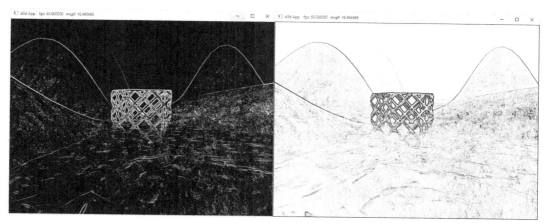

图 13.14 （左图）运用索贝尔算子之后的图像效果，白色像素表示图像边缘。
（右图）在索贝尔算子的逆图像中，则用黑色像素表示图像边缘

如果将原始图像与其经过索贝尔算子生成的逆图像两者间的对应颜色值相乘，我们将获得类似于卡通画或动漫书中那样，其边缘就像用黑色的笔勾描后的图片效果（见图 13.15）。我们可以用这种算子实现上述效果，哪怕待处理的图像首先经过模糊处理后已隐去了部分细节，依旧可恢复其相对粗犷的画风，令其边缘明晰起来。处理过程是：利用索贝尔算子构建出模糊图像的边缘检测图像，再将此勾勒出边缘的索贝尔逆图像与原模糊图像进行乘法运算。

图 13.15 将原始图像与边缘检测的逆图像相乘所产生的如黑笔描绘图像边缘的效果

现使用渲染到纹理技术与计算着色器来实现**索贝尔算子**。在借助索贝尔算子生成边缘检测图像之后，

将其逆图像与原始图像相乘，以此来得到图 13.15 中所示的效果。着色器部分需要含有下列代码[①]。

```
//=================================================================
// 通过索贝尔算子来进行图像的边缘检测
//=================================================================

Texture2D gInput         : register(t0);
RWTexture2D<float4> gOutput : register(u0);

// 根据 RGB 数据计算出对应亮度(luminance，即"亮度(brightness)")的近似值。这些权重是在人
// 眼对不同光的波长敏感度的实验基础之上所得来的
float CalcLuminance(float3 color)
{
  return dot(color, float3(0.299f, 0.587f, 0.114f));
}

[numthreads(16, 16, 1)]
void SobelCS(int3 dispatchThreadID : SV_DispatchThreadID)
{
  // 采集与当前欲处理像素相邻的众像素
  float4 c[3][3];
  for(int i = 0; i < 3; ++i)
  {
    for(int j = 0; j < 3; ++j)
    {
      int2 xy = dispatchThreadID.xy + int2(-1 + j, -1 + i);
      c[i][j] = gInput[xy];
    }
  }

  // 针对每个颜色通道，运用索贝尔公式估算出关于 x 的偏导数近似值
  float4 Gx = -1.0f*c[0][0] - 2.0f*c[1][0] - 1.0f*c[2][0] +
    1.0f*c[0][2] + 2.0f*c[1][2] + 1.0f*c[2][2];

  // 对于每个颜色通道，利用索贝尔公式估算出关于 y 的偏导数近似值
  float4 Gy = -1.0f*c[2][0] - 2.0f*c[2][1] - 1.0f*c[2][2] +
    1.0f*c[0][0] + 2.0f*c[0][1] + 1.0f*c[0][2];

  // 梯度即为(Gx, Gy)。针对每个颜色通道，计算出梯度的大小(梯度的模)以找到最大的变化率
  float4 mag = sqrt(Gx*Gx + Gy*Gy);

  // 将梯度陡峭的边缘处绘制为黑色，梯度平坦的非边缘处绘制为白色
  mag = 1.0f - saturate(CalcLuminance(mag.rgb));

  gOutput[dispatchThreadID.xy] = mag;
}
```

[①] 简单来说，梯度从本质上来讲也是一种向量，借助其长度（即模）就可以反映出（像素值间的）变化程度，从而确定当前像素是否处于变化剧烈的图像分割边缘。索贝尔算子与高斯模糊的算法有些相似，也是根据样本周围的像素值进行加权处理，只不过根据功能不同，因而权重取值不同，且计算的是梯度有关数据。书中忽略了其推导过程与具体算法细节描述，直接给出了代码，欲知详情可查询有关文献。译者认为顶点着色器 VS 中将 y 轴从[0,1]区间向 NDC 空间变换的代码存疑，如果按照其代码所示，y 轴坐标将被变换至区间[1-2*0,1-2*1]，即区间[1,-1]。

```
//***************************************************************************
// Composite.hlsl 的作者为 Frank Luna (C) 2015 版权所有
//
// 将两张图像组合在一起
//***************************************************************************

Texture2D gBaseMap : register(t0);
Texture2D gEdgeMap : register(t1);

SamplerState gsamPointWrap        : register(s0);
SamplerState gsamPointClamp       : register(s1);
SamplerState gsamLinearWrap       : register(s2);
SamplerState gsamLinearClamp      : register(s3);
SamplerState gsamAnisotropicWrap  : register(s4);
SamplerState gsamAnisotropicClamp : register(s5);

static const float2 gTexCoords[6] =
{
  float2(0.0f, 1.0f),
  float2(0.0f, 0.0f),
  float2(1.0f, 0.0f),
  float2(0.0f, 1.0f),
  float2(1.0f, 0.0f),
  float2(1.0f, 1.0f)
};

struct VertexOut
{
  float4 PosH  : SV_POSITION;
  float2 TexC  : TEXCOORD;
};

VertexOut VS(uint vid : SV_VertexID)
{
  VertexOut vout;

  vout.TexC = gTexCoords[vid];

  // 将[0,1]^2 区间映射到 NDC（规格化设备坐标）空间
  vout.PosH = float4(2.0f*vout.TexC.x - 1.0f, 1.0f - 2.0f*vout.TexC.y, 0.0f,
   1.0f);

  return vout;
}

float4 PS(VertexOut pin) : SV_Target
{
  float4 c = gBaseMap.SampleLevel(gsamPointClamp, pin.TexC, 0.0f);
  float4 e = gEdgeMap.SampleLevel(gsamPointClamp, pin.TexC, 0.0f);

  // 将边缘图与原始图像相乘
  return c*e;
}
```

第14章
曲面细分阶段

曲面细分阶段[1]（tessellation stage，直译作镶嵌阶段或镶嵌化处理阶段）是指渲染流水线中参与对几何图形进行镶嵌处理（tessellating geometry）的 3 个阶段。简而言之，曲面细分技术就是将几何体细分为更小的三角形，并以某种方式把这些新生成的顶点偏移到合适的位置，从而以增加三角形数量的方式丰富网格的细节。但是，为什么不在创建网格之初就直接赋予它高模（high-poly，高多边形）的细节呢？以下是使用曲面细分的 3 个理由。

1. 基于 GPU 实现动态 LOD（Level of Detail，细节级别）。可以根据网格与摄像机的距离或依据其他因素来调整其细节。比如说，若网格离摄像机较远，则按高模的规格对它进行渲染将是一种浪费，因为在那个距离我们根本看不清网格所有细节。随着物体与摄像机之间距离的拉近，我们就能连续地对它镶嵌细分，以增加物体的细节。

2. 物理模拟与动画特效。我们可以在低模（low-poly，也有译作低面多边形等）网格上执行物理模拟与动画特效的相关计算，再以镶嵌化处理手段来获取细节更加丰富的网格。这种降低物理模拟与动画特效计算量的做法能够节省不少的计算资源。

3. 节约内存。我们可以在各种存储器（磁盘、RAM 与 VRAM）中保存低模网格，再根据需求用 GPU 动态地对网格进行镶嵌细分。

图 14.1 展示了位于顶点着色器与几何着色器之间的曲面细分阶，但本书在此章之前从未用到过它们，由此可见，这 3 个阶段都是可选的。

学习目标：

1. 了解曲面细分所用的面片图元类型。
2. 理解曲面细分阶段中的每个步骤都做了什么，它们所需的输入及输出又分别是哪种数据。
3. 通过编写外壳着色器与域着色器程序来对几何图形进行镶嵌化细分。
4. 熟悉不同的细分策略，以便在镶嵌化处理时选择出最适当的方案。除此之外，还要知晓硬件曲面

---

[1] 曲面细分或称细分曲面是一种可将粗糙几何体网格细化的技术，英文原为 subdivision surface。镶嵌（tessellation）则是可实现此技术的具体手段（如文中所述亦可实现 LOD 等），因此此处将"镶嵌"称为"曲面细分"实为化用。这里为便于区分整个"曲面细分阶段"与其中的"镶嵌器阶段"实现细节分别采用两种译法，请读者注意。

细分的性能。

5. 学习贝塞尔曲线与贝塞尔曲面的数学描述，并在曲面细分阶段将它们予以实现。

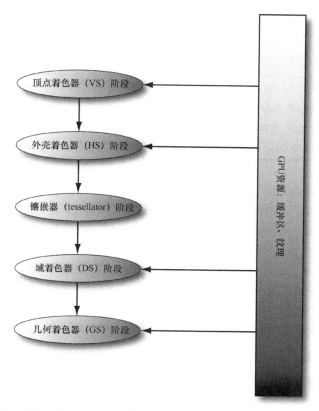

图 14.1 图中展示的渲染流水线子集便是曲面细分阶段（即处于中间位置的 3 个渲染步骤）

14.1 曲面细分的图元类型

在进行曲面细分时，我们并不向 IA（输入装配）阶段提交三角形，而是提交具有若干**控制点**（control point）的**面片**（patch）。Direct3D 支持具有 1～32 个控制点的面片，并以下列图元类型进行描述。

```
D3D_PRIMITIVE_TOPOLOGY_1_CONTROL_POINT_PATCHLIST = 33,
D3D_PRIMITIVE_TOPOLOGY_2_CONTROL_POINT_PATCHLIST = 34,
D3D_PRIMITIVE_TOPOLOGY_3_CONTROL_POINT_PATCHLIST = 35,
D3D_PRIMITIVE_TOPOLOGY_4_CONTROL_POINT_PATCHLIST = 36,
.
.
.
D3D_PRIMITIVE_TOPOLOGY_31_CONTROL_POINT_PATCHLIST = 63,
D3D_PRIMITIVE_TOPOLOGY_32_CONTROL_POINT_PATCHLIST = 64,
```

由于可以将三角形看作是拥有 3 个控制点的三角形面片（D3D_PRIMITIVE_3_CONTROL_POINT_PATCH），所以我们依然可以提交需要镶嵌化处理的普通三角形网格。对于简单的四边形面片而言，则只需提交具有 4 个控制点的面片（D3D_PRIMITIVE_4_CONTROL_POINT_PATCH）即可。这些面片最终也会在曲面细分阶段经镶嵌化处理而分解为多个三角形[①]。

注意

> 在向 ID3D12GraphicsCommandList::IASetPrimitiveTopology 方法传递控制点图元类型时，我们还需将 D3D12_GRAPHICS_PIPELINE_STATE_DESC::PrimitiveTopologyType 字段设置为 D3D12_PRIMITIVE_TOPOLOGY_TYPE_PATCH，如：opaquePsoDesc.PrimitiveTopologyType=D3D12_PRIMITIVE_TOPOLOGY_TYPE_PATCH。

那么，具有更多控制点的面片又有什么用处呢？控制点的概念来自于特定种类数学曲线或数学曲面的构造过程。如果在类似于 **Adobe Illustrator** 这样的绘图程序中使用过贝塞尔曲线工具，那读者一定会知道要通过控制点才能描绘出曲线形状。在数学上，可以利用贝塞尔曲线来生成贝塞尔曲面。举个例子，我们可以用 9 个控制点或 16 个控制点来创建一个贝塞尔四边形面片，所用的控制点越多，我们对面片形状的控制也就越随心所欲。因此，这一切图元控制类型都是为了给这些不同种类的曲线、曲面的绘制提供支持。我们会在本章给出贝塞尔四边形面片的示例以及相关解释。

曲面细分与顶点着色器

在我们向渲染流水线提交了面片的控制点后，它们就会被推送至顶点着色器。这样一来，在开启曲面细分之时，顶点着色器就彻底沦陷为"处理控制点的着色器"。正因如此，我们还能在曲面细分开展之前，对控制点进行一些调整。一般来讲，动画与物理模拟的计算工作都会在对几何体进行镶嵌化处理之前的顶点着色器中以较低的频次进行（镶嵌化处理后，顶点增多，处理的频次也将随之增加）。

14.2　外壳着色器

在以下小节中，我们会探索外壳着色器（hull shader），它实际上是由两种着色器（phase）组成的：

1. 常量外壳着色器。
2. 控制点外壳着色器。

14.2.1　常量外壳着色器

常量外壳着色器（constant hull shader）会针对每个面片逐一进行处理（即每处理一个面片就被调用一次），

---

① D3D_PRIMITIVE_TOPOLOGY 枚举项描述的是输入装配阶段中的顶点类型，而 D3D_PRIMITIVE 枚举项则描述的是外壳着色器的输入图元类型。

它的任务是输出网格的**曲面细分因子**（tessellation factor，也有译作细分因子、镶嵌因子等）。曲面细分因子指示了在曲面细分阶段中将面片镶嵌处理后的份数。下面是一个具有 4 个控制点的**四边形面片**（quad patch）示例，我们将它从各个方面均匀地镶嵌细分为 3 份。

```
struct PatchTess
{
  float EdgeTess[4]   : SV_TessFactor;
  float InsideTess[2] : SV_InsideTessFactor;

  // 可以在下面为每个面片附加所需的额外信息
};

PatchTess ConstantHS(InputPatch<VertexOut, 4> patch,
          uint patchID : SV_PrimitiveID)
{
  PatchTess pt;

  // 将该面片从各方面均匀地镶嵌处理为 3 等份

  pt.EdgeTess[0] = 3; // 四边形面片的左侧边缘
  pt.EdgeTess[1] = 3; // 四边形面片的上侧边缘
  pt.EdgeTess[2] = 3; // 四边形面片的右侧边缘
  pt.EdgeTess[3] = 3; // 四边形面片的下侧边缘

  pt.InsideTess[0] = 3; // u 轴（四边形内部细分的列数）
  pt.InsideTess[1] = 3; // v 轴（四边形内部细分的行数）

  return pt;
}
```

常量外壳着色器以面片的所有控制点作为输入，在此用 InputPatch<VertexOut, 4>对此进行定义。前面提到，控制点首先会传至顶点着色器，因此它们的类型由顶点着色器的输出类型 VertexOut 来确定。在此例中，我们的面片拥有 4 个控制点，所以就将 InputPatch 模板的第二个参数指定为 4。系统还通过 SV_PrimitiveID 语义提供了面片的 ID 值，此 ID 唯一地标识了绘制调用过程中的各个面片，我们可根据具体的需求来运用它。常量外壳着色器必须输出曲面细分因子，该因子取决于面片的拓扑结构。

注意

　除了曲面细分因子（SV_TessFactor 与 SV_InsideTessFactor，分别表示几何图形边缘与内部的细分份数）之外，我们还能令常量外壳着色器输出其他的面片信息。域着色器接收来自常量外壳着色器的输出数据作为输入，继而使用这些额外的面片信息。

对四边形面片进行镶嵌化处理的过程由两个部分构成：

1. 4 个边缘曲面细分因子控制着对应边缘镶嵌后的份数。
2. 两个内部曲面细分因子指示了如何来对该四边形面片的内部进行镶嵌化处理（一个曲面细分因子针对四边形的横向维度，另一个则作用于四边形的纵向维度）。

在 14.3 节中，图 14.2 所示的例子展示了使用不同的曲面细分因子会生成结构各异的四边形面片。届时我们将研究这几组示例，直到对边缘与内部这两种曲面细分因子的工作原理了如指掌。

对**三角形面片**（triangle patch）执行镶嵌化处理的过程同样分为两部分：

1. 3 个边缘曲面细分因子控制着对应边上镶嵌后的份数。

2. 一个内部曲面细分因子指示着三角形面片内部的镶嵌份数。

在 14.3 节中，图 14.3 所示的例子即通过不同的曲面细分因子最终得到的结构各异的三角形面片。

Direct3D 11 硬件所支持的最大曲面细分因子为 **64**[①]。如果把所有的曲面细分因子都设置为 0，则该面片会被后续的处理阶段丢弃。这就使我们能够以每个面片为基准来实现如视锥体剔除（frustum culling）与背面剔除这类优化。

1. 如果面片根本没有出现在视锥体范围内，那么就能将它从后续的处理中丢弃（倘若已经对该面片进行了镶嵌化处理，那么其细分后的各三角形将在三角形裁剪（triangle clipping）期间被抛弃）。

2. 如果面片是背面朝向的，那么就能将其从后面的处理过程中丢弃（如果该面片已经过了镶嵌化处理，则其细分后的诸三角形会在光栅化阶段的背面剔除过程中被遗弃）。

一个问题自然而然地浮现出来：到底应该执行几次镶嵌化处理才合适？前面提到，曲面细分的基本想法就是为了丰富网格的细节。但是，如果用户对此无感，我们就不必无谓地为它增添细节了。以下是一些确定镶嵌次数的常用衡量标准。

1. **根据与摄像机之间的距离**：物体与摄像机的距离越远，能分辨的细节就越少。因此，我们在两者距离较远时渲染物体的低模版本，并随着两者逐渐接近而逐步对物体进行更加细致的镶嵌化细分。

2. **根据占用屏幕的范围**：可以先估算出物体覆盖屏幕的像素个数。如果数量比较少，则渲染物体的低模版本。随着物体占用屏幕范围的增加，我们便可以逐渐增大镶嵌化细分因子。

3. **根据三角形的朝向**：三角形相对于观察者的朝向也被列入考虑的范畴之中。位于物体轮廓边缘（silhouette edge）[②]上的三角形势必比其他位置的三角形拥有更多的细节。

4. **根据粗糙程度**：粗糙不平的表面较光滑的表面需要进行更为细致的曲面细分处理。通过对表面纹理进行检测可以预算出相应的粗糙度数据，继而来决定镶嵌化处理的次数。

[Story10]给出了以下几点关于性能的建议。

1. 如果曲面细分因子为 1（这个数值其实意味着该面片不必细分），那么就考虑在渲染此面片时不对它进行细分处理；否则，便会在曲面细分阶段白白浪费 GPU 资源，因为在此阶段并不对其执行任何操作。

2. 考虑到性能又涉及 GPU 对曲面细分的具体实现，所以不要对小于 8 个像素这种过小的三角形进行镶嵌化处理。

3. 使用曲面细分技术时要采用批绘制调用（batch draw call，即尽量将曲线细分任务集中执行）（在绘制调用之间往复开启、关闭曲面细分功能的代价极其高昂）。

---

① Direct3D 12 亦是如此，参见《Constants》（dn903792）中的 D3D12_TESSELLATOR_MAX_TESSELLATION_FACTOR 常量定义。

② silhouette edge 的定义通常是外向平面法线垂直于观察向量的点在投影平面内的集合，也就是正面朝向平面与背面朝向平面间的交界线，即可见物体的轮廓线。结合上下文里的"朝向（orientation）"一词，译者认为作者这里所说的意思为正对观察者的三角形细节要丰富于侧面非正对观察者的那些三角形。

14.2.2 控制点外壳着色器

控制点外壳着色器（control point hull shader）以大量的控制点作为输入与输出，每输出一个控制点，此着色器都会被调用一次。该外壳着色器的应用之一是改变曲面的表示方式，比如说把一个普通的三角形（向渲染流水线提交的 3 个控制点）转换为 3 次贝塞尔三角形面片（cubic Bézier triangle patch，即一种具有 10 个控制点的面片）。例如，假设我们像平常那样利用（具有 3 个控制点的）三角形对网格进行建模，就可以通过控制点外壳着色器，将这些三角形转换为具有 10 个控制点的高阶三次贝塞尔三角形面片。新增的控制点不仅会带来更丰富的细节，而且能将三角形面片镶嵌细分为用户所期望的份数。这一策略被称为 **N-patches 方法**（法线—面片方法，normal-patches scheme）或 **PN 三角形方法**（即（曲面）点—法线三角形方法，（curved）point-normal triangles，简记作 PN triangles scheme）[Vlachos01]。由于这种方案只需用曲面细分技术来改进已存在的三角形网格，且无须改动美术制作流程，所以实现起来比较方便。对于本章第一个演示程序来说，控制点外壳着色器仅充当一个简单的**传递着色器**（pass-through shader），它不会对控制点进行任何的修改。

注意

> **Note** 驱动程序可能会对传递着色器进行检测与优化[Bilodeau10b]。

```
struct HullOut
{
  float3 PosL : POSITION;
};

[domain("quad")]
[partitioning("integer")]
[outputtopology("triangle_cw")]
[outputcontrolpoints(4)]
[patchconstantfunc("ConstantHS")]
[maxtessfactor(64.0f)]
HullOut HS(InputPatch<VertexOut, 4> p,
      uint i : SV_OutputControlPointID,
      uint patchId : SV_PrimitiveID)
{
  HullOut hout;

  hout.PosL = p[i].PosL;

  return hout;
}
```

通过 InputPatch 参数即可将面片的所有控制点都传至外壳着色器之中。系统值 SV_OutputControlPointID 索引的是正在被外壳着色器所处理的输出控制点。值得注意的是，输入的控制点数量与输出的控制点数量**未必**相同。例如，输入的面片可能仅含有 4 个控制点，而输出的面片却能够拥有 16 个控制点；意即，这些多出来的控制点可由输入的 4 个控制点所衍生。

上面的控制点外壳着色器还用到了以下几种属性。

1. `domain`：面片的类型。可选用的参数有 `tri`（三角形面片）、`quad`（四边形面片）或 `isoline`（等值线）。
2. `partitioning`：指定了曲面细分的细分模式。
   a. `integer`。新顶点的添加或移除仅取决于曲面细分因子的整数部分，而忽略它的小数部分。这样一来，在网格随着曲面细分级别而改变时，会容易发生明显的突跃（popping）的情况[1]。
   b. 非整型曲面细分（`fractional_even`/`fractional_odd`）。新顶点的添加或移除取决于曲面细分因子的整数部分，但是细微的渐变"过渡"调整就要根据因子的小数部分。当我们希望将粗糙的网格经由曲面细分而平滑地过渡到具有更佳细节的网格时，该参数就派上用场了。理解整型细分与非整型细分之间差别的最佳方式就是通过动画实际演示、比对，因此，本章末会有相应的练习来令读者比较两者的差异。
3. `outputtopology`：通过细分所创的三角形的绕序[2]。
   a. `triangle_cw`：顺时针方向的绕序。
   b. `triangle_ccw`：逆时针方向的绕序。
   c. `line`：针对线段曲面细分。
4. `outputcontrolpoints`：外壳着色器执行的次数，每次执行都输出 1 个控制点。系统值 `SV_OutputControlPointID` 给出的索引标明了当前正在工作的外壳着色器所输出的控制点。
5. `patchconstantfunc`：指定常量外壳着色器函数名称的字符串。
6. `maxtessfactor`：告知驱动程序，用户在着色器中所用的曲面细分因子的最大值。如果硬件知道了此上限，便可了解曲面细分所需的资源，继而就能在后台对此进行优化。Direct3D 11 硬件支持的曲面细分因子最大值为 64。

14.3　镶嵌器阶段

程序员无法对镶嵌器[3]这一阶段进行任何控制，因为这一步骤的操作全权交由硬件处理。此环节会基于常量外壳着色器程序所输出的曲面细分因子，对面片进行镶嵌化处理。图 14.2 和图 14.3 详细展示了根据不同的曲面细分因子，对四边形面片与三角形面片所进行的不同细分操作。

---

[1] 用户向目标物体移动过程中，随距离变换会触发不同 LOD 的曲面细分，若取文中的整数因子，则细分之间物体细节变化过大，容易看出物体的变化过程。比如明明是一块棱角分明的石头，走了两步也许就变成球体了……除了文中介绍的 3 种 partitioning 参数之外，还有一种 pow2 因子，即因子值为 2 的次方。

[2] outputtopology 参数还有一个 point 选项。

[3] 此阶段（tessellation stage，有时也写作 tessellator stage）起主要作用的是镶嵌器。由于现在是将曲面细分阶段（官方名亦为 tessellation stage，可见，二者的名称容易冲突）按顺序划分为外壳着色器（由常量外壳着色器与控制点外壳着色器组成）、镶嵌器、域着色器三个环节，所以此节名为"镶嵌器阶段"似乎更妥。

14.3.1　四边形面片的曲面细分示例

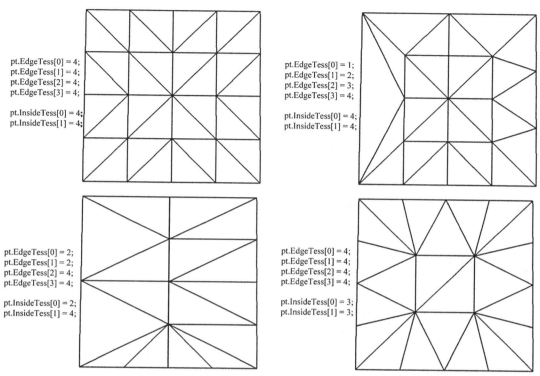

图 14.2　基于不同的边缘细分因子以及内部细分因子对四边形细分的示意图

14.3.2　三角形面片的曲面细分示例

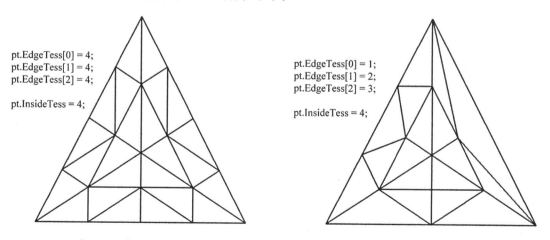

图 14.3　基于不同的边缘细分因子以及内部细分因子对三角形细分的示意图

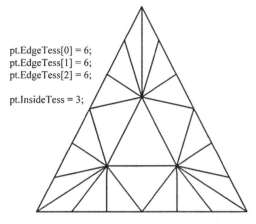
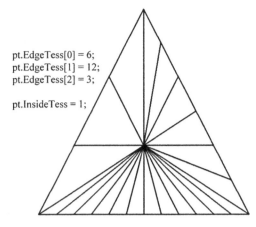

图 14.3　基于不同的边缘细分因子以及内部细分因子对三角形细分的示意图（续）

14.4　域着色器

　　镶嵌器阶段会输出新建的所有顶点与三角形，在此阶段所创建顶点，都会逐一调用域着色器（domain shader）进行后续处理。随着曲面细分功能的开启，顶点着色器便化身为 "处理每个控制点的顶点着色器"，而外壳着色器[①]的本质实为 "针对已经过镶嵌化的面片进行处理的顶点着色器"。特别是，我们可以在此将经镶嵌化处理的面片顶点投射到齐次裁剪空间。

　　对于四边形面片来讲，域着色器以曲面细分因子（还有一些来自常量外壳着色器所输出的每个面片的附加信息）、控制点外壳着色器所输出的所有面片控制点以及镶嵌化处理后的顶点位置参数坐标(u, v)作为输入。注意，域着色器给出的并不是镶嵌化处理后的实际顶点位置，而是这些点位于面片域空间（patch domain space）内的参数坐标(u, v)（见图 14.4）。是否利用这些参数坐标以及控制点来求取真正的 3D 顶点位置，完全取决于用户自己。在以下代码中，我们将通过双线性插值（bilinear interpolation，其工作原理与纹理的线性过滤相似）来实现这一点。

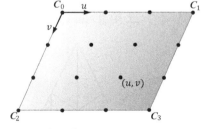

图 14.4　对具有 4 个控制点的四边形面片进行细分，以生成坐标位于范围 $[0, 1]^2$ 内的规范化 uv 空间中的 16 个顶点

```
struct DomainOut
{
  float4 PosH : SV_POSITION;
};
```

---

① 怀疑这是笔误。因为外壳着色器没有执行镶嵌处理，这一工作是由镶嵌器实现，而且还着重说明 "已经过镶嵌化的面片（tessellated patch）"，结合域着色器在镶嵌器之后这一位置关系，再阅读代码中实际进行坐标变换的着色器，怀疑这里所述的应当为域着色器。

```
// 每当镶嵌器（tessellator）创建顶点时都会调用域着色器。
// 可以把它看作镶嵌处理阶段后的"顶点着色器"
[domain("quad")]
DomainOut DS(PatchTess patchTess,
        float2 uv : SV_DomainLocation,
        const OutputPatch<HullOut, 4> quad)
{
  DomainOut dout;

  // 双线性插值
  float3 v1 = lerp(quad[0].PosL, quad[1].PosL, uv.x);
  float3 v2 = lerp(quad[2].PosL, quad[3].PosL, uv.x);
  float3 p  = lerp(v1, v2, uv.y);

  float4 posW = mul(float4(p, 1.0f), gWorld);
  dout.PosH = mul(posW, gViewProj);

  return dout;
}
```

注意

> Note　如图 14.4 所示，四边形面片的控制点顺序是一行紧接着一行（逐行）排列的。

域着色器处理三角形面片的方法与处理四边形面片的方法很相似，只是把顶点用类型为 float3 的重心坐标(u, v, w)来表示，以此作为域着色器的输入（与重心坐标相关的数学内容请参见附录 C.3 节），从而取代参数坐标(u, v)。将三角形面片以重心坐标作为输入的原因，很可能是因为贝塞尔三角形面片都是用重心坐标来定义所导致的。

14.5　对四边形进行镶嵌化处理

作为本章中的第一个演示程序，我们在其中向渲染流水线提交了一个四边形面片，根据此面片与摄像机之间的距离对它进行镶嵌处理，再通过类似于之前示例中用于构造"山丘"的数学函数对生成的顶点进行平移。

按照如下方法创建存有 4 个控制点的顶点缓冲区。

```
void BasicTessellationApp::BuildQuadPatchGeometry()
{
  std::array<XMFLOAT3,4> vertices =
  {
    XMFLOAT3(-10.0f, 0.0f, +10.0f),
    XMFLOAT3(+10.0f, 0.0f, +10.0f),
    XMFLOAT3(-10.0f, 0.0f, -10.0f),
    XMFLOAT3(+10.0f, 0.0f, -10.0f)
  };

  std::array<std::int16_t, 4> indices = { 0, 1, 2, 3 };
```

```
const UINT vbByteSize = (UINT)vertices.size() * sizeof(Vertex);
const UINT ibByteSize = (UINT)indices.size() * sizeof(std::uint16_t);

auto geo = std::make_unique<MeshGeometry>();
geo->Name = "quadpatchGeo";

ThrowIfFailed(D3DCreateBlob(vbByteSize, &geo->VertexBufferCPU));
CopyMemory(geo->VertexBufferCPU->GetBufferPointer(), vertices.data(),
    vbByteSize);

ThrowIfFailed(D3DCreateBlob(ibByteSize, &geo->IndexBufferCPU));
CopyMemory(geo->IndexBufferCPU->GetBufferPointer(), indices.data(),
    ibByteSize);

geo->VertexBufferGPU = d3dUtil::CreateDefaultBuffer(md3dDevice.Get(),
    mCommandList.Get(), vertices.data(), vbByteSize,
    geo->VertexBufferUploader);

geo->IndexBufferGPU = d3dUtil::CreateDefaultBuffer(md3dDevice.Get(),
    mCommandList.Get(), indices.data(), ibByteSize,
    geo->IndexBufferUploader);

geo->VertexByteStride = sizeof(XMFLOAT3);
geo->VertexBufferByteSize = vbByteSize;
geo->IndexFormat = DXGI_FORMAT_R16_UINT;
geo->IndexBufferByteSize = ibByteSize;

SubmeshGeometry quadSubmesh;
quadSubmesh.IndexCount = 4;
quadSubmesh.StartIndexLocation = 0;
quadSubmesh.BaseVertexLocation = 0;

geo->DrawArgs["quadpatch"] = quadSubmesh;

mGeometries[geo->Name] = std::move(geo);
}
```

四边形面片的渲染项创建如下：

```
void BasicTessellationApp::BuildRenderItems()
{
  auto quadPatchRitem = std::make_unique<RenderItem>();
  quadPatchRitem->World = MathHelper::Identity4x4();
  quadPatchRitem->TexTransform = MathHelper::Identity4x4();
  quadPatchRitem->ObjCBIndex = 0;
  quadPatchRitem->Mat = mMaterials["whiteMat"].get();
  quadPatchRitem->Geo = mGeometries["quadpatchGeo"].get();
  quadPatchRitem->PrimitiveType = D3D_PRIMITIVE_TOPOLOGY_4_CONTROL_
    POINT_PATCHLIST;
  quadPatchRitem->IndexCount = quadPatchRitem->Geo-
    >DrawArgs["quadpatch"].IndexCount;
  quadPatchRitem->StartIndexLocation =
    quadPatchRitem->Geo->DrawArgs["quadpatch"].StartIndexLocation;
```

```
quadPatchRitem->BaseVertexLocation =
    quadPatchRitem->Geo->DrawArgs["quadpatch"].BaseVertexLocation;
mRitemLayer[(int)RenderLayer::Opaque].push_back(quadPatchRitem.get());

mAllRitems.push_back(std::move(quadPatchRitem));
}
```

现在我们把注意力转移到外壳着色器上。该外壳着色器与 14.2.1 节及 14.2.2 节中介绍的比较相近，不同之处仅在于现在要根据观察点与网格的距离来确定曲面细分因子。这背后所隐藏的想法即网格与观察点之间距离较远时采用低模网格，并随着两者逐步接近而增加镶嵌的次数（继而增加了网格中的三角形个数，整个过程如图 14.5 所示）。

图 14.5 网格细分的次数随着观察者与之距离的拉近而增加

```
struct VertexIn
{
  float3 PosL  : POSITION;
};

struct VertexOut
{
  float3 PosL  : POSITION;
};

VertexOut VS(VertexIn vin)
{
  VertexOut vout;
  vout.PosL = vin.PosL;
  return vout;
}

struct PatchTess
{
  float EdgeTess[4]   : SV_TessFactor;
  float InsideTess[2] : SV_InsideTessFactor;
```

```
};

PatchTess ConstantHS(InputPatch<VertexOut, 4> patch, uint patchID :
    SV_PrimitiveID)
{
  PatchTess pt;

  float3 centerL = 0.25f*(patch[0].PosL +
                patch[1].PosL +
                patch[2].PosL +
                patch[3].PosL);

  float3 centerW = mul(float4(centerL, 1.0f), gWorld).xyz;

  float d = distance(centerW, gEyePosW);

  // 根据网格与观察点的距离来对面片进行镶嵌处理，如果 d >= d1，则镶嵌份数为 0；若 d <= d0，那么镶
  // 嵌份数为 64。[d0，d1]区间则定义了执行镶嵌操作的距离范围

  const float d0 = 20.0f;
  const float d1 = 100.0f;
  float tess = 64.0f*saturate( (d1-d)/(d1-d0) );

  // 对面片的各方面（边缘、内部）进行统一的镶嵌化处理

  pt.EdgeTess[0] = tess;
  pt.EdgeTess[1] = tess;
  pt.EdgeTess[2] = tess;
  pt.EdgeTess[3] = tess;

  pt.InsideTess[0] = tess;
  pt.InsideTess[1] = tess;

  return pt;
}

struct HullOut
{
  float3 PosL : POSITION;
};

[domain("quad")]
[partitioning("integer")]
[outputtopology("triangle_cw")]
[outputcontrolpoints(4)]
[patchconstantfunc("ConstantHS")]
[maxtessfactor(64.0f)]
HullOut HS(InputPatch<VertexOut, 4> p,
      uint i : SV_OutputControlPointID,
      uint patchId : SV_PrimitiveID)
```

```
  {
    HullOut hout;
    hout.PosL = p[i].PosL;
    return hout;
  }
```

仅是简单地镶嵌化处理还不足以为网格增添丰富的细节，因为新增的三角形仅仅是列于经过细分的面片（平面）之上。因此，我们一定要以某种方式来移动这些新增的顶点，使目标物体的形状更接近于预定的模型。而这些操作都是在域着色器中执行的。在这个演示程序中，我们以 7.7.3 节中介绍过的"山丘"模拟函数在 y 轴方向上对诸顶点进行偏移。

```
struct DomainOut
{
  float4 PosH : SV_POSITION;
};

// 每当镶嵌器创建顶点时都要调用域着色器
// 可以将它看作镶嵌环节后的"顶点着色器"
[domain("quad")]
DomainOut DS(PatchTess patchTess,
        float2 uv : SV_DomainLocation,
        const OutputPatch<HullOut, 4> quad)
{
  DomainOut dout;

  // 双线性插值
  float3 v1 = lerp(quad[0].PosL, quad[1].PosL, uv.x);
  float3 v2 = lerp(quad[2].PosL, quad[3].PosL, uv.x);
  float3 p  = lerp(v1, v2, uv.y);

  // 位移贴图（displacement mapping）
  p.y = 0.3f*( p.z*sin(p.x) + p.x*cos(p.z) );

  float4 posW = mul(float4(p, 1.0f), gWorld);
  dout.PosH = mul(posW, gViewProj);

  return dout;
}

float4 PS(DomainOut pin) : SV_Target
{
  return float4(1.0f, 1.0f, 1.0f, 1.0f);
}
```

14.6　三次贝塞尔四边形面片

在本节中，我们将描述三次贝塞尔四边形面片（cubic Bézier quad patch），并展示如何以更多的控制点来构建曲面。在讲解曲面之前，我们先来一睹贝塞尔曲线（Bézier curve）的"风采"。

14.6.1　贝塞尔曲线

现考虑我们有 3 个非共线的控制点 p_0、p_1 与 p_2。按如下方法借助这 3 个控制点来定义一条贝塞尔曲线。为求得曲线上的一点 $p(t)$，首先要用 t 在点 p_0 与点 p_1 之间以及点 p_1 与点 p_2 之间共进行两次线性插值，以此来分别获取其间的两个中间点：

$$p_0^1 = (1-t)\,p_0 + t p_1$$
$$p_1^1 = (1-t)\,p_1 + t p_2$$

接着，利用 t 在中间点 p_0^1 与 p_1^1 之间再次进行线性插值来求出曲线上一点 $p(t)$：

$$\begin{aligned}
p(t) &= (1-t)p_0^1 + t p_1^1 \\
&= (1-t)\big((1-t)\,p_0 + t p_1\big) + t\big((1-t)\,p_1 + t p_2\big) \\
&= (1-t)^2\,p_0 + 2(1-t)t p_1 + t^2\,p_2
\end{aligned}$$

换句话说，二次（二阶）贝塞尔曲线的参数方程是通过连续插值而推导出来的：

$$p(t) = (1-t)^2\,p_0 + 2(1-t)t p_1 + t^2\,p_2$$

同理，4 个控制点 p_0、p_1、p_2 以及 p_3 则定义了 3 次（三阶）贝塞尔曲线，曲线上的点 $p(t)$ 同样可采用重复插值法求得。图 14.6 就演示了 3 次贝塞尔曲线的连续插值过程。首先，在 4 个给定控制点所定义的每条线段上进行第一次线性插值，求出第一波生成的三个中间点：

$$p_0^1 = (1-t)\,p_0 + t p_1$$
$$p_1^1 = (1-t)\,p_1 + t p_2$$
$$p_2^1 = (1-t)\,p_2 + t p_3$$

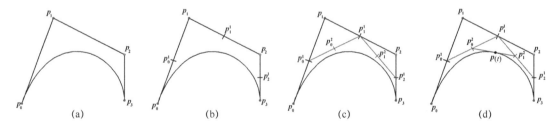

图 14.6　为求出三次贝塞尔曲线上的点而进行重复插值运算（设插值因子为 $t = 0.5$）

（a）4 个控制点以及它们所定义的三次贝塞尔曲线　（b）在控制点之间进行线性插值来计算第一批中间点　（c）在第一波中间点之间进行线性插值来生成第二批中间点

（d）在第二批中间点之间再次进行线性插值以求出三次贝塞尔曲线上的点

接下来，在第一批生成的中间点所连接的线段上进行线性插值，求取第二批生成的中间点：

$$\begin{aligned}
p_0^2 &= (1-t)p_0^1 + t p_1^1 \\
&= (1-t)^2\,p_0 + 2(1-t)t p_1 + t^2\,p_2 \\
p_1^2 &= (1-t)p_1^1 + t p_2^1 \\
&= (1-t)^2\,p_1 + 2(1-t)t p_2 + t^2\,p_3
\end{aligned}$$

最后，对第二批中间点进行线性插值以求出三次贝塞尔曲线上的点 $p(t)$：

$$p(t) = (1-t)p_0^2 + tp_1^2$$
$$= (1-t)\left((1-t)^2 p_0 + 2(1-t)tp_1 + t^2 p_2\right) + t\left((1-t)^2 p_1 + 2(1-t)tp_2 + t^2 p_3\right)$$

将它化简为三次（三阶）贝塞尔曲线的参数方程：

$$p(t) = (1-t)^3 p_0 + 3t(1-t)^2 p_1 + 3t^2(1-t)p_2 + t^3 p_3 \qquad (14.1)$$

通常来讲，三次贝塞尔曲线就能够满足一般用户的需求了，因为它足够平滑，而且对曲线控制的自由度也比较高。当然，我们也可以继续以同样的递归方式进行重复插值，以获取更高阶的曲线。

事实证明，n 阶贝塞尔曲线公式可以用**伯恩斯坦基函数**（Bernstein basis function）的形式来表示，其定义为：

$$B_i^n(t) = \frac{n!}{i!(n-i)!} t^i (1-t)^{n-i}$$

对于三阶曲线而言，它所对应的伯恩斯坦基函数分别为：

$$B_0^3(t) = \frac{3!}{0!(3-0)!} t^0 (1-t)^{3-0} = (1-t)^3$$

$$B_1^3(t) = \frac{3!}{1!(3-1)!} t^1 (1-t)^{3-1} = 3t(1-t)^2$$

$$B_2^3(t) = \frac{3!}{2!(3-2)!} t^2 (1-t)^{3-2} = 3t^2(1-t)$$

$$B_3^3(t) = \frac{3!}{3!(3-3)!} t^3 (1-t)^{3-3} = t^3$$

将这些结果与式（14.1）中的因子进行比对，我们就能把三次贝塞尔曲线方程写作：

$$p(t) = \sum_{j=0}^{3} B_j^3(t) p_j = B_0^3(t) p_0 + B_1^3(t) p_1 + B_2^3(t) p_2 + B_3^3(t) p_3$$

我们可以运用导数的乘方与乘积运算法则来求出三次伯恩斯坦基函数的导数：

$$B_0^{3\prime}(t) = -3(1-t)^2$$
$$B_1^{3\prime}(t) = 3(1-t)^2 - 6t(1-t)$$
$$B_2^{3\prime}(t) = 6t(1-t) - 3t^2$$
$$B_3^{3\prime}(t) = 3t^2$$

因此，对 3 次贝塞尔曲线求导的结果为：

$$p'(t) = \sum_{j=0}^{3} B_j^{3\prime}(t) p_j = B_0^{3\prime}(t) p_0 + B_1^{3\prime}(t) p_1 + B_2^{3\prime}(t) p_2 + B_3^{3\prime}(t) p_3$$

通过这些导数便可以很方便地计算出曲线上某点处的切向量。

注意

> Note   网络上有演示贝塞尔曲线的相关小应用程序（applet）。我们可以对它进行设置或直接操纵其控制点，以此来观察这些因素与曲线形状的关联。

14.6.2　三次贝塞尔曲面

本节将自始至终围绕图 14.7 展开。考虑一个具有 4×4 控制点的面片。其每一行都含有 4 个控制点，因此就可以定义出 4 条三次贝塞尔曲线。**第 i 行**的贝塞尔曲线可表示为：

$$q_i(u) = \sum_{j=0}^{3} B_j^3(u) p_{i,j}$$

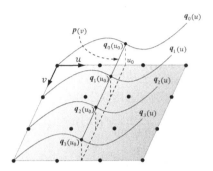

图 14.7　构建一个贝塞尔曲面。此处进行了些合理的简化，使读者对该图示更容易理解——实际上，控制点通常并非都位于同一平面内，而所有 $q_i(u)$ 的位置也未必都如图中那样的理想（仅当曲线相同且每条曲线上的控制点位置都相同时才会出现图中的情况），而且，$p(v)$ 往往不会是条直线，而是一条贝塞尔曲线

如果我们在每条贝塞尔曲线上的 u_0 处进行求值，便会获得 4 个点所构成的"列"，它必将经过每一条曲线。由此，我们就能通过这 4 个点来定义另外一条位于**贝塞尔曲面**（Bézier surface）上 u_0 处的贝塞尔曲线：

$$p(v) = \sum_{i=0}^{3} B_i^3(v) q_i(u_0)$$

如果现在将 u 设为一变量，便可使整条三次贝塞尔曲线移动而"扫"出一个**三次贝塞尔曲面**（cubic Bézier surface）：

$$p(u,v) = \sum_{i=0}^{3} B_i^3(v) q_i(u)$$
$$= \sum_{i=0}^{3} B_i^3(v) \sum_{j=0}^{3} B_j^3(u) p_{i,j}$$

贝塞尔曲面的偏导数有助于计算出对应曲面处的切向量与法向量：

$$\frac{\partial p}{\partial u}(u,v) = \sum_{i=0}^{3} B_i^3(v) \sum_{j=0}^{3} \frac{\partial B_j^3}{\partial u}(u) p_{i,j}$$

$$\frac{\partial p}{\partial v}(u,v) = \sum_{i=0}^{3} \frac{\partial B_i^3}{\partial v}(v) \sum_{j=0}^{3} B_j^3(u) p_{i,j}$$

14.6.3　计算三次贝塞尔曲面的相关代码

在本节中，我们会给出用于计算三次贝塞尔曲面的相关代码。为了便于读者理解这些代码，我们将实现的求和表达式展开如下：

$$\boldsymbol{q}_0(u) = B_0^3(u)\boldsymbol{p}_{0,0} + B_1^3(u)\boldsymbol{p}_{0,1} + B_2^3(u)\boldsymbol{p}_{0,2} + B_3^3(u)\boldsymbol{p}_{0,3}$$

$$\boldsymbol{q}_1(u) = B_0^3(u)\boldsymbol{p}_{1,0} + B_1^3(u)\boldsymbol{p}_{1,1} + B_2^3(u)\boldsymbol{p}_{1,2} + B_3^3(u)\boldsymbol{p}_{1,3}$$

$$\boldsymbol{q}_2(u) = B_0^3(u)\boldsymbol{p}_{2,0} + B_1^3(u)\boldsymbol{p}_{2,1} + B_2^3(u)\boldsymbol{p}_{2,2} + B_3^3(u)\boldsymbol{p}_{2,3}$$

$$\boldsymbol{q}_3(u) = B_0^3(u)\boldsymbol{p}_{3,0} + B_1^3(u)\boldsymbol{p}_{3,1} + B_2^3(u)\boldsymbol{p}_{3,2} + B_3^3(u)\boldsymbol{p}_{3,3}$$

$$
\begin{aligned}
\boldsymbol{p}(u,v) = {} & B_0^3(v)\boldsymbol{q}_0(u) + B_1^3(v)\boldsymbol{q}_1(u) + B_2^3(v)\boldsymbol{q}_2(u) + B_3^3(v)\boldsymbol{q}_3(u) \\
= {} & B_0^3(v)\Big[B_0^3(u)\boldsymbol{p}_{0,0} + B_1^3(u)\boldsymbol{p}_{0,1} + B_2^3(u)\boldsymbol{p}_{0,2} + B_3^3(u)\boldsymbol{p}_{0,3} \Big] \\
& + B_1^3(v)\Big[B_0^3(u)\boldsymbol{p}_{1,0} + B_1^3(u)\boldsymbol{p}_{1,1} + B_2^3(u)\boldsymbol{p}_{1,2} + B_3^3(u)\boldsymbol{p}_{1,3} \Big] \\
& + B_2^3(v)\Big[B_0^3(u)\boldsymbol{p}_{2,0} + B_1^3(u)\boldsymbol{p}_{2,1} + B_2^3(u)\boldsymbol{p}_{2,2} + B_3^3(u)\boldsymbol{p}_{2,3} \Big] \\
& + B_3^3(v)\Big[B_0^3(u)\boldsymbol{p}_{3,0} + B_1^3(u)\boldsymbol{p}_{3,1} + B_2^3(u)\boldsymbol{p}_{3,2} + B_3^3(u)\boldsymbol{p}_{3,3} \Big]
\end{aligned}
$$

以下代码就是由上述方程直接改写而得到的：

```
float4 BernsteinBasis(float t)
{
  float invT = 1.0f - t;

  return float4( invT * invT * invT,      // B_0^3(t) = (1-t)^3
        3.0f * t * invT * invT,      // B_1^3(t) = 3t(1-t)^2
        3.0f * t * t * invT,      // B_2^3(t) = 3t^2(1-t)
        t * t * t );      // B_3^3(t) = t^3
}


float4 dBernsteinBasis(float t)
{
  float invT = 1.0f - t;

  return float4(
    -3 * invT * invT,          // B_0^3'(t) = -3(1-t)^2
    3 * invT * invT - 6 * t * invT,  // B_1^3'(t) = 3(1-t)^2 - 6t(1-t)
    6 * t * invT - 3 * t * t,     // B_2^3'(t) = 6t(1-t) - 3t^2
    3 * t * t );            // B_3^3'(t) = 3t^2
}


float3 CubicBezierSum(const OutputPatch<HullOut, 16> bezpatch,
        float4 basisU, float4 basisV)
{
  float3 sum = float3(0.0f, 0.0f, 0.0f);
  sum = basisV.x * (basisU.x*bezpatch[0].PosL +
```

```
                    basisU.y*bezpatch[1].PosL +
                    basisU.z*bezpatch[2].PosL +
                    basisU.w*bezpatch[3].PosL );

    sum += basisV.y * (basisU.x*bezpatch[4].PosL +
            basisU.y*bezpatch[5].PosL +
            basisU.z*bezpatch[6].PosL +
            basisU.w*bezpatch[7].PosL );

    sum += basisV.z * (basisU.x*bezpatch[8].PosL +
            basisU.y*bezpatch[9].PosL +
            basisU.z*bezpatch[10].PosL +
            basisU.w*bezpatch[11].PosL);

    sum += basisV.w * (basisU.x*bezpatch[12].PosL +
            basisU.y*bezpatch[13].PosL +
            basisU.z*bezpatch[14].PosL +
            basisU.w*bezpatch[15].PosL);

    return sum;
}
```

以上函数可用于求取 $p(u,v)$ 并计算其偏导数：

```
float4 basisU = BernsteinBasis(uv.x);
float4 basisV = BernsteinBasis(uv.y);

//   p(u,v)
float3 p = CubicBezierSum(bezPatch, basisU, basisV);

float4 dBasisU = dBernsteinBasis(uv.x);
float4 dBasisV = dBernsteinBasis(uv.y);

//   ∂p/∂u (u,v)
float3 dpdu = CubicBezierSum(bezPatch, dbasisU, basisV);

//   ∂p/∂v (u,v)
float3 dpdv = CubicBezierSum(bezPatch, basisU, dbasisV);
```

注意

> Note　可以发现，我们把基函数（basis function）的计算结果传入了 CubicBezierSum 函数。由于 $p(u,v)$ 与其偏导数的求和形式相同，仅基函数不同，因此 CubicBezierSum 函数不仅能用来计算 $p(u,v)$，还可以用于求取其偏导数。

14.6.4　定义面片的几何形状

我们的顶点缓冲区存储着按下列方式来创建的 16 个控制点：

```
void BezierPatchApp::BuildQuadPatchGeometry()
{
  std::array<XMFLOAT3,16> vertices =
  {
    // 第0行
    XMFLOAT3(-10.0f, -10.0f, +15.0f),
    XMFLOAT3(-5.0f, 0.0f, +15.0f),
    XMFLOAT3(+5.0f, 0.0f, +15.0f),
    XMFLOAT3(+10.0f, 0.0f, +15.0f),

    // 第1行
    XMFLOAT3(-15.0f, 0.0f, +5.0f),
    XMFLOAT3(-5.0f, 0.0f, +5.0f),
    XMFLOAT3(+5.0f, 20.0f, +5.0f),
    XMFLOAT3(+15.0f, 0.0f, +5.0f),

    // 第2行
    XMFLOAT3(-15.0f, 0.0f, -5.0f),
    XMFLOAT3(-5.0f, 0.0f, -5.0f),
    XMFLOAT3(+5.0f, 0.0f, -5.0f),
    XMFLOAT3(+15.0f, 0.0f, -5.0f),

    // 第3行
    XMFLOAT3(-10.0f, 10.0f, -15.0f),
    XMFLOAT3(-5.0f, 0.0f, -15.0f),
    XMFLOAT3(+5.0f, 0.0f, -15.0f),
    XMFLOAT3(+25.0f, 10.0f, -15.0f)
  };

  std::array<std::int16_t, 16> indices =
  {
    0, 1, 2, 3,
    4, 5, 6, 7,
    8, 9, 10, 11,
    12, 13, 14, 15
  };

  const UINT vbByteSize = (UINT)vertices.size() * sizeof(Vertex);
  const UINT ibByteSize = (UINT)indices.size() * sizeof(std::uint16_t);

  auto geo = std::make_unique<MeshGeometry>();
  geo->Name = "quadpatchGeo";

  ThrowIfFailed(D3DCreateBlob(vbByteSize, &geo->VertexBufferCPU));
  CopyMemory(geo->VertexBufferCPU->GetBufferPointer(), vertices.data(),
    vbByteSize);
```

```
ThrowIfFailed(D3DCreateBlob(ibByteSize, &geo->IndexBufferCPU));
CopyMemory(geo->IndexBufferCPU->GetBufferPointer(), indices.data(),
  ibByteSize);

geo->VertexBufferGPU = d3dUtil::CreateDefaultBuffer(md3dDevice.Get(),
  mCommandList.Get(), vertices.data(), vbByteSize, geo-
  >VertexBufferUploader);

geo->IndexBufferGPU = d3dUtil::CreateDefaultBuffer(md3dDevice.Get(),
  mCommandList.Get(), indices.data(), ibByteSize, geo-
  >IndexBufferUploader);

geo->VertexByteStride = sizeof(XMFLOAT3);
geo->VertexBufferByteSize = vbByteSize;
geo->IndexFormat = DXGI_FORMAT_R16_UINT;
geo->IndexBufferByteSize = ibByteSize;

SubmeshGeometry quadSubmesh;
quadSubmesh.IndexCount = (UINT)indices.size();
quadSubmesh.StartIndexLocation = 0;
quadSubmesh.BaseVertexLocation = 0;

geo->DrawArgs["quadpatch"] = quadSubmesh;

mGeometries[geo->Name] = std::move(geo);
}
```

注意

Note 这里并没有严格地限定控制点一定要按等距排列为均匀的栅格。

按下列方式为四边形面片创建相应的渲染项：

```
void BezierPatchApp::BuildRenderItems()
{
  auto quadPatchRitem = std::make_unique<RenderItem>();
  quadPatchRitem->World = MathHelper::Identity4x4();
  quadPatchRitem->TexTransform = MathHelper::Identity4x4();
  quadPatchRitem->ObjCBIndex = 0;
  quadPatchRitem->Mat = mMaterials["whiteMat"].get();
  quadPatchRitem->Geo = mGeometries["quadpatchGeo"].get();
  quadPatchRitem->PrimitiveType = D3D_PRIMITIVE_TOPOLOGY_16_CONTROL_
    POINT_PATCHLIST;
  quadPatchRitem->IndexCount = quadPatchRitem->Geo-
    >DrawArgs["quadpatch"].IndexCount;
  quadPatchRitem->StartIndexLocation =
    quadPatchRitem->Geo->DrawArgs["quadpatch"].StartIndexLocation;
  quadPatchRitem->BaseVertexLocation =
    quadPatchRitem->Geo->DrawArgs["quadpatch"].BaseVertexLocation;
  mRitemLayer[(int)RenderLayer::Opaque].push_back(quadPatchRitem.get());
```

```
mAllRitems.push_back(std::move(quadPatchRitem));
}
```
图 14.8 所示即为贝赛尔曲面演示程序的效果。

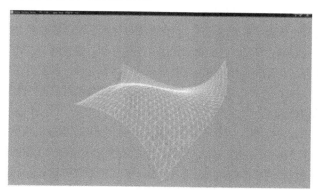

图 14.8 贝塞尔曲面演示程序的效果

14.7 小结

1. 曲面细分是渲染流水线中的一个可选阶段。它由外壳着色器、镶嵌器与域着色器构成。其中，外壳着色器与域着色器是可编程的，镶嵌器则全权交由硬件管理。

2. 硬件曲面细分有助于节约内存资源。有了这项技术，我们就能仅存储低模网格，并按照需求动态地运用镶嵌化处理手段为网格增添细节。另外，像动画与物理模拟所需的计算工作，都可以在曲面细分之前的低模网格上以较低频次开展。最后要提到的是，连续 LOD 算法现在已经完全可以在 GPU 上实现，这在硬件曲面细分技术诞生之前是必须通过 CPU 来实现的。

3. 在开启曲面细分功能，并向渲染流水线提交控制点后，前文中那几种新介绍的图元类型就该一展身手了。Direct3D 12 支持具有 1 ～ 32 个控制点的面片，它们分别由枚举类型 D3D_PRIMITIVE_1_CONTROL_POINT_PATCH...D3D_PRIMITIVE_32_CONTROL_POINT_PATCH 来表示。

4. 使用曲面细分技术时，顶点着色器就会以控制点作为输入，并针对每个控制点执行相应的动画或物理模拟计算。外壳着色器由常量外壳着色器与控制点外壳着色器组成。常量外壳着色器对每个面片都逐一进行计算，并输出面片所对应的曲面细分因子，该因子会指导镶嵌器对面片执行镶嵌化处理，将其划分为特定份数。对了，除了输出曲面细分因子外，常量外壳着色器还能输出一些面片的其他可选数据。控制点外壳着色器以大量控制点作为输入与输出，每当有控制点输出时都会调用它一次。一般来讲，控制点外壳着色器会修改输入面片的曲面表示方式。例如，若向外壳着色器阶段输入具有 3 个控制点的三角形，它便可能输出拥有 10 个控制点的贝塞尔三角形面片。

5. 曲面细分阶段会在创建每一个顶点时调用域着色器。尽管在开启曲面细分功能后，顶点着色器充当着"处理每一个控制点的顶点着色器"，但实质上外壳着色器才是"针对镶嵌化面片顶点进行处理的顶点着色器"。特别是，我们在此阶段便可以将镶嵌处理后的面片顶点投射到齐次裁剪空间，或针对这些顶点执行其他操作。

6. 如果我们不对某物体进行镶嵌化处理（例如曲面细分因子非常接近于 1 的时候），就不要在渲染此物体时开启曲面细分阶段，这会白白产生一定的开销。避免对"占地"小于 8 像素的三角形执行镶嵌化处理。尽量将所有的镶嵌化物体一次性绘制出来，以避免在一帧中往复开关曲面细分功能。另外，在外壳着色器中可使用背面剔除与视锥体剔除这些优化手段，以便丢弃用户根本看不到的镶嵌面片。

7. 通过参数方程来指定贝塞尔曲线与贝塞尔曲面，借此便可以描述出相应的平滑曲线与曲面。此二者的"形状"实则由控制点来加以操纵。除了能够直接绘制出平滑的曲面之外，贝塞尔曲面还可以用于一些流行的硬件曲面细分算法，如 PN 三角形方法与 Catmull-Clark 逼近型细分曲面方法（Catmull-Clark approximation）。

14.8　练习

1. 重新编写"Basic Tessellation"（基本曲面细分）演示程序，但是这一次要对三角形面片而非四边形面片进行镶嵌处理。

2. 根据正二十面体与观察点的距离关系将其镶嵌细分为一个球体。

3. 修改"Basic Tessellation"演示程序，对平面四边形进行固定配置的曲面细分处理（fixed tessellation，如，不随观察点与物体间的距离修改细分参数）。尝试不同的边缘细分因子与内部细分因子，直到找到最为理想的设置参数。

4. 探索非整型曲面细分。即尝试在"Basic Tessellation"演示程序中使用：
```
[partitioning("fractional_even")]
[partitioning("fractional_odd")]
```

5. 为二次贝塞尔曲线计算伯恩斯坦基函数 $B_0^2(t)$、$B_1^2(t)$ 与 $B_2^2(t)$，再分别求出相应的导数 $B_0^{2\prime}(t)$、$B_1^{2\prime}(t)$ 与 $B_2^{2\prime}(t)$。最后，对二次贝塞尔曲面的参数方程求导。

6. 尝试通过修改"Bézier Patch"（贝塞尔面片）演示程序中的控制点来改变其中的贝塞尔曲面。

7. 用附有 9 个控制点的二次贝塞尔曲面重新实现"Bézier Patch"演示程序。

8. 修改"Bézier Patch"演示程序，利用光照使其中的贝塞尔曲面表现出明暗变化。为此，我们需要在域着色器中计算顶点法线。而位于顶点处的法线可由此曲面点处坐标的偏导数叉积求得。

9. 研究并实现贝塞尔三角形面片。

第三部分
主题篇

在本部分中，我们的重点是通过 Direct3D 实现几组 3D 应用来演示多种相关技术，例如渲染天空场景、环境光遮蔽（ambient occlusion，也有译作环境光吸收等）、角色动画（character animation）、拾取（picking）、环境贴图（environment mapping，也有译作环境映射）、法线贴图（normal mapping，也有译作法线映射）以及阴影贴图（shadow mapping，也有译作阴影映射）。

第 15 章"构建第一人称视角的摄像机与动态索引" 本章将展示怎样按第一人称的游戏视角来设计一个摄像机系统。示例中，我们会通过键盘与鼠标的输入操作来控制此摄像机。除此之外，本章还会介绍 Direct3D 12 中新引进的动态索引（dynamic indexing）技术，以此对着色器中的纹理对象数组进行动态索引。

第 16 章"实例化与视锥体剔除" 实例化（instancing）是一种硬件支持技术，可以针对同一几何图形以不同参数（意即在场景中的不同位置或具有不同的颜色）的绘制情况进行优化。视锥体剔除也是一种优化技术，当整个物体都处于虚拟摄像机的视野之外时，我们就可利用此技术将已提交至渲染管线的对应物体完全丢弃。我们还会在此章展示如何计算网格的包围盒与包围球。

第 17 章"拾取" 本章会讲述如何来确定用户通过鼠标选取的特定 3D 对象（或 3D 图元）。3D 游戏与 3D 应用中经常会用到此技术，使用户利用鼠标与 3D 环境交互。

第 18 章"立方体贴图" 本章将演示如何将环境贴图映射到任意形状的网格之上，还会通过环境图来为天空球（sky-sphere）贴图。

第 19 章"法线贴图" 本章将展示如何通过使用法线图（normal map，即存有法向量的纹理）来为实时光照效果增添更加丰富的细节。由于法线图中的表面法线比逐顶点法线（per-vertex normal）的粒度更细，因此光照效果也更加真实。

第 20 章"阴影贴图" 阴影贴图是一种实时的阴影绘制技术，借此可以将阴影渲染到任意形状的几何体之上（即不仅限于平面阴影）。本章还会介绍投影纹理的工作原理。

第 21 章"环境光遮蔽" 在使场景变得更加真实的过程中，光照扮演着极为重要的角色。本章会根据场景中某点对入射光被周围物体遮挡的程度来改良光照方程中的环境光项。

第 22 章"四元数" 本章将介绍称为四元数（quaternion）的数学对象（mathematical object），将展示用单位四元数表示旋转，并用简便的方法对它进行插值，以此来简洁地实现插值以及旋转操作。一旦可以实现上述操作，我们便可创建 3D 动画。

　　第 23 章"角色动画"本章涵盖了角色动画理论，并展示怎样通过一个复杂的行走动画来驱动人形游戏角色。

第 **15** 章

构建第一人称视角的摄像机与动态索引

在本章中，我们将分别探讨两个略显简短的主题。首先，我们要设计一个如同第一人称游戏中那样的摄像机系统，并用它来替代之前演示程序中的旋转摄像机系统（orbiting camera system）。其次，我们会介绍 Direct3D 12 中一种名为动态索引（dynamic indexing，自着色器模型 5.1 开始才有的新功能）的新技术，由此便可以对纹理对象数组（如 Texture2D gDiffuseMap[n]）进行动态索引了。这与我们在第 12 章中索引的特殊纹理数组对象（Texture2DArray）有些相似，但与之不同的是，动态索引可以处理由不同大小与类型的纹理所构成的数组，因此比 Texture2DArray 资源灵活得多。

学习目标：

1. 复习观察空间变换（view space transformation，也作取景变换）的相关数学知识。
2. 能够指出第一人称摄像机具有代表性的功能。
3. 学习如何来实现第一人称摄像机。
4. 理解怎样对纹理数组进行动态索引。

15.1　重温取景变换

如图 15.1 所示，观察空间（view space，也有译作观察坐标系、视图空间等）是附属于摄像机的坐标系。此空间中，摄像机位于坐标系原点，沿 z 轴正方向观察，x 轴指向摄像机右侧，y 轴指向摄像机的正上方。我们能够用它来取代场景中的顶点相对于世界空间（world space，也有译作世界坐标系）所描述的位置关系，以便在渲染流水线的后续阶段中以摄像机坐标系来描述这些顶点。从世界空间至观察空间的坐标变换称为**取景变换**（view transform，也作观察变换等），对应的矩阵则称作**观察矩阵**（view matrix）。

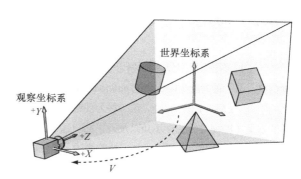

图 15.1　摄像机坐标系。摄像机在自己专属的坐标系中，位于坐标系原点并沿 z 轴正方向观察

如果 $Q_W = (Q_x, Q_y, Q_z, 1)$、$u_W = (u_x, u_y, u_z, 0)$、$v_W = (v_x, v_y, v_z, 0)$ 且 $w_W = (w_x, w_y, w_z, 0)$ 分别表示观察

空间中的原点、x 轴、y 轴与 z 轴相对于世界空间的齐次坐标，则根据 3.4.3 节可知，从观察空间至世界空间的坐标变换矩阵为：

$$W = \begin{bmatrix} u_x & u_y & u_z & 0 \\ v_x & v_y & v_z & 0 \\ w_x & w_y & w_z & 0 \\ Q_x & Q_y & Q_z & 1 \end{bmatrix}$$

然而，这却并不是我们所期待的变换。刚好相反，我们需要的是由世界空间到观察空间的变换。再次回顾 3.4.5 节可知，这种逆变换通过上述矩阵的逆即可实现，因此可利用 W^{-1} 将坐标从世界空间变换到观察空间。

一般来讲，世界坐标系与观察坐标系的差别仅在于位置与朝向，因此可直观地记作 $W = RT$（即将世界矩阵分解为一个旋转矩阵与一个平移矩阵的乘积）。这使得逆变换的计算更为简便：

$$V = W^{-1} = (RT)^{-1} = T^{-1}R^{-1} = T^{-1}R^{\mathrm{T}}$$

$$= \begin{bmatrix} 1 & 0 & 0 & 0 \\ 0 & 1 & 0 & 0 \\ 0 & 0 & 1 & 0 \\ -Q_x & -Q_y & -Q_z & 1 \end{bmatrix} \begin{bmatrix} u_x & v_x & w_x & 0 \\ u_y & v_y & w_y & 0 \\ u_z & v_z & w_z & 0 \\ 0 & 0 & 0 & 1 \end{bmatrix} = \begin{bmatrix} u_x & v_x & w_x & 0 \\ u_y & v_y & w_y & 0 \\ u_z & v_z & w_z & 0 \\ -Q \cdot u & -Q \cdot v & -Q \cdot w & 1 \end{bmatrix}$$

因此，观察矩阵形如：

$$V = \begin{bmatrix} u_x & v_x & w_x & 0 \\ u_y & v_y & w_y & 0 \\ u_z & v_z & w_z & 0 \\ -Q \cdot u & -Q \cdot v & -Q \cdot w & 1 \end{bmatrix} \tag{15.1}$$

同所有的坐标变换一样，我们并没有移动场景中的任何物体。由于我们用摄像机空间的参考标架（frame of reference）取代了世界空间的参考标架，以致场景中物体的坐标才纷纷发生了改变。

15.2　摄像机类

为了封装摄像机部分的相关代码，我们就要定义并实现 Camera 类。该摄像机类中的数据存储了两种关键信息。第一种为此类中定义的 *position*、*right*、*up* 与 *look* 向量，分别是以世界空间坐标表示的观察空间坐标系的原点、x 轴、y 轴、z 轴。第二种为视锥体的属性。我们可以把摄像机的镜头（lens of camera）当作视锥体的定义（即视锥体的视场角以及近平面、远平面）。该类中实现的大都是功能琐碎（trivial，如简单的存取方法）的方法，其中数据成员和方法的概述可参见以下代码中的注释。在 15.3 节中，我们会对摄像机类中的关键方法进行讲解。

```
class Camera
{
public:

    Camera();
```

```
~Camera();

// 获取及设置世界(空间中)摄像机的位置
DirectX::XMVECTOR GetPosition()const;
DirectX::XMFLOAT3 GetPosition3f()const;
void SetPosition(float x, float y, float z);
void SetPosition(const DirectX::XMFLOAT3& v);

// 获取摄像机的基向量
DirectX::XMVECTOR GetRight()const;
DirectX::XMFLOAT3 GetRight3f()const;
DirectX::XMVECTOR GetUp()const;
DirectX::XMFLOAT3 GetUp3f()const;
DirectX::XMVECTOR GetLook()const;
DirectX::XMFLOAT3 GetLook3f()const;

// 获取视锥体的属性
float GetNearZ()const;
float GetFarZ()const;
float GetAspect()const;
float GetFovY()const;
float GetFovX()const;

// 获取用观察空间坐标表示的近、远平面的大小
float GetNearWindowWidth()const;
float GetNearWindowHeight()const;
float GetFarWindowWidth()const;
float GetFarWindowHeight()const;

// 设置视锥体
void SetLens(float fovY, float aspect, float zn, float zf);

// 通过 LookAt 方法的参数来定义摄像机空间
void LookAt(DirectX::FXMVECTOR pos,
     DirectX::FXMVECTOR target,
     DirectX::FXMVECTOR worldUp);
void LookAt(const DirectX::XMFLOAT3& pos,
     const DirectX::XMFLOAT3& target,
     const DirectX::XMFLOAT3& up);

// 获取观察矩阵与投影矩阵
DirectX::XMMATRIX GetView()const;
DirectX::XMMATRIX GetProj()const;

DirectX::XMFLOAT4X4 GetView4x4f()const;
DirectX::XMFLOAT4X4 GetProj4x4f()const;

// 将摄像机按距离 d 进行左右平移(Strafe)或前后移动(Walk)
void Strafe(float d);
void Walk(float d);
```

```
    // 将摄像机进行旋转
    void Pitch(float angle);
    void RotateY(float angle);

    // 修改摄像机的位置与朝向之后，调用此函数来重新构建观察矩阵
    void UpdateViewMatrix();

private:

    // 摄像机坐标系相对于世界空间的坐标
    DirectX::XMFLOAT3 mPosition = { 0.0f, 0.0f, 0.0f };
    DirectX::XMFLOAT3 mRight = { 1.0f, 0.0f, 0.0f };
    DirectX::XMFLOAT3 mUp = { 0.0f, 1.0f, 0.0f };
    DirectX::XMFLOAT3 mLook = { 0.0f, 0.0f, 1.0f };

    // 缓存视锥体的属性
    float mNearZ = 0.0f;
    float mFarZ = 0.0f;
    float mAspect = 0.0f;
    float mFovY = 0.0f;
    float mNearWindowHeight = 0.0f;
    float mFarWindowHeight = 0.0f;

    bool mViewDirty = true;

    // 缓存观察矩阵与投影矩阵
    DirectX::XMFLOAT4X4 mView = MathHelper::Identity4x4();
    DirectX::XMFLOAT4X4 mProj = MathHelper::Identity4x4();
};
```

注意

 Camera.h/Camera.cpp 文件都位于 Common 文件夹中。

15.3　摄像机类中的方法实现选讲

本节内容不涉及摄像机中的 **get/set** 简单存取方法，而是仅讨论其中比较重要的方法。

15.3.1　返回 XMVECTOR 类型变量的方法

首先要谈及的是摄像机类中各 "**get**" 方法返回 XMVECTOR 类型变量的问题。这样做其实只是为了使用方便而已，如此一来，若用户需要获取 XMVECTOR 类型的数据之时，则无需在代码自行转换：

```
XMVECTOR Camera::GetPosition()const
{
  return XMLoadFloat3(&mPosition);
}


XMFLOAT3 Camera::GetPosition3f()const
{
  return mPosition;
}
```

15.3.2　SetLens 方法

我们可以认为摄像机的镜头即视锥体，因为它控制着观察者的视野。所以，我们在缓存视锥体属性以及构建投影矩阵时就要用到的 SetLens 方法：

```
void Camera::SetLens(float fovY, float aspect, float zn, float zf)
{
  // 缓存视锥体属性
  mFovY = fovY;
  mAspect = aspect;
  mNearZ = zn;
  mFarZ = zf;

  mNearWindowHeight = 2.0f * mNearZ * tanf( 0.5f*mFovY );
  mFarWindowHeight = 2.0f * mFarZ * tanf( 0.5f*mFovY );

  XMMATRIX P = XMMatrixPerspectiveFovLH(mFovY, mAspect, mNearZ, mFarZ);
  XMStoreFloat4x4(&mProj, P);
}
```

15.3.3　推导视锥体信息

正如刚刚所看到的头文件定义，我们不仅缓存了垂直视场角，还提供了额外的方法以推导视锥体的水平视场角。除此之外，我们还给出了特定方法返回近平面与远平面处视锥体的宽度与高度，在我们需要这些数据的时候，自然就会知道其妙处了。这些方法的实现完全依赖于三角学，如果对下列公式有疑问，读者可回顾 5.6.3 节。

```
float Camera::GetFovX()const
{
  float halfWidth = 0.5f*GetNearWindowWidth();
  return 2.0f*atan(halfWidth / mNearZ);
}


float Camera::GetNearWindowWidth()const
{
  return mAspect * mNearWindowHeight;
```

```
}

float Camera::GetNearWindowHeight()const
{
  return mNearWindowHeight;
}

float Camera::GetFarWindowWidth()const
{
  return mAspect * mFarWindowHeight;
}

float Camera::GetFarWindowHeight()const
{
  return mFarWindowHeight;
}
```

15.3.4　与摄像机相关的变换操作

对于第一人称摄像机来讲，若忽略其碰撞检测（collision detection）功能，我们还需要能够做到：

1. 使摄像机沿着观察（look）向量前后移动。这可以通过令摄像机的位置沿其观察向量进行平移来实现。
2. 令摄像机沿着它的右（right）向量左右平移（strafe）。这可以通过使摄像机的位置沿其右向量进行平移来实现。
3. 使摄像机以右向量为轴，绕其旋转来进行俯仰观察。这可以通过使用 XMMatrixRotationAxis 函数，令摄像机的观察向量与上（up）向量绕其右向量进行旋转来实现。
4. 令摄像机绕着世界空间的 y 轴（假设 y 轴对应于世界空间的"向上"方向）向量旋转来观察左右两侧。这可以通过使用 XMMatrixRotationY 函数，令所有的基向量（basis vector）绕世界空间的 y 轴进行旋转来实现。

```
void Camera::Walk(float d)
{
  // mPosition += d*mLook
  XMVECTOR s = XMVectorReplicate(d);
  XMVECTOR l = XMLoadFloat3(&mLook);
  XMVECTOR p = XMLoadFloat3(&mPosition);
  XMStoreFloat3(&mPosition, XMVectorMultiplyAdd(s, l, p));
}

void Camera::Strafe(float d)
{
  // mPosition += d*mRight
  XMVECTOR s = XMVectorReplicate(d);
  XMVECTOR r = XMLoadFloat3(&mRight);
  XMVECTOR p = XMLoadFloat3(&mPosition);
```

```
    XMStoreFloat3(&mPosition, XMVectorMultiplyAdd(s, r, p));
}

void Camera::Pitch(float angle)
{
    // 以右向量为轴旋转上向量与观察向量
    XMMATRIX R = XMMatrixRotationAxis(XMLoadFloat3(&mRight), angle);

    XMStoreFloat3(&mUp,   XMVector3TransformNormal(XMLoadFloat3(&mUp), R));
    XMStoreFloat3(&mLook, XMVector3TransformNormal(XMLoadFloat3(&mLook), R));
}

void Camera::RotateY(float angle)
{
    // 绕世界空间的 y 轴旋转所有的基向量
    XMMATRIX R = XMMatrixRotationY(angle);

    XMStoreFloat3(&mRight,  XMVector3TransformNormal(XMLoadFloat3(&mRight), R));
    XMStoreFloat3(&mUp, XMVector3TransformNormal(XMLoadFloat3(&mUp), R));
    XMStoreFloat3(&mLook, XMVector3TransformNormal(XMLoadFloat3(&mLook), R));
}
```

15.3.5　构建观察矩阵

UpdateViewMatrix 方法首先将摄像机的右向量（right）、上向量（up）与观察向量（look）分别重新进行**正交规范化**（reorthonormalize，也有译作规范正交化等）处理。以此确保它们彼此正交，且都为单位长度。这样做很有必要，因为一连串的旋转操作以及累积的数值误差会使它们变为非正交规范向量。若果真如此，那么这 3 个向量表示的将不再是直角坐标系，而是一个斜坐标系（**skewed coordinate system**，也有译作非对称坐标系），这并非我们的本意。该方法的后续部分就是将这 3 个摄像机向量代入式（15.1）中，从而计算出观察变换矩阵。

```
void Camera::UpdateViewMatrix()
{
    if(mViewDirty)
    {
        XMVECTOR R = XMLoadFloat3(&mRight);
        XMVECTOR U = XMLoadFloat3(&mUp);
        XMVECTOR L = XMLoadFloat3(&mLook);
        XMVECTOR P = XMLoadFloat3(&mPosition);

        // 使摄像机的坐标向量彼此正交且保持单位长度
        L = XMVector3Normalize(L);
        U = XMVector3Normalize(XMVector3Cross(L, R));

        // U, L 已互为正交规范化向量，所以不需要对下列叉积再进行规范化处理
        R = XMVector3Cross(U, L);
```

```
// 填写观察矩阵中的元素
float x = -XMVectorGetX(XMVector3Dot(P, R));
float y = -XMVectorGetX(XMVector3Dot(P, U));
float z = -XMVectorGetX(XMVector3Dot(P, L));

XMStoreFloat3(&mRight, R);
XMStoreFloat3(&mUp, U);
XMStoreFloat3(&mLook, L);

mView(0, 0) = mRight.x;
mView(1, 0) = mRight.y;
mView(2, 0) = mRight.z;
mView(3, 0) = x;

mView(0, 1) = mUp.x;
mView(1, 1) = mUp.y;
mView(2, 1) = mUp.z;
mView(3, 1) = y;

mView(0, 2) = mLook.x;
mView(1, 2) = mLook.y;
mView(2, 2) = mLook.z;
mView(3, 2) = z;

mView(0, 3) = 0.0f;
mView(1, 3) = 0.0f;
mView(2, 3) = 0.0f;
mView(3, 3) = 1.0f;

mViewDirty = false;
    }
}
```

15.4　摄像机演示程序的若干注解

现在，我们就能从应用程序类（如本章即为 CameraAndDynamicIndexingApp 类）中移除如 mPhi、mTheta、mRadius、mView 与 mProj 这些与旋转摄像机系统相关的旧变量。另外，还需添加一个成员变量：

```
Camera mCamera;
```

当调整窗口大小时，我们就不必亲自重新构建透视投影矩阵了，只需将此任务委派给 Camera 类中的 SetLens 方法即可：

```
void CameraAndDynamicIndexingApp::OnResize()
{
```

```
    D3DApp::OnResize();

    mCamera.SetLens(0.25f*MathHelper::Pi, AspectRatio(), 1.0f, 1000.0f);
}
```

可以在 OnKeyboardInput 方法中处理键盘的输入，以此来移动摄像机：

```
void CameraAndDynamicIndexingApp::OnkeyboardInput(constGameTime&gt)
{
const float dt= gt.DeltaTime();

if(GetAsyncKeyState('W') & 0x8000)
  mCamera.Walk(10.0f*dt);

if(GetAsyncKeyState('S') & 0x8000)
  mCamera.Walk(-10.0f*dt);

if(GetAsyncKeyState('A') & 0x8000)
  mCamera.Strafe(-10.0f*dt);

if(GetAsyncKeyState('D') & 0x8000)
  mCamera.Strafe(10.0f*dt);
  mCamera.UpdateViewMatrix();
}
```

而在 OnMouseMove 方法中，我们以旋转摄像机的方式来调整其观察方向：

```
void CameraAndDynamicIndexingApp::OnMouseMove(WPARAM btnState, int x, int y)
{
  if( (btnState & MK_LBUTTON) != 0 )
  {
    // 根据鼠标的移动距离计算旋转角度，并使每个像素都按此角度的1/4进行旋转
    float dx = XMConvertToRadians(
      0.25f*static_cast<float>(x - mLastMousePos.x));
    float dy = XMConvertToRadians(
      0.25f*static_cast<float>(y - mLastMousePos.y));

    mCamera.Pitch(dy);
    mCamera.RotateY(dx);
  }

  mLastMousePos.x = x;
  mLastMousePos.y = y;
}
```

最后，出于渲染的目的，应当允许摄像机实例中的观察矩阵与投影矩阵可以被任意访问：

```
mCamera.UpdateViewMatrix();

XMMATRIX view = mCamera.GetView();
XMMATRIX proj = mCamera.GetProj();
```

图 15.2 所示为摄像机例程的示意图。

图 15.2　摄像机例程的效果图。通过 "W" "S" "A" "D" 4 个键来分别控制摄像机
前、后、左、右 4 个方向的平移。按住鼠标左键并移动鼠标来 "观察" 不同的方向

15.5　动态索引

动态索引的概念比较简单，即在着色器程序中对资源数组进行动态地索引。在本章的演示程序中，所用的资源是纹理数组。指定索引的方法各式各样：

1. 索引可以是常量缓冲区中的某个元素。
2. 索引可以是如 SV_PrimitiveID、SV_VertexID、SV_DispatchThreadID 或 SV_InstanceID 等类似的系统 ID。
3. 索引可以通过计算求取。
4. 索引可来自于纹理所存的数据。
5. 索引也可以出自顶点结构体中的分量。

下列着色器语法声明了一个具有 4 个元素的纹理数组，并展示了怎样利用来自常量缓冲区中的索引来对该纹理数组进行索引。

```
cbuffer cbPerDrawIndex : register(b0)
{
  int gDiffuseTexIndex;
};

Texture2D gDiffuseMap[4] : register(t0);

float4 texValue = gDiffuseMap[gDiffuseTexIndex].Sample(
  gsamLinearWrap, pin.TexC);
```

对于这个演示程序来说，我们的目标是把每个渲染项所需配置的描述符数量降到最低。眼下，我们要为每个渲染项设置物体常量缓冲区、材质常量缓冲区以及漫反射纹理图的 SRV（着色器资源视图）。要使描述符的数量降到最少，便需要令根签名的规模变得更小，这也意味着每次绘制调用所需的开销也会随之减少。此时，若把动态索引与实例化（instancing，下一章的主题）两项技术搭配使用，则效果拔群。我们所用的策略如下。

1. 创建一个存有所有材质数据的结构化缓冲区。即以结构化缓冲区代替常量缓冲区来存储其材质数据。我们可以在着色器程序中对结构化缓冲区进行索引。在绘制每一帧画面时，都将该结构化缓冲区与渲染流水线绑定一次，以令所有的材质都能被着色器程序所用。

2. 通过为物体常量缓冲区添加 `MaterialIndex` 字段来指定本次绘制调用所用的材质索引。在着色器程序中，我们利用此字段（`gMaterialIndex`）来索引材质结构化缓冲区。

3. 在绘制每一帧画面时，直接将场景中用到的**全部**纹理 SRV 描述符（以描述符表的形式）与渲染流水线一次性绑定，而不是像之前那样分别绑定每个渲染项的纹理 SRV。

4. 向材质数据结构体中添加 `DiffuseMapIndex` 字段，以指定与材质所关联的纹理图。据此，我们便可对上一步骤中与流水线相绑定的纹理数组进行索引。

经过这一系列配置，我们仅需为每个渲染项都设置一个物体常量缓冲区。一旦实现了这些内容，我们就能通过 `MaterialIndex` 字段为绘制调用而获取相应的材质，并通过 `DiffuseMapIndex` 字段为绘制调用拾取所需的纹理。

注意

前文提到，结构化缓冲区其实是一种由若干类型数据所构成的数组，可存于 GPU 端的显存之中，并通过着色器程序访问。由于我们仍需动态地更新材质，因此要使用上传缓冲区（upload buffer）而非默认缓冲区。而且在帧资源类中，将以材质结构化缓冲区取代之前的材质常量缓冲区，其创建过程如下：

```
struct MaterialData
{
  DirectX::XMFLOAT4 DiffuseAlbedo = { 1.0f, 1.0f, 1.0f, 1.0f };
  DirectX::XMFLOAT3 FresnelR0 = { 0.01f, 0.01f, 0.01f };
  float Roughness = 64.0f;

  // 用于纹理贴图
  DirectX::XMFLOAT4X4 MatTransform = MathHelper::Identity4x4();

  UINT DiffuseMapIndex = 0;
  UINT MaterialPad0;
  UINT MaterialPad1;
  UINT MaterialPad2;
};
MaterialBuffer = std::make_unique<UploadBuffer<MaterialData>>(
  device, materialCount, false);
```

除此之外，材质结构化缓冲区与材质常量缓冲区两者的代码差别不大。

接下来，根据着色器所需输入的新数据对根签名进行更新：

```
CD3DX12_DESCRIPTOR_RANGE texTable;
texTable.Init(D3D12_DESCRIPTOR_RANGE_TYPE_SRV, 4, 0, 0);

// 根参数能够是描述符表、根描述符或根常量
CD3DX12_ROOT_PARAMETER slotRootParameter[4];

// 性能小提示：按变更频率由高至低排列
slotRootParameter[0].InitAsConstantBufferView(0);
slotRootParameter[1].InitAsConstantBufferView(1);
slotRootParameter[2].InitAsShaderResourceView(0, 1);
slotRootParameter[3].InitAsDescriptorTable(1, &texTable,
    D3D12_SHADER_VISIBILITY_PIXEL);

auto staticSamplers = GetStaticSamplers();

// 根签名由一系列根参数组成
CD3DX12_ROOT_SIGNATURE_DESC rootSigDesc(4, slotRootParameter,
  (UINT)staticSamplers.size(), staticSamplers.data(),
  D3D12_ROOT_SIGNATURE_FLAG_ALLOW_INPUT_ASSEMBLER_INPUT_LAYOUT);
```

到此为止，在绘制渲染项之前，我们就能在每帧中一次性绑定所有材质与纹理的 SRV，而不必将每个渲染项依次进行绑定。而后，只需为每个渲染项设置其对应的物体常量缓冲区即可：

```
void CameraAndDynamicIndexingApp::Draw(const GameTimer& gt)
{
  ...
  auto passCB = mCurrFrameResource->PassCB->Resource();
  mCommandList->SetGraphicsRootConstantBufferView(1, passCB-
    >GetGPUVirtualAddress());

  // 绑定场景中要用到的所有材质。对于结构化缓冲区而言，我们能绕开描述符堆而直接将其设置为根描述
  // 符
  auto matBuffer = mCurrFrameResource->MaterialBuffer->Resource();
  mCommandList->SetGraphicsRootShaderResourceView(2,
    matBuffer->GetGPUVirtualAddress());

  // 绑定场景中需要的所有纹理。可以发现，我们仅须指定表中的第一个描述符。而根签名将自行推断描述符表
  // 里到底含有多少个描述符
  mCommandList->SetGraphicsRootDescriptorTable(3,
    mSrvDescriptorHeap->GetGPUDescriptorHandleForHeapStart());

  DrawRenderItems(mCommandList.Get(), mOpaqueRitems);
  ...
}

void CameraAndDynamicIndexingApp::DrawRenderItems(
  ID3D12GraphicsCommandList* cmdList,
  const std::vector<RenderItem*>& ritems)
```

```
{
  ...
  // 针对每个渲染项...
  for(size_t i = 0; i < ritems.size(); ++i)
  {
    auto ri = ritems[i];
    ...

    cmdList->SetGraphicsRootConstantBufferView(0, objCBAddress);

    cmdList->DrawIndexedInstanced(ri->IndexCount, 1,
      ri->StartIndexLocation, ri->BaseVertexLocation, 0);
  }
}
```

可以看到，ObjectConstants 结构体中已含有了 MaterialIndex 字段。为此字段设置的值应当与在材质常量缓冲区中引用对应材质数据所用的索引值相同：

```
// 更新物体常量缓冲区……
ObjectConstants objConstants;
XMStoreFloat4x4(&objConstants.World, XMMatrixTranspose(world));
XMStoreFloat4x4(&objConstants.TexTransform, XMMatrixTranspose(texTransform));
objConstants.MaterialIndex = e->Mat->MatCBIndex;
```

按下列加粗字体的部分修改着色器代码以示范动态索引的用法：

```
// 此头文件包含光照所需的结构体与函数
#include "LightingUtil.hlsl"

// 每种材质所用到的不同常量数据
struct MaterialData
{
  float4   DiffuseAlbedo;
  float3   FresnelR0;
  float    Roughness;
  float4x4 MatTransform;
  uint     DiffuseMapIndex;
  uint     MatPad0;
  uint     MatPad1;
  uint     MatPad2;
};

// 一种只有着色器模型 5.1+ 才支持的纹理数组。与 Texture2DArray 类型数组不同的是，此数组中所存纹
// 理的尺寸与格式可各不相同，这使它比一般的纹理数组更为灵活
Texture2D gDiffuseMap[4] : register(t0);

// 将此材质结构化缓冲区置于 space1 中，使纹理数组不会与这些资源相重叠。而纹理数组将占用寄存器 t0,
// t1, …, t3 中的 space0 空间
StructuredBuffer<MaterialData> gMaterialData : register(t0, space1);

SamplerState gsamPointWrap    : register(s0);
```

505

```hlsl
SamplerState gsamPointClamp       : register(s1);
SamplerState gsamLinearWrap       : register(s2);
SamplerState gsamLinearClamp      : register(s3);
SamplerState gsamAnisotropicWrap  : register(s4);
SamplerState gsamAnisotropicClamp : register(s5);

// 每一帧都有所变化的常量数据
cbuffer cbPerObject : register(b0)
{
    float4x4 gWorld;
    float4x4 gTexTransform;
    uint gMaterialIndex;
    uint gObjPad0;
    uint gObjPad1;
    uint gObjPad2;
};

// 绘制过程中所用的杂项常量数据
cbuffer cbPass : register(b1)
{
    float4x4 gView;
    float4x4 gInvView;
    float4x4 gProj;
    float4x4 gInvProj;
    float4x4 gViewProj;
    float4x4 gInvViewProj;
    float3 gEyePosW;
    float cbPerObjectPad1;
    float2 gRenderTargetSize;
    float2 gInvRenderTargetSize;
    float gNearZ;
    float gFarZ;
    float gTotalTime;
    float gDeltaTime;
    float4 gAmbientLight;

    // 对于每个以 MaxLights 为光源数量最大值的对象来说, 索引[0, NUM_DIR_LIGHTS)表示的是方向
    // 光源索引[NUM_DIR_LIGHTS, NUM_DIR_LIGHTS+NUM_POINT_LIGHTS)表示的是点光源
    // 索引 [NUM_DIR_LIGHTS+NUM_POINT_LIGHTS, NUM_DIR_LIGHTS+NUM_POINT_LIGHT+NUM_SPOT_
    // LIGHTS)则表示的是聚光灯光源
    Light gLights[MaxLights];
};

struct VertexIn
{
    float3 PosL   : POSITION;
    float3 NormalL : NORMAL;
    float2 TexC   : TEXCOORD;
};
```

```
struct VertexOut
{
  float4 PosH   : SV_POSITION;
  float3 PosW   : POSITION;
  float3 NormalW : NORMAL;
  float2 TexC   : TEXCOORD;
};

VertexOut VS(VertexIn vin)
{
  VertexOut vout = (VertexOut)0.0f;

  // 获取材质数据
  MaterialData matData = gMaterialData[gMaterialIndex];

  // 把顶点变换到世界空间
  float4 posW = mul(float4(vin.PosL, 1.0f), gWorld);
  vout.PosW = posW.xyz;

  // 假设这里进行的是等比缩放，否则需要使用世界矩阵的逆转置矩阵进行计算
  vout.NormalW = mul(vin.NormalL, (float3x3)gWorld);

  // 将顶点变换到齐次裁剪空间
  vout.PosH = mul(posW, gViewProj);

  // 为三角形插值而输出顶点属性
  float4 texC = mul(float4(vin.TexC, 0.0f, 1.0f), gTexTransform);
  vout.TexC = mul(texC, matData.MatTransform).xy;

  return vout;
}

float4 PS(VertexOut pin) : SV_Target
{
  // 获取材质数据
  MaterialData matData = gMaterialData[gMaterialIndex];
  float4 diffuseAlbedo = matData.DiffuseAlbedo;
  float3 fresnelR0 = matData.FresnelR0;
  float roughness = matData.Roughness;
  uint diffuseTexIndex = matData.DiffuseMapIndex;

  // 在数组中动态地查找纹理
  diffuseAlbedo *= gDiffuseMap[diffuseTexIndex].Sample(gsamLinearWrap, pin.TexC);

  // 对法线插值可能造成其非规范化，因此要为它再次进行规范化处理
  pin.NormalW = normalize(pin.NormalW);

  // 经表面上一点反射向观察点的向量
```

```
float3 toEyeW = normalize(gEyePosW - pin.PosW);

// 光照项
float4 ambient = gAmbientLight*diffuseAlbedo;

Material mat = { diffuseAlbedo, fresnelR0, roughness };
float4 directLight = ComputeLighting(gLights, mat, pin.PosW, pin.NormalW,
  toEyeW);

float4 litColor = ambient + directLight;

// 从漫反射反照率获取 alpha 值的常用手段
litColor.a = diffuseAlbedo.a;

return litColor;
}
```

注意

Note

以上着色器代码显式地指明了寄存器空间：

```
StructuredBuffer<MaterialData> gMaterialData : register(t0, space1);
```

若非如此，那么其默认的寄存器空间为 space0。通过指定此空间，我们就可以使用着色器寄存器的其他维度，以防资源重叠。例如，我们可以凭下列方式将多种资源存于寄存器 t0 的不同空间之中：

```
Texture2D gDiffuseMap : register(t0, space0);
Texture2D gNormalMap : register(t0, space1);
Texture2D gShadowMap : register(t0, space2);
```

当数据为资源数组时，此法颇有成效。例如，下列具有四个元素的纹理数组占用了寄存器 t0、t1、t2 以及 t3：

```
Texture2D gDiffuseMap[4] : register(t0);
```

由此，我们便可以推算出下一个可用的空闲寄存器为 t4，或者直接使用一个新的寄存器空间而不必在此问题上思虑过多：

```
// 将结构化缓冲区存于 space1 中，这样一来，纹理数组就不会与之重叠了
// 纹理数组将会占用寄存器 t0, t1, …, t3 中的 space0 空间
StructuredBuffer<MaterialData> gMaterialData : register(t0, space1);
```

在此，我们以动态索引的其他 3 种用法作为本节的结束。

1. 将有着不同纹理的邻近网格合并为一个单独的渲染项，这样一来，仅需一次绘制调用就能把它们全部绘制出来。可以把这些网格的纹理与材质数据保存为顶点结构体中的一个属性。

2. 在含有不同大小与不同格式纹理的单次渲染过程中，使用多纹理贴图技术（multitexturing）。

3. 以系统值 SV_InstanceID 作为索引来实例化具有不同纹理与不同材质的渲染项。我们将在下一章中见到相关的示例。

15.6 小结

1. 我们通过指定摄像机的位置与朝向来定义摄像机坐标系。该坐标系的位置是根据相对于世界坐标系的位置向量来加以确定的，而它的朝向则由其相对于世界坐标系的右向量、上向量和观察向量来指定。移动摄像机就相当于：相对于世界坐标系移动摄像机坐标系。

2. 我们将与投影相关的数据纳入了摄像机类，因为透视投影矩阵可视为摄像机的"镜头"，以此便能调整视锥体的视场角、近平面与远平面。

3. 沿着摄像机的观察向量前后平移摄像机即可轻松实现视角的前进与后退。按摄像机的右向量平移即可实现镜头的左右移动。至于俯仰观察，可以令摄像机绕其右向量旋转来完成。而向左、向右巡视可通过使所有的基向量绕世界空间的 y 轴旋转来实现。

4. 动态索引是着色器模型 5.1 引入的新技术，它使我们可以对具有不同大小及格式纹理的数组进行动态索引。此技术的一项应用是：在我们绘制每一帧画面时，可一次性绑定所有的纹理描述符，随后，在像素着色器中对纹理数组进行动态索引来为像素找到它所对应的纹理。

15.7 练习

1. 给出世界空间各坐标轴及其原点的世界坐标：$i = (1, 0, 0)$、$j = (0, 1, 0)$、$k = (0, 0, 1)$ 和 $O = (0, 0, 0)$，以及观察空间诸坐标轴及其原点的世界坐标：$u = (u_x, u_y, u_z)$、$v = (v_x, v_y, v_z)$、$w = (w_x, w_y, w_z)$ 和 $Q = (Q_x, Q_y, Q_z)$，利用点积推导出下列形式的观察矩阵：

$$V = \begin{bmatrix} u_x & v_x & w_x & 0 \\ u_y & v_y & w_y & 0 \\ u_z & v_z & w_z & 0 \\ -Q \cdot u & -Q \cdot v & -Q \cdot w & 1 \end{bmatrix}$$

（还记得吗？要求出由世界空间到观察空间的变换矩阵，我们只需描述出世界空间各坐标轴及其原点相对于观察空间的坐标。接下来，再把这几个坐标作为观察矩阵的行向量。）

2. 修改摄像机演示程序，使它支持"横滚"（roll）动作，就是使摄像机绕其观察向量旋转，令视角实现"侧滚翻"。这对于飞行类游戏而言是必不可少的因素。

3. 假设现有这样一个场景：内含 5 个位置与纹理各不相同的正方体。创建一个网格存储这 5 个处于不同位置的立方体，再为它们统一创建一个渲染项。最后向顶点结构体添加一个字段用于索引纹理。举个例子，立方体 0 上的顶点应被映射为索引 0 所指向的纹理，因此立方体 0 将被纹理 0 所渲染。同理，立方体 1 上的顶点应被贴上索引 1 所指向的纹理，因此立方体 1 将被绘制为纹理 1，并以此类推。在每一帧都把这 5 种纹理与流水线绑定一次，并在像素着色器中用顶点结构体内的索引来选取对应的纹理。注意，我们要在一次绘制调用过程中，用五种不同的纹理来渲染这 5 个立方体。如果绘制调用（draw call）成为了应用程序中的瓶颈，不妨尝试像本练习所做的那样，将邻近的几何体合并到一个渲染项中，借此令程序的性能得到优化。

第**16**章

实例化与视锥体剔除

本章将介绍实例化与视锥体剔除的相关知识。实例化技术常用于对场景中同一对象反复绘制多次的情形。它所带来的优化效果显著，所以 Direct3D 专门为此提供了支持。视锥体剔除技术则是通过简单的测试将位于视锥体外的整组三角形从后续的处理流程中剔除出去。

学习目标：

1. 学习如何实现硬件实例化。
2. 熟悉包围体（bounding volume），了解这种辅助几何体备受青睐的原因以及它们的使用方法。
3. 探索实现视锥体剔除技术。

16.1 硬件实例化

实例化技术常见于同一对象在场景中被绘制多次的情形，而每次绘制时，该物体的位置、朝向、缩放大小、材质乃至纹理可能都各不相同。下面是几个相关示例。

1. 多次绘制几种稍有不同的树木模型来构筑森林。
2. 多次渲染几种略有不同的小行星模型来搭建小行星带。
3. 多次绘制几种稍有差异的人物模型来营造熙攘的人群。

要令每个实例都各自维护一套顶点数据与索引数据将极大地耗费系统资源。因此，我们以存储一份相对于其局部空间的几何体副本（即顶点列表与索引列表）的方法来加以取代。这样一来，在多次绘制同一对象的过程中，每次只要按具体需求使用不同的世界矩阵与材质即可。

尽管此策略可节省内存，但为绘制每个对象而调用的 API 开销仍然可观。即针对每一个对象，我们还必须为其设置独有的材质和世界矩阵，再执行绘制命令。尽管 Direct3D 12 经重新设计，已将 Direct3D 11 在绘制调用过程中所执行大部分 API 的开销降到最低，但少量负载依然存在。Direct3D 实例化 API 使我们可以通过一次绘制调用构造出一个对象的多个实例。再者，有了动态索引（前一章的主题）的辅助，实例化技术将比 Direct3D 11 时期更具灵活性。

注意

 为什么总是对 API 的开销念念不忘呢？对于 Direct3D 11 来说，由于 API 的开销而致使应用变为计算密集型（CPU bound）程序是很普遍的现象（这意味着此时的瓶颈是 CPU 而非 GPU）。其中的原因是关卡设计师比较偏爱为每个对象用其独有的材质与纹理进行绘制，所以在处理每一个物体时都需要先改变渲染状态再执行绘制调用。当每个 API 调用都有极高的 CPU 开销时，为了保证实时的渲染速度，场景的渲染会被限制为只有数千次的绘制调用。图形引擎则会利用批处理技术（batching technique，参见[Wloka03]）来最小化绘制调用的次数。硬件实例化也是如此，有关 API 将按批处理方式进行高效绘制。

16.1.1　绘制实例数据

说来也许会有些出人意料，在前面各章的演示程序中，我们其实一直都在绘制实例数据！然而，实例的数量却为 1（即 DrawIndexedInstanced 方法的第二个参数）：

```
cmdList->DrawIndexedInstanced(ri->IndexCount, 1,
    ri->StartIndexLocation, ri->BaseVertexLocation, 0);
```

第二个参数 InstanceCount 指定了所要绘制的几何体实例数量。如果将此值指定为 10，则该几何体将被绘制 10 次。

照此方法单次调用 DrawIndexedInstanced 方法来一次性绘制出的 10 个对象仍不能满足我们的需求，因为这些物体将拥有相同的材质与纹理，且处于相同的位置。因此，下一步就要解决怎样才能为每个实例对象指定它所独有的实例数据，这样的话，我们就能以不同的变换矩阵、材质与纹理渲染出真正有个体差异的实例。

16.1.2　实例数据

在本书的前一版中，实例数据都是自输入装配阶段获取的。在创建输入布局（input layout）时，可以通过枚举项 D3D12_INPUT_CLASSIFICATION_PER_INSTANCE_DATA 替代 D3D12_INPUT_CLASSIFICATION_PER_VERTEX_DATA 来指定输入的数据为逐实例（per-instance）数据流，而非逐顶点（per-vertex）据流。随后，再将第二个顶点缓冲区与含有实例数据的输入流相绑定。[①]Direct3D 12 仍然支持这种向流水线传递实例数据的方式，但是我们要另择一种更为现代化的方法。

这所谓的"摩登"方法就是为所有实例都创建一个存有其实例数据的结构化缓冲区。例如，若要将某个对象实例化 100 次，就应当创建一个具有 100 个实例数据元素的结构化缓冲区。接着把此结构化缓冲区资源绑定到渲染流水线上，并根据要绘制的实例在顶点着色器中索引相应的数据。那么，怎样才能在顶点着色器中确定要绘制的实例呢？为此，Direct3D 提供了系统值标识符 SV_InstanceID，可供用户在顶点着色器中方便地实现上述目的。例如，将构成第一个实例所用的各顶点统一编号为 0，把组成第二个实例所需的诸顶点统一编号为 1，并依此类推。据此，我们便能在顶点着色器中对结构化缓冲区进行索引来获取所需的实例数据。下列着色器代码展示了这一系列的工作流程：

---

① 此"旧办法"的思路可参见《Efficiently Drawing Multiple Instances of Geometry》(bb173349)一文或本书前一版本。

```
// 光源数量的默认值
#ifndef NUM_DIR_LIGHTS
  #define NUM_DIR_LIGHTS 3
#endif

#ifndef NUM_POINT_LIGHTS
  #define NUM_POINT_LIGHTS 0
#endif

#ifndef NUM_SPOT_LIGHTS
  #define NUM_SPOT_LIGHTS 0
#endif

// 包含光照所需的结构体与函数
#include "LightingUtil.hlsl"

struct InstanceData
{
  float4x4 World;
  float4x4 TexTransform;
  uint     MaterialIndex;
  uint     InstPad0;
  uint     InstPad1;
  uint     InstPad2;
};

struct MaterialData
{
  float4   DiffuseAlbedo;
  float3   FresnelR0;
  float    Roughness;
  float4x4 MatTransform;
  uint     DiffuseMapIndex;
  uint     MatPad0;
  uint     MatPad1;
  uint     MatPad2;
};
```

```
// 只有着色器模型 5.1+ 才支持的纹理数组。与 Texture2Darray 类型数组不同的是，此数组可由不同大小
// 及不同格式的纹理构成，因此它比纹理数组更为灵活
Texture2D gDiffuseMap[7] : register(t0);

// 将下列这两个结构化缓冲区置于 space1 中，从而避免纹理数组与之重叠而上述纹理数组则将占用 t0，
// t1, ···, t6 寄存器的 space0
StructuredBuffer<InstanceData> gInstanceData : register(t0, space1);
StructuredBuffer<MaterialData> gMaterialData : register(t1, space1);

SamplerState gsamPointWrap    : register(s0);
```

```
SamplerState gsamPointClamp       : register(s1);
SamplerState gsamLinearWrap       : register(s2);
SamplerState gsamLinearClamp      : register(s3);
SamplerState gsamAnisotropicWrap  : register(s4);
SamplerState gsamAnisotropicClamp : register(s5);

// 每趟绘制过程中都可能会有所变化的常量数据
cbuffer cbPass : register(b0)
{
  float4x4 gView;
  float4x4 gInvView;
  float4x4 gProj;
  float4x4 gInvProj;
  float4x4 gViewProj;
  float4x4 gInvViewProj;
  float3 gEyePosW;
  float cbPerObjectPad1;
  float2 gRenderTargetSize;
  float2 gInvRenderTargetSize;
  float gNearZ;
  float gFarZ;
  float gTotalTime;
  float gDeltaTime;
  float4 gAmbientLight;

  // 对于每个以 MaxLights 为光源数量最大值的对象来讲，索引[0，NUM_DIR_LIGHTS)表示的是方向光源；
  // 索引[NUM_DIR_LIGHTS, NUM_DIR_LIGHTS+NUM_POINT_LIGHTS)表示的是点光源；
  // 索引[NUM_DIR_LIGHTS+NUM_POINT_LIGHTS+NUM_SPOT_ LIGHTS]表示的是聚光灯光源

  Light gLights[MaxLights];
};

struct VertexIn
{
  float3 PosL   : POSITION;
  float3 NormalL : NORMAL;
  float2 TexC   : TEXCOORD;
};

struct VertexOut
{
  float4 PosH   : SV_POSITION;
  float3 PosW   : POSITION;
  float3 NormalW : NORMAL;
  float2 TexC   : TEXCOORD;

  // 由于此处使用的修饰符是 nointerpolation, 因此该索引指向的都是未经插值的三角形
  nointerpolation uint MatIndex : MATINDEX;
};
```

```
VertexOut VS(VertexIn vin, uint instanceID : SV_InstanceID)
{
    VertexOut vout = (VertexOut)0.0f;

    // 获取实例数据
    InstanceData instData = gInstanceData[instanceID];
    float4x4 world = instData.World;
    float4x4 texTransform = instData.TexTransform;
    uint matIndex = instData.MaterialIndex;

    vout.MatIndex = matIndex;

    // 获取材质数据
    MaterialData matData = gMaterialData[matIndex];

    // 将顶点变换到世界空间
    float4 posW = mul(float4(vin.PosL, 1.0f), world);
    vout.PosW = posW.xyz;

    // 假设要执行的是等比缩放，否则就需要使用世界矩阵的逆转置矩阵进行计算
    vout.NormalW = mul(vin.NormalL, (float3x3)world);

    // 把顶点变换到齐次裁剪空间
    vout.PosH = mul(posW, gViewProj);

    // 为了对三角形进行插值而输出顶点属性
    float4 texC = mul(float4(vin.TexC, 0.0f, 1.0f), texTransform);
    vout.TexC = mul(texC, matData.MatTransform).xy;

    return vout;
}

float4 PS(VertexOut pin) : SV_Target
{
    // 获取材质数据
    MaterialData matData = gMaterialData[pin.MatIndex];
    float4 diffuseAlbedo = matData.DiffuseAlbedo;
    float3 fresnelR0 = matData.FresnelR0;
    float roughness = matData.Roughness;
    uint diffuseTexIndex = matData.DiffuseMapIndex;

    // 在数组中动态地查找纹理
    diffuseAlbedo *= gDiffuseMap[diffuseTexIndex].Sample(gsamLinearWrap,
        pin.TexC);

    // 对法线插值可能使它非规范化，因此需要再次对它进行规范化处理
    pin.NormalW = normalize(pin.NormalW);

    // 从表面上一点指向观察点的向量
```

```
    float3 toEyeW = normalize(gEyePosW - pin.PosW);

    // 光照项
    float4 ambient = gAmbientLight*diffuseAlbedo;

    const float shininess = 1.0f - roughness;
    Material mat = { diffuseAlbedo, fresnelR0, shininess };
    float3 shadowFactor = 1.0f;
    float4 directLight = ComputeLighting(gLights, mat, pin.PosW,
        pin.NormalW, toEyeW, shadowFactor);

    float4 litColor = ambient + directLight;

    // 从漫反射反照率获取 alpha 值的常用方法
    litColor.a = diffuseAlbedo.a;

    return litColor;
}
```

可以发现，代码中已不见了物体常量缓冲区（**cbPerObject**）的身影。此时，每个物体的数据将由实例缓冲区提供。从代码中还能看出，我们是如何通过动态索引来为每个实例关联不同的材质与纹理的。最重要的是，我们可以在单次绘制调用中获取大量的（逐）实例数据！为了完整性起见，现将上述着色器程序所对应的根签名代码列举如下。

```
CD3DX12_DESCRIPTOR_RANGE texTable;
texTable.Init(D3D12_DESCRIPTOR_RANGE_TYPE_SRV, 7, 0, 0);

// 根参数可以是描述符表、根描述符或根常量
CD3DX12_ROOT_PARAMETER slotRootParameter[4];

// 性能小提示：按变更频率由高到低进行排列，效果更佳
slotRootParameter[0].InitAsShaderResourceView(0, 1);
slotRootParameter[1].InitAsShaderResourceView(1, 1);
slotRootParameter[2].InitAsConstantBufferView(0);
slotRootParameter[3].InitAsDescriptorTable(1, &texTable, D3D12_SHADER_
    VISIBILITY_PIXEL);

auto staticSamplers = GetStaticSamplers();

// 根签名由一系列根参数所组成
CD3DX12_ROOT_SIGNATURE_DESC rootSigDesc(4, slotRootParameter,
  (UINT)staticSamplers.size(), staticSamplers.data(),
  D3D12_ROOT_SIGNATURE_FLAG_ALLOW_INPUT_ASSEMBLER_INPUT_LAYOUT);
```

与上一章中所做的工作一样，我们在渲染每一帧画面时都要绑定一次场景中的全部材质与纹理。因而在每次绘制调用时，我们只需再设置存有相应实例数据的结构化缓冲区即可。

```
void InstancingAndCullingApp::Draw(const GameTimer& gt)
{
    ...
```

```
// 绑定此场景所需的全部材质。对于结构化缓冲区而言，我们可以绕过描述符堆的使用而将其直接设置
// 为根描述符

auto matBuffer = mCurrFrameResource->MaterialBuffer->Resource();
mCommandList->SetGraphicsRootShaderResourceView(1, matBuffer-
    >GetGPUVirtualAddress());

auto passCB = mCurrFrameResource->PassCB->Resource();
mCommandList->SetGraphicsRootConstantBufferView(2, passCB-
    >GetGPUVirtualAddress());

// 绑定渲染此场景所用的一切纹理
mCommandList->SetGraphicsRootDescriptorTable(3,
    mSrvDescriptorHeap->GetGPUDescriptorHandleForHeapStart());

DrawRenderItems(mCommandList.Get(), mOpaqueRitems);
...
}

void InstancingAndCullingApp::DrawRenderItems(
    ID3D12GraphicsCommandList* cmdList,
    const std::vector<RenderItem*>& ritems)
{
    // 针对每个渲染项……
    for(size_t i = 0; i < ritems.size(); ++i)
    {
        auto ri = ritems[i];

        cmdList->IASetVertexBuffers(0, 1, &ri->Geo->VertexBufferView());
        cmdList->IASetIndexBuffer(&ri->Geo->IndexBufferView());
        cmdList->IASetPrimitiveTopology(ri->PrimitiveType);

        // 设置此渲染项要用到的实例缓冲区
        // 对于结构化缓冲区来讲，我们可以绕过描述符堆而将其直接设置为根描述符
        auto instanceBuffer = mCurrFrameResource->InstanceBuffer-
            >Resource();
        mCommandList->SetGraphicsRootShaderResourceView(
            0, instanceBuffer->GetGPUVirtualAddress());

        cmdList->DrawIndexedInstanced(ri->IndexCount,
            ri->InstanceCount, ri->StartIndexLocation,
            ri->BaseVertexLocation, 0);
    }
}
```

16.1.3　创建实例缓冲区

实例缓冲区存有绘制每个实例所需的数据，它所存储的信息与之前存于物体常量缓冲区中的数据颇为相似。在 CPU 端，我们所定义的实例数据结构是这样子的：

```
struct InstanceData
```

```
{
  DirectX::XMFLOAT4X4 World = MathHelper::Identity4x4();
  DirectX::XMFLOAT4X4 TexTransform = MathHelper::Identity4x4();
  UINT MaterialIndex;
  UINT InstancePad0;
  UINT InstancePad1;
  UINT InstancePad2;
};
```

因为渲染项含有实例化次数的相关信息，所以位于系统内存中的实例数据也应算作渲染项结构体的组成部分：

```
struct RenderItem
{
  ...
  std::vector<InstanceData> Instances;
  ...
};
```

为了使 GPU 可以访问到这些实例数据，还需要用 InstanceData 元素类型创建一个结构化缓冲区。由于该缓冲区是动态缓冲区（即上传缓冲区），所以就能在每一帧都对它进行更新。在例程中，我们仅将**可见**（visible，指用户视野中可见的物体）实例的实例数据复制到此结构化缓冲区内（这与视锥体剔除有关，详见 16.3 节），再随着摄像机的各方向移动及四处观察对这些可见实例进行变换。用我们自建的 UploadBuffer 辅助类创建动态缓冲区是极其方便的。

```
struct FrameResource
{
public:

  FrameResource(ID3D12Device* device, UINT passCount,
    UINT maxInstanceCount, UINT materialCount);
  FrameResource(const FrameResource& rhs) = delete;
  FrameResource& operator=(const FrameResource& rhs) = delete;
  ~FrameResource();

  // 在 GPU 未处理完命令之前，不能对其引用的命令分配器进行重置，因此每一帧都需要有它们自己的命令
  // 分配器
  Microsoft::WRL::ComPtr<ID3D12CommandAllocator> CmdListAlloc;

  // 同理，在 GPU 未执行完命令之前，也不能对其引用的常量缓冲区进行更新，因此每一帧都需要拥有它们
  // 自己的常量缓冲区
  std::unique_ptr<UploadBuffer<PassConstants>> PassCB = nullptr;
  std::unique_ptr<UploadBuffer<MaterialData>> MaterialBuffer = nullptr;

  // 注意：在此演示程序中，实例只有一个渲染项，所以仅用了一个结构化缓冲区来存储实例数据。若要使程
  // 序更具通用性（即支持实例拥有多个渲染项），我们还需为每个渲染项都添加一个结构化缓冲区，并为每
  // 个缓冲区分配出足够大的空间来容纳要绘制的最多实例个数。虽然看起来涉及的数据有点多，但若不使
  // 用实例化技术，要用到的物体常量数据会更多。例如，如果要在不使用实例化技术的情况下绘制 1000
  // 个物体，就必须创建出一个可容纳 1000 个物体信息的常量缓冲区。但采用了实例化技术后，仅需构建出
  // 能存储 1000 个实例数据的结构化缓冲区即可
```

```
std::unique_ptr<UploadBuffer<InstanceData>> InstanceBuffer = nullptr;

// 通过围栏值将命令标记到此围栏点。这使我们可以检测到这些帧资源是否还被 GPU 所用
UINT64 Fence = 0;
};

FrameResource::FrameResource(ID3D12Device* device,
  UINT passCount, UINT maxInstanceCount, UINT materialCount)
{
  ThrowIfFailed(device->CreateCommandAllocator(
    D3D12_COMMAND_LIST_TYPE_DIRECT,
    IID_PPV_ARGS(CmdListAlloc.GetAddressOf())));

  PassCB = std::make_unique<UploadBuffer<PassConstants>>(
    device, passCount, true);
  MaterialBuffer = std::make_unique<UploadBuffer<MaterialData>>(
    device, materialCount, false);
  InstanceBuffer = std::make_unique<UploadBuffer<InstanceData>>(
    device, maxInstanceCount, false);
}
```

注意，InstanceBuffer 并非常量缓冲区，所以要将最后一个参数指定为 false。

16.2　包围体与视锥体

为了实现视锥体剔除（frnstum culling），我们要熟知视锥体与各种包围体（bounding volume，也译作边界盒、外接体等）的数学描述。包围体即近似于目标物体体积的基本几何对象（见图 16.1）。尽管包围体只是与物体的形状相近似，但是用数学表示起来比较简单，这使它在工作中更易于使用。

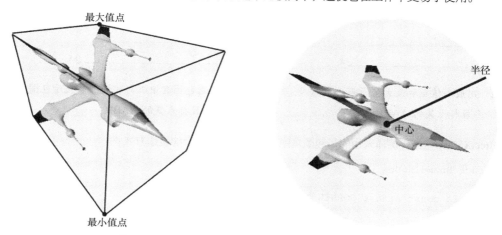

图 16.1　分别以轴对齐包围盒与包围球来渲染的网格

16.2.1　DirectXMath 碰撞检测库

我们接下来要使用的是 DirectXCollision.h 工具库，它是 DirectXMath 库的一个组成部分。此库提供了一份常见几何图元相交测试的快速实现，例如有射线（光）与三角形（ray/triangle）相交检测、射（光）线与（包围）盒（ray/box）相交检测、盒盒（box/box）相交检测、盒与平面（box/plane）相交检测、盒与视锥体（box/frustum）相交检测以及球体与视锥体（sphere/frustum）相交检测等。在解答本章练习 3 的过程中，我们将进一步探索此库，并熟悉它所提供的各种功能。

16.2.2　包围盒

网格的**轴对齐包围盒**（ais-aigned bounding box，AABB）是一种将目标网格紧密包围，且各面皆平行于坐标主轴的长方体。我们可通过最小点 v_{min} 与最大点 v_{max} 来描述 AABB（见图 16.2）。通过查找目标网格中所有顶点在 x、y、z 三个坐标轴上所取得的最小值，我们就能得到 AABB 最小值点 v_{min} 的坐标；反之，遍历目标网格中全部顶点在 x、y、z 三个坐标轴上可取到的最大值，我们即可求出 AABB 最大值点 v_{max} 的坐标。

或者以另一种方式来表示 AABB：将盒的中心记作 c、**扩展**（extents）向量记为 e，后者存储的是由包围盒中心沿坐标轴至各盒面的距离（见图 16.3）。

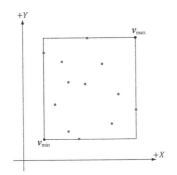

图 16.2　用最小值点和最大值点表示包围
　　　　　目标点集的 AABB

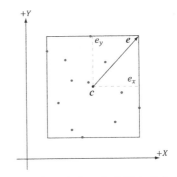

图 16.3　用包围盒中心与扩展向量表示包围
　　　　　目标点集的 AABB

DirectXMath 碰撞检测库采用的是包围盒中心与扩展向量组合的表达方式：

```
struct BoundingBox
{
  static const size_t CORNER_COUNT = 8;

  XMFLOAT3 Center;      // 包围盒的中心
  XMFLOAT3 Extents;     // 中心至各盒面的距离

  ...
```

将上述两种表示法相互转换也是比较方便的。例如，若给出定义包围盒的 $v_{\min}$ 与 $v_{\max}$，则另一种表示法中的包围盒中心及扩展向量可分别表示为

$$c = 0.5(v_{\min} + v_{\max})$$
$$e = 0.5(v_{\max} - v_{\min})$$

下面的代码展示了我们在本章例程中计算骷髅头网格包围盒的具体流程。

```cpp
XMFLOAT3 vMinf3(+MathHelper::Infinity, +MathHelper::Infinity,
    +MathHelper::Infinity);
XMFLOAT3 vMaxf3(-MathHelper::Infinity, -MathHelper::Infinity,
    -MathHelper::Infinity);

XMVECTOR vMin = XMLoadFloat3(&vMinf3);
XMVECTOR vMax = XMLoadFloat3(&vMaxf3);

std::vector<Vertex> vertices(vcount);
for(UINT i = 0; i < vcount; ++i)
{
  fin >> vertices[i].Pos.x >> vertices[i].Pos.y >> vertices[i].Pos.z;
  fin >> vertices[i].Normal.x >> vertices[i].Normal.y >> vertices[i].Normal.z;

  XMVECTOR P = XMLoadFloat3(&vertices[i].Pos);

  // 将点投射到单位球面上并生成球面纹理坐标
  XMFLOAT3 spherePos;
  XMStoreFloat3(&spherePos, XMVector3Normalize(P));

  float theta = atan2f(spherePos.z, spherePos.x);

  // 把角度 theta 限定在 [0, 2pi]区间内
  if(theta < 0.0f)
    theta += XM_2PI;

  float phi = acosf(spherePos.y);

  float u = theta / (2.0f*XM_PI);
  float v = phi / XM_PI;

  vertices[i].TexC = { u, v };

  vMin = XMVectorMin(vMin, P);
  vMax = XMVectorMax(vMax, P);
}

BoundingBox bounds;
XMStoreFloat3(&bounds.Center, 0.5f*(vMin + vMax));
XMStoreFloat3(&bounds.Extents, 0.5f*(vMax - vMin));
```

函数 XMVectorMin 与 XMVectorMax 返回的向量分别为

$$\min(\boldsymbol{u}, \boldsymbol{v}) = \left(\min(u_x, v_x), \min(u_y, v_y), \min(u_z, v_z), \min(u_w, v_w)\right)$$
$$\max(\boldsymbol{u}, \boldsymbol{v}) = \left(\max(u_x, v_x), \max(u_y, v_y), \max(u_z, v_z), \max(u_w, v_w)\right)$$

轴对齐包围盒及其旋转操作

图 16.4 展示了这样一种情况：在某坐标系中的轴对齐包围盒，却没有与其他不同坐标系中的坐标轴相对齐。特别是在局部空间计算出的目标网格的 AABB，需要将它进行变换才能得到世界空间中的**定向包围盒**（oriented bounding box，OBB，也有译作有向包围盒）。[①]但在实际工作过程中，我们通常总是先将网格变换到其局部空间里，再以局部空间内的轴对齐包围盒进行碰撞检测。

另外，我们也能够在世界空间中重新计算网格的 AABB，但是有可能得到的是一个与实际物体偏差较大的"肥胖型"长方体（见图 16.5）。

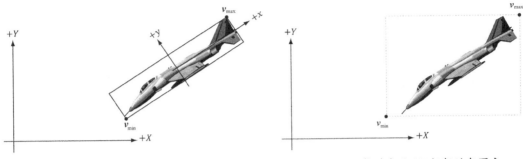

图 16.4　包围盒与 xy 标架的坐标轴相对齐，
却没有对齐于 XY 标架的坐标轴

图 16.5　轴对齐于 XY 标架的包围盒

还有一种办法，即放弃轴对齐包围盒，仅采用定向包围盒。此时，我们只需保存好定向包围盒相对于世界空间的朝向即可。**DirectX** 碰撞检测库提供了下述结构体来表示定向包围盒。

```
struct BoundingOrientedBox
{
  static const size_t CORNER_COUNT = 8;

  XMFLOAT3 Center;        // 定向包围盒的中心
  XMFLOAT3 Extents;       // 中心到各面的距离
  XMFLOAT4 Orientation;   // 表示包围盒旋转(box -> world)的单位四元数(unit quaternion)
  ...
```

注意

在本章中，我们将看到用四元数（quaternion）表示的旋转/定向操作。简单来讲，一个单位四元数可以像旋转矩阵那样来表示一种旋转动作。我们会在第 22 章详细讲解四元数这一主题，而现在只要认识到它可以像旋转矩阵那样来表示旋转即可。

通过一个给定的点集并借助 DirectX 碰撞检测库中的下列**静态**成员函数，我们就能构建出所需的 AABB 与 OBB：

---

① 为区别于 AABB 这种特例而称的包围盒，也就是任意朝向的包围盒。位于物体局部空间的 OBB 也称为 OOBB，即 object-oriented bounding box。

```
void BoundingBox::CreateFromPoints(
  _Out_ BoundingBox& Out,
  _In_ size_t Count,
  _In_reads_bytes_(sizeof(XMFLOAT3)+Stride*(Count-1)) const XMFLOAT3* pPoints,
  _In_ size_t Stride );

void BoundingOrientedBox::CreateFromPoints(
  _Out_ BoundingOrientedBox& Out,
  _In_ size_t Count,
  _In_reads_bytes_(sizeof(XMFLOAT3)+Stride*(Count-1)) const XMFLOAT3* pPoints,
  _In_ size_t Stride );
```

如果我们定义了顶点结构体如下：

```
struct Basic32
{
  XMFLOAT3 Pos;
  XMFLOAT3 Normal;
  XMFLOAT2 TexC;
};
```

并且，构成网格所用的顶点数组为：

```
std::vector<Vertex::Basic32> vertices;
```

那么，我们就能按下面那样调用函数来生成包围盒：

```
BoundingBox box;
BoundingBox::CreateFromPoints(
  box,
  vertices.size(),
  &vertices[0].Pos,
  sizeof(Vertex::Basic32));
```

函数中的 Stride（步长）参数表示的是需要越过多少字节才能到达下一个顶点元素处。

注意

Note ▶ 为了计算出目标网格的包围体，我们要在系统内存中准备一份可供使用的顶点列表副本，并存在如 std::vector 这样的类型中。这样做的原因是，CPU 无法从以渲染为目的而创建的顶点缓冲区中读取数据。针对这种情况，应用程序中常见的做法就是，为这种数据维护一份存于系统内存中的副本，像拾取（picking，第 17 章的主题）与碰撞检测（collision detection）两种技术就是这样实现的。

16.2.3　包围球

　　网格的包围球是一种紧密围绕目标网格的球体。我们可以通过包围球的球心与半径来描述它。一种计算网格包围球的方法是先计算其 AABB。接下来再求取 AABB 的中心，以此作为该包围球的球心：

$$c = 0.5(v_{min} + v_{max})$$

包围球的半径事实上是球心 c 至网格上的任意顶点 p 之间的最大距离：

$$r = \max\{\|c - p\| : p \in \text{网格}\}$$

假设我们已经计算出了位于局部空间中网格的包围球。经世界变换之后，由于缩放操作的影响，包围球可能已不再紧密围绕于目标网格。这样一来，我们还要对其半径再次进行相应的缩放处理。为了弥补世界变换过程中非等比缩放所带来的影响，我们一定要将包围球的半径按最大缩放分量进行缩放，以便包围球可以完全"包裹"住变换后的网格。另一种可行的策略是，将所有的网格按与游戏场景相同的缩放比例进行建模，由此来避免后续的缩放变换。若使用此方法，只要将模型加载入应用程序即可，而不需要再次对它进行缩放处理。

DirectX 碰撞检测库提供了下述结构体来表示包围球：

```
struct BoundingSphere
{
  XMFLOAT3 Center;        // 包围球的球心
  float Radius;           // 包围球的半径
  ...
```

而且，还提供了下列**静态**成员函数，利用一组点集即可创建包围球：

```
void BoundingSphere::CreateFromPoints(
  _Out_ BoundingSphere& Out,
  _In_ size_t Count,
  _In_reads_bytes_(sizeof(XMFLOAT3)+Stride*(Count-1)) const XMFLOAT3* pPoints,
  _In_ size_t Stride );
```

16.2.4　视锥体

我们在第 5 章中已经对视锥体有了比较深入的了解，知道了可以在数学上用左、右、顶、底、近、远这 6 个相交的平面来指定视锥体（平截头体）。现假设这 6 个视锥体平面都是"内向"朝向的，如图 16.6 所示。

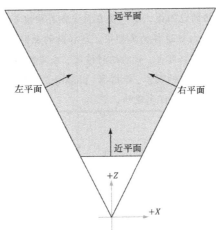

图 16.6　视锥体众平面正半空间的交集定义了视锥体的空间范围

这种 6 个平面的表示法更便于开展视锥体与包围体的相交测试。

16.2.4.1 构建视锥体的众平面

构造视锥体各平面的一种简便方法是：在观察空间中，采取以原点为中点、沿 z 轴正方向俯瞰视锥体的标准形式。此时，可根据在 Z 轴上至原点的距离来方便地确定近平面与远平面，而左平面与右平面、顶平面与底平面这两组平面则既对称又经过原点（再次观察图 16.6）。因此，我们在表达观察空间中的视锥体时，就不必存储所有的平面方程，只需简单地记录顶、底、左、右 4 个平面的平面斜率，以及近平面与远平面在 Z 轴上至原点的距离即可。DirectX 碰撞检测库通过以下结构体来表示视锥体：

```
struct BoundingFrustum
{
    static const size_t CORNER_COUNT = 8;

    XMFLOAT3 Origin;            // 视锥体（及其投影）的原点
    XMFLOAT4 Orientation;       // 表示旋转操作的四元数

    float RightSlope;           // X 轴上的正斜率（X/Z），即右平面的斜率
    float LeftSlope;            // X 轴上的负斜率，即左平面的斜率
    float TopSlope;             // Y 轴上的正斜率（Y/Z），即顶平面的斜率
    float BottomSlope;          // Y 轴上的负斜率，即底平面的斜率
    float Near, Far;            // 近平面与远平面在 Z 轴上至原点的距离
    ...
```

在视锥体的局部空间（例如摄像机的观察空间）中，Origin 的值为 0，且 Orientation 表示的是恒等变换（即不执行任何旋转动作的变换）。我们也可以通过指定 Origin 的位置与四元数 Orientation 的值，用来在世界空间中对视锥体进行定位并改变它的朝向。

若缓存了摄像机视锥体的垂直视场角、纵横比、近平面以及远平面，再辅以一些简单的数学计算，便能确定出观察空间中的视锥体平面方程。当然，通过投影矩阵推导出观察空间中的视锥体平面方程也有多种办法（如[Lengyel02]与[Möuer08]就介绍了两种不同的方案）。DirectXMath 碰撞检测库采用下述方式来求取视锥体的平面方程。在 NDC（规格化设备坐标）空间中，视锥体便被包在方盒 $[-1,1]\times[-1,1]\times[0,1]$ 之内。因此，视锥体的 8 个角点（corner）可以简化表示为：

```
// 用齐次坐标来表示投影视锥体（projection frustum）中的各角点
static XMVECTORF32 HomogenousPoints[6] =
{
    { 1.0f, 0.0f, 1.0f, 1.0f },    // 计算右平面斜率所用的点 (远平面右边中点)
    { -1.0f, 0.0f, 1.0f, 1.0f },   // 计算左平面斜率所用的点 (远平面左边中点)
    { 0.0f, 1.0f, 1.0f, 1.0f },    // 计算顶平面斜率所用的点 (远平面上边中点)
    { 0.0f, -1.0f, 1.0f, 1.0f },   // 计算底平面斜率所用的点 (远平面下边中点)

    { 0.0f, 0.0f, 0.0f, 1.0f },    // 计算近平面到原点距离所用的点 (近平面中心点)
    { 0.0f, 0.0f, 1.0f, 1.0f }     // 计算远平面到原点距离所用的点 (远平面中心点)
};
```

我们能够通过计算投影矩阵的逆矩阵（以及齐次除法的逆运算，可回顾第 5 章中的有关内容），将

NDC 空间中的 8 个角点变换回观察空间。只要求出了观察空间中视锥体的 8 个角点，我们就能通过一些简单的数学运算来计算出各平面方程（再重申一次，由于在观察空间中视锥体位于原点且对齐于主轴，所以求平面方程的过程不会很复杂）。在 DirectX 碰撞检测库中，根据投影矩阵计算观察空间中视锥体的代码如下[①]：

```
//-------------------------------------------------------------------------
// 根据透视投影矩阵来构建视锥体。输入的矩阵中只能含有一个投影。若有旋转、平移或缩放变换，则会构
// 造出不正确的视锥体
//-------------------------------------------------------------------------
_Use_decl_annotations_
inline void XM_CALLCONV BoundingFrustum::CreateFromMatrix(
  BoundingFrustum& Out,
  FXMMATRIX Projection )
{
    // 用齐次坐标来表示投影视锥体中的各角点
    static XMVECTORF32 HomogenousPoints[6] =
    {
      { 1.0f, 0.0f, 1.0f, 1.0f },    // 计算右平面斜率所用的点(位于远平面处)
      { -1.0f, 0.0f, 1.0f, 1.0f },   // 计算左平面斜率所用的点
      { 0.0f, 1.0f, 1.0f, 1.0f },    // 计算顶平面斜率所用的点
      { 0.0f, -1.0f, 1.0f, 1.0f },   // 计算底平面斜率所用的点

      { 0.0f, 0.0f, 0.0f, 1.0f },    // 计算近平面到原点距离所用的点
      { 0.0f, 0.0f, 1.0f, 1.0f }     // 计算远平面到原点距离所用的点
    };

    XMVECTOR Determinant;
    XMMATRIX matInverse = XMMatrixInverse( &Determinant, Projection );

    // 计算位于世界空间中的视锥体诸角点
    XMVECTOR Points[6];

    for( size_t i = 0; i < 6; ++i )
    {
      // 把点变换至观察空间
      Points[i] = XMVector4Transform( HomogenousPoints[i], matInverse );
    }

    Out.Origin = XMFLOAT3( 0.0f, 0.0f, 0.0f );
    Out.Orientation = XMFLOAT4( 0.0f, 0.0f, 0.0f, 1.0f );

    // 计算各右、左、顶、底 4 个平面的斜率
    Points[0] = Points[0] * XMVectorReciprocal( XMVectorSplatZ( Points[0] ) );
    Points[1] = Points[1] * XMVectorReciprocal( XMVectorSplatZ( Points[1] ) );
    Points[2] = Points[2] * XMVectorReciprocal( XMVectorSplatZ( Points[2] ) );
    Points[3] = Points[3] * XMVectorReciprocal( XMVectorSplatZ( Points[3] ) );

    Out.RightSlope = XMVectorGetX( Points[0] );
```

① DirectMath 库不定期调整，因此其下的碰撞检测库也是如此，最新版与文中代码细节可能稍有出入。

```
    Out.LeftSlope = XMVectorGetX( Points[1] );
    Out.TopSlope = XMVectorGetY( Points[2] );
    Out.BottomSlope = XMVectorGetY( Points[3] );

    // 计算近平面与远平面在 Z 轴上到原点的距离
    Points[4] = Points[4] * XMVectorReciprocal( XMVectorSplatW( Points[4] ) );
    Points[5] = Points[5] * XMVectorReciprocal( XMVectorSplatW( Points[5] ) );

    Out.Near = XMVectorGetZ( Points[4] );
    Out.Far = XMVectorGetZ( Points[5] );
}
```

16.2.4.2 视锥体与球体的相交检测

对于视锥体剔除来说，我们希望执行的测试之一便是视锥体与球体的相交检测。从中可得知一个球体是否与视锥体相交。注意，如果一个球体完全位于视锥体中则记作相交，这是因为我们将视锥体看作是一种体积，而非边界。由于视锥体是由 6 个内向（inward facing）平面围成的空间范围，所以它与球体相交的测试过程可以按下列方式执行：如果存在一视锥体平面 L，且球体位于 L 的负半空间（negative half-space）之内，那么我们就判定该球体完全位于视锥体之外。若不存在这样的平面，则此球体与视锥体相交。

因此，视锥体与球体的相交检测就化简为球体与（围成视锥体）平面的 6 次相交检测。图 16.7 展示了在球体与平面相交测试的过程中可能会遇到的几种情况。设球体的球心为 c 且半径为 r，则球心至平面的带符号（有向）距离为 $k = n \cdot c + d$（见附录 C）。如果 $|k| \leqslant r$，则球体与平面相交；若 $k < -r$，那么球体位于平面的后侧；如果 $k > r$，则球体位于平面的前侧，且与平面的正半空间相交。鉴于视锥体与球体相交检测的目的，如果球体位于平面的前侧，我们就认为两者是相交的，因为它们相交的位置处于平面所定义的正半空间。

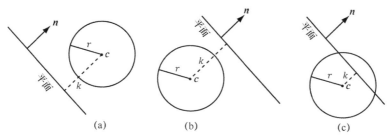

图 16.7 球体与平面相交检测可能会遇到的几种情况
（a）$k > r$ 且球体与平面的正半空间相交 （b）$k < -r$ 且球体
完全位于平面后侧的负半空间之内
（c）$|k| \leqslant r$ 且球体与平面相交

BoundingFrustum 类提供了下列成员函数来测试球体与视锥体是否相交。注意，为了使检测结果有意义，球体与视锥体必须位于同一坐标系内。

```
enum ContainmentType
{
    // 对象完全位于视锥体之外
```

```
    DISJOINT = 0,
    // 对象与视锥体的边界相交
    INTERSECTS = 1,
    // 对象完全位于视锥体的空间范围之内
    CONTAINS = 2,
};

ContainmentType BoundingFrustum::Contains(
    _In_ const BoundingSphere& sphere ) const;
```

注意

 BoundingSphere 类中也相应地含有一个 Contains 成员函数:

```
ContainmentType BoundingSphere::Contains(
    _In_ const BoundingFrustum& fr ) const;
```

16.2.4.3　视锥体与轴对齐包围盒的相交检测

视锥体与 AABB 的相交检测和视锥体与球体相交检测所采用的策略相同。由于我们将视锥体的模型定义为 6 个内向平面围成的体积，所以视锥体与 AABB 的相交检测可执行如下: 如果存在一视锥体平面 L，且有包围盒位于 L 的负半空间，就可推断此盒完全在视锥体之外; 若不存在这一平面，我们则判定此包围盒与视锥体相交。

因此，视锥体与 AABB 的相交检测可化简为 6 次 AABB 与平面的相交检测。AABB 与平面相交的测试算法如下。先求出穿过包围盒体中心且方向与平面法线 n 最为接近的包围盒体对角向量 $v = \overrightarrow{PQ}$。根据图 16.8 所示可知，如果 P 位于平面的前侧，则 Q 也一定位于平面的前侧; 若 Q 位于平面的后侧，那么 P 也必定位于平面的后侧; 如果 P 位于平面的后侧而 Q 位于平面的前侧，则包围盒与该平面相交。

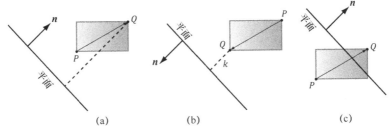

图 16.8　AABB 与平面相交测试可能会出现的几种情况。
$\overrightarrow{PQ}$ 是与平面向量方向最为相近的包围盒体对角线

可以通过下述代码求出方向最接近于平面法向量 n 的 PQ:

```
// 针对每个坐标轴 x，y，z……
for(int j = 0; j < 3; ++j)
```

```
{
    // 找寻在此坐标轴上使 PQ 与平面法线具有相同方向的点
    if( planeNormal[j] >= 0.0f )
    {
        P[j] = box.minPt[j];
        Q[j] = box.maxPt[j];
    }
    else
    {
        P[j] = box.maxPt[j];
        Q[j] = box.minPt[j];
    }
}
```

这段代码将任务分解为 3 趟一维空间内的操作，以此选择出使 $Q_i - P_i$ 与平面法线坐标 n_i 具有相同符号的点 P_i 与点 Q_i（见图 16.9）。

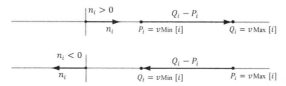

图 16.9　上图中，位于第 i 个坐标轴上的法线分量为正值，因此我们选择 $P_i = v\text{Min}[i]$ 与 $Q_i = v\text{Max}[i]$，这样，$Q_i - P_i$ 的符号便与平面法线坐标 n_i 相同。下图中，位于第 i 个坐标轴上的法线分量为负值，所以我们选择 $P_i = v\text{Max}[i]$ 与 $Q_i = v\text{Min}[i]$，这样，$Q_i - P_i$ 便具有与平面法线坐标 n_i 相同的符号

BoundingFrustum 类提供了下列成员函数来测试 AABB 与视锥体是否相交。注意，为了使测试有意义，务必使 AABB 与视锥体位于同一坐标系中。

```
ContainmentType BoundingFrustum::Contains(
  _In_ const BoundingBox& box ) const;
```

注意

　BoundingBox 类中含有与之对应的成员函数：

```
ContainmentType BoundingBox::Contains(
  _In_ const BoundingFrustum& fr ) const;
```

16.3　视锥体剔除

回顾第 5 章中所学的内容可知，硬件会在裁剪阶段自动丢弃位于视锥体以外的三角形。但是，当我们拥有数以百万计的三角形时，仍需先通过绘制调用将它们提交至渲染流水线（这会产生 API 开销），而后再传至顶点着色器，很可能还要经过曲面细分阶段以及几何着色器，直到这些三角形进入裁剪环节才能执行丢弃处理。很明显，该流程的效率是极其低下的。

　　视锥体裁剪的思路是：利用应用程序代码，在高于以三角形为基本单元（per-triangle basis）的层级中，按组剔除三角形。图 16.10 展示了一个简单的示例。先来构建包围体，包围盒或包围球都可以，用它们来包围场景中的每一个物体。如果包围体与视锥体不相交，就无须将对应的物体（它可能由上千个三角形构成）交由 Direct3D 绘制。这样一来，利用开销不大的 CPU 测试即可节省 GPU 资源，使它不必在不可见的几何图形上浪费计算时间。假设有一台视场角为 90°（垂直方向和水平方向的视场角都是 90°，6 个同样的观察范围可严丝合缝地覆盖整个场景）且远平面为无穷远的摄像机，该摄像机的视锥体仅占用世界空间的 1/6。再假设物体在场景中分布均匀，则世界空间中有 5/6 的物体会被视锥体剔除方法所丢弃。在实际应用中，摄像机常用小于 90° 的视场角以及无穷远的远平面，也就是说，会剔除掉场景中 5/6 以上的物体。

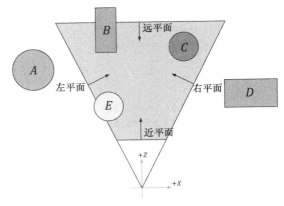

图 16.10　被包围体 A 与 D 围起来的物体完全位于视锥体之外，所以无须绘制它们。被包围体 C 围起来的物体体积范围完全位于视锥体以内，所以要对它进行绘制。而被包围体 B 与 E 围起来的物体则分为两部分，并分列视锥体内外，因此我们在绘制这两个物体的时候，要通过硬件裁剪丢弃位于视锥体外的那些三角形

　　在演示程序中，我们要在局部空间中计算骷髅头网格的 AABB，并渲染出一个规格为 5×5×5 的骷髅头栅格（见图 16.11）。在 UpdateInstanceData 方法里，我们为所有的实例都进行了视锥体裁剪。如果某实例与视锥体相交，就将它加入存有实例数据的结构化缓冲区中的下一个空槽内，并且把计数器 visibleInstanceCount 加 1。这样一来，结构化缓冲区前面部分的数据就都是可见的实例了（当然，这个结构化缓冲区的大小与实例的数量相当，为发生所有实例都可见的情况而时刻准备着）。骷髅头网格的 AABB 位于局部空间，为了执行相交检测，一定要将视锥体变换到每个实例的局部空间中。其实也不必仅拘泥于一种空间的使用，比如说，我们也可将 AABB 与视锥体一同变换到世界空间。视锥体剔除所更新的代码部分如下：

```
XMMATRIX view = mCamera.GetView();
XMMATRIX invView = XMMatrixInverse(&XMMatrixDeterminant(view), view);

auto currInstanceBuffer = mCurrFrameResource->InstanceBuffer.get();
for(auto& e : mAllRitems)
{
  const auto& instanceData = e->Instances;

  int visibleInstanceCount = 0;
  for(UINT i = 0; i < (UINT)instanceData.size(); ++i)
  {
    XMMATRIX world = XMLoadFloat4x4(&instanceData[i].World);
```

```
XMMATRIX texTransform = XMLoadFloat4x4(&instanceData[i].TexTransform);

XMMATRIX invWorld = XMMatrixInverse(&XMMatrixDeterminant(world), world);

// 由观察空间到物体局部空间的变换矩阵
XMMATRIX viewToLocal = XMMatrixMultiply(invView, invWorld);

// 将摄像机视锥体由观察空间变换到物体的局部空间
BoundingFrustum localSpaceFrustum;
mCamFrustum.Transform(localSpaceFrustum, viewToLocal);

// 在局部空间中执行包围盒与视锥体的相交测试
if(localSpaceFrustum.Contains(e->Bounds) != DirectX::DISJOINT)
{
    InstanceData data;
    XMStoreFloat4x4(&data.World, XMMatrixTranspose(world));
    XMStoreFloat4x4(&data.TexTransform, XMMatrixTranspose(texTransform));
    data.MaterialIndex = instanceData[i].MaterialIndex;

    // 将可见对象的实例数据写入结构化缓冲区
    currInstanceBuffer->CopyData(visibleInstanceCount++, data);
}
}


e->InstanceCount = visibleInstanceCount;

// 输出当前可见实例（也就是本帧实际绘制出来的实例数量）的数目与实例的总数作为参考信息
std::wostringstream outs;
outs.precision(6);
outs << L"Instancing and Culling Demo" <<
    L"  " << e->InstanceCount <<
    L" objects visible out of " << e->Instances.size();
    mMainWndCaption = outs.str();
}
```

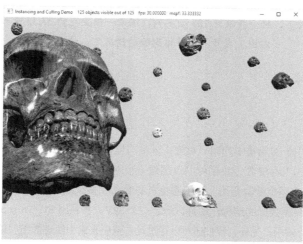

图 16.11　"Instancing and Culling"（实例化与视锥体剔除）演示程序的效果

尽管实例缓冲区为每个实例都预留了足够的空间，但只需绘制出编号为 0 到 visibleInstanceCount-1 所对应的可见实例即可：

```
cmdList->DrawIndexedInstanced(ri->IndexCount,
    ri->InstanceCount,
    ri->StartIndexLocation,
    ri->BaseVertexLocation, 0);
```

图 16.12 展示了开启与关闭视锥体剔除技术的性能差异。在此示例中，若采用视锥体剔除技术，我们仅向渲染流水线提交 13 个实例进行绘制，否则我们要为渲染流水线递交所有的 125 个实例并加以处理。尽管可见的场景部分都是相同的，但若禁用视锥体剔除，我们将白白浪费超过 100 个骷髅头网格的计算量，而这些数据在裁剪阶段终会被丢掉。每个骷髅头大约由 6 万个三角形组成，因此会有大量的顶点数据需要处理，并且每个网格都有许多三角形将被抛弃。通过执行一次视锥体与 AABB 的相交测试，我们就能从即将被送至图形流水线的数据中去掉 6 万个本无须处理的三角形——这就是视锥体剔除技术的高明之处。通过比较，我们就能在每秒所绘制的帧数上看出端倪。

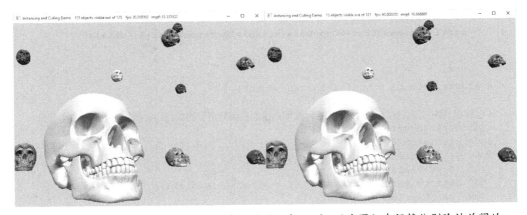

图 16.12 在这两幅图里，125 个实例中可见的仅占 13 个。（左图）在视锥体剔除被关闭的
情况下，将一共渲染 125 个实例，渲染一帧要花费 33.33 毫秒。
（右图）在开启视锥体剔除的情况下，帧率加倍

16.4 小结

1. 实例化技术可用于将场景中的同一对象，以不同位置、朝向、缩放（大小）、材质与纹理等绘制多次。为了节约内存资源，我们可以仅创建一个网格，再利用不同的世界矩阵、材质以及纹理向 Direct3D 提交多个绘制调用。为了避免资源变动和多次绘制调用所带来的 API 开销，我们可以给存有全部实例数据的结构化缓冲区绑定一个 SRV，并利用 SV_InstanceID 系统值在顶点着色器中对其进行索引。另外，我们还可以通过动态索引来索引纹理数组。单次绘制调用中要渲染的实例个数由 ID3D12GraphicsCommandList::DrawIndexedInstanced 方法的第二参数

InstanceCount 指定。

2. 包围体是近似于目标物体体积的基本几何对象。尽管包围体仅与目标物体的形状相似，但它的数学描述却比较简单，这使得它在工作过程中更便于使用。常见的包围体有包围球、轴对齐包围盒（AABB）以及定向包围盒（OBB）等。碰撞检测库的 DirectXCollision.h 头文件中定义了表示各种包围体的结构体、对它们进行变换的多种函数以及多种相交测试方法。

3. GPU 会在裁剪阶段自动抛弃位于视锥体之外的三角形。但是，那些终将被裁剪的三角形仍要先通过绘制调用（会产生 API 开销）提交至渲染流水线，并经过顶点着色器的处理，还极有可能传到曲面细分阶段与几何着色器内，直到在裁剪阶段中才能被丢弃。为了改善这种无效率的处理流程，我们可以采用视锥体剔除技术。此方法的思路是构建一个包围体，包围球、包围盒都可以，使它们分别包围场景中的每一个物体。如果包围体与视锥体没有交集，则无须将物体交给 Direct3D 绘制。此法通过开销较小的 CPU 测试大大节省了 GPU 资源的浪费，从而使它不必为看不到的几何图形"买单"。

16.5　练习

1. 修改"Instancing and Culling"（实例化与视锥体裁剪）演示程序：用包围球代替其中的包围盒。

2. 在 NDC 空间中，平面方程的形式异常简单。视锥体内的所有点都被约束在以下的空间范围内：

$$-1 \leqslant x_{ndc} \leqslant 1$$
$$-1 \leqslant y_{ndc} \leqslant 1$$
$$0 \leqslant z_{ndc} \leqslant 1$$

特别是 NDC 空间中视锥体的左平面方程与右平面方程，分别为 $x = -1$ 与 $x = 1$。而在进行透视除法之前的齐次裁剪空间中，视锥体里的所有点则被约束在下列范围之内：

$$-w \leqslant x_h \leqslant w$$
$$-w \leqslant y_h \leqslant w$$
$$0 \leqslant z_h \leqslant w$$

此时，视锥体的左平面被定义为 $w = -x_h$，而右平面的定义为 $w = x_h$。设 $\boldsymbol{M} = \boldsymbol{VP}$ 为观察矩阵与投影矩阵的乘积，且 $\boldsymbol{v} = (x, y, z, 1)$ 为世界空间中视锥体内的一点。思考并根据 $(x_h, y_h, z_h, w) = \boldsymbol{vM} = (\boldsymbol{v} \cdot \boldsymbol{M}_{*,1}, \boldsymbol{v} \cdot \boldsymbol{M}_{*,2}, \boldsymbol{v} \cdot \boldsymbol{M}_{*,3}, \boldsymbol{v} \cdot \boldsymbol{M}_{*,4})$ 来证明位于世界空间中视锥体的 6 个内向平面可分别表示为：

左平面	$0 = \boldsymbol{v} \cdot (\boldsymbol{M}_{*,1} + \boldsymbol{M}_{*,4})$
右平面	$0 = \boldsymbol{v} \cdot (\boldsymbol{M}_{*,4} - \boldsymbol{M}_{*,1})$
底平面	$0 = \boldsymbol{v} \cdot (\boldsymbol{M}_{*,2} + \boldsymbol{M}_{*,4})$
顶平面	$0 = \boldsymbol{v} \cdot (\boldsymbol{M}_{*,4} - \boldsymbol{M}_{*,2})$
近平面	$0 = \boldsymbol{v} \cdot \boldsymbol{M}_{*,3}$
远平面	$0 = \boldsymbol{v} \cdot (\boldsymbol{M}_{*,4} - \boldsymbol{M}_{*,3})$

注意

Note

（a）题目中的平面法线皆指向视锥体的内部。这就意味着由 6 个边界平面到视锥体内部某点的距离都为正值。换句话说，对于视锥体内的任意一点 p，有 $n \cdot p + d \geqslant 0$。

（b）可以观察到 $v_w = 1$，因此上述点积公式均可代以形如 $Ax + By + Cz + D = 0$ 的平面方程。

（c）若计算出的平面法向量并不是单位长度，则可参考附录 C 中如何对一个平面进行规范化处理。

3. 考察 DirectXCollision.h 头文件，研究它为相交检测与包围体变换所提供的相关函数。

4. 定义一个 OBB 所需的条件有：一个中心点 C，3 个用于定义 OOB 朝向的相互正交的轴向量 r_0、r_1、r_2，以及 3 个分别在 OOB 轴 r_0、r_1、r_2 方向上的扩展（extent）长度 a_0、a_1 和 a_2，借此给出从 OOB 中心至其各面的 3 种距离长度。

（a）观察图 16.13（图中展示的是 2D 场景），证明 OBB 投影在法向量 n 所定义的轴上的"阴影"长度为 $2r$，其中

$$r = |a_0 r_0 \cdot n| + |a_1 r_1 \cdot n| + |a_2 r_2 \cdot n|$$

（b）解释：上述求取 r 的公式中为什么一定要用绝对值，而不是用 $r = (a_0 r_0 + a_1 r_1 + a_2 r_2) \cdot n$ 来计算其值。

（c）推导出平面与 OBB 相交检测的方法，用来分别确定 OBB 位于平面之前、平面之后以及与平面相交的这几种情况。

（d）AABB 是 OBB 的一个特例，因此 OBB 的相交检测也适用于 AABB。但是，与 AABB 所对应的求 r 公式是可以进一步化简的。试推导出针对 AABB 简化后的求 r 公式。

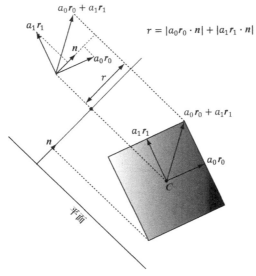

图 16.13　平面与 OBB 相交检测的示意图

第 17 章

拾取

本章要讨论的问题是如何来确定用户通过鼠标指针所拾取的 3D 物体（或图元）（见图 17.1）。换言之，若给出鼠标指针点击的 2D 屏幕坐标，是否能够确定投影到此点上的 3D 对象呢？就此而言，为了解决这个问题，在某种意义上来说，我们必须要做一些"逆于常规"的事情。即往常我们会将物体从 3D 空间变换到屏幕空间，但此时却要将物体从屏幕空间变换回 3D 空间。话虽简单，然而在此过程中还是会遇到一点儿麻烦：即，对应于特定 2D 屏幕点的 3D 点并不是唯一的（可能会存在多个 3D 点投影到 2D 投影窗口中同一点上的情况，见图 17.2）。这样一来，在确定拾取对象的过程中还存在着一丝不明确之处。然而这并不是非常严重的问题，因为用户选取的物体往往是距离摄像机最近的那一个。

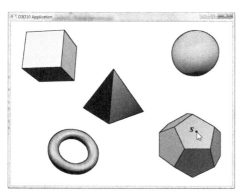

图 17.1　用户正在选取多个物体之中的十二面体

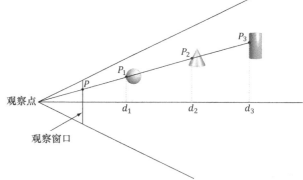

图 17.2　视锥体的侧视图。不难看出，3D 空间中有多个点都可以投影到投影窗口内的同一个点上

考虑图 17.3，该图中展示了这样一个视锥体。其中，位于投影窗口中的点 p 对应于用户在屏幕上单击的点 s。观察此图后可知，如果以观察点为起点，发出一条穿过点 p 的**拾取射线**（picking ray），则此射线会与投影中含有点 p 的物体相交，在此示例中的相交物体是一个圆柱体。据此，拾取方案如下：一旦计算出了拾取射线，我们就能遍历场景中的每一个物体，并检测此射线是否与它相交。而与射线相交的物体就是用户所拾取的对象。正如之前所提到的，射线可能会与场景中的多个物体相交（也可能一个相交的都没有，即用户什么都没选），但是位于射线路径之上的物体会具有不同的深度值。在这种情况下，我们就选择与射线相交且距摄像机最近的物体作为拾取对象。

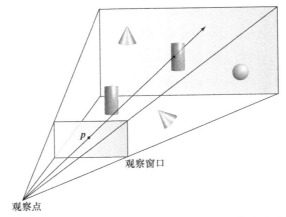

图 17.3　从观察点发出的一条经点 p 的射线会交于投影中含有点 p 的物体。

注意，位于投影窗口中的投影点 p 对应于用户在屏幕上点选的点 s

学习目标：

为了学习如何实现拾取算法并理解它的工作原理，我们将拾取过程分为 4 个步骤。

（a）根据用户在屏幕上点选的点 s，求出在投影窗口中与之对应的点 p。

（b）计算出位于观察空间中的拾取射线。此射线以观察空间中的原点作为起点，并经过点 p。

（c）将拾取射线与场景中用于相交检测的模型变换到同一空间之中。

（d）确定与拾取射线相交的物体。与射线相交且距摄像机最近的物体即为用户在屏幕中拾取的对象。

17.1　屏幕空间到投影窗口的变换

我们的首要任务就是将用户在屏幕中点选的点变换为规格化设备坐标（Normalized Device Coordinates，NDC 参见 5.6.3.3 节）。重温用视口矩阵（viewport matrix）将顶点从规格化设备坐标变换到屏幕空间的过程，视口矩阵如下：

$$M = \begin{bmatrix} \dfrac{Width}{2} & 0 & 0 & 0 \\ 0 & -\dfrac{Height}{2} & 0 & 0 \\ 0 & 0 & MaxDepth - MinDepth & 0 \\ TopLeftX+\dfrac{Width}{2} & TopLeftY+\dfrac{Height}{2} & MinDepth & 1 \end{bmatrix}$$

视口矩阵中的变量可通过 D3D12_VIEWPORT 结构体来设置：

```
typedef struct D3D12_VIEWPORT
{
    FLOAT TopLeftX;
```

```
    FLOAT TopLeftY;
    FLOAT Width;
    FLOAT Height;
    FLOAT MinDepth;
    FLOAT MaxDepth;
} D3D12_VIEWPORT;
```

对于游戏来讲，视口的大小往往是整个后台缓冲区的尺寸，而深度缓冲的范围则为 0～1。如此一来，视口矩阵中所用的变量将分别为 $TopLeftX = 0$、$TopLeftY = 0$、$MinDepth = 0$、$MaxDepth = 1$、$Width = w$ 以及 $Height = h$，其中，w 与 h 分别为后台缓冲区的宽度与高度。假设当前的设置方案正是如此，则视口矩阵可化简为：

$$M = \begin{bmatrix} w/2 & 0 & 0 & 0 \\ 0 & -h/2 & 0 & 0 \\ 0 & 0 & 1 & 0 \\ w/2 & h/2 & 0 & 1 \end{bmatrix}$$

现设 $\boldsymbol{p}_{ndc} = (x_{ndc}, y_{ndc}, z_{ndc}, 1)$ 为规格化设备空间（即 $-1 \leqslant x_{ndc} \leqslant 1$，$-1 \leqslant y_{ndc} \leqslant 1$ 与 $0 \leqslant z_{ndc} \leqslant 1$ 所围成的空间）中的一点。将 $\boldsymbol{p}_{ndc}$ 变换到屏幕空间：

$$[x_{ndc}, y_{ndc}, z_{ndc}, 1] \begin{bmatrix} w/2 & 0 & 0 & 0 \\ 0 & -h/2 & 0 & 0 \\ 0 & 0 & 1 & 0 \\ w/2 & h/2 & 0 & 1 \end{bmatrix} = \left[\frac{x_{ndc}w + w}{2}, \frac{-y_{ndc}h + h}{2}, z_{ndc}, 1 \right]$$

坐标 z_{ndc} 仅被深度缓冲区所用，而我们在讨论拾取技术时并不涉及任何与深度有关的坐标。因此，仅需对 $\boldsymbol{p}_{ndc}$ 的 x 坐标与 y 坐标进行变换，即可求出它在 2D 屏幕空间中所对应的点 $\boldsymbol{p}_s = (x_s, y_s)$：

$$x_s = \frac{x_{ndc}w + w}{2}$$
$$y_s = \frac{-y_{ndc}h + h}{2}$$

给定视口的大小以及规格化设备坐标系中的点 $\boldsymbol{p}_{ndc}$，我们就能根据上述方程求出屏幕空间里的点 $\boldsymbol{p}_s$。然而，在实际的拾取情景中，我们却要通过已知的屏幕上一点 $\boldsymbol{p}_s$ 以及视口的大小，求出点 $\boldsymbol{p}_{ndc}$。对上述公式变形即可得到求取点 $\boldsymbol{p}_{ndc}$ 的方程：

$$x_{ndc} = \frac{2x_s}{w} - 1$$
$$y_{ndc} = -\frac{2y_s}{h} + 1$$

现在便得到了用户选取的点在 NDC 空间中的位置。但是，要找到对应的拾取射线，我们还需求出此点位于观察空间中的屏幕点。在 5.6.3.3 节中，我们是通过令 x 坐标除以纵横比 r 来将投影点从观察空间变换到 NDC 空间的：

$$-r \leqslant x' \leqslant r$$

$$-1 \leqslant \frac{x}{r} \leqslant 1$$

因此，若要再变换回观察空间，仅需为 NDC 空间中的 x 坐标乘以纵横比即可。用户单击的点在观察空间中坐标则为：

$$x_v = r\left(\frac{2s_x}{w} - 1\right)$$

$$y_v = -\frac{2s_y}{h} + 1$$

注意

由于我们将观察空间中投影窗口的高度区间定为 $[-1, 1]$，因此投射到观察空间的 y 坐标与 NDC 空间中 y 坐标是相同的。

在 5.6.3.1 节中，我们定义投影窗口位于距原点 $d = \cot\left(\frac{\alpha}{2}\right)$ 处，这里的 α 为垂直视场角。由此，我们就能发出经过投影窗口上的点 (x_v, y_v, d) 的拾取射线。然而，若采用这种方法，我们还需计算 $d = \cot\left(\frac{\alpha}{2}\right)$。对此，这里给出另一种更简单的处理方式，如图 17.4 所示。

$$x_v' = \frac{x_v}{d} = \frac{x_v}{\cot\left(\dfrac{\alpha}{2}\right)} = x_v \cdot \tan\left(\frac{\alpha}{2}\right) = \left(\frac{2s_x}{w} - 1\right) r \tan\left(\frac{\alpha}{2}\right)$$

$$y_v' = \frac{y_v}{d} = \frac{y_v}{\cot\left(\dfrac{\alpha}{2}\right)} = y_v \cdot \tan\left(\frac{\alpha}{2}\right) = \left(-\frac{2s_y}{h} + 1\right) \tan\left(\frac{\alpha}{2}\right)$$

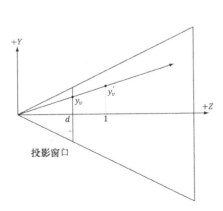
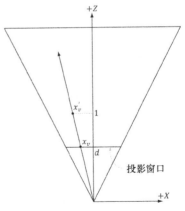

图 17.4　根据相似三角形可知，$\dfrac{y_v}{d} = \dfrac{y_v'}{1}$ 以及 $\dfrac{x_v}{d} = \dfrac{x_v'}{1}$

又由于在投影矩阵中，$\boldsymbol{P}_{00} = \dfrac{1}{r\tan\left(\dfrac{\alpha}{2}\right)}$ 且 $\boldsymbol{P}_{11} = \dfrac{1}{\tan\left(\dfrac{\alpha}{2}\right)}$（见 5.6.3.4 节），我们便可将它们改写为：

$$x_v' = \dfrac{\left(\dfrac{2s_x}{w}-1\right)}{\boldsymbol{P}_{00}}$$

$$y_v' = \dfrac{\left(-\dfrac{2s_y}{h}+1\right)}{\boldsymbol{P}_{11}}$$

这样一来，我们就可以令拾取射线改为穿过点 $(x_v', y_v', 1)$，而此射线与通过点 (x_v, y_v, d) 的其实也是同一条拾取射线。计算观察空间中拾取射线的代码如下：

```
void PickingApp::Pick(int sx, int sy)
{
  XMFLOAT4X4 P = mCamera.GetProj4x4f();

  // 计算观察空间中的拾取射线
  float vx = (+2.0f*sx / mClientWidth - 1.0f) / P(0, 0);
  float vy = (-2.0f*sy / mClientHeight + 1.0f) / P(1, 1);

  // 位于观察空间中拾取射线的定义
  XMVECTOR rayOrigin = XMVectorSet(0.0f, 0.0f, 0.0f, 1.0f);
  XMVECTOR rayDir = XMVectorSet(vx, vy, 1.0f, 0.0f);
```

注意，拾取射线的端点（也称为拾取射线的原点）位于观察空间的原点，这是因为观察点就在观察空间的原点处。

17.2　位于世界空间与局部空间中的拾取射线

我们刚刚获得了观察空间中的拾取射线，但是它只可用于处理观察空间中的物体。由于利用观察矩阵能将几何体从世界空间变换到观察空间，因此，借助观察矩阵的逆矩阵便会使几何体由观察空间变换回世界空间。如果 $\boldsymbol{r}_v(t) = \boldsymbol{q} + t\boldsymbol{u}$ 为观察空间中的拾取射线，且 $\boldsymbol{V}$ 是观察矩阵，那么世界空间中的拾取射线则为：

$$\boldsymbol{r}_w(t) = \boldsymbol{q}\boldsymbol{V}^{-1} + t\boldsymbol{u}\boldsymbol{V}^{-1}$$
$$= \boldsymbol{q}_w + t\boldsymbol{u}_w$$

注意，射线的端点 $\boldsymbol{q}$ 变换后是一个点（即 $q_w = 1$），而射线方向 $\boldsymbol{u}$ 变换后为一个向量（即 $u_w = 0$）。

对于在世界空间中物体的情景来说，世界空间拾取射线十分有用。但是在大多数情况下，物体的几何图形往往是相对于其局部空间来定义的。因此，为了执行拾取射线与物体的相交检测，我们一定要将射线变换到物体所在的局部空间中。如果 $\boldsymbol{W}$ 是物体的世界矩阵，那么通过矩阵 $\boldsymbol{W}^{-1}$ 便可将几何体从世界空间变换到此物体的局部空间。因此，局部空间中的拾取射线则为：

$$\boldsymbol{r}_L(t) = \boldsymbol{q}_w\boldsymbol{W}^{-1} + t\boldsymbol{u}_w\boldsymbol{W}^{-1}$$

一般来讲，场景中的物体都有自己的局部空间。因此，一定要将拾取射线变换到场景中每个物体所在的局部空间，才能与之开展相交检测。

有读者能会说，不如把网格变换到世界空间再执行相交测试。然而，这种做法的代价实在是太昂贵了：一个网格就可能含有上千个顶点，而我们需要将所有这些顶点都变换到世界空间。很明显，还是把拾取射线变换到物体所在局部空间中的做法效率更高。

下列代码展示了如何将拾取射线从观察空间变换到物体的局部空间：

```
// 假设在开始时用户并没有拾取任何点，因此将拾取渲染项设置为不可见
mPickedRitem->Visible = false;

// 检测用户是否拾取了一个不透明的渲染项
// 实际的应用程序可能会单独维护一个由可选物体组成的“拾取列表”
for(auto ri : mRitemLayer[(int)RenderLayer::Opaque])
{
  auto geo = ri->Geo;

  // 跳过不可见的渲染项
  if(ri->Visible == false)
    continue;

  XMMATRIX V = mCamera.GetView();
  XMMATRIX invView = XMMatrixInverse(&XMMatrixDeterminant(V), V);

  XMMATRIX W = XMLoadFloat4x4(&ri->World);
  XMMATRIX invWorld = XMMatrixInverse(&XMMatrixDeterminant(W), W);

  // 将拾取射线变换到网格局部空间
  XMMATRIX toLocal = XMMatrixMultiply(invView, invWorld);

  rayOrigin = XMVector3TransformCoord(rayOrigin, toLocal);
  rayDir = XMVector3TransformNormal(rayDir, toLocal);

  // 为相交检测而计算拾取射线方向上的单位长度
  rayDir = XMVector3Normalize(rayDir);
```

函数 XMVector3TransformCoord 与 XMVector3TransformNormal 都以 3D 向量作为参数，还需注意的是，XMVector3TransformCoord 函数总是把参数向量的第四个分量认作 $w = 1$（即返回 $w = 1$ 的向量），而 XMVector3TransformNormal 函数则会将参数向量的第四个分量看作 $w = 0$（即返回 $w = 0$ 的向量）。因此，我们就能通过 XMVector3TransformCoord 函数来变换点，而用 XMVector3TransformNormal 函数对向量进行变换。

17.3　射线与网格的相交检测

拾取射线一旦与网格位于同一空间，我们就能通过相交检测来验证这两者是否相交。以下代码的功

能是遍历网格中的所有三角形,并一一执行射线与三角形的相交检测。如果射线与其中的一个三角形相交,说明该射线一定射中了此三角形所在的网格,否则,此射线则与该网格无缘。一般来讲,我们只关心与射线相交且距摄像机最近的三角形,因为若有多个三角形叠在射线所经过的路径上,则会有多个三角形与射线相交。

```
// 如果拾取射线碰到了网格的包围盒,那么用户就有可能拾取了网格上的一个三角形。因此,我们就应进一
// 步执行射线与三角形的相交测试
// 如果拾取射线没有碰到网格的包围盒,说明用户也一定没有点击到此网格,因此也就不必进行射线与该网
// 格上的三角形相交检测这无用功
float tmin = 0.0f;
if(ri->Bounds.Intersects(rayOrigin, rayDir, tmin))
{
    // 注意:对于此演示程序来说,我们是知道如何强制转换顶点与索引的数据格式的。但对于不同格式混合
    // 在一起的情况而言,则需要用元数据(metadata)来执行强制类型转换
    auto vertices  = (Vertex*)geo->VertexBufferCPU->GetBufferPointer();
    auto indices   = (std::uint32_t*)geo->IndexBufferCPU->GetBufferPointer();
    UINT triCount = ri->IndexCount / 3;

    // 对找到的离摄像机最近的三角形执行它与(拾取)射线的相交检测
    tmin = MathHelper::Infinity;
    for(UINT i = 0; i < triCount; ++i)
    {
        // 此三角形的索引
        UINT i0 = indices[i * 3 + 0];
        UINT i1 = indices[i * 3 + 1];
        UINT i2 = indices[i * 3 + 2];

        // 构成此三角形的顶点
        XMVECTOR v0 = XMLoadFloat3(&vertices[i0].Pos);
        XMVECTOR v1 = XMLoadFloat3(&vertices[i1].Pos);
        XMVECTOR v2 = XMLoadFloat3(&vertices[i2].Pos);

        // 为了找到距摄像机最近的与拾取射线相交的三角形,我们必须遍历网格上的所有三角形
        float t = 0.0f;
        if(TriangleTests::Intersects(rayOrigin, rayDir, v0, v1, v2, t))
        {
            if(t < tmin)
            {
                // 这是目前距离摄像机最近的一个被拾取的三角形
                tmin = t;
                UINT pickedTriangle = i;

                // 为被拾取的三角形设置渲染项,使我们可以用特定的 "highlight"(高亮突出)材质来对它
                // 进行渲染
                mPickedRitem->Visible = true;
                mPickedRitem->IndexCount = 3;
                mPickedRitem->BaseVertexLocation = 0;

                // 被拾取的渲染项需要与被拾取的物体使用相同的世界矩阵
                mPickedRitem->World = ri->World;
```

```
        mPickedRitem->NumFramesDirty = gNumFrameResources;

        // 偏移到被拾取三角形在网格索引缓冲区中的索引处
        mPickedRitem->StartIndexLocation = 3 * pickedTriangle;
      }
    }
  }
}
```

可以发现，在处理拾取操作的过程中，我们使用的是 MeshGeometry 类中存储的网格几何体在系统内存中的副本。这样做的原因是我们无法以读取数据的方式来访问 GPU 即将绘制的顶点缓冲区及索引缓冲区。因此，在使用拾取与碰撞检测这样的技术时，我们常常会在系统内存中存储一份几何体的副本。有时候，我们又会以节约内存与计算能力为目的来存储一些精简化的网格。

17.3.1　射线与轴对齐包围盒的相交检测

考察我们使用的第一个 DirectX 碰撞检测库函数，即用于判定射线与网格包围盒是否相交的 BoundingBox::Intersects 函数。说起来，这与我们在前一章中谈及的视锥体剔除优化技术比较相似。对场景中的每个三角形逐一执行与射线的相交检测会使运算时间大大增加。此时，其至包括远离拾取射线的网格上的三角形在内，都要一一遍历，以确认这些网格与射线完全没有交集，整个过程极其粗暴且低效。对此，一种常见的做法是采用一个接近于网格的简单包围体，如包围球或包围盒。接下来，我们首先以射线与包围体的相交检测来取代射线与网格的相交测试。如果射线与包围体没有交集，则该射线必然避开了此三角形网格，因而也就无需进行后续的计算了。但若射线与包围体有交集，那么我们就要执行更精确的射线与网格的相交检测。假使射线错过了场景中大多数的包围体，便会节省我们不少次的射线与三角形相交检测。如果射线与包围盒相交，则 BoundingBox::Intersects 函数返回 true，否则返回 false。该函数的原型为：

```
bool XM_CALLCONV
BoundingBox::Intersects(
  FXMVECTOR Origin,      // 射线的原点（端点）
  FXMVECTOR Direction,   // 射线的方向向量（必为单位长度）
  float& Dist ); const    // 射线的相交参数
```

给定射线 $r(t) = q + tu$，则最后一个参数输出的是实际相交点 p 的射线参数 t_0：

$$p = r(t_0) = q + t_0 u$$

17.3.2　射线与球体的相交检测

DirectX 碰撞检测库还提供了一个射线与球体的相交检测函数：

```
bool XM_CALLCONV
BoundingSphere::Intersects(
  FXMVECTOR Origin,
  FXMVECTOR Direction,
```

```
float& Dist ); const
```

为了对这些检测有更深入的理解，我们将展示射线与球体相交测试的推导过程。球心为 c、半径为 r 的球体上一点 p 满足方程：

$$\|p - c\| = r$$

设 $r(t) = q + tu$ 为一条射线。我们希望能解得在取 t_1 与 t_2 时，分别存在于球面上对应两点 $r(t_1)$ 与 $r(t_2)$ 的球面方程（即在参数为 t_1 与 t_2 时，射线与球面存在交点）。

$$r = \|r(t) - c\|$$
$$r^2 = (r(t) - c) \cdot (r(t) - c)$$
$$r^2 = (q + tu - c) \cdot (q + tu - c)$$
$$r^2 = (q - c + tu) \cdot (q - c + tu)$$

为了便于表达，我们设 $m = q - c$。

$$(m + tu) \cdot (m + tu) = r^2$$
$$m \cdot m + 2tm \cdot u + t^2 u \cdot u = r^2$$
$$t^2 u \cdot u + 2tm \cdot u + m \cdot m - r^2 = 0$$

这其实就是一个一元二次方程，其中：

$$a = u \cdot u$$
$$b = 2(m \cdot u)$$
$$c = m \cdot m - r^2$$

如果射线方向向量为单位长度，则 $a = u \cdot u = 1$。若方程的解都含有虚部，那么射线与球体没有相交。如果有两个相同的实数解，那么射线与球体相切。若得到两个不同的实数解，则射线穿过球面，两者有两个交点。如果得到一正一负两个解，则说明射线端点位于一球体内，射线从球体内射出，负数解的交点是射线"后侧"的交点（也就是射线反向延长线与球体的交点）。这最小的正数解给出的便是与摄像机最近的相交参数。[①]

17.3.3 射线与三角形的相交检测

为了进行射线与三角形的相交检测，需要使用 DirectX 碰撞检测库中的 `TriangleTests::Intersects` 函数：

```
bool XM_CALLCONV
TriangleTests::Intersects(
  FXMVECTOR Origin,    // 射线的原点（端点）
  FXMVECTOR Direction, // 射线的方向向量（单位长度）
  FXMVECTOR V0, // 三角形顶点 v0
  GXMVECTOR V1, // 三角形顶点 v1
```

[①] 仔细说来，射线与球体共存在 5 种位置关系（当然，由于拾取射线的定义，所以将忽略其中的几种情况），另外两种分别为：两个正实数解，在射线的正方上与球体有两个交点；两个负实数解，在射线的反向延长线上与球体有两个交点。因此，说明射线的原点（端点）相对于球体的位置也很重要。读者可找寻一些带图示的教程，一目了然。

```
HXMVECTOR V2, // 三角形顶点 v2
float& Dist ); // 射线的相交参数
```

设 $r(t) = q + tu$ 为一条射线，在满足条件 $u \geqslant 0, v \geqslant 0$ 且 $u + v \leqslant 1$ 时 $T(u, v) = v_0 + u(v_1 - v_0) + v(v_2 - v_0)$ 是一个三角形（见图 17.5）。我们希望求出使 $r(t) = T(u, v)$（这便是射线与三角形的相交点）成立的 t, u, v：

$$r(t) = T(u, v)$$
$$q + tu = v_0 + u(v_1 - v_0) + v(v_2 - v_0)$$
$$-tu + u(v_1 - v_0) + v(v_2 - v_0) = q - v_0$$

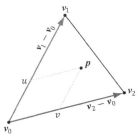

图 17.5　相对于原点为 v_0，且坐标轴分别为 $v_1 - v_0$ 与 $v_2 - v_0$ 的非正交坐标系来说，
射线与三角形相交的点 p 在三角形所在平面上的坐标为 (u, v)

为了便于表示，设 $e_1 = v_1 - v_0$，$e_2 = v_2 - v_0$ 且 $m = q - v_0$，则有：

$$-tu + ue_1 + ve_2 = m$$

$$\begin{bmatrix} \uparrow & \uparrow & \uparrow \\ -u & e_1 & e_2 \\ \downarrow & \downarrow & \downarrow \end{bmatrix} \begin{bmatrix} t \\ u \\ v \end{bmatrix} = \begin{bmatrix} \uparrow \\ m \\ \downarrow \end{bmatrix}$$

思考矩阵方程 $Ax = b$，其中，矩阵 A 可逆。根据克莱姆法则（Cramer's Rule）可知，$x_i = \det A_i / \det A$，用列向量 b 替换矩阵 A 中第 i 列的列向量即可求得 A_i。因此，

$$t = \det \begin{bmatrix} \uparrow & \uparrow & \uparrow \\ m & e_1 & e_2 \\ \downarrow & \downarrow & \downarrow \end{bmatrix} / \det \begin{bmatrix} \uparrow & \uparrow & \uparrow \\ -u & e_1 & e_2 \\ \downarrow & \downarrow & \downarrow \end{bmatrix}$$

$$u = \det \begin{bmatrix} \uparrow & \uparrow & \uparrow \\ -u & m & e_2 \\ \downarrow & \downarrow & \downarrow \end{bmatrix} / \det \begin{bmatrix} \uparrow & \uparrow & \uparrow \\ -u & e_1 & e_2 \\ \downarrow & \downarrow & \downarrow \end{bmatrix}$$

$$v = \det \begin{bmatrix} \uparrow & \uparrow & \uparrow \\ -u & e_1 & m \\ \downarrow & \downarrow & \downarrow \end{bmatrix} / \det \begin{bmatrix} \uparrow & \uparrow & \uparrow \\ -u & e_1 & e_2 \\ \downarrow & \downarrow & \downarrow \end{bmatrix}$$

根据等式 $\det \begin{bmatrix} \uparrow & \uparrow & \uparrow \\ a & b & c \\ \downarrow & \downarrow & \downarrow \end{bmatrix} = a \cdot (b \times c)$，我们便可以将公式改写为：

$$t = -m \cdot (e_1 \times e_2)/u \cdot (e_1 \times e_2)$$
$$u = u \cdot (m \times e_2)/u \cdot (e_1 \times e_2)$$
$$v = u \cdot (e_1 \times m)/u \cdot (e_1 \times e_2)$$

为了优化运算过程，我们根据行列式的性质将矩阵中的列进行互换，在此过程中行列式的符号会发生改变（行列式的基本性质之一）：

$$t = e_2 \cdot (m \times e_1)/e_1 \cdot (u \times e_2)$$
$$u = m \cdot (u \times e_2)/e_1 \cdot (u \times e_2)$$
$$v = u \cdot (m \times e_1)/e_1 \cdot (u \times e_2)$$

此时，我们就可以计算出叉积 $m \times e_1$ 与 $u \times e_2$ ，并加以复用。

17.4　应用例程

本章的演示程序中将渲染出一辆轿车的网格，并允许用户通过点击鼠标右键拾取其中的三角形，而被选中的三角形则会以"突出"的高亮材质来进行绘制（见图 17.6）。要以突出材质来渲染三角形，我们就需要为它准备相应的渲染项。与本书之前在初始化阶段完整定义渲染项不同，此时的渲染项信息只能在初始化时期填写一部分。这是因为我们无法知晓哪一个三角形会被拾取，因此也就更别提起始索引的位置与世界矩阵了。再者，用户也不太可能总是选中同一个三角形。所以，我们还要为渲染项的结构体添加一个 Visible 属性，从而令一个不可见的渲染项不被绘制出来。以下代码是 PickingApp::Pick 方法的部分实现细节，演示的内容是我们怎样基于用户所选的三角形来填写初始化时未设置的其余渲染项属性：

```
// 在 PickingApp 类中，缓存指向被拾取三角形渲染项的指针
RenderItem* mPickedRitem;

if(TriangleTests::Intersects(rayOrigin, rayDir, v0, v1, v2, t))
{
  if(t < tmin)
  {
    // 这是当前被拾取的离摄像机最近的三角形
    tmin = t;
    UINT pickedTriangle = i;

    // 为拾取的三角形设置渲染项，这样一来我们就能用特殊的"突出"材质对它进行渲染
    mPickedRitem->Visible = true;
    mPickedRitem->IndexCount = 3;
    mPickedRitem->BaseVertexLocation = 0;

    // 被拾取的渲染项需要与被拾取的物体使用相同的世界矩阵
    mPickedRitem->World = ri->World;
    mPickedRitem->NumFramesDirty = gNumFrameResources;

    // 偏移到被拾取的三角形在网格索引缓冲区中的索引处
    mPickedRitem->StartIndexLocation = 3 * pickedTriangle;
  }
}
```

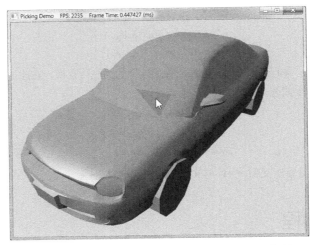

图 17.6　用高亮黄色突出显示被用户拾取的三角形

在绘制完所有不透明渲染项之后，我们才会对用户选中的渲染项进行绘制。该渲染项使用的是一个颜色特殊的 PSO（渲染流水线状态对象），利用透明混合技术和比较函数为 D3D12_COMPARISON_FUNC_LESS_EQUAL 的深度测试实现。用户拾取的三角形需要绘制两次，第二次以突出的特殊高亮材质进行渲染。如果使用的比较函数仅为 D3D12_COMPARISON_FUNC_LESS，那么第二次绘制三角形时深度测试将会失败。

```
DrawRenderItems(mCommandList.Get(), mRitemLayer[(int)RenderLayer::Opaque]);
mCommandList->SetPipelineState(mPSOs["highlight"].Get());
DrawRenderItems(mCommandList.Get(), mRitemLayer[(int)RenderLayer::Highlight]);
```

17.5　小结

1. 拾取是一种根据用户鼠标在屏幕中选择的 **2D** 投影物体来确定其对应的 **3D** 物体的技术。
2. 以观察空间的原点作为端点发出一条射线，使它经过投影窗口中与用户选择的屏幕点所对应的点，这便是拾取射线。
3. 要对射线 $r(t) = q + tu$ 进行变换，可以通过使用变换矩阵来转换它的端点 q 与方向 u 来实现。注意，射线端点的变换结果为一点 p（$w = 1$），而其方向的变换结果为一个向量（$w = 0$）。
4. 为了检验射线与物体是否相交，我们要对物体上的所有三角形一一进行射线与三角形的相交检测。如果射线与其中的一个三角形相交，则该射线也必与三角形所属的网格相交。否则，此射线与该网格并没有交集。一般来讲，我们所需的是与摄像机距离最近的三角形，这是因为如果有一些三角形重叠在射线所经路径当中，那么可能会有多个三角形与射线相交，而用户能看到的为离摄像机最近的三角形。
5. 一种针对射线与网格相交检测的性能优化方法是：首先执行射线与近似于网格的包围体的相交

检测。如果射线与包围体没有交集，则射线也必然不会与此三角形网格相交，因而也就不需要再进行后续的计算工作了。若射线与包围体相交，那么我们应进一步执行射线与网格的相交检测。假如射线与场景中的大多数包围体没有交集，则这个方案将为我们减少许多不必要的射线与三角形的相交检测。

17.6 练习

1. 修改"Picking"（拾取）演示程序，用网格的包围球取代其中的 AABB。
2. 研究射线与 AABB 相交检测的算法。
3. 假如场景中有数以千计的物体，我们还必须为实现拾取技术而执行上千次的射线与包围体的检测。那么，现请研究八叉树（octrees）这种数据结构，并解释如何利用它们来减少射线与包围体相交检测的次数。同理，该策略也可以推广到视锥体剔除技术，用来减少这个过程中视锥体与包围体相交检测的次数。

第18章
立方体贴图

本章将围绕立方体图（cube map）展开讨论，即以特殊的方式来运用这种由 6 个纹理所构成的基本数组。有了这项贴图技术，我们就能方便地映射天空纹理或模拟反射。

学习目标：

1. 学习立方体贴图的概念并用 HLSL 代码对它们进行采样。
2. 摸索如何利用 DirectX 纹理工具来创建立方体图。
3. 探究如何用立方体图来模拟反射。
4. 理解怎样通过立方体图渲染球体，并以此技术来模拟天空以及远山。

18.1　什么是立方体贴图

立方体贴图（cube mapping，也有译作立方体纹理映射等）的主要思路是：存储 6 个纹理，将它们分别看作立方体的 6 个面——因此而得名"立方体图"。另外，此立方体的中心点位于某坐标系的原点，且该立方体对齐于该坐标系的主轴。由于立方体纹理是轴对齐的，也就是说，它的每个面各对应于坐标系某个方向的主轴，因此我们可以根据与面相交的坐标轴方向（$\pm X, \pm Y, \pm Z$）来引用立方体图的特定面。

在 Direct3D 中，立方体图被表示为一个由 6 个元素所构成的纹理数组，即：

1. 索引 0 援引的是与$+X$轴相交的面。
2. 索引 1 援引的是与$-X$轴相交的面。
3. 索引 2 援引的是与$+Y$轴相交的面。
4. 索引 3 援引的是与$-Y$轴相交的面。
5. 索引 4 援引的是与$+Z$轴相交的面。
6. 索引 5 援引的是与$-Z$轴相交的面。

寻找立方体图中纹素的方法与普通的 2D 纹理并不相同，此时不再用 2D 纹理坐标来指定纹素，而是要使用 3D 纹理坐标：它定义了一个起点位于原点的**查找**（lookup）向量 v。向量 v 与立方体图相交处的纹素（见图 18.1）即为 v 的 3D 坐标所对应的纹素。我们在第 9 章中所讨论的纹理过滤思想便贯彻在向量 v 与纹素样本间求取交点的过程当中。

---

① 向物体映射立方体图的过程叫作立方体贴图，类似的还有纹理贴图（向物体映射纹理图）等。

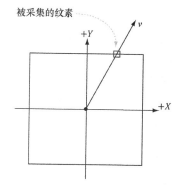

图 18.1 这里为简单起见而采用 2D 示意图，因此图中的正方形即为 3D 空间中的一个立方体。

图中的正方形表示一个中心位于原点、且轴对齐于某坐标系主轴的立方体图。

从原点发射的向量 v 与立方体图相交处的纹素即为采集的目标纹素。

在此示意图中，与向量 v 相交的是 +Y 轴上的立方体面

注意

 查找向量的模并不重要，关键在于它的方向。而方向相同但大小不一的两个向量在立方体图中采集的实际是同一点。

在 HLSL 中，立方体纹理用 TextureCube 类型来表示。下列代码片段详尽地展示了对立方体图进行采样的方法：

```
TextureCube gCubeMap;
SamplerState gsamLinearWrap    : register(s2);

...

// 在像素着色器中
float3 v = float3(x,y,z); // 某查找向量
float4 color = gCubeMap.Sample(gsamLinearWrap,v);
```

注意

 查找向量与立方体图应该位于同一空间之中。例如，若立方体图相对于世界空间而设（即立方体各面皆与世界空间的坐标轴对齐），则查找向量也应当使用世界空间坐标。

18.2 环境贴图

立方体图的主要应用是**环境贴图**（environment mapping，也有译作环境映射等）。其思路是：使视场角为 90°（垂直视场角与水平视场角皆是如此）的摄像机位于场景中某物体的中心点 O 处。这样一来，

此摄像机就能沿 x、y、z 三轴的正、负共 6 个方向进行观察，并以这 6 个视角来截取场景中的图像（此物体 O 除外）。由于视场角为 90°，所以这 6 张以物体 O 视角截取的图像，涵盖了包围着它的整个环境。接着，我们把这 6 张周围环境图像存于一个立方体图中，这也正是"环境图"（environment map）这个名字的由来。换句话说，环境图就是每个面都存有周围环境图像的立方体图。[①]

根据以上描述可知，我们需要为每一个采用环境贴图的物体都创建一个环境图。虽然这种做法的效果更为精准，但也要为纹理耗费更多的内存。一种折中的实现方案是，仅在场景中的关键处截取少量环境图，为每个物体采集场景中离它们最近的环境图。在实际工作中，这种简化的做法在处理曲面物体时通常会很有效，因为体现在它们表面上的不精确反射很难被用户注意到。另一种常见的简化手段是在采集环境图时忽略场景中的某些环境图。例如，图 18.2 中的环境图仅采集了天空与远山这种极远处的"背景"信息，而忽略场景中的物体。尽管采集的只是背景而非整个场景的环境图，但用这种方案来创建镜面反射的时候还是很实用的。为了采集局部物体，我们要通过 Direct3D 来渲染环境图中的 6 幅图像，在 18.5 节中有相关的探讨。在本章的演示程序（见图 18.3）中，场景内的所有物体都采用的是如图 18.2 所示的那张环境图。

图 18.2　图中演示的环境图是一个"拆开"后的立方体图。现在假设将这 6 个面重新叠回一个 3D 立方体，而且我们正置身于它的中心点处。这时，我们在此向四周观察就能看到周围的环境了

如果摄像机在构建环境图时所用的坐标轴方向向量为世界空间的坐标轴向量，那么就称此环境图是相对于世界空间而生成的。当然，我们可以从一个不同"原点"（例如物体的局部空间）来捕捉环境图。但是一定要保证查找向量的坐标与立方体图处于同一坐标系中。

由于立方体图仅存储纹理数据，美工就可以预先制作出纹理的内容（就像我们之前所用的 2D 纹理一样）。正因如此，我们也就无须通过实时渲染来计算立方体图中的图像了。即我们可以在 3D 场景编辑器中创建一个场景，并在编辑器中预先渲染出立方体图 6 个面上的图像。对于户外环境图来讲，Terragen 程序（免费供个人使用）是一种比较普遍的选择，它能够创造出具有照片级真实感的室外场景来。我们为本书创建的环境图，例如图 18.2 所示的效果，就是借助 Terragen 实现的。

---

① 读者可以回顾玩 360° 全景图的过程。

图 18.3　"Cube Map"（立方体图）演示程序的运行效果

注意

 如果尝试使用 Terragen，我们需要在 Camera Settings（摄像机设置）对话框中将 **zoom**（缩放）因子设为 1.0 才能使用视场角为 90° 的摄像机，而且还需确认图像输出的宽度与高度是相同的，以令垂直视场角与水平视场角都为 90°。[①]

注意

 网络上有一个不错 Terragen 脚本（《Skybox (2D) with Terragen》），它会在当前的摄像机位置以 90° 的视场角渲染出 6 幅周围环境的图像。

　　一旦利用工具创建出立方体图所用的 6 幅图像，我们就可以构建出含有这 6 幅图像的立方体图纹理了。我们所用的 DDS 纹理图像格式亦支持立方体图，利用 texassemble 工具便可以通过 6 幅图像构建出此格式的立方体图。下面的例子展示了如何用 texassemble 来创建一个立方体图（截取自 texassemble 的相关文档）：

```
texassemble cube -w 256 -h 256 -o cubemap.dds lobbyxpos.jpg lobbyxneg.jpg
          lobbyypos.jpg lobbyyneg.jpg lobbyzpos.jpg lobbyzneg.jpg
```

注意

 NVIDIA 为 Photoshop 程序提供了用于存储 DDS 格式图像与立方体图的插件。

通过 Direct3D 加载并使用立方体图

　　正如前文所述，Direct3D 通过存有 6 个元素的纹理数组来表示立方体图。演示程序中的 DDS 纹理加载代码

---

① 最新版的设置方式与旧版有些区别，详见官方文档。

（DDSTextureLoader.h/.cpp）已经支持对立方体图的加载，而且载入其他类型的纹理也不在话下。加载代码会检测出含有一幅立方体图的 DDS 文件，并创建纹理数组将每个立方体面的纹理数据载入相应的元素中。

```
auto skyTex = std::make_unique<Texture>();
skyTex->Name = "skyTex";
skyTex->Filename = L"Textures/grasscube1024.dds";
ThrowIfFailed(DirectX::CreateDDSTextureFromFile12(md3dDevice.Get(),
    mCommandList.Get(), skyTex->Filename.c_str(),
    skyTex->Resource, skyTex->UploadHeap));
```

在为立方体图纹理资源创建 SRV（着色器资源视图）时，应将其维度指定为 D3D12_SRV_DIMENSION_TEXTURECUBE 且使用 TextureCube 属性：

```
D3D12_SHADER_RESOURCE_VIEW_DESC srvDesc = {};
srvDesc.Shader4ComponentMapping = D3D12_DEFAULT_SHADER_4_COMPONENT_MAPPING;
srvDesc.ViewDimension = D3D12_SRV_DIMENSION_TEXTURECUBE;
srvDesc.TextureCube.MostDetailedMip = 0;
srvDesc.TextureCube.MipLevels = skyTex->GetDesc().MipLevels;
srvDesc.TextureCube.ResourceMinLODClamp = 0.0f;
srvDesc.Format = skyTex->GetDesc().Format;
md3dDevice->CreateShaderResourceView(skyTex.Get(), &srvDesc, hDescriptor);
```

18.3　绘制天空纹理

我们能够利用环境图绘制天空纹理。首先，要围绕整个场景来创建一个巨大的球体。为了营造出遥不可及的远山以及天穹的错觉，我们以图 18.4 所展示的方法，通过环境图来为球体绘制纹理。这种方法的思路就是将纹理图投影到球面之上。

假设天空球（sky sphere）距摄像机是无限远的（即它的中心位于世界空间的原点，但半径无穷大），这样一来，无论摄像机移到场景中的哪个角落，我们都无法更加接近或愈发远离天空球面。要实现这种无限远的天穹，可以在世界空间里简单地将天空球的中心置于摄像机上，使它总是以摄像机为中心。由于天空球会随着摄像机而移动，所以摄像机并不会更接近于球面。若非如此，在将摄像机移近天空表面的时候，整个戏法必然会被拆穿，因为我们这里所用的模拟天空的把戏很容易被用户识破。

实现天穹效果的着色器文件如下：

被采集的纹素

图 18.4　为了简单起见，这里展示的是 2D 示意图；因此，图中的正方形即为 3D 空间中的立方体（图），而圆形即为 3D 空间中的（天空）球体。假设天空球与环境图都以同一个空间中的原点为中心。接下来，为了向球面上的点投影纹理，我们把端点为原点的向量作为查找向量射向球面。以此将立方体图投影到球面上

```
//***************************************************************
// Sky.hlsl 的作者为 Frank Luna (C) 2015 版权所有
//***************************************************************

// 包含公用的 HLSL 代码
#include "Common.hlsl"

struct VertexIn
{
  float3 PosL  : POSITION;
  float3 NormalL : NORMAL;
  float2 TexC  : TEXCOORD;
};

struct VertexOut
{
  float4 PosH : SV_POSITION;
  float3 PosL : POSITION;
};

VertexOut VS(VertexIn vin)
{
  VertexOut vout;

  // 用局部顶点的位置作为立方体图的查找向量
  vout.PosL = vin.PosL;

  // 把顶点变换到世界空间
  float4 posW = mul(float4(vin.PosL, 1.0f), gWorld);

  // 总是以摄像机作为天空球的中心
  posW.xyz += gEyePosW;

  // 设置 z = w，从而使 z/w = 1（即令球面总是位于远平面）
  vout.PosH = mul(posW, gViewProj).xyww;

  return vout;
}

float4 PS(VertexOut pin) : SV_Target
{
  return gCubeMap.Sample(gsamLinearWrap, pin.PosL);
}
```

渲染天空的着色器程序与绘制普通物体的着色器程序（Default.hlsl）有着明显的区别。但是它们所用的根签名是相同的，因此也就不必在绘制的过程中改变根签名了。由于 Default.hlsl 和 Sky.hlsl 所共用的代码部分已经移入 Common.hlsl 文件，所以它们的代码并不存在交集。为便于读者参考，这里给出 Common.hlsl 文件的代码：

```
//***********************************************************************
// Common.hlsl 的作者为 Frank Luna (C) 2015 版权所有
//***********************************************************************

// 光源数量的默认值
#ifndef NUM_DIR_LIGHTS
  #define NUM_DIR_LIGHTS 3
#endif

#ifndef NUM_POINT_LIGHTS
  #define NUM_POINT_LIGHTS 0
#endif

#ifndef NUM_SPOT_LIGHTS
  #define NUM_SPOT_LIGHTS 0
#endif

// 包含光照所需的结构体与函数
#include "LightingUtil.hlsl"
// 每种材质所用到的各种常量数据
struct MaterialData
{
  float4   DiffuseAlbedo;
  float3   FresnelR0;
  float    Roughness;
  float4x4 MatTransform;
  uint     DiffuseMapIndex;
  uint     MatPad0;
  uint     MatPad1;
  uint     MatPad2;
};

TextureCube gCubeMap : register(t0);

// 仅着色器模型 5.1+才支持的纹理数组。与 Texture2DArray 不同的是，此数组可以由大小不一、格式
// 各异的纹理组成。因此，这使它比普通的纹理数组也更为灵活
Texture2D gDiffuseMap[4] : register(t1);

    // 将此结构化缓冲区置于 space1 中，以使纹理数组不会与这些资源相重叠。而纹理数组则会占用寄
    // 存器 t0, t1, …, t3 中的 space0
StructuredBuffer<MaterialData> gMaterialData : register(t0, space1);

SamplerState gsamPointWrap        : register(s0);
SamplerState gsamPointClamp       : register(s1);
SamplerState gsamLinearWrap       : register(s2);
SamplerState gsamLinearClamp      : register(s3);
SamplerState gsamAnisotropicWrap  : register(s4);
SamplerState gsamAnisotropicClamp : register(s5);

// 每一帧中所用到的各种常量数据
cbuffer cbPerObject : register(b0)
{
```

```
    float4x4 gWorld;
    float4x4 gTexTransform;
    uint gMaterialIndex;
    uint gObjPad0;
    uint gObjPad1;
    uint gObjPad2;
};

// 绘制过程中所用到的杂项常量数据
cbuffer cbPass : register(b1)
{
    float4x4 gView;
    float4x4 gInvView;
    float4x4 gProj;
    float4x4 gInvProj;
    float4x4 gViewProj;
    float4x4 gInvViewProj;
    float3 gEyePosW;
    float cbPerObjectPad1;
    float2 gRenderTargetSize;
    float2 gInvRenderTargetSize;
    float gNearZ;
    float gFarZ;
    float gTotalTime;
    float gDeltaTime;
    float4 gAmbientLight;

    // 对于每个以 MaxLights 为光源数量最大值的对象而言, 索引[0, NUM_DIR_LIGHTS]表示的是
    // 方向光源, 索引[NUM_DIR_LIGHTS, NUM_DIR_LIGHTS+NUM_POINT_LIGHTS) 表示的是点光源, 索引[NUM_DIR_
    // LIGHTS+NUM_POINT_LIGHTS, NUM_DIR_LIGHTS+NUM_POINT_LIGHT+NUM_SPOT_LIGHTS) 表
    // 示的是聚光灯光源
    Light gLights[MaxLights];
};
```

注意

Note ▶ 早期的应用程序总是要先绘制天空,再用它作为替代品去清理(填写)渲染目标以及深度/模板缓冲区。但是,"ATI Radeon HD 2000 Programming Guide"(ATI Radeon HD 2000 编程指南)现在并不建议用户按此方式进行处理:首先,要使内部硬件得到更深层次的优化而表现得更为出色,需要显式地清理深度/模板缓冲区。这种使用情景与渲染目标比较相似。其次,天空的大部分区域会被建筑物或地形这样的其他几何体遮挡住。因此,若率先绘制天空,则将会把许多资源浪费在无效像素的绘制上——这些像素将被后续所绘制的、离摄像机更近的物体所遮蔽。总之,建议读者对缓冲区进行手动清理,并把绘制天空的工作放在最后。

绘制天空需要使用与众不同的着色器程序，继而也就会用到新的 PSO（流水线状态对象）。因此，我们在绘制代码中把天空作为独立的层进行渲染：

```
// 绘制不透明的渲染项
mCommandList->SetPipelineState(mPSOs["opaque"].Get());
DrawRenderItems(mCommandList.Get(), mRitemLayer[(int)
    RenderLayer::Opaque]);

// 绘制天空渲染项
mCommandList->SetPipelineState(mPSOs["sky"].Get());
DrawRenderItems(mCommandList.Get(), mRitemLayer[(int)
    RenderLayer::Sky]);
```

除此之外，渲染天空还需要采用一些不同的渲染状态。由于摄像机位于天空球内，在禁用背面剔除（若将逆时针绕序的三角形定为正面朝向，则可不禁用此功能）之余，我们还要将深度比较函数改为 LESS_EQUAL，以令天空球能够顺利地通过深度测试：

```
D3D12_GRAPHICS_PIPELINE_STATE_DESC skyPsoDesc = opaquePsoDesc;

// 摄像机位于天空球内，所以要关闭剔除功能
skyPsoDesc.RasterizerState.CullMode = D3D12_CULL_MODE_NONE;

// 确认深度测试函数为 LESS_EQUAL 而非仅为 LESS。否则的话，如果深度缓冲区中的数据都被清理为1，
// 则归一化深度值为 z = 1（NDC，用规格化设备坐标所表示）的深度项将在深度测试中失败
skyPsoDesc.DepthStencilState.DepthFunc = D3D12_COMPARISON_FUNC_LESS_EQUAL;
skyPsoDesc.pRootSignature = mRootSignature.Get();
skyPsoDesc.VS =
{
        reinterpret_cast<BYTE*>(mShaders["skyVS"]->GetBufferPointer()),
        mShaders["skyVS"]->GetBufferSize()
};
skyPsoDesc.PS =
{
        reinterpret_cast<BYTE*>(mShaders["skyPS"]->GetBufferPointer()),
        mShaders["skyPS"]->GetBufferSize()
};
ThrowIfFailed(md3dDevice->CreateGraphicsPipelineState(
  &skyPsoDesc, IID_PPV_ARGS(&mPSOs["sky"])));
```

18.4　模拟反射

在第 8 章中，我们学习了镜面高光的实现原理：光源发出的光照射在物体表面（界面）上，并基于菲涅耳效应与表面的粗糙度反射到观察者的眼中。但是，照射到物体表面（界面）上的光并非仅从光源传来的直射光，而是由于散射与反弹的原因从各个方向照射而来"混合光"。事实上，我们也已将环境光项加入光照方程之中，从而模拟间接漫反射光照。在本节中，我们将展示如何运用环境图去模拟来自周

围环境的**镜面反射**（specular reflection）。通过镜面反射，我们就能够观察到基于菲涅耳效应而从物体表面（界面）反射来的光。这里还有一个相关的高级主题，但在本书中不会加以讨论，这也是一种通过立方体图计算来自周围环境漫反射光的方法（读者可以参考《GPU Gems 2》中的 Chapter 10. Real-Time Computation of Dynamic Irradiance Environment Map）。

当我们为构建环境图而关于点 O 渲染场景时，实则是在点 O 处记录来自四面八方的光照数据。换句话说，环境图存储的是从各个方向照射到点 O 处的光照值，因此我们可以把环境图上的每个纹素都看作一个光源。通过这些数据便可以近似地计算出来自周围环境光的镜面反射情况。为加深理解，可参阅图18.5。来自入射方向 I 的环境光，根据菲涅耳效应经界面反射，以方向 $v = E-p$ 进入观察者的眼中。通过查找向量 $r = reflect(-v, n)$ 对环境立方体图进行采样以获取环境光。这一系列设定使得界面具有类似于镜面的属性，即观察者查看点 p 便可看到点 p 处反射的周围环境。

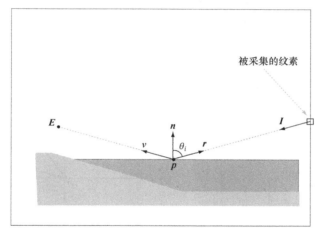

图 18.5　图中的点 E 是观察点，n 是点 p 处的表面法线。通过查找向量 r 对立方体图进行采样，即可获得存有从 p 以方向 v 反射入观察者眼中光线数据的纹素

计算每个像素的反射向量并用它来对环境图进行采样：

```
const float shininess = 1.0f - roughness;

// 加入镜面反射数据
float3 r = reflect(-toEyeW, pin.NormalW);
float4 reflectionColor = gCubeMap.Sample(gsamLinearWrap, r);
float3 fresnelFactor = SchlickFresnel(fresnelR0, pin.NormalW, r);
litColor.rgb += shininess * fresnelFactor * reflectionColor.rgb;
```

由于讨论的是与反射相关的内容，所以自然少不了提及菲涅耳效应。它基于表面的材质属性、光向量（反射向量）与法线之间的夹角，从而确定从环境中反射到观察者眼中的光量。除此之外，我们还要根据材质的光泽度增减反射值，即粗糙材质反射的光量较低，即便如此，这些较小的反射值仍不可忽略。

从图18.6 中可以看出，对于平整的表面来讲，通过环境贴图实现的反射效果并不是很好。

这是由于反射向量不能给出明确的位置关系，因为它不含有具体的位置信息，而我们需要的恰好就是反射光线及其与环境图的交点。光线具有位置与方向这两种属性，而向量仅能提供此两者中的方向信息。从图中我们可以看到，按道理来讲，$q(t) = p + tr$ 与 $q'(t) = p' + tr$ 两束反射光线，它们分别交于立方体图的两个不同纹素，因而反射出的光线颜色应当会有差异。然而，由于两束光线采用的是相同的方向向量 r，而又仅用方向向量 r 去实现立方体图的纹素查找工作，因此，若分别在 E 与 E' 两点处观察，则会看到映射到 p 与 p' 处的纹素是相同的。对于平滑的物体来讲，这种环境贴图的瑕疵会更加明显。而相对于曲面物体而言，该环境贴图的短板将更不易察觉，因为曲面的弯曲度会导致其反射向量方向各异。

对此，一种解决方案是给环境图关联一个代理几何体（proxy geometry）。例如，假设有一用于立方体空间的环境图。此时，我们就能给该环境图关联一个与其空间大小近似的轴对齐包围盒。图 18.7 所示的是，我们是如何令一条射线与包围盒相交，以求取比反射向量 r 指向的纹素更为精准的查找向量 v。如果将与立方体图相关联的包围盒输入到着色器中（例如通过常量缓冲区），就可以在像素着色器中进行射线与包围盒的相交检测，据此就能以改良的查找向量在像素着色器中对立方体图进行采样。[①]

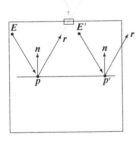

图 18.6　当观察位置分别位于 E 与 E' 时，对应于平面上 p 与 p' 两个不同点的反射向量

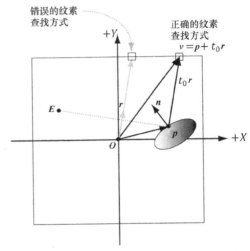

图 18.7　在这种情况下，我们不再用反射向量 r 来作为立方体图的查找向量，而是用射线与包围盒的交点 $v = p + t_0 r$ 来代替。注意，由于点 p 与包围盒代理几何体的中心位置有关，所以上述交点可作为此立方体图的查找向量

以下函数所展示的是立方体图查找向量的计算方法：

```
float3 BoxCubeMapLookup(float3 rayOrigin, float3 unitRayDir,
            float3 boxCenter, float3 boxExtents)
```

---

① 简而言之，环境图的映射方式是以其立方体中心为端点，向立方体发出射线采集纹素。对于立方体内的平面而言，在同一入射角观察不同点本应看到不同的图像（即采集不同的纹理图纹素），但是由于同入射角所用的 loopup（查找）向量是相同的，所以在相同入射角看不同的点，看到的是相同的内容。图 18.6 是"理想"的采集示意图，图 18.7 是解决方案。如果再加一张"实际"的有误采集示意图（或者指出直接与图 18.1 进行对比），会更明晰。

```
{
    // 本实现基于《Real-Time Rendering ( 实时渲染 )》第 3 版中 16.7.1 节所描述的 slab method①

    // 令射线的端点与包围盒的中心位置有关
    float3 p = rayOrigin - boxCenter;

    // AABB ( 轴对齐包围盒 ) 中第 i 个 slab 射线与平面相交检测的公式为
    //
    // t1 = (-dot(n_i, p) + h_i)/dot(n_i, d) = (-p_i + h_i)/d_i
    // t2 = (-dot(n_i, p) - h_i)/dot(n_i, d) = (-p_i - h_i)/d_i

    // 将所有的 slab 都进行向量化处理，并按射线与平面的相交检测公式进行计算
    float3 t1 = (-p+boxExtents)/unitRayDir;
    float3 t2 = (-p-boxExtents)/unitRayDir;

    // 寻找每个坐标轴上的最大值。由于我们假设射线就位于包围盒内，因而只希望求取最大的相交参数，即 t 值
    float3 tmax = max(t1, t2);

    // 求取 tmax 所有分量中的最小值
    float t = min(min(tmax.x, tmax.y), tmax.z);

    // 由于点 p 是相对于包围盒的中心位置，所以可将它用于计算立方体图的查找向量
    return p + t*unitRayDir;
}
```

18.5　动态立方体图

　　到目前为止，我们所描述的都是静态立方体图，它所存储的都是预先绘制好的固定图像。这种工作方式对于某些情景来说是比较合理的，而且开销较小。但是，如果我们希望在场景中创建一些会移动的动态角色，那么这种方案就不太合适了。若采用事先生成的立方体图，我们就不能用它来捕捉那些动态物体，这也就意味着不能绘制出动态物体的反射镜像。为了克服这种限制，就应在运行时动态地构建立方体图。即我们在每一帧都要将摄像机置于场景之内，以它作为立方体图的原点，沿着坐标轴共 6 个方向**将场景分六次逐个渲染到立方体图的对应面上**（见图 18.8）。由于在每一帧都会重建立方体图，因此能捕捉到场景中的动态物体及其动态的反射镜像（见图 18.9）。

注意

 动态地渲染立方体图开销会比较大，因为每一帧都需要将场景绘制到 6 个渲染目标之中。因此，我们要试着将场景中需要用到动态立方体图的地方降到最少。比如，我们可以只为突出场景中的关键物品时才使用动态反射。而为动态反射镜像要求不高的次要物品采用静态立方体图。一般来讲，动态立方体贴图常用的是 256×256 像素这样低分辨率的立方体图，这样做可以减少要处理的像素数量（fill rate，像素填充率）。

---

① slab 即一对平行平面，一个立方体可视作 3 组 slab。此算法的大意是将包围盒划分为 3 组 slab，2D 图看起来是井字形。再将射线与 slab 的相交关系转换为坐标的比较，以此来确定光线是否与包围盒相交。

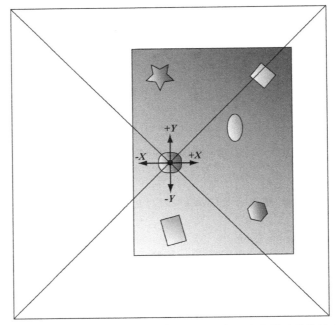

图 18.8 摄像机在场景中的位置 O，正处于所希望生成动态立方体图的物体的中心处。以视场角
为 90° 的摄像机沿坐标轴的 6 个方向将场景分别渲染一次，以此来截取整个周围环境的图像

图 18.9 "Dynamic CubeMap"（动态立方体图）演示程序所呈现的动态反射效果。骷髅头绕
场景中间的球体旋转，它的镜像也动态地反映在该球面上。既然我们是自行绘制立方体图，
因此也就可以将局部物体的镜像渲染在球面上，如立柱、柱上的球体以及地面

18.5.1　动态立方体图辅助类

为了便于动态地渲染立方体图，我们创建了以下 CubeRenderTarget 类。此类内部封装了立方体图的实际 ID3D12Resource 对象、与该资源所对应的各种描述符，以及用于渲染立方体图的的其他有关数据。

```
class CubeRenderTarget
{
public:
  CubeRenderTarget(ID3D12Device* device,
    UINT width, UINT height,
    DXGI_FORMAT format);

  CubeRenderTarget(const CubeRenderTarget& rhs)=delete;
  CubeRenderTarget& operator=(const CubeRenderTarget& rhs)=delete;
  ~CubeRenderTarget()=default;

  ID3D12Resource* Resource();
  CD3DX12_GPU_DESCRIPTOR_HANDLE Srv();
  CD3DX12_CPU_DESCRIPTOR_HANDLE Rtv(int faceIndex);

  D3D12_VIEWPORT Viewport()const;
  D3D12_RECT ScissorRect()const;

  void BuildDescriptors(
    CD3DX12_CPU_DESCRIPTOR_HANDLE hCpuSrv,
    CD3DX12_GPU_DESCRIPTOR_HANDLE hGpuSrv,
    CD3DX12_CPU_DESCRIPTOR_HANDLE hCpuRtv[6]);

  void OnResize(UINT newWidth, UINT newHeight);

private:
  void BuildDescriptors();
  void BuildResource();

private:

  ID3D12Device* md3dDevice = nullptr;

  D3D12_VIEWPORT mViewport;
  D3D12_RECT mScissorRect;

  UINT mWidth = 0;
  UINT mHeight = 0;
  DXGI_FORMAT mFormat = DXGI_FORMAT_R8G8B8A8_UNORM;

  CD3DX12_CPU_DESCRIPTOR_HANDLE mhCpuSrv;
  CD3DX12_GPU_DESCRIPTOR_HANDLE mhGpuSrv;
  CD3DX12_CPU_DESCRIPTOR_HANDLE mhCpuRtv[6];
```

```
    Microsoft::WRL::ComPtr<ID3D12Resource> mCubeMap = nullptr;
};
```

18.5.2　构建立方体图资源

通过创建具有 6 个元素的纹理数组（每个元素都对应着一个立方体图的面），便可以构建出立方体图纹理。欲渲染立方体图则必须设置 D3D12_RESOURCE_FLAG_ALLOW_RENDER_TARGET 标志。我们通过以下方法来构建立方体图资源。

```
void CubeRenderTarget::BuildResource()
{
    D3D12_RESOURCE_DESC texDesc;
    ZeroMemory(&texDesc, sizeof(D3D12_RESOURCE_DESC));
    texDesc.Dimension = D3D12_RESOURCE_DIMENSION_TEXTURE2D;
    texDesc.Alignment = 0;
    texDesc.Width = mWidth;
    texDesc.Height = mHeight;
    texDesc.DepthOrArraySize = 6;
    texDesc.MipLevels = 1;
    texDesc.Format = mFormat;
    texDesc.SampleDesc.Count = 1;
    texDesc.SampleDesc.Quality = 0;
    texDesc.Layout = D3D12_TEXTURE_LAYOUT_UNKNOWN;
    texDesc.Flags = D3D12_RESOURCE_FLAG_ALLOW_RENDER_TARGET;

    ThrowIfFailed(md3dDevice->CreateCommittedResource(
        &CD3DX12_HEAP_PROPERTIES(D3D12_HEAP_TYPE_DEFAULT),
        D3D12_HEAP_FLAG_NONE,
        &texDesc,
        D3D12_RESOURCE_STATE_GENERIC_READ,
        nullptr,
        IID_PPV_ARGS(&mCubeMap)));
}
```

18.5.3　分配额外的描述符堆空间

为了渲染立方体图，还需要新添加 6 个渲染目标视图，使之与立方体图的各个面一一对应。另外，还要附加一个深度/模板缓冲区，因此我们必须重写（override）D3DApp::CreateRtvAndDsvDescriptorHeaps 方法来为这些额外的描述符分配描述符堆。

```
void DynamicCubeMapApp::CreateRtvAndDsvDescriptorHeaps()
{
    // 为立方体渲染目标添加 6 个 RTV（渲染目标视图）
    D3D12_DESCRIPTOR_HEAP_DESC rtvHeapDesc;
    rtvHeapDesc.NumDescriptors = SwapChainBufferCount + 6;
    rtvHeapDesc.Type = D3D12_DESCRIPTOR_HEAP_TYPE_RTV;
    rtvHeapDesc.Flags = D3D12_DESCRIPTOR_HEAP_FLAG_NONE;
```

```
  rtvHeapDesc.NodeMask = 0;
  ThrowIfFailed(md3dDevice->CreateDescriptorHeap(
    &rtvHeapDesc, IID_PPV_ARGS(mRtvHeap.GetAddressOf())));

  // 为立方体渲染目标新增 1 个 DSV（深度/模板视图）
  D3D12_DESCRIPTOR_HEAP_DESC dsvHeapDesc;
  dsvHeapDesc.NumDescriptors = 2;
  dsvHeapDesc.Type = D3D12_DESCRIPTOR_HEAP_TYPE_DSV;
  dsvHeapDesc.Flags = D3D12_DESCRIPTOR_HEAP_FLAG_NONE;
  dsvHeapDesc.NodeMask = 0;
  ThrowIfFailed(md3dDevice->CreateDescriptorHeap(
    &dsvHeapDesc, IID_PPV_ARGS(mDsvHeap.GetAddressOf())));

  mCubeDSV = CD3DX12_CPU_DESCRIPTOR_HANDLE(
    mDsvHeap->GetCPUDescriptorHandleForHeapStart(),
    1,
    mDsvDescriptorSize);
}
```

除此之外，还需新增一个 SRV（着色器资源视图），以便在生成立方体图之后将它绑定为着色器的输入数据。

描述符的句柄都要传入 CubeRenderTarget::BuildDescriptors 方法，它会保存一份句柄的副本并为它们创建相应的视图。

```
auto srvCpuStart = mSrvDescriptorHeap->GetCPUDescriptorHandleForHeapStart();
auto srvGpuStart = mSrvDescriptorHeap->GetGPUDescriptorHandleForHeapStart();
auto rtvCpuStart = mRtvHeap->GetCPUDescriptorHandleForHeapStart();

// 位列交换链的描述符之后的立方体图 RTV
int rtvOffset = SwapChainBufferCount;

CD3DX12_CPU_DESCRIPTOR_HANDLE cubeRtvHandles[6];
for(int i = 0; i < 6; ++i)
  cubeRtvHandles[i] = CD3DX12_CPU_DESCRIPTOR_HANDLE(
    rtvCpuStart, rtvOffset + i, mRtvDescriptorSize);

mDynamicCubeMap->BuildDescriptors(
  CD3DX12_CPU_DESCRIPTOR_HANDLE(
    srvCpuStart, mDynamicTexHeapIndex, mCbvSrvDescriptorSize),
CD3DX12_GPU_DESCRIPTOR_HANDLE(
  srvGpuStart, mDynamicTexHeapIndex, mCbvSrvDescriptorSize),
cubeRtvHandles);

void CubeRenderTarget::BuildDescriptors(CD3DX12_CPU_DESCRIPTOR_HANDLE hCpuSrv,
                       CD3DX12_GPU_DESCRIPTOR_HANDLE hGpuSrv,
                       CD3DX12_CPU_DESCRIPTOR_HANDLE hCpuRtv[6])
{
  // 保存对描述符的引用
  mhCpuSrv = hCpuSrv;
  mhGpuSrv = hGpuSrv;
```

```
for(int i = 0; i < 6; ++i)
  mhCpuRtv[i] = hCpuRtv[i];

// 创建描述符
BuildDescriptors();
}
```

18.5.4 构建描述符

在上一节中，我们为描述符分配了相应的描述符堆空间，并缓存了对描述符的引用。但是到目前为止，仍没有为任何资源真正地创建描述符。因此，现在的当务之急是为立方体图资源创建一个 SRV，以便能够在像素着色器中对它进行采样。另外，还需要为立方体图纹理数组中的每个元素创建一个渲染目标视图，借此对立方体图的每个面依次进行绘制。创建所需视图的方法如下。

```
void CubeRenderTarget::BuildDescriptors()
{
  D3D12_SHADER_RESOURCE_VIEW_DESC srvDesc = {};
  srvDesc.Shader4ComponentMapping = D3D12_DEFAULT_SHADER_4_COMPONENT_MAPPING;
  srvDesc.Format = mFormat;
  srvDesc.ViewDimension = D3D12_SRV_DIMENSION_TEXTURECUBE;
  srvDesc.TextureCube.MostDetailedMip = 0;
  srvDesc.TextureCube.MipLevels = 1;
  srvDesc.TextureCube.ResourceMinLODClamp = 0.0f;

  // 为整个立方体图资源创建 SRV
  md3dDevice->CreateShaderResourceView(mCubeMap.Get(), &srvDesc,
    mhCpuSrv);

  // 为每个立方体面创建 RTV
  for(int i = 0; i < 6; ++i)
  {
    D3D12_RENDER_TARGET_VIEW_DESC rtvDesc;
    rtvDesc.ViewDimension = D3D12_RTV_DIMENSION_TEXTURE2DARRAY;
    rtvDesc.Format = mFormat;
    rtvDesc.Texture2DArray.MipSlice = 0;
    rtvDesc.Texture2DArray.PlaneSlice = 0;

    // 表示现要为第 i 个元素创建渲染目标视图
    rtvDesc.Texture2DArray.FirstArraySlice = i;

    // 仅为数组中的每一个元素创建一个视图
    rtvDesc.Texture2DArray.ArraySize = 1;

    // 为立方体图的第 i 个面创建 RTV
    md3dDevice->CreateRenderTargetView(mCubeMap.Get(), &rtvDesc,
    mhCpuRtv[i]);
  }
}
```

18.5.5 构建深度缓冲区

一般来讲，立方体图的各面与主后台缓冲区的分辨率是不同的。因此，要渲染立方体图的诸面，我们就需要采用与立方体图面分辨率大小相匹配的深度缓冲区。考虑到每次只渲染立方体的一个面，所以立方体图的渲染工作仅需 1 个深度缓冲区即可。我们可以通过下列代码来构建新添的深度缓冲区及其DSV。

```
void DynamicCubeMapApp::BuildCubeDepthStencil()
{
  // 创建深度/模板缓冲区及其视图
  D3D12_RESOURCE_DESC depthStencilDesc;
  depthStencilDesc.Dimension = D3D12_RESOURCE_DIMENSION_TEXTURE2D;
  depthStencilDesc.Alignment = 0;
  depthStencilDesc.Width = CubeMapSize;
  depthStencilDesc.Height = CubeMapSize;
  depthStencilDesc.DepthOrArraySize = 1;
  depthStencilDesc.MipLevels = 1;
  depthStencilDesc.Format = mDepthStencilFormat;
  depthStencilDesc.SampleDesc.Count = 1;
  depthStencilDesc.SampleDesc.Quality = 0;
  depthStencilDesc.Layout = D3D12_TEXTURE_LAYOUT_UNKNOWN;
  depthStencilDesc.Flags = D3D12_RESOURCE_FLAG_ALLOW_DEPTH_STENCIL;

  D3D12_CLEAR_VALUE optClear;
  optClear.Format = mDepthStencilFormat;
  optClear.DepthStencil.Depth = 1.0f;
  optClear.DepthStencil.Stencil = 0;
  ThrowIfFailed(md3dDevice->CreateCommittedResource(
    &CD3DX12_HEAP_PROPERTIES(D3D12_HEAP_TYPE_DEFAULT),
    D3D12_HEAP_FLAG_NONE,
    &depthStencilDesc,
    D3D12_RESOURCE_STATE_COMMON,
    &optClear,
    IID_PPV_ARGS(mCubeDepthStencilBuffer.GetAddressOf())));

  // 以资源自身的格式为整个资源的 mip 0 层级创建描述符
  md3dDevice->CreateDepthStencilView(
    mCubeDepthStencilBuffer.Get(), nullptr, mCubeDSV);

  // 将资源从初始状态转换为深度缓冲区
  mCommandList->ResourceBarrier(1,
    &CD3DX12_RESOURCE_BARRIER::Transition(
    mCubeDepthStencilBuffer.Get(),
    D3D12_RESOURCE_STATE_COMMON,
    D3D12_RESOURCE_STATE_DEPTH_WRITE));
}
```

18.5.6　立方体图的视口与裁剪矩形

由于立方体图各面与主后台缓冲区的分辨率不一致,因此需要定义一个新的视口以及裁剪矩形来"对准拍摄"立方体图面。

```
CubeRenderTarget::CubeRenderTarget(ID3D12Device* device,
                    UINT width, UINT height,
                    DXGI_FORMAT format)
{
  md3dDevice = device;

  mWidth = width;
  mHeight = height;
  mFormat = format;

  mViewport = { 0.0f, 0.0f, (float)width, (float)height, 0.0f, 1.0f };
  mScissorRect = { 0, 0, width, height };

  BuildResource();
}

D3D12_VIEWPORT CubeRenderTarget::Viewport()const
{
    return mViewport;
}

D3D12_RECT CubeRenderTarget::ScissorRect()const
{
    return mScissorRect;
}
```

18.5.7　设置立方体图摄像机

前文曾讲到,生成立方体图的方法是,把视场角为90°(垂直方向和水平方向的视场角都是90°)的摄像机架设在场景中某物体 O 的中心点。再使摄像机分别对准 x、y、z 三轴的正、负共 6 个方向,并以这 6 种视角来摄取场景图片(除了物体 O)。为了便于此流程的实现,我们以给定的位置(x, y, z)为中心生成了 6 台摄像机,它们分别负责立方体图中一个面上的图像截取工作。

```
Camera mCubeMapCamera[6];
void DynamicCubeMapApp::BuildCubeFaceCamera(float x, float y, float z)
{
    // 生成指定位置处的立方体图
    XMFLOAT3 center(x, y, z);
    XMFLOAT3 worldUp(0.0f, 1.0f, 0.0f);

    // 沿着每一个坐标轴方向进行观察
```

```
XMFLOAT3 targets[6] =
{
  XMFLOAT3(x + 1.0f, y, z), // +X
  XMFLOAT3(x - 1.0f, y, z), // -X
  XMFLOAT3(x, y + 1.0f, z), // +Y
  XMFLOAT3(x, y - 1.0f, z), // -Y
  XMFLOAT3(x, y, z + 1.0f), // +Z
  XMFLOAT3(x, y, z - 1.0f)  // -Z
};

// 除了+Y/-Y，其他方向上的上向量均用世界空间中的上向量(0,1,0)表示。在+Y/-Y这两个方向上，我
// 们分别要沿着+Y或-Y进行观察，因此便需要用一个与众不同的"上"向量
XMFLOAT3 ups[6] =
{
  XMFLOAT3(0.0f, 1.0f, 0.0f),   // +X
  XMFLOAT3(0.0f, 1.0f, 0.0f),   // -X
  XMFLOAT3(0.0f, 0.0f, -1.0f),  // +Y
  XMFLOAT3(0.0f, 0.0f, +1.0f),  // -Y
  XMFLOAT3(0.0f, 1.0f, 0.0f),   // +Z
  XMFLOAT3(0.0f, 1.0f, 0.0f)    // -Z
};

for(int i = 0; i < 6; ++i)
{
  mCubeMapCamera[i].LookAt(center, targets[i], ups[i]);
  mCubeMapCamera[i].SetLens(0.5f*XM_PI, 1.0f, 0.1f, 1000.0f);
  mCubeMapCamera[i].UpdateViewMatrix();
}
}
```

由于渲染立方体的不同面要动用不同的摄像机，因此每个立方体面都需要拥有一组它自己独有的
PassConstants（渲染过程常量）。好在这项工作并不复杂，只要在创建帧资源时将 PassConstants
的个数再增加 6 个即可。

```
void DynamicCubeMapApp::BuildFrameResources()
{
  for(int i = 0; i < gNumFrameResources; ++i)
  {
    mFrameResources.push_back(std::make_unique<FrameResource>(md3dDevice.Get(),
      7, (UINT)mAllRitems.size(), (UINT)mMaterials.size()));
  }
}
```

元素 0 对应于主渲染过程，而元素 1~6 则与立方体诸面相对应。

为每一个立方体图面设置常量数据的方法如下：

```
void DynamicCubeMapApp::UpdateCubeMapFacePassCBs()
{
  for(int i = 0; i < 6; ++i)
  {
```

```
    PassConstants cubeFacePassCB = mMainPassCB;

    XMMATRIX view = mCubeMapCamera[i].GetView();
    XMMATRIX proj = mCubeMapCamera[i].GetProj();

    XMMATRIX viewProj = XMMatrixMultiply(view, proj);
    XMMATRIX invView = XMMatrixInverse(&XMMatrixDeterminant(view),
    view);
    XMMATRIX invProj = XMMatrixInverse(&XMMatrixDeterminant(proj),
    proj);
    XMMATRIX invViewProj = XMMatrixInverse(&XMMatrixDeterminant(viewProj), viewProj);

    XMStoreFloat4x4(&cubeFacePassCB.View, XMMatrixTranspose(view));
    XMStoreFloat4x4(&cubeFacePassCB.InvView,
    XMMatrixTranspose(invView));
    XMStoreFloat4x4(&cubeFacePassCB.Proj, XMMatrixTranspose(proj));
    XMStoreFloat4x4(&cubeFacePassCB.InvProj,
    XMMatrixTranspose(invProj));
    XMStoreFloat4x4(&cubeFacePassCB.ViewProj,
    XMMatrixTranspose(viewProj));
    XMStoreFloat4x4(&cubeFacePassCB.InvViewProj, XMMatrixTranspose(invViewProj));
    cubeFacePassCB.EyePosW = mCubeMapCamera[i].GetPosition3f();
    cubeFacePassCB.RenderTargetSize =
      XMFLOAT2((float)CubeMapSize, (float)CubeMapSize);
    cubeFacePassCB.InvRenderTargetSize =
      XMFLOAT2(1.0f / CubeMapSize, 1.0f / CubeMapSize);

    auto currPassCB = mCurrFrameResource->PassCB.get();

    // 元素 1~6 中存储的是立方体图（6 个面）渲染过程中所用的常量缓冲区
    currPassCB->CopyData(1 + i, cubeFacePassCB);
  }
}
```

18.5.8　对立方体图进行绘制

针对此演示程序，我们设定了 3 个渲染层：

```
enum class RenderLayer : int
{
  Opaque = 0,
  OpaqueDynamicReflectors,
  Sky,
  Count
};
```

OpaqueDynamicReflectors 渲染层含有图 18.9 所示的通过动态立方体图技术来反射局部动态物体的中心球体。首先将场景绘制到立方体图的每个面上，但是不包括中心球体自身。这也就意味着只需把不透明物体层以及天空层渲染到立方体图即可。

```
void DynamicCubeMapApp::DrawSceneToCubeMap()
{
  mCommandList->RSSetViewports(1, &mDynamicCubeMap->Viewport());
  mCommandList->RSSetScissorRects(1, &mDynamicCubeMap->ScissorRect());

  // 将立方体图资源转换为 RENDER_TARGET（渲染目标）
  mCommandList->ResourceBarrier(1,
    &CD3DX12_RESOURCE_BARRIER::Transition(
    mDynamicCubeMap->Resource(),
    D3D12_RESOURCE_STATE_GENERIC_READ,
    D3D12_RESOURCE_STATE_RENDER_TARGET));

  UINT passCBByteSize = d3dUtil::CalcConstantBufferByteSize(sizeof(PassConstants));

  // 针对立方体图的每个面……
  for(int i = 0; i < 6; ++i)
  {
    // 清理后台缓冲区以及深度缓冲区
    mCommandList->ClearRenderTargetView(
      mDynamicCubeMap->Rtv(i), Colors::LightSteelBlue, 0, nullptr);
    mCommandList->ClearDepthStencilView(mCubeDSV,
      D3D12_CLEAR_FLAG_DEPTH | D3D12_CLEAR_FLAG_STENCIL,
      1.0f, 0, 0, nullptr);

    // 指定将要渲染的缓冲区
    mCommandList->OMSetRenderTargets(1, &mDynamicCubeMap->Rtv(i),
      true, &mCubeDSV);

    // 为当前的立方体图面绑定对应的渲染过程常量缓冲区，这样一来，我们就可以使用正确的视图矩阵以
    // 及投影矩阵来绘制此立方体图
    auto passCB = mCurrFrameResource->PassCB->Resource();
    D3D12_GPU_VIRTUAL_ADDRESS passCBAddress =
      passCB->GetGPUVirtualAddress() + (1+i)*passCBByteSize;
    mCommandList->SetGraphicsRootConstantBufferView(1, passCBAddress);

    DrawRenderItems(mCommandList.Get(), mRitemLayer[(int)
    RenderLayer::Opaque]);

    mCommandList->SetPipelineState(mPSOs["sky"].Get());
    DrawRenderItems(mCommandList.Get(), mRitemLayer[(int)
    RenderLayer::Sky]);

    mCommandList->SetPipelineState(mPSOs["opaque"].Get());
  }

  // 将立方体图资源转换回 GENERIC_READ 状态，以便在着色器中读取纹理数据
  mCommandList->ResourceBarrier(1,
    &CD3DX12_RESOURCE_BARRIER::Transition(
    mDynamicCubeMap->Resource(),
    D3D12_RESOURCE_STATE_RENDER_TARGET,
```

```
        D3D12_RESOURCE_STATE_GENERIC_READ));
}
```

向立方体图渲染场景之后，我们还要像以前那样设置主渲染目标并绘制场景，但是别忘了还要将动态立方体图绘制到中心球体上。

```
...
DrawSceneToCubeMap();

// 设置主渲染目标

mCommandList->RSSetViewports(1, &mScreenViewport);
mCommandList->RSSetScissorRects(1, &mScissorRect);

// 根据资源的用处而转换其状态
mCommandList->ResourceBarrier(1,
  &CD3DX12_RESOURCE_BARRIER::Transition(
  CurrentBackBuffer(),
  D3D12_RESOURCE_STATE_PRESENT,
  D3D12_RESOURCE_STATE_RENDER_TARGET));

// 清理后台缓冲区与深度缓冲区
mCommandList->ClearRenderTargetView(CurrentBackBufferView(),
  Colors::LightSteelBlue, 0, nullptr);
mCommandList->ClearDepthStencilView(
  DepthStencilView(),
  D3D12_CLEAR_FLAG_DEPTH | D3D12_CLEAR_FLAG_STENCIL,
  1.0f, 0, 0, nullptr);

// 指定将要渲染的缓冲区
mCommandList->OMSetRenderTargets(1,
  &CurrentBackBufferView(), true, &DepthStencilView());

auto passCB = mCurrFrameResource->PassCB->Resource();
mCommandList->SetGraphicsRootConstantBufferView(1,
  passCB->GetGPUVirtualAddress());


// 为动态反射层 OpaqueDynamicReflectors 使用动态立方体图
CD3DX12_GPU_DESCRIPTOR_HANDLE dynamicTexDescriptor(
  mSrvDescriptorHeap->GetGPUDescriptorHandleForHeapStart());
dynamicTexDescriptor.Offset(mSkyTexHeapIndex + 1,
    mCbvSrvDescriptorSize);
mCommandList->SetGraphicsRootDescriptorTable(3, dynamicTexDescriptor);

DrawRenderItems(mCommandList.Get(),
mRitemLayer[(int)RenderLayer::OpaqueDynamicReflectors]);

// 为其他物体（包括天空）使用静态"背景"立方体图
mCommandList->SetGraphicsRootDescriptorTable(3, skyTexDescriptor);
```

```
DrawRenderItems(mCommandList.Get(), mRitemLayer[(int)
    RenderLayer::Opaque]);

mCommandList->SetPipelineState(mPSOs["sky"].Get());
DrawRenderItems(mCommandList.Get(), mRitemLayer[(int)
    RenderLayer::Sky]);

// 根据资源的用途而转换其状态
mCommandList->ResourceBarrier(1,
  &CD3DX12_RESOURCE_BARRIER::Transition(
  CurrentBackBuffer(),
  D3D12_RESOURCE_STATE_RENDER_TARGET,
  D3D12_RESOURCE_STATE_PRESENT));
...
```

18.6 用几何着色器绘制动态立方体图

在上一节中，我们（以不同的视角）将场景反复绘制 6 次，并依次渲染到每个立方体图的面上，以此来生成立方体图。绘制调用是有开销的，所以应尽量减少调用次数。Direct3D 10 有一名为"CubeMapGS"的示例，它通过几何着色器仅需绘制一遍场景即可渲染好一幅立方体图。在本节中，我们的主题便是讲解这一示例的工作方式。注意，尽管这里演示的是 Direct3D 10 版本的相关代码，但是其中所用的策略在 Direct3D 12 中依然适用，而且代码移植起来也比较容易。

首先，该例程为**整个纹理数组**（而不是按每个面都单独分开的纹理）创建了一个渲染目标视图。

```
// 创建 6 个面的整体渲染目标视图
D3D10_RENDER_TARGET_VIEW_DESC DescRT;
DescRT.Format = dstex.Format;
DescRT.ViewDimension = D3D10_RTV_DIMENSION_TEXTURE2DARRAY;
DescRT.Texture2DArray.FirstArraySlice = 0;
DescRT.Texture2DArray.ArraySize = 6;
DescRT.Texture2DArray.MipSlice = 0;
V_RETURN( pd3dDevice->CreateRenderTargetView(
g_pEnvMap, &DescRT, &g_pEnvMapRTV ) );
```

要运用这种绘制方式，还需要一个由 6 个深度缓冲区构成的"立方体图"（即每个深度缓冲区都对应于一个面）。为**整个深度缓冲区纹理数组**创建深度/模板视图的过程如下。

```
// 为整个立方体创建深度/模板视图
D3D10_DEPTH_STENCIL_VIEW_DESC DescDS;
DescDS.Format = DXGI_FORMAT_D32_FLOAT;
DescDS.ViewDimension = D3D10_DSV_DIMENSION_TEXTURE2DARRAY;
DescDS.Texture2DArray.FirstArraySlice = 0;
DescDS.Texture2DArray.ArraySize = 6;
DescDS.Texture2DArray.MipSlice = 0;
```

```
V_RETURN( pd3dDevice->CreateDepthStencilView(
g_pEnvMapDepth, &DescDS, &g_pEnvMapDSV ) );
```

接下来将上述渲染目标视图与深度/模板视图绑定到渲染流水线的 OS（输出合并）阶段。

```
ID3D10RenderTargetView* aRTViews[ 1 ] = { g_pEnvMapRTV };
pd3dDevice->OMSetRenderTargets(sizeof(aRTViews)/sizeof(aRTViews[0]),
aRTViews, g_pEnvMapDSV );
```

完成这些工作后，我们就已经将渲染目标数组的视图以及深度/模板缓冲区数组的视图绑定至 OM 阶段，随后就会对每个数组切片（array slice）同时进行渲染。

至此，场景已被渲染 1 次，且 6 个观察矩阵所构成的数组（每一个矩阵都用于按立方体图面的对应方向进行观察）已在常量缓冲区中就位。几何着色器会将输入的三角形复制 6 次，并依次赋予一个渲染目标数组切片。通过设置系统值 SV_RenderTargetArrayIndex，我们就能把三角形赋予到渲染目标数组切片之中。此系统值是仅用于设置几何着色器输出的整数索引值，它指定了图元应当被绘制到的渲染目标数组切片的索引。而且，只有当渲染目标视图为数组资源时，才可用此系统值。

```
struct PS_CUBEMAP_IN
{
  float4 Pos : SV_POSITION;     // 投影坐标
  float2 Tex : TEXCOORD0;       // 纹理坐标
  uint RTIndex : SV_RenderTargetArrayIndex;
};

[maxvertexcount(18)]
void GS_CubeMap( triangle GS_CUBEMAP_IN input[3],
inout TriangleStream<PS_CUBEMAP_IN> CubeMapStream )
{
    // 针对每个三角形…
    for( int f = 0; f < 6; ++f )
    {
        // 计算屏幕坐标
        PS_CUBEMAP_IN output;

        // 将第 f 个三角形赋予第 f 个渲染目标
        output.RTIndex = f;

        // 针对三角形的每个顶点…
        for( int v = 0; v < 3; v++ )
        {
            // 把顶点变换到第 f 个立方体面的观察空间
            output.Pos = mul( input[v].Pos, g_mViewCM[f] );

            // 将顶点变换到齐次裁剪空间
            output.Pos = mul( output.Pos, mProj );

            output.Tex = input[v].Tex;
```

```
        CubeMapStream.Append( output );
    }
    CubeMapStream.RestartStrip();
  }
}
```

可以看出，按照上述方法，仅需渲染一遍场景就能为立方体图的每个面绘制好相应的图像，而不必再逐面进行共 6 次渲染。

注意

 我们在此仅梳理了该示例的主要思路，如要了解 "CubeMapGS" 的具体细节，可查阅此 Direct3D 10 例程的源代码。

这个例程所展示的方案很有意思，既演示了多渲染目标的同时绘制，又给出了 SV_RenderTargetArrayIndex 系统值的使用方法。然而，此方法并非完美无缺，它暴露出的两个缺陷使它失色不少。

1. 它使用几何着色器来输出大量的数据。在第 12 章中我们曾提到过：当几何着色器输出大量的数据时，它的效率极低。因此，以输出多顶点为目的来使用几何着色器会对程序的整体性能造成破坏。

2. 在一般的场景中，某个三角形是不会与第二个立方体图面相重叠的（回顾图 18.8）。因此，复制三角形并将其渲染至每个立方体的面上极其浪费资源，这是因为 6 个面之中有 5 个面的三角形需要被裁剪掉。不可否认的是，我们在本章中所用的例程确实简化了将整个场景渲染至每个立方体图面上的过程。然而在真实的应用程序（非演示程序）中，我们会使用视锥体剔除技术（第16 章），仅将可见的物体渲染到特定的立方体图面之上。而视锥体剔除是在物体层级中执行，所以几何体着色器并不能实现此技术。

但从另一方面来说，在渲染包围场景的网格时，这种策略的效果超群。例如，假设有一动态的天空模拟系统，基于每天的不同时段，云层会飘动，天空的颜色也会发生改变。由于天空时时在变化，我们是不能预先烘焙（prebaked，指将光照或反射等效果添加至物体的纹理之上，以此改善渲染性能）出立方体图纹理来反射天空景象的，因此不得不使用动态立方体图。由于天空网格包围着整个场景，也就是说，**它在立方体图的 6 个面内都是可见的**。因此，这种情况完全打破了上面所列第二条论点的束缚。此时，该几何着色器方案就能依靠将 6 次绘制调用降为 1 次而占优。当然，还要同时保证此几何着色器的用法不会严重破坏程序的性能。

注意

 NVIDIA 公司对 Maxwell 架构进行的最新优化，使几何着色器向多个渲染目标复制几何体的操作不会造成过大的性能损失。尽管写作本书之时，这些特性还没有在 Direct3D 12 中实现，但相信在不久的将来，Direct3D 能够为此而进行更新。

18.7　小结

1. 立方体图由 6 个纹理组成，我们把它们分别视作立方体的每一个面。在 Direct3D 12 中，可以通过 ID3D12Resource 接口将立方体图表示为具有 6 个元素的纹理数组。而在 HLSL 中，立方体图由 TextureCube 类型表示。我们使用 3D 纹理坐标来指定立方体图上的纹素，它定义了一个以立方体图中心为起点的 **3D 查找**向量 v。该向量与立方体图相交处的纹素即为 v 的 3D 坐标所对应的纹素。

2. 环境图即为在某点处（以不同视角）对周围环境截取的 6 张图像，而这些图像最终会存于一个立方体图之中。通过环境图我们就能方便地渲染天空或模拟反射。

3. 通过 texassemble 工具便可以用 6 个单独的图像创建出立方体图，并以 DDS 图像的格式存于文件之中。由于立方体图存有 6 个耗费大量内存的 2D 纹理，因此 DDS 压缩格式是上佳之选。

4. 预先烘焙的立方体图既不能截取场景中的移动对象，也无法采集在它生成时还不曾存在的物体。为了克服这种限制，我们需要在运行时动态地构建立方体图。也就是说，我们在每一帧都要将摄像机架设在场景中某处，以此作为立方体图的原点，并沿着每个坐标轴方向**将场景分 6 次渲染至每个立方体图的面上**。因为每一帧都要重新构建立方体图，所以就能截取到动态对象以及环境中的每一样物体。动态立方体图的开销极大，因此应当谨慎地将它们用于关键物品的渲染。

5. 我们可以将纹理数组的渲染目标视图绑定至渲染流水线的 **OM** 阶段，也能对纹理数组中的每一个数组切片同时进行渲染。利用系统值 SV_RenderTargetArrayIndex 便可以把三角形赋予特定的渲染目标数组切片。假设现有一个纹理数组的渲染目标视图，我们利用 SV_RenderTargetArrayIndex 系统值即可一次性渲染整个场景来动态地生成立方体图，而不必再对每个面一一进行绘制（共 6 次）。但是，这个策略并非在任何情况下都优于利用视锥体剔除共需渲染场景 6 次的方法。

18.8　练习

1. 在"Cube Map"（立方体图）演示程序中尝试不同的 FresnelR0 值以及材质粗糙度数据。再试着令该例程中的柱子和立方体反射周围的环境。

2. 寻找从某个环境中截取的 6 幅图像（可以从网络中搜索立方体图的图像，或用 Terragen 这种程序来自行制作），并通过 texassemble 工具将它们合并为一幅立方体图。最后以"Cube Map"演示程序来验证所制作的立方体图。

3. **电介质**（dielectric）是一种能够使光线发生折射的透明材质，原理如图 18.10 所示。当光线照射到电介质时，一部分会被反射，另一部分则会根据**斯涅尔折射定律**（Snell's Law of Refraction）发生折射。我们用折射率 n_1 与 n_2 来确定光线的偏折程度：

1. 如果 $n_1 = n_2$，那么 $\theta_1 = \theta_2$（不发生折射）。

2. 如果 $n_2 > n_1$，那么 $\theta_2 < \theta_1$（折射光线靠近法线）。

3. 如果 $n_1 > n_2$，那么 $\theta_2 > \theta_1$（折射光线远离法线）。

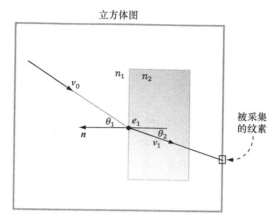

图 18.10　光线沿入射向量 v_0 在折射率为 n_1 的介质中传播。待光线照射到折射率为 n_2 的透明材质时，将按向量 v_1 的方向发生折射。此时，我们把折射向量 v_1 作为查找立方体图纹素的向量。这个过程很像 alpha 混合透明处理（alpha blending transparency），只是后者不会让入射向量发生偏折

如此一来，在图 18.10 中，由于 $n_2 > n_1$，因此光线在进入电介质块这部分区域时，折射光线向法线方向偏折。从物理学上来讲，光线在离开此区域时还会再次发生折射，但对于实时图形的绘制来说，一般只针对首次进入电介质区域时发生的光线折射进行建模。HLSL 用内部函数 refract 来计算折射向量：

```
float3 refract(float3 incident, float3 normal, float eta);
```

第一个参数入射向量即入射光线向量（图 18.10 中的 v_0），第二个参数法向量为指向电介质表面外侧的表面法线（图 18.10 中的 n），第三个参数是折射率之比 n_1 / n_2。真空中的折射率为 1.0，还有一些常见的折射率，如水是 1.33、玻璃是 1.51。在这个习题中，修改"Cube Map"演示程序，将其中模拟的反射替换为折射效果（见图 18.11），在这个过程中，我们或许还需适当的调整 MaterialData::Roughness 数值。另外，请分别尝试设置 eta = 1.0、eta = 0.95 和 eta = 0.9，并观察效果。

4. 在光源经反射而产生镜面高光的过程中，粗糙度会影响镜面反射的发散程度。因此，越粗糙的表面就越能得到模糊的反射效果，因为这会使环境图中的多个样本以同样的角度均匀地散射到观察者的眼中。试研究以环境图（environment map）来模拟模糊反射（blurry reflection）的技术。

图 18.11　以折射代替反射的"Cube Map"例程效果

我们曾在第 9 章中介绍过纹理贴图，此技术通过令图像映射在网格三角形之上，使之呈现出更加完美的细节。但是到目前为止，用于在三角形中进行插值的法向量仍然被定义在粒度较大的顶点级别。本章的重头戏就是学习一种指定更高分辨率（即细节程度更高的）曲面法线的常用方法。如果采用分辨率更高的曲面法线，便可以在网格几何体的细节保持不变的情况下，使光照的效果得到提升。

学习目标：

1. 理解为什么需要法线贴图。

2. 探索如何存储法线图。

3. 学习如何创建法线图。

4. 探究法线图中存储的法向量是相对于哪种坐标系而定义的，而这种坐标系又与 3D 三角形的物体空间坐标系有何关联。

5. 学习如何在顶点着色器与像素着色器中实现法线贴图。

19.1　使用法线贴图的动机

图 19.1 是出自第 18 章中立方体贴图演示程序的有关场景，唯独其中锥形圆柱的镜面高光看起来似乎有些不太对劲——与砖块纹理的凹凸有致相比，它们看起来平滑得不甚自然。这是由于纹理表面下的网格几何体太过平滑，我们只是简单地把凹凸不平的砖块材质绘制于光滑的柱面而已。然而，又因光照是基于网格几何体（特别是插值顶点法线）而非纹理图像来进行计算的，所以导致光照效果并不完全与纹理保持一致。

在理想的情况下，我们应当对网格几何体进行镶嵌化处理，以令砖块按纹理表面下的几何体来进行建模，使它们像真实的砖块那样错落有致、纹路斑驳。这样一来，光照和纹理的效果就能达到统一。硬件曲面细分确实能够在这种情形中派上用场，但是我们仍需以某种方式来为镶嵌器指定生成顶点所需的法线（利用插值法线并不能提升法线的分辨率）。

另一种可行的解决方案是将光照细节直接烘焙（bake）到纹理之中。但是，在光源可移动的情况下，这种方法还是不能奏效，这是因为在光源移动的过程中，其中的纹素颜色却始终保持不变。

因此，我们的目标就变为寻找动态光照（dynamic lighting）的实现方法，以使纹理图和光照都可以同时展现出各自更佳的细节。又由于纹理的丰富细节是与生俱来的，因而问题也就自然而然地转向寻求与纹理贴图有关的解决方案之上。图 19.1 与图 19.2 各展示了同样的场景，但后者使用了法线贴图（normal mapping）技术，根据图片我们可以明显地看出还是动态光照与砖块纹理更配。

图 19.1　表现出光滑平整效果的镜面高光

图 19.2　表现出凹凸有致效果的镜面高光

19.2　什么是法线贴图

法线图（normal map）本质上也是一种纹理，但其中每一个纹素所存储的并非 RGB 数据，红、绿、蓝 3 种分量依次存储的是压缩后的 x、y、z 坐标，这些坐标定义的即是法向量。也就是说，法线图中的每个像素内都存储了一条法向量。图 19.3 所示为对一张法线图进行可视化处理后的效果。

为了便于讲解，假设以下示例中所用的是 24 位图像格式，即将每个颜色分量都存于 1 字节之中，因此，每个颜色分量的取值范围都为[0,255]（至于 32 位的图像格式，其中的 alpha 分量可以保留不用，也可以用于存储其他的标量数据，如地形的高度图（heightmap）或高光图（specular map，也称为镜面反射图等）。当然，若使用浮点格式就不必再对坐标进行压缩了，但是这将耗费更多的内存。）

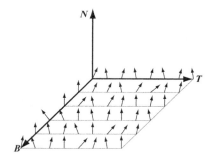

图 19.3　存于法线图中的法线，它们位于由 T（x 轴）、B（y 轴）、N（z 轴）3 个向量所定义的纹理空间坐标系之中。向量 T 指向纹理图像的右侧水平方向，向量 B 指向纹理图像的下侧垂直方向，向量 N 则正交于纹理平面

注意

> Note　如图 19.3 所示，其中的向量大多都近似平行于 z 轴。换言之，这些向量的 z 值取得了 3 种坐标分量中的最大值。因此，当把法线图视作彩色图像时（也就是按每个法线的 RGB 值进行绘制），整体会呈现蓝色。这是因为 z 坐标被存于蓝色通道之中，而大部分法线又取得了较大的 z 值，所以蓝色会占据图像的大部分区域。

那么，又该如何将单位向量压缩为上述格式呢？首先要注意到的是“单位向量”一词，这就是说，每个坐标的范围都被限定在[-1, 1]。如果以平移及缩放的手段将其区间变换至[0, 1]，并乘以 255，再截断（truncate）小数部分，则最终得到的将是[0, 255]的某个整数。即，如果 x 为一个在[-1, 1]区间的坐标，则 $f(x)$ 函数得到的整数部分将处于范围[0, 255]之中。在这里，f 的定义为：

$$f(x) = (0.5x + 0.5) \cdot 255$$

因此，为了在 24 位图像中存储单位向量，仅需将每个坐标用函数 f 进行变换，再把变换后的坐标写入纹理图中对应的颜色通道即可。

接下来的问题是怎样实现压缩处理的逆操作，即给出一个在范围[0, 255]内的压缩后的纹理坐标，我们以某种方法将它复原为[-1, 1]区间内的值。事实上，通过 f 的反函数即可方便地解决此问题，经过简单的变换，将得到：

$$f^{-1}(x) = \frac{2x}{255} - 1$$

即，如果 x 是范围在[0, 255]的一个整数，则 $f^{-1}(x)$ 得到的结果是范围[-1, 1]区间的一个浮点数。

我们不必亲自动手参与压缩处理，因为借助一款 Photoshop 插件就能将图片轻松转换为法线图，所以只是在像素着色器中对法线图进行采样时，还是要实现解压缩变换过程中的一些步骤。我们用类似于下列的语句在着色器中对法线图进行采样：

```
float3 normalT = gNormalMap.Sample( gTriLinearSam, pin.Tex );
```

颜色向量 normalT 将获取归一化分量构成的坐标(r, g, b)，其中 $0 \leqslant r, g, b \leqslant 1$。

可见，坐标的解压工作现已完成一部分了（即压缩坐标已除以 255，由位于[0, 255]的整数变换到[0, 1]区间之内的浮点数）。接下来，我们就要用函数 $g : [0, 1] \rightarrow [-1, 1]$ 通过平移与缩放来将每个分量由范围[0, 1]变换到区间[-1, 1]，以此实现整个解压缩操作。此函数的定义为：

$$g(x) = 2x - 1$$

在代码中，我们用此函数来处理每一个颜色分量：

```
// 将每个分量从[0,1]解压缩至[-1,1]。
normalT = 2.0f*normalT - 1.0f;
```

由于标量 1.0 根据规则会被扩充为向量$(1, 1, 1)$，因此该表达式会按分量逐个进行计算。

如果用压缩纹理格式来存储法线图，那么 BC7（DXGI_FORMAT_BC7_UNORM）图像格式的质量最佳，因为它大幅减少了因压缩法线图而导致的误差。对于 BC6 与 BC7 格式而言，DirectX SDK 给出了名为"BC6HBC7EncoderDecoder11"的相应示例。我们可通过这个程序将纹理文件转换为 BC6 或 BC7 格式。

19.3　纹理空间/切线空间

现在我们来考虑将纹理映射到 3D 三角形上的过程。为了便于讨论，假设在纹理贴图的过程中不存在纹理扭曲形变的现象，即在将纹理三角形映射至 3D 三角形上时，仅需执行刚体变换（旋转、平移操作）。现在，我们就可以把纹理看作是一张贴纸，通过拾取、平移以及旋转等手段，将它贴在 3D 三角形上。图 19.4 展示了纹理坐标系的坐标轴相对于 3D 三角形的位置关系：这些坐标轴与三角形相切，并与三角形处于同一平面。所以，三角形的纹理坐标势必也就相对于此纹理坐标系而定。再结合三角形的平面法线 N，我们便获得了一个位于三角形所在平面内的 3D **TBN 基**（TBN-basis），它常被称为**纹理空间**（texture space）或**切线空间**（tangent space，也有译作正切空间、切空间等）[①]。值得注意的是，切线空间通常会随不同的三角形而发生改变（见图 19.5）。

现在把目光转回图 19.3，此法线图中的法向量是相对于纹理空间而定义的。可是，我们所用的光源都被定义在世界空间之中。为了实现光照效果，法向量与光源必须位于同一空间内。因此，当前的首要任务就是使三角形顶点所在的物体空间坐标系（object space coordinate system）与切线空间坐标系建立联系。一旦这些顶点位于物体空间之中，我们就能通过世界矩阵将它们从物体空间变换到世界空间（在下一节中会讨论相关细节）。设纹理坐标分别为(u_0, v_0)、(u_1, v_1)、(u_2, v_2)的顶点 v_0、v_1 和 v_2 在相对于纹理坐标系坐标轴（即切向量 T 与切向量 B）构成的纹理平面内定义了一个三角形。设 $e_0 = v_1 - v_0$ 且 $e_1 = v_2 - v_0$ 为 3D 三角形的两个边向量，它们所对应的纹理三角形边向量则分别为

[①] 纹理坐标系是一种 2D 坐标系，而这里称为"纹理空间"的切线空间则是一种 3D 坐标系。为了避免发生歧义，建议不要将切线空间称为纹理空间，这里称纹理空间纯属按原文翻译。

$(\Delta u_0, \Delta v_0) = (u_1 - u_0, v_1 - v_0)$ 与 $(\Delta u_1, \Delta v_1) = (u_2 - u_0, v_2 - v_0)$。由图 19.4 可以看出它们的关系:

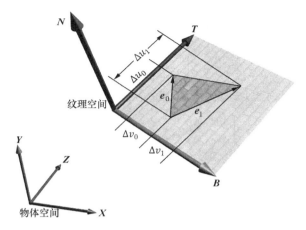

图 19.4 一个三角形纹理空间与物体空间的关系。3D 切向量 $\boldsymbol{T}$ 指向纹理坐标系 u 轴的正方向,
而 3D 切向量 $\boldsymbol{B}$ 则指向纹理坐标系 v 轴的正方向

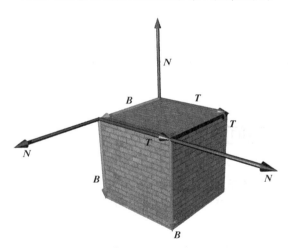

图 19.5 此立方体诸面的纹理空间都是各不相同的

$$\boldsymbol{e}_0 = \Delta u_0 \boldsymbol{T} + \Delta v_0 \boldsymbol{B}$$
$$\boldsymbol{e}_1 = \Delta u_1 \boldsymbol{T} + \Delta v_1 \boldsymbol{B}$$

用相对于物体空间的坐标来表示这些向量,就能得到其矩阵方程:

$$\begin{bmatrix} e_{0,x} & e_{0,y} & e_{0,z} \\ e_{1,x} & e_{1,y} & e_{1,z} \end{bmatrix} = \begin{bmatrix} \Delta u_0 & \Delta v_0 \\ \Delta u_1 & \Delta v_1 \end{bmatrix} \begin{bmatrix} T_x & T_y & T_z \\ B_x & B_y & B_z \end{bmatrix}$$

注意,我们已经知道了三角形顶点的物体空间坐标,当然也就能求出边向量的物体空间坐标。因此,矩阵

$$\begin{bmatrix} e_{0,x} & e_{0,y} & e_{0,z} \\ e_{1,x} & e_{1,y} & e_{1,z} \end{bmatrix}$$

是已知的。同理，由于我们也知道了纹理坐标，因而矩阵

$$\begin{bmatrix} \Delta u_0 & \Delta v_0 \\ \Delta u_1 & \Delta v_1 \end{bmatrix}$$

亦可知晓。现在就来求出切向量 T 与切向量 B 的物体空间坐标：

$$\begin{bmatrix} T_x & T_y & T_z \\ B_x & B_y & B_z \end{bmatrix} = \begin{bmatrix} \Delta u_0 & \Delta v_0 \\ \Delta u_1 & \Delta v_1 \end{bmatrix}^{-1} \begin{bmatrix} e_{0,x} & e_{0,y} & e_{0,z} \\ e_{1,x} & e_{1,y} & e_{1,z} \end{bmatrix}$$

$$= \frac{1}{\Delta u_0 \Delta v_1 - \Delta v_0 \Delta u_1} \begin{bmatrix} \Delta v_1 & -\Delta v_0 \\ -\Delta u_1 & \Delta u_0 \end{bmatrix} \begin{bmatrix} e_{0,x} & e_{0,y} & e_{0,z} \\ e_{1,x} & e_{1,y} & e_{1,z} \end{bmatrix}$$

在上述推导过程中，我们使用了下列关于逆矩阵的性质，假设有矩阵 $A = \begin{bmatrix} a & b \\ c & d \end{bmatrix}$，则有：

$$A^{-1} = \frac{1}{ad - bc} \begin{bmatrix} d & -b \\ -c & a \end{bmatrix}$$

要知道，切向量 T 与切向量 B 在物体空间中一般均不是单位长度。而且，如果纹理发生了扭曲形变，那么这两个向量也将不再互为正交规范化向量。

按照惯例，T、B、N 三个向量通常分别被称为**切线**（tangent，也有为了区分副切线而称为主切线）、**副法线**[①]（binormal，亦有译作次法线。或 bitangent，**副切线**）以及**法线**（normal）。

19.4　顶点切线空间

在上一节中，我们推导出了任意三角形所对应的切线空间。但是，如果在进行法线贴图时使用了这种纹理空间，则最终得到的效果会呈现明显的三角形划分痕迹，这是因为切线空间必定位于对应三角形的所在平面，以致贴图面不够圆滑，直来直去全是棱角。因此，我们要在每个顶点处指定切向量，并重施求平均值的故技，令顶点法线更趋于平滑的表面，化粗糙为神奇（可回顾 8.2 节进行对比）。

1. 通过计算网格中共用顶点 v 的每个三角形的切向量平均值，便可以求出网格中任意顶点 v 处的切向量 T。
2. 通过计算网格中共用顶点 v 的每个三角形的副切向量平均值，便能够求此网格中顶点 v 处的副切向量 B。

一般来讲，在计算完上述平均值之后，往往还需要对 TBN 基进行正交规范化处理，使这 3 个向量相互正

[①] 严格来讲，在讨论切线空间的时候，切线空间是由两个切向量和一个法向量来确定的（从图中 19.4 中也可以看出）。因此，这三个向量应分别名为"（主）切线"（tangent）、"副（次）切线"（bitangent）以及"法线"（normal）。可参见 "Bitangent versus Binormal" 或叛逆者的《Binormal，还是 Bitangent，这是个问题》。

交且均具有单位长度。这通常是以格拉姆—施密特过程（Gram-Schmidt procedure）来实现的。可以在网络上找到为任意三角形网格构建逐顶点切线空间的相关代码[①]。

在我们当前的系统中，并不会把副切向量 B 直接存于内存中。而是在用到 B 时以 $B = N \times T$ 来求取此向量，公式中的 N 即顶点法线的平均值（平均顶点法线）。因此，我们所定义的顶点结构体如下：

```
struct Vertex
{
  XMFLOAT3 Pos;
  XMFLOAT3 Normal;
  XMFLOAT2 TexC;
  XMFLOAT3 TangentU;
};
```

前文曾提到，我们在程序中是通过 GeometryGenerator 函数计算纹理空间中坐标轴 u 所对应的切向量 T 来生成网格的（详见 7.4.1 节）。对于立方体和栅格这两种网格来说，指定其每个顶点处切向量 T 的物体空间坐标并不是件难事（见图 19.5）。而对于圆柱体与球体来讲，为了求出它们每个顶点处的切向量 T，我们就要构建圆柱体或球体其具有两个变量的向量值函数 $P(u,v)$ 并计算出 $\partial p / \partial u$，其中的参数 u 也常被用作纹理坐标 u。

19.5　在切线空间与物体空间之间进行转换

至此，我们确定了网格中每个顶点处的正交规范化 TBN 基，而且也已求出了 TBN 三向量相对于网格物体空间的坐标。也就是说，我们已经掌握了 TBN 基相对于物体空间坐标系的坐标，并可通过下列矩阵将坐标由切线空间变换至物体空间：

$$M_{object} = \begin{bmatrix} T_x & T_y & T_z \\ B_x & B_y & B_z \\ N_x & N_y & N_z \end{bmatrix}$$

由于该矩阵是正交矩阵，所以其逆矩阵就是它的转置矩阵。因此，由物体空间转换到切线空间的坐标变换矩阵为：

$$M_{tangent} = M_{object}^{-1} = M_{object}^{T} = \begin{bmatrix} T_x & B_x & N_x \\ T_y & B_y & N_y \\ T_z & B_z & N_z \end{bmatrix}$$

在我们所编写的着色器程序中，为了计算光照会把法向量从切线空间变换到世界空间。对此，一种可行方法是首先将法线自切线空间变换至物体空间，而后再以世界矩阵把它从物体空间变换到

[①] 原文名为《Computing Tangent Space Basis Vectors for an Arbitrary Mesh》。感谢博主"码瘾少年·麒麟子"对原文进行了翻译。

世界空间：

$$n_{world} = (n_{tangent}M_{object})M_{world}$$

然而，由于矩阵乘法满足结合律，因此可以将公式变为：

$$n_{world} = n_{tangent}(M_{object}M_{world})$$

注意到

$$M_{object}M_{world} = \begin{bmatrix} \leftarrow & T & \rightarrow \\ \leftarrow & B & \rightarrow \\ \leftarrow & N & \rightarrow \end{bmatrix} M_{world} = \begin{bmatrix} \leftarrow & T' & \rightarrow \\ \leftarrow & B' & \rightarrow \\ \leftarrow & N' & \rightarrow \end{bmatrix} = \begin{bmatrix} T'_x & T'_y & T'_z \\ B'_x & B'_y & B'_z \\ N'_x & N'_y & N'_z \end{bmatrix}$$

其中 $T' = T \cdot M_{world}$、$B' = B \cdot M_{world}$ 以及 $N' = N \cdot M_{world}$。因此，要从切线空间直接变换到世界空间，我们仅需用世界坐标来表示切线基（tangent basis）即可，这可以通过将 TBN 基从物体空间坐标变换到世界空间坐标来实现。

我们所关心的仅是向量的变换（而非点的变换），因此用 3×3 矩阵来表示即可。本书前面曾讲过，仿射矩阵的第 4 行是用于执行平移变换的，但我们却不能平移向量。

19.6　法线贴图的着色器代码

法线贴图的流程大致如下。

1. 通过艺术加工工具或图像处理程序来创造预定的法线图，并将它存于图像文件之中。在应用程序初始化期间以这些图像文件来创建 2D 纹理。

2. 针对每一个三角形，计算其切向量 T。通过对网格中共享顶点 v 的所有三角形的切向量求取平均值，就可以获取此网格中每个顶点 v 处的切向量（在演示程序中，由于使用的是简单的几何图形，因此可以直接指定出相应的切向量。但是，如果处理的是由 3D 建模程序创建的不规则形状的三角形网格，那么就需要按上述方法来计算切向量的平均值）。

3. 在顶点着色器中，将顶点法线与切向量变换到世界空间，并将结果输出到像素着色器。

4. 通过插值切向量与插值法向量来构建三角形表面每个像素点处的 TBN 基，再以此 TBN 基将从法线图中采集的法向量由切线空间变换到世界空间。这样一来，我们就拥有了取自法线图的世界空间法向量，并可将它用于往常的光照计算。

为便于法线贴图的实现，我们在 Common.hlsl 文件中加入了以下函数。

```
//---------------------------------------------------------------
// 将一个法线图样本变换至世界空间
//---------------------------------------------------------------
float3 NormalSampleToWorldSpace(float3 normalMapSample,
                float3 unitNormalW,
                float3 tangentW)
{
    // 将每个坐标分量由范围[0,1]解压至[-1,1]区间
```

```
float3 normalT = 2.0f*normalMapSample - 1.0f;

// 构建正交规范基
float3 N = unitNormalW;
float3 T = normalize(tangentW - dot(tangentW, N)*N);
float3 B = cross(N, T);

float3x3 TBN = float3x3(T, B, N);

// 将法线图样本从切线空间变换到世界空间
float3 bumpedNormalW = mul(normalT, TBN);

return bumpedNormalW;
}
```

此函数可以在像素着色器中按下列方式调用：

```
float3 normalMapSample = gNormalMaps.Sample(samLinear,pin.Tex).rgb;
float3 bumpedNormalW = NormalSampleToWorldSpace(normalMapSample, pin.NormalW, pin.
TangentW);
```

有两行代码可能不太容易理解：

```
float3 N = unitNormalW;
float3 T = normalize(tangentW - dot(tangentW, N)*N);
```

插值完成后，切向量与法向量可能会变为非正交规范向量。以上两行代码通过使 **T** 减去其 **N** 方向上的分量（投影），再对结果进行规范化处理，从而使 **T** 成为规范化向量且正交于 **N**（见图 19.6）。注意，这里假设 unitNormalW 为规范化向量。

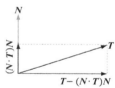

图 19.6　由于 $\|N\|=1$，$\mathrm{proj}_N(T)=(T\cdot N)N$，所以切线 **T** 的分量 $T-\mathrm{proj}_N(T)$ 正交于法线 **N**

只要获取了法线图中的法线（也称"bumped normal"，常直译作凹凸法线，即方向不一的法线，可令光照表现出物体表面凹凸不平的效果），即可将它运用于法向量所参与的一切后续计算（如光照、立方体贴图）。完整的法线贴图效果实现如下，其中与法线贴图相关的部分都已用黑体字标出。

```
//***********************************************************************
// Default.hlsl 的作者为 Frank Luna (C) 2015 版权所有
//***********************************************************************

// 默认的光源数量
#ifndef NUM_DIR_LIGHTS
  #define NUM_DIR_LIGHTS 3
#endif

#ifndef NUM_POINT_LIGHTS
  #define NUM_POINT_LIGHTS 0
#endif
```

```
#ifndef NUM_SPOT_LIGHTS
  #define NUM_SPOT_LIGHTS 0
#endif

// 包含公用的 HLSL 代码
#include "Common.hlpsl"

struct VertexIn
{
  float3 PosL    : POSITION;
  float3 NormalL : NORMAL;
  float2 TexC    : TEXCOORD;
  float3 TangentU : TANGENT;
};

struct VertexOut
{
  float4 PosH    : SV_POSITION;
  float3 PosW    : POSITION;
  float3 NormalW : NORMAL;
  float3 TangentW : TANGENT;
  float2 TexC    : TEXCOORD;
};

VertexOut VS(VertexIn vin)
{
  VertexOut vout = (VertexOut)0.0f;

  // 获取材质数据
  MaterialData matData = gMaterialData[gMaterialIndex];

  // 把顶点变换到世界空间
  float4 posW = mul(float4(vin.PosL, 1.0f), gWorld);
  vout.PosW = posW.xyz;

  // 假设这里执行的是等比缩放，否则就需要使用世界矩阵的逆转置矩阵进行变换
  vout.NormalW = mul(vin.NormalL, (float3x3)gWorld);

  vout.TangentW = mul(vin.TangentU, (float3x3)gWorld);

  // 将顶点变换到齐次裁剪空间
  vout.PosH = mul(posW, gViewProj);

  // 为三角形插值而输出顶点属性
  float4 texC = mul(float4(vin.TexC, 0.0f, 1.0f), gTexTransform);
  vout.TexC = mul(texC, matData.MatTransform).xy;

  return vout;
}

float4 PS(VertexOut pin) : SV_Target
```

```
{
    // 获取材质数据
    MaterialData matData = gMaterialData[gMaterialIndex];
    float4 diffuseAlbedo = matData.DiffuseAlbedo;
    float3 fresnelR0 = matData.FresnelR0;
    float roughness = matData.Roughness;
    uint diffuseMapIndex = matData.DiffuseMapIndex;
    uint normalMapIndex = matData.NormalMapIndex;

    // 对法线插值可能使它非规范化，因此要再次对它进行规范化处理
    pin.NormalW = normalize(pin.NormalW);

    float4 normalMapSample = gTextureMaps[normalMapIndex].Sample(
        gsamAnisotropicWrap, pin.TexC);
    float3 bumpedNormalW = NormalSampleToWorldSpace(
        normalMapSample.rgb, pin.NormalW, pin.TangentW);

    // 去掉下列注释则禁用法线贴图
    //bumpedNormalW = pin.NormalW;

    // 动态查找数组中的纹理
    diffuseAlbedo *= gTextureMaps[diffuseMapIndex].Sample(
        gsamAnisotropicWrap, pin.TexC);

    // 由表面上某点指向观察点的向量
    float3 toEyeW = normalize(gEyePosW - pin.PosW);

    // 光照项
    float4 ambient = gAmbientLight*diffuseAlbedo;

    // Alpha 通道存储的是逐像素级别上的光泽度
    const float shininess = (1.0f - roughness) * normalMapSample.a;
    Material mat = { diffuseAlbedo, fresnelR0, shininess };
    float3 shadowFactor = 1.0f;
    float4 directLight = ComputeLighting(gLights, mat, pin.PosW,
        bumpedNormalW, toEyeW, shadowFactor);

    float4 litColor = ambient + directLight;

    // 利用法线图中的法线计算镜面反射
    float3 r = reflect(-toEyeW, bumpedNormalW);
    float4 reflectionColor = gCubeMap.Sample(gsamLinearWrap, r);
    float3 fresnelFactor = SchlickFresnel(fresnelR0, bumpedNormalW, r);
    litColor.rgb += shininess * fresnelFactor * reflectionColor.rgb;

    // 从漫反射反照率中获取 alpha 值的常规方法
    litColor.a = diffuseAlbedo.a;

    return litColor;
}
```

可以看出，那些名为"凹凸法线（bumped normal）"的向量既可用于光照计算，又能用在以环境图模拟反射的反射效果计算当中。另外，我们在法线图的 alpha 通道存储的是光泽度掩码（shininess mask），它控制着逐像素级别上物体表面的光泽度（见图 19.7）。

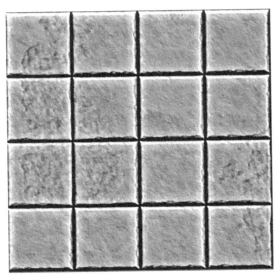

图 19.7　随书所附 DVD 中 tile_nmap.dds 图像所存的 alpha 通道。该 alpha 通道中的数据
表示的是物体表面的光泽度。白色部分的光泽度值为 1.0，黑色部分的光泽度值则为 0.0。
这样，我们就获得了一种用于逐像素控制光泽度的材质属性

19.7　小结

1. 法线贴图的策略是将法线图映射到多边形之上。这样一来即可得到每个像素的对应法线，通过它便可以捕捉到物体表面上的凸起、凹陷、裂痕等更为丰富的细节。因此，我们就能利用这些取自法线图中的逐像素法线来代替插值顶点法线进行光照计算。

2. 法线图本质上就是一种纹理，但它的每个纹素中存储的并非 RGB 颜色数据，在其红色、绿色以及蓝色 3 种分量中分别存储的是经过压缩的 x、y、z 法线坐标。我们可以利用各种工具来生成法线图。

3. 法线图中的法线坐标相对于纹理空间坐标系而定。因此，为了实现光照计算，我们需要将法线从纹理空间变换至世界空间，以令光源与法线位于同一坐标系中。构建在每个顶点处的 TBN 基则用于协助从纹理空间到世界空间的变换。

19.8 练习

1. 下载 NVIDIA 公司制作的法线图插件，并用它来创建几幅不同的法线图来熟悉它的使用方法。试着将生成的法线图应用到本章的演示程序当中。

2. 下载 CrazyBump 程序的试用版。用此程序来加载彩色图像，并生成法线图与位移图（displacement map，见第 5 题）来熟悉此程序的用法。最后尝试将这两种图用于本章的应用程序之中。

3. 如果我们对纹理应用了旋转变换，那么还需要旋转相应的切线空间坐标系。试解释为什么要这样做。事实上，这就意味着我们需要在世界空间中使切线 T 绕着法线 N 旋转，这会涉及开销较大的三角函数运算（更准确地说，要执行的是关于任意轴 N 的旋转变换）。而另一种解决方案则是先将 T 由世界空间变换到切线空间，这时，我们就可以利用纹理变换矩阵来直接对 T 进行旋转操作，而后再将其变换回世界空间。

4. 若不希望在世界空间中进行光照计算，我们可以将观察向量与光向量都由世界空间变换到切线空间，并将所有的光照运算都移至切线空间开展。试着修改法线贴图着色器，在切线空间中进行光照计算。

5. 位移贴图（displacement mapping，也有译作置换贴图等）的思路是引入一种名为**高度图**（heightmap）的新品贴图来描述物体表面的凹凸不平。此图常与硬件曲面细分配合使用，它指示了新增加的顶点在法向量方向上的偏移量，以此来为网格增添几何细节。位移贴图可用于实现海浪效果，方法是在一个平坦的顶点栅格上，以不同的速度和方向"滚动"两幅（或更多）高度图。我们在每个栅格的顶点处对这些高度图进行采样，并将同一顶点处的高度值加在一起，所得到的高度值和便是某时刻此实例在该顶点处的高度（即 y 坐标）。通过滚动高度图，水波就能连续而此起彼伏地自然流动起来，同时营造出一种"滚滚长江东逝水"的视觉效果（见图 19.8）。设置这个练习的目标为通过两幅可以下载到的海浪高度图（以及对应的法线图，见图 19.9）[1]来实现海浪的效果。为了展现出更好的波浪效果，这里给出以下几点提示。

   （a）使用不同的高度图：以一个高波幅（high amplitude）的高度图来模拟波面宽阔的低频波浪，而以另一个低波幅（low amplitude）的高度图来模拟波面细碎却波涛汹涌的高频波浪。因此，我们就需要针对这两种高度图采用两组不同纹理坐标，以及分别运用两种不同的纹理变换。

   （b）所用的法线图纹理应当比高度图纹理的数量要多。高度图指定了波浪的形状，而法线图则负责波浪中像素的照明工作。法线图应当与高度图一同随时间流逝而进行平移，并以不同方向的移动给人以波浪随机翻腾隐现的幻觉。这两种法线可以按下列方式搭配在一起运用：

```
float3 normalMapSample0 = gNormalMap0.Sample(samLinear, pin.WaveNormalTex0).rgb;
float3 bumpedNormalW0 = NormalSampleToWorldSpace(
normalMapSample0, pin.NormalW, pin.TangentW);
```

---

[1] 本书配套网站上的 d3d11CodeSet3.zip 文件，纹理路径为 d3d11CodeSet3\SelectedCodeSolutions\DisplacementMappedWaves\Textures。

```
float3 normalMapSample1 = gNormalMap1.Sample(samLinear, pin.WaveNormalTex1).rgb;
float3 bumpedNormalW1 = NormalSampleToWorldSpace(
normalMapSample1, pin.NormalW, pin.TangentW);

float3 bumpedNormalW = normalize(bumpedNormalW0 + bumpedNormalW1);
```

（c）修改波浪的材质，使它更接近于海洋的蓝色，并且保留来自环境图的部分反射。

图 19.8　用高度图、法线图以及环境贴图所模拟出的海洋波浪效果

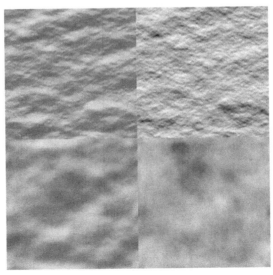

图 19.9　上面的一组图分别是用于绘制高频细碎波浪的法线图和高度图，
下面的一组图分别是用于渲染低频宽阔波浪的法线图与高度图

第**20**章
阴影贴图

阴影既暗示着光源相对于观察者的位置关系，也从侧面传达了场景中各物体之间的相对位置。本章将介绍一种阴影贴图的基本算法，这是一种在游戏以及 3D 应用程序中模拟动态阴影的常见方法。对于读者眼前这样一本介绍性的入门书籍来说，我们仅关注于这个基本的阴影贴图算法。而像级联阴影贴图（cascading shadow map）[Engel06]这种效果更佳却也更为复杂的阴影技术，实则都是由这基本的阴影贴图算法扩展而成的。

学习目标：

1. 探究基本的阴影贴图算法。
2. 学习投影纹理贴图的工作原理。
3. 计算正交投影。
4. 了解阴影图的走样问题并学习修正该问题的常用策略。

20.1 渲染场景深度

阴影贴图（shadow mapping，也有译作阴影映射）算法依赖于以光源的视角渲染场景深度（scene depth，即场景中的深度信息）——从本质上来讲，这其实就是一种变相的"渲染到纹理"技术，本书曾在 13.7.2 节中对后者进行了第一次阐述。从"渲染场景深度"这个名字就可以看出，构建此深度缓冲区要从光源的视角着手。待以光源视角渲染场景深度之后，我们就能知晓离光源最近的像素片段，即那些不在阴影范围之中的像素片段。本节将考察一个名为 ShadowMap 的工具类，它所存储的是以光源为视角而得到的场景深度数据。其实此工具类就是简单地封装了渲染阴影会用到的一个深度/模板缓冲区、一个视口以及多个视图，而用于阴影贴图的那个深度/模板缓冲区也被称为**阴影图**（shadow map）。

```
class ShadowMap
{
public:
  ShadowMap(ID3D12Device* device,
    UINT width, UINT height);

  ShadowMap(const ShadowMap& rhs)=delete;
  ShadowMap& operator=(const ShadowMap& rhs)=delete;
```

```
  ~ShadowMap()=default;

  UINT Width()const;
  UINT Height()const;
  ID3D12Resource* Resource();
  CD3DX12_GPU_DESCRIPTOR_HANDLE Srv()const;
  CD3DX12_CPU_DESCRIPTOR_HANDLE Dsv()const;

  D3D12_VIEWPORT Viewport()const;
  D3D12_RECT ScissorRect()const;

  void BuildDescriptors(
    CD3DX12_CPU_DESCRIPTOR_HANDLE hCpuSrv,
    CD3DX12_GPU_DESCRIPTOR_HANDLE hGpuSrv,
    CD3DX12_CPU_DESCRIPTOR_HANDLE hCpuDsv);

  void OnResize(UINT newWidth, UINT newHeight);
private:
  void BuildDescriptors();
  void BuildResource();

private:

  ID3D12Device* md3dDevice = nullptr;

  D3D12_VIEWPORT mViewport;
  D3D12_RECT mScissorRect;

  UINT mWidth = 0;
  UINT mHeight = 0;
  DXGI_FORMAT mFormat = DXGI_FORMAT_R24G8_TYPELESS;

  CD3DX12_CPU_DESCRIPTOR_HANDLE mhCpuSrv;
  CD3DX12_GPU_DESCRIPTOR_HANDLE mhGpuSrv;
  CD3DX12_CPU_DESCRIPTOR_HANDLE mhCpuDsv;

  Microsoft::WRL::ComPtr<ID3D12Resource> mShadowMap = nullptr;
};
```

该工具类的构造函数会根据指定的尺寸和视口来创建纹理。阴影图的分辨率（resolution，也有译作解析度）会直接影响阴影效果的质量，但是在提升该分辨率的同时，渲染也将产生更多的开销并占用更多的内存。

```
ShadowMap::ShadowMap(ID3D12Device* device, UINT width, UINT height)
{
  md3dDevice = device;

  mWidth = width;
  mHeight = height;

  mViewport = { 0.0f, 0.0f, (float)width, (float)height, 0.0f, 1.0f };
  mScissorRect = { 0, 0, (int)width, (int)height };
```

```
    BuildResource();
  }

void ShadowMap::BuildResource()
{
  D3D12_RESOURCE_DESC texDesc;
  ZeroMemory(&texDesc, sizeof(D3D12_RESOURCE_DESC));
  texDesc.Dimension = D3D12_RESOURCE_DIMENSION_TEXTURE2D;
  texDesc.Alignment = 0;
  texDesc.Width = mWidth;
  texDesc.Height = mHeight;
  texDesc.DepthOrArraySize = 1;
  texDesc.MipLevels = 1;
  texDesc.Format = mFormat;
  texDesc.SampleDesc.Count = 1;
  texDesc.SampleDesc.Quality = 0;
  texDesc.Layout = D3D12_TEXTURE_LAYOUT_UNKNOWN;
  texDesc.Flags = D3D12_RESOURCE_FLAG_ALLOW_DEPTH_STENCIL;

  D3D12_CLEAR_VALUE optClear;
  optClear.Format = DXGI_FORMAT_D24_UNORM_S8_UINT;
  optClear.DepthStencil.Depth = 1.0f;
  optClear.DepthStencil.Stencil = 0;

  ThrowIfFailed(md3dDevice->CreateCommittedResource(
    &CD3DX12_HEAP_PROPERTIES(D3D12_HEAP_TYPE_DEFAULT),
    D3D12_HEAP_FLAG_NONE,
    &texDesc,
    D3D12_RESOURCE_STATE_GENERIC_READ,
    &optClear,
    IID_PPV_ARGS(&mShadowMap)));
}
```

　　我们即将认识到：阴影贴图算法需要执行两个渲染过程（render pass）。在第一次渲染过程中，我们要以光源的视角将场景深度数据渲染至阴影图中（后文中有时称之为深度绘制过程，depth pass）；而在第二次渲染过程中则像往常那样，以"玩家"的摄像机视角将场景渲染至后台缓冲区之内，但为了实现阴影算法，此时应以阴影图作为着色器的输入之一。我们为访问着色器资源及其视图而提供了以下方法。

```
ID3D12Resource* ShadowMap::Resource()
{
  return mShadowMap.Get();
}

CD3DX12_GPU_DESCRIPTOR_HANDLE ShadowMap::Srv()const
{
  return mhGpuSrv;
}

CD3DX12_CPU_DESCRIPTOR_HANDLE ShadowMap::Dsv()const
{
  return mhCpuDsv;
}
```

20.2 正交投影

我们此前一直使用的是透视投影（perspective projection）。透视投影的关键特性在于，物体离观察点越远，它们就会显得越小（即近大远小）。这与我们在现实生活中对物体的感官是一致的。除此之外，还有一种名为正交投影（orthographic projection，也有译作正投影）的投影类型。这种投影主要运用于 3D 科学或工程应用之中，即需要平行线在投射之后继续保持平行的情景（而不是像透视投影那样交于灭点）。因此，正交投影只适用于模拟平行光所生成的阴影。沿着观察空间 z 轴的正方向看去，正交投影的视景体（viewing volume）是宽度为 w、高度为 h、近平面为 n、远平面为 f 的对于观察空间坐标轴的长方体（见图 20.1）。这些数据定义了相对于观察空间坐标系的长方体视景体。

使用正交投影时，其投影线均平行于观察空间的 z 轴（见图 20.2）。因此我们可以看到，顶点 (x, y, z) 的 2D 投影为 (x, y)。

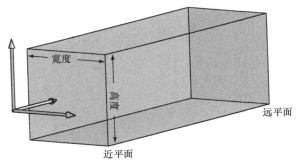

图 20.1 正交视景体是一个轴对齐于
观察坐标系主轴的长方体

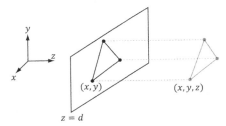

图 20.2 诸点在投影平面上的正交投影。正交
投影的投影线均平行于观察空间的 z 轴

与透视投影一样，我们既希望保留正交投影中的深度信息，又希望采用规格化设备坐标。为了将正交投影视景体从观察空间变换到 NDC（规格化设备坐标）空间，我们就需要通过缩放以及平移操作来将观察空间中的视景体 $\left[-\dfrac{w}{2}, \dfrac{w}{2}\right] \times \left[-\dfrac{h}{2}, \dfrac{h}{2}\right] \times [n, f]$ 映射为 NDC 空间的视景体 $[-1, 1] \times [-1, 1] \times [0, 1]$。把上述关键坐标逐个进行对比变换即可确定该映射。对于前两对坐标来说，通过观察区间的差别，即可借助缩放因子方便地将它们变换到 NDC 空间：

$$\frac{2}{w} \cdot \left[-\frac{w}{2}, \frac{w}{2}\right] = [-1, 1]$$

$$\frac{2}{h} \cdot \left[-\frac{h}{2}, \frac{h}{2}\right] = [-1, 1]$$

而针对第 3 对坐标，则需要实现 $[n, f] \rightarrow [0, 1]$ 这一映射。在此，我们将其表示为方程 $g(z) = az + b$（即一次缩放与平移变换）。由于 $g(n) = 0$ 且 $g(f) = 1$，我们便可以解出 a 与 b：

$$an + b = 0$$
$$af + b = 1$$

通过第一个方程可知 $b = -an$。将它代入第二个方程，则有：

$$af - an = 1$$
$$a = \frac{1}{f - n}$$

所以：

$$-\frac{n}{f - n} = b$$

因此，

$$g(z) = \frac{z}{f - n} - \frac{n}{f - n}$$

读者不妨绘制出当变量 n 与 f 满足 $f > n$ 时，函数 $g(z)$ 在 $[n, f]$ 区间内的图像。

最后，我们可得到将观察空间坐标 (x, y, z) 转换到 NDC 空间坐标 (x', y', z') 的正交变换：

$$x' = \frac{2}{w}x$$
$$y' = \frac{2}{h}y$$
$$z' = \frac{z}{f - n} - \frac{n}{f - n}$$

或者用矩阵表示为：

$$[x', y', z', 1] = [x, y, z, 1]\begin{bmatrix} \dfrac{2}{w} & 0 & 0 & 0 \\ 0 & \dfrac{2}{h} & 0 & 0 \\ 0 & 0 & \dfrac{1}{f-n} & 0 \\ 0 & 0 & \dfrac{n}{n-f} & 1 \end{bmatrix}$$

上述等式中的 4×4 矩阵即为**正交投影矩阵**（orthographic projection matrix）。

回顾透视投影变换可以知道，我们不得不将这个变换过程分为两个部分：一个是通过投影矩阵描述的线性部分，另一个则是通过除以 w 分量来描述的非线性部分。相比之下，正交投影变换则完全是一种线性变换——因为整个过程都不需要除以 w 分量。将原坐标乘以正交投影矩阵便可以直接将其变换为 NDC 坐标。

20.3 投影纹理坐标

投影纹理贴图（projective texturing，也有译作投影纹理映射、投影贴图等）技术能够将纹理投射到任意形状的几何体上，又因为其原理与投影机的工作方式比较相似，故而得名。图 20.3 展示的是投影纹理贴图的一个示例。

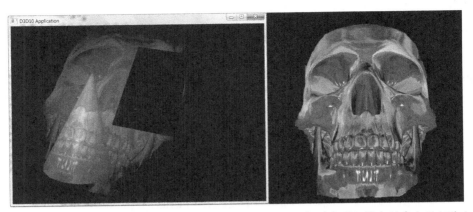

图 20.3　通过投影纹理贴图技术将右图中的骷髅头纹理投射到左图场景中的多个几何体上

投影纹理贴图完美地模拟了投影机投射光线的过程。而在 20.4 节中我们将看到，事实上它也充当着阴影贴图过程中的一个关键环节。

投影纹理贴图的关键在于为每个像素生成对应的纹理坐标，从视觉上给人一种纹理被投射到几何体上的感觉。我们将生成的这种纹理坐标称为**投影纹理坐标**（projective texture coordinate）。

从图 20.4 可以看出，纹理坐标(u, v)指定了应当被投射到 3D 点 p 上的纹素。又由于坐标(u, v)相对于投影窗口中的纹理空间坐标系，精确地指出了该投影窗口中点 p 的投影。因此，生成投影纹理坐标的过程可分为如下步骤。

1. 将点 p 投影至光源的投影窗口，并将其坐标变换到 NDC 空间。
2. 将投影坐标从 NDC 空间变换到纹理空间，以此将它们转换为纹理坐标。

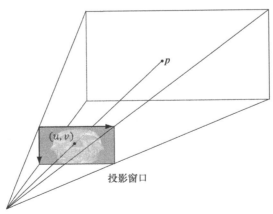

图 20.4　根据光源射向点 p 的投影线，我们便能通过相对于投影窗口中
纹理空间的坐标(u, v)来确定点 p 在投影窗口中的纹素

通过将投影机的光源装置作为摄像机便可以实现步骤 1。我们为此光源装置定义了观察矩阵 **V** 以及投影矩阵 **P**。从本质上来讲，这两个矩阵分别定义了光源装置位于世界空间中的位置、朝向以及视锥体。矩阵 **V** 能够将坐标从世界空间变换到光源装置的坐标系（此时，以投影机的光源作为"摄像机"）。只要是相对于光源坐标系的顶点坐标，经过投影矩阵变换以及齐次除法，我们都可以将其投影到光源的投影平面上。回顾 5.6.3.5 节可知，在执行齐次除法之后，坐标就都会位于 NDC 空间之中。

步骤 2 中从 NDC 空间到纹理空间变换的实现，完全取决于下列坐标变换：

$$u = 0.5x + 0.5$$
$$v = -0.5y + 0.5$$

其中，由于 $x, y \in [-1, 1]$，所以 $u, v \in [0, 1]$。我们为 y 坐标乘以 -1 以调转此轴的方向，这是因为 NDC 坐标的 y 轴正方向与纹理坐标的 v 轴正方向刚好相反。纹理空间的变换可以用矩阵的形式来表示（可参考第 3 章中的练习 21）：

$$[x, \ y, \ 0, \ 1] \begin{bmatrix} 0.5 & 0 & 0 & 0 \\ 0 & -0.5 & 0 & 0 \\ 0 & 0 & 1 & 0 \\ 0.5 & 0.5 & 0 & 1 \end{bmatrix} = [u, \ v, \ 0, \ 1]$$

我们将上述矩阵 **T** 称为"纹理矩阵"，它可以将坐标由 NDC 空间变换到纹理空间。通过形如 **VPT** 的复合变换，我们就可以将坐标从世界空间直接变换到纹理空间。将坐标乘以这个组合变换之后，还需将结果进行透视除法才能完成整个变换。至于为什么要在纹理变换之后还要执行透视除法，可参考第 5 章中的练习 8。

20.3.1 代码实现

下列代码展示了如何生成投影纹理坐标。

```
struct VertexOut
{
  float4 PosH    : SV_POSITION;
  float3 PosW    : POSITION;
  float3 TangentW : TANGENT;
  float3 NormalW : NORMAL;
  float2 Tex     : TEXCOORD0;
  float4 ProjTex : TEXCOORD1;
};

VertexOut VS(VertexIn vin)
{
  VertexOut vout;

  [...]

  // 把顶点变换到光源的投影空间
  vout.ProjTex = mul(float4(vin.posL, 1.0f),
```

```
    gLightWorldViewProjTexture);

    [...]

    return vout;
}

float4 PS(VertexOut pin) : SV_Target
{
    // 通过除以 w 来完成投影变换
    pin.ProjTex.xyz /= pin.ProjTex.w;

    // NDC 空间中的深度值
    float depth = pin.ProjTex.z;

    // 通过投影纹理坐标来采集纹理
    float4 c = gTextureMap.Sample(sampler, pin.ProjTex.xy);

    [...]
}
```

20.3.2　视锥体之外的点

在渲染流水线中，位于视锥体之外的几何体是要被裁剪掉的。但是，在我们以光源装置的视角投影几何体而为之生成投影纹理坐标时，并不必执行裁剪操作——只需简单地投影顶点即可。因此，投影机视锥体之外的几何体会得到[0, 1]区间以外的投影纹理坐标。而处于此范围的投影纹理坐标在被采样时所享受的待遇，将与采集[0, 1]区间以外普通纹理时所用寻址模式（参见 9.6 节）的效果相一致。

一般来讲，我们并不希望对投影机视锥体以外的几何体进行贴图，因为这样做并没有任何意义（这些几何体并不会被投影机发出的光照射到）。常见的做法是使用颜色分量皆为 0 的边框颜色寻址模式。而另一种策略则是将投影机与聚光灯结合在一起，使聚光灯照射范围之外的部分不受光照（即范围之外的物体表面不会被投射光照射到）。采用聚光灯的优点是其圆锥体照射范围内中心的光照强度最大，并随着–L 与 d 之间夹角的增大而平缓地减弱（其中，L 为照射到物体表面点上的光向量，d 为聚光灯的方向向量。可回顾 8.12 节的内容）。

20.3.3　正交投影

我们刚刚展示了如何通过透视投影（在平截头体的范围内）来进行投影纹理贴图。但是，为了投影处理过程的需要，我们应使用正交投影而非透视投影。这样一来，纹理将沿光线传播路径按正交投影方盒的 z 轴方向进行投影。

除了以下几点需要注意，此前讨论的投影纹理坐标相关内容都可以同样应用于正交透影。首先，在使用正交投影时，用来处理投影机视锥体范围之外点的聚光灯策略就行不通了。这是由于聚光灯的圆锥体照射范围更接近于透视投影的平截头体，但与正交投影的长方体却相差甚远。但是，我们仍然能使用纹理寻址模式来处理位于投影机光源照射范围之外的点，这是因为正交投影仍需生成 NDC 坐标。若点(*x*, *y*, *z*)位于 NDC 空间中，当且仅当：

$$-1 \leqslant x \leqslant 1$$
$$-1 \leqslant y \leqslant 1$$
$$0 \leqslant z \leqslant 1$$

其次，若采用正交投影，便无需进行除以 *w* 项计算了。也就是说，我们不必再编写下列代码：

```
// 通过除以 w 来完成投影操作
pin.ProjTex.xyz /= pin.ProjTex.w;
```

原因是，在完成正交投影后，坐标已经变换到了 NDC 空间之中。由于每个像素均免于一次除法操作，所以正交投影要比透视投影速度更快。从另一方面来讲，就算保留了除法操作也不会影响正交投影，这是因为除数是 1（正交投影并不影响 *w* 坐标，因而 *w* 的值总为 1）。如果在着色器代码中保留了除以 *w* 的操作，则统一使用该着色器进行透视投影与正交投影均可正常工作。当然，我们此时就需要在代码的一致性与正交投影不必要的除法操作之间进行利弊的权衡。

20.4　什么是阴影贴图

20.4.1　算法描述

阴影贴图的大致思路是，从光源的视角将场景深度以"渲染至纹理"的方式绘制到名为**阴影图**（shadow map）的深度缓冲区中。上述工作完成之后，我们就会得到一张从光源视角看去，由一切可见像素的深度数据所构成的阴影图（被其他像素所遮挡的像素不在此阴影图之列，因为它们在深度测试时将会失败，所以它们不是被其他像素所覆写（overwrite）就是从来没有被写入过）。

为了以光源的视角渲染场景，我们需要定义一个可以将坐标从世界空间变换到光源空间的光源观察矩阵（light view matrix），以及一个用于描述光源在世界空间中照射范围的光源投影矩阵（light projection matrix）。光源照射的体积范围可能为平截头体（透视投影）或长方体（正交投影）。通过在平截头体内嵌入聚光灯的照明圆锥体，便可用此平截头体光源体积（frustum light volume）来模拟聚光灯光源。而长方体光源体积则可用于模拟平行光光源。然而，由于平行光被限制在长方体内并且只能经过长方体体积范围，因此它只能照射到场景中的一部分区域（见图 20.5）。对于能够照射到整个场景的光

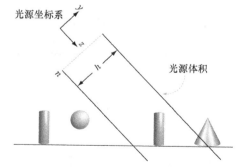

图 20.5　平行光线仅在光源体积中传播，所以只有位于该体积中的场景部分才能被光照射到。如需令光源照遍整个场景，那么我们就应将光源体积设置为可容纳整个场景的大小

源（例如太阳）来说，我们就可以扩展光源体积，从而使它足以照亮全部场景。

一旦阴影图构建完成，我们就能像往常那样以"玩家"摄像机视角来渲染场景。针对每一个要被渲染的像素 p，我们都会以光源的视角来计算其深度值，并将它记为 $d(p)$。另外，在使用投影纹理贴图技术时，我们还要沿着自光源至像素 p 的路径来对阴影图采样，以获取阴影图中所存的深度值 $s(p)$。此值即为光源到像素 p 这一路径中，离光源最近像素的深度值。从图 20.6 可以发现，当且仅当 $d(p) > s(p)$，像素 p 位于阴影范围之内（以光源的视角来看，表面上的点 p 被球遮挡）。因此，当且仅当 $d(p) \leqslant s(p)$ 时，像素 p 位列阴影之外。

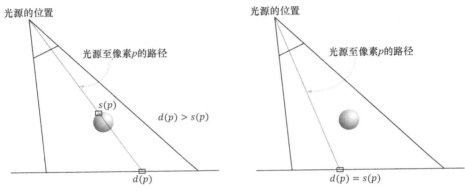

图 20.6　在左图中，从光源的角度上看，像素 p 的深度值为 $d(p)$。但是，在同一光线路径上，离光源最近的像素深度值为 $s(p)$，且 $d(p) > s(p)$。因此我们便能推断出：以光源的视角来看，在像素 p 之前有一物体遮住了它，因此 p 便生活在了阴影之中。右图中，从光源角度来看，像素 p 的深度值为 $d(p)$，而且在光源至此点这一条路径上来看，它离光源最近。即 $s(p) = d(p)$，由于我们可以推理出 p 会感受到光明的温暖

注意

 深度值要用 NDC 坐标进行比较。这是因为阴影图其实是一种深度缓冲区，它存储着以 NDC 坐标表示的深度值。那么具体是怎样实现的呢？在查阅本章例程代码之后谜底自然会揭晓。

20.4.2　偏移与走样

阴影图存储的是距离光源最近的可视像素深度值，但是它的分辨率有限，以致每一个阴影图纹素都要表示场景中的一片区域。因此，阴影图只是以光源视角针对场景深度进行的离散采样，这将会导致所谓的**阴影粉刺**（shadow acne）等图像走样（aliasing）[①]问题（见图 20.7）。

---

① 也有译作混叠、锯齿等。我这里为了根据视觉效果分类，更倾向把图像中的波纹作混叠（混叠词大多运用在信号处理方面，这里为区分走样效果而作）、边缘称锯齿，总称走样。

　　图 20.8 展示的简明示意图解释了为什么会发生阴影粉刺现象。一种简单的解决方案是通过恒定偏移（bias）量对阴影图的深度值进行调整。图 20.9 演示的就是更正该问题的过程。

图 20.7　注意图中地面上光影之间轮流交替的"阶状"条纹。这种混叠现象通常被称为阴影粉刺

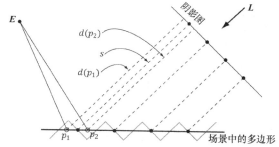

图 20.8　利用阴影图采集场景中的像素深度值。从图中可以看出，由于阴影图的分辨率有限，所以每个阴影图纹素要对应于场景中的一块区域（而不是点对点的关系，一个坡面代表阴影图中一个纹素的对应范围）。从观察点 E 查看场景中的两个点 p_1 与 p_2，它们分别对应于两个不同的屏幕像素。但是，从光源的观察角度来看，它们却都有着相同的阴影图纹素（即 $s(p_1) = s(p_2) = s$，由于分辨率的原因）。当我们在执行阴影图检测时，会得到 $d(p_1) > s$ 以及 $d(p_2) \leq s$ 这两个测试结果。这样一来，p_1 将被绘制为如同它在阴影中的颜色，p_2 将被渲染为好似它在阴影之外的颜色。这便会导致阴影粉刺

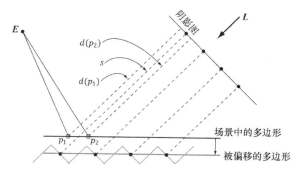

图 20.9　通过偏移阴影图中的深度值来防止出现错误的阴影效果。此时，我们便可得到 $d(p_1) \leq s$ 与 $d(p_2) \leq s$。但寻找合适的深度偏移量通常要通过尝试若干

偏移量过大会导致名为 **peter-panning**（彼得·潘，即小飞侠，他曾在一次逃跑时弄丢了自己的影子）的失真效果，使阴影看起来与物体相分离。

然而，并没有哪一种固定的偏移量可正确地运用于所有几何体的阴影绘制。特别是图 20.11 中所示的那种（从光源的角度来看）有着极大斜率的三角形，这时就需要选取更大的偏移量。但是，如果企图通过一个过大的深度偏移量来处理所有的斜边，则又会造成如图 20.10 所示的 **peter-panning** 问题。

图 20.10　peter-panning 失真——由于过大的
深度偏移量而导致的阴影与柱体分离现象

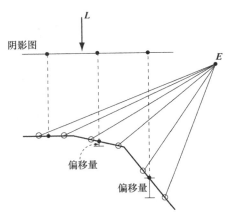

图 20.11　从光源的视角来讲，有着极大斜率的多边形
要比有着较小斜率的多边形采用更大的偏移量

因此，我们绘制阴影的方式就是先以光源视角量多边形斜面的斜率，并为斜率较大的多边形应用更大的偏移量。幸运的是，图形硬件内部对此有相关技术的支持，我们通过名为**斜率缩放偏移**（slope-scaled-bias，也有译作斜率偏移补偿等）的光栅化状态属性就可以轻松实现。

```
typedef struct D3D12_RASTERIZER_DESC {
 [...]
 INT        DepthBias;
 FLOAT      DepthBiasClamp;
 FLOAT      SlopeScaledDepthBias;
 [...]
} D3D12_RASTERIZER_DESC;
```

1. DepthBias：一个固定的应用偏移量。对于格式为 UNORM 的深度缓冲区而言，可参考下列代码注释中该整数值的设置方法。

2. DepthBiasClamp：所允许的最大深度偏移量。以此来设置深度偏移量的上限。不难想象，极其陡峭的倾斜度会致使斜率缩放偏移过大，继而造成 peter-panning 失真。

3. SlopeScaledDepthBias：根据多边形的斜率来控制偏移程度的缩放因子。具体配置方法可参见下列代码注释中的公式。

注意，**在将场景渲染至阴影图时**，便会应用该斜率缩放偏移量。这是由于我们希望**以光源的视角**基于多边形的斜率而进行偏移操作，从而避免阴影失真。因此，我们就会对阴影图中的数值进行偏移计算（即由硬件将像素的深度值与偏移值相加）。在演示程序中采用的具体数值如下。

```
// [出自 MSDN]
// 如果当前的深度缓冲区采用UNORM格式且与输出合并阶段绑定在一起,或深度缓冲区还没有执行绑定操作,
// 则偏移量的计算过程如下
//
// Bias = (float)DepthBias * r + SlopeScaledDepthBias * MaxDepthSlope;
//
// 这里的 r 是在将深度缓冲区格式转换为 float32 类型后,其深度值可取到的大于 0 的最小可表示的值
// [MSDN 援引部分结束]
//
// 对于一个 24 位的深度缓冲区来说, r = 1 / 2^24
//
// 例如: DepthBias = 100000 ==> 实际的 DepthBias = 100000/2^24 = .006

// 这些数据极其依赖于实际场景,因此我们需要对特定场景反复尝试才能找到最合适的偏移数值
D3D12_GRAPHICS_PIPELINE_STATE_DESC smapPsoDesc = opaquePsoDesc;
smapPsoDesc.RasterizerState.DepthBias = 100000;
smapPsoDesc.RasterizerState.DepthBiasClamp = 0.0f;
smapPsoDesc.RasterizerState.SlopeScaledDepthBias = 1.0f;
```

注意

 深度偏移发生在光栅化期间(裁剪阶段之后),因此不会对几何体裁剪造成影响。

注意

Note 至于深度偏移的完整细节,可搜索 SDK 文档中的文章 Depth Bias(深度偏移)。此文不仅
给出了该技术相关的全部规则,而且介绍了如何使用浮点深度缓冲区进行工作。

20.4.3 百分比渐近过滤

在用投影纹理坐标(u, v)对阴影图进行采样时,往往不会命中阴影图中纹素的准确位置,而是通常位于阴影图中的 4 个纹素之间。若执行的是颜色贴图(color texturing),那么使用双线性插值(9.5.1 节)即可解决该问题。但是[Kilgard01]却指出,我们不应对深度值采用平均值法,因为这可能导致把像素误标入阴影中这样的错误结果(出于同样的原因,我们也不能为阴影图生成 mipmap)。考虑至此,我们应当对采样的结果进行插值,而不是对深度值进行插值,这种方法称为——**百分比渐近过滤**(Percentage Closer Filtering, PCF)。即我们以点过滤(MIN_MAG_MIP_POINT)的方式在坐标(u, v)、$(u + \Delta x, v)$、$(u, v + \Delta x)$ 以及 $(u + \Delta x, v + \Delta x)$ 处对纹理进行采样,其中 $\Delta x = 1/\text{SHADOW\_MAP\_SIZE}$(除以的是阴影贴图的大小)。因为使用的是点采样,所以这 4 个采样点分别命中的是围绕坐标(u, v)最近的 4 个阴影图纹素 s_0、s_1、s_2 与 s_3,如图 20.12 所示。接下来,我们会对这些采集的深度值进行阴影图检测,并对测试的结果开展双线性插值。

```
static const float SMAP_SIZE = 2048.0f;
```

```
static const float SMAP_DX = 1.0f / SMAP_SIZE;
```

...

```
    // 对阴影图进行采样以获取离光源最近的深度值
    float s0 = gShadowMap.Sample(gShadowSam,
            projTexC.xy).r;
    float s1 = gShadowMap.Sample(gShadowSam,
            projTexC.xy + float2(SMAP_DX, 0)).r;
    float s2 = gShadowMap.Sample(gShadowSam,
            projTexC.xy + float2(0, SMAP_DX)).r;
    float s3 = gShadowMap.Sample(gShadowSam,
            projTexC.xy + float2(SMAP_DX, SMAP_DX)).r;

    // 该像素的深度值是否小于等于阴影图中的深度值
    float result0 = depth <= s0;
    float result1 = depth <= s1;
    float result2 = depth <= s2;
    float result3 = depth <= s3;

    // 变换到纹素空间
    float2 texelPos = SMAP_SIZE*projTexC.xy;

    // 确定插值变量
    float2 t = frac( texelPos );

    // 对比较结果进行双线性插值
    return lerp( lerp(result0, result1, t.x),
            lerp(result2, result3, t.x), t.y);
```

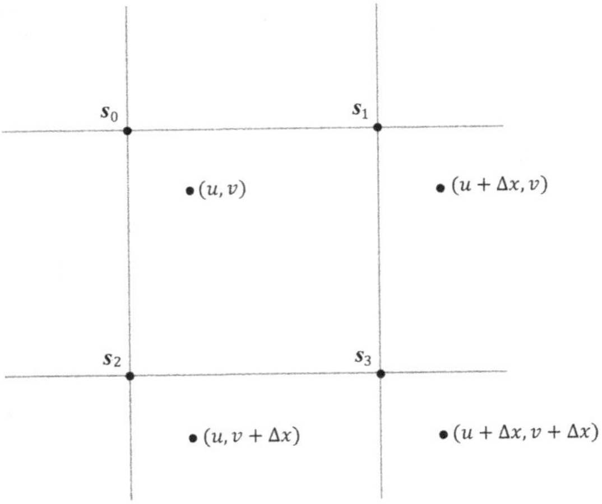

图 20.12　采集 4 个阴影图样本

　　若采用这种计算方法，则一个像素就可能局部处于阴影之中，而不再是非黑即白的单选题。例如，若有 4 个样本，两个在阴影中，另外两个在阴影外，则该像素有 50% 位于阴影之中。这便使阴影内外的像素之间有了更为平滑的过渡，而非棱角分明（见图 20.13）。

图 20.13　在上侧的图中，我们可以明显看出阴影边界处的 "阶梯状" 锯齿走样。
在下侧的图中，用过滤的方式令锯齿走样变得稍加平滑

注意

 HLSL 中的 frac 函数返回的是输入浮点数的小数部分（即尾数，mantissa）。比如说，如果 SMAP_SIZE = 1024 且 projTex.xy = (0.23, 0.68)，那么 texelPos = (235.52, 696.32) 且 frac(texelPos) = (0.52, 0.32)。这些小数指示着样本之间的插值变量。而 HLSL 中的 lerp(x, y, s) 函数则是线性插值函数，它将返回 $x+s(y-x)=(1-s)x+sy$ 的计算结果。

注意

尽管采用了我们自己编写的过滤方法，但阴影的效果仍然非常生硬，而且锯齿失真问题的最终处理效果还是不能令人十分满意。当然，除此之外还有许多行之有效的方法可用，如 [Uralsky05]。我们也可以辅以更高分辨率的阴影图，但是需要在效果与开销之间进行取舍。

　　从上面的描述中也可以看出 PCF 过滤的主要缺点，即需要 4 个纹理样本。采集纹理原本就是现代 GPU 代价较高的操作之一，因为存储器的带宽与延迟并没有随着 GPU 计算能力的剧增而得到相近程度的巨大改良[Möller08]。幸运的是，我们已经能够通过调用 SampleCmpLevelZero 方法来调取兼容 Direct3D 11+版本的图形硬件对 PCF 技术的内部支持。

```
Texture2D gShadowMap : register(t1);
SamplerComparisonState gsamShadow : register(s6);

// 通过除以 w 来完成投影操作
shadowPosH.xyz /= shadowPosH.w;

// 在 NDC 空间中的深度值
float depth = shadowPosH.z;
```

```
// 自动执行 4-tap PCF
gShadowMap.SampleCmpLevelZero(gsamShadow,
  shadowPosH.xy, depth).r;
```

方法名字中的 LevelZero 部分意味着只能在最高的 mipmap 层级中才能执行此函数的相应任务。这是极好的，因为我们仅希望针对阴影贴图进行采样并比较采样结果（而不会为阴影图生成 mipmap 链）。此方法使用的并非普通的采样器对象，而是**比较采样器**（comparison sampler）SamplerComparisonState。这使硬件能够执行阴影图的比较测试，且需要在过滤采样结果之前完成。对于 PCF 技术来说，我们需要使用 D3D12_FILTER_COMPARISON_MIN_MAG_LINEAR_MIP_POINT 过滤器，并将比较函数设置为 LESS_EQUAL（由于对深度值进行了偏移，所以也要用到 LESS 比较函数）。此方法的前两个参数分别为比较采样器对象以及纹理坐标，第三个参数则是与阴影图样本相比较的数值。在将比较数值设置为 depth 并把比较函数设定为 LESS_EQUAL 之后，它将执行以下比较操作：

```
float result0 = depth <= s0;
float result1 = depth <= s1;
float result2 = depth <= s2;
float result3 = depth <= s3;
```

接着，在通过硬件线性插值得到最终的计算结果之后，便完成了 PCF 的整个工作流程。下列代码展示了如何为阴影贴图配置比较采样器。

```
const CD3DX12_STATIC_SAMPLER_DESC shadow(
  6, // 着色器寄存器(shaderRegister)
  D3D12_FILTER_COMPARISON_MIN_MAG_LINEAR_MIP_POINT, // 过滤器类型(filter)
  D3D12_TEXTURE_ADDRESS_MODE_BORDER, // U轴所用的寻址模式(addressU)
  D3D12_TEXTURE_ADDRESS_MODE_BORDER, // V轴所用的寻址模式(addressV)
  D3D12_TEXTURE_ADDRESS_MODE_BORDER, // W轴所用的寻址模式(addressW)
  0.0f,                  // mipmap 层级偏移量(mipLODBias)
  16,                    // 最大各向异性值(maxAnisotropy)
  D3D12_COMPARISON_FUNC_LESS_EQUAL,
  D3D12_STATIC_BORDER_COLOR_OPAQUE_BLACK);
```

注意

 根据 SDK 文档所述，只有 R32_FLOAT_X8X24_TYPELESS 格式、R32_FLOAT，R24_UNORM_X8_TYPELESS 格式与 R16_UNORM 格式才可应用于比较过滤器。

到目前为止，我们在本节中一直使用的都是 4-tap PCF 核（4-tap PCF kernel，即输入 4 个样本来执行的 PCF）。PCF 核越大，阴影的边缘轮廓也就越丰满、越平滑，当然，花费在调用 SampleCmpLevelZero 函数上的开销也就越大。在演示程序中，我们是按 3×3 正方形的过滤模式来执行 PCF。由于每次调用 SampleCmpLevelZero 函数实际所执行的都是 4-tap PCF，所以在进行上述 PCF 的过程中，共需要使用阴影图中的 4×4 个独立采样点（根据我们所用的 3×3 模式可知，过滤的过程中会重复使用部分采样点）。采用过大的过滤核会导致之前所述的阴影粉刺问题，原因以及解决方案我们将在 20.5 节中展开讨论。

一个显而易见的事实是，PCF 技术只需在阴影的边缘执行，因为阴影内外两部分并不涉及混合操作（意即阴影内外非黑即白，只有边缘才是渐变的）。基于此，也就只要能对阴影边缘的 PCF 设计相应的处理方案就好了。[Isidoro06b]指出了这样一种运用着色器代码中的动态分支技术："如果要处理的部分是阴影边缘就采用代价高昂的 PCF 技术，否则就仅对一幅阴影图进行采样。"

需要注意的是，如果我们所用的 PCF 核足够大（即5×5 采样点及其以上规模），那么按上述方法做才合算（因为动态分支也有开销）。但是，按一般的建议来讲，我们还是应当根据具体需求在开销和效果之间做出权衡。

注意，实际工程中所用的 PCF 核未必一定是方形的过滤栅格。不少文献也已指出，随机拾取点（randomly picking point）也可作为 PCF 核。

20.4.4 构建阴影图

实现阴影贴图的第一步就是构建阴影图。为此，首先需要创建一个 ShadowMap 实例。

```
mShadowMap = std::make_unique<ShadowMap>(
  md3dDevice.Get(), 2048, 2048);
```

接着，定义一个光源观察矩阵以及一个投影矩阵（用来表示光源坐标系与视景体）。光源观察矩阵要以主光源的视角构建，而光源视景体要根据整个场景的包围球来进行计算。

```
DirectX::BoundingSphere mSceneBounds;

ShadowMapApp::ShadowMapApp(HINSTANCE hInstance)
  : D3DApp(hInstance)
{
  // 由于我们知道当前场景是如何构建出来的，因此可手动估算场景的包围球
  // 中心位于世界空间的原点，且宽度为 20，深度为 30.0f 的栅格是场景中 "最宽的物体"。而在实际的项
  // 目中，我们若要计算此包围球，通常就需要遍历世界空间中的每个顶点的位置
  mSceneBounds.Center = XMFLOAT3(0.0f, 0.0f, 0.0f);
  mSceneBounds.Radius = sqrtf(10.0f*10.0f + 15.0f*15.0f);
}

void ShadowMapApp::Update(const GameTimer& gt)
{
  [...]

  //
  // 根据时间的流逝动态调整各光源（以及物体阴影）
  //

  mLightRotationAngle += 0.1f*gt.DeltaTime();

  XMMATRIX R = XMMatrixRotationY(mLightRotationAngle);
  for(int i = 0; i < 3; ++i)
  {
    XMVECTOR lightDir = XMLoadFloat3(&mBaseLightDirections[i]);
    lightDir = XMVector3TransformNormal(lightDir, R);
```

```
    XMStoreFloat3(&mRotatedLightDirections[i], lightDir);
  }

  AnimateMaterials(gt);
  UpdateObjectCBs(gt);
  UpdateMaterialBuffer(gt);
  UpdateShadowTransform(gt);
  UpdateMainPassCB(gt);
  UpdateShadowPassCB(gt);
}

void ShadowMapApp::UpdateShadowTransform(const GameTimer& gt)
{
  // 只有第一个 "主" 光源才投射出物体的阴影
  XMVECTOR lightDir = XMLoadFloat3(&mRotatedLightDirections[0]);
  XMVECTOR lightPos = -2.0f*mSceneBounds.Radius*lightDir;
  XMVECTOR targetPos = XMLoadFloat3(&mSceneBounds.Center);
  XMVECTOR lightUp = XMVectorSet(0.0f, 1.0f, 0.0f, 0.0f);
  XMMATRIX lightView = XMMatrixLookAtLH(lightPos, targetPos, lightUp);

  XMStoreFloat3(&mLightPosW, lightPos);

  // 将包围球变换到光源空间
  XMFLOAT3 sphereCenterLS;
  XMStoreFloat3(&sphereCenterLS, XMVector3TransformCoord(targetPos,
    lightView));

  // 位于光源空间中包围场景的正交投影视景体
  float l = sphereCenterLS.x - mSceneBounds.Radius;
  float b = sphereCenterLS.y - mSceneBounds.Radius;
  float n = sphereCenterLS.z - mSceneBounds.Radius;
  float r = sphereCenterLS.x + mSceneBounds.Radius;
  float t = sphereCenterLS.y + mSceneBounds.Radius;
  float f = sphereCenterLS.z + mSceneBounds.Radius;

  mLightNearZ = n;
  mLightFarZ = f;
  XMMATRIX lightProj = XMMatrixOrthographicOffCenterLH(l, r, b, t, n, f);

  // 将坐标从范围为[-1,+1]^2 的 NDC 空间变换到范围为[0,1]^2 的纹理空间
  XMMATRIX T(
    0.5f, 0.0f, 0.0f, 0.0f,
    0.0f, -0.5f, 0.0f, 0.0f,
    0.0f, 0.0f, 1.0f, 0.0f,
    0.5f, 0.5f, 0.0f, 1.0f);

  XMMATRIX S = lightView*lightProj*T;
  XMStoreFloat4x4(&mLightView, lightView);
  XMStoreFloat4x4(&mLightProj, lightProj);
  XMStoreFloat4x4(&mShadowTransform, S);
}
```

将场景渲染至阴影图要这样实现：

```
void ShadowMapApp::DrawSceneToShadowMap()
{
  mCommandList->RSSetViewports(1, &mShadowMap->Viewport());
  mCommandList->RSSetScissorRects(1, &mShadowMap->ScissorRect());

  // 将资源状态改变为 DEPTH_WRITE
  mCommandList->ResourceBarrier(1, &CD3DX12_RESOURCE_BARRIER::Transition(
    mShadowMap->Resource(),
    D3D12_RESOURCE_STATE_GENERIC_READ,
    D3D12_RESOURCE_STATE_DEPTH_WRITE));

  UINT passCBByteSize = d3dUtil::CalcConstantBufferByteSize(sizeof
    (PassConstants));

  // 清理后台缓冲区以及深度缓冲区
  mCommandList->ClearDepthStencilView(mShadowMap->Dsv(),
    D3D12_CLEAR_FLAG_DEPTH | D3D12_CLEAR_FLAG_STENCIL, 1.0f, 0, 0, nullptr);

  // 由于仅向深度缓冲区绘制数据，因此将渲染目标设为空。这样一来将禁止颜色数据向渲染目标的写操作。
  // 注意，此时也一定要把可用（处于启用状态）PSO 中的渲染目标数量指定为 0
  mCommandList->OMSetRenderTargets(0, nullptr, false, &mShadowMap->Dsv());

  // 为阴影图渲染过程绑定所需的常量缓冲区
  auto passCB = mCurrFrameResource->PassCB->Resource();
  D3D12_GPU_VIRTUAL_ADDRESS passCBAddress = passCB->GetGPUVirtualAddress()
    + 1*passCBByteSize;
  mCommandList->SetGraphicsRootConstantBufferView(1, passCBAddress);

  mCommandList->SetPipelineState(mPSOs["shadow_opaque"].Get());

  DrawRenderItems(mCommandList.Get(), mRitemLayer[(int)RenderLayer::Opaque]);

  // 将资源状态改变回 GENERIC_READ，使我们能够从着色器中读取此纹理
  mCommandList->ResourceBarrier(1, &CD3DX12_RESOURCE_BARRIER::Transition(
    mShadowMap->Resource(),
    D3D12_RESOURCE_STATE_DEPTH_WRITE,
    D3D12_RESOURCE_STATE_GENERIC_READ));
}
```

可以看出，我们在这里设置了一个空的渲染目标，其实就是禁止了颜色数据的写操作。这样做的原因是在将场景渲染至阴影图时，我们只关心相对于光源的场景深度值。显卡针对仅绘制深度数据的情况进行了优化，因此仅绘制深度值的渲染过程明显要快于同时绘制颜色数据与深度值的渲染过程。此时，我们也必须将处于活动状态的流水线状态对象的渲染目标个数指定为 0。

```
D3D12_GRAPHICS_PIPELINE_STATE_DESC smapPsoDesc = opaquePsoDesc;
smapPsoDesc.RasterizerState.DepthBias = 100000;
smapPsoDesc.RasterizerState.DepthBiasClamp = 0.0f;
smapPsoDesc.RasterizerState.SlopeScaledDepthBias = 1.0f;
smapPsoDesc.pRootSignature = mRootSignature.Get();
smapPsoDesc.VS =
{
```

```
    reinterpret_cast<BYTE*>(mShaders["shadowVS"]->GetBufferPointer()),
    mShaders["shadowVS"]->GetBufferSize()
};
smapPsoDesc.PS =
{
    reinterpret_cast<BYTE*>(mShaders["shadowOpaquePS"]->GetBufferPointer()),
    mShaders["shadowOpaquePS"]->GetBufferSize()
};
// 阴影图的渲染过程无须涉及渲染目标

smapPsoDesc.RTVFormats[0] = DXGI_FORMAT_UNKNOWN;
smapPsoDesc.NumRenderTargets = 0;
ThrowIfFailed(md3dDevice->CreateGraphicsPipelineState(
    &smapPsoDesc, IID_PPV_ARGS(&mPSOs["shadow_opaque"])));
```

以光源的视角渲染场景的着色器程序十分简单，这是因为只需构建阴影图即可，所以也就用不到那些复杂的代码。

```
//***************************************************************************
// Shadows.hlsl 的作者是 Frank Luna (C) 2015 版权所有
//***************************************************************************

// 包含公用的 HLSL 代码
#include "Common.hlsl"

struct VertexIn
{
    float3 PosL  : POSITION;
    float2 TexC  : TEXCOORD;
};

struct VertexOut
{
    float4 PosH  : SV_POSITION;
    float2 TexC  : TEXCOORD;
};

VertexOut VS(VertexIn vin)
{
    VertexOut vout = (VertexOut)0.0f;

    MaterialData matData = gMaterialData[gMaterialIndex];

    // 将顶点变换到世界空间
    float4 posW = mul(float4(vin.PosL, 1.0f), gWorld);

    // 将顶点变换至齐次裁剪空间
    vout.PosH = mul(posW, gViewProj);

    // 为三角形插值而输出顶点属性
    float4 texC = mul(float4(vin.TexC, 0.0f, 1.0f), gTexTransform);
    vout.TexC = mul(texC, matData.MatTransform).xy;
```

```
    return vout;
}

// 这段代码仅用于需要进行 alpha 裁剪的几何图形，以此使阴影正确地显现出来
// 如果待处理的几何图形无须执行此操作，则可以在深度渲染过程中使用无内容（null）的像素着色器
void PS(VertexOut pin)
{
    // 获取材质数据
    MaterialData matData = gMaterialData[gMaterialIndex];
    float4 diffuseAlbedo = matData.DiffuseAlbedo;
    uint diffuseMapIndex = matData.DiffuseMapIndex;

    // 在数组中动态地查找纹理
    diffuseAlbedo *= gTextureMaps[diffuseMapIndex].
        Sample(gsamAnisotropicWrap, pin.TexC);

#ifdef ALPHA_TEST
    // 如果像素的 alpha 值 < 0.1，丢弃该像素。我们应在着色器中尽早执行这项测试，以使满足条件的
    // 像素尽早地退出着色器，以此来跳过没必要执行的后续代码
    clip(diffuseAlbedo.a - 0.1f);
#endif
}
```

可以看出像素着色器并没有返回任何数据，这是因为在深度绘制过程中只需输出深度值即可。其间，像素着色器仅用于裁剪具有 0 或较小 alpha 值的像素片段，我们假设这种像素片段都是完全透明的。以图 20.14 中的树叶纹理为例。在此，我们只希望将具有白色 alpha 值的像素绘制到阴影图中。为了实现此目标，我们将其划分为两种情况：一种是需要执行 alpha 裁剪（alpha clip）操作的，另一种则不需要此操作。如果待处理的几何图形不需要执行 alpha 裁剪，那么我们就可以给它绑定一个空的像素着色器，这样一来，其执行速度将快于绑定上述像素着色器（此着色器仅对一种纹理进行采样还要进行裁剪操作的）的情况。

图 20.14　叶片纹理

注意

考虑到篇幅问题，我们仅对经镶嵌化处理的几何体渲染深度数据的着色器做简要分析。在将镶嵌化处理后的几何体绘制到阴影图的时候，我们也需要按同样的镶嵌方式对该几何体进行镶嵌化处理，再将其绘制到后台缓冲区（即根据玩家的观察点到该几何体的距离对它进行绘制）。这样做的原因是为了保持一致性，即从观察者视角查看的几何体应当与光源视角观察的几何体相同。话虽如此，但如果镶嵌化几何体的形状变化不太大，那么这些改变也不太能在阴影中得到体现。因此，一种可能的优化方式是，在渲染几何体的阴影图时，不必对几何体进行镶嵌化处理。此优化要考虑精度与速度的取舍。

20.4.5　阴影因子

阴影因子（shadow factor）是我们为光照方程新添加的一种范围在[0, 1]的标量系数。其值为 0，表示位于阴影中的点；值为 1，则代表此点在阴影之外。在进行 PCF（20.4.3 节）时，一个点可能会部分处于阴影之中，在这种情况下，阴影因子将位于 0~1。CalcShadowFactor（计算阴影因子）函数的实现位于 Common.hlsl 文件之中。

```
float CalcShadowFactor(float4 shadowPosH)
{
// 通过除以 w 来实现投影变换
shadowPosH.xyz /= shadowPosH.w;

// NDC 空间中的深度值
float depth = shadowPosH.z;

uint width, height, numMips;
gShadowMap.GetDimensions(0, width, height, numMips);

// 纹素的大小
float dx = 1.0f / (float)width;

float percentLit = 0.0f;
const float2 offsets[9] =
{
  float2(-dx, -dx), float2(0.0f, -dx), float2(dx, -dx),
  float2(-dx, 0.0f), float2(0.0f, 0.0f), float2(dx, 0.0f),
  float2(-dx, +dx), float2(0.0f, +dx), float2(dx, +dx)
};

[unroll]
for(int i = 0; i < 9; ++i)
{
  percentLit += gShadowMap.SampleCmpLevelZero(gsamShadow,
    shadowPosH.xy + offsets[i], depth).r;
```

```
    }

    return percentLit / 9.0f;
}
```

在我们所用的模型中，阴影因子将与直接光照（漫反射光与镜面反射光）项相乘。

```
// 只有第一个光源才投射物体阴影
float3 shadowFactor = float3(1.0f, 1.0f, 1.0f);
shadowFactor[0] = CalcShadowFactor(pin.ShadowPosH);

const float shininess = (1.0f - roughness) * normalMapSample.a;
Material mat = { diffuseAlbedo, fresnelR0, shininess };
float4 directLight = ComputeLighting(gLights, mat, pin.PosW,
  bumpedNormalW, toEyeW, shadowFactor);

float4 ComputeLighting(Light gLights[MaxLights], Material mat,
            float3 pos, float3 normal, float3 toEye,
            float3 shadowFactor)
{
  float3 result = 0.0f;

  int i = 0;

#if (NUM_DIR_LIGHTS > 0)
  for(i = 0; i < NUM_DIR_LIGHTS; ++i)
  {
    result += shadowFactor[i] * ComputeDirectionalLight(gLights[i],
    mat, normal, toEye);
  }
#endif

#if (NUM_POINT_LIGHTS > 0)
  for(i = NUM_DIR_LIGHTS; i < NUM_DIR_LIGHTS+NUM_POINT_LIGHTS; ++i)
  {
    result += ComputePointLight(gLights[i], mat, pos, normal, toEye);
  }
#endif

#if (NUM_SPOT_LIGHTS > 0)
  for(i = NUM_DIR_LIGHTS + NUM_POINT_LIGHTS; i < NUM_DIR_LIGHTS +
    NUM_POINT_LIGHTS + NUM_SPOT_LIGHTS; ++i)
  {
    result += ComputeSpotLight(gLights[i], mat, pos, normal, toEye);
  }
#endif

  return float4(result, 0.0f);
}
```

由于环境光是间接光，所以阴影因子不会对它产生影响。而且，阴影因子也不会对来自环境图（environment map）的反射光构成影响。

20.4.6　阴影图检测

通过以光源的视角渲染场景来构建阴影图之后，我们就可以在主渲染过程中对阴影图进行采样，以确定某像素是否位于阴影之内。问题的关键在于为每个像素 p 都要计算 $d(p)$ 与 $s(p)$。把点变换到光源的 NDC 空间便可以求出其对应的 $d(p)$ 值，此时，该点的 z 坐标即为此点位于光源空间中的归一化深度值。在光源的视景体中运用投影纹理贴图技术，投影出场景的阴影图就可以求出值 $s(p)$。注意，在进行这一系列操作之后，$d(p)$ 与 $s(p)$ 都将被表示在光源的 NDC 空间之中，因此它们就可以直接展开比较。再利用变换矩阵 gShadowTransform 便可以将坐标由世界空间变换到阴影图纹理空间（参见 20.3 节）。

```
// 在顶点着色器中，为场景阴影图而生成的投影纹理坐标
vout.ShadowPosH = mul(posW, gShadowTransform);

// 在像素着色器中执行阴影图检测
float3 shadowFactor = float3(1.0f, 1.0f, 1.0f);
shadowFactor[0] = CalcShadowFactor(pin.ShadowPosH);
```

最后，别忘了将 gShadowTransform 矩阵存于一个渲染过程常量之中。

20.4.7　渲染阴影图

在本章的演示程序中，我们也将阴影图渲染在了屏幕右下角的四边形之中。从该图中，我们可以观察到阴影图在每一帧中的变化。前面曾讲过，阴影图其实是一种深度缓冲区纹理，我们可以为它创建一个 SRV（着色器资源视图），以便在着色器程序中对它进行采样。由于阴影图中每个像素存储的都是一个一维数据（即一个深度值），所以我们将它渲染为一幅灰度图像。图 20.15 所示的是一张"Shadow Map"（阴影图）演示程序的效果。

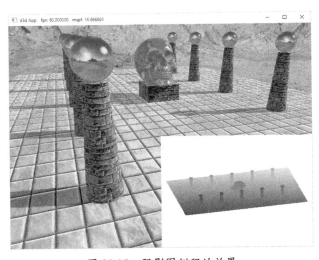

图 20.15　阴影图例程的效果

20.5 过大的 PCF 核

在本节中,我们将讨论使用过大的 PCF 核所引发的问题。我们在演示程序中所用的 PCF 核不是很大,所以这一节在某种意义上来说是选学内容,但是在此会接触到一些有趣的套路。

图 20.16 所示的是我们为观察点可见像素 p 执行阴影检测的计算过程。如果没有使用 PCF 技术,就计算距离 $d = d(p)$,并将它与相应的阴影图数据 $s_0 = s(p)$ 进行比较;若采用 PCF 技术,我们还应令 d 与附近的纹理图数据 s_{-1} 与 s_1 进行比较。但是,使 d 分别与 s_{-1} 和 s_1 进行比较其实是不合理的,这是因为纹素 s_{-1} 与 s_1 所描述深度值的场景区域有可能与 p 所在的多边形并不相同。

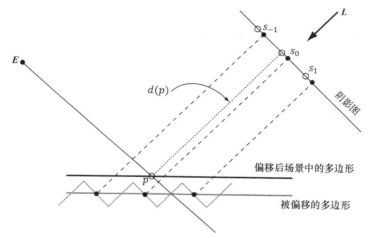

图 20.16 令深度值 $d(p)$ 与 s_0 进行比较是正确的, 因为纹素 s_0 所覆盖的场景区域必然包括像素 p。然而,使 $d(p)$ 分别与 s_{-1} 和 s_1 进行比较却是错误的, 这是因为 s_{-1} 与 s_1 覆盖的场景区域与像素 p 无关

图 20.16 所示的情景就是一宗由 PCF 引起的误判。特别是在我们进行以下阴影图检测的时候:

$$lit_0 = d \leqslant s_0 \ (真)$$
$$lit_{-1} = d \leqslant s_{-1} \ (真)$$
$$lit_1 = d \leqslant s_1 \ (假)$$

如果按这个检测结果进行插值,我们将得到点 p 的 1/3 位于阴影中这一错误的结论,而实际上点 p 根本没有被任何东西遮挡住。

观察图 20.16 可知,若将深度偏移量增大便可修正这个问题。然而,在这个示例中,我们只能对阴影图中邻近的纹素进行采样。如果我们继续扩大 PCF 核,那么很可能还需要继续增大偏移量。总的来讲,针对小的 PCF 核来说,只需像 20.4.2 节中介绍的那样,简单地进行深度偏移便可以无后顾之忧地解决该问题。而对于像 5×5 或 9×9 这样规模较大的 PCF 核来说,虽然确实可以生成过渡更加自然的软阴影(soft shadow,柔和阴影),但同时也可能引起一些严重的问题。

20.5.1　ddx 函数与 ddy 函数

在研究较大 PCF 核问题的解决方案之前，首先需要讨论 ddx 与 ddy 这两种 HLSL 函数。它们分别近似地计算出 $\partial\boldsymbol{p}/\partial x$ 与 $\partial\boldsymbol{p}/\partial y$ 的值，其中，x 是指屏幕空间的 x 轴，y 则为屏幕空间的 y 轴。有了这两种函数，我们便可以确定相邻像素之间某属性值 $\boldsymbol{p}$ 的变化量。例如，这两个导函数可以用于：

1. 估算相邻像素的颜色变化量。
2. 估算相邻像素的深度变化量。
3. 估算相邻像素的法线变化量。

硬件估算这些偏导数的过程并不复杂。它会按 2×2 像素规模的四边形进行并行处理，以前向差分方程 $q_{x+1,y} - q_{x,y}$ 来估算 x 方向上的偏导数（即估算由像素(x, y)到像素$(x + 1, y)$的变化量 q），并以类似的方法来计算 y 方向上的偏导数。

20.5.2　较大 PCF 核问题的解决方案

本节所描述的方案来自于[Tuft10]。该策略需要满足的前提是假设p与其相邻像素位于同一平面之内。实际应用中未必处处满足此条件，但是若依此方案解决问题，最好还是如前提条件所述。

设 $\boldsymbol{p} = (u, v, z)$ 为光源空间中的坐标，坐标(u, v)用于索引阴影图，z 值则表示阴影图检测过程中所用的光源到该点的距离。我们可以用 ddx 与 ddy 这两个函数来分别计算位于多边形所在切平面内的向量 $\dfrac{\partial\boldsymbol{p}}{\partial x} = \left(\dfrac{\partial u}{\partial x}, \dfrac{\partial v}{\partial x}, \dfrac{\partial z}{\partial x}\right)$ 与向量 $\dfrac{\partial\boldsymbol{p}}{\partial y} = \left(\dfrac{\partial u}{\partial y}, \dfrac{\partial v}{\partial y}, \dfrac{\partial z}{\partial y}\right)$。此两个向量反映了在屏幕空间与推算光源空间里移动中的单位对应关系。特别地，如果我们在屏幕空间中移动了 $(\Delta x, \Delta y)$ 个单位，那么在光源空间中应按切向量方向对应地移动 $\Delta x\left(\dfrac{\partial u}{\partial x}, \dfrac{\partial v}{\partial x}, \dfrac{\partial z}{\partial x}\right) + \Delta y\left(\dfrac{\partial u}{\partial y}, \dfrac{\partial v}{\partial y}, \dfrac{\partial z}{\partial y}\right)$ 个单位。在此，我们先暂时忽略深度项，如果在屏幕空间中移动了 $(\Delta x, \Delta y)$ 个单位，则应在光源空间的 **uv 平面**内对应地移动 $\Delta x\left(\dfrac{\partial u}{\partial x}, \dfrac{\partial v}{\partial x}\right) + \Delta y\left(\dfrac{\partial u}{\partial y}, \dfrac{\partial v}{\partial y}\right)$ 个单位。

这个操作可由下列矩阵方程来表示：

$$[\Delta x, \Delta y]\begin{bmatrix} \dfrac{\partial u}{\partial x} & \dfrac{\partial v}{\partial x} \\ \dfrac{\partial u}{\partial y} & \dfrac{\partial v}{\partial y} \end{bmatrix} = \Delta x\left(\dfrac{\partial u}{\partial x}, \dfrac{\partial v}{\partial x}\right) + \Delta y\left(\dfrac{\partial u}{\partial y}, \dfrac{\partial v}{\partial y}\right) = [\Delta u, \Delta v]$$

因此

$$[\Delta x, \Delta y] = [\Delta u, \Delta v]\begin{bmatrix} \dfrac{\partial u}{\partial x} & \dfrac{\partial v}{\partial x} \\ \dfrac{\partial u}{\partial y} & \dfrac{\partial v}{\partial y} \end{bmatrix}^{-1}$$

$$= [\Delta u, \Delta v]\frac{1}{\dfrac{\partial u}{\partial x}\dfrac{\partial v}{\partial y} - \dfrac{\partial v}{\partial x}\dfrac{\partial u}{\partial y}}\begin{bmatrix} \dfrac{\partial v}{\partial y} & -\dfrac{\partial v}{\partial x} \\ -\dfrac{\partial u}{\partial y} & \dfrac{\partial u}{\partial x} \end{bmatrix}$$

（20.1）

注意

Note 回顾第 2 章介绍的内容可知：

$$\begin{bmatrix} A_{11} & A_{12} \\ A_{21} & A_{22} \end{bmatrix}^{-1} = \frac{1}{A_{11}A_{22} - A_{12}A_{21}} \begin{bmatrix} A_{22} & -A_{12} \\ -A_{21} & A_{11} \end{bmatrix}$$

这个新推导的方程反映出，如果在光源空间中的 ***uv* 平面**内移动了 $(\Delta u, \Delta v)$ 个单位，那么在平面空间中则移动了 $(\Delta x, \Delta y)$ 个单位。我们为什么要在式（20.1）上花费这么多时间呢？这是因为在构建 PCF 核时，我们需要偏移纹理坐标来采集阴影图中目标点的邻近数据。

```
// 纹素的大小
float dx = 1.0f / (float)width;

float percentLit = 0.0f;
const float2 offsets[9] =
{
    float2(-dx, -dx), float2(0.0f, -dx), float2(dx, -dx),
    float2(-dx, 0.0f), float2(0.0f, 0.0f), float2(dx, 0.0f),
    float2(-dx, +dx), float2(0.0f, +dx), float2(dx, +dx)
};

// 3x3 的方形过滤器模式。每个样本要执行一次 4-tap PCF 操作
[unroll]
for(int i = 0; i < 9; ++i)
{
    percentLit += gShadowMap.SampleCmpLevelZero(gsamShadow,
            shadowPosH.xy + offsets[i], depth).r;
}
```

换句话说，我们就相当于知道了（对应于屏幕空间的）光源空间中 ***uv* 平面**内的偏移量——$(\Delta u, \Delta v)$。从式（20.1）可以看出：如果在光源空间中移动了 $(\Delta u, \Delta v)$ 个单位，那么在屏幕空间中移动的单位势必为 $(\Delta x, \Delta y)$。

现在重新来考虑前面忽略的深度项。如果我们在屏幕空间中移动了 $(\Delta x, \Delta y)$ 个单位，那么就会在光源空间中的深度方向移动 $\Delta z = \Delta x \frac{\partial z}{\partial x} + \Delta y \frac{\partial z}{\partial y}$。这样一来，当偏移纹理坐标来执行 PCF 操作时，我们就该相应地修改深度值 $z' = z + \Delta z$ 来进行深度检测（见图 20.17）。

下面我们来总结一下较大 PCF 核的处理思路：

1. 在实现 PCF 的过程中，我们会通过偏移纹理坐标来采集阴影图中目标点的邻近的数据。因此，对于每个样本来说，我们知道其偏移量 $(\Delta u, \Delta v)$。

2. 借助式（20.1）便可以求出在光源空间中偏移 $(\Delta u, \Delta v)$ 个单位时，屏幕空间中的相应偏移量 $(\Delta x, \Delta y)$。

3. 解得 $(\Delta x, \Delta y)$ 之后，我们就能运用 $\Delta z = \Delta x \frac{\partial z}{\partial x} + \Delta y \frac{\partial z}{\partial y}$ 来求出光源空间中的深度变化量。

SDirectX 11 SDK 中的 "CascadedShadowMaps11" 演示程序就是以 `CalculateRightAndUpTexel-DepthDeltas` 函数与 `CalculatePCFPercentLit` 函数实现了上述方法。

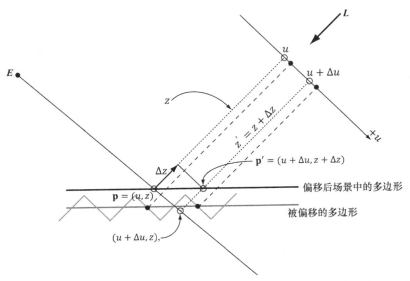

图 20.17　为简单起见，这里展示的是 2D 示意图。如果用 Δu 令 $p = (u, z)$ 在方向 u 上进行偏移，并得到 $(u + \Delta u, z)$，那么，我们还需要以 Δz 对 z 坐标进行偏移，使该点仍处于多边形之上，这将得到 $p' = (u + \Delta u, z + \Delta z)$

20.5.3　较大 PCF 核问题的另一种解决方案

本节介绍的方案出自于[Isidoro06]，这是一种与前一节中所述的方法稍有不同的改良方案的计算方法。

设 $p = (u, v, z)$ 为光源空间中的坐标。坐标 (u, v) 用于对阴影图进行索引，z 值则表示阴影图检测过程中光源至该点的距离。我们可以用函数 ddx 与 ddy 计算 $\frac{\partial p}{\partial x} = \left(\frac{\partial u}{\partial x}, \frac{\partial v}{\partial x}, \frac{\partial z}{\partial x} \right)$ 与 $\frac{\partial p}{\partial y} = \left(\frac{\partial u}{\partial y}, \frac{\partial v}{\partial y}, \frac{\partial z}{\partial y} \right)$。

事实上，我们可以把式中的偏导数表示为 $u = u(x, y)$、$v = v(x, y)$ 与 $z = z(x, y)$ 这些自变量为 x、y 的函数。而且，也可以把 z 看作是自变量为 u、v 的函数，即 $z = z(u, v)$。这是因为我们在光源空间中是按 u 与 v 的方向进行移动，所以深度 z 是在沿着多边形所在平面移动的过程中而产生变化的。根据链式法则（chain rule），有：

$$\frac{\partial z}{\partial x} = \frac{\partial z}{\partial u} \frac{\partial u}{\partial x} + \frac{\partial z}{\partial v} \frac{\partial v}{\partial x}$$

$$\frac{\partial z}{\partial y} = \frac{\partial z}{\partial u} \frac{\partial u}{\partial y} + \frac{\partial z}{\partial v} \frac{\partial v}{\partial y}$$

或者用矩阵表示法记作：

$$\begin{bmatrix} \dfrac{\partial z}{\partial x} & \dfrac{\partial z}{\partial y} \end{bmatrix} = \begin{bmatrix} \dfrac{\partial z}{\partial u} & \dfrac{\partial z}{\partial v} \end{bmatrix} \begin{bmatrix} \dfrac{\partial u}{\partial x} & \dfrac{\partial u}{\partial y} \\ \dfrac{\partial v}{\partial x} & \dfrac{\partial v}{\partial y} \end{bmatrix}$$

根据矩阵的逆，可将公式变换为：

$$\begin{bmatrix} \dfrac{\partial z}{\partial u} & \dfrac{\partial z}{\partial v} \end{bmatrix} = \begin{bmatrix} \dfrac{\partial z}{\partial x} & \dfrac{\partial z}{\partial y} \end{bmatrix} \begin{bmatrix} \dfrac{\partial u}{\partial x} & \dfrac{\partial u}{\partial y} \\ \dfrac{\partial v}{\partial x} & \dfrac{\partial v}{\partial y} \end{bmatrix}^{-1}$$

$$= \frac{\begin{bmatrix} \dfrac{\partial z}{\partial x} & \dfrac{\partial z}{\partial y} \end{bmatrix}}{\dfrac{\partial u}{\partial x}\dfrac{\partial v}{\partial y} - \dfrac{\partial u}{\partial y}\dfrac{\partial v}{\partial x}} \begin{bmatrix} \dfrac{\partial v}{\partial y} & -\dfrac{\partial u}{\partial y} \\ -\dfrac{\partial v}{\partial x} & \dfrac{\partial u}{\partial x} \end{bmatrix}$$

现在就已经直接求出了 $\dfrac{\partial z}{\partial u}$ 与 $\dfrac{\partial z}{\partial v}$（等式右侧的所有内容都是已知的）。如果在光源空间中的 **uv 平面**

内移动了 $(\Delta u, \Delta v)$ 个单位，则光源空间的深度值应相应地移动 $\Delta z = \Delta u \dfrac{\partial z}{\partial u} + \Delta v \dfrac{\partial z}{\partial v}$。

因此，如果采用这种方法，我们就不必将坐标变换到屏幕空间，而是使它们一直保持在光源空间之中即可——原因是当 u 或 v 发生改变时，我们就能直接指出深度值的变化情况。而根据前一节中所述的方案，我们却只能随屏幕空间中 x 与 y 坐标的改变而求出具体的深度值。

20.6　小结

1.　渲染目标并非后台缓冲区的专利，我们还可以将数据渲染至另一种与之不同的纹理之中。渲染到纹理技术为 GPU 动态更新纹理的内容提供了一种高效的方式。在将数据渲染到一个纹理之后，我们就可以将此纹理绑定为着色器的输入，并将其映射到几何体之上。渲染到纹理技术可以广泛地应用到多种特效之中，像阴影图、水体仿真以及 GPU 通用编程技术。

2.　如果采用正交投影技术，则视景体便是一个宽度为 w、高度为 h、近平面为 n 而远平面为 f 的长方体，并且投影线皆平行于观察空间中的 z 轴。这种投影主要用于 3D 科学程序或工程应用之中，这几种领域大多期望在投影之后平行线继续保持平行（而不像是透视投影那样汇于灭点）。本章的例移就是通过正交投影来模拟平行光所生成的阴影。

3.　投影纹理贴图的称谓来源于这种技术可以使我们将纹理投影到任意的几何体之上，这一过程就如同投影机的工作原理。投影纹理贴图的关键在于为每个像素生成相应的纹理坐标，使该纹理看上去似乎是投射到了目标几何体之上。这种纹理坐标被称为**投影纹理坐标**（projective texture coordinate）。我们先通过将像素投射到投影机的投影平面，而后再将它映射到纹理坐标系内，以此获取其相应的投影纹理坐标。

4. 阴影贴图是一种将阴影投射在任意几何体（即不仅限于平面阴影）上的实时阴影渲染技术。阴影贴图的思路是以光源视角将场景的深度信息渲染至阴影图中。这样一来，阴影图将存有从光源角度来看的可见像素的深度值。随后，我们从摄像机的视角再渲染一遍场景，并使用投影纹理贴图技术将阴影图投射到场景之中。设 $s(p)$ 为从阴影图投射到像素 p 的深度值，$d(p)$ 为从光源到该像素的深度，那么，如果 $d(p) > s(p)$，则像素 p 位于阴影之中。即如果像素的深度值 $d(p)$ 大于该像素的阴影图投射深度 $s(p)$，则在光源至像素 p 这条路径中，必存在一像素更接近于光源并遮挡住像素 p，因此 p 将被投射在阴影之中。

5. 使用阴影图最让人头疼的问题就是走样。阴影图存储的是以光源视角来看距离其最近的可见像素的深度值。只可惜阴影图的分辨率有限，因此每个阴影图纹素都对应于场景中的一块区域。因此，阴影图仅是一种从光源角度看去场景深度的离散采样。这会导致像**阴影粉刺**（shadow acne）这种知名的图像混叠问题。采用图形硬件内部支持的**斜率缩放偏移**（slope-scaled-bias，可在光栅化渲染状态属性 D3D12_RASTERIZER_DESC 之中设置此功能）技术修正阴影粉刺是一种常用的策略。阴影图有限的分辨率也会导致阴影边缘的锯齿问题。对此，PCF 是一种比较流行的解决方案。除此之外，用于解决走样问题的高级方案还有**级联阴影图**（cascaded shadow map）与**方差阴影图**（variance shadow map）等。

20.7　练习

1. 编写一个程序，尝试通过透视投影与正交投影两种方式分别将纹理投影到场景之中，从而来模拟投影机的工作效果。

2. 修改前一个练习的答案，在程序中使用纹理寻址模式，从此令投影机视景体之外的点不受光照。

3. 修改练习 1 的答案，采用聚光灯作为投影机的光源，借此令聚光灯圆锥体照射范围之外的点不会被投影机发出的光照射到。

4. 以透视投影代替本章演示程序中的投影方式。需要注意的是，虽然斜率缩放偏移技术可应用于正交投影，但对透视投影来说效果却不是很好。在使用透视投影时能够发现深度图因过度偏移而转为白色（1.0）。试根据图 5.25 所示的曲线图对此现象做出解释。

5. 尝试 4096×4096 、1024×1024 、512×512 和 256×256 这几种不同分辨率的阴影图。

6. 试推导出可以实现 $[l,r]×[b,t]×[n,f] \rightarrow [-1,1]×[-1,1]×[0,1]$ 的长方体映射矩阵。得到的将是一种"偏离中心"（off center）的正交视景体（即此长方体的中心点不在观察空间的原点处）。相对地，20.2 节中所推导出的正交投影矩阵变换得到的是一种"位于中心"（on center）的正交视景体。

7. 在第 17 章中，我们曾学习过一种与拾取技术相关的透视投影矩阵。现在试为"偏离中心"的正交投影推导相应的拾取公式。

8. 试以单次点采样阴影检测来修改"Shadows"（阴影）演示程序（即不采用 PCF）。我们将欣赏到硬阴影（hard shadow）与锯齿状的阴影边缘。

9. 关闭斜率缩放偏移来观察阴影粉刺。

10. 将斜率缩放偏移值修改为极大的偏移量，以此来观察 peter panning 失真的效果。

11. 正交投影可用于为方向光光源生成阴影图，而透视投影可为聚光灯光源生成阴影图。试解释怎样借助立方体图（cube map）与 6 个视场角为 90°（水平视场角与垂直视场角皆为 90°）的透视投影来生成点光源的阴影图。

提示

（请回顾第 18 章动态中立方体图的生成过程）思考怎样通过立方体图来进行阴影图检测。

第21章
环境光遮蔽

由于性能的限制，实时光照模型往往会忽略间接光因素（即场景中其他物体所反弹的光线）。但在现实生活中，大部分光照其实是间接光。在第 8 章中，我们为光照方程引入了环境光项：

$$c_a = A_L \otimes m_d$$

颜色 A_L 表示的是从某光源发出，经环境反射而照射到物理表面的间接光（即环境光）总量。漫反射反照率 m_d 则指出了物体表面根据漫反射率将入射光反射回的总量。所有的环境光项都会以同样的亮度将物体稍微照亮一些，以至阴影中的物体并不是纯黑色的——毕竟我们进行的并非真正的物理计算。间接光会在场景中散射且反射多次，并从各个方向均等地照射在物体之上。图 21.1 所示的就是这种情况，如果仅采用环境光项来绘制模型，那么物体将会被同一种单一颜色所渲染。

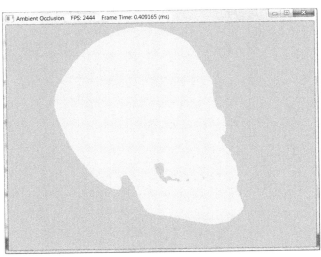

图 21.1　这是一个仅用环境光项渲染的网格，整体上只表现出了唯一一种单色

从图 21.1 可以很明显地看出，我们对环境光项还有一些改良的余地。在本章中，我们将就流行于改善环境光项的环境光遮蔽技术展开讨论。

学习目标：

1. 理解环境光遮蔽技术背后的基本原理，并知道如何通过投射光线来实现环境光遮蔽。
2. 学习如何在屏幕空间中实现名为"屏幕空间环境光遮蔽"这种近似于实时环境光遮蔽的技术。

21.1　通过投射光线实现环境光遮蔽

环境光遮蔽（ambient occlusion，也有译作环境光吸收等）技术的主体思路如图 21.2 所示，表面上一点 p 所收到的间接光总量，与照射到以 p 为中心的半球的入射光量成正比。

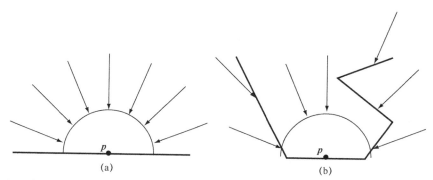

$$(a) \qquad\qquad (b)$$

图 21.2　（a）中，一个完全不受任何物体遮挡的点 p，以及所有入射光均能照射到的以 p 为中心的半球。
我们以此半球来度量点 p 收到的光量　（b）中，周围环境中的部分几何体遮挡了点 p，
并阻止光线照射到以 p 为中心的半球

一种估算点 p 受遮蔽程度的方法是采用投射光线法（ray casting，从几何角度来看也有译作射线投射法）。具体做法是，我们随机投射出一些光线，使它们穿过以点 p 为中心的半球，并检测这些光线与网格（也就是周围阻挡光线照射到点 p 的"障碍物"）相交的情况（见图 21.3）。如果投射了 N 条光线，而其中的 h 条与网格相交，则点 p 所对应的遮蔽率为：

$$\text{occlusion} = \frac{h}{N} \in [0,1]$$

事实上，只有当光线与网格的交点 q 到点 p 之间的距离小于某个阈值 d 时，才会将此光线记作受到遮挡。这是因为若交点 q 与点 p 之间的距离过远就说明在这个方向上照射到点 p 的光不会受到周围物体的遮挡。

遮蔽因子（occlusion factor）用于计量目标点被遮蔽的光线比例（即有多少光线无法接收到）。计算此值的目的，其实是为了用与其意义刚好相反的数据来进行后续的计算工作。即，我们希望了解到底有多少光线可以抵达目标点——这被称为**可及率**（accessibility，也有译作可访问性等，或称为环境光可及率，ambient-access），此值可根据遮蔽率求出：

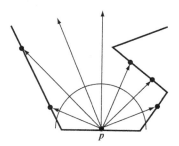

图 21.3　通过投射光线来估算
环境光遮蔽

$$\text{accessiblity} = 1 - \text{occlusion} \in [0,1]$$

在以下代码中，我们针对每个网格三角形都投射了光线，并为三角形共用顶点处的遮蔽率求取了平均

值。光线的起点就位于三角形的重心（centroid），我们以此生成随机方向的光线通过包围该三角形的半球。

```
void AmbientOcclusionApp::BuildVertexAmbientOcclusion(
  std::vector<Vertex::AmbientOcclusion>& vertices,
  const std::vector<UINT>& indices)
{
  UINT vcount = vertices.size();
  UINT tcount = indices.size()/3;

  std::vector<XMFLOAT3> positions(vcount);
  for(UINT i = 0; i < vcount; ++i)
    positions[i] = vertices[i].Pos;

  Octree octree;
  octree.Build(positions, indices);

  // 对于每个顶点，要统计它们被三角形所共用的情况
  std::vector<int> vertexSharedCount(vcount);

  // 针对每个网格三角形投射光线，并根据共享顶点的三角形数量，对该顶点处的遮蔽数据求取平均值
  for(UINT i = 0; i < tcount; ++i)
  {
    UINT i0 = indices[i*3+0];
    UINT i1 = indices[i*3+1];
    UINT i2 = indices[i*3+2];

    XMVECTOR v0 = XMLoadFloat3(&vertices[i0].Pos);
    XMVECTOR v1 = XMLoadFloat3(&vertices[i1].Pos);
    XMVECTOR v2 = XMLoadFloat3(&vertices[i2].Pos);

    XMVECTOR edge0 = v1 - v0;
    XMVECTOR edge1 = v2 - v0;

    XMVECTOR normal = XMVector3Normalize(
      XMVector3Cross(edge0, edge1));

    XMVECTOR centroid = (v0 + v1 + v2)/3.0f;

    // 为避免自相交（self intersection）的情况，对重心稍作偏移
    centroid += 0.001f*normal;

    const int NumSampleRays = 32;
    float numUnoccluded = 0;
    for(int j = 0; j < NumSampleRays; ++j)
    {
      XMVECTOR randomDir = MathHelper::RandHemisphereUnitVec3(normal);

      // 测试随机投射出的光线是否与场景中的网格相交
      // 待办事项：从技术上讲，我们不应当统计距被遮挡三角形过远的交点，但是这样做对于演示程序来
      // 讲影响不大
      if( !octree.RayOctreeIntersect(centroid, randomDir) )
      {
```

```
            numUnoccluded++;
        }
    }

    float ambientAccess = numUnoccluded / NumSampleRays;

    // 为此三角形上的顶点累加环境光可及率，并增加顶点被三角形所引用的次数
    vertices[i0].AmbientAccess += ambientAccess;
    vertices[i1].AmbientAccess += ambientAccess;
    vertices[i2].AmbientAccess += ambientAccess;

    vertexSharedCount[i0]++;
    vertexSharedCount[i1]++;
    vertexSharedCount[i2]++;
}

// 最后，通过每个顶点累加的环境光可及率除以累加的顶点共享次数来求取每个顶点处遮蔽数据的平均值，
// 并将结果存入顶点属性
for(UINT i = 0; i < vcount; ++i)
{
    vertices[i].AmbientAccess /= vertexSharedCount[i];
}
}
```

注意

Note ▶ 例程使用了一棵八叉树（octree）来为光线（射线）与三角形的相交检测提速。对于一个具有上千个三角形的网格来讲，要为每个随机光线与每个网格三角形进行检测，其过程是极其缓慢的。八叉树会将三角形按空间进行划分，因此我们就可以快速地找到那些与光线相交概率更大的三角形，从而大幅减少光线与三角形相交检测的次数。八叉树是一种经典的空间数据结构，在本章练习 1 的指引下，我们将继续对其进行探索。

　　图 21.4 所示的是仅以上述算法（场景中是没有光源的，即仅用间接光）生成的环境光遮蔽数据所渲染出的模型效果。生成环境光遮蔽的数据作为程序初始化期间的一个预计算步骤，得到的结果存为顶点属性。正如我们所看到的，这个效果与图 21.1 所示的画面相比有了极大的改观——此时，这个模型才富有立体感。

　　环境光遮蔽的预计算工作对于静态模型来讲是很易实现的，甚至有一些工具还能直接生成环境光遮蔽图（ambient occlusion map），即存有环境光遮蔽数据的纹理。然而，对于动态模型来讲，这些静态方法就完全不适用了。如果加载并运行了 "Ambient Occlusion"（环境光遮蔽）演示程序[①]，我们将发现，仅为一个模型预计算环境光遮蔽数据就要花费若干秒。因此，以光线投射法在运行时实现动态环境光遮蔽技术是不可行的。在下一节中，我们将考察一种通过屏幕空间信息来实时计算环境光遮蔽的流行技术。

――――――――――

① 此程序的完整代码详见本书上一版附件 **d3d11CodeSet3.zip** 里的 Chapter 22 Ambient Occlusion/AmbientOcclusion 工程。上述代码也是出自于此。

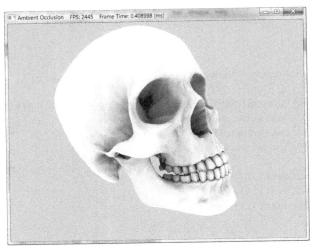

图 21.4　仅采用环境光遮蔽技术渲染的网格——其中并不存在任何场景光源。可以注意到模型缝隙间的颜色更深，这是由于从这些地方投射出的光线有更大概率与附近的几何体相交，并增大遮蔽率。此外，天灵盖部分则呈现白色（未受遮蔽），这是因为在我们从此区域上的点向半球投射光线时，它们不会与骷髅头上任何其他的几何体相交

21.2　屏幕空间环境光遮蔽

屏幕空间环境光遮蔽（Screen Space Ambient Occlusion，SSAO）技术所采用的策略是，在渲染每一帧画面的过程中，将场景观察空间中的法线绘制到一个全屏渲染目标（full screen render target），并把场景深度绘制到一个普通的深度/模板缓冲区。接下来，仅用上述观察空间法线渲染目标和深度/模板缓冲区作为输入，在每个像素处估算出相应的环境光遮蔽数据。只要得到了存有每个像素处环境光遮蔽数据的纹理，我们就以这一纹理中的 SSAO 信息来为每个像素调整环境光项，再像往常那样将处理后的场景绘制到后台缓冲区中。

21.2.1　法线与深度值的渲染过程

首先，我们要把场景中各物体的观察空间法向量渲染到与屏幕大小相同、格式为 DXGI_FORMAT_R16G16B16A16_FLOAT 的纹理图之内，同时还要绑定置有场景深度的普通深度/模板缓冲区。在这个渲染过程中，所用的顶点着色器与像素着色器的代码如下。

```
// 包含公用的 HLSL 代码
#include "Common.hlsl"

struct VertexIn
{
  float3 PosL  : POSITION;
  float3 NormalL : NORMAL;
```

```
    float2 TexC    : TEXCOORD;
    float3 TangentU : TANGENT;
};

struct VertexOut
{
    float4 PosH     : SV_POSITION;
    float3 NormalW  : NORMAL;
    float3 TangentW : TANGENT;
    float2 TexC     : TEXCOORD;
};

VertexOut VS(VertexIn vin)
{
    VertexOut vout = (VertexOut)0.0f;

    // 获取材质数据
    MaterialData matData = gMaterialData[gMaterialIndex];

    // 这里执行的是等比缩放，否则应使用世界矩阵的逆转置矩阵进行计算
    vout.NormalW = mul(vin.NormalL, (float3x3)gWorld);
    vout.TangentW = mul(vin.TangentU, (float3x3)gWorld);

    // 将顶点变换到齐次裁剪空间
    float4 posW = mul(float4(vin.PosL, 1.0f), gWorld);
    vout.PosH = mul(posW, gViewProj);

    // 为三角形插值而输出顶点属性
    float4 texC = mul(float4(vin.TexC, 0.0f, 1.0f), gTexTransform);
    vout.TexC = mul(texC, matData.MatTransform).xy;

    return vout;
}

float4 PS(VertexOut pin) : SV_Target
{
    // 获取材质数据
    MaterialData matData = gMaterialData[gMaterialIndex];
    float4 diffuseAlbedo = matData.DiffuseAlbedo;
    uint diffuseMapIndex = matData.DiffuseMapIndex;
    uint normalMapIndex = matData.NormalMapIndex;

    // 动态查找数组中的纹理
    diffuseAlbedo *= gTextureMaps[diffuseMapIndex].
        Sample(gsamAnisotropicWrap, pin.TexC);

#ifdef ALPHA_TEST
    // 丢弃纹理中 alpha < 0.1 的像素。我们应在着色器中及早地进行这项测试，尽量满足条件的像素提前
    // 退出着色器的处理，跳过后续没必要执行的着色器代码，从而优化性能
    clip(diffuseAlbedo.a - 0.1f);
#endif

    // 对法线插值可能导致其非规范化，因此要重新对它进行规范化处理
    pin.NormalW = normalize(pin.NormalW);
```

```
    // 注意：为 SSAO 而使用插值顶点法线

    // 返回法线的观察空间坐标
    float3 normalV = mul(pin.NormalW, (float3x3)gView);
    return float4(normalV, 0.0f);
}
```

如上述代码所示，像素着色器输出了观察空间中的法向量。另外，这一次采用的是浮点渲染目标，因此向其中写入任何浮点数据都是合理的。

21.2.2　环境光遮蔽的渲染过程

在布置好观察空间法线以及场景深度之后，我们就禁用深度缓冲区（在生成环境光遮蔽纹理时不需要对该缓冲区做任何改动），并在每个像素处调用 SSAO 像素着色器来绘制一个全屏的四边形（full screen quad）。这样一来，该像素着色器将运用法线纹理以及深度缓冲区为每个像素生成一个对应的环境光可及率数据，我们称在这个渲染过程中所生成的纹理图为 **SSAO 图**（SSAO map）。尽管我们按照全屏分辨率（即后台缓冲区的分辨率）渲染了法线图与深度图，但是出于对性能的考虑，仅按深度缓冲区高度以及宽度的一半来渲染 SSAO 图。以这种方式来渲染 SSAO 图并不会过于影响渲染质量，因为环境光遮蔽本身就是一种低频效果（low frequency effect，LFE）[①]。注意，后续几小节都是围绕图 21.5 展开的。

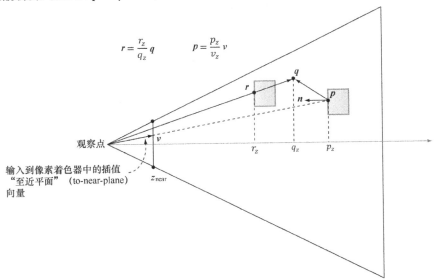

图 21.5　SSAO 技术中要用到的各种关键点。点 p 就是我们当前正在处理的像素，根据从观察点至该像素在近平面内对应点的向量 v 以及深度缓冲区中存储的对应深度值来重新构建点 p。点 q 是以点 p 为中心的半球内的随机一点，点 r 则是从观察点到 q 这一路径上的最近可视点。如果 $|p_z - r_z|$ 足够小，且 $r - p$ 与 n 之间的夹角小于 90°，那么点 r 将计入点 p 的遮蔽值。在这个例程中，我们采用了 14 个随机样点，再根据平均值法求得的遮蔽率来估算屏幕空间中的环境光遮蔽数据

[①] 该词常用于音频处理方面，此处意为采样较少（仅为完整分辨率的 1/4，采样间隔大），也就是采样频率低的特效。

21.2.2.1　重新构建待处理点在观察空间中的位置

当我们为绘制全屏四边形而对 SSAO 图中的每个像素依次调用 SSAO 像素着色器时，可利用投影矩阵的逆矩阵，将位于 NDC 空间中四边形的角点（corner point）变换到近平面投影窗口上的点。

```
static const float2 gTexCoords[6] =
{
  float2(0.0f, 1.0f),
  float2(0.0f, 0.0f),
  float2(1.0f, 0.0f),
  float2(0.0f, 1.0f),
  float2(1.0f, 0.0f),
  float2(1.0f, 1.0f)
};

// 利用构成四边形的 6 个顶点进行绘制调用
VertexOut VS(uint vid : SV_VertexID)
{
  VertexOut vout;

  vout.TexC = gTexCoords[vid];

  // 将展示在屏幕上全屏四边形变换至 NDC 空间
  vout.PosH = float4(2.0f*vout.TexC.x - 1.0f, 1.0f - 2.0f*vout.TexC.y,
    0.0f, 1.0f);

  // 将四边形的各角点变换到观察空间的近平面
  float4 ph = mul(vout.PosH, gInvProj);
  vout.PosV = ph.xyz / ph.w;

  return vout;
}
```

这些"至近平面"（to-near-plane）向量都是经四边形内插而得到的，它给出的图 21.5 中给出的 v 就是每个像素从观察点到近平面的向量。现在，我们将为每个像素采集深度值以获取点 p 至观察点路径中最近可视点 p_z 坐标的 NDC 坐标。这样做的最终目的，是根据采集的 NDC 空间中的 z 坐标 p_z 以及插值"至近平面"向量 v，来重新构建 p 在观察空间中的位置 $p = (p_x, p_y, p_z)$。以下是重建的思路：由于与向量 v 同起点共方向的光线通过点 p，因此也就存在一个值 t 满足 $p = tv$。此时，我们得到 $p_z = tv_z$，那么 $t = p_z/v_z$。因此 $p = \dfrac{p_z}{v_z} v$。像素着色器中重建观察空间位置的代码如下。

```
float NdcDepthToViewDepth(float z_ndc)
{
  // 我们可以执行将 z 坐标从 NDC 空间变换到观察空间的逆运算。由于我们有 z_ndc = A + B/viewZ,
  // 其中 gProj[2,2]=A 且 gProj[3,2]=B, 因此……
  float viewZ = gProj[3][2] / (z_ndc - gProj[2][2]);
  return viewZ;
}
```

```
float4 PS(VertexOut pin) : SV_Target
{
  // 从深度图中获取该像素在 NDC 空间内的 z 坐标
  float pz = gDepthMap.SampleLevel(gsamDepthMap, pin.TexC, 0.0f).r;
  // 将深度值变换到观察空间
  pz = NdcDepthToViewDepth(pz);

  // 用深度值 pz 重新构建此点在观察空间中的位置
  float3 p = (pz/pin.PosV.z)*pin.PosV;

  [...]
}
```

21.2.2.2　生成随机样点

　　这个步骤模拟的是向半球随机投射光线的过程。我们以 p 为中心，在指定的遮蔽半径（occlusion radiu）内随机地从点 p 的前侧部分采集 N 个点，并将其中的任意一点记作 q。遮蔽半径是一项影响艺术效果的参数，它控制着我们采集的随机样点相对于点 p 的距离。而选择仅采集点 p 前侧部分的点，就相当于在以光线投射的方式执行环境光遮蔽时，只需在半球内进行投射而不必在完整的球体内投射而已。

　　接下来的问题是如何来生成随机样点。一种解决方案是，我们可以生成随机向量并将它们存于一个纹理图中，再在纹理图的 N 个不同位置获取 N 个随机向量。然而，由于整个计算过程都是随机的，所以我们并不能保证采集的向量必定是均匀分布，也就是说，会有全部向量趋于同向的风险，如此一来，遮蔽率的估算结果必然有失偏颇。为了解决这个问题，我们将采取下列技巧。在我们采用的实现方法之中共使用了 $N = 14$ 个采样点，并以下列 C++ 代码生成 14 个均匀分布的向量。

```
void Ssao::BuildOffsetVectors()
{
  // 采用 14 个均匀分布的向量实现环境光遮蔽技术。我们选择的是立方体的 8 个角点以及 6 个面上的中心
  // 点作为向量点。并将这些点以立方体空间位置上相对的顺序交替排列。这样一来，即使选用的采样点小
  // 于 14 个，我们仍然可以得到比较分散的向量

  // 8 个立方体角点
  mOffsets[0] = XMFLOAT4(+1.0f, +1.0f, +1.0f, 0.0f);
  mOffsets[1] = XMFLOAT4(-1.0f, -1.0f, -1.0f, 0.0f);

  mOffsets[2] = XMFLOAT4(-1.0f, +1.0f, +1.0f, 0.0f);
  mOffsets[3] = XMFLOAT4(+1.0f, -1.0f, -1.0f, 0.0f);

  mOffsets[4] = XMFLOAT4(+1.0f, +1.0f, -1.0f, 0.0f);
  mOffsets[5] = XMFLOAT4(-1.0f, -1.0f, +1.0f, 0.0f);

  mOffsets[6] = XMFLOAT4(-1.0f, +1.0f, -1.0f, 0.0f);
  mOffsets[7] = XMFLOAT4(+1.0f, -1.0f, +1.0f, 0.0f);

  // 6 个立方体面的中心点
  mOffsets[8] = XMFLOAT4(-1.0f, 0.0f, 0.0f, 0.0f);
```

```
mOffsets[9] = XMFLOAT4(+1.0f, 0.0f, 0.0f, 0.0f);

mOffsets[10] = XMFLOAT4(0.0f, -1.0f, 0.0f, 0.0f);
mOffsets[11] = XMFLOAT4(0.0f, +1.0f, 0.0f, 0.0f);

mOffsets[12] = XMFLOAT4(0.0f, 0.0f, -1.0f, 0.0f);
mOffsets[13] = XMFLOAT4(0.0f, 0.0f, +1.0f, 0.0f);

for(int i = 0; i < 14; ++i)
{
  // 创建长度范围在[0.25, 1.0]内的随机长度向量
  float s = MathHelper::RandF(0.25f, 1.0f);

  XMVECTOR v = s * XMVector4Normalize(XMLoadFloat4(&mOffsets[i]));

  XMStoreFloat4(&mOffsets[i], v);
}
}
```

注意

> Note　因为使用的是 4D 齐次向量，所以在 HLSL 文件中设置偏移向量数组（offset vector array，即上文 C++部分中的 mOffsets 与下文 HLSL 文件中的 gOffsetVectors）时，不必担心任何的对齐问题。

　　到目前为止，我们在像素着色器中采集了一次随机向量的纹理图，并用它来对 14 个均匀分布的向量进行反射（reflect）。其最终结果便是获得了 14 个**均匀分布的随机向量**（equally distributed random vector）。

21.2.2.3　生成潜在的遮蔽点

　　我们现在获得了围绕点 p 的各随机采样点 q。由于仍不知道它们所处的位置到底是空无一物还是实心物体，因此还不足以检测出在这个方向上点 p 是否被遮住了。为了找到那些有可能遮挡住点 p 的点，就需要用到深度缓冲区中的深度信息。所以我们要做的就是以摄像机的视角为每个点 q 生成投影纹理坐标，根据这些坐标来对深度缓冲区采样以获取 NDC 空间中对应的深度值，接着将它们变换至观察空间来求得从观察点至点 p 方向上距离观察点最近的深度值 r_z。知道了 z 坐标 r_z 后，我们就能依照类似于 21.2.2.1 节中所述的方法，重新构建出全屏 3D 观察空间中点 r 的准确位置。由于从观察点至点 q 方向的向量会经过点 r，因此存在 t 使得 $r = tq$。特别是 $r_z = tq_z$，那么 $t = r_z/q_z$。所以，$r = \dfrac{r_z}{q_z} q$。由此可知，根据每个随机采样点 q 所生成的点 r 即为潜在的遮蔽点。

21.2.2.4　执行遮蔽检测

　　既然我们现在得到了潜在的遮蔽点 r，也就能够执行遮蔽检测来估算点 p 是否被它们遮挡住。该测试依赖于两种量值。

1. 观察空间中点 p 与点 r 的深度距离为 $|p_z - r_z|$。随着此距离的增长，遮蔽值将按比例线性缩小。这是因为随着遮蔽点与目标点距离越远，其遮蔽效果也就越弱。如果该距离超过某个指定的最大距离，那么点 r 将完全不会遮挡点 p。而且，如果此距离过小，我们就认为点 p 与点 q 位于同一平面上（共面），因此点 q 在这种情况下也不会遮挡点 p。

2. 向量 n 与 $r-p$ 之间夹角的测定方法为 $\max\left(n \cdot \left(\dfrac{r-p}{\|r-p\|} \right), 0 \right)$。这是为防止自相交（self-intersection）情况的发生（见图 21.6）。

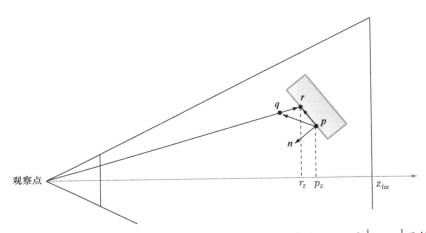

图 21.6　如果点 r 与点 p 位于同一平面内，便可满足第一个条件，即距离 $|p_z - r_z|$ 足够小以至于点 r 遮蔽了点 p。然而，从图中可以看出，两者在同一平面内的时候，点 r 并没有遮挡点 p。通过计算 $\max\left(n \cdot \left(\dfrac{r-p}{\|r-p\|} \right), 0 \right)$ 调整遮蔽值便可以防止对此情况的误判

21.2.2.5　完成计算过程

在将每个样点的遮蔽数据相加之后，还要通过除以采样的次数来计算遮蔽率。接着，我们会计算环境光可及率，并对它进行幂运算以提高对比度（contrast）。当然，我们也能够按需求适当增加一些数值来提高光照强度，以此为环境光图（ambient map）增加亮度。除此之外，我们还可以尝试不同的对比值与亮度值。

```
occlusionSum /= gSampleCount;

float access = 1.0f - occlusionSum;

// 提高 SSAO 图的对比度，使 SSAO 的效果更为显著
return saturate(pow(access, 4.0f));
```

21.2.2.6　具体实现

在前一节中，我们罗列了生成 SSAO 图的关键要点。以下是 HLSL 程序的具体实现。

```hlsl
//=============================================================
// Ssao.hlsl 的作者为 Frank Luna (C) 2015 版权所有
//=============================================================

cbuffer cbSsao : register(b0)
{
    float4x4 gProj;
    float4x4 gInvProj;
    float4x4 gProjTex;
    float4   gOffsetVectors[14];

    // 用于 SsaoBlur.hlsl 程序
    float4 gBlurWeights[3];

    float2 gInvRenderTargetSize;

    // 指定的观察空间中的各坐标
    float   gOcclusionRadius;
    float   gOcclusionFadeStart;
    float   gOcclusionFadeEnd;
    float   gSurfaceEpsilon;
};

cbuffer cbRootConstants : register(b1)
{
    bool gHorizontalBlur;
};

// 非数值数据是不能添加到常量缓冲区中的
Texture2D gNormalMap    : register(t0);
Texture2D gDepthMap     : register(t1);
Texture2D gRandomVecMap : register(t2);

SamplerState gsamPointClamp  : register(s0);
SamplerState gsamLinearClamp : register(s1);
SamplerState gsamDepthMap    : register(s2);
SamplerState gsamLinearWrap  : register(s3);

static const int gSampleCount = 14;

static const float2 gTexCoords[6] =
{
    float2(0.0f, 1.0f),
    float2(0.0f, 0.0f),
    float2(1.0f, 0.0f),
    float2(0.0f, 1.0f),
    float2(1.0f, 0.0f),
    float2(1.0f, 1.0f)
};
```

```
struct VertexOut
{
  float4 PosH : SV_POSITION;
  float3 PosV : POSITION;
  float2 TexC : TEXCOORD0;
};

VertexOut VS(uint vid : SV_VertexID)
{
  VertexOut vout;

  vout.TexC = gTexCoords[vid];

  // 将呈现在屏幕上的全屏四边形变换 NDC 空间
  vout.PosH = float4(2.0f*vout.TexC.x - 1.0f, 1.0f - 2.0f*vout.TexC.y,
    0.0f, 1.0f);

  // 将四边形的诸角点变换至观察空间中的近平面上
  float4 ph = mul(vout.PosH, gInvProj);
  vout.PosV = ph.xyz / ph.w;

  return vout;
}

// 将确定目标样点 p 被点 q 遮挡程度的任务封装成这个以 distZ 作为参数的函数
float OcclusionFunction(float distZ)
{
  //
  // 如果 depth(q) 位于 depth(p) "之后" ( 超出半球范围 ), 则点 q 无法遮挡点 p
  // 而且, 若 depth(q) 与 depth(p) 距离过近, 亦认为点 q 不能遮住点 p, 这是因为只有点 q 位于点 p 之
  // 前并根据用户定义的 Epsilon 值才能确定点 q 对点 p 的遮蔽程度
  //
  // 我们通过下列函数来确定遮蔽值
  //
  //
  //        // 1.0     ------------  \
  //        //        |           |   \
  //        //        |           |    \
  //        //        |           |     \
  //        //        |           |      \
  //        //        |           |       \
  //        //        |           |        \
  //        // ----|------|-----------|------------|-------|---> zv
  //        // 0    Eps         z0            z1
  //        //

  float occlusion = 0.0f;
  if(distZ > gSurfaceEpsilon)
  {
    float fadeLength = gOcclusionFadeEnd - gOcclusionFadeStart;
```

```
    // 随着distZ由gOcclusionFadeStart趋向于gOcclusionFadeEnd，遮蔽值由1线性减小至0
    occlusion = saturate( (gOcclusionFadeEnd-distZ)/fadeLength );
  }

  return occlusion;
}

float NdcDepthToViewDepth(float z_ndc)
{
  // z_ndc = A + B/viewZ, 其中gProj[2,2]=A且gProj[3,2]=B
  float viewZ = gProj[3][2] / (z_ndc - gProj[2][2]);
  return viewZ;
}

float4 PS(VertexOut pin) : SV_Target
{
  // p -- 我们要计算的环境光遮蔽目标点
  // n -- 点p处的法向量
  // q -- 随机偏离于点p的一点
  // r -- 有可能遮挡点p的一点

  // 获得像素p于观察空间中的法线与z坐标
  float3 n = gNormalMap.SampleLevel(gsamPointClamp, pin.TexC, 0.0f).xyz;
  float pz = gDepthMap.SampleLevel(gsamDepthMap, pin.TexC, 0.0f).r;
  pz = NdcDepthToViewDepth(pz);

  //
  // 重新构建精确的全屏观察空间位置(x,y,z)
  // 求出满足p = t*pin.PosV的t
  // p.z = t*pin.PosV.z
  // t = p.z / pin.PosV.z
  //
  float3 p = (pz/pin.PosV.z)*pin.PosV;

  // 提取随机向量并将它从区间[0,1]映射至[-1, +1]
  float3 randVec = 2.0f*gRandomVecMap.SampleLevel(
    gsamLinearWrap, 4.0f*pin.TexC, 0.0f).rgb - 1.0f;

  float occlusionSum = 0.0f;

  // 在以p为中心的半球内，根据法线n对p周围的点进行采样
  for(int i = 0; i < gSampleCount; ++i)
  {
    // 偏移向量都是固定且均匀分布的（所以我们采用的偏移向量不会在同一方向上扎堆）。如果将它们关
    // 于一个随机向量进行反射，则得到的必为一组均匀分布的随机偏移向量
    float3 offset = reflect(gOffsetVectors[i].xyz, randVec);

    // 如果此偏移向量位于(p, n)所定义的平面之后，就翻转（flip）该偏移向量
    float flip = sign( dot(offset, n) );
```

635

```
  // 在遮蔽半径内采集靠近点 p 的点
  float3 q = p + flip * gOcclusionRadius * offset;

  // 投影点 q 并生成相应的投影纹理坐标
  float4 projQ = mul(float4(q, 1.0f), gProjTex);
  projQ /= projQ.w;

  // 沿着从观察点至点 q 的光线方向，寻找离观察点最近的深度值。( 注意，此值未必是点 q 的深度值，
  // 因为点 q 只是接近于 p 的任意一点，而其位置可能是空无一物 )。为此，我们就需要查看此点在深度
  // 图中的深度值

  float rz = gDepthMap.SampleLevel(gsamDepthMap, projQ.xy, 0.0f).r;
  rz = NdcDepthToViewDepth(rz);

  // 重新构建观察空间中的位置坐标 r = (rx, ry, rz)。我们知道点 r 位于观察点至点 q 的光线上，因
  // 此也就存在 t 满足 r = t*q
  // r.z = t*q.z ==> t = r.z / q.z

  float3 r = (rz / q.z) * q;

  //
  // 测试点 r 是否遮挡着点 p
  //  * 点积 dot(n, normalize(r - p)) 度量的是遮蔽点 r 距平面 (p, n) 前侧的距离。越趋于此平
  // 面的前侧，我们就给它设定越大的遮蔽权重。同时，这也能够防止位于倾斜面 (p, n) 上一点 r 的自阴
  // 影 ( self shadow ) 所产生出错误的遮蔽值，这是因为在以观察点的视角来看，它们有着不同的
  // 深度值，但事实上，位于倾斜面 (p, n) 上的点 r 却没有遮挡目标点 p
  //  * 遮蔽权重的大小依赖于遮蔽点与其目标点之间的距离。如果遮蔽点 r 离目标点 p 过远，则认为点
  // r 不会遮挡遮蔽点 p
  //

  float distZ = p.z - r.z;
  float dp = max(dot(n, normalize(r - p)), 0.0f);
  float occlusion = dp * OcclusionFunction(distZ);

  occlusionSum += occlusion;
}

occlusionSum /= gSampleCount;

float access = 1.0f - occlusionSum;

// 增强 SSAO 图的对比度，使 SSAO 图的效果更加明显
return saturate(pow(access, 2.0f));
}
```

注意

对于观察距离（viewing distance，也有译作取景距离、视距等）过远的场景来说，由于深度缓冲区精度的限制可能产生具有错误的渲染效果。一种简单的解决方案是随着距离逐渐变远来渐渐模糊 SSAO 的效果。

21.2.3 模糊过程

图 21.7 所示的是我们生成的环境光遮蔽图的当前效果。其中的噪点是由于随机样点过少所导致的。但通过采集足够多的样点来屏蔽噪点的做法，在实时渲染的前提下并不切实际。对此，常用的解决方案是采用边缘保留模糊（edge preserving blur，也译作保边模糊。这里采用的为双边模糊，即 bilateral blur）的过滤方式来使 SSAO 图的过渡更为平滑。如果使用的过滤方法为非边缘保留模糊，那么随着物体边缘的明显划分转为平滑渐变，会使场景中的物体难以界定。这种边缘保留模糊的算法与第 13 章中实现的模糊方法相似，唯一的区别在于需要新添加一个条件语句，以令边缘不受模糊处理（要靠法线图与深度图来检测边缘）。

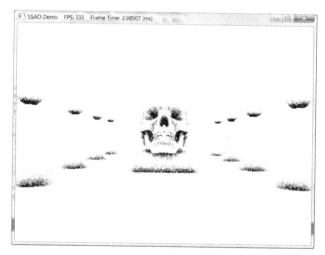

图 21.7　由于我们仅采集了少量的随机样本，从而导致 SSAO 出现了噪点

```
//=====================================================================
// SsaoBlur.hlsl 的作者为 Frank Luna (C) 2015 版权所有
//
// 为环境光图执行双边保边模糊。我们以像素着色器代替计算着色器来避免从计算模式向渲染模式的转换。
// 纹理缓存（texture cache）适当地弥补了不具共享内存的缺陷。环境光图采用的是 16 位的纹理格式，
// 由于它占用空间较小，所以适于在缓存中存储大量纹素
//=====================================================================

cbuffer cbSsao : register(b0)
{
    float4x4 gProj;
```

```
    float4x4 gInvProj;
    float4x4 gProjTex;
    float4   gOffsetVectors[14];

    // 用于 SsaoBlur.hlsl 程序
    float4 gBlurWeights[3];

    float2 gInvRenderTargetSize;

    // 给定的观察空间中的诸坐标
    float gOcclusionRadius;
    float gOcclusionFadeStart;
    float gOcclusionFadeEnd;
    float gSurfaceEpsilon;
};

cbuffer cbRootConstants : register(b1)
{
    bool gHorizontalBlur;
};

// 非数值数据是不能添加到常量缓冲区中的
Texture2D gNormalMap : register(t0);
Texture2D gDepthMap : register(t1);
Texture2D gInputMap : register(t2);

SamplerState gsamPointClamp : register(s0);
SamplerState gsamLinearClamp : register(s1);
SamplerState gsamDepthMap : register(s2);
SamplerState gsamLinearWrap : register(s3);

static const int gBlurRadius = 5;

static const float2 gTexCoords[6] =
{
    float2(0.0f, 1.0f),
    float2(0.0f, 0.0f),
    float2(1.0f, 0.0f),
    float2(0.0f, 1.0f),
    float2(1.0f, 0.0f),
    float2(1.0f, 1.0f)
};

struct VertexOut
{
    float4 PosH : SV_POSITION;
    float2 TexC : TEXCOORD;
};

VertexOut VS(uint vid : SV_VertexID)
{
    VertexOut vout;
```

```
    vout.TexC = gTexCoords[vid];

    // 将显示在屏幕上的全屏四边形变换至 NDC 空间中
    vout.PosH = float4(2.0f*vout.TexC.x - 1.0f, 1.0f - 2.0f*vout.TexC.y,
      0.0f, 1.0f);

    return vout;
}

float NdcDepthToViewDepth(float z_ndc)
{
    // z_ndc = A + B/viewZ, 其中 gProj[2,2]=A 且 gProj[3,2]=B
    float viewZ = gProj[3][2] / (z_ndc - gProj[2][2]);
    return viewZ;
}

float4 PS(VertexOut pin) : SV_Target
{
    // 将模糊权重解包到浮点数组中
    float blurWeights[12] =
    {
      gBlurWeights[0].x, gBlurWeights[0].y, gBlurWeights[0].z,
      gBlurWeights[0].w,
      gBlurWeights[1].x, gBlurWeights[1].y, gBlurWeights[1].z,
      gBlurWeights[1].w,
      gBlurWeights[2].x, gBlurWeights[2].y, gBlurWeights[2].z,
      gBlurWeights[2].w,
    };

    float2 texOffset;
    if(gHorizontalBlur)
    {
        texOffset = float2(gInvRenderTargetSize.x, 0.0f);
    }
    else
    {
        texOffset = float2(0.0f, gInvRenderTargetSize.y);
    }

    // 总是将中心值计入总和之中
    float4 color    = blurWeights[gBlurRadius] * gInputMap.SampleLevel(
      gsamPointClamp, pin.TexC, 0.0);
    float totalWeight = blurWeights[gBlurRadius];

  float3 centerNormal = gNormalMap.SampleLevel(gsamPointClamp, pin.TexC, 0.0f).xyz;
  float centerDepth = NdcDepthToViewDepth(
    gDepthMap.SampleLevel(gsamDepthMap, pin.TexC, 0.0f).r);

  for(float i = -gBlurRadius; i <= gBlurRadius; ++i)
  {
    // 此前已经计入了中心权重
    if( i == 0 )
```

```
        continue;

    float2 tex = pin.TexC + i*texOffset;

    float3 neighborNormal = gNormalMap.SampleLevel(gsamPointClamp, tex, 0.0f).xyz;
    float neighborDepth = NdcDepthToViewDepth(
      gDepthMap.SampleLevel(gsamDepthMap, tex, 0.0f).r);

    //
    // 如果中心值与邻近数值相差太大（不论法线还是深度值），就假设正在采集的部分是不连续的（即处
    // 于物体边缘），继而不对这种样本进行模糊处理
    //

    if( dot(neighborNormal, centerNormal) >= 0.8f &&
      abs(neighborDepth - centerDepth) <= 0.2f )
    {
      float weight = blurWeights[i + gBlurRadius];

      // 累加邻近像素的颜色数据以进行模糊处理
      color += weight*gInputMap.SampleLevel(
        gsamPointClamp, tex, 0.0);

      totalWeight += weight;
    }
  }

  // 使总权重之和为 1，以弥补被忽略而未计入统计的样本
  return color / totalWeight;
}
```

图 21.8 所示的即为经边缘保留模糊处理后的环境光图。

图 21.8 经保边模糊对噪点进行平滑处理后的效果。在演示程序中，
共对图像进行了 3 次模糊处理

21.2.4　使用环境光遮蔽图

到此为止，我们已经构造出了环境光遮蔽图，最后的步骤就是将其应用到场景之中。思路之一是使用 alpha 混合技术，通过后台缓冲区来调整环境光图。可是，一旦照此方案去做，就会发现环境光图要变动的并不只是环境光项，还要波及光照方程中的漫反射项与镜面反射项。由此可见，这种处理方式并不是很妙。因此，现采用如下策略：在将场景渲染到后台缓冲区时，我们要把环境光图作为着色器的输入。接下来再（以摄像机的视角）生成投影纹理坐标，对 SSAO 图进行采样，并将它应用至光照方程的环境光项。

```
// 在顶点着色器中，为投影场景里的 SSAO 图而生成投影纹理坐标
vout.SsaoPosH = mul(posW, gViewProjTex);

// 在像素着色器中，完成纹理投影并对 SSAO 图进行采样
pin.SsaoPosH /= pin.SsaoPosH.w;
float ambientAccess = gSsaoMap.Sample(gsamLinearClamp, pin.SsaoPosH.xy, 0.0f).r;

// 根据采样数据按比例缩放光照方程中的环境光项
float4 ambient = ambientAccess*gAmbientLight*diffuseAlbedo;
```

图 21.9 所示的是应用了 SSAO 图之后的场景效果。SSAO 的效果可能并不是十分明显，我们可以在场景中反射充足的环境光，以此提升环境光可及率来令反差更为显著。当物体位于阴影之中时，SSAO 的优点则尤为明显：此时，漫反射光项与镜面反射光项纷纷失效，而仅表现出环境光项。若这时不采用 SSAO 技术，则阴影中的物体会因恒定的环境光项而显得没有立体感，但是采用了 SSAO 之后，它们仍将保持 3D 画风。

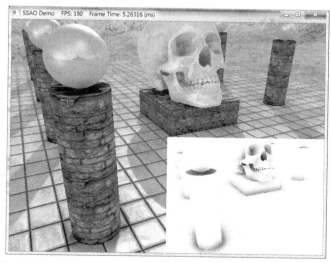

图 21.9　本章例程的效果。由于 SSAO 图仅影响环境光项，所以效果不太明显。但是，我们依然可以从柱体和方盒的底端、球体的下侧以及骷髅头的周围等部分看出稍显偏暗

在渲染观察空间中场景众法线的同时，我们也要为场景构建深度缓冲区。因此，以 SSAO 图第二次渲染场景时，应将深度检测的比较方法改为 "EQUALS"。由于只有距离观察点最近的可视像素才能通过这项深度比较检测，所以该检测方法就能有效防止第二次渲染过程中的重复绘制（overdraw）操作。而且，在第二次渲染过程中也无须向深度缓冲区执行写操作，这是因为我们已经在法线渲染目标的绘制过程中将场景深度写入了深度缓冲区。

```
opaquePsoDesc.DepthStencilState.DepthFunc = D3D12_COMPARISON_FUNC_EQUAL;
opaquePsoDesc.DepthStencilState.DepthWriteMask = D3D12_DEPTH_WRITE_MASK_ZERO;
ThrowIfFailed(md3dDevice->CreateGraphicsPipelineState(
    &opaquePsoDesc, IID_PPV_ARGS(&mPSOs["opaque"])));
```

21.3　小结

1. 光照方程中的环境光项模拟了间接光。在我们所采用光照模型中，环境光项仅仅是一个常量。因此，当物体在阴影之中或者仅有环境光照射其表面时，模型就会因单一颜色体现不出物体实体形状（solid definition）而显得扁平化、不立体。环境光遮蔽技术的目的就是为环境光项找寻一个更佳的估算方法，使得物体只使用环境光项也能富有立体感。

2. 间接光遮蔽的实现思路是，物体表面上一点 p 所接收到的间接光量，与照射到以点 p 为中心的半球的入射光量成正比。一种估算点 p 遮蔽率的方式是投射光线：我们从点 p 向以点 p 为中心的半球随机投射光线，并检测它们与周围网格的相交情况。如果这些光线没有与任何几何体相交，那么就认为点 p 完全没有被遮挡住。但是，若存在许多光线与网格相交的现象，我们则认定点 p 被场景中的物体遮挡严重。

3. 对于动态物体的实时渲染来讲，通过光线投射法来进行环境光遮蔽过于浪费。相对而言，屏幕空间环境光遮蔽（SSAO）技术则是一种基于观察空间法线与深度值的实时逼近算法。虽然我们确实可以看出因这种技术的错误结果所导致的一些瑕疵与状况，但对于条件相对有限而仍要计算遮蔽数据的情况来说，这仍是一种实践效果极好的解决方案。

21.4　练习

1. 试借助网络研究 KD 树、四叉树（quadtree）与八叉树（octree）。

2. 修改 "SSAO"（屏幕空间环境光遮蔽）演示程序，以高斯模糊取代其中的边缘保留模糊。试问，哪种方法更佳呢？

3. 能否用计算着色器来实现 SSAO 呢？如果可以，试给出大致的实现步骤。

4. 图 21.10 所示的是我们不进行自相交检测（self-intersection，参见 21.2.2.4 节）所生成的 SSAO 图。试修改 "SSAO" 例程，去掉其中的自相交检测以欣赏图 21.10 所示的效果。

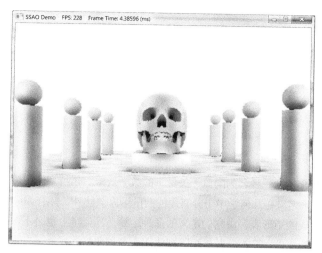

图 21.10　到处都是错误的遮蔽效果

第22章
四元数[①]

我们在第 1 章中曾介绍过一种名为向量（矢量）的数学对象。还特意学习过由有序实数三元组所构成的 3D 向量，并用它来定义在几何学中十分有用的向量运算。此外，亦有如第 2 章中讲解的矩阵——这是一种以实数排列而成的矩形表，由它们定义的多种运算在几何学上也必不可少。比如说，我们曾验证矩阵可以表示线性变换与仿射变换，并将矩阵乘法用于多种变换的复合。在本章中，我们将考察一种名为四元数（quaternion）的数学对象。在此，我们将看到单位四元数（unit quaternion）可用于表示 3D 旋转，并具有便利的插值性质。对于希望在四元数（及其旋转变换）方面有更深入理解的读者，我们诚挚地为您推荐此主题相关的书籍[Kuipers99]。

学习目标：

1. 温习复数知识并回顾如何用复数的乘法运算来表示平面内的旋转操作。
2. 理解四元数及其基本运算的定义。
3. 探索如何用一组单位四元数来表示一系列 3D 旋转操作。
4. 研究如何在各种不同的旋转表示法之间进行转换。
5. 学习如何在单位四元数之间进行插值，并理解这在几何学上等同于在 3D 方向之间进行插值。
6. 熟悉 DirectXMath 库中与四元数相关的函数与类。

22.1 复数回顾

四元数（quaternion）可被视为复数的推广，这便是我们在开始学习四元数之前先回顾复数的原因。特别地，我们在本节的主要目标是证明复数 p（可看作一个 2D 向量或 2D 点）与单位复数相乘的结果，即为在几何学上对 p 进行相应的旋转操作。而在 22.3 节中，我们还将证明：一个特定的四元数与一个单位四元数（unit quaternion）乘积的结果，就相当于在几何学上对一个向量或点 p 执行对应的 3D 旋转操作。

---

① 本章中，作者在四元数的表示方法上似乎有点不按套路出牌，即与常见的文献稍有差异，但原理和计算方法是一致的。看起来，作者希望用矩阵、向量、三角函数与类比法来讲解，这样会绕过数学上烦琐的形式化证明，更易理解。另外，有些地方的跨度可能比较大，读者可参考一些其他的资料来加以补充（基本上回看开篇的向量与矩阵知识即可），这也就是作者要在开篇向读者推荐专业书籍的原因吧，本书里的四元数充其量只是一种工具而已。上文推荐的那本书的作者有篇论文名为《quaternions and rotation sequences》（即"四元数及其旋转序列"，与原书同名），可用作原书的基本概述并作为补充材料。另有维基百科可参考查阅。

22.1.1　定义

从不同的角度去看，复数的解释方式可谓五花八门。由于一见到它就会使我们立即联想到 2D 点或 2D 向量，那么我们不妨就以这样的方式来介绍它吧。

有序实数对 $z = (a, b)$ 表示一个复数。其第一个分量名为**实部**（real part），第二个分量则称为**虚部**（imaginary part）。据此，复数相等、加法运算、减法运算、乘法运算以及除法运算的定义依次为：

1. $(a, b) = (c, d)$，当且仅当 $a = c$ 且 $b = d$。

2. $(a, b) \pm (c, d) = (a \pm c, b \pm d)$。

3. $(a, b)(c, d) = (ac - bd, ad + bc)$。

4. 如果 $(c, d) \neq (0, 0)$，那么 $\dfrac{(a,b)}{(c,d)} = \left(\dfrac{ac + bd}{c^2 + d^2}, \dfrac{bc - ad}{c^2 + d^2} \right)$。

我们可以轻易地证明出实数常见的算术性质（例如交换律、结合律以及分配律）也适用于复数运算。这一具体应用可参见本章练习 1。

形如 $(x, 0)$ 的复数通常直接以实数 x 来表示，并记作 $x = (x, 0)$。这样一来，任何实数都可看作虚部为 0 的复数。通过观察可以发现，实数与复数的乘积可由 $x(a, b) = (x, 0)(a, b) = (xa, xb) = (a, b)(x, 0) = (a, b)x$ 给出。对此，读者有没有联想起标量和向量之间的乘法运算呢？

定义**虚数单位**（imaginary unit）$i = (0, 1)$。根据复数的乘法定义，可得到 $i^2 = (0, 1)(0, 1) = (-1, 0) = -1$，这表明 $i = \sqrt{-1}$。也就是说，i 为方程 $x^2 = -1$ 的解。

复数 $z = (a, b)$ 的**共轭复数**（complex conjugate）记作 $\bar{z}$，并表示为 $\bar{z} = (a, -b)$。复数除法公式的一种简便助记方法是为分子和分母同时乘以分母的共轭复数。如此一来，分母部分就成为了一个实数：

$$\frac{(a,b)}{(c,d)} = \frac{(a,b)}{(c,d)} \frac{(c,-d)}{(c,-d)} = \frac{(ac + bd, bc - ad)}{c^2 + d^2} = \left(\frac{ac + bd}{c^2 + d^2}, \frac{bc - ad}{c^2 + d^2} \right)$$

接下来，我们证明复数 (a, b) 可以写作 $a + ib$ 的形式。假设已知 $a = (a, 0)$，$b = (b, 0)$，$i = (0, 1)$，则有

$$a + ib = (a, 0) + (0, 1)(b, 0) = (a, 0) + (0, b) = (a, b)$$

通过 $(a + ib)$ 的形式，我们可以将复数的加、减、乘、除四则运算重新定义为：

1. $(a + ib) \pm (c + id) = (a \pm c) + i(b \pm d)$。

2. $(a + ib)(c + id) = (ac - bd) + i(ad + bc)$。

3. 如果 $(c, d) \neq (0, 0)$，那么 $\dfrac{a + ib}{c + id} = \dfrac{ac + bd}{c^2 + d^2} + i\dfrac{bc - ad}{c^2 + d^2}$。

另外，在这种形式下，$z = a + ib$ 的共轭复数则为 $\bar{z} = a - ib$。

22.1.2　复数的几何意义

复数的有序实数对形式 $a + ib = (a, b)$，使我们自然而然地将复数与几何学中复平面内的 2D 点或 2D 向量联系到一起。事实上，复数加法运算的定义与向量加法的定义一致，如图 22.1 所示。在下一节中，

我们将给出复数乘法运算的几何意义。

复数 $a + ib$ 的**绝对值**（absolute value）或称为**模**（magnitude）可由对应向量的长度来予以表示（见图 22.2），可通过下式来求得此值：

$$|a + ib| = \sqrt{a^2 + b^2}$$

如果一个复数的模为 1，我们就称它为**单位复数**（unit complex number）。

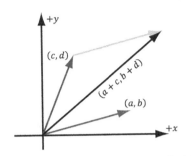

图 22.1　复数加法不禁让人联想起平面中的向量加法　　　　图 22.2　复数的模

22.1.3　极坐标表示法与旋转操作

由于可以将复数视作 2D 复平面内的点或向量，因此我们就能将它们的分量用极坐标（polar coordinate）来表示，如图 22.3 所示。

$$r = |a + ib|$$
$$a + ib = r\cos\theta + ir\sin\theta = r(\cos\theta + i\sin\theta)$$

等式右侧称为复数 $a + ib$ 的**极坐标表示**（polar representation）。

我们下面以极坐标的形式来表示两个复数的乘法运算。设 $z_1 = r_1(\cos\theta_1 + i\sin\theta_1)$ 以及 $z_2 = r_2(\cos\theta_2 + i\sin\theta_2)$。则有

$$z_1 z_2 = r_1 r_2(\cos\theta_1\cos\theta_2 - \sin\theta_1\sin\theta_2 + i(\cos\theta_1\sin\theta_2 + \sin\theta_1\cos\theta_2))$$
$$= r_1 r_2(\cos(\theta_1 + \theta_2) + i\sin(\theta_1 + \theta_2))$$

推导过程中我们运用了三角恒等式

$$\sin(\alpha + \beta) = \sin\alpha\cos\beta + \cos\alpha\sin\beta$$
$$\cos(\alpha + \beta) = \cos\alpha\cos\beta - \sin\alpha\sin\beta$$

因此，从几何学角度上来看，乘积 $z_1 z_2$ 所得到的复数可表示为由模为 $r_1 r_2$ 且与实轴夹角为 $\theta_1 + \theta_2$ 的向量。特别地，如果 $r_2 = 1$，则 $z_1 z_2 = r_1\left(\cos(\theta_1 + \theta_2) + i\sin(\theta_1 + \theta_2)\right)$，在几何学上即表示将 z_1 按 θ_2 进行旋转，如图 22.4 所示。**因此，将复数 z_1（把它视为一个 2D 点或 2D 向量）与单位复数 z_2 相乘就相当于对 z_1 进行旋转操作。**

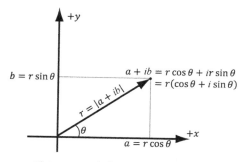

图 22.3　一个复数的极坐标表示

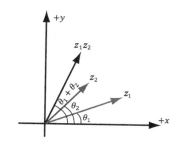

图 22.4　$z_1 = r_1(\cos\theta_1 + i\sin\theta_1)$，$z_2 = (\cos\theta_2 + i\sin\theta_2)$。乘积 $z_1 z_2$ 就相当于将 z_1 按角 θ_2 进行旋转

22.2　四元数代数

22.2.1　定义与基本运算

有序实数四元组 $q = (x, y, z, w) = (q_1, q_2, q_3, q_4)$ 即为一个四元数。通常可将它简记作 $q = (u, w) = (x, y, z, w)$，称 $u = (x, y, z)$ 为虚部向量（imaginary vector part，虚向量部分），而 w 为实部。据此，四元数相等、加法运算、减法运算、乘法运算的定义如下。

1. $(u, a) = (v, b)$，当且仅当 $u = v$ 且 $a = b$。
2. $(u, a) \pm (v, b) = (u \pm v, a \pm b)$。
3. $(u, a)(v, b) = (av + bu + u \times v, ab - u \cdot v)$。

尽管四元数乘法运算的定义看起来似乎有点"奇葩"，但这确实是不争的事实。虽然如此，我们却可以根据这些定义来推导它的其他定义形式，而这推导的结果会更便于使用。下面我们就来将四元数之间的乘法定义为矩阵的乘法。

设 $p = (u, p_4) = (p_1, p_2, p_3, p_4)$ 以及 $q = (v, q_4) = (q_1, q_2, q_3, q_4)$。那么 $u \times v = (p_2 q_3 - p_3 q_2, p_3 q_1 - p_1 q_3, p_1 q_2 - p_2 q_1)$[①]，且 $u \cdot v = p_1 q_1 + p_2 q_2 + p_3 q_3$。现在，四元数乘积 $r = pq$ 就能够表示为以下的分量形式：

$$r_1 = p_4 q_1 + q_4 p_1 + p_2 q_3 - p_3 q_2 = q_1 p_4 - q_2 p_3 + q_3 p_2 + q_4 p_1$$
$$r_2 = p_4 q_2 + q_4 p_2 + p_3 q_1 - p_1 q_3 = q_1 p_3 - q_2 p_4 + q_3 p_1 + q_4 p_2$$
$$r_3 = p_4 q_3 + q_4 p_3 + p_1 q_2 - p_2 q_1 = -q_1 p_2 + q_2 p_1 + q_3 p_4 + q_4 p_3$$
$$r_4 = p_4 q_4 - p_1 q_1 - p_2 q_2 - p_3 q_3 = -q_1 p_1 - q_2 p_2 - q_3 p_3 + q_4 p_4$$

这可以写作矩阵的乘积：

---

① 由于虚部是向量，所以此处直接看作向量叉积运算即可，下同。

$$pq = \begin{bmatrix} p_4 & -p_3 & p_2 & p_1 \\ p_3 & p_4 & -p_1 & p_2 \\ -p_2 & p_1 & p_4 & p_3 \\ -p_1 & -p_2 & -p_3 & p_4 \end{bmatrix} \begin{bmatrix} q_1 \\ q_2 \\ q_3 \\ q_4 \end{bmatrix}$$

注意

Note　　如果读者更偏爱使用行向量与矩阵的乘积形式，那么就可简单地取其转置矩阵：

$$\left(\begin{bmatrix} p_4 & -p_3 & p_2 & p_1 \\ p_3 & p_4 & -p_1 & p_2 \\ -p_2 & p_1 & p_4 & p_3 \\ -p_1 & -p_2 & -p_3 & p_4 \end{bmatrix} \begin{bmatrix} q_1 \\ q_2 \\ q_3 \\ q_4 \end{bmatrix} \right)^{\mathrm{T}} = \begin{bmatrix} q_1 \\ q_2 \\ q_3 \\ q_4 \end{bmatrix}^{\mathrm{T}} \begin{bmatrix} p_4 & -p_3 & p_2 & p_1 \\ p_3 & p_4 & -p_1 & p_2 \\ -p_2 & p_1 & p_4 & p_3 \\ -p_1 & -p_2 & -p_3 & p_4 \end{bmatrix}^{\mathrm{T}}$$

22.2.2　特殊乘积

设 $i = (1, 0, 0, 0)$，$j = (0, 1, 0, 0)$，$k = (0, 0, 1, 0)$ 都为四元数。运用这三个数，便能得到一些特殊的乘积，其中一部分会使人联想到叉积计算：

$$i^2 = j^2 = k^2 = ijk = -1$$
$$ij = k = -ji$$
$$jk = i = -kj$$
$$ki = j = -ik$$

这些等式可由之前推算的四元数乘法定义直接推导出。例如，

$$ij = \begin{bmatrix} 0 & 0 & 0 & 1 \\ 0 & 0 & -1 & 0 \\ 0 & 1 & 0 & 0 \\ -1 & 0 & 0 & 0 \end{bmatrix} \begin{bmatrix} 0 \\ 1 \\ 0 \\ 0 \end{bmatrix} = \begin{bmatrix} 0 \\ 0 \\ 1 \\ 0 \end{bmatrix} = k$$

22.2.3　性质

四元数乘法并**不满足**交换律，例如，我们在 22.2.2 节中曾证明 $ij = -ji$。但是四元数仍满足结合律，这能从四元数乘法可以写作矩阵乘法这一点看出：因为矩阵乘法就满足结合律。可将四元数 $e = (0, 0, 0, 1)$ 看作乘法单位元（multiplicative identity）：

$$pe = ep = \begin{bmatrix} p_4 & -p_3 & p_2 & p_1 \\ p_3 & p_4 & -p_1 & p_2 \\ -p_2 & p_1 & p_4 & p_3 \\ -p_1 & -p_2 & -p_3 & p_4 \end{bmatrix} \begin{bmatrix} 0 \\ 0 \\ 0 \\ 1 \end{bmatrix} = \begin{bmatrix} 1 & 0 & 0 & 0 \\ 0 & 1 & 0 & 0 \\ 0 & 0 & 1 & 0 \\ 0 & 0 & 0 & 1 \end{bmatrix} \begin{bmatrix} p_1 \\ p_2 \\ p_3 \\ p_4 \end{bmatrix} = \begin{bmatrix} p_1 \\ p_2 \\ p_3 \\ p_4 \end{bmatrix}$$

我们还能得出四元数乘法对加法的分配律：$p(q + r) = pq + pr$ 以及 $(q + r)p = qp + rp$。为证明此性质，可将四元数的乘法与加法都写作矩阵形式，另据矩阵乘法对加法的分配律便可证明。

22.2.4 转换

我们将实数、向量（或点）与四元数的关系表达如下。设 s 为一个实数，且 $\boldsymbol{u} = (x, y, z)$ 为一个向量，那么：

1. $s = (0, 0, 0, s)$。

2. $\boldsymbol{u} = (x, y, z) = (\boldsymbol{u}, 0) = (x, y, z, 0)$。

换言之，可将实数看作向量虚部为 0 的四元数，而把向量视为实部为 0 的四元数。特别是四元数单位元（identity quaternion），$1 = (0, 0, 0, 1)$。我们把实部为 0 的四元数称为**纯四元数**（pure quaternion）。

根据四元数的乘法运算定义可知，一个实数与一个四元数相乘其实就是一种"标量乘法"，而且这种运算还满足交换律：

$$s(p_1, p_2, p_3, p_4) = (0,0,0,s)(p_1, p_2, p_3, p_4) = \begin{bmatrix} s & 0 & 0 & 0 \\ 0 & s & 0 & 0 \\ 0 & 0 & s & 0 \\ 0 & 0 & 0 & s \end{bmatrix} \begin{bmatrix} p_1 \\ p_2 \\ p_3 \\ p_4 \end{bmatrix} = \begin{bmatrix} sp_1 \\ sp_2 \\ sp_3 \\ sp_4 \end{bmatrix}$$

类似地，

$$(p_1, p_2, p_3, p_4)s = (p_1, p_2, p_3, p_4)(0,0,0,s) = \begin{bmatrix} p_4 & -p_3 & p_2 & p_1 \\ p_3 & p_4 & -p_1 & p_2 \\ -p_2 & p_1 & p_4 & p_3 \\ -p_1 & -p_2 & -p_3 & p_4 \end{bmatrix} \begin{bmatrix} 0 \\ 0 \\ 0 \\ s \end{bmatrix} = \begin{bmatrix} sp_1 \\ sp_2 \\ sp_3 \\ sp_4 \end{bmatrix}$$

22.2.5 共轭与范数

我们将四元数 $\boldsymbol{q} = (q_1, q_2, q_3, q_4) = (\boldsymbol{u}, q_4)$ 的共轭四元数记作 $\boldsymbol{q}^*$，它的定义为：

$$\boldsymbol{q}^* = -q_1 - q_2 - q_3 + q_4 = (-\boldsymbol{u}, q_4)$$

换句话说，仅是把原四元数的向量虚部变为其相反数而已；这与复数共轭的定义很相似。以下所列的是一些共轭四元数的相关性质：

1. $(\boldsymbol{pq})^* = \boldsymbol{q}^* \boldsymbol{p}^*$。

2. $(\boldsymbol{p} + \boldsymbol{q})^* = \boldsymbol{p}^* + \boldsymbol{q}^*$。

3. $(\boldsymbol{q}^*)^* = \boldsymbol{q}$。

4. 当 $s \in \mathbb{R}$ 时，$(s\boldsymbol{q})^* = s\boldsymbol{q}^*$。

5. $\boldsymbol{q} + \boldsymbol{q}^* = (\boldsymbol{u}, q_4) + (-\boldsymbol{u}, q_4) = (0, 2q_4) = 2q_4$。

6. $\boldsymbol{qq}^* = \boldsymbol{q}^*\boldsymbol{q} = q_1^2 + q_2^2 + q_3^2 + q_4^2 = \|\boldsymbol{u}\|^2 + q_4^2$。

特别是，$\boldsymbol{q} + \boldsymbol{q}^*$ 与 $\boldsymbol{qq}^*$ 这两种运算的结果为**实数**。

四元数的**范数**（norm，或称**模**，magnitude）被定义为：

$$\|\boldsymbol{q}\| = \sqrt{\boldsymbol{q}\boldsymbol{q}^*} = \sqrt{q_1^2 + q_2^2 + q_3^2 + q_4^2} = \sqrt{\|\boldsymbol{u}\|^2 + q_4^2}$$

如果一个四元数的范数为 1，我们就称它是一个**单位四元数**（unit quaternion）。范数具有下列性质：

1. $\|\boldsymbol{q}^*\| = \|\boldsymbol{q}\|$。

2. $\|\boldsymbol{pq}\| = \|\boldsymbol{p}\|\|\boldsymbol{q}\|$。

性质 2 反映出两个单位四元数的乘积仍是一个单位四元数。而且，如果 $\|\boldsymbol{p}\| = 1$，那么 $\|\boldsymbol{pq}\| = \|\boldsymbol{q}\|$。

四元数共轭与范数的性质能够直接由其定义推导出。例如：

$$(\boldsymbol{q}^*)^* = (-\boldsymbol{u}, q_4)^* = (\boldsymbol{u}, q_4) = \boldsymbol{q}$$

$$\|\boldsymbol{q}^*\| = \|(-\boldsymbol{u}, q_4)\| = \sqrt{\|-\boldsymbol{u}\|^2 + q_4^2} = \sqrt{\|\boldsymbol{u}\|^2 + q_4^2} = \|\boldsymbol{q}\|$$

$$\begin{aligned}
\|\boldsymbol{pq}\|^2 &= (\boldsymbol{pq})(\boldsymbol{pq})^* \\
&= \boldsymbol{p}\boldsymbol{q}\boldsymbol{q}^*\boldsymbol{p}^* \\
&= \boldsymbol{p}\|\boldsymbol{q}\|^2\boldsymbol{p}^* \\
&= \boldsymbol{p}\boldsymbol{p}^*\|\boldsymbol{q}\|^2 \\
&= \|\boldsymbol{p}\|^2\|\boldsymbol{q}\|^2
\end{aligned}$$

读者可以尝试对其他的性质进行推导（参见章后练习）。

22.2.6　四元数的逆

与矩阵一样，四元数的乘法运算亦不满足交换律，因此也就无法定义四元数的除法运算（只有在乘法满足交换律时，才可以定义其相应的除法运算，即有 $\frac{a}{b} = ab^{-1} = b^{-1}a$）。然而，每个非零四元数（nonzero quaternion，零四元数的每个分量皆为 0）都有其相应的逆。设 $\boldsymbol{q} = (q_1, q_2, q_3, q_4) = (\boldsymbol{u}, q_4)$ 为一非零四元数，那么它的逆被记作 $\boldsymbol{q}^{-1}$，其定义为：

$$\boldsymbol{q}^{-1} = \frac{\boldsymbol{q}^*}{\|\boldsymbol{q}\|^2}$$

四元数之逆的检验十分方便，对此，我们有：

$$\boldsymbol{q}\boldsymbol{q}^{-1} = \frac{\boldsymbol{q}\boldsymbol{q}^*}{\|\boldsymbol{q}\|^2} = \frac{\|\boldsymbol{q}\|^2}{\|\boldsymbol{q}\|^2} = 1 = (0, 0, 0, 1)$$

$$\boldsymbol{q}^{-1}\boldsymbol{q} = \frac{\boldsymbol{q}^*\boldsymbol{q}}{\|\boldsymbol{q}\|^2} = \frac{\|\boldsymbol{q}\|^2}{\|\boldsymbol{q}\|^2} = 1 = (0, 0, 0, 1)$$

可以发现，如果 $\boldsymbol{q}$ 是一个单位四元数，那么 $\|\boldsymbol{q}\|^2 = 1$，因此 $\boldsymbol{q}^{-1} = \boldsymbol{q}^*$。

四元数的逆具有下列性质：

1. $\left(\boldsymbol{q}^{-1}\right)^{-1} = \boldsymbol{q}$。

2. $(\boldsymbol{pq})^{-1} = \boldsymbol{q}^{-1}\boldsymbol{p}^{-1}$。

22.2.7 极坐标表示法

如果 $q = (q_1, q_2, q_3, q_4) = (u, q_4)$ 为一个单位四元数，那么

$$\|q\|^2 = \|u\|^2 + q_4^2 = 1$$

这说明 $q_4^2 \leqslant 1 \Leftrightarrow |q_4| \leqslant 1 \Leftrightarrow -1 \leqslant q_4 \leqslant 1$。图 22.5 展示了存在这样一个角度 $\theta \in [0, \pi]$ 使 $q_4 = \cos\theta$。根据三角恒等式 $\sin^2\theta + \cos^2\theta = 1$，有

$$\sin^2\theta = 1 - \cos^2\theta = 1 - q_4^2 = \|u\|^2$$

这就意味着

$$\|u\| = |\sin\theta| = \sin\theta，其中 \theta \in [0, \pi]$$

现在，将 n 表示为与向量 u 同方向的单位向量：

$$n = \frac{u}{\|u\|} = \frac{u}{\sin\theta}$$

因此，$u = \sin\theta n$。据此，我们就能够把单位四元数 $q = (u, q_4)$ 表示为**极坐标的形式**，其中的 n 为一单位向量：

$$q = (\sin\theta n, \cos\theta)，其中 \theta \in [0, \pi]$$

例如，假设我们指定一个四元数 $q = \left(0, \frac{1}{2}, 0, \frac{\sqrt{3}}{2}\right)$。为将其转换为极坐标表示法，我们求得

$$\theta = \arccos\frac{\sqrt{3}}{2} = \frac{\pi}{6}，\quad n = \frac{\left(0, \frac{1}{2}, 0\right)}{\sin\frac{\pi}{6}} = (0, 1, 0)。因此，\quad q = \left(\sin\frac{\pi}{6}(0, 1, 0), \cos\frac{\pi}{6}\right)。$$

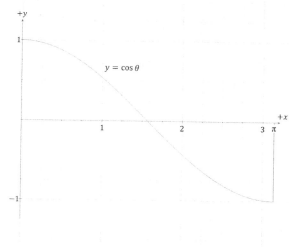

图 22.5 对于 $y \in [-1, 1]$ 而言，必存在一个角 θ 使 $y = \cos\theta$

注意

$\theta \in [0, \pi]$ 是将四元数 $q = (q_1, q_2, q_3, q_4)$ 转换至极坐标表示法的限制条件。也就是说，为了把一个唯一的角度与四元数 $q = (q_1, q_2, q_3, q_4)$ 相关联，便需要对其范围进行约束。如果推翻此限制，求取任意角度 θ 所对应的四元数 $q = (\sin \theta n, \cos \theta)$，根据 $q = (\sin(\theta + 2\pi n)n, \cos(\theta + 2\pi n))$ 可知，n 取任意整数均可得到四元数 $q = (\sin \theta n, \cos \theta)$。所以，如果没有 $\theta \in [0, \pi]$ 这个角度限制，那么四元数的极坐标表示就不是唯一的。

值得注意的是，以 $-\theta$ 代替 θ 就相当于把四元数的向量虚部变为其相反数：

$$(n \sin(-\theta), \cos(-\theta)) = (-n \sin \theta, \cos \theta) = p^\star$$

在下一节中，我们将认识到 n 表示的是旋转轴，因此我们可以通过上述方法调转旋转轴的方向，使被旋转对象按相反方向进行旋转。

22.3　单位四元数及其旋转操作

22.3.1　旋转算子

设 $q = (u, w)$ 为单位四元数，而 v 为一个 3D 点或 3D 向量。接下来，我们就可以把 v 视为纯四元数 $p = (v, 0)$。又因为 q 是一个单位四元数，根据其性质，我们有 $q^{-1} = q^\star$。回顾四元数的乘法运算公式可知：

$$(m, a)(n, b) = (an + bm + m \times n, ab - m \cdot n)$$

现在来考虑下列乘积：

$$\begin{aligned} qpq^{-1} &= qpq^\star \\ &= (u, w)(v, 0)(-u, w) \\ &= (u, w)(wv - v \times u, v \cdot u) \end{aligned}$$

对这个稍有点冗长的公式进行化简，我们将其实部与向量虚部分开处理，用下列符号分别替换式子中的对应项：

$$\begin{aligned} a &= w \\ b &= v \cdot u \\ m &= u \\ n &= wv - v \times u \end{aligned}$$

<u>实部</u>

$$ab - \boldsymbol{m} \cdot \boldsymbol{n}$$
$$= w(\boldsymbol{v} \cdot \boldsymbol{u}) - \boldsymbol{u} \cdot (w\boldsymbol{v} - \boldsymbol{v} \times \boldsymbol{u})$$
$$= w(\boldsymbol{v} \cdot \boldsymbol{u}) - \boldsymbol{u} \cdot w\boldsymbol{v} + \boldsymbol{u} \cdot (\boldsymbol{v} \times \boldsymbol{u})$$
$$= w(\boldsymbol{v} \cdot \boldsymbol{u}) - w(\boldsymbol{v} \cdot \boldsymbol{u}) + 0$$
$$= 0$$

注意，$\boldsymbol{u} \cdot (\boldsymbol{v} \times \boldsymbol{u}) = 0$ 是因为根据叉积的定义可知 $(\boldsymbol{v} \times \boldsymbol{u})$ 正交于 $\boldsymbol{u}$。

<u>向量虚部</u>

$$an + b\boldsymbol{m} + \boldsymbol{m} \times \boldsymbol{n}$$
$$= w(w\boldsymbol{v} - \boldsymbol{v} \times \boldsymbol{u}) + (\boldsymbol{v} \cdot \boldsymbol{u})\boldsymbol{u} + \boldsymbol{u} \times (w\boldsymbol{v} - \boldsymbol{v} \times \boldsymbol{u})$$
$$= w^2\boldsymbol{v} - w\boldsymbol{v} \times \boldsymbol{u} + (\boldsymbol{v} \cdot \boldsymbol{u})\boldsymbol{u} + \boldsymbol{u} \times w\boldsymbol{v} + \boldsymbol{u} \times (\boldsymbol{u} \times \boldsymbol{v})$$
$$= w^2\boldsymbol{v} + \boldsymbol{u} \times w\boldsymbol{v} + (\boldsymbol{v} \cdot \boldsymbol{u})\boldsymbol{u} + \boldsymbol{u} \times w\boldsymbol{v} + \boldsymbol{u} \times (\boldsymbol{u} \times \boldsymbol{v})$$
$$= w^2\boldsymbol{v} + 2(\boldsymbol{u} \times w\boldsymbol{v}) + (\boldsymbol{v} \cdot \boldsymbol{u})\boldsymbol{u} + \boldsymbol{u} \times (\boldsymbol{u} \times \boldsymbol{v})$$
$$= w^2\boldsymbol{v} + 2(\boldsymbol{u} \times w\boldsymbol{v}) + (\boldsymbol{v} \cdot \boldsymbol{u})\boldsymbol{u} + (\boldsymbol{u} \cdot \boldsymbol{v})\boldsymbol{u} - (\boldsymbol{u} \cdot \boldsymbol{u})\boldsymbol{v}$$
$$= (w^2 - \boldsymbol{u} \cdot \boldsymbol{u})\boldsymbol{v} + 2w(\boldsymbol{u} \times \boldsymbol{v}) + 2(\boldsymbol{u} \cdot \boldsymbol{v})\boldsymbol{u}$$
$$= (w^2 - \boldsymbol{u} \cdot \boldsymbol{u})\boldsymbol{v} + 2(\boldsymbol{u} \cdot \boldsymbol{v})\boldsymbol{u} + 2w(\boldsymbol{u} \times \boldsymbol{v})$$

在这个过程中，我们利用了向量三重积 $\boldsymbol{a} \times (\boldsymbol{b} \times \boldsymbol{c}) = (\boldsymbol{a} \cdot \boldsymbol{c})\boldsymbol{b} - (\boldsymbol{a} \cdot \boldsymbol{b})\boldsymbol{c}$ 来变换 $\boldsymbol{u} \times (\boldsymbol{u} \times \boldsymbol{v})$ [①]。

这样，我们就证明出：

$$\boldsymbol{qpq}^\star = ((w^2 - \boldsymbol{u} \cdot \boldsymbol{u})\boldsymbol{v} + 2(\boldsymbol{u} \cdot \boldsymbol{v})\boldsymbol{u} + 2w(\boldsymbol{u} \times \boldsymbol{v}), 0) \tag{22.1}$$

可以看出该结果是一个向量或一个点，因为其实部为 0（如果要利用该算子对一个向量或点进行旋转，那么满足此条件是有必要的——其求值结果必须是一个向量或点）。因此，我们在随后的公式中将省略四元数的实部。

由于 $\boldsymbol{q}$ 为单位四元数，便可将它写作

$$\boldsymbol{q} = (\sin\theta\boldsymbol{n}, \cos\theta)，其中 \|\boldsymbol{n}\| = 1 且 \theta \in [0, \pi]$$

再把它代入式（22.1）中：

$$\boldsymbol{qpq}^\star = (\cos^2\theta - \sin^2\theta)\boldsymbol{v} + 2(\sin\theta\boldsymbol{n} \cdot \boldsymbol{v})\sin\theta\boldsymbol{n} + 2\cos\theta(\sin\theta\boldsymbol{n} \times \boldsymbol{v})$$
$$= (\cos^2\theta - \sin^2\theta)\boldsymbol{v} + 2\sin^2\theta(\boldsymbol{n} \cdot \boldsymbol{v})\boldsymbol{n} + 2\cos\theta\sin\theta(\boldsymbol{n} \times \boldsymbol{v})$$

运用三角恒等式对它进一步化简：

$$\cos^2\theta - \sin^2\theta = \cos(2\theta)$$
$$2\cos\theta\sin\theta = \sin(2\theta)$$
$$\cos(2\theta) = 1 - 2\sin^2\theta$$

$$\boldsymbol{qpq}^\star = (\cos^2\theta - \sin^2\theta)\boldsymbol{v} + 2\sin^2\theta(\boldsymbol{n} \cdot \boldsymbol{v})\boldsymbol{n} + 2\cos\theta\sin\theta$$
$$= \cos(2\theta)\boldsymbol{v} + (1 - \cos(2\theta))(\boldsymbol{n} \cdot \boldsymbol{v})\boldsymbol{n} + \sin(2\theta)(\boldsymbol{n} \times \boldsymbol{v}) \tag{22.2}$$

[①] 推导过程中还运用了叉积的反交换律 $\boldsymbol{a} \times \boldsymbol{b} = -\boldsymbol{b} \times \boldsymbol{a}$ 与点积的交换律 $\boldsymbol{a} \cdot \boldsymbol{b} = \boldsymbol{b} \cdot \boldsymbol{a}$。

将式（22.2）与以旋转轴及旋转角表示的旋转式（3.5），进行比对可以发现：前者其实就是旋转公式 $\boldsymbol{R}_n(\boldsymbol{v})$。换言之，式（22.2）令向量（或点）$\boldsymbol{v}$ 绕轴 $\boldsymbol{n}$ 按角 2θ 进行旋转。

$$\boldsymbol{R}_n(\boldsymbol{v}) = \cos\theta\boldsymbol{v} + (1-\cos\theta)(\boldsymbol{n}\cdot\boldsymbol{v})\boldsymbol{n} + \sin\theta(\boldsymbol{n}\times\boldsymbol{v})$$

因此，我们定义四元数的旋转算子（rotation operator）为：

$$
\begin{aligned}
\boldsymbol{R}_q(\boldsymbol{v}) &= \boldsymbol{q}\boldsymbol{v}\boldsymbol{q}^{-1} \\
&= \boldsymbol{q}\boldsymbol{v}\boldsymbol{q}^{\star} \\
&= \cos(2\theta)\boldsymbol{v} + (1-\cos(2\theta))(\boldsymbol{n}\cdot\boldsymbol{v})\boldsymbol{n} + \sin(2\theta)(\boldsymbol{n}\times\boldsymbol{v})
\end{aligned}
\tag{22.3}
$$

我们方才证明了四元数旋转算子 $\boldsymbol{R}_q(\boldsymbol{v}) = \boldsymbol{q}\boldsymbol{v}\boldsymbol{q}^{-1}$ 将向量（或点）$\boldsymbol{v}$ 绕轴 $\boldsymbol{n}$ 旋转角 2θ。

所以，若给定一个旋转轴 $\boldsymbol{n}$ 以及旋转角 θ，我们就能通过下式构建出相应的旋转四元数：

$$\boldsymbol{q} = \left(\sin\left(\frac{\theta}{2}\right)\boldsymbol{n}, \cos\left(\frac{\theta}{2}\right)\right)$$

接着，再运用公式 $\boldsymbol{R}_q(\boldsymbol{v})$ 即可得到对应旋转算子。我们在这里将旋转角度除以 2 是为了与公式中的 2θ 相抵消，这是因为我们希望旋转的角度为 θ，而非 2θ。

22.3.2 将四元数旋转算子转换为矩阵形式

设 $\boldsymbol{q} = (\boldsymbol{u}, w) = (q_1, q_2, q_3, q_4)$ 为单位四元数。根据式（22.1）可知：

$$\boldsymbol{r} = \boldsymbol{R}_q(\boldsymbol{v}) = \boldsymbol{q}\boldsymbol{v}\boldsymbol{q}^{\star} = (w^2 - \boldsymbol{u}\cdot\boldsymbol{u})\boldsymbol{v} + 2(\boldsymbol{u}\cdot\boldsymbol{v})\boldsymbol{u} + 2w(\boldsymbol{u}\times\boldsymbol{v})$$

注意到由 $q_1^2 + q_2^2 + q_3^2 + q_4^2 = 1$（单位四元数的范数为 1）可得 $q_4^2 - 1 = -q_1^2 - q_2^2 - q_3^2$，因此

$$
\begin{aligned}
(w^2 - \boldsymbol{u}\cdot\boldsymbol{u})\boldsymbol{v} &= (q_4^2 - q_1^2 - q_2^2 - q_3^2)\boldsymbol{v} \\
&= (2q_4^2 - 1)\boldsymbol{v}
\end{aligned}
$$

$\boldsymbol{R}_q(\boldsymbol{v})$ 中的三项可以分别写作矩阵形式：

$$(w^2 - \boldsymbol{u}\cdot\boldsymbol{u})\boldsymbol{v} = [v_x \quad v_y \quad v_z]\begin{bmatrix} 2q_4^2-1 & 0 & 0 \\ 0 & 2q_4^2-1 & 0 \\ 0 & 0 & 2q_4^2-1 \end{bmatrix}$$

$$2(\boldsymbol{u}\cdot\boldsymbol{v})\boldsymbol{u} = [v_x \quad v_y \quad v_z]\begin{bmatrix} 2q_1^2 & 2q_1q_2 & 2q_1q_3 \\ 2q_1q_2 & 2q_2^2 & 2q_2q_3 \\ 2q_1q_3 & 2q_2q_3 & 2q_3^2 \end{bmatrix}$$

$$2w(\boldsymbol{u}\times\boldsymbol{v}) = [v_x \quad v_y \quad v_z]\begin{bmatrix} 0 & 2q_4q_3 & -2q_4q_2 \\ -2q_4q_3 & 0 & 2q_1q_1 \\ 2q_4q_2 & -2q_4q_1 & 0 \end{bmatrix}$$

对这三项求和，得到：

$$R_q(v) = vQ = [v_x \quad v_y \quad v_z] \begin{bmatrix} 2q_1^2 + 2q_4^2 - 1 & 2q_1q_2 + 2q_3q_4 & 2q_1q_3 - 2q_2q_4 \\ 2q_1q_2 - 2q_3q_4 & 2q_2^2 + 2q_4^2 - 1 & 2q_2q_3 + 2q_1q_4 \\ 2q_1q_3 + 2q_2q_4 & 2q_2q_3 - 2q_1q_4 & 2q_3^2 + 2q_4^2 - 1 \end{bmatrix}$$

根据单位四元数 q 的单位长度性质 $q_1^2 + q_2^2 + q_3^2 + q_4^2 = 1$ 可知：

$$2q_1^2 + 2q_4^2 = 2 - 2q_2^2 - 2q_3^2$$
$$2q_2^2 + 2q_4^2 = 2 - 2q_1^2 - 2q_3^2$$
$$2q_3^2 + 2q_4^2 = 2 - 2q_1^2 - 2q_2^2$$

因此，我们可以将矩阵方程改写为：

$$R_q(v) = vQ = [v_x \quad v_y \quad v_z] \begin{bmatrix} 1 - 2q_2^2 - 2q_3^2 & 2q_1q_2 + 2q_3q_4 & 2q_1q_3 - 2q_2q_4 \\ 2q_1q_2 - 2q_3q_4 & 1 - 2q_1^2 - 2q_3^2 & 2q_2q_3 + 2q_1q_4 \\ 2q_1q_3 + 2q_2q_4 & 2q_2q_3 - 2q_1q_4 & 1 - 2q_1^2 - 2q_2^2 \end{bmatrix} \tag{22.4}$$

注意

 许多图形学书籍为了对向量进行变换而采用矩阵与列向量乘积的形式。因此，在某些图形学著作中，我们会看到以矩阵 Q 的转置矩阵所表示的公式 $R_q(v) = Q^T v^T$。

22.3.3 将旋转矩阵变换为四元数旋转算子

给出旋转矩阵

$$R = \begin{bmatrix} R_{11} & R_{12} & R_{13} \\ R_{21} & R_{22} & R_{23} \\ R_{31} & R_{32} & R_{33} \end{bmatrix}$$

我们希望能求出四元数 $q = (q_1, q_2, q_3, q_4)$，使得我们在用 q 来构建式（22.4）中的矩阵 Q 时得到的是矩阵 R。因此，这里采取的策略是设：

$$\begin{bmatrix} R_{11} & R_{12} & R_{13} \\ R_{21} & R_{22} & R_{23} \\ R_{31} & R_{32} & R_{33} \end{bmatrix} = \begin{bmatrix} 1 - 2q_2^2 - 2q_3^2 & 2q_1q_2 + 2q_3q_4 & 2q_1q_3 - 2q_2q_4 \\ 2q_1q_2 - 2q_3q_4 & 1 - 2q_1^2 - 2q_3^2 & 2q_2q_3 + 2q_1q_4 \\ 2q_1q_3 + 2q_2q_4 & 2q_2q_3 - 2q_1q_4 & 1 - 2q_1^2 - 2q_2^2 \end{bmatrix}$$

再分别解出 q_1、q_2、q_3、q_4。注意，由于在开始时给出了矩阵 R，因此方程左侧的所有元素都是已知的。

首先对位于矩阵主对角线上（左上至右下）的元素求和（此和也称为矩阵的**迹**，trace）：

$$\begin{aligned} \text{trace}(R) &= R_{11} + R_{22} + R_{33} \\ &= 1 - 2q_2^2 - 2q_3^2 + 1 - 2q_1^2 - 2q_3^2 + 1 - 2q_2^2 - 2q_1^2 \\ &= 3 - 4q_1^2 - 4q_2^2 - 4q_3^2 \\ &= 3 - 4(q_1^2 + q_2^2 + q_3^2) \\ &= 3 - 4(1 - q_4^2) \\ &= -1 + 4q_4^2 \end{aligned}$$

$$\therefore q_4 = \frac{\sqrt{\text{trace}(\boldsymbol{R})} + 1}{2}$$

现在来组合矩阵主对角线两侧的对称元素以求取 q_1、q_2、q_3（因为在上述计算的过程中消去了这几项）：

$$R_{23} - R_{32} = 2q_2q_3 + 2q_1q_4 - 2q_2q_3 + 2q_1q_4$$
$$= 4q_1q_4$$
$$\therefore q_1 = \frac{R_{23} - R_{32}}{4q_4}$$

$$R_{31} - R_{13} = 2q_1q_3 + 2q_2q_4 - 2q_1q_3 + 2q_2q_4$$
$$= 4q_2q_4$$
$$\therefore q_2 = \frac{R_{31} - R_{13}}{4q_4}$$

$$R_{12} - R_{21} = 2q_1q_2 + 2q_3q_4 - 2q_1q_2 + 2q_3q_4$$
$$= 4q_3q_4$$
$$\therefore q_3 = \frac{R_{12} - R_{21}}{4q_4}$$

如果 $q_4 = 0$，那么这些公式皆无定义。若发生这种情况，应找到矩阵 $\boldsymbol{R}$ 主对角线上的最大元素来计算被除数，并将其他矩阵元素以另一种方式进行组合。假设 R_{11} 是矩阵主对角线上的最大元素：

$$R_{11} - R_{22} - R_{33} = 1 - 2q_2^2 - 2q_3^2 - 1 + 2q_1^2 + 2q_3^2 - 1 + 2q_1^2 + 2q_2^2$$
$$= -1 + 4q_1^2$$
$$\therefore q_1 = \frac{\sqrt{R_{11} - R_{22} - R_{33} + 1}}{2}$$

$$R_{11} - R_{12} + R_{21} = 2q_1q_2 + 2q_3q_4 + 2q_1q_2 - 2q_3q_4$$
$$= 4q_1q_2$$
$$\therefore q_2 = \frac{R_{12} + R_{21}}{4q_1}$$

$$R_{13} - R_{31} = 2q_1q_3 - 2q_2q_4 + 2q_2q_4$$
$$= 4q_1q_3$$
$$\therefore q_3 = \frac{R_{13} + R_{31}}{4q_1}$$

$$R_{23} - R_{32} = 2q_2q_3 + 2q_1q_4 - 2q_2q_3 + 2q_1q_4$$
$$= 4q_1q_4$$
$$\therefore q_4 = \frac{R_{23} + R_{32}}{4q_1}$$

如果主对角线上的最大值为 R_{22} 或 R_{33}，则进行类似的处理。

22.3.4 复合

假设 p 与 q 分别为旋转算子 R_p 与 R_q 中所用的相应单位四元数。设 $v' = R_p(v)$，那么这两个旋转算子的复合过程为：

$$R_q(R_p(v)) = R_q(v') = qv'q^{-1} = q(pvp^{-1})q^{-1} = (qp)v(p^{-1}q^{-1}) = (qp)v(qp)^{-1}$$

由于 p 与 q 都为单位四元数，也就是说 $\|pq\| = \|p\|\|q\| = 1$，所以乘积 pq 亦为单位四元数。因此，四元数乘积 pq 也表示着一种旋转操作。换句话说，净旋转(net rotation)可表示为旋转算子的复合 $R_q\left(R_p(v)\right)$。

22.4 四元数插值

由于四元数即实数四元组，所以就能将其视作几何学上的 4D 向量。单位四元数则是位于 4D 单位球面上的 4D 单位向量。利用叉积（此运算定义仅用于 3D 向量）以外的运算规则，我们就能将向量的数学运算推广到四维空间乃至 n 维空间。尤其是适用于四元数的点积运算：设四元数 $p = (u, s)$ 与 $q = (v, t)$，那么

$$p \cdot q = u \cdot v + st = \|p\|\|q\|\cos\theta$$

其中，θ 为这两个四元数之间的夹角。如果四元数 p 与 q 皆为单位长度，那么 $p \cdot q = \cos\theta$。这就是说，点积使我们可以描述出两个四元数之间的夹角，作为它们在单位球面上彼此远近程度的度量手段。

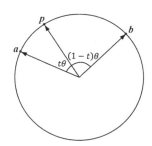

考虑到 3D 旋转动画方面上的需求，我们希望在两个不同的方向之间进行插值，求取中间的变化过程。为了对四元数进行插值，我们就联想到对单位球面上的弧进行插值，这样一来，所得到的插值四元数依然是单位四元数。为了推导出这样一个插值公式，我们考虑图 22.6 所示的情景，在这里，我们希望在 a 到 b 之间的角 $t\theta$ 方向进行插值。此时，我们的目标是求出权重 c_1 与 c_2 使 $p = c_1 a + c_2 b$，其中 $\|p\| = \|a\| = \|b\|$。现为两个未知权值列出下述等式：

图 22.6　沿 4D 单位球面在由 a 到 b 的角 $t\theta$ 处进行插值。a 与 b 之间的夹角为 θ，a 与 p 之间的夹角为 $t\theta$，而 p 与 b 之间的夹角则为 $(1-t)\theta$

$$a \cdot p = c_1 a \cdot a + c_2 a \cdot b$$
$$\cos(t\theta) = c_1 + c_2\cos(\theta)$$
$$p \cdot b = c_1 a \cdot b + c_2 b \cdot b$$
$$\cos((1-t)\theta) = c_1\cos(\theta) + c_2$$

用矩阵方程来表示为：

$$\begin{bmatrix} 1 & \cos(\theta) \\ \cos(\theta) & 1 \end{bmatrix}\begin{bmatrix} c_1 \\ c_2 \end{bmatrix} = \begin{bmatrix} \cos(t\theta) \\ \cos((1-t)\theta) \end{bmatrix}$$

考虑矩阵方程 $Ax = b$，其中的矩阵 A 是可逆的。根据克莱姆法则（Cramer's Rule）可知，

$x_i = \det A_i / \det A$，用列向量 b 替换矩阵 A 中第 i 列的列向量即可得到 A_i。因此：

$$c_1 = \frac{\det \begin{bmatrix} \cos(t\theta) & \cos(\theta) \\ \cos((1-t)\theta) & 1 \end{bmatrix}}{\det \begin{bmatrix} 1 & \cos(\theta) \\ \cos(\theta) & 1 \end{bmatrix}} = \frac{\cos(t\theta) - \cos(\theta)\cos((1-t)\theta)}{1 - \cos^2(\theta)}$$

$$c_2 = \frac{\det \begin{bmatrix} 1 & \cos(t\theta) \\ \cos(\theta) & \cos((1-t)\theta) \end{bmatrix}}{\det \begin{bmatrix} 1 & \cos(\theta) \\ \cos(\theta) & 1 \end{bmatrix}} = \frac{\cos((1-t)\theta) - \cos(\theta)\cos(t\theta)}{1 - \cos^2(\theta)}$$

根据毕达哥拉斯三角恒等式（trigonometric Pythagorean identity）与加法公式，我们有：

$$1 - \cos^2(\theta) = \sin^2(\theta)$$
$$\cos((1-t)\theta) = \cos(\theta - t\theta) = \cos(\theta)\cos(t\theta) + \sin(\theta)\sin(t\theta)$$
$$\sin((1-t)\theta) = \sin(\theta - t\theta) = \sin(\theta)\cos(t\theta) - \cos(\theta)\sin(t\theta)$$

因此，

$$c_1 = \frac{\cos(t\theta) - \cos(\theta)[\cos(\theta)\cos(t\theta) + \sin(\theta)\sin(t\theta)]}{\sin^2(\theta)}$$
$$= \frac{\cos(t\theta) - \cos(\theta)\cos(\theta)\cos(t\theta) - \cos(\theta)\sin(\theta)\sin(t\theta)}{\sin^2(\theta)}$$
$$= \frac{\cos(t\theta)(1 - \cos^2(\theta)) - \cos(\theta)\sin(\theta)\sin(t\theta)}{\sin^2(\theta)}$$
$$= \frac{\cos(t\theta)\sin^2(\theta) - \cos(\theta)\sin(\theta)\sin(t\theta)}{\sin^2(\theta)}$$
$$= \frac{\sin(\theta)\cos(t\theta) - \cos(\theta)\sin(t\theta)}{\sin(\theta)}$$
$$= \frac{\sin((1-t)\theta)}{\sin(\theta)}$$

以及

$$c_2 = \frac{\cos(\theta)\cos(t\theta) + \sin(\theta)\sin(t\theta) - \cos(\theta)\cos(t\theta)}{\sin^2(\theta)}$$
$$= \frac{\sin(t\theta)}{\sin(\theta)}$$

于是，我们就定义球面插值[①]（spherical interpolation）公式为：

$$\text{slerp}(a, b, t) = \frac{\sin((1-t)\theta)a + \sin(t\theta)b}{\sin\theta}，\text{ 其中 } t \in [0, 1]$$

将单位四元数看作 4D 单位向量，便可以解出四元数之间的夹角 $\theta = \arccos(a \cdot b)$。

---

① 事实上，这种插值方式通常被称为球面线性插值，即 spherical linear interpolation，缩写为 slerp。

如果 **a** 与 **b** 之间的夹角 **θ** 接近于 0，那么 sin**θ** 也接近于 0，因此有限的数值精度会引起上式中除数为 0 的问题。在这种情况下，我们要在这两个四元数之间进行线性插值，再对结果执行规范化处理。此时，我们即可得到 **θ** 较小时的一个极为接近的插值结果（见图 22.7）。

观察图 22.8，其中展示的是待完成线性插值后，再将插值四元数投影回单位球面而导致的非线性旋转速率（nonlinear rate of rotation）。这是因为我们对夹角过大的四元数采用线性插值，从而导致其转速忽快忽慢（即线段 ab 上进行的是均匀线性插值，但投影至球面上却有很大差异）。这通常并不是我们所期待的效果，同时也从侧面反映出球面插值更受追捧的原因（球面插值使旋转速率保持恒定）。

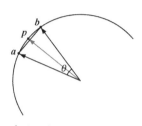

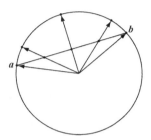

图 22.7　对于 **a** 与 **b** 之间夹角 **θ** 较小的情况，通过线性插值即可得到与球面插值极为近似的结果。然而，当我们采用线性插值时，插值四元数却并不位于单位球面之上。所以我们必须对结果进行规范化处理，将它投影回单位球面上

图 22.8　在对四元数进行线性插值以及规范化处理后，我们却会得到单位球面上的非线性插值结果。这意味着旋转速率随着线性插值而加快或减慢，而并不是按恒速旋转

现在来讨论一种四元数的有趣性质。由于 $(s\boldsymbol{q})^* = s\boldsymbol{q}^*$ 且标量与四元数乘法运算满足交换律，我们就有：

$$R_{-q}(\boldsymbol{v}) = -\boldsymbol{q}\boldsymbol{v}(-\boldsymbol{q})^*$$
$$= (-1)\boldsymbol{q}\boldsymbol{v}(-1)\boldsymbol{q}^*$$
$$= \boldsymbol{q}\boldsymbol{v}\boldsymbol{q}^*$$

因此，我们就得到了四元数 **q** 与四元数 −**q** 表示的是同一种旋转这一性质。我们再来以另一种方法对此进行验证，如果 $\boldsymbol{q} = \left(\boldsymbol{n}\sin\dfrac{\theta}{2}, \cos\dfrac{\theta}{2}\right)$，那么

$$-\boldsymbol{q} = \left(-\boldsymbol{n}\sin\frac{\theta}{2}, -\cos\frac{\theta}{2}\right)$$
$$= \left(-\boldsymbol{n}\sin\left(\pi - \frac{\theta}{2}\right), \cos\left(\pi - \frac{\theta}{2}\right)\right)$$
$$= \left(-\boldsymbol{n}\sin\left(\frac{2\pi - \theta}{2}\right), \cos\left(\frac{2\pi - \theta}{2}\right)\right)$$

即，R_q 绕轴 **n** 旋转角 **θ**，而 R_{-q} 绕轴 −**n** 旋转角 2**π** − **θ**。从几何学上来看，位于 4D 单位球面上的单位四元数 **q** 与其极坐标相反的单位四元数 −**q** 表示着相同的方向。图 22.9 展示的就是这样的两个旋转结果

相同的四元数。但是我们也可以轻易地看出两者的区别：一个旋转的角度较小，另一个旋转的角度过大。

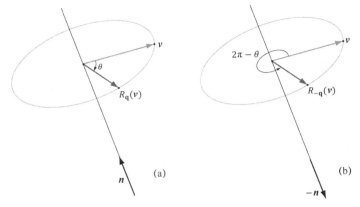

图 22.9　R_q 绕轴 n 旋转角 θ，R_{-q} 绕轴 $-n$ 旋转角 $2\pi - \theta$

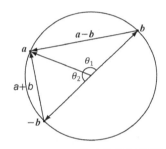

　　由于四元数 b 与 $-b$ 表示的是同样的方向，我们对四元数进行插值便有了 slerp(a,b,t) 与 slerp($a,-b,t$) 两种选择。一种四元数的插值方法是以最小的旋转角度高效地完成旋转操作（类似于图 22.9a 所示的情形），另一种则需要绕很远的一段距离才能完成任务（与图 22.9b 中的情况相似）。现在我们再来看图 22.10，我们希望根据略过较小弧度在 4D 单位球面上插值的这一标准，在四元数 b 与 $-b$ 两者之间进行选择。如果选择了较小弧度的旋转方式，那么将会采取最短、最直接的路径进行插值；如果选择了较大弧度的旋转方式，则会使物体多走出不少的冤枉路[Eberly01]，毕竟它旋转的路径太长了。

图 22.10　从 a 到 b 进行插值即为按较大弧度 θ_1 在 4D 单位球面上插值，反之，从 a 到 $-b$ 进行插值则为按较小弧度 θ_2 在 4D 单位球面上插值。当然，我们总是希望按最小的弧度，以最短、最直接的路径在 4D 单位球面上插值

　　根据[Watt92]，要找到表示按最小弧度在 4D 单位球面上旋转的四元数，我们就要对 $\|a-b\|^2$ 与 $\|a-(-b)\|^2 = \|a+b\|^2$ 进行比较。如果 $\|a+b\|^2 < \|a-b\|^2$，那么就选择以 $-b$ 来代替 b 进行插值，因为这时 $-b$ 更接近于 a，这样会使旋转的弧度更小，经过的路径（弧长）更短。

```
// 线性插值（针对 theta 较小的情况）
public static Quaternion LerpAndNormalize(Quaternion p, Quaternion q, float s)
{
    // 对结果进行规范化处理以使其成为单位四元数
    return Normalize((1.0f - s)*p + s*q);
}

public static Quaternion Slerp(Quaternion p, Quaternion q, float s)
{
    // 前面曾讲到四元数 q 与 -q 表示着相同的方向，但是这两者的插值过程却不相同：一种要略过最小的弧，
```

```
// 另一种将绕过较大的弧长。而为了找到最小的弧长，就要对p-q的模与p-(-q) = p+q的模进行比较

if(LengthSq(p-q) > LengthSq(p+q))
  q = -q;

float cosPhi = DotP(p, q);

// 对于角度极小的情况，采用线性插值
if(cosPhi > (1.0f - 0.001))
  return LerpAndNormalize(p, q, s);

// 求出两个四元数之间的夹角
float phi = (float)Math.Acos(cosPhi);

float sinPhi = (float)Math.Sin(phi);

// 沿着p，q与单位球原点所在平面与4D单位球面的交点所围成的弧进行插值
return ((float)Math.Sin(phi*(1.0-s))/sinPhi)*p +
  ((float)Math.Sin(phi*s)/sinPhi)*q;
}
```

22.5 DirectX 数学库中与四元数有关的函数

DirectX 数学库支持四元数的相关运算。由于四元数的"数据"是 4 个实数，所以 DirectX 数学库以 XMVECTOR 类型来存储四元数。以下是该库中一些常用的四元数函数定义。

```
// 返回四元数点积 Q₁·Q₂
XMVECTOR XMQuaternionDot(XMVECTOR Q1, XMVECTOR Q2);

// 返回四元数单位元(0, 0, 0, 1)
XMVECTOR XMQuaternionIdentity();

// 返回四元数 Q 的共轭四元数
XMVECTOR XMQuaternionCojugate(XMVECTOR Q);

// 返回四元数 Q 的范数（模）
XMVECTOR XMQuaternionLength(XMVECTOR Q);

// 把四元数 Q 作为一个 4D 向量进行规范化处理
XMVECTOR XMQuaternionNormalize(XMVECTOR Q);

// 计算四元数的乘积 Q₁Q₂
XMVECTOR XMQuaternionMultiply(XMVECTOR Q1, XMVECTOR Q2);

// 根据旋转轴及旋转角表示法来计算相应的四元数
XMVECTOR XMQuaternionRotationAxis(XMVECTOR Axis, FLOAT Angle);
```

661

```
// 根据旋转轴与旋转角表示法来计算对应的四元数，这里的旋转轴是一个规范化向量——因此该方法的执行
// 速应快于 XMQuaternionRotationAxis 方法
XMVECTOR XMQuaternionRotationNormal(XMVECTOR NormalAxis,FLOAT Angle);

// 根据给定的旋转矩阵来计算相应的四元数
XMVECTOR XMQuaternionRotationMatrix(XMMATRIX M);

// 根据给定的单位四元数来构建对应的旋转矩阵[①]
XMMATRIX XMMatrixRotationQuaternion(XMVECTOR Quaternion);

// 从四元数 Q 中提取旋转轴以及关于此轴的旋转角
VOID XMQuaternionToAxisAngle(XMVECTOR *pAxis, FLOAT *pAngle, XMVECTOR Q);

// 返回 slerp(Q₁, Q₂, t) 的计算结果，输入的两个四元数必为单位四元数
XMVECTOR XMQuaternionSlerp(XMVECTOR Q0, XMVECTOR Q1, FLOAT t);
```

22.6 旋转演示程序

在本章的演示程序中，我们要使一个骷髅头网格围绕简易的场景移动。在整个过程中，此网格的位置、朝向以及大小都是时刻变化着的。我们通过四元数来表示骷髅头的朝向，运用四元数球面插值函数 slerp 在方向之间进行插值，并以线性插值对网格的位置与大小插值。此例程也为第 23 章的主题"角色动画"起到"预热"的效果。

关键帧动画（key frame animation）是一种常见动画的形式。一个**关键帧**（key frame）指定了物体在某一时刻的位置、朝向以及大小。本章示例（位于 **AnimationHelper.h/.cpp** 文件内）中定义了下列关键帧结构体。

```
struct Keyframe
{
  Keyframe();
  ~Keyframe();

  float TimePos;
  XMFLOAT3 Translation;
  XMFLOAT3 Scale;
  XMFLOAT4 RotationQuat;
};
```

动画（animation）即为按时间排序的一系列关键帧。

```
struct BoneAnimation
{
  float GetStartTime()const;
  float GetEndTime()const;
```

[①] 官方注释是"根据一个四元数来构建旋转矩阵"。

```
void Interpolate(float t, XMFLOAT4X4& M)const;

std::vector<Keyframe> Keyframes;
};
```

"bone"这个名字的由来将在下一节中揭晓。现在我们只需知道驱动一个单独的"bone"就如同驱动一个单独的物体。GetStartTime方法仅返回第一个关键帧的起始时间点。比如说，一个物体可能在时间轴的前 10 秒内都不会动，这时，此函数便派上了用场。类似地，GetEndTime方法返回的则是最后一个关键帧的结束时间点，这便于我们了解动画的结尾来停止驱动"bone"。

我们现在已经有了一系列的关键帧，它们定义了一部看起来有些粗糙的动画。但是，关键帧之间的帧又该怎样来实现呢？这又该轮到插值计算大显神威了。针对两个关键帧 K_i 与 K_{i+1} 之间的不同时刻 t，我们在这两个关键帧之间对此进行插值。

```
void BoneAnimation::Interpolate(float t, XMFLOAT4X4& M)const
{
  // 由于 t 是动画开始前的时刻，所以仅返回第一个关键帧
  if( t <= Keyframes.front().TimePos )
  {
   XMVECTOR S = XMLoadFloat3(&Keyframes.front().Scale);
   XMVECTOR P = XMLoadFloat3(&Keyframes.front().Translation);
   XMVECTOR Q = XMLoadFloat4(&Keyframes.front().RotationQuat);

   XMVECTOR zero = XMVectorSet(0.0f, 0.0f, 0.0f, 1.0f);
   XMStoreFloat4x4(&M, XMMatrixAffineTransformation(S, zero, Q, P));
  }
  // 由于 t 是动画结束后的时刻，因此仅返回最后一个关键帧
  else if( t >= Keyframes.back().TimePos )
  {
   XMVECTOR S = XMLoadFloat3(&Keyframes.back().Scale);
   XMVECTOR P = XMLoadFloat3(&Keyframes.back().Translation);
   XMVECTOR Q = XMLoadFloat4(&Keyframes.back().RotationQuat);

   XMVECTOR zero = XMVectorSet(0.0f, 0.0f, 0.0f, 1.0f);
   XMStoreFloat4x4(&M, XMMatrixAffineTransformation(S, zero, Q, P));
  }
  // t 位于两个关键帧之间，所以对此进行插值
  else
  {
   for(UINT i = 0; i < Keyframes.size()-1; ++i)
   {
    if( t >= Keyframes[i].TimePos && t <= Keyframes[i+1].TimePos )
    {
     float lerpPercent = (t - Keyframes[i].TimePos) /
       (Keyframes[i+1].TimePos - Keyframes[i].TimePos);

     XMVECTOR s0 = XMLoadFloat3(&Keyframes[i].Scale);
     XMVECTOR s1 = XMLoadFloat3(&Keyframes[i+1].Scale);
```

```
        XMVECTOR p0 = XMLoadFloat3(&Keyframes[i].Translation);
        XMVECTOR p1 = XMLoadFloat3(&Keyframes[i+1].Translation);

        XMVECTOR q0 = XMLoadFloat4(&Keyframes[i].RotationQuat);
        XMVECTOR q1 = XMLoadFloat4(&Keyframes[i+1].RotationQuat);

        XMVECTOR S = XMVectorLerp(s0, s1, lerpPercent);
        XMVECTOR P = XMVectorLerp(p0, p1, lerpPercent);
        XMVECTOR Q = XMQuaternionSlerp(q0, q1, lerpPercent);

        XMVECTOR zero = XMVectorSet(0.0f, 0.0f, 0.0f, 1.0f);
        XMStoreFloat4x4(&M, XMMatrixAffineTransformation(S, zero, Q, P));

        break;
      }
    }
  }
}
```

图 22.11 展示了在**关键帧 1** 与**关键帧 2** 之间进行插值所生成的中间帧（in-between frame）。

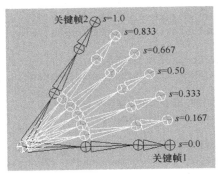

图 22.11　关键帧插值计算的示意图。关键帧定义了动画中的"关键"姿态，
而关键帧之间的插值则表示其间的中间帧

注意

图 22.11 曾用于 Frank D. Luna 的图书，Introduction to 3D Game Programming with DirectX 9.0c: A Shader Approach, 2006: Jones and Bartlett Learning, Burlington, MA. www.jblearning.com，现经许可摘录对此。

插值完成之后，我们还要在着色器程序中利用矩阵对其进行变换，所以还需构建对应的变换矩阵。这里所用的 XMMatrixAffineTransformation 函数声明如下。

```
XMMATRIX XMMatrixAffineTransformation(
  XMVECTOR Scaling,
  XMVECTOR RotationOrigin,
```

```
    XMVECTOR RotationQuaternion,
    XMVECTOR Translation);
```

至此，简易动画系统已经准备就绪。接下来的工作就是定义一些关键帧。

```
// App 类中的成员数据

float mAnimTimePos = 0.0f;
BoneAnimation mSkullAnimation;
//
// In constructor,define the animation keyframes
//
void QuatApp::DefineSkullAnimation()
{
  //
  // 定义动画的关键帧
  //

  XMVECTOR q0 = XMQuaternionRotationAxis(
    XMVectorSet(0.0f, 1.0f, 0.0f, 0.0f), XMConvertToRadians(30.0f));
  XMVECTOR q1 = XMQuaternionRotationAxis(
    XMVectorSet(1.0f, 1.0f, 2.0f, 0.0f), XMConvertToRadians(45.0f));
  XMVECTOR q2 = XMQuaternionRotationAxis(
    XMVectorSet(0.0f, 1.0f, 0.0f, 0.0f), XMConvertToRadians(-30.0f));
  XMVECTOR q3 = XMQuaternionRotationAxis(
    XMVectorSet(1.0f, 0.0f, 0.0f, 0.0f), XMConvertToRadians(70.0f));

  mSkullAnimation.Keyframes.resize(5);
  mSkullAnimation.Keyframes[0].TimePos = 0.0f;
  mSkullAnimation.Keyframes[0].Translation = XMFLOAT3(-7.0f, 0.0f,
    0.0f);
  mSkullAnimation.Keyframes[0].Scale = XMFLOAT3(0.25f, 0.25f, 0.25f);
  XMStoreFloat4(&mSkullAnimation.Keyframes[0].RotationQuat, q0);

  mSkullAnimation.Keyframes[1].TimePos = 2.0f;
  mSkullAnimation.Keyframes[1].Translation = XMFLOAT3(0.0f, 2.0f,
    10.0f);
  mSkullAnimation.Keyframes[1].Scale = XMFLOAT3(0.5f, 0.5f, 0.5f);
  XMStoreFloat4(&mSkullAnimation.Keyframes[1].RotationQuat, q1);

  mSkullAnimation.Keyframes[2].TimePos = 4.0f;
  mSkullAnimation.Keyframes[2].Translation = XMFLOAT3(7.0f, 0.0f,
    0.0f);
  mSkullAnimation.Keyframes[2].Scale = XMFLOAT3(0.25f, 0.25f, 0.25f);
  XMStoreFloat4(&mSkullAnimation.Keyframes[2].RotationQuat, q2);

  mSkullAnimation.Keyframes[3].TimePos = 6.0f;
  mSkullAnimation.Keyframes[3].Translation = XMFLOAT3(0.0f, 1.0f,
    -10.0f);
  mSkullAnimation.Keyframes[3].Scale = XMFLOAT3(0.5f, 0.5f, 0.5f);
  XMStoreFloat4(&mSkullAnimation.Keyframes[3].RotationQuat, q3);
```

```
   mSkullAnimation.Keyframes[4].TimePos = 8.0f;
   mSkullAnimation.Keyframes[4].Translation = XMFLOAT3(-7.0f, 0.0f,
       0.0f);
   mSkullAnimation.Keyframes[4].Scale = XMFLOAT3(0.25f, 0.25f, 0.25f);
   XMStoreFloat4(&mSkullAnimation.Keyframes[4].RotationQuat, q0);
 }
```

　　每一个关键帧中都将改变骷髅头的大小，并将它以不同朝向安置在场景中的不同位置。如果读者有兴趣，可以尝试为此演示程序添加自己所构思的关键帧或修改关键帧数据。例如，读者可以把所有帧的旋转与缩放变换都设为恒等变换（identity，也就是变换后却保持原有状态），以此来观看只有物体位置发生变化的动画效果。

　　最后一个步骤是随着时间的改变，通过对当前的骷髅头世界矩阵进行插值来确定此帧的动画数据。

```
void QuatApp::UpdateScene(float dt)
{
    ...

    // 使时间的车轮向前滚动（推进时间点在时间轴上的位置）
    mAnimTimePos += dt;
    if(mAnimTimePos >= mSkullAnimation.GetEndTime())
    {
        // 将动画环回至起始时间
        mAnimTimePos = 0.0f;
    }

    // 求出此刻的骷髅头世界矩阵
    mSkullAnimation.Interpolate(mAnimTimePos, mSkullWorld);

    ...
}
```

为了使骷髅头"摇头晃脑"，令它的世界矩阵在每一帧都有所变化，如图 **22.12** 所示。

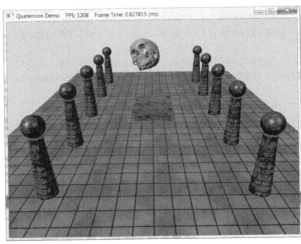

图 22.12　四元数演示程序的效果

22.7 小结

1. 一个有序实数四元组 $q = (x,y,z,w) = (q_1,q_2,q_3,q_4)$ 即为一个四元数，它通常被简记为 $q = (u,w) = (x,y,z,w)$，我们称 $u = (x,y,z)$ 为向量虚部，w 为实部。而且，我们将四元数的相等以及加、减、乘三则运算分别定义如下：
   （a）$(u,a) = (v,b)$，当且仅当 $u = v$ 且 $a = b$。
   （b）$(u,a) \pm (v,b) = (u \pm v, a \pm b)$。
   （c）$(u,a)(v,b) = (av + bu + u \times v, ab - u \cdot v)$。

2. 四元数之间的乘法运算不满足交换律，但是满足结合律。可将四元数 $e = (0,0,0,1)$ 看作乘法单位元。四元数乘法对加法的分配律为 $p(q + r) = pq + pr$ 以及 $(q + r)p = qp + rp$。

3. 我们可以通过把实数 s 写作 $s = (0,0,0,s)$ 来将其转换到四元数空间，并以 $u = (u,0)$ 的表示方法将向量 u 转换至四元数空间。一个实部为 0 的四元数称为**纯四元数**（pure quaternion）。标量与四元数的乘法为 $s(p_1,p_2,p_3,p_4) = (sp_1,sp_2,sp_3,sp_4) = (p_1,p_2,p_3,p_4)s$。因此，四元数与标量乘法是四元数乘法运算中满足交换律的一种特殊情况。

4. 四元数 $q = (q_1,q_2,q_3,q_4) = (u,q_4)$ 的共轭四元数记作 q^*，它的定义为 $q^* = q_1 - q_2 - q_3 + q_4 = (-u,q_4)$。四元数的**范数**（norm。或称模，即 magnitude）定义为 $\|q\| = \sqrt{qq^*} = \sqrt{q_1^2 + q_2^2 + q_3^2 + q_4^2} = \sqrt{\|u\|^2 + q_4^2}$。如果一个四元数的范数为 1，那么称之为**单位四元数**（unit quaternion）。

5. 设 $q = (q_1,q_2,q_3,q_4) = (u,q_4)$ 为一个非零四元数，那么，它的逆记作 q^{-1}，且定义为 $q^{-1} = \dfrac{q^*}{q^2}$。如果 q 是一个单位四元数，那么 $q^{-1} = q^*$。

6. 可以把一个单位四元数 $q = (u,q_4)$ 写作极坐标的表示形式（polar representation）$q = (\sin\theta n, \cos\theta)$，其中的 n 为一个单位向量。

7. 如果 q 为一个单位四元数，那么当 $\|n\| = 1$ 且 $\theta \in [0,\pi]$ 时，则有 $q = (\sin\theta n, \cos\theta)$。四元数旋转算子的定义为 $R_q(v) = qvq^{-1} = qvq^*$，它表示点或向量 v 绕轴 n 按角 2θ 进行旋转。R_q 有相应的矩阵表示法，而且任何的旋转矩阵都能被转换为一个表示其对应旋转操作的四元数。

8. 对于动画方面而言，在两个方向之间进行插值是一项很常见的工作。把每个方向都用一个单位四元数表示，我们就能通过对这些单位四元数进行球面插值来求取相应的插值方向。

22.8 练习

1. 计算下列复数算式。
   （a）$(3 + 2i) + (-1 + i)$
   （b）$(3 + 2i) - (-1 + i)$

（c）$(3+2i)(-1+i)$

（d）$4(-1+i)$

（e）$(3+2i)/(-1+i)$

（f）$z=(3+2i)$，计算 z 的共轭复数 $\bar{z}$。

（g）$|3+2i|$

2. 把复数 $(-1, 3)$ 写作极坐标的形式。

3. 通过复数的乘法运算使向量 $(2, 1)$ 旋转 30°。

4. 根据复数除法的定义来证明：$\dfrac{a+ib}{a+ib}=1$。

5. 设 $z=a+ib$。证明 $|z|^2=z\bar{z}$。

6. 设 M 为一个 2×2 矩阵。证明：$\det M=1$ 且 $M^{-1}=M^{\mathrm{T}}$，当且仅当 $M=\begin{bmatrix}\cos\theta & \sin\theta \\ -\sin\theta & \cos\theta\end{bmatrix}$。即，

   当且仅当 M 是一个旋转矩阵。这给验证某矩阵是否为旋转矩阵提供了一条途径。

7. 设 $p=(1, 2, 3, 4)$ 且 $q=(2, -1, 1, -2)$ 都为四元数。计算下列各式。

   （a）$p+q$

   （b）$p-q$

   （c）pq

   （d）$p^{\ast}$

   （e）$q^{\ast}$

   （f）$p^{\ast}p$

   （g）$\|p\|$

   （h）$\|q\|$

   （i）p^{-1}

   （j）q^{-1}

8. 将单位四元数 $q=\left(\dfrac{1}{2}, \dfrac{1}{2}, 0, \dfrac{1}{\sqrt{2}}\right)$ 写作极坐标的形式。

9. 把单位四元数 $q=\left(\dfrac{\sqrt{3}}{2}, 0, 0, -\dfrac{1}{2}\right)$ 写作极坐标的形式。

10. 求出令向量（或点）绕轴 $(1, 1, 1)$ 旋转 45° 的单位四元数。

11. 求出令向量（或点）绕轴 $(0, 0, -1)$ 旋转 60° 的单位四元数。

12. 设 $p=\left(\dfrac{1}{2}, 0, 0, \dfrac{\sqrt{3}}{2}\right)$ 与 $q=\left(\dfrac{\sqrt{3}}{2}, 0, 0, \dfrac{1}{2}\right)$ 皆为单位四元数。计算 $\mathrm{slerp}\left(p, q, \dfrac{1}{2}\right)$ 并验证结果也为一个

   单位四元数。

13. 证明可以将四元数 (x, y, z, w) 写作 $xi+yj+zk+w$ 的形式。

14. 证明 $qq^{\ast}=q^{\ast}q=q_1^2+q_2^2+q_3^2+q_4^2=\|u\|^2+q_4^2$。

15. 设 $p=(u, 0)$ 与 $q=(v, 0)$ 为纯四元数（即实部为 0）。证明 $pq=(p\times q, -p\cdot q)$。

16. 证明下列性质。

    （a）$(pq)^* = q^* p^*$

    （b）$(p+q)^* = p^* + q^*$

    （c）当 $s \in \mathbb{R}$ 时，$(sq^*)^* = sq^*$

    （d）$qq^* = q^* q = q_1^2 + q_2^2 + q_3^2 + q_4^2$

    （e）$\|pq\| = \|p\|\|q\|$

17. 用代数方法证明：$a \cdot \dfrac{\sin((1-t)\theta)a + \sin(t\theta)b}{\sin\theta} = \cos(t\theta)$

18. 设 a、b、c 都为 3D 向量。证明下述恒等式：

    （a）$a \times (b \times c) = (a \cdot c)b - (a \cdot b)c$

    （b）$(a \times b) \times c = -(c \cdot b)a + (c \cdot a)b$

第23章
角色动画

在本章中，我们将学习如何驱使人类或动物这些复杂的动画角色运动起来。所谓复杂，是因为需要在同一时刻令其中的许多可运动部分活动起来。回忆一下我们跑步的动作就会发现——每块骨骼（bone，是不是有点眼熟？）都要按各自的轨迹运动。不借助任何工具赤手空拳地创建这样复杂的动画是不切实际的，因此，要完成这项任务往往需要运用特定的模型与动画制作工具。假设现在已经拥有了角色及其相应的动画数据，让我们马上开始本章中用 Direct3D 令角色活灵活现以及用渲染动画的旅程吧。

学习目标：
1. 熟悉与动态蒙皮网格相关的专业术语。
2. 学习网格层次变换的数学描述，并对基于树型的网格层次结构进行遍历。
3. 理解顶点混合技术的主体思想及其数学表示。
4. 了解如何从文件中加载动画数据。
5. 探索如何用 Direct3D 来实现角色动画。

23.1 框架层次[①]

许多物体是由保持"父子"关系的多个部分组成的，其中，存在一个或一个以上的物体子对象[②]能够按照它们自己的轨迹独立地运动（可能还要受到物理运动上的限制——比如，人类的关节部分只能在特定的范围内运动）。但是，当父对象运动时，其子对象也将被迫随之移动。举个例子，思考一下，上肢可自然地分为上臂、前臂与手这 3 个部分。手可以绕着腕关节独立于臂转动。但是，如果前臂绕着肘关节

---

① 原文为 frame hierarchies，多译为"框架层次"。但译者认为翻译为"标架层次"也可行，甚至更妥，原因见下文。
② 有的文献中也把构成层次结构中的元素称为节点或子物体。

转动，则手也必随之转动。类似地，如果上臂绕着肩关节转动，那么前臂必随之转动，又由于前臂被带动，因而手亦随之运动（见图 23.1）。这样一来，我们就得到了一种确切的对象层次结构（object hierarchy）关系：手是前臂的子对象，前臂又是上臂的子对象。如果再将此实例进行扩展，那么上臂将作为躯干的子对象……若以此类推，那么将得到一副完整的骨骼系统（图 23.2 展示了一种更为复杂的层次示例）。

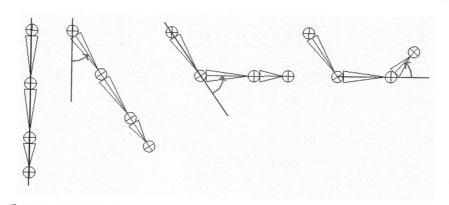

图 23.1 层次变换（hierarchy transform）。可以观察到一块骨骼的父对象的变换会对它自己及其子对象造成影响

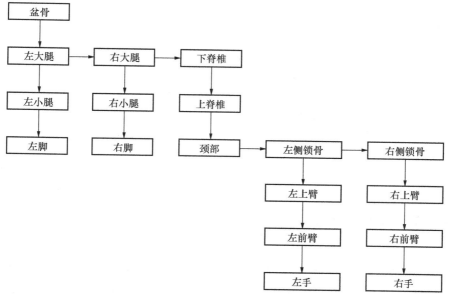

图 23.2 一种模拟具有无毛两足动物基本根性角色的更为复杂的树状层次结构。"父对象"以向下的箭头指向它的"第一个子对象"，右向箭头则表示两对象之间的"兄弟"关系。例如，"左大腿""右大腿"与"下脊椎"都为"盆骨"骨骼的子对象

本节的目标是展示如何根据一个对象及其**祖先**（ancestor，即它的父对象、祖父对象以及曾祖父对象

等）对象的位置，将其正确地定位于场景之中。

数学描述

注意

在学习本小节之前，读者不妨先回顾本书的第 3 章，特别是其中的坐标变换部分。

为了保证讲解过程简单而又具体，我们采用上臂（根对象）、前臂与手这一层次关系作为示例。在

此，我们分别把它们标记为骨骼 0、骨骼 1 以及骨骼 2 （见图 23.3 ）。

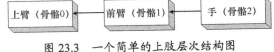

图 23.3　一个简单的上肢层次结构图

只要理解了基本的概念，我们就可以把它直接推广到处理更为复杂的情景之中。当前的问题是，如果给定了某层次结构中的特定对象，如何把它正确地变换到世界空间中呢？显而易见的是，我们无法将该对象直接变换至世界空间，这是因为它在场景中的位置也受到其祖先对象的影响，所以我们还必须顾及那些祖先对象的变换。

层次结构中的每个对象都相对于其旋转所依赖的枢纽关节（pivot joint）为原点的局部坐标系进行建模（见图 23.4 ）。

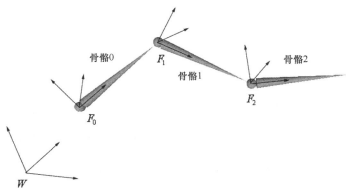

图 23.4　每块骨骼几何体都是相对于其自身的局部坐标系来描述的。但是，由于所有的坐标系都位于同一个世界空间之中，所以我们就能够得到它们之间任意一对的联系

由于所有对象的坐标系都位于同一世界空间之中，所以我们就能基于这一点将它们联系起来，特别是我们能够描述出：在任意时刻，每个对象坐标系与其父对象坐标系[1]的位置关系（这里研究的是固定时刻的物体快照，这是因为在一般情况下这些网格的各个层次都是相对活动的，而且它们的关系会随着一个特定的时间函数而发生改变）。（根对象标架，root frame，也有译作根框架，继而有框架 F_1、框架 F_2 等）F_0 的父坐标系为世界空间坐标系 W，即坐标系 F_0 是相对于世界空间坐标来进行描述的。）掌握了父

---

[1] 下文简记作父坐标系，类似的还有子坐标系、根坐标系等。

子坐标系之间的关系后，我们就可以用变换矩阵将坐标由子（对象）空间变换至其父（对象）空间（此思路与局部空间至世界空间的变换相一致，区别仅为这里执行的是局部空间向其父空间的变换）。设 A_2 为将几何体从标架 F_2 变换至 F_1 的矩阵，A_1 为将几何体从标架 F_1 变换至 F_0 的矩阵，A_0 为将几何体从标架 F_0 变换至 W 的矩阵。（我们称 A_i 为**至父坐标系矩阵**（to-parent），利用它可以将几何体从子坐标系变换至其父坐标系。）这样一来，我们就能通过下面定义的矩阵 M_i 将上肢层次结构中的第 i 个对象变换至世界空间：

$$M_i = A_i A_{i-1} \cdots A_1 A_0 \qquad (23.1)$$

尤其是在上肢实例中，利用矩阵 $M_2 = A_2 A_1 A_0$，$M_1 = A_1 A_0$ 与 $M_0 = A_0$ 就能分别将手部、前臂与上臂直接变换到世界空间。可以观察到，每一个对象都继承了其祖先对象的变换操作，这也就满足了上文所提到的如果上臂移动，那么手部也随之运动这一要求。

图 23.5 用几何的方式详细解释了式（23.1）。事实上，要对上肢层次结构中的某个对象进行变换，只需依次应用该对象及其各祖先的"至父坐标系矩阵"，使之按其祖先对象升序的次序在坐标系层次中上滤（percolate up），直到此对象变换至世界空间为止。

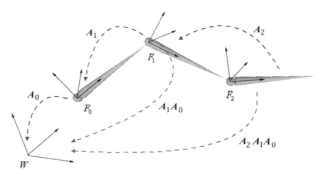

图 23.5　由于可以在同一个世界空间中描述层次结构里各对象坐标系的关系，所以我们能够将某个对象变换至另一个对象的空间中。特别是在上肢层次结构这个示例中，我们就是以骨骼坐标系及其父坐标系的关系建立起坐标系之间的联系。据此就能构建出**至父坐标系**的变换矩阵，以此将骨骼几何体从它的局部空间变换至其父坐标系。一旦该对象位于其父坐标系，我们就能通过其父对象的"至父坐标系矩阵"，再将此对象变换至其祖父坐标系之中，并以此类推，直到此对象遍历每个祖先对象的坐标系，变换至世界空间之中

在上肢层次结构这个示例中，我们采用了简单的线性层次结构来描述其中对象的关系。这种想法也可以推广到一种树形的层次结构。在这种结构中，将对象变换至世界空间的方式变为了依次应用该对象及其各祖先（按升序顺序）的"至父坐标系矩阵"使之在层次结构中上滤，直至目标对象变换至世界空间为止（这里再强调一次，根标架的父坐标系即为世界空间）。这唯一的实质性差别即我们用更为复杂的树形结构取代了此前的线性链表结构。

我们再来看一个更复杂的示例，考虑图 23.2 所示的角色左侧锁骨。由于它是颈骨的同级兄弟对象，因此它也是上脊椎的一个子对象。这样一来，左侧锁骨的世界变换是经过左侧锁骨至父坐标系的变换、上脊椎至父坐标系的变换、下脊椎至父坐标系的变换、盆骨至父坐标系的变换来实现的。

23.2　蒙皮网格

23.2.1　定义

图 23.6 所示的是一款动画角色网格。图中高亮标出的骨骼链称为**骨架**（skeleton），而它所具有的性质使它为驱动一款角色动画系统的工作提供了一份天然的层次结构。骨架被外表**皮**（skin）附着，我们用 3D 几何图形（顶点与多边形）来对它进行模拟，这便是蒙皮操作。皮肤顶点所位于的**绑定空间**（bind space）是定义整个皮肤时所参照的局部坐标系（通常是根坐标系）。与现实中的情况相同，骨架中的每一块骨骼都带动着与它关联的局部皮肤（在此，即骨骼所带动的众顶点）的形状与位置。如此一来，随着驱动骨骼，其附属的皮肤也会根据骨架的当前姿态相应地进行调整。

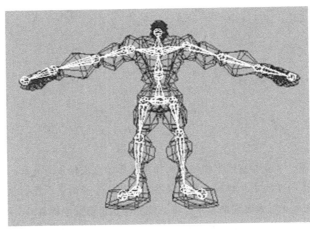

图 23.6　一款角色网格。高亮标出的骨骼链表示角色的骨架，黑色多边形则代表人物的皮肤。定义皮肤顶点所用的**绑定空间**（bind space）是在对整个皮肤网格建模时所参照的坐标系

23.2.2　重新推导将骨骼变换至根坐标系的公式

我们在本节中将推导的内容与 23.1 节有部分差别。第一点区别是：在这一节中，我们要把将对象从根坐标系变换至世界坐标系作为一个单独的步骤。因此，本节所求的并非是前文中将每块骨骼对象变换至世界空间的矩阵，而是要找寻把每块骨骼对象变换**至根坐标系**（to-root，即将骨骼对象从其局部坐标系转换至根坐标系所需的变换）的矩阵。

第二点不同之处在于，在 23.1 节中，我们是以自底向上的方式遍历目标对象的祖先节点，也就是说，以一块骨骼为起点上移至其祖先节点。但是，若按自顶向下的方式进行遍历，即以根节点开始向树状结构的下端移动其实效率更高（参见式（23.2））。用整数 $0, 1, \cdots, n-1$ 对 n 块骨骼进行标记，我们就能以

下列公式来表示第 i 块骨骼至根坐标系的变换：

$$\text{toRoot}_i = \text{toParent}_i \cdot \text{toRoot}_p \tag{23.2}$$

其中，p 为骨骼 i 的父对象的下标。这个公式究竟是什么意思呢？事实上，toRoot_p 给出的是将几何体从骨骼 p 的坐标系直接快递至根坐标系的映射。所以，为了使几何体变换至根坐标系，我们仅需从骨骼 i 的坐标系中获取几何体，再通过 toParent_i 将几何体变换至骨骼 i 父对象 p 的坐标系即可。

现在整个流程中存在的唯一问题就是，在处理第 i 块骨骼的时候，我们必须计算其父对象至根坐标系的变换（toRootp）。如果按自顶向下的顺序遍历树状结构，那么计算父对象"至根坐标系变换"的工作就总要先于计算其子对象的"至根坐标系变换"。

此时，"自顶向下"这种遍历方法便凸显出了更为高效的优势。若采用自顶向下的方式进行遍历，对于任意骨骼 i 来讲，我们事实上已经提前得到了将其父对象转至根坐标系的变换矩阵。这样一来，我们离将骨骼 i 变换到根坐标系之中的目标只有**一步之遥**。而采用"自底向上"的遍历方法时，我们不仅要为每块骨骼遍历其全部的祖先，而且要在不同骨骼分享共用祖先对象这一情况下，多次进行重复的矩阵乘法。

23.2.3　偏移变换

事实上，角色皮肤的定义存在着一条微妙的细节，那就是受骨骼带动的顶点并非相对于此骨骼的坐标系而定义（它们的坐标都相对于**绑定空间**（bind space），即蒙皮网格建模所用的坐标系）。所以，在运用式（23.2）之前，我们首先需要将各皮肤顶点由绑定空间变换至牵动它们的骨骼的空间。这便是所谓的**偏移变换**（offset transformation），如图 23.7 所示。

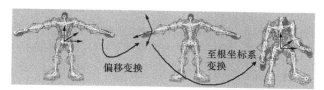

图 23.7　首先通过偏移变换将受骨骼带动的皮肤顶点从绑定空间变换至此骨骼的空间。接着，待这些顶点位于骨骼空间后，就应用骨骼的"至根坐标系变换"将它们从骨骼空间转换到根空间之中。

最终变换（final tranoformation）即是把偏移变换与"至根坐标系变换"按顺序组合起来的变换

如此一来，我们就能通过任意骨骼 B 的偏移矩阵对相关皮肤顶点进行变换，将这些顶点从绑定空间转换至骨骼 B 的局部空间。只要相关皮肤顶点位于骨骼 B 的局部空间，我们就能利用骨骼 B 的"至根坐标变换"，将它们转换到角色空间中当前动画姿态的对应位置。

我们现在来介绍一种名为**最终变换**（final transform）的变换新品，其实就是把骨骼的偏移变换及其"至根坐标系变换"组合起来。从数学上来讲，第 i 块骨骼的最终变换矩阵 $\boldsymbol{F}_i$ 的定义为：

$$\boldsymbol{F}_i = \text{offset}_i \cdot \text{toRoot}_i \tag{23.3}$$

23.2.4　驱动骨架运动

在前一章的演示程序中，我们展示了如何驱使一个单独的物体运动。我们定义了**关键帧**（key frame）来指定物体在某一时刻的位置、朝向以及缩放大小。**动画**（animation）则为一系列按时间先后顺序排列的关键帧，这便是动画的粗略定义。另外，我们还演示了如何在关键帧之间进行插值，以计算出在两个关键帧之间某些时刻的物体方位。现在，我们通过扩展之前的动画系统来驱动多块骨骼运动。这些提及的动画类都被定义在本章例程"Skinned Mesh（蒙皮网格）"中的 SkinnedData.h/.cpp 文件内。

使一副骨骼运动并不比驱动一个单独的物体复杂多少。其实，我们完全可以把单独的物体看作一块骨骼，而一副骨架就是一组连接在一起的骨骼。在此，我们假设每一块骨骼都能相对独立地运动。所以，要驱动一副骨架运动，我们先要令每块骨骼在它所在的局部范围内合理地活动。当每一块骨骼都能在它自己的天地里活动之后，我们就要将其祖先对象的运动对它的影响考虑在内，并将它转换至根空间。

我们定义了一段由一系列动作（每一个动作都需要骨架中的所有骨骼参与）组成的**动画片段**（animation clip），以令骨架为一种动作而协同工作。比如，"行走""跑路""攻击""下蹲"以及"跳跃"都可以当作动画片段的内容。

```
///<摘要你好>
/// AnimationClip 的动作实例可以是"行走""跑动""攻击""下蹲"
/// 一段 AnimationClip 需要利用 BoneAnimation 来协调每块骨骼实现动画片段
///</摘要再见>
struct AnimationClip
{
    // 该动画片段里所有骨骼中最早开始运动的起始时间
    float GetClipStartTime()const;

    // 此动画片段里所有骨骼中最晚停止运动的结束时间
    float GetClipEndTime()const;

    // 遍历该动画片段中的每个 BoneAnimation，并据此对动画进行插值
    void Interpolate(float t, std::vector<XMFLOAT4X4>& boneTransforms)const;

    // 用来指挥每一块骨骼运动
    std::vector<BoneAnimation> BoneAnimations;
};
```

为了使应用程序中的角色表现出所有的预定动作，我们往往会为它制作多种动画片段。由于一种角色的所有动画片段都要靠同一副骨架来实现，因此这些动作所用的骨骼块数都是相同的（尽管在完成某些特定动作时可能有部分骨骼丝毫不动）。正因如此，我们就能通过一个 unordered_map 数据结构实例来存储所有的动画片段，并根据动画片段的识别名称来引用它们：

```
std::unordered_map<std::string, AnimationClip> mAnimations;
AnimationClip& clip = mAnimations["attack"];
```

最后，正如之前所提到的，针对每一块骨骼，我们都需要利用偏移变换，将受到其影响的诸皮肤顶点从绑定空间变换至该骨骼空间。另外，我们还需要以某种方式来表示骨架的层次结构（这里用的是一个数组——具体实现可详见下一小节）。下面介绍存储骨架动画数据的最终变换数据结构。

```
class SkinnedData
{
```

```
public:

    UINT BoneCount()const;

    float GetClipStartTime(const std::string& clipName)const;
    float GetClipEndTime(const std::string& clipName)const;

    void Set(
      std::vector<int>& boneHierarchy,
      std::vector<DirectX::XMFLOAT4X4>& boneOffsets,
      std::unordered_map<std::string, AnimationClip>& animations);

    // 在实际的项目中，如果需要调用 clipName 这一动画片段中同一 timePos 时刻的动画多次，我们可能
    // 就会渴望将此最终变换的结果缓存下来
    void GetFinalTransforms(const std::string& clipName, float timePos,
      std::vector<DirectX::XMFLOAT4X4>& finalTransforms)const;

private:
    // 用于给出第 i 块骨骼的父对象索引
    std::vector<int> mBoneHierarchy;

    std::vector<DirectX::XMFLOAT4X4> mBoneOffsets;

    std::unordered_map<std::string, AnimationClip> mAnimations;
};
```

23.2.5 计算最终变换

一款角色的框架层次往往用类似于图 23.2 所示的树状结构来表示。我们采用整型数组来模拟这种层次结构，即用第 i 个数组元素给出第 i 块骨骼的父对象索引。同时，还可用索引 i 来指示当前动画片段中对应的第 i 个 BoneAnimation 以及第 i 个偏移变换。而没有父对象的根骨骼总是处于元素 0 的位置。因此，骨骼 i 的祖父对象的动画数据以及偏移变换就可以按以下方式获得：

```
int parentIndex = mBoneHierarchy[i];
int grandParentIndex = mBoneHierarchy[parentIndex];

XMFLOAT4X4 offset = mBoneOffsets[grandParentIndex];

AnimationClip& clip = mAnimations["attack"];
BoneAnimation& anim = clip.BoneAnimations[grandParentIndex];
```

也可以据此计算出每块骨骼的最终变换，如：

```
void SkinnedData::GetFinalTransforms(const std::string& clipName,
float timePos, std::vector<XMFLOAT4X4>& finalTransforms)const
{
  UINT numBones = mBoneOffsets.size();

  std::vector<XMFLOAT4X4> toParentTransforms(numBones);
```

```
// 根据给定的时间点对此动画片段中的所有骨骼进行插值
auto clip = mAnimations.find(clipName);
clip->second.Interpolate(timePos, toParentTransforms);


//
// 遍历该层次结构并将所有的骨骼变换至根空间
//

std::vector<XMFLOAT4X4> toRootTransforms(numBones);

// 根骨骼的索引为 0。由于根骨骼没有父对象，因此它的至根坐标系变换即为其自身局部骨骼空间的变换
toRootTransforms[0] = toParentTransforms[0];

// 现在来求出子对象们的至根坐标系变换
for(UINT i = 1; i < numBones; ++i)
{
  XMMATRIX toParent = XMLoadFloat4x4(&toParentTransforms[i]);

  int parentIndex = mBoneHierarchy[i];
  XMMATRIX parentToRoot = XMLoadFloat4x4(&toRootTransforms[parentIndex]);

  XMMATRIX toRoot = XMMatrixMultiply(toParent, parentToRoot);

  XMStoreFloat4x4(&toRootTransforms[i], toRoot);
}

// 令骨骼的偏移变换乘以至根坐标系变换来求得最终变换
for(UINT i = 0; i < numBones; ++i)
{
  XMMATRIX offset = XMLoadFloat4x4(&mBoneOffsets[i]);
  XMMATRIX toRoot = XMLoadFloat4x4(&toRootTransforms[i]);
  XMStoreFloat4x4(&finalTransforms[i], XMMatrixMultiply(offset,
  toRoot));
  }
}
```

此时，在变换阶段还需实现一项重要的细节。在循环中遍历每块骨骼的时候，我们要获取当前骨骼父对象的至根坐标系变换：

```
int parentIndex = mBoneHierarchy[i];
XMMATRIX parentToRoot = XMLoadFloat4x4(&toRootTransforms[parentIndex]);
```

只有在循环中最先求出父骨骼的"至根坐标系变换"，才能保证这项工作正确而顺利地执行下去。事实上，如果我们能够确保数组中的每块子骨骼都在其父骨骼之后的这一顺序，即可满足上述条件。而且，例程已经依此生成了适当的数据。以下是某个角色模型层次结构数组中前 10 块骨骼的数据片段：

```
ParentIndexOfBone0: -1
ParentIndexOfBone1: 0
```

```
ParentIndexOfBone2: 0
ParentIndexOfBone3: 2
ParentIndexOfBone4: 3
ParentIndexOfBone5: 4
ParentIndexOfBone6: 5
ParentIndexOfBone7: 6
ParentIndexOfBone8: 5
ParentIndexOfBone9: 8
```

因此，骨骼 9 的父对象为骨骼 8、骨骼 8 的父对象为骨骼 5、骨骼 5 的父对象为骨骼 4、骨骼 4 的父对象为骨骼 3、骨骼 3 的父对象为骨骼 2，骨骼 2 的父对象则为根节点骨骼 0。由此便可以看出，父骨骼在数组中的位置从未被其子骨骼超越。

23.3　顶点混合

我们刚刚展示了如何来令骨架运动。在本节中，我们将把注意力聚焦在驱动附着于骨架上的皮肤（即蒙皮）。本书实现此功能所采用的算法称为**顶点混合**（vertex blending）。

顶点混合算法的策略如下。在皮肤之下即为呈层次结构的骨骼系统，而蒙皮本身是一段连续的网格（这就是说，不能把蒙皮按骨骼模型相应地划分成若干部分后再分别驱动它们）。由于皮肤上的同一个顶点可能受到一块或多块骨骼影响，因此最终的蒙皮效果要根据牵动它的各块骨骼的最终变换的加权平均值来确定（这些权值由美工在创建模型时指定并将之保存在文件中）。这样一来，即可在关节处（这通常是令人头疼的重点灾区）实现平滑的渐变混合效果，以此令皮肤表现得富有弹性。效果如图 23.8 所示。

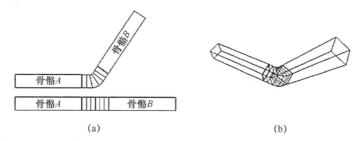

图 23.8　皮肤是一块附着于骨骼的连续网格。由图中可以看出，关节附近的顶点被骨骼 A 与骨骼 B 同时牵动，以此为基础即可创建出平滑的渐变混合效果来模拟富有弹性的皮肤

[Möller08]提出：在实践的过程中，最好不要令同一顶点受到多于 4 块骨骼的影响。因此，在设计中就要考虑到每个顶点最多由 4 块骨骼来驱动这一因素。这样，为了实现顶点混合技术，我们将会把角色的皮肤网格模拟为一块连续的网格。其中，每一个顶点都含有至多 4 个索引，以此对最终变换矩阵所构成的数组"**骨骼矩阵调色板**（bone matrix palette，骨架中的每块骨骼都与该数组中的元素一一对应）"进行索引。另外，每个顶点也最多有 4 个权值，分别用来描述每块骨骼对顶点影响的程度。据此，我们就得到了实现顶点混合所用的顶点结构体（见图 23.9）。

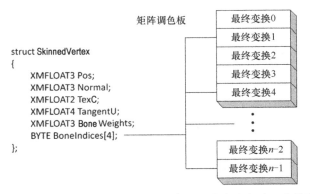

图 23.9　矩阵调色板存储着每块骨骼的最终变换。从图中可以看出其中的 4 个骨骼索引是怎样在矩阵调色板中引用对应的最终变换的。同时，这些骨骼索引也反映出是骨架中的哪些骨骼在带动着不同的皮肤顶点。值得注意的是，顶点未必刚好被 4 块骨骼牵动。例如，4 个索引里可能仅用到了两个，也就是说，此时只有两块骨骼在影响着目标顶点。我们也可以把某块骨骼的权值设置为 0，从而去掉此骨骼对目标顶点的影响

如果为实现顶点混合而令一块连续网格中的顶点采用上述格式，我们就称此网格为**蒙皮网格**（skinned mesh）。

通过下列加权平均值公式，即可求出任何顶点 v 相对于根标架的**顶点混合位置**（vertex-blended position）v'（注意不要忘记，当所有的物体都处于根坐标系中时，还需要在最后的步骤中进行世界变换，将它们变换至世界空间）：

$$v' = w_0 v F_0 + w_1 v F_1 + w_2 v F_2 + w_3 v F_3$$

其中 $w_0 + w_1 + w_2 + w_3 = 1$，即权值之和为 1。

从公式中可以看出，我们在变换某个指定的顶点 v 时，要按对其产生影响的骨骼最终变换（即矩阵 F_0、F_1、F_2、F_3）单独进行计算。接着，再分别求出这些变换点的加权平均值，以计算出该顶点的最终混合位置 v'。

法线与切线的变换与之相似：

$$n' = \text{normalize}(w_0 n F_0 + w_1 n F_1 + w_2 n F_2 + w_3 n F_3)$$

$$t' = \text{normalize}(w_0 t F_0 + w_1 t F_1 + w_2 t F_2 + w_3 t F_3)$$

这里我们**假设**变换矩阵 F_i 中不含有任何非等比缩放变换。否则，便需要在对法线进行变换时，使用该矩阵的逆转置矩阵 $(F_i^{-1})^T$（参见 8.2.2 节）。

下列顶点着色器片段展示了当每个顶点最多被 4 个骨骼影响时，实现顶点混合技术所用的关键代码：

```
cbuffer cbSkinned : register(b1)
{
  // 每个角色最多允许由 96 块骨骼构成
  float4x4 gBoneTransforms[96];
};

struct VertexIn
{
```

```
    float3 PosL    : POSITION;
    float3 NormalL : NORMAL;
    float2 TexC    : TEXCOORD;
    float3 TangentL : TANGENT;
#ifdef SKINNED
    float3 BoneWeights : WEIGHTS;
    uint4 BoneIndices : BONEINDICES;
#endif
};

struct VertexOut
{
    float4 PosH    : SV_POSITION;
    float4 ShadowPosH : POSITION0;
    float4 SsaoPosH  : POSITION1;
    float3 PosW    : POSITION2;
    float3 NormalW : NORMAL;
    float3 TangentW : TANGENT;
    float2 TexC    : TEXCOORD;
};

VertexOut VS(VertexIn vin)
{
    VertexOut vout = (VertexOut)0.0f;

    // 获取材质数据
    MaterialData matData = gMaterialData[gMaterialIndex];

#ifdef SKINNED
    float weights[4] = { 0.0f, 0.0f, 0.0f, 0.0f };
    weights[0] = vin.BoneWeights.x;
    weights[1] = vin.BoneWeights.y;
    weights[2] = vin.BoneWeights.z;
    weights[3] = 1.0f - weights[0] - weights[1] - weights[2];

    float3 posL = float3(0.0f, 0.0f, 0.0f);
    float3 normalL = float3(0.0f, 0.0f, 0.0f);
    float3 tangentL = float3(0.0f, 0.0f, 0.0f);
    for(int i = 0; i < 4; ++i)
    {
        // 假设在对法线进行变换时，采用的并不是非等比缩放，因此也就不必使用逆转置矩阵了

        posL += weights[i] * mul(float4(vin.PosL, 1.0f),
            gBoneTransforms[vin.BoneIndices[i]]).xyz;
        normalL += weights[i] * mul(vin.NormalL,
            (float3x3)gBoneTransforms[vin.BoneIndices[i]]);
        tangentL += weights[i] * mul(vin.TangentL.xyz,
            (float3x3)gBoneTransforms[vin.BoneIndices[i]]);
    }
```

```
  vin.PosL = posL;
  vin.NormalL = normalL;
  vin.TangentL.xyz = tangentL;
#endif

  // 将顶点变换至世界空间
  float4 posW = mul(float4(vin.PosL, 1.0f), gWorld);
  vout.PosW = posW.xyz;

  // 假设执行的是均匀缩放，否则就需要使用世界矩阵的逆转置矩阵
  vout.NormalW = mul(vin.NormalL, (float3x3)gWorld);

  vout.TangentW = mul(vin.TangentL, (float3x3)gWorld);

  // 将顶点变换到齐次裁剪空间
  vout.PosH = mul(posW, gViewProj);

  // 为将 SSAO 图投射到场景之中而生成相应的投影纹理坐标
  vout.SsaoPosH = mul(posW, gViewProjTex);

  // 为三角形内插而输出顶点属性
  float4 texC = mul(float4(vin.TexC, 0.0f, 1.0f), gTexTransform);
  vout.TexC = mul(texC, matData.MatTransform).xy;

  // 为投影场景的阴影图而生成相应的投影纹理坐标
  vout.ShadowPosH = mul(posW, gShadowTransform);

  return vout;
}
```

如果上述顶点着色器是按“每个顶点最多被 4 个骨骼所牵动”来进行顶点混合的，那么为什么在处理每个顶点时仅输入 3 种权值而非 4 种权值呢？原因在于前面讲过的权值总和必为 1。因此，要求出这第 4 个权值有 $w_0 + w_1 + w_2 + w_3 = 1 \Leftrightarrow w_3 = 1 - w_0 - w_1 - w_2$。

23.4　从文件中加载动画数据

我们用文本文件来存储 3D 蒙皮网格以及动画数据，并称这种以.m3d 作为扩展名的文件为“3D 模型”文件。此文件格式是按照易加载和可读性强这两点来设计的，并非出于高性能这一目的，因而这种格式仅用于本书中的演示程序。

23.4.1　文件头

首先，.m3d 格式定义的文件头指定了构成模型所需的材质、顶点、网格三角形、骨骼以及动画片段的数量。[1]

---

[1] 这里给出的都是示例数据，因此会与真正的源码有部分出入。

```
***************m3d-File-Header***************
#Materials 3
#Vertices 3121
#Triangles 4062
#Bones 44
#AnimationClips 15
```

1. `#Materials`：网格所用的不同材质数量。

2. `#Vertices`：网格使用的顶点数量。

3. `#Triangles`：构成网格的三角形数量。

4. `#Bones`：网格中骨骼的数量。

5. `#AnimationClips`：网格中动画片段的数量。

23.4.2　材质

.m3d 格式中的下一个 "区块" 内容为一系列材质列表。下面的示例为 **soldier.m3d** 文件中的前两种材质。

```
***************Materials*******************
Name: soldier_head
Diffuse: 1 1 1
Fresnel0: 0.05 0.05 0.05
Roughness: 0.5
AlphaClip: 0
MaterialTypeName: Skinned
DiffuseMap: head_diff.dds
NormalMap: head_norm.dds

Name: soldier_jacket
Diffuse: 1 1 1
Fresnel0: 0.05 0.05 0.05
Roughness: 0.8
AlphaClip: 0
MaterialTypeName: Skinned
DiffuseMap: jacket_diff.dds
NormalMap: jacket_norm.dds
```

此文件中含有我们所熟知的材质数据（漫反射光、粗糙度等），但是也包括一些额外信息，如即将使用的纹理、是否要进行 alpha 裁剪以及材质类型名称。材质类型名称指出了哪些着色器程序需要使用当前所给定的材质。在上面的例子中，"Skinned"（蒙皮）类型说明了在支持蒙皮处理的着色器程序中会用到这种材质进行渲染。

23.4.3　子集

一整副网格是由一个或多个子集构成的。一个**子集**（subset）即为网格中可以用同一种材质进行渲染的一组三角形。图 23.10 详细展示了如何把一个表示汽车的网格划分为若干子集。

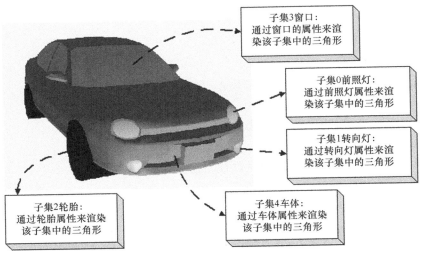

子集3窗口：
通过窗口的属性来渲
染该子集中的三角形

子集0前照灯：
通过前照灯属性来渲
染该子集中的三角形

子集1转向灯：
通过转向灯属性来渲
染该子集中的三角形

子集2轮胎：
通过轮胎属性来渲染
该子集中的三角形

子集4车体：
通过车体属性来渲染
该子集中的三角形

图 23.10　一辆汽车的网格可以划分为若干子集。在此假设每个子集的区别仅在于材质。其实我们也可以想象得到，在实际应用中也可能存在对不同纹理运用加减混合的情况。另外，不同子集的渲染状态也可能各异。例如，玻璃窗可以用 alpha 混合的渲染方式来营造透明的效果。因此这些都可以作为划分子集的依据

子集与材质一一对应，即第 i 个子集对应于第 i 种材质。换句话说，第 i 个子集定义的是一段应由第 i 种材质来加以渲染的连续多个几何体图形。

```
*****************SubsetTable*******************
SubsetID: 0 VertexStart: 0 VertexCount: 3915 FaceStart: 0 FaceCount: 7230
SubsetID: 1 VertexStart: 3915 VertexCount: 2984 FaceStart: 7230 FaceCount: 4449
SubsetID: 2 VertexStart: 6899 VertexCount: 4270 FaceStart: 11679 FaceCount: 6579
SubsetID: 3 VertexStart: 11169 VertexCount: 2305 FaceStart: 18258 FaceCount: 3807
SubsetID: 4 VertexStart: 13474 VertexCount: 274 FaceStart: 22065 FaceCount: 442
```

在上面的示例中，第一个网格（即引用顶点[0, 3915)的网格）中的 7230 个三角形应当用材质 0 来渲染，而其后网格（即引用顶点[3915, 6899)的网格）中的 4449 个三角形应该以材质 1 来渲染。

23.4.4　顶点数据与三角形

接下来的两个数据区块只是罗列出了一系列的顶点与索引（每个三角形都有 3 个对应的索引）。

```
*****************Vertices*******************
Position: -14.34667 90.44742 -12.08929
Tangent: -0.3069077 0.2750875 0.9111171 1
Normal: -0.3731041 -0.9154652 0.150721
Tex-Coords: 0.21795 0.105219
BlendWeights: 0.483457 0.483457 0.0194 0.013686
BlendIndices: 3 2 39 34
```

```
Position: -15.87868 94.60355 9.362272
Tangent: -0.3069076 0.2750875 0.9111172 1
Normal: -0.3731041 -0.9154652 0.150721
Tex-Coords: 0.278234 0.091931
BlendWeights: 0.4985979 0.4985979 0.002804151 0
BlendIndices: 39 2 3 0
...

***************Triangles********************
0 1 2
3 4 5
6 7 8
9 10 11
12 13 14
...
```

23.4.5　骨骼偏移变换

骨骼偏移变换区块仅为每块骨骼都存储了一个 4×4 偏移变换矩阵。

```
***************BoneOffsets********************
BoneOffset0 -0.8669753 0.4982096 0.01187624 0
0.04897417 0.1088907 -0.9928461 0
-0.4959392 -0.8601914 -0.118805 0
-10.94755 -14.61919 90.63506 1

BoneOffset1 1 4.884964E-07 3.025227E-07 0
-3.145564E-07 2.163151E-07 -1 0
4.884964E-07 0.9999997 -9.59325E-08 0
3.284225 7.236738 1.556451 1
...
```

23.4.6　层次结构

层次结构区块存储的是层次结构数组，即一个整型数组，第 i 个数组元素保存的就是第 i 块骨骼的父索引。

```
***************BoneHierarchy****************
ParentIndexOfBone0: -1
ParentIndexOfBone1: 0
ParentIndexOfBone2: 1
ParentIndexOfBone3: 2
ParentIndexOfBone4: 3
ParentIndexOfBone5: 4
ParentIndexOfBone6: 5
ParentIndexOfBone7: 6
ParentIndexOfBone8: 7
```

```
ParentIndexOfBone9: 7
ParentIndexOfBone10: 7
ParentIndexOfBone11: 7
ParentIndexOfBone12: 6
ParentIndexOfBone13: 12
...
```

23.4.7　动画数据

　　最后一个区块所存的就是我们需要读取的动画片段。每一段动画都有一个识别名称以及针对骨架中每一块骨骼的一系列关键帧，而每一个关键帧又存储着时间点、用于指定骨骼位置的平移向量、用于指定骨骼大小的缩放向量以及指定骨骼朝向的四元数。

```
***************AnimationClips***************
AnimationClip run_loop
{
    Bone0 #Keyframes: 18
    {
        Time: 0 Pos: 2.538344 101.6727 -0.52932
        Scale: 1 1 1
        Quat: 0.4042651 0.3919331 -0.5853591 0.5833637
        Time: 0.0666666
        Pos: 0.81979 109.6893 -1.575387
        Scale: 0.9999998 0.9999998 0.9999998
        Quat: 0.4460441 0.3467651 -0.5356012 0.6276384
        ...
    }

    Bone1 #Keyframes: 18
    {
        Time: 0
        Pos: 36.48329 1.210869 92.7378
        Scale: 1 1 1
        Quat: 0.126642 0.1367731 0.69105 0.6983587
        Time: 0.0666666
        Pos: 36.30672 -2.835898 93.15854
        Scale: 1 1 1
        Quat: 0.1284061 0.1335271 0.6239273 0.7592083
        ...
    }
    ...
}

AnimationClip walk_loop
{
    Bone0 #Keyframes: 33
    {
        Time: 0
        Pos: 1.418595 98.13201 -0.051082
```

```
        Scale: 0.9999985 0.999999 0.9999991
        Quat: 0.3164562 0.6437552 -0.6428624 0.2686314
        Time: 0.0333333
        Pos: 0.956079 96.42985 -0.047988
        Scale: 0.9999999 0.9999999 0.9999999
        Quat: 0.3250651 0.6395872 -0.6386833 0.2781091
        ...
    }

    Bone1 #Keyframes: 33
    {
        Time: 0
        Pos: -5.831432 2.521564 93.75848
        Scale: 0.9999995 0.9999995 1
        Quat: -0.033817 -0.000631005 0.9097761 0.4137191
        Time: 0.0333333
        Pos: -5.688324 2.551427 93.71078
        Scale: 0.9999998 0.9999998 1
        Quat: -0.033202 -0.0006390021 0.903874 0.426508
        ...
    }
    ...
}

...
```

下列代码展示了从文件中读取动画片段数据的方法。

```cpp
void M3DLoader::ReadAnimationClips(
  std::ifstream& fin,
  UINT numBones,
  UINT numAnimationClips,
  std::unordered_map<std::string,
  AnimationClip>& animations)
{
  std::string ignore;
  fin >> ignore; // AnimationClips 的头部文本
  for(UINT clipIndex = 0; clipIndex < numAnimationClips; ++clipIndex)
  {
    std::string clipName;
    fin >> ignore >> clipName;
    fin >> ignore; // {

    AnimationClip clip;
    clip.BoneAnimations.resize(numBones);

    for(UINT boneIndex = 0; boneIndex < numBones; ++boneIndex)
    {
      ReadBoneKeyframes(fin, numBones, clip.BoneAnimations[boneIndex]);
    }
    fin >> ignore; // }
```

```
      animations[clipName] = clip;
    }
}

void M3DLoader::ReadBoneKeyframes(
  std::ifstream& fin,
  UINT numBones,
  BoneAnimation& boneAnimation)
{
  std::string ignore;
  UINT numKeyframes = 0;
  fin >> ignore >> ignore >> numKeyframes;
  fin >> ignore; // {

  boneAnimation.Keyframes.resize(numKeyframes);
  for(UINT i = 0; i < numKeyframes; ++i)
  {
    float t  = 0.0f;
    XMFLOAT3 p(0.0f, 0.0f, 0.0f);
    XMFLOAT3 s(1.0f, 1.0f, 1.0f);
    XMFLOAT4 q(0.0f, 0.0f, 0.0f, 1.0f);
    fin >> ignore >> t;
    fin >> ignore >> p.x >> p.y >> p.z;
    fin >> ignore >> s.x >> s.y >> s.z;
    fin >> ignore >> q.x >> q.y >> q.z >> q.w;

    boneAnimation.Keyframes[i].TimePos      = t;
    boneAnimation.Keyframes[i].Translation = p;
    boneAnimation.Keyframes[i].Scale       = s;
    boneAnimation.Keyframes[i].RotationQuat = q;
  }

  fin >> ignore; // }
}
```

23.4.8　M3DLoader 类

从 .m3d 文件中加载数据的代码都位于 LoadM3D.h/.cpp 文件中，尤其是 LoadM3d 函数。

```
bool M3DLoader::LoadM3d(
  const std::string& filename,
  std::vector<SkinnedVertex>& vertices,
  std::vector<USHORT>& indices,
  std::vector<Subset>& subsets,
  std::vector<M3dMaterial>& mats,
  SkinnedData& skinInfo)
{
  std::ifstream fin(filename);
```

```
UINT numMaterials = 0;
UINT numVertices = 0;
UINT numTriangles = 0;
UINT numBones    = 0;
UINT numAnimationClips = 0;

std::string ignore;

if( fin )
{
  fin >> ignore; // 文件的头文本
  fin >> ignore >> numMaterials;
  fin >> ignore >> numVertices;
  fin >> ignore >> numTriangles;
  fin >> ignore >> numBones;
  fin >> ignore >> numAnimationClips;

  std::vector<XMFLOAT4X4> boneOffsets;
  std::vector<int> boneIndexToParentIndex;
  std::unordered_map<std::string, AnimationClip> animations;

  ReadMaterials(fin, numMaterials, mats);
  ReadSubsetTable(fin, numMaterials, subsets);
  ReadSkinnedVertices(fin, numVertices, vertices);
  ReadTriangles(fin, numTriangles, indices);
  ReadBoneOffsets(fin, numBones, boneOffsets);
  ReadBoneHierarchy(fin, numBones, boneIndexToParentIndex);
  ReadAnimationClips(fin, numBones, numAnimationClips, animations);

  skinInfo.Set(boneIndexToParentIndex, boneOffsets, animations);

  return true;
}
  return false;
}
```

像 ReadMaterials 这样的辅助函数实则都是用 std::ifstream 函数直接对文本文件进行解析。我们把这些函数的具体细节留给读者在阅读源代码时进行研究。

23.5　角色动画演示程序

正如我们在蒙皮网格着色器代码中所看到的，骨骼的最终变换都存于一个常量缓冲区中，在顶点着色器进行动画变换时将用到它们。

```
cbuffer cbSkinned : register(b1)
{
```

```
  // 每个角色最多支持 96 块骨骼
  float4x4 gBoneTransforms[96];
};
```

因此，我们还需要为处理每一个蒙皮网格对象，而向帧资源之中的添加一个常量缓冲区如下。

```
struct SkinnedConstants
{
  DirectX::XMFLOAT4X4 BoneTransforms[96];
};

std::unique_ptr<UploadBuffer<SkinnedConstants>> SkinnedCB = nullptr;

SkinnedCB = std::make_unique<UploadBuffer<SkinnedConstants>>(
  device, skinnedObjectCount, true);
```

我们需要为每一个动画角色的实例都设置一个 SkinnedConstants 结构体。一个动画角色实例通常由多个渲染项（每种材质都对应一个渲染项）组成，但是同一个角色实例的所有渲染项可以共享同一个 SkinnedConstants，这是因为支持某一蒙皮网格运动的背后使用的都是同一组骨骼系统。

为了呈现动画角色实例在特定时刻的动作，我们定义了下列结构体。

```
struct SkinnedModelInstance
{
  SkinnedData* SkinnedInfo = nullptr;

  // 用于存储给定时间点的最终变换
  std::vector<DirectX::XMFLOAT4X4> FinalTransforms;

  // 当前的动画片段名称
  std::string ClipName;

  // 动画时间点
  float TimePos = 0.0f;

  // 每一帧都要调用此函数，以推进时间点的位置、基于当前的动画片段对每一块骨骼进行插值，并为顶点
  // 着色器中的处理流程生成最后应用于动画效果的最终变换
  void UpdateSkinnedAnimation(float dt)
  {
    TimePos += dt;

    // 使动画循环播放
    if(TimePos > SkinnedInfo->GetClipEndTime(ClipName))
      TimePos = 0.0f;

    // 为当前的时间点计算最终变换
    SkinnedInfo->GetFinalTransforms(ClipName, TimePos,
    FinalTransforms);
  }
};
```

接下来，向渲染项结构体添加下列数据成员。

```
struct RenderItem
{
  [...]
  // 指向骨骼变换常量缓冲区的索引。仅用于与蒙皮相关的渲染项
  UINT SkinnedCBIndex = -1;

  // 指向与此渲染项相关联的动画实例的指针
  // 如果该渲染项不受蒙皮网格的驱动，就将其设为 nullptr
  SkinnedModelInstance* SkinnedModelInst = nullptr;
  [...]
};
```

我们要在每一帧都对动画角色实例进行更新（在本章的演示程序中其实只有一个角色实例）。

```
void SkinnedMeshApp::UpdateSkinnedCBs(const GameTimer& gt)
{
  auto currSkinnedCB = mCurrFrameResource->SkinnedCB.get();

  // 仅有一个蒙皮模型需要驱动
  mSkinnedModelInst->UpdateSkinnedAnimation(gt.DeltaTime());

  SkinnedConstants skinnedConstants;
  std::copy(
    std::begin(mSkinnedModelInst->FinalTransforms),
    std::end(mSkinnedModelInst->FinalTransforms),
    &skinnedConstants.BoneTransforms[0]);

  currSkinnedCB->CopyData(0, skinnedConstants);
}
```

在我们绘制渲染项时，如果某个渲染项被蒙皮网格所驱动，那么为其绑定与之相关的骨骼最终变换。

```
if(ri->SkinnedModelInst != nullptr)
{
  D3D12_GPU_VIRTUAL_ADDRESS skinnedCBAddress =
    skinnedCB->GetGPUVirtualAddress() +
    ri->SkinnedCBIndex*skinnedCBByteSize;
  cmdList->SetGraphicsRootConstantBufferView(1, skinnedCBAddress);
}
else
{
  cmdList->SetGraphicsRootConstantBufferView(1, 0);
}
```

图 23.11 所示的是本章演示程序的一张效果图。原始的动画模型以及纹理都出自 DirectX SDK，我们出于演示的目的把它们转换为.m3d 格式。这个示例模型仅有一段名为 Take1 的动画片段。

图 23.11　"Skinned Mesh"（蒙皮网格）演示程序的效果

23.6　小结

1. 我们希望把现实世界中的大多数物体分解成具有父子对象关系的多个组成部分，以此方式来将它们转换为计算机程序中的图形化模型。在这个模型中，子对象可以自己相对独立地运动，但是当其父对象运动时，它也将受其影响而随之运动。例如，坦克的炮塔可以相对于坦克自行旋转，但是它仍要随着车体的移动而移动。另一个经典的例子是骨架，骨骼必须随其依附骨骼的运动而运动。考虑一列火车上的游戏角色。角色可以在列车中相对独立地运动，但是他们也会随着列车的行驶而移动。这个例子说明游戏中对象的层次结构是可以动态改变的，并必须时时更新。即在角色进入列车之前，列车并不是该角色层次结构中的一员。一旦玩家控制角色进入了列车，那么列车即刻就成为了角色层次结构中的一部分（即角色继承了火车运动的变换，所以也有人把"frame hierarchies"译作"帧继承"）。

2. 网格层次结构中的每一个对象都是相对于其自身的局部坐标系来建模的，并根据位于其局部坐标系原点处的枢纽关节进行旋转。由于这些坐标系都存在于同一个世界空间之中，因此就能表示出它们之间的相对关系，继而通过变换把某个对象从它的局部空间变换到另一个对象的局部空间之中。特别是，我们能够以此来描述每个对象的坐标系相对于其父对象坐标系的关系。据此，我们就可以通过构建**至父坐标系**（to-parent）的变换矩阵，将一个对象的几何体从它的局部坐标系变换至其父坐标系。一旦该对象位于其父坐标系之中，我们就能通过其父对象的"至父坐标系矩阵"再将此对象变换到其祖父对象的坐标系内，并依此类推，连续遍历每一个祖先对象的坐标系，直到最终抵达世界空间。换言之，为了将网格层次结构中的一个对象从其局部空间变换至世界空间，我们就要利用此对象乃至其所有祖先对象的"至父坐标系变换"（按升序的次序）沿坐标系层次结构上滤，直至该对象到达世界空间。如此一来，目标对象就会继承其祖先对象的变换，并随着其祖先对象的运动而运动。

3. 我们可以用递归关系 $toRoot_i = toParent_i \cdot toRoot_p$ 来表示第 i 块骨骼的至根坐标系变换。其中，p 代表第 i 块骨骼的父骨骼。

4. 骨骼偏移变换能够将各皮肤顶点从绑定空间变换到对它们产生影响相应骨骼的空间。骨架中的每一块骨骼都有一个与之对应的偏移变换。

5. 在实现顶点混合技术的过程中，使用的蒙皮是一块连续的网格，皮肤的下面是呈层次结构的骨骼系统，因此蒙皮上的顶点可能受到一块或一块以上骨骼的牵扯。由于骨骼对顶点的影响程度取决于骨骼自身的权值。因此，针对 4 块骨骼影响同一个顶点的情况，我们可用加权平均公式 $v' = w_0 v F_0 + w_1 v F_1 + w_2 v F_2 + w_3 v F_3$ 来求取变换至骨架根坐标系的顶点 v'，其中 $w_0 + w_1 + w_2 + w_3 = 1$。基于所用的连续网格以及每一个顶点都被若干加权骨骼所影响等因素，我们将获得一种更为自然的弹性蒙皮效果。

6. 为了实现顶点混合技术，我们将每一块骨骼的最终变换矩阵都存在了一个数组（这个数组称为**矩阵调色板**，matrix palette）之中（第 i 块骨骼的最终变换被定义为 $F_i = offset_i \cdot toRoot_i$，即该骨骼的偏移变换与其至根坐标系变换的乘积）。接下来，我们还针对每一个顶点保存了一系列顶点权重以及矩阵调色板索引。而一个顶点的矩阵调色板索引则用于找出影响着此顶点的所有骨骼的最终变换。[①]

---

① DirectX 12 还有一些新的特性，本书并没有提到，比如"多 GPU 引擎以及多 GPU 适配器的使用与同步"（dn933254，后者提及得较少）。有关的官方示例为 D3D12LinkedGpus 与 D3D12HeterogeneousMultiadapter。至于多线程方面，作者认为是高级话题，只是蜻蜓点水，也提到了要参考微软提供的 D3D12Multithreading 示例。事实上，多线程的有关函数本书基本都有涉及，关键在于实际应用上的绘制调度策略。有的读者可能希望了解 DirectX 11 程序在 Windows 10 上运行的方法。官网上有文专解移植问题《Porting from Direct3D 11 to Direct3D 12》（mt431709）。如果对程序执行效率的要求不太高，还可以从 Direct3D 11on12 这组 API 入手进行移植，有关的官方示例为 D3D1211On12。本书作者在自己的官网 d3dcoder 上也给出了前一版 DirectX 11 程序在此环境中运行的方法《Direct3D 11 Book Demos with Windows 10 and Visual Studio 2015》。有网友提出例程在切换全屏模式时可能会崩溃，但他没说明环境。为保险起见，在此给出微软的相关示例 D3D12Fullscreen。微软还推出了 DirectX Raytracing（DXR）借此实现光线追踪（可见《Announcing Microsoft DirectX Raytracing!》）；并设计以 WinML 与 DirectML 在游戏方面辅以机器学习（参见《Gaming with Windows ML》）。前文也提到过，随着 Windows 10 重要版本的更新，DirectX 12 可能也会增加一些新特性，这可以参考 New Releases（mt748631）。beyond3d 论坛还有一个帖子《Direct3D feature levels discussion》，讨论是 Direct3D 11 与 Direct3D 12 每次升级的特性，并且还在持续更新中。对于初学者而言，找到苦海明灯进步似乎会比较快。有两篇此书前版的书评比较好，分别名为《我还是愿意尊它为龙书》与《龙书得失：请读 DirectX 9.0c A Shader Approach 版》。两文中都提到的 Clayman 的《游戏程序员养成计划》也推荐读一读。新兴论坛的崛起也亮出一批此方面的个中高手，比如 Milo Yip、叛逆者以及空明流转等（不分先后且并不完整）。Milo Yip 也曾列过一个与图形学学习有关的 roadmap，名为《游戏程序员的学习之路（中英文两版）》（额，有网友美其名曰：游戏程序员的劝退之路。换句话说，最重要的是您要做什么？希望达到何种程度？）。另外，微软 GitHub 上的示例（DirectX-Graphics-Samples）一定要刷一遍。在提出与 Direct3D 12 相关的问题时，最好说明自己所用的具体环境，比如显卡型号、具体系统版本等，有时问题还可能与驱动有关！另外，本书在 GitHub 上的代码更新细节以及网友的讨论最好也看一看，例如有网友提到本书例程的性能还有利用其他参数来提升的空间等。

23.7   练习

1. 亲手建立一个可以运动的线性层次结构模型并对它进行渲染。例如，可以用球体网格与圆柱体网格构建出一个简单的机器手臂模型：以球体模拟关节，把圆柱体作为臂膀。

2. 亲自创建一个如图 23.12 所示的可运动树状层次结构模型，并对它进行渲染。同时，也可以像练习 1 中那样，再次使用球体与圆柱体进行建模。

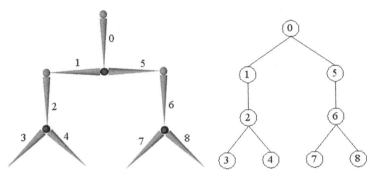

图 23.12   一种简单的树状网格层次结构

3. 如果读者手里有动画设计包（Blender 是免费的），就可以尝试学习如何利用骨骼及其混合权值（blend weight）来建立一个简单的动画角色模型。随后，将生成的动画模型数据导出为支持顶点混合的.x 格式文件，再试着把该文件数据转换为.m3d 格式，以便在 "Skinned Mesh"（蒙皮网格）演示程序中对该模型进行渲染。当然，这并不是一个短期内就能完成的项目。

附录 A
Windows 编程入门

为了使用 Direct3D 应用程序编程接口（Application Programming Interface，API），我们先要创建出含有一个主窗口的 Windows 应用程序，并在此窗口中渲染 3D 场景。本附录的目标就是向读者介绍如何利用原生 Win32 API 来编写 Windows 应用程序。简单来讲，Win32 API 是一套暴露给用户的底层函数与结构体，我们通过 C 语言调用它即可创建 Windows 应用程序。例如，要定义一个窗口类，我们就要填写 Win32 API 中的 WNDCLASS 结构体实例；要创建一个窗口，就要调用 Win32 API 的 CreateWindow 函数；要通知 Windows 系统呈现一个特定的窗口，就要使用 Win32 API 中的 ShowWindow 函数。

Windows 编程是一门内容庞杂的主题，本附录仅介绍与我们所用的 Direct3D 紧密相关的部分知识。对以 Win32 API 编写 Windows 程序感兴趣读者，我们向您推荐查尔斯·佩措尔德（Charles Petzold）所著的 Programming Windows（《Windows 程序设计》）一书，目前，此书的最新版本为第 5 版[1]，它是此领域的参考标配。另一件无价之宝就是涵盖了所有微软技术的 MSDN 库，它通常被囊括在微软的 Visual Studio 之中，但也可以在线阅读。一般来说，如果我们偶尔遇到了一个比较陌生的 Win32 函数或结构体并希望对此了解得更多，就可以登录 MSDN 并搜索与该函数或结构体相关的所有信息。如果有读者感觉本附录中所谈及的某个 Win32 函数或结构体讨论得并不太深入，便可前往 MSDN 查看相关的文档。

学习目标：
1. 学习并理解 Windows 编程中常用到的事件驱动编程模型。
2. 学习为使用 Direct3D 而创建 Windows 应用程序所需的最简代码。

注意

 为避免混淆，我们将使用大写字母"W"开头的 Windows 来表示视窗操作系统，而以小写字母"w"作为开头的 window 来代表 Windows 系统中的特定窗口。

---

[1] 此书的最新版本现为第 6 版。但针对本书 Direct3D 编程的这一主题，还是建议读者阅读此书的第 5 版。第 5 版使用 C 语言，内容介绍的是比较基础的 Win32 API 编程，与本书所需的知识更为接近。而第 6 版主要使用 C#语言，更注重最新系统平台上的编程方法。

A.1 概述

顾名思义，Windows 编程的主题之一就是编写窗口程序。Windows 应用程序由许多组件构成，如应用程序的主窗口、菜单、工具栏、滚动条、按钮以及其他的对话框控件。因此，一个 Windows 应用程序往往是由若干窗口构成的。后续小节会为 Windows 编程的诸多概念陆续给出简明的概述，在更全面的讨论开始之前，这些知识应当是我们所熟知的。

A.1.1 资源

在 Windows 系统中，多款应用程序可以并发运行。因此，像 CPU、内存乃至显示器屏幕这些硬件资源，都在多应用程序的共享范围之列。为了防止多应用程序在无组织、无纪律的情况下访问或修改资源所引发的混乱，Windows 应用程序并不能直接访问硬件。Windows 系统的主要任务之一就是管理当前正在运行中的实例化程序并为它们合理分配资源。因此，为避免我们编写的程序因某些操作而对其他运行中的应用产生不必要的影响，这些具体的执行过程都要交由 Windows 系统来加以处理。例如，要展示一个窗口，我们必须调用 Win32 API 函数 ShowWindow，而不能直接向显存中写入数据。

A.1.2 事件、消息队列、消息以及消息循环

凡是 Windows 应用程序就要依从**事件驱动编程模型**（event-driven programming model）。一般来讲，应用程序总会"坐等"[1]某事的发生，即**事件**（event）的发生。生成事件的方式多种多样，常见的例子有键盘按键、点击鼠标，或者是窗口的创建、调整大小、移动、关闭、最小化、最大化乃至"隐身（visible，即窗口变为不可见的状态）"。

当事件发生时，Windows 会向发生事件的应用程序发送相应的**消息**（message），随后，该消息会被添加至此应用程序的**消息队列**（message queue，简言之，这是一种为应用程序存储消息的优先级队列）之中。应用程序会在**消息循环**（message loop）中不断地检测队列中的消息，在接收到消息之后，它会将此消息分派到相应窗口的**窗口过程**（window procedure）。（一个应用程序可能附有若干个窗口。）每个窗口都有一个与之关联的名为窗口过程的函数[2]。我们实现的窗口过程函数中写有处理特定消息的代码。比如说，我们可能会希望在按下 Esc 键之后销毁窗口，此功能在窗口过程中可写作：

```
case WM_KEYDOWN:
        if( wParam == VK_ESCAPE )
                DestroyWindow(ghMainWnd);
```

---

[1] 我们要注意的是应用程序可能会执行空闲处理（idle processing）。这是在没有事件发生时应用程序所执行的一种特殊任务。——原作者注

[2] 每个窗口都拥有一个窗口过程，但窗口之间也能共享相同的窗口过程。因此，不一定要为每个窗口都编写独立的窗口过程。当然，如果希望不同的窗口以不同的方式来处理消息，那么应为它们分别设置不同的窗口过程。——原作者注

```
    return 0;
```

我们应将目标窗口不处理的消息转发至 Win32 API 所提供的默认窗口过程 DefWindowProc，让它去完成相应处理。

简而言之，用户或应用程序的某些行为会产生事件。操作系统会为响应此事件的应用程序发送相关的消息。随后，该消息会被添加到目标应用程序的消息队列之中。由于应用程序会不断地检测队列中的消息，在接收到消息后，应用程序就会将它分派到对应窗口的窗口过程。最后，窗口过程会针对此消息执行相应的系列指令。

图 A.1 相对完整地概括了事件驱动编程的模型。

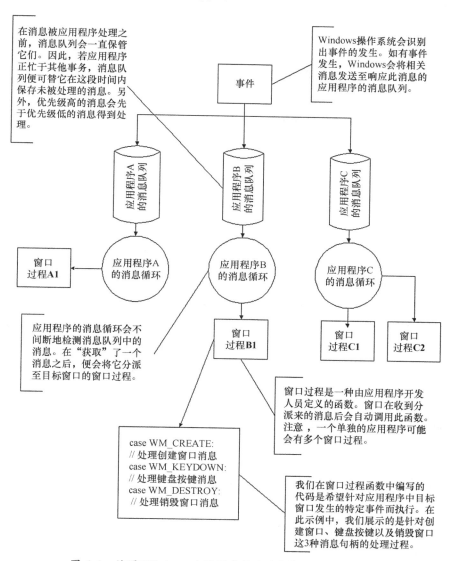

图 A.1　编写 Windows 应用程序所用的事件驱动编程模型

A.1.3　图形用户界面

大多数的 Windows 程序会以图形用户界面（Graphical User Interface，GUI）的表现形式呈现在用户面前并供其使用。典型的 Windows 应用程序应具有一个主窗口、一个菜单栏、一个工具栏，当然，或许还会有一些其他类型的控件。图 A.2 所示的是一些常见的 GUI 元素。对于 Direct3D 游戏编程来说，我们往往用不到过于复杂的 GUI。事实上，在大多数情况下仅需一个主窗口即可，我们只是用它的工作区来渲染 3D 场景而已。

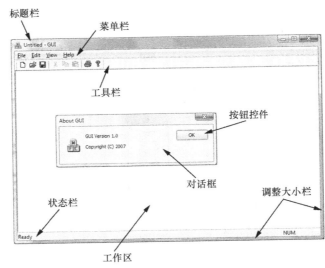

图 A.2　典型的 Windows 应用程序 GUI。此程序中最大的白色矩形范围即为工作区。一般来讲，这块区域即为大多数程序向用户展示输出内容的地方。在编写 Direct3D 应用程序的时候，我们就会将 3D 场景渲染到窗口的工作区中

A.1.4　Unicode

Unicode 标准以 16 位值来表示一个字符。这样一来，我们就能通过它庞大的字符集来表示国际字符以及一些其他的符号。C++语言中以 wchar_t 类型的**宽字符**（wide-character）来表示 Unicode 码。不论是在 32 位还是 64 位的 Windows 操作系统中，wchar_t 都是 16 位的字符类型。在使用宽字符时，我们必须为字符串字面值（string literal）冠以大写字母前缀 L，例如：

```
const wchar_t* wcstrPtr = L"Hello, World!";
```

前缀 L 会令编译器将字符串字面值作为宽字符串进行处理（即把 char 替换为 wchar_t）。还有一个需要重视的问题是，我们在处理宽字符时还需使用相应版本的字符串函数。例如，在获取宽字符串的长度时，应使用 wcslen 函数而非 strlen 函数；在复制宽字符串时，应以 wcscpy 函数代替 strcpy

函数；在比较两个宽字符串时，该使用 `wcscmp` 函数而不是函数 `strcmp`。这些宽字符版本的函数使用的也并不是 `char` 类型的指针，而是 `wchar_t` 类型的指针。不仅如此，C++标准库还专门提供了宽字符版本的字符串类 `std::wstring` 中。Windows 头文件 WinNT.h 中亦有如下定义：

```
typedef wchar_t WCHAR; // wc, 16 位的 UNICODE 字符
```

A.2 基本的 Windows 应用程序

以下代码描述的是一个麻雀虽小却五脏俱全的 Windows 程序。尽管在下一节中我们才会开始对这些代码进行讲解，但在此之前，读者最好先尽最大的努力按照给出的注释自行查阅一遍。另外，也建议您像对待习题那样，用开发工具创建一个工程，亲自输入这些代码，编译并执行。需要注意的是，我们在使用 Visual C++开发与 Direct3D 有关的程序时，创建的必须是"Win32 项目"（Win32 application project），而非"Win32 控制台应用程序"（Win32 console application project）。

```cpp
//=====================================================================
// Win32Basic.cpp 的作者为 Frank Luna (C) 2008 版权所有
//
// 详述 Direct3D 编程所需的 Win32 最简代码
//=====================================================================

// 包含 windows 头文件；其中含有编写 Windows 应用程序所需的所有 Win32 API 结构体、数据类型以及
// 函数的声明
#include <windows.h>

// 用于指认所创建主窗口的句柄
HWND ghMainWnd = 0;

// 封装初始化 Windows 应用程序所需的代码。如果初始化成功，该函数返回 true，否则返回 false
bool InitWindowsApp(HINSTANCE instanceHandle, int show);

// 封装消息循环代码
int Run();

// 窗口过程会处理窗口所接收到的消息
LRESULT CALLBACK
WndProc(HWND hWnd, UINT msg, WPARAM wParam, LPARAM lParam);

// 在 Windows 应用程序中 WinMain 函数就相当于大多数语言中的 main() 函数
int WINAPI
WinMain(HINSTANCE hInstance, HINSTANCE hPrevInstance,
  PSTR pCmdLine, int nCmdShow)
{
    // 首先将 hInstance 和 nShowCmd 作为参数来调用封装函数（InitWindowsApp），用以创建和初始
    // 化应用程序的主窗口
```

```
        if(!InitWindowsApp(hInstance, nShowCmd))
            return 0;
```

// 一旦将创建好的应用程序初始化完毕后，我们就可以开启消息循环了。随后，消息循环就会持续运转，
// 直至接收到消息 WM_QUIT——这表示此应用程序被关闭，该终止运行了
```
    return Run();
}

bool InitWindowsApp(HINSTANCE instanceHandle, int show)
{
```
    // 第一项任务便是通过填写 WNDCLASS 结构体，并根据其中描述的特征来创建一个窗口
```
    WNDCLASS wc;

    wc.style        = CS_HREDRAW | CS_VREDRAW;
    wc.lpfnWndProc  = WndProc;
    wc.cbClsExtra   = 0;
    wc.cbWndExtra   = 0;
    wc.hInstance    = instanceHandle;
    wc.hIcon        = LoadIcon(0, IDI_APPLICATION);
    wc.hCursor      = LoadCursor(0, IDC_ARROW);
    wc.hbrBackground = (HBRUSH)GetStockObject(WHITE_BRUSH);
    wc.lpszMenuName  = 0;
    wc.lpszClassName = L"BasicWndClass";
```

    // 下一步，我们要在 Windows 系统中为上述 WNDCLASS 注册一个实例，这样一来，即可据此创建窗口
```
    if(!RegisterClass(&wc))
    {
        MessageBox(0, L"RegisterClass FAILED", 0, 0);
        return false;
    }
```

    // 注册过 WNDCLASS 实例之后，我们就能用 CreateWindow 函数来创建一个窗口了。此函数返回的就
    // 是所建窗口的句柄（一个 HWND 类型的数值）。如果创建失败，返回的句柄数值为 0。窗口句柄是一种
    // 窗口的引用方式，Windows 系统会在内部对此进行管理。处理窗口的大量 Win32 API 函数都需要
    // 把 HWND 类型作为参数，以此来确定要对哪一个窗口执行相应的操作

```
    ghMainWnd = CreateWindow(
        L"BasicWndClass", // 创建此窗口采用的是前面注册的 WNDCLASS 实例
        L"Win32Basic",    // 窗口标题
        WS_OVERLAPPEDWINDOW, // 窗口的样式标志
        CW_USEDEFAULT,    // x 坐标
        CW_USEDEFAULT,    // y 坐标
        CW_USEDEFAULT,    // 窗口宽度
        CW_USEDEFAULT,    // 窗口高度
        0,      // 父窗口
        0,      // 菜单句柄
        instanceHandle, // 应用程序实例句柄
        0);     // 可在此设置一些创建窗口所用的其他参数
```

```cpp
    if(ghMainWnd == 0)
    {
        MessageBox(0, L"CreateWindow FAILED", 0, 0);
        return false;
    }
```

```cpp
    // 尽管窗口已经创建完毕，但仍没有显示出来。因此，最后一步便是调用下面的两个函数，将刚刚创建
    // 的窗口展示出来并对它进行更新。可以看出，我们为这两个函数都传入了窗口句柄，这样一来，它们
    // 就知道需要展示以及更新的窗口是哪一个
    ShowWindow(ghMainWnd, show);
    UpdateWindow(ghMainWnd);

    return true;
}
```

```cpp
int Run()
{
    MSG msg = {0};

    // 在获取 WM_QUIT 消息之前，该函数会一直保持循环。GetMessage 函数只有在收到 WM_QUIT 消
    // 息时才会返回 0（false），这会造成循环终止；而若发生错误，它便会返回-1。还需注意的一点
    // 是，在未有信息到来之时，GetMessage 函数会令此应用程序线程进入休眠状态
    BOOL bRet = 1;
    while( (bRet = GetMessage(&msg, 0, 0, 0)) != 0 )
    {
        if(bRet == -1)
        {
            MessageBox(0, L"GetMessage FAILED", L"Error", MB_OK);
            break;
        }
        else
        {
            TranslateMessage(&msg);
            DispatchMessage(&msg);
        }
    }

    return (int)msg.wParam;
}
```

```cpp
LRESULT CALLBACK
WndProc(HWND hWnd, UINT msg, WPARAM wParam, LPARAM lParam)
{
    // 处理一些特定的消息。注意，在处理完一个消息之后，我们应当返回 0
    switch( msg )
    {
        // 在按下鼠标左键后，弹出一个消息框
    case WM_LBUTTONDOWN:
        MessageBox(0, L"Hello, World", L"Hello", MB_OK);
        return 0;
```

```
        // 在按下 Esc 键后，销毁应用程序的主窗口
    case WM_KEYDOWN:
        if( wParam == VK_ESCAPE )
        DestroyWindow(ghMainWnd);
        return 0;

        // 处理销毁消息的方法是发送退出消息，这样一来便会终止消息循环
    case WM_DESTROY:
        PostQuitMessage(0);
        return 0;
    }

    // 将上面没有处理的消息转发给默认的窗口过程。注意，我们自己所编写的窗口过程一定要返回
    // DefWindowProc 函数的返回值
return DefWindowProc(hWnd, msg, wParam, lParam);
}
```

上述程序的执行效果如图 A.3 所示。

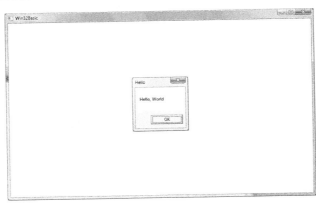

图 A.3   上述程序的执行效果。图中演示的是当用户在窗口工作区按下鼠标左键时弹出的消息框。
读者可以试一试按下 Esc 键，看看会发生什么

A.3   讲解基本 Windows 应用程序的工作流程

下面将对以上代码从头至尾考察一番，并根据调用的顺序逐步深入所用的一切函数。在阅读后续小节时，应对照上一节"基本的 Windows 应用程序"中所列的代码进行学习。

A.3.1   程序中的头文件、全局变量以及函数声明

我们在程序中要做的第一件事就是包含 windows.h 头文件。这样一来，我们就能够使用在 windows.h

文件中定义的各种结构体、数据类型以及函数声明这些 Win32 API 编程所需的基本元素。

```
#include <windows.h>
```

第二条语句是一个 HWND 类型的全局变量实例，它表示 "某个窗口的句柄"。在 Windows 编程中，我们通常采用 Windows 系统在内部为每个对象维护的句柄来处理相应的对象。在这个示例中，我们使用的就是 Windows 系统为应用程序主窗口维护的 HWND 句柄。保留该窗口句柄的原因是，有许多 API 需要针对特定窗口进行处理，因此参数中也就少不了窗口句柄的身影，它们会据此对相应的窗口执行函数的功能。例如，在调用 UpdateWindow 时就需要传入 HWND 类型的参数，该函数会对此句柄所引用的窗口进行更新。如果我们不向 UpdateWindow 函数传入句柄，它就无法知道要更新的窗口是哪一个。

```
HWND ghMainWnd = 0;
```

接下来的 3 行代码都是函数声明。简言之，InitWindowsApp 函数创建并初始化应用程序的主窗口，Run 函数封装了应用程序的消息循环，WndProc 函数则是主窗口的窗口过程。我们会在调用这些函数的地方对它们的具体细节展开讨论。

```
bool InitWindowsApp(HINSTANCE instanceHandle, int show);
int Run();
LRESULT CALLBACK
WndProc(HWND hWnd, UINT msg, WPARAM wParam, LPARAM lParam);
```

A.3.2 WinMain

Windows 编程中所用的 WinMain 函数就相当于在 C++编程时通常用到的 main 函数。WinMain 的原型如下。

```
int WINAPI
WinMain(HINSTANCE hInstance, HINSTANCE hPrevInstance,
    PSTR pCmdLine, int nCmdShow)
```

1. hInstance：当前应用程序的实例句柄。这是一种识别与引用当前应用程序的方式。前面曾提到多个 Windows 应用程序并发运行的情况，此时，通过句柄就可以便捷地引用所需的应用程序。
2. hPrevInstance：Win32 编程用不到此参数，将其值设为 0。
3. pCmdLine：运行此程序所用的命令行参数字符串。
4. nCmdShow：此参数指定了应用程序该如何显示。显示窗口的常用命令有按窗口当前的大小与位置显示出来（SW_SHOW）、窗口最大化（SW_SHOWMAXIMIZED）以及窗口最小化（SW_SHOWMINIMIZED）。对于窗口显示命令的完整列表可参见 MSDN 库。

如果 WinMain 函数成功运行，那么在其终止时，它应当返回 WM_QUIT 消息的 wParam 成员（即退出值）。如果函数在退出时还未进入消息循环，那么它应该返回 0。WINAPI 标识符的定义为：

```
#define WINAPI _stdcall
```

它指明了函数的调用约定，关乎函数参数的入栈顺序等。

A.3.3　WNDCLASS 结构体与实例注册

在 WinMain 中我们调用了函数 InitWindowsApp，借此完成了我们程序所需的所有初始化任务。现在我们来好好研究一下它的具体实现。InitWindowsApp 函数返回的是一个布尔值，如果返回 true 则初始化成功，返回 false 则表示失败。在 WinMain 函数的实现中，我们将应用程序实例的副本以及窗口的显示命令变量都以参数的形式传入了 InitWindowsApp 函数，这两种数据都可从函数 WinMain 的参数列表中获取。

```
if(!InitWindowsApp(hInstance, nCmdShow))
```

初始化窗口的第一步就是通过填写 WNDCLASS（window class，窗口类）结构体来描述窗口的基本属性。其定义如下：

```
typedef struct _WNDCLASS {
        UINT style;
        WNDPROC lpfnWndProc;
        int   cbClsExtra;
        int   cbWndExtra;
        HANDLE hInstance;
        HICON hIcon;
        HCURSOR hCursor;
        HBRUSH hbrBackground;
        LPCTSTR lpszMenuName;
        LPCTSTR lpszClassName;
} WNDCLASS;
```

1. style：指定了窗口类的样式。示例中使用的是 CS_HREDRAW 与 CS_VREDRAW 两种样式的组合。这两种位标志表示当工作区的宽度或高度发生改变时就重绘窗口。对于各种样式的完整描述可参考 MSDN 库。

```
wc.style = CS_HREDRAW | CS_VREDRAW;
```

2. lpfnWndProc：指向与此 WNDCLASS 实例相关联的窗口过程函数的指针。基于此 WNDCLASS 实例创建的窗口都会用到这个窗口过程。这就是说，若要创建两个采用同一窗口过程的窗口，仅需基于同一个 WNDCLASS 实例即可。如果希望以不同的窗口过程创建两个窗口，则需要为每个窗口都填写一个不同 WNDCLASS 实例。我们会在 A.3.6 节中讨论窗口过程函数。

```
wc.lpfnWndProc = WndProc;
```

3. cbClsExtra 与 cbWndExtra：我们可以根据需求，借助这两个字段来为当前应用分配额外的内存空间。我们现在编写的程序不需要这额外的空间，因此将它们统统设置为 0。

```
wc.cbClsExtra = 0;
wc.cbWndExtra = 0;
```

4. hInstance：该字段是当前应用实例的句柄。前面曾提到，应用程序实例的句柄最早是通过

WinMain 函数传进来的。

```
wc.hInstance = instanceHandle;
```

5. hIcon：我们可以通过这个参数为以此窗口类创建的窗口指定一个图标的句柄。当然，我们可以使用自己设计的图标，但系统中也有一些内置的图标供我们选择，具体细节可参见 MSDN 库。下列语句采用的是默认的应用程序图标：

```
wc.hIcon = LoadIcon(0, IDI_APPLICATION);
```

6. hCursor：与 hIcon 相类似，我们可以借此指定在光标略过窗口工作区时所呈现的样式的句柄。同样，系统内置的光标资源也不少，详见 MSDN 库。下述代码采用的是标准的"箭头"光标。

```
wc.hCursor = LoadCursor(0, IDC_ARROW);
```

7. hbrBackground：该字段用来指出画刷（brush）的句柄，以此指定了窗口工作区的背景颜色。在此示例代码中，我们通过调用 Win32 函数 GetStockObject 返回了一个内置的白色画刷句柄。至于其他内置的画刷类型，可参考 MSDN 库。

```
wc.hbrBackground = (HBRUSH)GetStockObject(WHITE_BRUSH);
```

8. lpszMenuName：指定窗口的菜单。由于应用程序中没有菜单，所以将它设为 0。

```
wc.lpszMenuName = 0;
```

9. lpszClassName：指定所创窗口类结构体的名字。这个我们可以随意填写，我们在本示例中将它命名为"BasicWndClass"。有了这个名字，我们就可以在后续需要此窗口类结构体的时候方便地引用它。

```
wc.lpszClassName = L"BasicWndClass";
```

填写好一个 WNDCLASS 实例之后，为了使我们能够基于它来创建窗口还需要将它注册到 Windows 系统。通过 RegisterClass 函数就可实现这一点，它以指向欲注册的 WNDCLASS 结构体的指针作为参数，若注册失败则返回 0。

```
if(!RegisterClass(&wc))
{
    MessageBox(0, L"RegisterClass FAILED", 0, 0);
    return false;
}
```

A.3.4 创建并显示窗口

在将一个 WNDCLASS 实例注册给 Windows 系统之后，我们就可以根据这个窗口类的描述来创建窗口了。通过我们赋予已注册 WNDCLASS 实例的名称（lpszClassName）便能对它进行引用。我们现在利用 CreateWindow 函数来创建窗口，下面是它的详细描述。

```
HWND CreateWindow(
```

```
        LPCTSTR lpClassName,
        LPCTSTR lpWindowName,
        DWORD dwStyle,
        int x,
        int y,
        int nWidth,
        int nHeight,
        HWND hWndParent,
        HMENU hMenu,
        HANDLE hInstance,
        LPVOID lpParam
);
```

1. lpClassName：存有我们欲创建窗口的属性的已注册 WNDCLASS 结构体的名。

2. lpWindowName：我们给窗口起的名称，它也将显示在窗口的标题栏中。

3. dwStyle：定义窗口的样式。WS_OVERLAPPEDWINDOW 是由 WS_OVERLAPPED（创建重叠窗口，一般具有标题栏和边框）、WS_CAPTION（具有一个标题栏的窗口）、WS_SYSMENU（标题栏中拥有系统菜单的窗口）、WS_THICKFRAME（使窗口具有可调整大小的边框）、WS_MINIMIZEBOX（具有最小化按钮的窗口）与 WS_MAXIMIZEBOX（具有最大化按钮的窗口）六种标志组合而成的，从字面上就能看出它们所描述的窗口特征。窗口样式的完整列表可参见 MSDN 库。

4. x：窗口左上角的初始位置在于屏幕坐标系中的 x 坐标。我们可以将此参数指定为 CW_USEDEFAULT，使 Windows 系统自动选择一个适当的默认值。

5. y：窗口左上角的初始位置在于屏幕坐标系中的 y 坐标。我们可以将此参数指定为 CW_USEDEFAULT，使 Windows 系统自动选择一个适当的默认值。

6. nWidth：以像素为单位表示的窗口宽度。我们可以将其指定为 CW_USEDEFAULT，Windowsx 会自动选择适当的默认值。

7. nHeight：以像素为单位表示的窗口高度。我们可以将其指定为 CW_USEDEFAULT，Windows 会自动选择恰当的默认值。

8. hWndParent：所建窗口的父窗口句柄。由于我们创建的窗口不具有父窗口，因此将它设置为 0。

9. hMenu：菜单句柄。由于我们的程序无需菜单，因此将它设置为 0。

10. hInstance：与此窗口相关联的应用程序句柄。

11. lpParam：一个指向用户定义数据的指针，可用作 WM_CREATE 消息的 lpParam 参数。在 CreateWindow 函数返回之前，会向待创建的窗口发送 WM_CREATE 消息。若要在窗口新建时执行某些操作（如初始化工作），则会处理 WM_CREATE 消息，而 lpParam 参数可传送处理过程中所用的数据。

注意

Note　我们指定的(x, y)坐标即窗口（左上角）相对于屏幕坐标系左上角（原点）的位置。在屏幕坐标系中，x 轴的正方向依旧是水平向右的方向，而 y 轴的正方向则是垂直向下的方向。图 A.4 展示的正是这种坐标系，这被称为屏幕坐标系或屏幕空间。

CreateWindow 函数返回的是它所创建窗口的句柄（类型为 HWND）。如果窗口创建失败，则句柄的值为 0（空句柄）。我们前面讲过，句柄是一种引用窗口的方式，它归于 Windows 系统管理。许多 API 的调用需要传入 HWND，这样才能使函数找准要处理的窗口。

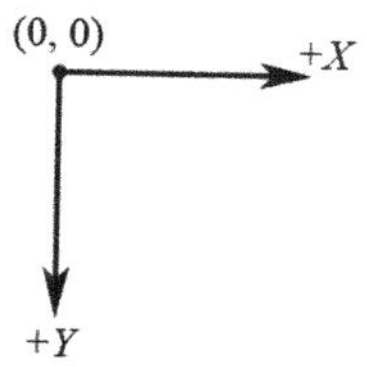

```
ghMainWnd = CreateWindow(L"BasicWndClass", L"Win32Basic",
    WS_OVERLAPPEDWINDOW,
    CW_USEDEFAULT, CW_USEDEFAULT,
    CW_USEDEFAULT, CW_USEDEFAULT,
    0, 0, instanceHandle, 0);
if(ghMainWnd == 0)
{
    MessageBox(0, L"CreateWindow FAILED", 0, 0);
    return false;
}
```

最后要介绍的是在 InitWindowsApp 函数中，为显示窗口而必须调用的两种函数。这首先调用的是 ShowWindow 函数，我们向它传递新建窗口的句柄，使它知道要显示的窗口是哪一个。除此之外，还要给它传入一个定义着窗口初次显示模式（例如最小化、最大化等）的整数值，这个值应当是 WinMain 函数的参数之一，即 nCmdShow。展示了窗口之后，我们还应对它刷新，执行 UpdateWindow 函数的目的就在于此；该函数的参数是欲更新窗口的句柄。

```
ShowWindow(ghMainWnd, show);
    UpdateWindow(ghMainWnd);
```

如果 InitWindowsApp 函数运行到这里，那么初始化工作就已经大功告成，我们再返回 s 来表示一切顺利。

A.3.5 消息循环

待初始化工作都完成之后，我们就可以开始着手程序的核心——消息循环。在我们所编写的基本 Windows 应用程序之中，消息循环被封装在一个名为 Run 的函数内。

```
int Run()
{
    MSG msg = {0};

    BOOL bRet = 1;
    while( (bRet = GetMessage(&msg, 0, 0, 0)) != 0 )
    {
        if(bRet == -1)
        {
            MessageBox(0, L"GetMessage FAILED", L"Error", MB_OK);
            break;
        }
        else
        {
```

图 A.4 中的屏幕空间坐标：

(0, 0) 位于左上角，+X 向右，+Y 向下。

图 A.4 屏幕空间

```
              TranslateMessage(&msg);
              DispatchMessage(&msg);
          }
      }

      return (int)msg.wParam;
  }
```

Run 函数要做的第一件事就是为表示 Windows 消息的 MSG 类型创建一个名为 msg 的变量实例。该结构体的定义如下。

```
typedef struct tagMSG {
        HWND hwnd;
        UINT message;
        WPARAM wParam;
        LPARAM lParam;
        DWORD time;
        POINT pt;
  } MSG;
```

1. hwnd：接收此消息的窗口过程所属窗口的句柄。

2. message：用来识别消息的预定义常量值（如 WM_QUIT）。

3. wParam：与此消息相关的额外信息，具体意义取决于特定的消息。

4. lParam：与此消息相关的额外信息，具体意义取决于特定的消息。

5. time：消息被发出的时间。

6. pt：消息发出时，鼠标指针位于屏幕坐标系中的坐标(x, y)。

接下来，程序进入到消息循环部分。GetMessage 函数会从消息队列中检索消息，并根据截获的消息细节填写 msg 的参数。由于我们不对消息进行过滤，因此将 GetMessage 函数的剩余参数均设为 0。如果 GetMessage 函数发生错误，它将返回 -1。若接收到 WM_QUIT 消息，GetMessage 函数将返回 0，继而终止当前的消息循环。如果 GetMessage 函数返回其他值，那么将继续执行下面的 TranslateMessage 与 DispatchMessage 两个函数。TranslateMessage 函数实现了键盘按键的转换，特别是将虚拟键消息转换为字符消息；DispatchMessage 函数则会把消息分派给相应的窗口过程。

如果应用程序根据 WM_QUIT 消息顺利退出，则 WinMain 函数将返回 WM_QUIT 消息的参数 wParam（即退出代码）。

A.3.6 窗口过程

前文曾提到，我们在窗口过程中编写的代码是针对窗口接收到的消息而进行相应的处理。在本章这个基本的 Windows 应用程序之中，我们将窗口过程函数命名为 WndProc，它的原型如下。

```
LRESULT CALLBACK
WndProc(HWND hWnd, UINT msg, WPARAM wParam, LPARAM lParam);
```

此函数将返回一个 LRESULT 类型的值（它的定义是一个整数），表示该函数调用是否成功。CALLBACK 标识符指明这是一个**回调**（callback）函数，意味着 Windows 系统会在此程序的代码空间之外调用该函数。就像我们在这个程序的源代码中所看到的，我们从没有主动显式地调用过这个窗口过程，这是因为 Windows 系统会在需要处理消息的时候自动为我们调用此窗口过程。

窗口过程的函数签名共有 4 个参数。

1. `hWnd`：接收此消息的窗口的句柄。

2. `msg`：标识特定消息的预定值。例如，窗口的退出消息被定义为 WM_QUIT。前缀 WM 表示"窗口消息"（Window Message）。预定义的窗口消息有上百种，具体可参考 MSDN 库。

3. `wParam`：与具体消息相关的额外信息。

4. `lParam`：与具体消息相关的额外信息。

我们编写的窗口过程会处理 3 种消息，分别是 WM_LBUTTONDOWN、WM_KEYDOWN 与 WM_DESTROY。当用户在窗口的工作区点击鼠标左键时，便会发送一次 WM_LBUTTONDOWN 消息。当有非键盘键被按下时，就会向具有当前焦点的窗口发送 WM_KEYDOWN 消息。当窗口被销毁时，便会发送 WM_DESTROY 消息。

我们编写的处理代码也相当简单，当接收到 WM_LBUTTONDOWN 消息时就弹出一个打印着"Hello, World"字样的消息框：

```
case WM_LBUTTONDOWN:
        MessageBox(0, L"Hello, World", L"Hello", MB_OK);
        return 0;
```

当窗口收到 WM_KEYDOWN 消息时，我们就先检测用户按下的是否为 Esc 键。若果真如此，则通过 DestroyWindow 函数销毁应用程序主窗口。此时，传入窗口过程的 wParam 参数即为用户按下的特定键的**虚拟键代码**（virtual key code），我们可以认为它是特定键的标识符。Windows 头文件含有一系列用于确定按键的虚拟键代码。例如，通过检测虚拟键代码常量 VK_ESCAPE，便可知晓用户按下的是否为 Esc 键。

```
case WM_KEYDOWN:
        if( wParam == VK_ESCAPE )
                DestroyWindow(ghMainWnd);
        return 0;
```

上文曾提到，参数 wParam 与 lParam 都被用于指定特定消息的额外信息。对于 WM_KEYDOWN 消息来讲，wParam 参数指示的是用户按下的虚拟键代码。MSDN 库为每一种 Windows 消息都罗列出了对应的 wParam 与 lParam 参数信息。

当窗口被销毁时，我们会以 PostQuitMessage 函数（该函数会终止消息循环）发出 WM_QUIT 消息。

```
case WM_DESTROY:
        PostQuitMessage(0);
        return 0;
```

在窗口过程的结尾，我们会调用另一个名为 DefWindowProc 的函数，这个函数是默认的窗口过程。在本章的基本 Windows 应用程序之中，我们编写的窗口过程仅能处理 3 种消息，而窗口接收到的其他消息则都要交给 DefWindowProc 函数，由其中定义的默认方法来进行处理。比如说，该程序的窗口可能需要执行最小化、最大化、调整大小或关闭等操作，由于我们并不希望自行处理这些消息，所以这些功能就要交由默认的窗口过程来实现。

A.3.7　消息框函数

最后，有一种 API 函数我们还未曾介绍过，那就是 MessageBox 函数。在向用户展示信息以及为程序快速地获取输入这两方面，它为我们提供了一种极其捷便的途径。消息框函数的声明如下：

```
int MessageBox(
  HWND hWnd,   // 该消息框所属窗口的句柄，可以指定为 NULL
  LPCTSTR lpText, // 消息框中显示的文本
  LPCTSTR lpCaption,// 消息框的标题文本
  UINT uType   // 消息框的样式
);
```

MessageBox 函数的返回值依赖于所用消息框的具体类型。对于可能的返回值与消息框样式，可参考 MSDN 库。图 A.5 所示的是一种带有"Yes"和"No"选项的消息框。

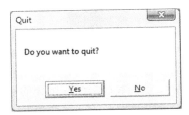

图 A.5　带有"Yes"和"No"选项的消息框

A.4　一种更灵活的消息循环

对于办公软件或网络浏览器等传统应用程序而言，游戏软件与之差别较大。一般来讲，游戏程序采用的并非是坐等消息的模式，而是要时时进行更新。这便暴露出了一个问题，如果普通程序的消息队列中没有消息，那么函数 GetMessage 将使线程进入休眠状态并等待消息的到来。但与游戏程序相比，如果没有要处理的 Windows 消息就应执行游戏的逻辑代码。解决方法是以 PeekMessage 函数替代GetMessage 函数。如果消息队列中并无消息，则 PeekMessage 函数将立即返回。这样一来，代码中的新式消息循环将变为：

```
int Run()
{
    MSG msg = {0};

    while(msg.message != WM_QUIT)
    {
        // 如果消息队列中有窗口消息则进行处理
        if(PeekMessage( &msg, 0, 0, 0, PM_REMOVE ))
        {
```

```
    TranslateMessage( &msg );
    DispatchMessage( &msg );
        }
        // 否则执行动画或游戏逻辑部分的代码
        else
    {

    }
    }
    return (int)msg.wParam;
    }
```

实例化 msg 变量之后，我们将进入一个无限循环。在这里，首先要调用 API 函数 PeekMessage 来检测消息队列，其参数的描述可参考 MSDN 库。若有消息，则返回 true 并对该消息进行处理。若没有消息，则 PeekMessage 函数返回 false，然后执行我们编写的游戏逻辑代码。

A.5 小结

1. 为了使用 Direct3D，我们必须创建具有一个主窗口的 Windows 应用程序，以此来渲染 3D 场景。而且，对于游戏类程序而言，应创建一种用于检测消息的特殊消息循环。如果有消息则对它们进行处理，否则就执行游戏逻辑。

2. 多个 Windows 应用程序可以同时运行，因此 Windows 操作系统必须管理这些程序所需资源，并将消息传递到相应的目标程序。当一个应用程序发生事件（键盘按键、点击鼠标、计时器等）时，就会有对应的消息发送至该应用程序的消息队列之中。

3. 每个 Windows 应用程序都有一个消息队列，用于存储该程序接收到的消息。应用程序的消息循环会不断检测队列中的消息，并将它们分发到相应的目标窗口过程。值得注意是，一款应用程序可能会拥有多个窗口。

4. 窗口过程是一种需要我们自行实现的特殊回调函数，当应用程序中的窗口收到消息，Windows 操作系统便会立即调用它。在窗口过程的内部，我们根据自己的需求为特定消息的处理而编写执行代码。如果我们对某些消息没有特别的处理需求，则将它们转发到默认的窗口过程以默认方法进行处理。

A.6 练习

1. 修改 A.2 节中的示例程序，为它配上不同的图标、光标以及背景颜色。

提示

在 MSDN 库中查阅 LoadIcon、LoadCursor 与 GetStockObject 这 3 种函数的信息。

2. 修改 A.2 节中的示例程序，对 WM_CLOSE 消息进行相应的处理。接收到此消息的窗口或应用程序即将关闭。我们要实现的效果是：此消息发来时，通过消息框函数向用户显示出一个附有是/否选项的消息框，询问是否真的需要退出。如果用户选择"是"便销毁此窗口，否则返回之前的程序逻辑，继续正常运行。通过这种方法，我们就可以在程序退出时询问用户是否要保存当前的工作进度。

3. 为 A.2 节中的示例程序添加对 WM_CREATE 消息的处理。在 CreateWindow 函数返回之前，此消息将被发送到即将被创建的窗口。通过消息框函数输出信息，以示此窗口创建完毕。

4. 查阅 MSDN 库中的 Sleep 函数，并以自己的理解对此函数的功能进行总结。

5. 查阅 MSDN 库中的 WM_SIZE 与 WM_ACTIVATE 消息，用自己的话来阐述这两种消息在什么情况下才会被发送出去。

附录 B
高级着色器语言参考[①]

B.1 变量类型

B.1.1 标量类型

1. bool：取值非真即假。注意，HLSL 为此而提供了类似于 C++语言中的 true 与 false 关键字。
2. int：32 位有符号整数。
3. half：16 位浮点数。
4. float：32 位浮点数。
5. double：64 位浮点数。

有些平台可能不支持 int、half 与 double 这几种类型。遇到这种情况便会用 float 对这些类型进行模拟。

B.1.2 向量类型

1. float2：2D 向量，其中的分量都是 float 类型。
2. float3：3D 向量，其中的分量都是 float 类型。
3. float4：4D 向量，其中的分量都是 float 类型。

注意

 我们也可以用非 float 类型的分量来创建向量，如 int2、half3、bool4。

我们能够通过与数组或构造函数相似的语法来初始化向量。

```
float3 v = {1.0f, 2.0f, 3.0f};
```

---

① 本章内容均为 HLSL 中的常用语法，便于快速查阅，完整细节请参考 MSDN 库。随着 Direct3D **的更新与升级，**HLSL 则有与之对应的着色器模型（shader model, SM），Direct3D 12 的对应模型有 SM 5.1 与 SM 6.x。

```
float2 w = float2(x, y);
float4 u = float4(w, 3.0f, 4.0f); // u = (w.x, w.y, 3.0f, 4.0f)
```

还以利用数组下标语法来访问向量中的分量。比如说，要设置向量 vec 中的第 i 个分量可以写成：

```
vec[i] = 2.0f;
```

除此之外，我们还能够通过规定的分量名 x、y、z、w、r、g、b、a 像访问结构体成员那样来访问向量 vec 的各分量。

```
vec.x = vec.r = 1.0f;
vec.y = vec.g = 2.0f;
vec.z = vec.b = 3.0f;
vec.w = vec.a = 4.0f;
```

分量名 r、g、b、a 分别对应于分量名 x、y、z、w，就像上述范例所示，每一对所获取的是同一个向量分量。当我们用向量来表示颜色时，RGBA 表示法会更受青睐，这是因为它的分量名与表示的颜色更加吻合。

重组

考虑这样一种情况，假设有向量 $u = (u_x, u_y, u_z, u_w)$，欲将 u 中的分量复制到向量 v，令 $v = (u_w, u_y, u_y, u_x)$。最直接的解决方案就是将向量 u 中的分量根据需求分别复制到向量 v 内。但是，HLSL 为这种按乱序复制向量分量的情况，专门提供了一种名为**重组**（swizzleing，也有译作混合、重排等）的特殊语法。

```
float4 u = {1.0f, 2.0f, 3.0f, 4.0f};
float4 v = {0.0f, 0.0f, 5.0f, 6.0f};

v = u.wyyx; // v = {4.0f, 2.0f, 2.0f, 1.0f}
```

再如，

```
float4 u = {1.0f, 2.0f, 3.0f, 4.0f};
float4 v = {0.0f, 0.0f, 5.0f, 6.0f};

v = u.wzyx; // v = {4.0f, 3.0f, 2.0f, 1.0f}
```

这样，在复制向量时，就不必按部就班地依次复制每一个分量了。举个例子，我们可以如下列代码所示，仅将向量 u 中的 x、y 分量复制到向量 v 中。

```
float4 u = {1.0f, 2.0f, 3.0f, 4.0f};
float4 v = {0.0f, 0.0f, 5.0f, 6.0f};

v.xy = u; // v = {1.0f, 2.0f, 5.0f, 6.0f}
```

B.1.3　矩阵类型

我们能够以下列语法来定义一个 $m \times n$ 矩阵，其中 m 与 n 的取值范围都在 1～4。

```
floatmxn matmxn;
```

范例：

1. `float2x2`：2×2 矩阵，该矩阵元素的类型都为 `float`。

2. `float3x3`：3×3 矩阵，该矩阵元素的类型都为 `float`。

3. `float4x4`：4×4 矩阵，该矩阵元素的类型都为 `float`。

4. `float3x4`：3×4 矩阵，该矩阵元素的类型都为 `float`。

注意

 我们也可以用非 float 类型的分量来创建矩阵，如 int2x2、half3x3 和 bool4x4。

我们能够以二维数组的双下标语法来访问矩阵中的项。例如，为了设置矩阵 M 中第 i 行第 j 列的元素，我们可以这样写：

```
M[i][j] = value;
```

除此之外，还可以依照访问结构体成员的方式来获取矩阵 M 中的元素。矩阵元素的名称定义如下：
以 1 作为起始值的索引：

```
M._11 = M._12 = M._13 = M._14 = 0.0f;
M._21 = M._22 = M._23 = M._24 = 0.0f;
M._31 = M._32 = M._33 = M._34 = 0.0f;
M._41 = M._42 = M._43 = M._44 = 0.0f;
```

以 0 作为基准值的索引：

```
M._m00 = M._m01 = M._m02 = M._m03 = 0.0f;
M._m10 = M._m11 = M._m12 = M._m13 = 0.0f;
M._m20 = M._m21 = M._m22 = M._m23 = 0.0f;
M._m30 = M._m31 = M._m32 = M._m33 = 0.0f;
```

有时候我们希望能提取引用矩阵中特定的行向量，这可以通过数组的单下标语法来实现。例如，为了提取 3×3 矩阵 M 中第 i 行的行向量，可写作：

```
float3 ithRow = M[i]; // 获取矩阵 M 中的第 i 个行向量
```

在接下来的示例中，我们要为矩阵中的 3 个行向量分别赋值：

```
float3 N = normalize(pIn.normalW);
float3 T = normalize(pIn.tangentW - dot(pIn.tangentW, N)*N);
float3 B = cross(N,T);
float3x3 TBN;
TBN[0] = T; // 给第一个行向量赋值
TBN[1] = B; // 给第二个行向量赋值
TBN[2] = N; // 给第三个行向量赋值
```

也可以用向量来构建矩阵：

```
float3 N = normalize(pIn.normalW);
float3 T = normalize(pIn.tangentW - dot(pIn.tangentW, N)*N);
```

```
float3 B = cross(N,T);

float3x3 TBN = float3x3(T, B, N);
```

注意

 除了利用 float4 与 float4x4 类型来表示 4D 向量与 4×4 矩阵外，我们还可以使用 vector 与 matrix 类型来加以代替：

```
vector u = {1.0f, 2.0f, 3.0f, 4.0f};
matrix M; // 4x4 矩阵
```

B.1.4　数组

我们可以通过类似于 C++的语法来声明一个特定类型的数组，例如：

```
float M[4][4];
half  p[4];
float3 v[12]; // 12 个 3D 向量
```

B.1.5　结构体

HLSL 与 C++中定义结构体的方式基本上完全一致，区别仅在于 HLSL 中的结构体不具有成员函数。以下是一个 HLSL 结构体的相关示例。

```
struct SurfaceInfo
{
  float3 pos;
  float3 normal;
  float4 diffuse;
  float4 spec;
};

SurfaceInfo v;
litColor += v.diffuse;
dot(lightVec, v.normal);
float specPower  = max(v.spec.a, 1.0f);
```

B.1.6　typedef 关键字

HLSL 中的 typedef 关键字与 C++中的功能完全相同。比如，可以通过以下语法来把 point 定义为 vector<float, 3>类型的别称：

```
typedef float3 point;
```

此后，如果希望声明：

```
float3 myPoint;
```

就可以写作：

```
point myPoint;
```

再来看另一个示例，它展示了如何通过 HLSL 中的 typedef 与 const 关键字来定义类型（效果与 C++中的一致）：

```
typedef const float CFLOAT;
```

B.1.7　变量的修饰符

下列关键字可以作为变量声明的修饰符。

1. static：基本上与修饰符 extern 的作用相反，意即以 static 修饰的着色器变量对于 C++应用程序而言是不可见的。

    ```
    static float3 v = {1.0f, 2.0f, 3.0f};
    ```

2. uniform：对于经此修饰符标记的变量而言，此值可以在 C++应用层改变，但在着色器执行（处理顶点、像素）的过程中，其值始终保持不变（其间可将其看作一种常量）。因此，uniform 变量都是在着色器程序之外进行初始化的（例如，在 C++应用程序中得到初始化）。

3. extern：经此关键字修饰的变量会暴露给 C++应用程序端（即该变量可以被着色器之外的 C++应用代码访问到）。着色器程序中的全局变量被默认为既 uniform 且 extern。

4. const：HLSL 中的 const 关键字与 C++中的意义相同。这就是说，如果一个变量由 const 关键字来修饰，那么它为一个常量，其值将不可更改。

    ```
    const float pi = 3.14f;
    ```

B.1.8　强制类型转换

HLSL 有着极其灵活的强制转换（casting）机制。HLSL 中的强制转换语法与 C 编程语言中的相同。例如，将一个 float 类型强制转换为一个 matrix 类型可写作：

```
float f = 5.0f;
float4x4 m = (float4x4)f; // 将浮点数 f 复制到矩阵 m 中的每一元素当中
```

这种把标量强制转换为矩阵的做法，实为将此标量复制给矩阵中的每一元素。
再来研究下面的实例：

```
float3 n = float3(...);
float3 v = 2.0f*n - 1.0f;
```

2.0f*n 只是一个标量与向量的乘法，这个好理解。然而，接下来的操作是向量与标量相减。此时，标量 1.0f 被扩充为 (1.0f, 1.0f, 1.0f)，因此上述语句实际执行如下：

```
float3 v = 2.0f*n - float3(1.0f, 1.0f, 1.0f);
```

就本书中的示例而言，我们现在应当有能力根据语法推测出其强制转换后的语句。至于强制转换的一系列完整规则，可搜索 SDK 文档中的 "Casting and Conversion"（强制类型转换与类型转换）部分。

B.2　关键字与运算符

B.2.1　关键字

为了便于参考，下面列出 HLSL 中定义的常用关键字清单[1]。

```
asm, bool, compile, const, decl, do,
double, else, extern, false, float, for,
half, if, in, inline, inout, int,
matrix, out, pass, pixelshader, return, sampler,
shared, static, string, struct, technique, texture,
true, typedef, uniform, vector, vertexshader, void,
volatile, while
```

接下来所示的关键字为保留的或未使用的标识符，但它们或许会在未来成为关键字[2]。

```
auto, break, case, catch, char, class,
const_cast, continue, default, delete, dynamic_cast, enum,
explicit, friend, goto, long, mutable, namespace,
new, operator, private, protected, public, register,
reinterpret_cast, short, signed, sizeof, static_cast, switch,
template, this, throw, try, typename, union,
unsigned, using, virtual
```

B.2.2　运算符

HLSL 支持许多类似于 C++中的运算符，除了后面介绍的少数几种特例之外，它们的用法与 C++中的一致。下面表格中所列的即为 HLSL 中的运算符。

[]	.	>	<	<=	>=	!=	==	!
&&	||	? :	+	+=	-	-=	*	*=
/	/=	%	%=	++	--	=	()	,

---

[1] 其中的关键字 decl（与着色器汇编语言有关）已不在官方的 HLSL 列表之中，它仅残存在 Directx 9 的某些文献当中。

[2] 其中的 namespace 与 register 现已属于关键字，break、continue 与 switch 则已归入流控制语句。

　　上面提到，HLSL 中的运算符与 C++中的非常相似，尽管如此，仍会有一些差异。首先，HLSL 中的取模运算符%既可以用于整数也能用于浮点数。而且，要进行模运算就必须保证取模运算符左右操作数都具有相同的符号（例如，要么都为正数，要么都为负数）。

　　其次，我们可以看出 HLSL 中的不少运算是以分量为基准展开的，这是因为 HLSL 引入的向量和矩阵等内置类型都是由若干分量构成所导致的。有了这种按分量进行运算的规则，我们就可以将本用于标量类型运算的算符，亦用作执行如向量与矩阵之间的加、减法运算以及相等测试。下面是一些相关示例。

注意

 　在标量计算的过程中，HLSL 运算符的行为与一般普通 C++程序中的相一致。

```
float4 u = {1.0f, 0.0f, -3.0f, 1.0f};
float4 v = {-4.0f, 2.0f, 1.0f, 0.0f};

// 将对应的分量相加
float4 sum = u + v; // sum = (-3.0f, 2.0f, -2.0f, 1.0f)
```

向量的自增运算就是使它的每个分量都加 1。

```
// 自增之前：sum = (-3.0f, 2.0f, -2.0f, 1.0f)

sum++; // 自增之后：sum = (-2.0f, 3.0f, -1.0f, 2.0f)
```

向量的分量式乘法运算如下。

```
float4 u = {1.0f, 0.0f, -3.0f, 1.0f};
float4 v = {-4.0f, 2.0f, 1.0f, 0.0f};

// 将对应的向量相乘
float4 product = u * v; // product = (-4.0f, 0.0f, -3.0f, 0.0f)
```

注意

　如果有两个矩阵：

```
float4x4 A;
float4x4 B;
```

那么，语法 *A*B* 表示的是分量式乘法，而不是矩阵乘法。若要进行矩阵乘法运算，则需要使用 `mul` 函数。

　　比较运算符也是按分量一一进行比对的，它返回的是由 `bool` 类型分量组成的向量或矩阵，其中的 `bool` 值即为对应分量的比较结果。例如：

```
float4 u = { 1.0f, 0.0f, -3.0f, 1.0f};
float4 v = {-4.0f, 0.0f, 1.0f, 1.0f};
```

```
float4 b = (u == v); // b = (false, true, false, true)
```

最后，我们以二元运算中变量类型的提升规则（variable promotion）作为本节的结束。

1. 对于二元运算来说，如果运算符左右操作数的维度不同，那么维度较小的变量类型将被提升（自动转换）为维度较大的变量类型。比如说，如果 x 的类型为 float，而 y 的类型为 float3。那么，在表达式 (x + y) 中，变量 x 的类型将被提升为 float3，而且表达的计算结果类型也为 float3。变量类型的提升依赖于自动转换的定义，像本例这种情况就会发生“标量至向量”（scalar-to-vector）的自动转换。因此，在上述计算过程中，x 就会按标量至向量自动转换的定义，提升为 float3 变为 x = (x, x, x)。值得注意的是，如果某种自动转换行为没有定义，那么其相应的类型提升也就不复存在。例如，我们不能将类型 float2 提升为类型 float3，因为并不存在这样的自动转换定义。

2. 对于二元运算来讲，如果运算符左右操作数的类型不同，那么低精度变量的类型将被提升（自动转换）为高精度变量的类型。例如，若 x 的类型为 int 且 y 的类型为 half，那么，在表达式 (x + y) 中，变量 x 的类型将被提升至 half，而且表达式运算结果的类型亦为 half。

B.3　程序中的控制流

HLSL 支持一些 C++中常见的选择、循环以及顺序程序流控制语句。这些语句的语法与 C++中的一模一样。

return 语句：

```
return (expression);
```

if 与 *if...else* 语句：

```
if( condition )
{
  statement(s);
}
```

```
if( condition )
{
  statement(s);
}
else
{
  statement(s);
}
```

for 语句：

```
for(initial; condition; increment)
{
  statement(s);
}
```

while 语句：

```
while( condition )
{
  statement(s);
}
```

do...while 语句：

```
do
{
  statement(s);
}while( condition );
```

B.4 函数

B.4.1 用户自定义函数

HLSL 中的函数具有以下属性。

1. 函数采用类 C++语法。
2. 参数只能按值传递。
3. 不支持递归。
4. 只有内联函数。

而且，HLSL 还专为函数添加了一些额外的关键字。例如，考虑下列以 HLSL 编写的函数。

```
bool foo(in const bool b, // 输入的bool 类型参数
     out int r1,    // 输出的 int 类型参数
     inout float r2) // 同时兼具输入/输出属性的 float 类型参数
{
  if( b ) // 测试输入值
  {
    r1 = 5; // 通过 r1 输出一个值
  }
  else
  {
    r1 = 1; // 通过 r1 输出一个值
  }

  // 因为 r2 的类型为 inout，所以既可把它作为输入值，也能通过它来输出值
  r2 = r2 * r2 * r2;
```

```
    return true;
}
```

除了 in、out 与 inout 关键字以外，HLSL 中函数的语法基本与 C++ 中的函数相一致。

1. in：在目标函数执行之前，此修饰符所指定的参数应从调用此函数的程序中复制有输入的数据。我们其实不必显式地为参数指定此修饰符，在默认的情况下参数都为 in 类型。例如，下面两种写法是等价的：

```
float square(in float x)
{
    return x * x;
}
```

这是没有显式指定 in 的写法：

```
float square(float x)
{
    return x * x;
}
```

2. out：在目标函数返回时，此修饰符所指定的参数应当已经复制了该函数中的最后计算结果。借此即可方便地返回数值。关键字 out 的存在是很有必要的，因为 HLSL 既不允许按引用的方式传递数据，也不允许使用指针。需要注意的是，如果一个参数被标记为 out，那么此参数在目标函数执行之前不能被复制任何值。换言之，out 参数只能用于输出数据，而不能用于输入数据。

```
void square(in float x, out float y)
{
    y = x * x;
}
```

在这个函数中，我们通过 x 来输入底数，并以参数 y 来返回 x 平方的计算结果。

3. inout：此修饰符表示参数兼有 in 与 out 的属性。如果希望某个参数既可输入又可输出就可用 inout。

```
void square(inout float x)
{
    x = x * x;
}
```

在这个示例中，我们不仅通过 x 来输入底数，还以 x 返回底数平方的计算结果。

B.4.2　内置函数

HLSL 为用户提供了一组丰富的内置函数，这对于 3D 图形的绘制来讲无疑是很有帮助的。以下列表描述了常用的内置函数。

编号	函数	描述
1	abs(x)	返回 $\|x\|$
2	ceil(x)	返回 $\geqslant x$ 的最小整数
3	cos(x)	返回 x 的余弦值，x 的单位为弧度
4	clamp(x, a, b)	将 x 钳制在范围 $[a, b]$ 内，并返回结果
5	clip(x)	此函数仅限于在像素着色器中调用，如果 $x < 0$，就将当前的像素从后续的处理流程中丢弃
6	cross(u, v)	返回 $\boldsymbol{u} \times \boldsymbol{v}$（二向量之叉积）
7	ddx(p)	估算屏幕空间中的偏导数 $\partial \boldsymbol{p} / \partial x$。这使我们可以确定在屏幕空间的 x 轴方向上，相邻像素间某属性值 $\boldsymbol{p}$ 的变化量
8	ddy(p)	估算屏幕空间中的偏导数 $\partial \boldsymbol{p} / \partial y$。这使我们可以确定在屏幕空间的 y 轴方向上，相邻像素间某属性值 $\boldsymbol{p}$ 的变化量
9	degrees(x)	将 x 从弧度转化为角度
10	determinant(M)	返回矩阵的行列式
11	distance(u, v)	返回点 $\boldsymbol{u}$ 与点 $\boldsymbol{v}$ 之间的距离 $\|\boldsymbol{v} - \boldsymbol{u}\|$
12	dot(u, v)	返回 $\boldsymbol{u} \cdot \boldsymbol{v}$（二向量之点积）
13	floor(x)	返回 $\leqslant x$ 的最大整数
14	frac(x)	此函数返回的是目标浮点数的小数部分（即尾数）。例如，若 $x = (235.52, 696.32)$，那么 frac(x) $= (0.52, 0.32)$
15	length(v)	返回 $\|\boldsymbol{v}\|$（向量的模）
16	lerp(u, v, t)	基于参数 $t \in [0, 1]$，在 $\boldsymbol{u}$ 与 $\boldsymbol{v}$ 之间进行线性插值
17	log(x)	返回 $\ln(x)$
18	log10(x)	返回 $\log_{10}(x)$
19	log2(x)	返回 $\log_2(x)$
20	max(x, y)	如果 $x \geqslant y$ 返回 x，否则返回 y
21	min(x, y)	如果 $x \leqslant y$ 返回 x，否则返回 y
22	mul(M, N)	返回矩阵乘积 $\boldsymbol{MN}$。但要注意，矩阵乘积 $\boldsymbol{MN}$ 必须要有定义。如果 $\boldsymbol{M}$ 是一个向量，就将它作为一个行向量进行向量与矩阵的乘法运算，使乘积有定义。类似地，如果 $\boldsymbol{N}$ 是一个向量，就把它当作一个列向量，并进行矩阵与向量的乘法运算，使乘积有定义
23	normalize(v)	返回 $\boldsymbol{v} / \|\boldsymbol{v}\|$

续表

编号	函数	描述
24	pow(b, n)	返回 b^n
25	radians(x)	将 x 从角度转换为弧度
26	saturate(x)	返回 clamp(x, 0.0, 1.0)
27	sin(x)	返回 x 的正弦值，x 的单位为弧度
28	sincos(in x, out s, out c)	返回 x 的正弦值和余弦值，x 的单位为弧度
29	sqrt(x)	返回 $\sqrt{x}$
30	reflect(v, n)	根据给出的表面法线 n 与入射向量 v，计算反射向量
31	refract(v, n, eta)	根据给出的表面法线 n、入射向量 v 以及两种材质的折射率之比 eta 来计算折射向量
32	rsqrt(x)	返回 $\dfrac{1}{\sqrt{x}}$
33	tan(x)	返回 x 的正切值，x 的单位为弧度
34	transpose(M)	返回矩阵 M 的转置矩阵 M^T
35	Texture2D::Sample (S, texC)	根据 SamplerState 对象 S 与 2D 纹理坐标 texC，返回 2D 纹理图中相应的颜色数据
36	Texture2D::SampleLevel (S, texC, mipLevel)	根据 SamplerState 对象 S、2D 纹理坐标 texC 以及 mipmap 层级 mipLevel，从 2D 纹理图中返回相应的颜色数据。此函数与 Texture2D::Sample 函数的不同之处在于第三个参数，即需要用户亲自指定采样时所用的 mipmap 层级。例如，我们可以将它指定为 0 来访问最顶级的 mipmap LOD（level of detail，细节级别，也有译作细节层次）
37	TextureCube::Sample(S, v)	根据 SamplerState 对象 S 以及 3D 查找向量 v 来返回立方体图中相应的颜色数据
38	Texture2DArray::Sample (S, texC)	根据 SamplerState 对象 S（前文中曾讲过，采样器状态指定了纹理过滤器与纹理的寻址模式）以及 3D 纹理坐标 texC（前两个坐标为普通的 2D 纹理坐标，而第三个坐标则用于指定数组的索引），返回 2D 纹理数组中相应的颜色

注意

Note　大多数的函数能以重载的方式使所有内置类型的计算变得有意义。例如，所有的标量类型都可以通过 abs 函数来计算绝对值，这就是说，此函数会针对不同的标量类型执行不同的重载方法。再如叉积函数 cross，它仅支持 3D 向量的计算，所以它只能针对由某种类型所组成的 3D 向量（例如，int、float、double 等类型所构成的 3D 向量）进行重载。另一方面，因为线性插值函数 lerp 可以使标量、2D、3D 以及 4D 向量的计算均有意义，所以该函数支持对所有类型的重载。

注意

 如果以"标量"函数（即通常针对标量进行运算的函数，如 cos(x)）来对非标量类型进行计算，那么该函数将对每个分量依次展开运算。例如，如果我们有下列代码：

```
float3 v = float3(0.0f, 0.0f, 0.0f);

v = cos(v);
```

那么 cos 函数将对每个分量逐个求取余弦值：$v = (\cos(x), \cos(y), \cos(z))$。

如需进一步了解，可以在 DirectX 文档中的 "HLSL Intrinsic Functions"（HLSL 内置函数）部分找到内置函数的完整列表。

B.4.3　常量缓冲区的封装规则

在 HLSL 中，常量缓冲区会以补齐填充（padding）的方式，将其中的元素都包装为 4D 向量，但一个单独的元素却不能被分开并横跨两个 4D 向量。思考下列示例：

```
// HLSL
cbuffer cb : register(b0)
{
  float3 Pos;
  float3 Dir;
};
```

如果要将数据打包为 4D 向量，则有读者可能会认为它是这样来实现的：

```
vector 1: (Pos.x, Pos.y, Pos.z, Dir.x)
vector 2: (Dir.y, Dir.z, empty, empty)
```

然而，这种方法却把 dir 元素分置在两个 4D 向量之中，这在 HLSL 的规则中是不允许的——一个元素只能置于一个 4D 向量之内。因此，它必须按下列方式封装在着色器的内存之中。

```
vector 1: (Pos.x, Pos.y, Pos.z, empty)
vector 2: (Dir.x, Dir.y, Dir.z, empty)
```

现假设我们用 C++ 语言定义的即将被映射到常量缓冲区中的结构体如下。

```
// C++
struct Data
{
  XMFLOAT3 Pos;
  XMFLOAT3 Dir;
};
```

如果没有留意这些封装规则，而盲目地调用 memcpy 函数以复制字节的方式将数据写入常量缓冲区里，那么将以上面所述的第一种错误情景而告终，而常量数据也将被错误地赋值为：

```
vector 1: (Pos.x, Pos.y, Pos.z, Dir.x)
vector 2: (Dir.y, Dir.z, empty, empty)
```

如此说来，我们必须依照 HLSL 的封装规则以"填充"变量的方式来定义 C++结构体，以此使其中的数据元素可正确地复制给 HLSL 中的常量。现在，我们用显式填充的方法来重新定义常量缓冲区。

```
cbuffer cb : register(b0)
{
  float3 Pos;
  float __pad0;
  float3 Dir;
  float __pad1;
};
```

再定义 C++代码中的结构体，以求与常量缓冲区相匹配。

```
// C++
struct Data
{
  XMFLOAT3 Pos;
  float __pad0;
  XMFLOAT3 Dir;
  float __pad1;
};
```

如果现在再调用 memcpy 函数，那么数据将被正确地复制到常量缓冲区之中。

```
vector 1: (Pos.x, Pos.y, Pos.z, __pad0)
vector 2: (Dir.x, Dir.y, Dir.z, __pad1)
```

为遵循封装规则，本书中的部分代码可能会采取填充变量的方法。另外，在某些情况下，如果对常量缓冲区中的元素顺序进行适当调整，或许就能因减少占位的空白空间而避免填充操作。例如，若按下列方式定义 Light 结构体，我们就不必再填充 4D 向量的 w 坐标了——依此顺序排列的结构体元素使标量数据自然而然地占据了 w 坐标的位置（8.13.1 节曾提及相关内容）。

```
struct Light
{
  DirectX::XMFLOAT3 Strength;
  float FalloffStart = 1.0f;
  DirectX::XMFLOAT3 Direction;
  float FalloffEnd = 10.0f;
  DirectX::XMFLOAT3 Position;
  float SpotPower = 64.0f;
};
```

当这些数据元素写入常量缓冲区时，它们会严丝合缝地打包为 3 个 4D 向量。

```
vector 1: (Strength.x, Strength.y, Strength.z, FalloffStart)
vector 2: (Direction.x, Direction.y, Direction.z, FalloffEnd)
vector 3: (Position.x, Position.y, Position.z, SpotPower)
```

注意

Note　最好按着色器内存中的常量缓冲区内存布局来定义 C++常量缓冲区数据结构体，使两者匹配。届时，我们就可以无后顾之忧地进行内存复制操作。

刚刚摸清了 HLSL 包装与填充的路数，现在不妨就让我们多研究几种 HLSL 常量包装的实例。如果有以下常量缓冲区：

```
cbuffer cb : register(b0)
{
  float3 v;
  float  s;
  float2 p;
  float3 q;
};
```

那么，这一结构体将经过填充打包而成为下列 3 个 4D 向量：

```
vector 1: (v.x, v.y, v.z, s)
vector 2: (p.x, p.y, empty, empty)
vector 3: (q.x, q.y, q.z, empty)
```

在这种情况下，我们将标量 s 置为第一个向量中的第 4 个分量。然而，向量 2 的槽位还是不能同时容下变量 p 与 q，因此 q 必须单独占用一个 4D 向量。

又如，考虑这样一个常量缓冲区：

```
cbuffer cb : register(b0)
{
    float2 u;
    float2 v;
    float a0;
    float a1;
    float a2;
};
```

它将被填充并封装为：

```
vector 1: (u.x, u.y, v.x, v.y)
vector 2: (a0, a1, a2, empty)
```

注意

数组的处理方式与上文所述不同。根据 SDK 文档可知，"数组中的每个元素都会被存于一个具有 4 个分量的向量之中"。请看下面的示例，如果我们有一个类型为 float2 的数组：

```
float2 TexOffsets[8];
```

根据前文中的封装规则，我们可能会认为每两个元素会被包装到一个 float4 类型的槽位之中。但是，数组却是个例外，上述数组实际相当于：

```
float4 TexOffsets[8];
```

因此，为了令程序能按预期正常工作，我们需要在 C++ 代码中设置一个具有 8 个 XMFLOAT4 元素的数组，而不是由 8 个 XMFLOAT2 元素所构成的数组。显而易见的是，每个元素都浪费了两个 float 类型的存储空间，毕竟我们其实只需要一个 float2 类型的数组。对此，SDK 文档指出，我们可以通过强制类型转换以及额外的地址计算指令来更有效地利用内存：

```
float4 array[4];
static float2 aggressivePackArray[8] = (float2[8])array;
```

附录 C
解析几何学选讲

在本附录中，我们将以向量与点为基石来构建出更为复杂的几何图形。本书中虽然经常会用到这些知识，但仍不如向量、矩阵以及变换这些内容出现得频繁。正因如此，我们才把这些主题放到附录中而非正文当中。

C.1 射线、直线以及线段

一条直线可以用线上一点 p_0 以及与此线平行的向量 u 来表示（见图 C.1）。所以，此直线的向量直线方程（vector line equation）为：

$$p(t) = p_0 + tu \qquad 其中 t \in \mathbb{R}$$

通过赋予 t（t 可以是任意实数）不同的值，我们就能获得此直线上的不同点。

如果将 t 限制为一个非负数，那么这个向量直线方程的图像将变为以 p_0 作为端点、向量 u 表示方向的射线（见图 C.2）。

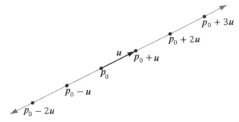

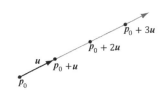

图 C.1　由线上一点 p_0 以及与此线平行的向量 u 来描述的直线。我们可以通过为 t 设置任意实数来得到直线上的对应点

图 C.2　由端点 p_0 与方向向量 u 所描述的射线。我们通过为 t 设置大于或等于 0 的标量来生成该射线上的对应点

现假设欲通过端点 p_0 与 p_1 来定义一条线段。首先要构建出由 p_0 至 p_1 的向量 $u = p_1 - p_0$，如图 C.3 所示。接下来，针对 $t \in [0, 1]$ 绘制出方程 $p(t) = p_0 + tu = p_0 + t(p_1 - p_0)$ 的图像，即为由 p_0 与 p_1 所定义的线段。注意，如果我们在绘制图像时没有满足 $t \in [0, 1]$ 这个条件，那么我们所绘制的点将位于该线段所在的直线上，但不在此线段之上。

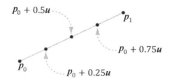

图 C.3　通过为 t 赋予范围为 $[0,1]$ 的值来生成线段上的点。例如，当 $t=0.5$ 时，便生成线段的中点。
观察图像可知，当 $t=0$ 时，我们得到的是端点 p_0；当 $t=1$，就可得到端点 p_1

C.2　平行四边形

设 q 为一个点，且 u 与 v 为两个非平行向量（即对于任意标量 k 来讲，$u \neq kv$）。下列函数的图像即为一个平行四边形（见图 C.4）。

$$p(s,t) = q + su + tv \qquad \text{其中} \ s,t \in [0,1]$$

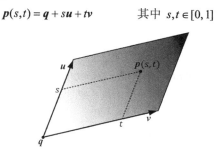

图 C.4　一个平行四边形。通过为 $s,t \in [0,1]$ 这两个变量取约束范围内的不同值，
我们就能根据上述方程生成对应平行四边形中不同的点

需要满足"对于任意标量 k 都要使 $u \neq kv$"这个条件的原因如下。

如果 $u = kv$，那么就有：

$$\begin{aligned}
p(s,t) &= q + su + tv \\
&= q + skv + tv \\
&= q + (sk + t)v \\
&= q + \bar{t}v
\end{aligned}$$

这其实就是直线方程。换句话说，我们现在得到的是一个单自由度（one degree of freedom，也作一自由度）方程。而要获得像平行四边形那样的 2D 几何形状，则必须采用双自由度（二自由度）方程。因此，u 与 v 必不能互为平行向量。

C.3　三角形

三角形的向量方程与平行四边形的向量方程差不多，唯一区别就是前者更进一步限制了参数的范围：

$$p(s,t) = p_0 + su + tv \quad \text{其中} \ s \geqslant 0, t \geqslant 0, s + t \leqslant 1$$

从图 C.5 中可以看出，如果在与 s、t 有关的条件里有任何一项没有得到满足，那么 $\boldsymbol{p}(s, t)$ 则为在三角形所在平面上，却处于三角形范围 "之外" 的一个点。

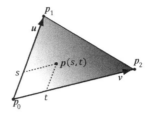

图 C.5 一个三角形。通过为参数 s、t 取满足 $s \geqslant 0, t \geqslant 0, s+t \leqslant 1$ 的不同值，我们就可以生成此三角形内的不同点

根据定义三角形的 3 个点，我们就能得到三角形的参数方程。现考虑由 3 个顶点 $\boldsymbol{p}_0$、$\boldsymbol{p}_1$、$\boldsymbol{p}_2$ 所定义的三角形。我们可以把满足 $s \geqslant 0, t \geqslant 0, s+t \leqslant 1$ 的位于三角形内的任意一点表示为：

$$\boldsymbol{p}(s,t) = \boldsymbol{p}_0 + s(\boldsymbol{p}_1 - \boldsymbol{p}_0) + t(\boldsymbol{p}_2 - \boldsymbol{p}_0)$$

根据标量乘法对向量加法分配律，对公式进一步展开：

$$\begin{aligned} \boldsymbol{p}(s,t) &= \boldsymbol{p}_0 + s\boldsymbol{p}_1 - s\boldsymbol{p}_0 + t\boldsymbol{p}_2 - t\boldsymbol{p}_0 \\ &= (1-s-t)\boldsymbol{p}_0 + s\boldsymbol{p}_1 + t\boldsymbol{p}_2 \\ &= r\boldsymbol{p}_0 + s\boldsymbol{p}_1 + t\boldsymbol{p}_2 \end{aligned}$$

这里设 $r = (1-s-t)$。坐标 (r, s, t) 则称为**重心坐标**（barycentric coordinate）。注意，通过约束条件 $r + s + t = 1$ 与重心组合 $\boldsymbol{p}(r, s, t) = r\boldsymbol{p}_0 + s\boldsymbol{p}_1 + t\boldsymbol{p}_2$ 便可将点 $\boldsymbol{p}$ 表示为三角形 3 个顶点的加权平均值。重心坐标还有一些有趣的性质，由于本书没有涉及这些内容，因此就没有将它们一一列出。感兴趣的读者不妨对重心坐标展开进一步的研究。

C.4 平面

我们可以把一个平面视为一张无限薄、无限宽以及无限长的 "三无" 纸。一个平面可以用一个向量 $\boldsymbol{n}$ 与平面内一点 $\boldsymbol{p}_0$ 来表示。垂直于平面的向量 $\boldsymbol{n}$（不一定具有单位长度）称为该平面的**法向量**（normal vector），如图 C.6 所示。一个平面可以将空间划分为**正半空间**（positive half-space）与**负半空间**（negative half-space）。正半空间为平面前侧的空间，所谓 "平面的前侧" 即为法向量指向的一侧。负半空间则为平面后侧的空间。

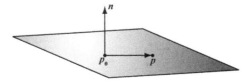

图 C.6 通过法向量 $\boldsymbol{n}$ 与平面内一点 $\boldsymbol{p}_0$ 定义的平面。如果 $\boldsymbol{p}_0$ 是平面内一点，当且仅当向量 $\boldsymbol{p}-\boldsymbol{p}_0$ 正交于平面法向量，则点 $\boldsymbol{p}$ 也是平面内一点

从图 C.6 可以看到，平面的图像是由所有满足下列**平面方程**（plane equation）的点 p 所构成的：

$$n \cdot (p - p_0) = 0$$

在描述一个特定平面的时候，法线 n 与平面内的一已知点 p_0 都是确定下来的，因此通常可以将平面方程改写为：

$$n \cdot (p - p_0) = n \cdot p - n \cdot p_0 = n \cdot p + d = 0$$

其中 $d = -n \cdot p_0$。如果 $n = (a, b, c)$ 且 $p = (x, y, z)$，那么平面方程就可以写作：

$$ax + by + cz + d = 0$$

如果平面法向量 n 为单位长度，那么 $d = -n \cdot p_0$ 表示的就是从坐标系原点至此平面的最短**有符号**（signed，或称为"有向"）距离（见图 C.7）。

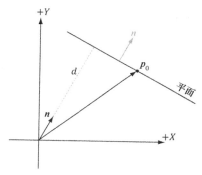

图 C.7　从平面到坐标系原点的最短距离

注意

为了能更方便地画出示意图，我们有时绘制的是 2D 图像。此时，用一条直线来表示一个平面。由于一条直线可以把 2D 空间分为一个正半空间以及一个负半空间，所以通过一条直线以及一条与之垂直的法线就能合理地表示出 2D 平面。

C.4.1　DirectX 数学库中平面的表示

在代码中表示平面时，存储法向量 n 与常量 d 是一件很容易的事。将这两种数据看作一个 4D 向量是一种很不错的想法，我们可以把它们表示为 $(n, d) = (a, b, c, d)$。又因为 XMVECTOR 类型所存的正是一个浮点数值四元组，所以 DirectX 数学库也提供了 XMVECTOR 类型的重载用于表示平面。

C.4.2　空间点与平面的位置关系

给出任意一点 p，从图 C.6 与图 C.8 中可以看出：

1. 如果 $n \cdot (p - p_0) = n \cdot p + d > 0$，那么点 p 位于平面的前侧空间。

2.　如果 $\boldsymbol{n} \cdot (\boldsymbol{p} - \boldsymbol{p}_0) = \boldsymbol{n} \cdot \boldsymbol{p} + d < 0$，那么点 $\boldsymbol{p}$ 位于平面的后侧空间。

3.　如果 $\boldsymbol{n} \cdot (\boldsymbol{p} - \boldsymbol{p}_0) = \boldsymbol{n} \cdot \boldsymbol{p} + d = 0$，那么点 $\boldsymbol{p}$ 在平面内。

这几种测试对于空间点与平面位置关系的判断是很有用处的。

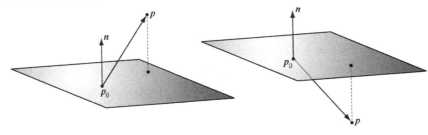

图 C.8　空间点与平面的位置关系

以下 DirectX 数学库函数用于为特定平面与点计算 $\boldsymbol{n} \cdot \boldsymbol{p} + d$。

```
XMVECTOR XMPlaneDotCoord(// 返回每一个坐标分量都存有 n·p+d 计算结果的 XMVECTOR
    XMVECTOR P, // 用平面系数(a, b, c, d)来表示的平面
    XMVECTOR V); // 用分量 w = 1 来表示的点

// 检测点与平面的相对位置关系
XMVECTOR p = XMVectorSet(0.0f, 1.0f, 0.0f, 0.0f);

XMVECTOR v = XMVectorSet(3.0f, 5.0f, 2.0f);

float x = XMVectorGetX( XMPlaneDotCoord(p, v) );
if( x 约等于 0.0f ) // 点 v 在平面 p 内
if( x > 0 )    // 点 v 处于正半空间
if( x < 0 )    // 点 v 处于负半空间
```

注意

 上述代码中所说的"约等于"是由于浮点值的误差所致。

类似的函数有：

```
XMVECTOR XMPlaneDotNormal(XMVECTOR Plane, XMVECTOR Vec);
```

此函数将返回平面法向量与指定的 3D 向量的点积。

C.4.3　构建平面

除了直接指定平面系数 $(\boldsymbol{n}, d) = (a, b, c, d)$ 之外，还可以用另外两种方式来计算这些系数。给出法线 $\boldsymbol{n}$ 与平面内一已知点 $\boldsymbol{p}_0$，就能解出 d：

$$\boldsymbol{n} \cdot \boldsymbol{p}_0 + d = 0 \Rightarrow d = -\boldsymbol{n} \cdot \boldsymbol{p}_0$$

DirectX 数学库提供的以下函数，将根据给出的平面内一点与法线来构建一个对应的平面：

```
XMVECTOR XMPlaneFromPointNormal(
    XMVECTOR Point,
    XMVECTOR Normal);
```

第二种构建平面的方式是指定目标平面内 3 个不共线的点。

给出平面内不共线的 3 点 p_0、p_1、p_2，我们就能表示此出平面内的两个向量：

$$u = p_1 - p_0$$
$$v = p_2 - p_0$$

据此，我们就可通过这两个平面内向量的叉积，计算出此平面的法线（回顾左手拇指法则（left hand thumb rule）)：

$$n = u \times v$$

接下来，我们就能计算 $d = -n \cdot p_0$ 了。

相应地，DirectX 数学库还提供了下列函数，用以根据用户给出的 3 个不共线点，计算其所在的平面：

```
XMVECTOR XMPlaneFromPoints(
    XMVECTOR Point1,
    XMVECTOR Point2,
    XMVECTOR Point3);
```

C.4.4　对平面进行规范化处理

有时候，我们可能需要对一个平面的法向量进行规范化处理。乍一想，对法向量进行规范化处理的方式似乎应当与处理其他向量的方法差不多。但是又考虑到 d 项的表示也依赖于法向量：$d = -n \cdot p_0$，因此，如果要对平面的法向量进行规范化处理，势必要重新计算 d。这可以通过下述方法来实现：

$$d' = \frac{d}{\|n\|} = -\frac{n}{\|n\|} \cdot p_0$$

这样一来，我们就得到了下列对平面 (n, d) 的法向量进行规范化处理的公式：

$$\frac{1}{\|n\|}(n,d) = \left(\frac{n}{\|n\|}, \frac{d}{\|n\|}\right)$$

另外，我们可以通过下述 DirectX 数学库函数来对平面的法向量进行规范化处理：

```
XMVECTOR XMPlaneNormalize(XMVECTOR P);
```

C.4.5　对平面进行变换

[Lengyel02]证明了：如果要对一个平面 (n, d) 进行某种变换，可以先将它当作一个 4D 向量，再令它乘以所需变换矩阵的逆转置矩阵即可。注意，在变换之前，首先要保证平面的法向量必须是规范化的。可采用下列 DirectX 数学函数库来实现平面的变换：

```
XMVECTOR XMPlaneTransform(XMVECTOR P, XMMATRIX M);
```

示例代码：

```
XMMATRIX T(...); // 将 T 初始化为所需的变换矩阵
XMMATRIX invT = XMMatrixInverse(XMMatrixDeterminant(T), T);
XMMATRIX invTransposeT = XMMatrixTranspose(invT);

XMVECTOR p = (...); // 初始化平面
p = XMPlaneNormalize(p); // 确认法线是规范化的

XMVECTOR transformedPlane = XMPlaneTransform(p, &invTransposeT);
```

C.4.6　平面内离指定点最近的点

假设有一空间点 p，现欲求出平面 (n, d) 内至点 p 最近的一点 q。从图 C.9 可以观察到：

$$q = p - \text{proj}_n(p - p_0)$$

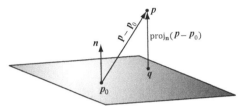

图 C.9　到点 p 最近的平面内一点。图中的 p_0 亦为平面内的点

假设 $\|n\| = 1$，因此有 $\text{proj}_n(p - p_0) = [(p - p_0) \cdot n]n$，我们就能将上式改写为：

$$
\begin{aligned}
q &= p - \left[(p - p_0) \cdot n\right]n \\
&= p - (p \cdot n - p_0 \cdot n)n \\
&= p - (p \cdot n + d)n
\end{aligned}
$$

C.4.7　射线与平面的相交检测

指定一条射线 $p(t) = p_0 + tu$ 与一个平面的方程 $n \cdot p + d = 0$，我们就能知道射线与平面是否相交以及相交时的交点。为此，我们要将射线代入平面方程，并解出满足此平面方程的参数 t，继而根据参数 t 求出两者的交点。

$n \cdot p(t) + d = 0$	将射线代入平面方程
$n \cdot (p_0 + tu) + d = 0$	根据射线方程进行替换
$n \cdot p_0 + tn \cdot u + d = 0$	向量点积的分配律
$tn \cdot u = -n \cdot p_0 - d$	两侧同时加上 $-n \cdot p_0 - d$
$t = \dfrac{-n \cdot p_0 - d}{n \cdot u}$	解出 t

如果 $n \cdot u = 0$，那么射线与平面平行，而方程不是无解就是有无穷多个解（如果射线在平面内，那么此方程就有无穷多个解）。如果 t 不在区间 $[0,\infty)$ 内，那么射线不与平面相交，但该射线所在直线与平面相交（因为射线整体位于某半空间，背平面而行）。若 t 位于区间 $[0,\infty)$ 内，那么射线与平面相交，而且可以通过 t 为 $t_0 = \dfrac{-n \cdot p_0 - d}{n \cdot u}$ 的射线方程求出二者的交点。

射线与平面的相交检测可以方便地改作线段与平面的相交检测。若给出定义一条线段的两个端点 p 与 q，那么就可以用它们来构建射线 $r(t) = p + t(q - p)$。下面我们要将这条射线用于相交检测。如果 $t \in [0,1]$，那么线段与平面相交，否则就不相交。DirectX 数学库为此而提供了以下函数：

```
XMVECTOR XMPlaneIntersectLine(
    XMVECTOR P,
    XMVECTOR LinePoint1,
    XMVECTOR LinePoint2);
```

C.4.8 反射向量

指定一个向量 I，欲求出它关于某平面法线 n 的反射向量。由于向量没有位置的概念，因此只得用平面法线来参与反射向量的计算。图 C.10 展示了这种情况下的几何关系。此时可通过以下公式来求出反射向量：

$$r = I - 2(n \cdot I)n$$

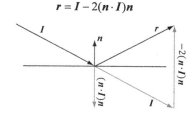

图 C.10　计算反射向量的几何图示

C.4.9 反射点

由于点具有位置的概念，因此向量与点的反射是不同的。图 C.11 所示的反射点 q 可以表示为：

$$q = p - 2\text{proj}_n(p - p_0)$$

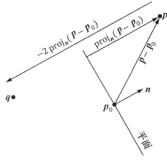

图 C.11　计算反射点的几何示意图

C.4.10　反射矩阵

设 $(\boldsymbol{n}, d) = (n_x, n_y, n_z, d)$ 为一个平面的方程系数，其中 $d = -\boldsymbol{n} \cdot \boldsymbol{p}_0$。接下来，利用齐次坐标，我们就能仅通过一个 4×4 反射矩阵来求出关于此平面的反射点与反射向量：

$$
\boldsymbol{R} =
\begin{bmatrix}
1 - 2n_x n_x & -2n_x n_y & -2n_x n_y & 0 \\
-2n_x n_y & 1 - 2n_y n_y & -2n_y n_z & 0 \\
-2n_x n_z & -2n_y n_z & 1 - 2n_z n_z & 0 \\
-2dn_x & -2dn_y & -2dn_z & 1
\end{bmatrix}
$$

利用此矩阵的前提是，假设目标平面已经过规范化处理，因此：

$$
\begin{aligned}
\operatorname{proj}_n(\boldsymbol{p} - \boldsymbol{p}_0) &= -[\boldsymbol{n} \cdot (\boldsymbol{p} - \boldsymbol{p}_0)]\boldsymbol{n} \\
&= -[\boldsymbol{n} \cdot (\boldsymbol{p} - \boldsymbol{p}_0)]\boldsymbol{n} \\
&= [\boldsymbol{n} \cdot \boldsymbol{p} + d]\boldsymbol{n}
\end{aligned}
$$

如果令一个点与此矩阵相乘，则将得到此点的反射公式：

$$
\begin{aligned}
& [p_x, p_y, p_z, 1]
\begin{bmatrix}
1 - 2n_x n_x & -2n_x n_y & -2n_x n_y & 0 \\
-2n_x n_y & 1 - 2n_y n_y & -2n_y n_z & 0 \\
-2n_x n_z & -2n_y n_z & 1 - 2n_z n_z & 0 \\
-2dn_x & -2dn_y & -2dn_z & 1
\end{bmatrix} \\[2ex]
&=
\begin{bmatrix}
p_x - 2p_x n_x n_x & -2p_y n_x n_y & -2p_z n_x n_z & -2dn_x \\
-2p_x n_x n_y & -2p_y n_y n_y & -2p_z n_y n_z & -2dn_y \\
-2p_x n_x n_z & -2p_y n_y n_z & -2p_z n_z n_z & -2dn_z \\
& & 1 &
\end{bmatrix}^{\mathrm{T}} \\[2ex]
&=
\begin{bmatrix} p_x \\ p_y \\ p_z \\ 1 \end{bmatrix}^{\mathrm{T}}
+
\begin{bmatrix}
-2n_x(p_x n_x + p_y n_y + p_z n_z + d) \\
-2n_y(p_x n_x + p_y n_y + p_z n_z + d) \\
-2n_z(p_x n_x + p_y n_y + p_z n_z + d) \\
0
\end{bmatrix}^{\mathrm{T}} \\[2ex]
&=
\begin{bmatrix} p_x \\ p_y \\ p_z \\ 1 \end{bmatrix}^{\mathrm{T}}
+
\begin{bmatrix}
-2n_x(\boldsymbol{n} \cdot \boldsymbol{p} + d) \\
-2n_y(\boldsymbol{n} \cdot \boldsymbol{p} + d) \\
-2n_z(\boldsymbol{n} \cdot \boldsymbol{p} + d) \\
0
\end{bmatrix}^{\mathrm{T}} \\[2ex]
&= \boldsymbol{p} - 2[\boldsymbol{n} \cdot \boldsymbol{p} + d]\boldsymbol{n} \\
&= \boldsymbol{p} - 2\operatorname{proj}_n(\boldsymbol{p} - \boldsymbol{p}_0)
\end{aligned}
$$

注意

Note　在推导的过程中，我们利用转置性质把行向量转换为列向量。这样就可以使公式的表示更为简洁，否则将得到一长串的行向量。

类似地，如果令一个向量与此矩阵相乘，则将得到此向量的反射公式：

$$[v_x, v_y, v_z, 0]\begin{bmatrix} 1-2n_xn_x & -2n_xn_y & -2n_xn_z & 0 \\ -2n_xn_y & 1-2n_yn_y & -2n_yn_z & 0 \\ -2n_xn_z & -2n_yn_z & 1-2n_zn_z & 0 \\ -2dn_x & -2dn_y & -2dn_z & 1 \end{bmatrix} = v - 2(n \cdot v)n$$

以下 DirectX 数学库函数能够根据给定的平面构造出上述反射矩阵：

```
XMMATRIX XMMatrixReflect(XMVECTOR ReflectionPlane);
```

C.5 练习

1. 设 $p(t) = (1, 1) + t(2, 1)$ 为一条相对于某坐标系的射线。试绘制当 $t = 0.0$、0.5、1.0、2.0 以及 5.0 时该射线上的对应点。

2. 设 p_0 与 p_1 为定义一条线段的两个端点。试证明线段方程也可以写作：当 $t \in [0, 1]$ 时，$p(t) = (1-t)p_0 + tp_1$。

3. 根据每组中的两点坐标，求取对应直线的向量直线方程。

   （a）$p_1 = (2, -1), p_2 = (4, 1)$

   （b）$p_1 = (4, -2, 1), p_2 = (2, 3, 2)$

4. 设 $L(t) = p + tu$ 定义了一条 3D 空间中的直线。设 q 为 3D 空间中的任意一点。试证明点 q 至此直线的距离可以写作（见图 C.12）：

   $$d = \frac{\|(q-p) \times u\|}{\|u\|}$$

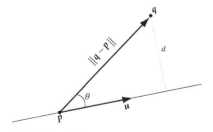

图 C.12 由点 q 至目标直线的距离

5. 设 $L(t) = (4, 2, 2) + t(1, 1, 1)$ 为一条直线。试求出下列各点至此直线的距离：

   （a）$q = (0, 0, 0)$

   （b）$q = (4, 2, 0)$

   （c）$q = (0, 2, 2)$

6. 设 $p_0 = (0, 1, 0)$，$p_1 = (-1, 3, 6)$ 与 $p_2 = (8, 5, 3)$ 为 3 个点。试求出由这 3 点所定义的平面。

7. 设 $\left(\dfrac{1}{\sqrt{3}},\dfrac{1}{\sqrt{3}},\dfrac{1}{\sqrt{3}},-5\right)$ 为一个平面。定义空间点 $\left(3\sqrt{3},5\sqrt{3},0\right)$、$\left(2\sqrt{3},\sqrt{3},2\sqrt{3}\right)$ 以及 $\left(\sqrt{3},-\sqrt{3},0\right)$ 相对于此平面的位置关系。

8. 设 $\left(-\dfrac{1}{\sqrt{2}},\dfrac{1}{\sqrt{2}},0,\dfrac{5}{\sqrt{2}}\right)$ 为一个平面。试求出到点 $(0,1,0)$ 最近的平面上一点。

9. 设 $\left(-\dfrac{1}{\sqrt{2}},\dfrac{1}{\sqrt{2}},0,\dfrac{5}{\sqrt{2}}\right)$ 为一个平面。试求出点 $(0,1,0)$ 关于此平面的反射点。

10. 设 $\left(\dfrac{1}{\sqrt{3}},\dfrac{1}{\sqrt{3}},\dfrac{1}{\sqrt{3}},-5\right)$ 为一个平面，且 $r(t)=(-1,1,-1)+t(1,0,0)$ 为一条射线。试求出这条射线与上述平面的交点。接着再编写一个简短的程序，通过 XMPlaneIntersectLine 函数来验证答案的正确性。

附录 D
参考资料

[Boyd10] Boyd, Chas. "DirectCompute Lecture Series 101: Introduction to DirectCompute," 2010.

[Brennan02] Brennan, Chris. "Accurate Reflections and Refractions by Adjusting for Object Distance," Direct3D ShaderX: Vertex and Pixel Shader Tips and Tricks. Wordware Publishing Inc., 2002.

[Burg10] Burg, John van der, "Building an Advanced Particle System." Gamasutra, June 2000.

[Crawfis12] Crawfis, Roger. "Modern GPU Architecture."

[De berg00] de Berg, M., M. van Kreveld, M. Overmars, and O. Schwarzkopf.

Computational Geometry: Algorithms and Applications Second Edition. Springer-Verlag Berlin Heidelberg, 2000.

[Dietrich] Dietrich, Sim. "Texture Space Bump Maps."

[Dunlop03] Dunlop, Robert. "FPS Versus Frame Time," 2003.

[DirectXMath] DirectXMath Online Documentation, Microsoft Corporation.

[DXSDK] Microsoft DirectX June 2010 SDK Documentation, Microsoft Corporation.

[Eberly01] Eberly, David H., 3D Game Engine Design, Morgan Kaufmann Publishers, Inc, San Francisco CA, 2001.

[Engel02] Engel, Wolfgang (Editor), Direct3D ShaderX: Vertex and Pixel Shader Tips and Tricks, Wordware Publishing, Plano TX, 2002.

[Engel04] Engel, Wolfgang (Editor), ShaderX2: Shader Programming Tips & Tricks with DirectX 9, Wordware Publishing, Plano TX, 2004.

[Engel06] Engel, Wolfgang (Editor), ShaderX5: Shader Advanced Rendering Techniques, Charles River Media, Inc., 2006.

[Engel08] Engel, Wolfgang (Editor), ShaderX6: Shader Advanced Rendering Techniques, Charles River Media, Inc., 2008.

[Farin98] Farin, Gerald, and Dianne Hansford. The Geometry Toolbox: For Graphics and Modeling. AK Peters, Ltd., 1998.

[Fernando03] Fernando, Randima, and Mark J. Kilgard. The CG Tutorial: The Definitive Guide to Programmable Real-Time Graphics. Addison-Wesley, 2003.

[Fraleigh95] Fraleigh, John B., and Raymond A. Beauregard. Linear Algebra 3rd Edition. Addison-Wesley, 1995.

[Friedberg03] Friedberg, Stephen H., Arnold J. Insel, and Lawrence E. Spence. Linear Algebra Fourth Edition. Pearson Education, Inc., 2003.

[Fung10] Fung, James. "DirectCompute Lecture Series 210: GPU Optimizations and Performance," 2010.

[Halliday01] Halliday, David, Robert Resnick, and Jearl Walker. Fundamentals of Physics: Sixth Edition. John Wiley & Sons, Inc, 2001.

[Hausner98] Hausner, Melvin. A Vector Space Approach to Geometry. Dover Publications, Inc. (www.doverpublications.com), 1998.

[Hoffmann75] Hoffmann, Banesh. About Vectors. Dover Publications, Inc., 1975.

[Isidoro06] Isidoro, John R. "Shadow Mapping: GPU-based Tips and Techniques," Game Developers Conference, ATI slide presentation, 2006.

[Isidoro06b] Isidoro, John R. "Edge Masking and Per-Texel Depth Extent Propagation for Computation Culling During Shadow Mapping," ShaderX 5: Advanced Rendering Techniques. Charles River Media, 2007.

[Kilgard99] Kilgard, Mark J., "Creating Reflections and Shadows Using Stencil Buffers," Game Developers Conference, NVIDIA slide presentation, 1999.

[Kilgard01] Kilgard, Mark J. "Shadow Mapping with Today's OpenGL Hardware," Computer Entertainment Software Association's CEDEC, NVIDIA presentation, 2001.

[Kryachko05] Kryachko, Yuri. "Using Vertex Texture Displacement for Realistic Water Rendering," GPU Gems 2: Programming Techniques for High-Performance Graphics and General Purpose Computation. Addison-Wesley, 2005.

[Kuipers99] Kuipers, Jack B. Quaternions and Rotation Sequences: A Primer with Applications to Orbits, Aerospace, and Virtual Reality. Princeton University Press, 1999.

[Lengyel02] Lengyel, Eric, Mathematics for 3D Game Programming and Computer Graphics. Charles River Media, Inc., 2002.

[Möller08] Möller, Tomas, and Eric Haines. Real-Time Rendering: Third Edition. AK Peters, Ltd., 2008.

[Mortenson99] Mortenson, M.E. Mathematics for Computer Graphics Applications. Industrial Press, Inc., 1999.

[NVIDIA05] Antialiasing with Transparency, NVIDIA Corporation, 2005.

[NVIDIA08] GPU Programming Guide GeForce 8 and 9 Series, NVIDIA Corporation, 2008.

[NVIDIA09] NVIDIA's Next Generation CUDA Compute Architecture: Fermi, NVIDIA Corporation, 2009.

[NVIDIA10] DirectCompute Programming Guide, NVIDIA Corporation, 2007–2010.

[Thibieroz13] Thibieroz, Nick and Holger Gruen. "DirectX Performance Reloaded." Presentation at Game Developers Conference 2013.

[Oliveira10] Oliveira, Gustavo. "Designing Fast Cross-Platform SIMD Vector Libraries," 2010.

[Parent02] Parent, Rick. Computer Animation: Algorithms and Techniques. Morgan Kaufmann Publishers, 2002.

[Pelzer04] Pelzer, Kurt. "Rendering Countless Blades of Waving Grass," GPU Gems: Programming Techniques, Tips, and Tricks for Real-Time Graphics. Addison-Wesley, 2004.

[Pettineo12] Pettineo, Matt. "A Closer Look at Tone Mapping," 2012.

[Petzold99] Petzold, Charles, Programming Windows, Fifth Edition, Microsoft Press, Redmond WA, 1999.

[Prosise99] Prosise, Jeff, Programming Windows with MFC, Second Edition, Microsoft Press, Redmond WA, 1999.

[Reinhard10] Reinhard, Erik, et al, High Dynamic Range Imaging, Second Edition, Morgan Kaufmann, 2010.

[Santrock03] Santrock, John W. Psychology 7. The McGraw-Hill Companies, Inc., 2003.

[Savchenko00] Savchenko, Sergei, 3D Graphics Programming: Games and Beyond, Sams Publishing, 2000.

[Schneider03] Schneider, Philip J., and David H. Eberly. Geometric Tools for Computer Graphics. Morgan Kaufmann Publishers, 2003.

[Snook03] Snook, Greg. Real-Time 3D Terrain Engines using C++ and DirectX9. Charles River Media, Inc., 2003.

[Story10] Story, Jon, and Cem Cebenoyan, "Tessellation Performance," Game Developers Conference, NVIDIA slide presentation, 2010.

[Sutherland74] Sutherland, I. E., and G. W. Hodgeman. Reentrant Polygon Clipping. Communications of the ACM, 17(1):32-42, 1974.

[Tuft10] Tuft, David. "Cascaded Shadow Maps," 2010.

[Uralsky05] Uralsky, Yuri. "Efficient Soft-Edged Shadows Using Pixel Shader Branching," GPU Gems 2: Programming Techniques for High-Performance Graphics and General Purpose Computation. Addison-Wesley, 2005.

[Verth04] Verth, James M. van, and Lars M. Bishop. Essential Mathematics for Games & Interactive Applications: A Programmer's Guide. Morgan Kaufmann Publishers, 2004.

[Vlachos01] Vlachos, Alex, Jörg Peters, Chas Boyd, and Jason L. Mitchell, "Curved PN Triangles," ACM Symposium on Interactive 3D Graphics 2001, pp. 159-166, 2001.

[Watt92] Watt, Alan, and Mark Watt, Advanced Animation and Rendering Techniques: Theory and Practice, Addison-Wesley, 1992.

[Watt00] Watt, Alan, 3D Computer Graphics, Third Edition, Addison-Wesley, 2000.

[Watt01] Watt, Alan, and Fabio Policarpo, 3D Games: Real-time Rendering and Software Technology, Addison-Wesley, 2001.

[Weinreich98] Weinreich, Gabriel, Geometrical Vectors. The University of Chicago Press, Chicago, 1998.

[Whatley05] Whatley, David. "Toward Photorealism in Virtual Botany," GPU Gems 2: Programming Techniques for High-Performance Graphics and General Purpose Computation. Addison-Wesley, 2005.

[Wloka03] Wloka, Matthias. "Batch, Batch, Batch: What Does It Really Mean? " Presentation at Game Developers Conference 2003.